W0259834

P. F. Filtschakow

Numerische und graphische Methoden der angewandten Mathematik

Mit 170 Bildern

Vieweg · Braunschweig

Originaltitel:

П. Ф. Фильчаков

Численные и графические методы прикладной математики

Erschienen im Verlag *Naukowa Dumka*, Kiew

Deutsche Übersetzung: *Prof. Dr. Ferdinand Cap*, Innsbruck, und
Prof. Dr. Gottfried Tinhofer, München

Verlagsredaktion: *Alfred Schubert*

1975

Softcover reprint of the hardcover 1st edition 1975

Satz: Friedr. Vieweg + Sohn, Braunschweig

ISBN-13: 978-3-528-08339-7 e-ISBN-13: 978-3-322-86000-2
DOI: 10.1007/978-3-322-86000-2

Vorwort

Numerische und graphische Methoden der angewandten Mathematik umfassen einen derart weiten Problemkreis, daß ihre Behandlung in einer einzigen Arbeit unmöglich ist. Bei der Auswahl des Materials legt der Autor dieses Handbuches daher den größten Wert auf die Behandlung von Fragen, die bei der Lösung der verschiedensten technischen Probleme immer wieder auftreten, in der Literatur aber bisher kaum behandelt worden sind.

Allgemeine Gesichtspunkte, die für eine Darstellung numerischer Methoden notwendig sind, werden in straffer Form dargeboten, wobei auch auf die bereits vorhandene Literatur verwiesen wird. Die zitierten Arbeiten umfassen nahezu das gesamte Gebiet der angewandten Mathematik.

Sehr ausführlich werden Rekursionsformeln für das Rechnen mit Potenzreihen betrachtet (Multiplikation, Division, Potenzieren, Umkehrung von Potenzreihen mit reellen oder komplexen Koeffizienten), ferner numerische Methoden zur konformen Abbildung, die die Überführung gegebener einfach- oder zweifach zusammenhängender Bereiche mit beliebiger Genauigkeit gestatten, Methoden zur Bestimmung der Konstanten der *Christoffel-Schwarz*-Integrale sowie Methoden zur Lösung von nichtlinearen Systemen von algebraischen und transzendenten Gleichungen.

Um der Bedeutung gerecht zu werden, die den Differentialgleichungen in Theorie und Anwendung zukommt, wurde in Kapitel 6 sehr ausführlich die Verwendung von Potenzreihen zur Integration von nichtlinearen Differentialgleichungen und zur Bestimmung von Eigenwerten behandelt.

Das Handbuch ist für einen breiten Leserkreis gedacht. Für seinen Gebrauch sind keine besonderen mathematischen Vorkenntnisse notwendig. Es genügt eine mathematische Grundausbildung. Die Darstellung des gesamten Stoffes wurde durch zahlreiche Beispiele mit Zahlenangaben illustriert. Der Leser hat daher die Möglichkeit, die ihm interessant erscheinenden Beispiele nachzuvollziehen. Ohne aktive Teilnahme am Stoff wird sich der Leser kaum das Wissen und die Übung aneignen, die für eine weitere selbständige Arbeit nötig sind. Wie bemerkte doch *Bernhard Shaw* sehr treffend: „Wer es versteht, macht es selbst. Wer es nicht selbst zu tun versteht, lehrt es anderen. Wer es anderen nicht zu lehren versteht, lehrt, wie man es lehren soll“.

Schließlich möchte der Autor den Herren *J. A. Mitropolski* und *J. D. Sobolow* für eine Reihe von Ratschlägen und Bermerkungen danken, die zu einer Verbesserung der Darstellung zahlreicher Kapitel des Buches führten.

Der Autor wäre allen Lesern für weitere kritische Bemerkungen und Anregungen dankbar, die man an folgende Adresse richten möge: Kiew 4, ul. Repina 2, Isdatel'stwo „Naukowa dumka“.

Der Autor

Inhaltsverzeichnis

Kapitel 5 Näherungsmethoden bei der Differentiation und Integration 212

Kapitel 6 Die Integration gewöhnlicher Differentialgleichungen 243

Kapitel 7 Konforme Abbildung 435

Kapitel 1. Grundbegriffe

1. Einführende Bemerkungen

Wir wollen die folgende einfache Aufgabe lösen: Ein Fahrgast wohnt 1247 m vom Bahnhof entfernt. Der Zug fährt um 17 h 38 min. Wann muß der Fahrgast von zu Hause weggehen, wenn die mittlere Geschwindigkeit eines Fußgängers 6 km/h ist?

Die Lösung der Aufgabe erhalten wir sofort:

$$t = \frac{1247 \cdot 60}{6000}\ \text{min} = 12{,}47\ \text{min} = 12\ \text{min}\ 28{,}2\ \text{s}.$$

In Wirklichkeit wird jedoch kaum jemand diese mathematisch genaue Lösung verwenden. Die Rechnung ist zwar exakt durchführbar. Kann man aber ebenso exakt den Abstand vom Bahnhof messen? Kann man überhaupt den Weg eines Fußgängers messen, ohne dabei Fehler in Kauf zu nehmen? Kann ein Fußgänger in der Stadt, die voll von Menschen und Fahrzeugen ist, die sich in allen möglichen Richtungen bewegen, überhaupt längs einer streng definierten Kurve gehen? Und ist die Geschwindigkeit von 6 km/h wirklich genau bestimmt?

Mit anderen Worten, niemand wird in dem gegebenen Fall einer „mathematisch exakten" Lösung gegenüber einer „praktischen" Lösung den Vorzug geben. Man wird zur Ansicht kommen, daß man 12 ... 15 min früher weggehen muß und gibt zur Sicherheit noch einige Minuten hinzu.

Wozu also in diesem Fall Sekunden und Zehntelsekunden berechnen und eine höhere Genauigkeit anstreben, als man in der Praxis verwenden kann?

Die Mathematik ist eine exakte Wissenschaft. Aber der Begriff „Exaktheit" bedarf einer Konkretisierung. Um diese zu erreichen, muß man beim Zahlbegriff beginnen, da von der Exaktheit der Zahlen, d. h. von der Richtigkeit der Ausgangsgrößen, die Exaktheit der Rechenergebnisse in hohem Maße abhängt.

Für die Zahlen gibt es drei Quellen: die *Messung*, die *Zählung* und die *Durchführung mathematischer Operationen*. Keine *Messung* läßt sich absolut genau durchführen. Jedes Meßgerät ist mehr oder weniger mangelhaft. Zwei Beobachter, die mit demselben Gerät dieselbe Größe messen, erhalten in der Regel geringfügig unterschiedliche Ergebnisse. Eine vollkommene Übereinstimmung der Ergebnisse ist selten.

Die Meßfehler setzen sich aus einem Apparaturfehler und einem Beobachtungsfehler zusammen. Man erkennt dies bereits an einem einfachen Versuch.

Mit Hilfe eines Lineals mit Millimetereinteilung und eines Zirkels oder eines Winkelmessers konstruieren wir ein Rechteck ABCD mit den Seiten $\overline{AB} = 180$ mm und $\overline{BC} = 130$ mm und messen mit demselben Lineal die Diagonalen $\overline{AC}$ und $\overline{BD}$, indem wir mit dem Auge die Längen bis auf 0,1 mm genau ablesen. Hierauf berechnen wir das Produkt $\overline{AC} \cdot \overline{BD}$ der erhaltenen Zahlen. Bei mehrmaliger Wiederholung dieses Versuches können wir uns davon überzeugen, daß sich Ergebnisse sowohl untereinander als auch vom exakten Wert unterscheiden, der nach dem Pythagoräischen Lehrsatz gleich

$$\overline{AC} \cdot \overline{BD} = \overline{AC}^2 = \overline{AB}^2 + \overline{BC}^2 = 49\,300 \text{ mm}^2$$

ist.

Läßt man den Versuch von einer Gruppe von Leuten durchführen, so sind die Unterschiede noch eindrucksvoller.

Bereits ein so einfaches Meßgerät wie ein Lineal mit Millimetereinteilung hat einen „Apparaturfehler“. Die Kanten und Flächen des Lineals weichen nämlich geringfügig von idealen Geraden und Ebenen ab. Die Striche der Millimeterskala lassen sich nicht in absolut gleichen Abständen ziehen. Außerdem besitzen diese Striche eine bestimmte Dicke. Bei einer Messung können wir daher ein Ergebnis nicht genauer erhalten, als es die Strichdicke erlaubt. Die Meßergebnisse und Konstruktionen hängen also auch von den Eigenschaften der benötigten Instrumente ab.

Wir wenden uns nun der zweiten Quelle für Zahlen zu, der *Zählung*. Ist die Anzahl der abzuzählenden Gegenstände klein und zeitlich konstant, so erhalten wir ein absolut exaktes Ergebnis. Aber kann man zum Beispiel behaupten, daß am 31. März 1966 die Einwohnerzahl von Japan wirklich 101624894 betragen hat, wie sie vom Japanischen Justizministerium angegeben wurde? In Wirklichkeit schwankt doch die Einwohnerzahl eines Landes oder einer Stadt um ihren eigenen Mittelwert (und zwar sogar während des Zeitintervalls, in dem die Zählung erfolgt), da stündlich oder sogar in jeder Minute Einwohner ein- oder abreisen, geboren werden oder sterben.

Auch *mathematische Operationen* kann man oft nicht fehlerlos durchführen. Beim Wurzelziehen, bei der Bestimmung des Sinus, beim Logarithmieren und auch beim Dividieren (falls das Ergebnis sich nicht als Dezimalbruch ausdrücken läßt) kann man nicht immer absolut genau sein.

Man sieht also, daß exakte Zahlen sehr selten vorkommen. Am häufigsten findet man sie noch als Koeffizienten bei verschiedenen mathematischen Ausdrücken und Formeln.

Wir betrachten nun die andere Seite der Fragestellung. Benötigt man in der Praxis absolute Genauigkeit und welchen Wert hat ein angenähertes Ergebnis?

Wieder benutzen wir Beispiele. Jeder wird sich mit der Antwort begnügen, daß der Zug bei möglicher Verfrühung oder Verspätung im Bereich von 15 s um 10 h 47 min ankommt. Üblicherweise sagt man in so einem Fall um 10 h 47 min ± 15 s. Diese Antwort wird umso mehr zufriedenstellen, als der Begriff der Ankunft des Zuges selbst eine Unbestimmtheit in sich trägt. Als Ankunft kann man den Zeitpunkt betrachten, in dem der Zug auf den Bahnsteig einfährt, oder wenn die Lokomotive zum Stillstand kommt, oder wenn der letzte Wagen stehen bleibt, der sich auf Grund der Trägheit noch etwas weiter bewegt.

Bei der Planung einer elektrischen Überlandleitung oder einer Gasleitung wird niemand die Abstände zwischen den Stützen auf Millimeter genau oder die Rohrdicke auf Mikrometer genau berechnen wollen. Die Saatgutmenge bemißt man in der Regel bis auf einige Kilogramm pro Hektar usw.

In der Technik und im Bauwesen fertigt man Einzelteile oder Bauwerke nur innerhalb einer bestimmten Genauigkeit, die durch die sogenannten Toleranzen definiert ist. Diese Toleranzen reichen von Bruchteilen von Mikrometern bis zu ganzen Millimetern oder Zentimetern oder sogar Dezimetern, je nach dem Material, den Gesamtausmaßen und dem Verwendungszweck der Einzelteile oder Bauwerke. Bei bestimmten Ausmaßen der Einzelteile hat es daher nicht den geringsten Sinn, die Berechnungen mit einer höheren Genauigkeit durchzuführen, als notwendig ist.

Zusammenfassend kommen wir zu dem folgenden Ergebnis:

1. Die Ausgangsangaben für eine Rechnung sind in der Regel mit Fehlern behaftet, d. h. es handelt sich um Näherungswerte.
2. Diese Fehler übertragen sich, meist in gesteigertem Maße, auf die Rechenergebnisse. In der Praxis sind keine exakten Angaben erforderlich. Man begnügt sich mit Resultaten mit gewissen erlaubten Fehlern, deren Größe innerhalb gegebener Schranken liegen muß.

Bei den meisten technischen Anwendungen liegen die zugelassenen Fehler im Bereich von 0,1 ... 5 %. Bei vielen wissenschaftlichen Problemen der heutigen Technik jedoch liegen die zugelassenen Fehler im Bereich von Tausendsteln von Prozenten und darunter. Beim Start des ersten künstlichen Mondsatelliten von einer Zwischenumlaufbahn im Weltraum, der am 31. März 1966 erfolgte, mußte man die zweite kosmische Anfangsgeschwindigkeit ($v_0 \approx 11\,200$ m/s) mit einer Genauigkeit von einigen Zentimetern pro Sekunde sicherstellen, da schon ein derartig geringfügiger Fehler einen sehr starken Einfluß auf die Bahnparameter ausgeübt hätte. Die Apparatur hätte dadurch zu einem Sonnensatelliten statt zu einem Mondsatelliten werden können. Noch höhere Genauigkeit mußte man bei der Berechnung und beim Bau eines gigantischen Synchrozyklotrons gewährleisten. Der Ringmagnet einer Anlage mit einem Durchmesser von rund 1,5 km mußte zum Beispiel mit einer Genauigkeit bis auf Mikrometer berechnet, verfertigt und installiert werden.

3. Die geforderte Genauigkeit eines Resultats kann man nur dann gewährleisten, wenn die Ausgangsdaten hinreichend genau sind und wenn man alle Fehler in Betracht zieht, die durch die Rechnung selbst entstehen.
4. Rechnungen mit Näherungszahlen führt man näherungsweise aus und versucht bei der Lösung jedes konkreten Problems, den Aufwand an Arbeit und Zeit minimal zu halten.

Die Regeln und Gesetze der Arithmetik gelten nur unter der Voraussetzung, daß alle Zahlen genau sind. Wenn man daher eine Rechnung mit Näherungszahlen nach den üblichen Verfahren durchführt, so vergeudet man viel Zeit für das Auffinden von (bei der möglichen Genauigkeit) unnötigen Ziffern und erzeugt einen falschen Eindruck von Genauigkeit, die in Wirklichkeit nicht vorhanden ist. *A. N. Krylow* zum Beispiel, der Begründer der Theorie der Schiffe, dem man auch die erste systematische Darstellung der Näherungsrechnung verdankt, hat eine große Anzahl von Berechnungen bei der Planung von Schiffen überprüft und festgestellt, daß manchmal bis zu 90 % der Rechenarbeit überflüssig war.

Die wahre mathematische und allgemeine wissenschaftliche Exaktheit besteht nämlich darin, daß man auf die Existenz von fast immer vorhandenen Fehlern hinweist und ihre Grenzen bestimmt. In diesem Kapitel soll eine kurze Darstellung der Grundregeln der Näherungsrechnung geboten werden, d. h. einer Rechnungsart, die ökonomisch ist und die die rechtzeitige Bestimmung der zugelassenen Fehlergrenzen gewährleistet.

2. Näherungszahlen

Vorerst wollen wir einige Begriffe präzisieren.

Eine *Ziffer* einer Zahl heißt gewöhnlich dann *gültig*, wenn der Fehler nicht größer ist als fünf Einheiten der folgenden Stelle[1]).

Eine Ziffer heißt *zweifelhaft*, wenn sie nicht gültig ist.

Die Ziffern einer Zahl von der ersten von Null verschiedenen Ziffer an bis zur letzten Ziffer, deren Genauigkeit gesichert ist, heißen *bedeutsame Ziffern*. Die letzte bedeutsame Ziffer kann sich von der letzten gültigen Ziffer um 1 bis 2 Einheiten unterscheiden. Zum Beispiel besitzen die unten angeführten Zahlen die folgenden bedeutsamen Ziffern:

5 423,47 – 6 bedeutsame Ziffern
0,000006 05 – 3 bedeutsame Ziffern
18,003 – 5 bedeutsame Ziffern

Die Null hat unterschiedliche Bedeutungen, je nachdem, welche Stelle sie einnimmt. Die vordersten Nullen in einem Dezimalbruch zählt man nicht zu den bedeutsamen Ziffern. Eine Null zwischen anderen Ziffern stellt immer eine bedeutsame Ziffer dar. Eine Null, die am Ende einer Zahl auftritt, kann zweierlei Bedeutungen haben, wie man aus den folgenden Beispielen ersieht:

a) 1 kg = 1000 g.

b) Die Bevölkerung der USA umfaßte am 1. Mai 1966 nach einer Schätzung des Amerikanischen Statistischen Bureaus 195 530000 Menschen.

Im ersten Fall haben wir eine exakte Beziehung. Daher sind hier alle Nullen bedeutsame Ziffern. Im zweiten Fall stehen die Nullen an Stelle von unbekannten Ziffern. Die Zahl hat daher nur fünf bedeutsame Ziffern. Um Mißverständnisse zu vermeiden, schreibt man manchmal nicht Nullen an Stelle von unbekannten Ziffern, sondern verwendet am besten die folgende Schreibweise:

$$19553 \cdot 10^4 \quad \text{oder} \quad 1{,}9553 \cdot 10^8 .$$

Manchmal unterstreicht man die Nullen am Ende einer Zahl, die keine bedeutsamen Ziffern sind, sondern nur zur Festlegung des Stellenwerts dienen, oder man schreibt sie in kleinerer Schrift, zum Beispiel: 195 53$\underline{0000}$ oder 195 53oooo. Wir erklären diesen wichtigen Sachverhalt ausführlicher. Das Ergebnis einer Messung, die mit einer Genauigkeit bis zu 0,5 mm durchgeführt wurde, ergebe für die Länge einer Strecke l = 72 mm = 0,072 m. In dieser Zahl sind nur die zwei Ziffern 7 und 2 bedeutsam. Die Nullen stellen

---

[1]) Eine strengere Definition der gültigen Ziffern findet man in [19, Bd. I, Kapitel 1, § 2].

keine bedeutsamen Ziffern dar. Da die Zahl 0,072 das Ergebnis einer Rundung einer (uns unbekannten) genauen Zahl ist, kann es sich um eine beliebige Zahl zwischen 0,0715000 ... und 0,0724999 ... handeln.

Mit Sicherheit wissen wir daher nur, daß die zwei Ziffern 7 und 2 genau sind (die zweite nur bis auf fünf Einheiten der nächsten Stelle). Wenn wir daher dasselbe Resultat, ohne die Strecke l mit einer größeren Genauigkeit zu messen, in Kilometern oder in Mikrometern ausdrücken wollen und schreiben $l = 0{,}000072$ km oder $l = 72000\ \mu$m, so sind die erhaltenen Zahlen nicht genauer und die Nullen sind in beiden Fällen keine bedeutsamen Ziffern. Im zweiten Fall stehen die Nullen nur an Stelle von uns unbekannten Ziffern (die man erhält, wenn man die Messung genauer durchführt) und dienen nur zur Festlegung der Ordnung der gegebenen Größe.

Wir vereinbaren für das Weitere, daß Zahlen wie

7,2; 7,20; 7,200

als verschieden aufzufassen sind. Alle drei drücken denselben Zahlenwert aus. Aber die erste Zahl ist mit einer Genauigkeit von 0,1, die zweite mit einer Genauigkeit von 0,01 und die dritte mit einer Genauigkeit von 0,001 gegeben.

Analoges gilt für das Folgende: Wenn wir aus einer vierstelligen Logarithmentafel

$$\lg 5{,}38 = 0{,}7308$$

finden und wir sollen die Rechnung mit einer höheren Genauigkeit durchführen, so dürfen wir nicht schreiben $\lg 5{,}38 = 0{,}7308000$. Wir finden nämlich bei Verwendung von siebenstelligen Tafeln $\lg 5{,}38 = 0{,}7307823$. Alle weiteren Stellen aber (einschließlich der letzten drei, die das Ergebnis einer Rundung ist) sind uns wieder unbekannt.

Wir betrachten noch ein Beispiel. Wir berechnen durch Probieren die Zahl

$$x = \sqrt{19}.$$

Da $4{,}32^2 = 18{,}6624$ und $4{,}37^2 = 19{,}0969$, nehmen wir als Näherungswert x das arithmetische Mittel

$$x \approx \frac{4{,}32 + 4{,}37}{2} = 4{,}345.$$

Man sieht leicht ein, daß der Fehler, den wir dabei machen, nicht größer ist als

$$\epsilon = \frac{4{,}37 - 4{,}32}{2} = 0{,}025.$$

Tatsächlich erhalten wir als exakten Wert für x die Zahl $x = 4{,}358898\ldots$, womit in unserem Näherungswert 4,345 nur die ersten zwei Ziffern gültig sind, die dritte und vierte Ziffer sind schon zweifelhaft.

Wir erhalten ein besseres Ergebnis, wenn wir ein gewichtetes Mittel verwenden und zum Beispiel den weniger genauen Wert 4,32 mit 10 und den genaueren Wert 4,37 mit 34 wichten (d. h. wir wählen die Gewichte umgekehrt proportional zu den Abweichungen der Quadrate der Versuchszahlen vom exakten Wert: $4{,}32^2 \approx 19 - 0{,}34$ und $4{,}37^2 \approx 19 + 0{,}10$).

Das Ergebnis ist

$$\frac{10 \cdot 4{,}32 + 34 \cdot 4{,}37}{10 + 34} = 4{,}3586363\ \ldots .$$

In diesem Fall sind vier Ziffern gültig. Alle übrigen Ziffern sind zweifelhaft.

Wir geben nun eine genauere Definition der betrachteten Begriffe.

Eine *Näherungszahl* dient als Ersatz für eine meist unbekannte genaue Zahl. Eine Zahl heißt Näherungszahl von unten, wenn sie kleiner als die exakte Zahl ist. Sie heißt Näherungszahl von oben, wenn sie größer als die genaue Zahl ist. Nehmen wir zum Beispiel statt $\lg 5 = 0{,}698970\ldots$ die Zahl 0,699, so erhalten wir eine Näherungszahl von oben. Für $\pi = 3{,}14159265\ldots$ ist 3,14 eine Näherungszahl von unten.

Sehr oft haben exakte Zahlen mehr Ziffern als notwendig. In solchen Fällen ersetzt man die exakten Zahlen durch Näherungszahlen, indem man rundet. Auch bei Näherungszahlen kann man, wo dies notwendig ist, eine weitere Rundung vornehmen.

Eine Zahl bis zu einer gegebenen Stelle oder auf eine gegebene Anzahl von Ziffern runden heißt, die benötigte Anzahl von Ziffern (von links her gezählt) beizubehalten und die übrigen fallen zu lassen. Zum Beispiel ist $7{,}538241 \approx 7{,}538$ eine Rundung auf Tausendstel oder auf vier bedeutsame Ziffern. Eine Rundung muß man so durchführen, daß der Fehler möglichst klein wird. Um dies zu gewährleisten, halte man sich an die folgende Regel: Wenn die erste nicht mehr benötigte Zahl kleiner als 5 ist, so streiche man alle wegzulassenden Ziffern. Ist sie hingegen größer als 5 oder gleich 5, so ersetze man alle wegzulassenden Ziffern durch eine Einheit des nächst höheren Stellenwerts.

Die folgenden Zahlen sind nach dieser Regel gerundet worden, wobei der Stellenwert, bis zu dem zu runden war, durch einen vertikalen Strich bezeichnet ist:

$$25{,}7|389 \approx 25{,}7; \quad 7{,}20|497 \approx 7{,}20; \quad 8{,}6|5 \approx 8{,}7; \quad 13{,}7|5 \approx 13{,}8;$$
$$19|39{,}8 \approx 19 \cdot 10^2; \quad e = 2{,}7182|818\ \ldots \approx 2{,}7183.$$

Wendet man diese Regel immer an, so haben die dabei entstehenden Fehler verschiedene Vorzeichen (Erhöhung oder Erniedrigung) und können sich bei Ausführung von arithmetischen Operationen gegenseitig teilweise aufheben.

Bemerkung 1. Noch vor einigen Jahren verwendete man beim Streichen der Ziffer 5 die sogenannte Regel der geraden Ziffer: Man ließ die letzte Ziffer unverändert, wenn sie gerade war, und erhöhte sie, wenn sie ungerade war. Zum Beispiel $8{,}75 \approx 8{,}8$, aber $8{,}65 \approx 8{,}6$. Heute hat die Regel der geraden Ziffer ihre Verbindlichkeit verloren. Man wendet sie gewöhnlich nicht mehr an.

Bemerkung 2. In manchen Tabellen wird eine Fünf in der letzten Dezimalstelle durch einen Punkt oder durch einen Strich markiert, je nachdem, ob sie bei der Berechnung der Tabelle durch Abrunden oder durch Aufrunden erhalten wurde, z. B. $1{,}2374541 \approx 1{,}2374\dot{5}$; $3{,}0287487 \approx 3{,}0287\overline{5}$. Dies erlaubt eine genauere Durchführung der weiteren Rundung von Tabellenwerten, da $\overline{5}$ immer weggestrichen und $\dot{5}$ immer durch eine Einheit des nächst höheren Stellenwerts ersetzt werden soll.

Wir wollen nun die Näherungszahlen anschaulich darstellen. Der exakten Zahl 3 entspricht auf der Zahlengeraden ein einziger Punkt. Ist 3 aber eine Näherungszahl, so kann diese etwa 3,2 oder 2,847 vertreten, oder im allgemeinen jede beliebige Zahl zwischen 2,50000 ... und 3,49999 ..., da wir bei Rundung aller dieser Zahlen die Näherungszahl 3 erhalten. Auf der Zahlengeraden entspricht dieser Zahl eine ganze Strecke, nämlich das Toleranzintervall für die Näherungszahl. Je mehr gültige Dezimalstellen eine Zahl aufweist, umso kleiner ist dieses Intervall. Zum Beispiel entspricht der Näherungszahl 3 das Intervall 2,50000 ... bis 3,49999 ..., der Näherungszahl 3,0 hingegen das Intervall 2,95000 ... bis 3,04999 ... (Bild 1).

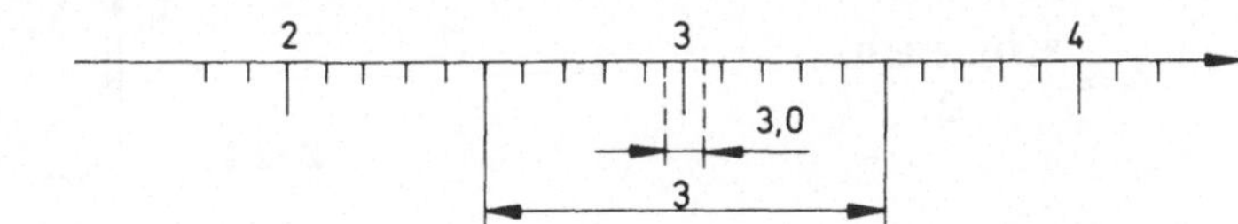

Bild 1

Wir betonen schließlich nochmals, daß Näherungszahlen immer so geschrieben werden sollen, daß man ihren Genauigkeitsgrad beurteilen kann. Gemäß dem Prinzip von *A. N. Krylow* geschieht dies so, daß in einer Näherungszahl alle Ziffern mit Ausnahme der letzten gültig sind. Nur die letzte Ziffer darf zweifelhaft sein, aber nicht mehr als um ein bis zwei Einheiten.

Es sei zum Beispiel in der Zahl 87832734, die man als Ergebnis einer Näherungsrechnung erhalten hat, bereits die vierte Ziffer zweifelhaft. Dann schreiben wir dafür:

$$8{,}783 \cdot 10^7 .$$

Wenn hingegen erst die fünfte Ziffer zweifelhaft ist, so schreiben wir:

$$8{,}7833 \cdot 10^7 .$$

Will man dagegen anzeigen, daß in der Zahl 47 der Fehler erst in der fünften bedeutsamen Ziffer beginnt, so schreibt man analog: 47,000.

3. Der absolute und der relative Fehler

Wir bezeichnen den exakten Wert einer Zahl durch Großbuchstaben, einen Näherungswert durch Kleinbuchstaben des lateinischen Alphabets. Die Differenz zwischen dem exakten Wert einer Zahl A und ihrem Näherungswert a heißt *Fehler der Zahl* A.

Es ist klar, daß der Fehler positiv, negativ oder gleich Null sein kann. Den Absolutbetrag des Fehlers einer Zahl a nennt man kurz *absoluten Fehler* und bezeichnet ihn durch den kleinen griechischen Buchstaben ϵ:

$$\epsilon = |A - a| \text{ oder } \epsilon_a = |A - a| . \tag{1.1}$$

Der exakte Wert einer Zahl ist meist unbekannt. Daher ist meist auch der absolute Fehler unbekannt. Sehr oft können wir jedoch, ohne den exakten Wert zu wissen, bestimmte Grenzen für den Fehler angeben. Bei der Längenmessung einer Strecke mit Hilfe eines Lineals mit Millimetereinteilung dürfen wir mit Recht behaupten, daß der Meßfehler 1 mm oder genauer sogar 0,5 mm nicht übersteigt, da man immer sehen kann, wie man die gefundene Zahl am genauesten rundet.

Die Berechnung des Flächeninhalts S einer beliebigen ebenen Figur ist ziemlich kompliziert. Jedoch kann man für S leicht eine obere und eine untere Grenze angeben. Dazu zeichnet man einerseits, wie in Bild 2 dargestellt ist, um die Figur ein Rechteck und zeichnet ihr andererseits ein zweites Rechteck ein. Als Ergebnis erhalten wir:

$$a_1 h_1 < S < a_2 h_2 .$$

Nehmen wir nun als Näherungswert für S die Größe

$$S \approx \frac{a_1 h_1 + a_2 h_2}{2} ,$$

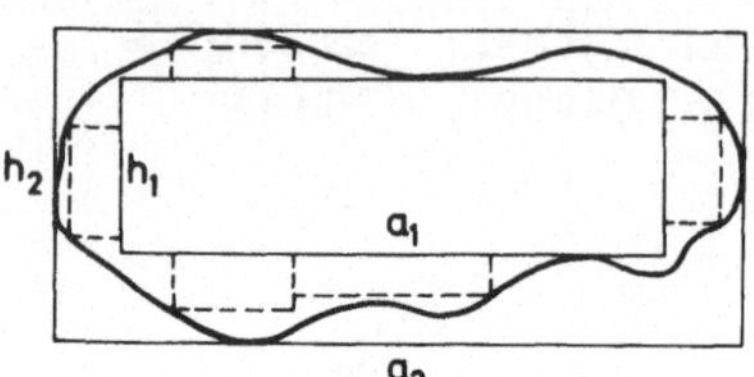

Bild 2

so kann offensichtlich der Fehler von S nicht größer sein als die halbe Differenz der Flächeninhalte der beiden Rechtecke:

$$\epsilon_S \leqslant \frac{a_2 h_2 - a_1 h_1}{2} .$$

Durch Vergrößerung der Anzahl der Rechtecke, wie es in Bild 2 für den Fall der unteren Grenze angedeutet ist, können wir den Fehler noch verkleinern. Wir gelangen so zur folgenden Definition.

Als absolute Fehlergrenze einer Näherungszahl a *bezeichnet man eine Größe, die größer oder gleich dem Maximalwert der Differenz zwischen dieser Zahl und ihrem exakten Wert ist:*

$$\epsilon_{gr} \geqslant \max |A - a| . \tag{1.2}$$

Wir weisen darauf hin, daß die absolute Fehlergrenze eine stets positive Größe ist.

In der Formel (1.2) könnte man sich auf das Gleichheitszeichen beschränken. Wir sind aber gezwungen, auch das Größerzeichen zuzulassen, da der exakte Wert A meist unbekannt bleibt. In der Praxis begnügt man sich daher mit großzügig berechneten höheren Werten der absoluten Fehlergrenze, da man keine Möglichkeit besitzt, ihren exkaten Wert zu bestimmen. In Verbindung damit verwendet man der kürzeren Sprechweise wegen den Ausdruck „absoluter Fehler“ an Stelle von „absolute Fehlergrenze“, obwohl dieser Ausdruck bereits einen eigenen Sinn besitzt, wie weiter oben bemerkt wurde. Wir folgen im weiteren dieser Tradition, wo es notwendig ist, mit Vorbehalt.

Der absolute Fehler ϵ einer Näherungszahl a liefert die Möglichkeit für eine Berechnung der Grenzen, innerhalb derer die exakte Zahl A liegt. Aus der Ungleichung (1.2) folgt nämlich

$$a - \epsilon \leqslant A \leqslant a + \epsilon \quad \text{oder kürzer} \quad A = a \pm \epsilon . \tag{1.3}$$

Der absolute Fehler selbst charakterisiert aber nicht die Genauigkeit einer Rechnung oder Messung.

Die Behauptung, die Messung einer Größe sei mit einer Genauigkeit bis zu 1 m erfolgt, gibt noch nicht die Möglichkeit für eine Beurteilung der Exaktheit der durchgeführten Messung. Wenn mit dieser Genauigkeit der Abstand zwischen zwei Punkten gemessen wurde, die 100 km auseinander liegen, so handelt es sich um eine außerordentlich genaue Messung mit einem Fehler von 1/100000 = 0,001 % der gemessenen Größe. Mißt man dagegen mit derselben Genauigkeit die Länge und Breite eines Zimmers, so ist der Wert dieser Messung sehr gering.

Zur Charakterisierung der Genauigkeit einer Näherungszahl führt man daher den Begriff des *relativen Fehlers* ein. *Als relativen Fehler bezeichnet man das Verhältnis des absoluten Fehlers zum Absolutwert der Näherungsgröße.* Wir werden den relativen Fehler der Zahl x durch δ_x bezeichnen:

$$\delta_x = \frac{\epsilon_x}{|x|} \,. \tag{1.4}$$

Genauso führt man auch den Begriff der Grenze des relativen Fehlers ein.

Zum Unterschied vom absoluten Fehler, der meist eine Größe mit Dimension ist, ist der relative Fehler als Quotient zweier benannter Zahlen gleicher Dimension immer dimensionslos. Den relativen Fehler drückt man meist in Prozenten aus, seltener in Promille (Tausendstel), z. B. $\delta_x = 0{,}32\ \% = 3{,}2\ ‰$.

Wir bemerken, daß eine Näherungszahl oft als umso genauer gilt, je mehr Dezimalstellen sie hat. Um zu überprüfen, ob dies stimmt, vergleichen wir die relativen Fehler von zwei solchen Näherungszahlen, die das Ergebnis einer Rundung von genaueren Zahlen seien: 0,000001 und 98,1.

Es kann sein, daß die erste Zahl außerordentlich genau bestimmt worden ist und die zweite nur näherungsweise. In Wirklichkeit sind beide Näherungszahlen nach der Rundung mit einer Genauigkeit bis auf fünf Einheiten der nächst höheren Dezimalstelle bestimmt. Der absolute Fehler lautet für die erste Zahl $\epsilon_1 = 0{,}0000005$ und für die zweite $\epsilon_2 = 0{,}05$. Aber der relative Fehler beträgt für die erste Zahl

$$\delta_1 = \frac{0{,}0000005}{0{,}000001} = 0{,}5 = 50\ \%,$$

und für die zweite

$$\delta_2 = \frac{0{,}05}{98{,}1} = 0{,}0051 = 0{,}51\ \%,$$

d. h. die zweite Zahl besitzt beinahe die tausendfache Genauigkeit.

Die relative Genauigkeit einer Näherungszahl wird nur durch die Anzahl ihrer bedeutsamen Ziffern festgelegt. Die Lage des Kommas spielt dabei keine Rolle. Zum Beispiel haben die Zahlen 743,8; 0,007438 und 7438 alle dieselbe relative Genauigkeit, da für sie

$$\delta = \frac{0{,}05}{743{,}8} = \frac{0{,}0000005}{0{,}007438} = \frac{0{,}5}{7438} = 0{,}000067 = 0{,}0067\ \%.$$

Übungen: 1. Man bestimme den absoluten und den relativen Fehler bei der Rundung der Zahl $\pi = 3{,}14159265\ \ldots$ auf vier, drei und zwei Dezimalstellen.

2. Man bestimme den absoluten und den relativen Fehler der von *Archimedes* gefundenen Näherungszahlen (von oben und unten) für den Wert der Zahl $\pi \approx 3\frac{1}{7}$ und $\pi \approx 3\frac{10}{71}$, sowie des arithmetischen Mittels aus beiden Zahlen.

3. Man gebe an, welche Wägung genauer ist: ein Eisenbahnwaggon mit einer Masse von 45 t und einem Fehler bis zu 50 kg oder 0,5 g Arzneimittel mit einer Genauigkeit bis zu 0,01 g.

4. Addition und Subtraktion von Näherungszahlen

Bei der Addition von Näherungszahlen $a_1 = A_1 \pm \epsilon_1$ und $a_2 = A_2 \pm \epsilon_2$ erhalten wir das folgende Ergebnis:

$$a_1 + a_2 = A_1 + A_2 \pm \epsilon_1 \pm \epsilon_2 .$$

Die tatsächlichen Vorzeichen der Fehler ϵ_1 und ϵ_2 sind uns unbekannt. Um die Gültigkeit des Resultats zu sichern, müssen wir daher alle möglichen Fälle berücksichtigen, in denen sich die Fehler addieren. Dasselbe Ergebnis erhalten wir auch bei der Addition von beliebig vielen Summanden $a_1, a_2, \ldots, a_n$, so daß wir zu der folgenden Behauptung gelangen:

Die absolute Fehlergrenze einer Summe ist gleich der Summe der absoluten Fehlergrenzen der Summanden.

Beispiel 1: Aus einer fünfstelligen Logarithmentafel findet man

$$\lg 1{,}1 = 0{,}04139; \quad \lg 1{,}14 = 0{,}05690.$$

Für das Produkt dieser Zahlen erhalten wir

$$\lg 1{,}254 = \lg 1{,}1 + \lg 1{,}14 = 0{,}09829.$$

Dagegen findet man unmittelbar aus der Tafel $\lg 1{,}254 = 0{,}09830$.

Der Unterschied in den Ergebnissen wird verständlich, wenn man siebenstellige Tafeln verwendet, die $\lg 1{,}1 = 0{,}0413927$ und $\lg 1{,}14 = 0{,}0569049$ liefern. Dann ergibt sich

$$\lg 1{,}1 + \lg 1{,}14 = 0{,}0982976 \approx 0{,}09830.$$

Die oben formulierte Behauptung liefert die Möglichkeit, die Genauigkeit der gewünschten Summe abzuschätzen und vorauszusagen, wie genau die Summanden sein müssen, damit die für das Ergebnis benötigte Genauigkeit gesichert ist.

Wenn man zum Beispiel die Summe der Näherungszahlen

$$5{,}8 + 287{,}649 + 0{,}008064$$

zu bestimmen hat, so ist von den drei unten angeführten Methoden nur die letzte richtig:

$$\begin{array}{r} 5{,}8 \\ +\,287{,}649 \\ 0{,}008064 \\ \hline 293{,}457064 \end{array} \qquad \begin{array}{r} 5{,}8 \\ +\,287{,}6 \\ 0{,}0 \\ \hline 293{,}4 \end{array} \qquad \begin{array}{r} 5{,}8 \\ +\,287{,}65 \\ 0{,}01 \\ \hline 293{,}46 \end{array} \approx 293{,}5.$$

Tatsächlich sind uns in der Zahl 5,8? ? ? ... die Ziffern nach der 8 unbekannt. Es hat daher keinen Sinn, bekannte Zahlen zu unbekannten zu addieren und ein Ergebnis mit einer Genauigkeit bis auf Millionstel anzustreben, die durch nichts zu garantieren ist.

Das zweite Verfahren ist ebenfalls falsch, da man dabei die höhere Genauigkeit der beiden übrigen Summanden nicht ausnützt. Man muß daher bei diesen Summanden eine Dezimalstelle mehr beibehalten und nach der Addition das Ergebnis runden, und zwar in Übereinstimmung mit dem Summanden, der den größten absoluten Fehler hat. Bei einer größeren Anzahl von Summanden führt man die Rechnung besser mit zwei zusätzlichen Dezimalstellen durch.

Durch Beibehalten zusätzlicher Dezimalstellen in den einzelnen Summanden beseitigen wir zwar nicht den Fehler, den der am wenigsten genaue Summand besitzt, aber wir schließen die Fehler aller übrigen Summanden beinahe aus und fassen den Fehler ihrer Summe mit dem Fehler des Summanden mit der größten absoluten Fehlergrenze zusammen.

Beispiel 2: Man berechne $x = \sqrt{2} + \sqrt{3} + \sqrt{10}$ auf drei Dezimalstellen genau.

Lösung: Da die Summe auf drei Dezimalstellen genau zu berechnen ist, muß jeder Summand mit einer zusätzlichen Dezimalstelle vorliegen, d. h. die Wurzeln sind auf vier Dezimalstellen zu berechnen:

$$\sqrt{2} = 1{,}4142; \quad \sqrt{3} = 1{,}7321; \quad \sqrt{10} = 3{,}1623,$$
$$x = 1{,}4142 + 1{,}7321 + 3{,}1623 = 6{,}3086 \approx 6{,}309.$$

Man rechne dieses Beispiel mit zwei zusätzlichen Dezimalstellen durch.

Bei der Subtraktion einer Näherungszahl von einer anderen wird auch ihr Fehler subtrahiert, und zwar algebraisch. Wenn also die Fehler beider Zahlen dasselbe Vorzeichen haben, so wird der eine subtrahiert, und wenn ihre Vorzeichen verschieden sind, so addieren sich die Fehler. Wie im Falle der Addition gilt daher auch hier: *Die absolute Fehlergrenze der Differenz zweier Näherungszahlen ist gleich der Summe ihrer absoluten Fehlergrenzen.*

Damit man eine Näherungszahl von einer anderen abziehen kann, muß man vorher beide auf dieselbe Dezimalstelle runden. Zum Beispiel subtrahieren wir 27,613 von 546,3 so:

$$546{,}3 - 27{,}6 = 518{,}7.$$

Dabei gibt es keine Begründung, dafür

$$546{,}300 - 27{,}613 = 518{,}687$$

zu schreiben, da uns in der Zahl 546,3?? die Ziffern auf der Hundertstel- und Tausendstelstelle unbekannt sind, und man diese ohne Begründung nicht durch Nullen ersetzen darf.

Die gefährlichsten Fehler entstehen bei der Bestimmung der Differenz von zwei nahezu gleichen Zahlen. Zum Beispiel sei

$$831{,}747 - 831{,}721 = 0{,}026.$$

Die Differenz zweier Zahlen mit je sechs bedeutsamen Ziffern besitzt daher nur noch zwei bedeutsame Ziffern, wobei das Ergebnis einen Fehler bis zu einer Einheit der letzten Dezimalstelle haben kann.

Um solche Fehler zu vermeiden, muß man entweder bei der Subtraktion von nahezu gleich großen Zahlen Näherungszahlen mit hinreichend hoher Genauigkeit verwenden, oder die Subtraktion solcher Zahlen zu umgehen trachten, oder ihre Differenz unmittelbar mit maximal möglicher Genauigkeit bestimmen. Wenn man zum Beispiel die Zahl

$$x = \sqrt{4{,}300} - \sqrt{4{,}287}$$

mit zwei bedeutsamen Ziffern finden soll, so muß man die Wurzeln selbst mit fünf bedeutsamen Ziffern bestimmen: $\sqrt{4{,}300} = 2{,}0736$; $\sqrt{4{,}287} = 2{,}0705$. Nur dann haben wir:

$$x = 2{,}0736 - 2{,}0705 = 0{,}0031.$$

Dasselbe Resultat erhält man einfacher mit Hilfe der Umformung

$$x = \frac{(\sqrt{4{,}300} - \sqrt{4{,}287})(\sqrt{4{,}300} + \sqrt{4{,}287})}{\sqrt{4{,}300} + \sqrt{4{,}287}} = \frac{4{,}300 - 4{,}287}{2{,}07 + 2{,}07} = \frac{0{,}013}{4{,}14} = 0{,}0031.$$

In diesem Fall benötigt man für die Wurzeln nur drei bedeutsame Ziffern, was von grundsätzlicher Bedeutung ist, da man oft auf Aufgaben trifft, bei denen jede zusätzliche Stelle der Genauigkeit beträchtlichen Arbeitsaufwand kostet.

Beispiel 3: Man berechne den Flächeninhalt eines konzentrischen Ringes, wenn der innere Radius r und die Differenz a zum äußeren Radius gegeben sind.

Lösung: Der gesuchte Flächeninhalt ist

$$S = \pi[(r + a)^2 - r^2].$$

Wenn a klein ist, so ergibt eine unmittelbare Rechnung einen großen Genauigkeitsverlust. Im gegebenen Fall wird man daher die Rechnung besser mit Hilfe von

$$S = \pi(2ar + a^2) = a\pi(2r + a)$$

durchführen.

In allen Fällen, in denen weder eine Umformung des zu berechnenden Ausdrucks möglich ist noch die Berechnung von Zwischenergebnissen mit der erforderlichen Genauigkeit gewährleistet ist, kann die Differenz zweier nahezu gleich großer Zahlen die Ergebnisse vorhergehender Rechnungen vollkommen entwerten.

Wir bestimmen nun den relativen Fehler δ für die Summe und die Differenz von Näherungszahlen.

Bei der Summe von n positiven Summanden haben wir

$$\delta = \frac{\epsilon_1 + \epsilon_2 + \ldots + \epsilon_n}{a_1 + a_2 + \ldots + a_n},$$

wobei ϵ_j der absolute Fehler des Summanden a_j ist ($j = 1, 2, \ldots, n$).

Wir bezeichnen durch $\delta_1, \delta_2, \ldots, \delta_n$ die relativen Fehler der Summanden $a_1, a_2, \ldots, a_n$. Wenn alle $a_j > 0$, so gilt gemäß Gl. (1.4)

$$\epsilon_1 = \delta_1 a_1; \quad \epsilon_2 = \delta_2 a_2; \ldots; \quad \epsilon_n = \delta_n a_n.$$

Wir bezeichnen weiter durch δ_{max} und δ_{min} die größte und die kleinste der Zahlen $\delta_1, \delta_2, \ldots, \delta_n$. Dann haben wir die folgende Abschätzung:

$$\delta = \frac{\delta_1 a_1 + \delta_2 a_2 + \ldots + \delta_n a_n}{a_1 + a_2 + \ldots + a_n} < \frac{\delta_{max}(a_1 + a_2 + \ldots + a_n)}{a_1 + a_2 + \ldots + a_n} = \delta_{max},$$

und analog gilt $\delta > \delta_{min}$.

Somit gilt also

$$\delta_{min} < \delta < \delta_{max}, \tag{1.5}$$

wobei diese Ungleichungen auch dann gelten, wenn alle Summanden negativ sind, d. h., der *relative Fehler einer Summe von Summanden gleichen Vorzeichens liegt zwischen dem größten und dem kleinsten relativen Fehler der Summanden.*

Im Falle der Differenz zweier Größen $a_1 - a_2$ gleichen Vorzeichens wird die Sache komplizierter. Es gelte $a_1 > 0$, $a_2 > 0$. Dann haben wir unter Beibehaltung der früheren Bezeichnungsweise

$$\delta = \frac{\epsilon_1 - \epsilon_2}{|a_1 - a_2|}. \tag{1.6}$$

Wenn daher die Zahlen a_1 und a_2 sehr nahe beisammen liegen, so kann auch bei sehr kleinen Fehlern ϵ_1 und ϵ_2 (deren Vorzeichen beliebig sein darf) der relative Fehler äußerst groß werden. In dem oben betrachteten Beispiel, $x = \sqrt{4{,}300} - \sqrt{4{,}287} = 2{,}0736 - 2{,}0705 = 0{,}031$, ist die relative Fehlergrenze bei der Berechnung der Wurzeln

$$\delta_1 = \delta_2 = \frac{0{,}00005}{2{,}07} = 0{,}000024 = 0{,}0024\,\%,$$

und die relative Fehlergrenze des Resultats

$$\delta_x = \frac{0{,}00005}{0{,}0031} = 0{,}016 = 1{,}6\,\%,$$

d. h., das Resultat ist 600-mal so grob wie die Ausgangsdaten.

Übungen: 1. Man berechne die Summe $x = \frac{\pi}{3} + \frac{\pi}{4} + \sqrt{29} + \sqrt{43}$ mit zwei bedeutsamen Dezimalstellen, dann mit einer und schließlich mit zwei zusätzlichen Stellen.

2. Man berechne die Differenz $x = \frac{22}{7} - \pi$ mit drei bedeutsamen Ziffern.

5. Multiplikation, Division, Potenzieren und Radizieren

Wir wollen zeigen, daß bei der Multiplikation von Näherungszahlen der *relative Fehler des Produkts gleich der Summe der relativen Fehler der einzelnen Faktoren ist.*

Der exakte Wert einer Zahl A ist mit seinem Näherungswert a und dem relativen Fehler $\delta = \frac{\epsilon}{|a|}$ durch die Beziehung

$$A = a \pm \epsilon = a\left(1 \pm \frac{\epsilon}{a}\right) = a(1 \pm \delta) \tag{1.7}$$

verknüpft. Bei der Multiplikation zweier Zahlen $A = a(1 \pm \delta_a)$ und $B = b(1 \pm \delta_b)$ erhalten wir daher

$$AB = ab(1 \pm \delta_a)(1 \pm \delta_b) = ab[1 \pm (\delta_a + \delta_b) + \delta_a\delta_b].$$

Die Brüche δ_a und δ_b sind in der Regel sehr klein, zum Beispiel 0,0005, daher kann man das Produkt $\delta_a \cdot \delta_b$ gegenüber der Summe $\delta_a + \delta_b$ vernachlässigen. In diesem Fall erhalten wir aus der letzten Gleichung

$$AB = ab[1 \pm (\delta_a + \delta_b)],$$

und daraus folgt für zwei Faktoren

$$\delta_{ab} = \delta_a + \delta_b. \tag{1.8}$$

Die Verallgemeinerung auf den Fall von beliebig vielen Faktoren erfolgt völlig analog.

Weiter gilt, da die Division durch eine Zahl B gleichbedeutend ist mit der Multiplikation mit $1/B$, daß auch bei der Division *der relative Fehler des Quotienten gleich der Summe der relativen Fehler des Dividenden und des Divisors ist.*

Bei der Multiplikation und Division von Näherungszahlen ist es daher notwendig, die Anzahl der bedeutsamen Ziffern zu berücksichtigen, durch die die Genauigkeit der Zahl charakterisiert wird, und nicht die Anzahl der Dezimalstellen, die den absoluten Fehler der Zahl bedingt (siehe Abschnitt 3).

Es ergibt sich daraus die folgende Regel: *Bei der Multiplikation und Division von Näherungszahlen kann das Ergebnis nicht mehr bedeutsame Ziffern besitzen als die (im relativen Sinn) am wenigsten genaue Komponente.* Bei der Ausführung dieser Operationen muß man daher alle Zahlen auf ein oder zwei bedeutsame Ziffern mehr runden, als die am wenigsten genaue unter ihnen besitzt, und diese hierauf bei der Rundung des Endergebnisses wieder fortlassen. Als im relativen Sinn am wenigsten genaue Zahl nehmen wir die mit der geringsten Anzahl bedeutsamer Ziffern. Wir erklären dies an einigen Beispielen.

Beispiel 1: Man bestimme das Produkt der Zahlen $a = 42{,}78 \pm 0{,}005$ und $b = 0{,}0764 \pm 0{,}00005$.

Lösung: Da es sich um Näherungszahlen handelt, können die Zahlen a und b in Wirklichkeit beliebige Zahlen aus den Intervallen

$$42{,}775 \leqslant a < 42{,}785; \quad 0{,}07635 \leqslant b < 0{,}07645$$

sein. Wir wollen sehen, welches Ergebnis die Grenzfälle liefern. Zu diesem Zweck multiplizieren wir zuerst die beiden kleinsten Werte für a und b und hierauf die beiden größten und erhalten als Produkte ab: untere Grenze $42{,}775 \cdot 0{,}07635 = 3{,}26587125 \approx 3{,}27$, obere Grenze $42{,}785 \cdot 0{,}07645 = 3{,}27091325 \approx 3{,}27$. Vergleichen wir diese beiden Produkte, so sehen wir, daß nach einer Rundung nur die ersten drei Ziffern übereinstimmen. Die übrigen Ziffern sind zu streichen.

Wenn wir daher das Produkt der Näherungszahlen

$$ab = 42{,}78 \cdot 0{,}0764 = 3{,}268392 \approx 3{,}27$$

bilden, so sind in diesem nur die ersten drei Ziffern zuverlässig – gerade so viele bedeutsame Ziffern hat die (im relativen Sinn) am wenigsten genaue Zahl $b = 0{,}0764$. In einzelnen ungünstigen Fällen kann sogar die letzte der noch garantierten Ziffern bereits zweifelhaft sein.

Beispiel 2: Man bestimme das Produkt der Näherungszahlen

$$a = 0{,}108 \pm 0{,}0005 \quad \text{und} \quad b = 91{,}6 \pm 0{,}05.$$

Lösung: Beide Zahlen haben drei bedeutsame Ziffern. Im Resultat können daher nicht mehr bedeutsame Ziffern sein. Somit haben wir

$$ab = 0{,}108 \cdot 91{,}6 = 9{,}8928 \approx 9{,}89.$$

Tatsächlich erhalten wir hier die untere und die obere Grenze durch die Produkte

$$0{,}1075 \cdot 91{,}55 = 9{,}841625 \approx 9{,}84;$$
$$0{,}1085 \cdot 91{,}65 = 9{,}944024 \approx 9{,}94.$$

Somit ist die letzte Ziffer des Produktes ab zweifelhaft und kann einen Fehler haben, der größer ist als fünf Einheiten der nächsten Dezimalstelle.

Zum besseren Verständnis erklären wir nun ausführlicher, wodurch der relative Fehler einer Näherungszahl verursacht wird.

Im zweiten Beispiel haben beide Zahlen drei bedeutsame Ziffern, aber ihre absoluten und relativen Fehler sind

$$\epsilon_a = 0{,}0005; \quad \epsilon_b = 0{,}05;$$

$$\delta_a = \frac{\epsilon_a}{|a|} = \frac{0{,}0005}{0{,}108} \approx 0{,}00463; \quad \delta_b = \frac{\epsilon_b}{|b|} = \frac{0{,}05}{91{,}6} \approx 0{,}00055.$$

Hieraus bestimmt man mit Hilfe der Gln. (1.8) und (1.4) leicht den relativen und den absoluten Fehler des Produkts:

$$\delta_{ab} = \delta_a + \delta_b = 0{,}00463 + 0{,}00055 = 0{,}00518 \approx 0{,}0052;$$
$$\epsilon_{ab} = |ab| \cdot \delta_{ab} = 9{,}89 \cdot 0{,}0052 = 0{,}051 \approx 0{,}05.$$

Daraus ergibt sich $ab = 9{,}89 \pm 0{,}05$, d. h. dasselbe Resultat, das wir schon früher erhalten haben.

Der relative Fehler einer Näherungszahl N hängt folglich nicht nur von der Anzahl der bedeutsamen Ziffern ab, sondern auch von deren Größe. Die Hauptrolle spielen dabei die ersten zwei bedeutsamen Ziffern, die mit einer Genauigkeit von 1 ... 10 % die Größe der gesamten Zahl festlegen.

In Bild 3 ist das Schaubild dieser Abhängigkeit für die Zahlen $1 \leqslant N \leqslant 10$ dargestellt, wobei n die Anzahl der bedeutsamen Ziffern ist. So sind zum Beispiel für die Zahlen $N_1 = 1{,}032$ und $N_2 = 9{,}968$, die beide vier bedeutsame Ziffern besitzen ($n = 4$), die relativen Fehler

$$\delta_1 = 5 \cdot 10^{-4} = 0{,}5 \cdot 10^{-3}; \quad \delta_2 = 0{,}5 \cdot 10^{-4},$$

d. h., die zweite Zahl ist zehnmal so genau wie die erste, während beide dieselbe Anzahl von bedeutsamen Ziffern besitzen.

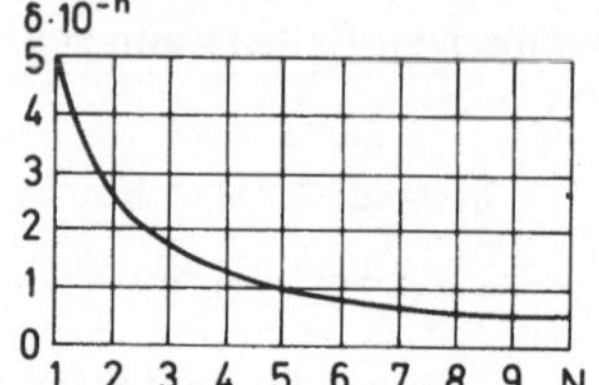

Bild 3

Wir weisen darauf hin, daß das Schaubild 3 die Möglichkeit bietet, den relativen Fehler einer beliebigen Zahl N zu finden, nicht nur für die Zahlen N mit $1 \leqslant N \leqslant 10$.

In der Tat hat auf den relativen Fehler, wie in Abschnitt 3 gezeigt wurde, die Lage des Kommas keinen Einfluß. Zum Beispiel sind die Zahlen 42,5; 0,000425; 425 nach Größe verschieden, aber sie werden durch dieselbe Ziffernfolge beschrieben $\{4, 2, 5\}$, und diese bestimmt eindeutig den relativen Fehler $\delta = 1{,}2 \cdot 10^{-3}$. Diesen δ-Wert finden wir mit Hilfe des Schaubildes für $N = 4{,}25$ und $n = 3$, da alle betrachteten Zahlen drei bedeutsame Ziffern haben.

Wir kehren nochmals zum zweiten Beispiel zurück und sehen, daß die Ungenauigkeit der dritten Dezimalstelle des Produkts gerade dadurch bedingt ist, daß die erste bedeutsame Ziffer der Zahl $a = 0{,}108$ eine Eins ist. Nehmen wir zum Beispiel $a = 0{,}608$, so erhalten wir ein weit besseres Ergebnis: $ab = 0{,}608 \cdot 91{,}6 = 55{,}7 \pm 0{,}1$.

Wenn man im Zusammenhang damit *bei Zahlen, die mit einer Eins beginnen, versucht, eine bedeutsame Ziffer mehr zu berechnen, so wächst die Genauigkeit des Resultats beträchtlich.* Aus diesem Grund werden in guten Tabellen Funktionswerte, die mit einer Eins beginnen, mit einer zusätzlichen Dezimalstelle angegeben.

Es sei auch betont, daß bei der Multiplikation und Division von Näherungszahlen die Lage der Kommas in den Komponenten auf die Genauigkeit des Ergebnisses keinerlei Einfluß hat. Für $a_1 = 0{,}04278$ und $b_1 = 76{,}4$ erhalten wir, wie schon im ersten Beispiel, das Ergebnis mit drei bedeutsamen Ziffern: $a_1 \cdot b_1 = 0{,}04278 \cdot 76{,}4 \approx 32{,}7$.

Wenn die Zahl A exakt ist (d. h. wenn $\epsilon_a = \delta_a = 0$), so ist der relative Fehler des Produkts bA und des Quotienten b:A gleich dem relativen Fehler δ_b der Näherungszahl b. Der absolute Fehler des Produkts wächst auf das A-fache. Der absolute Fehler des Quotienten b:A sinkt auf den $\frac{1}{A}$-ten Teil.

Das Potenzieren einer Näherungszahl kann man immer als n-fache Multiplikation dieser Zahl mit sich selbst auffassen. Gemäß Gl. (1.8) ist daher *der relative Fehler einer Potenz gleich dem relativen Fehler der Basis multipliziert mit dem Exponenten* n. Dies bedeutet, daß beim Potenzieren der relative Fehler proportional zum Exponenten zunimmt, d. h. beim Quadrieren verdoppelt sich der relative Fehler, beim Kubieren verdreifacht er sich usw.

Bei Verwendung von Potenzentafeln (die für exakte Zahlen erstellt sind, da in ihnen mit allen angeführten Ziffern gerechnet wird) schreibt man daher keine unnötigen Ziffern. Zum Beispiel erhalten wir für die Zahl $N = 3{,}712 \pm 0{,}0005 \approx 3{,}712$ gemäß Tabelle [647]

$$N^2 = 13{,}778944; \quad N^3 = 51{,}147440128.$$

Aber da die Zahl N eine Näherungszahl ist und keine genaue Zahl, liefern ihre untere und obere Grenze

$$(3{,}7115)^2 = 13{,}7752\ldots; \quad (3{,}7115)^3 = 51{,}12677\ldots;$$
$$(3{,}7125)^2 = 13{,}7826\ldots; \quad (3{,}7125)^3 = 51{,}16811\ldots.$$

Man sieht daraus, daß man bei Verwendung der Tabelle nur vier bedeutsame Ziffern schreiben muß:

$$N^2 = 13{,}78; \quad N^3 = 51{,}15,$$

wenn es sich um Endergebnisse handelt. Verwendet man die Zahlen hingegen als Zwischenergebnisse, so nimmt man zur Verminderung des Gesamtfehlers besser noch eine Dezimalstelle hinzu und streicht sie erst wieder bei der Rundung des Endergebnisses. Die Beibehaltung aller in der Tabelle angegebenen Ziffern ist jedoch eine unnütze Arbeits- und Zeitvergeudung, die einen falschen und gefährlichen Eindruck hoher Genauigkeit dort erweckt, wo sie gar nicht vorhanden ist.

Beim Ziehen der Wurzel aus einer Näherungszahl vermindert sich der relative Fehler proportional zum Exponenten der Wurzel, da das Ergebnis nie weniger bedeutsame Ziffern besitzt als der Radikand.

Zum Beispiel gilt $\sqrt{1{,}248} = 1{,}117$, wobei alle Ziffern des Resultats gültig sind, da $\sqrt{1{,}2475} = 1{,}11691\ldots$ und $\sqrt{1{,}2485} = 1{,}11736\ldots$. Um in diesem Beispiel das Ergebnis auf drei Dezimalstellen genau zu erhalten, muß also der Radikand nicht sechs gültige Dezimalstellen haben, wie man dies ausgehend von der bekannten Regel für das Ziehen der Quadratwurzel aus einer exakten Zahl folgern möchte.

Schließlich befassen wir uns noch mit dem Fall der Berechnung des Funktionswerts einer analytischen Funktion, wenn das Argument eine Näherungszahl ist. In diesem Fall ist die absolute Fehlergrenze der Funktion gleich dem Produkt aus dem Absolutbetrag ihrer Ableitung und der absoluten Fehlergrenze des Arguments x.

Mit anderen Worten, wenn $y = f(x)$ die gegebene analytische Funktion ist, so ist ihr absoluter Fehler ϵ_y in Abhängigkeit vom absoluten Fehler ϵ_x des Arguments x mit einer Genauigkeit bis auf Glieder höherer Ordnung (bezüglich ϵ_x) gegeben durch die Gleichung

$$\epsilon_y = \epsilon_x\,|f'(x)|. \tag{1.9}$$

Entwickeln wir nämlich die gegebene Funktion in eine Taylor-Reihe und brechen diese nach den ersten zwei Gliedern ab, so erhalten wir

$$y(x + \epsilon_x) = f(x + \epsilon_x) = f(x) + f'(x)\,\epsilon_x + \ldots.$$

Daraus ergibt sich unmittelbar die Gl. (1.9), da

$$\epsilon_y = |y(x + \epsilon_x) - y(x)|.$$

Mit Hilfe der Gln. (1.4) und (1.9) finden wir für den relativen Fehler der Funktion $y = f(x)$ die Gleichung

$$\delta_y = \frac{\epsilon_y}{|y|} = \frac{\epsilon_y}{|f(x)|} = \left|\frac{f'(x)}{f(x)}\right| \epsilon_x. \tag{1.10}$$

Insbesondere haben wir bei der Berechnung des dekadischen Logarithmus einer Näherungszahl, d. h. bei

$$y = \lg x = \log_{10} x,$$

gemäß (1.9)

$$\epsilon_y = \frac{\epsilon_x}{|x \ln 10|} = M \frac{\epsilon_x}{|x|} = M\delta_x, \quad \text{wobei } M = \frac{1}{\ln 10} = 0{,}434\ldots\,. \tag{1.11}$$

Der absolute Fehler des dekadischen Logarithmus ist daher ungefähr gleich der Hälfte (genau 0,434 ...) des relativen Fehlers der Zahl, die unter dem Logarithmuszeichen steht. Da der relative Fehler einer Zahl durch die Anzahl ihrer bedeutsamen Ziffern und die Größe der ersten davon bestimmt ist (siehe Bild 3), sind in der Mantisse des Logarithmus immer ebenso viele Ziffern gültig, wie die Zahl selbst besitzt. Bei der Bestimmung des Logarithmus einer Näherungszahl muß man daher den Tabellenwert mit so vielen Dezimalstellen nehmen, wie das Argument unter dem Logarithmuszeichen gültige Ziffern hat.

Umgekehrt erhalten wir bei der Bestimmung einer Zahl aus ihrem Logarithmus, wenn dieser einen Fehler von einer Einheit in der letzten Dezimalstelle besitzt, einen relativen Fehler $\delta_x = 1/0{,}434$, d. h. 2,30 solche Einheiten.

Daraus ist ersichtlich, daß man bei der Bestimmung einer Zahl aus ihrem Logarithmus nur so viele gültige Ziffern erhalten kann, wie in der Mantisse des Logarithmus vorhanden sind, wenn die erste Ziffer der Zahl kleiner oder gleich 4 ist, und um eine gültige Ziffer weniger, wenn sie mit 5 oder mehr beginnt. Dabei ist vorausgesetzt, daß der Fehler des Logarithmus nur eine Einheit der letzten Dezimalstelle beträgt, wie das häufig bei Näherungsrechnungen vorkommt.

Übungen: 1. Man bestimme mit Hilfe der unteren und oberen Grenze, wieviele bedeutsame Ziffern Produkte und Quotienten von Näherungszahlen besitzen, die mit einer Genauigkeit von einer halben Einheit der letzten Dezimalstelle bestimmt sind: a) $27{,}6 \cdot 8{,}3$; b) $27{,}61843 \cdot 8{,}3$; c) $0{,}7342 : 0{,}3271$; d) $6{,}7 : 2{,}3784$.

2. Man berechne die folgenden Ausdrücke und stelle fest, wieviele bedeutsame Ziffern die Ergebnisse haben, wenn die Ausgangszahlen näherungsweise mit einer Genauigkeit von einer halben Einheit der letzten Dezimalstelle gegeben sind: $(0{,}378)^3$; $(7{,}542)^2$; $\sqrt{0{,}0428}$; $\sqrt{17{,}5324}$.

3. Man bestimme den absoluten und den relativen Fehler der Größen $y = \sin x$ und $y = \tan x$, wenn $x = 1{,}234 \pm 0{,}0005$.

6. Einige rationale Rechenverfahren

In der heutigen Zeit haben elektronische Rechenanlagen (ERA), die Rechnungen zehn- bis hunderttausendmal schneller als von Hand ausführen, weite Verbreitung erlangt. Aber die „industriellen" Rechenmethoden sind nur dann ökonomisch, wenn es sich um typisierte Aufgaben handelt, die sich mehrfach wiederholen, wie zum Beispiel die Berechnung der Bahn eines künstlichen Satelliten, die Erstellung meteorologischer oder wirtschaftlicher Prognosen, die Berechnung eines Regelsystems u.a.m., d. h. also, wenn es sich um Aufgaben handelt, die einmal zu programmieren sind und die sich mehrfach mit diesen oder jenen unterschiedlichen Angaben wiederholen. Wenn es sich hingegen um Aufgaben mit Forschungscharakter handelt, deren Lösungen noch nicht standardisiert sind und die nur selten wiederkehren, dann ist die Verwendung einer ERA unzweckmäßig, da die Programmierung, das Austesten der Programme und die Benützung der Maschine zu teuer kommen. Die Fähigkeit, mathematische Rechnungen schnell und exakt ausführen zu können, wird daher noch lange Zeit für Forscher und Ingenieure von Vorteil sein. Einer analogen Tendenz begegnet man nicht nur in der Mathematik (zum Beispiel haben die heutigen Raketenflugzeuge noch nicht das Fahrrad verdrängt und werden es wohl auch nie tun. Beide haben ihren eigenen Verwendungsbereich).

In der letzten Zeit wurden auch kleinere elektronische Rechengeräte produziert, die für individuelle Forschungsaufgaben bestimmt sind. Die Arbeit wird in dieser Richtung mit großer Intensität verfolgt. Wir wenden uns daher kurz einigen Rechenmethoden bei Verwendung von kleinen Rechenmaschinen zu[1]).

Die Effektivität, die man beim Rechnen unter Verwendung von kleinen Rechenmaschinen (Tischrechenmaschine oder Arithmometer) erzielen kann, hängt von der Geschwindigkeit ab, mit der die einzelnen Operationen ausführbar sind, sowie von der Wahl der richtigen Rechenmethode.

Die effektivsten Rechenverfahren eines Typs sind die, bei denen die geringste Anzahl von Einstellungen und Löschungen von Zahlen und die geringste Anzahl von Umdrehungen des eingestellten Zählers oder der Handkurbel des Rechners erforderlich sind. Besonders ist darauf zu achten, daß bei der gewählten Reihenfolge der Rechnung möglichst wenig Zwischenresultate zu schreiben sind. Dies spart nicht nur Zeit, sondern vermindert auch die Rundungsfehler und hilft Schreibfehler vermeiden, die bedauerlicherweise beim Schreiben von Zahlen immer möglich sind. Wir betrachten einige typische Rechenverfahren.

a) Bei der Multiplikation von Zahlen mit unterschiedlicher Stellenzahl beginne man mit der Zahl, die am meisten Stellen hat.

b) Bei der Multiplikation mit 6, 7, 8, 9 verwendet man am besten die Methode der *abgekürzten Multiplikation,* d. h. man multipliziert mit $6 = 10 - 4$; $7 = 10 - 3$; $8 = 10 - 2$; $9 = 10 - 1$.

Bei der Multiplikation mit 1879 nach der üblichen Art muß man 25 positive Umdrehungen machen, beim verkürzten Verfahren nur sechs: eine negative Drehung auf der Einerstelle, zwei negative auf der Zehnerstelle, eine negative auf der Hunderterstelle und zwei positive auf der Tausenderstelle ($1879 = 2000 - 121$). Zum Beispiel: $23{,}7428 \cdot 1879 = 44612{,}7218$.

c) Bei der „Serienmultiplikation“, wo man eine Reihe von Produkten $ab_1, ab_2, \dots, ab_n$ zu bilden hat, d. h. wo man die Zahl a der Reihe nach mit den Zahlen $b_1, b_2, \dots, b_n$ zu multiplizieren hat, stellt man die Zahl a ein und multipliziert sie mit $b_1, b_2, \dots, b_n$. Dabei ist es oft bequemer, die Multiplikatoren nicht zu löschen, sondern im Umlaufzähler die neuen Multiplikatoren aufzuzählen, indem man die Kurbel in positiver oder negativer Richtung dreht, und so die neuen Resultate im Resultatzähler zu erhalten. Man spricht dabei vom *Verfahren des Weitermultiplizierens.*

---

1) In den folgenden Kapiteln werden wir nochmals auf diese Fragen zurückkommen.

Bei der Berechnung der Produkte

$$12{,}43 \cdot 17 = 211{,}31;$$
$$12{,}43 \cdot 26 = 323{,}18;$$
$$12{,}43 \cdot 38 = 472{,}34;$$
$$12{,}43 \cdot 237 = 2945{,}91$$

stellt man die Zahl 12,43 ein, multipliziert mit 17, schreibt das Resultat auf und macht gleichzeitig noch eine positive Drehung auf der Zehnerstelle $(1 + 1 = 2)$ und eine negative Drehung auf der Einerstelle $(7 - 1 = 6)$. Als Resultat ergibt sich $12{,}43 \cdot 26$. Hierauf erhalten wir mit Hilfe von zwei positiven Drehungen auf der Einerstelle und einer positiven Drehung auf der Zehnerstelle $12{,}43 \cdot 38$ usw.

d) Divisionen führt man manchmal bequemer nach dem sogenannten *Zusammensetzverfahren* durch: Man stellt den Divisor ein und macht einige positive Drehungen in der höchsten Dezimalstelle, bis man die erste bedeutsame Ziffer des Dividenden erhält (oder eine in der Nähe liegende etwas zu große oder zu kleine). Hierauf verschiebt man die Markierung auf die nächst niedrige Stelle, stellt die nächste Ziffer ein usw. Wenn der Zusammensetzprozeß mit genügend hoher Genauigkeit beendet ist, liest man den Quotienten vom Umlaufzähler ab. Den Quotienten $7{,}753 : 0{,}03248 = 238{,}7$ finden wir (mit vier bedeutsamen Ziffern) nach der Zusammensetzmethode so: Wir stellen die Zahl 3248 ein, multiplizieren sie in den gültigen Dezimalstellen mit 2 und erhalten $6496 \approx 7000$. Hierauf verschieben wir die Markierung zur nächsten Dezimalstelle, multiplizieren mit 4 und erhalten $77952 \approx 78000$. Wenn wir nun auf der nächsten Stelle eine und auf der übernächsten Stelle drei negative Drehungen durchführen, so erhalten wir schließlich

$$0{,}03248 \cdot 238{,}7 = 7{,}752976 \approx 7{,}753.$$

Der Vorzug der Zusammensetzmethode liegt in ihrer großen Wirtschaftlichkeit. Sie erfordert jedoch weit höhere Aufmerksamkeit. Man muß sich dauernd den Dividenden merken und ihn mit den Zahlen vergleichen, die man im Resultatzähler erhält. Am bequemsten ist diese Methode bei der Bestimmung der zu gegebenem a reziproken Größe $1/a$.

e) Die Division durch eine gleichbleibende Zahl ersetzt man besser durch die Multiplikation mit dem zum Divisor reziproken Wert. Die Größe $1/a$ findet man nach der Zusammensetzmethode oder aus Tabellen [647]. Zur Berechnung von

$$\frac{b_1}{a} = \frac{135{,}24}{47{,}28} = 2{,}860; \quad \frac{b_2}{a} = \frac{7{,}524}{47{,}28} = 0{,}1591; \quad \frac{b_3}{a} = \frac{0{,}6533}{47{,}28} = 0{,}01382$$

auf vier bedeutsame Stellen genau nehmen wir

$$\frac{1}{a} = \frac{1}{47{,}28} = 0{,}0211506$$

mit zwei zusätzlichen Dezimalstellen auf und multiplizieren der Reihe nach mit

$$b_1 = 135{,}24; \quad b_2 = 7{,}524; \quad b_3 = 0{,}6533.$$

f) Einen Ausdruck der Form

$$\frac{a \cdot c \cdot e \ldots}{b \cdot d \ldots}$$

berechnen wir wie folgt: Wir bilden zuerst das Produkt $a \cdot c$, speichern es aber nicht im Resultatzähler ab, sondern dividieren gleich durch b. Das gefundene Ergebnis $(a \cdot c/b)$ stellen wir wieder (ohne es aufschreiben zu müssen) ein und multiplizieren mit e. Dieses neue Produkt dividieren wir durch d usw. Die Zwischenresultate müssen so eingestellt werden, daß die Produkte in den allerhöchsten Dezimalstellen des Resultatzählers erscheinen. Zum Beispiel

$$\frac{3{,}247 \cdot 0{,}5893 \cdot 7{,}284}{0{,}8931 \cdot 26{,}28} = \frac{2{,}1425 \cdot 7{,}284}{26{,}28} = 0{,}59383 \approx 0{,}5938.$$

Selbstverständlich muß man die Zwischenergebnisse keineswegs anschreiben (wir haben dies nur zur leichteren Kontrolle der Rechenfolge gemacht). Ausdrücke dieser Form berechnet man ohne jede Zwischenschreibarbeit.

g) Eine Summe von Produkten

$$\sum_{k=1}^{n} a_k b_k = a_1 b_1 + a_2 b_2 + a_3 b_3 + \ldots + a_n b_n,$$

worin a_k und b_k beliebige positive oder negative Zahlen sind, kann man ebenfalls ohne Zwischenschreibarbeit berechnen.

Zum Beispiel berechnet man die Summe der Produkte

$$8{,}427 \cdot 6{,}371 - 1582{,}7 \cdot 0{,}03842 + 12{,}47 \cdot 1{,}7345 - 0{,}25 \cdot 0{,}0380$$
$$= 14{,}500798 \approx 14{,}50$$

(in denen alle Zahlen Näherungszahlen sind) so: Man stellt die Zahl $a_1 = 8{,}427$ ein und multipliziert sie mit $b_1 = 6{,}371$. Im Resultat stellen wir mit Hilfe des metallischen Kommaschiebers den ganzzahligen Teil ein. Hierauf löschen wir a_1 und b_1, lassen aber das Ergebnis im Resultatzähler stehen. Nun stellen wir $a_2 = 1582{,}7$ ein und multiplizieren mit $b_2 = -0{,}03842$, indem wir negative Drehungen ausführen. Die Klingel und die Neuner im Resultatzähler zeigen an, daß $a_1 b_1 + a_2 b_2 = a_1 b_1 - |a_2 b_2|$ eine negative Zahl ist. Für uns ist dies jedoch gleichgültig. Wir setzen die Rechnung fort. Wieder löschen wir a_2 und b_2, stellen $a_3 = 12{,}47$ ein und multiplizieren in der positiven Richtung mit $b_3 = 1{,}7345$. Das Resultat addieren wir zu der schon früher gefundenen Summe $a_1 b_1 + a_2 b_2$ usw.

Schließlich runden wir das Resultat auf jene Genauigkeit, die durch die Ausgangsdaten gewährleistet ist.

Wenn die Summe $\Sigma a_k b_k$ eine negative Zahl ist, so erhalten wir deren Komplement auf eine gewisse Potenz von 10. Wenn wir zum Beispiel im Resultatzähler (nach Ertönen der Signalklingel beim Durchgang durch Null) die Zahl 999610,48 erhalten, so bedeutet diese:

$$-1000{,}00 + 610{,}48 = -389{,}52.$$

Bei der Berechnung der Summe von Produkten muß man besonders darauf achten, daß alle Produkte gleich viele Dezimalstellen haben. Dazu bestimmt man das Produkt $a_k b_k$ mit der größten Anzahl von Dezimalstellen und ergänzt die übrigen Produkte durch Hinzufügen von Nullen.

Zum Beispiel muß man die Summe

$$\Sigma a_k b_k = 25{,}7 \cdot 3{,}87 + 0{,}0934 \cdot 18{,}7 - 41{,}5 \cdot 0{,}326$$

erst so schreiben, daß sie für die Berechnung geeignet ist:

$$\Sigma a_k b_k = 25{,}700 \cdot 3{,}87 + 0{,}0934 \cdot 18{,}7 - 41{,}50 \cdot 0{,}326.$$

Selbstverständlich wird durch eine derartige Schreibweise die Genauigkeit von Näherungszahlen nicht erhöht. Im Ergebnis wird man daher nur die gültigen Stellen beibehalten.

Da wir weiterhin sehr oft Summen von Produkten berechnen müssen, wird dem Leser geraten, sich die Technik ihrer Berechnung gut anzueignen. Zur Erleichterung der Übersicht verwende man irgendwelche Marken, zum Beispiel Münzen, und kennzeichne dadurch die Zahlen, mit denen man gerade operiert.

h) Die verschiedensten Rechnungen sind manchmal mit der Bestimmung der Differenz zweier nahezu gleich großer Zahlen verbunden. Dabei leidet die Genauigkeit des Resultats, da sich die Zahl der bedeutsamen Ziffern vermindert (siehe Abschnitt 4). In solchen Fällen muß man versuchen, wie schon früher erwähnt, jenes Rechenverfahren zu finden, das die gesuchte Differenz unmittelbar ohne Berechnung ihrer Komponenten liefert.

Zum Beispiel erhalten wir bei direkter Berechnung unter Verwendung von vierstelligen Tafeln

$$x = \frac{0{,}3869}{1 - \cos 36'} = \frac{0{,}3869}{1 - 0{,}9999} = \frac{0{,}3869}{0{,}0001} = 3869.$$

Benutzen wir hingegen die Formel

$$1 - \cos\alpha = 2\sin^2\frac{\alpha}{2},$$

so erhalten wir mit denselben vierstelligen Tafeln

$$x = \frac{0{,}3869}{2\sin^2 18'} = \frac{0{,}3869}{2(0{,}005236)^2} = \frac{0{,}3869}{0{,}00005483} = 7056{,}3 \approx 7056.$$

Der exakte Wert ist $x = 7056{,}09\ldots$. Im zweiten Fall sind daher alle vier Ziffern gültig, im ersten hingegen keine. Um x direkt mit vier bedeutsamen Ziffern zu berechnen, benötigt man achtstellige Tafeln. Diese liefern $\cos 36' = 0{,}99994517$. Fünfstellige Tafeln (zum Beispiel [651]) ergeben $\cos 36' = 0{,}99995$. x erhält man damit nur mit einer bedeutsamen Ziffer (genau genommen ist auch diese zweifelhaft):

$$x = \frac{0{,}3869}{1 - 0{,}99995} = 7738 \approx 8 \cdot 10^3.$$

Als zweites Beispiel berechnen wir mit den Größen $\pi = 3{,}141593$ und $\pi^2 = 9{,}869604$, die sieben bedeutsame Ziffern aufweisen, den Ausdruck

$$x = \frac{10}{\frac{22}{7} - \pi},$$

dessen exakter Wert $x = 790{,}83389 \ldots$ ist.

Eine direkte Rechnung liefert nur drei bedeutsame Ziffern:

$$x = \frac{10}{3{,}142857 - 3{,}141593} = \frac{10}{0{,}001264} = 791{,}1 \approx 791.$$

Ein besseres Resultat erhält man auf einem Umweg, der (in diesem Beispiel und unter der Voraussetzung, daß π^2 aus einer Tabelle mit der erforderlichen Genauigkeit bekannt ist und nicht erst aus der Näherungszahl für π berechnet werden muß) die Differenz der zwei nahezu gleich großen Zahlen vergrößert:

$$x = \frac{10\left(\frac{22}{7} + \pi\right)}{\left(\frac{22}{7}\right)^2 - \pi^2} = \frac{10(3{,}14286 + 3{,}14159)}{9{,}877551 - 9{,}869604} = \frac{62{,}8445}{0{,}007947} = 790{,}80 \approx 790{,}8.$$

Hätte unsere Angabe nur $\pi \approx 3{,}14$ gelautet, so hätten wir wegen $22/7 \approx 3{,}14$ ein Resultat erhalten, das numerisch keinen Sinn hat:

$$x = \frac{10}{3{,}14 - 3{,}14} = \infty .$$

Wenn daher kein besserer Rechenweg gefunden werden kann und die Ausgangsdaten nicht mit der erforderlichen Genauigkeit zu erhalten sind, so kann die Existenz einer Differenz von zwei nahezu gleich großen Zahlen die Resultate sämtlicher vorangehender Rechnungen entwerten.

i) Die Quadratwurzel berechnet man am einfachsten nach der Methode der iterativen Annäherung.

Wir setzen

$$\sqrt{x} = a + \epsilon,$$

worin a einen Näherungswert für die Wurzel bedeutet und ϵ den Fehler. Dann haben wir

$$\epsilon^2 = (\sqrt{x} - a)^2 = x - 2a\sqrt{x} + a^2 .$$

Bei Vernachlässigung der kleinen Größe ϵ^2 erhalten wir eine Iterationsformel, die man *Newton* verdankt:

$$\sqrt{x} = \frac{1}{2}\left(a + \frac{x}{a}\right), \tag{1.12}$$

mit

$$a \approx \sqrt{x}.$$

Bei gegebenem $\sqrt{x} \approx a_0$ finden wir mit Hilfe von Gl. (1.12) eine genauere erste Näherung $a_1 = \frac{1}{2}(a_0 + x/a_0)$, die wieder die Berechnung einer zweiten Näherung $a_2 = \frac{1}{2}(a_1 + x/a_1)$ erlaubt usw. Wir beginnen die Rechnung mit einer ein- bis zweistelligen Näherung und erhöhen schrittweise die Anzahl der gültigen Ziffern.

Der Prozeß ist beendet, wenn zwei aufeinanderfolgende Näherungszahlen die erforderliche Genauigkeit besitzen. Die Konvergenz des Verfahrens ist gut, und bei jedem Schritt verdoppelt sich gewöhnlich die Anzahl der gültigen Ziffern.

Beispiel 1: Man berechne $y = \sqrt{28{,}347}$ auf fünf bedeutsame Ziffern.

Lösung: Wir setzen $a_0 = 5$. Dann erhalten wir gemäß Gl. (1.12):

$$a_1 = \frac{1}{2}\left(5 + \frac{28{,}347}{5}\right) \approx 5{,}33;$$

$$a_2 = \frac{1}{2}\left(5{,}33 + \frac{28{,}347}{5{,}33}\right) \approx 5{,}3242;$$

$$a_3 = \frac{1}{2}\left(5{,}3242 + \frac{28{,}347}{5{,}3242}\right) = 5{,}32419\ldots \approx 5{,}3242.$$

Es ergibt sich daher mit der gewünschten Genauigkeit $y = \sqrt{28{,}347} = 5{,}3242$.

j) Analog erhalten wir für die Berechnung der n-ten Wurzel die Iterationsformel

$$\sqrt[n]{x} = \frac{1}{n}\left[(n-1)\,a + \frac{x}{a^{n-1}}\right], \tag{1.13}$$

mit

$$a \approx \sqrt[n]{x}.$$

Der Rechengang gemäß Gl. (1.13) bleibt derselbe wie beim Ziehen der Quadratwurzel gemäß Gl. (1.12).Der Radikand x darf sowohl eine Näherungszahl als auch eine exakte Zahl sein.

Beispiel 2: Man berechne $\sqrt[5]{10}$ mit acht bedeutsamen Ziffern, wobei $x = 10$ eine exakte Zahl sei.

Lösung: Da $2^5 = 32$ und $1^5 = 1$, nehmen wir $a_0 = \frac{2+1}{2} = 1{,}5$ und erhalten mit Gl. (1.13) mit $n = 5$ und $x = 10$

$$a_1 = 0{,}8a_0 + \frac{2}{a_0^4} \approx 1{,}20 + \frac{2}{5{,}1} \approx 1{,}59;$$

$$a_2 = 0{,}8a_1 + \frac{2}{a_1^4} \approx 0{,}8a_1 + \frac{2}{6{,}3913} \approx 1{,}5849;$$

$$a_3 = 0{,}8a_2 + \frac{2}{a_2^4} \approx 0{,}8a_2 + \frac{2}{6{,}3096818} \approx 1{,}5848932;$$

$$a_4 = 0{,}8a_3 + \frac{2}{6{,}309573564 82\ldots} \approx 1{,}584893192463\ldots.$$

Bereits die dritte Näherung liefert das erwünschte Resultat: $\sqrt[5]{10} \approx 1{,}5848932$.

Wenn wir in der vierten Näherung alle Zahlen mit 16 Dezimalstellen berechnen, so ergibt diese bereits 14 bis 15 bedeutsame Ziffern.

Bei der Berechnung von Wurzeln höheren Grades verwendet man zweckmäßigerweise auch Logarithmentafeln. Im gegebenen Fall finden wir zum Beispiel mit Hilfe von siebenstelligen Tafeln [634]

$$\lg \sqrt[5]{10} = \tfrac{1}{5} = 0{,}2000000; \quad \sqrt[5]{10} \approx 1{,}584893.$$

k) Die Multiplikation von Zahlen mit mehr Dezimalstellen, als man auf der Rechenmaschine einstellen kann, führt man nach der Gleichung

$$(a_1 \pm b_1)(a_2 \pm b_2) = a_1 a_2 \pm (a_1 b_2 + a_2 b_1) + b_1 b_2 \tag{1.14}$$

durch. Dazu muß man jeden der beiden Faktoren N_1 und N_2 als Binom darstellen:

$$N_1 = a_1 \pm b_1 \cdot 10^{-n}; \quad N_2 = a_2 \pm b_2 \cdot 10^{-n}.$$

Mit Hilfe der Gl. (1.14) erhält man dann

$$\begin{aligned} N_1 N_2 &= (a_1 \pm b_1 \cdot 10^{-n})(a_2 \pm b_2 \cdot 10^{-n}) \\ &= a_1 a_2 \pm (a_1 b_2 + a_2 b_1) \cdot 10^{-n} + b_1 b_2 \cdot 10^{-2n}. \end{aligned} \tag{1.15}$$

Eine zuverlässige Kontrolle solcher Rechnungen ergibt sich, wenn man N_1 und N_2 zweimal zerlegt und dabei einmal a_1 und a_2 etwas größer und einmal etwas kleiner wählt. Nach Gl. (1.15) potenzieren wir auch, was sich im Prinzip vom Multiplizieren nicht unterscheidet. Als erstes Beispiel wollen wir π^3 auf 14 Stellen genau aus den mit derselben Genauigkeit gegebenen Zahlen $\pi = 3{,}1415926535898$ und $\pi^2 = 9{,}8696044010894$ berechnen. Wir führen die Rechnung gleichzeitig in zwei Varianten durch:

$$\begin{array}{r} \oplus \\ \times\ 3{,}141592 \cdot 6535898 \\ 9{,}869604 \cdot 4010894 \\ \hline 3100626 \cdot 8969568 \qquad\qquad \\ +\,7710731 \cdot 7547640 \quad \\ +\,2621479 \ldots \\ \hline 31{,}00627 \cdot 6680300 \cdot 0169119 \ldots \end{array} \qquad \begin{array}{r} \ominus \\ \times\ 3{,}141593 \cdot 3464102 \\ 9{,}869605 \cdot 5989106 \\ \hline 3100628 \cdot 1980765 \qquad\qquad \\ -\,5300465 \cdot 1905568 \quad \\ +\,2074687 \ldots \\ \hline 31{,}00627 \cdot 6680300 \cdot 0169119 \ldots \end{array}$$

In dem gegebenen Beispiel ergibt sich für

$$\pi = a_1 + b_1 \cdot 10^{-6} \text{ und } \pi^2 = a_2 + b_2 \cdot 10^{-6}$$

zuerst

$$\begin{aligned} a_1 &= 3{,}141592, \quad b_1 = +0{,}6535898 \cdot 10^{-6}, \\ a_2 &= 9{,}869604, \quad b_2 = +0{,}4010894 \cdot 10^{-6} \end{aligned}$$

und hierauf

$$\begin{aligned} a_1 &= 3{,}141593, \quad b_1 = -0{,}3464102 \cdot 10^{-6}, \\ a_2 &= 9{,}869605, \quad b_2 = -0{,}5989106 \cdot 10^{-6}. \end{aligned}$$

Die Übereinstimmung aller Ziffern in beiden Varianten bedeutet in diesem Fall nicht, daß wir π^3 mit so großer Genauigkeit erhalten haben (wie es bei der Multiplikation von exakten Zahlen an Stelle von Näherungszahlen der Fall wäre). Wenn wir alle Operationen wiederholen, indem wir π und π^2 mit 16 bedeutsamen Ziffern nehmen [647, Seite 319 und 324], so erhalten wir $\pi^3 = 31{,}006\,276\,680\,299\,82$. Beschränken wir uns dagegen auf 13 bedeutsame Ziffern, so haben wir $\pi^3 = 31{,}006\,276\,680\,300\,734 \approx 31{,}006\,276\,680\,30$. Das letzte Ergebnis möge der Leser als Übung herleiten.

l) Im Falle der Division mehrstelliger Zahlen erhalten wir bei Beschränkung auf 14 bedeutsame Ziffern der Ausgangszahlen zum Beispiel bei $\sqrt{3}:\pi$

$$\frac{\sqrt{3}}{\pi} = \frac{1{,}732\,050\,807\,568_9}{3{,}141\,59265_{35\,898}} = 0{,}5513_{.28\,895\,.\,42\,180\,.}$$

Um dieses Ergebnis zu erreichen, stellt man den Dividenden und den Divisor mit maximal möglicher Genauigkeit ein (bei der Maschine WK-1 sind dies 13 und 9 Stellen, die in größerer Schrift angegeben sind) und erhält auf dem üblichen Wege die ersten vier Stellen des Quotienten

$$\frac{\sqrt{3}}{\pi} = 0{,}5513\,\ldots$$

und den Rest 90779_{623}. Wir übertragen nun den Rest in das Stellwerk des Rechners und ergänzen ihn durch die früher nicht berücksichtigten Stellen (im gegebenen Fall handelt es sich nur um die letzte Stelle, eine Neun). Wir zählen davon das 0,5513-fache der nicht eingestellten Divisorstellen ... 35898 ab. Auf diese Weise finden wir den korrigierten Rest bei der Division von $\sqrt{3}$ durch die ersten vierzehn bedeutsamen Ziffern der Zahl π:

$$\frac{\sqrt{3}}{\pi} = 0{,}5513 + \frac{0{,}000\,090\,777\,644\,843\,26}{\pi}\,.$$

Dabei muß die Zahl ... 35898 so subtrahiert werden, daß die Ziffer 3 der Ziffer 6 des Rests ... 90779623 ... entspricht, die an der elften Stelle von links erscheint, wie dies bei der Division auf einer Rechenmaschine der Fall wäre, bei der man Dividend und Divisor mit 14 Stellen einstellen kann.

Den korrigierten Rest, von dem man nun alle Stellen eingeben kann, dividieren wir wieder durch die ersten neun bedeutsamen Ziffern von π und erhalten die folgenden fünf Stellen des Quotienten 0,000028895 und den zweiten (korrigierten) Rest

$$\frac{0{,}000\,000\,001\,325\,117\ldots}{\pi} = 0{,}000\,000\,000\,421\,80.$$

Da für den zweiten Rest sieben bedeutsame Ziffern vollkommen ausreichen, muß man in ihm nur die zwei letzten Ziffern korrigieren und bei der Division π nur mehr mit sechs bedeutsamen Ziffern nehmen.

Das erhaltene Endergebnis kontrollieren wir mit Hilfe einer Multiplikation, wie sie im letzten Punkt beschrieben wurde. Der Leser möge dies selbst als Übung durchführen.

Das Wurzelziehen gemäß den Gln. (1.12) und (1.13) läuft auf die Division des Radikanden durch den Näherungswert bzw. dessen (n−1)-te Potenz hinaus. Es wird dem Leser daher wenig Mühe bereiten, selbst ein Rechenverfahren für das Wurzelziehen mit beliebiger Genauigkeit aufzustellen.

Übung: Man berechne $\sqrt{3}$ mit Hilfe der Gl. (1.12) auf 12 bedeutsame Ziffern genau und überprüfe das Ergebnis durch Quadrieren.

7. Die Durchführungsform von Rechnungen und ihre Überprüfung

Jede Rechnung ist nach einem sorgfältig ausgearbeiteten Algorithmus[1]) durchzuführen. Sehr oft wird ein Algorithmus durch eine Formel angegeben, die die Operationen festlegt, die an den Ausgangsdaten auszuführen sind, um das gesuchte Resultat zu erhalten.

Sehr großen Wert besitzt auch eine vorher festgelegte Reihenfolge, in der man die einzelnen Operationen ausführen will, d. h. ein sogenanntes *Rechenprogramm.* Ein derartiges Programm legt man (beim Rechnen mit der Hand) in geeigneter Weise in Form einer speziellen Rechentabelle an, in die man auch alle Hilfsgrößen einträgt. Man sollte zum Notieren der Hilfsgrößen nicht verschiedene Einzelblätter verwenden, da solche Blätter leicht verloren gehen können, wodurch Zeitverlust entsteht und die Möglichkeit für Irrtümer und Schreibfehler vergrößert wird. Am Tabellenkopf schreibt man die Formel an, nach der die Rechnung durchgeführt werden soll, alle in der Rechnung auftretenden Konstanten, sowie das Datum und den Namen des Rechners.

Ziffern soll man klar und deutlich schreiben, da die Praxis zeigt, daß undeutlich geschriebene Ziffern von anderen oft falsch verstanden werden. Schreiben soll man mit Tinte oder Kugelschreiber und nur auf einer Seite eines Blattes. Ein falsches Ergebnis korrigiert man, indem man es durchstreicht und die richtigen Ziffern darüberschreibt, aber so, daß man notfalls die gestrichenen Ziffern noch lesen kann.

Das Tabellenformular fertigt man am besten aus einem Doppelblatt an, indem man mit einem Lineal waagerechte und senkrechte Striche zieht, um die Grundeinteilung in Spalten und Zeilen zu erhalten (man kann dazu auch einen Farbstift verwenden). Man darf den Zeitaufwand für eine korrekte und bequeme Vorbereitung des Rechengangs nicht scheuen. Er ist meist äußerst lohnend.

Wir werden alle weiteren Rechnungen in Tabellenform durchführen. Durch Nachvollziehen dieser Rechnungen erlangt der Leser die nötige Übung. Als Muster zeigen wir in Tabelle 1 eine Rechnung, die wir bereits als Beispiel 2 in Abschnitt 6 durchgeführt haben.

Übung: Man verwende eine Tabelle zur Berechnung von $y = \sqrt[5]{10}$ mit acht bedeutsamen Ziffern. Für a_0 nehme man die Zahl 2 (die man aus der sehr groben Abschätzung $a_0^5 = 2^5 = 32$ erhält).

---

[1]) Wir erinnern daran, daß man unter einem Algorithmus die Gesamtheit der mathematischen Operation versteht, die man bei der Lösung einer Aufgabe von gegebenem Typ in einer festgelegten Reihenfolge durchzuführen hat. Ein Algorithmus kann durch eine Formel gegeben sein. Er kann aber auch durch Worte beschrieben werden oder durch Vorschriftensymbole, nach denen die Rechnung auszuführen ist.

Tabelle 1

Angaben				Name des Rechners
....	$a_{\nu+1} = 0{,}8a_\nu + \frac{2}{a_\nu^4}$; $a_\nu \approx \sqrt[5]{10}$			....

ν	a_ν	a_ν^4	$\frac{2}{a_\nu^4}$	Probe
0	1,5	5,1	0,39	$a_\nu^5 = 10$
1	1,59	6,391	0,3129	
2	1,5849	6,3096818	0,3169732	
3	1,5848932	6,30957356482	0,316978632463	$a_3^5 = 10{,}000000\ldots$
4	1,584893192463			

Wir befassen uns nun mit der Kontrolle von Rechnungen, die einen unerläßlichen Teil des Rechenganges bilden. Man soll sich stets vor Augen halten, daß ein ungeprüftes Ergebnis unzuverlässig ist. Solange keine Kontrolle gemacht wurde, darf die Rechnung noch nicht als beendet gelten. Eine Kontrolle muß mit der Überprüfung der Ausgangsdaten und der Rechenformel beginnen. Eine Wiederholung der Rechnung nach derselben Formel schließt nicht aus, daß derselbe Fehler nochmals auftritt. Eine zuverlässigere Kontrolle erreicht man, wenn man dieselbe Rechnung nach einer anderen Formel ausführt, oder mit Hilfe der umgekehrten Operationen (eine Multiplikation prüft man durch eine Division, eine Addition durch eine Subtraktion usw.). Die zuverlässigsten Ergebnisse erhält man durch eine Wiederholung der Rechnung durch einen anderen Rechner (wenn möglich mit Hilfe einer anderen Formel) unabhängig von der ersten Rechnung.

Komplizierte Rechnungen zerlegt man in eine Reihe von einfachen Teilrechnungen. Zu einer neuen Teilrechnung darf man erst dann übergehen, wenn man sich auf Grund einer Kontrolle davon überzeugt hat, daß alle bisherigen Rechnungen richtig sind.

Überprüfen muß man auch die Arbeit eines Arithmometers oder einer anderen Rechenmaschine. Insbesondere kann man dazu die folgende Reihe von Produkten verwenden:

$$\begin{aligned}
12345679 \cdot 9 &= 111111111,\\
12345679 \cdot 99 &= 1222222221,\\
12345679 \cdot 999 &= 12333333321,\\
12345679 \cdot 9999 &= 123444444311,\\
12345679 \cdot 99999 &= 1234555554321.
\end{aligned}$$

Wenn man das letzte Resultat durch 99999 dividiert, so muß man wieder den Ausgangswert 12345679 erhalten.

Solange man die Rechentechnik noch nicht beherrscht, führe man die Rechnungen langsam durch und konzentriere die gesamte Aufmerksamkeit auf die Korrektheit und methodische Zweckmäßigkeit der Operationen, auf die Gleichmäßigkeit im Tempo und die Flüssigkeit des Ablaufes. Die Geschwindigkeit ergibt sich dann von selbst.

Manchem Leser mag die Befolgung der obigen Ratschläge unwesentlich erscheinen. Die eigene Erfahrung wird ihn jedoch rasch vom Gegenteil überzeugen, sobald er kompliziertere Rechnungen durchzuführen beginnt.

Ehe wir zur weiteren Darstellung des Stoffes übergehen, betonen wir nochmals, daß man alle Zwischnrechnungen unbedingt mit ein oder zwei zusätzlichen Dezimalstellen ausführen muß, auch in solchen Fällen, in denen diese weiteren Stellen offensichtlich zweifelhaft sind. Nur so gelangt man zu minimalen Rundungsfehlern in den Zwischenrechnungen, die in ihrer Gesamtheit einen wesentlichen Einfluß auf das Ergebnis haben können. In den Endergebnissen werden diese zusätzlichen Stellen durch Rundung wieder beseitigt. Sie besitzen daher im weiteren keinen negativen Einfluß mehr.

Rundungsfehler werden vor allem dort bemerkbar, wo man das Ergebnis durch eine große Anzahl von elementaren Operationen erhält. Dies ist oft bei Berechnungen mit Hilfe einer ERA der Fall und führt zu einem neuen und wichtigen Problem – dem Problem der Stabilität eines Rechenverfahrens. Es kann vorkommen, daß die Rundungsfehler sehr schnell anwachsen (z. B. exponentiell). Solche Rechenverfahren sind instabil und für die Praxis nicht geeignet. Zulässig sind nur stabile Rechenverfahren, bei denen sich die Rundungsfehler bis zu einem gewissen Maß gegenseitig aufheben, so daß der Fehler in den Ergebnissen für den gesamten Rechenprozeß klein bleibt.

Zu berücksichtigen ist außerdem der Fehler der Näherungsmethode, die man zur Lösung einer gegebenen Aufgabe anwendet. Alle diese wichtigen Fragen, insbesondere die Frage nach der Abschätzung der Genauigkeit von Näherungsmethoden, befinden sich heute erst in einem Untersuchungsstadium. Da uns hier die Möglichkeit für eine eingehendere Behandlung solcher Fragen fehlt, müssen wir uns im weiteren mit einzelnen Bemerkungen bei der Lösung konkreter Probleme begnügen.

Der Leser, der sich den Stoff des Buches aneignen will, sollte unbedingt alle nachfolgenden Beispiele durchrechnen. Dabei ist zu berücksichtigen, daß in einigen dieser Beispiele die Rechnungen mit mehr Stellen, als angegeben sind, durchgeführt und die Ergebnisse dann gerundet worden sind. Beim Nachrechnen mit der im Buch angegebenen Stellenzahl wird man daher einen etwas anderen Wert erhalten, der sich vom gegebenen Wert in der letzten oder in den letzten zwei Stellen unterscheidet.

Schließlich weisen wir darauf hin, daß wir uns hier auf die Grundkenntnisse beschränken, ohne die die Durchführung von Näherungsrechnungen unmöglich ist. Ausführlicher sind alle Fragen in den Arbeiten [17, 19, 36, 89, 100, 198, 261, 270, 339, 390, 415] behandelt.

Kapitel 2. Tabellierung und Interpolation

Funktionentabellen sind eines der verbreitetsten und wichtigsten Rechenhilfsmittel. Tabellen verwendet man schon seit vielen Jahrhunderten. Jeder Rechner sollte daher die Verwendung von Tabellen beherrschen, er sollte Tabellen überprüfen und neue anlegen können. Tabellen dienen auch dazu, erhaltene Resultate möglichst übersichtlich anzuordnen. Schließlich kann man häufig eine durch Tabellierung gegebene Funktion $y = f(x)$ mit Hilfe der Tabelle mit der erforderlichen Genauigkeit differenzieren oder integrieren, auch wenn man keinen analytischen Ausdruck für $f(x)$ vorliegen hat.

Die hier gestreiften Fragen wollen wir in diesem und in den folgenden Kapiteln kurz behandeln.

8. Herstellung einer Tabelle nach einer gegebenen Formel

In Abhängigkeit von der Anordnung des Materials unterscheidet man Tabellen mit ein, zwei oder mehr Eingängen. Die Anzahl der Eingänge entspricht der Anzahl der unabhängigen Veränderlichen der Funktion, für die man eine Tabelle herstellt. Das Anlegen der Tabelle selbst nennt man *Tabellierung* einer gegebenen Funktion.

Die größte Verbreitung besitzen Tabellen von Funktionen einer Veränderlichen. Solche Tabellen bestehen aus zwei Spalten, eine für die Argumentwerte und eine für die Funktionswerte. Meist stellt man sie für äquidistante Argumentwerte her

$$x_n = x_0 + nh, \quad n = 0, 1, 2, \ldots, N. \tag{2.1}$$

Die positive Zahl h, nämlich der Abstand zwischen zwei benachbarten Argumentwerten, heißt *Schrittweite der Tabelle.*

Die Genauigkeit der Tabelle wird durch die Anzahl der gültigen Stellen der tabellierten Funktionswerte festgelegt. Wenn alle diese Werte auf gleich viele Dezimalstellen gerundet wurden, so spricht man von einer Tabelle mit *gleichförmiger absoluter Genauigkeit* (solcher Art sind zum Beispiel fünfstellige Logarithmentafeln).

Neben dem Prinzip der gleichförmigen absoluten Genauigkeit verwendet man in Tabellen häufig das Prinzip der *gleichförmigen relativen Genauigkeit.* In diesem Fall haben alle Tabellenwerte dieselbe Anzahl von bedeutsamen Ziffern. In den Tabellen von *B. I. Segal* und *K. A. Semendjew* [646] haben alle tabellierten Werte mindestens fünf bedeutsame Ziffern. In solchen Tabellen vermindert sich die Anzahl der bedeutsamen Stellen nach dem Komma bei einer Vergrößerung der Funktionswerte, z. B. haben wir bei $x = 0{,}500$ $\tan x = 0{,}54630$, bei $x = 1{,}550$ dagegen $\tan x = 48{,}078$.

Nach diesen einleitenden Bemerkungen gehen wir zur Tabellierung einer Funktion einer einzigen unabhängigen Veränderlichen mit Hilfe einer gegebenen Formel über. Dazu gehören auch alle jene wichtigen Fälle, in denen die Funktion durch eine Potenzreihe (oder eine beliebige andere Reihe) gegeben ist, da man bei Berechnungen mit gegebener Genauigkeit die unendliche Reihe immer durch einen endlichen Abschnitt, d. h. also durch ein gewöhnliches Polynom, ersetzen kann.

Beispiel: Man stelle eine Tabelle der Funktionswerte von $\sin x$ und $\cos x$ mit sieben gültigen Dezimalstellen her. Als Schrittweite verwende man $h = 1°$.

Lösung: Wir entwickeln $\sin x$ und $\cos x$ in eine MacLaurinsche Reihe:

$$\sin x = x - \frac{x^3}{3!} + \frac{x^5}{5!} - \frac{x^7}{7!} + \ldots + (-1)^n \frac{x^{2n+1}}{(2n+1)!} + \ldots, \tag{2.2}$$

$$\cos x = 1 - \frac{x^2}{2!} + \frac{x^4}{4!} - \frac{x^6}{6!} + \ldots + (-1)^n \frac{x^{2n}}{(2n)!} + \ldots . \tag{2.3}$$

Hierin ist x ein abstrakter Argumentwert, der definitionsgemäß mit dem Bogenmaß des Winkels zusammenfällt. Es gilt daher

$$x = \pi \frac{x^\circ}{180^\circ}, \tag{2.4}$$

wobei x° das Gradmaß des Winkels bedeutet. Insbesondere haben wir für $x^\circ = 1^\circ$ (mit zwölf bedeutsamen Ziffern)

$$x = \frac{\pi}{180} = 0{,}0174532925199;$$

$$\frac{x^2}{2!} = \frac{\pi^2}{2(180)^2} = 0{,}000152308709893; \tag{2.4'}$$

$$\frac{x^3}{3!} = \frac{\pi^3}{6(180)^3} = 0{,}000000886096155701.$$

Alle Rechnungen (mit einer zusätzlichen Stelle) sind für $0 \leqslant x^\circ \leqslant 10^\circ$ in Tabelle 2 angegeben. Zu diesen Ergebnissen ist nur $\sin 0 = 0$ und $\cos 0 = 1$ hinzuzufügen. Weitere Aufzeichnungen benötigt man nicht.

Wir erklären den Rechengang. Als erstes berechnen wir die gesamte Spalte x: Wir berechnen $\pi/180$ (mit neun bedeutsamen Ziffern) und multiplizieren das Ergebnis der Reihe nach mit den exakten Zahlen $x^\circ = 1, 2, \ldots, 10$. Das Resultat hat jeweils acht

Tabelle 2

$k_{2n+1} =$		$\frac{1}{3}$	$\frac{1}{10}$		$k_{2n} =$	$\frac{1}{6}$	$\frac{1}{15}$	
x°	x	$-\frac{x^3}{3!}$	$+\frac{x^5}{5!}$	$\sin x$	$-\frac{x^2}{2!}$	$+\frac{x^4}{4!}$	$-\frac{x^6}{6!}$	$\cos x$
1	0,01745329	- 89	0	0,01745240	- 0,00015231	0	0	0,99984769
2	0,03490659	- 709	0	0,03489950	- 0,00060923	+ 6	0	0,99939083
3	0,05235988	- 2392	0	0,05233596	- 0,00137078	+ 31	0	0,99862953
4	0,06981317	- 5671	+ 1	0,06975647	- 0,00243694	+ 99	0	0,99756405
5	0,08726646	- 11076	+ 4	0,08715574	- 0,00380772	+ 242	0	0,99619470
6	0,10471976	- 19140	+ 10	0,10452846	- 0,00548311	+ 501	0	0,99452190
7	0,12217305	- 30393	+ 23	0,12186934	- 0,00746313	+ 928	0	0,99254615
8	0,13962634	- 45368	+ 44	0,13917310	- 0,00974776	+ 1584	- 1	0,99026807
9	0,15707963	- 64596	+ 80	0,15643447	- 0,01233701	+ 2537	- 2	0,98768834
10	0,17453293	- 88610	+ 135	0,17364818	- 0,01523087	+ 3866	- 4	0,98480775

gültige Dezimalstellen. Analog berechnen wir die Spalte $x^2/2!$: Wir multiplizieren $\pi^2/2(180)^2$ mit den exakten Zahlen

$$(x^0)^2 = 1, 4, 9, \ldots, 100.$$

Die Berechnung einer höheren Potenz von x ist nicht notwendig. In der Tat findet man für sin x gemäß Gl. (2.2) leicht die folgende Rekursionsformel:

$$\frac{x^3}{1\cdot 2\cdot 3} = \frac{1}{3}\cdot x\cdot\left(\frac{x^2}{2!}\right);\quad \frac{x^5}{1\cdot 2\cdot 3\cdot 4\cdot 5} = \frac{1}{10}\cdot\left(\frac{x^3}{3!}\right):\left(\frac{x^2}{2!}\right);\ldots; \tag{2.5}$$
$$\frac{x^{2n+1}}{(2n+1)!} = \frac{1}{n(2n+1)}\cdot\left[\frac{x^{2n-1}}{(2n-1)!}\right]\cdot\left(\frac{x^2}{2!}\right).$$

Zum Auffinden von $x^3/3!$ multipliziert man daher die schon bekannten Größen x und $x^2/2!$ und dividiert das Ergebnis durch 3. Erst das Ergebnis der Division trägt man wieder in die Tabelle 2 ein, überträgt es in das Stellwerk, multipliziert nochmals mit $x^2/2!$, dividiert durch 10 und erhält $x^5/5!$. Sobald man also die Spalten x und $x^2/2!$ vollständig berechnet hat, führt man die Rechnung zweckmäßiger zeilenweise weiter. Die Koeffizienten

$$k_3 = \frac{1}{1\cdot 3};\quad k_5 = \frac{1}{2\cdot 5};\quad k_7 = \frac{1}{3\cdot 7};\ldots;\quad k_{2n+1} = \frac{1}{n(2n+1)}$$

schreiben wir über die entsprechenden Spalten in der Tabelle 2.

Analog erhält man für cos x die Rekursionsformel:

$$\frac{x^4}{4!} = \frac{1}{6}\cdot\left(\frac{x^2}{2!}\right)\cdot\left(\frac{x^2}{2!}\right);\quad \frac{x^6}{6!} = \frac{1}{15}\cdot\left(\frac{x^4}{4!}\right)\cdot\left(\frac{x^2}{2!}\right);\ldots; \tag{2.6}$$
$$\frac{x^{2n}}{(2n)!} = \frac{1}{n(2n-1)}\cdot\left[\frac{x^{2n-2}}{(2n-2)!}\right]\cdot\left(\frac{x^2}{2!}\right).$$

Für cos x sind daher die Koeffizienten

$$k_4 = \frac{1}{2\cdot 3};\quad k_6 = \frac{1}{3\cdot 5};\quad k_8 = \frac{1}{4\cdot 7};\ldots;\quad k_{2n} = \frac{1}{n(2n-1)}.$$

Die Berechnung der Glieder $x^4/4!$, $x^6/6!$, ..., führt man wie die Berechnung der Glieder $x^3/3!$, $x^5/5!$, ... bei sin x bequemer zeilenweise durch und nicht spaltenweise. Wir rechnen in ganzen Einheiten der letzten Dezimalstelle. Die Ausgangsgrößen runden wir daher so, daß die Einheiten des Resultats durchwegs gültig sind.

Für $x^0 = 8^0$ haben wir zum Beispiel

$$\frac{x^3}{3!} = \frac{13962630\cdot 0{,}00974776}{3} = \frac{136104{,}4}{3} = 45368{,}1 \approx 45368;$$

$$\frac{x^5}{5!} = \frac{45370\cdot 0{,}009748}{10} = \frac{442}{10} \approx 44;$$

$$\frac{x^7}{7!} = \frac{44\cdot 0{,}0097}{21} = 0{,}02 \approx 0.$$

Die Kommaeinstellung am Arithmometer[1]) ist dabei so zu treffen, daß dadurch die benötigten ganzzahligen Teile der Resultate bei der Berechnung von $x^3/3!$, $x^5/5!$ und $x^4/4!$, $x^6/6!$ gleichzeitig abgetrennt werden.

Sobald alle notwendigen Glieder der Reihen (2.2) und (2.3) bestimmt sind, summieren wir die Ergebnisse und erhalten $\sin x$ und $\cos x$, die man den Bedingungen gemäß auf sieben Dezimalstellen runden muß.

Um die Ergebnisse in Tabelle 2 gemäß Bemerkung 2 in Abschnitt 2 richtig runden zu können, berechnen wir die Werte von $\cos x$ und $\sin x$, die auf eine 5 enden, nochmals mit einer zusätzlichen bedeutsamen Ziffer. Hierauf markieren wir eine Fünf, die wir durch Abrunden erhalten haben, durch einen Punkt (z. B. $5{,}3 = \dot{5}$) und eine Fünf, die sich durch Aufrunden ergeben hat, durch einen Strich (z. B. $4{,}8 = \bar{5}$).

Übung: Man führe die in Tabelle 2 begonnene Rechnung bis $x^0 = 15^0$ weiter. Falls notwendig, berechne man auch die Glieder $x^7/7!$ und $x^8/8!$.

Genauso wie in dem oben betrachteten Schema berechnet man bequem eine beliebige Potenzreihe $\Sigma c_n x^n$. Die Hilfskoeffizienten

$$k_n = \frac{c_n}{c_{n-1}}$$

sind dabei für jede gegebene Reihe Konstante. Wir kommen auf diese Frage noch in Kapitel 4 zurück.

Die Reihen (2.2) und (2.3) konvergieren sehr rasch. Ihre Verwendung erweist sich daher dann als sehr bequem, wenn man mehrere einzelne Funktionswerte mit hoher Genauigkeit berechnen soll. Zur Illustration wurde in Tabelle 3 die Berechnung von $\sin 30° = 1/2$, $\sin 40°$ und $\sin 45° = \sqrt{2}/2$ auf zehn bedeutsame Ziffern zusammengefaßt, wobei im gefundenen Wert für $\sin 45°$ alle zehn Stellen gültig sind, während bei $\sin 30°$

Tabelle 3

x°	30°	40°	45°
x	+ 0,5235987756	+ 0,6981317008	+ 0,7853981634
$-\frac{1}{3!}x^3$	− 0,0239245962	− 0,0567101540	− 0,0807455122
$+\frac{1}{5!}x^5$	+ 0,0003279532	+ 0,0013819921	+ 0,0024903946
$-\frac{1}{7!}x^7$	− 0,0000021407	− 0,0000160373	− 0,0000365762
$+\frac{1}{9!}x^9$	+ 0,0000000082	+ 0,0000001086	+ 0,0000003134
$-\frac{1}{11!}x^{11}$		− 0,0000000005	− 0,0000000018
$\sin x$	0,5000000001	0,6427876097	0,7071067812

[1]) Unter einem Arithmometer verstehen wir hier und im weiteren eine beliebige Tischrechenmaschine ohne Programmsteuerung.

der Fehler gleich einer Einheit der zehnten Stelle ist. Zur Übung wiederhole man diese Rechnung mit zwölf bedeutsamen Ziffern.

Für derartig umfangreiche Rechnungen, wie sie beim Aufstellen einer Tabelle notwendig sind, verwendet man jedoch andere, weit wirksamere Methoden. Mit einer davon befassen wir uns im nächsten Abschnitt.

9. Rekursionsformeln

Wir betrachten am selben Beispiel die Tabellierung der trigonometrischen Funktionen unter Verwendung sogenannter *Rekursionsformeln,* die in der Mathematik eine wichtige Rolle spielen.

Wir erinnern an die bekannten trigonometrischen Formeln

$$\sin(\alpha+\beta)+\sin(\alpha-\beta)=2\sin\alpha\cos\beta, \tag{2.7}$$

$$\cos(\alpha+\beta)+\cos(\alpha-\beta)=2\cos\alpha\cos\beta. \tag{2.8}$$

Mit $\alpha = n\beta$ erhält man daraus

$$\sin(n+1)\beta=2\cos\beta\sin n\beta-\sin(n-1)\beta, \tag{2.9}$$

$$\cos(n+1)\beta=2\cos\beta\cos n\beta-\cos(n-1)\beta, \tag{2.10}$$

wobei $n = 1, 2, 3, \ldots$.

Bei bekannten Werten von $\sin\beta$ und $\cos\beta$ erhalten wir, wenn wir n der Reihe nach die Werte $1, 2, 3, \ldots$ annehmen lassen, den Sinus und den Kosinus der Winkel 2β, 3β, $4\beta, \ldots$, d. h., wir bauen eine Tabelle mit der Schrittweite $h = \beta$ auf.

Formeln, mit deren Hilfe man bei beliebigem (ganzzahligem) n aus den Funktionswerten beim Argument nx die Funktionswerte beim Argument $(n+1)x$ erhält, heißen *Rekursionsformeln.* Die Gln. (2.9) und (2.10) sind also Rekursionsformeln für die Funktionen $y = \sin x$ und $y = \cos x$.

Beispiel: Aus den in Abschnitt 8 gefundenen Werten $\sin 1° = 0{,}01745240$ und $\cos 1° = 0{,}99984769$ stelle man eine Tabelle für $\sin x$ und $\cos x$ mit der Schrittweite $h = 1°$ auf.

Lösung: Wir setzen in den Gln. (2.9) und (2.10) $\beta = 1°$, $2\cos\beta = 1{,}99969538$ und erhalten

$$\sin(n+1)° = 1{,}99969538 \sin n° - \sin(n-1)°,$$

$$\cos(n+1)° = 1{,}99969538 \cos n° - \cos(n-1)°.$$

Wir bemerken, daß sich diese Formeln nicht mehr unterscheiden, wenn man darin $y_n = \sin n°$ und $y_n = \cos n°$ setzt. Zur bequemeren Rechnung kann man sie daher auf eine gemeinsame Form bringen und schreiben:

$$y_{n+1} = 1{,}99969538\, y_n - y_{n-1} = (2 - 0{,}00030462)\, y_n - y_{n-1}$$

oder

$$y_{n+1} = 2y_n - y_{n-1} - ay_n, \tag{2.11}$$

wobei $a = 0{,}00030462$.

Den Bedingungen der Aufgabe gemäß sind für $n = 1$ alle Glieder der rechten Seite von (2.11) bekannt. Bei $n = 1$ haben wir nämlich $y_n = \sin 1°$, $y_{n-1} = \sin 0 = 0$ oder $y_n = \cos 1°$, $y_{n-1} = \cos 0 = 1$.

Bei Durchführung aller in der Gl. (2.11) angegebenen Operationen erhält man

$$\sin 2° = 2 \cdot 0{,}01745240 - 0 - 0{,}00000532 = 0{,}03489948,$$
$$\cos 2° = 2 \cdot 0{,}99984769 - 1 - 0{,}00030457 = 0{,}99939081.$$

Die bei $n = 1$ gefundenen Ergebnisse für $\sin 2°$ und $\cos 2°$ dienen nun ihrerseits als Ausgangswerte bei $n = 2$ und ermöglichen die Bestimmung von $\sin(2 + 1)° = \sin 3°$ und $\cos(2 + 1)° = \cos 3°$. Durch Vergrößerung von n um eine Einheit bei jedem folgenden Rechenschritt erhält man somit die gewünschte Tabelle.

Die Resultatgrößen jedes vorangegangenen Schritts bilden dabei die Ausgangsgrößen für den folgenden Schritt. Eine Gleichung vom Typ (2.11) bezeichnet man daher als Rekursionsformel (vom lateinischen Wort recursio – die Wiederkehr).

Im allgemeinen Fall drückt eine Rekursionsformel eine Beziehung zwischen $k + 1$ aufeinander folgenden Gliedern $y_n, y_{n+1}, \ldots, y_{n+k}$ $(k \geqslant 1)$ der Folge $y_0, y_1, y_2, \ldots, y_{n+k}, \ldots$ aus. Die allgemeine Form einer Rekursionsformel ist daher:

$$y_{n+k} = f(n, y_n, y_{n+1}, \ldots, y_{n+k-1}), \quad n = 0, 1, 2, \ldots \tag{2.12}$$

Die Zahl k nennt man *Ordnung der Rekursionsformel.* Mit Hilfe der Gl. (2.12) kann man immer beliebig viele Glieder der Folge $y_1, y_2, \ldots$ nacheinander berechnen, wenn die ersten k Glieder bekannt sind. Gl. (2.11) ist eine Rekursionsformel zweiter Ordnung. Eine Weiterführung der Rechnung nach dieser Gleichung liefert die Tabelle 4. Man verwendet dazu die folgende Rechentechnik.

Wir stellen am Arithmometer y_n ein, multiplizieren mit a und schreiben das Ergebnis (in Einheiten der letzten Dezimalstelle) in die Spalte ay_n. Hierauf löschen wir das Resultat, lassen aber y_n eingestellt, bringen den Wagen in die Ausgangslage und multiplizieren y_n mit 2. Subtrahieren wir nun den früheren Wert y_{n-1} und addieren ay_n, so erhalten wir y_{n+1}. Hierauf beginnt der Zyklus von vorne.

Tabelle 4

$y_{n+1} = 2y_n - y_{n-1} - ay_n$; $a = 0{,}00030462$

n	$y_n = \sin n°$	ay_n	$y_n = \cos n°$	ay_n
0	0,00000000	–	1,00000000	–
1	0,01745240	532	0,99984769	30457
2	0,03489948	1063	0,99939081	30443
3	0,05233593	1594	0,99862950	30420
4	0,06975644	2125	0,99756399	30388
5	0,08715570	2655	0,99619460	30346
6	0,10452841	3184	0,99452175	30295
7	0,12186928	3712	0,99254595	30235
8	0,13917303	4239	0,99026780	30166
9	0,15643439	4765	0,98768799	30087
10	0,17364810		0,98480731	

Wir vergleichen die erhaltenen Ergebnisse mit den Ergebnissen aus Tabelle 2, wo der Fehler ein bis zwei Einheiten der letzten Stelle nicht übersteigt (da dieser Fehler gleich dem Fehler einer Summe ist, die nur aus vier Summanden besteht, die alle mit einer Genauigkeit bis zu einer halben Einheit der letzten Stelle bestimmt sind). Durch Vergleich mit Tabelle 4 sehen wir, daß sich die Fehler in Tabelle 4 häufen und immer größer werden. Bei $\cos 10^\circ$ zum Beispiel macht der Fehler bereits 44 Einheiten der letzten Stelle aus, bei $\sin 10^\circ$ beträgt er 8 Einheiten der letzten Stelle.

Um diese unangenehme Erscheinung zu vermeiden, muß man exaktere Ausgangsangaben verwenden, die man mit Hilfe der Reihen erhält, und alle Zwischenrechnungen mit einer zusätzlichen Stelle durchführen. Dies verringert die Anhäufung von Rundungsfehlern wesentlich. Darüber hinaus muß man bei Verwendung von Rekursionsformeln unbedingt rechtzeitig einzelne Stütztwerte der gesuchten Funktion mit der erforderlichen Genauigkeit (zum Beispiel mit Hilfe von Reihen) bestimmen. Durch Vergleich mit diesen Stützwerten erhalten wir eine Kontrolle unserer Ergebnisse und können, falls eine Korrektur notwendig wird, diese Stützwerte als neue Ausgangsangaben für die folgende Rechnung verwenden. In dem betrachteten Beispiel braucht man nur die Werte für $\sin x$ und $\cos x$ für $x = 10^\circ, 20^\circ, 30^\circ$ mit Hilfe von Reihen zu berechnen. Die Zwischenwerte gewinnt man durch die Rekursionsformeln (mit zwei zusätzlichen Stellen), die einfacher als die Reihen (2.2) und (2.3) sind.

Nach Fertigstellung der Tabelle für das Segment $[0; 30^\circ]$ führt man die weitere Rechnung bequemer mit Hilfe der Gleichungen

$$\sin(30^\circ + \beta) = \cos\beta - \sin(30^\circ - \beta), \tag{2.13}$$

$$\cos(30^\circ + \beta) = \cos(30^\circ - \beta) - \sin\beta \tag{2.14}$$

durch, welche nur die Berechnung von zwei unbekannten Größen erfordern.

Übung 1: Man berechne die Tabelle 4 mit neun Dezimalstellen und verwende als Ausgangs- und Stützwerte

$$\sin 1^\circ = 0{,}017452406437\ldots; \qquad \cos 1^\circ = 0{,}999847695156\ldots,$$
$$\sin 10^\circ = 0{,}173648177665\ldots; \qquad \cos 10^\circ = 0{,}984807753012\ldots.$$

Man wiederhole dieselbe Übung, indem man alle Zwischenrechnungen mit einer zusätzlichen Stelle ausführt. Hierauf vergleiche man die Ergebnisse untereinander und mit den Ergebnissen in der achtstelligen Tabelle 4. Man verfolge dabei, wie sich die Fehler häufen.

Übung 2: Man berechne mit Hilfe der Rekursionsformeln (2.11) sechsstellige Tabellen der Funktionen $\sin x$ und $\cos x$ und zwar für das Segment $[0; 10^\circ]$ und mit einer Schrittweite von $h = 0{,}2^\circ$. Die Ausgangswerte $\sin 0{,}2^\circ$ und $\cos 0{,}2^\circ$ berechne man mit Hilfe der Reihen. Die in Tabelle 2 angegebenen Werte von $\sin x$ und $\cos x$ dienen als Stützwerte.

Die betrachteten Beispiele zur Tabellierung der Funktionen $\sin x$ und $\cos x$ haben vollkommen allgemeinen Charakter. Die Tabellierung anderer Funktionen nach einer gegebenen Formel (einer gewöhnlichen oder einer Rekursionsformel) unterscheidet sich nur durch die Art und die Ordnung der in der Formel auftretenden Operationen.

Selbstverständlich können in der gegebenen Formel auch beliebige tabellierte Funktionen vorkommen, d. h. Funktionen, für die bereits Tabellen angelegt wurden. Es ist daher notwendig, daß wir jetzt auch eine rationale Verwendung von Funktionentabellen betrachten.

10. Endliche Differenzen

Wir betrachten die Funktion $y = f(x)$, die durch die Tabelle ihrer Werte in einer Reihe von festen, sogenannten Knotenpunkten x_n gegeben sein soll:

$$y_0 = f(x_0); \quad y_1 = f(x_1); \quad y_2 = f(x_2); \dots ; \quad y_n = f(x_n).$$

Im Falle von äquidistanten Knoten (die Argumentwerte bilden eine arithmetische Folge)

$$x_n = x_0 + nh, \tag{2.15}$$

wobei h die Schrittweite der Tabelle bedeutet, definiert man die ersten Differenzen der Funktionswerte $y = f(x)$ durch die Gleichungen

$$\Delta y_0 = y_1 - y_0; \quad \Delta y_1 = y_2 - y_1; \dots ; \quad \Delta y_n = y_{n+1} - y_n. \tag{2.16}$$

Aus den ersten Differenzen berechnen wir auf analogem Wege die zweiten Differenzen oder Differenzen zweiter Ordnung, indem wir von jeder Differenz die nachfolgende abziehen, d. h.,

$$\Delta^2 y_0 = \Delta(\Delta y_0) = \Delta y_1 - \Delta y_0; \quad \Delta^2 y_1 = \Delta y_2 - \Delta y_1, \dots ;$$
$$\Delta^2 y_n = \Delta y_{n+1} - \Delta y_n. \tag{2.17}$$

Aus den zweiten Differenzen ergeben sich die Differenzen dritter Ordnung:

$$\Delta^3 y_0 = \Delta(\Delta^2 y_0) = \Delta^2 y_1 - \Delta^2 y_0; \quad \Delta^3 y_1 = \Delta^2 y_2 - \Delta^2 y_1; \dots ;$$
$$\Delta^3 y_n = \Delta^2 y_{n+1} - \Delta^2 y_n. \tag{2.18}$$

Im allgemeinen werden die Differenzen der Ordnung $k + 1$ aus den Differenzen der Ordnung k mit Hilfe der Rekursionsformel

$$\Delta^{k+1} y_n = \Delta^k y_{n+1} - \Delta^k y_n; \quad k = 0, 1, 2, \dots \tag{2.19}$$

definiert. In der Gl. (2.19) sind die Differenzen der nullten Ordnung identisch mit den Funktionswerten selbst: $\Delta^0 y_n = y_n = f(x_n)$.

Die Differenzen schreibt man gewöhnlich in Tabellenform und zwar steht jede Differenz zwischen jenen Zeilen, in denen die Ausgangsangaben für ihre Berechnung stehen.

Bemerkung 1: Alle Tabellendifferenzen schreibt man gewöhnlich als ganze Zahlen in Einheiten der letzten Stelle ohne vorangehende Nullen. Diese Regel gilt im folgenden ohne Ausnahme.

Die durch die Gln. (2.16) bis (2.19) definierten Differenzen heißen *vorwärts genommene* oder *absteigende Differenzen.* Man bezeichnet sie gewöhnlich durch die entsprechende Potenz des großen griechischen Buchstaben Δ.

Darüber hinaus betrachtet man auch *rückwärts genommene* oder *aufsteigende Differenzen,* die man durch das Symbol Nabla ∇ bezeichnet und durch die Gleichungen

$$\nabla y_n = y_n - y_{n-1} = \Delta y_{n-1}; \quad \nabla^2 y_n = \nabla(\nabla y_n) = \nabla y_n - \nabla y_{n-1}; \ldots;$$

definiert, sowie die sogenannten *zentralen Differenzen*

$$\delta y_n = y_{n+\frac{1}{2}} - y_{n-\frac{1}{2}}, \ldots,$$

wobei $y_{n+\frac{1}{2}}$ und $y_{n-\frac{1}{2}}$ die Werte der Funktion im Mittelpunkt der Strecken $[x_{n+1}, x_n]$ und $[x_n, x_{n-1}]$ bedeuten.

Auf diese Fragen werden wir in den folgenden Abschnitten noch zurückkommen.

Beispiel 1: Wir berechnen die Tabelle der Differenzen für die Funktion $y = x^4 - 0{,}3\,x + 17{,}86$ im Abschnitt $3{,}0 \leqslant x \leqslant 4{,}0$ mit einer Schrittweite von $h = 0{,}1$.

Lösung: In Tabelle 5 sind die Werte der Ausgangsfunktion angegeben und alle Differenzen gemäß den Gln. (2.16) bis (2.19) berechnet worden. Der Rechengang ist dabei der folgende.

Wir stellen den größten Wert der Funktion ein, nämlich $y_{10} = 272{,}6600$ und ziehen davon $y_9 = 248{,}0341$ ab. Dadurch erhalten wir

$$\Delta y_9 = y_{10} - y_9 = 24{,}6259 = 246\,259 \cdot 10^{-4},$$

das wir als ganze Zahl in Einheiten der letzten Stelle in die Tabelle 5 eintragen. Hierauf löschen wir dieses Resultat, behalten aber die Einstellung von y_9 für die Berechnung von $\Delta y_8 = y_9 - y_8$ bei. Nach Berechnung der Spalte Δy ermitteln wir auf analogem Wege $\Delta^2 y$ usw.

Dieses Verfahren, das bis zu 50 % Einstellarbeit erspart, kann man bei der Berechnung der Differenzen einer beliebigen monotonen Funktion anwenden. Ist die Funktion hingegen nicht monoton, so können die Differenzen innerhalb einer Spalte das Vorzeichen wechseln.

Tabelle 5

n	x	y	Δy	$\Delta^2 y$	$\Delta^3 y$	$\Delta^4 y$
0	3,0	97,9600				
			$\Delta y_0 = 113221$			
1	3,1	109,2821		$\Delta^2 y_0 = 11534$		
			$\Delta y_1 = 124755$		$\Delta^3 y_0 = 756$	
2	3,2	121,7576		$\Delta^2 y_1 = 12290$		$\Delta^4 y_0 = 24$
			$\Delta y_2 = 137045$		$\Delta^3 y_1 = 780$	
3	3,3	135,4621		$\Delta^2 y_2 = 13070$		$\Delta^4 y_1 = 24$
			$\Delta y_3 = 150115$		$\Delta^3 y_2 = 804$	
4	3,4	150,4736		$\Delta^2 y_3 = 13874$		$\Delta^4 y_2 = 24$
			$\Delta y_4 = 163989$		$\Delta^3 y_3 = 828$	
5	3,5	166,8725		$\Delta^2 y_4 = 14702$		$\Delta^4 y_3 = 24$
			$\Delta y_5 = 178691$		$\Delta^3 y_4 = 852$	
6	3,6	184,7416		$\Delta^2 y_5 = 15554$		$\Delta^4 y_4 = 24$
			$\Delta y_6 = 194245$		$\Delta^3 y_5 = 876$	
7	3,7	204,1661		$\Delta^2 y_6 = 16430$		$\Delta^4 y_5 = 24$
			$\Delta y_7 = 210675$		$\Delta^3 y_6 = 900$	
8	3,8	225,2336		$\Delta^2 y_7 = 17330$		$\Delta^4 y_6 = 24$
			$\Delta y_8 = 228005$		$\Delta^3 y_7 = 924$	
9	3,9	248,0341		$\Delta^2 y_8 = 18254$		
			$\Delta y_9 = 246259$			
10	4,0	272,6600				
Σ_k		–	1747000	133038	6720	168
R_k		174,7000	133038	6720	168	0

Im betrachteten Beispiel besitzen die Differenzen vierter Ordnung konstanten Wert (daher werden für $p > 4$ alle nachfolgenden Differenzen $\Delta^p y \equiv 0$). Dies ist kein Zufall.

Wenn nämlich die Funktion $y = f(x)$ im gegebenen Intervall k-mal stetig differenzierbar ist, so gilt die Gleichung[1])

$$\Delta^k y_n = f^{(k)}(\xi) \cdot h^k, \tag{2.20}$$

wobei ξ irgendein Punkt zwischen x_n und $x_{n+k} = x_n + kh$ ist. Für ein Polynom vom Grad k

$$y = f(x) = a_k x^k + a_{k-1} x^{k-1} + \ldots + a_1 x + a_0, \tag{2.21}$$

für das $f^{(k)}(x) = a_k \cdot k! = \text{const}$ gilt, haben wir $f^{(p)}(x) \equiv 0$, wenn $p > k$, und für beliebiges n (aber konstantes h) haben wir

$$\Delta^k y_n = a_k h^k k! = \text{const} \quad \text{und} \quad \Delta^p y_n \equiv 0 \quad \text{für} \quad p > k, \tag{2.22}$$

d. h. es gilt das folgende Theorem:

Theorem 1: *Bei einem Polynom vom Grad* k *ist (für beliebiges* n, *aber konstante Schrittweite* h) *die Differenz* k*-ter Ordnung konstant. Alle folgenden Differenzen sind identisch gleich Null.*

In unserem Beispiel gilt $k = 4$, $a_4 = 1$, $h = 0{,}1$. Daher ist

$$\Delta^4 y_n = (0{,}1)^4 \cdot 4! = 0{,}0024 = 24 \cdot 10^{-4}; \quad \Delta^p y_n \equiv 0 \text{ für } p > 4.$$

Von diesem Theorem gilt auch die Umkehrung, die wir ohne Beweis anführen.

Theorem 2: *Wenn die* k*-ten Differenzen einer Funktion, gebildet für äquidistante Argumentwerte bei beliebiger Schrittweite* h, *konstant sind, so wird diese Funktion durch ein Polynom vom Grad* k (2.21) *dargestellt, wobei der Koeffizient bei* x^k *gegeben ist durch*

$$a_k = \frac{\Delta^k y_n}{h^k \cdot k!}. \tag{2.23}$$

Man muß jedoch hinzufügen, daß die Konstanz der k-ten Differenzen (2.22) nur bei Tabellen mit exakten Werten der Polynome gilt. Wenn man zum Beispiel in Tabelle 5 nur die letzte Dezimalstelle der Funktion $y = f(x)$ rundet, d. h. wenn man in dem gegebenen Beispiel nur die Zehntausendstel rundet, so erhält man schon völlig andere Tabellendifferenzen (Tabelle 6).

Der Rundungsfehler ist gleich einer halben Einheit der letzten Dezimalstelle der tabellierten Funktionswerte. Nach der Regel für die Berechnung des absoluten Fehlers der Differenz zweier Näherungszahlen (siehe Abschnitt 4) finden wir, daß für $\Delta y_n = y_{n+1} - y_n$ der Fehler nicht größer als eine Einheit ist, für $\Delta^2 y_n = \Delta y_{n+1} - \Delta y_n$ nicht größer als zwei Einheiten usw. Dies entspricht der folgenden Tabelle (in Einheiten der letzten Stelle):

---

1) Im Falle $k = 1$ stimmt sie mit der Gleichung für die endlichen Differenzen $\Delta y_n = y_{n+1} - y_n = f(x_n + h) - f(x_n) = f'(\xi) \cdot h$ überein, wobei gilt $x_n \leqslant \xi \leqslant x_{n+1}$. Für $k > 1$ beweist man die Gl. (2.20) durch vollständige Induktion unter Zuhilfenahme einer allgemeineren Gleichung für die endlichen Differenzen von *Cauchy*.

Tabelle der Differenzen	$\Delta^0 y \equiv y$	Δy	$\Delta^2 y$	$\Delta^3 y$	$\Delta^4 y$	$\Delta^5 y$	...	$\Delta^k y$
absolute Fehlergrenze bei der Rundung	$\frac{1}{2}$	1	2	4	8	16	...	2^{k-1}

Auf Grund der unvermeidlichen Rundungsfehler darf man daher in der Praxis gewöhnlich Differenzen höherer als etwa fünfter Ordnung nicht mehr verwenden.

Wir benötigen nun einige Definitionen.

Definition 1: *Eine Tabelle der Differenzen bis einschließlich* k*-ter Ordnung heißt regulär, wenn die Differenzen* (k + 1)*-ter Ordnung kleiner sind als ihre Rundungsfehler, d. h. wenn*

$$|\Delta^{k+1} y_n| < 2^k,$$

und wenn die Differenzen niedrigerer Ordnung diese Eigenschaft nicht besitzen.

In diesem Fall sind die Differenzen k*-ter Ordnung praktisch konstant und die Differenzen* (k + 1)*-ter Ordnung praktisch gleich Null. Die Differenzen höherer Ordnung werden nicht berechnet und in der Rechnung nicht berücksichtigt.*

Aus der Gl. (2.20) folgt eine hinreichende Bedingung dafür, daß die Differenzen (k + 1)-ter Ordnung praktisch gleich Null sind:

$$|\Delta^{k+1} y_n| \leqslant M_{k+1} \cdot h^{k+1} \leqslant 10^{-m}. \tag{2.24}$$

M_{k+1} bedeutet dabei den größten Wert des Betrags der (k + 1)-ten Ableitung $|f^{(k+1)}(x)|$ im Intervall der tabellierten Argumentwerte, m bedeutet die Anzahl der Dezimalstellen hinter dem Komma in der Tabelle für die Funktionswerte von $y = f(x)$.

Wir bemerken, daß in der Praxis eine Bestimmung der Zahl M_{k+1} mühsam oder sogar unmöglich sein kann, zum Beispiel dann, wenn die Funktion durch eine Tabelle oder durch ein Schaubild gegeben ist.

Tabelle 6

n	x	y	Δy	$\Delta^2 y$	$\Delta^3 y$	$\Delta^4 y$	$\Delta^5 y$
0	3,0	97,960					
			11322				
1	3,1	109,282		1154			
			12476		74		
2	3,2	121,758		1228		+ 6	
			13704		80		− 8
3	3,3	135,462		1308		− 2	
			15012		78		+ 10
4	3,4	150,474		1386		+ 8	
			16398		86		− 12
5	3,5	166,872		1472		− 4	
			17870		82		+ 12
6	3,6	184,742		1554		+ 8	
			19424		90		− 10
7	3,7	204,166		1644		− 2	
			21068		88		+ 8
8	3,8	225,234		1732		+ 6	
			22800		94		
9	3,9	248,034		1826			
			24626				
10	4,0	272,660					
Σ_k		–	174700	13304	672	20	0
R_k		174700	13304	672	20	0	–

Definition 2: *Wir betrachten die Differenzen $\Delta^{k+1} y_n$ als praktisch gleich Null, wenn sowohl ihre Summe als auch der größte Wert unter ihnen kleiner als der entsprechende Rundungsfehler ist und ihre Vorzeichen entweder regellos variieren oder alternieren.*

Zum Beispiel genügen in Tabelle 6 erst die Differenzen $\Delta^5 y$ all diesen Bedingungen, da für die Differenzen der fünften Ordnung der Rundungsfehler bis zu 16 Einheiten der letzten Stelle ausmacht. Die Summe der Differenzen vierter Ordnung in Tabelle 6 und deren einzelne Werte sind hingegen größer oder gleich der Rundungsfehlergrenze, die für $k = 4$ gleich $2^3 = 8$ ist.

Dank der teilweisen gegenseitigen Kompensation der Rundungsfehler kommt im allgemeinen das arithmetische Mittel aus den Differenzen, die praktisch als konstant oder als gleich Null zu betrachten sind, den wirklichen Differenzen beträchtlich näher als die einzelnen Tabellenwerte, die durch Rundungsfehler in hohem Maße verzerrt sind.

In Tabelle 6 haben wir zum Beispiel für $n = 10$:

$$\sum_{\nu=0}^{5} \Delta^5 y_\nu = 0; \qquad \sum_{\nu=0}^{6} \Delta^4 y_\nu = 20.$$

Die entsprechenden arithmetischen Mittelwerte sind:

$$\Delta^5 y_{\text{mitt}} = 0; \qquad \Delta^4 y_{\text{mitt}} = \frac{20}{7} = 2{,}86.$$

Sie stimmen mit den genauen Werten

$$\Delta^4 y = 0{,}0024 = 2{,}4 \cdot 10^{-3} = \text{const}; \qquad \Delta^5 y = 0$$

gut überein.

Bemerkung 2: Wenn die $(k + 1)$-ten Differenzen praktisch gleich Null sind, so bedeutet dies nach Theorem 2, daß die gegebene Funktion $y = f(x)$ bei der gegebenen Schrittweite h und in dem betrachteten Abschnitt durch ein Polynom k-ten Grades approximiert wird (mit einer Genauigkeit bis auf Einheiten der letzten Stelle). Je kleiner dabei die Schrittweite h der Tabelle ist, umso kleiner ist der Grad k des Approximationspolynoms.

Wir befassen uns noch mit einer Überprüfung der Berechnung von Tabellendifferenzen.

Aus den Gln. (2.16) und (2.19) finden wir unmittelbar, daß

$$\sum_{\nu=0}^{n-1} \Delta y_\nu = (y_1 - y_0) + (y_2 - y_1) + \ldots + (y_n - y_{n-1}) = y_n - y_0 \tag{2.25}$$

und genauso

$$\begin{aligned} \sum_{\nu=0}^{n-k} \Delta^{k+1} y_\nu &= (\Delta^k y_1 - \Delta^k y_0) + \ldots + (\Delta^k y_{n-k} - \Delta^k y_{n-k-1}) \\ &= \Delta^k y_{n-k} - \Delta^k y_0 \end{aligned} \tag{2.26}$$

Die Summe der Werte in jeder Differenzenspalte ist also gleich der Differenz zwischen dem letzten und dem ersten Wert der vorhergehenden Spalte. Diese Tatsache dient zu Kontrollzwecken. Man berechnet dazu in der Differenzentabelle zwei weitere Zeilen, die Zeile Σ_k, gleich der Summe aller Zahlen in der Spalte k, und die Zeile R_k, gleich der Differenz zwischen den Randwerten dieser Spalte. Wenn alle Rechnungen richtig durchgeführt wurden, muß gemäß Gl. (2.26) für alle Spalten k

$$R_k = \Sigma_{k+1}; \quad k = 1, 2, 3, \ldots \qquad (2.27)$$

gelten.

In den Tabellen 5 und 6, in denen auch die Zeilen Σ_k und R_k berechnet wurden, sind die Kontrollgleichungen (2.27) für alle betrachteten Werte von k erfüllt. Diese Kontrolle erfaßt jedoch nicht Fehler, deren Summe gleich Null ist.

Übung 1: Aus den Ergebnissen in Tabelle 2 (Abschnitt 8) bestimme man die Differenzen der Funktionen $y = \sin x$ und $y = \cos x$ und überprüfe hierauf, welche davon praktisch gleich Null sind (für $0 \leqslant x \leqslant 10°$). Die Berechnung der Differenzen kontrolliere man mit Hilfe der Gl. (2.27).

Bei der Tabellierung von Polynomen verwendet man in hohem Maße die Konstanz der k-ten Differenzen, die das Theorem 1 zum Inhalt hat. Bei Verwendung dieser Eigenschaft braucht man nur die ersten k + 1 Werte des Polynoms zu berechnen (bei einer Tabelle mit konstanter Schrittweite). Alle übrigen Werte erhält man durch Summierung der bereits gefundenen Differenzen.

Beispiel 2: Wir tabellieren das Polynom

$$y = 0{,}267x^4 - 1{,}378x^3 + 2{,}060x^2 - 0{,}031x + 2{,}743$$

für $0 \leqslant x \leqslant 1{,}5$ mit einer Schrittweite $h = 0{,}1$.

Lösung: Wir berechnen unmittelbar aus der Formel nur die ersten fünf Werte der Funktion $y(x)$ und die entsprechenden Differenzen.

Da bei einem Polynom vierten Grades die vierten Differenzen konstant sind, berechnen wir aus

$$\Delta^4 y_0 = 6408 = \Delta^4 y_n = \text{const}$$

gemäß Gl. (2.19) alle von uns benötigten dritten Differenzen:

$$\Delta^3 y_{n+1} = \Delta^3 y_n + \Delta^4 y_n = \Delta^3 y_n + 6408.$$

Aus den so gefundenen dritten Differenzen berechnen wir auf analogem Wege die zweiten Differenzen, aus diesen die ersten, und aus den ersten Differenzen schließlich die Funktionswerte selbst. Alle diese Rechnungen sind in Tabelle 7 zusammengefaßt. Zur Kontrolle berechnen wir den letzten Wert $y(1{,}5) = 4{,}0324375$ unmittelbar nach der gegebenen Formel und überzeugen uns, daß alle gefundenen Stellen gültig sind.

Einen wichtigen Umstand darf man jedoch nicht aus dem Auge lassen: Die angegebene Rechenmethode ist nur bei Polynomen und unter der Voraussetzung richtig, daß alle Rechnungen absolut genau durchgeführt werden, ohne Rundung und ohne Fehler.

Tabelle 7

x	y	Δy	$\Delta^2 y$	$\Delta^3 y$	$\Delta^4 y$
0,0	2,7430000				
		+ 161487			
0,1	2,7591487		+ 333058		
		+ 494545		- 73068	
0,2	2,8086032		+ 259990		+ 6408
		+ 754535		- 66660	
0,3	2,8840567		+ 193330		
		+ 947865		- 60252	
0,4	2,9788432		+ 133078		
		+ 1080943		- 53844	
0,5	3,0869375		+ 79234		
		+ 1160177		- 47436	
0,6	3,2029552		+ 31798		
		+ 1191975		- 41028	
0,7	3,3221527		- 9230		
		+ 1182745		- 34620	
0,8	3,4404272		- 43850		
		+ 1138895		- 28212	
0,9	3,5543167		- 72062		
		+ 1066833		- 21804	
1,0	3,6610000		- 93866		
		+ 972967		- 15396	
1,1	3,7582967		- 109262		
		+ 863705		- 8988	
1,2	3,8446672		- 118250		
		+ 745455		- 2580	
1,3	3,9192127		- 120830		
		+ 624625		+ 3828	
1,4	3,9816752		- 117002		
		+ 507623			
1,5	4,0324375				

Nehmen wir an, wir würden bei den vierten Differenzen einen geringfügigen Fehler gestatten. Dieser kann sich bei den dritten Differenzen proportional zur Zeilenanzahl n vergrößern. Bei den zweiten Differenzen nimmt er proportional zum Quadrat der Zeilenanzahl n zu, bei den ersten Differenzen proportional zu n^3 und bei den Funktionswerten selbst proportional n^4.

In Tabelle 8 haben wir nur die letzte Stelle in den fünf Ausgangswerten y_0, y_1, y_2, y_3, y_4 gerundet und die gesamte Rechnung wiederholt, die in Tabelle 7 durchgeführt wurde. Als Ergebnis erhalten wir für $x = 1{,}5$ den Wert $y(1{,}5) \approx 4{,}027900$ mit einem absoluten Fehler $\epsilon = 4{,}0324375 - 4{,}0279000 = 0{,}0045375$. In dem betrachteten Beispiel der Berechnung einer Tabelle mit 11 Zeilen beträgt der Fehler im Endergebnis das 9075-fache des Rundungsfehlers 0,0000005 in den Ausgangswerten.

Übung 2: Man führe die Rechnung in Tabelle 7 und 8 bis zu $x = 2{,}5$ weiter und bestimme den Fehler des Näherungswerts $y(2{,}5)$, den man in Tabelle 8 erhält.

Tabelle 8

x	$\tilde{y}$	$\Delta\tilde{y}$	$\Delta^2\tilde{y}$	$\Delta^3\tilde{y}$	$\Delta^4\tilde{y}$
0,0	2,743000				
		+ 16149			
0,1	2,759149		+ 33305		
		+ 49454		- 7305	
0,2	2,808603		+ 26000		+ 637
		+ 75454		- 6668	
0,3	2,884057		+ 19332		
		+ 94786		- 6031	
0,4	2,978843		+ 13301		
		+ 108087		- 5394	
0,5	3,086930		+ 7907		
		+ 115994		- 4757	
0,6	3,202924		+ 3150		
		+ 119134		- 4120	
0,7	3,322058		- 970		
		+ 118164		- 3483	
0,8	3,440222		- 4453		
		+ 113711		- 2846	
0,9	3,553933		- 7299		
		+ 106412		- 2209	
1,0	3,660345		- 9508		
		+ 96904		- 1572	
1,1	3,757249		- 11080		
		+ 85824		- 935	
1,2	3,843073		- 12015		
		+ 73809		- 298	
1,3	3,916882		- 12313		
		+ 61496		+ 339	
1,4	3,978378		- 11974		
		+ 49522			
1,5	4,027900				

11. Interpolation. Die Formeln von Gregory-Newton

Die Interpolation kann man als einen Prozeß betrachten, durch den bei gegebenem Argument x der Wert der Funktion

$$y = f(x) \tag{2.28}$$

aus bekannten Funktionswerten an anderen Argumentstellen bestimmt wird.

Die Wertepaare $(x_0; y_0), (x_1; y_1), \ldots, (x_n; y_n)$ mögen der Bedingung (2.28) genügen. Die Aufgabe der Interpolation besteht dann darin, für beliebiges x einen Näherungswert für y zu finden. Den Ausdruck „Interpolation" verwendet man jedoch nur dann, wenn die x-Werte den Bereich der gegebenen Werte x_n nicht verlassen. Im entgegengesetzten Fall spricht man von einer „Extrapolation".

Die Interpolation verwendet man hauptsächlich zur Berechnung der Werte einer tabellierten Funktion für Zwischenwerte des Arguments. Man bezeichnet sie daher oft auch als „Kunst des Lesens zwischen den Zeilen einer Tabelle".

Zur Durchführung der Interpolation benötigt man eine Interpolationsfunktion $y = F(x)$, die den Bedingungen

$$F(x_0) = y_0; \quad F(x_1) = y_1; \ldots; \quad F(x_n) = y_n \tag{2.29}$$

genügen muß. Die Interpolationsfunktion muß also in den Stützstellen $x_0, x_1, \dots, x_n$ die gegebenen Werte $y_0, y_1, \dots, y_n$ annehmen.

Natürlich lassen sich unendlich viele verschiedene stetige Funktionen konstruieren, deren Schaubilder durch die gegebenen Stützpunkte $(x_0; y_0), (x_1; y_1), \dots, (x_n; y_n)$ verlaufen. Es gibt daher verschiedene Interpolationstypen: polynomiale, trigonometrische, exponentiale Interpolation usw.

Wir betrachten den einfachsten Typ, die *polynomiale* (oder *parabolische*) *Interpolation,* die mit Hilfe von Polynomen vorgenommen wird.

Wir führen die neue dimensionslose unabhängige Variable

$$u = \frac{x - x_0}{h} \quad \text{oder} \quad x = x_0 + uh \tag{2.30}$$

ein, die für äquidistante Knotenpunkte (Stützstellen) $x_0, x_1, \dots, x_n$

$$x_k = x_0 + kh; \quad k = 0, 1, 2, \dots, n \tag{2.31}$$

die ganzzahligen Werte

$$u_0 = 0; \quad u_1 = 1; \quad u_2 = 2, \dots; \quad u_n = n \tag{2.32}$$

annimmt.

Die Interpolationsfunktion $y(x) = y(x_0 + uh)$ setzen wir in Form eines Polynoms n-ten Grades an:

$$y(x_0 + uh) = a_0 + a_1 u + a_2 u(u-1) + a_3 u(u-1)(u-2) + \dots + a_n u(u-1) \dots (u-n+1). \tag{2.33}$$

Die Koeffizienten $a_0, a_1, \dots, a_n$ findet man durch Einsetzen der Werte der Knotenpunkte in die Gl. (2.33). Gemäß den Bedingungen (2.29) erhält man daraus ein System von algebraischen Gleichungen mit n Unbekannten:

$$\begin{aligned}
y_0 &= a_0, \\
y_1 &= a_0 + a_1, \\
y_2 &= a_0 + 2a_1 + 2 \cdot 1 a_2, \\
&\dots\dots\dots\dots\dots\dots \\
y_n &= a_0 + na_1 + n(n-1)\, a_2 + \dots + n! a_n.
\end{aligned}$$

Daraus findet man der Reihe nach

$$\begin{aligned}
a_0 &= y_0, \\
a_1 &= y_1 - a_0 = y_1 - y_0 = \Delta y_0, \\
a_2 &= \frac{1}{2!}(y_2 - 2a_1 - a_0) = \frac{1}{2!}(y_2 - 2y_1 + y_0) = \frac{1}{2!}\Delta^2 y_0, \\
&\dots\dots\dots\dots\dots\dots\dots\dots\dots\dots\dots\dots \\
a_n &= \frac{1}{n!}\left[y_n - ny_{n-1} + \frac{n(n-1)}{2!} y_{n-2} + \dots + (-1)^n y_0\right] = \frac{1}{n!}\Delta^n y_0.
\end{aligned}$$

Auf Grund der Gln. (2.16) bis (2.19) gilt nämlich:

$$\begin{aligned}\Delta y_0 &= y_1 - y_0,\\ \Delta^2 y_0 &= \Delta y_1 - \Delta y_0 = y_2 - 2y_1 + y_0,\\ \Delta^3 y_0 &= \Delta^2 y_1 - \Delta^2 y_0 = y_3 - 3y_2 + 3y_1 - y_0,\\ &\dots\dots\dots\\ \Delta^n y_0 &= y_n - ny_{n-1} + \frac{n(n-1)}{2!} y_{n-2} - \frac{n(n-1)(n-2)}{3!} y_{n-3} + \ldots + (-1)^n y_0.\end{aligned} \tag{2.34}$$

Diese Gleichungen, die die Differenzen beliebiger Ordnung unmittelbar durch die Funktionswerte selbst ausdrücken und die daher eine eigenständige Bedeutung besitzen, kann man sehr kurz in der folgenden symbolischen Form schreiben:

$$\Delta^n y_0 = (E-1)^n y_0. \tag{2.35}$$

Dabei wurde die Bezeichnungsweise

$$E^k y_0 = y_{0+k} = y_k \tag{2.36}$$

eingeführt.

Rechnet man den Ausdruck $(E-1)^n$ nach der Newtonschen Formel aus und verwendet die Bezeichnungsweise (2.36), so erhält man Gl. (2.34).

Setzt man nun die gefundenen Koeffizienten $a_0, a_1, \ldots, a_n$ in Gl. (2.33) ein, so gelangt man zur Interpolationsformel von *Gregory-Newton* zur Vorwärtsinterpolation[1]):

$$y(x_0 + uh) = y_0 + u\Delta y_0 + \frac{u(u-1)}{2!}\Delta^2 y_0 + \ldots + \frac{u(u-1)\ldots(u-n+1)}{n!}\Delta^n y_0,$$

wobei (2.37)

$$u = \frac{x - x_0}{h}.$$

Als Anfangswert y_0 kann man einen beliebigen Tabellenwert der Funktion $y = f(x)$ nehmen. Zur Bestimmung der Differenzen $\Delta^k y_0$ dienen dann jedoch nur die (nach y_0) folgenden Tabellenwerte, was auch in der Bezeichnung der Gl. (2.37) zum Ausdruck kommt.

Vollkommen analog erhalten wir auch die Formel von *Gregory-Newton* für die Rückwärtsinterpolation:

$$y(x_n + vh) = y_n + v\Delta y_{n-1} + \frac{v(v+1)}{2!}\Delta^2 y_{n-2} + \ldots + \frac{v(v+1)\ldots(v+n-1)}{n!}\Delta^n y_0. \tag{2.38}$$

Daher gilt wieder

$$v = \frac{x - x_n}{h}.$$

---

1) Diese Formel wurde zuerst von *James Gregory* im Jahre 1670 abgeleitet. *Isaak Newton* betrachtete sie später, ab 1676, in einer Reihe von Arbeiten, die sich mit Fragen der Interpolation befaßten [461, S. 15].

Die Gl. (2.37) verwendet man, wenn man mit der ersten Tabellenzeile beginnt. Gl. (2.38) hingegen läßt sich bequem am Ende der Tabelle anwenden, wo man Gl. (2.37) nicht mehr unmittelbar ohne Verlängerung der Tabelle verwenden kann.

Wir weisen darauf hin, daß die Gln. (2.37) und (2.38) nur für äquidistante Stützstellen verwendbar sind.

Zur Illustration der großen Bedeutung, die die Interpolationsformeln besitzen, betrachten wir Tabelle 9. In ihr sind die unter Verwendung der unendlichen Reihen berechneten Werte der Funktion $y = \sin x$ mit einer Schrittweite von $h = 5^\circ$ angegeben. In derselben Tabelle sind auch alle benötigten Differenzen zu finden. Bei der gegebenen Genauigkeit von acht gültigen Dezimalstellen sind die Differenzen $\Delta^7 y$ gemäß Definition 2 praktisch gleich Null. Sie werden daher in der weiteren Rechnung nicht berücksichtigt.

Die Interpolationsformeln erlauben im Verein mit Tabelle 9 die Berechnung beliebiger Werte von $\sin x$ mit acht gültigen Dezimalstellen, und damit auch die Berechnung aller übrigen trigonometrischen Funktionen.

Beispiel: Man berechne $\sin 17^\circ 23' 11{,}4''$.

Lösung: In diesem Beispiel gilt

$$h = 5^\circ; \quad x_0 = 15^\circ; \quad y_0 = 0{,}25881905; \quad x = 17^\circ 23' 11{,}4'' = 17{,}386500^\circ;$$

$$u = \frac{x - x_0}{h} = 0{,}477300; \quad u - 1 = -0{,}5227000.$$

Wir verwenden die Gl. (2.37) zur Vorwärtsinterpolation und schreiben sie in der für die Rechnung bequemen Form

$$y(x_0 + uh) = y_0 + c_1 \Delta y_0 + c_2 \Delta^2 y_0 + \ldots + c_n \Delta^n y_0 . \tag{2.39}$$

Tabelle 9

x°	y = sin x	Δy	Δ²y	Δ³y	Δ⁴y	Δ⁵y	Δ⁶y	Δ⁷y
0	0,00000000							
		8715574						
5	0,08715574		− 66330					
		8649244		− 65827				
10	0,17364818		− 132157		1006			
		8517087		− 64821		496		
15	0,25881905		− 196978		1502		− 20	
		8320109		− 63319		476		+ 15
20	0,34202014		− 260297		1978		− 5	
		8059812		− 61341		471		− 20
25	0,42261826		− 321638		2449		− 25	
		7738174		− 58892		446		+ 8
30	0,50000000		− 380530		2895		− 17	
		7357644		− 55997		429		− 14
35	0,57357644		− 436527		3324		− 31	
		6921117		− 52673		398		+ 7
40	0,64278761		− 489200		3722		− 24	
		6431917		− 48951		374		− 9
45	0,70710678		− 538151		4096		− 33	
		5893766		− 44855		341		0
50	0,76604444		− 583006		4437		− 33	
		5310760		− 40418		308		− 6
55	0,81915204		− 623424		4745		− 39	
		4687336		− 35673		269		+ 9
60	0,86602540		− 659097		5014		− 30	
		4028239		− 30659		239		− 23
65	0,90630779		− 689756		5253		− 53	
		3338483		− 25406		186		+ 27
70	0,93969262		− 715162		5439		− 26	
		2623321		− 19967		160		− 33
75	0,96592583		− 735129		5599		− 59	Σ = − 39
		1888192		− 14368		101		
80	0,98480775		− 749497		5700			
		1138695		− 8668				
85	0,99619470		− 758165					
		380530						
90	1,00000000							

Die Koeffizienten

$$c_k = \frac{u(u-1)(u-2)\dots(u-k+1)}{k!} \tag{2.40}$$

berechnet man am einfachsten aus der Rekursionsformel

$$c_k = \frac{u-k+1}{k} c_{k-1}, \quad \text{wobei } c_0 = 1; \; k = 1, 2, 3, \dots, n. \tag{2.40'}$$

Alle Rechnungen, die mit so großer Genauigkeit durchgeführt wurden, daß acht gültige Dezimalstellen gesichert sind, sind in Tabelle 10 angegeben. Die benötigten Differenzenwerte wurden der Tabelle 9 entnommen.

Tabelle 10

k	$u-k+1$	$\frac{1}{k}(u-k+1)$	c_k	$\Delta^k y_0$
1	–	–	+ 0,4773000	+ 8320109
2	– 0,5227000	– 0,2613500	– 0,124742	– 260297
3	– 1,522700	– 0,507567	+ 0,063315	– 61341
4	– 2,52270	– 0,63068	– 0,039932	+ 2449
5	– 3,5227	– 0,7045	+ 0,028130	+ 446
6	– 4,523	– 0,754	– 0,021200	– 17

Wir multiplizieren nun (ohne die Zwischenergebnisse zu notieren) die c_k mit den entsprechenden $\Delta^k y_0$ und addieren zu y_0 die Summe der Produkte $\Sigma c_k \Delta^k y_0 = 0{,}039996893$. Damit erhalten wir $\sin x = 0{,}298815943 \approx 0{,}29881594$.

Bei einer Kontrollrechnung unter Verwendung der siebenstelligen Tafeln von Wega [643] (mit deren Hilfe man aus $\log \sin x$ den benötigten Wert von $\sin x$ erhält) findet man $\sin x = 0{,}2988160$. Der genauere Wert, ermittelt mit Hilfe von Reihen, ist $\sin 17°23'11{,}4'' = 0{,}2988159463\dots$

Die Tabelle 9 liefert daher zusammen mit den Interpolationsformeln genauere Resultate als die siebenstelligen Tafeln [643], die 270 Seiten umfassen. Berechnet man Tabelle 9 mit neun oder zehn Dezimalstellen, so sichert die Interpolation bei kleinem zusätzlichem Arbeitsaufwand (man benötigt noch die Differenzen $\Delta^7 y$ und $\Delta^8 y$ und die Koeffizienten c_7 und c_8) eine noch größere Genauigkeit. Bei weiterer Vergrößerung von k können jedoch die Rundungsfehler das Resultat stark beeinflussen. Zur Erhöhung der Genauigkeit kann man dann nur die Schrittweite der Tabelle verkleinern, wodurch ihr Umfang wächst.

Auf den ersten Blick mag es verwunderlich erscheinen, daß die in Tabelle 10 angegebenen Rechnungen eine so hohe Genauigkeit besitzen, während die einfacheren Rechnungen in Tabelle 8 (die nur aus Additionen bestehen) zu großen Fehlern führen. Wir wollen daher die Ergebnisse etwas analysieren.

In Tabelle 10 beinhalten die Differenzen $\Delta^k y_0$ ebenfalls einen Fehler, der durch die Rundung der Ausgangswerte der Funktion y bedingt ist. Dieser Fehler übersteigt 2^{k-1} nicht, wie schon oben bemerkt wurde. Die Differenzen werden jedoch mit den Koeffizienten $c_k < 1$ multipliziert, die mit wachsendem k abnehmen. Im Endergebnis beeinflussen die unvermeidlichen Rundungsfehler daher nur die neunte Dezimalstelle, d. h. sie liegen innerhalb der Rechenungenauigkeit. In Tabelle 8 hingegen häufen sich die Rundungsfehler immer.

Diese Umstände darf man nicht außer acht lassen. Bei der Lösung einer Aufgabe muß man daher unbedingt überprüfen, welchen Einfluß die unvermeidlichen Rundungsfehler auf das Endergebnis gewinnen. Gegebenenfalls ist die Stellenzahl zu erhöhen, mit der die Rechnung durchzuführen ist. Läßt sich das nicht verwirklichen, so ist auch kein Resultat mit hoher Genauigkeit erreichbar.

Übung: Man berechne aus Tabelle 9 mit Hilfe von Gl. (2.39) $\sin 39°25'12''$ und mit Hilfe von Gl. (2.38) $\cos 11°26'15'' = \sin 78°33'45''$. Man überprüfe die Ergebnisse unter Verwendung der Reihen (2.2) und (2.3).

Zur bequemen Verwendung berechnet man Tabellen meist mit so kleiner Schrittweite, daß man in der Gl. (2.37) nicht alle Glieder benötigt, sondern nur die ersten zwei. Damit erhält Gl. (2.37) die einfachere Form

$$y(x_0 + uh) = y_0 + u\Delta y_0; \quad u = \frac{x - x_0}{h}. \tag{2.41}$$

Diese Art der Interpolation nennt man linear, da in diesem Fall das Interpolationspolynom (2.33) ein Polynom ersten Grades ist:

$$y(x_0 + uh) = a_0 + a_1 u.$$

Bei hinreichend glatten Funktionen wird der Fehler, den man bei der linearen Interpolation begeht, hauptsächlich durch das dritte Glied

$$\frac{u(u-1)}{2}\Delta^2 y$$

der allgemeinen Gl. (2.37) bestimmt.

u ist in der Regel ein Bruch. Bei $u = \frac{1}{2}$ besitzt der Fehler seinen höchsten Wert $\frac{1}{8}\Delta^2 y$. Erhöhen wir diese Abschätzung der größeren Zuverlässigkeit wegen auf das Zweifache, so gelangen wir zu einem Schluß, der in der Praxis breiteste Verwendung findet: Eine Tabelle der Funktion $y = f(x)$ gestattet lineare Interpolation (ohne Verlust an Genauigkeit) in jenen Bereichen, in denen die Tabellendifferenzen zweiter Ordnung $\Delta^2 y$ nicht größer als vier Einheiten der letzten Dezimalstelle der tabellierten Funktion sind. Diese Regel ist jedoch mit Vorsicht zu gebrauchen. In Zweifelsfällen verwende man sie lieber nicht, da in ihr die übrigen weggelassenen Glieder nicht berücksichtigt werden.

Für $n = 2$ erhalten wir aus Gl. (2.37) die Formel für die quadratische Interpolation

$$y(x_0 + uh) = y_0 + u\Delta y + \frac{u(u-1)}{2}\Delta^2 y; \quad u = \frac{x - x_0}{h}, \tag{2.42}$$

deren Fehler (unter denselben Bedingungen) in erster Näherung durch die Gleichung

$$\epsilon = 2c_3\Delta^3 y_0 = \frac{u(u-1)(u-2)}{3}\Delta^3 y_0$$

abgeschätzt werden kann.

Die quadratische Interpolation verwendet man ziemlich oft. Um diese Anwendung zu erleichtern, sind in Tabelle II des Anhangs die Werte der Koeffizienten

$$c_2 = \frac{u(u-1)}{2} \quad \text{und} \quad c_3 = \frac{u(u-1)(u-2)}{6}$$

angegeben (für grobe Fehlerabschätzung).

Für die Interpolationsformeln von *Gregory-Newton* gibt es auch einen exakten Ausdruck für die restlichen Glieder. Für die Gl. (2.37) gilt [19. Bd. I, S. 122 bis 123]:

$$R_n = \frac{h^{n+1} f^{(n+1)}(\xi)}{(n+1)!} u(u-1)(u-2) \dots (u-n); \quad u = \frac{x - x_0}{h} \tag{2.43}$$

und für die Gl. (2.38):

$$R_n = \frac{h^{n+1} f^{(n+1)}(\xi)}{(n+1)!} v(v+1)(v+2) \dots (v+n); \quad v = \frac{x - x_n}{h}. \tag{2.44}$$

ξ bedeutet dabei einen gewissen Argumentwert zwischen den Stützstellen.

Eine Anwendung dieser Abschätzung erweist sich jedoch leider in der Praxis als sehr kompliziert. Bei der Verarbeitung von experimentellen Daten ist auch eine Abschätzung der Größe der Ableitung $f^{(n+1)}(\xi)$ unmöglich.

Schließlich gehen wir noch auf die Frage ein, ob man in allen Fällen eine polynomiale Interpolation verwenden darf.

Schon 1885 hat *Weierstraß* bewiesen, daß man eine auf einem abgeschlossenen Intervall definierte und dort stetige Funktion immer mit beliebiger Genauigkeit durch Polynome approximieren kann. Dieses Theorem bot sozusagen die Rechtfertigung für eine Entwicklung in Polynome, und es schien, als ob kein Fehler unterlaufen könnte, wenn man als Interpolationsfunktion einen endlichen Abschnitt einer Potenzreihe verwendet. Aus dem Weierstraßschen Theorem, das Näherungspolynome rechtfertigt, folgt jedoch nicht, daß man diese Näherung durch Polynome gewinnt, die durch äquidistante Knoten verlaufen. *O. Runge* und *E. Borel* haben 1901 und 1903 die auffallende Tatsache entdeckt, daß die äquidistante Interpolation bei einer so einfachen Funktion wie

$$y = \frac{1}{1 + 25x^2} \tag{2.45}$$

im Intervall $[-1, +1]$ zu falschen Ergebnissen führt. Dabei ist die Funktion in diesem Bereich nicht nur stetig, sondern sogar analytisch (d. h. sie hat unendlich viele Ableitungen). Wenn wir die vorgegebenen Punkte immer dichter über das Intervall verteilen, so nähert sich das Interpolationspolynom, das alle gewählten Knotenpunkte erfaßt, zwar im größten Teil des Intervalls unbegrenzt der gegebenen Funktion $f(x)$. Aber von gewissen Punkten an, die man im voraus bestimmen kann (bei der Funktion (2.45) für $|x| > 0{,}726$), bis zu den Enden des Intervalls konvergiert das Interpolationspolynom überhaupt nicht. Es wächst in jedem Punkt dieser Teile praktisch ins Unendliche. Ausführlicher sind diese wenig untersuchten und wichtigen Fragen in den Büchern [230, Kapitel 5, § 14 und 15] und [19, Bd. I, Kapitel 11, § 9] dargestellt. Dort ist auch zu finden, in welchem Bereich man bei einer gegebenen Funktion die polynomiale Inter-

Tabelle 11

x	y	Δy	Δ²y	Δ³y	Δ⁴y	Δ⁵y	Δ⁶y	Δ⁷y	Δ⁸y	Δ⁹y	Δ¹⁰y
0,0	1,00000000	- 20000000	- 10000000	+ 20769231	- 23076924	+ 21485413	- 18143238	+ 14125418	- 9985711	+ 6009207	- 2336857
0,1	0,80000000	- 30000000	+ 10769231	- 2307693	- 1591511	+ 3342175	- 4017820	+ 4139707	- 3976504	+ 3672350	
0,2	0,50000000	- 19230769	+ 8461538	- 3899204	+ 1750664	- 675645	+ 121887	+ 163203	- 304154		
0,3	0,30769231	- 10769231	+ 4562334	- 2148540	+ 1075019	- 553758	+ 285090	- 140951			
0,4	0,20000000	- 6206897	+ 2413794	- 1073521	+ 521261	- 268668	+ 144139				
0,5	0,13793103	- 3793103	+ 1340273	- 552260	+ 252593	- 124529					
0,6	0,10000000	- 2452830	+ 788013	- 299667	+ 128064						
0,7	0,07547170	- 1664817	+ 488346	- 171603							
0,8	0,05882353	- 1176471	+ 316743								
0,9	0,04705882	- 859728									
1,0	0,03846154										
Σ	–	- 96153846	+ 19140272	+ 10316743	- 20940834	+ 23204988	- 21609942	+ 18287377	- 14266369	+ 9681557	- 2336857
R	- 96153846	+ 19140272	+ 10316743	- 20940834	+ 23204988	- 21609942	+ 18287377	- 14266369	+ 9681557	- 2336857	–

Tabelle 12

u = 0,5			$x_0 = 0$;	x = 0,05	$x_0 = 0{,}1$;	x = 0,15	u = 0,2			$x_0 = 0{,}2$;	x = 0,22
k	u - k + 1	c_k	$\Delta^k y_0$	$\tilde{y}_k(0{,}05)$	$\Delta^k y_0$	$\tilde{y}_k(0{,}15)$	k	u - k + 1	c_k	$\Delta^k y_0$	$\tilde{y}_k(0{,}22)$
1	–	+ 0,50000000	- 20000000	0,90000000	- 30000000	0,65000000	1	–	- 0,20000000	- 19230769	0,46153846
2	- 0,5	- 0,12500000	- 10000000	0,91250000	+ 10769231	0,63653846	2	- 0,8	- 0,08000000	+ 8461538	0,45476923
3	- 1,5	+ 0,06250000	+ 20769231	0,92548077	- 2307693	0,63509615	3	- 1,8	+ 0,04800000	- 3899204	0,45289761
4	- 2,5	- 0,03906250	- 23076924	0,93449519	- 1591511	0,63571784	4	- 2,8	- 0,03360000	+ 1750664	0,45231289
5	- 3,5	+ 0,02734375	+ 21485413	0,94037011	+ 3342175	0,63663171	5	- 3,8	+ 0,02553600	- 675645	0,45214036
6	- 4,5	- 0,02050781	- 18143238	0,94409089	- 4017820	0,63745568	6	- 4,8	- 0,02042880	+ 121887	0,45211546
7	- 5,5	+ 0,01611328	+ 14125418	0,94636696	+ 4139707	0,63812272	7	- 5,8	+ 0,01692672	+ 163203	0,45214308
8	- 6,5	- 0,01309204	- 9985711	0,94767429	- 3976504	0,63864333	8	- 6,8	- 0,01438771	- 304154	0,45218684
9	- 7,5	+ 0,01091003	+ 6009207	0,94832990	+ 3672350	0,63904398	9	- 7,8	+ 0,01246935		
10	- 8,5	- 0,00927353	- 2336857	0,94854653			10	- 8,8	- 0,01097303		
exakter Wert y (x) =				0,94117647	–	0,64000000	exakter Wert y (x) =				0,45248869

polation verwenden darf. Wir hingegen beschränken uns darauf, in Tabelle 11 für die Funktion (2.45) im Intervall [0; 1] alle Differenzen zu berechnen. Als Schrittweite verwenden wir $h = 0{,}1$. Zur Illustration berechnen wir hierauf in Tabelle 12 mit Hilfe der Interpolationsformel (2.37) die Werte $y(x)$ für $x = 0{,}05$, $x = 0{,}15$ und $x = 0{,}22$, und zwar für verschiedene k, d. h. für verschiedene Grade k des Interpolationspolynoms. In der letzten Zeile von Tabelle 12 sind zum Vergleich die unmittelbar mit Hilfe der Gl. (2.45) berechneten exakten Werte der Funktion $y(x)$ angegeben.

Eine Analyse der Resultate in Tabelle 12 zeigt, daß auch bei einer Beibehaltung von acht Dezimalstellen die Interpolationsformel (2.37) in dem gegebenen Beispiel nicht mehr als drei bis vier bedeutsame Ziffern liefert, wobei mit wachsendem k die Genauigkeit zuerst bis zu einem bestimmten Wert zunimmt und dann wieder schlechter wird.

Einen so ungleichmäßigen Verlauf der Differenzen wie in Tabelle 11 findet man bei allen analytischen Funktionen in der Umgebung ihrer singulären Punkte. Wenn umgekehrt die Differenzen sich nur leicht ändern und mit wachsendem k gleichmäßig gegen Null streben, so bedeutet dies, wie in der Bemerkung 2 von Abschnitt 10 bereits ausgesprochen wurde, daß man die gegebene Funktion in dem betrachteten Intervall sehr gut durch Polynome approximieren kann. Den Grad der Polynome bestimmt man aus der Ordnung der Differenzen, die praktisch konstante Größe haben. Der Grad des Approximationspolynoms hängt sehr wesentlich von der Schrittweite h der Tabelle ab. Bei einer Halbierung von h vermindern sich die ersten Differenzen auf die Hälfte, die zweiten Differenzen auf ein Viertel, die k-ten Differenzen auf den 2^k-ten Teil. Bei hinreichend großer Entfernung von den singulären Punkten der Funktion kann man für ein gegebenes Intervall immer eine hinreichend kleine Schrittweite finden, so daß das Approximationspolynom einen Grad erhält, der einen gegebenen Wert k nicht übersteigt. In der Praxis ist die Verwendung von Differenzen höherer als dritter oder vierter Ordnung allerdings nicht zweckmäßig.

Die Gln. (2.37) und (2.38) gestatten auch die Lösung der *umgekehrten Tabellierungsaufgabe,* nämlich die Bestimmung der Argumentwerte aus den gegebenen Werten der Funktion $y = y(x_0 + uh)$. Diese Aufgabe, die man auch als *umgekehrte Interpolation* bezeichnet, führt auf die Lösung einer algebraischen Gleichung n-ten Grades in u, da in den Gln. (2.37) und (2.38) nur die Größe u unbekannt ist.

Im Falle der linearen oder quadratischen Interpolation ($n = 1$ oder $n = 2$) erweist sich die umgekehrte Interpolation als elementare Aufgabe. Die Lösung von Gleichungen höheren Grades werden wir im folgenden Kapitel betrachten. Die umgekehrte Interpolation kann man auch mit Hilfe der Formel von *Lagrange* durchführen. Mit dieser Formel befassen wir uns in Abschnitt 14.

12. Zentrale Differenzen. Die Interpolationsformeln von Bessel und Everett

Die Interpolationsformeln von *Gregory-Newton* (2.37) und (2.38), die mit Hilfe von absteigenden oder aufsteigenden Differenzen gewonnen wurden, eignen sich am besten zur Verwendung am Beginn oder am Ende einer Tabelle. Zur Erreichung eines hohen Genauigkeitsgrades muß man daher manchmal Differenzen betrachten, die ziemlich weit von den uns interessierenden Funktionswerten y_0 oder y_n entfernt liegen. In der Mitte der Tabelle verwendet man daher besser Interpolationsformeln, die auf zentralen Differenzen aufgebaut sind, d. h. Differenzen, die um die Zeile herum verteilt sind, die den Wert y_0 enthält.

Zu den Interpolationsformeln mit zentralen Differenzen gehören die Formeln von *Gauß, Stirling, Bessel, Everett* und viele andere. Wir betrachten hier nur die Formeln von *Bessel* und *Everett,* welche die größte Verbreitung besitzen.

Die Formel von *Bessel* erhält man aus der Gl. (2.37) durch einige algebraische Umformungen, wodurch diese die folgende Gestalt erhält:

$$y(x_0 + uh) = y_0 + u\Delta y_0 + \frac{u(u-1)}{2!} \cdot \frac{\Delta^2 y_{-1} + \Delta^2 y_0}{2} + \frac{u(u-1)(u-\frac{1}{2})}{3!} \Delta^3 y_{-1} + \frac{u(u^2-1)(u-2)}{4!} \cdot \frac{\Delta^4 y_{-2} + \Delta^4 y_{-1}}{2} + \ldots \tag{2.46}$$

Die Formel von *Bessel* läßt sich auch in kompakterer Form schreiben:

$$y(x) = y_0 + \beta_1 \Delta y_0 + \beta_2 \frac{\Delta^2 y_{-1} + \Delta^2 y_0}{2} + \beta_3 \Delta^3 y_{-1} + \beta_4 \frac{\Delta^4 y_{-2} + \Delta^4 y_{-1}}{2} + \beta_5 \Delta^5 y_{-2} + \ldots \tag{2.47}$$

Dabei wurden die Abkürzungen

$$\beta_1 = u; \quad \beta_3 = \frac{u(u-\frac{1}{2})(u-1)}{3!}; \ldots;$$

$$\beta_{2n+1} = \frac{u(u-\frac{1}{2})(u-n)\{(u^2-1) \ldots [u^2-(n-1)^2]\}}{(2n+1)!}, \tag{2.48}$$

$$\beta_2 = \frac{u(u-1)}{2!}; \quad \beta_4 = \frac{u(u-2)(u^2-1)}{4!}; \ldots;$$

$$\beta_{2n} = \frac{u(u-n)\{(u^2-1) \ldots [u^2-(n-1)^2]\}}{2n!}$$

verwendet. Wie früher gilt

$$x = x_0 + uh; \quad u = \frac{x - x_0}{h}; \quad n = 1, 2, 3, \ldots$$

Für $u = 0{,}5$ werden alle Koeffizienten mit ungeradem Index von β_3 an gleich Null: $\beta_{2n+1} = 0$ für $n = 1, 2, 3, \ldots$. Die Formel von *Bessel* nimmt dann eine besonders einfache Gestalt an. In diesem Spezialfall spricht man von der Besselschen Formel für die *Interpolation in der Intervallmitte.*

Wenn man die Besselsche Formel nach einem Glied mit ungeradem Index abbricht, so bleibt das Restglied

$$R_{2n+1} = \frac{f^{(2n+2)}(\xi)}{(2n+2)!} h^{2n+2} u(u-n+1)\{(u^2-1)(u^2-2^2) \ldots (u^2-n^2)\}, \tag{2.49}$$

worin ξ einen gewissen Wert darstellt, der zwischen dem größten und dem kleinsten Stützpunkt x_n der Interpolationsfunktion $y = f(x)$ liegt.

Wenn man hingegen die Besselsche Formel nach einem Glied mit geradem Index abbricht, so erhält das Restglied eine kompliziertere Form. Alle diese Fragen sind in den Monographien [19, Bd. I, Kapitel 2, § 7], [269, Kapitel VI, §§ 46–57] und [339, Kapitel 3, § 1] gründlich behandelt.

Wir kehren nun zur Gl. (2.47) zurück. Man erkennt, daß bei den Koeffizienten β_{2n+1} mit ungeradem Index die ungeraden Differenzen $\Delta^{2n+1} y_{-n}$ und bei den Koeffizienten β_{2n} mit geradem Index die halbe Summe aus den entsprechenden geraden Differenzen steht:

$$\widetilde{\Delta}^{2n} = \frac{\Delta^{2n} y_{-n} + \Delta^{2n} y_{1-n}}{2} \, .$$

Alle in der Besselschen Formel vorkommenden Differenzen sind in Tabelle 13 mit halbfetter Schrift angegeben. Gleichzeitig sind in derselben Tabelle alle in die Formel von *Gregory-Newton* (2.37) eingehenden Differenzen $\Delta y_0, \Delta^2 y_0, \Delta^3 y_0, \ldots$ angeführt und mit einem Schrägstrich unterstrichen.

Tabelle 13

x	y	Δy	$\Delta^2 y$	$\Delta^3 y$	$\Delta^4 y$	$\Delta^5 y$
x_{-4}	y_{-4}					
		Δy_{-4}				
x_{-3}	y_{-3}		$\Delta^2 y_{-4}$			
		Δy_{-3}		$\Delta^3 y_{-4}$		
x_{-2}	y_{-2}		$\Delta^2 y_{-3}$		$\Delta^4 y_{-4}$	
		Δy_{-2}		$\Delta^3 y_{-3}$		$\Delta^5 y_{-4}$
x_{-1}	y_{-1}		$\Delta^2 y_{-2}$		$\Delta^4 y_{-3}$	
		Δy_{-1}		$\Delta^3 y_{-2}$		$\Delta^5 y_{-3}$
x_0	y_0		$\frac{1}{2}\{\Delta^2 y_{-1}$		$\frac{1}{2}\{\Delta^4 y_{-2}$	
		Δy_0		$\Delta^3 y_{-1}$		$\Delta^5 y_{-2}$
x_1	y_1		$\Delta^2 y_0\}$		$\Delta^4 y_{-1}\}$	
		Δy_1		$\Delta^3 y_0$		$\Delta^5 y_{-1}$
x_2	y_2		$\Delta^2 y_1$		$\Delta^4 y_0$	
		Δy_2		$\Delta^3 y_1$		
x_3	y_3		$\Delta^2 y_2$			
		Δy_3				
x_4	y_4					

Zur Herleitung der Besselschen Formel gehen wir, wie schon erwähnt, von der Gl. (2.37) aus und stellen diese in der folgenden Form dar:

$$y(x) = y_0 + u\Delta y_0 + \frac{u(u-1)}{2}\left[\tfrac{1}{2}\Delta^2 y_0 + \tfrac{1}{2}\Delta^2 y_0\right]$$

$$+ \frac{u(u-1)(u-2)}{3!}\Delta^3 y_0 + \frac{u(u-1)(u-2)(u-3)}{4!}\Delta^4 y_0 + \ldots \qquad (2.50)$$

Aus dieser Gleichung sind alle Differenzen zu eliminieren, die in Tabelle 13 unter der horizontalen Zeile $x_1, y_1, \Delta^2 y_0, \ldots$ angeordnet sind. Dies vollführt man leicht mit Hilfe der Gl. (2.19), wonach gilt:

$$\Delta^2 y_0 = \Delta^2 y_{-1} + \Delta^3 y_{-1};$$
$$\Delta^3 y_0 = \Delta^3 y_{-1} + \Delta^4 y_{-1};$$
$$\Delta^4 y_0 = \Delta^4 y_{-1} + \Delta^5 y_{-1}; \quad \Delta^4 y_{-1} = \Delta^4 y_{-2} + \Delta^5 y_{-2};$$
$$\Delta^5 y_0 = \Delta^5 y_{-1} + \Delta^6 y_{-1}; \quad \Delta^5 y_{-1} = \Delta^5 y_{-2} + \Delta^6 y_{-2};$$
$$\ldots\ldots\ldots\ldots\ldots\ldots\ldots\ldots\ldots\ldots\ldots\ldots$$

Setzen wir diese Ergebnisse in die Ausgangsgleichung (2.50) ein, so erhalten wir

$$y(x_0 + uh) = y(x) = y_0 + u\Delta y_0 + \frac{u(u-1)}{2!}\left[\tfrac{1}{2}\Delta^2 y_0 + \tfrac{1}{2}(\Delta^2 y_{-1} + \Delta^3 y_{-1})\right] + \frac{u(u-1)(u-2)}{3!}(\Delta^3 y_{-1} + \Delta^4 y_{-1}) + \frac{u(u-1)(u-2)(u-3)}{4!}(\Delta^4 y_{-1} + \Delta^5 y_{-1}) + \ldots .$$

Daraus finden wir nach naheliegenden Umformungen

$$y(x) = y_0 + u\Delta y_0 + \frac{u(u-1)}{2!}\cdot\frac{\Delta^2 y_{-1} + \Delta^2 y_0}{2} + \frac{u(u-\frac{1}{2})(u-1)}{3!}\Delta^3 y_{-1} + \frac{u(u-2)(u^2-1)}{4!}(\Delta^4 y_{-1} + \Delta^5 y_{-1}) + \ldots .$$

Stellt man die vierten Differenzen wieder als Summe

$$\Delta^4 y_{-1} = \tfrac{1}{2}\Delta^4 y_{-1} + \tfrac{1}{2}\Delta^4 y_{-1}$$

dar und wiederholt diesen Prozeß, so gewinnt man die Besselsche Formel (2.47). Zur Berechnung der quadratischen Glieder in der Besselschen Formel ist in Bild 165 von Abschnitt 84 ein Nomogramm aus Ausgleichspunkten dargestellt.

Auf analogem Wege erhält man durch Elimination der ungeraden Differenzen die Formel von *Everett*, die dieser um 1900 gefunden hat [461, Kapitel III, § 25]:

$$y(x) = vy_0 + \frac{v(v^2-1)}{3!}\Delta^2 y_{-1} + \frac{v(v^2-1)(v^2-2^2)}{5!}\Delta^4 y_{-2} + \ldots + uy_1 + \frac{u(u^2-1)}{3!}\Delta^2 y_0 + \frac{u(u^2-1)(u^2-2^2)}{5!}\Delta^4 y_{-1} + \ldots, \tag{2.51}$$

wobei

$$x = x_0 + uh; \quad u = \frac{x - x_0}{h}; \quad v = 1 - u.$$

Die Formel von *Everett* besitzt noch eine für die Rechnung geeignetere Form:

$$y(x) = v_1 y_0 + v_2\Delta^2 y_{-1} + v_3\Delta^4 y_{-2} + v_4\Delta^6 y_{-3} + \ldots + u_1 y_1 + u_2\Delta^2 y_0 + u_3\Delta^4 y_{-1} + u_4\Delta^6 y_{-2} + \ldots . \tag{2.52}$$

Dabei wurden die Abkürzungen

$$\begin{aligned} u_1 &= u; \quad u_2 = \frac{u(u^2-1)}{3!}; \ldots; \quad u_n = \frac{u(u^2-1)(u^2-2^2)\ldots[u^2-(n-1)^2]}{(2n-1)!} \\ v_1 &= v; \quad v_2 = \frac{v(v^2-1)}{3!}; \ldots; \quad v_n = \frac{v(v^2-1)(v^2-2^2)\ldots[v^2-(n-1)^2]}{(2n-1)!} \end{aligned} \tag{2.53}$$

verwendet.

Die Koeffizienten u_n berechnet man am bequemsten aus der folgenden Rekursionsformel, die unmittelbar aus Gl. (2.53) folgt:

$$u_{n+1} = \frac{-(n^2-u^2)}{2n(2n+1)} u_n; \quad u_1 = u = \frac{x-x_0}{h}; \quad n = 1, 2, 3, \ldots \tag{2.54}$$

Eine analoge Beziehung gilt auch für die Koeffizienten v_n. Eine tatsächliche Berechnung der Koeffizienten v_n ist jedoch gar nicht notwendig. Wenn man nämlich bereits eine Tabelle der Koeffizienten $u_n = u_n(t)$ für alle uns interessierenden Werte von t mit $0 \leqslant t \leqslant 1$ aufgestellt hat, so findet man aus derselben Tabelle die Koeffizienten v_n aus der Beziehung

$$v_n(t) = u_n(1-t); \quad 0 \leqslant t \leqslant 1. \tag{2.55}$$

Von der Gültigkeit der Gl. (2.55) können wir uns für $n = 1$ unmittelbar überzeugen, da wir für $n = 1$ mit $u_1 = u$, $v_1 = v$ und mit u als Argument t die Identität

$$v_1(t) = u_1(1-t) \quad \text{oder} \quad v_1 = 1 - u_1$$

erhalten. Setzt man nun diese Beziehung in die Rekursionsformel (2.54) ein, so überzeugt man sich durch vollständige Induktion, daß die Gl. (2.55) auch für beliebige $n = 2, 3, 4, \ldots$ gilt.

In Tabelle III im Anhang sind die von uns berechneten Werte aller Koeffizienten u_n und v_n für $n = 1, 2, 3, \ldots$ angegeben. In der Monographie von *W. E. Milne* sind diese mit fünf Dezimalstellen angegeben [270, Anhang, Tabelle III]. Die ersten Koeffizienten der Interpolationsformel von *Everett* wurden von *A. J. Thompson* [659] berechnet. Die Koeffizienten für die Interpolationsformeln von *Gregory* und *Newton, Stirling* und *Bessel* findet man zum Beispiel in dem Handbuch von *D. O. Panow* [319].

Die Formel von *Everett* gewährt dank ihrer Symmetrie große Vorteile bei der Interpolation nach Tabellen, die speziell zu ihrer Verwendung konstruiert sind. In solchen Tabellen wurden neben den Funktionswerten auch die Differenzen gerader Ordnung angegeben. Wenn man bei der Interpolation nach diesen Tabellen zum Beispiel die Differenzen sechster Ordnung vernachlässigt, so benötigt man bei Verwendung der Formel von *Everett* nur zwei Spalten für die zweiten und vierten Differenzen, an Stelle von fünf Spalten für die ersten fünf Differenzen, die man bei der Interpolation nach anderen Formeln benötigen würde. Dieses Verfahren erweist sich als besonders effektiv beim Druck mehrstelliger Tabellen, da es eine beträchtliche Verminderung des Umfangs gestattet.

Beispiel: Die Funktion $y = J_0(x)$ ist im Abschnitt [0,60; 1,00] durch eine Tabelle gegeben. Man bestimme mit Hilfe einer Interpolation den Wert $J_0(0{,}874)$.

Lösung: Aus den gegebenen Funktionswerten bilden wir eine Tabelle der Differenzen (Tabelle 14). Man ersieht daraus, daß in dem gegebenen Beispiel die vierten Differenzen praktisch konstant sind. Die fünften Differenzen sind praktisch gleich Null. Wir berücksichtigen sie daher bei der weiteren Rechnung nicht mehr.

Wir setzen $x_0 = 0{,}85$; $x_1 = 0{,}90$; $x = 0{,}874$. Dann haben wir $y_0 = 0{,}8273695$, $y_1 = 0{,}8075238$ und, da die Schrittweite der Tabelle $h = 0{,}05$ ist, gilt

$$u_1 = u = \frac{x - x_0}{h} = \frac{0{,}874 - 0{,}850}{0{,}05} = +0{,}48; \quad v_1 = 1 - u_1 = +0{,}52.$$

Alle Rechnungen gemäß der Formel von *Bessel* (2.47) und der Formel von *Everett* (2.52) sind in Tabelle 15 angegeben. Die Koeffizienten β_k wurden mit Hilfe der Gl. (2.48) berechnet, die Koeffizienten v_k und u_k für die Formel von *Everett* wurden unmittelbar der Tabelle III im Anhang entnommen.

Tabelle 14

x	$y = J_0(x)$	Δy	$\Delta^2 y$	$\Delta^3 y$	$\Delta^4 y$	$\Delta^5 y$
0,60	0,9120049					
		−148733				
0,65	0,8971316		−10574			
		−159307		+295		
0,70	0,8812009		−10279		+21	
		−169586		+316		−4
0,75	0,8642423		−9963		+17	
		−179549		+333		+2
0,80	0,8462874		−9630		**+19**	
		−189179		**+352**		−5
0,85	0,8273695		**−9278**		+14	
		−198457		+368		+1
0,90	**0,8075238**		−8910		+15	
		−207367		+383		Σ = −6
0,95	0,7867871		−8527			
		−215894				
1,00	0,7651977					

Tabelle 15

Formeln von *Gregory-Newton*				Formel von *Bessel*		Formel von *Everett*		
k	v + k	c_k^*	Δy_{1-k}^k	β_k	$\{\Delta y^k\}$	k	v_{k+1} / u_{k+1}	Δy_{-k}^{2k} / Δy_{1-k}^{2k}
0	−0,52	+1,00000	+0,8075238	+1,00000	+0,8273695	0	+0,52000	+0,8273695
1	+0,48	−0,52000	−198457	+0,48000	−198457	1	−0,06323	−9278
2	+1,48	−0,12480	−9278	−0,12480	−9094	2	+0,01179	+14
3	+2,48	−0,06157	+352	+0,00083	+368	0	+0,48000	+0,8075238
4		−0,03817	+19	+0,02340	+15	1	−0,06157	−8910
						2	+0,01160	+15
$\Sigma c_k^* \Delta y_{1-k}^k = \tilde{y}(x) = 0{,}8179571$				$\tilde{y}(x) = 0{,}8179571$		$\tilde{y}(x) = 0{,}8179571$		

Alle benötigten Differenzenwerte (einschließlich der Funktionswerte, die in Tabelle 15 als Differenzen nullter Ordnung bezeichnet wurden, nämlich $y_0 = \Delta^\circ y_0$, $y_1 = \Delta^\circ y_1$) stammen aus Tabelle 14. Bei der Interpolation nach der Formel von *Bessel* wurden dabei in die Spalte $\{\Delta^k y\}$ die entsprechenden ungeraden Differenzen und die halben Summen der geraden Differenzen eingetragen, wie sie in der Gl. (2.47) benötigt werden. Bei der Interpolation nach der Formel von *Everett* (2.52) enthalten die ersten drei Zeilen von Tabelle 15 die Werte $v_{k+1} = v_1, v_2, v_3$ mit $v_1 = 0{,}52$ und $\Delta^{2k} y_{-k} = y_0; \Delta^2 y_{-1}; \Delta^4 y_{-2}$. Die folgenden drei Zeilen enthalten die Werte $u_{k+1} = u_1; u_2; u_3$ für $u_1 = 0{,}48$ und $\Delta^{2k} y_{1-k} = y_1; \Delta^2 y_0; \Delta^4 y_{-1}$.

Wir multiplizieren nun (ohne Anschreiben der Zwischenergebnisse) die Koeffizienten β_k oder die Koeffizienten v_{k+1}, u_{k+1} mit den in derselben Zeile stehenden Größen $\{\Delta^k y\}$ oder $\{\Delta^{2k} y\}$ und erhalten den gesuchten Funktionswert $y(x) = y(0{,}874) = 0{,}8179571$ als Summe der Produkte (2.47) oder (2.52).

Eine Kontrolle mit Hilfe der Tabellen [653, S. 54] oder unmittelbar mit Hilfe der Potenzreihe für die betrachtete Bessel-Funktion

$$J_0(x) = \sum_{k=0}^{\infty} \frac{(-1)^k \left(\frac{x}{2}\right)^{2k}}{(k!)^2} = 1 - \left(\frac{x}{2}\right)^2 + \frac{1}{(2!)^2}\left(\frac{x}{2}\right)^4 - \frac{1}{(3!)^2}\left(\frac{x}{2}\right)^6 + \ldots,$$

die für $x = 0{,}874$ den Wert $J_0(0{,}874) = 0{,}817957\,12347\ldots$ liefert, zeigt, daß alle durch Interpolation gefundenen Stellen gültig sind.

In Tabelle 15 ist auch die Berechnung desselben Werts von $y(x)$ nach der Formel von *Gregory-Newton* (2.38) durchgeführt:

$$y(x) = \Sigma c_k^* \Delta^k y_{1-k}; \quad c_{k+1}^* = \frac{v+k}{k+1} c_k^*; \quad c_0^* = 1; \quad v = \frac{x - x_1}{h}$$

und zwar mit Rückwärtsinterpolation, ausgehend von den Werten $x_1 = 0{,}90$; $y_1 = 0{,}8075238$; $v = -0{,}52$. In Tabelle 14 sind die für die Gl. (2.38) benötigten Differenzen in einer schief nach oben verlaufenden Zeile mit halbfetter Schrift hervorgehoben. Ein Vergleich der Ergebnisse überzeugt uns, daß die Gl. (2.38) dieselbe Genauigkeit liefert[1]). Nimmt man hingegen die Formel von *Gregory-Newton* für die Vorwärtsinterpolation, so kann man ohne Verlängerung der Tabelle die benötigten Glieder, die die vierten Differenzen enthalten, nicht mehr ablesen. In dem gegebenen Beispiel sind diese Glieder allerdings so klein, daß sie nur die letzte Stelle des Ergebnisses beeinflussen.

Übung: Man berechne denselben Wert $y = J_0(0{,}874)$ nach der Formel von *Gregory-Newton* (2.37) und gehe dabei von den Werten $x_0 = 0{,}80$ und $y_0 = 0{,}8462874$ aus.

Wir wenden uns noch einem Vergleich der Genauigkeit zu, mit der die verschiedenen Interpolationsformeln ein Ergebnis liefern. Diese Frage wird ausführlich in den Arbeiten [270, Kapitel VI, § 49] und [339, Kapitel 3, § 1, Pkt. 10] behandelt.

---

1) In dem Buch von *R. S. Guter* und *B. W. Oftschinsky* [89, S. 90–92], in dem viele Fragen der angewandten Mathematik sehr gut dargestellt sind und dem wir das Beispiel entnommen haben, enthält die Rechnung nach der Formel von Gregory-Newton eine Ungenauigkeit. Der erhaltene Wert ist $J_0(0{,}874) = 0{,}8179564$. Außerdem ist in Tabelle 2.12 der Wert $y = 0{,}846874$ für $x = 0{,}80$ auf $y = 0{,}8462874$ zu berichtigen.

Das Interpolationspolynom n-ten Grades, das bei gleichbleibenden Ausgangsdaten aus n + 1 Knotenpunkten konstruiert wird, ist eindeutig bestimmt. Die verschiedenen Interpolationsformeln sind bei äquidistanten Argumentwerten identische Polynome mit den Restgliedern

$$R_n = \frac{f^{(n+1)}(\xi)}{(n+1)!}(x-x_0)(x-x_1)\dots(x-x_n); \quad x_0 \leqslant \xi \leqslant x_n. \tag{2.56}$$

Wenn man daher behauptet, daß die Formeln mit zentralen Differenzen genauere Resultate liefern als die Formeln mit aufsteigenden oder absteigenden Differenzen, so muß man zur Erklärung des eigentlichen Sinns dieser Behauptung das Schaubild der Funktion

$$\Pi(x) = (x-x_0)(x-x_1)\dots(x-x_n)$$

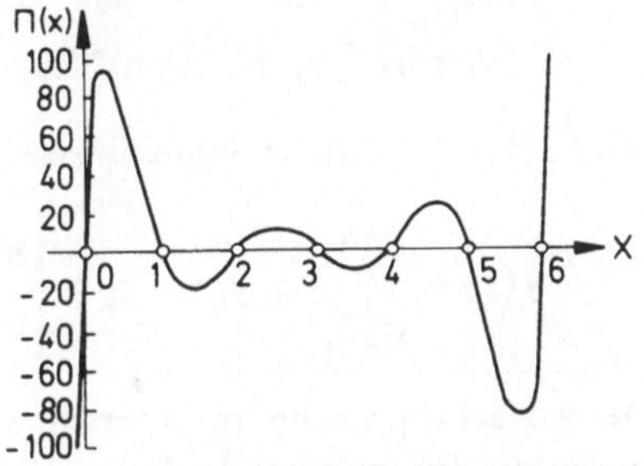

Bild 4

betrachten, die in R_n als Faktor vorkommt. In Bild 4 ist dieses Schaubild für den Fall n = 6 dargestellt. Vernachlässigt man die Änderung der Funktion $f^{(7)}(\xi)$ in dem betrachteten Intervall, so ist klar, daß der maximale Fehler im Intervall $x_2 < x < x_4$ kleiner ist als im Intervall $x_0 < x < x_1$ oder im Intervall $x_5 < x < x_6$. Wie schon erwähnt, verwendet man die Formeln von *Gregory-Newton* gewöhnlich in den Intervallen $x_0 < x < x_1$ oder $x_5 < x < x_6$, die Formeln mit zentralen Differenzen dagegen im Intervall $x_2 < x < x_4$. Die Formeln mit zentralen Differenzen sind daher nicht von Natur aus genauer. Man verwendet sie nur in einem Intervall, in dem der Fehler kleiner ist.

Wenn insbesondere die betrachtete Funktion y = f(x) ein Polynom n-ten Grades ist, so gilt $f^{(n+1)}(\xi) = 0$ und gemäß Gl. (2.56) auch $R_n = 0$. In diesem Fall liefert die mit n + 1 Knotenpunkten konstruierte Interpolationsformel exakte Resultate. Ergebnisse mit einem Fehler, der eine Einheit der letzten Stelle nicht übertrifft (und auf Grund der unvermeidlichen Rundungsfehler entstanden sein mag), gewinnt man auch dann, wenn in dem gegebenen Intervall die Differenzen n-ter Ordnung für die gegebene Funktion praktisch konstant sind, da sich diese Funktion in diesem Fall durch ein Polynom n-ten Grades approximieren läßt, was in dem oben betrachteten Beispiel zutraf.

13. Direkte Interpolation aus den Stützpunkten. Subtabellierung

Wir betrachten nun eine Interpolationsformel, die im allgemeinen keine Differenzen enthält, sondern direkt aus den Stützpunkten selbst konstruiert ist.

Eine derartige Formel erhalten wir, wenn wir in der Formel von *Everett* (2.52) alle Differenzen direkt durch die Werte (2.34) ausdrücken. Der größeren Symmetrie wegen ersetzen wir die Schreibweise der Stützpunkte

$$x_0, x_{-1}, x_{-2}, \dots, x_{-n+1}; \quad y_0, y_{-1}, y_{-2}, \dots, y_{-n+1}$$

durch

$$x_{-1}, x_{-2}, x_{-3}, \dots, x_{-n}; \quad y_{-1}, y_{-2}, y_{-3}, \dots, y_{-n},$$

d. h., wir verschieben für $n < 0$ den Index um eine Einheit

$$x_{-n} \to x_{-n-1}; \quad y_{-n} \to y_{-n-1}; \quad n = 0, -1, -2, \dots . \tag{2.57}$$

Nach einigen Umformungen erhalten wir damit die gesuchte Formel

$$y(x) = v_n^{(2n)} y_{-n} + \dots + v_2^{(2n)} y_{-2} + v_1^{(2n)} y_{-1} + u_1^{(2n)} y_1 + u_2^{(2n)} y_2 + \dots + u_n^{(2n)} y_n \tag{2.58}$$

oder bei kompakterer Schreibweise

$$y(x) = \sum_{k=-n}^{+n}{}' c_k y_k; \quad c_k = \begin{cases} v_{-k}^{(2n)} & \text{für } k < 0 \\ u_{+k}^{(2n)} & \text{für } k > 0 \end{cases} \tag{2.58'}$$

Der x-Wert muß dabei im Intervall $x_{-1} < x < x_{+1}$ liegen. Der Strich beim Summenzeichen bedeutet, daß man bei der Summierung den Wert $k = 0$ auslassen soll. Um darüber hinaus zu betonen, daß wir alle negativen Indizes um eine Einheit verschoben haben, schreiben wir positive Indizes mit einem Pluszeichen (siehe die ersten zwei Spalten in Tabelle 17).

Die in Gl. (2.58) auftretenden Koeffizienten $u_k^{(2n)}$ bestimmt man aus den Gleichungen

$$\begin{aligned}
u_1^{(2n)} &= [u_1 - C_2^1 u_2 + C_4^2 u_3 - C_6^3 u_4 + \dots + (-1)^{n-1} C_{2n-2}^{n-1} u_n] \\
&\quad + [v_2 - C_4^1 v_3 + C_6^2 v_4 + \dots + (-1)^{n-2} C_{2n-2}^{n-2} v_n] \\
u_2^{(2n)} &= [u_2 - C_4^1 u_3 + C_6^2 u_4 + \dots + (-1)^{n-2} C_{2n-2}^{n-2} u_n] \\
&\quad + [v_3 - C_6^1 v_4 + \dots + (-1)^{n-3} C_{2n-2}^{n-3} v_n] \\
u_3^{(2n)} &= [u_3 - C_6^1 u_4 + \dots + (-1)^{n-3} C_{2n-2}^{n-3} u_n] \\
&\quad + [v_4 - C_8^1 v_5 + \dots + (-1)^{n-4} C_{2n-2}^{n-4} v_n] \\
&\quad \dots\dots\dots\dots\dots\dots\dots\dots\dots\dots \\
u_{n-1}^{(2n)} &= [u_{n-1} - (2n-2) u_n] + v_n \\
u_n^{(2n)} &= u_n
\end{aligned} \tag{2.59}$$

worin $u_1, u_2, \dots, u_n$ und $v_1, v_2, \dots, v_n$ die Koeffizienten der Interpolationsformel von *Everett* (2.52) bedeuten, die man, wie bereits erwähnt, aus den Rekursionsformeln

$$\begin{aligned}
u_{n+1} &= \frac{-(n^2 - u^2)}{2n(2n+1)} u_n; \quad v_{n+1} = \frac{-(n^2 - v^2)}{2n(2n+1)} v_n; \\
u_1 &= u = \frac{x - x_{-1}}{h}; \quad v_1 = 1 - u_1; \quad h = x_{+1} - x_{-1}
\end{aligned} \tag{2.60}$$

berechnet. Die Größen C_m^k sind die Binomialkoeffizienten, deren Werte in Tabelle I des Anhangs angegeben sind.

Die Koeffizienten $v_k^{(2n)}$ erhalten wir durch Vertauschen der Rollen von u_k, $u_k^{(2n)}$ und v_k, $v_k^{(2n)}$ in den Gln. (2.59) oder auch unter Verwendung der Beziehungen

$$v_k^{(2n)}(t) = u_k^{(2n)}(1-t); \quad 0 \leqslant t \leqslant 1. \tag{2.61}$$

Wir bemerken, daß die Koeffizienten $u_k^{(2n)}$ und $v_k^{(2n)}$ von der Anzahl n der Stützpunkte abhängen. Aus Gl. (2.59) erhalten wir insbesondere für n = 1

$$u_1^{(2)} = u; \quad v_1^{(2)} = 1 - u_1,$$

womit man als Gleichung für die lineare Interpolation

$$y(x) = uy_{-1} + vy_{+1}; \quad v = 1 - u \tag{2.58''}$$

erhält,

für n = 2

$$\begin{cases} u_1^{(4)} = u_1 - 2u_2 + v_2; & u_2^{(4)} = u_2; \\ v_1^{(4)} = v_1 - 2v_2 + u_2; & v_2^{(4)} = v_2; \end{cases} \tag{2.62}$$

für n = 3

$$\begin{aligned} u_1^{(6)} &= u_1 - 2u_2 + 6u_3 + v_2 - 4v_3 = u_1^{(4)} + 6u_3 - 4v_3; \\ u_2^{(6)} &= u_2 - 4u_3 + v_3; \quad u_3^{(6)} = u_3; \\ v_1^{(6)} &= v_1 - 2v_2 + 6v_3 + u_2 - 4u_3 = v_1^{(4)} + 6v_3 - 4u_3; \\ v_2^{(6)} &= v_2 - 4v_3 + u_3; \quad v_3^{(6)} = v_3. \end{aligned} \tag{2.63}$$

Ein Beispiel für die Berechnung der Koeffizienten $u_k^{(2n)}$ und $v_k^{(2n)}$ für n = 2 und n = 3 mit Hilfe der Gln. (2.60) bis (2.63) auf neun Dezimalstellen ist in Tabelle 16 angegeben. In Tabelle 17 sind unter Verwendung der gefundenen Koeffizienten alle Rechnungen zusammengestellt worden, die zur Interpolation nach Gl. (2.58′) nötig sind. Als erstes Beispiel betrachten wir dabei nochmals das aus Abschnitt 12 und berechnen mit Hilfe der Gl. (2.58′) für n = 2 den Wert $y = J_0(x)$ für $x = 0{,}874$; $x_{-1} = 0{,}85$; $x_{+1} = 0{,}90$. Diesen Werten entspricht

$$u = \frac{x - x_{-1}}{h} = \frac{x - x_{-1}}{x_{+1} - x_{-1}} = \frac{0{,}874 - 0{,}850}{0{,}05} = 0{,}48.$$

Tabelle 16

$u_1 = u$; $u_2 = -\frac{u}{6}(1-u^2)$; $u_3 = -0{,}05\,(4-u^2)\,u_2$				n = 2; $u_2^{(4)} = u_2$	n = 3; $u_3^{(6)} = u_3$		v = 1 − u
u	$1-u^2$	u_2	u_3	$u_1^{(4)}$	$u_1^{(6)}$	$u_2^{(6)}$	v
0,37	0,8631	− 0,053 224 500	0,010 280 578	0,413 123 500	0,429 173 348	− 0,082 938 407	0,63
0,48	0,7696	− 0,061 568 000	0,011 604 337	0,539 904 000	0,562 364 010	− 0,096 193 845	0,52
0,52	0,7296	− 0,063 232 000	0,011 791 503	0,584 896 000	0,609 227 670	− 0,098 793 675	0,48
0,63	0,6031	− 0,063 325 500	0,011 408 405	0,703 426 500	0,730 754 618	− 0,098 678 542	0,37

Als zweites Beispiel wollen wir das Gaußsche Fehlerintegral

$$y = f(x) = \operatorname{erf} x = \frac{2}{\sqrt{\pi}} \int_0^x e^{-t^2} dt$$

für $x = 0{,}5437$ aus der Tabelle seiner Werte bestimmen, von der ein Teil in der entsprechenden Spalte y_k von Tabelle 17 angeführt ist. Mit $n = 3$, $x_{-1} = 0{,}54$, $x_{+1} = 0{,}55$ und unter Berücksichtigung, daß die Schrittweite $h = x_{+1} - x_{-1} = 0{,}01$ ist, haben wir

$$u = \frac{x - x_{-1}}{h} = \frac{0{,}5437 - 0{,}5400}{0{,}01} = 0{,}37.$$

Wir entnehmen alle benötigten Werte der Koeffizienten $c_k^{(6)}$ für $u = 0{,}37$ der Tabelle 16 und multiplizieren hierauf (ohne Anschreiben von Zwischenergebnissen) die in derselben Zeile stehenden Größen y_k und $c_k^{(6)}$. So finden wir gemäß Gl. (2.58′) den gewünschten Wert $y(x) = 0{,}5580520210$. Diese Zahl stimmt vollkommen mit dem Wert überein, der sich mit der Interpolationsformel von *Bessel* in dem früher zitierten Buch [89, s. § 94] ergibt. Eine ausführlichere Tabelle dieses Integrals zeigt, daß alle von uns gefundenen Stellen gültig sind.

Zur Kontrolle für die Berechnung der Koeffizienten $c_k^{(2n)}$ dient die Gleichung

$$\sum_{k=-n}^{+n} c_k^{(2n)} = \sum_{k=1}^{n} u_k^{(2n)} + v_k^{(2n)} = 1, \tag{2.64}$$

die man unmittelbar aus den Gln. (2.59) und (2.61) erhält.

Wenn man die Koeffizienten $c_k^{(2n)}$ näherungsweise berechnet, so kann sich ihre Summe in Gl. (2.64) in den letzten Dezimalstellen von ihrem exakten Wert um einige Einheiten unterscheiden.

Wenn alle y_k an der ersten oder an den ersten Dezimalstellen dieselbe Ziffer besitzen, so müssen diese Ziffern gemäß Gl. (2.64) bei der Interpolation mit Hilfe der Gl. (2.58′) unverändert auf $y(x)$ übergehen. Man darf daher bei der Multiplikation der y_k mit den entsprechenden c_k die gemeinsamen Ziffern weglassen. Im zweiten Beispiel

Tabelle 17

x	y	$x = 0{,}874$; $u = 0{,}48$; $y = J_0(x)$				$x = 0{,}5437$; $u = 0{,}37$; $y = \operatorname{erf} x = \frac{2}{\sqrt{\pi}} \int_0^x e^{-t^2} dt$		
x_{-4}	y_{-4}	k	x_k	y_k	$c_k^{(4)}(0{,}48)$	x_k	y_k	$c_k^{(6)}(0{,}37)$
x_{-3}	y_{-3}	− 3	–	–	–	0,52	0,5378986305	$+0{,}011408405 = v_3^{(6)}$
x_{-2}	y_{-2}	− 2	0,80	0,8462874	− 0,0632320	0,53	0,5464640969	$-0{,}098678542 = v_2^{(6)}$
x_{-1}	y_{-1}	− 1	0,85	0,8273695	+ 0,5848960	0,54	0,5549392505	$+0{,}730754618 = v_1^{(6)}$
x_{+1}	y_{+1}	+ 1	0,90	0,8075238	+ 0,5399040	0,55	0,5633233663	$+0{,}429173348 = u_1^{(6)}$
x_{+2}	y_{+2}	+ 2	0,95	0,7867871	− 0,0615680	0,56	0,5716157638	$-0{,}082938407 = u_2^{(6)}$
x_{+3}	y_{+3}	+ 3	–	–	–	0,57	0,5798158062	$+0{,}010280578 = u_3^{(6)}$
x_{+4}	y_{+4}	$y(x) = 0{,}8179571$			+ 1,0000000	$y(x) = 0{,}5580520210$		$+1{,}000000000 = \Sigma c_k$

in Tabelle 17 haben alle y_k die gleiche erste Dezimalstelle 0,5. Man braucht für y(x) also nur die restlichen neun Dezimalstellen zu berechnen.

In den ersten beiden Spalten der Tabelle 17 sind der größeren Anschaulichkeit wegen die Werte x_k und die ihnen entsprechenden Stützwerte y_k angegeben, die man in der Interpolationsformel (2.58′) verwendet. Die gegebenen Argumentwerte x müssen stets im Intervall $x_{-1} < x < x_{+1}$ liegen.

Im Anhang (Tabelle IV) findet man die mit Hilfe der Gln. (2.62) und (2.63) berechneten Koeffizienten $u_k^{(2n)}$ und $v_k^{(2n)}$ für n = 2 und n = 3. Da die Koeffizienten $u_k^{(4)}$, $v_k^{(4)}$ und $u_k^{(6)}$, $v_k^{(6)}$ Polynome dritten und fünften Grades sind, so haben wir die Tabelle IV (ebenso wie die Tabelle III der Koeffizienten von *Everett*) nach dem Muster von Tabelle 7 im Abschnitt 10 mit Hilfe der Differenzen berechnet. Alle in den Tabellen III und IV angegebenen Werte sind daher exakt[1]).

Mit Tabelle IV ist die Interpolation nach Gl. (2.58′) sehr leicht durchzuführen. Dazu muß man nur die entsprechenden Stützwerte der Funktion y_k und deren Gewichtskoeffizienten $c_k^{(2n)}$ miteinander multiplizieren und die Ergebnisse ohne Anschreiben der Zwischenrechnungen summieren.

Die Gl. (2.58) darf man bei n = 2 oder n = 3 ohne Verlust an Genauigkeit auch in solchen Tabellenbereichen anwenden, in denen die entsprechenden Differenzen dritter oder fünfter Ordnung praktisch konstant sind. Diesen Bedingungen genügen aber die meisten gegenwärtigen Tabellen. Die Genauigkeit der Interpolationsergebnisse wird auch durch die Ergebnisse bestätigt, die man aus Gl. (2.58) für n = 2 und n = 3 erhält.

Für n > 3 berechnet man die Koeffizienten $u_k^{(2n)}$ am bequemsten aus den Gleichungen, die man unmittelbar aus Gl. (2.59) erhält:

$$\begin{aligned} u_1^{(2n)} &= u_1^{(2n-2)} + (-1)^{n-1}[C_{2n-2}^{n-1}u_n - C_{2n-2}^{n-2}v_n], \\ u_2^{(2n)} &= u_2^{(2n-2)} + (-1)^{n-2}[C_{2n-2}^{n-2}u_n - C_{2n-2}^{n-3}v_n], \\ &\cdots\cdots\cdots\cdots\cdots\cdots \\ u_{n-1}^{(2n)} &= u_{n-1}^{(2n-2)} - (2n-2)\,u_n + v_n\,; \quad u_n^{(2n)} = u_n. \end{aligned} \tag{2.65}$$

Die für die Koeffizienten $u_k^{(2n)}$ gefundenen Ergebnisse überträgt man mit Hilfe von Gl. (2.61) leicht auf die Koeffizienten $v_k^{(2n)}$.

Wir fassen die gefundenen Ergebnisse zu einer *verdichteten Tabelle* zusammen, die man auch als *Subtabelle* bezeichnet. Zu diesem Zweck betrachten wir einige charakteristische Beispiele.

Beispiel 1: Aus den in Tabelle 9 von Abschnitt 11 angegebenen Resultaten konstruieren wir eine Tabelle für die Werte der Funktion y = sin x mit einer Schrittweite $h_2 = 1°$, d. h. wir verdichten diese Tabelle und verkleinern dabei ihre Schrittweite auf ein Fünftel.

---

1) Vergleicht man die Werte von $u_k^{(6)}$ und $v_k^{(6)}$, die in Tabelle 16 mit neun Stellen unmittelbar aus den Gln. (2.60) bis (2.63) berechnet worden sind, mit den entsprechenden Werten dieser Koeffizienten in Tabelle IV des Anhangs, so findet man einen Unterschied bis zu 3 oder 4 Einheiten der letzten Dezimalstelle. Das ist ganz natürlich, da diese Größen nach zwei verschiedenen Methoden berechnet worden sind.

Lösung: Alle von uns gewünschten Zwischenwerte der gegebenen Funktion finden wir mit Hilfe der Interpolationsformel (2.58′) für n = 3. Setzen wir

$$x_{-1} = 10°, \quad x_{+1} = 15°, \quad h = h_1 = x_{+1} - x_{-1} = 5°,$$

so erhalten wir für die uns interessierenden Werte

$$x = 11°, \quad x = 12°, \quad x = 13°, \quad x = 14°$$

die Beziehungen

$$u = \frac{x - x_{-1}}{h} = \frac{1°}{5°} = 0{,}2; \quad u = \frac{2°}{5°} = 0{,}4; \quad u = \frac{3°}{5°} = 0{,}6; \quad u = \frac{4°}{5°} = 0{,}8.$$

Die benötigten Koeffizienten $u_k^{(6)}$ und $v_k^{(6)}$ für die gefundenen u-Werte entnehmen wir unmittelbar der Tabelle IV im Anhang, wobei wir diese Koeffizienten, um die Genauigkeit der Ausgangsdaten $y_k = \sin x_k$ beizubehalten, mit einer zusätzlichen Dezimalstelle nehmen. Hierauf multiplizieren wir (ohne Anschreiben der Zwischenergebnisse) die Koeffizienten $c_k^{(6)}$ in der Spalte u = 0,2 mit den Stützwerten y_k aus derselben Zeile und erhalten

$$\sin 11° = \Sigma c_k^{(6)} y_k = 0{,}008064 \cdot 0 - 0{,}073920 \cdot 0{,}08715574$$
$$+ 0{,}88704 \cdot 0{,}17364818 + \ldots + 0{,}006336 \cdot 0{,}42261826 = 0{,}190808999.$$

Auf analogem Wege finden wir durch Multiplikation der $c_k^{(6)}$ unter der Spalte u = 0,4 mit denselben Werten von y_k den Wert für sin 12°.

Zur Berechnung von sin 13° und sin 14° muß man wieder dieselben y_k-Werte mit der entsprechenden Spalte der Koeffizienten c_k multiplizieren. Die Werte von u sind für diese Koeffizienten u = 0,6 = 1 − 0,4 und u = 0,8 = 1 − 0,2. Man findet diese Koeffizienten gemäß (2.61), indem man nun die entsprechenden Spalten von unten nach oben durchläuft, d. h. man multipliziert nicht auf einem „parallelen“ sondern auf einem „entgegengesetzten Kurs“:

$$\Sigma c_k y_k = u_3 y_{-3} + u_2 y_{-2} + u_1 y_{-1} + v_1 y_{+1} + v_2 y_{+2} + v_3 y_{+3}.$$

Alle benötigten Ausgangsdaten und die Ergebnisse der Rechnung findet man in Tabelle 18, in der die mit Σ bezeichneten Zeile zur Kontrolle die Koeffizienten $c_k^{(6)}$ nach Gl. (2.64) berechnet wurden.

Setzt man $x_{-1} = 15°$ und $x_{+1} = 20°$, d. h., geht man in der Spalte y_k um eine Zeile nach unten, so findet man auf analogem Wege sin 16°, sin 17°, sin 18° und sin 19°. Zum Beispiel:

$$\sin 18° = 0{,}010752 \cdot 0{,}08715574 - 0{,}08736 \cdot 0{,}17364818 + \ldots$$
$$+ 0{,}011648 \cdot 0{,}50000000.$$

Durch Wiederholung dieses Verfahrens konstruiert man leicht alle Werte der Sinustabelle mit einer Schrittweite von 1°. Um sich dabei die Orientierung zu erleichtern, markiere man alle in einem gegebenen Schritt vorkommenden Größen, zum Beispiel durch eine Münze, und verschiebe diese je nach Notwendigkeit in den entsprechenden Spalten.

Tabelle 18

k	$c_k^{(6)}(t)$	u = 0,2	u = 0,4	x_k^0	$v_k = \sin x_k$	x°	sin x	x°	sin x
-3	$v_3^{(6)}$	+ 0,008064000	+ 0,011648000	0	0,00000000	10	0,17364818	15	0,25881905
-2	$v_2^{(6)}$	- 0,073920000	- 0,099840000	5	0,08715574	11	0,190808999	16	0,275637359
-1	$v_1^{(6)}$	+ 0,887040000	+ 0,698880000	10	0,17364818	12	0,207911695	17	0,292371705
+1	$u_1^{(6)}$	+ 0,221760000	+ 0,465920000	15	0,25881905	13	0,224951059	18	0,309016993
+2	$u_2^{(6)}$	- 0,049280000	- 0,087360000	20	0,34202014	14	0,241921901	19	0,325568152
+3	$u_3^{(6)}$	+ 0,006336000	+ 0,010752000	25	0,42261826				
$c_k^{(6)}(1-t)$		u = 0,8	u = 0,6	30	0,50000000				
Σ		+ 1,000000000	+ 1,000000000	35	0,57357644				

Die Endergebnisse rundet man auf sieben Dezimalstellen, das ist um eine Stelle weniger, als die Ausgangsdaten $y_k = \sin x_k$ besitzen.

Übung 1: Man setze $x_{-1} = 20°$, $x_{+1} = 25°$ und verlängere die Tabelle 18 durch die Werte von sin 21°, sin 22°, sin 23° und sin 24°.

Bei der Herstellung einer Subtabelle entsteht oft die Notwendigkeit, den Tabellenumfang zu verdoppeln, d. h. zu einer Tabelle überzugehen, in der die Schrittweite nur halb so groß ist. Diese Aufgabe löst man mit Hilfe der Interpolation in der Intervallmitte, d. h. mit Hilfe der Interpolationsformel (2.58′) und den Werten u = v = 0,5.

Mit u = 0,5 gilt gemäß Gl. (2.61) auch

$$u_k^{(2n)}(0{,}5) = v_k^{(2n)}(0{,}5); \quad u_1 = v_1 = v = 1 - u = 0{,}5.$$

Die Gl. (2.58′) wird daher bei der Interpolation in der Intervallmitte etwas einfacher. Es vereinfacht sich auch die Formel für die Berechnung der Koeffizienten $u_k^{(2n)}(0{,}5)$ selbst. Wir setzen dazu $u_n = v_n$ in Gl. (2.65) und erhalten dadurch

$$u_k^{(2n)}(0{,}5) = u_k^{(2n-2)}(0{,}5) + (-1)^{n-k}\left[C_{2n-2}^{n-k} - C_{2n-2}^{n-k-1}\right] u_n(0{,}5); \quad u_n^{(2n)} = u_n \qquad (2.66)$$

mit

$$k = 1, 2, \ldots, n-1; \quad C_m^{\nu} = \frac{m!}{\nu!\,(m-\nu)!}.$$

Alle benötigten Werte von $u_n(0{,}5)$ finden wir aus der Rekursionsformel (2.60), indem wir dort u = 0,5 setzen. Die Binomialkoeffizienten entnehmen wir der Tabelle I im Anhang, oder wir berechnen unmittelbar die Größen

$$C_{2n-2}^{n-k} - C_{2n-2}^{n-k-1} = \frac{(2n-2)!}{(n-k)!\,(n+k-2)!} - \frac{(2n-2)!}{(n-k+1)!\,(n+k-1)!}$$
$$= \frac{(2k-1)!\,(2n-2)!}{(n-k)!\,(n+k-1)!}$$

Für n = 2 und n = 3 sind die Koeffizienten $u_k^{(2n)}(0{,}5)$ in Tabelle IV des Anhangs angegeben. In Tabelle 19 sind alle $u_k^{(2n)}(0{,}5)$ für n = 4, 6, 8, 10 und die dazu benötigten $u_k(0{,}5)$ mit zwölf Dezimalstellen enthalten. In der letzten Zeile von Tabelle 19 findet sich als Kontrolle die Summe $\Sigma u_k^{(2n)}$, die gemäß Gl. (2.64) bei u = 0,5 gleich 0,5 sein muß.

Tabelle 19

k	u_k (0,5)	$u_k^{(8)}$ (0,5)	$u_k^{(12)}$ (0,5)	$u_k^{(16)}$ (0,5)	$u_k^{(20)}$ (0,5)
1	+ 0,50000000000000000	+ 0,598144531250	+ 0,610668182373	+ 0,617045536637	+ 0,620908022684
2	- 0,06250000000000000	- 0,119628906250	- 0,145397186279	- 0,159974768758	- 0,169338551641
3	+ 0,01171875000000000	+ 0,023925781250	+ 0,043619155884	+ 0,057590916753	+ 0,067735420656
4	- 0,00244140625000000	- 0,002441406250	- 0,010385513306	- 0,018698349595	- 0,026052084868
5	+ 0,00053405761718750		+ 0,001615524292	+ 0,004847720265	+ 0,008684028289
6	- 0,00012016296386719		- 0,000120162964	- 0,000915303826	- 0,002368371352
7	+ 0,00002753734588623			+ 0,000110641122	+ 0,000501001632
8	- 0,00000639259815216			- 0,000006392598	- 0,000076623779
9	+ 0,00000149826519191				+ 0,000007512135
10	- 0,00000035375705920				- 0,000000353757
Kontrolle $\Sigma u_k^{(2n)}$		+ 0,500000000000	+ 0,500000000000	+ 0,500000000000	+ 0,499999999999

Beispiel 2: Wir konstruieren für das Intervall $1 \leqslant x \leqslant 2$ eine fünfstellige Tabelle der Eulerschen Gammafunktion

$$y = \Gamma(x) = \int_0^\infty t^{x-1} e^{-t} dt \qquad (2.67)$$

und verwenden dazu deren charakteristische Eigenschaften[1]) [205; 231; 460]:

$$\Gamma(x + 1) = x\Gamma(x); \qquad (2.68)$$

$$\Gamma(x)\,\Gamma(1 - x) = \frac{\pi}{\sin \pi x}. \qquad (2.69)$$

Lösung: Wir setzen in Gl. (2.69) $x = 1/2$ und erhalten

$$\Gamma(\tfrac{1}{2})\,\Gamma(\tfrac{1}{2}) = \frac{\pi}{\sin\frac{\pi}{2}} = \pi.$$

Daraus folgt

$$\Gamma(\tfrac{1}{2}) = \sqrt{\pi} = 1{,}7724538509055 \ldots .$$

Unter Verwendung von Gl. (2.68) berechnen wir nun aus dem gefundenen Wert für $x = 0{,}5$ der Reihe nach die von uns benötigten Werte für $x = 1{,}5$, $x = 2{,}5$, $x = 3{,}5$ ...

$$\Gamma(1{,}5) = 0{,}5\,\Gamma(0{,}5); \quad \Gamma(2{,}5) = 1{,}5\,\Gamma(1{,}5); \quad \Gamma(3{,}5) = 2{,}5\,\Gamma(2{,}5).$$

Aus Gl. (2.67) folgt unmittelbar für $x = 1$

$$\Gamma(1) = \int_0^\infty e^{-t} dt = -e^{-t}\Big|_0^\infty = +1.$$

---

1) Die Gln. (2.68) und (2.69) gelten für alle reellen oder komplexen Argumentwerte mit Ausnahme der Punkte $x = 0, -1, -2, -3, \ldots$, in denen die Gammafunktion Pole erster Ordnung besitzt.

Auf analogem Wege finden wir daher aus der Rekursionsformel (2.68)

$$\Gamma(2) = 1 \cdot \Gamma(1) = 1; \quad \Gamma(3) = 2\Gamma(2) = 2!;$$
$$\Gamma(4) = 3\Gamma(3) = 3!; \quad \Gamma(n+1) = n\Gamma(n) = n! \tag{2.68'}$$

Alle berechneten Werte tragen wir nun in die Spalte $y_k = \Gamma(x_k)$ der Tabelle 20 ein und finden durch Interpolation in der Intervallmitte gemäß Gl. (2.58′)

$$\Gamma\,\frac{x_{-1} + x_{+1}}{2} = \Gamma(3{,}25) = 2{,}549\,209.$$

Diesen Wert tragen wir in die letzte Zeile der Tabelle 20 ein. Die benötigten Koeffizienten $c_k^{(2n)}$ (0,5) entnehmen wir für n = 6 der Tabelle 19. Der Interpolationsprozeß erfolgt hierauf durch Multiplikation (ohne Anschreiben von Zwischenergebnissen) der Koeffizientenspalte c_k mit der Spalte der Stützwerte y_k.

Mit dem gefundenen Wert von $\Gamma(3{,}25)$ berechnen wir nun nach derselben Gl. (2.68), die wir jetzt in der Form

$$\Gamma(x) = \frac{\Gamma(x+1)}{x}, \tag{2.68''}$$

schreiben, in umgekehrter Reihenfolge alle von uns gewünschten Werte der Gammafunktion:

$$\Gamma(2{,}25) = \frac{\Gamma(3{,}25)}{2{,}25}; \quad \Gamma(1{,}25) = \frac{\Gamma(2{,}25)}{1{,}25}; \quad \Gamma(0{,}25) = \frac{\Gamma(1{,}25)}{0{,}25}.$$

Hierauf finden wir aus Gl. (2.69) für x = 0,25

$$\Gamma(0{,}75) = \frac{\pi}{\Gamma(0{,}25) \cdot \sin\frac{\pi}{4}} = \frac{\pi\sqrt{2}}{\Gamma(0{,}25)}$$

Tabelle 20

n = 6; u = 0,5		Beispiel 2				Beispiel 3		Beispiel 4	
k	$c_k^{(12)}$ (0,5)	x_k	$y_k = \Gamma(x_k)$	x_k	$\Gamma(x_k)$	x_k	$y_k = \sin x_k$	x_k	$y_k = e^{x_k}$
- 6	- 0,000 120 162 964	0,5	1,772 454	0,25	3,625 602	0	0	0,0	1,000 000
- 5	+ 0,001 615 524 29	1,0	1,000 000	0,50	1,772 454	30°	+ 0,500 000 00	0,5	1,648 721
- 4	- 0,010 385 513 3	1,5	0,886 227	0,75	1,225 419	60°	+ 0,866 025 40	1,0	2,718 282
- 3	+ 0,043 619 155 9	2,0	1,000 000	1,00	1,000 000	90°	+ 1,000 000 00	1,5	4,481 689
- 2	- 0,145 397 186	2,5	1,329 340	1,25	0,906 400	120°	+ 0,866 025 40	2,0	7,389 056
- 1	+ 0,610 668 182	3,0	2,000 000	1,50	0,886 227	150°	+ 0,500 000 00	2,5	12,182 494
+ 1	+ 0,610 668 182	3,5	3,323 351	1,75	0,919 064	180°	0	3,0	20,085 537
+ 2	- 0,145 397 186	4,0	6,000 000	2,00	1,000 000	210°	- 0,500 000 00	3,5	33,115 452
+ 3	+ 0,043 619 155 9	4,5	11,631 728	2,25	1,133 001	240°	- 0,866 025 40	4,0	54,598 15
+ 4	- 0,010 385 513 3	5,0	24,000 000	2,50	1,329 340	270°	- 1,000 000 00	4,5	90,017 13
+ 5	+ 0,001 615 524 29	5,5	52,342 778	2,75	1,608 362	300°	- 0,866 025 40	5,0	148,413 16
+ 6	- 0,000 120 162 964	6,0	120,000 000	3,00	2,000 000	330°	- 0,500 000 00	5,5	244,691 9
gesuchter Wert $y\left(\frac{x_{-1} + x_{+1}}{2}\right)$		3,25	2,549 209	1,625	0,896 542	165°	+ 0,258 819 04	2,75	15,642 631 2

und wieder gemäß Gl. (2.68)

$$\Gamma(1{,}75) = 0{,}75\,\Gamma(0{,}75); \qquad \Gamma(2{,}75) = 1{,}75\,\Gamma(1{,}75).$$

Als Ergebnis finden wir also die Werte der gesuchten Funktion in den Punkten $x = 0{,}25;\ 0{,}75;\ 1{,}25;\ 1{,}75;\ 2{,}25;\ 2{,}75$, die die Abschnitte $[x_{-1}; x_{-2}], [x_{-2}; x_{-3}], \ldots$ halbieren. Wir gehen dadurch von der ursprünglichen Schrittweite $h = 0{,}5$ der Tabelle über zur Schrittweite $h = 0{,}25$.

Ehe wir jedoch die Rechnung weiterführen, müssen wir kontrollieren, ob für $n = 6$ bei der Gl. (2.58′) die geforderte Genauigkeit gewährleistet ist.

Zu diesem Zweck führen wir analoge Rechnungen für $n = 4$, $n = 8$ und $n = 10$ durch. Bei Beschränkung auf $x = 1{,}25$ erhalten wir die folgenden Werte für die gesuchte Funktion:

n	4	6	8	10
$\Gamma(1{,}25)$	0,9059758	0,9063854	0,9064047	0,9064004

Wie man sieht, wächst der mit Hilfe der Interpolationsformel (2.58′) gefundene Wert $\Gamma(1{,}25)$ zuerst mit wachsendem n und nimmt bei $n = 10$ wieder ab. Wir dürfen daher mit Recht davon ausgehen, daß in dem gegebenen Beispiel bei einer Schrittweite von $h = 0{,}5$ die Werte $n = 8$, $n = 9$ oder $n = 10$ optimal sind. Für $n \geqslant 10$ nimmt der Fehler bei der Interpolation im gegebenen Fall wieder zu.

Die Genauigkeit des gefundenen Wertes $\Gamma(1{,}25)$ kann man auch direkt überprüfen, indem man den Wert der gesuchten Funktion durch Interpolation (bei optimalem n) aus den Werten bei den Argumenten 0,25; 0,75; 1,25; 1,75; 2,25; 2,75; 3,25; 3,75; 4,25; 4,75; ... an einer Stelle bestimmt, wo diese genau bekannt ist, z. B. für $n = 8$:

$$\Gamma\left(\frac{3{,}75 + 4{,}25}{2}\right) = \Gamma(4{,}00) = 6.$$

Nachdem die Frage nach der Genauigkeit der Ergebnisse geklärt ist, setzen wir die Lösung des Beispiels fort. In Tabelle 21 sind alle Rechnungen für $n = 10$ angegeben, die für die Bestimmung von

$$\Gamma\left(\frac{x_{-1} + x_{+1}}{2}\right) = \Gamma\left(x_{-1} + \frac{h}{2}\right) = \Gamma(5{,}25) = 35{,}211532$$

notwendig sind.

Da bei $u = 0{,}5$ die Koeffizienten vom Mittelpunkt gleich weit entfernt sind und untereinander gleich sind, so nehmen wir in Tabelle 21 an Stelle der Spalte y_k die Spalte $y_k + y_{-k} = \Gamma(x_k) + \Gamma(x_{-k})$, wodurch der Rechenaufwand gemäß Gl. (2.58′) auf die Hälfte sinkt.

Nachdem wir den Wert von $\Gamma(5{,}25)$ gefunden haben, in dem mindestens fünf Stellen gültig sind, berechnen wir nun tatsächlich die Werte von $\Gamma(4{,}25)$; $\Gamma(3{,}25)$; ... ; $\Gamma(0{,}25)$; $\Gamma(0{,}75)$; $\Gamma(1{,}75)$; $\Gamma(2{,}75)$; ... . Hierauf bestimmen wir auf vollkommen analogem Wege mit Hilfe von Gl. (2.58′) für $n = 10$

$$\Gamma\left(\frac{x_{-1} + x_{+1}}{2}\right) = \Gamma\left(\frac{2{,}50 + 2{,}75}{2}\right) = \Gamma(2{,}625) = 1{,}456934$$

Tabelle 21

n = 10; u = 0,5		Beispiel 2					Beispiel 3	
k	$c_k^{(20)}(0,5) = u_{-k}^{(20)}(0,5)$	x_k	$\Gamma(x_k) + \Gamma(x_{10-k})$	$c_k(\Gamma_k + \Gamma_{10-k})$	x_k	$\Gamma(x_k) + \Gamma(x_{-k})$	x_k	$\sin_k + \sin_{-k}$
−10	−0,000000353757	0,5	362881,8	−0,1283720	0,25	27,625602	0	−1
−9	+0,000007512135	1,0	119293,5	+0,8961489	0,50	18,358687	90°	+1
−8	−0,00007662378	1,5	40320,89	−3,0895390	0,75	12,857147	180°	+1
−7	+0,00050100163	2,0	14035,407	+7,0317618	1,00	9,285066	270°	−1
−6	−0,0023683714	2,5	5041,3293	−11,9397401	1,25	6,906400	360°	−1
−5	+0,0086840283	3,0	1873,2543	+16,2673934	1,50	5,309223	450°	+1
−4	−0,026052085	3,5	723,32335	−18,8440814	1,75	4,242415	540°	+1
−3	+0,067735421	4,0	293,88528	+19,9064432	2,00	3,549251	630°	−1
−2	−0,16933855	4,5	131,63173	−22,2903263	2,25	3,133001	720°	−1
−1	+0,62090802	5,0	76,342778	+47,4018431	2,50	2,937702	810°	+1
gesuchter Wert				$\Gamma(5,25) = 35,211532$	2,625	1,456934	855°	+0,70694

und daraus

$$\Gamma(1,625) = \frac{\Gamma(2,625)}{1,625} = 0,89657495.$$

Zur Kontrolle der Genauigkeit von Tabelle 20 berechnen wir bei $n = 6$

$$\Gamma\left(\frac{x_{-1} + x_{+1}}{2}\right) = \Gamma\left(\frac{1,50 + 1,75}{2}\right) = \Gamma(1,625) = 0,896542.$$

Die genauen Werte der gefundenen Größen, die wir aus achtstelligen Tabellen [643, Anhang XVI] entnehmen, sind:

$$\Gamma(1,25) = 0,90640248; \quad \Gamma(1,625) = 0,89657428.$$

Setzen wir ferner $x_{-1} = 2,75$, $x_{+1} = 3,00$, so finden wir auf demselben Wege als Ergänzung zu $\Gamma(2,625)$ den Wert $\Gamma(2,875)$. Diese zwei Werte verwenden wir in den Gln. (2.68) und (2.69) aufs neue zur Halbierung der Schrittweite h, d. h., wir konstruieren eine Tabelle mit der Schrittweite $h = 1/8$. Für $h = 0,125$ gewährleistet die Interpolationsformel (2.58′) in dem gegebenen Beispiel bei $n = 3$ fünf genaue Stellen. Die weitere Konstruktion der fünfstelligen Tabellen der Gammafunktion ist also nicht mehr so mühevoll. Eine Erweiterung des Grundintervalls $1 \leqslant x \leqslant 2$ ist nicht notwendig, da man nach Gl. (2.68) beliebige Argumentwerte $x \neq 0, -1, -2, \ldots$ immer auf dieses Intervall zurückführen kann.

Übung 2: Man führe alle oben angegebenen Rechnungen durch und verdichte hierauf die Tabelle nach dem Muster von Beispiel 1, d. h. man gehe von der Schrittweite $h = 0,125$ zur Schrittweite $h = 0,025$ über.

Wir analysieren die erhaltenen Ergebnisse.

Die Gammafunktion wächst faktoriell an und läßt sich daher durch Polynome schlecht approximieren. Die Genauigkeit der Interpolation läßt sich jedoch stets durch Verkleinerung der Schrittweite der Tabelle vergrößern. Wählen wir in dem gegebenen Beispiel die Schrittweite $h = 1$, d. h., versuchen wir eine Tabelle der Gammafunktion aus den ganzzahligen Argumentwerten allein zu konstruieren ($\Gamma(n) = (n-1)!$), so finden wir mit Hilfe einer Interpolation bei äquidistanten Stützpunkten nicht mehr als zwei bedeutsame Ziffern. In Tabelle 22 sind die Endresultate $y^{(n)} \approx \Gamma(x)$ angegeben, die man aus Gl. (2.58′) mit n = 1, 2, 3, 4 und 6 für x = 1,5; x = 2,5; x = 3,5; erhält, wenn man von den Stützwerten $y_k = \Gamma(x_k)$; $x_k = 1, 2, \ldots, 11, 12$ ausgeht. In derselben Tabelle sind zum Vergleich die entsprechenden exakten Werte der Funktion $y = \Gamma(x)$ angegeben, sowie der Fehler der Ergebnisse, die man durch Interpolation erhält:

$$\epsilon = y_{\text{exakt}} - y^{(n)}.$$

Eine Analyse der Tabelle 22 zeigt, daß bei h = 1 der optimale Wert für n gleich 2 ist. Für n > 2 werden die Resultate rasch schlechter, und bei n = 6 erhalten wir sogar einen negativen Wert für die gesuchte Funktion.

Bei einer Schrittweite von h = 0,5 erlaubt die Interpolationsformel (2.58) die Konstruktion fünfstelliger Tabellen der Gammafunktion aus den beiden Ausgangswerten Γ(0,5) und Γ(1). Der optimale Wert von n liegt dabei zwischen 8 und 10.

In Beispiel 2 von Kapitel 5, Abschnitt 34 werden wir eine direkte Berechnung der Gammafunktion mit Hilfe einer Reihe betrachten. Vier exakte Werte Γ(0,25), Γ(0,50), Γ(0,75), Γ(1,00) (Anfangsprozeß der Interpolation mit einer Schrittweite von h = 0,25) erlauben hierauf eine rasche Erhöhung der Genauigkeit der Ergebnisse und in beschränktem Maße die Konstruktion von acht- bis zehnstelligen Tabellen der Gammafunktionen. Der Leser möge dies als Übung vollständig durchführen.

Beispiel 3: Man konstruiere eine siebenstellige Sinustabelle mit der Schrittweite h = 1°, und zwar nur unter Verwendung der Reduktionsformeln und der vier exakten Werte

$$\sin 0 = 0; \quad \sin 30° = \frac{1}{2}; \quad \sin 60° = \frac{\sqrt{3}}{2}; \quad \sin 90° = 1.$$

Lösung: Wir nehmen $x_{-1} = 150°$, $x_{+1} = 180°$ und finden gemäß Gl. (2.58′) mit n = 6

$$\sin 165° = \sin 15° = 0{,}25881904.$$

Alle dazu benötigten Größen sind in Tabelle 20 angegeben. Wir setzen hierauf $x_{-1} = 120°$, $x_{+1} = 150°$ bzw. $x_{-1} = 90°$, $x_{+1} = 120°$ und erhalten auf demselben Wege unter Berücksichtigung von $\sin(-30°) = -\sin 30°$, $\sin(-60°) = -\sin 60°$

$$\sin\frac{120° + 150°}{2} = \sin 135° = \sin 45° \quad \text{und} \quad \sin\frac{90° + 120°}{2} = \sin 105° = \sin 75°.$$

Tabelle 22

n	x = 1,5		x = 2,5		x = 3,5	
	$y^{(n)} \approx \Gamma(x)$	ϵ	$y^{(n)} \approx \Gamma(x)$	ϵ	$y^{(n)} \approx \Gamma(x)$	ϵ
1	+ 1,00000	− 0,11377	+ 1,50000	− 0,17066	+ 4,00000	− 0,67665
2	+ 0,83333	+ 0,05290	+ 1,25000	+ 0,07934	+ 3,12500	+ 0,19835
3	+ 0,97708	− 0,09085	+ 1,46563	− 0,13629	+ 3,66406	− 0,34071
4	+ 0,63185	+ 0,25438	+ 0,94777	+ 0,38157	+ 2,36942	+ 0,95393
6	− 3,59301	+ 4,47924	− 5,38951	+ 6,71885	− 13,47378	+ 16,79713
exakter Wert	+ 0,88623		+ 1,32934		+ 3,32335	

Wir gehen dadurch von der ursprünglichen Schrittweite $h = 30°$ in Tabelle 20 über zur Schrittweite $h = 15°$. Durch Fortsetzung des Verfahrens finden wir die Lösung der gestellten Aufgabe vollkommen analog zu Beispiel 2.

Die in Beispiel 3 formulierten Bedingungen kann man noch etwas abschwächen und eine Sinustabelle unter Verwendung der Reduktionsformeln aus den zwei exakten Werten $\sin 0 = 0$ und $\sin 90° = +1$ allein konstruieren, d. h. mit einer Ausgangsschrittweite von $h = 90°$, wobei die gegebene Sinusfunktion vorerst nur in ihren Nullstellen und in ihren Extremalpunkten bestimmt ist.

In Tabelle 21 finden sich alle Angaben, die zur Rechnung gemäß Gl. (2.58′) für $n = 10$ und $\sin 855° = \sin 45° \approx 0{,}70694$ notwendig sind. Da der genaue Wert von $\sin 45°$ gleich $0{,}707\,106\,78\ldots$ ist, haben wir bei $n = 10$ einen Fehler von $\epsilon = 0{,}000\,17$, und wir erreichen noch nicht die gewünschte Genauigkeit. Eine Erhöhung der Genauigkeit läßt sich in Beispiel 3 durch eine Erhöhung von n bewirken.

Verwendet man hingegen den gefundenen Näherungswert für $\sin 45°$ und setzt das Verfahren zur Verdichtung der Tabelle fort, indem man von der Schrittweite $h = 45°$ zur Schrittweite $h = 22{,}5°$ übergeht, so erhält man mit $n = 10$ nach Einsetzen der Ausgangswerte in Gl. (2.58′) und Zusammenfassen der gleichartigen Glieder zum Beispiel

$$\sin\frac{405° + 450°}{2} = \sin 427{,}5° = 0{,}638\,206\,968 + 0{,}404\,002\,015 \sin 45°.$$

Setzt man hier den gefundenen Näherungswert für $\sin 45°$ ein, nämlich $0{,}70694$, so erhält man $\sin 427{,}5° = \sin 67{,}5° \approx 0{,}92381$, also einen Fehler $\epsilon = 0{,}92388 - 0{,}92381 = 0{,}00007$.

Der genauere Wert von $\sin 67{,}5°$ erlaubt nun seinerseits auf dem Wege der Interpolation die Bestimmung eines genauen Wertes für $\sin 45°$. Wir haben somit hier ein markantes Beispiel dafür, wie eine Näherungsrechnung Resultate liefern kann, die genauer als die Ausgangsdaten sind. Mit diesen Resultaten kann man nun die Ausgangsdaten selbst berichtigen. Man darf jedoch diesen optimistisch stimmenden Umstand nicht überschätzen. Man sollte eben niemals vergessen, daß in der überwiegenden Mehrzahl der Fälle die Resultate von Näherungsrechnungen weniger genau als die Ausgangsdaten sind.

Beispiel 4: Wir konstruieren im Abschnitt $0 \leqslant x \leqslant 1$ eine Tabelle der Funktion $y = e^x$ mit sieben bedeutsamen Ziffern und verwenden dabei das Additionstheorem für die Exponentialfunktion

$$y(x_1 + x_2) = e^{x_1 + x_2} = e^{x_1} \cdot e^{x_2}. \tag{2.70}$$

Als Ausgangswerte nehmen wir

$$y(0) = 1 \quad \text{und} \quad y(0{,}5) = e^{1/2} = 1{,}648\,721\,270\,700\,1\ldots.$$

Der zweite Wert ergibt sich mit Hilfe der Reihe

$$e^x = 1 + x + \frac{x^2}{2!} + \frac{x^3}{3!} + \ldots + \frac{x^n}{n!} + \ldots.$$

Lösung: Unter Verwendung des Additionstheorems (2.70) konstruieren wir die gesuchte Tabelle vorerst mit der Schrittweite h = 0,5 und verdichten diese Tabelle hierauf vollkommen analog zu Beispiel 2.

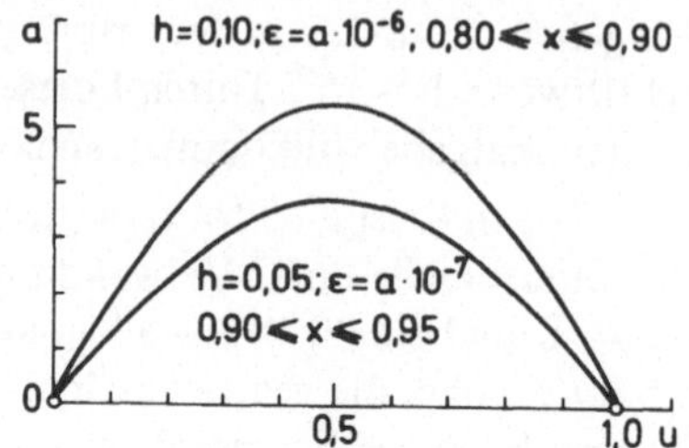

Bild 5

In Tabelle 20 finden sich alle benötigten Angaben für eine Berechnung nach Gl. (2.58′) mit n = 6 und $y(2{,}75) = e^{2{,}75} \approx 15{,}6426312$. Mit Hilfe dieser Gleichung und unter Verwendung von Gl. (2.70) konstruieren wir nun eine Tabelle mit der Schrittweite h = 0,25. Der exakte Wert von $e^{2{,}75}$ ist 15,6426318. Die durch Interpolation gefundenen Größen haben somit acht bedeutsame Ziffern.

Übung 3: Unter Verwendung der Angaben in Tabelle 20 konstruiere man eine Tabelle der Funktion $y = e^x$ mit einer Schrittweite h = 0,1. Die Resultate runde man auf sieben bedeutsame Ziffern und überprüfe sie an Hand der Tabelle [648].

Bei der Bestimmung der optimalen Ordnung n bei jeder neuen Schrittweite ist zu beachten, daß der Fehler der Interpolationsformel (2.58) seinen höchsten Wert in der Regel in der Intervallmitte erreicht.

Zur Illustration dieser Tatsache ist in Bild 5 das Schaubild des Fehlers $\epsilon = y_{exakt} - y_{näh}$ der Interpolationsfunktion $y = e^x$ nach Gl. (2.58′) bei n = 2 dargestellt. Dabei gilt h = 0,10; $0{,}80 \leqslant x \leqslant 0{,}90$ und h = 0,05; $0{,}90 \leqslant x \leqslant 0{,}95$. Bei Verkleinerung der Schrittweite h auf die Hälfte vermindert sich in dem betrachteten Beispiel also der maximale Interpolationsfehler $\epsilon = 5{,}5 \cdot 10^{-6}$ auf $\epsilon = 3{,}7 \cdot 10^{-7}$, d. h. er sinkt auf ein Fünfzehntel seines Wertes. Bei den Werten u = 0 und u = 1, die selbst Knotenpunkten entsprechen müssen, gilt $\epsilon = 0$.

Zum Schluß bemerken wir, daß man für jede konkrete Funktion eine Tabelle hoher Genauigkeit aber geringen Umfangs konstruieren und dabei die Schrittweite so klein nehmen kann, daß die Durchführung der Interpolation nach Gl. (2.58) mit n = 2 oder n = 3 ohne Verlust an Genauigkeit möglich ist. Da sich bei n = 2 oder n = 3 der Interpolationsprozeß auf die Multiplikation von vier oder sechs Stützpunkten y_k mit den tabellierten Koeffizienten $c_k^{(2n)}$ reduziert, ist eine derartige Tabelle kompakt genug und bequem zu handhaben. Außerdem besteht keine Notwendigkeit für die Angabe von Differenzen, was nicht nur Rechenarbeit, sondern auch Papier beim Anlegen der Tabelle erspart. Zur Konstruktion solcher Tabellen braucht man nur wenige Ausgangsstützpunkte (etwa 20 bis 30), man muß die Rechnungen jedoch mit zwei bis drei zusätzlichen Stellen durchführen.

Bei Verwendung einer ERA, wo die Frage des Speicherumfangs der Maschine eine wesentliche Bedeutung spielt, wird man die Tabellierung einer gegebenen Funktion am besten in möglichst kompakter Form durchführen, d. h. mit möglichst großer Schrittweite h. Die Interpolation gemäß Gl. (2.58) wird man in leicht durchführbarer Unterprogrammtechnik vollziehen. Auch zur Berechnung der Koeffizienten $c_k^{(2n)}$ wird man ein Unterprogramm verwenden.

14. Die Interpolationsformel von *Lagrange.* Extrapolation und umgekehrte Interpolation

Bei der Interpolation durch Polynome handelt es sich, wie bereits in Abschnitt 11 bemerkt, um das folgende Problem.

Zur Betrachtung steht eine Funktion $y = f(x)$, für die Stützwerte $y_k = f(x_k)$ in den Interpolationsknoten x_k, $k = 0, 1, 2, \ldots, n$ gegeben sind. Gesucht ist ein Polynom vom Grade n

$$L_n(x) = a_0 + a_1 x + a_2 x^2 + \ldots + a_n x^n, \tag{2.71}$$

dessen Werte in allen Knoten x_k mit den gegebenen Werten der Funktion übereinstimmen:

$$L_n(x_k) = f(x_k) = y_k, \quad k = 0, 1, 2, \ldots, n. \tag{2.72}$$

Zur Bestimmung der unbekannten Koeffizienten $a_0, a_1, a_2, \ldots, a_n$ des Polynoms $L_n(x)$ konstruiert man leicht ein System von $n + 1$ linearen Gleichungen mit $n + 1$ Unbekannten:

$$\begin{aligned} a_0 + a_1 x_0 + a_2 x_0^2 + \ldots + a_n x_0^n &= y_0, \\ a_0 + a_1 x_1 + a_2 x_1^2 + \ldots + a_n x_1^n &= y_1, \\ \cdots\cdots\cdots\cdots\cdots\cdots\cdots\cdots \\ a_0 + a_1 x_n + a_2 x_n^2 + \ldots + a_n x_n^n &= y_n. \end{aligned} \tag{2.73}$$

Man erhält dies durch Einsetzen von Gl. (2.72) in Gl. (2.71).

Das gesuchte Polynom kann man jedoch auch direkt ohne Lösung des Systems (2.73) finden. Dazu bestimmen wir vorerst das sogenannte Fundamentalpolynom, das in den Punkten $x = x_j$ $(j = 0, 1, 2, \ldots, n)$ die Werte $y_j = 1$ annimmt und in allen übrigen Punkten $x = x_0, x = x_1, \ldots, x = x_{j-1}, x = x_{j+1}, \ldots, x = x_{n-1}, x = x_n$ verschwindet:

$$y_1 = y_2 = \ldots = y_{j-1} = y_{j+1} = \ldots = y_{n-1} = y_n = 0.$$

Für $j = 0$ lautet dieses Fundamentalpolynom zum Beispiel

$$L_n^{(0)}(x) = \frac{(x - x_1)(x - x_2) \ldots (x - x_n)}{(x_0 - x_1)(x_0 - x_2) \ldots (x_0 - x_n)}.$$

Es besitzt die Wurzeln $x = x_1, x = x_2, \ldots, x = x_n$. Bei $x = x_0$ wird der Zähler gleich dem Nenner, und wir haben daher

$$L_n^{(0)}(x_j) = \begin{cases} 1 \text{ für } j = 0 \\ 0 \text{ für } j = 1, 2, \ldots, n. \end{cases}$$

In Analogie dazu lautet das Fundamentalpolynom für $j = k$

$$L_n^{(k)}(x) = \frac{(x - x_0)(x - x_1) \ldots (x - x_{k-1})(x - x_{k+1}) \ldots (x - x_{n-1})(x - x_n)}{(x_k - x_0)(x_k - x_1) \ldots (x_k - x_{k-1})(x_k - x_{k+1}) \ldots (x_k - x_{n-1})(x_k - x_n)}, \tag{2.74}$$

da

$$L_n^{(k)}(x_j) = \begin{cases} 1 \text{ für } j = k, \\ 0 \text{ für } j = 0, 1, \ldots, k + 1, \ldots, n - 1, n. \end{cases} \tag{2.75}$$

Mit Hilfe der Fundamentalpolynome Gl. (2.74) konstruiert man nun leicht das gesuchte Polynom $L_n(x)$, das in den gegebenen Punkten $x = x_k$ die gegebenen Werte $L_n(x_k) = y_k$ besitzt. Dazu hat man nur die Fundamentalpolynome mit den entsprechenden Werten $y_k = f(x_k)$ zu multiplizieren und über diese Produkte von $k = 0$ bis $k = n$ zu summieren. Als Ergebnis erhält man

$$y = L_n(x) = \sum_{k=0}^{n} y_k L_n^{(k)}(x) \tag{2.76}$$

oder ausführlicher

$$\begin{aligned} y = L_n(x) = &\frac{(x-x_1)(x-x_2)\dots(x-x_n)}{(x_0-x_1)(x_0-x_2)\dots(x_0-x_n)} y_0 \\ &+ \frac{(x-x_0)(x-x_2)\dots(x-x_n)}{(x_1-x_0)(x_1-x_2)\dots(x_1-x_n)} y_1 \\ &+ \dots + \frac{(x-x_0)(x-x_1)\dots(x-x_{n-1})}{(x_n-x_0)(x_n-x_1)\dots(x_n-x_{n-1})} y_n . \end{aligned} \tag{2.77}$$

Die Gl. (2.77) heißt *Interpolationsformel von Lagrange*[1]. Die Fundamentalpolynome Gl. (2.74) nennt man auch *Lagrange-Koeffizienten.*

Die Lagrange-Koeffizienten sind invariant gegenüber linearen Transformationen

$$x = h\xi + a, \tag{2.78}$$

worin h und a Konstanten bedeuten. Man überzeugt sich leicht direkt von der Richtigkeit dieser Behauptung, indem man Gl. (2.78) in Gl. (2.74) einsetzt.

Wir wollen nun beweisen, daß das Interpolationspolynom von *Lagrange* eine eindeutige Lösung der gestellten Aufgabe liefert. Nehmen wir an, daß ein weiteres Polynom $L_n^*(x)$ vom Grad n existiert, das in den gegebenen Punkten die gegebenen Werte annimmt. Dann ist die Differenz

$$L_n^*(x) - L_n(x)$$

ebenfalls ein Polynom mit einem Grad nicht größer als n, das $n + 1$ Wurzeln hat, da es in den Punkten $x = x_k$; $k = 0, 1, 2, \dots, n$ voraussetzungsgemäß verschwindet. Diese Differenz muß daher identisch gleich Null sein, da ein Polynom vom Grade kleiner oder gleich n nicht $n + 1$ Wurzeln haben kann.

Wir kommen so zu dem folgenden Schluß:

Für beliebige nicht zusammenfallende Werte $x_0, x_1, x_2, \dots, x_n$ und $y_0, y_1, y_2, \dots, y_n$ existiert ein eindeutig bestimmtes Polynom $L_n(x)$ vom Grade n, das in den gegebenen Punkten x_k die gegebenen Werte y_k annimmt und daher den Bedingungen Gl. (2.72)

$$L_n(x_k) = y_k; \quad k = 0, 1, 2, \dots, n$$

genügt.

---

[1] Diese Formel wurde zuerst im Jahre 1795 von *J. L. Lagrange* (1736–1813) veröffentlicht, und zwar in seiner "Leçons élémentaires sur les mathématiques". Sie findet sich auch in seinen "Oeuvres", Bd. 7, S. 286.

Die Formel von *Lagrange* schreibt man oft mit einem Restglied in der folgenden Form:

$$y = f(x) = P_n(x) \sum_{k=0}^{n} \frac{f(x_k)}{(x - x_k) P'_n(x_k)} + R_n(x),$$

$$P_n(x) = \prod_{k=0}^{n} (x - x_k), \quad R_n(x) = \frac{f^{(n+1)}(\xi)}{(n+1)!} P_n(x). \tag{2.79}$$

ξ bedeutet dabei einen Wert zwischen dem größten und dem kleinsten Wert unter den $x, x_0, x_1, \ldots, x_n$. $P'_n(x)$ ist die Ableitung des Polynoms $P_n(x)$.

Zur Erleichterung der Interpolation nach der Formel von *Lagrange* sind Tabellen der Lagrange-Koeffizienten aufgestellt worden. Die vollständigste davon ist die Tabelle in [658].

Aus der Lagrange-Formel erhält man leicht alle anderen Formeln für die polynomiale Interpolation. Die einfachsten davon sind die Formeln mit äquidistanten Interpolationsknoten, wo diese eine arithmetische Folge mit der Differenz h bilden:

$$x_k = x_0 + kh.$$

Insbesondere stellt jede der in den vorhergehenden Abschnitten betrachteten Interpolationsformeln auf Grund des Theorems über die Eindeutigkeit des Lagrange-Polynoms, dessen Form noch offen ist, einen für diesen oder jenen Zweck geeigneten Spezialfall dar.

Übung: Man leite aus der Formel von *Lagrange* die Gl. (2.58) ab, setze

$$x_k = x_0 + kh; \quad h = x_1 - x_0; \quad u = \frac{x - x_0}{h}; \quad v = 1 - u$$

und führe nach all diesen Umformungen zur Erreichung höherer Symmetrie eine Indexverschiebung Gl. (2.57) durch.

Auf analogem Wege erhält man eine differenzenlose Interpolationsformel zur Interpolation am Beginn oder am Ende einer Tabelle, was der Leser als Übung durchführen möge.

Wir gehen nun noch kurz auf die Frage der Verwendung von Interpolationsformeln zur Extrapolation und zur umgekehrten Interpolation ein.

Eine Interpolationsformel läßt sich nicht nur zur Bestimmung der Funktionswerte für die Zwischenwerte des Arguments verwenden, die in der Tabelle fehlen, sondern auch zur Bestimmung von Funktionswerten für Argumente, die außerhalb des Bereichs der Stützstellen liegen, d. h. also zur Extrapolation.

Die einfachste Extrapolation gewinnt man mit Hilfe der Formel von *Lagrange,* die zur Berechnung der Funktionswerte bei beliebigem x geeignet ist. Sie dient also zur Interpolation und zur Extrapolation. Zur Durchführung einer Extrapolation hat man nur in Gl. (2.77) den entsprechenden Argumentwert einzusetzen und die erforderlichen Operationen auszuführen.

Die Verwendung der Interpolationsformeln von *Gregory-Newton* zur Extrapolation erfolgt vollkommen analog zu den Betrachtungen bei der Lösung des Beispiels in Abschnitt 11. Der einzige Unterschied besteht darin, daß bei der Interpolation nach Gl. (2.37) der

Wert von u positiv ist, während er bei der Extrapolation negativ wird. Für die Gl. (2.38) gilt das Umgekehrte. Bei der Interpolation ist der Wert von v negativ, bei der Extrapolation wird er positiv.

Die Interpolationsformel von *Gregory-Newton* Gl. (2.37) verwendet man daher zur Vorwärtsinterpolation oder zur Rückwärtsextrapolation, die Gl. (2.38) zur Rückwärtsinterpolation oder zur Vorwärtsextrapolation.

Die Formeln mit zentralen Differenzen und insbesondere die Formeln von *Bessel* und *Everett* sind zur Interpolation in der Tabellenmitte vorgesehen. Sie sind daher zur Extrapolation wenig geeignet.

Wir betonen, daß bei der Extrapolation im allgemeinen größere Fehler auftreten als bei der Interpolation. Man muß dabei sehr vorsichtig vorgehen und darf sich nicht zu weit vom äußersten Stützpunkt entfernen.

In den vorangehenden Abschnitten haben wir uns nur mit dem Problem der Bestimmung von Funktionswerten für die in einer Tabelle nicht enthaltenen Argumentwerte beschäftigt, d. h. wir haben die sogenannte *direkte Tabellierungsaufgabe* gelöst. Daneben begegnet man häufig auch dem *umgekehrten Tabellierungsproblem:* Aus einer Tabelle ist der Wert des Arguments x zu bestimmen, der zu einem gegebenen Funktionswert gehört, der in der Tabelle nicht auftritt. Diese Aufgabe bezeichnet man auch als *umgekehrtes Interpolationsproblem.*

Das umgekehrte Interpolationsproblem führt man leicht auf das direkte Problem zurück, indem man die Rollen von Funktion und Argument, bzw. von Funktionswerten und Argumentwerten vertauscht. Da jedoch die Funktionsdifferenzen nicht konstant sind, führt das umgekehrte Interpolationsproblem auf die Notwendigkeit der Interpolation in einer neuen Tabelle und mit neuen Argumentwerten, die nicht äquidistant sind [1]). Aus diesem Grund verwendet man bei der umgekehrten Interpolation, wie bereits am Ende von Abschnitt 11 erwähnt wurde, am besten die Interpolationsformel von *Lagrange.*

Beispiel 1: Die Funktion $y^* = f(x^*)$ sei gegeben durch die Tabelle

x^*	0,7	0,8	0,9	1,0
$y^* = f(x^*)$	1,22066	1,28062	1,34536	1,41421

Wir wollen den x^*-Wert bestimmen, der dem Wert $y^* = 1{,}27000$ entspricht.

Lösung: Um die Bezeichnungsweise in der Interpolationsformel nicht ändern zu müssen, vertauschen wir die Rollen von x^* und y^* und lassen in den neuen Symbolen die Sternchen weg. Wir gelangen so zur Funktion

$$x^* = \varphi(y^*) \quad \text{oder} \quad y = \varphi(x),$$

deren Werte für vier Knotenpunkte ($j = 0, 1, 2, 3$) in Tabelle 23 gegeben sind. Zu bestimmen ist $y = \varphi(1{,}27000)$. Die Werte des neuen Arguments $x = y^*$ sind dabei nicht äquidistant.

---

[1]) Eine Ausnahme bildet nur eine lineare Funktion $y = ax + b$, bei der konstanten Differenz des Arguments auch konstante Funktionsdifferenzen entsprechen, und umgekehrt. Für lineare Funktionen konstruiert man jedoch sehr selten Tabellen, daher tritt das umgekehrte Interpolationsproblem für solche Fälle ebenfalls sehr selten auf.

Die vorliegende umgekehrte Tabellierungsaufgabe lösen wir mit Hilfe der Formel von *Lagrange* (2.77). Da in dem gegebenen Fall die Funktion in vier Stützpunkten bestimmt ist, nehmen wir in Gl. (2.77) $n = 3$. Alle notwendigen Rechnungen, die mit zwei zusätzlichen Dezimalstellen durchgeführt worden sind, sind ebenfalls in Tabelle 23 angegeben. Durch Rundung der zwei letzten Stellen erhält man schließlich nach Gl. (2.77)

$$y(1{,}27000) \approx 0{,}78287.$$

Alle gefundenen Stellen mit Ausnahme der letzten sind gültig. Dem angeführten Beispiel liegt nämlich die Funktion

$$y^* = \sqrt{1 + x^{*2}}$$

zugrunde. Die Umkehrfunktion lautet daher

$$x^* = \sqrt{y^{*2} - 1} \quad \text{oder} \quad x^* = y = \sqrt{x^2 - 1}.$$

Bei $y^* = x = 1{,}27$ haben wir daher

$$y_{exakt} = \sqrt{0{,}6129} = 0{,}7828793 \ldots$$

Beispiel 2: Die Funktion $y^* = f(x^*)$ sei in fünf Stützpunkten durch eine siebenstellige Tabelle gegeben. Die Schrittweite ist $h = 0{,}05$.

x^*	0,75	0,80	0,85	0,90	0,95
$y^* = f(x^*)$	0,6435011	0,6747409	0,7044941	0,7328151	0,7597628

Wir lösen die umgekehrte Tabellierungsaufgabe und suchen den x^*-Wert, der dem Wert $y^* = 0{,}7120000$ entspricht.

Lösung: Wir verwenden die Formel von *Lagrange* (2.77) für $n = 4$ und finden vollkommen analog zu Beispiel 1

$$x^* = y(0{,}7120000) \approx 0{,}8630122.$$

Der exakte Wert ist

$$y_{exakt} = \tan 0{,}712 = 0{,}86301223737 \ldots$$

(in dem vorliegenden Beispiel ist $y^* = \arctan x^*$, also $y = \tan x$).

Alle mit einer zusätzlichen Stelle durchgeführten Rechnungen sind in Tabelle 24 angegeben.

In Abschnitt 11 haben wir auch ein Beispiel betrachtet, das uns gezeigt hat, welchen Fehlern man bei einer blinden mechanischen Verwendung von Interpolationsformeln erliegen kann. Bei der Extrapolation und bei der umgekehrten Interpolation können Fehler dieser Art noch gefährlicher sein. Zur Illustration dieser Tatsache betrachten wir ein Beispiel, das wir (mit unwesentlichen Änderungen) der Arbeit [41] (§ 3. 8) von *E. D. Buta* entnommen haben, und das von dem genannten Autor sehr vielsagend mit „Vorsicht" betitelt wurde.

x	1	4	16	64	256
$y = f(x)$	0	1	2	3	4

Tabelle 23

j	0	1	2	3
x_j	1,22066	1,28062	1,34536	1,41421
$y_j = \varphi(x_j)$	0,70000	0,80000	0,90000	1,00000

$x = 1,27000; \quad n = 3$

$x - x_0$	$x - x_1$	$x - x_2$	$x - x_3$
+ 0,04934	− 0,01062	− 0,07536	− 0,14421

$(x_j - x_k) = -(x_k - x_j)$

k	$x_k - x_1$	$x_k - x_2$	$x_k - x_3$
0	− 0,05996	− 0,12470	− 0,19355
1		− 0,06474	− 0,13359
2			− 0,06885

j	$\frac{(x - x_0) \dots (x - x_{j-1})(x_j - x_{j+1}) \dots (x - x_n)}{(x_j - x_0) \dots (x_j - x_{j-1})(x_j - x_{j+1}) \dots (x_j - x_n)} y_j$
0	$\frac{-0,0001154146}{-0,0014471757} \cdot 0,70 = +0,0558261$
1	$\frac{+0,0005362106}{+0,0005185711} \cdot 0,80 = +0,8272125$
2	$\frac{+0,0000755647}{-0,0005558314} \cdot 0,90 = -0,1223541$
3	$\frac{+0,0000394879}{+0,0017802093} \cdot 1,00 = +0,0221816$
	$y = \Xi = 0,7828661$

Tabelle 24

j	0	1	2	3	4
x_j	0,6435011	0,6747409	0,7044941	0,7328151	0,7597628
y_j	0,7500000	0,8000000	0,8500000	0,9000000	0,9500000

$x = 0,7120000; \quad n = 4$

$x - x_0$	$x - x_1$	$x - x_2$	$x - x_3$	$x - x_4$
+ 0,0684989	+ 0,0372591	+ 0,0075059	− 0,0208151	− 0,0477628

$(x_j - x_k) = -(x_k - x_j)$

k	$x_k - x_1$	$x_k - x_2$	$x_k - x_3$	$x_k - x_4$
0	− 0,0312398	− 0,0609930	− 0,0893140	− 0,1162617
1		− 0,0297532	− 0,0580742	− 0,0850219
2			− 0,0283210	− 0,0552687
3				− 0,0269477

j	$\frac{(x - x_0) \dots (x - x_{j-1})(x - x_{j+1}) \dots (x - x_n)}{(x_j - x_0) \dots (x_j - x_{j-1})(x_j - x_{j+1}) \dots (x_j - x_n)} y_j$
0	$\frac{+0,0000002780375}{+0,000019785383} \cdot 0,75 = +0,01053950$
1	$\frac{+0,0000005111574}{-0,0000045894006} \cdot 0,80 = -0,08910225$
2	$\frac{+0,0000025373726}{+0,0000028405439} \cdot 0,85 = +0,75927949$
3	$\frac{-0,0000009149735}{-0,0000039585219} \cdot 0,90 = +0,20802617$
4	$\frac{-0,0000003987468}{+0,000014722055} \cdot 0,95 = -0,02573075$
	$y = \Sigma = 0,86301216$

Wir nehmen an, daß aus der obigen Tabelle der Wert von f(x) für x = 32 und x = 200 zu bestimmen sei.

Lösen wir die beiden Interpolationsaufgaben nach der Formel von *Lagrange* (2.77) mit n = 4, so finden wir

$$y = f(32) \approx -0{,}2634 \quad \text{und} \quad y = f(200) \approx +261{,}7.$$

Diese Werte sind sehr weit von den wahren Werten

$$y_{\text{exakt}}(x) = \frac{\lg x}{\lg 4} = \frac{\lg 32}{\lg 4} = +2{,}5 \quad \text{und} \quad y_{\text{exakt}}(200) = +3{,}8219\ldots$$

entfernt.

Der Grund dafür wird klar, wenn wir den Verlauf der gegebenen Funktion und des Lagrangeschen Interpolationspolynoms in Bild 6 betrachten, in dem der größeren Anschaulichkeit wegen das Anfangsstück der Schaubilder bei zehnfacher Maßstabsvergrößerung längs der y-Achse getrennt dargestellt ist.

In diesem Sonderfall liefert die lineare Interpolation zwischen zwei entsprechenden Stützpunkten ein besseres Ergebnis als das nach Gl. (2.77) konstruierte Polynom vierten Grades. Vor der Anwendung dieser oder jener Interpolationsformel zur Approximation einer gegebenen Funktion muß man sich daher, wir betonen das nochmals, davon überzeugen, daß der Verlauf der Funktion eine Darstellung mit Hilfe dieser Formel erlaubt.

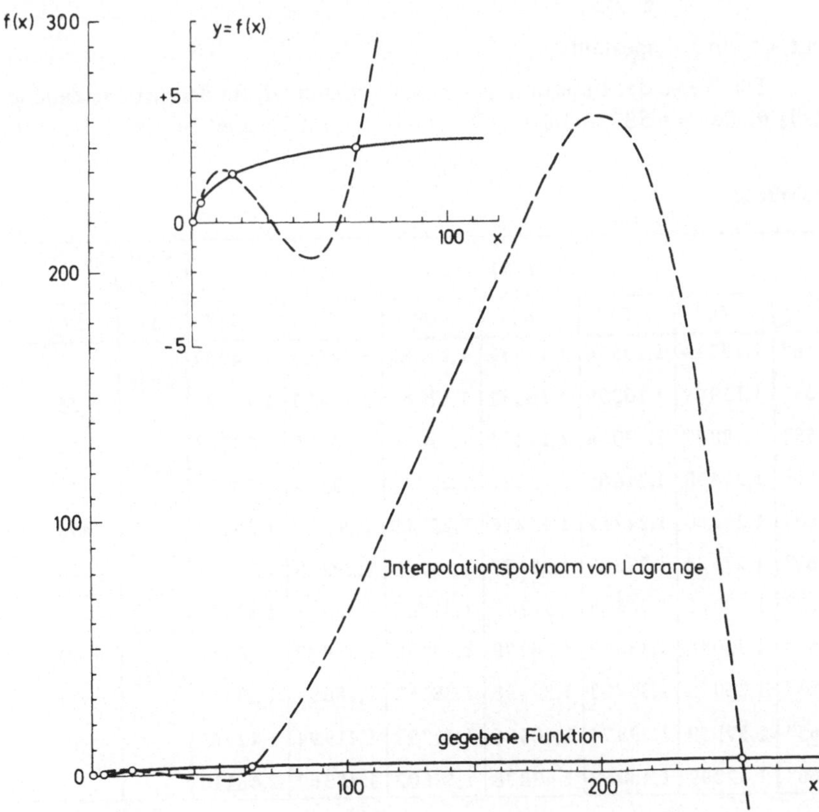

Bild 6

Wir bemerken, daß in dem betrachteten Beispiel der Fehler bei der Extrapolation mit wachsender Entfernung von den Stützpunkten noch rascher anwachsen kann, da das Lagrangesche Approximationspolynom außerhalb der Stützpunkte sehr rasch gegen unendlich strebt.

Übung: Man berechne mit Hilfe von Gl. (2.77) bei n = 4 Näherungswerte für die betrachtete Funktion mit vier bedeutsamen Stellen, und zwar für x = 10; x = 32; x = 45; x = 190; x = 210 und x = 300. Die Ergebnisse vergleiche man mit den exakten Werten

$$y_{exakt}(x) = \frac{\lg x}{\lg 4}.$$

15. Tabellen mit zwei Eingängen. Die Überprüfung von Tabellen

Die Tabellierung von Funktionen mit zwei unabhängigen Veränderlichen erfordert schon die Verwendung von Tabellen mit zwei Eingängen, für jede der Veränderlichen einen eigenen Eingang.

In Tabelle 25 ist ein Teil einer Tabelle für die Werte des elliptischen Integrals erster Ordnung

$$F(\varphi;\theta) = \int_0^\varphi \frac{d\varphi}{\sqrt{1-k^2\sin^2\varphi}}$$

mit $k = \sin\theta$ dargestellt.

Die Werte der Funktion $y = F(\varphi;\theta)$ finden wir im Schnitt der Zeile φ mit der Zeile θ. Bei $\varphi = 58°$ und $\theta = 69°$ haben wir zum Beispiel $F(\varphi;\theta) = 1{,}19894$.

Tabelle 25

φ \ θ	y = F (φ; θ) 66°	67°	68°	69°	70°	71°	Kontrolle F (φ; 71°) Δy	Δ²y
56°	1,13214	1,13576	1,13932	1,14282	1,14624	1,14957		
							2838	
57°	1,15909	1,16299	1,16684	1,17062	1,17433	1,17795		55
							2893	
58°	1,18847	1,19068	1,19484	1,19894	1,20295	1,20688		57
							2950	
59°	1,21430	1,21885	1,22334	1,22777	1,23212	1,23638		58
							3009	
60°	1,24260	1,24751	1,25236	1,25715	1,26186	1,26647		−476
							2533	
61°	1,27138	1,27667	1,28192	1,28709	1,29219	1,29180		1144
							3677	
62°	1,30065	1,30636	1,31202	1,31762	1,32314	1,32857		−472
							3205	
63°	1,33044	1,33659	1,34270	1,34876	1,35473	1,36062		70
							3275	
64°	1,36075	1,36738	1,37398	1,38052	1,38699	1,39337		73
							3348	
65°	1,39159	1,39874	1,40586	1,41293	1,41994	1,42685		77
							3425	
66°	1,42299	1,43069	1,43838	1,44602	1,45360	1,46110		

Eine Tabelle mit zwei Eingängen ist dem Wesen nach eine Zusammenfassung von Tabellen mit je einem Eingang, die für eine der unabhängigen Veränderlichen bei fixierten Werten der anderen Veränderlichen aufgestellt wurden. Diese zweite Veränderliche kann dabei als Parameter betrachtet werden.

Für Funktionen mit zwei unabhängigen Veränderlichen lautet die Gleichung für die lineare Interpolation:

$$F(\varphi;\theta) = F(\varphi_0;\theta_0) + \frac{\varphi-\varphi_0}{h_\varphi}\,\Delta_\varphi F + \frac{\theta-\theta_0}{h_\theta}\,\Delta_\theta F. \tag{2.80}$$

Dabei bedeuten φ_0 und θ_0 Werte in der Nähe der gegebenen Werte φ und θ, die als Knotenpunkte in der Tabelle auftreten. h_φ und h_θ bedeuten die vertikale und die horizontale Schrittweite der Tabelle und

$$\Delta_\varphi F = F(\varphi_0 + h_\varphi;\theta_0) - F(\varphi_0;\theta_0);$$
$$\Delta_\theta F = F(\varphi_0 + \theta_0 + h_\theta) - F(\varphi_0;\theta_0)$$

die vertikalen und horizontalen ersten Tabellendifferenzen der Funktion $y = F(\varphi;\theta)$, die das Analogon zu den ersten partiellen Ableitungen darstellen.

Beispiel: Wir berechnen den Wert des elliptischen Integrals erster Art $y = F(\varphi;\theta)$ für $\varphi = 61°28'$ und $\theta = 69°37'$.

Lösung: Wir haben $\varphi_0 = 61°, \theta_0 = 69°, F(\varphi_0;\theta_0) = 1{,}28709$.

In Tabelle 25 sind die vertikale und die horizontale Schrittweite einander gleich: $h_\varphi = h_\theta = 1°$. In diesem Fall haben wir

$$\Delta_\varphi F = F(62°;69°) - F(61°;69°) = 1{,}31762 - 1{,}28709 = +0{,}03053;$$
$$\Delta_\theta F = F(61°;70°) - F(61°;69°) = 1{,}29219 - 1{,}28709 = +0{,}00510.$$
$$\varphi = 61°28' = 61{,}467°; \quad \theta = 69°37' = 69{,}617°;$$
$$\frac{\varphi-\varphi_0}{h_\varphi} = \frac{61{,}467° - 61°}{1°} = 0{,}467; \quad \frac{\theta-\theta_0}{h_\theta} = 0{,}617.$$

Durch Einsetzen dieser Ergebnisse in Gl. (2.80) erhalten wir

$$F(\varphi;\theta) = 1{,}28709 + 0{,}467 \cdot 0{,}03053 + 0{,}617 \cdot 0{,}00510 = 1{,}30449.$$

Gewöhnlich führt man diese Rechnungen in Form der folgenden Tabelle ohne Anschreiben von Zwischenwerten durch:

$F(62°;69°)$	$F(61°;70°)$	$F(61°;69°)$	$\Delta_\varphi F$	$\frac{\varphi-\varphi_0}{h_\varphi}$	$\Delta_\theta F$	$\frac{\theta-\theta_0}{h_\theta}$	$F(\varphi;\theta)$
1,31762	1,29219	1,28709	+3053	0,467	+510	0,617	1,30449

Dasselbe Ergebnis stellt sich ein, wenn wir mit Hilfe der Formel für die lineare Interpolation (2.41) zwischen den Spalten $\theta = 69°$ und $\theta = 70°$ die benötigte Reihe von Funktionswerten $y = F(\varphi; 69°37')$ bestimmen und hierauf bei der weiteren Interpolation diese Funktion von φ als Funktion einer einzigen Veränderlichen betrachten.

Der Vorzug des zweiten Verfahrens liegt darin, daß man bei jedem Rechenschritt eine Interpolationsformel höheren als ersten Grades verwenden kann. Wo es notwendig ist, erhält man dadurch wesentlich genauere Ergebnisse als durch die lineare Interpolation gemäß Gl. (2.80).

Wir wenden uns nun der Frage der Überprüfung von Tabellen zu.

Leider findet man in Tabellen immer wieder Druckfehler. Jeder Benützer von Tabellen muß diese daher vor Beginn der Rechenarbeit überprüfen. Unbedingt sollte dies vom Rechner auch bei solchen Tabellen geschehen, die er selbst erst aufgestellt hat. Am besten kontrolliert man Tabellen mit Hilfe von Differenzen. Dazu berechnet man sich für den Bereich, in dem man einen Fehler vermutet, eine Differenzentabelle (meist die Differenzen erster und zweiter Ordnung). Falls einer der tabellierten Funktionswerte einen Fehler ϵ hat, so beeinflußt dieser die Differenzentabelle so, wie es in Tabelle 26 gezeigt ist.

Tabelle 26

y	Δy	$\Delta^2 y$	$\Delta^3 y$	$\Delta^4 y$
......		......		......
	......		......	$+\epsilon$
......		......		
	......		$+\epsilon$	
......		$+\epsilon$		-4ϵ
	$+\epsilon$		-3ϵ	
ϵ		-2ϵ		$+6\epsilon$
	$-\epsilon$		$+3\epsilon$	
......		$+\epsilon$		-4ϵ
	......		$-\epsilon$	
......		......		$+\epsilon$
	......		......	
......		......		......

Auf diese Weise erscheint auch eine unbeträchtliche und in der Tabelle selbst unmerkbare Ungenauigkeit sehr deutlich in der Differenzentabelle. Den fehlerhaften Wert von y findet man in der Zeile, in der die zweite Differenz (oder eine Differenz höherer gerader Ordnung) am weitesten vom richtigen Wert abweicht.

Zur Berichtigung dieses Wertes betrachten wir einen größeren Tabellenbereich mit doppelter (oder vierfacher) Schrittweite 2h (oder 4h) und bestimmen den richtigen Funktionswert durch Interpolation in der Intervallmitte (also mit $u = 0{,}5$).

Bei der Arbeit mit Tabelle 25 zum Beispiel entsteht der Verdacht, daß in der Spalte $\theta = 71^\circ$ ein fehlerhafter Wert der Funktion $y = F(\varphi; \theta)$ vorkommt. Die Berechnung der ersten und zweiten Differenzen für diese Spalte, die auch in Tabelle 25 eingetragen sind, zeigt, daß $F(\varphi; 71^\circ)$ für $\varphi = 61^\circ$ einen Fehler enthält[1]).

Alle für die Bestimmung von $F(61^\circ; 71^\circ)$ notwendigen Berechnungen findet man in Tabelle 27.

Der Teil über dem schiefen Strich wird nicht unmittelbar benötigt. Er wurde nur berechnet, um die Konstanz der dritten Differenzen zu zeigen. In der Interpolationsformel (2.37) setzen wir daher $n = 3$, $h = 2^\circ$, $x_0 = \varphi_0 = 60^\circ$; $x = \varphi = 61^\circ$; $u = \dfrac{61^\circ - 60^\circ}{2^\circ} = \dfrac{1}{2}$; $y_0 = 1{,}26647$.

---

[1]) Wir bemerken, daß in dem guten und einem großen Kreis von Ingenieuren zugänglichen Buch von *J. C. Sikorski* [405, S. 322–361], aus dem wir die Tabelle 25 entnommen haben, in der Tabelle für die vollständigen und unvollständigen elliptischen Integrale erster und zweiter Art Druckfehler vorliegen. Die von uns berichtigten Werte dieser Integrale sind in dem Buch [488, S. 257] angeführt.

Tabelle 27

φ	$y = F(\varphi; 71°)$	Δy	$\Delta^2 y$	$\Delta^3 y$	k	$\frac{1}{k}(u-k+1)$	c_k	$\Delta^k y_0$
58°	1,20688				0	–	+ 1,0000	1,26647
		5959						
60°	1,26647		251		1	+ 0,5000	+ 0,5000	+ 6210
		6210		19				
62°	1,32857		270		2	- 0,2500	- 0,1250	+ 270
		6480		23				
64°	1,39337				3	- 0,5000	+ 0,0625	+ 23
			293					
		6773						
66°	1,46110				$y = F(61°) = \Sigma c_k \Delta^k y_0 = 1{,}29720$			

Den gesuchten Wert $y = F(61°; 71°)$ finden wir wegen $\Delta^0 y_0 \equiv y_0$ als Summe der Produkte $\sum_{k=0}^{3} c_k \Delta^k y_0$.

Zur endgültigen Kontrolle setzt man den berichtigten Wert $F(61°; 71°) = 1{,}29720$ in die Tabelle 25 ein und berechnet nochmals die entsprechenden Differenzen Δy und $\Delta^2 y$, was der Leser als Übung durchführen möge.

Das betrachtete Verfahren zur Korrektur von Fehlern wendet man nur dann an, wenn es sich um isolierte Fehler handelt. In den im allgemeinen sehr seltenen Fällen, wo mehrere fehlerhafte Tabellenwerte nacheinander oder sehr nahe beisammen auftreten, wodurch der oben betrachtete typische Verlauf der Differenzen verzerrt wird, muß man in einem hinreichend großen Tabellenbereich ein, zwei oder drei Werte streichen (d. h. die Schrittweite verdoppeln, verdreifachen oder vervierfachen) und dadurch die gehäuften Fehler isolieren. Mit jeder der erhaltenen Subtabellen verfährt man dann so, wie es oben beschrieben wurde.

Am Ende dieses Kapitels betonen wir nochmals den großen Wert des Studiums von Differenzen (die das Analogon zu den Ableitungen entsprechender Ordnung darstellen) bei der Untersuchung beliebiger Funktionen oder Phänomene.

Selbst bei einem so schwierigen und der direkten mathematischen Untersuchung unzugänglichen Problem, wie die evolutive Änderung irgend eines Merkmals einer biologischen Gattung, gewinnt man auf Umwegen eine Vorstellung über das Vorzeichen und die Größe der ersten Differenzen des untersuchten Problems, was eine Prognose über die Tendenz der weiteren Entwicklung erlaubt.

So zeigt zum Beispiel *W. Geodakjan*[1]) in einer sehr lebendigen Schilderung, daß die Änderung irgendeines Merkmals einer gegebenen biologischen Gattung in der Richtung verläuft, in der sich das Männchen in diesem Merkmal vom Weibchen unterscheidet. Wenn etwa das Männchen größer als das Weibchen ist, so besteht die Tendenz zu einer Vergrößerung der Gestalt. Wenn das Umgekehrte gilt, so besteht die Tendenz zu einer Verkleinerung.

---

1) Siehe „Wissenschaft und Leben", 1966, Nr. 3, S. 99–105.

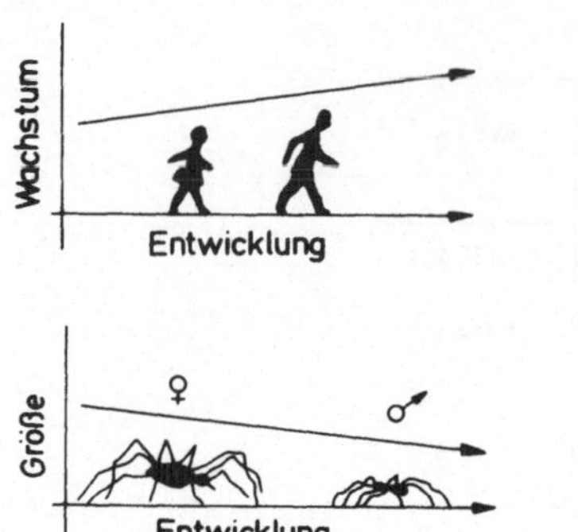

Bild 7

Bei den Menschen darf man in unserem Stadium der historischen Entwicklung annehmen, daß die Tendenz zu einer Vergrößerung des Wuchses besteht, da im Mittel die Männer größer als die Frauen sind. Bei den Spinnen hingegen beobachtet man die Tendenz zu einer Verkleinerung der Maße, da die Männchen unter ihnen kleiner als ihre Weibchen sind (Bild 7). Anthropologen und Entomologen glauben, daß es sich so verhält: Der Mensch wächst und die Spinnen werden kleiner.

Übungen zu Kapitel 2

1. Man berechne mit Hilfe der Reihen im Abschnitt [0; 1] mit einer Schrittweite $h = 0{,}1$ fünfstellige Tabellen der Funktionen

$$e^x = 1 + x + \frac{x^2}{2!} + \frac{x^3}{3!} + \frac{x^4}{4!} + \ldots; \qquad e^{-x} = 1 - x + \frac{x^2}{2!} - \frac{x^3}{3!} + \ldots;$$

$$\sinh x = x + \frac{x^3}{3!} + \frac{x^5}{5!} + \frac{x^7}{7!} + \ldots; \qquad \cosh x = 1 + \frac{x^2}{2!} + \frac{x^4}{4!} + \frac{x^6}{6!} + \ldots$$

und bestimme durch Interpolation ihre Werte für $x = 0{,}3728$ und $x = 0{,}7854$.

2. Man stelle für den Abschnitt [1; 3] und die Schrittweite $h = 0{,}2$ eine sechsstellige Tabelle der Funktion

$$y = x^3 - 3{,}7485x^2 + 2{,}0672x - 0{,}8349$$

auf und bestimme durch Interpolation einige Zwischenwerte (zum Beispiel für $x = 1{,}27548$, $x = 1{,}87231$, $x = 2{,}54702$). Man überprüfe die Genauigkeit der Ergebnisse durch unmittelbare Berechnung der Formel.

Hinweis: Man braucht nur die ersten vier Funktionswerte zu berechnen und daraus die Tabelle der Differenzen herzustellen, da die gegebene Funktion ein Polynom dritten Grades ist, für das $\Delta^3 y = \text{const}$ gilt.

3. Man suche und berichtige einen Druckfehler in Tabelle 25, Spalte $\theta = 66°$.

4. Man suche und berichtige einen Druckfehler in der folgenden Tabelle:

x	sin x	cos x	tan x	e^x	e^{-x}	sinh x	cosh x	tanh x
0,77	0,69614	0,71791	0,96967	2,159766	0,463013	0,84838	1,31139	0,64693
0,78	70328	71091	98926	181472	458406	86153	31994	65271
0,79	71033	70385	1,00925	203396	453848	87478	32862	65841
0,80	71736	69671	02968	225541	449329	88811	33743	66409
0,81	72429	68950	05046	247906	444858	90149	34638	66959
0,82	73115	68225	07171	270500	440432	91503	35543	67507
0,83	73793	67488	09343	293319	436049	92863	36468	68048
0,84	0,74464	0,66746	1,11563	2,316367	0,431711	0,94233	1,37404	0,68581

Nach erfolgter Probe berechne man die zweifelhaften Werte mit Hilfe der Reihen.

Antwort: $\sin 0{,}79 = 0{,}71035$; $e^{0{,}81} = 2{,}247908$.

5. Man stelle eine fünfstellige Tabelle der Potenzfunktion $y = x^n$ für die Ausgangswerte

$$0 \leqslant x \leqslant 1; \quad \Delta x = 0{,}1; \quad 2 \leqslant n \leqslant 5; \quad \Delta n = 1$$

auf.

Mit Hilfe dieser Tabelle bestimme man y für $x = 0{,}382$, $n = 2{,}7$ und $x = 0{,}417$, $n = 3{,}2$ und überprüfe die Ergebnisse mit Hilfe einer Logarithmentafel.

6. Man stelle eine vierstellige Tabelle zur Bestimmung des Brechungsindex von Licht in einem durchsichtigen Medium her

$$\nu = \frac{\sin\alpha}{\sin\beta} \quad \text{für} \quad 0 \leqslant \alpha \leqslant 90°; \quad 0 \leqslant \beta \leqslant 90°; \quad \Delta\alpha = \Delta\beta = 10°.$$

α bedeute den Einfallswinkel aus der Luft, β den Brechungswinkel.

7. Man stelle eine fünfstellige Tabelle zur Bestimmung des geometrischen Mittels auf:

$$c = \sqrt{ab} \quad \text{für} \quad 1 \leqslant a \leqslant 10; \quad 1 \leqslant b \leqslant 10; \quad \Delta a = \Delta b = 1.$$

8. Man stelle eine fünfstellige Tabelle für den Übergang von kartesischen Koordinaten zu Polarkoordinaten (für ρ und φ getrennt) auf

$$\rho = +\sqrt{x^2 + y^2}; \quad \varphi = \arctan\frac{y}{x}.$$

Die Ausgangsdaten seien: $0 \leqslant x \leqslant 10$; $0 \leqslant y \leqslant 10$; $\Delta x = \Delta y = 1$.

Kapitel 3. Näherungsmethoden zur Lösung von Gleichungen und Gleichungssystemen

In diesem Kapitel betrachten wir nur drei Grundprobleme: die Lösung eines Systems von linearen algebraischen Gleichungen, numerische Methoden zur Lösung von Gleichungen mit einer Unbekannten und numerische Methoden zur Lösung von Gleichungssystemen. Das letzte Problem ist bisher in der Literatur noch sehr schlecht vertreten. Wir beschränken uns daher am besten auf die Methoden der polynomialen Approximation, die man sowohl zur Lösung einer Gleichung mit einer Unbekannten als auch zur Lösung eines Gleichungssystems verwenden kann.

16. Die Lösung eines Systems von linearen algebraischen Gleichungen nach der Eliminationsmethode

Eines der wichtigsten und am häufigsten betrachteten Probleme der numerischen Mathematik ist das Problem der Lösung eines Systems von linearen algebraischen Gleichungen. Auf solche Systeme trifft man bei der Behandlung der verschiedensten wissenschaftlichen und technischen Fragen. Insbesondere führt die näherungsweise Lösung von gewöhnlichen und partiellen Differentialgleichungen auf die Lösung solcher Systeme. Die Anzahl n der Unbekannten kann dabei einige zehn, hundert oder sogar tausend erreichen. Zum Beispiel führt das Problem einer zuverlässigen Wettervorhersage auf die Lösung eines linearen algebraischen Gleichungssystem mit einigen tausend Unbekannten.

Will man ein System von n Gleichungen (ohne vorherige Vereinfachung) nach der bekannten Determinantenmethode lösen, so ist die dabei benötigte Anzahl von Multiplikationen und Divisionen allein, wie man sich leicht überzeugt, gleich

$$N_1 = (n^2 - 1) \cdot n! + n.$$

Für ein System von 10 Gleichungen ist die Anzahl dieser Operationen zum Beispiel

$$N_1 = (10^2 - 1)\, 10! + 10 \approx 360000000.$$

Der Ausarbeitung effektiver Methoden zur Lösung von Systemen linearer Gleichungen haben zahlreiche Forscher große Aufmerksamkeit gewidmet und tun dies heute noch. Aber erst die Verwendung von ERA ermöglichte es, ein System mit $n \geqslant 100$ zu lösen.

Unter allen Methoden (von denen es einige zehn gibt) betrachten wir nur die Eliminationsmethode. Ein günstiges Rechenschema für die Eliminationsmethode stammt von *Karl Friedrich Gauß* (1777–1855). Nach dem Gaußschen Schema führt man nur

$$N_2 = \frac{n}{3}(n^2 + 3n - 1)$$

Divisionen und Multiplikationen durch, d. h. der Rechenaufwand wächst annähernd wie n^3.

Bei $n = 10$ erhalten wir nur

$$N_2 = \tfrac{10}{3}(100 + 30 - 1) = 430.$$

Das ist der 84000ste Teil von N_1.

Zur Lösung eines Systems von vier Gleichungen benötigt man mit der Hand etwa 30 ... 60 min. Zur Lösung eines Systems von 16 Gleichungen sind daher etwa 32 ... 64 h erforderlich.

Bei großem n ist das Gaußsche Schema nicht mehr effektiv. Die heutigen vollkommeneren Methoden zur Lösung von Systemen ergeben ein Anwachsen des Arbeitsaufwandes wie n^2. Jedoch ist nicht nur die Zeit in Betracht zu ziehen, die man zur Durchführung einer großen Anzahl von Multiplikationen, Divisionen und Additionen bei den einzelnen Methoden benötigt. Auch die Häufung der Rundungsfehler, die in den Ergebnissen nach einer großen Anzahl von Operationen auftreten, erweist sich als ernst zu nehmendes Problem. Dieses Problem wurde in der Monographie von *P. S. Bondarenko* [36] ausführlich untersucht.

Zur Erklärung der Eliminationsmethode betrachten wir ein Beispiel zur Lösung von drei Gleichungen mit drei Unbekannten:

$$\left.\begin{array}{ll} \text{(I)} & 3{,}000x_1 + 2{,}547x_2 + 4{,}183x_3 = +\,3{,}217; \\ \text{(II)} & -6{,}000x_1 + 3{,}284x_2 + 2{,}378x_3 = -\,18{,}252; \\ \text{(III)} & 2{,}069x_1 - 4{,}381x_2 - 1{,}961x_3 = +\,19{,}070. \end{array}\right\}$$

Multipliziert man die Gleichung (I) mit den Zahlen

$$k_2 = -\frac{-6{,}000}{3{,}000} = +\,2{,}0000; \quad k_3 = -\frac{2{,}069}{3{,}000} = -\,0{,}68967$$

und addiert die Ergebnisse zu den entsprechenden Gleichungen (II) und (III), so erhält man zwei neue Gleichungen, in denen x_1 nicht mehr vorkommt:

$$\left.\begin{array}{ll} \text{(II}'\text{)} & 8{,}3780x_2 + 10{,}7440x_3 = -\,11{,}8180; \\ \text{(III}'\text{)} & -6{,}1376x_2 - 4{,}8459x_3 = +\,16{,}8513. \end{array}\right\}$$

Multipliziert man Gleichung (II′) mit

$$k_3' = -\frac{-6{,}1376}{8{,}3780} = +\,0{,}73259$$

und addiert das Ergebnis zu (III′), so erhält man die Gleichung

$$\text{(III}''\text{)} \quad 3{,}0250x_3 = 8{,}1936.$$

Das System der Gleichungen (I), (II′), (III″) ist äquivalent zum ursprünglichen System (I), (II), (III) und läßt sich leicht unmittelbar lösen, da jede Gleichung nur eine Unbekannte mehr enthält als die nächste.

So ergibt sich:

$x_3 = 2{,}7086 \approx 2{,}709;$
$x_2 = -4{,}8841 \approx -4{,}884;$
$x_1 = 1{,}4422 \approx 1{,}442.$

Das System (I), (II′), (III″) heißt dreieckig, da zu ihm eine Dreiecksmatrix gehört. Alle Rechnungen, die zum Übergang zur Dreiecksmatrix notwendig waren, haben wir in Tabellenform zusammengestellt (Tabelle 28).

Tabelle 28

Zeilen-nummer n	k	x_1	x_2	x_3	c_n	Σ_n	Erklärungen
(1)		+ 3,0000	+ 2,5470	+ 4,1830	+ 3,2170	+ 12,9470	(I)
2	$k_2 = +2{,}0000$	− 6,0000	+ 3,2840	+ 2,3780	− 18,2520	− 18,5900	(II)
3		+ 6,0000	+ 5,0940	+ 8,3660	+ 6,4340	+ 25,8940	$k_2 \cdot$ (I)
(4)		0	+ 8,3780	+ 10,7440	− 11,8180	+ 7,3040	(II′) = (2) + (3)
5	$k_3 = -0{,}68967$	+ 2,0690	− 4,3810	− 1,9610	+ 19,0700	+ 14,7970	(III)
6		− 2,0690	− 1,7566	− 2,8849	− 2,2187	− 8,9292	$k_3 \cdot$ (I)
7	$k'_3 = +0{,}73259$	0	− 6,1376	− 4,8459	+ 16,8513	+ 5,8678	(III′) = (5) + (6)
8			+ 6,1376	+ 7,8709	− 8,6577	+ 5,3508	$k_3 \cdot$ (4)
(9)			0	+ 3,0250	+ 8,1936	+ 11,2186	(III″) = (7) + (8)

In den Spalten x_1, x_2, x_3 stehen die Koeffizienten der Unbekannten x_1, x_2, x_3. Die Konstanten c_n schreiben wir immer mit dem Vorzeichen, das sie auf den rechten Gleichungsseiten haben. Die Spalte Σ_n, in der die algebraische Summe aller Koeffizienten und freien Glieder einer Zeile stehen (ausgenommen der Faktor k_n) wird zur Kontrolle der Rechnung mitgeführt. Die Zahl Σ_n muß für die Zeile n gleich der Zahl sein, die man aus der entsprechenden Summe der vorhergehenden Zeile mit Hilfe der Operationen erhält, die in der Spalte „Erklärungen" angegeben sind. Zum Beispiel muß

$$\Sigma_4 = 8{,}3780 + 10{,}7440 - 11{,}8180 = 7{,}3040$$

gleich sein der Summe

$$\Sigma_3 + \Sigma_2 = 25{,}8940 - 18{,}5900.$$

Wenn die Anzahl der Unbekannten größer als drei ist, so sind die Kontrollrechnungen unbedingt auszuführen.

Die gesuchten Gleichungen (I), (II′), (III″) stehen in den Zeilen mit den Nummern $n^2(1;4;9)$.

Alle Rechnungen führen wir mit einer im Vergleich zu den Systemkoeffizienten zusätzlichen Dezimalstelle durch (bei Bedarf mit zwei zusätzlichen Stellen). In den gefundenen Wurzeln runden wir diese Stellen wieder. Diese Vorgangsweise erlaubt eine gewisse Verminderung der Fehler im Verlauf der Lösung des Systems selbst.

Beispiel 1: Wir bestimmen (mit drei Dezimalstellen) die Wurzeln des folgenden Systems von vier Gleichungen, deren Koeffizienten exakte Zahlen sind:

$$\left.\begin{array}{rl} \text{(I)} & 2{,}16x_1 + 1{,}87x_2 + 3{,}96x_3 - 2{,}08x_4 = 10{,}18; \\ \text{(II)} & 0{,}82x_1 + 3{,}17x_2 + 2{,}03x_3 + 1{,}17x_4 = 16{,}85; \\ \text{(III)} & 3{,}13x_1 + 0{,}98x_2 + 2{,}91x_3 + 0{,}86x_4 = 17{,}93; \\ \text{(IV)} & 1{,}14x_1 + 2{,}83x_2 + 4{,}20x_3 + 1{,}80x_4 = 26{,}95. \end{array}\right\}$$

Lösung: Die Rechnung nach dem Gaußschen Schema unter Berücksichtigung von vier Dezimalstellen ist in Tabelle 29 angegeben.

Bezüglich der Rechentechnik sind einige Bemerkungen angebracht:

1. Zu allererst tragen wir in die Rechentabelle alle Ausgangsgleichungen ein: die Gleichung (I) in die erste Zeile, die übrigen in die Zeilen mit den Nummern $[(n-1)^2 + 1]$, d. h. in die Zeilen (2), (5), (10).

2. Wir berechnen die Faktoren k_2, k_3, k_4, indem wir die Koeffizienten, die in der Spalte x_1 unterstrichen sind, durch den Koeffizienten $\boxed{2{,}1600}$ dividieren.

Dazu berechnet man am besten die Größe

$$\frac{1}{2{,}1600} = 0{,}462963$$

und ersetzt die Division durch eine Multiplikation.

3. Wir berechnen die Zeilen (3), (6), (11), addieren und erhalten die Zeilen (4), (7), (12).

4. Wir berechnen k_3' und k_4' analog zu Punkt 2, nur entnehmen wir die dazu notwendigen Angaben aus der Spalte x_2.

Tabelle 29

n	k	x_1	x_2	x_3	x_4	c_n	Σ_n	Erklärungen
1		$\boxed{2{,}1600}$	1,8700	3,9600	- 2,0800	10,1800	16,0900	(I)
2	$k_2 = -0{,}37963$	0,8200	3,1700	2,0300	1,1700	16,8500	24,0400	(II)
3		- 0,8200	- 0,7099	- 1,5033	+ 0,7896	- 3,8646	- 6,1082	$k_2 \cdot (1)$
4		0	$\boxed{2{,}4601}$	0,5267	1,9596	12,9854	17,9318	(II') = (2) + (3)
5	$k_3 = -1{,}44907$	3,1300	0,9800	2,9100	0,8600	17,9300	25,8100	(III)
6		- 3,1300	- 2,7098	- 5,7383	+ 3,0141	- 14,7515	- 23,3155	$k_3 \cdot (1)$
7	$k_3' = +0{,}70314$	0	- 1,7298	- 2,8283	3,8741	3,1785	+ 2,4945	(III') = (5) + (6)
8			+ 1,7298	+ 0,3703	1,3779	9,1306	12,6086	$k_3' \cdot (4)$
9			0	$\boxed{-2{,}4580}$	5,2520	12,3091	15,1031	(III'') = (7) + (8)
10	$k_4 = -0{,}52778$	1,1400	2,8300	4,2000	1,8000	26,9500	36,9200	(IV)
11		- 1,1400	- 0,9869	- 2,0900	+ 1,0978	- 5,3728	- 8,4919	$k_4 \cdot (1)$
12	$k_4' = -0{,}74920$	0	1,8431	2,1100	2,8978	21,5772	28,4281	(IV') = (10) + (11)
13			- 1,8431	- 0,3946	- 1,4681	- 9,7287	- 13,4345	$k_4' \cdot (4)$
14	$k_4'' = +0{,}69788$		0	1,7154	1,4297	11,8485	14,9936	(IV'') (12) + (13)
15				- 1,7154	3,6653	8,5903	10,5402	$k_4'' \cdot (9)$
16				0	$\boxed{5{,}0950}$	20,4388	25,5338	(IV''') = (14) + (15)

5. Bei Fortsetzung dieses Verfahrens erhält das angegebene System die benötigte Dreiecksform:

$$\left.\begin{array}{ll} \text{(I)} & 2{,}1600x_1 + 1{,}8700x_2 + 3{,}9600x_3 - 2{,}0800x_4 = 10{,}1800; \\ \text{(II}'\text{)} & 2{,}4601x_2 + 0{,}5267x_3 + 1{,}9596x_4 = 12{,}9854; \\ \text{(III}''\text{)} & -2{,}4580x_3 + 5{,}2520x_4 = 12{,}3091; \\ \text{(IV}'''\text{)} & 5{,}0950x_4 = 20{,}4388. \end{array}\right\}$$

6. Die Wurzeln x_4, x_3, x_2, x_1 bestimmen wir der Reihe nach ohne Anschreiben von Zwischenergebnissen. Zur Berechnung von x_2 zum Beispiel (nachdem x_3 und x_4 schon bestimmt sind) stellen wir x_3 ein und multiplizieren im negativen Sinn mit 0,5267. Hierauf stellen wir x_4 ein und multiplizieren wieder im negativen Sinn mit 1,9596, ohne uns im Resultatzähler das vorhergehende Ergebnis zu merken. Schließlich multiplizieren wir das freie Glied 12,9854 im positiven Sinn mit 1,0000. Das Ergebnis dividieren wir durch 2,4601 und finden dadurch x_2.

Auf analogem Wege ergeben sich alle Wurzeln, die die Werte

$$x_1 = 0{,}8998; \quad x_2 = 1{,}3201; \quad x_3 = 3{,}5636; \quad x_4 = 4{,}0115$$

besitzen.

7. Zur endgültigen Kontrolle setzen wir die gefundenen Wurzeln in das Ausgangssystem (I) bis (IV) ein. Falls die Resultate der Probe standhalten, runden wir die Wurzeln auf drei Dezimalstellen.

Die Multiplikation der Koeffizienten einer Gleichung mit einem konstanten Faktor und die Addition der Ergebnisse zu den Koeffizienten einer anderen Gleichung führt man ebenso leicht in einem Schritt ohne Anschreiben der Zwischenergebnisse durch, was die Rechnung nach dem Gaußschen Schema wesentlich verkürzen kann.

Wie dies auszuführen ist, versteht man leicht, wenn man die Tabellen 29 und 30 vergleicht. In Tabelle 30 sind alle (für dasselbe Beispiel 1) benötigten Rechnungen bei der Lösung der Dreiecksform nach dem verkürzten Schema angegeben.[1])

Tabelle 30

n	k	x_1	x_2	x_3	x_4	c_n	Σ_n	Erklärungen
1	-	+2,160	+1,870	+3,960	-2,080	+10,180	16,090	(I)
2	$k_2 = -0{,}3796$	0,820	3,170	2,030	1,170	16,850	24,040	(II)
3	$k_3 = -1{,}4491$	3,130	0,980	2,910	0,860	17,930	25,810	(III)
4	$k_4 = -0{,}5278$	1,140	2,830	4,200	1,800	26,950	36,920	(IV)
5	-	0	2,460	0,527	1,960	12,986	17,933	$(II') = k_2 \cdot (1) + (2)$
6	$k_3' = +0{,}7033$	0	-1,730	-2,828	3,874	3,178	2,494	$(III') = k_3 \cdot (1) + (3)$
7	$k_4' = -0{,}7492$	0	1,843	2,110	2,898	21,577	28,428	$(IV') = k_4 \cdot (1) + (4)$
8	-		0	-2,457	5,252	12,311	15,106	$(III'') = k_3' \cdot (5) + (6)$
9	$k_4'' = +0{,}6980$		0	1,715	1,430	11,849	14,994	$(IV'') = k_4' \cdot (5) + (7)$
10				0	5,096	20,442	25,538	$(IV''') = k_4'' \cdot (8) + (9)$

[1]) In Tabelle 30 sind alle Rechnungen mit drei Dezimalstellen durchgeführt worden. Der Leser möge die Ergebnisse aus den Tabellen 29 und 30 in die Ausgangsgleichungen (I) bis (IV) einsetzen. Er kann leicht nachprüfen, wie die Genauigkeit bei der Berechnung der Wurzeln auf die Endergebnisse übergeht.

Aus den Gleichungen (I), (II'), (III''), (IV'''), die in den Zeilen 1, 5, 8, 10 der Tabelle 30 zu finden sind, ergeben sich der Reihe nach die Wurzeln des Systems:

$$x_1 = 0{,}900; \quad x_2 = 1{,}320; \quad x_3 = 3{,}563; \quad x_4 = 4{,}011.$$

Beispiel 2: Wir lösen mit Hilfe der Eliminationsmethode (nach dem verkürzten Schema) ein Gleichungssystem, dessen Koeffizienten Näherungszahlen sind:

$$\left.\begin{array}{ll}
\text{(I)} & 3{,}245x_1 - 2{,}176x_2 + 5{,}093x_3 - 2{,}366x_4 + 1{,}214x_5 = +28{,}382; \\
\text{(II)} & 0{,}734x_1 + 3{,}852x_2 - 6{,}227x_3 + 4{,}805x_4 - 5{,}928x_5 = -35{,}997; \\
\text{(III)} & 2{,}885x_1 + 5{,}732x_2 - 7{,}016x_3 - 9{,}170x_4 + 3{,}582x_5 = +24{,}481; \\
\text{(IV)} & -2{,}098x_1 - 3{,}017x_2 + 0{,}785x_3 - 3{,}847x_4 + 6{,}003x_5 = +16{,}234; \\
\text{(V)} & 1{,}205x_1 - 4{,}125x_2 + 6{,}482x_3 \qquad\qquad - 3{,}237x_5 = +\ 4{,}345.
\end{array}\right\}$$

Wir wollen die Wurzeln mit drei gültigen Dezimalstellen bestimmen (und müssen daher die Rechnung mit vier Dezimalstellen durchführen).

Die Rückführung des Systems auf Dreiecksform ist in Tabelle 31 zusammengefaßt. Der Leser kann daher dieses Beispiel leicht selbst beenden.

Bemerkung: Wenn alle Koeffizienten und die freien Glieder des betrachteten Systems exakte Zahlen sind, so kann man die Wurzeln mit einer beliebigen vorgegebenen Zahl m von gültigen Dezimalstellen berechnen. Dazu ist die Rechnung mit m + 1 und bei einer größeren Anzahl von Unbekannten mit m + 2 oder m + 3 gültigen Stellen durchzuführen. Die gefundenen Wurzeln sind dann auf m Dezimalstellen zu runden.

Wenn hingegen die Koeffizienten und die freien Glieder des Systems Näherungszahlen mit p gültigen Dezimalstellen sind, so lösen wir das System wie im Falle von exakten Zahlen mit einer Genauigkeit bis zu m = p Dezimalstellen. Wenn die Koeffizienten verschiedene Genauigkeit besitzen, so wählen wir die Größe p gemäß dem am wenigsten genauen Koeffizienten. In allen übrigen Koeffizienten behalten wir ein bis zwei zusätzliche Stellen bei.

Tabelle 31

n	k	x_1	x_2	x_3	x_4	x_5	c_n	Σ_n	Gleichungen
1	–	[3,2450]	– 2,1760	5,0930	– 2,3660	1,2140	28,3820	33,3920	(I)
2	– 0,22619	0,7340	3,8520	– 6,2270	4,8050	– 5,9280	– 35,9970	– 38,7610	(II)
3	– 0,88906	2,8850	5,7320	– 7,0160	– 9,1700	3,5820	24,4810	20,4940	(III)
4	+ 0,64653	– 2,0980	– 3,0170	0,7850	– 3,8470	6,0030	16,2340	14,0600	(IV)
5	– 0,37134	1,2050	– 4,1250	6,4820	0	– 3,2370	4,3450	4,6700	(V)
6	–	0	[4,3442]	– 7,3790	5,3402	– 6,2026	– 42,4167	– 46,3139	(II')
7	– 1,76479	0	7,6666	– 11,5440	– 7,0665	2,5027	– 0,7523	– 9,1935	(III')
8	+ 1,01832	0	– 4,4238	4,0778	– 5,3767	6,7879	34,5838	35,6490	(IV')
9	+ 0,76355	0	– 3,3170	4,5908	0,8786	– 3,6878	– 6,1944	– 7,7298	(V')
10	–		0	[1,4784]	– 16,4908	13,4490	74,1043	72,5409	(III'')
11	+ 2,32440		0	– 3,4364	0,0613	0,4717	– 8,6100	– 11,5134	(IV'')
12	+ 0,70576		0	– 1,0434	4,9561	– 8,4240	– 38,5817	– 43,0930	(V'')
13	–			0	[– 38,2699]	31,7326	163,6380	157,1007	(IV''')
14	– 0,17461			0	– 6,6824	1,0678	13,7182	8,1036	(V''')
15					0	[– 4,4730]	– 14,8546	– 19,3276	(V'''')

Übung: Man löse die folgenden Gleichungssysteme nach dem Gaußschen Verfahren mit maximal möglicher Genauigkeit. Die Koeffizienten sind Näherungszahlen.

1. $$\left.\begin{aligned} 2{,}10x_1 - 4{,}50x_2 - 2{,}00x_3 &= +19{,}07;\\ 3{,}00x_1 + 2{,}50x_2 + 4{,}30x_3 &= +\ \ 3{,}21;\\ -6{,}00x_1 + 3{,}50x_2 + 2{,}50x_3 &= -18{,}25. \end{aligned}\right\}$$

Antwort: $x_1 = 1{,}34$; $x_2 = -4{,}76$; $x_3 = 2{,}58$.

2. $$\left.\begin{aligned} 21{,}547x_1 - 95{,}510x_2 - 96{,}121x_3 &= -49{,}930;\\ 10{,}223x_1 - 91{,}065x_2 - 7{,}343x_3 &= -12{,}465;\\ 51{,}218x_1 + 12{,}269x_2 + 86{,}457x_3 &= +60{,}812. \end{aligned}\right\}$$

Antwort: $x_1 = 0{,}3732$; $x_2 = 0{,}1415$; $x_3 = 0{,}4622$.

3. $$\left.\begin{aligned} 3{,}24x_1 - 2{,}18x_2 + 5{,}09x_3 - 2{,}37x_4 + 1{,}21x_5 &= +28{,}38;\\ 0{,}73x_1 + 3{,}85x_2 - 6{,}23x_3 + 4{,}80x_4 - 5{,}93x_5 &= -36{,}00;\\ 2{,}88x_1 + 5{,}73x_2 - 7{,}02x_3 - 9{,}17x_4 + 3{,}58x_5 &= +24{,}48;\\ 2{,}10x_1 + 3{,}02x_2 - 0{,}78x_3 + 3{,}85x_4 - 6{,}00x_5 &= -16{,}23;\\ 1{,}20x_1 - 4{,}13x_2 + 6{,}48x_3 \qquad\qquad - 3{,}24x_5 &= +\ \ 4{,}34. \end{aligned}\right\}$$

Antwort: $x_1 = 3{,}04$; $x_2 = 1{,}80$; $x_3 = 2{,}92$; $x_4 = -1{,}53$; $x_5 = 3{,}32$.

Bemerkung: Dieses System ergab sich aus dem System in Beispiel 2 durch Rundung der Koeffizienten. Dem Leser wird empfohlen, nach der Lösung dieses Systems die Ergebnisse mit den Resultaten in Beispiel 2 zu vergleichen und zu verfolgen, wie sich die Wurzeln bei einer Änderung der Koeffizienten um maximal 0,005 ändern.

4. $$\left.\begin{aligned} 0{,}4717x_1 + 0{,}1613x_2 - 3{,}4364x_3 &= -\ \ 8{,}6100;\\ 13{,}45x_1 - 16{,}49x_2 + 1{,}478x_3 &= +74{,}10;\\ -8{,}424x_1 + 4{,}956x_2 - 1{,}043x_3 &= -38{,}586. \end{aligned}\right\}$$

Bemerkung: Vor der Durchführung der Rechnung nach dem Gaußschen Schema muß man beide Seiten der zweiten Gleichung durch 100 und beide Seiten der dritten Gleichung durch 10 dividieren.

17. Numerische Lösung von Gleichungen mit einer Unbekannten. Eine graphische Methode zur Isolierung der Wurzeln

In diesem Abschnitt und in den Abschnitten 18 bis 21 dieses Kapitels betrachten wir Methoden zur näherungsweisen Bestimmung der reellen Wurzeln einer algebraischen oder transzendenten Gleichung

$$f(x) = 0 \tag{3.1}$$

in einem gegebenen Intervall $[a; b]$. Von der Funktion $f(x)$ setzen wir voraus, daß es sich um eine beliebige stückweise stetige Funktion einer reellen Veränderlichen handelt, die im Intervall $[a; b]$ stetig ist und dort eine stetige Ableitung besitzt. Die Frage der Bestimmung von komplexen Wurzeln einer Funktion $f(z)$ einer reellen oder komplexen Veränderlichen betrachten wir in Abschnitt 24.

Die Gl. (3.1) heißt *algebraisch,* wenn die gegebene Funktion ein Polynom n-ten Grades ist:

$$f(x) = P(x) = a_0 x^n + a_1 x^{n-1} + \ldots + a_{n-1} x + a_n = 0; \quad a_0 \neq 0. \tag{3.2}$$

Die Forderung $a_0 \neq 0$ ist wesentlich, da bei $a_0 = 0$ der Grad des Polynoms $P(x)$ kleiner als n ist.

Alle nichtalgebraischen Gleichungen (3.1) heißen *transzendent,* zum Beispiel:

$$5e^x - 7x^2 + 15 = 0; \quad x - \tan x = 0.$$

Zu den algebraischen Gleichungen rechnet man auch im allgemeinen solche Gleichungen, die man durch eine algebraische Umformung auf die Form (3.2) bringen kann, zum Beispiel

$$3 + \sqrt[5]{2 + 7x^2} = \sqrt{x - 1} - 0{,}3x^2 + 6x.$$

Jedoch hält man sich nicht immer daran und rechnet Gleichungen dieser Art manchmal zu den transzendenten Gleichungen.

Die Lösung der Gl. (3.1) besteht in der Bestimmung der Wurzeln (oder Nullstellen) der Funktion $f(x)$.

Eine Zahl $x = \xi$ heißt *Wurzel* der Funktion $f(x)$, wenn $f(\xi) \equiv 0$.

Eine Zahl ξ heißt Wurzel mit der Vielfachheit k, wenn bei $x = \xi$ mit der Funktion selbst auch alle Ableitungen bis zur Ordnung $k - 1$ gleich Null sind:

$$f(\xi) = f'(\xi) = \ldots = f^{(k-1)}(\xi) = 0, \quad \text{aber} \quad f^{(k)}(\xi) \neq 0.$$

Oft sagt man auch in diesem Fall, die Funktion besitze „ke zusammenfallende Wurzeln". Bei $k = 1$ heißt die Wurzel *einfach.*

Zur Bestimmung von Näherungswerten für die Wurzeln der Gl. (3.1) muß man zwei Aufgaben lösen:

1. die Wurzeln isolieren, d. h. hinreichend kleine Intervalle bestimmen, so daß in jedem davon eine und nur eine Wurzel der Gleichung liegt (eine einfache oder eine mehrfache);

2. die Wurzeln auf eine vorhergegebene Anzahl von gültigen Stellen genau bestimmen.

Wenn $f'(\xi) \neq 0$, so ist die Isolierung der Wurzel $x = \xi$ immer möglich. Die Isolierung der Wurzeln kann man graphisch oder analytisch durchführen.

Bei der *graphischen Isolierung der Wurzeln* der Gl. (3.1) stellt man diese in der Form

$$\varphi_1(x) = \varphi_2(x) \tag{3.3}$$

dar und zeichnet die Schaubilder der Funktionen

$$y_1 = \varphi_1(x); \quad y_2 = \varphi_2(x).$$

Die Wurzeln der Gl. (3.1)

$$f(x) = \varphi_1(x) - \varphi_2(x) = 0$$

sind dann die Abszissenwerte der Schnittpunkte dieser Schaubilder (und nur diese).

Unter allen Verfahren zur Darstellung der Gl. (3.1) in der Form (3.3) wählen wir jenes, das die einfachste Konstruktion der Schaubilder $y_1 = \varphi_1(x)$ und $y_2 = \varphi_2(x)$ besitzt. Insbesondere kann man $\varphi_2(x) = 0$ setzen und das Schaubild der Funktion

$$y = f(x)$$

konstruieren, dessen Schnittpunkte mit der Geraden $y_2 = \varphi_2(x) = 0$, d. h. mit der Abszissenachse, die gesuchten Wurzeln der Gleichung $f(x) = 0$ sind.

Im allgemeinen Fall soll man bei der Konstruktion der Schaubilder

$$y_1 = \varphi_1(x) \quad \text{und} \quad y_2 = \varphi_2(x) \tag{3.4}$$

zuerst das Verhalten der Funktionen $\varphi_1(x)$ und $\varphi_2(x)$ für $x \to -\infty$ und $x \to +\infty$ untersuchen, die x-Werte bestimmen, für die $\varphi_j(x) = \infty$ $(j = 1; 2)$, die Schnittpunkte der Funktionsbilder mit der x- und der y-Achse und eine Reihe von charakteristischen Zwischenpunkten berechnen, zum Beispiel die Werte der Funktionen in den Punkten $x = \pm 1$. Gewöhnlich ist der Wert einer beliebigen Funktion in diesen Punkten am einfachsten zu berechnen. Wenn dies nicht allzuviel Rechenaufwand bedeutet, so ist auch eine (wenn auch nur rohe) Bestimmung der Punkte sehr nützlich, in denen die Funktionen (3.4) ein Minimum oder ein Maximum annehmen.

Beispiel 1: Man isoliere die reellen Wurzeln der Gleichung

$$3(\sin x + 1) - 2x = 0. \tag{3.5}$$

Lösung: Wir schreiben die gegebene Gleichung in der Form

$$\sin x = \tfrac{2}{3}x - 1$$

und konstruieren die Schaubilder[1]) der Sinusfunktion $y_1 = \sin x$ und der Geraden $y_2 = 2x/3 - 1$. Der Schnittpunkt dieser beiden Kurven gibt einen Näherungswert für die Wurzel

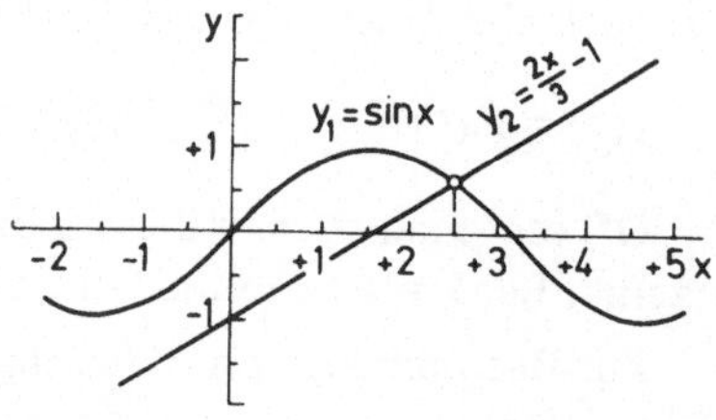

Bild 8

$$x = \xi \approx 2{,}45,$$

die die einzige reelle Wurzel dieser Gleichung darstellt, da die Kurven $y_1 = \varphi_1(x)$ und $y_2 = \varphi_2(x)$ keinen weiteren Schnittpunkt besitzen (Bild 8).

Beispiel 2: Man isoliere die reellen Wurzeln der Gleichung

$$\frac{x+1}{x-1} - \sin x = 0. \tag{3.6}$$

---

[1]) Solche Schaubilder zeichnet man am besten auf Millimeterpapier, was gleichzeitig eine hohe Genauigkeit der Ergebnisse sichert.

Lösung: Wir schreiben die Gl. (3.6) in der Form

$$\sin x = \frac{x+1}{x-1}$$

und konstruieren die Schaubilder

$$y_1 = \sin x, \quad y_2 = \frac{x+1}{x-1}.$$

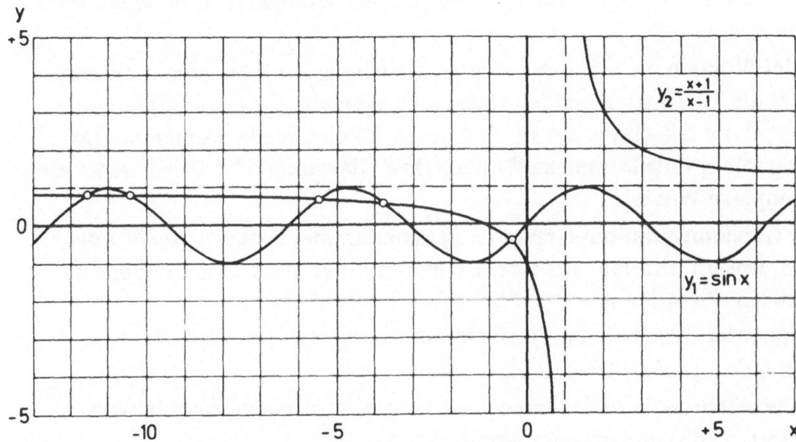

Bild 9

Die Abszissenpunkte der Schnitte dieser Kurven ergeben sämtliche reellen Wurzeln der Ausgangsgleichung (Bild 9). In unserem Fall sind alle Wurzeln negativ, da der rechte Ast der Hyperbel $y_2 = (x+1)/(x-1)$ die Sinuskurve $y_1 = \sin x$ nicht schneidet. Obwohl unendlich viele Wurzeln vorhanden sind, sind doch alle voneinander isoliert. In jedem der Intervalle

$$\left(0; -\frac{\pi}{2}\right), \left(-\frac{\pi}{2}; -\frac{3}{2}\pi\right), \ldots, \left(\frac{1-2k}{2}\pi; \frac{-1-2k}{2}\pi\right)$$

für $k = 1, 2, 3, \ldots$ liegt nur eine einzige Wurzel. Die Aufgabe der Isolierung der Wurzeln für die Gl. (3.6) ist somit vollständig gelöst.

Von den *analytischen Methoden zur Isolierung von Wurzeln* wollen wir nur zwei besprechen, die sowohl auf algebraische als auch auf transzendente Gleichungen anwendbar sind. Eine dieser Methoden besteht im Ausfindigmachen von einfacheren Gleichungen, deren Wurzeln annähernd gleich den gesuchten Wurzeln der gegebenen Gleichungen sind. Dies erreicht man oft dadurch, daß man in der gegebenen Gleichung kleine Glieder vernachlässigt. Bei der zweiten Methode verwendet man die folgenden Theoreme, die unmittelbar aus bekannten Eigenschaften stetiger Funktionen folgen.

Theorem 1: *Ist die Funktion* $f(x)$ *der reellen Veränderlichen* x *im Intervall* $[a; b]$ *stetig und haben ihre Werte* $f(a)$ *und* $f(b)$ *in den Intervallenden entgegengesetztes Vorzeichen, so liegt zwischen den Punkten* a *und* b *mindestens eine reelle Wurzel der*

Gleichung $f(x) = 0$. *Wenn* $f(x)$ *zudem eine erste Ableitung besitzt, die in* $[a; b]$ *ihr Vorzeichen nicht ändert, d. h. wenn* $f(x)$ *in* $[a; b]$ *monoton ist, so gibt es in diesem Intervall genau eine Wurzel.*

Theorem 2: $f(x)$ *sei eine analytische Funktion der Veränderlichen* x *im Intervall* $[a; b]$. *Haben die Funktionswerte in den Enden von* $[a; b]$ *verschiedenes Vorzeichen, so liegt zwischen* a *und* b *eine ungerade Anzahl von Wurzeln der Gleichung* $f(x) = 0$. *Haben die Funktionswerte in den Enden von* $[a; b]$ *dasselbe Vorzeichen, so liegt zwischen* a *und* b *entweder überhaupt keine Wurzel dieser Gleichung oder die Anzahl der Wurzeln zwischen* a *und* b *ist ungerade (wobei auch die Vielfachheit der Wurzeln zu berücksichtigen ist).*

Die Anzahl der Wurzeln einer transzendenten Gleichung kann beliebig groß sein. Zum Beispiel besitzt die Gl. (3.6) unendlich viele reelle Wurzeln, die Gl. (3.5) nur eine reelle Wurzel, während die Gleichung $\sin x = 2$ überhaupt keine reelle Wurzel hat. Dagegen besitzt sie unendlich viele komplexe Wurzeln. Die Gleichung $5^z = 0$ hat weder eine reelle noch eine komplexe Wurzel.

Algebraische Gleichungen n-ten Grades (3.2) haben immer genau n (reelle oder komplexe) Wurzeln, was unmittelbar aus einem Theorem folgt, das in seiner strengen Form von *Gauß* bewiesen worden ist.

Gaußsches Theorem: *Ein Polynom vom Grade* n *hat genau* n *reelle oder komplexe Wurzeln, wenn man jede* k*-fache Wurzel* k*-mal zählt.*

Bei der Lösung algebraischer Gleichungen ist auch das folgende Theorem von *Etienne Bézout* (1730–1783) von großem Wert.

Theorem von Bézout: *Der Rest bei der Division eines Polynoms* $P(x)$ *durch ein Binom* $x - a$ *ist gleich* $P(a)$, *d. h. gleich dem Wert dieses Polynoms für* $x = a$.

Wenn insbesondere die Zahl a eine Wurzel des Polynoms $P(x)$ ist, so ist der Rest $P(a)$ gleich Null. Das Polynom ist also durch $x - a$ teilbar. Der Wert einer Wurzel einer algebraischen Gleichung kann somit dazu dienen, den Grad dieser Gleichung zu vermindern. Wenn $x = a$ eine Wurzel der Ausgangsgleichung ist, so ist $P(a) = 0$ und nach dem Theorem von *Bézout* ist das Polynom $P(x)$ durch $x - a$ ohne Rest teilbar:

$$P(x) = (x - a)\,Q(x).$$

Die restlichen Wurzeln von $P(x)$ sind offenbar die Wurzeln von $Q(x)$. Die Aufgabe ist somit auf die Lösung der Gleichung

$$Q(x) = 0$$

zurückgeführt, deren Grad um eine Einheit kleiner ist als der Grad der Ausgangsgleichung $P(x) = 0$.

Wir bemerken, daß das Theorem von *Bézout* auch im komplexen Bereich seine Gültigkeit behält. Wenn insbesondere alle Koeffizienten des Polynoms $P(x)$ reelle Zahlen sind, so sind die Wurzeln der Gleichung $P(x) = 0$ entweder nur reell oder sie sind paarweise zueinander konjugiert. Durch zwei zueinander konjugierte Wurzeln

$$a = \alpha + i\beta \quad \text{und} \quad \bar{a} = \alpha - i\beta,$$

können wir den Grad der Gleichung $P(x) = 0$ um zwei Einheiten vermindern, indem wir $P(x)$ durch das Produkt der Binome

$$(x - a)(x - \bar{a}) = x^2 - (a + \bar{a})x + a\bar{a} = x^2 - 2\alpha x + (\alpha^2 + \beta^2)$$

dividieren. Die Koeffizienten dieses Produkts sind alle reell. Damit hat auch der Quotient $Q(x)$ wieder nur reelle Koeffizienten.

Die Anzahl der reellen Wurzeln einer algebraischen Gleichung mit reellen Koeffizienten

$$a_0 x^n + a_1 x^{n-1} + a_2 x^{n-2} + \ldots + a_n = 0; \quad a_0 \neq 0 \tag{3.7}$$

ist gleich dem Grad der Gleichung oder um eine gerade Zahl kleiner als dieser.

Theorem von Descartes: (*René Descartes,* 1596–1650). *Die Anzahl der positiven Wurzeln ist gleich oder um eine gerade Zahl kleiner als die Anzahl der Vorzeichenänderungen in der Folge der Koeffizienten.*

Die Anzahl der negativen Wurzeln kann man abschätzen, wenn man für x die Veränderliche $-y$ einsetzt.

Gilt in der Gl. (3.7) $a_0 > 0$ (was man durch Multiplikation der gesamten Gleichung mit -1 immer erreichen kann), so genügen ihre reellen Wurzeln einer Ungleichung, die von *Colin McLaurin* (1698–1746) gefunden wurde:

$$x < 1 + \sqrt[m]{\frac{A}{a_0}}. \tag{3.8}$$

m bedeutet dabei den Index des ersten negativen Koeffizienten unter $a_0, a_1, \ldots, a_n$, während A den Absolutbetrag des dem Betrag nach größten negativen Koeffizienten bezeichnet.

Dieselbe Abschätzung erlaubt auch die Ermittlung einer unteren Grenze für die Wurzeln. Dazu hat man $x = -y$ zu setzen und die gesamte Gleichung mit $(-1)^n$ zu multiplizieren, wodurch der unterste Koeffizient wieder positiv wird. Hierauf kann man wieder die Gl. (3.8) anwenden.

Beispiel 3: Wir untersuchen die Gleichung

$$2x^9 + x^7 - x^4 + 19x^3 - 24x^2 + 2 = 0. \tag{3.9}$$

Lösung: Die Gl. (3.9) hat eine ungerade Anzahl von reellen Wurzeln, aber nicht mehr als neun. Die Anzahl der Vorzeichenänderungen in der Folge der Koeffizienten ist vier. Gemäß dem Theorem von *Descart* besitzt die Gleichung daher entweder vier, zwei oder keine positive Wurzel.

Wir setzen $x = -y$ und multiplizieren die gesamte Gleichung mit -1:

$$2y^9 + y^7 + y^4 + 19y^3 + 24y^2 - 2 = 0. \tag{3.9'}$$

Die ursprüngliche Gleichung hat daher nur eine negative Wurzel.

Die Schranken für die reellen Wurzeln finden wir durch Anwendung der Ungleichung von *McLaurin* (3.8).

Für die Ausgangsgleichung (3.9) gilt $a_1 = a_3 = a_4 = 0$, $a_5 = -1$. Wir haben daher $m = 5$, $A = 24$ und $a_0 = 2$. Alle positiven Wurzeln genügen daher der Ungleichung

$$x < 1 + \sqrt[5]{\frac{24}{2}} = 1 + \sqrt[5]{12} \approx 2{,}6.$$

Analog finden wir für die umgeformte Gl. (3.9′), bei der erst das freie Glied $a_9 = -2$ negativ wird,

$$y < 1 + \sqrt[9]{\tfrac{2}{2}} = 2$$

und somit $x = -y > 2$. Die Wurzeln der ursprünglichen Gleichung liegen daher im Intervall

$$-2{,}0 < x < +2{,}6.$$

Die Ergebnisse der vorangehenden Untersuchung bestätigt man leicht unmittelbar durch Zeichnen des Schaubildes für das betrachtete Polynom (Bild 10)

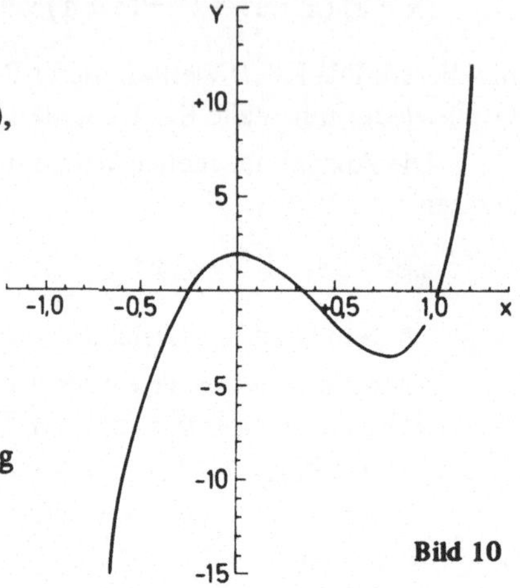

Bild 10

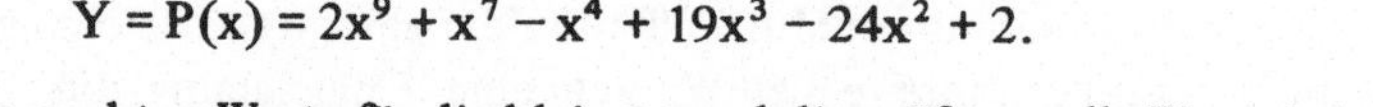

$$Y = P(x) = 2x^9 + x^7 - x^4 + 19x^3 - 24x^2 + 2.$$

Die exakten Werte für die kleinste und die größte reelle Wurzel sind

$$x_1 = -0{,}262364; \qquad x_3 = +1{,}029626.$$

Zur Untersuchung algebraischer Gleichungen dient auch die folgende Besonderheit. Die Existenz eines Minimums im Schaubild des Polynoms $Y = P(x)$, bei dem $P(x)$ positiv ist, und die Existenz eines Maximums mit negativem Wert $P(x)$ zeugt von der Existenz eines Paares von komplexen Wurzeln. Das Polynom, dessen Schaubild in Bild 11 dargestellt ist, hat somit mindestens drei Paare von komplexen Wurzeln, was aus der Form seines Schaubildes in den Punkten A, B und C hervorgeht.

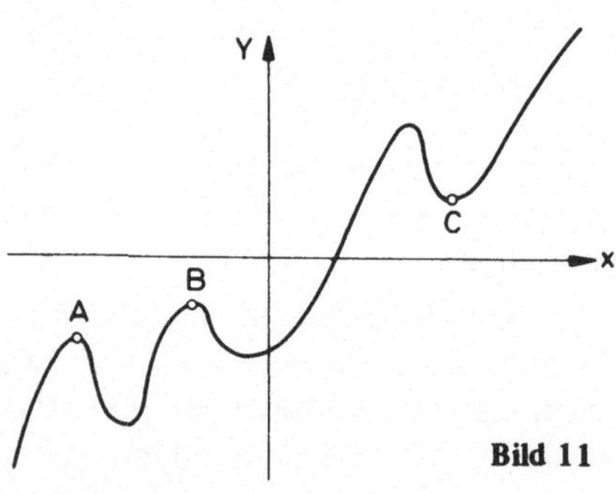

Bild 11

Die angeführte Bedingung ist nicht notwendig, sondern nur hinreichend. Die Gl. (3.9) beispielsweise hat drei Paare von komplexen Wurzeln, obwohl ihr Schaubild in Bild 10 keinen Punkt von dem betrachteten Typ besitzt.

Die Theorie der algebraischen Gleichungen ist heutzutage beträchtlich weiter ausgebaut als die Theorie der transzendenten Gleichungen. Man versucht daher häufig, transzendente Gleichungen auf algebraische Gleichungen zurückzuführen. Dies gelingt insbesondere oft dadurch, daß man die linke Seite der transzendenten Gleichung

$$f(x) = 0 \tag{3.10}$$

in eine Potenzreihe

$$f(x) = c_0 + c_1 x + c_2 x^2 + \ldots + c_n x^n + \ldots \tag{3.11}$$

entwickelt, wobei

$$c_k = \frac{1}{k!} f^{(k)}(0); \quad k = 0, 1, 2, \ldots .$$

Wir betrachten nun die Folge von algebraischen Gleichungen, die man durch Nullsetzen der Partialsummen von Gl. (3.11) erhält:

$$\begin{aligned} &c_0 + c_1 x = 0; \\ &c_0 + c_1 x + c_2 x^2 = 0; \\ &\ldots\ldots\ldots\ldots\ldots\ldots\ldots\ldots \\ &c_0 + c_1 x + c_2 x^2 + \ldots + c_n x^n = 0. \end{aligned} \tag{3.12}$$

ξ_1 sei eine Wurzel der ersten Gleichungen, ξ_2 eine Wurzel der zweiten, ξ_n eine Wurzel der n-ten Gleichung. Dann gilt das folgende Theorem.

Theorem 3: *Wenn die Folge* $\xi_1, \xi_2, \ldots, \xi_n$ *konvergiert und ihr Grenzwert* ξ *zum Konvergenzbereich der Reihe* (3.11) *gehört, in dem diese* $f(\xi)$ *zur Summe hat, so ist die Zahl* ξ *eine Wurzel der Gleichung* $f(x) = 0$.

Aus diesem Theorem, dessen Beweis wir übergehen, folgt, daß man an Stelle von Gl. (3.10) versuchen kann, die Folge (3.12) von Gleichungen zu lösen. Wenn die gefundenen Wurzeln recht nahe beisammen liegen, so kann man sie als Näherungswerte für die Wurzeln der ursprünglichen transzendenten Gleichung verwenden.

Gewöhnlich gelingt es auf diesem Wege, eine oder mehrere der dem Betrag nach kleinsten Wurzeln zu bestimmen. Im Prinzip ist es gleichgültig, nach welcher Methode man die erhaltenen algebraischen Gleichungen löst. Am geeignetsten dazu sind jedoch anscheinend die Methoden von *Lobatschwesky* und *Bernoulli*.

Die Methodik der Lösung algebraischer Gleichungen ist gut dargestellt in den Büchern [19, Teil II, Kapitel 7] und [119, Kapitel I und III]. Aus letzterem haben wir insbesondere (mit unwesentlichen Änderungen) das Beispiel 3 entnommen. Eine ausführlichere Darlegung aller in diesem Kapitel betrachteten Probleme findet man in den Büchern [19, 41, 89, 100, 119, 198, 206, 229, 230, 238, 261, 270, 339, 390, 415, 461, 465, 502, 509, 579, 580, 598, 611, 620, 626], in denen auch Bibliographien enthalten sind.

Nachdem wir wie bei der Untersuchung der Gl. (3.1) für jede der reellen Wurzeln ξ ein Intervall angegeben haben, in dem diese Wurzel liegt, gehen wir über zur zweiten Aufgabe, zur genaueren Bestimmung der gefundenen Wurzel.

Die Isolierung der Wurzel ξ selbst, d. h. die Aufstellung der Doppelungleichung

$$a < \xi < b$$

liefert bereits einen groben Näherungswert. Wir nehmen dafür zum Beispiel die Mitte des Intervalls $(a; b)$:

$$\xi_1 = \frac{a + b}{2} .$$

Der absolute Fehler ist dabei kleiner als die Zahl

$$\epsilon < \frac{|a-b|}{2} .$$

Setzen wir den gefundenen Wert ξ_1 in die Gl. (3.1) ein und finden, daß er der gewünschten Genauigkeit nicht entspricht, so bilden wir $f(\xi_1) = a_1$ oder $f(\xi_1) = b_1$ und erhalten dadurch die neuen genaueren Ungleichungen

$$a_1 < \xi < b \quad \text{oder} \quad a < \xi < b_1 .$$

Durch Fortsetzung dieses Verfahrens finden wir die gewünschte Wurzel mit jeder beliebigen vorgegebenen Genauigkeit.

Es gibt jedoch andere, weit effektivere Methoden zur Bestimmung der Wurzeln. Die geläufigsten unter ihnen betrachten wir in den Abschnitten 18 bis 20.

18. Die Newtonsche Methode oder die Tangentenmethode

Die Newtonsche Methode oder Tangentenmethode gehört zu den heute am häufigsten gebrauchten Methoden zur Bestimmung von Wurzeln. Man verwendet sie im gleichen Maße für algebraische wie auch für transzendente Gleichungen.[1])

Es sei PAQ ein Bogen der Kurve $y = f(x)$, der die x-Achse im Punkt A schneidet. Die Abszisse $x = \xi$ des Punktes A sei also eine Wurzel der Gl. (3.1):

$$f(x) = 0.$$

Wir setzen voraus, daß der Bogen AP zur x-Achse hin gewölbt ist (Bild 12) und ziehen durch den Punkt P mit den Koordinaten $(x_0; y_0 = f(x_0))$ die Tangente an die Kurve $y = f(x)$. Die Steigung der Tangente ist gleich der Ableitung der Funktion $f(x)$ im Berührungspunkt, $k = f'(x_0)$. Die Gleichung der Tangente durch den Punkt $P(x_0; y_0)$ lautet daher:

$$y - y_0 = f'(x_0) \cdot (x - x_0). \tag{3.13}$$

Setzen wir in Gl. (3.13) $y = 0$, $y_0 = f(x_0)$, so erhalten wir den Schnittpunkt der Tangente mit der Abszissenachse ($y = 0$), den wir durch x_1 bezeichnen:

$$x_1 = x_0 - \frac{f(x_0)}{f'(x_0)} .$$

Durch den Punkt $P_1(x_1; y_1 = f(x_1))$ legen wir nun wieder die Tangente und gelangen durch Fortsetzung dieses Verfahrens zur Newtonschen Formel

$$x_{n+1} = x_n - \frac{f(x_n)}{f'(x_n)} ; \quad n = 0, 1, 2, \ldots , \tag{3.14}$$

---

[1]) Diese Methode wurde im wesentlichen im Jahre 1690 von *Raphson* gefunden. Bereits früher, nämlich 1685, hat jedoch *Newton* eine Methode angegeben, die der vorliegenden ähnlich ist. Man nennt diese daher auch Methode von *Newton–Raphson*.

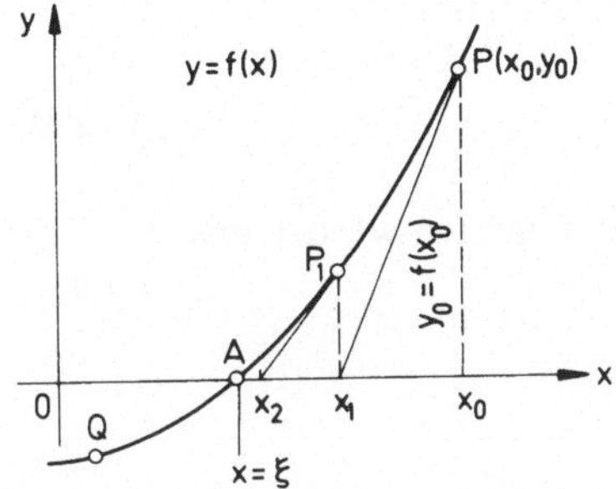

Bild 12

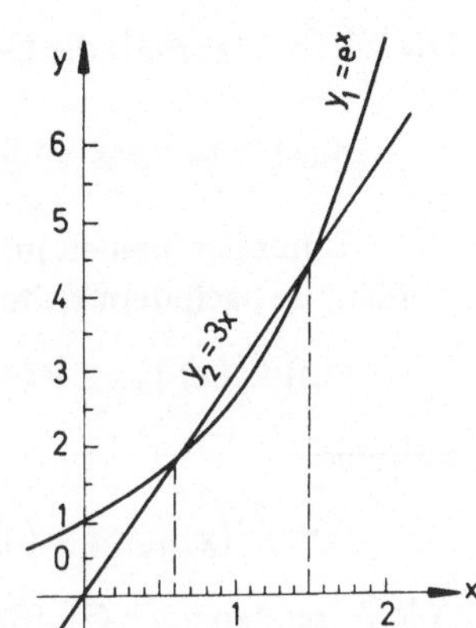

Bild 13

die die Möglichkeit für eine schrittweise Berechnung aller genauen Wurzelwerte liefert. Mit anderen Worten: Die gemäß Gl. (3.14) berechneten Werte $x_0, x_1, x_2, \ldots$ bilden eine Folge, die gegen den Wert der Wurzel der Gleichung $f(x) = 0$ strebt.

Beginnen wir den Prozeß in einem Punkt Q, in dem die Kurve zur x-Achse hin konkav ist, so führt uns der erste Schritt auf die andere Seite der x-Achse, wo die Kurve zur x-Achse hin konvex ist. Im weiteren Verfahren nähert man sich daher dem Wurzelwert wie früher.

In den Fällen, in denen die Berechnung der zweiten Ableitung der Funktion keine wesentlichen Schwierigkeiten bereitet, kann man ein Kriterium heranziehen, das unmittelbar die Wahl des Anfangspunktes x_0 überprüfen hilft. Da die Kurve $y = f(x)$ in jenen Punkten zur x-Achse hin konvex ist, in denen die Beziehung

$$f(x) \cdot f''(x) > 0 \tag{3.15}$$

gilt, so muß der gewählte Anfangspunkt dieser Beziehung genügen.

Beispiel 1: Man berechne die kleinste positive Wurzel der Gleichung

$$e^x - 3x = 0 \text{ (wobei } e = 2{,}71828 \ldots)$$

mit vier Dezimalstellen.

Lösung: Zur Isolierung der Wurzeln stellen wir die Gleichung in der Form

$$e^x = 3x$$

dar und zeichnen die Schaubilder der Funktionen (Bild 13)

$$y_1 = e^x \quad \text{und} \quad y_2 = 3x,$$

wobei die Maßstäbe auf den x- und y-Achsen auch gleich sein dürften.

Nach Bild 13 liegt die kleinste positive Wurzel im Intervall (0; 1). Wir wollen sie genauer bestimmen. Im gegebenen Beispiel haben wir

$$f(x) = e^x - 3x; \quad f'(x) = e^x - 3; \quad f''(x) = e^x.$$

Die Gl. (3.14) erhält die Gestalt:

$$x_{n+1} = x_n - \alpha_n \quad \text{mit} \quad \alpha_n = \frac{f(x_n)}{f'(x_n)} . \tag{3.14'}$$

Unter den beiden möglichen Werten $x_0 = 0$ und $x_0 = 1$ müssen wir den ersten wählen, da nach dem Kriterium (3.15)

$$f(x)\, f''(x)\,|_{x=0} = (e^x - 3x)\, e^x\,|_{x=0} = 1 > 0,$$

während

$$f(x)\, f''(x)\,|_{x=1} = (e^x - 3x)\, e^x\,|_{x=1} = (e-3)\, e < 0.$$

Alle folgenden nach Gl. (3.14') berechneten Näherungswerte[1]) sind in Tabelle 32 angegeben. Die Werte von e^x findet man zum Beispiel in den Tabellen von [648].

Tabelle 32

n	$x = x_n$	e^x	3x	$f(x_n)$	$f'(x_n)$	α_n
0	0,0	1,0	0,0	1,0	- 2,0	- 0,5
1	0,5	1,65	1,50	0,15	- 1,35	- 0,11
2	0,61	1,8404	1,8300	0,0104	- 1,16	- 0,0090
3	0,6190	1,8571	1,8570	0,0001	- 1,14	- 0,000088
4	0,61909	1,8573	1,8573	0,0000	-	-

Die gesuchte Wurzel ist daher mit der für uns notwendigen Genauigkeit

$$x_1 = 0{,}6191.$$

In einem weiteren Schritt erhält man den genaueren Wert

$$x = 0{,}61906129.$$

Übung 1: Man führe dieselbe Rechnung mit $x_0 = 1$ durch.

Übung 2: Man berechne mit derselben Genauigkeit die zweite Wurzel der Gleichung $e^x - 3x = 0$, die gemäß Bild 13 im Intervall (1; 2) liegt.

Antwort: $x = 1{,}5121$.

Wir fassen zusammen. Bei der Bestimmung einer einfachen Wurzel der Gleichung

$$f(x) = 0$$

nach der Newtonschen Methode konvergiert die Folge der Näherungswerte immer, wenn der Anfangswert x_0 so nahe bei der Wurzel $x = \xi$ liegt, daß im Intervall $[\xi; x_0]$

1. die Steigung der Kurve $y = f(x)$ nicht Null wird. d. h.

$$f'(x) \neq 0;$$

---

[1]) In diesem Beispiel genügt es, die Ableitung $f'(x)$ auf drei Stellen genau zu berechnen, da keine größere Genauigkeit benötigt wird.

2. die Kurve $y = f(x)$ keine Wendepunkte hat, d. h.

$f''(x) \neq 0$.

In der Praxis bedeutet dies, daß man mit Hilfe von Gl. (3.14) eine Wurzel der Gleichung $f(x) = 0$ mit jeder beliebig hohen Genauigkeit finden kann, wenn die Wurzel ξ keine mehrfache Wurzel ist (d. h. $f'(\xi) \neq 0$) und wenn der Anfangswert x_0 hinreichend nahe bei der gesuchten Wurzel ξ liegt.

Mehrfache Wurzeln kann man ebenfalls nach der Newtonschen Methode finden, nämlich als Wurzeln der Gleichung

$$f'(x) = 0$$

oder im allgemeinen Fall als Wurzeln der Gleichungen

$$f^{(k)}(x) = 0, \quad k = 1, 2, 3, \ldots .$$

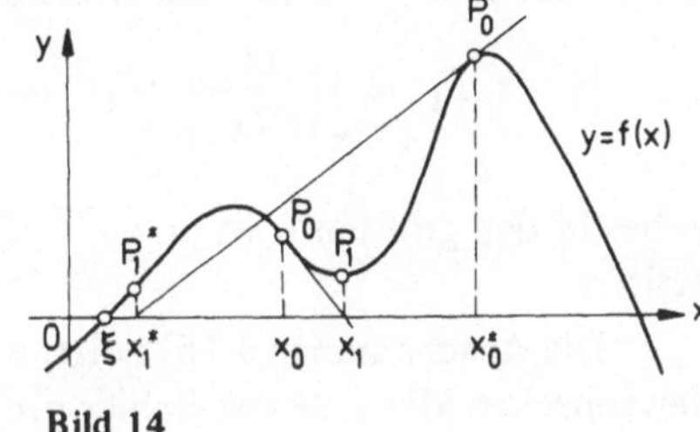

Bild 14

Zum besseren Verständnis der obigen Forderungen wenden wir uns Bild 14 zu.

Im Intervall $[\xi; x_0]$ sind die Bedingungen 1 und 2 nicht erfüllt und wir sehen, daß die durch den Punkt P_0 verlaufende Tangente zu einem Punkt x_1 führt, dessen Abstand von der Wurzel $x = \xi$ größer ist als der Abstand des Ausgangswertes x_0. Der folgende Schritt führt zum Wert $x_2 \to \infty$, da die Tangente im Punkt P_1 parallel zur x-Achse verläuft.

Andererseits führt die Tangente im Punkt P_0^*, obwohl im Intervall $[\xi; x_0^*]$ beide Bedingungen verletzt sind, zu einem Wert x_1^*, für den im Intervall $[\xi; x_1^*]$ alle Bedingungen schon erfüllt sind. Bei Fortsetzung des Verfahrens besitzen wir in diesem Fall die Möglichkeit, die Wurzel mit beliebiger Genauigkeit zu bestimmen.

Die Bedingungen 1 und 2 sind daher hinreichend, aber nicht notwendig.

In der Praxis wird man in den Fällen, in denen eine Untersuchung der Funktion $f(x)$ und ihrer ersten zwei Ableitungen zu mühevoll ist (und diese Fälle sind die häufigsten), ein oder zwei Näherungswerte mit Hilfe von Gl. (3.14) berechnen, indem man von einem Wert x_0 ausgeht, den man auf graphischem Wege gefunden hat. Die gewonnenen Werte zeigen uns dann, ob wir auf dem richtigen Wege sind.

Wir berechnen nun den Fehler zwischen dem n-ten und dem (n + 1)-ten Schritt. Nach der Taylorschen Formel haben wir

$$f(\xi) = f(x_n) + f'(x_n)(\xi - x_n) + \tfrac{1}{2} f''(c_n)(\xi - x_n)^2,$$

wobei c_n zwischen x_n und ξ liegt.

Wegen $f(\xi) = 0$ erhalten wir daraus:

$$\xi - x_n + \frac{f(x_n)}{f'(x_n)} = -\frac{1}{2} \cdot \frac{f''(c_n)}{f'(x_n)} (\xi - x_n)^2 .$$

Gemäß Gl. (3.14) gilt aber

$$x_n - \frac{f(x_n)}{f'(x_n)} = x_{n+1}.$$

Daher haben wir

$$\xi - x_{n+1} = -\tfrac{1}{2} \cdot \frac{f''(c_n)}{f'(x_n)} (\xi - x_n)^2$$

und daraus finden wir die uns interessierende Abschätzung

$$|\xi - x_{n+1}| \leqslant \frac{M}{2|f'(x_n)|} \cdot (\xi - x_n)^2, \tag{3.16}$$

wobei M den größten Wert von $|f''(x)|$ in der betrachteten Umgebung der Wurzel ξ darstellt.

Die Abschätzung (3.16) zeigt, daß bei der Berechnung einer Wurzel nach der Newtonschen Methode der Fehler proportional zum Quadrat des Fehlers der vorhergehenden Näherung kleiner wird. Wenn also in der betrachteten Umgebung der gesuchten Wurzel der Wert von $M/|f'(x)|$ nicht zu groß ist, darf man annehmen, daß jede neue Näherung die Anzahl der gültigen Ziffern verdoppelt. Man muß also jede neue Näherung mit doppelt so vielen Dezimalstellen berechnen wie die vorhergehende Näherung gültige Dezimalstellen besitzt. Wenn hingegen $M/|f'(x)|$ sehr groß ist, so ist die Konvergenz nach der Newtonschen Methode sehr langsam. In diesem Fall verwendet man besser andere Methoden, zum Beispiel die Methode der polynomialen Approximation, die wir in Abschnitt 21 betrachten werden.

Da die Anzahl der gültigen Ziffern im n-ten Schritt unbekannt bleibt, solange der folgende Schritt noch nicht durchgeführt worden ist, erhält man eine Vorstellung vom Wert der Größe $M/|f'(x)|$ in jedem konkreten Beispiel, indem man den Zuwachs an gültigen Stellen in zwei, drei aufeinanderfolgenden Schritten verfolgt. Wenn sich in den vorhergehenden Schritten die Anzahl der gültigen Ziffern mit wachsendem n annähernd verdoppelt hat, so bedeutet dies praktisch, daß die Größe $M/|f'(x)|$ hinreichend klein für eine zweckmäßige Anwendung der Newtonschen Methode ist.

Beispiel 2: Man bestimme mit sieben bedeutsamen Ziffern die positive Wurzel der Gleichung

$$x^x + 2x - 5 = 0.$$

Lösung: Wir stellen die gegebene Gleichung in der Form

$$x^x = 5 - 2x$$

dar und zeichnen die Schaubilder der Funktionen $y_1 = x^x$, $y_2 = 5 - 2x$. Aus Bild 15 finden wir $x_0 = 1{,}5$. Ferner gilt für das betrachtete Beispiel

$$f(x) = x^x + 2x - 5; \quad f'(x) = x^x (1 + \ln x) + 2.$$

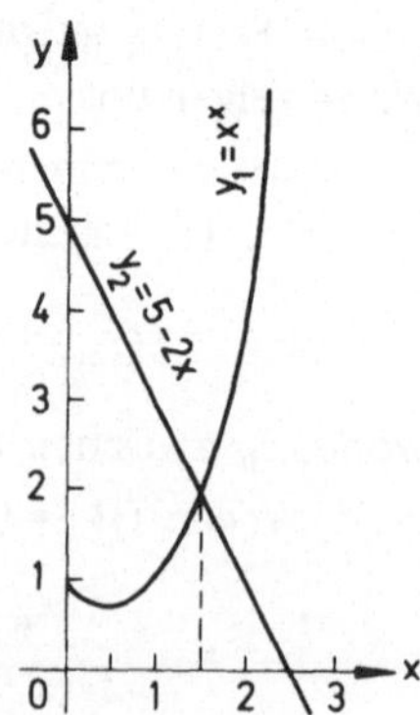

Bild 15

Mit Hilfe der Gl. (3.14') erhalten wir nach drei Schritten mit der notwendigen Genauigkeit $x = 1{,}534889$.

Alle Rechnungen findet man in Tabelle 33. Die Größe $z = x^x$ berechnen wir dabei mit Hilfe einer siebenstelligen Logarithmentafel, z. B. [634]. Die Größe $\lg x = \log_{10} x$, die wir bei der Berechnung von $\lg z = x \lg x$ im Arithmometer einstellen, benützen wir auch zur Berechnung von

$$\ln x = \frac{1}{M} \lg x, \quad \text{wobei} \quad \frac{1}{M} = 2{,}3026 \ldots .$$

Den Wert von $f'(x)$, und somit also $1 + \ln x$, braucht man nur mit vier bedeutsamen Stellen berechnen.

Tabelle 33

n	$x = x_n$	$2x - 5$	x^x	$f(x_n)$	$1 + \ln x$	$f'(x_n)$	α_n
0	1,5	- 2,00	1,84	- 0,16	1,41	4,6	- 0,035
1	1,535	- 1,93000	1,93053	0,00053	1,429	4,759	0,000111
2	1,534889	- 1,930222	1,930223	0,000001	1,43	4,76	0,0000002

Eine Analyse des Zuwachses an gültigen Stellen bei Vergrößerung von n zeigt, daß die Konvergenz der Newtonschen Methode in dem vorliegenden Beispiel vollkommen ausreicht.

Bemerkung: Zur Verminderung des Rechenaufwands bei der Newtonschen Methode kann man von einem gewissen n an statt $f'(x_n)$ zu berechnen dafür einen früheren Wert verwenden, zum Beispiel $f'(x_0)$ oder $f'(x_1)$. Bei einer derartigen Vorgangsweise nähert man sich der Wurzel nicht mit Hilfe der Tangente, sondern mit Hilfe einer Sehne parallel zur Tangente des von uns gewählten Schritts. In der Praxis benötigt man deshalb höchstens einen Schritt mehr. In vielen Fällen ist der Zeitbedarf dabei daher geringer als bei Berechnung der Ableitung in jedem Schritt.

Übung 3: Man wiederhole Beispiel 1 und setzte

$$f'(x_n) \approx f'(x_1) \quad \text{für} \quad n \geqslant 2.$$

Beispiel 3: Ausgehend von der Gleichung

$$\sin \frac{\pi}{6} = \frac{1}{2},$$

berechne man mit Hilfe der Newtonschen Methode die Zahl π mit 17 bedeutsamen Ziffern.

Lösung: Wir setzen $\pi = x$ und entwickeln $\sin x/6$ in eine McLaurinsche Reihe:

$$\sin \frac{x}{6} = \frac{x}{6} - \frac{1}{3!}\left(\frac{x}{6}\right)^3 + \frac{1}{5!}\left(\frac{x}{6}\right)^5 - \frac{1}{7!}\left(\frac{x}{6}\right)^7 + \ldots .$$

Setzt man dieses Resultat in die Ausgangsgleichung ein und multipliziert beide Gleichungsseiten mit 6, so erhält man eine Gleichung der Form

$$f(x) = 0$$

mit

$$f(x) = 3 - x + \left(\frac{x}{6}\right)^3 - \frac{1}{20}\left(\frac{x}{6}\right)^5 + \frac{1}{840}\left(\frac{x}{6}\right)^7 - \frac{3!}{9!}\left(\frac{x}{6}\right)^9 + \frac{3!}{11!}\left(\frac{x}{6}\right)^{11} - \dots, \tag{3.17}$$

$$f'(x) = -1 + \frac{1}{2}\left(\frac{x}{6}\right)^2 - \frac{1}{24}\left(\frac{x}{6}\right)^4 + \dots. \tag{3.18}$$

Wir berechnen die Wurzel $x = \pi$ dieser Gleichung mit Hilfe der Gl. (3.14′)

$$x_{n+1} = x_n - \alpha_n, \quad \text{wobei} \quad \alpha_n = \frac{f(x_n)}{f'(x_n)}.$$

Zur bequemeren Rechnung stellen wir die Reihen (3.17) und (3.18) in der folgenden Form dar:

$$f(x) = 3 - x + C_3 + C_5 + C_7 + \dots, \tag{3.17′}$$

$$f'(x) = -1 + C_2 + C_4 + C_6 + \dots. \tag{3.18′}$$

Dabei sind sowohl die Größen $C_n = C_n(x)$ mit geradem als auch mit ungeradem Index n aus derselben Rekursionsformel berechenbar:

$$C_{\nu+2}(x) = \frac{2C_2(x)\,C_\nu(x)}{(\nu+1)(\nu+2)}; \quad C_2(x) = \frac{1}{2}\left(\frac{x}{6}\right)^2; \quad C_3(x) = \left(\frac{x}{6}\right)^3. \tag{3.19}$$

Ausgehend von $C_\nu = C_2$ setzt man $\nu = 2, 4, 6, \dots$, ausgehend von $C_\nu = C_3$ setzt man $\nu = 3, 5, 7, \dots$

Alle ohne Anschreiben von Zwischenergebnissen durchgeführten Rechnungen für $n = 0$ und $n = 1$ sind in Tabelle 34 angegeben. Tabelle 35 enthält das Ergebnis im letzten Schritt bei $n = 2$.

Tabelle 34

n	$x = x_n$	$\left(\frac{x}{6}\right)$	$C_2 = \frac{1}{2}\left(\frac{x}{6}\right)^2$	$C_4 = \frac{-C_2^2}{6}$	$C_6 = \frac{-C_2C_4}{15}$	$C_3 = \left(\frac{x}{6}\right)^3$
0	3,0	0,50000	+0,12500	−0,00260	+0,00002	+0,12500
1	3,1407	0,52345000	+0,13699995	−0,003128817	+0,00002857	+0,143425248
2	3,14159262	0,5235987700				

n	$C_5 = \frac{-C_2C_3}{10}$	$C_7 = \frac{-C_2C_5}{21}$	$C_9 = \frac{-C_2C_7}{36}$	$f(x_n)$	$f'(x_n)$	α_n
0	−0,00156	+0,00001		+0,12345	−0,87758	−0,1407
1	−0,001964925	+0,000012819	−0,000000049	+0,000773093	−0,86609965	−0,00089262
2						

Tabelle 35

$n = 2$; $x_2 = 3{,}14159262$;		$\alpha_2 = -0{,}00000003358979319$	
$f(x) = (3 - x) + C_3 + C_5 + C_7 + \ldots$		$f'(x) = -1 + C_2 + C_4 + C_6 + \ldots$	
$3 - x$	$-0{,}141592620000000000$	C_0	$-1{,}00000000000$
C_3	$+0{,}143547572619194061$	C_2	$+0{,}137077835972756450$
C_5	$-0{,}001967719061378123$	C_4	$-0{,}00313172219$
C_7	$+0{,}000012844317654100$	C_6	$+0{,}00002861931$
C_9	$-0{,}000000048907535238$	C_8	$-0{,}00000014011$
C_{11}	$+0{,}000000000121893438$	C_{10}	$+0{,}00000000043$
C_{13}	$-0{,}000000000000214217$	$f'(x_2)$	$-0{,}86602540659$
C_{15}	$+0{,}000000000000000280$		
$f(x_2)$	$+0{,}000000029089614301$	α_2	$-0{,}000000033589793186$

Nach drei Schritten findet man also mit der geforderten Genauigkeit

$$\pi = x_3 = x_2 - \alpha_2 = 3{,}14159265358979319.$$

Nach einem weiteren Schritt ergibt sich π mit 35 bedeutsamen Ziffern

$$\pi = 3{,}1415926535897932384626433832795029.$$

Übung 4: Man rechne die Tabellen 34 und 35 nach. Führen Sie die Rechnungen in Tabelle 35 unter Verwendung der Ergebnisse aus Abschnitt 6 durch und berücksichtigen Sie, daß in $x_2/6 = 0{,}52359877$ alle acht Ziffern exakt sind. Bei der Bestimmung der Ableitung $f'(x_2)$ genügt eine Rechnung mit 11 bedeutsamen Ziffern. C_2 hingegen muß man genauer berechnen, da man C_2 in Gl. (3.19) zur Bestimmung aller ungeraden $C_3, C_5, C_7, \ldots$ verwendet.

Zum Schluß bemerken wir nochmals, daß die Newtonsche Methode bei transzendenten Gleichungen ebenso gute Resultate liefert wie bei algebraischen. Dabei findet sie sowohl bei der Bestimmung der reellen als auch der komplexen Wurzeln Verwendung. Wenn jedoch die Gleichung $f(x) = 0$ reelle Koeffizienten hat, so sind die komplexen Wurzeln paarweise zueinander konjugiert und das Iterationsverfahren konvergiert nicht gegen eine komplexe Wurzel, wenn nicht x_0 bereits komplex ist. Daher muß man im Falle einer reellwertigen Funktion $f(x)$ bei der Bestimmung der komplexen Wurzeln als Anfangswert x_0 eine komplexe Zahl nehmen, die nahe genug bei der gesuchten Wurzel liegt. Die Folge der Iterationspunkte konvergiert dann gegen diese Wurzel.

19. Die Methode der linearen Interpolation oder die Sehnenmethode

Eine einfache Wurzel der Gleichung

$$f(x) = 0,$$

worin $f(x)$ eine algebraische oder transzendente Funktion ist, findet man mit Hilfe der Methode der linearen Interpolation, auch Sehnenmethode genannt.[1]

[1] Diese Methode besitzt noch die lateinische Bezeichnung regula falsi, was „Regel der falschen Lage“ bedeutet.

Dabei bestimmt man auf graphischem Wege zwei Werte x_1 und x_2, in denen die Funktion f(x) verschiedene Vorzeichen hat, zum Beispiel

$$f(x_1) > 0, \quad f(x_2) < 0,$$

und zieht durch die Punkte $[x_1, y_1 = f(x_1)]$ und $[x_2, y_2 = f(x_2)]$ die Gerade

$$\frac{x - x_1}{x_2 - x_1} = \frac{y - y_1}{y_2 - y_1}.$$

Bei y = 0 findet man nun den Schnittpunkt der Sehne mit der Abszissenachse. Dieser Schnittpunkt x liefert einen Näherungswert für die Wurzel (Bild 16):

$$x = x_1 - \frac{y_1(x_2 - x_1)}{y_2 - y_1} = \frac{x_1 y_2 - y_1 x_2}{y_2 - y_1}$$

oder

$$x = \frac{x_1 f(x_2) - x_2 f(x_1)}{f(x_2) - f(x_1)}. \qquad (3.20)$$

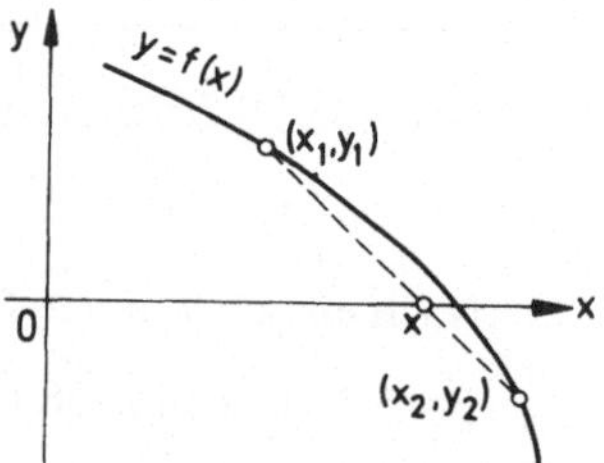

Bild 16

Wir bestimmen nun das Vorzeichen der Funktion f(x) in dem neuen Punkt x und benutzen diesen in der Gl. (3.20) als neues x_1 oder x_2. Wir erhalten damit einen genaueren Wert x. Durch Wiederholung der Rechnung gemäß Gl. (3.20) ergibt sich nämlich ein zweiter Näherungswert für die Wurzel. Setzt man das Verfahren fort, so kann man eine Wurzel $x = \xi$ der gegebenen Gleichung f(x) = 0 mit jeder beliebigen Genauigkeit berechnen.

Die Methode heißt *Sehnenmethode*, weil man bei der Bestimmung der Wurzel in jedem Schritt ein Bogenstück der wahren Kurve y = f(x) durch die entsprechende Sehne ersetzt.

Beispiel: Wir berechnen nach der Sehnenmethode eine reelle Wurzel der Gleichung[1])

$$f(x) = x^3 - 2x - 5 = 0$$

auf fünf Dezimalstellen.

Lösung: Die in Bild 17 durchgeführte Konstruktion liefert die Möglichkeit der Wahl der für die Sehnenmethode benötigten Ausgangswerte: $x_1 = 2{,}2$ oder $x_2 = 2{,}0$. Mit Hilfe von Gl. (3.20) gelangen wir nun Schritt für Schritt zur Wurzel mit der geforderten Genauigkeit. In dem gegebenen Beispiel bleibt dabei der Wert $x_1 = 2{,}200000$ fest, x_2 wird bei jedem Schritt genauer. Die Zahlen x_1 und $f(x_1) = 1{,}248$, die bei allen aufeinander folgenden Schritten verwendet werden, kann man als exakte Zahlen betrachten und mit nur so vielen Dezimalstellen nehmen, wie in dem gegebenen Schritt benötigt werden.

---

1) An diesem Beispiel hat *Wallis* 1685 in seinem Buch „Algebra" zum ersten Mal die Anwendung der Newtonschen Methode gezeigt. Das Beispiel ist daher von historischer Bedeutung. Später wurde die Wurzel der Wallisschen Gleichung auf 101 Dezimalstellen berechnet. Wir geben hier nur die ersten zwölf Stellen an: x = 2,094 551 481 542.

Tabelle 36

n	x_n	x_n^3	$f(x_n)$	$f(x_1) - f(x_n)$
1	2,2	10,648	+ 1,248	–
2	2,0	8,000	- 1,000	2,248
3	2,09	9,129	- 0,051	1,299
4	2,0943	9,18579	- 0,00281	1,25081
5	2,09453	9,188820	- 0,000240	1,248240
6	2,094550	9,189084	- 0,000016	–

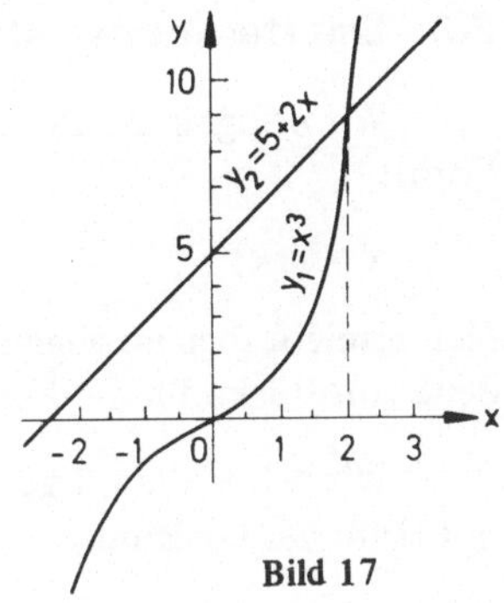

Bild 17

Alle erforderlichen Berechnungen findet man in Tabelle 36. Aus ihr entnimmt man mit der angegebenen Genauigkeit $x = 2{,}09455$.

Übung: Man löse dasselbe Beispiel mit Hilfe der Newtonschen Methode und wähle dabei $x_0 = 2{,}2$.

An Hand dieser Übung merkt man, daß die Tangentenmethode stets etwas zu große Werte liefert, während bei der Sehnenmethode die Wurzelwerte stets etwas zu klein ausfallen. Durch gleichzeitige Anwendung beider Methoden besitzt man daher nicht nur die Möglichkeit, die Wurzeln zu berechnen, sondern kann auch den bei der Berechnung begangenen Fehler bestimmen. Dieser Fehler kann gleich der Differenz der entsprechenden Wurzelwerte sein. (Als Endergebnis verwendet man daher zweckmäßigerweise das arithmetische Mittel aus den Werten, die man mit Hilfe der Sehnenmethode und der Tangentenmethode gewinnt. Der Fehler ist dann nur noch halb so groß.)

Diese wichtige Eigenschaft der Sehnenmethode und der Tangentenmethode liegt immer dann vor, wenn $f''(x)$ in der betrachteten Umgebung der Wurzel $x = \xi$ das Vorzeichen nicht ändert und wenn man bei der Tangentenmethode als x_0 einen x-Wert wählt, für den

$$f(x_0)\, f''(x_0) > 0$$

gilt.

Wir legen dem Leser nahe, sich die entsprechende geometrische Deutung zu überlegen. Man gehe dabei von Bild 16 aus (in dem noch vom Punkt (x_2, y_2) aus die Tangente zu ziehen ist) und betrachte hierauf die vier möglichen Fälle der Lage der Kurve $f(x)$ relativ zur x-Achse in Abhängigkeit vom Vorzeichen von $f'(x)$ und $f''(x)$ in der betrachteten Umgebung von $x = \xi$. Ausführlicher ist diese Frage sehr gut in den Büchern [19, Bd. II, Kapitel VII, § 4; 89, Kapitel I, § 3; 339, Kapitel II, § 2] behandelt.

Zum Schluß sei bemerkt, daß die hinreichenden Bedingungen, die die Berechnung der Wurzeln der Gleichung $f(x) = 0$ nach der Sehnenmethode mit beliebiger Genauigkeit gestatten, dieselben sind wie im Falle der Tangentenmethode. Die Tangentenmethode zeigt jedoch in den meisten Fällen bessere Konvergenz als die Sehnenmethode.

20. Die Iterationsmethode[1])

Wir bringen die algebraische oder transzendente Gleichung $f(x) = 0$ auf die folgende Form:

$$x = \varphi(x). \tag{3.21}$$

Man erreicht dies im allgemeinen auf verschiedenen Wegen und erhält daher auch verschiedene Ausdrücke für die Funktion $\varphi(x)$.

Wir wählen nun irgendeinen Näherungswert x_0 und finden ein genaueres Ergebnis mit Hilfe der Gleichung $x_1 = \varphi(x_0)$, oder allgemeiner

$$x_{n+1} = \varphi(x_n), \quad n = 0, 1, 2, \ldots . \tag{3.22}$$

Durch Wiederholung dieses Prozesses, d. h. durch mehrmalige „Iteration", kann man den Wurzelwert mit beliebig hoher Genauigkeit erhalten, wenn die folgende (hinreichende) Bedingung erfüllt ist:

$$|\varphi'(x)| < 1 \text{ im Intervall } [\xi; x_0]. \tag{3.23}$$

ξ bedeutet dabei den exakten Wurzelwert.

Ist dagegen die Bedingung (3.23) nicht erfüllt, so kann man die Gleichung $f(x) = 0$ immer in der Form

$$x = x - cf(x)$$

darstellen und die Konstante c so wählen, daß für die Funktion

$$\varphi(x) = x - cf(x)$$

die Bedingung (3.23) gilt. Gemäß Gl. (3.22) erhalten wir dann

$$x_{n+1} = x_n - cf(x_n). \tag{3.24}$$

Bemerkung: Die Newtonsche Methode und die Methode der linearen Interpolation sind dem Wesen nach Iterationsmethoden. So erhalten wir zum Beispiel die Gl. (3.14) als Sonderfall der Gl. (3.24), wenn wir in dieser

$$c = \frac{1}{f'(x_n)}$$

setzen.

Ausgehend von der Gl. (3.24) hat *J. Wegstein* 1958 eine Iterationsmethode vorgeschlagen, deren Konvergenz unabhängig davon gesichert ist, ob die Bedingung (3.23) erfüllt ist oder nicht. Eine ausführliche Darstellung der Methode von *Wegstein*, die sowohl zur Rechnung mit der Hand als auch mit Hilfe einer ERA sehr gut geeignet ist, findet man in den Arbeiten [630; 229, Kapitel 6, § 6.4].

---

[1]) Der Name kommt vom lateinischen Wort iteratio, „Wiederholung".

In manchen Fällen, in denen die direkte Anwendung der Gl. (3.22) zu einem divergenten Verfahren führt, kann man die Schwierigkeiten beseitigen, indem man zur Umkehrfunktion übergeht. Zum Beispiel läßt sich für $x > 0$ die Gleichung

$$2 + x = e^x$$

durch die Iterationsmethode nicht direkt lösen, da für $x > 0$

$$\varphi'(x) = (e^x - 2)' = e^x > 1.$$

Auf Grund der Bedingung (3.23) divergiert das Verfahren daher. Die Iterationsmethode ist jedoch anwendbar, wenn man vorerst zur Umkehrfunktion übergeht. Wir erhalten damit die Gleichung

$$x = \ln(2 + x),$$

für die bei $x > 0$ gilt

$$\varphi'(x) = \frac{1}{2 + x} < 1.$$

Sind bei der Lösung der Gl. (3.21) nach der Iterationsmethode gleichzeitig die beiden Bedingungen

$$\varphi'(x) < 0 \quad \text{und} \quad |\varphi'(x)| < 1$$

erfüllt, so ist von zwei aufeinander folgenden Näherungswerten der eine größer und der andere kleiner als der exakte Wurzelwert ξ. Man erhält dadurch eine Möglichkeit, den Fehler abzuschätzen.

Beispiel: Man bestimme mit der Iterationsmethode die kleinste positive Wurzel der Gleichung

$$\cos x - \frac{1}{x} \sin x = 0. \tag{a}$$

mit fünf bedeutsamen Stellen.

Lösung: Wir ersetzen die Gleichung (a) durch die äquivalente Gleichung[1])

$$x = \tan x \tag{b}$$

und konstruieren die Schaubilder der Funktionen $y_1 = x$ und $y_2 = \tan x$. (Der Leser möge dies selbständig durchführen.) Wir finden dadurch

$$x_0 = \frac{3\pi}{2} \approx 4{,}7.$$

---

1) Die Äquivalenz von Gleichungen verstehen wir hier in einem allgemeineren Sinn, der auch die Ausführung von Grenzübergängen umfaßt. So rechnen wir zum Beispiel auch $x = 0$ zu den Wurzeln der Gleichung (a), da

$$\lim_{x \to 0} \frac{\sin x}{x} = 1.$$

Auf die Gleichung (b) ist jedoch die Iterationsmethode nicht unmittelbar anwendbar, da bei beliebigem Wert von x gilt

$$\varphi'(x) = (\tan x)' = \frac{1}{\cos^2 x} \geqslant 1.$$

Die Bedingung (3.23) ist daher nicht erfüllt.

Wir gehen deshalb zur Umkehrfunktion über, d. h. zur Gleichung

$$x = \arctan x. \tag{c}$$

Für diese gilt

$$\varphi'(x) = (\arctan x)' = \frac{1}{1 + x^2} < 1 \quad \text{bei} \quad x \neq 0.$$

Die Gl. (c), die zur Ausgangsgleichung (a) äquivalent ist, lösen wir mit Hilfe der Gleichung

$$x_{n+1} = \arctan x_n,$$

wobei $x_0 = 4{,}7$.

Der Iterationsprozeß endet, wenn die Werte x_n und x_{n+1} mit der geforderten Genauigkeit zusammenfallen.

Nach Ausführung der in Tabelle 37 angegebenen Rechnungen erhalten wir $x = 4{,}4934$.

Tabelle 37

n	0	1	2	3
x_n	4,7	4,50	4,494	4,4934
$\arctan x_n$	4,50	4,494	4,4934	4,4934

Die Werte für arctan x finden wir entweder direkt aus einer Tabelle [649; 656] oder aus einer Tabelle für die Funktion tan x, z. B. aus [646; 652], unter Durchführung der umgekehrten Tabellierungsaufgabe (siehe Kapitel II, Abschnitt 11).

Die Tabelle 37 wurde nur aus methodischen Erwägungen in vollem Umfang angegeben. In der Praxis muß man die Werte für $\arctan x_n$ nicht anschreiben, da sich diese Werte im folgenden Schritt als x_{n+1} wiederholen. Im allgemeinen löst ein geübter Rechner solch einfache Rechnungen ohne Anschreiben von Zwischenergebnissen, indem er alle notwendigen Angaben unmittelbar in der Tabelle für arctan x oder für tan x festhält. Dabei kann man anfangs den Wert von arctan x sehr grob bestimmen, solange er nicht nahe beim exakten Wurzelwert liegt. Darüber hinaus kommt bei der Iterationsmethode der begangene Fehler automatisch zutage und wird beim folgenden Schritt des Iterationsprozesses korrigiert.

Die Iterationsmethode liefert so die Möglichkeit, bei der Durchführung eines beliebigen Schrittes n einen neuen x_n-Wert zu „erraten“, was einer Wiederholung des Iterationsprozesses mit einem neuen geeigneteren Wert für x_0 gleichkommt. In den Fällen, in denen der Prozeß nur langsam konvergiert, kann man daher unter Berücksichtigung der Ergebnisse des vorhergehenden Schrittes die entsprechenden Korrekturen anbringen.

Die angegebenen Eigenschaften der Iterationsmethode, ihre Einfachheit und die in der Gl. (3.24) enthaltenen schier unbegrenzten Möglichkeiten bieten dem Rechner die Gelegenheit, seine handwerklichen Fähigkeiten, seine Intuition und seine Erfahrung vollkommen zu entwickeln. Die Iterationsmethode hat daher in der Mathematik sehr weite Verbreitung gefunden, man verwendet sie auch bei der Lösung von Differential-, Integral- und Integro-Differentialgleichungen sowie bei vielen anderen Fragen der reinen und angewandten Mathematik.

Die geometrische Bedeutung der Lösung einer Gleichung $x = \varphi(x)$ nach der Iterationsmethode wird durch Bild 18 vollkommen klar. Dem Leser wird empfohlen, auf geometrischem Wege zu zeigen, warum bei $|\varphi'(x)| \geqslant 1$ die Iterationsmethode auf einen divergenten Prozeß führt.

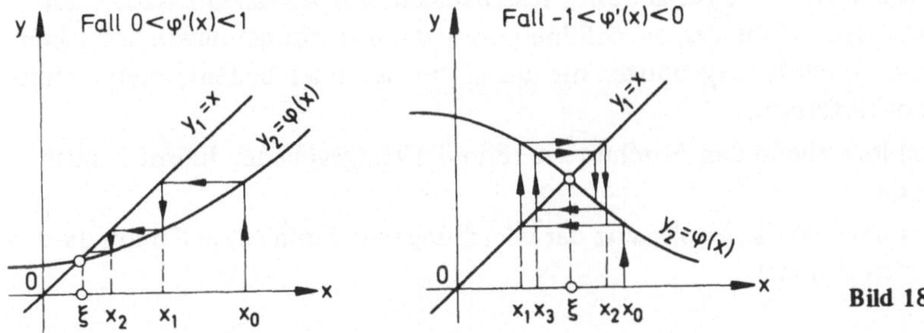

Bild 18

Wir wenden uns noch dem „Genauigkeitsverlust“ bei der Iterationsmethode zu, d. h. der Frage nach dem Einfluß der Rundungsfehler der Zwischenergebnisse auf das Endergebnis.

Bei der Lösung einer Gleichung nach der Iterationsmethode kann man zwischen zwei aufeinander folgenden Näherungen die folgende Beziehung angeben [119, Kapitel III, § 5]:

$$x_{n+1} - \xi \approx \varphi'(\xi)(x_n - \xi). \tag{3.25}$$

Dabei bedeutet ξ den genauen Wert der gesuchten Wurzel.

Die Genauigkeit des Resultats bei der Bestimmung einer Wurzel nach der Iterationsmethode wächst daher ungefähr wie eine geometrische Folge mit dem Faktor $\varphi'(\xi)$.

Auf Grund der Rundung der Zwischenergebnisse habe man nun bei der Berechnung von $\varphi(x_n)$ einen Gesamtfehler ϵ erhalten. In diesem Fall gilt

$$x_{n+1} - \xi = \varphi'(\xi)(x_n - \xi) + \epsilon.$$

Der Prozeß endet (d. h. die begrenzte Genauigkeit, mit der man die gesuchte Wurzel berechnen kann, ist erreicht), wenn

$$|x_{n+1} - \xi| = |x_n - \xi|.$$

Es gilt dann die Gleichung

$$|x_n - \xi| = |\varphi'(\xi)| \cdot |x_n - \xi| + \epsilon$$

und wir finden daraus

$$|x_n - \xi| = \frac{\epsilon}{1 - |\varphi'(\xi)|}. \tag{3.26}$$

Der Genauigkeitsverlust bei der Iterationsmethode ist daher gleich dem Produkt aus dem Genauigkeitsverlust bei der Berechnung von $\varphi(x)$ und dem Bruch

$$\frac{1}{1 - |\varphi'(\xi)|}.$$

Alles oben Erwähnte widerspricht nicht der Behauptung, daß die Iterationsmethode bei erfüllter Bedingung (3.23) einen beliebig hohen Genauigkeitsgrad bei der Berechnung der Wurzel gestattet. Die Gl. (3.26) erlaubt nur festzustellen, mit wievielen zusätzlichen Ziffern man alle Zwischenrechnungen durchführen muß, damit nicht die unvermeidlichen Rundungsfehler in den Zwischenergebnissen die uns interessierenden bedeutsamen Ziffern des Endergebnisses beeinflussen.

Übung 1: Man löse alle in den Abschnitten 18 und 19 angegebenen Beispiele nach der Iterationsmethode.

Übung 2: Man beweise die Äquivalenz der Gleichungen (b) und (c) in dem in diesem Abschnitt betrachteten Beispiel.

21. Die Methode der polynomialen Approximation

Eine algebraische oder transzendente Gleichung

$$y = f(x) = 0 \tag{3.27}$$

löst man leicht, wenn man für $f(x)$ die Umkehrfunktion konstruieren kann:

$$x = F(y). \tag{3.28}$$

In diesem Fall sind die Wurzeln der gesuchten Gleichung $f(x) = 0$ die Werte

$$x^{(0)} = F(y)|_{y=0}, \tag{3.29}$$

die die Umkehrfunktion $F(y)$ im Punkt $y = 0$ annimmt. Da die Umkehrfunktion vieldeutig sein und insbesondere unendlich viele Werte annehmen kann, ist die Anzahl der Wurzeln $x^{(0)}$ ebenfalls endlich oder unendlich.

Eine Konstruktion der exakten Umkehrfunktion gelingt nur in sehr wenigen einfachen Fällen, zum Beispiel bei den Funktionen $y = ax + b$; $y = \sin x$ usw.

In einem beschränkten Intervall und für beliebige stetige und stückweise glatte Funktionen f(x) kann man diese Aufgabe jedoch näherungsweise mit Hilfe des Lagrangeschen Polynoms lösen. Zu diesem Zweck berechnet man aus Gl. (3.27) (n + 1) Punktepaare $(x_0; y_0), (x_1; y_1), \ldots, (x_n; y_n)$ und setzt diese Werte mit vertauschten Rollen von x und y in die Interpolationsformel von *Lagrange* (2.77) ein. Man erhält dadurch ein Polynom n-ten Grades

$$x = b_0 y^n + b_1 y^{n-1} + b_2 y^{n-2} + \ldots + b_{n-1} y + b_n, \tag{3.30}$$

welches unmittelbar eine Approximation für die Umkehrfunktion (3.28) im Intervall $[y_0; y_n]$ darstellt.

Verwendet man hingegen die Gl. (2.77) ohne Vertauschung von x und y, so erhält man nach entsprechender Vereinfachung wiederum ein Polynom n-ten Grades in x

$$y = a_0 x^n + a_1 x^{n-1} + a_2 x^{n-2} + \ldots + a_{n-1} x + a_n, \tag{3.31}$$

das im weiteren ebenfalls verwendet werden soll.

Auf diese Weise erhält man aus derselben Gesamtheit von Stützpunkten $(x_0; y_0)$, $(x_1; y_1), \ldots, (x_n; y_n)$ mit Hilfe der Interpolationsformel von *Lagrange* sowohl das Polynom (3.31), das im Intervall $[x_0; x_n]$ die gegebene Funktion f(x) approximiert, als auch das Polynom (3.30), das im Intervall $[y_0; y_n]$ die Umkehrfunktion x = F(y) approximiert. Die Genauigkeit der Approximation hängt von der Anzahl der Stützpunkte und von der Länge des Intervalls $[x_0; x_n]$ ab. Darauf kommen wir jedoch später zurück.

Wir leiten nun eine Gleichung für eine gegebene Anzahl $\nu = n + 1$ von Stützpunkten ab. Der größeren Bequemlichkeit halber bezeichnen wir aber hier den ersten Stützpunkt durch M_1 und nicht durch M_0. In der Interpolationsformel von *Lagrange* (2.77) muß man daher alle Indizes der Stützpunkte um eine Einheit verschieben, d. h. man muß die Indextransformation

$$j \rightarrow j + 1$$

durchführen.

Für n = 1 haben wir zwei Stützstellen $M_1(x_1; y_1)$ und $M_2(x_2; y_2)$. Vertauscht man x und y in der Gl. (2.77), so erhält das Approximationspolynom (3.30) die folgende Gestalt:

$$x = \frac{y - y_2}{y_1 - y_2} x_1 + \frac{y - y_1}{y_2 - y_1} x_2. \tag{3.32}$$

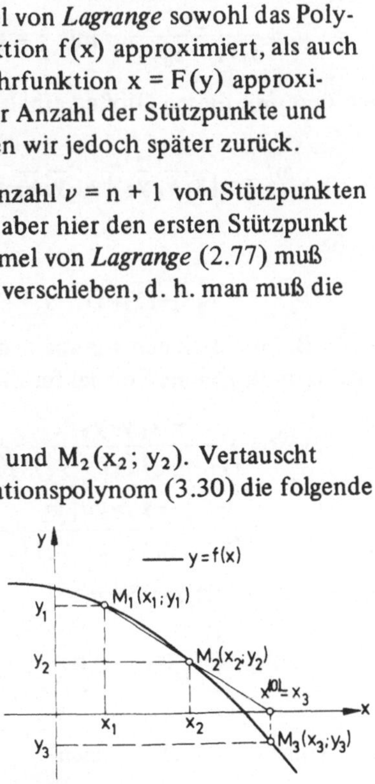

Setzt man darin gemäß Gl. (3.29) y = 0, so findet man als erste Näherungswurzel

$$x^{(0)} = \frac{x_1 y_2 - x_2 y_1}{y_2 - y_1}. \tag{3.33}$$

Bild 19

Die Gl. (3.33) fällt mit der Gleichung für die lineare Interpolation (3.20) zusammen. Für $\nu = 2$ ist die Approximationsparabel die Gerade $M_1 M_2$ (Bild 19).

Wir bemerken, daß man die Gl. (3.33) auch zur Extrapolation verwenden kann. In einzelnen sehr ungünstigen Fällen sind die Ergebnisse dabei allerdings sehr schlecht.

Bei n = 2 haben wir drei Stützpunkte M_1, M_2, M_3. Als Approximationspolynom (3.30) erhalten wir daher gemäß Gl. (2.77)

$$x = \frac{(y-y_2)(y-y_3)}{(y_1-y_2)(y_1-y_3)} x_1 + \frac{(y-y_1)(y-y_3)}{(y_2-y_1)(y_2-y_3)} x_2 + \frac{(y-y_1)(y-y_2)}{(y_3-y_1)(y_3-y_2)} x_3 . \tag{3.34}$$

Daraus findet man bei y = 0

$$x^{(0)} = \frac{x_1 y_2 y_3}{(y_1-y_2)(y_1-y_3)} + \frac{x_2 y_3 y_1}{(y_2-y_1)(y_2-y_3)} + \frac{x_3 y_1 y_2}{(y_3-y_1)(y_3-y_2)} , \tag{3.35}$$

Die Gl. (3.35) erhält eine für die Rechnung geeignetere Form, wenn man die Beziehungen

$$\bar{y}_1 = \frac{y_1}{y_2-y_3} ; \quad \bar{y}_2 = \frac{y_2}{y_3-y_1} ; \quad \bar{y}_3 = \frac{y_3}{y_1-y_2}$$

oder

$$\bar{y}_j = \frac{y_j}{y_{j+1}-y_{j+2}} , \quad \text{mit } j = 1, 2, 3; \quad j+3 \equiv j \tag{3.36}$$

einführt. Mit diesen Größen erhält man schließlich aus Gl. (3.35)

$$x^{(0)} = -[x_1 \bar{y}_2 \bar{y}_3 + x_2 \bar{y}_3 \bar{y}_1 + x_3 \bar{y}_1 \bar{y}_2] = \sum_{j=1}^{3} L_j^{(3)} . \tag{3.37}$$

wobei

$$L_j^{(3)} = -x_j \bar{y}_{j+1} \bar{y}_{j+2} ; \quad j = 1, 2, 3; \quad j+3 \equiv j .$$

Bei n = 3 finden wir aus den vier Stützpunkten M_1, M_2, M_3, M_4 auf vollkommen analogem Wege eine Formel für die Berechnung der Näherungswerte der Wurzel

$$x^{(0)} = \frac{-x_1 y_2 y_3 y_4}{(y_1-y_2)(y_1-y_3)(y_1-y_4)} + \frac{-x_2 y_3 y_4 y_1}{(y_2-y_1)(y_2-y_3)(y_2-y_4)} + \frac{-x_3 y_4 y_1 y_2}{(y_3-y_1)(y_3-y_2)(y_3-y_4)} + \frac{-x_4 y_1 y_2 y_3}{(y_4-y_1)(y_4-y_2)(y_4-y_3)}$$

oder in kompakterer Form

$$x^{(0)} = \sum_{j=1}^{4} L_j^{(4)} ; \quad L_j^{(4)} = -x_j \bar{y}_{j+1}^* \bar{y}_{j+2} \bar{y}_{j+3} \tag{3.38}$$

wenn man die Bezeichnungen

$$\bar{y}_j = \frac{y_j}{y_{j+1}-y_{j+2}} ; \quad \bar{y}_j^* = \frac{y_j}{y_{j+1}-y_{j+3}} ; \quad j+4 \equiv j \tag{3.39}$$

einführt.

Auch im allgemeinen Fall bei beliebigem $n \geqslant 2$ und $\nu = n + 1$ erhalten wir auf demselben Wege eine Formel zur Berechnung von $x^{(0)}$ aus den gegebenen Stützpunkten $M_1(x_1; y_1), M_2(x_2; y_2), \ldots, M_\nu(x_\nu; y_\nu)$:

$$x^{(0)} = \sum_{j=1}^{\nu} L_j^{(\nu)}; \quad \nu \geqslant 3. \tag{3.40}$$

Dabei gilt

$$L_j^{(\nu)} = - x_j y_{j+1}^{(\nu-2)} y_{j+2}^{(\nu-3)} \ldots y_{j+\nu-3}^{(2)} y_{j+\nu-2}^{(1)} y_{j+\nu-1}^{(1)}; \tag{3.41}$$

$$y_j^{(m)} = \frac{y_j}{y_{j+1} - y_{j+m+1}}; \quad j + \nu \equiv j. \tag{3.42}$$

Man überzeugt sich leicht, daß alle früheren Resultate auch aus dieser allgemeinen Gleichung folgen. Zum Beispiel haben wir für $n = 3, \nu = 4$

$$L_j^{(4)} = - x_j y_{j+1}^{(2)} y_{j+2}^{(1)} y_{j+3}^{(1)} = - x_j \bar{y}_{j+1}^* \bar{y}_{j+2} \bar{y}_{j+3},$$

da gemäß Gl. (3.42) und Gl. (3.39)

$$y_j^{(1)} = \frac{y_j}{y_{j+1} - y_{j+2}} = \bar{y}_j; \; y_j^{(2)} = \frac{y_j}{y_{j+1} - y_{j+3}} = \bar{y}_j^*; \quad j + 4 \equiv j.$$

Eine analoge Gestalt erhält auch die Formel für die lineare Interpolation, wenn man sie bei $n = 1, \nu = 2$ so darstellt:

$$x^{(0)} = - (x_1 \bar{y}_2 + x_2 \bar{y}_1); \quad \bar{y}_1 = \frac{y_1}{y_2 - y_1}; \quad \bar{y}_2 = \frac{y_2}{y_1 - y_2}. \tag{3.43}$$

In diesem Sonderfall gilt immer $\bar{y}_1 + \bar{y}_2 = -1$.

Die Rechnungen auf Grund der Gln. (3.40) bis (3.42) sind äußerst einfach und alle vom selben Typus. Man kann sie daher leicht von einer Rechenmaschine durchführen lassen, etwa von einer ERA. Die Rechenmethode wollen wir an einigen Beispielen demonstrieren.

Beispiel 1: Man bestimme die kleinste positive Wurzel der Gleichung, die in Abschnitt 18 mit Hilfe der Newtonschen Methode gelöst wurde.

Lösung: Gemäß Bild 13 ist ein Näherungswert für die gesuchte Wurzel gleich 0,6. Bei Beschränkung auf den Fall $n = 2, \nu = 3$ nehmen wir als Stützpunkte M_1, M_2, M_3 daher die Punkte mit den Abszissen $x_1 = 0{,}5$; $x_2 = 0{,}6$; $x_3 = 0{,}7$.

Wir berechnen hierauf mit fünf Dezimalstellen die entsprechenden Werte y_1, y_2, y_3 und erhalten aus Gl. (3.37) in einem Schritt

$$x_j^{(0)} = 0{,}6193.$$

Die notwendigen Rechnungen einschließlich aller Zwischenergebnisse sind in drei Zeilen der Tabelle 38 angegeben. Das Resultat unterscheidet sich nur in zwei Dezimalstellen von dem Ergebnis, das wir in Tabelle 32 nach der Newtonschen Methode erhalten haben.

Tabelle 38

Schritt	j	x_j	e^{x_j}	y_j	$y_j - y_{j+1}$	$\overline{y}_j$	$L_j^{(3)}$
	1	0,5	1,64872	+ 0,14872	+ 0,12660	+ 1,37234	- 0,03207
I	2	0,6	1,82212	+ 0,02212	+ 0,10837	- 0,09414	+ 0,56097
$\nu = 3$	3	0,7	2,01375	- 0,08625	- 0,23497	- 0,68128	+ 0,09043
						$x_I^{(0)} = \Sigma L_j =$	+ 0,61933
	1	0,600	1,8221188	+ 0,0221188	+ 0,0220488	+ 0,2562499	- 0,0015162
II	2	0,619	1,8570700	+ 0,0000700	+ 0,0863173	- 0,0006460	+ 0,6204616
$\nu = 3$	3	0,700	2,0137527	- 0,0862473	- 0,1083661	- 3,911655	+ 0,0001159
						$x_{II}^{(0)} = \Sigma L_j =$	+ 0,6190613

Um in der Tabelle für die Funktion e^x nicht interpolieren zu müssen, runden wir $x_I^{(0)}$ auf einen tabellierten Wert und nehmen als neue Stützpunkte die Punkte mit den Abszissen

$$x_1 = 0{,}600; \quad x_2 = 0{,}619; \quad x_3 = 0{,}700.$$

Damit erhalten wir im zweiten Schritt mit derselben Gl. (3.37) die gesuchte Wurzel

$$x_{II}^{(0)} = 0{,}6190613,$$

in der alle Stellen gültig sind.

Bei $n = 3$ und $\nu = 4$ benötigen wir noch einen zusätzlichen Stützpunkt (wofür wir einen beliebigen Punkt wählen können, der möglichst nahe an der Wurzel liegt), zum Beispiel den Punkt mit der Abszisse $x = 0{,}630$. Aus den Gln. (3.38) und (3.39) finden wir hierauf die gesuchte Wurzel mit neun bedeutsamen Ziffern. Alle Rechnungen sind in Tabelle 39 angegeben. Die Werte der Funktion e^x wurden der Tabelle von [648] entnommen.

Tabelle 39

i	x_j	e^{x_j}	y_j	$y_j - y_{j+1}$	$y_j - y_{j+2}$	$\overline{y}_j^*$	$\overline{y}_j$	$L_j^{(4)}$
1	0.600	1.8221188004	+ 0,0221188004	+ 0.0220487574	+ 0.0345082211	+ 0.256249805	+ 1.775261033	- 0.0005446435
2	0.619	1.8570700430	+ 0.0000700430	+ 0,0124594637	+ 0,0863173355	- 0.002029748	+ 0.000948348	+ 0,6169744742
3	0.630	1.8776105793	- 0.0123894207	+ 0.0738578718	- 0,0345082211	+ 0,143533401	+ 0.114329311	+ 0,0026509003
4	0.700	2.0137527075	- 0.0862472925	- 0.1083660929	- 0.0863173355	- 2,499325950	- 3.911662274	- 0.0000194485
							$x^{(0)} = \Sigma =$	+ 0.6190612825

Ein genauerer Wert für die gesuchte Wurzel ist:

$$x = 0{,}6190612867360.$$

Als Erklärung zu den Tabellen 38 und 39 bemerken wir nur, daß wir bei den aufeinander folgenden Berechnungen der $\overline{y}_j$ oder $\overline{y}_j^*$ die Differenzen $y_j - y_{j+1}$ oder $y_j - y_{j+2}$ um eine Zeile tiefer nehmen und am Ende der Rechnung von der letzten zur ersten Zeile übergehen. Alle zur Berechnung von $L_j^{(\nu)}$ notwendigen x, $\overline{y}^*$, $\overline{y}$ müssen unbedingt in verschiedenen Zeilen auftreten.

Bemerkung: Bei der Rechnung nach den Gln. (3.40) bis (3.42) kann man die Argumentwerte x_j runden, falls dies notwendig ist. Die Funktionswerte $y_j = f(x_j)$ hingegen muß man von Anfang an mit der erforderlichen Genauigkeit berechnen. Dann kann man in den folgenden Schritten einen Teil der früheren Werte y_j weiter verwenden und muß sie nicht nochmals mit höherer Genauigkeit berechnen. So sind zum Beispiel in Tabelle 38 im ersten Schritt alle y_j mit sieben Dezimalstellen zu berechnen, dann kann man im zweiten Schritt y_1 und y_3 übernehmen und braucht nur y_2 neu berechnen.

Übung 1: Aus den Angaben in Tabelle 39 berechne man die kleinste positive Wurzel der Gleichung $y = e^x - 3x = 0$ mit $n = 2$ und den Punkten mit den Abszissen $x_1 = 0{,}600$; $x_2 = 0{,}619$; $x_3 = 0{,}630$ als Stützpunkte. Die Ergebnisse vergleiche man mit den Ergebnissen in den Tabellen 38 und 39.

Bei der Lösung von Gleichungen mit der polynomialen Approximation erzielt man häufig bessere Resultate, wenn man das Grundintervall $[x_1; x_n]$ verkleinert. Eine Vergrößerung der Anzahl der Stützpunkte hingegen ist meist wegen der damit verbundenen Mehrarbeit nicht zu rechtfertigen. Bei der Lösung konkreter Gleichungen wird man daher immer bestrebt sein, die Stützpunkte so nahe wie möglich bei der gesuchten Wurzel zu wählen. Besitzt die Funktion $y = f(x)$ eine einfache Struktur, läßt sich dies durch einige grob durchgeführte Versuche erreichen.

Beispiel 2: Wir berechnen mit neun bedeutsamen Ziffern eine Wurzel der Gleichung

$$y = x^3 - x - 1.$$

Lösung: Wir zeichnen die Schaubilder $y_I = x^3$ und $y_{II} = x + 1$. Dadurch erkennen wir, daß die gegebene Gleichung eine einzige reelle Wurzel besitzt, die in der Nähe von 1,3 liegt.

Probeweise finden wir mit Beschränkung auf zwei Dezimalstellen

$$y(1{,}30) = -0{,}10; \quad y(1{,}35) = +0{,}11.$$

Durch zwei weitere Versuche

$$y(1{,}32) = -0{,}02; \quad y(1{,}33) = +0{,}02$$

läßt sich das Grundintervall $[x_1; x_n]$ beträchtlich verkleinern.

Auf Grund dieser Resultate nehmen wir nun die Stützpunkte

$$x_1 = 1{,}320; \quad x_2 = 1{,}325; \quad x_3 = 1{,}330$$

und vollenden mit $n = 2, \nu = 3$ nach den Gln. (3.36) und (3.37) die Lösung der Aufgabe. Die Ergebnisse aller Rechnungen sind in Tabelle 40 angegeben. Durch Runden auf neun Dezimalstellen erhalten wir auch das gesuchte Resultat, das mit dem Ergebnis übereinstimmt, das nach der Wegsteinschen Methode nach sechs Iterationen gefunden wurde und in dem Buch von *J. N. Lans* [229, S. 174] angegeben ist, aus dem wir das Beispiel entnommen haben. Ein genauerer Wert für die Wurzel ist

$$x = 1{,}324717957245.$$

Tabelle 40

j	x_j	x_j^3	y_j	$y_j - y_{j+1}$	$\overline{y}_j$	$L_j^{(3)} = -x_j\overline{y}_{j+1}\overline{y}_{j+2}$
1	1,320	2,299968000	- 0,020032000	- 0,021235125	+ 0,934595354	+ 0,039676766
2	1,325	2,326203125	+ 0,001203125	- 0,021433875	+ 0,028196700	+ 1,320090012
3	1,330	2,352637000	+ 0,022637000	+ 0,042669000	- 1,066016800	- 0,035048831
					$x^{(0)} = \Sigma =$	+ 1,324717947

Übung 2: Nach dem Muster von Tabelle 40 berechne man die gesuchte Wurzel ausgehend von $x_1 = 1{,}324$; $x_2 = 1{,}325$; $x_3 = 1{,}326$ und stelle fest, um wieviel die Genauigkeit des Resultats anwächst.

Beispiel 3: Wir berechnen mit fünf bedeutsamen Ziffern die ersten zwei positiven Wurzeln der Gleichung

$$f(x) = 0{,}8969 - x \sin x + \tfrac{1}{2}\sqrt{|P(x)|} = 0 \tag{3.44}$$

mit

$$P(x) = x^2 - 3{,}54x + 2{,}60.$$

Die Quadratwurzel ist mit dem Pluszeichen zu nehmen, d. h. es ist ihr arithmetischer Wert zu verwenden.

Lösung: Um eine Vorstellung vom Verlauf der Kurve $y = f(x)$ zu gewinnen, berechnen wir vorerst (mit zwei Dezimalstellen) die vier Punkte

x	0,0	0,5	1,0	1,5
y = f(x)	+ 1,70	+ 1,18	+ 0,18	- 0,26

Der Vorzeichenwechsel von $f(x)$ zeigt, daß im Intervall $[1{,}0;\ 1{,}5]$ mindestens eine Wurzel liegen muß. Als Stützpunkte nehmen wir daher $x_1 = 0{,}5$; $x_2 = 1{,}0$; $x_3 = 1{,}5$. Mit den Gln. (3.36) und (3.37) ergibt sich die erste Näherung $x^{(0)} = 1{,}182$. Nach drei weiteren Schritten finden wir beim selben Wert $\nu = 3$ die gesuchte Wurzel mit der erforderlichen Genauigkeit

$$x^{(0)} = 1{,}2086.$$

Alle notwendigen Rechnungen, die mit zwei zusätzlichen Dezimalstellen durchgeführt worden sind, sind in Tabelle 41 angegeben.

Das Polynom $P(x)$ wechselt im Intervall $[1{,}000;\ 1{,}182]$ sein Vorzeichen. Da in einer einfachen Nullstelle des Polynoms $P(x)$ dessen Ableitung

$$\frac{d}{dx}\sqrt{|P(x)|} = \frac{P'(x)}{2\sqrt{|P(x)|}}$$

unendlich wird, hat die Funktion $\sqrt{|P(x)|}$ und damit auch $f(x)$ in jeder dieser Nullstellen einen Wendepunkt. Man muß daher in der Umgebung des ersten Wendepunktes den Verlauf von $f(x)$ sorgfältiger untersuchen und überprüfen, ob die Gl. (3.44) im Intervall $[1{,}000;\ 1{,}182]$ nicht noch andere Wurzeln besitzt.

Tabelle 41

Schritt	j	$x = x_j$	$P(x)$	$\sqrt{\lvert P(x)\rvert}$	$\sin x$	y_j	$y_j - y_{j+1}$	$\bar{y}_j$	$L_j^{(\nu)}$
I	1	0,5	+ 1,080000	+ 1,039230	+ 0,479426	+ 1,176802	+ 0,998898	+ 2,685965	− 0,016103
	2	1,0	+ 0,060000	+ 0,244949	+ 0,841471	+ 0,177904	+ 0,438130	− 0,123628	+ 0,699729
$\nu = 3$	3	1,5	− 0,460000	+ 0,678233	+ 0,997495	− 0,260226	− 1,437028	− 0,260513	+ 0,498095
								$x^{(0)} = \Sigma =$	+ 1,181721
II	1	1,000	–	–	–	+ 0,177904	+ 0,158479	+ 0,636164	− 0,072801
	2	1,182	− 0,187156	+ 0,432615	+ 0,925366	+ 0,019425	+ 0,279651	− 0,044336	+ 1,234712
$\nu = 3$	3	1,500	–	–	–	− 0,260226	− 0,438130	− 1,642022	+ 0,042307
								$\Sigma =$	+ 1,204218
III	1	1,000000	–	–	–	+ 0,177904	+ 0,158479	+ 11,05887	+ 0,002344
	2	1,182000	–	–	–	+ 0,019425	+ 0,016087	− 0,111276	− 0,275327
$\nu = 3$	3	1,204218	− 0,212791	+ 0,461293	+ 0,933559	+ 0,003338	− 0,174566	+ 0,021063	+ 1,481895
								$\Sigma =$	+ 1,208912
IV	1	1,182000	–	–	–	+ 0,019425	+ 0,016087	+ 5,46260	− 0,002722
	2	1,204218	–	–	–	+ 0,003338	+ 0,003556	− 0,16993	+ 0,089141
$\nu = 3$	3	1,208912	− 0,218080	+ 0,466990	+ 0,935232	− 0,000218	− 0,019643	− 0,013551	+ 1,122184
								$\Sigma =$	+ 1,208603
I*	1	0,0	+ 2,600000	+ 1,612452	0,000000	+ 1,703126	+ 0,526324	+ 1,705005	0,000000
	2	0,5	–	–	–	+ 1,176802	+ 0,998898	− 0,771561	− 0,288156
$\nu = 3$	3	1,0	–	–	–	+ 0,177904	− 1,525222	+ 0,338012	+ 1,315515
								$\Sigma =$	+ 1,027359
II*	1	0,50	–	–	–	+ 1,176802	+ 0,998898	+ 11,38106	+ 0,006019
	2	1,00	–	–	–	+ 0,177904	+ 0,103400	− 0,161394	− 0,848868
$\nu = 3$	3	1,03	+ 0,014700	+ 0,121244	+ 0,857299	+ 0,074504	− 1,102298	+ 0,074586	+ 1,891940
								$\Sigma =$	+ 1,049091
III*	1	1,000	–	–	–	+ 0,177904	+ 0,103400	+ 5,955942	+ 0,241319
	2	1,030	–	–	–	+ 0,074504	+ 0,029870	− 0,559046	− 2,648089
$\nu = 3$	3	1,049	− 0,013059	+ 0,114276	+ 0,866925	+ 0,044634	− 0,133270	+ 0,431663	+ 3,492798
								$\Sigma =$	+ 1,086028
IV*	1	1,049	–	–	–	+ 0,044634	− 0,018924	+ 2,3586	+ 3,5232
	2	1,086	− 0,065044	+ 0,255037	+ 0,884770	+ 0,063558	+ 0,018924	− 3,3586	− 2,5614
$\nu = 2$								$\Sigma =$	+ 0,9618
V*	1	0,962	+ 0,119964	+ 0,346358	+ 0,820337	+ 0,280915	+ 0,103011	+ 2,716779	+ 0,59969
	2	1,000	–	–	–	+ 0,177904	+ 0,103400	− 0,861892	− 1,96495
$\nu = 3$	3	1,030	–	–	–	+ 0,074504	− 0,206411	+ 0,723263	+ 2,41182
								$\Sigma =$	+ 1,04656
VI*	1	1,046	− 0,008724	+ 0,093402	+ 0,865426	+ 0,038365	− 0,006269	+ 6,1198	+ 7,4473
	2	1,049	–	–	–	+ 0,044634	+ 0,006269	− 7,1198	− 6,4197
$\nu = 2$								$\Sigma =$	+ 1,0276
VII*	1	1,000	–	–	–	+ 0,177904	+ 0,094795	+ 20,6745	+ 0,6317 2
	2	1,028	+ 0,017664	+ 0,132906	+ 0,856268	+ 0,083109	+ 0,008605	− 0,80376	− 16,70410
$\nu = 3$	3	1,030	–	–	–	+ 0,074504	− 0,103400	+ 0,78595	+ 17,11586
								$\Sigma =$	1,04348
VIII*	1	1,043	− 0,004371	+ 0,066114	+ 0,863919	+ 0,028889	− 0,009476	+ 3,0486	+ 4,2227
	2	1,046	–	–	–	+ 0,038365	+ 0,009476	− 4,0486	− 3,1888
$\nu = 2$								$\Sigma =$	+ 1,0339
IX*	1	1,028	–	–	–	+ 0,083109	+ 0,008605	+ 4,3109	+ 17,6279
	2	1,030	–	–	–	+ 0,074504	+ 0,019279	− 2,6719	− 28,4965
$\nu = 3$	3	1,034	+ 0,008796	+ 0,093787	+ 0,859351	+ 0,055225	− 0,027884	+ 6,4178	+ 11,9099
								$\Sigma =$	1,0413
X*	1	1,041	− 0,001459	+ 0,038197	+ 0,862910	+ 0,017709	− 0,011180	+ 1,5840	+ 2,6899
	2	1,043	–	–	–	+ 0,028889	+ 0,011180	− 2,5840	− 1,6521
$\nu = 2$								$\Sigma =$	+ 1,0378

Zu diesem Zweck setzen wir die Rechnung mit den Stützpunkten $x_1 = 0{,}0$; $x_2 = 0{,}5$; $x_3 = 1{,}0$ fort und finden im Schritt I*[1] als erste Näherung für eine weitere Wurzel den Wert $x^{(0)} = 1{,}03$.

Nach dem dritten Schritt erhalten wir das Ergebnis $x^{(0)} = 1{,}086$, das weniger genau ist als das Ergebnis nach dem Schritt II*. In unserem Beispiel ist das ein Zeichen dafür, daß wir über den Wendepunkt der Funktion f(x) hinaus gekommen sind.

Wir verwenden daher in einem vierten Schritt nur die zwei Punkte $x_1 = 1{,}049$ und $x_2 = 1{,}086$, für die $P(x) < 0$ und erhalten mit Gl. (3.43) als Näherungswert für die Wurzel

$$x^{(0)} = 0{,}962.$$

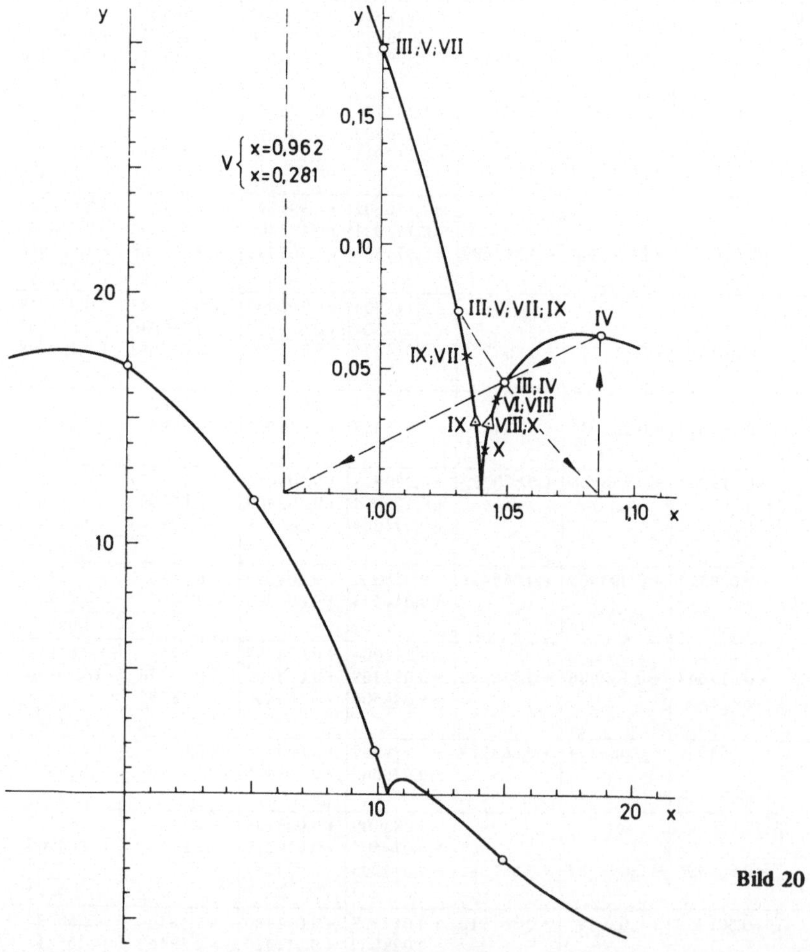

Bild 20

[1]) In Tabelle 41 sind alle Schritte, die zur Bestimmung der zweiten Wurzel gehören, mit einem Sternchen gekennzeichnet.

In einem fünften Schritt mit $\nu = 3$ finden wir hierauf mit den Gln. (3.36) und (3.37)

$$x^{(0)} = 1{,}046.$$

In Tabelle 41 sind alle Rechnungen bis zum zehnten Schritt einschließlich angegeben. Führt man vollkommen analog weitere sechs Schritte durch, so findet man mit der gewünschten Genauigkeit

$$x = 1{,}0400.$$

In dem gegebenen Beispiel erhalten wir bessere Ergebnisse, wenn wir auf dem rechten Zweig der Kurve $\nu = 2$ wählen, d. h. durch zwei Punkte approximieren, und auf dem linken Zweig durch drei Punkte ($\nu = 3$). Der gesamte Verlauf der Lösung des Beispiels ist in Bild 20 dargestellt, in dem die Umgebung des Wendepunktes in zehnfacher Vergrößerung in einem eigenen Teil hervorgehoben wurde. Die römischen Ziffern (bei denen das Sternchen weggelassen wurde) zeigen an, in welchen Schritten der betreffende Stützpunkt verwendet wurde.

Die dargelegte Methode erlaubt bei jedem Stand der Rechnung die Einführung neuer Versuchswerte, was man zur Verkürzung des Rechenprozesses verwenden kann.

So sind zum Beispiel in Tabelle 42 alle Rechnungen angegeben, die eine Bestimmung der Wurzel $x = 1{,}0400$ mit Hilfe von nur fünf Schritten erlauben.

Die ersten zwei Schritte sind dieselben wie in Tabelle 41. Aber im zweiten Schritt haben wir $x^0 = 1{,}049$ erhalten. Wir überzeugen uns davon, daß dieser Punkt auf dem rechten Ast der Kurve liegt und führen einen neuen Versuchswert ein, der zwischen den Punkten $x = 1{,}030$ und $x = 1{,}049$ liegen muß. Zum Beispiel nehmen wir das arithmetische Mittel $x^0 = 1{,}0395$.

Den dritten Schritt führen wir nun mit $\nu = 4$ und den Gln. (3.38) und (3.39) durch, obwohl in unserem Beispiel der Übergang zu $\nu = 4$ keine merkliche Verbesserung der Konvergenz ergibt. Bei Ausführung des dritten Schrittes mit $\nu = 3$ und $x_1 = 1{,}0000$; $x_2 = 1{,}0300$; $x_3 = 1{,}0395$ zum Beispiel erhält man $x^{(0)} = 1{,}04088$. Der weitere Verlauf der Lösung ist aus Tabelle 42 ersichtlich. Nach dem fünften Schritt führt man am besten wieder einen neuen Versuchswert ein:

$$x = \frac{1{,}0395 + 1{,}0404}{2} = 1{,}0400.$$

Dieser Wert erweist sich bereits als die gesuchte Wurzel.

Alle in diesem Beispiel aufgetretenen Schwierigkeiten kommen daher, daß die gesuchte Wurzel ein Wendepunkt der Funktion f(x) ist. In diesem Fall ist aber auch jede andere Methode entweder überhaupt nicht anwendbar oder liefert nur langsame Konvergenz.

Liegt der Wendepunkt etwas unterhalb der Abszissenachse, so nimmt die Funktion $y = f(x)$ in der Umgebung ihrer Wurzel, auch wenn diese sehr nahe beim Wendepunkt liegt, positive und negative Werte an. Bei der Bestimmung solcher Wurzeln sind wir daher nicht wie in Beispiel 3 gezwungen nur zu extrapolieren. Es ergibt sich hier auch die Möglichkeit zu interpolieren, wodurch die Konvergenz des Verfahrens wesentlich besser wird.

Tabelle 42

Schritt	j	$x = x_j$	P(x)	$\sqrt{\lvert P(x)\rvert}$	sin x	y_j	$y_j - y_{j+1}$	$y_j - y_{j+2}$	$\overline{y_j^*}$	$\overline{y_j}$	$L_j^{(\nu)}$
	1	0,0	+ 2,600000	+ 1,612452	+ 0,000000	+ 1,703126	+ 0,526324	–	–	+ 1,705005	0,000000
I	2	0,5	+ 1,080000	+ 1,039230	+ 0,479426	+ 1,176802	+ 0,998898	–	–	– 0,771561	– 0,288156
$\nu = 3$	3	1,0	+ 0,060000	+ 0,244949	+ 0,841471	+ 0,177904	– 1,525222	–	–	+ 0,338012	+ 0,315515
										$x^{(0)} = \Sigma =$	+ 1,027359
	1	0,50	–	–	–	+ 1,176802	+ 0,998898	–	–	+ 11,38106	+ 0,006019
II	2	1,00	–	–	–	+ 0,177904	+ 0,103400	–	–	– 0,161394	– 0,848868
$\nu = 3$	3	1,03	+ 0,014700	+ 0,121244	+ 0,857299	+ 0,074504	– 1,102298	–	–	+ 0,074586	+ 1,891940
										$\Sigma =$	+ 1,049091
	1	0,5000	–	–	–	+ 1,176802	+ 0,998898	+ 1,102298	+ 7,188860	+ 11,38106	– 0,000074
III	2	1,0000	–	–	–	+ 0,177904	+ 0,103400	+ 0,163698	– 0,161394	+ 2,950413	+ 0,073667
$\nu = 4$	3	1,0300	–	–	–	+ 0,074504	+ 0,060298	– 1,102298	– 0,455131	– 0,0640842	– 0,445733
	4	1,0395	+ 0,00073025	+ 0,0270231	+ 0,862151	+ 0,014206	– 1,162596	– 0,163698	+ 0,0128876	+ 0,0142217	+ 1,412922
										$\Sigma =$	+ 1,040782
	1	1,0408	– 0,00116736	+ 0,0341666	+ 0,862809	+ 0,015972	– 0,028662	–	–	+ 0,557254	+ 1,620790
IV	2	1,0490	– 0,013059	+ 0,114276	+ 0,866925	+ 0,044634	+ 0,028662	–	–	– 1,557254	– 0,584559
$\nu = 2$										$\Sigma =$	+ 1,036231
	1	1,0300	–	–	–	+ 0,074504	+ 0,030687	–	–	+ 2,51609	+ 0,346493
V	2	1,0360	+ 0,005856	+ 0,076525	+ 0,860372	+ 0,043817	+ 0,029611	–	–	– 0,726674	– 1,206711
$\nu = 3$	3	1,0395	–	–	–	+ 0,014206	– 0,060298	–	–	+ 0,462932	+ 1,900598
										$\Sigma =$	+ 1,040380
	1	1,0400	0,000000	0,000000	+ 0,862404	0,000000					

Übung 3: Man berechne mit fünf bedeutsamen Ziffern die ersten drei positiven Wurzeln der Gleichung

$$f(x) = 0{,}87 - x \sin x + \sqrt{|x^2 - 3{,}54x + 2{,}60|} = 0$$

mit Hilfe der polynomialen Approximation und hierauf mit Hilfe der Iterationsmethode und der Newtonschen Methode.

Die Verwendung des Polynoms (3.30) als Approximation für die Umkehrfunktion $x = F(y)$ liefert nicht immer gute Ergebnisse. Besitzt zum Beispiel die gegebene Gleichung

$$y = f(x) = 0$$

nahe zusammen liegende oder mehrfache Wurzeln (die nicht in der Umgebung eines Wendepunktes liegen), so erhält man bei Verwendung des aus drei Stützpunkten M_1, M_2, M_3 konstruierten Polynoms $x = b_0 y^2 + b_1 y + b_2$ als Näherungswert für die Wurzel (Bild 21).

$$x = x_4^{(0)} = b_2 ,$$

was weniger genau ist als in den Ausgangsstützpunkten. In dem gegebenen konkreten Fall erhalten wir bei $\nu = 2$ ein besseres Resultat als bei $\nu = 3$, da wir mit den Stützpunkten M_1 und M_2 den Näherungswert $x = x_3$ und hierauf aus den Punkten M_3 und M_2 den Wert $x = x_4$ finden. Erhöhen wir versuchsweise den Grad des Polynoms (3.30) und konstruieren bei $\nu = 4$ die Parabel dritten Grades $x = b_0 y^3 + b_1 y^2 + b_2 y + b_3$, so zeigt die punktierte Kurve in Bild 21, daß das Ergebnis wieder schlechter wird.

In dem gegebenen Fall erhalten wir ein besseres Resultat, wenn wir zum Polynom (3.31) übergehen und unmittelbar die gegebene Funktion $y = f(x)$ approximieren.

Bei $n = 1, \nu = 2$ sind die Polynome (3.30) und (3.31) identisch, da man durch zwei Stützpunkte M_1 und M_2 nur eine einzige Gerade legen kann, die gleichzeitig das Schaubild für das Polynom (3.30)

$$x = b_0 y + b_1$$

wie für das Polynom (3.31)

$$y = a_0 x + a_1$$

darstellt.

Bei $n = 2, \nu = 3$ erhält das Polynom (3.31) die Gestalt

$$y = a_0 x^2 + a_1 x + a_2 . \qquad (3.45)$$

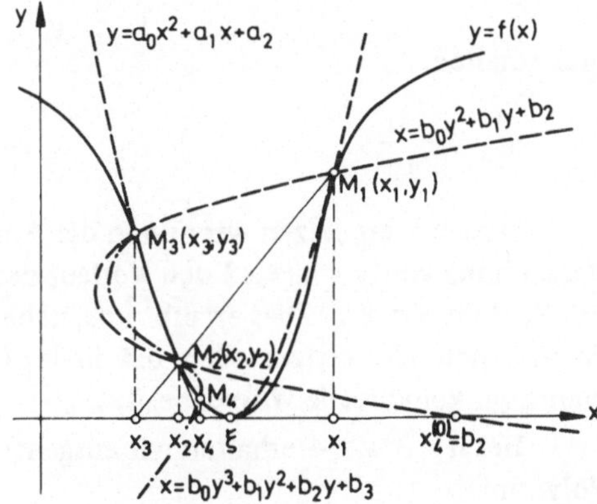

Bild 21

Setzt man die Koordinaten der Stützpunkte M_1, M_2, M_3 direkt in das Interpolationspolynom von *Lagrange* (2.77)

$$y = \frac{(x - x_2)(x - x_3)}{(x_1 - x_2)(x_1 - x_3)} y_1 + \frac{(x - x_1)(x - x_3)}{(x_2 - x_1)(x_2 - x_3)} y_2 + \frac{(x - x_1)(x - x_2)}{(x_3 - x_1)(x_3 - x_2)} y_3$$

ein und führt einige leicht ersichtliche Umformungen durch, so findet man die Koeffizienten des Polynoms (3.45):

$$a_0 = \sum_{j=1}^{3} L_j(0); \qquad L_j(0) = \frac{y_1}{(x_j - x_{j+1})(x_j - x_{j+2})}. \tag{3.46}$$

$$a_1 = \sum_{j=1}^{3} L_j(1); \qquad L_j(1) = -L_j(0)(x_{j+1} + x_{j+2}). \tag{3.47}$$

$$a_2 = \sum_{j=1}^{3} L_j(2); \qquad L_j(2) = +L_j(0)\, x_{j+1} x_{j+2}; \quad j + 3 \equiv j. \tag{3.48}$$

Durch Nullsetzen von Gl. (3.45) erhält man die quadratische Gleichung

$$a_0 x^2 + a_1 x + a_2 = 0, \tag{3.49}$$

deren Wurzeln

$$x_{1;2} = \frac{-a_1}{2a_0} \pm \sqrt{\left(\frac{a_1}{2a_0}\right)^2 - \frac{a_2}{a_0}} \tag{3.50}$$

näherungsweise gleich den Wurzeln der Ausgangsgleichung $y = f(x)$ im Intervall $[x_1; x_2]$ sind.

Hat die Gl. (3.49) mehrfache Wurzeln oder überhaupt keine reellen Wurzeln, so bestimmen wir die Abszisse des Extremalpunktes der Parabel (3.45) x_{ex} aus der Gleichung

$$y' = 2a_0 x + a_1 = 0$$

und erhalten

$$x_{ex} = \frac{-a_1}{2a_0}. \tag{3.51}$$

Diesen Wert setzen wir nun in die Ausgangsgleichung ein und ergänzen durch die Berechnung von $y = y(x_{ex})$ den Verlauf des Schaubildes von $y = f(x)$ in der Umgebung des Punktes $x = x_{ex}$. Dies erlaubt uns, nahe beisammen liegende oder mehrfache Wurzeln zu erkennen oder festzustellen, daß in der Umgebung dieses Punktes die gegebene Gleichung gar keine reelle Wurzel besitzt.

Bei $n = 3, \nu = 4$ erhalten wir ausgehend von Gl. (2.77) auf analogem Wege das Polynom

$$y = a_0 x^3 + a_1 x^2 + a_2 x + a_3, \tag{3.52}$$

dessen Koeffizienten aus den Koordinaten der vier Stützpunkte durch die folgenden Gleichungen bestimmt sind:

$$a_0 = + \sum_{j=1}^{4} \frac{y_j}{(x_j - x_{j+1})(x_j - x_{j+2})(x_j - x_{j+3})}; \quad j + 4 \equiv j;$$

$$a_1 = - \sum_{j=1}^{4} \frac{(x_{j+1} + x_{j+2} + x_{j+3})\, y_j}{(x_j - x_{j+1})(x_j - x_{j+2})(x_j - x_{j+3})};$$

$$a_2 = + \sum_{j=1}^{4} \frac{(x_{j+1}x_{j+2} + x_{j+1}x_{j+3} + x_{j+2}x_{j+3})\, y_j}{(x_j - x_{j+1})(x_j - x_{j+2})(x_j - x_{j+3})};$$

$$a_3 = - \sum_{j=1}^{4} \frac{x_{j+1}x_{j+2}x_{j+3}y_j}{(x_j - x_{j+1})(x_j - x_{j+2})(x_j - x_{j+3})}.$$

Zur bequemeren Rechnung gibt man den Gleichungen besser die Form:

$$a_0 = \sum_{j=1}^{4} L_j(0); \quad a_1 = \sum_{j=1}^{4} L_j(1); \quad a_2 = \sum_{j=1}^{4} L_j(2); \quad a_3 = \sum_{j=1}^{4} L_j(3). \tag{3.53}$$

Dabei wurden die folgenden Abkürzungen verwendet:

$$L_j(0) = \frac{y_j}{(x_j - x_{j+1})(x_j - x_{j+2})(x_j - x_{j+3})}; \quad j + 4 \equiv j; \tag{3.54}$$

$$L_j(1) = - S^{(1)}_{j+1} L_j(0); \quad S^{(1)}_{j+1} = x_{j+1} + x_{j+2} + x_{j+3}; \tag{3.55}$$

$$L_j(2) = + S^{(2)}_{j+1} L_j(0); \quad S^{(2)}_{j+1} = x_{j+1}x_{j+2} + x_{j+1}x_{j+3} + x_{j+2}x_{j+3}; \tag{3.56}$$

$$L_j(3) = - S^{(3)}_{j+1} L_j(0); \quad S^{(3)}_{j+1} = x_{j+1}x_{j+2}x_{j+3}. \tag{3.57}$$

Durch Nullsetzen des Polynoms (3.52) erhalten wir die kubische Gleichung

$$a_0 x^3 + a_1 x^2 + a_2 x + a_3 = 0, \tag{3.58}$$

$$x_{n+1} = x_n - \alpha_n; \quad \alpha_n = \frac{a_0 x_n^3 + a_1 x_n^2 + a_2 x_n + a_3}{3a_0 x_n^2 + 2a_1 x_n + a_2}, \tag{3.59}$$

worin x_n ein Näherungswert für die gesuchte Wurzel ist, der bei der Lösung eines konkreten Beispiels in einem vorhergehenden Schritt gefunden wurde.

Analoge Gleichungen erhält man leicht für beliebige n, was der Leser als Übung durchführen möge.

Beispiel 4: Man bestimme mit fünf Dezimalstellen alle reellen Wurzeln der Gleichung

$$y = 2x^4 - \arcsin \frac{3 \sin^2 x - 1}{1 + \sin^2 x} + 1{,}125x - 0{,}940723 = 0. \tag{3.60}$$

Tabelle 43

x	1,125x	x^4	sin x	$\sin^2 x$	$\left(\frac{3\sin^2 x - 1}{1 + \sin^2 x}\right)$	arcsin ( )	y = f(x)
0,0	0,000000	0,000000	0,000000	0,000000	- 1,000000	- 1,570796	+ 0,630073
+ 0,5	+ 0,562500	0,062500	+ 0,479426	0,229849	- 0,252432	- 0,255193	+ 0,001970
+ 1,0	+ 1,125000	1,000000	+ 0,841471	0,708073	+ 0,658180	+ 0,718399	+ 1,465878
+ 0,303	+ 0,340875	0,008429	+ 0,298385	0,089034	- 0,672981	- 0,738231	+ 0,155241
+ 0,498	+ 0,560250	0,061506	+ 0,477669	0,228168	- 0,256884	- 0,259797	+ 0,002336
+ 0,529	+ 0,595125	0,078311	+ 0,504670	0,254692	- 0,188034	- 0,189160	+ 0,000184
+ 0,522350	+ 0,587644	0,074447	+ 0,498918	0,248919	- 0,202770	- 0,204186	0,000001
- 0,5	- 0,562500	0,062500	- 0,479426	0,229849	- 0,252432	- 0,255193	- 1,123030
- 1,0	- 1,125000	1,000000	- 0,841471	0,708073	+ 0,658180	+ 0,718399	- 0,784122
- 0,12	- 0,135000	0,000207	- 0,119712	0,014331	- 0,943486	- 1,233000	+ 0,157691
- 1,20	- 1,350000	2,073600	- 0,932039	0,868697	+ 0,859471	+ 1,034235	+ 0,822242
- 0,14	- 0,157500	0,000384	- 0,139543	0,019472	- 0,923599	- 1,177367	+ 0,079912
- 1,11	- 1,248750	1,518070	- 0,895699	0,802277	+ 0,780585	+ 0,895601	- 0,048934
- 0,160336	- 0,180378	0,000661	- 0,159650	0,025488	- 0,900582	- 1,121108	+ 0,001329
- 1,115768	- 1,255239	1,549871	- 0,898249	0,806851	+ 0,786204	+ 0,904642	- 0,000862
- 0,160680	- 0,180765	0,000667	- 0,159989	0,025596	- 0,900171	- 1,120163	+ 0,000009
- 1,115871	- 1,255355	1,550443	- 0,898294	0,806932	+ 0,786303	+ 0,904803	+ 0,000005

Lösung: Wir nehmen drei Versuchswerte, zum Beispiel $x_1 = 0$; $x_2 = 0{,}5$; $x_3 = 1{,}0$ und berechnen in Tabelle 43 die entsprechenden Werte y_1, y_2, y_3. Das Schaubild der gegebenen Funktion $y = f(x)$ hat im Intervall [0; 1] eine Form, wie sie in Bild 21 wiedergegeben ist. In den gefundenen Punkten $M_1(x_1; y_1), M_2(x_2; y_2), M_3(x_3; y_3)$ konstruieren wir daher die Parabel (3.45), deren Koeffizienten in Tabelle 44 berechnet wurden (Schritt I).

Wir lösen die erhaltene quadratische Gleichung

$$4{,}184022x^2 - 3{,}348217x + 0{,}630073 = 0$$

und finden nach Runden auf drei Dezimalstellen

$$x_1 = +\,0{,}303, \quad x_2 = +\,0{,}498.$$

Wir berechnen in Tabelle 43 nach Gl. (3.60) die entsprechenden Werte y_1, y_2 und nehmen zu x_1, x_2 einen besonders geeigneten früheren Wert hinzu (in unserem Beispiel müssen wir $x_3 = 0{,}5$ nehmen). Im zweiten Schritt gelangen wir (in Tabelle 44) zur Approximationsparabel

$$\widetilde{y}_{II} = 3{,}05142x^2 - 3{,}22832x + 0{,}853273,$$

deren Scheitel gemäß Gl. (3.51) im Punkt

$$x_{ex} = 0{,}529$$

liegt.

Im dritten Schritt nehmen wir nun zu diesem Wert die zwei früheren Werte $x_1 = 0{,}498$ und $x_2 = 0{,}500$ hinzu und erhalten wieder eine genauere Approximationsparabel

$$\widetilde{y}_{III} = 3{,}9166x^2 - 4{,}0917x + 1{,}06870,$$

Tabelle 44

Schritt	j	x_j	y_j	$x_j - x_{j+1}$	$x_j - x_{j+2}$	$x_{j+1} + x_{j+2}$	$x_{j+1} x_{j+2}$	$L_j(0)$	$L_j(1)$	$L_j(2)$	Kontrolle
I	1	0,0	+ 0,630073	– 0,500000	– 1,000000	+ 1,500000	+ 0,500000	+ 1,260146	– 1,890219	+ 0,630073	+ 0,630073
	2	0,5	+ 0,001970	– 0,500000	+ 0,500000	+ 1,000000	0,000000	– 0,007880	+ 0,007880	0,000000	+ 0,001970
$\nu = 3$	3	1,0	+ 1,465878	+ 1,000000	+ 0,500000	+ 0,500000	0,000000	+ 2,931756	– 1,465878	0,000000	+ 1,465878
							Σ	+ 4,184022	– 3,348217	+ 0,630073	
II	1	0,303	+ 0,155241	– 0,195000	– 0,197000	+ 0,998000	+ 0,249000	+ 4,04116	– 4,03308	+ 1,006249	+ 0,155240
	2	0,498	+ 0,002336	– 0,002000	+ 0,195000	+ 0,803000	+ 0,151500	– 5,98974	+ 4,80976	– 0,907446	+ 0,002334
$\nu = 3$	3	0,500	+ 0,001970	+ 0,197000	+ 0,002000	+ 0,801000	+ 0,150894	+ 5,00000	– 4,00500	+ 0,754470	+ 0,001968
							Σ	+ 3,05142	– 3,22832	+ 0,853273	
III	1	0,498	+ 0,002336	– 0,002000	– 0,031000	+ 1,029000	+ 0,264500	+ 37,6774	– 38,7700	+ 9,96567	+ 0,002350
	2	0,500	+ 0,001970	– 0,029000	+ 0,002000	+ 1,027000	+ 0,263442	– 33,9655	+ 34,8826	– 8,94794	+ 0,002000
$\nu = 3$	3	0,529	+ 0,000184	+ 0,031000	+ 0,029000	+ 0,998000	+ 0,249000	+ 0,2047	– 0,2043	+ 0,05097	+ 0,000216
							Σ	+ 3,9166	– 4,0917	+ 1,06870	

Tabelle 45

Schritt	j	x_j	y_j	$x_j - x_{j+1}$	$x_j - x_{j+2}$	$x_j - x_{j+3}$	$S_{j+1}^{(1)}$	$S_{j+1}^{(2)}$	$S_{j+1}^{(3)}$	$L_j^{(0)}$	$L_j^{(1)}$	$L_j^{(2)}$	$L_j^{(3)}$	Kontrolle
I	1	0,0	+ 0,630073	+ 0,500	+ 1,000	–	– 1,500	+ 0,500000	–	+ 1,260146	+ 1,890219	+ 0,630073	–	+ 0,630073
	2	– 0,5	– 1,123030	+ 0,500	– 0,500	–	– 1,000	0,000000	–	+ 4,492120	+ 4,492120	0,000000	–	– 1,123030
$\nu = 3$	3	– 1,0	– 0,784122	– 1,000	– 0,500	–	– 0,500	0,000000	–	– 1,568244	– 0,784122	0,000000	–	– 0,784122
									Σ	+ 4,184022	+ 5,598217	+ 0,630073		
II	1	– 0,12	+ 0,157691	+ 0,880	+ 1,080	–	– 2,200	+ 1,200000	–	+ 0,165921	+ 0,365026	+ 0,199105	–	+ 0,157691
	2	– 1,00	– 0,784122	+ 0,200	– 0,880	–	– 1,320	+ 0,144000	–	+ 4,455239	+ 5,880915	+ 0,641554	–	– 0,784122
$\nu = 3$	3	– 1,20	+ 0,822242	– 1,080	– 0,200	–	– 1,120	+ 0,120000	–	+ 3,806676	+ 4,263477	+ 0,456801	–	+ 0,822242
									Σ	+ 8,427836	+ 10,509418	+ 1,297460	–	
III	1	– 0,120	+ 0,157691	+ 0,020	+ 0,990	+ 1,080	– 2,450	+ 1,655400	– 0,186480	+ 7,374252	+ 18,066917	+ 12,207337	+ 1,375151	+ 0,157693
	2	– 0,140	+ 0,079912	+ 0,970	+ 1,060	– 0,020	– 2,430	+ 1,609200	– 0,159840	– 3,886014	– 9,443014	– 6,253374	– 0,621140	+ 0,079914
$\nu = 4$	3	– 1,110	– 0,048934	+ 0,090	– 0,990	– 0,970	– 1,460	+ 0,328800	– 0,020160	– 0,566189	– 0,826636	– 0,186163	– 0,011414	– 0,048934
	4	– 1,200	+ 0,822242	– 1,080	– 1,060	– 0,090	– 1,370	+ 0,305400	– 0,018648	– 7,980453	– 10,933221	– 2,437230	– 0,148819	+ 0,822242
									Σ	– 5,058404	– 3,135954	+ 3,330570	+ 0,593778	

mit dem Scheitel

$$x_{ex} = 0{,}52235,$$

der eine Wurzel der gegebenen Gleichung liefert, da

$$y = f(0{,}52235) = 0{,}000001.$$

Alle notwendigen Rechnungen sind in den Tabellen 43 und 44 angegeben.

Die Wurzeln des Polynoms $\widetilde{y}_{III}$ sind komplex. Man kann daher annehmen, daß die Gl. (3.60) im Punkt $x = 0{,}52235$ eine mehrfache Wurzel hat.

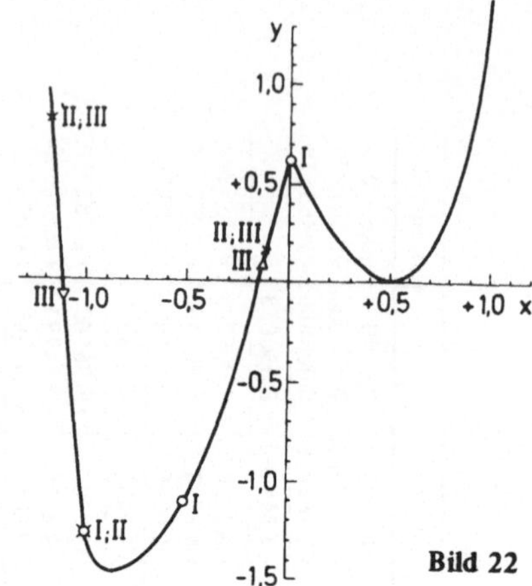

Bild 22

Zur Probe berechnen wir die Ableitung der Funktion von Gl. (3.60):

$$f'(x) = 8x^3 - \frac{2\sqrt{2}}{1 + \sin^2 x} + 1{,}125. \tag{3.61}$$

Ein genauerer Wert für deren Wurzel ist

$$x = 0{,}522290.$$

Durch Einsetzen dieses Wertes in Gl. (3.60) erhalten wir

$$f(0{,}522290) = 0{,}000000.$$

Der Unterschied gegenüber dem früheren Ergebnis gibt einen Hinweis auf den Genauigkeitsverlust, den man in der Umgebung einer mehrfachen Wurzel in Kauf nehmen muß. In dieser Umgebung gilt nämlich $f'(x) \to 0$. Einem gegebenen Zuwachs des Arguments entspricht daher ein wesentlich kleinerer Zuwachs des Funktionswertes.

Wir gehen nun zur Bestimmung der negativen Wurzeln über. Dabei versuchen wir, gleichzeitig zwei solche Wurzeln zu finden.

Der gesamte Lösungsweg ist aus den Tabellen 43 und 45 und aus Bild 22 ersichtlich. Die römischen Ziffern in diesem Bild geben an, in welchem Schritt die betreffenden Punkte verwendet wurden.

Als Erklärung bemerken wir nur, daß der dritte Schritt in Tabelle 45 mit $\nu = 4$ nach den Gln. (3.53) bis (3.57) durchgeführt wurde. Als Ergebnis ergab sich die Approximationsparabel

$$\widetilde{y}_{III} = -5{,}058404x^3 - 3{,}135954x^2 + 3{,}330570x + 0{,}593778.$$

Die zwei reellen Wurzeln dieser Gleichung wurden gemäß Gl. (3.59) aus den entsprechenden Anfangswerten $x_I = -0{,}14$ und $x_{II} = -1{,}11$ berechnet. Dabei sind x_I und x_{II} die Lösungen der quadratischen Gleichung im zweiten Schritt:

$$\widetilde{y}_{II} = 8{,}427836x^2 + 10{,}509418x + 1{,}297460 = 0.$$

Die dritte reelle Wurzel des Polynoms $\widetilde{y}_{III}$ für die gegebene Gl. (3.60) bleibt unbekannt.

Mit Gl. (3.59) erhält man

$$x_I = -0{,}160336; \quad x_{II} = -1{,}115768.$$

In Tabelle 43 findet man daraus die entsprechenden Werte

$$f(-0{,}160336) = +0{,}001329;$$
$$f(-1{,}115768) = -0{,}000862.$$

Damit haben wir die negativen Wurzeln noch nicht mit der vorgegebenen Genauigkeit bestimmt. Wir haben uns ihnen aber so weit genähert, daß wir die Lösung der Aufgabe durch lineare Interpolation vollenden können. Gemäß Gl. (3.43) für die lineare Interpolation finden wir aus den Punkten $x_1 = -0{,}140000$ und $x_2 = -0{,}160336$ die erste negative Wurzel $x_I = -0{,}160680$, und aus den Punkten $x_1 = -1{,}110000$ und $x_2 = -1{,}115768$ die zweite negative Wurzel $x_{II} = -1{,}115871$.

Durch Einsetzen der gefundenen Werte in die Ausgangsgleichung (3.60) findet man nach Durchführung der erforderlichen Rechnungen gemäß Tabelle 43, daß die gewünschte Genauigkeit erreicht ist. Man braucht also x_I und x_{II} nur mehr auf fünf Stellen zu runden.

Alle Rechnungen bezüglich der zwei Punkte $M_1(x_1; y_1)$ und $M_2(x_2; y_2)$ lassen sich gemäß Gl. (3.43) in einem Zuge ohne jede Zwischenschreibarbeit durchführen, da bei $\nu = 2$ immer

$$\overline{y}_1 + \overline{y}_2 = -1$$

und man daher nur $\overline{y}_1$ oder $\overline{y}_2$ berechnen muß.

In den Tabellen 43 bis 45 sind (wie in den früheren Beispielen) alle Rechnungen mit ein bis zwei zusätzlichen Stellen auszuführen, da von vornherein nicht bekannt ist, ob in dem gegebenen Schritt die geforderte Genauigkeit erreicht wird.

Darüber hinaus muß man bei der Berechnung der Koeffizienten a_0, a_1, a_2, a_3 eine Kontrolle durchführen, was man leicht durch Einsetzen der Ausgangsstützpunkte in die gefundenen Approximationspolynome (3.45) oder (3.52) und Berechnung der dazu gehörenden y_j verwirklicht. Die Ergebnisse der Kontrolle sind in der letzten Spalte der Tabellen 44 und 45 angegeben. Dabei wurde bei den y_j eine Abweichung von zwei bis drei Einheiten der letzten Stelle gegenüber den gegebenen Stützstellen y_j zugelassen.

Damit haben wir eine mehrfache positive Wurzel und zwei negative Wurzeln der Gl. (3.60) bestimmt. Weitere reelle Wurzeln besitzt die Gleichung nicht, da für $x \to \pm\infty$ die Funktion $y = f(x)$ wie x^4 wächst und für $|x| > 1{,}12$ gilt: $f(x) > 0$.

Das betrachtete Beispiel diente zur Illustration. Seine negativen Wurzeln bestimmt man einfacher mit der Newtonschen Methode, die mehrfache Wurzel einfacher als Wurzel der Ableitung (3.61).

Die oben dargelegte Methode dient jedoch zur Bestimmung reeller Wurzeln bei einer beträchtlich kleineren Anzahl von Stützstellen der gegebenen Funktion $y = f(x)$. Wenn daher die Berechnung von $f(x)$ oder der Ableitung $f'(x)$ sehr mühevoll ist, so bietet die Methode der polynomialen Approximation eine große Arbeitsersparnis. Ähnlichen Beispielen, bei denen die Berechnung von $f(x)$ oder $f'(x)$ viele (manchmal einige zehn) Stunden Handrechenarbeit erfordert, begegnet man in der Praxis häufig. Wir werden im weiteren noch mehr solche Beispiele betrachten.

22. Die Lösung eines Systems von nichtlinearen Gleichungen. Die Methode der linearen Approximation

Ein System von Gleichungen hat im allgemeinen die Form

$$\left.\begin{array}{l} f_1(x_1, x_2, \dots, x_n) = 0, \\ f_2(x_1, x_2, \dots, x_n) = 0, \\ \dots\dots\dots\dots\dots\dots \\ f_m(x_1, x_2, \dots, x_n) = 0. \end{array}\right\} \tag{3.62}$$

Dabei bedeuten $x_1, x_2, \dots, x_n$ die unabhängigen Veränderlichen und $f_1, f_2, \dots, f_m$ gegebene Funktionen dieser n Veränderlichen. Als Lösung (oder Wurzeln) des Systems bezeichnet man eine Gesamtheit von Zahlen

$$x_1 = x_1^{(0)}; \quad x_2 = x_2^{(0)}; \dots ; x_n = x_n^{(0)},$$

bei deren Einsetzen an Stelle der Unbekannten $x_1, x_2, \dots, x_n$ jede Gleichung des Systems (3.62) in die Identität übergeht.

Die Funktionen $f_1, f_2, \dots, f_m$ setzen wir als reell voraus, d. h. wir nehmen an, daß bei reellen Argumentwerten jede der gegebenen Funktionen reelle Werte annimmt. In diesem Abschnitt bestimmen wir nur reelle Lösungen. Lösungen eines Systems im komplexen Bereich betrachten wir in Abschnitt 24.

Ein System, bei dem die Anzahl der Gleichungen gleich der Anzahl der Unbekannten ist, heißt *normal*. Sind mehr Gleichungen als Unbekannte vorhanden, so hat das System im allgemeinen keine Lösung. Wenn weniger Gleichungen als Unbekannte vorliegen, so besitzt das System in der Regel unendlich viele Lösungen. Um eine solche Lösung zu finden, gibt man den überzähligen Unbekannten beliebige Werte und löst hierauf das so erhaltene normale System. Wir beschränken uns im weiteren auf die Betrachtung normaler Systeme.

Vorerst suchen wir eine Bedingung für die Unabhängigkeit von Gleichungen auf.

Zwei Gleichungen mit zwei Unbekannten

$$f(x; y) = 0, \quad \varphi(x; y) = 0$$

sind unabhängig, wenn die Jakobische Determinante

$$\frac{D(f, \varphi)}{D(x, y)} = \begin{vmatrix} \dfrac{\partial f}{\partial x} & \dfrac{\partial f}{\partial y} \\ \dfrac{\partial \varphi}{\partial x} & \dfrac{\partial \varphi}{\partial y} \end{vmatrix}$$

nicht identisch gleich Null ist. Andernfalls ist eine Gleichung eine Folge der anderen und das System hat unendlich viele Lösungen.

Für drei Gleichungen mit drei Unbekannten gilt analog als Bedingung für die Unabhängigkeit:

$$\frac{D(f, \varphi, \psi)}{D(x, y, z)} \not\equiv 0$$

usw. Diese Bedingung gilt sowohl für ein System von algebraischen als auch für ein System von transzendenten Gleichungen.

Sonderfälle des Systems Gl. (3.62) sind die Systeme von linearen algebraischen Gleichungen, die wir bereits in Abschnitt 16 betrachtet haben.

Ein weiterer Sonderfall des Systems (3.62) liegt dann vor, wenn man aus irgendeiner Gleichung des Systems eine der Unbekannten, zum Beispiel x_n, durch die übrigen ausdrücken kann. Setzt man dann den gefundenen Ausdruck für x_n in alle übrigen Gleichungen ein, so erhält man $n-1$ Gleichungen mit $n-1$ Unbekannten. Läßt sich aus einer Gleichung des neuen Systems noch eine der Unbekannten eliminieren, so gelangen wir zu einem System von $n-2$ Gleichungen mit $n-2$ Unbekannten usw. In der Praxis sind jedoch Systeme, bei denen man mehrere Unbekannte eliminieren kann, sehr selten.

Die Fragen der Lösung eines Systems nichtlinearer Gleichungen sind in der Literatur noch völlig ungenügend bearbeitet. Hauptsächlich hat man bisher nur Systeme mit zwei Unbekannten betrachtet. Die am weitesten verbreiteten Methoden zur Lösung solcher Systeme sind die Iterationsmethode, die Newtonsche Methode, die Methode des steilsten Abstieges und deren Modifikationen. Eine ausführliche Einführung in diese Fragen findet der Leser in den Arbeiten [17, 41, 52, 100, 119, 206, 261, 298, 424, 461, 509, 580, 611, 620], in denen auch weitere Literatur zu finden ist. Daher befassen wir uns nach einer kurzen Einführung in die graphische Methode nur mit der Methode der linearen Approximation und mit der Methode der Variation der Parameter. Diese erweist sich in den meisten Fällen als effektiver als die heute verbreiteten Methoden. Traditionsgemäß beginnen wir mit einem System von zwei Gleichungen.

Ein System von zwei Gleichungen mit zwei Unbekannten

$$\left.\begin{aligned} u &= f_1(x; y) = 0 \\ v &= f_2(x; y) = 0 \end{aligned}\right\} \tag{3.63}$$

kann man immer mit Hilfe einer *graphischen Methode* lösen. Dazu wählt man in der (x, y)-Ebene ein beliebiges Koordinatensystem. Am häufigsten verwendet man dazu ein rechtwinkliges kartesisches System, jedoch werden auch Polarkoordinatensysteme, logarithmische Systeme und beliebige andere Systeme benutzt. In dem gewählten Koordinatensystem konstruiert man hierauf die Kurven

$$f_1(x; y) = 0, \quad f_2(x; y) = 0,$$

was man bis auf seltene Ausnahmen nur punktweise verwirklichen kann. Wir setzen etwa $y = a$ und bestimmen die entsprechenden x-Werte als Wurzeln der Gleichungen

$$f_1(x; a) = 0, \quad f_2(x; a) = 0.$$

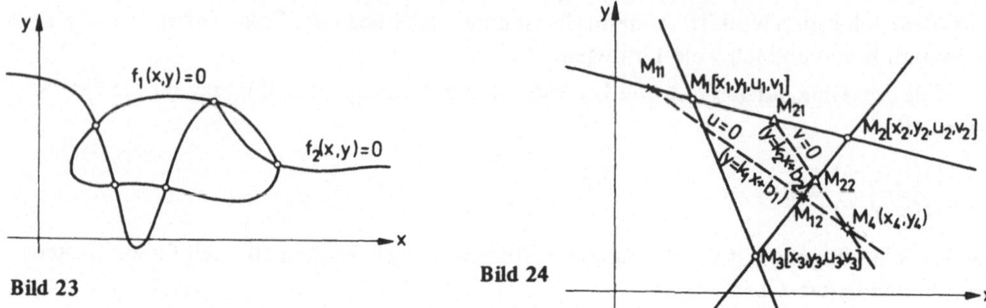

Bild 23

Bild 24

Hat man hinreichend viele Punkte bestimmt, so findet man die Wurzeln des Systems (3.63) in den Schnittpunkten (oder Berührungspunkten) der konstruierten Kurven (Bild 23).

Die graphische Methode besitzt wegen des großen Arbeitsaufwandes keine große Verbreitung. Der Arbeitsaufwand wächst noch beträchtlich, wenn man Ergebnisse von hoher Genauigkeit benötigt. In solchen Fällen muß man die Konstruktion in mehreren Etappen durchführen und die Umgebung der gesuchten Wurzel im entsprechenden Teilstück von Bild 23 bei größerem Maßstab betrachten.

Diesen Mangel der graphischen Methode kann man unter Beibehaltung der Einfachheit und Anschaulichkeit beseitigen, indem man die *Methode der linearen Approximation* einsetzt, die sowohl zur Lösung algebraischer als auch transzendenter Gleichungssysteme anwendbar ist.

Wir bezeichnen durch $M_j(x_j; y_j)$ einen beliebigen Punkt j der (x, y)-Ebene. In diesem Punkt berechnen wir aus den Gln. (3.63) auch die Werte der gesuchten Funktionen

$$u_j = f_1(x_j; y_j), \quad v_j = f_2(x_j; y_j)$$

und nennen die Gesamtheit der vier Zahlen x_j, y_j, u_j, v_j einen *Versuch* und bezeichnen ihn durch das Symbol

$$M_j\,[x_j; y_j; u_j; v_j].$$

Der Kürze halber sprechen wir auch vom „Punkt M_j" oder vom „Versuch M_j", meinen dabei aber im ersten Fall nur die zwei Koordinaten x_j und y_j, im zweiten Fall aber die Gesamtheit aller vier Zahlen $[x_j; y_j; u_j; v_j]$.

Nach Klarlegung der Terminologie gehen wir nun zur Erklärung der Methode der linearen Approximation über.

In einem kartesischen Koordinatensystem wählen wir in einer hinreichend kleinen Umgebung der Wurzel drei Versuche M_1, M_2 und M_3 und verbinden die Punkte M_1, M_2 und M_3 durch drei Geraden (Bild 24).

Auf einer beliebigen Geraden haben wir unter der Annahme, daß die Funktionen $u = f_1(x; y)$ und $v = f_2(x; y)$ linear sind,

$$\frac{u - u_j}{u_{j+1} - u_j} = \frac{x_u - x_j}{x_{j+1} - x_j} = \frac{y_u - y_j}{y_{j+1} - y_j} \tag{3.64}$$

und analog

$$\frac{v - v_j}{v_{j+1} - v_j} = \frac{x_v - x_j}{x_{j+1} - x_j} = \frac{y_v - y_j}{y_{j+1} - y_j}, \tag{3.65}$$

wobei $(x_j; y_j)$, $(x_{j+1}; y_{j+1})$, $j = 1, 2, 3$; $j + 3 \equiv j$ zwei Stützpunkte auf diesen Geraden sind.

Setzen wir in den Gln. (3.64) und (3.65) $u = 0$, $v = 0$, so finden wir in linearer Näherung auf beliebigen zwei Geraden zwei Punkte der gesuchten Kurven

$$u = f_1(x; y) = 0; \quad v = f_2(x; y) = 0,$$

die wir mit M_{11}, M_{12} für $u = 0$ und mit M_{21}, M_{22} für $v = 0$ bezeichnen.

Die Koordinaten dieser Punkte sind gemäß Gl. (3.64) und Gl. (3.65) für $u = 0$

$$x_{11} = \frac{x_1 u_2 - x_2 u_1}{u_2 - u_1}; \quad y_{11} = \frac{y_1 u_2 - y_2 u_1}{u_2 - u_1};$$
$$x_{12} = \frac{x_2 u_3 - x_3 u_2}{u_3 - u_2}; \quad y_{12} = \frac{y_2 u_3 - y_3 u_2}{u_3 - u_2} \tag{3.66}$$

und für $v = 0$

$$x_{21} = \frac{x_1 v_2 - x_2 v_1}{v_2 - v_1}; \quad y_{21} = \frac{y_1 v_2 - y_2 v_1}{v_2 - v_1};$$
$$x_{22} = \frac{x_2 v_3 - x_3 v_2}{v_3 - v_2}; \quad y_{22} = \frac{y_2 v_3 - y_3 v_2}{v_3 - v_2}. \tag{3.67}$$

Die Gln. (3.66) und (3.67) werden etwas einfacher, wenn eine der Basisgeraden parallel zu einer der Koordinatenachsen ist. Wenn zum Beispiel $x_1 = x_2$ oder $y_1 = y_2$, so gilt auch

$$x_{11} = x_{21} = x_1 \text{ oder } y_{11} = y_{21} = y_1.$$

Mit diesen $x_{\nu j}$, $y_{\nu j}$, die aus den drei Ausgangsversuchen $M_1[x_1; y_1; u_1; v_1]$, $M_2[x_2; y_2; u_2; v_2]$, $M_3[x_3; y_3; u_3; v_3]$ vollkommen bestimmt sind, konstruieren wir die Geraden $M_{11}M_{12}$ und $M_{21}M_{22}$:

$$y = k_1 x + b_1 \quad \text{und} \quad y = k_2 x + b_2. \tag{3.68}$$

Diese bilden eine Approximation der Ausgangskurven

$$u = f_1(x; y) = 0 \quad \text{und} \quad v = f_2(x; y) = 0.$$

In dem Schnittpunkt der Geraden Gl. (3.68) finden wir hierauf einen vierten Punkt $M_4(x_4; y_4)$ mit

$$x_4 = \frac{b_2 - b_1}{k_1 - k_2}; \quad y_4 = k_1 x_4 + b_1 \tag{3.69}$$

wobei

$$k_1 = \frac{y_{12} - y_{11}}{x_{12} - x_{11}}; \qquad k_2 = \frac{y_{22} - y_{21}}{x_{22} - x_{21}}; \tag{3.70}$$

$$b_1 = \frac{y_{11}x_{12} - x_{11}y_{12}}{x_{12} - x_{11}}; \qquad b_2 = \frac{y_{21}x_{22} - x_{21}y_{22}}{x_{22} - x_{21}}. \tag{3.71}$$

Mit der Bestimmung des Punktes $M_4(x_4; y_4)$ endet der erste Schritt des betrachteten Verfahrens (Bild 24). Im zweiten Schritt setzen wir x_4, y_4 in die Ausgangsgleichungen (3.63) ein und berechnen die entsprechenden Werte u_4 und v_4. Wir erhalten dadurch einen vierten Versuch $M_4[x_4; y_4; u_4; v_4]$, den wir gegen den ungenauesten Ausgangsversuch, zum Beispiel M_2, austauschen. Hierauf berechnen wir aus den drei Versuchen M_1, M_3 und M_4 auf vollkommen analogem Wege einen Punkt $M_5(x_5; y_5)$.

Bei Fortsetzung des Verfahrens ziehen wir Schritt für Schritt das Dreieck M_n, M_{n+1}, M_{n+2}, $n = 1, 2, 3, \ldots$ auf einen Punkt zusammen, der eine Lösung $x^{(0)}, y^{(0)}$ des Systems (3.63) darstellt.

Die Gleichungen kann man vereinfachen, wenn man aus den Gln. (3.66), (3.67) und (3.70), (3.71) alle $x_{\nu j}, y_{\nu j}$ eliminiert. Nach einigen Umformungen findet man

$$k_\nu = \frac{\sigma_y^{(\nu)}}{\sigma_x^{(\nu)}}, \quad b_\nu = \frac{\sigma_{xy}^{(\nu)}}{\sigma_x^{(\nu)}}, \quad \nu = 1; 2, \tag{3.72}$$

wobei die folgenden Bezeichnungen verwendet wurden:

$$\sigma_x^{(\nu)} = \sum_{j=1}^{3} f_{\nu j}(x_{j+1} - x_{j+2}); \qquad \sigma_y^{(\nu)} = \sum_{j=1}^{3} f_{\nu j}(y_{j+1} - y_{j+2});$$

$$\sigma_{xy}^{(\nu)} = \sum_{j=1}^{3} f_{\nu j}(xy)_j; \qquad (xy)_j = x_{j+1}y_{j+2} - x_{j+2}y_{j+1},$$

$$f_{1j} = u_j; \quad f_{2j} = v_j; \quad j + 3 \equiv j.$$

Als endgültige Gleichungen kann man somit die Gln. (3.64) und (3.72) verwenden, die eine direkte Berechnung von x_4, y_4 aus den Ausgangsversuchen M_1, M_2, M_3 erlauben. Die Gln. (3.66), (3.67) und (3.70), (3.71) verwendet man zur Kontrolle des eben abgeschlossenen Schritts, oder man führt die Rechnung nach diesen Gleichungen durch und kontrolliert die Ergebnisse mit Hilfe von Gl. (3.72).

Beispiel: Wir berechnen mit vier Dezimalstellen eine der positiven Lösungen des Systems

$$\left.\begin{aligned} u &= f_1(x; y) = xy^3 + \arctan\frac{x}{y} - 2{,}50 = 0, \\ v &= f_2(x; y) = x + y - (\sin x + \sin y + 0{,}75) = 0. \end{aligned}\right\} \tag{3.73}$$

Lösung: Als drei Ausgangspunkte wählen wir die Punkte I(x_1 = 1,5; y_1 = 1,0), II(x_2 = 1,6; y_2 = 1,0), III(x_3 = 1,5; y_3 = 0,9) und berechnen in Tabelle 46 mit Hilfe der Gln. (3.73) die dazu gehörigen Werte

$$u_j = f_1(x_j; y_j), \quad v_j = f_2(x_j; y_j), \quad j = 1, 2, 3.$$

Somit haben wir drei Versuche M_1, M_2, M_3. Alle Rechnungen werden mit zwei zusätzlichen Stellen durchgeführt.

Aus diesen Versuchen finden wir in Tabelle 47 (Schritt I) mit den Gln. (3.66), (3.67) und (3.70), (3.71) die Koordinaten des vierten Punktes

$$x_4 = 1{,}605; \quad y_4 = 0{,}966.$$

Hierauf berechnen wir in Tabelle 46 die entsprechenden Werte

$$u_4 = -0{,}024203; \quad v_4 = -0{,}001033.$$

Im zweiten Schritt ersetzen wir den Versuch M_3, bei dem sich $u_3 = -0{,}376123$ und $v_3 = -0{,}130822$ am meisten von Null unterscheiden, durch M_4 und finden vollkommen analog in Tabelle 47 aus den Versuchen M_1, M_2, M_4 die Koordinaten des Punktes M_5(x_5 = 1,60324; y_5 = 0,97230). Hierauf berechnen wir wieder in Tabelle 46 die entsprechenden Werte

$$u_5 = -0{,}000692; \quad v_5 = -0{,}000118.$$

Der weitere Lösungsweg ist aus den Tabellen 46, 47 und aus Bild 25 ersichtlich. In diesem Bild sind die Versuche mit römischen Ziffern versehen. In den Klammern sind aber nur die Werte u_j, v_j angeführt, da man die Koordinaten x_j, y_j leicht unmittelbar aus der Zeichnung selbst ablesen kann. Wir bemerken noch, daß j die laufende Nummer der Punkte und Versuche M_j ist. In den Gln. (3.66) bis (3.72) muß man daher im Schritt III

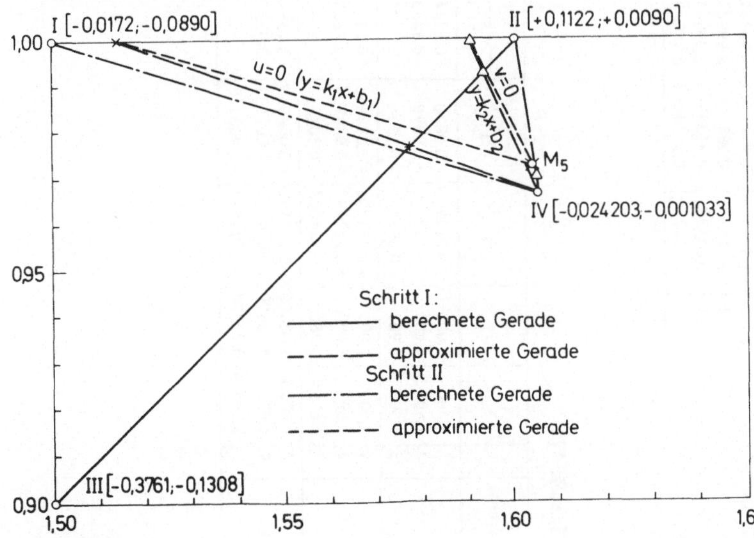

Bild 25

Tabelle 46

j	$x = x_j$	$y = y_j$	sin x	sin y	$\frac{x}{y}$	xy^3	$\arctan \frac{x}{y}$	$u_j = f_1(x; y)$	$v_j = f_2(x; y)$
1	1,5	1,0	0,997495	0,841471	1,500000	1,500000	0,982794	− 0,017206	− 0,088966
2	1,6	1,0	0,999574	0,841471	1,600000	1,600000	1,012197	+ 0,112197	+ 0,008955
3	1,5	0,9	0,997495	0,783327	1,666667	1,093500	1,030377	− 0,376123	− 0,130822
4	1,605	0,966	0,999415	0,822618	1,661491	1,446793	1,029004	− 0,024203	− 0,001033
5	1,60324	0,97230	0,999474	0,826184	1,648915	1,473667	1,025641	− 0,000692	− 0,000118
6	1,60329	0,97243	0,999472	0,826257	1,648746	1,474304	1,025596	− 0,000100	− 0,000009

Tabelle 47

Schritt	j	x_j	y_j	u_j	v_j	$\nu = 1$			$\nu = 2$			ν	$x_{\nu 2} - x_{\nu 1}$	k_ν	b_ν
						$u_{j+1} - u_j$	x_{1j}	y_{1j}	$v_{j+1} - v_j$	x_{2j}	y_{2j}				
I	1	1,500	1,000	− 0,0172	− 0,0890	+ 0,1294	+ 1,5133	+ 1,0000	+ 0,0980	+ 1,5908	+ 1,0000	1	+ 0,0637	− 0,3611	+ 1,546
	2	1,600	1,000	+ 0,1122	+ 0,0090	− 0,4883	+ 1,5770	+ 0,9770	− 0,1398	+ 1,5936	+ 0,9936	2	+ 0,0028	− 2,286	+ 4,636
	3	1,500	0,900	− 0,3761	− 0,1308						x_4	=	+ 1,605	y_4 =	+ 0,966
II	1	1,500	1,000	− 0,017206	− 0,088966	+ 0,129403	+ 1,513296	+ 1,000000	+ 0,097921	+ 1,590855	+ 1,000000	1	+ 0,090817	− 0,307949	+ 1,466018
	2	1,600	1,000	+ 0,112197	+ 0,008955	− 0,136400	+ 1,604113	+ 0,972033	− 0,009988	+ 1,604483	+ 0,969516	2	+ 0,013628	− 2,236865	+ 4,558528
	4	1,605	0,966	− 0,024203	− 0,001033						x_5	=	+ 1,60324	y_5 =	+ 0,97230
III	2	1,60000	1,00000	+ 0,112197	+ 0,008955	− 0,136400	+ 1,604113	+ 0,972033	− 0,009988	+ 1,604483	+ 0,969516	1	− 0,000925	− 0,48865	+ 1,75588
	4	1,60500	0,96600	− 0,024203	− 0,001033	+ 0,023511	+ 1,603188	+ 0,972485	+ 0,000915	+ 1,603013	+ 0,973112	2	− 0,001470	− 2,44626	+ 4,89450
	5	1,60324	0,97230	− 0,000692	− 0,000118						x_6	=	+ 1,60329	y_6 =	+ 0,97243

statt j = 1, 2, 3, j = 2, 4, 5 setzen. Nach Durchführung von Schritt III finden wir die gesuchten Wurzeln mit der gewünschten Genauigkeit. Genauere Werte sind

$$x^{(0)} = 1{,}603288; \quad y^{(0)} = 0{,}972455.$$

Bemerkung: In den Gln. (3.66), (3.67) und (3.69) bis (3.71) kann wegen der Differenzen nahe beisammen liegender Größen ein Genauigkeitsverlust eintreten. Diesen Mangel kann man durch Erhöhung der Anzahl der zusätzlichen Stellen bei der Arbeit mit den Gln. (3.66) bis (3.71) beseitigen. Gewöhnlich betrachtet man die Ausgangsgrößen u_j, v_j als exakte Zahlen.

Die Gleichungen können auch so umgeformt werden, daß die Differenzen nahe beisammen liegender Größen daraus verschwinden. Wir führen dies jedoch nicht durch, da ein Fehler in den Koordinaten der Stützpunkte nur indirekt einen Einfluß auf die Endergebnisse hat. Über die Genauigkeit der nach der Methode der linearen Approximation erhaltenen Wurzeln können wir unmittelbar durch Einsetzen in die Ausgangsgleichungen (3.63) Aufschluß gewinnen und uns davon überzeugen, daß der linke Teil der Gleichungen wirklich mit der gewünschten Genauigkeit zu Null wird.

Übung: Man führe in Tabelle 47 mit den Versuchen M_4, M_5, M_6 einen Schritt IV durch und berechne aus den erhaltenen Koordinaten x_7, y_7 in Tabelle 46 die entsprechenden Werte u_7 und v_7. Man setze die Rechnung so weit fort, bis die gesuchten Wurzeln mit sechs gültigen Dezimalstellen vorliegen.

Die erhaltenen Resultate lassen sich auch auf Systeme mit einer größeren Anzahl von Unbekannten erweitern. Ausführlich ist dies in der Arbeit [477] geschildert.

23. Die Methode der Variation der Parameter

Wir betrachten nun die *Methode der Variation der Parameter,* die man zur Bestimmung aller reellen Wurzeln des Systems (3.62) verwendet.

Im System (3.63)

$$\left.\begin{array}{l} u = f_1(x; y) = 0, \\ v = f_2(x; y) = 0, \end{array}\right\}$$

kann man immer eine der unabhängigen Veränderlichen, zum Beispiel y, als Parameter auffassen, d. h. man kann immer y = p setzen.

Beide Gleichungen des Systems (3.63) gehen dann in eine Gleichung mit nur einer Unbekannten über,

$$f_1(x; p) = 0, \tag{3.74}$$

$$f_2(x; p) = 0, \tag{3.75}$$

die Wurzeln dieser Gleichungen sind jedoch Funktionen des eingeführten Parameters p. Wir bezeichnen die Wurzeln der Gln. (3.74) und (3.75) durch

$$x_I = x_I(p) \quad \text{und} \quad x_{II} = x_{II}(p)$$

und betrachten die Abweichung [1])

$$\delta^*(p) = x_I(p) - x_{II}(p),$$

die nur vom Parameter p abhängt, d. h. also eine Funktion einer unabhängigen Veränderlichen $y = p$ ist.

Setzen wir diese Abweichung gleich Null,

$$\delta^*(p) = x_I(p) - x_{II}(p) = 0, \tag{3.76}$$

so erhalten wir noch eine Gleichung mit einer Unbekannten. Jede reelle Wurzel dieser Gleichung bestimmt eindeutig ein entsprechendes Paar von reellen Wurzeln des Systems (3.63).

Wenn nämlich bei

$$p = p^{(0)} = y^{(0)}$$

der linke Teil der Gl. (3.76) Null wird, so fallen bei diesem Parameterwert $p = p^{(0)}$ die Wurzeln der Gln. (3.74) und (3.75) zusammen:

$$x_I(p^{(0)}) = x_{II}(p^{(0)}) = x^{(0)}.$$

Die Größen

$$y = y^{(0)} = p^{(0)} \quad \text{und} \quad x = x_I^{(0)} = x_{II}^{(0)} = x(p^{(0)})$$

genügen daher dem Ausgangssystem.

Somit haben wir die Lösung des Systems (3.63) auf die Lösung von drei unabhängigen Gleichungen zurückgeführt, von denen jede nur eine Unbekannte enthält und auf indirektem Wege bei einem beliebigen System von nichtlinearen Gleichungen eine Trennung der Veränderlichen bewirkt.

Da im System (3.63) beide unabhängigen Veränderlichen vollkommen gleichberechtigt sind, kann man als Parameter auch $x = p$ nehmen. Dabei bleiben alle Gleichungen dieselben, es ist in ihnen nur x durch y zu ersetzen.

Welche der beiden unabhängigen Veränderlichen man als Parameter wählt, ist bei jedem konkreten Beispiel neu zu entscheiden. Man wird die Wahl so treffen, daß das Gleichungspaar (3.74), (3.75)

$$\left.\begin{aligned} f_1(x; p) = 0 \\ f_2(x; p) = 0 \end{aligned}\right\} \text{ oder } \left.\begin{aligned} f_1(y; p) = 0 \\ f_2(y; p) = 0 \end{aligned}\right\}$$

eine möglichst einfache Struktur gewinnt.

Beispiel 1: Wir bestimmen alle reellen Wurzeln des Systems (3.73)

$$\left.\begin{aligned} f_1(x; y) &= xy^3 + \arctan\frac{x}{y} - 2{,}50 = 0, \\ f_2(x; y) &= x + y - (\sin x + \sin y + 0{,}75) = 0. \end{aligned}\right\}$$

---

[1]) Im weiteren führen wir noch die Abweichung $\delta(p) = p - x^{(0)}(p)$ ein, die wir zur besseren Unterscheidung ohne Sternchen schreiben.

Lösung: In diesem Beispiel nimmt man als Parameter am besten

$$y = p.$$

Wir erhalten dadurch die zwei Gleichungen

$$f_1(x; p) = p^3 x + \arctan \frac{x}{p} - 2{,}50 = 0, \tag{3.77}$$

$$f_2(x; p) = x + a_p - \sin x = 0, \quad \text{wobei } a_p = p - 0{,}75 - \sin p. \tag{3.78}$$

Wir untersuchen, wie sich die Wurzeln $x_I(p)$ und $x_{II}(p)$ der Gl.n. (3.77) und (3.78) und die Abweichung $\delta^*(p) = x_I(p) - x_{II}(p)$ auf der gesamten reellen p-Achse verhalten, d. h. wir untersuchen das Verhalten bei einer Änderung von p von $-\infty$ bis $+\infty$.

Bei $p \to \pm 0$ erhalten wir aus den Gln. (3.77) und (3.78)

$$x_I(\pm 0) = \frac{2{,}50 \mp 1{,}57}{p^3} \to \pm \infty,$$

da

$$\lim_{p \to \pm 0} \arctan \frac{x}{p} = \pm \frac{\pi}{2} \approx \pm 1{,}57.$$

Außerdem gilt $x_{II}(0) \approx 1{,}736$, da $a_p(0) = -0{,}75$, $\sin 1{,}736 = 0{,}98638 \ldots$. Die Funktion

$$\delta^*(p) = x_I(p) - x_{II}(p)$$

ist daher für $p \to \pm 0$ unstetig und geht dort asymptotisch gegen Unendlich:

$$\delta^*(\pm 0) = \pm \infty.$$

Bei $p \to \pm \infty$ haben wir $\arctan x/p = 0$ und finden damit aus Gl. (3.77)

$$x_I(\pm \infty) = \lim_{p \to \pm \infty} \frac{2{,}50}{p^3} = 0,$$

und aus Gl. (3.78)

$$x_{II}(\pm \infty) = - \lim_{p \to \pm \infty} p = \mp \infty$$

da $\lim\limits_{p \to \infty} a_p = p$ und $|\sin x + \sin p| \leqslant 2$ für beliebige Werte von x und p.

Infolgedessen gilt bei $p \to \pm \infty$

$$\delta^*(\pm \infty) = + p = \pm \infty,$$

d. h. bei großen Parameterwerten geht die Abweichung $\delta^*(p)$ asymptotisch gegen Unendlich.

Nach der Untersuchung des Verlaufs von $\delta^*(p)$ im Nullpunkt und in der Umgebung des unendlich fernen Punktes berechnen wir noch einige charakteristische Punkte der Funktion $\delta^* = \delta^*(p)$ mit 2 bis 3 Dezimalstellen und konstruieren damit das Schaubild. Aus dem Schaubild 26 läßt sich schließen, daß die Funktion $\delta^*(p)$ nur zwei reelle positive Nullstellen besitzt. Daher besitzt auch das System (3.73) nur zwei Paare von reellen

Tabelle 48

Schritt	Parameter und Abweichung	$x = x_I$	$\frac{x}{p}$	p^3x	$\arctan \frac{x}{p}$	$f_1(x; p)$	$x = x_{II}$	$\sin x$	$f_2(x; p)$
I	$p = +1,0$	1,500	1,500000	1,500000	0,982794	− 0,017206	1,500	0,997495	− 0,088966
	$\delta^* = -0,078086$	1,513	1,513000	1,513000	0,986770	− 0,000230	1,591	0,999796	− 0,000267
	$p^3 = +1,000000$	1,514	1,514000	1,514000	0,987074	+ 0,001074	1,592	0,999775	+ 0,000754
	$a_p = -0,591471$	1,513176	1,513176	1,513176	0,986824	0,000000	1,591262	0,999790	− 0,000001
II	$p = +0,9$	1,600	1,777778	1,166400	1,058407	− 0,275193	1,600	0,999574	− 0,032901
	$\delta^* = +0,254037$	1,887	2,096667	1,375623	1,125758	+ 0,001381	1,630796	0,998201	− 0,000732
	$p^3 = +0,729000$	1,886	2,095556	1,374894	1,125552	+ 0,000446	1,631796	0,998140	+ 0,000329
	$a_p = -0,633327$	1,885523	2,095026	1,374546	1,125454	0,000000	1,631486	0,998159	0,000000
III	$p = +0,976$	1,600	1,639344	1,487542	1,023056	+ 0,010598	1,600	0,999574	− 0,001837
$\nu = 2$	$\delta^* = -0,010552$	1,591	1,630123	1,479175	1,020546	− 0,000279	1,600796	0,999550	− 0,001017
	$p^3 = +0,929714$	1,592	1,631147	1,480105	1,020825	+ 0,000930	1,601796	0,999520	+ 0,000013
	$a_p = -0,602263$	1,591231	1,630360	1,479390	1,020610	0,000000	1,601783	0,999520	0,000000
IV	$p = +0,972420$	1,603	1,648465	1,473992	1,025520	− 0,000488	1,602796	0,999488	− 0,000523
$\nu = 3$	$\delta^* = +0,000105$	1,604	1,649493	1,474912	1,025796	+ 0,000708	1,603796	0,999456	+ 0,000509
	$a_p = -0,603831$	1,603408	1,648884	1,474367	1,025633	0,000000	1,603303	0,999472	0,000000
V	$p = +0,972455$	1,603	1,648405	1,474151	1,025504	− 0,000345	1,602796	0,999488	− 0,000508
$\nu = 2$	$\delta^* = 0,000000$	1,604	1,649434	1,475071	1,025780	+ 0,000851	1,603796	0,999456	+ 0,000524
	$a_p = -0,603816$	1,603288	1,648701	1,474416	1,025584	0,000000	1,603288	0,999472	0,000000

Wurzeln. Alle zur Bestimmung des einen Wurzelpaares notwendigen Rechnungen sind in Tabelle 48 angegeben. Dabei wurde $x^{(0)} = +1{,}603288$, $p = y^{(0)} = +0{,}972455$ mit einem Fehler von höchstens ein bis zwei Einheiten der sechsten Dezimalstelle bestimmt.

Die Verbesserung des Werts von p im Schritt IV ist mit drei früheren Versuchen (d. h. mit $\nu = 3$) durchgeführt worden, und zwar mit Hilfe der Gln. (3.36) und (3.37). In allen übrigen Schritten war $\nu = 2$ und wir verwendeten die Gl. (3.43) für die lineare Interpolation. Dies ist auch in der ersten Spalte in Tabelle 48 angemerkt. Rechnet man mit 9 bis 10 Dezimalstellen, so nimmt man auch im Schritt V zweckmäßiger $\nu = 3$, was bei derselben Schrittanzahl die Bestimmung der Wurzel mit 9 bis 10 Dezimalstellen gewährleistet. Bei geringerer Genauigkeit der Ausgangsangaben können die Gln. (3.36) und (3.37) für die quadratische Approximation wegen des Genauigkeitsverlustes ein schlechteres Resultat liefern als die Gl. (3.43), bei der kein Genauigkeitsverlust eintritt. Der Leser möge die Gleichungen für die quadratische Approximation so umformen, daß ein Genauigkeitsverlust auf Grund des kleinen Wertes der Differenz von nahe beisammen liegenden Größen nicht mehr vorkommen kann.

Übung 1: Man berechne mit fünf Dezimalstellen das zweite Wurzelpaar des Systems (3.73).

Antwort: $x^{(0)} = 0{,}43903$; $p = y^{(0)} = +1{,}72428$.

Übung 2: Man bestimme auf graphischem Wege für p = 0,5; 1,0; 2,0 die Wurzeln der Gln. (3.77) und (3.78). Man stelle diese dazu in der Form

$$Y_1 = p^3 x - 2{,}50 = -\arctan\frac{x}{p}\,; \qquad Y_2 = x + a_p = \sin x$$

dar und konstruiere die entsprechenden Schaubilder, wie in Abschnitt 17 dargelegt.

Wir wenden uns nun der Lösung eines Systems von drei Unbekannten zu:

$$\left.\begin{aligned} f_1(x;\, y;\, z) &= 0 \\ f_2(x;\, y;\, z) &= 0 \\ f_3(x;\, y;\, z) &= 0 \end{aligned}\right\} \qquad (3.79)$$

Wir wollen eine der unabhängigen Veränderlichen als Parameter betrachten. Es möge dies die Veränderliche z sein:

$$z = p.$$

Durch Einsetzen von $z = p$ in zwei beliebige Gleichungen des Systems, zum Beispiel in die ersten zwei, erhalten wir ein System mit zwei Unbekannten

$$\left.\begin{aligned} f_1(x;\, y;\, p) &= 0 \\ f_2(x;\, y;\, p) &= 0 \end{aligned}\right\} \qquad (3.80)$$

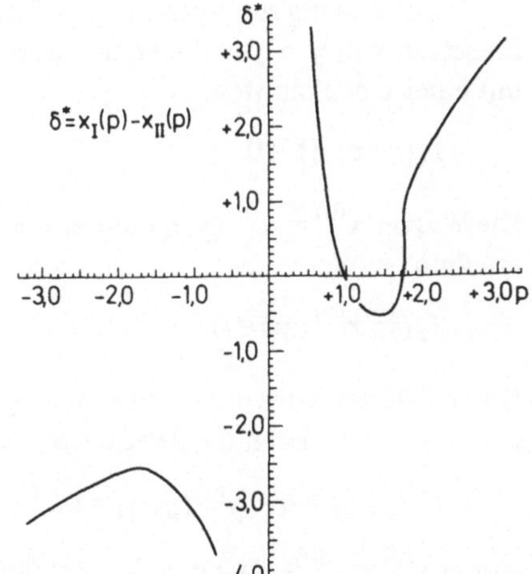

Bild 26

Wir bestimmen eine Lösung dieses Systems

$$x^{(0)} = x^{(0)}(p); \quad y^{(0)} = y^{(0)}(p)$$

und setzen sie in die dritte Gleichung ein. Es ergibt sich dadurch eine Gleichung mit einer Unbekannten

$$f_3(x^{(0)}; y^{(0)}; z) = 0, \tag{3.81}$$

deren Wurzel schließlich wieder eine Funktion des Parameters p allein ist:

$$z^{(0)} = z^{(0)}(p).$$

Wir betrachten nun die Abweichung

$$\delta_1(p) = p - z^{(0)}(p).$$

Durch Nullsetzen von

$$\delta_1(p) = p - z^{(0)}(p) = 0 \tag{3.82}$$

erhalten wir eine erste Lösungsgleichung (Resolvente), die das Ausgangssystem (3.79) mit drei Unbekannten überführt auf das System (3.80) mit nur zwei Unbekannten.

Eine Wurzel der Lösungsgleichung (3.82)

$$p = p^{(0)}$$

entspricht nämlich einem Parameterwert

$$p = z = z^{(0)}(p),$$

der gleichzeitig dem System (3.80) und der Gl. (3.81) genügt, d. h. dem Ausgangssystem (3.79). Somit bestimmt also jede reelle Wurzel der Gl. (3.82) eine Lösung des Ausgangssystems (3.79).

Zur Lösung des Systems (3.80) führen wir einen zweiten Parameter $y = q$ ein. Durch Einsetzen von $y = q$ in die erste Gleichung des Systems (3.80) erhalten wir eine Gleichung mit einer Unbekannten:

$$f_1(x; p; q) = 0. \tag{3.83}$$

Die Wurzel $x^{(0)} = x^{(0)}(p; q)$ dieser Gleichung setzen wir in die zweite Gleichung ein und erhalten

$$f_2(y; x^{(0)}; p) = 0. \tag{3.84}$$

Hierauf führen wir vollkommen analog zu den obigen Ausführungen die Abweichung δ_2 ein und konstruieren die zweite Lösungsgleichung

$$\delta_2(p; q) = q - y^{(0)}(p; q) = 0, \tag{3.85}$$

wobei $y^{(0)} = y^{(0)}(p; q)$ eine Wurzel der Gl. (3.84) ist.

Somit ist die Lösung des Systems (3.79) zurückgeführt auf die Lösung der fünf Gln. (3.81) bis (3.85), von denen jede nur eine Unbekannte enthält. Als Parameter p und q kann man natürlich zwei beliebige Unbekannte wählen. Eine andere Wahl hätte nur einige offensichtliche Umbenennungen in den Gleichungen zur Folge. Die Zweckmäßigkeit dieser oder jener Wahl der Parameter wird in jedem Beispiel durch die Struktur der Ausgangsgleichungen gegeben.

Beispiel 2: Wir bestimmen mit sechs Dezimalstellen die reellen Wurzeln des Systems

$$\left.\begin{aligned} f_1(x; y; z) &= \sin(x + y^2 + z) + xyz + 0{,}80 = 0,\\ f_2(x; y; z) &= x^y + y^2 + z^3 - \tfrac{1}{2} z = 0,\\ f_3(x; y; z) &= x \tanh \frac{y - x}{z} + yz + 1{,}25 = 0. \end{aligned}\right\} \tag{3.86}$$

Lösung: Als ersten Parameter nehmen wir

$$y = p$$

und erhalten als erste Lösungsgleichung

$$\delta_1(p) = p - y^{(0)}(p) = 0. \tag{3.87}$$

Dabei ist $y^{(0)}$ eine Wurzel der Gleichung

$$f_3(y) = x^{(0)} \tanh \frac{y - x^{(0)}}{z^{(0)}} + z^{(0)} y + 1{,}25 = 0 \tag{3.88}$$

und $x^{(0)}$ und $z^{(0)}$ sind Wurzeln des Systems

$$\left.\begin{aligned} f_1(x; z; p) &= \sin(x + z + p^2) + pxz + 0{,}80 = 0,\\ f_2(x; z; p) &= x^p + z^3 - \tfrac{1}{2} z + p^2 = 0. \end{aligned}\right\} \tag{3.89}$$

Zur Lösung des Systems (3.89) führen wir einen zweiten Parameter

$$z = q$$

ein und erhalten die zweite Lösungsgleichung

$$\delta_2(p; q) = q - z^{(0)}(p; q) = 0, \tag{3.90}$$

wobei $z^{(0)} = z^{(0)}(p; q)$ eine Wurzel der Gleichung

$$f_1(z) = \sin(z + x^{(0)} + p^2) + px^{(0)} z + 0{,}80 = 0 \tag{3.91}$$

ist, während wir $x^{(0)} = x^{(0)}(p; q)$ aus der zweiten Gleichung des Systems (3.89) bestimmen, nachdem wir darin $z = q$ gesetzt haben:

$$x^{(0)}(p; q) = (-q^3 + \tfrac{1}{2} q - p^2)^{1/p} \tag{3.92}$$

oder

$$\lg x^{(0)} = \tfrac{1}{p} \lg(-q^3 + \tfrac{1}{2} q - p^2). \tag{3.92'}$$

Die Wurzeln der Lösungsgleichungen (3.87) und (3.90) bestimmt man mit der Methode der polynomialen Approximation. Die Hilfsgleichungen mit einer Unbekannten, die wir hergeleitet haben, löst man in diesem Beispiel am zweckmäßigsten nach der Newtonschen Methode, gemäß der wir

$$y_{n+1}^{(0)} = y_n^{(0)} - \frac{f_3(y_n^{(0)})}{f_3'(y_n^{(0)})}; \qquad f_3'(y) = z^{(0)} + \frac{x^{(0)}}{z^{(0)}\cosh^2\left(\frac{y - x^{(0)}}{z^{(0)}}\right)} \tag{3.93}$$

$$z_{n+1}^{(0)} = z_n^{(0)} - \frac{f_1(z_n^{(0)})}{f_1'(z_n^{(0)})}; \qquad f_1'(z) = px^{(0)} + \cos(z + x^{(0)} + p^2) \tag{3.94}$$

haben. $f_3(y)$ und $f_1(z)$ berechnet man aus den Gln. (3.88) und (3.91). Die Ableitungen $f_3'(y) = df_3/dy$ und $f_1'(z) = df_1/dz$ finden wir ebenfalls aus den Gln. (3.88) und (3.91).

Die Wurzel der zweiten Gleichung des Systems (3.89) berechnet man in unserem Beispiel unmittelbar aus der Gl. (3.92). Im allgemeinen Fall hingegen muß man diese Wurzel als Wurzel einer Gleichung mit einer Unbekannten bestimmen, was keine grundsätzlichen Schwierigkeiten bereitet.

Nachdem wir alle notwendigen Gleichungen vorbereitet haben, können wir nun rechnen. Bei der Lösung der Gl. (3.87) ermitteln wir vorerst zwei Versuche, zum Beispiel bei $p = 1{,}0$ und $p = 0{,}8$. Die Rechnungen sind in Tabelle 49 angeführt, in der wir für die gewählten Parameterwerte die entsprechenden Wurzeln des Systems (3.89) finden. Dazu wählen wir außerdem einen Wert für den Parameter q, zum Beispiel $q = -1{,}400$, und finden mit Gl. (3.92) $x^{(0)} = +1{,}044$. Aus den Gln. (3.91), (3.94) und (3.90) folgt

$$z = z^{(0)} = -1{,}366621 \quad \text{und} \quad \delta_2(p;q) = q - z^{(0)}(p;q) = -0{,}033379.$$

Wir behalten $p = 1{,}0$ bei und nehmen $q = -1{,}390$. Auf demselben Wege berechnen wir

$$\delta_2(p;q) = -0{,}006510.$$

Bei Fortsetzung dieses Verfahrens finden wir einen Parameterwert q, für den $\delta_2 = 0$ und bestimmen daraus die gesuchte Wurzel des Systems (3.89) bei $p = 1{,}0$:

$$x^{(0)} = +0{,}977552; \quad q = z^{(0)} = -1{,}387528; \quad \delta_2(p;q) = 0{,}000000.$$

Im zweiten Schritt von Tabelle 49 finden wir für $p = 0{,}8$ die Wurzeln des Systems (3.89):

$$x^{(0)} = +1{,}136741; \quad q = z^{(0)} = -1{,}342424; \quad \delta_2(p;q) = 0{,}000000.$$

Wir tragen $x^{(0)}$ und $z^{(0)}$ in die erste Spalte (Hilfsspalte) der Tabelle 50 ein und berechnen unter Verwendung der Gl. (3.93) eine Wurzel der Gl. (3.88) und hierauf die erste Abweichung $\delta_1 = \delta_1(p)$ für den Schritt I ($p = 1{,}0$):

$$y^{(0)} = +0{,}926694; \quad \delta_1(p) = p - y^{(0)}(p) = +0{,}073306$$

und für den Schritt II ($p = 0{,}8$):

$$y^{(0)} = +1{,}010530; \quad \delta_1(p) = p - y^{(0)}(p) = -0{,}210530.$$

Tabelle 49

Parameter p und q	f	$z = z_j$	$(z+x^{(0)}+p^2)$	sin ( )	$px^{(0)}z$	$f_1(z)$	$f_1'(z)$
Schritt I: $p = +1{,}0$; $p^2 = 1{,}00$	0	- 1,400	+ 0,644000	+ 0,600399	- 1,461600	- 0,061201	+ 1,8437
$q = -1{,}400$; $x^{(0)} = +1{,}044$	1	- 1,367	+ 0,677000	+ 0,626457	- 1,427148	- 0,000691	+ 1,8235
$\delta_2(p;q) = -0{,}033379$	2	- 1,366621	+ 0,677379	+ 0,626753	- 1,426752	+ 0,000001	
$q = -1{,}390$; $x^{(0)} = +0{,}990619$	0	- 1,390	+ 0,600619	+ 0,565153	- 1,376960	- 0,011807	+ 1,8156
$\delta_2(p;q) = -0{,}006510$	1	- 1,383497	+ 0,607122	+ 0,570506	- 1,370518	- 0,000012	‖
	2	- 1,383490	+ 0,607129	+ 0,570512	- 1,370511	+ 0,000001	
$q = -1{,}38758$; $x^{(0)} = +0{,}977826$	0	- 1,38758	+ 0,590246	+ 0,566565	- 1,356812	- 0,000247	+ 1,8086
$\delta_2(p;q) = -0{,}000136$	1	- 1,387444	+ 0,590382	+ 0,556678	- 1,356679	- 0,000001	
$q = -1{,}387528$; $x^{(0)} = +0{,}977552$	0	- 1,387528	+ 0,590024	+ 0,556381	- 1,356381	0,000000	
$\delta_2(p;q) = 0{,}000000$							
Schritt II: $p = +0{,}8$; $p^2 = 0{,}64$	0	- 1,340	+ 0,421540	+ 0,409166	- 1,202291	+ 0,006875	+ 1,8097
$q = -1{,}340$; $x^{(0)} = +1{,}121540$	1	- 1,3438	+ 0,417740	+ 0,405695	- 1,205700	- 0,000005	
$\delta_2(p;q) = +0{,}003797$	2	- 1,343797	+ 0,417743	+ 0,405698	- 1,205698	0,000000	
$q = -1{,}343$; $x^{(0)} = +1{,}140369$	0	- 1,343	+ 0,437369	+ 0,423557	- 1,225212	- 0,001655	+ 1,8182
$\delta_2(p;q) = -0{,}000910$	1	- 1,342090	+ 0,438279	+ 0,424382	- 1,224382	0,000000	
$q = -1{,}342424$; $x^{(0)} = +1{,}136741$	0	- 1,342424	+ 0,434317	+ 0,420791	- 1,220791	0,000000	
$\delta_2(p;q) = 0{,}000000$							
Schritt III: $p = +0{,}948$; $p^2 = 0{,}898704$	0	- 1,375	+ 0,537849	+ 0,512290	- 1,321937	- 0,009647	+ 1,8202
$q = -1{,}375$; $x^{(0)} = +1{,}014145$	1	- 1,3697	+ 0,543149	+ 0,516835	- 1,316842	- 0,000007	‖
$\delta_2(p;q) = -0{,}005304$	2	- 1,369696	+ 0,543153	+ 0,516838	- 1,316838	- 0,000000	
$q = -1{,}373$; $x^{(0)} = +1{,}003247$	0	- 1,373	+ 0,528951	+ 0,504628	- 1,305830	- 0,001202	+ 1,8144
$\delta_2(p;q) = -0{,}000662$	1	- 1,372338	+ 0,529613	+ 0,505199	- 1,305200	- 0,000001	
$q = -1{,}372713$; $x^{(0)} = +1{,}001687$	0	- 1,372713	+ 0,527678	+ 0,503529	- 1,303527	- 0,000002	
$\delta_2(p;q) = -0{,}000001$							
Schritt IV: $p = 0{,}943665$; $p^2 = 0{,}890504$	0	- 1,3716	+ 0,523216	+ 0,499668	- 1,299912	- 0,000244	+ 1,8140
$q = -1{,}3716$; $x^{(0)} = +1{,}004312$	1	- 1,371465	+ 0,523351	+ 0,499785	- 1,299784	+ 0,000001	
$\delta_2(p;q) = -0{,}000135$							
$q = -1{,}371541$; $x^{(0)} = +1{,}003991$	0	- 1,371541	+ 0,522954	+ 0,499441	- 1,299441	0,000000	
Schritt V: $p = 0{,}943613$; $p^2 = 0{,}890405$	0	- 1,371527	+ 0,522896	+ 0,499391	- 1,299390	+ 0,000001	
$q = -1{,}371527$; $x^{(0)} = +1{,}004018$							
$\delta_2(p;q) = 0{,}000000$							

Tabelle 50

Parameter p; $\delta_1(p) = p - y^{(0)}(p)$		j	$y = y_j$	$\left(\frac{y - x^{(0)}}{z^{(0)}}\right)$	tanh ( )	cosh ( )	$f_3(y)$	$f_3'(y)$
Schritt I:	$p = +1{,}0$	0	1,000	- 0,016178	- 0,016177	+ 1,0001	- 0,153342	- 2,0922
	$x^{(0)} = +0{,}977552$	1	0,9267	+ 0,036649	+ 0,036632	–	- 0,000013	‖
$\delta_1 = +0{,}073306$;	$z^{(0)} = -1{,}387528$	2	0,926694	+ 0,036654	+ 0,036637		+ 0,000001	
Schritt II:	$p = +0{,}8$	0	1,000	+ 0,101861	+ 0,101510	+ 1,0052	+ 0,022967	- 2,1805
	$x^{(0)} = +1{,}136741$	1	1,010530	+ 0,094017	+ 0,093741	–	0,000000	
$\delta_1 = -0{,}210530$;	$z^{(0)} = -1{,}342424$							
Schritt III:	$p = +0{,}948$	0	0,948	+ 0,039110	+ 0,039090	+ 1,0008	- 0,012176	- 2,1013
	$x^{(0)} = +1{,}001687$	1	0,942205	+ 0,043332	+ 0,043305	–	+ 0,000001	
$\delta_1 = +0{,}005795$;	$z^{(0)} = -1{,}372713$							
Schritt IV:	$p = +0{,}943665$	0	0,943665	+ 0,043984	+ 0,043956	+ 1,0010	- 0,000144	- 2,0892
	$x^{(0)} = +1{,}003991$	1	0,943596	+ 0,044034	+ 0,044006	–	+ 0,000001	
$\delta_1 = +0{,}000069$;	$z^{(0)} = -1{,}371541$							
Schritt V:	$p = +0{,}943613$	0	0,943613	0,044042	0,044014	–	0,000000	–
	$x^{(0)} = +1{,}004018$							
$\delta_1 = -0{,}000000$;	$z^{(0)} = -1{,}371527$							

Die Berechnung der beiden Versuche $\delta_1(1{,}0)$ und $\delta_1(0{,}8)$ erlaubt mit Gl. (3.43) eine Verbesserung des Parameters p = 0,948. Für diesen finden wir im Schritt III der Tabellen 49 und 50

$$x^{(0)} = +1{,}001687; \quad y^{(0)} = +0{,}942205; \quad q = z^{(0)} = -1{,}372713;$$
$$\delta_1(p) = +0{,}005795; \quad \delta_2(p;q) = -0{,}000001.$$

Mit den drei nun verfügbaren Versuchen berechnen wir nach den Gln. (3.36) und (3.37) p = 0,943665 und erhalten dafür im Schritt IV der Tabellen 49 und 50

$$x^{(0)} = +1{,}003991; \quad y^{(0)} = +0{,}943596; \quad q = z^{(0)} = -1{,}371541;$$
$$\delta_1(p) = +0{,}000069; \quad \delta_2(p;q) = 0{,}000000.$$

Aus den Ergebnissen der Schritte III und IV berechnen wir mit Hilfe der Gl. (3.43) für die lineare Interpolation einen Wert von p, der bereits die Wurzel der Lösungsgleichung (3.87) liefert und erhalten im Schritt V die Wurzeln des Systems (3.86)

$$x^{(0)} = +1{,}004018; \quad p = p^{(0)} = y^{(0)} = +0{,}943613; \quad q = z^{(0)} = -1{,}371527;$$
$$\delta_1(p) = 0{,}000000; \quad \delta_2(p;q) = 0{,}000000,$$

mit einem möglichen Fehler von ein bis zwei Einheiten der sechsten Dezimalstelle. Zur endgültigen Kontrolle setzen wir diese Wurzeln in das System (3.86) ein und finden

$$f_1(x;y;z) = 0{,}000000; \quad f_2(x;y;z) = -0{,}0000002;$$
$$f_3(x;y;z) = 0{,}000000.$$

Wir zeigen nun, daß das System (3.86) keine weiteren reellen Wurzeln besitzt. Zu diesem Zweck untersuchen wir die Funktion

$$\delta_1(p) = p - y^{(0)}(p)$$

auf der gesamten reellen Achse $-\infty \leqslant p \leqslant +\infty$.

Bei $p \to \pm\infty$ finden wir aus dem System (3.89), daß

$$x^{(0)} \to 0; \quad z^3 = -p^2; \quad z^{(0)} \to -\infty.$$

Als Wurzel der Gleichung (3.88) haben wir dann

$$y^{(0)} = \frac{1{,}25}{z^{(0)}} \to 0$$

und somit

$$\lim_{p=\pm\infty} \delta_1(p) = p - y^{(0)}(p) = \pm\infty.$$

Bei p = 0 und x = 0 hat das System (3.89) keine Lösungen. Bei p = 0 gilt für beliebige $x \neq 0$

$$x^p = 1$$

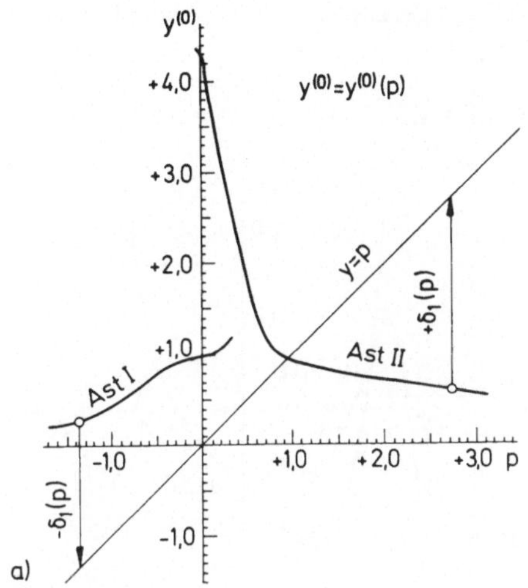

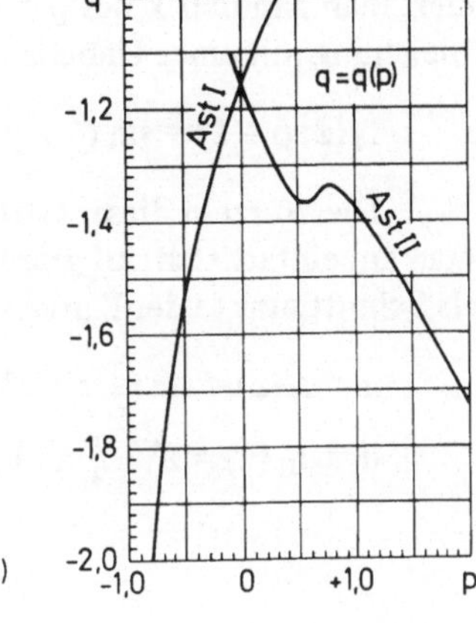

Bild 27

und das System (3.89) erhält die Form:

$$z^3 - \tfrac{1}{2}z + 1 = 0,$$
$$\sin(x + z) = -0{,}8.$$

Dieses System hat unendlich viele Lösungen $z^{(0)} = -1{,}165373$; $x^{(0)} + z^{(0)} = -\arcsin 0{,}8 = (-1)^{k+1}\,0{,}927295 + k\pi$; $k = 0;\ \pm 1;\ \pm 2; \ldots$. Dabei sind jedoch alle negativen Werte von $x^{(0)}$ aus der Betrachtung auszuschließen, da die Funktion x^p im reellen Bereich nur für $x \geqslant 0$ definiert ist.

Wir nehmen nun eine Reihe von p-Werten und berechnen (mit drei Dezimalstellen) nach dem Muster der Tabellen 49 und 50 die entsprechenden Werte von q und $y^{(0)}$ und konstruieren die Schaubilder dieser Funktionen. In den Bildern 27a und 27b sind zwei Äste der Funktionen $y = y^{(0)}(p)$ und $q = q(p)$ dargestellt, denen bei $p = 0$ die zwei ersten positiven Wurzeln

$$x^{(0)} = +0{,}238; \quad q = z^{(0)} = -1{,}165; \quad y^{(0)} = +0{,}960$$

und

$$x^{(0)} = +5{,}234; \quad q = z^{(0)} = -1{,}165; \quad y^{(0)} = +4{,}220$$

entsprechen.

Die Nullstellen der Funktion $\delta_1(p) = p - y^{(0)}(p)$, die die Wurzeln des Systems (3.86) bestimmen, sind die Schnittpunkte der Kurven $y = y^{(0)}(p)$ mit der Geraden $y = p$.

In Bild 27a schneidet die Gerade $y = p$ nur den zweiten Ast von $y = y^{(0)}(p)$ im Punkt $p = 0{,}943 \ldots$. Diesen Wert haben wir früher in Tabelle 49 gefunden. Alle übrigen Zweige der Funktion $y = y^{(0)}(p)$ brechen ab, ohne die Gerade $y = p$ zu berühren. Eliminiert man nämlich x bei p = 1 aus dem System (3.89), so gelangen wir zur folgenden Gleichung mit einer Unbekannten:

$$f_1(z; p = 1) = \sin\left(\tfrac{3}{2} z - z^3\right) - z\left(z^3 - \tfrac{1}{2} z + 1\right) + 0{,}8 = 0.$$

Die Wurzeln dieser Gleichung bestimmt man am einfachsten auf graphischem Wege als Schnittpunkte der Kurven (Bild 28)

$$u = u_I(z) = \sin\left(\tfrac{3}{2} z - z^3\right);$$

$$u = u_{II}(z) = z^4 - \tfrac{1}{2} z^2 + z - 0{,}8.$$

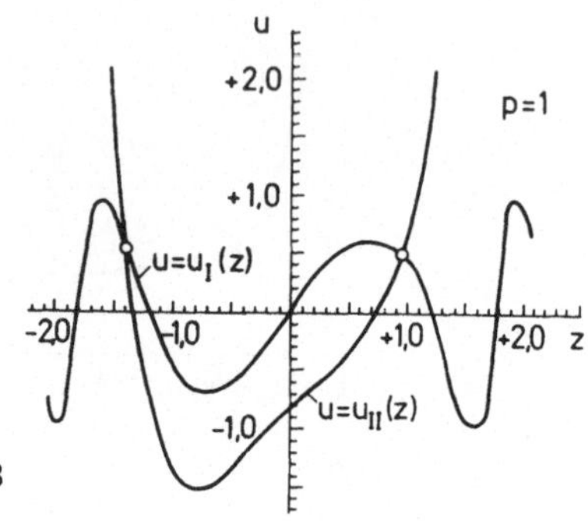

Bild 28

Die Wurzel $z^{(0)} = -1{,}387\ldots$ entspricht dem Punkt $y^{(0)}(p) = y^{(0)}(1) = 0{,}926\ldots$ in Bild 27a. Die zweite Wurzel $z^{(0)} = +0{,}955\ldots$ müssen wir jedoch streichen, da ihr der negative Wert von $x^{(0)}$

$$x^{(0)} = -z^3 + \tfrac{1}{2} z - 1 = -1{,}394\ldots$$

entspricht.

Das System (3.89), das bei p = 0 unendlich viele Wurzeln besitzt, hat demnach bei p = 1 nur eine einzige Lösung, die zu dem Zweig II in Bild 27a gehört. Die übrigen Zweige erreichen daher die Vertikale p = 1 nicht. Insbesondere bricht der Zweig I bei $p \approx 0{,}4$ ab.

Übung 3: Man konstruiere nach dem Muster von Bild 28 die Schaubilder der Funktionen $u = u_I(z)$ und $u = u_{II}(z)$ für p = 1/2, p = 1/4, p = 1/8 und p = 0. Man untersuche jedoch auch den Zweig III der Funktion $y = y^{(0)}(p)$, der bei p = 0 der dritten positiven Wurzel

$$x^{(0)} = +6{,}521264 \approx +6{,}521; \qquad q = z^{(0)} = -1{,}165373 \approx -1{,}165$$

entspricht.

Bei der Untersuchung von Gleichungssystemen hängen Rechenaufwand und Anschaulichkeit der erhaltenen Ergebnisse in beträchtlichem Maße von einer geeigneten Wahl der Parameter ab. Zur Illustration dieser Behauptung lösen wir das Beispiel 2 mit einer anderen Parameterwahl. Wir nehmen als ersten Parameter

$$x = p.$$

Für das System (3.86) erhalten wir nun die folgende Lösungsgleichung

$$\delta_1(p) = p - x^{(0)}(p) = 0, \tag{3.87'}$$

wobei $x^{(0)}$ eine Wurzel der Gleichung

$$f_1(x; y^{(0)}; z^{(0)}) = \sin(x + \alpha) + kx + 0{,}80 = 0;\qquad (3.88')$$
$$\alpha = y^{(0)^2} + z^{(0)}; \quad k = y^{(0)} z^{(0)},$$

ist und $y^{(0)}$ und $z^{(0)}$ die Wurzeln des Hilfssystems

$$\left.\begin{aligned} f_2(y; z; p) &= p^y + y^2 + z^3 - \tfrac{1}{2} z = 0; \\ f_3(y; z; p) &= p \tanh \frac{y - p}{z} + yz + 1{,}25 = 0 \end{aligned}\right\} \qquad (3.89')$$

bedeuten. Zur Lösung des Systems (3.89′) führen wir den zweiten Parameter

$$y = q$$

ein und die für die Untersuchung des Systems mit zwei Unbekannten bequemere Abweichung $\delta_2^* = z_I^{(0)} - z_{II}^{(0)}$. Die Lösungsgleichung des Hilfssystems lautet dann

$$\delta_2^*(p; q) = z_I^{(0)}(p; q) - z_{II}^{(0)}(p; q) = 0, \qquad (3.90')$$

wobei $z_I^{(0)}$ und $z_{II}^{(0)}$ die Wurzeln der ersten und zweiten Gleichung des Systems (3.89′) bedeuten, in dem $y = q$ gesetzt werden muß:

$$f_2(z; p; q) = z^3 - \tfrac{1}{2} z + \beta = 0; \quad \beta = p^q + q^2; \quad p \geqslant 0;$$

$$f_3(z; p; q) = qz + 1{,}25 + p \tanh \frac{q - p}{z} = 0.$$

Gibt man dem Parameter $x = p$ eine Reihe von Werten und führt die entsprechenden Berechnungen durch, so gelangt man zu den folgenden Ergebnissen:

p	$\delta_1(p)$	$x^{(0)}$	$y^{(0)} = q^{(0)}$	$z^{(0)} = z_I^{(0)}$	β	$\delta_2^*(p; q)$
0	− 1,415 375	1,415 375	1,048 342	− 1,192 359	1,099 021	0,000 000
1	− 0,008 089	1,008 089	0,942 642	− 1,370 433	1,888 574	0,000 000
2	+ 1,405 130	0,594 870	1,244 235	− 1,681 933	3,917 050	0,000 000
5	+ 4,7179	0,2821	1,8289	− 2,8750	22,3269	− 0,0001

Wir verwenden nun die lineare Interpolation und berechnen noch zwei Näherungen. Dann ergeben sich als Wurzeln des Systems (3.86)

$$p^{(0)} = x^{(0)} = +\,1{,}004\,018; \quad q^{(0)} = y^{(0)} = +\,0{,}943\,613;$$
$$z_I^{(0)} = z_{II}^{(0)} = -\,1{,}371\,527.$$

Weitere reelle Lösungen besitzt das System (3.86) nicht. Dies geht völlig aus Bild 29 hervor, in dem die Schaubilder der Funktionen $\delta_1(p)$, $z_I^{(0)}(q; p)$, $z_{II}^{(0)}(q; p)$, $\delta_2^*(q; p) = z_I^{(0)} - z_{II}^{(0)}$ für $p = 1$ (und teilweise für $p = 2$ und $p = 5$) zu sehen sind. Für $p \to \infty$ folgt aus den Gln. (3.88′) und (3.89′) $k = y^0 z^0 \to \infty$, $x^{(0)} \to 0$, und daher $\lim \delta_1(p) = p - x^{(0)} = +\infty$. Für $p < 0$ hat das System (3.86), wie schon bemerkt wurde, keine reellen Wurzeln.

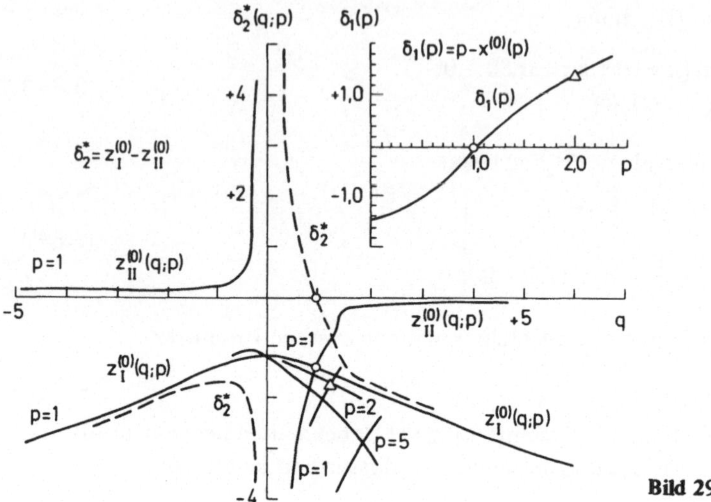

Bild 29

Die Ergebnisse verallgemeinert man leicht auf den Fall eines Systems von n nichtlinearen Gleichungen

$$\left.\begin{aligned} f_1(x_1; x_2; \ldots; x_{n-1}; x_n) &= 0, \\ f_2(x_1; x_2; \ldots; x_{n-1}; x_n) &= 0, \\ \ldots\ldots\ldots\ldots&\ldots\ldots \\ f_{n-1}(x_1; x_2; \ldots; x_{n-1}; x_n) &= 0, \\ f_n(x_1; x_2; \ldots; x_{n-1}; x_n) &= 0. \end{aligned}\right\} \tag{3.95}$$

Zur Lösung des Systems (3.95) führen wir den Parameter

$$x_n = p$$

ein und betrachten das System von n – 1 Gleichungen

$$\left.\begin{aligned} f_1(x_1; x_2; \ldots; x_{n-1}; p) &= 0, \\ f_2(x_1; x_2; \ldots; x_{n-1}; p) &= 0, \\ \ldots\ldots\ldots\ldots&\ldots\ldots \\ f_{n-1}(x_1; x_2; \ldots; x_{n-1}; p) &= 0. \end{aligned}\right\} \tag{3.96}$$

Durch Bestimmung der Wurzeln $x_1^{(0)}, x_2^{(0)}, \ldots, x_{n-1}^{(0)}$ bei beliebigem festen Wert von p und Einsetzen der gefundenen Ausdrücke in die letzte Gleichung gelangen wir zu einer Gleichung mit einer Unbekannten x_n,

$$f_n(x_n; x_1^{(0)}; x_2^{(0)}; \ldots; x_{n-1}^{(0)}) = 0, \tag{3.97}$$

deren Wurzel eine Funktion des Parameters p allein ist:

$$x_n^{(0)} = x_n^{(0)}(p).$$

Alle $x_1^{(0)}, x_2^{(0)}, \ldots ; x_{n-1}^{(0)}$ sind nämlich feste Zahlen, die durch die Größe des Parameters allein bestimmt sind.

Führt man die Abweichung

$$\delta_n(p) = p - x_n^{(0)}(p)$$

ein und setzt diese gleich Null,

$$\delta_n(p) = p - x_n^{(0)}(p), \tag{3.98}$$

so erhält man eine Lösungsgleichung des Systems (3.95). Ein System von n Gleichungen kann man auf diese Weise immer zurückführen auf ein System (3.96) mit n − 1 Gleichungen und zwei Gleichungen der Form (3.97) und (3.98) mit einer Unbekannten. Durch Fortsetzung dieses Verfahrens gelangen wir zu 2n − 1 Gleichungen mit je einer Unbekannten.

Auf analogem Wege gelangt man durch Einführung von n − m Parametern

$$x_{m+1} = p_1, x_{m+2} = p_2, \ldots, x_n = p_{n-m} \tag{3.99}$$

(wobei $m < n$ gilt) von einem System von n nichtlinearen Gleichungen

$$\left.\begin{array}{l} f_1(x_1; x_2, \ldots; x_m; x_{m+1}; x_{m+2}; \ldots; x_n) = 0, \\ f_2(x_1; x_2; \ldots; x_m; x_{m+1}; x_{m+2}; \ldots; x_n) = 0, \\ \ldots\ldots\ldots\ldots\ldots\ldots\ldots\ldots\ldots\ldots \\ f_n(x_1; x_2; \ldots; x_m; x_{m+1}; x_{m+2}; \ldots; x_n) = 0 \end{array}\right\} \tag{3.95'}$$

zu einem System von m Gleichungen

$$\left.\begin{array}{l} f_1(x_1; x_2; \ldots; x_m; p_1; p_2; \ldots; p_{n-m}) = 0, \\ f_2(x_1; x_2; \ldots; x_m; p_1; p_2; \ldots; p_{n-m}) = 0, \\ \ldots\ldots\ldots\ldots\ldots\ldots\ldots\ldots\ldots\ldots \\ f_m(x_1; x_2; \ldots; x_m; p_1; p_2; \ldots; p_{n-m}) = 0 \end{array}\right\} \tag{3.100}$$

und zu einem System von n − m Gleichungen

$$\left.\begin{array}{l} f_{m+1}(x_{m+1}; x_{m+2}; \ldots; x_n; x_1^{(0)}; x_2^{(0)}; \ldots; x_m^{(0)} = 0, \\ f_{m+2}(x_{m+1}; x_{m+2}; \ldots; x_n; x_1^{(0)}; x_2^{(0)}; \ldots; x_m^{(0)} = 0, \\ \ldots\ldots\ldots\ldots\ldots\ldots\ldots\ldots\ldots\ldots \\ f_n(x_{m+1}; x_{m+2}; \ldots; x_n; x_1^{(0)}; x_2^{(0)}; \ldots; x_m^{(0)} = 0, \end{array}\right\} \tag{3.101}$$

worin die Größen $x_1^{(0)}, x_2^{(0)}, \ldots, x_m^{(0)}$ die Wurzeln des Systems (3.100) bedeuten, die bei festen Parameterwerten $p_1, p_2, \ldots, p_{n-m}$ gefunden wurden.

Damit die Systeme (3.100) und (3.101) äquivalent zum Ausgangssystem (3.95) werden, muß man die Parameter p_j so wählen, daß alle Abweichungen

$$\delta_j = p_j - x_j^{(0)}(p_1; p_2; \ldots; p_{n-m}); \quad j = 1, 2, \ldots, n-m \tag{3.102}$$

zu Null werden, was ebenfalls die Lösung eines Systems von Hilfsgleichungen mit n − m Unbekannten erfordert.

Beispiel 3: Man bestimme eine der Lösungen des Systems mit vier Unbekannten

$$\left.\begin{aligned} f_1(x;y;z;w) &= e^{x+y} + \sinh\frac{z+w}{x} - 1{,}0 = 0;\\ f_2(x;y;z;w) &= e^{x-y} + \sinh\frac{z-w}{2y} - 2{,}5 = 0;\\ f_3(x;y;z;w) &= xy^2 - \cosh\frac{x+y+z}{w} + 1{,}0 = 0;\\ f_4(x;y;z;w) &= 3x^2 + w^3 - \tanh\frac{y-xw}{z} = 0. \end{aligned}\right\} \tag{3.103}$$

Lösung: Wir nehmen als Parameter

$$z = p,\quad w = q$$

und erhalten aus den ersten zwei Gleichungen des Systems (3.103)

$$\left.\begin{aligned} f_1(x;y;p;q) &= e^x e^y + \sinh\frac{\alpha}{x} - 1{,}0 = 0;\\ f_2(x;y;p;q) &= e^x e^{-y} + \sinh\frac{\beta}{y} - 2{,}5 = 0, \end{aligned}\right\} \tag{3.104}$$

mit $\alpha = p + q$, $\beta = (p - q)/2$.

Das erhaltene System mit den beiden Unbekannten x und y lösen wir durch Einführung des Parameters τ (den wir zum Unterschied von p und q als Hilfsgröße betrachten):

$$x = \tau.$$

Damit gelangen wir zu den folgenden Gleichungen

$$e^{y^{(0)}} = e^{-\tau}\left(1 - \sinh\frac{\alpha}{\tau}\right);\qquad e^{x^{(0)}} = e^{y^{(0)}}\left(2{,}5 - \sinh\frac{\beta}{y^{(0)}}\right); \tag{3.105}$$

$$\delta(\tau) = \tau - x^{(0)}(\tau) = 0. \tag{3.106}$$

Nach Bestimmung der Wurzeln $x^{(0)}$ und $y^{(0)}$ des Systems (3.104) finden wir aus der dritten Gleichung des Ausgangssystems (3.103)

$$z^{(0)} = w \operatorname{Arch}\gamma - \alpha_1, \tag{3.107}$$

Tabelle 51

j	p = z	q = w	$x^{(0)}$	$y^{(0)}$	$z^{(0)}$	$w^{(0)}$	$\delta_1(p,q)$	$\delta_2(p,q)$
1	0,000000	- 1,000000	1,089133	- 0,369970	0,018691	- 1,367737	- 0,018691	+ 0,36773
2	0,000000	- 1,500000	1,298500	- 0,410695	0,149512	- 1,595077	- 0,149512	+ 0,09507
3	0,500000	- 1,500000	1,196652	- 0,535832	0,542378	- 1,491171	- 0,042378	- 0,00882
4	0,622000	- 1,438000	1,140890	- 0,565521	0,617287	- 1,436583	+ 0,004713	- 0,00141
5	0,605814	- 1,441684	1,146528	- 0,561319	0,606062	- 1,441712	- 0,000248	+ 0,00002
6	0,606558	- 1,441442	1,146238	- 0,561509	0,606557	- 1,441442	+ 0,000001	0,00000

mit $\alpha_1 = x^{(0)} + y^{(0)}$, $\gamma = 1 + x^{(0)}y^{(0)^2}$. Die vierte Ausgangsgleichung wird dann zu einer Gleichung mit der einzigen Unbekannten w:

$$f_4(w; x^{(0)}; y^{(0)}; z^{(0)}) = w^3 - \tanh \frac{y^{(0)} - x^{(0)}w}{z^{(0)}} + 3x^{(0)^2} = 0. \tag{3.108}$$

Nach Bestimmung von $z^{(0)}$ und $w^{(0)}$ berechnen wir die Abweichungen $\delta_1(p;q)$ und $\delta_2(p;q)$, die beide gleich Null werden müssen:

$$\left.\begin{aligned} \delta_1(p;q) &= p - z^{(0)}(p;q) = 0, \\ \delta_2(p;q) &= q - w^{(0)}(p;q) = 0. \end{aligned}\right\} \tag{3.109}$$

Die Wurzeln p und q des Systems von Lösungsgleichung (3.109) finden wir nach der Methode der linearen Approximation aus den Gln. (3.66), (3.67) und (3.69), (3.70), (3.71).

Die Hauptergebnisse sind in Tabelle 51 angegeben. Alle Zwischenrechnungen bleiben dem Leser selbst als Übung überlassen. Die Größe Arch γ kann in unserem Fall auch negative Werte annehmen. Die gesuchte Lösung des Systems (3.103) ist schließlich

$$x^{(0)} = +1{,}146238; \quad y^{(0)} = -0{,}561509;$$
$$p^{(0)} = z^{(0)} = 0{,}606558;$$
$$q^{(0)} = w^{(0)} = -1{,}441442.$$

Bei Einsetzen dieser Werte in die Ausgangsgleichungen erhalten wir

$$f_1(x;y;z;w) = 0{,}000003;$$
$$f_2(x;y;z;w) = 0{,}000001;$$
$$f_3(x;y;z;w) = 0{,}000000;$$
$$f_4(x;y;z;w) = 0{,}000000.$$

In der gefundenen Lösung sind daher alle Ziffern gültig.

Die weitere Behandlung der eben besprochenen Fragen, insbesondere die Abschätzung des Fehlers bei der dargelegten Methode, die Untersuchung des Konvergenzverhaltens und die Ausarbeitung von Methoden, die weniger Rechenaufwand erfordern, ist von großem theoretischen und praktischen Interesse.

Bei der Lösung von Beispiel 2 konnten wir beobachten, daß bei $n = 3$ die Funktion $\delta(p)$ auf einigen Abschnitten der p-Achse nicht existiert. Ähnliche Hindernisse können auch bei $n = 2$ auftreten. Zur vollständigen Untersuchung dieser Frage betrachten wir weitere Beispiele.

Beispiel 4: Wir untersuchen das System

$$\left.\begin{aligned} f_1(x;y) &= 2y^2 + x^4 - 5x^2 + 4 = 0, \\ f_2(x;y) &= y^3 + x^3y - xy^2 + x - 4 = 0 \end{aligned}\right\} \tag{3.110}$$

und bestimmen alle seine reellen Wurzeln.

Lösung: Wir führen den Parameter

$$x = p$$

ein. Aus der ersten Gleichung des Systems erhalten wir dann

$$y^{(0)} = \pm\sqrt{-\tfrac{1}{2}\,(p^4 - 5p^2 + 4)},\quad 1 \leqslant |p| \leqslant 2. \tag{3.111}$$

Durch Einsetzen von $y^{(0)}$ in die zweite Ausgangsgleichung und Auflösen nach $y^{(0)}$ erhalten wir

$$x^3 - xy^{(0)} + \frac{x-4}{y^{(0)}} + y^{(0)2} = 0$$

oder

$$f_2(x;\, p) = x^3 - (ax + b) = 0, \tag{3.112}$$

wobei

$$a = y^{(0)} - \frac{1}{y^{(0)}} = a(p),$$
$$b = \frac{4}{y^{(0)}} - y^{(0)2} = b(p). \tag{3.112'}$$

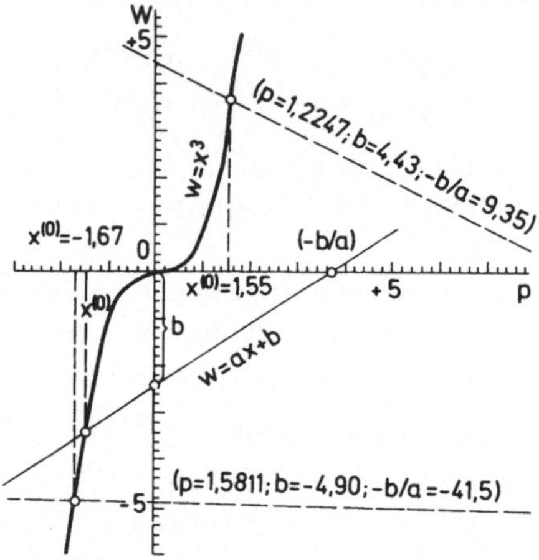

Bild 30

Die Koeffizienten dieser Gleichung sind Funktionen des Parameters p allein, was in den Gln. (3.112′) angedeutet worden ist. Grobe Näherungswerte für die Wurzeln der Gl. (3.112) findet man einfach auf graphischem Wege. Dies ist in Bild 30 durch die punktierten Geraden für $p = 1{,}2247$ und $y^{(0)} > 0$ und für $p = 1{,}5811$ und $y^{(0)} < 0$ gezeigt. Die Verbesserung dieser Werte führen wir nach der Newtonschen Methode durch:

$$x_{j+1}^{(0)} = x_j^{(0)} - \frac{f_2(x_j^{(0)})}{f_2'(x_j^{(0)})}\,. \tag{3.113}$$

Dabei gilt

$$f_2(x;\, p) = x^3 - (ax + b);\qquad f_2'(x;\, p) = 3x^2 - a.$$

Nach Bestimmung der Wurzel $x^{(0)}$ der Gl. (3.112) berechnen wir die Abweichung[1])

$$\delta(p) = p - x^{(0)}(p). \tag{3.114}$$

Jede der Lösungen von Gl. (3.110) wird, wie bereits erwähnt, durch einen p-Wert bestimmt, für den

$$\delta(p) = 0. \tag{3.115}$$

---

[1]) In unserem konkreten Beispiel arbeitet man besser mit der Abweichung $\delta(p)$ und nicht mit der durch Gl. (3.76) bestimmten Abweichung $\delta^*(p)$.

Zur Untersuchung des Systems (3.110) benötigt man also alle Nullstellen der Funktion $\delta(p)$. Zu diesem Zweck berechnen wir in Tabelle 52 eine Reihe von Werten für $\delta(p)$ und konstruieren daraus das Schaubild dieser Funktion (Bild 31).

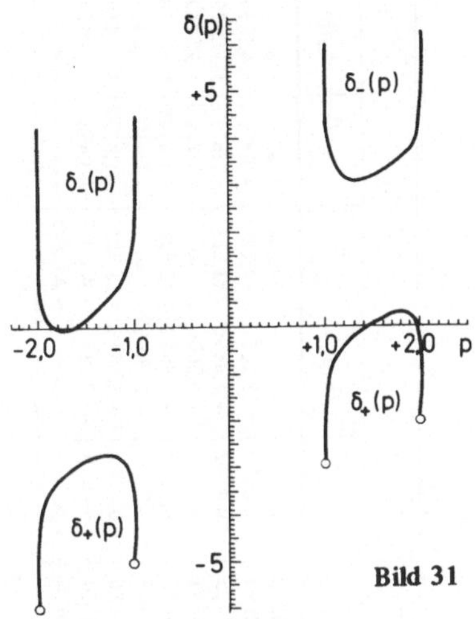

Bild 31

Gemäß Gl. (3.111) hat $y^{(0)}$ zwei Werte. Wir müssen daher zwei Zweige der Funktion $\delta(p)$ untersuchen. Wir bezeichnen sie durch $\delta_+(p)$ für $y^{(0)} > 0$ und $\delta_-(p)$ für $y^{(0)} < 0$. In unserem Beispiel existiert die Funktion $\delta(p)$ (im reellen Bereich) nur in den Intervallen

$$-2 \leqslant p \leqslant -1;$$
$$+1 \leqslant p \leqslant +2,$$

da der Wurzelausdruck in Gl. (3.111) nur für $1 \leqslant p^2 \leqslant 4$ positiv ist. In den Endpunkten dieser Intervalle, d. h. in den Punkten $p = \pm 1$ und $p = \pm 2$ werden die Zweige $\delta_-(p)$ unendlich, aber die Zweige $\delta_+(p)$ haben endliche Werte:

$$\delta_+(-2) = -6; \quad \delta_+(-1) = -5; \quad \delta_+(+1) = -3; \quad \delta_+(+2) = -2.$$

Gemäß Bild 31 besitzt die Funktion $\delta(p)$ vier Nullstellen. Das System (3.110) hat infolgedessen vier reelle Wurzelpaare. Alle Rechnungen, die zur Bestimmung von drei Paaren dieser Wurzeln auf sechs Dezimalstellen notwendig sind, sind in Tabelle 53 angegeben. Im nullten Schritt dieser Tabelle wurden die Werte von $\delta(p)$ für die Werte von p aus Tabelle 52 mit sechs Dezimalstellen neu berechnet. Die Ausgangswerte von p für den ersten Schritt (bei der Bestimmung der Nullstellen der Funktion $\delta(p)$) wurden aus den entsprechenden Werten von p und $\delta(p)$ aus Tabelle 52 mit Hilfe der linearen Interpolation bestimmt.

Alle weiteren Rechnungen gehen aus Tabelle 53 hervor. Zur bequemeren Interpolation wurden in dieser Tabelle die Endergebnisse, d. h. die Werte der Abweichung $\delta(p)$, in die Spalte unmittelbar nach der Spalte für die p-Werte eingetragen. Als Erläuterung bemerken wir noch, daß man bei der Bestimmung von $x^{(0)}$ nach Gl. (3.113) die Rechnung abbrechen darf, wenn $f_2(x;p)$ so klein geworden ist, daß man die anzubringende Korrektur unmittelbar bei der Bestimmung von $\delta(p)$ ablesen kann. Bei der Bestimmung der dritten Nullstelle der Funktion $\delta(p)$ haben wir zum Beispiel im dritten Schritt bei $j = 0$ $f_2(x;p) = -0{,}000113$ erhalten, was eine Korrektur von

$$-\frac{f_2(x;p)}{f_2'(x;p)} = +\frac{0{,}000113}{8{,}6536} = +0{,}000013$$

liefert, was bis auf das Vorzeichen gleich dem gesuchten $\delta_{III} = -0{,}000013$ ist.

Tabelle 52

p	p^2	$y^{(0)2}$	$y^{(0)}$	$y^{(0)} > 0$						$y^{(0)} < 0$					
				a(p)	b(p)	$-\frac{b}{a}$	$x^{(0)}$	$\delta_+(p)$	$\delta_+(-p)$	a(p)	b(p)	$-\frac{b}{a}$	$x^{(0)}$	$\delta_-(p)$	$\delta_-(-p)$
1,0000	1,0000	0	0	-∞	+∞	+4,0000	+4,0000	-3,0000	-5,0000	+∞	-∞	+4,0000	-∞	+∞	+∞
1,0100	1,0201	0,02995	±0,1731	-5,6039	+23,078	+4,1182	+2,2050	-1,1950	-3,2150	+5,6039	-23,138	+4,1289	-3,4964	+4,5064	+2,4864
1,2247	1,5000	0,6250	±0,7906	-0,4743	+4,4346	+9,3498	+1,5468	-0,3221	-2,7715	+0,4743	-5,6846	+11,985	-1,8732	+3,0979	+0,6485
1,4142	2,0000	1,0000	±1,0000	0	+3,0000	∞	+1,4422	-0,0280	-2,8564	0	-5,0000	∞	-1,7100	+3,1242	+0,2958
1,5811	2,5000	1,1250	±1,0607	+0,1179	+2,6462	-22,444	+1,4116	+0,1695	-2,9927	-0,1179	-4,8962	-41,528	-1,6749	+3,2560	+0,0938
1,7321	3,0000	1,0000	±1,0000	0	+3,0000	∞	+1,4422	+0,2899	-3,1743	0	-5,0000	∞	-1,7100	+3,4421	-0,0221
1,8708	3,5000	0,6250	±0,7906	-0,4743	+4,4346	+9,3498	+1,5468	+0,3240	-3,4176	+0,4743	-5,6846	+11,985	-1,8732	+3,7440	+0,0024
1,9950	3,9799	0,02995	±0,1731	-5,6039	+23,078	+4,1182	+2,2050	-0,2100	-4,2000	+5,6039	-23,138	+4,1289	-3,4964	+5,4914	+1,5014
2,0000	4,0000	0	0	-∞	+∞	+4,0000	+4,0000	-2,0000	-6,0000	+∞	-∞	+4,0000	-∞	+∞	+∞

Tabelle 53

Schritt	p	δ(p)	p^2	$y^{(0)2}$	$y^{(0)}$	a(p)	b(p)	j	$x = x_j$	x^2	x^3	ax + b	$f_2(x; p)$	$f_2'(x; p)$
0	+1,414214	-0,028036	+2,000000	+1,000000	+1,000000	0	+3,000000	0	+1,442250	–	+3,000000	+3,000000	0,000000	–
I	+1,437800	+0,003343	+2,067269	+1,031372	+1,015565	+0,030891	+2,907324	0	+1,434000	+2,056356	+2,948815	+2,951622	-0,002807	+6,1382
								1	+1,434457	+2,057667	+2,951635	+2,951636	-0,000001	
II	+1,435288	+0,000052	+2,060052	+1,028223	+1,014013	+0,027832	+2,916501	0	+1,435000	+2,059225	+2,954988	+2,956440	-0,001452	+6,1498
								1	+1,435236	+2,059902	+2,956446	+2,956446	0,000000	
III	+1,435248	0,000000	+2,059937	+1,028172	+1,013988	+0,027783	+2,916648	0	+1,435248	+2,059937	+2,956520	+2,956523	-0,000003	+6,1520
0	-1,870829	+0,002407	+3,500000	+0,625000	-0,790569	+0,474343	-5,684648	0	-1,873236	+3,509013	-6,573209	-6,573204	-0,000005	–
I	-1,857200	-0,012642	+3,449192	+0,674517	-0,821290	+0,396307	-5,544905	0	-1,857200	+3,449192	-6,405839	-6,280926	-0,124913	+9,9513
								1	-1,844648	+3,402726	-6,276832	-6,275952	-0,000880	+9,8119
								2	-1,844558	+3,402394	-6,275913	-6,275916	+0,000003	
II	-1,868649	-0,000320	+3,491849	+0,633118	-0,795687	+0,461089	-5,660222	0	-1,868649	+3,491849	-6,525040	-6,521835	-0,003205	+10,0145
								1	-1,868329	+3,490653	-6,521688	-6,521688	0,000000	
III	-1,868911	0,000000	+3,492828	+0,632146	-0,795076	+0,462665	-5,663110	0	-1,868911	+3,492828	-6,527785	-6,527790	+0,000005	+10,0158
0	-1,732051	-0,022075	+3,000000	+1,000000	-1,000000	0	-5,000000	0	-1,709976	–	-5,000000	-5,000000	0,000000	–
I	-1,700000	-0,004572	+2,890000	+1,048950	-1,024183	-0,047795	-4,954502	0	-1,700000	+2,890000	-4,913000	-4,873250	-0,039750	+8,7178
								1	-1,695440	+2,874517	-4,873571	-4,873468	-0,000103	+8,6713
								2	-1,695428	+2,874476	-4,873467	-4,873469	+0,000002	
II	-1,692000	+0,000533	+2,862864	+1,059165	-1,029157	-0,057488	-4,945841	0	-1,692000	+2,862864	-4,843966	-4,848571	+0,004605	+8,6461
								1	-1,692533	+2,864668	-4,848545	-4,848541	-0,000004	
III	-1,692835	-0,000013	+2,865690	+1,058135	-1,028657	-0,056516	-4,946699	0	-1,692835	+2,865690	-4,851140	-4,851027	-0,000113	+8,6536
IV	-1,692815	0,000000	+2,865623	+1,058160	-1,028669	-0,056539	-4,946680	0	-1,692815	+2,865623	-4,850970	-4,850970	0,000000	

Zur Kontrolle aller Rechnungen setzen wir die erhaltenen Wurzeln in die Ausgangsgleichungen (3.110) ein und berechnen $f_1(x;y)$ und $f_2(x;y)$. Wir erhalten

$$p = x^{(0)} = +1{,}435248; \quad y^{(0)} = +1{,}013988;$$
$$p = x^{(0)} = -1{,}868911; \quad y^{(0)} = -0{,}795076;$$
$$p = x^{(0)} = -1{,}692815; \quad y^{(0)} = -1{,}028669;$$
$$f_1 = -0{,}000001; \quad f_2 = -0{,}000004;$$
$$f_1 = -0{,}000001; \quad f_2 = -0{,}000005;$$
$$f_1 = 0{,}000000; \quad f_2 = 0{,}000000.$$

Setzt man das Verfahren mit ein bis zwei Schritten fort, so findet man die Wurzeln mit zehn bis fünfzehn Dezimalstellen (dazu sind allerdings vorerst die letzten zwei Schritte in Tabelle 53 mit der erforderlichen Genauigkeit zu berechnen). Für die ersten zwei in Tabelle 53 gefundenen Wurzelpaare gilt zum Beispiel mit zwölf Dezimalstellen

$$p = x^{(0)} = +1{,}435248337217; \quad y^{(0)} = 1{,}013988474016.$$

Übung 4: Man führe alle Rechnungen von Tabelle 53 mit fünf Dezimalstellen durch und bestimme so das vierte Wurzelpaar des Systems (3.110).

Übung 5: Man untersuche das System [461, S. 86]:

$$\left.\begin{aligned} f_1(x,y) &= x^3 + 2y^2 - 1 = 0, \\ f_2(x,y) &= 5y^3 + x^2 - 2xy - 4 = 0 \end{aligned}\right\}$$

und beweise, daß es nur ein Paar von reellen Wurzeln besitzt.

Antwort: $x^{(0)} = -0{,}649416$; $y^{(0)} = +0{,}798087$.

Bemerkung: Aus Bild 31 kann man auch erkennen, welchen Einfluß das freie Glied α_2 in der zweiten Gleichung des Systems auf die Wurzeln des Systems ausübt (in unserem Fall ist $\alpha_2 = -4$). Bei $\alpha_2 > +2$ hat das System (3.110) zum Beispiel nur eine reelle Lösung. Für diesen Fall muß man nämlich in Bild 31 die p-Achse parallel zu sich selbst um sechs Einheiten nach unten verschieben. Dann hat die Funktion $\delta(p)$ aber nur mehr eine Nullstelle. Man kann auch leicht solche Werte von α_2 finden, für die das System (3.110) nur eine, zwei oder drei reelle Lösungen hat. Der Leser möge dies als Übung versuchen.

Auf analogem Wege kann man auch den Einfluß der übrigen Koeffizienten des Systems (3.110) auf die Anzahl der reellen Wurzeln untersuchen. So führt zum Beispiel eine Änderung des freien Gliedes α_1 der ersten Gleichung des Systems zu einer Dehnung (oder Stauchung) des Schaubildes von $\delta(p)$ längs der p-Achse.

Diese Bemerkung besitzt allgemeinen Charakter. Ähnliche Untersuchungen kann man auch im Fall eines beliebigen Systems von nichtlinearen Gleichungen anstellen. Die Bedeutung solcher Untersuchungen ist in der Praxis sehr groß, da man oft solche Koeffizienten des Systems zu finden hat, für die reelle Lösungen existieren oder für die genau eine Lösung existiert usw.

Beispiel 5: Wir untersuchen das System [415]

$$\left.\begin{aligned} f_1(x;y) &= 2x^2 - xy - 5x + 1 = 0, \\ f_2(x;y) &= x + 3\lg x - y^2 = 0 \end{aligned}\right\} \qquad (3.116)$$

und bestimmen mit acht bedeutsamen Ziffern alle seine reellen Wurzeln.

Lösung: Wir führen den Parameter

$$x = p$$

ein und erhalten aus dem System (3.116)

$$y_{I}^{(0)} = 2p + \frac{1}{p} - 5; \quad y_{II}^{(0)} = \pm\sqrt{p + 3 \lg p}. \tag{3.117}$$

In unserem Fall kann man die Wurzeln $y^{(0)}(p)$ beider Gleichungen des Systems (3.116) direkt durch den Parameter p ausdrücken, was die Lösung sehr vereinfacht. Wir berechnen daher nun in Tabelle 54 für eine Reihe von p-Werten die entsprechenden Werte von $y_{I}^{(0)}$ und $y_{II}^{(0)}$ und der Abweichung

$$\delta^*(p) = y_{I}^{(0)}(p) - y_{II}^{(0)}(p).$$

Da $y_{II}^{(0)}$ zwei verschiedene Werte annehmen kann, betrachten wir zwei Zweige der Funktion $\delta^*(p)$:

$$\delta_+^*(p) = y_{I}^{(0)}(p) - |y_{II}^{(0)}(p)| \text{ und } y_{II}^{(0)} > 0$$

sowie

$$\delta_-^*(p) = y_{I}^{(0)}(p) + |y_{II}^{(0)}(p)| \text{ und } y_{II}^{(0)} < 0.$$

Beide Zweige stimmen im Verzweigungspunkt p = 0,62091 überein.

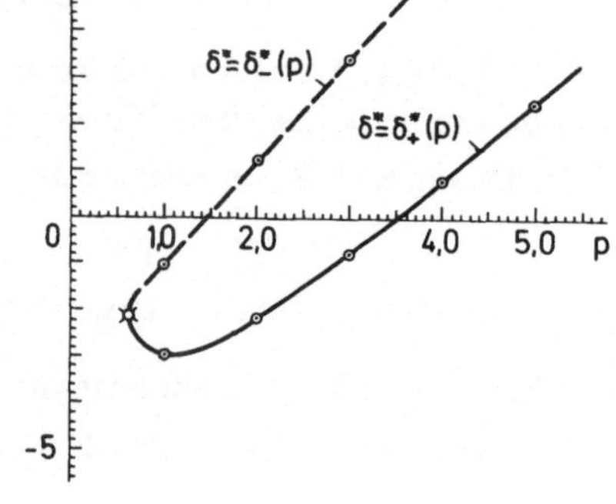

Bild 32

Tabelle 54

p	$\frac{1}{p}$	lg p	p + 3 lg p	$y_I(p)$	$y_{II}(p)$	$\delta_+^*(p)$	$\delta_-^*(p)$
0,62091	1,6105	− 0,20697	0,0000	− 2,1477	0,0000	− 2,1477	− 2,1477
1,0000	1,0000	0,0000	+ 1,0000	− 2,0000	± 1,0000	− 3,0000	− 1,0000
2,0000	0,5000	+ 0,3010	+ 2,9030	− 0,5000	± 1,7038	− 2,2038	+ 1,2038
3,0000	0,3333	+ 0,4771	+ 4,4313	+ 1,3333	± 2,1051	− 0,7718	+ 3,4384
4,0000	0,2500	+ 0,6021	+ 5,8063	+ 3,2500	± 2,4096	+ 0,8404	+ 5,6596
5,0000	0,2000	+ 0,6990	+ 7,0970	+ 5,2000	± 2,6640	+ 2,5360	+ 7,8640

Tabelle 55

n	$p = p_n$	$\frac{1}{p}$	lg p	p + 3 lg p	$y_I(p)$	$y_{II}(p)$	$\delta_+^*(p)$
0	3,5	0,2857143	0,5540680	5,1622040	2,2857143	2,2720484	+ 0,0136659
1	3,4	0,2941176	0,5314789	4,9944367	2,0941176	2,2348236	− 0,1407060
2	3,491	0,2864509	0,5429498	5,1198494	2,2684509	2,2627084	+ 0,0057425
3	3,48743	0,2867441	0,5425055	5,1149465	2,2616041	2,2616248	− 0,0000207
4	3,4874428	0,2867431	0,5425071	5,1149641	2,2616287	2,2616286	+ 0,0000001

Aus den Eintragungen von Tabelle 54 konstruieren wir in Bild 32 die Schaubilder von $\delta_+^*(p)$ und $\delta_-^*(p)$. Wir erkennen dadurch, daß die Funktion $\delta^*(p)$ nur zwei Nullstellen hat: $p \approx 1{,}4$ und $p \approx 3{,}5$. In Tabelle 55 findet man für $p \approx 3{,}5$ alle Rechnungen zur Bestimmung der Wurzeln mit der gewünschten Genauigkeit:

$$p = x^{(0)} = 3{,}4874428; \quad y^{(0)} = 2{,}2616287.$$

Die Verbesserung des p-Wertes wurde dabei mit Hilfe der linearen Interpolation durchgeführt.

Übung 6: Unter Verwendung der Tabellen von [634] und [647] bestimme man mit derselben Genauigkeit die Wurzeln des Systems (3.116), die dem Wert $p \approx 1{,}4$ entsprechen.

Beispiel 5 ist in der Literatur ausführlich betrachtet worden. Wir vergleichen daher unsere Ergebnisse mit den Ergebnissen in [415, S. 189; 89, S. 46; 100, S. 150] und sehen, daß die Methode der Variation der Parameter bei geringerem Arbeitsaufwand eine höhere Genauigkeit gewährleistet[1]. Weitere Vergleiche kann der Leser leicht selbst durchführen, wenn er Übung 7 vollendet hat, bei der die früheren Resultate und deren Herkunft angegeben wurden. Diese Auswahl umfaßt beinahe alle Beispiele von Systemen nichtlinearer Gleichungen, die in der zitierten Literatur mit Hilfe verschiedener Methoden gelöst worden sind.

Übung 7: Man untersuche mit Hilfe der Methode der Variation der Parameter die unten angeführten Gleichungssysteme und vergleiche die Ergebnisse mit den nach anderen Methoden erhaltenen Ergebnissen.[2]

1. $$\left.\begin{aligned} f_1(x;y) &= 4y^3 - 2x^3 - 20x^2 + 1 = 0,\\ f_2(x;y) &= 3y^3 - 2x^2 + 10y - 5 = 0.\end{aligned}\right\}$$

Antwort: $x^{(0)} = 0{,}265$; $y^{(0)} = 0{,}480$ [17, S. 272; 261, S. 105].

2. $$\left.\begin{aligned} f_1(x;y) &= 4x^2 + y^2 + 2xy - y - 2 = 0,\\ f_2(x;y) &= 2x^2 + 3xy + y^2 - 3 = 0.\end{aligned}\right\}$$

Antwort: $x^{(0)} = 0{,}500000$; $y^{(0)} = 1{,}000000$ [19, Band II, S. 160].

3. $$\left.\begin{aligned} f_1(x;y) &= 2x^3 - y^2 - 1 = 0,\\ f_2(x;y) &= xy^3 - y - 4 = 0.\end{aligned}\right\}$$

Antwort: $x^{(0)} = 1{,}2343$; $y^{(0)} = 1{,}6615$ [100, S. 152].

4. $$\left.\begin{aligned} f_1(x;y;z) &= x^2 + y^2 + z^2 - 1 = 0,\\ f_2(x;y;z) &= 2x^2 + y^2 - 4z = 0,\\ f_3(x;y;z) &= 3x^2 - 4y + z^2 = 0.\end{aligned}\right\}$$

Antwort: $x^{(0)} = 0{,}7852$; $y^{(0)} = 0{,}4966$; $z^{(0)} = 0{,}3699$ [100, S. 453].

---

1) Im Buch [100] ist die Kurve $f_1(x;y) = 0$ in Bild 37 in der Umgebung von $x = 1$ falsch gezeichnet. Bei $x = 1$ muß $y = -2$ sein. Im Buch [415] muß es auf Seite 190 an Stelle von $x^{(3)} = 3{,}4782$ heißen $x^{(3)} = 3{,}4872$.

2) In den Antworten sind nur die in der zitierten Literatur angegebenen Lösungen zu finden (und zwar mit der Genauigkeit, mit der sie dort berechnet wurden). Der Leser muß daher erst überprüfen, ob nicht noch zusätzliche Lösungen existieren.

Hinweis: Das gegebene System führt man leicht durch Elimination von x^2 in ein System mit zwei unabhängigen Veränderlichen über.

5. $$\left.\begin{aligned} f_1(x;y) &= x^2 + y^2 - 1 = 0,\\ f_2(x;y) &= x^3 - y = 0. \end{aligned}\right\}$$

Antwort: $x^{(0)} = 0{,}8261$; $y^{(0)} = 0{,}5636$ [100, S. 476].

6. $$\left.\begin{aligned} f_1(x;y;z) &= x + x^2 - 2yz - 0{,}1 = 0,\\ f_2(x;y;z) &= y - y^2 + 3xz + 0{,}2 = 0,\\ f_3(x;y;z) &= z + z^2 + 2xy - 0{,}3 = 0. \end{aligned}\right\}$$

Antwort: $x^{(0)} = +0{,}0327$; $y^{(0)} = -0{,}2007$; $z^{(0)} = +0{,}2453$, das ergibt $f_1 = +0{,}032$; $f_2 = -0{,}017$; $f_3 = -0{,}007$ [100, S. 489].

7. $$\left.\begin{aligned} f_1(x;y) &= +x^3 + 2x^2 - 3xy^2 + 6xy - x - 2y^2 + y + 4 = 0,\\ f_2(x;y) &= -y^3 + 3y^2 + 3x^2y + 4xy - y - 3x^2 - x - 2 = 0. \end{aligned}\right\}$$

Antwort: $x_1^{(0)} = -0{,}008$; $y_1^{(0)} = +1{,}685$; [1])
$x_2^{(0)} = +0{,}2477$; $y_2^{(0)} = -0{,}8210$;
$x_3^{(0)} = -2{,}2$; $y_3^{(0)} = +2{,}4$; [119, S. 188 bis 195]

8. $$\left.\begin{aligned} f_1(x;y) &= x^2y^2 - 2x^3 - 5y^3 + 10 = 0,\\ f_2(x;y) &= x^4 - 8y + 1 = 0. \end{aligned}\right\}$$

Antwort: $x^{(0)} = -1{,}97342$; $y^{(0)} = +2{,}02121$ [52; 119, S. 196].

9. $$\left.\begin{aligned} f_1(x;y) &= e^{x+y} + y = 0,\\ f_2(x;y) &= e^{x-y} + x = 0. \end{aligned}\right\}$$

Antwort: $x^{(0)} = -0{,}7024$; $y^{(0)} = -0{,}3495$ [261, S. 100 und 104].

10. $$\left.\begin{aligned} f_1(x;y;z) &= x + y + z^2 - 0{,}2 = 0;\\ f_2(x;y;z) &= x^2 + y^2 + z^2 - 0{,}7 = 0;\\ f_3(x;y;z) &= x^2 + y + z - 1{,}0 = 0. \end{aligned}\right\}$$

Antwort: $x_1^{(0)} = -0{,}4199$; $y_1^{(0)} = +0{,}1081$; $z_1^{(0)} = +0{,}7155$;
$x_2^{(0)} = -0{,}4843$; $y_2^{(0)} = +0{,}6763$; $z_2^{(0)} = +0{,}0890$ [261, S. 110].

Hinweis: Das System läßt sich leicht lösen, wenn man y daraus eliminiert und dadurch zu einem System mit zwei Unbekannten übergeht.

11. $$\left.\begin{aligned} f_1(x;y) &= x - \sin x \cosh y = 0;\\ f_2(x;y) &= y - \cos x \sinh y = 0. \end{aligned}\right\}$$

Antwort: $x^{(0)} = 7{,}4977$; $y^{(0)} = 2{,}7687$ [270, S. 41].

---

[1]) Das angegebene System erhält man aus der Gleichung mit komplexen Koeffizienten $z^3 + (2 - 3i)z^2 - (1 - i)z + (4 + 2i) = 0$; $z = x + iy$). In [119] ist bei der Trennung dieser Gleichung in Real- und Imaginärteil ein Vorzeichenfehler begangen worden. Das System muß die folgende Form haben:

$$\left.\begin{aligned} f_1(x;y) &= +x^3 + 2x^2 - 3xy^2 + 6xy - x - 2y^2 - y + 4 = 0;\\ f_2(x;y) &= -y^3 + 3y^2 + 3x^2y + 4xy - y - 3x^2 + x + 2 = 0. \end{aligned}\right\}$$

12. $\left.\begin{aligned} f_1(x;y) &= x^3 + y^3 - 4 = 0; \\ f_2(x;y) &= x^4 + y^2 - 3 = 0. \end{aligned}\right\}$

Antwort: $x^{(0)} = +0{,}96764$; $y^{(0)} = +1{,}45715$ [290, S. 11 und 69].

13. $\left.\begin{aligned} f_1(x;y) &= 4 + x + y - x^2 + 2xy + 3y^2 = 0; \\ f_2(x;y) &= 1 + 2x - 3y + x^2 + xy - 2y^2 = 0. \end{aligned}\right\}$

Antwort: $x_1^{(0)} = +3{,}33862$; $y_1^{(0)} = -2{,}98438$;
$x_2^{(0)} = -1{,}53344$; $y_2^{(0)} = +0{,}06112$ [424, S. 408 bis 413].

14. $\left.\begin{aligned} f_1(x;y) &= \sin x + 2\sin y - 1{,}0 = 0; \\ f_2(x;y) &= 2\sin 3x + 3\sin 3y - 0{,}3 = 0. \end{aligned}\right\}$

Antwort: $x^{(0)} = 2{,}070\,\frac{\pi}{6} = 1{,}0838$; $y^{(0)} = 0{,}0581$ [580, S. 228].

15. $\left.\begin{aligned} f_1(x;y) &= xy(2x^2 - y^2) + 16(x + y) - 48 = 0; \\ f_2(x;y) &= x^2 + y^2 - 16 = 0. \end{aligned}\right\}$

Antwort: $x^{(0)} \approx 1{,}84$; $y^{(0)} \approx 3{,}55$ [580, S. 232].

Bemerkung: Die gefundenen Wurzeln sind noch nicht genau genug, da für sie $f_1(x;y) = +7{,}6$; $f_2(x;y) = -1{,}4$.

16. $\left.\begin{aligned} f_1(x;y) &= 2x^3 - y^2 - 1 = 0; \\ f_2(x;y) &= xy^3 - y - 4 = 0. \end{aligned}\right\}$

Antwort: $x^{(0)} = 1{,}2349$; $y^{(0)} = 1{,}6610$; $f_1(x;y) = +0{,}0075$; $f_2(x;y) = -0{,}0020$ [620, S. 66].

24. Die Lösung einer nichtlinearen Gleichung und eines Systems solcher Gleichungen im komplexen Bereich

Eine beliebige Funktion $f(z)$ der komplexen Veränderlichen $z = x + iy$, analytisch oder nicht, kann man immer in der Form

$$f(x + iy) = u(x, y) + iv(x, y),$$

darstellen, wobei u und v reelle Funktionen der reellen Veränderlichen x und y sind.

Die Lösung eines Systems von n Gleichungen (3.62) (oder einer solchen Gleichung für $n = 1$) im komplexen Bereich kann man daher immer auf die Lösung eines Systems von 2n reellen Gleichungen mit 2n Unbekannten zurückführen.

Wenn das Ausgangssystem im komplexen Bereich linear ist, so bleibt die Linearität auch im reellen Bereich erhalten und man kann die Lösung mit Hilfe der in Abschnitt 16 betrachteten Methoden gewinnen. Ein nichtlineares System (3.62) führt auf ein System von 2n nichtlinearen Gleichungen. Prinzipielle Schwierigkeiten treten dabei nicht auf. Nur der Arbeitsaufwand wächst sehr stark.

Beispiel 1: Wir bestimmen die Wurzeln der Gleichung [100]

$$f(z) = e^z - 0{,}2z + 1 = 0; \quad z = x + iy \tag{3.118}$$

im komplexen Bereich.

Lösung: Wegen

$$e^z = e^{x+iy} = e^x(\cos y + i \sin y)$$

gelangen wir nach Trennung von Real- und Imaginärteil von Gl. (3.118) zu einem System mit zwei reellen Gleichungen

$$\left.\begin{aligned} e^x \cos y - 0{,}2x + 1 = 0; \\ e^x \sin y - 0{,}2y = 0. \end{aligned}\right\} \tag{3.119}$$

Zur Lösung dieses Systems führen wir den Parameter

$$x = p$$

ein. Damit erhalten wir aus der ersten Gleichung des Systems (3.119)

$$\cos y = e^{-p}(0{,}2p - 1)$$

oder

$$y^{(0)} = \pm \arccos \gamma + 2k\pi; \quad \gamma = e^{-p}(0{,}2p - 1); \quad k = 0, 1, 2, \ldots$$

Durch Einsetzen dieses Wertes in die zweite Gleichung ergibt sich

$$e^{x^{(0)}} = \frac{0{,}2y^{(0)}}{\sin y^{(0)}} .$$

Als Lösungsgleichung für das System (3.119) dient die Gleichung

$$\delta(p) = p - x^{(0)}(p) = 0.$$

Für k = 0 erhalten wir zwei Paare der dem Betrag nach kleinsten Wurzeln von Gl. (3.118):

$$p = x^{(0)} = +0{,}106676; \quad y^{(0)} = \pm 2{,}645904.$$

Alle notwendigen Rechnungen sind in Tabelle 56 angegeben. Setzt man noch einen Schritt hinzu (indem man die Genauigkeit der Rechnung für $n \geqslant 3$ entsprechend vergrößert), so erhält man die Wurzeln mit 10 bis 12 Dezimalstellen.

Tabelle 56

n	$x_n = p$	e^{-p}	cos y	$y^{(0)}$	sin $y^{(0)}$	$e^{x^{(0)}}$	$x^{(0)}$	δ (p)
0	0	+ 1	− 1	π	0	+ ∞	+ ∞	− ∞
1	0,10	0,904837	− 0,886740	2,661041	0,462269	1,151295	0,140887	− 0,040887
2	0,11	0,895834	− 0,876126	2,638564	0,482081	1,094656	0,090440	+ 0,019560
3	0,10676	0,898742	− 0,879552	2,645717	0,475802	1,112108	0,106257	+ 0,000503
4	0,106676	0,898817	− 0,879641	2,645904	0,475638	1,112570	0,106673	+ 0,000003

Übung 1: Man bestimme mit sechs Dezimalstellen die Wurzeln des Systems (3.119) für k = 1.

Antwort: $p = x^{(0)} = +0{,}632478$; $y^{(0)} = \pm 8{,}336566$; $\delta(p) = -0{,}000001$.

Wenn f(z) analytisch ist, so kann man eine Gleichung mit einer Unbekannten

$$f(z) = 0; \quad z = x + iy \tag{3.120}$$

immer mit Hilfe der Newtonschen Methode lösen. In diesem Fall gehen wir wie in Abschnitt 18 vor und verbessern einen Anfangsnäherungswert z_0 Schritt für Schritt, bis wir eine einfache Wurzel ζ gefunden haben. Es gilt die Gleichung

$$z_{n+1} = z_n - \Delta z_n; \quad \Delta z_n = \frac{f(z_n)}{f'(z_n)}; \quad n = 0, 1, 2, \ldots, \tag{3.121}$$

worin alle Rechnungen mit komplexen Zahlen durchzuführen sind.

Wir geben ohne Beweis eine hinreichende Bedingung für die Existenz einer Wurzel der Gl. (3.120) an, die aus einem Theorem von *A. Ostrowski* [153; 100, Kapitel IV, § 11] folgt.

Theorem: Wenn die Funktion f(z) in einer abgeschlossenen Umgebung des Punktes z_0 mit dem Radius R analytisch ist und die Beziehungen

1. $\left|\dfrac{1}{f'(z_0)}\right| \leqslant A_0$,
2. $\left|\dfrac{f(z_0)}{f'(z_0)}\right| \leqslant B_0 \leqslant \dfrac{R}{2}$,
3. $|f''(z)| \leqslant C$ für $|z - z_0| < R$,
4. $2A_0B_0C = \mu_0 \leqslant 1$

erfüllt sind, so hat die Gl. (3.120) im Bereich $|z - z_0| \leqslant R$ genau eine Wurzel ζ und das Newtonsche Verfahren Gl. (3.121), angewandt auf den Anfangswert z_0, konvergiert gegen diese Wurzel, d. h.

$$\zeta = \lim_{n \to \infty} z_n.$$

Die Schnelligkeit der Konvergenz wird gemessen durch die Abschätzung

$$|\zeta - z_n| \leqslant B_0 \left(\tfrac{1}{2}\right)^{n-1} \mu_0^{2^n - 1}. \tag{3.122}$$

In Tabelle 57, die wir von [100, S. 156] übernommen haben, sind die Hauptergebnisse bei der Behandlung von Beispiel 1 mit der Newtonschen Methode auf drei Dezimalstellen angegeben. Die Werte von $f(z_n)$ und $f'(z_n)$ wurden nach den Gleichungen

$$f(z) = e^z - 0{,}2z + 1 = (e^x \cos y - 0{,}2x + 1) + i(e^x \sin y - 0{,}2y);$$
$$f'(z) = e^z - 0{,}2 = (e^x \cos y - 0{,}2) + ie^x \sin y; \quad z = z_n = x_n + iy_n$$

berechnet. Bei einem Vergleich von Tabelle 56 mit Tabelle 57 sehen wir, daß in dem gegebenen Beispiel, wie in den Beispielen von Abschnitt 23, die Methode der Variation der Parameter bei geringerem Arbeitsaufwand eine höhere Genauigkeit liefert.

Tabelle 57

n	$z_n = z$	e^z	f(z)	f'(z)	$-\Delta z = \frac{f(z)}{f'(z)}$
0	3,142i	- 1,000	- 0,628i	- 1,200	- 0,524i
1	2,618i	- 0,868 + 0,500i	+ 0,132 - 0,024i	- 1,068 + 0,500i	+ 0,153 + 0,040i
2	0,153 + 2,658i	- 1,030 + 0,541i	- 0,061 + 0,009i	- 1,230 + 0,541i	- 0,044 - 0,012i
3	0,109 + 2,646i	- 0,978 + 0,535i	0,000 + 0,006i	- 1,178 + 0,535i	- 0,002 + 0,004i
4	0,107 + 2,650i	- 0,981 + 0,525i	- 0,002 - 0,005i	- 1,181 + 0,525i	- 0,000 - 0,004i
5	0,107 + 2,646i	- 0,977 + 0,534i	+ 0,002 + 0,004i	- 1,177 + 0,534i	

Beispiel 2: Wir lösen das System mit zwei komplexen Veränderlichen $z = x + iy$ und $w = u + iv$:

$$\left.\begin{aligned} &z \cos w - (w + z + 1) = 0; \\ &w \cos z - \sin(w - z) = 0. \end{aligned}\right\} \tag{3.123}$$

Nach Zerlegung von Gl. (3.123) in Real- und Imaginärteil erhalten wir ein System mit vier reellen Veränderlichen:

$$\left.\begin{aligned} &f_1(x; y; u; v) = x \cos u \cosh v + y \sin u \sinh v - (u + x + 1) = 0; \\ &f_2(x; y; u; v) = x \sin u \sinh v - y \cos u \cosh v + (v + y) = 0; \\ &f_3(x; y; u; v) = u \cos x \cosh y + v \sin x \sinh y - \sin(u - x) \cosh(v - y) = 0; \\ &f_4(x; y; u; v) = u \sin x \sinh y - v \cos x \cosh y + \cos(u - x) \sinh(v - y) = 0. \end{aligned}\right\} \tag{3.124}$$

Die ersten beiden Gleichungen sind linear in x und y. Wir schreiben sie daher in der Form

$$\left.\begin{aligned} &x(\cos u \cosh v - 1) + y \sin u \sinh v = +(1 + u); \\ &x \sin u \sinh v - y(\cos u \cosh v - 1) = -v \end{aligned}\right\}$$

und finden durch Auflösen nach x und y

$$x = \frac{(1 + u)(\cos u \cosh v - 1) - v \sin u \sinh v}{(\cosh v - \cos u)^2};$$

$$y = \frac{(1 + u) \sin u \sinh v + v(\cos u \cosh v - 1)}{(\cosh v - \cos u)^2};$$

nachdem

$$\begin{aligned} (\cos u \cosh v - 1)^2 + (\sin u \sinh v)^2 &= \cos^2 u \cosh^2 v - 2 \cos u \cosh v + 1 + \sin^2 u \sinh^2 v \\ &= (1 - \sin^2 u)(1 + \sinh^2 v) + 1 + \sin^2 u \sinh^2 v - 2 \cos u \cosh v \\ &= (\cosh v - \cos u)^2. \end{aligned}$$

Wir setzen diese Ausdrücke in die dritte und vierte Gleichung von (3.124) ein und gelangen dadurch zu einem System in u und v. Zur Lösung dieses Systems verwenden wir den Parameter

$$u = p$$

und schreiben die vierte Gleichung von (3.124) in der Form

$$f_4(v;p) = (v\beta_4 - \gamma_4) - \sinh(v - y^{(0)}) = 0, \tag{3.125}$$

wobei wir die folgenden Abkürzungen verwenden:

$$\beta_4 = \frac{\cos x^{(0)} \cosh y^{(0)}}{\cos(p - x^{(0)})}, \quad \gamma_4 = \frac{p \sin x^{(0)} \sinh y^{(0)}}{\cos(p - x^{(0)})}, \tag{3.126}$$

$$x^{(0)} = \frac{(1+p)(\cos p \cosh v - 1) - v \sin p \sinh v}{(\cosh v - \cos p)^2} = x^{(0)}(v;p), \tag{3.127}$$

$$y^{(0)} = \frac{(1+p) \sin p \sinh v + v(\cos p \cosh v - 1)}{(\cosh v - \cos p)^2} = y^{(0)}(v;p). \tag{3.128}$$

Wir suchen die Wurzel $v^{(0)} = v^{(0)}(p)$ der Gl. (3.125) und setzen sie in die dritte Gleichung des Systems (3.124) ein. Dies führt zu einer Gleichung mit einer Unbekannten u:

$$f_3[u; v^{(0)}(p)] = (u\beta_3 + \gamma_3) - \sin(u - x^{(0)}) = 0. \tag{3.129}$$

Dabei gilt

$$\beta_3 = \frac{\cos x^{(0)} \cosh v^{(0)}}{\cosh(v^{(0)} - y^{(0)})}; \quad \gamma_3 = \frac{v^{(0)} \sin x^{(0)} \sinh y^{(0)}}{\cosh(v^{(0)} - y^{(0)})}. \tag{3.130}$$

Zur Bestimmung der Wurzel $u^{(0)} = u^{(0)}(p)$ der Gl. (3.129) berechnen wir die Abweichung

$$\delta(p) = p - u^{(0)}(p).$$

Die Lösung des Systems (3.124) ist durch jene Werte von $p = p^{(0)}$ bestimmt, für die $\delta(p) = 0$, d. h., die Gleichung mit der einen Unbekannten p

$$\delta(p) = p - u^{(0)}(p) = 0 \tag{3.131}$$

ist die Lösungsgleichung des Systems (3.124).

Die Gl. (3.131) lösen wir nach der Methode der linearen Interpolation und gehen dabei von zwei Versuchen aus, zum Beispiel von $p = 1$ und $p = 0$. Dafür gilt $\delta(1) = +2{,}59877$ und $\delta(0) = -0{,}63372$. Durch Einsetzen dieser Werte in die Gleichung für die lineare Interpolation (3.43) bestimmen wir p im Schritt n = III:

$$p = 0{,}196.$$

Für den vierten Schritt nehmen wir als p das arithmetische Mittel aus den gemäß Gl. (3.43) im Schritt n = I und n = III und n = II und n = III gefundenen Werten:

$$p(\mathrm{I};\mathrm{III}) = 0{,}24715; \quad p(\mathrm{II};\mathrm{III}) = 0{,}27169;$$

$$p = \frac{p(\mathrm{I};\mathrm{III}) + p(\mathrm{II};\mathrm{III})}{2} = 0{,}25942.$$

In den Tabellen 58 und 59 findet man alle nach den Gln. (3.125) bis (3.131) durchgeführten Rechnungen, die zur Bestimmung einer der Lösungen des Systems (3.124) notwendig sind. Sechs Schritte (die beiden Versuche am Anfang mitgerechnet) gewährleisten sechs gültige Dezimalstellen. Bei Einsetzen der Endwerte

$$x^{(0)} = 0{,}105\,526; \quad y^{(0)} = 0{,}603\,678; \quad p^{(0)} = u^{(0)} = 0{,}264\,817;$$
$$v^{(0)} = 2{,}357\,799$$

in die Ausgangsgleichungen (3.124) ergibt sich nämlich

$$f_1 = +\,0{,}000\,001; \quad f_3 = -\,0{,}000\,003;$$
$$f_2 = -\,0{,}000\,003; \quad f_4 = +\,0{,}000\,002.$$

Wir untersuchen das System (3.124), das unendlich viele Wurzeln hat, etwas ausführlicher.

In Bild 33 sind für $p = 1$ und $p = 0$ die Schaubilder der Funktion $f_4(v; p)$ dargestellt. In Bild 34 erfolgt auf graphischem Wege die Bestimmung der Wurzeln der Gl. (3.129) für $p = 1$, $p = 0$ und $p = 0{,}196$.

Die Funktion $f_4(v; p)$ ist ungerade. Bei $v < 0$ gilt gemäß Gl. (3.128) auch $y^{(0)} < 0$. Aus Gl. (3.125) erhalten wir dann

$$f_4(-v; p) = -f_4(+v; p). \tag{3.132}$$

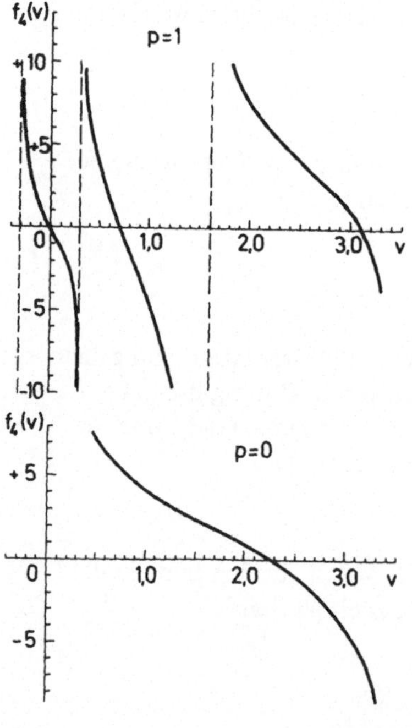

Bild 33

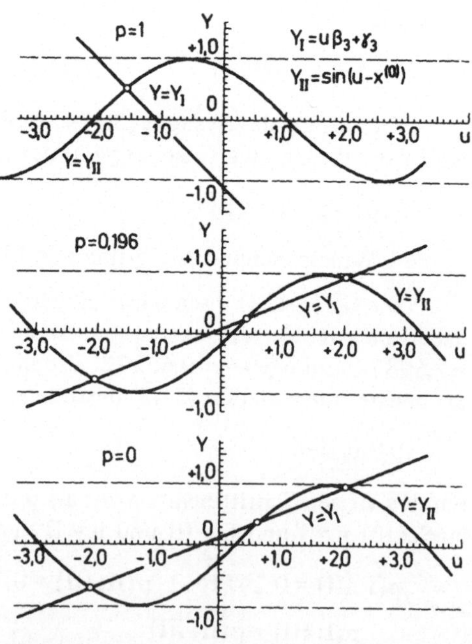

Bild 34

Tabelle 58

n	p = u	v	sinh v	cosh v	cos p cosh v - 1	$(\cosh v - \cos p)^2$	$x^{(0)}$	$y^{(0)}$	$\cos(p - x^{(0)})$	$\sinh(v - y^{(0)})$	$\beta_4(v;p)$	$\gamma_4(v;p)$	$f_4(v;p)$
I	p = 1,0	0	0	1	- 0,45970	0,21132	- 4,3507	0	+ 0,59584	0	- 0,5939	0	0
	δ (p) = + 2,59877	0,20000	0,20134	1,02007	- 0,44886	0,23018	- 4,0473	1,0821	+ 0,32869	- 1,00103	- 3,0882	+ 3,1264	- 2,7430
	sin p = 0,84147	0,300405	0,304944	1,045463	- 0,435 134	0,255 188	- 3,71237	–	± 0	–	∓ ∞	± ∞	∓ ∞
	cos p = 0,54030	0,40000	0,41075	1,08107	- 0,41590	0,29243	- 3,3172	1,7950	- 0,38498	- 1,8936	+ 7,9101	- 1,3282	+ 6,3858
	(1 + p) sin p =	0,70000	0,75858	1,25517	- 0,32183	0,51104	- 2,1339	2,0573	- 0,99997	- 1,8141	+ 2,1227	+ 3,2544	+ 0,0456
	= 1,68294	0,70220	0,76135	1,25684	- 0,32093	0,51343	- 2,12634	2,05666	- 0,99988	- 1,80827	+ 2,0961	+ 3,2679	+ 0,0123
	$v^{(0)}$ = 0,70303	0,70303	0,76239	1,25747	- 0,32059	0,51433	- 2,12353	2,05641	- 0,99984	- 1,80606	+ 2,0862	+ 3,2729	- 0,0002
II	p = 0	2,00000	–	3,7622	–	–	+ 0,36203	0,72406	–	+ 1,6516	+ 1,27379	0	+ 0,8960
	δ (p) = - 0,63372	2,35000	–	5,2905	–	–	+ 0,23307	0,54771	–	+ 2,9493	+ 1,15378	0	- 0,2379
	$x^{(0)} = \frac{1}{\cosh v - 1}$	2,27500	–	4,9154	–	–	+ 0,25540	0,58104	–	+ 2,6287	+ 1,17361	0	+ 0,0413
	$y^{(0)} = vx^{(0)}$	2,28600	–	4,9686	–	–	+ 0,25198	0,57602	–	+ 2,67399	+ 1,17054	0	+ 0,00186
		2,28655	–	4,9713	–	–	+ 0,25181	0,57577	–	+ 2,67628	+ 1,17039	0	- 0,00012
III	p = 0,196	2,27500	4,8126	4,9154	+ 3,82127	15,4807	+ 0,1575	0,6340	+ 0,99926	+ 2,4833	+ 1,1937	+ 0,02084	+ 0,2115
	δ (p) = - 0,17655	2,33000	5,0903	5,1876	+ 4,08826	17,6967	+ 0,14578	0,60527	+ 0,99874	+ 2,71639	+ 1,17771	+ 0,01833	+ 0,0093
	sin p = 0,19475	2,33253	5,1035	5,2005	+ 4,10091	17,8054	+ 0,14526	0,60399	+ 0,99871	+ 2,72744	+ 1,17702	+ 0,01822	- 0,00023
	cos p = 0,98085	2,33246	5,1031	5,2001	+ 4,10052	17,8021	+ 0,14527	0,60402	+ 0,99871	+ 2,72715	+ 1,17704	+ 0,01822	+ 0,00003
IV	p = 0,25942	2,34700	5,1793	5,2749	+ 4,09840	18,5620	+ 0,11008	0,60835	+ 0,98887	+ 2,75695	+ 1,19694	+ 0,01863	+ 0,03364
	δ (p) = - 0,01379	2,35630	5,2285	5,3233	+ 4,14518	18,9814	+ 0,10854	0,60356	+ 0,98864	+ 2,79855	+ 1,19432	+ 0,01822	- 0,00259
	sin p = 0,25652	2,35567	5,2252	5,3200	+ 4,14199	18,9526	+ 0,10864	0,60389	+ 0,98865	+ 2,79570	+ 1,19450	+ 0,01825	- 0,00010
V	p = 0,264 790	2,357 670	5,235 832	5,330 472	+ 4,144 694	19,05605	+ 0,105 561	0,603 740	+ 0,987 350	+ 2,802 085	+ 1,196 378	+ 0,018 115	+ 0,000 465
	δ (p) = - 0,000 065	2,357 780	5,236 418	5,331 048	+ 4,145 250	19,06108	+ 0,105 543	0,603 683	+ 0,987 347	+ 2,802 582	+ 1,196 345	+ 0,018 110	+ 0,000 026
	sin p = 0,261 706	2,357 790	5,236 472	5,331 101	+ 4,145 301	19,06155	+ 0,105 541	0,603 678	+ 0,987 346	+ 2,802 626	+ 1,196 346	+ 0,018 110	- 0,000 003
VI	p = 0,264 817	2,357 798	5,236 514	5,331 143	+ 4,145 305	19,06197	+ 0,105 526	0,603 679	+ 0,987 340	+ 2,802 647	+ 1,196 354	+ 0,018 109	+ 0,000 005
	δ (p) = 0,000 000	2,357 799	5,236 520	5,331 148	+ 4,145 310	19,06202	+ 0,105 526	0,603 678	+ 0,987 340	+ 2,802 653	+ 0,196 353	+ 0,018 109	- 0,000 002
	sin p = 0,261 732												

Tabelle 59

n	$p = u; \quad \delta(p) = p - u^{(0)}(p)$	$u = u^{(0)}$	$u - x^{(0)}$	$\sin(u - u^{(0)})$	$f_3(u; v^{(0)})$
I	$p = +1{,}0;$ $\quad \delta(p) = +2{,}59877$	0	+2,12353	+0,85109	−1,96549
	$x^{(0)} = -2{,}12353;$ $\quad \cosh(v^{(0)} - y^{(0)}) = 2{,}06443$	−1,52353	+0,60000	+0,56464	−0,13967
	$\beta_3 = -1{,}0104;$ $\quad \gamma_3 = -1{,}1144$	−1,59853	+0,52500	+0,50121	−0,00046
	$\sin x^{(0)} = -0{,}85109;$ $\quad \cos x^{(0)} = -0{,}52502$	−1,59953	+0,52400	+0,50035	+0,00142
	$\sinh y^{(0)} = +3{,}8449;$ $\quad \cosh y^{(0)} = +3{,}9729$	−1,59877	+0,52476	+0,50100	0,00000
II	$p = 0;$ $\quad \delta(p) = -0{,}63372$	0	−0,25181	−0,24916	+0,37043
	$x^{(0)} = +0{,}25181;$ $\quad \cosh(v^{(0)} - y^{(0)}) = 2{,}85700$	+0,25181	0	0	+0,22117
	$\beta_3 = +0{,}39674;$ $\quad \gamma_3 = +0{,}12127$	+0,62181	+0,37000	+0,36162	+0,00635
	$\sin x^{(0)} = +0{,}24916;$ $\quad \cos x^{(0)} = +0{,}96846$	+0,63281	+0,38100	+0,37185	+0,00048
	$\sinh y^{(0)} = +0{,}60812;$ $\quad \cosh y^{(0)} = +1{,}17039$	+0,63372	+0,38191	+0,37270	+0,00001
III	$p = +0{,}196;$ $\quad \delta(p) = -0{,}17655$	0	−0,14527	−0,14476	−0,07020
	$x^{(0)} = +0{,}14527;$ $\quad \cosh(v^{(0)} - y^{(0)}) = 2{,}90471$	+0,37227	+0,22700	+0,22506	+0,00015
	$\beta_3 = +0{,}40469;$ $\quad \gamma_3 = +0{,}07456$	+0,37327	+0,22800	+0,22603	−0,00041
		+0,37225	+0,22728	+0,22533	0,00000
IV	$p = +0{,}25942;$ $\quad \delta(p) = -0{,}01379$	+0,27264	+0,16400	+0,16327	+0,00034
	$x^{(0)} = +0{,}10864;$ $\quad \cosh(v^{(0)} - y^{(0)}) = 2{,}96916$	+0,27364	+0,16500	+0,16425	−0,00024
	$\beta_3 = +0{,}39774;$ $\quad \gamma_3 = +0{,}05517$	+0,27321	+0,16457	+0,16383	+0,00001
V	$p = +0{,}264790;$ $\quad \delta(p) = -0{,}000065$	+0,264841	+0,159300	+0,158627	+0,000008
	$\beta_3 = +0{,}396952;$ $\quad \gamma_3 = +0{,}053506$	+0,264855	+0,159314	+0,158641	0,000000
VI	$p = +0{,}264817;$ $\quad \delta(p) = 0{,}000000$	+0,264817	+0,159291	+0,158618	−0,000001
	$\beta_3 = +0{,}396949;$ $\quad \gamma_3 = +0{,}053498$				

Es genügt daher, wenn wir ihren Verlauf für positive v untersuchen.

Pole besitzt die Funktion $f_4(v; p)$ bei v-Werten, für die

$$p - x^{(0)}(v; p) = \pm k \frac{\pi}{2}; \quad k = 1, 2, 3, \dots . \tag{3.133}$$

Bei $p = 0$, $\sin p = 0$, $\cos p = 1$ haben wir aus (3.125) bis (3.128)

$$\begin{aligned} &\beta_4(v; 0) = \cosh y^{(0)}; \quad \gamma_4(v; 0) = 0; \quad y^{(0)}(v; 0) = \frac{v}{\cosh v - 1} \\ &f_4(v; 0) = v \cosh y^{(0)} - \sinh(v - y^{(0)}). \end{aligned} \tag{3.134}$$

Zur Untersuchung des Verhaltens für $v \to +0$ verwenden wir die Regel von de l'Hospital und finden:

$$\lim_{v \to +0} y^{(0)}(v; 0) = \lim_{v \to +0} \frac{v}{\cosh v - 1} = \lim_{v \to +0} \frac{1}{\sinh v} = +\infty;$$

$$\lim_{v \to +0} f_4(v; 0) = \lim_{v \to +0} v \cosh y^{(0)} - \sinh(v - y^{(0)}) = +\infty$$

und für $v \to +\infty$

$$\lim_{v \to +\infty} y^{(0)} = \lim_{v \to +\infty} \frac{v}{\cosh v - 1} = 0; \qquad \lim_{v \to +\infty} \cosh y^{(0)} = +1.$$

Also gilt

$$\lim_{v \to +\infty} f_4(v; 0) = \lim_{v \to +\infty} v - \sinh(v-1) = -\infty.$$

Für $p = 0$ hat also die Funktion $f_4(v; p)$ auf der gesamten positiven Achse zwei Pole in $v = 0$ und $v = \infty$ und eine Nullstelle bei $v \approx 2{,}286$, was aus Bild 33 ersichtlich ist.

Bei $p \neq 0$ kann die Funktion $f_4(v; p)$ mehrere Pole und mehrere Nullstellen haben. Drei davon sind für $p = 1$ in Bild 33 angegeben. Im Intervall $0 < p \leqslant 1$ wird dabei mit wachsendem p der Abstand zwischen zwei benachbarten Nullstellen (oder Polstellen) immer kleiner.

Die Gl. (3.129) hat gemäß Bild 34 bei $p = 1$ nur eine reelle Wurzel, bei $p = 0$ und $p = 0{,}196$ gibt es drei davon. In den Tabellen 58 und 59 wurde jene Wurzel des Systems (3.124) bestimmt, die der kleinsten von Null verschiedenen positiven Wurzel $v^{(0)} = 2{,}357799$ der Gleichung (3.125) und der kleinsten positiven Wurzel $u^{(0)} = 0{,}264817$ der Gl. (3.129) entspricht. Ausgehend von den in den Bildern 33 und 34 und den Tabellen 58 und 59 enthaltenen Resultaten kann man noch eine Reihe von Wurzeln der Lösungsgleichung (3.131) und somit des Systems (3.124) finden.

Übung 2: Bei $p = 0$ ist die zweite positive Wurzel der Gl. (3.129) $u^{(0)} = 2{,}11088$. Der zweite mögliche Wert für $\delta(p)$ ist bei $p = 0$ also $\delta(0) = -2{,}11088$. Beginnend bei dem Ausgangsversuch $\delta(0) = -2{,}11088$ und dem früher gefundenen Wert $\delta(p) = +2{,}59877$ bei $p = 1$ bestimme man eine Lösung des Systems (3.124) mit fünf Dezimalstellen. Zur Durchführung dieser Rechnung verwende man die Tabellen von [646].

Neben komplexen Wurzeln hat das System (3.124) auch reelle Wurzeln, da für $v = 0$ (wenn $u = p \neq 0$) gemäß Gl. (3.128)

$$y^{(0)} = 0.$$

In diesem Fall sind die zweite und die vierte Gleichung des Systems (3.124) identisch erfüllt. Aus den Gln. (3.127) bis (3.130) erhalten wir unter Berücksichtigung von $p = u$ eine Gleichung mit einer Unbekannten u

$$f_3(u; 0) = u \cos x^{(0)} - \sin(u - x^{(0)}) = 0, \tag{3.135}$$

wobei

$$x^{(0)} = -\frac{1+u}{1-\cos u}. \tag{3.136}$$

Dasselbe Resultat findet man auch unmittelbar aus dem Ausgangssystem (3.123), wenn man dort

$$y = v = 0; \quad z = x; \quad w = u$$

setzt.

In Bild 35 ist das Schaubild der Funktion $x^{(0)} = x^{(0)}(u)$ über dem Intervall $-4\pi < u < +4\pi$ dargestellt. In Bild 36 findet man die Schaubilder der Kurven

$$\xi_I = \sin(u - x^{(0)}), \quad \xi_{II} = u \cos x^{(0)},$$

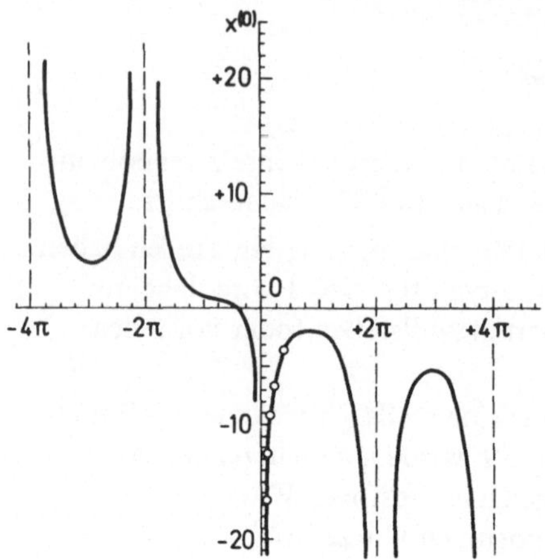

Bild 35

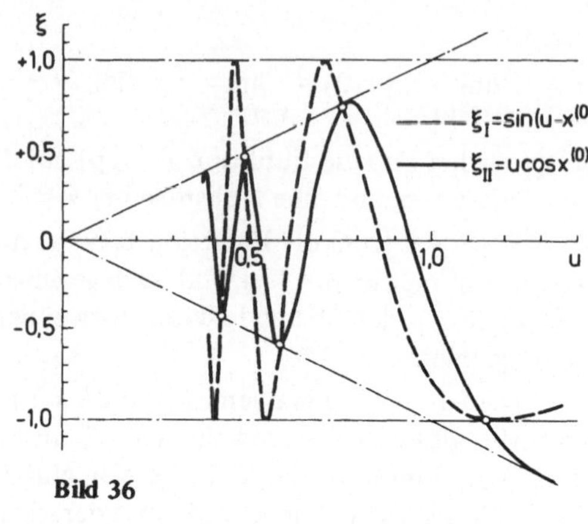

Bild 36

deren Schnittpunkte die Wurzeln der Gl. (3.135) bestimmen. Wir bemerken, daß alle Maxima und Minima der Kurve $\xi_I = \sin(u - x^{(0)})$ auf den Geraden $\xi = \pm 1$ liegen, die Maxima und Minima der Kurve $\xi_{II} = u \cos x^{(0)}$ dagegen auf der Winkelhalbierenden der Koordinatenachsen $\xi = \pm u$.

Die Gl. (3.135) hat unendlich viele Wurzeln. Die Punkte

$$u = \pm 2k\pi; \quad k = 0, 1, 2, \ldots,$$

die einfache Polstellen für die Funktion $x^{(0)}(u)$ sind, sind gleichzeitig Häufungspunkte dieser Wurzeln.

In den Bildern 35 und 36 sind durch kleine Kreise fünf positive Wurzeln der Gl. (3.135) markiert, sowie die entsprechenden Werte von $x^{(0)}$. Zwei dieser Wurzeln haben wir in Tabelle 60 mit fünf Dezimalstellen berechnet. Die genaueren Werte sind

$$u_I = 0{,}4297726; \quad u_{II} = 0{,}4917707.$$

Wir bemerken, daß in jedem Intervall $u_1 < u < u_2$, in dem $x^{(0)}$ monoton wächst oder abnimmt, der Zuwachs $\Delta x^{(0)} = 2\pi$ ist und die Gl. (3.135) zwei Wurzeln hat.

In den Gln. (3.135) und (3.136) kann wegen der Differenz von nahe beisammen liegenden Größen ein erheblicher Genauigkeitsverlust auftreten. Zur Bestimmung von $u = u_I$ mit sechs Dezimalstellen muß man daher $\cos u$ auf zehn Dezimalstellen oder $1 - \cos u$ aus der Reihe

$$1 - \cos u = \frac{u^2}{2!} - \frac{u^4}{4!} + \frac{u^6}{6!} - \frac{u^8}{8!} + \ldots \tag{3.137}$$

direkt (nach dem Muster der Tabellen 2 und 3 in Abschnitt 8) mit der erforderlichen Genauigkeit berechnen.

Tabelle 60

u	1 - cos u	$x^{(0)}$	$u - x^{(0)}$	$\sin(u - x^{(0)})$	$\cos x^{(0)}$	$f_3(u; 0)$
0,42	0,08691	- 16,339	+ 16,759	- 0,8679	- 0,8074	+ 0,5288
0,43	0,09103	- 15,709	+ 16,139	- 0,4178	- 1,0000	- 0,0122
0,42978	0,090942	- 15,72189	+ 16,15167	- 0,429293	- 0,999903	- 0,00045
0,42977	0,090938	- 15,72247	+ 16,15224	- 0,429808	- 0,099895	+ 0,00008
0,49	0,11767	- 12,6625	+ 13,1525	+ 0,5531	+ 0,9954	- 0,0654
0,50	0,12242	- 12,2529	+ 12,7529	+ 0,1854	+ 0,9513	+ 0,2902
0,49184	0,118534	- 12,58576	+ 13,07760	+ 0,489251	+ 0,999812	+ 0,00250
0,49177	0,118501	- 12,58867	+ 13,08044	+ 0,491725	+ 0,999751	- 0,00008

Ein Genauigkeitsverlust tritt auch bei der Bestimmung der trigonometrischen Funktionen bei großen Argumentwerten auf, da die Genauigkeit der trigonometrischen Funktionen von der Anzahl der Dezimalstellen des Argumentwertes abhängt und nicht von der Anzahl der bedeutsamen Ziffern.

Wir wiederholen nun die Rechnungen in Tabelle 60 zur Bestimmung der Wurzel $u = u_I$ und finden (mit Hilfe von sechsstelligen Tafeln trigonometrischer Funktionen [652; 656] und dem Wert $5\pi = 15{,}7079633$) für $u = 0{,}42977$:

$$1 - \cos u = 0{,}0909383941; \quad x^{(0)} = -15{,}7224021 = -(5\pi + 0{,}0144388);$$
$$u - x^{(0)} = +16{,}1521721 = 5\pi + 0{,}4442088; \quad f_3(u; 0) = +0{,}000019$$

und entsprechend für $u = 0{,}42978$:

$$1 - \cos u = 0{,}0909425607; \quad x^{(0)} = -15{,}7217917;$$
$$f_3(u; 0) = -0{,}000054.$$

Zur Erhöhung der Genauigkeit der Rechnung mit Gl. (3.136) kann man für $u \to 2k\pi$ die Identität

$$1 - \cos u = \frac{1}{2} \sin^2 \frac{u}{2} \tag{3.138}$$

verwenden.

Übung 3: Man bestimme mit sechs Dezimalstellen $f_3(u; 0)$ für $u = 0{,}49184$ und $u = 0{,}49177$ und verbessere mit den gewonnenen Resultaten die Wurzel $u = u_{II}$.

Antwort: $f_3(0{,}49184) = +0{,}002557$; $f_3(0{,}49177) = -0{,}000026$.

Übung 4: Man bestimme mit fünf Dezimalstellen die übrigen drei Wurzeln aus den Angaben in Bild 36.

Übung 5: Man bestimme mit derselben Genauigkeit einige Wurzeln im Intervall $\pi < u < 2\pi$.

Als Abschluß der Untersuchung des Systems (3.124) zeigen wir, daß auf der Achse $u = 0$ keine von $v = 0$ verschiedene Wurzel existiert.

Setzt man nämlich in Gl. (3.124) $u = 0$, $\sin u = 0$, $\cos u = 1$, so erhalten wir nach Vereinfachung

$$y \cosh v - (v + y) = 0,$$
$$v \sinh y = - \cosh (v - y),$$
$$v \cosh y = + \sinh (v - y)$$

oder

$$\tanh y \tanh (v - y) = - 1; \quad y = \frac{v}{\cosh v - 1} \tag{3.139}$$

Da bei beliebigem endlichen Argumentwert der hyperbolische Tangens dem Betrag nach immer kleiner als 1 ist, ist die einzige Wurzel der Gl. (3.139) $v = 0$ (bei $y = \infty$), was zu zeigen war.

Übungen zu Kapitel 3

1. Man löse nach der Methode von *Gauß* mit der größtmöglichen Genauigkeit die folgenden Systeme mit Näherungskoeffizienten:

a)
$$\begin{aligned}
2{,}07x_1 - 4{,}21x_2 - 3{,}25x_3 + 1{,}05x_4 &= + 4{,}84;\\
3{,}02x_1 - 2{,}98x_2 - 4{,}30x_3 + 7{,}86x_4 &= + 8{,}89;\\
1{,}13x_1 - 4{,}92x_2 + 3{,}30x_3 - 19{,}76x_4 &= - 14{,}01;\\
2{,}53x_1 - 4{,}06x_2 + 2{,}00x_3 - 3{,}17x_4 &= - 20{,}29.
\end{aligned}$$

b)
$$\begin{aligned}
2{,}0x_1 \qquad\qquad + 8{,}0x_3 - 1{,}6x_4 &= + 16{,}80;\\
1{,}6x_1 + 2{,}4x_2 \qquad\qquad + 8{,}0x_4 &= - 29{,}68;\\
10{,}0x_1 + 2{,}1x_2 - 3{,}2x_3 + 4{,}8x_4 &= - 14{,}06;\\
2{,}4x_1 + 8{,}0x_2 - 1{,}6x_3 + 1{,}6x_4 &= - 22{,}32.
\end{aligned}$$

2. Man berechne mit einer Genauigkeit von 0,001 alle reellen Wurzeln der Gleichungen:

a) $x - 2 \sin x = 0$;
b) $x^5 - x - 0{,}2 = 0$;
c) $x - \cos x = 0$.

Antwort: a) $x_1 = - x_3 = + 1{,}896$; $x_2 = 0$;
b) $x_1 = + 1{,}045$; $x_2 = - 0{,}200$; $x_3 = - 0{,}942$.

3. Man berechne mit vier bedeutsamen Ziffern die kleinsten Wurzeln der Gleichungen:

a) $x^2 = \sin \pi x$; b) $x^4 + x - 1 = 0$;
c) $x + \lg x = \frac{1}{2}$; d) $\tan x = - x$;
e) $x \tan x = 1$; f) $2\sqrt{x} + \ln x = 0$;
g) $e^x = (1 + x)^2$; h) $x^3 + e^{-x} = 2$;
i) $x^3 - 2{,}4x^2 - 1{,}4x - 6{,}8 = 0$.

Antwort: a) $x = 0{,}7872$; b) $x = 0{,}7245$; c) $x = 0{,}6724$; d) $x = 2{,}029$.

4. Man berechne mit fünf bedeutsamen Ziffern die Wurzeln der folgenden Gleichungssysteme:

a) $x \sinh(x+y) - y^2 = 1{,}4; \quad y \cosh(x^2 - y^2) + 3x^3 y = 2{,}6.$

b) $e^{x+y} - e^{z-x} = 4{,}5; \quad \cosh(x - y + z^2) - xyz = 1{,}8;$

$$\sinh(x+y+z) + x^2 - z^2 = 6{,}0.$$

5. Man bestimme mit drei Dezimalstellen die komplexen Wurzeln der in Übung 2b betrachteten Gleichung

$z^5 - z - 0{,}2 = 0.$

6. Man löse das System mit zwei komplexen Veränderlichen $z = x + iy$, $w = u + iv$:

$z \cos w - (w + z + 1) = 0, \quad w \cos z + (z^2 - w^2) = 0.$

Kapitel 4. Das Rechnen mit Potenzreihen

Potenzreihen besitzen in der Mathematik eine breite Verwendbarkeit, besonders bei der Lösung verschiedener technischer Aufgaben, die mit der näherungsweisen Berechnung von Funktionswerten, Integralen usw. verbunden sind.

In Kapitel 6 werden wir uns ausführlicher mit der Verwendung von Potenzreihen zur Integration von (linearen oder nichtlinearen) gewöhnlichen Differentialgleichungen befassen. In diesem Kapitel beschränken wir uns nur auf die arithmetischen Operationen, die man mit Potenzreihen durchführen kann, sowie mit dem Potenzieren und der Umformung von Potenzreihen, d. h. also mit allen Fragen, die in der Literatur mangelhaft behandelt werden. Eine ausführliche Einführung in das Gebiet der unendlichen Reihen findet man in den Büchern [14, 15, 20, 112, 130, 222, 257, 353, 375, 389, 421, 430, 499, 568, 584, 590, 605].

Wir betonen besonders, daß man bei Reihen, die man als Ergebnis von Operationen mit gegebenen Potenzreihen gewonnen hat, in jedem konkreten Fall erst wieder die Konvergenz untersuchen muß, was zum Beispiel bei der Umformung oft schwierig genug ist. Diese Fragen führen jedoch über den Rahmen dieses Buches hinaus. Wir können daher nicht darauf eingehen.

25. Einführende Bemerkungen

Ein Ausdruck der Form

$$c_1 + c_2 + c_3 + \ldots + c_n + \ldots = \sum_{n=1}^{\infty} c_n , \tag{4.1}$$

dessen Glieder $c_1, c_2, \ldots, c_n$ Zahlen oder Funktionen sind, heißt *Zahlen-* oder *Funktionsreihe.* Wenn die c_n komplexe Zahlen sind, so ist die Reihe im komplexen Bereich definiert.

Die Summen $s_1 = c_1, s_2 = c_1 + c_2, \ldots, s_n = c_1 + c_2 + \ldots + c_n$ heißen *Partialsummen* der Reihe, das Glied c_n heißt *allgemeines Glied* der Reihe.

Zur Bezeichnung einer Reihe verwendet man ein spezielles Summensymbol, das aus dem großen griechischen Buchstaben Σ und einem Summationsindex n besteht. Dieser Index soll der Reihe nach alle ganzzahligen Werte von $n = 1$ bis $n = \infty$ annehmen, wie es auf der rechten Seite der Beziehung (4.1) angegeben ist.

Oft spricht man von einer „unendlichen Reihe". Das Wort „unendlich" ist aber hier überflüssig, da eine Reihe definitionsgemäß aus unendlich vielen Gliedern bestehen muß. Unter einer „endlichen" Reihe versteht man gewöhnlich eine *endliche Summe,* oder im Falle einer Potenzreihe ein *Polynom.*

Definition 1: *Wenn die Summe der* n *ersten Glieder einer unendlichen Folge komplexer Zahlen*

$$c_1 = a_1 + ib_1,\ c_2 = a_2 + ib_2, \ldots, c_n = a_n + ib_n$$

bei unbegrenztem Anwachsen von n *gegen einen endlichen Grenzwert*

$$\lim_{n\to\infty} s_n = \lim_{n\to\infty} [(a_1 + ib_1) + (a_2 + ib_2) + \ldots + (a_n + ib_n)] = A + iB$$

strebt, so heißt die Zahlenreihe

$$S = (a_1 + ib_1) + (a_2 + ib_2) + \ldots + (a_n + ib_n) + \ldots = \sum_{n=1}^{\infty} (a_n + ib_n) \tag{4.2}$$

konvergent und die Zahl $S = A + iB$ *heißt ihre Summe.*

Wenn hingegen bei unbegrenztem Anwachsen von n die Größen s_n gegen keinen Grenzwert streben, so heißt die Reihe (4.2) *divergent.*

Beispiele für divergente Reihen sind:

$$S = i + 2i + 3i + 4i + \ldots + ni + \ldots,$$
$$S = z + 2z - z - 2z + z + 2z - z - 2z + \ldots, \text{ wobei } z = x + iy.$$

Im ersten Fall gilt bei unbegrenzter Vergrößerung der Anzahl der Glieder $S \to \infty$. Im zweiten Fall wird bei unbegrenztem Anwachsen der Anzahl der Glieder die Summe S nicht unendlich, sondern nimmt nur einen der Werte z, $3z$, $2z$ oder 0 an. S strebt jedoch nicht gegen einen festen Grenzwert für $n \to \infty$. Solche Reihen nennt man manchmal *oszillierend.*

Aus Definition 1 folgt unmittelbar, daß die Reihe (4.2) dann und nur dann konvergiert, wenn die beiden Reihen mit reellen Gliedern konvergieren, die man aus den Real- und Imaginärteilen der Glieder von Gl. (4.2) bilden kann:

$$\begin{aligned} a_1 + a_2 + \ldots + a_n + \ldots &= \sum_{n=1}^{\infty} a_n, \\ b_1 + b_2 + \ldots + b_n + \ldots &= \sum_{n=1}^{\infty} b_n. \end{aligned} \tag{4.3}$$

Eine Analyse der Cauchyschen hinreichenden und notwendigen Konvergenzbedingung für Reihen mit reellen Gliedern zeigt, daß diese Bedingung auch im komplexen Bereich ihre Gültigkeit beibehält. Für die Konvergenz der Reihe (4.2) ist daher notwendig und hinreichend, daß man zu jeder beliebig vorgegebenen positiven Zahl ϵ eine ganze positive Zahl N angeben kann, daß für $n \geqslant N$

$$\left| \sum_{k=n+1}^{n+p} (a_k + ib_k) \right| < \epsilon, \tag{4.4}$$

wobei p eine beliebige positive ganze Zahl ist.

Mit anderen Worten bedeutet das: Eine hinreichende Bedingung für die Konvergenz einer unendlichen Reihe ist nach Cauchy in der Forderung enthalten, daß der Betrag einer beliebigen Summe von Gliedern der Reihe mit einem Index größer als N kleiner als ϵ ist.

Was die ersten n Glieder betrifft, so dürfen diese beliebige endliche Werte haben. Ihre Werte sind für die Konvergenz der Reihe ohne Bedeutung. Sie ändern nur den Summenwert der Reihe.

Aus der Bedingung von Cauchy folgt insbesondere für $p = 1$ als notwendige (aber nicht hinreichende) Bedingung für die Konvergenz der Reihe (4.2), daß ihre allgemeinen Glieder für $n \to \infty$ gegen Null streben müssen:

$$\lim_{n \to \infty} (a_n + ib_n) = 0. \tag{4.5}$$

Ist die Bedingung (4.5) nicht erfüllt, so kann die Reihe nicht konvergieren. Es gibt jedoch Reihen, zum Beispiel die harmonische Reihe

$$1 + \tfrac{1}{2} + \tfrac{1}{3} + \ldots + \tfrac{1}{n} + \ldots,$$

bei denen die Bedingung (4.5) erfüllt ist, die aber trotzdem divergieren.

Einen Beweis für die Divergenz der harmonischen Reihe findet man wie folgt: Wir vergleichen die harmonische Reihe, deren Glieder wir der besseren Übersicht wegen zu Gruppen von 2, 4, 8 usw. Gliedern zusammenfassen, mit einer anderen Reihe, deren Divergenz man leicht einsieht.

$$1 + \frac{1}{2} + \overbrace{\left[\frac{1}{3} + \frac{1}{4}\right]}^{2\text{ Glieder}} + \overbrace{\left[\frac{1}{5} + \frac{1}{6} + \frac{1}{7} + \frac{1}{8}\right]}^{4\text{ Glieder}} + \overbrace{\left[\frac{1}{9} + \frac{1}{10} + \ldots + \frac{1}{16}\right]}^{8\text{ Glieder}} + \ldots$$

$$1 + \frac{1}{2} + \left[\frac{1}{4} + \frac{1}{4}\right] + \left[\frac{1}{8} + \frac{1}{8} + \frac{1}{8} + \frac{1}{8}\right] + \left[\frac{1}{16} + \frac{1}{16} + \ldots + \frac{1}{16}\right] + \ldots$$

Bei der zweiten Reihe ist jede in Klammern eingeschlossene Gruppe gleich 1/2. Die betrachtete Reihe enthält unendlich viele solcher Gruppen. Ihre Summe ist daher größer als jede endliche Zahl, die Reihe divergiert.

Andererseits ist jedes Glied der harmonischen Reihe größer oder gleich dem entsprechenden Glied der Vergleichsreihe. Daher divergiert auch die harmonische Reihe.

Auf Grund der gezeigten Widersprüche garantiert die Bedingung (4.5) noch nicht die Konvergenz einer Reihe. Die Bedingung ist zwar notwendig, aber nicht hinreichend.

Bei Reihen mit komplexen Gliedern bleiben die folgenden einfachen Eigenschaften konvergenter Reihen mit reellen Gliedern ebenfalls gültig.

1. Die Konvergenz oder Divergenz einer Reihe bleibt ungeändert, wenn man alle Glieder mit derselben von Null verschiedenen Zahl multipliziert.

2. Wenn die Reihen

$$\begin{aligned} S_1 &= \alpha_1 + \alpha_2 + \ldots + \alpha_n + \ldots = \sum_{k=1}^{\infty} \alpha_k, \\ S_2 &= \beta_1 + \beta_2 + \ldots + \beta_n + \ldots = \sum_{k=1}^{\infty} \beta_k \end{aligned} \tag{4.6}$$

konvergieren und die Summen S_1 und S_2 haben, so konvergieren auch die Reihen

$$S_1 \pm S_2 = (\alpha_1 \pm \beta_1) + (\alpha_2 \pm \beta_2) + \dots + (\alpha_n \pm \beta_n) + \dots = \sum_{k=1}^{\infty} (\alpha_k \pm \beta_k) \tag{4.7}$$

und haben die Summen $S_1 + S_2$ und $S_1 - S_2$.

3. Die Konvergenz oder Divergenz einer Reihe bleibt ungeändert, wenn man eine beliebige endliche Anzahl von Gliedern hinzufügt oder wegnimmt.

Wenn die aus den Beträgen der Glieder einer Reihe (4.2) gebildete Reihe

$$|a_1 + ib_1| + |a_2 + ib_2| + \dots + |a_n + ib_n| + \dots = \sum_{k=1}^{\infty} |a_k + ib_k| \tag{4.8}$$

oder in anderer Form geschrieben, die Reihe

$$+\sqrt{a_1^2 + b_1^2} + \sqrt{a_2^2 + b_2^2} + \dots + \sqrt{a_n^2 + b_n^2} + \dots = \sum_{k=1}^{\infty} (+\sqrt{a_k^2 + b_k^2})$$

konvergiert, sind auf Grund der offensichtlich gültigen Ungleichungen

$$+\sqrt{a_n^2 + b_n^2} \geqslant |a_n|, \quad +\sqrt{a_n^2 + b_n^2} \geqslant b_n$$

auch die Reihen (4.3) konvergent. Somit konvergiert auch die Reihe (4.2). In diesem Fall heißt die Reihe *absolut konvergent.* Wir geben eine exaktere Formulierung dieser wichtigen Tatsache.

Definition 2: *Eine Reihe mit komplexen Gliedern heißt absolut konvergent, wenn die aus den Beträgen ihrer Glieder gebildete Reihe konvergiert.*

Die Konvergenzkriterien und die Eigenschaften absolut konvergenter Reihen sind vollkommen analog den Kriterien und Eigenschaften im Falle von Reihen mit reellen Gliedern. Alle diese Kriterien und Eigenschaften erhält man aus den entsprechenden Aussagen für Reihen mit reellen Gliedern, wenn man den Ausdruck „Betrag" entsprechend deutet.

Wir wenden uns nun den wichtigsten Kriterien und Eigenschaften zu. Einen Beweis für die angegebenen Theoreme findet man zum Beispiel bei *I. I. Priwalow* [353].

1. Das Vergleichskriterium.

Wenn

$$|\alpha_n| \leqslant q|\beta_n|, \tag{4.9}$$

wobei q *eine positive Konstante ist, die nicht von* n *abhängt, und* β_n *das allgemeine Glied einer absolut konvergenten Reihe ist, so ist auch die Reihe*

$$\alpha_1 + \alpha_2 + \dots + \alpha_n + \dots = \sum_{k=1}^{\infty} \alpha_k; \quad \alpha_n = a_n + ib_n$$

absolut konvergent.

2. Das d'Alembertsche Kriterium. (*J. L. d'Alembert*, 1717–1783.)
Wenn von einem gewissen Wert von n *an*

$$\left|\frac{\alpha_{n+1}}{\alpha_n}\right| \leqslant q < 1, \tag{4.10}$$

wobei q *eine positive nicht von* n *abhängige Konstante ist, so ist die Reihe* $\sum_{k=1}^{\infty} \alpha_k$ *absolut konvergent.*

3. Das Cauchysche Kriterium. (*A. L. Cauchy*, 1789–1857.)
Wenn von einem gewissen Wert von n *an*

$$\sqrt[n]{|\alpha_n|} \leqslant q < 1, \tag{4.11}$$

wobei q *eine nicht von* n *abhängige positive Zahl ist, so ist* $\sum_{k=1}^{\infty} \alpha_k$ *absolut konvergent.*

4. Das Theorem von Cauchy.
Wenn zwei Reihen

$$S_1 = \alpha_1 + \alpha_2 + \ldots + \alpha_n + \ldots,$$
$$S_2 = \beta_1 + \beta_2 + \ldots + \beta_n + \ldots$$

absolut konvergieren und die Summen S_1 *und* S_2 *besitzen, so ist auch die aus den Produkten ihrer Glieder gebildete Reihe*

$$\alpha_1\beta_1 + (\alpha_1\beta_2 + \alpha_2\beta_1) + (\alpha_1\beta_3 + \alpha_2\beta_2 + \alpha_3\beta_1) + \ldots, \tag{4.12}$$

unabhängig von der Anordnung dieser Produkte ebenfalls absolut konvergent und hat als Summe das Produkt der Summen $S_1 S_2$.

5. *Die Summe einer absolut konvergenten Reihe ändert sich nicht bei einer beliebigen Umordnung ihrer Glieder.*

Die letzte Eigenschaft kann man leicht einsehen. Sie gilt jedoch nicht für nicht absolut konvergente Reihen (die man deshalb auch als bedingt konvergent bezeichnet). Eine Umordnung der Glieder kann den Summenwert ändern. Darüber hinaus hat *Bernhard Riemann* (1826–1866) das folgende bemerkenswerte Theorem bewiesen:

Wenn eine Reihe bedingt konvergiert, so kann man durch Umordnung ihrer Glieder erreichen, daß sie gegen eine beliebig vorgegebene Summe konvergiert. Man kann außerdem erreichen, daß die umgeordnete Reihe divergiert. Für einen Beweis siehe zum Beispiel *N. K. Bari* [14, S. 44].

Der erste Hinweis darauf stammt von *Lejeune Dirichlet* (1805–1859), der das folgende Beispiel angegeben hat.

Die Reihen

$$S_1 = 1 - \tfrac{1}{2} + \tfrac{1}{3} - \tfrac{1}{4} + \tfrac{1}{5} - \tfrac{1}{6} + \tfrac{1}{7} - \tfrac{1}{8} + \ldots$$

und

$$S_2 = 1 + \tfrac{1}{3} - \tfrac{1}{2} + \tfrac{1}{5} + \tfrac{1}{7} - \tfrac{1}{4} + \tfrac{1}{9} + \tfrac{1}{11} - \tfrac{1}{6} + \ldots$$

bestehen aus denselben Gliedern mit denselben Vorzeichen, sie haben aber verschiedene Grenzwerte. Schreiben wir nämlich diese Reihen in allgemeiner Form, so lauten sie

$$S_2 = \sum_{n=1}^{\infty} \frac{1}{4n-3} + \frac{1}{4n-1} - \frac{1}{2n},$$

$$S_1 = \sum_{n=1}^{\infty} \frac{1}{2n-1} - \frac{1}{2n} = \sum_{n=1}^{\infty} \frac{1}{4n-3} - \frac{1}{4n-2} + \frac{1}{4n-1} - \frac{1}{4n},$$

und wir erhalten daraus

$$S_2 - S_1 = \sum_{n=1}^{\infty} \frac{1}{4n-2} + \frac{1}{4n} - \frac{1}{2n}$$

$$= \sum_{n=1}^{\infty} \frac{1}{4n-2} - \frac{1}{4n} = \frac{1}{2} \sum_{n=1}^{\infty} \frac{1}{2n-1} - \frac{1}{2n} = \frac{1}{2} S_1$$

und somit $S_2 = \frac{3}{2} S_1$.

Die Summe der ersten Reihe ist, wie aus der Analysis bekannt, gleich

$$S_1 = \ln 2 = 0{,}693\,147 \ldots .$$

Damit gilt

$$S_2 = 1{,}039\,72 \ldots .$$

Da die Summe einer bedingt konvergenten Reihe von der Reihenfolge ihrer Glieder abhängt, gilt das Theorem von Cauchy über die Multiplikation von Reihen nicht bei nur bedingter Konvergenz.

Somit sind die Grundoperationen, einschließlich der Umordnung und Multiplikation, nur bei absolut konvergenten Reihen nach denselben Gesetzen durchführbar wie bei endlichen Summen. Darin liegt die große Bedeutung der absolut konvergenten Reihen.

26. Funktionenreihen. Gleichmäßige Konvergenz

Wir betrachten die unendliche Reihe

$$w_1 + w_2 + \ldots + w_n + \ldots = f_1(z) + f_2(z) + \ldots + f_n(z) + \ldots, \tag{4.13}$$

deren Glieder Funktionen einer komplexen Veränderlichen sind, die in einem gewissen Bereich D oder auf einer Kurve Γ definiert sind. Solche Reihen nennt man *Funktionenreihen* zum Unterschied von den in Abschnitt 25 betrachteten Zahlenreihen.

Wenn die Reihe (4.13) für jeden Wert aus dem Bereich D (oder der Kurve Γ) konvergiert, so heißt sie *konvergent im Bereich* D (oder *auf der Kurve* Γ).

Die Summe $s(z)$ ist ebenfalls eine gewisse Funktion von z. Die Differenz zwischen der Reihensumme $s(z)$ und der Summe der ersten n Glieder heißt n-ter Rest der Reihe

$$R_n(z) = s(z) - s_n(z). \tag{4.14}$$

Die Bemerkung ist wesentlich, daß die Summe der Reihe (4.13) auch dann unstetig sein kann, wenn alle Reihenglieder stetige Funktionen sind.

Wir betrachten zur Illustration das folgende Beispiel:

$$s(z) = z^2 + \frac{z^2}{1+z^2} + \frac{z^2}{(1+z^2)^2} + \ldots + \frac{z^2}{(1+z^2)^{n-1}} + \ldots . \tag{4.15}$$

Die angegebene Reihe konvergiert für alle reellen z-Werte. Ihre Glieder bilden nämlich eine abnehmende unendliche geometrische Folge mit dem Faktor $1/(1+z^2) < 1$ bei $z \neq 0$.

Für die betrachtete Reihe haben wir

$$s_n(z) = 1 + z^2 - \frac{1}{(1+z^2)^{n-1}}$$

und daher für $z \neq 0$

$$s(z) = \lim_{n \to \infty} s_n(z) = 1 + z^2 .$$

Der Grenzwert der Summe $s(z)$ für $z \to 0$ ist daher $\lim\limits_{z \to 0} s(z) = 1$, während aus Gl. (4.15) für $z = 0$ unmittelbar $s_n(0) \equiv 0$ und damit $s(0) = 0$ folgt.

Bei $z = 0$ hat daher die Reihe (4.15) einen Unstetigkeitspunkt erster Ordnung, obwohl alle ihre Glieder dort stetig sind.

In den Jahren 1841–1848 haben *K. Weierstraß* (1815–1897), *L. F. Seidel* (1821–1896) und *J. G. Stokes* (1819–1903) gezeigt, daß die Unstetigkeit der Summe einer unendlichen Reihe von stetigen Gliedern mit einer Grundeigenschaft des Konvergenzverhaltens der Reihe, nämlich mit der *ungleichmäßigen Konvergenz*, verbunden ist.

Definition: *Eine unendliche Reihe von stetigen Funktionen* $\sum\limits_{k=1}^{\infty} f_k(z)$ *heißt gleichmäßig konvergent im Bereich* D (*oder auf der Kurve* Γ), *wenn man zu jeder beliebig vorgegebenen positiven Zahl* ϵ *eine ganze positive Zahl* N *angeben kann, die von* z *unabhängig ist, daß für* $n \geqslant N$ (*beide Bedingungen sind äquivalent*)

$$\left| \sum_{k=n+1}^{n+p} f_k(z) \right| < \epsilon \quad \text{oder} \quad |R_n(z)| < \epsilon, \tag{4.16}$$

wobei p *eine beliebige positive ganze Zahl ist.*

Wenn diese Zahl N bei gegebenem ϵ im betrachteten Bereich nicht für alle z dieselbe ist, so heißt die Reihe $\sum\limits_{k=1}^{\infty} f_k(z)$ *ungleichmäßig konvergent.*

Die gleichmäßige Konvergenz stellt einen sehr starken Konvergenztyp dar. Gewisse wichtige Eigenschaften sind nur für gleichmäßig konvergente Reihen gewährleistet. Beispiele dafür sind die Möglichkeit einer gliedweisen Integration oder Differentiation.

Die *einfache,* d. h. nicht notwendig gleichmäßige *Konvergenz,* stellt einen komplizierteren Konvergenztyp dar, den wir in diesem Buch nicht betrachten.

Die Definition der gleichmäßigen Konvergenz unterscheidet sich von der Definition der einfachen Konvergenz durch die Forderung, daß die Zahl N nur von ϵ abhängen darf. Es kann vorkommen, daß N auch von dem zum Bereich D (oder zur Kurve Γ) gehörenden Argumentwert z abhängt.

Die gleichmäßige Konvergenz hängt, wie schon erwähnt, von der Gesamtheit der z-Werte im gegebenen Bereich ab. Eine gegebene Reihe kann daher in einem Bereich (oder längs einer bestimmten Kurve) gleichmäßig konvergent sein, in einem größeren Bereich dagegen nicht. Zum Beispiel konvergiert die Reihe

$$\frac{1}{z^2+1}-\frac{1}{z^2+2}+\ldots+\frac{(-1)^{n-1}}{z^2+n}+\ldots$$

auf der gesamten reellen Achse gleichmäßig (aber nicht absolut, da die Reihe $\sum_{k=1}^{\infty}\frac{1}{|z^2+k|}$ divergiert).

Bei reellen z-Werten besitzt die betrachtete Reihe nämlich Glieder mit alternierendem Vorzeichen. Außerdem nimmt der Absolutbetrag der Glieder mit n monoton ab. Der $(n-1)$te Rest der Reihe ist daher absolut genommen kleiner als der Absolutbetrag des n-ten Gliedes der Reihe [14; 421]

$$|R_{n-1}|<\frac{1}{z^2+n}.$$

Für $|R_{n-1}|<\epsilon$ ist also $1/(z^2+n)\leqslant\epsilon<1$, d. h. $z^2+n\geqslant\frac{1}{\epsilon}$ ist hinreichend. Mit $N\geqslant 1+1/\epsilon$ ist die Bedingung (4.16) bei $n\geqslant N$ für alle reellen z erfüllt.

Nimmt man für z dagegen rein imaginäre Werte, so wachsen die Glieder der Reihe für beliebiges n mit $z\to i\sqrt{n}$ ohne Beschränkung an.

Obwohl die am Beginn dieses Abschnitts betrachtete Reihe (4.15) für reelle Werte von z absolut konvergiert, konvergiert sie in keiner Umgebung des Punktes $z=0$ gleichmäßig. Bei gleichmäßiger Konvergenz müßte nämlich bei beliebiger Wahl von $\epsilon<1$ von einem gewissen n an

$$R_n=\frac{1}{(1+z^2)^{n-1}}<\epsilon$$

gelten. Es müßte also

$$(1+z^2)^{n-1}>\frac{1}{\epsilon}$$

oder

$$(n-1)\lg(1+z^2)>\lg\frac{1}{\epsilon}$$

erfüllt sein. Daraus folgt aber

$$n > \frac{\lg \frac{1}{\epsilon}}{\lg(1 + z^2)} + 1.$$

Die rechte Seite der Ungleichung ist in jedem $z = 0$ enthaltenden Abschnitt der reellen Achse nach oben unbegrenzt. Es kann daher keine von z unabhängige Zahl N existieren, für die die Bedingung (4.16) für $n \geqslant N$ erfüllt wäre. Nichtsdestoweniger kann man bei jedem festen ϵ ein N angeben, für das mit $n \geqslant N$ die Bedingung (4.16) erfüllt ist. Diese Zahl N hängt aber von z ab. Die Reihe (4.15) konvergiert demnach nur einfach und nicht gleichmäßig. Dadurch erklärt sich die Tatsache, daß die Summe dieser Reihe im Punkt $z = 0$ unstetig ist.

In Abschnitt 25 wurde gezeigt, daß man eine absolut konvergente Reihe (und darunter verstehen wir stets eine Reihe mit unendlich vielen Gliedern) wie eine endliche Summe behandeln darf, wenigstens was die Multiplikation und die Umordnung ihrer Glieder betrifft. Am Summenwert wird dadurch nichts geändert.

Die Ähnlichkeit gleichmäßig konvergenter Reihen mit endlichen Summen geht noch weiter. Für sie gelten die folgenden Theoreme, die wir ohne Beweis anführen. (Für einen Beweis siehe zum Beispiel *J. D. Sokolow* [430, Kapitel III, § 2 und Kapitel VI, § 1] oder *W. L. Gontscharow* [78, Kapitel VI, § 36].)

Theorem 1: *Wenn eine unendliche Reihe* $\Sigma f_k(z)$ *von stetigen Funktionen von* z *in einem gewissen Bereich* D *(oder auf einer gewissen Kurve* Γ*) gleichmäßig konvergiert, so ist ihre Summe in diesem Bereich* D *(oder auf dieser Kurve* Γ*) eine stetige Funktion von* z.

Theorem 2: *Wenn unter denselben Bedingungen wie in Theorem 1 die Funktionen* $f_k(z)$ *zusätzlich in* D *(oder auf* Γ*) integrierbar sind, so darf man in diesem Bereich* D *(oder längs* Γ*) die Reihe gliedweise integrieren und das Integral über die Reihensumme ist gleich der Summe der Integrale über die einzelnen Glieder.*

Theorem 3: *Wenn unter denselben Bedingungen die Funktionen* $f_k(z)$ *zusätzlich in* D *(oder auf* Γ*) stetige Ableitungen* $f'_k(z)$ *besitzen und die aus diesen Ableitungen gebildete Reihe gleichmäßig konvergiert, so darf man im Bereich* D *(oder auf* Γ*) gliedweise differenzieren:*

$$\left\{ \sum_{k=1}^{\infty} f_k(z) \right\}' = \sum_{k=1}^{\infty} f'_k(z).$$

Zum Abschluß führen wir das Weierstraßsche hinreichende Kriterium für die gleichmäßige und absolute Konvergenz einer Reihe von Funktionen von z an: *Für die gleichmäßige und absolute Konvergenz der Reihe* $\sum_{k=1}^{\infty} f_k(z)$ *in einem gewissen Bereich* D *ist hinreichend, daß die Glieder der Reihe im Bereich* D *dem Betrag nach kleiner sind als die Glieder einer konvergenten Reihe mit positiven Gliedern, d. h. daß*

$$M_1 + M_2 + \ldots + M_n + \ldots, \quad |f_k(z)| \leqslant M_k. \tag{4.17}$$

Auf Grund der Konvergenz von Gl. (4.17) kann man nämlich eine von z unabhängige positive ganze Zahl N finden, so daß für $n \geqslant N$ der n-te Rest der Reihe (4.17) und damit auch $|R_n(z)|$ kleiner als eine beliebig vorgegebene positive Zahl ϵ wird.

27. Potenzreihen. Der Konvergenzradius

Wie wir bereits sehen konnten, sind die einfachsten Reihen die, die nicht nur absolut sondern auch gleichmäßig konvergieren. Zu diesen Reihen gehören auch die Potenzreihen. Dadurch erklärt sich die große Bedeutung, die diesen Reihen in den verschiedensten Bereichen der Mathematik und ihrer Anwendungen zukommt.

Definition: *Unter einer Potenzreihe verstehen wir eine Reihe der Form*

$$\sum_{k=0}^{\infty} c_k (z - z_0)^k = c_0 + c_1 (z - z_0) + c_2 (z - z_0)^2 + \ldots + c_n (z - z_0)^n + \ldots, \tag{4.18}$$

wobei die c_k *und* z_0 *gegebene komplexe Zahlen sind, die von* z *unabhängig sind. Die Zahl* z_0 *bezeichnet man kurz als Zentrum der Reihe.* Insbesondere kann $z_0 = 0$ gelten.

Wir interessieren uns vor allem für den Konvergenzbereich einer Potenzreihe und beweisen dazu das folgende Theorem.

Erstes Theorem von Abel (1826):

Konvergiert eine Potenzreihe $\sum\limits_{k=0}^{\infty} c_k (z - z_0)^k$ *in einem gewissen Punkt* $z = z_1$, *so konvergiert sie absolut und gleichmäßig in jedem Kreis mit dem Mittelpunkt* z_0 *und einem Radius* $\rho < |z_1 - z_0|$, *d. h. mit einem Radius, der kleiner ist als der Abstand zwischen* z_1 *und* z_0 (Bild 37).

Zum Beweis des Theorems nehmen wir an, daß z ein beliebiger Punkt des Kreises $|z - z_0| \leqslant \rho < |z_1 - z_0|$ ist, und schreiben das n-te Glied der Reihe (4.18) in der Form

$$c_n (z - z_0)^n = c_n (z_1 - z_0)^n \left(\frac{z - z_0}{z_1 - z_0}\right)^n .$$

Aus der Konvergenz der Reihe im Punkt z_1, die in die Bedingungen des Theorems eingeht, folgt

$$|c_n (z_1 - z_0)^n| \leqslant M$$

für alle n, wobei M eine gewisse positive Zahl ist.

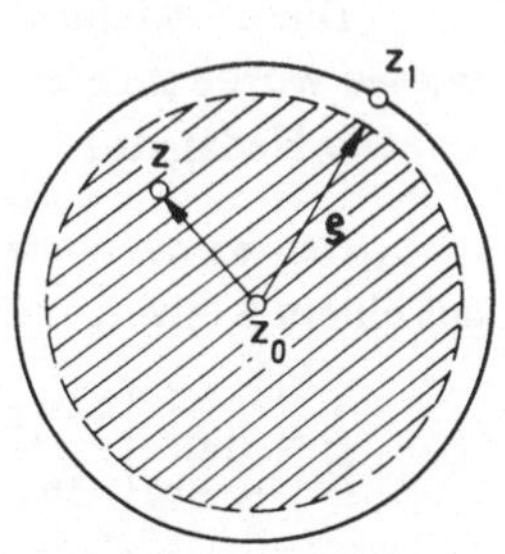

Bild 37

Darüber hinaus gilt auf Grund der Voraussetzungen

$$\left|\frac{z - z_0}{z_1 - z_0}\right| \leqslant q \quad \text{für} \quad 0 \leqslant q < 1.$$

Somit haben wir für alle n

$$|c_n (z - z_0)^n| \leqslant M q^n, \quad 0 \leqslant q < 1.$$

Auf Grund des Kriteriums von Weierstraß folgt daraus die absolute und gleichmäßige Konvergenz im Inneren des Kreises $|z - z_0| \leqslant \rho < |z_1 - z_0|$, da die Glieder der betrachteten Reihe kleiner sind als die Glieder der abnehmenden geometrischen Progression aus positiven Zahlen.

Insbesondere konvergiert also unsere Reihe absolut (aber im allgemeinen nicht gleichmäßig) in allen Punkten des Kreises $|z - z_0| < |z_1 - z_0|$. Es folgt daraus, daß die Potenzreihe, wenn sie im Punkt $z = z_1$ divergiert, auch für jeden z-Wert mit

$$|z - z_0| > |z_1 - z_0|$$

divergiert.

Das Theorem, das von dem hervorragenden norwegischen Mathematiker *N. H. Abel* (1802–1829) formuliert wurde, spielt in der Theorie der Potenzreihen eine außerordentlich wichtige Rolle. Insbesondere folgt daraus, daß eine Potenzreihe in einem gewissen Kreis konvergiert, dessen Radius wir mit R bezeichnen wollen. Die Konvergenz ist absolut für

$$|z - z_0| < R.$$

Für

$$|z - z_0| > R$$

divergiert die Reihe. In jedem Kreis

$$|z - z_0| \leqslant \rho < R$$

liegt gleichmäßige Konvergenz vor. Auf dem Kreis $|z - z_0| = R$ selbst kann die Reihe konvergieren oder divergieren. Die Feststellung, welcher der beiden Fälle zutrifft, erfordert zusätzliche Untersuchungen, die manchmal sehr schwierig sind.

Der Radius R dieses Kreises heißt *Konvergenzradius der Potenzreihe,* der Kreis selbst heißt *Konvergenzkreis.* Zur Bestimmung des Konvergenzradius R dient die Gleichung

$$\frac{1}{R} = \overline{\lim_{n \to \infty}} \sqrt[n]{|c_n|}, \tag{4.19}$$

wobei $\overline{\lim}$ den oberen Grenzwert [353, Kapitel II, § 3] bedeutet.

Diese Gleichung stammt von *August Louis Cauchy* (1821). In aller Strenge bewiesen wurde sie erst 1893 von *Jaques Hadamard* (1865–1963). Sie heißt Formel von Cauchy-Hadamard.

Den Konvergenzradius kann man auch mit Hilfe einer Gleichung bestimmen, die aus einem Konvergenzkriterium für Reihen von *D'Alembert* folgt:

$$\frac{1}{R} = \overline{\lim_{n \to \infty}} \left| \frac{c_{n+1}}{c_n} \right|. \tag{4.20}$$

Der angegebene Grenzwert muß natürlich existieren.

Insbesondere kann R gleich Null (die Summe der Reihe ist dann gleich dem ersten Glied) oder gleich unendlich sein (dann konvergiert die Reihe in der gesamten komplexen Ebene).

Aus dem Haupttheorem von Abschnitt 26 und aus dem Beweis der gleichmäßigen Konvergenz einer Potenzreihe im Inneren ihres Konvergenzkreises folgen alle wichtigen Eigenschaften von Potenzreihen, die in den folgenden Theoremen formuliert werden.

Theorem 1: *Die Summe einer Potenzreihe ist im Inneren des Konvergenzkreises eine stetige Funktion.*

Dieses Resultat ergänzt das **zweite Theorem von Abel** (1826): *Wenn eine Potenzreihe im Punkt* z_1 *des Kreises* $|z - z_0| = R$ *konvergiert, so ist ihre Summe* $s(z)$ *längs des Radius dieses Kreises von* z_0 *bis* z_1 *eine stetige Funktion.*

A. Pringsheim hat bewiesen, daß unter den Bedingungen dieses Theorems $s(z)$ längs einer beliebigen Kurve, die den Kreis in z nicht berührt, in z_1 stetig ist.

Theorem 2: *Eine Potenzreihe darf man im Inneren ihres Konvergenzkreises gliedweise integrieren, die Summe der erhaltenen Reihe ist gleich dem Integral über die Summe der gegebenen Reihe:*

$$\int \sum_{n=0}^{\infty} c_n (z - z_0)^n \, dz = \sum_{n=0}^{\infty} \frac{c_n}{n+1} (z - z_0)^{n+1} + C. \tag{4.21}$$

Theorem 3: *Eine Potenzreihe darf man im Inneren ihres Konvergenzkreises gliedweise differenzieren. Die erhaltene Summe ist gleich der Ableitung der Summe der gegebenen Potenzreihe:*

$$\left\{ \sum_{n=0}^{\infty} c_n (z - z_0)^n \right\}' = \sum_{n=1}^{\infty} n c_n (z - z_0)^{n-1}. \tag{4.22}$$

Um die Gültigkeit der letzten Eigenschaft nachzuweisen, muß man noch zeigen, daß die Reihe, die man durch Differenzieren erhält, denselben Konvergenzradius R besitzt (wodurch auch diese eine gleichmäßig konvergente Reihe wird, wie es in den Bedingungen von Theorem 3 in Abschnitt 26 gefordert ist).

Es sei z irgendein Punkt im Inneren des Konvergenzkreises und R_1 eine Zahl mit $|z - z_0| < R_1 < R$. Wegen der absoluten Konvergenz der Reihe $\sum_{n=0}^{\infty} c_n R_1^n$ existiert eine positive Zahl M mit

$$|c_n R_1^n| < M \quad \text{oder} \quad |c_n| < \frac{M}{R_1^n}$$

für alle Werte von n.

Für den Betrag des allgemeinen Gliedes der durch Differenzieren erhaltenen Reihe gilt dann:

$$n |c_n| |(z - z_0)^{n-1}| < \frac{M}{R_1} \cdot \frac{n |(z - z_0)^{n-1}|}{R_1^{n-1}}.$$

Die Beträge der Glieder der Reihe (4.22) sind also kleiner als die entsprechenden Glieder einer nach dem d'Alembertschen Kriterium konvergenten Reihe. Die Reihe (4.22) konvergiert daher absolut in allen Punkten des Konvergenzkreises der Ausgangsreihe $\sum_{n=0}^{\infty} c_n (z-z_0)^n$. Bei $|z-z_0| > R$ strebt $c_n (z-z_0)^n$ und damit auch $nc_n (z-z_0)^{n-1}$ nicht gegen Null, und die Reihe divergiert.

Die Reihen (4.22) und $\sum_{n=0}^{\infty} c_n (z-z_0)^n$ haben daher denselben Konvergenzkreis.

Folgerung 1: *Die Reihe* $\sum_{n=0}^{\infty} \frac{c_n}{n+1}(z-z_0)^{n+1}$, *die man durch gliedweise Integration aus der Reihe* $\sum_{n=0}^{\infty} c_n (z-z_0)^n$ *erhält, hat denselben Konvergenzradius* R *wie die Ausgangsreihe.*

Wäre dies nämlich nicht so, so erhielten wir durch gliedweises Differenzieren die Ausgangsreihe $\sum_{n=0}^{\infty} c_n (z-z_0)^n$ mit einem Konvergenzradius $R_1 \neq R$, was im Widerspruch zu Theorem 3 steht.

Man muß jedoch bemerken, daß aus der Gleichheit der Konvergenzradien einer Reihe und einer zweiten Reihe, die man daraus durch Differenzieren oder Integrieren gewonnen hat, nicht auf gleiches Konvergenzverhalten dieser Reihen auf dem Rand des Konvergenzbereiches, also auf dem Kreis $|z-z_0| = R$ selbst, geschlossen werden darf. Die Reihe $\sum_{n=0}^{\infty} z^n$ zum Beispiel divergiert in allen Punkten des Randes $|z| = 1$. Durch Integration erhält man jedoch eine Reihe $\sum_{n=0}^{\infty} \frac{z^{n+1}}{n+1}$, die für $z = -1$ konvergiert. Bei $z = -1$ haben wir nämlich

$$\sum_{n=0}^{\infty} \frac{z^{n+1}}{n+1} = -\left(1 - \tfrac{1}{2} + \tfrac{1}{3} - \tfrac{1}{4} + \ldots\right) = -\ln 2.$$

Analog dazu konvergiert die Reihe $\sum_{n=1}^{\infty} \frac{z^n}{n^2}$ deren Konvergenzradius $R = 1$ ist (man beweise dies unter Verwendung von Gl. (4.20)), in allen Punkten des Randes $|z| = 1$ absolut, da für $|z| = 1$

$$\sum_{n=1}^{\infty} \left|\frac{z^n}{n^2}\right| = \sum_{n=1}^{\infty} \frac{1}{n^2}.$$

Die Reihe auf der rechten Seite konvergiert bekanntlich [421].

Durch Differenzieren dieser Reihe erhalten wir die Reihe $\sum_{n=1}^{\infty} z^{n-1}/n$, die auf dem Konvergenzkreis $|z| = 1$ wenigstens im Punkt $z = 1$ divergiert, da die harmonische Reihe $1 + \frac{1}{2} + \frac{1}{3} + \frac{1}{4} + \ldots$ divergent ist.

Die angeführten Beispiele illustrieren auch sehr schön den schon früher gegebenen Hinweis auf das Verhalten einer Reihe auf dem Rand des Konvergenzkreises. Auf dem Rand des Konvergenzbereiches kann die Reihe überall konvergieren (aber keineswegs notwendigerweise absolut oder gleichmäßig) oder überall divergieren. Oder sie kann in einigen Punkten konvergieren und in den übrigen divergieren.

Folgerung 2: *Eine Potenzreihe* $s(z) = \sum_{n=0}^{\infty} c_n (z - z_0)^n$ *darf man in ihrem Konvergenzkreis* $|z - z_0| < R$ *beliebig oft differenzieren (oder integrieren). Das Ergebnis ist stets wieder eine Potenzreihe mit demselben Konvergenzradius* R, *deren Summe gleich der entsprechenden Ableitung (oder dem entsprechenden Integral) der Summe* $s(z)$ *ist.*

Zum Abschluß beweisen wir noch ein für das weitere wichtiges Theorem.

Theorem 4: *Die Summe einer beliebigen Potenzreihe*

$$s(z) = \sum_{n=0}^{\infty} c_n (z - z_0)^n = c_0 + c_1 (z - z_0) + c_2 (z - z_0)^2 + \ldots$$

ist im Inneren des Konvergenzkreises eine reguläre (holomorphe) Funktion.

Zum Beweis der Regularität einer Funktion im Bereich D muß man zeigen, daß die Funktion in allen Punkten des Bereichs D eine Ableitung besitzt.

Ohne Beschränkung der Allgemeinheit dürfen wir der Kürze halber $z_0 = 0$ setzen. Dies entspricht lediglich der Transformation

$$z^* = z - z_0.$$

In diesem Fall haben wir

$$\frac{s(z + \Delta z) - s(z)}{\Delta z} = \sum_{n=0}^{\infty} c_n \frac{(z + \Delta z)^n - z^n}{\Delta z}$$
$$= \sum_{n=0}^{\infty} c_n [(z + \Delta z)^{n-1} + z(z + \Delta z)^{n-2} + \ldots + z^{n-1}].$$

Es sei ρ eine Zahl mit

$$|z| \leqslant \rho < R, \qquad |z + \Delta z| \leqslant \rho < R.$$

Dann gilt

$$|c_n \{(z + \Delta z)^{n-1} + z(z + \Delta z)^{n-2} + \ldots + z^{n-1}\}| \leqslant n\, |c_n \rho^{n-1}|.$$

Die Reihe $\sum_{n=1}^{\infty} |c_n \rho^{n-1}|$ konvergiert aber. Somit konvergiert auch die Reihe

$\sum_{n=1}^{\infty} c_n \frac{(z+\Delta z)^n - z^n}{\Delta z}$ bei festem Wert von z gleichmäßig bezüglich Δz. Damit ist

$\frac{s(z+\Delta z)-s(z)}{\Delta z}$ eine stetige Funktion von Δz und

$$s'(z) = \lim_{\Delta z \to 0} \frac{s(z+\Delta z)-s(z)}{\Delta z}$$

$$= \sum_{n=1}^{\infty} c_n (z^{n-1} + z^{n-1} + \ldots + z^{n-1}) = \sum_{n=1}^{\infty} n c_n z^{n-1},$$

was zu zeigen war.

Dieses Theorem folgt auch aus dem oben betrachteten Theorem, was wir ohne Beweis bemerken.

28. Rechnen mit Potenzreihen. Rekursionsformeln

Wir wenden uns nun den im weiteren für die Ausführung der vier arithmetischen Grundoperationen benötigten Formeln zu.

Gegeben seien die beiden Potenzreihen

$$s_b(z) = b_0 + b_1 z + b_2 z^2 + \ldots + b_{n-1} z^{n-1} + b_n z^n + \ldots, \tag{4.23}$$

$$s_c(z) = c_0 + c_1 z + c_2 z^2 + \ldots + c_{n-1} z^{n-1} + c_n z^n + \ldots, \tag{4.24}$$

wobei $b_0, b_1, \ldots, b_n, c_0, c_1, \ldots, c_n$ gegebene und von z unabhängige komplexe Zahlen seien.

Wir beschränken uns dabei auf die Betrachtung von Reihen, deren Zentrum mit dem Nullpunkt zusammenfällt. Um zum allgemeinen Fall zu gelangen, muß man z durch $z - z_0$ ersetzen. Diese Transformation hat keinen Einfluß auf die Koeffizienten der Reihe. Die weiter unten angegebenen Gleichungen gelten daher allgemein. Wir bemerken zugleich, daß Ausdrücke wie „eine unendliche Potenzreihe angeben" oder „bestimmen" bedeuten, daß man alle Koeffizienten angibt oder bestimmt. Daß eine Potenzreihe gegeben ist, bedeutet mit anderen Worten, daß eine Gleichung zur Bestimmung des allgemeinen Gliedes c_n der Reihe aus dem gegebenen Wert von n und anderen bekannten Größen vorliegt.

Sind alle Koeffizienten einer Potenzreihe bekannt, so bereitet die Berechnung der Reihensumme und die Bestimmung des Konvergenzradius keine grundsätzlichen Schwierigkeiten mehr, obwohl diese Arbeit nicht immer leicht durchzuführen ist.

Zur Berechnung von ln 2 zum Beispiel mit Hilfe der Reihe

$$\ln 2 = 1 - \tfrac{1}{2} + \tfrac{1}{3} - \tfrac{1}{4} + \ldots + \frac{(-1)^{n+1}}{n} + \ldots = 0{,}693\,147\ldots$$

auf nur zwei gültige Dezimalstellen (d. h. mit einer Genauigkeit geringer als 0,005) benötigt man auf Grund des Kriteriums von Leibniz 200 Glieder der betrachteten Reihe.

Fassen wir hingegen die Reihenglieder paarweise zusammen, so ergibt sich eine beträchtlich schneller konvergierende Reihe:

$$\ln 2 = (1 - \tfrac{1}{2}) + (\tfrac{1}{3} - \tfrac{1}{4}) + (\tfrac{1}{5} - \tfrac{1}{6}) + \ldots = \frac{1}{1 \cdot 2} + \frac{1}{3 \cdot 4} + \frac{1}{5 \cdot 6} + \ldots + \frac{1}{n(n+1)} + \ldots .$$

Zur Erreichung derselben Genauigkeit sind nur mehr 30 Glieder der neuen Reihe notwendig.

Es existieren verschiedene Verfahren zur Verbesserung der Konvergenz von Reihen. Wenden wir auf die gegebene Reihe zum Beispiel die Eulersche Transformation an [20; 375], so liefern die ersten 11 Glieder der neuen Reihe ln 2 mit sieben exakten Ziffern, wozu bei der ursprünglichen Reihe etwa 20000000 Glieder notwendig wären.

Wir bemerken noch, daß die in unserem Beispiel betrachtete Reihe für die Funktion $\ln(1 + z)$ eine der am langsamsten konvergierenden Reihen ist.

Im weiteren werden wir auch sehr schnell konvergierende Reihen kennenlernen. Wir befassen uns nun mit den Operationen mit Potenzreihen.

Die Summe und die Differenz der Reihen (4.23) und (4.24) sind:

$$s_b(z) + s_c(z) = (b_0 + c_0) + (b_1 + c_1) z + (b_2 + c_2) z^2 + \ldots + (b_n + c_n) z^n + \ldots , \tag{4.25}$$

$$s_b(z) - s_c(z) = (b_0 - c_0) + (b_1 - c_1) z + (b_2 - c_2) z^2 + \ldots + (b_n - c_n) z^n + \ldots \tag{4.26}$$

Eine Potenzreihe konvergiert, wie bereits erwähnt, im Inneren ihres Konvergenzkreises absolut. Auf Grund des Theorems von Cauchy (siehe Abschnitt 25) darf man Potenzreihen also wie Polynome multiplizieren.

Bei der Multiplikation der Reihen (4.23) und (4.24) erhalten wir die neue Potenzreihe

$$s_a(z) = a_0 + a_1 z + a_2 z^2 + \ldots + a_n z^n + \ldots \equiv s_b(z)\, s_c(z), \tag{4.27}$$

deren Koeffizienten gemäß Gl. (4.12) aus der folgenden Gleichung zu bestimmen sind:

$$a_n = b_0 c_n + b_1 c_{n-1} + b_2 c_{n-2} + \ldots + b_{n-1} c_1 + b_n c_0 . \tag{4.28}$$

Dasselbe Ergebnis erhalten wir unmittelbar aus der Gl. (4.27)

$$a_0 + a_1 z + a_2 z^2 + \ldots + a_{n-1} z^{n-1} + a_n z^n + \ldots = (b_0 + b_1 z + b_2 z^2 + \ldots \\ + b_{n-1} z^{n-1} + b_n z^n + \ldots) \cdot (c_0 + c_1 z + c_2 z^2 + \ldots + c_{n-1} z^{n-1} + c_n z^n + \ldots),$$

wenn wir auf der rechten Seite die Reihen $s_b(z)$ und $s_c(z)$ miteinander multiplizieren und die Koeffizienten gleicher Potenzen von z vergleichen.

Wir verwenden dabei das beinahe offensichtliche Theorem: *Wenn zwei Potenzreihen einander gleich sind, d. h. wenn*

$$\sum_{n=0}^{\infty} a_n z^n = \sum_{n=0}^{\infty} b_n z^n ,$$

so sind ihre Koeffizienten gleich:

$$a_n \equiv b_n.$$

Ein Beweis dieses Theorems ist in Abschnitt 29 gegeben.

Beispiel 1: Die Funktionen e^z und $\sin z$ vom komplexen Argument z bestimmt man aus denselben Reihen wie im Falle eines reellen Arguments:

$$e^z = 1 + \frac{z}{1!} + \frac{z^2}{2!} + \frac{z^3}{3!} + \ldots + \frac{z^n}{n!} + \ldots,$$

$$\sin z = \frac{z}{1!} - \frac{z^3}{3!} + \frac{z^5}{5!} - \ldots + (-1)^k \frac{z^{2k+1}}{(2k+1)!} + \ldots.$$

Wir bestimmen die Reihe für die Funktion $e^z \sin z$.

In unserem Fall gilt

$$b_0 = 1, \quad b_1 = 1, \quad b_2 = \frac{1}{2!} = \frac{1}{2}, \quad b_3 = \frac{1}{3!} = \frac{1}{6}, \ldots,$$

$$c_0 = 0, \quad c_1 = 1, \quad c_2 = 0, \quad c_3 = -\frac{1}{3!} = -\frac{1}{6}, \ldots.$$

Die Berechnung (auf sechs Dezimalstellen nach dem Komma) der ersten zehn Koeffizienten a_n ist gemäß Gl. (4.28) in Tabelle 61 durchgeführt worden. Diese Rechnungen führt man auf einer beliebigen Rechenmaschine, einschließlich einem Arithmometer, leicht ohne Anschreiben der Zwischenergebnisse durch.

Bei der Bestimmung von a_5 zum Beispiel berechnen wir das Produkt $b_0 c_5$ (die Faktoren b_0 und c_5 sind in Tabelle 61 umrandet). Hierauf multiplizieren wir, ohne uns das erste Ergebnis zu merken, „im negativen Sinn" b_2 mit $c_3 = -0{,}166667$ (die Faktoren b_2 und c_3 sind punktiert umrandet). Die Rechnung beenden wir, indem wir b_4 mit $c_1 = +1{,}000000$ „im positiven Sinn" multiplizieren. (Für die übrigen Produkte gilt $b_1 c_4 = b_3 c_2 = b_5 c_0 = 0$, sie werden daher bei der Rechnung nicht berücksichtigt.)

In unserem Fall ist a_5 eine negative Größe. Wir erhalten daher im Resultatzähler die Zahl ... 9,9666665, sie stellt die Ergänzung der gesuchten Zahl auf 1 dar. Durch Runden der erhaltenen Zahl auf sechs Dezimalstellen ergibt sich $a_5 = -0{,}033333$. Wenn eine rohe Überschlagsrechnung ergibt, daß a_n negativ ist, so muß man die Vorzeichen von c_n umkehren und $-a_n$ berechnen. Dies ist dann eine positive Größe.

In Tabelle 61 füllt man vorerst die Spalten b_n und c_n vollständig aus. Zur Markierung der bei der Berechnung von a_n benötigten Faktoren eignen sich beliebige Marken (zum Beispiel kleine Münzen). Die im Augenblick gebrauchten Größen werden dadurch hervorgehoben. Zu Beginn der Rechnung verteilt man die Marken über oder unter den stark umrandeten Zahlen (wir betrachten weiterhin die Berechnung von a_5). Nach der Berechnung von $b_0 c_5$ verschiebt man die Marken um eine Zeile und markiert so b_1 und c_4. In dieser Weise setzt man das Verfahren fort bis zur Berechnung von $b_5 c_0$. Den berechneten Wert für a_5 trägt man in die Spalte a_n ein.

Tabelle 61

n	b_n	c_n	a_n	z_1^n	z_2^n
0	1,000000	0	0,000000	–	–
1	1,000000	+ 1,000000	+ 1,000000	0,400000	0,130000
2	0,500000	0	+ 1,000000	0,160000	0,016900
3	0,166667	– 0,166667	+ 0,333333	0,064000	0,002197
4	0,041667	0	0,000000	0,025600	0,000286
5	0,008333	+ 0,008333	– 0,033333	0,010240	0,000037
6	0,001389	0	– 0,011112	0,004096	–
7	0,000198	– 0,000198	– 0,001587	0,001638	–
8	0,000025	0	0,000000	–	–
9	0,000003	+ 0,000003	+ 0,000045	–	–
10	0,000000	0	+ 0,000009	–	–

Der Prozeß der Berechnung von $a_0, a_1, \dots, a_{10}$ erfordert beträchtlich weniger Zeit, als zur Beschreibung der Berechnung von a_5 benötigt wird. Da wir in der Folge jedoch sehr oft Größen der Form $a_n = \sum_{j=0}^{n} b_j c_{n-j}$ zu berechnen haben, sind wir so ausführlich auf die Rechentechnik eingegangen.

Nach Bestimmung der Koeffizienten a_n haben wir:

$$e^z \sin z = z + z^2 + 0{,}333333z^3 - 0{,}033333z^5 - 0{,}011112z^6 - 0{,}001587z^7 + 0{,}000045z^9 + 0{,}000009z^{10} + \dots$$

Die erhaltene Reihe erlaubt eine unmittelbare Berechnung der Funktionswerte von $e^z \sin z$. Auch diese Rechnung führt man am besten in Tabellenform durch. So wurden in Tabelle 61 die Potenzen z^n für $z = z_1 = 0{,}4$ und $z = z_2 = 0{,}13$ berechnet. Durch Multiplikation der in derselben Zeile eingetragenen Größen a_n und z^n und Aufsummieren der Produkte erhalten wir

$$e^{0{,}4} \sin 0{,}4 = 0{,}580944 \quad \text{und} \quad e^{0{,}13} \sin 0{,}13 = 0{,}147631.$$

Zur Kontrolle berechnen wir diese Größen unmittelbar auf sechs Dezimalstellen. Aus Tabellen [648; 652; 656] finden wir

$$e^{0{,}4} = 1{,}491825; \quad \sin 0{,}4 = 0{,}389418; \quad e^{0{,}13} = 1{,}138828; \quad \sin 0{,}13 = 0{,}129634.$$

Damit gilt

$$e^{0{,}4} \sin 0{,}4 = 0{,}580944; \quad e^{0{,}13} \sin 0{,}13 = 0{,}147631.$$

Als Übung möge der Leser die in Tabelle 61 angegebenen Rechnungen nochmals durchführen.

Die Gl. (4.28) erlaubt die Bestimmung der Koeffizienten a_n auch in allgemeiner Form, nicht nur auf numerischem Wege, aus den bekannten Größen b_n und c_n. Darüber hinaus dient die Gl. (4.28) auch zur Bestimmung der Koeffizienten einer Reihe, die man durch Division zweier Potenzreihen erhalten hat.

Die Bestimmung einer Reihe der Form

$$s_c(z) \equiv \sum_{n=0}^{\infty} c_n z^n = \frac{\sum\limits_{n=0}^{\infty} a_n z^n}{\sum\limits_{n=0}^{\infty} b_n z^n} \tag{4.29}$$

führen wir nämlich auf die oben betrachtete Aufgabe zurück, indem wir die Gl. (4.29) in der Form

$$\sum_{n=0}^{\infty} a_n z^n = \left(\sum_{n=0}^{\infty} b_n z^n\right) \cdot \left(\sum_{n=0}^{\infty} c_n z^n\right)$$

schreiben. Die Koeffizienten a_n, b_n, c_n stehen dabei wieder in der Beziehung (4.28):

$$a_n = b_0 c_n + b_1 c_{n-1} + b_2 c_{n-2} + \ldots + b_{n-1} c_1 + b_n c_0 .$$

Unbekannt sind jedoch hier die c_n, bekannt die Koeffizienten a_n und b_n.

Setzen wir in Gl. (4.28) $n = 0$, so erhalten wir

$$a_0 = b_0 c_0$$

und daraus

$$c_0 = \frac{a_0}{b_0} . \tag{4.30}$$

Aus der Gl. (4.28) folgt weiterhin bei allgemeinem n

$$c_n = -\frac{1}{b_0} \left[(b_1 c_{n-1} + b_2 c_{n-2} + \ldots + b_{n-1} c_1 + b_n c_0) - a_n\right] \tag{4.31}$$

oder

$$c_n = \frac{1}{b_0} \left[a_n - \sum_{k=1}^{\infty} b_k c_{n-k}\right], \quad n = 1, 2, 3, \ldots$$

Setzen wir in Gl. (4.31) $n = 1$ und berücksichtigen wir Gl. (4.30), so finden wir

$$c_1 = -\frac{1}{b_0} (b_1 c_0 - a_1) = \frac{a_1 b_0 - b_1 a_0}{b_0^2} .$$

Bei $n = 2$ erhalten wir

$$c_2 = -\frac{1}{b_0} [b_1 c_1 + b_2 c_0 - a_2] = \frac{1}{b_0^3} [b_1 (a_0 b_1 - b_0 a_1) + b_0 (a_2 b_0 - b_2 a_0)].$$

Dieses Verfahren kann man beliebig lang fortsetzen und der Reihe nach $c_1, c_2, c_3, \ldots,$ $c_n, \ldots$ bestimmen, d. h. also die Koeffizienten der gesuchten Reihe.

Eine allgemeinere Gestalt der Lösung dieser Aufgabe findet man in dem Buch von *W. I. Smirnow* [421, Bd. III, Teil 2, S. 60–61], wo eine allgemeine Gleichung für die Koeffizienten c_n angegeben ist, die die Form eines Quotienten aus zwei Determinanten n-ter Ordnung besitzt.

Die Gl. (4.31) eignet sich sehr gut zur numerischen Bestimmung von c_n aus den bekannten $\{a_n\}, \{b_n\}, c_0$. Zur Illustration der Rechentechnik betrachten wir nochmals ein Beispiel.

Beispiel 2: Für $z = x + iy$ berechnet man $\sin z$ und $\cos z$ aus denselben Reihen wie im Falle eines reellen Arguments:

$$\sin z = \frac{z}{1!} - \frac{z^3}{3!} + \frac{z^5}{5!} - \frac{z^7}{7!} + \ldots, \tag{a}$$

$$\cos z = 1 - \frac{z^2}{2!} + \frac{z^4}{4!} - \frac{z^6}{6!} + \ldots. \tag{b}$$

Wir bestimmen die Potenzreihenentwicklung der Funktion

$$\tan z = \frac{\sin z}{\cos z} = c_0 + c_1 z + c_2 z^2 + c_3 z^3 + \ldots \tag{c}$$

In unserem Beispiel gilt

$$a_0 = 0,\ a_1 = 1,\ a_2 = 0,\ a_3 = -\tfrac{1}{6}, \ldots, b_0 = 1,\ b_1 = 0,\ b_2 = -\tfrac{1}{2},$$
$$b_3 = 0,\ b_4 = \tfrac{1}{24}, \ldots, c_0 = 0 \ \text{ und } \ \tfrac{1}{b_0} = 1.$$

Wie man gemäß Gl. (4.31) die ersten 11 Koeffizienten c_n (mit sechs Dezimalstellen) berechnet, geht aus Tabelle 62 hervor. Bei der Berechnung von c_5 gehen wir zum Beispiel so vor: Wir berechnen (bei schon bestimmten Koeffizienten c_0, c_1, c_2, c_3, c_4) vorerst $\sum_{k=1}^{5} (-b_k)\, c_{5-k}$. Unter Berücksichtigung von $b_1 = 0$ setzen wir dazu zu Beginn die Marken unter oder über die stark umrandeten Zahlen. Wir multiplizieren $(-b_2)$ mit c_3 „im positiven Sinn" und verschieben die Marken (wegen $b_3 = 0$) um zwei Zeilen nach oben und nach unten und multiplizieren „im negativen Sinn" $(-b_4)$ mit c_1. Wenn die obere Marke die Reihe n erreicht hat, ist die Rechnung beendet. Nach Addition von a_n zu der erhaltenen Summe multiplizieren wir alles mit $1/b_0$ (in unserem Beispiel ist $1/b_0 = 1$). Das Ergebnis ist der gesuchte Wert c_n, den wir in die Zeile n eintragen.

In unserem Beispiel nimmt man das in Gl. (4.31) vor dem Summenzeichen stehende Minuszeichen besser zu den Koeffizienten b_n hinzu. Man erhält dadurch (wegen $b_0 = 1$)

$$c_n = a_n + \sum_{k=1}^{n} (-b_k)\, c_{n-k}.$$

In Übereinstimmung damit sind in Tabelle 62 die Koeffizienten $(-b_n)$ angeführt.

Tabelle 62

n	a_n	$(-b_n)$	c_n	z_1^n	z_2^n
0	0	- 1,000000	0	–	–
1	+ 1,000000	0	+ 1,000000	0,400000	0,130000
2	0	+ 0,500000	0	–	–
3	- 0,166667	0	+ 0,333333	0,064000	0,002197
4	0	- 0,041667	0	–	–
5	+ 0,008333	0	+ 0,133333	0,010240	0,000037
6	0	+ 0,001389	0	–	–
7	- 0,000198	0	+ 0,053969	0,001638	–
8	0	- 0,000025	0	–	–
9	+ 0,000003	0	+ 0,021870	0,000262	–
10	0	+ 0,000000	0	–	–

Wir bemerken noch, daß in Tabelle 62 die Zahl 0 die exakte Null bedeutet. In der Zahl 0,000000 hingegen können nach der letzten Null noch beliebige andere Ziffern auftreten, zum Beispiel gilt $b_{10} = 1/10! = 0{,}0000002755\ldots$.

Die Berechnung der übrigen Koeffizienten kann man in unserem Beispiel wesentlich verkürzen, da für $n > 10$ gilt $a_n < 3 \cdot 10^{-9}$, $b_n < 3 \cdot 10^{-10}$, d. h., mit der von uns geforderten Genauigkeit gilt für $n \geqslant 10$ $a_n = 0$ und $b_n = 0$.

Somit gilt in unserem Beispiel für $n \geqslant 10$

$$c_n = - b_2 c_{n-2} - b_4 c_{n-4} - b_6 c_{n-6} - b_8 c_{n-8}.$$

Bei Durchführung der Rechnung nach dieser Gleichung finden wir zusätzlich zu den Ergebnissen in Tabelle 62. $c_{2m} = 0$; $m = 6, 7, 8 \ldots$; $c_{11} = 0{,}008863$; $c_{13} = 0{,}003592$; $c_{15} = 0{,}001456$; $c_{17} = 0{,}000590$; $c_{19} = 0{,}000239$; $c_{21} = 0{,}000097$; $c_{23} = 0{,}000039$; $c_{25} = 0{,}000016$; $c_{27} = 0{,}000006$; $c_{29} = 0{,}000003$; $c_{31} = 0{,}000001$.

Nach Bestimmung der Koeffizienten c_n kann man nun

$$\tan z = \sum_{n=0}^{\infty} c_n z^n$$

für beliebige komplexe z im Konvergenzkreis der gefundenen Reihe berechnen. Den Radius dieses Kreises muß man noch aus der Gl. (4.19) oder aus der Gl. (4.20) bestimmen (in unserem Fall gilt $R = \pi/2$).

In Tabelle 62 sind zum Beispiel alle für die Berechnung von $\tan z$ für $z = z_1 = 0{,}4$ und $z = z_2 = 0{,}13$ notwendigen Daten angegeben. Wir finden daraus

$$\tan 0{,}4 = 0{,}422793; \quad \tan 0{,}13 = 0{,}130737.$$

Der maximale Fehler ist dabei nicht größer als eine Einheit der sechsten Dezimalstelle. Zur Kontrolle der c_n berechnen wir

$$\tan 1 = \sum_{n=0}^{\infty} c_n = 1{,}557407.$$

Das Ergebnis vergleichen wir mit dem Tabellenwert [652; 656]:

$$\tan 1 = \tan 1 \text{ rad} = 1{,}557408.$$

Übung: Man führe die Rechnungen von Tabelle 62 nochmals mit fünf Dezimalstellen durch und verlängere sie bis $n = 25$.

Zum Abschluß bemerken wir, daß bei der Berechnung der Koeffizienten c_n nach Gl. (4.31) die Resultatgrößen im n-ten Schritt als Ausgangsgrößen für den $(n + 1)$-ten Schritt dienen. Die Gl. (4.31) ist demnach eine Rekursionsformel (siehe Kapitel 2, Abschnitt 9). Im Umgang mit Potenzreihen werden wir in der Folge noch häufig mit Rekursionsformeln zu tun haben.

29. Die Methode der unbestimmten Koeffizienten. Die m-te Potenz einer Reihe

Bei der Herleitung der Regeln für die Division von Potenzreihen haben wir die sogenannte *Methode der unbestimmten Koeffizienten* verwendet, die in der Theorie der Reihen häufig auftritt. Die Methode besteht darin, daß man eine gesuchte Reihe formal als eine Reihe ansetzt, deren Koeffizienten noch unbekannt, also noch unbestimmt sind. Auf Grund von Beziehungen, die zwischen den formal eingeführten Koeffizienten und den Koeffizienten von anderen bekannten Reihen bestehen müssen, findet man hierauf auch die anfangs noch unbestimmten Koeffizienten.

Zur strengeren Begründung dieser Methode ist noch das folgende beinahe unmittelbar einsehbare Theorem zu beweisen:

Theorem: *Ist die Summe einer konvergenten Potenzreihe im Inneren eines gewissen Kreises gleich Null, so sind alle Koeffizienten dieser Reihe gleich Null.*

Beweis: Laut Annahme gilt

$$c_0 + c_1(z - z_0) + c_2(z - z_0)^2 + c_3(z - z_0)^3 + c_4(z - z_0)^4 + \ldots \equiv 0.$$

Setzen wir darin $z = z_0$, so folgt

$$c_0 = 0.$$

Durch Differenzieren beider Seiten erhalten wir

$$c_1 + 2c_2(z - z_0) + 3c_3(z - z_0)^2 + 4c_4(z - z_0)^3 + \ldots \equiv 0,$$

woraus für $z = z_0$ folgt

$$c_1 = 0.$$

Bei weiterem Differenzieren der Identität ergibt sich mit $z = z_0$

$$c_2 = 0.$$

Setzt man das Verfahren fort, so ergibt sich für alle Koeffizienten $c_n = 0$.

Folgerung: *Wenn die Summen von zwei Potenzreihen mit gleichem Zentrum in den Punkten eines gewissen Kreises gleich sind, so sind auch die Koeffizienten der entsprechenden Potenzen von* $z - z_0$ *gleich, d. h. aus*

$$\sum_{n=0}^{\infty} A_n (z - z_0)^n = \sum_{n=0}^{\infty} B_n (z - z_0)^n \tag{4.32}$$

folgt

$$A_n = B_n \quad (n = 0, 1, 2, \dots). \tag{4.33}$$

Schaffen wir nämlich in Gl. (4.32) die Reihe rechts auf die linke Seite, so gelangen wir zu dem eben betrachteten Fall

$$\sum_{n=0}^{\infty} (A_n - B_n)(z - z_0)^n \equiv 0.$$

Auf Grund des bewiesenen Theorems gilt $A_n - B_n = 0$ für $n = 0, 1, 2, \dots$.

Wir weisen nochmals darauf hin, daß zur Gültigkeit der Beziehung (4.33) die beiden Reihen dasselbe Zentrum haben müssen.

Wir verwenden nun die Methode der unbestimmten Koeffizienten zur Bestimmung der m-ten Potenz einer Reihe.

Es soll gelten

$$(c_0 + c_1 z + c_2 z^2 + c_3 z^3 + \dots)^m = A_0 + A_1 z + A_2 z^2 + A_3 z^3 + \dots \quad (c_0 \neq 0). \tag{4.34}$$

Dabei sind die Koeffizienten $A_0, A_1, A_2, \dots$ bisher noch unbekannt.

Wie in Abschnitt 28 dürfen wir ohne Verlust an Allgemeinheit annehmen, daß das Zentrum der Reihe im Punkt $z_0 = 0$ liegt, was die Rechnung vereinfacht.

Die Bedingung $c_0 \neq 0$ ist nicht wesentlich. Wenn $c_0 = 0$ (oder allgemeiner $c_0 = c_1 = \dots = c_{p-1} = 0$, $c_p \neq 0$), so stellen wir die gegebene Reihe in der Form

$$\begin{aligned}\sum_{n=0}^{\infty} c_n z^n &= c_p z^p + c_{p+1} z^{p+1} + c_{p+2} z^{p+2} + \dots \\ &= z^p (c_p + c_{p+1} z + c_{p+2} z^2 + \dots)\end{aligned}$$

dar und kommen wegen

$$\left\{\sum_{n=0}^{\infty} c_n z^n\right\}^m = z^{mp} (c_p + c_{p+1} z + c_{p+2} z^2 + \dots)^m, \quad c_p \neq 0,$$

auf den betrachteten Fall zurück.

Mit $z = 0$ finden wir aus Gl. (4.34)

$$A_0 = c_0^m. \tag{4.35}$$

Zur Bestimmung der übrigen Koeffizienten logarithmieren wir nach *J. Bertran* [20, Kapitel III, § 331] beide Seiten von Gl. (4.34)

$$m \lg (c_0 + c_1 z + c_2 z^2 + c_3 z^3 + \dots) = \lg (A_0 + A_1 z + A_2 z^2 + A_3 z^3 + \dots)$$

Tabelle 63

Grundgrößen			Hilfsgrößen								
n	A_n	c_n	k	$a_k^{(n)}$	n = 1	n = 2	n = 3	n = 4	n = 5	n = 6	n = 7
0	1,000000	1									
1	0,500000	1,000000	1	$a_1^{(n)}$	+ 0,500000	- 0,500000	- 1,500000	- 2,500000	- 3,500000	- 4,500000	- 5,000000
2	0,125000	0,500000	2	$a_2^{(n)}$		+ 0,500000	0	- 0,500000	- 1,000000	- 1,500000	- 2,000000
3	0,020833	0,166667	3	$a_3^{(n)}$			+ 0,250000	+ 0,083333	- 0,083333	- 0,250000	- 0,416667
4	0,002604	0,041667	4	$a_4^{(n)}$				+ 0,083333	+ 0,041667	0	- 0,041667
5	0,000260	0,008333	5	$a_5^{(n)}$					+ 0,020833	+ 0,012500	+ 0,004167
6	0,000022	0,001389	6	$a_6^{(n)}$						+ 0,004167	+ 0,002778
7	0,000001	0,000198	7	$a_7^{(n)}$							+ 0,000693

und bilden hierauf von beiden Seiten der erhaltenen Gleichung die Ableitung (die nach derselben Regel zu bilden ist wie im Falle einer reellen Variablen). Das Ergebnis ist die folgende Gleichung

$$m\frac{c_1+2c_2z+3c_3z^2+\dots}{c_0+c_1z+c_2z^2+c_3z^3+\dots}=\frac{A_1+2A_2z+3A_3z^2+\dots}{A_0+A_1z+A_2z^2+A_3z^3+\dots}\,.$$

Daraus erhalten wir:

$$\begin{aligned}&(c_0+c_1z+c_2z^2+c_3z^3+\dots)(A_1+2A_2z+3A_3z^2+\dots)\\&\quad=m(c_1+2c_2z+3c_3z^2+\dots)(A_0+A_1z+A_2z^2+A_3z^3+\dots).\end{aligned}$$

Durch Ausmultiplizieren der erhaltenen Reihen und durch Koeffizientenvergleich finden wir:

$$\begin{aligned}c_0A_1&=mc_1A_0,\\2c_0A_2+c_1A_1&=m(2c_2A_0+c_1A_1),\\&\dots\dots\dots\dots\\nc_0A_n+(n-1)c_1A_{n-1}+\dots+c_{n-1}A_1&\\=m[nc_nA_0+(n-1)c_{n-1}A_1+\dots c_1A_{n-1}].&\end{aligned}$$

Als Lösung dieser Gleichung erhält man eine Rekursionsformel zur Bestimmung der A_n:

$$A_n=\frac{1}{nc_0}\sum_{k=1}^{n}[k(m+1)-n]\,c_kA_{n-k};\qquad n=1,2,3,\dots\tag{4.36}$$

oder

$$A_n=\frac{1}{nc_0}\sum_{k=1}^{n}a_k^{(n)}A_{n-k}=\frac{1}{nc_0}[a_1^{(n)}A_{n-1}+a_2^{(n)}A_{n-2}+\dots+a_n^{(n)}A_0],\tag{4.37}$$

wobei wir die Bezeichnung

$$a_k^{(n)}=[k(m+1)-n]\,c_k\tag{4.38}$$

eingeführt haben.

Durch Elimination der Unbekannten $A_1, A_2, A_3, \dots$ lassen sich nach einfachen Umformungen die Gln. (4.36) in der folgenden Form darstellen:

$$\begin{aligned}A_0&=c_0^m\\\frac{A_1}{A_0}&=\frac{mc_1}{c_0},\\\frac{A_2}{A_0}&=m\left[\frac{c_2}{c_0}+\frac{(m-1)}{2!}\left(\frac{c_1}{c_0}\right)^2\right],\\\frac{A_3}{A_0}&=m\left[\frac{c_3}{c_0}+(m-1)\frac{c_1c_2}{c_0^2}+\frac{(m-1)(m-2)}{3!}\left(\frac{c_1}{c_0}\right)^3\right],\end{aligned}\tag{4.39}$$

$$\frac{A_4}{A_0} = m\left[\frac{c_4}{c_0} + \frac{(m-1)}{2!}\left(\frac{c_2^2}{c_0^2} + 2\,\frac{c_1 c_3}{c_0^2}\right) + \frac{(m-1)(m-2)}{2!}\cdot\frac{c_1^2 c_2}{c_0^3}\right.$$
$$\left. + \frac{(m-1)(m-2)(m-3)}{4!}\left(\frac{c_1}{c_0}\right)^4\right].$$

....

Zur numerischen Berechnung der Koeffizienten A_n verwendet man am besten direkt die Gln. (4.37) und (4.38). Da bei der Herleitung dieser Gleichungen keinerlei Beschränkungen bezüglich m gemacht wurden, gelten diese für beliebige m.

Beispiel: Wir bestimmen die Koeffizienten der Reihe für die Funktion $w = \sqrt{e^z}$. In diesem Fall haben wir:

$$e^z = \sum_{n=0}^{\infty} c_n z^n = 1 + \frac{z}{1!} + \frac{z^2}{2!} + \frac{z^3}{3!} + \ldots,$$

$$\sqrt{e^z} = \left\{1 + \frac{z}{1!} + \frac{z^2}{2!} + \frac{z^3}{3!} + \ldots\right\}^{\frac{1}{2}} = A_0 + A_1 z + A_2 z^2 + A_3 z^3 + \ldots.$$

Die Koeffizienten A_n bestimmen wir nach den Gln. (4.35), (4.37) und (4.38). Diese lauten für $m = 1/2$, $c_0 = 1$:

$$A_0 = 1;$$

$$a_k^{(n)} = (3k - 2n)\,\frac{c_k}{2}\,;$$

$$n \geqslant k;$$

$$A_n = \frac{1}{n}\,[a_1^{(n)} A_{n-1} + a_2^{(n)} A_{n-2} + \ldots + a_n^{(n)} A_0].$$

Alle erforderlichen Rechnungen findet man in Tabelle 63, bei der ein eigener Teil für die Hilfsgrößen angelegt wurde.

Die Berechnung der $a_k^{(n)}$ führen wir zeilenweise durch: Wir stellen am Arithmometer die Zahl $c_k/2$ ein und multiplizieren sie der Reihe nach mit allen Zahlen $(3k - 2n)$. Hierauf berechnen wir auf die in Abschnitt 28 beschriebene Weise die Summe $[a_1^{(n)} A_{n-1} + a_2^{(n)} A_{n-2} + \ldots + a_n^{(n)} A_0]$ und multiplizieren das Ergebnis mit $1/n$.

Bei der Berechnung von A_3 zum Beispiel bilden wir das Produkt der stark umrandeten Zahlen, addieren (im algebraischen Sinn, d. h. in diesem Fall subtrahieren wir) das Produkt der punktiert umrandeten Zahlen und dividieren das Ergebnis (ohne es im Resultatzähler aufzunehmen) durch $n = 3$.

Bei der Berechnung von A_4 verschieben wir die Marken in die Ausgangslage, nehmen aber den Faktor $a_k^{(n)} = (3k - 2n)\,c_k/2$ aus der Spalte $n = 4$ und beginnen das Verfahren mit der Bestimmung von $a_n^{(n)} A_0 = a_4^{(4)} A_0$.

Die erhaltenen Ergebnisse überprüft man leicht direkt, da $\sqrt{e^z} = e^{z/2}$. Also gilt $A_n = c_n/2^n = 1/2^n n!$

Übung: Man bestimme mit fünf Dezimalstellen die Koeffizienten der Reihe für die Funktion $w = \sqrt[3]{e^z}$.

Auch bei einer beliebigen Reihe $\Sigma c_n z^n$ unterscheidet sich die Technik der Berechnung der A_n nicht von der in diesem Beispiel betrachteten. Wenn m eine ganze Zahl ist, so kann man die Koefffizienten A_n auch aus den Gln. (4.43) in Abschnitt 30 berechnen.

Die einfachsten Gleichungen für das Potenzieren von Reihen mit beliebiger Potenz m findet man auf anderem Wege. Sie sind in Abschnitt 51 von Kapitel 6 zu finden.

30. Die Umkehrung von Potenzreihen

Unter der Umkehrung einer Potenzreihe $\zeta = \sum_{n=0}^{\infty} c_n (z - z_0)^n$, die man am besten in der Form

$$\zeta - c_0 = c_1(z - z_0) + c_2(z - z_0)^2 + \ldots + c_n(z - z_0)^n + \ldots, \quad c_1 \neq 0 \tag{4.40}$$

darstellt, versteht man die Bestimmung einer Potenzreihe in $(\zeta - \zeta_0)$ mit $\zeta_0 = c_0$ für die Größe $z - z_0$:

$$z - z_0 = A_1(\zeta - \zeta_0) + A_2(\zeta - \zeta_0)^2 + \ldots + A_n(\zeta - \zeta_0)^n + \ldots \tag{4.41}$$

Für eine Untersuchung des Falls $c_1 = 0$ siehe *W. I. Smirnow* [421, Bd. III, Teil 2, Kapitel I, § 23].

Auf die Umkehrung einer Potenzreihe stoßen wir jedesmal dann, wenn wir die Werte einer Funktion aus den Werten ihrer Umkehrfunktion bestimmen sollen und diese Umkehrfunktion in Form einer Potenzreihe gegeben ist.

Die Umkehrung einer Potenzreihe (4.40) besteht also in der Berechnung der Koeffizienten A_n aus den gegebenen Werten von z_0 und $c_0 = \zeta_0, c_1, c_2, \ldots, c_n, \ldots$.

Wir lösen diese Aufgabe mit der Methode der unbestimmten Koeffizienten.

Es muß gelten

$$\begin{aligned}
\zeta - \zeta_0 &= c_1^{(1)}(z - z_0) + c_2^{(1)}(z - z_0)^2 + \ldots + c_n^{(1)}(z - z_0)^n + \ldots, \\
(\zeta - \zeta_0)^2 &= c_1^{(2)}(z - z_0)^2 + c_2^{(2)}(z - z_0)^3 + \ldots + c_{n-1}^{(2)}(z - z_0)^n + \ldots, \\
(\zeta - \zeta_0)^3 &= c_1^{(3)}(z - z_0)^3 + \ldots + c_{n-2}^{(3)}(z - z_0)^n + \ldots, \\
&\ldots\ldots\ldots\ldots\ldots\ldots\ldots\ldots\ldots\ldots\ldots\ldots \\
(\zeta - \zeta_0)^n &= c_1^{(n)}(z - z_0)^n + \ldots .
\end{aligned} \tag{4.42}$$

Dabei sind noch alle Koeffizienten $c_m^{(k)}$ bei $k \geqslant 2$ zu bestimmen.

Wegen

$$(\zeta - \zeta_0)^{k+l} = (\zeta - \zeta_0)^k (\zeta - \zeta_0)^l$$

haben wir unter Verwendung der Gl. (4.28) aus Abschnitt 28:

$$c_m^{(k+l)} = [c_1^{(l)} c_m^{(k)} + c_2^{(l)} c_{m-1}^{(k)} + c_3^{(l)} c_{m-2}^{(k)} + \ldots + c_m^{(l)} c_1^{(k)}]. \tag{4.43}$$

Daraus folgt insbesondere für $l = 1$:

$$c_m^{(k+1)} = [c_1 c_m^{(k)} + c_2 c_{m-1}^{(k)} + c_3 c_{m-2}^{(k)} + \ldots + c_m c_1^{(k)}]. \tag{4.44}$$

Wegen

$$c_m^{(1)} = c_m \tag{4.45}$$

fällt die erste Gleichung von (4.42) mit der gegebenen Reihe zusammen.

Die Gln. (4.43) bis (4.45) ermöglichen auch die schrittweise Berechnung aller Koeffizienten $c_m^{(k)}$ aus den bekannten Koeffizienten c_m der gegebenen Reihe (4.40).

Wir setzen nun die Ausdrücke (4.42) in die Identität (4.41) ein und fassen gleichartige Potenzen von $z - z_0$ zusammen. Nach dem Haupttheorem von Abschnitt 29 erhalten wir

$$A_1 c_n^{(1)} + A_2 c_{n-1}^{(2)} + A_3 c_{n-2}^{(3)} + \ldots + A_{n-1} c_2^{(n-1)} + A_n c_1^{(n)} = \begin{cases} 1 \text{ bei } n = 1 \\ 0 \text{ bei } n \geqslant 2 \end{cases},$$

da die linke Seite der Identität (4.41) nur das Glied $z - z_0$ mit dem Koeffizienten 1 enthält.

Es folgt daraus für $n = 1$

$$A_1 = \frac{1}{c_1}. \tag{4.46}$$

Für $n \geqslant 2$ lösen wir die erhaltene Gleichung nach A_n auf und berücksichtigen, daß gemäß den Gln. (4.44) und (4.45)

$$c_1^{(n)} = c_1^n. \tag{4.47}$$

Damit finden wir eine Rekursionsformel zur Bestimmung aller übrigen Koeffizienten der Umkehrreihe

$$A_n = \frac{-1}{c_1^n} [A_1 c_n^{(1)} + A_2 c_{n-1}^{(2)} + A_3 c_{n-2}^{(3)} + \ldots + A_{n-1} c_2^{(n-1)}; \quad n \geqslant 2. \tag{4.48}$$

Die Gl. (4.48) merkt man sich leicht, da der obere Index in $c_m^{(k)}$ gleich dem unteren Index der Koeffizienten $A_1, A_2, \ldots, A_{n-1}$ ist, während die Summe aus dem oberen und unteren Index von $c_m^{(k)}$ konstant bleibt: $k + m = n + 1$.

Somit lösen die Gln. (4.43) bis (4.48) die Aufgabe der Umkehrung einer Potenzreihe. Eine Rechnung mit Hilfe dieser Gleichungen führt man am besten immer in Tabellenform durch. Die Rechentechnik erklären wir wieder an Beispielen.

Beispiel 1: Man bestimme die Umkehrreihe für die Funktion $\zeta = \ln(1 + z)$:

$$\zeta = z - \frac{z^2}{2} + \frac{z^3}{3} - \frac{z^4}{4} + \ldots + (-1)^{n+1} \frac{z^n}{n} + \ldots.$$

In diesem Beispiel gilt

$$z_0 = 0; \; c_0 = \zeta_0 = 0; \; c_1 = +1; \; c_2 = -\tfrac{1}{2}; \; c_3 = +\tfrac{1}{3}; \ldots;$$

$$c_n = \frac{(-1)^{n+1}}{n}; \ldots.$$

Wir tragen in Tabelle 64 in die Spalte $c_n = c_n^{(1)}$ die Koeffizienten der gegebenen Reihe ein: $c_1 = 1$; $c_2 = -0{,}5000000$; $c_3 = +0{,}3333333, \ldots$. Hierauf berechnen wir vorerst die übrigen Hilfsgrößen $c_m^{(k)}$ aus den Gln. (4.44). Diese Rechnung führt man am besten nach einem Diagonalschema durch. In der Hauptdiagonale ist gemäß Gl. (4.47)

$$c_1^{(k)} = (c_1)^k; \quad k = 2, 3, 4, \dots,$$

d. h. wir erhalten alle Glieder der Hauptdiagonalen durch Potenzieren von c_1. In unserem Beispiel gilt $c_1 = 1$, somit sind alle Glieder der Hauptdiagonalen gleich 1.

In der zweiten Diagonale haben wir nach Gl. (4.44) mit $m = 2$

$$c_2^{(k+1)} = c_1 c_2^{(k)} + c_2 c_1^{(k)} \quad \text{und bei} \quad c_1 = 1, c_2^{(k)} = kc_2. \tag{4.49}$$

Damit erhalten wir in unserem Beispiel

$$c_2^{(2)} = 2c_2 = -1{,}0; \quad c_2^{(3)} = 3c_2 = -1{,}5; \quad c_2^{(4)} = 4c_2 = -2{,}0; \dots .$$

Alle übrigen Diagonalen berechnet man am bequemsten direkt nach Gl. (4.44), indem man der Reihe nach die Elemente der Spalte $c_n^{(1)}$ mit den entsprechenden Elementen der Spalten $c_{n-1}^{(2)}, c_{n-2}^{(3)}, \dots$ multipliziert.

Für die dritte Diagonale haben wir zum Beispiel

$$c_3^{(k+1)} = c_1 c_3^{(k)} + c_2 c_2^{(k)} + c_3 c_1^{(k)}. \tag{4.50}$$

Zur Berechnung von $c_3^{(3)} = c_1 c_3^{(2)} + c_2 c_2^{(2)} + c_3 c_1^{(3)}$ markieren wir die Zahl $c_1 = 1$ in der Spalte $c_n^{(1)}$ und die Zahl $c_3^{(2)} = 0{,}9166666$ in der Spalte $c_{n-1}^{(2)}$, multiplizieren diese Zahlen, verschieben die Marken nach oben und unten, multiplizieren (ohne das Zwischenresultat zu merken) das zweite Elementenpaar. Im dritten Schritt erreicht die zweite Marke die Hauptdiagonale. Damit ist die Rechnung beendet. Den gefundenen Wert

$$c_3^{(3)} = 1 \cdot 0{,}9166666 + 0{,}5000000 \cdot 1{,}0000000 + 0{,}3333333 \cdot 1 = 1{,}7499999$$

tragen wir in die Spalte $c_{n-2}^{(3)}$ unter $n = 5$ ein, d. h. in die dritte Diagonale $n - 2 = 3$. Jetzt haben wir in der Spalte $c_{n-2}^{(3)}$ drei Elemente, was mit Gl. (4.50) auf analogem Wege die Berechnung von $c_3^{(4)} = 2{,}8333332$ erlaubt. Dazu bringen wir die Marken wieder in die Ausgangslage, die erste unter die Zahl $c_1 = 1$, die zweite unter die im vorhergehenden Schritt berechnete Zahl $c_3^{(3)}$. Setzt man dieses Verfahren fort, so findet man der Reihe nach alle Elemente der dritten Diagonale.

Die Berechnung der Elemente der vierten Diagonale wird genauso durchgeführt. Nur sind jetzt in jeder Spalte vier Elemente zu nehmen. Bei der Berechnung der fünften Diagonale benötigen wir schon fünf Elemente aus jeder Spalte usw.

$$c_m^{(2)} = c_1 c_m + c_2 c_{m-1} + c_3 c_{m-2} + \dots + c_m c_1,$$

d. h. die zweite Spalte berechnet man durch Multiplikation der Elemente der Spalte der Ausgangskoeffizienten c_n untereinander. Das zweite Element der dritten Diagonale, bei dessen Berechnung wir in unserem Beispiel Halt gemacht haben, ist

$$c_3^{(2)} = 1 \cdot 0{,}3333333 + 0{,}5000000 \cdot 0{,}5000000 + 0{,}3333333 \cdot 1$$
$$= 0{,}9166666.$$

Wir bemerken noch, daß man die Größen $c_m^{(k)}$ analog zu den Größen a_n in Tabelle 61 in Abschnitt 28 berechnet.

Wenn alle Hilfsgrößen $c_m^{(k)}$ bestimmt sind, berechnet man die Koeffizienten A_n der Umkehrreihe leicht aus den Rekursionsformeln (4.48). Dazu muß man nur die Spalte der schon berechneten $A_1, A_2, \ldots, A_{n-1}$ (ohne Zwischenergebnisse zu merken) mit der Zeile der Hilfsgrößen $c_{n-k}^{(k+1)}$ multiplizieren und das Ergebnis (mit entgegengesetztem Vorzeichen genommen) durch das letzte Element dieser Zeile $c_1^{(n)} = c_1^n$ dividieren, d. h. durch das Element, das in der ersten Diagonale steht.

Wir betonen, daß alle zur Berechnung von A_n notwendigen Größen $c_{n-k}^{(k+1)}$ in der n-ten Zeile stehen. Dies ist bei der Berechnung der Koeffizienten A_n äußerst bequem.

Der erste Koeffizient A_1, der zu Beginn des Rekursionsverfahrens gebraucht wird, ergibt sich unmittelbar aus der Gl. (4.46):

$$A_1 = \frac{1}{c_1}.$$

In unserem Beispiel gilt $c_1 = 1$, und somit ist

$$A_1 = 1; \quad c_1^n = 1;$$

$$A_2 = -A_1 c_2^{(1)} = -c_2 = +0{,}5000000;$$

$$A_3 = -[A_1 c_3^{(1)} + A_2 c_2^{(2)}] = -1 \cdot 0{,}3333333 + 0{,}5000000 \cdot 1 = +0{,}1666667;$$

$$A_4 = +1 \cdot 0{,}2500000 - 0{,}5000000 \cdot 0{,}9166666 + 0{,}1666667 \times 1{,}5000000 = +0{,}0416667.$$

. . . .

Alle auf sieben Dezimalstellen berechneten Koeffizienten A_n stehen in der ersten Spalte von Tabelle 64.

Die exakten Werte der gesuchten Koeffizienten finden wir in unserem Beispiel, wenn wir die Gleichung $\zeta = \ln(1 + z)$ umkehren und hierauf e^ζ in eine Reihe entwickeln:

$$z = e^\zeta - 1 = \zeta + \frac{\zeta^2}{2!} + \frac{\zeta^3}{3!} + \ldots + \frac{\zeta^n}{n!} + \ldots, \quad \text{daraus folgt} \quad A_n = \frac{1}{n!}.$$

Die in Tabelle 64 berechneten Werte stimmen bis $n = 7$ mit den exakten Werten überein. Die weiteren exakten Werte sind

$$A_8 = 0{,}000024801\ldots, \quad A_9 = 0{,}000002755\ldots, \quad A_{10} = 0{,}000000275\ldots\,.$$

Die Abweichung der Resultate vom exakten Wert ist durch die Rundungsfehler bei der Berechnung der $c_m^{(k)}$ bedingt. Genügt die erreichte Genauigkeit nicht, so muß man mit mehr Dezimalstellen rechnen.

Wenn die Ausgangsreihe (4.40) nur ungerade Potenzen enthält (wie dies in der Praxis oft zutrifft), so enthält auch die Umkehrreihe nur ungerade Potenzen.

In solchen Fällen wird der Rechenaufwand wesentlich geringer. Man sieht dies an Hand von Beispiel 2 ein.

Beispiel 2: Wir bilden die Umkehrreihe von

$$\zeta = \arcsin z = z + \frac{1}{2 \cdot 3} z^3 + \frac{1 \cdot 3}{2 \cdot 4 \cdot 5} z^5 + \ldots + \frac{1 \cdot 3 \cdot 5 \ldots (2n-1)}{2 \cdot 4 \cdot 6 \ldots (2n)(2n+1)} z^{2n+1} + \ldots$$

Tabelle 64

n	A_n	$c_n = c_n^{(1)}$	$c_{n-1}^{(2)}$	$c_{n-2}^{(3)}$	$c_{n-3}^{(4)}$	$c_{n-4}^{(5)}$	$c_{n-5}^{(6)}$	$c_{n-6}^{(7)}$	$c_{n-7}^{(8)}$	$c_{n-8}^{(9)}$	$c_{n-9}^{(10)}$
1	+ 1,0000000	+ 1									
2	+ 0,5000000	- 0,5000000	+ 1								
3	+ 0,1666667	+ 0,3333333	- 1,0000000	+ 1							
4	+ 0,0416667	- 0,2500000	+ 0,9166666	- 1,5000000	+ 1						
5	+ 0,0083333	+ 0,2000000	- 0,8333333	+ 1,7499999	- 2,0000000	+ 1					
6	+ 0,0013888	- 0,1666667	+ 0,7611111	- 1,8749999	+ 2,8333332	- 2,5000000	+ 1				
7	+ 0,0001984	+ 0,1428571	- 0,7000000	+ 1,9333333	- 3,4999998	+ 4,1666665	- 3,0000000	+ 1			
8	+ 0,0000250	- 0,1250000	+ 0,6482142	- 1,9541666	+ 4,0291665	- 5,8333330	+ 5,7499998	- 3,5000000	+ 1		
9	+ 0,0000032	+ 0,1111111	- 0,6039682	+ 1,9531083	- 4,4499998	+ 7,4236107	- 8,9999995	+ 7,5833331	- 4,0000000	+ 1	
10	+ 0,0000009	- 0,1000000	+ 0,5657937	- 1,9389879	+ 4,7862431	- 8,9062495	+ 12,5541659	- 13,1249993	+ 9,6666664	- 4,5000000	+ 1

Die Ausgangsangaben (Spalte $c_n^{(1)} = c_n$) und alle durchgeführten Rechnungen findet man in Tabelle 65. Die Spalten $c_{n-1}^{(2)}$ und $c_{n-2}^{(3)}$ wurden mit derselben Genauigkeit berechnet wie in Beispiel 1. Da jedoch alle geraden Koeffizienten gleich Null sind, braucht man gemäß Gl. (4.48) die Spalten $c_{n-2k+1}^{(2k)}$ nicht, da diese Werte mit $A_{2n} = 0$ multipliziert werden. Die Berechnung aller ungeraden Spalten $c_{n-2k}^{(2k+1)}$ erfolgt vollkommen analog zu Beispiel 1 nach Gl. (4.43) bei $l = 2$. Dazu muß man vorerst die „erzeugende" Spalte $c_{n-1}^{(2)}$ berechnen. Dann gilt zum Beispiel

$$\begin{aligned} c_5^{(5)} &= c_1^{(2)} c_5^{(3)} + c_3^{(2)} c_3^{(3)} + c_5^{(2)} c_1^{(3)} \\ &= 1 \cdot 0{,}3083334 + 0{,}3333334 \cdot 0{,}5000001 + 0{,}1777778 \cdot 1 = 0{,}6527779. \end{aligned}$$

Die geraden Koeffizienten der Ausgangsreihe c_{2n} sind gleich Null und daher in Tabelle 65 nicht eingetragen.

Die Berechnung der (ungeraden) Koeffizienten A_n erfolgt gemäß Gl. (4.48). Die Elemente der Spalte $c_{n-1}^{(2)}$, die in Tabelle 65 eingeklammert und mit kleinerer Schrift eingetragen wurden, bleiben bei der Berechnung von A_n unberücksichtigt (sie wären mit $A_2 = 0$ zu multiplizieren). Zum Beispiel gilt

$$\begin{aligned} A_5 = -[A_1 c_5^{(1)} + A_3 c_3^{(3)}] &= -1 \cdot 0{,}0750000 + 0{,}1666667 \cdot 0{,}5000001 \\ &= +0{,}0083334. \end{aligned}$$

Die berechneten A_n sind noch mit den exakten Werten zu vergleichen. In unserem Beispiel ist dies leicht durchzuführen, da

$$z = \sin\zeta = \zeta - \frac{\zeta^3}{3!} + \frac{\zeta^5}{5!} - \frac{\zeta^7}{7!} + \frac{\zeta^9}{9!} - \frac{\zeta^{11}}{11!} + \ldots$$

Wir empfehlen dem Leser, die Rechnungen zu wiederholen, um sich mit der Technik vertraut zu machen. Bei den Rechnungen in den Tabellen 64 und 65, die dank ihrer Einfachheit und Gleichartigkeit schnell durchzuführen sind, kann man sich auf sechs Dezimalstellen beschränken. Man kann dabei untersuchen, wie der Fehler in den A_n zunimmt, wenn man statt wie in den Tabellen 64 und 65 mit sieben nur mit sechs Dezimalstellen rechnet.

Übung: Man finde die Umkehrreihe für $\zeta = \sin z$.

Wir leiten noch eine Gleichung für die Umkehrung einer allgemeineren Potenzreihe her, die für m = 1 in die gewöhnliche Potenzreihe (4.40) übergeht:

$$\zeta - \zeta_0 = (z - z_0)^{\frac{1}{m}} \{c_1 + c_2(z - z_0) + \ldots + c_n(z - z_0)^{n-1} + \ldots\}. \tag{4.51}$$

Tabelle 65

n	A_n	$c_n = c_n^{(1)}$	$c_{n-1}^{(2)}$	$c_{n-2}^{(3)}$	$c_{n-4}^{(5)}$	$c_{n-6}^{(7)}$
1	+ 1,0000000	+ 1	(+ 1)			
3	− 0,1666667	0,1666667	(0,3333334)	+ 1		
5	+ 0,0083334	0,0750000	(0,1777778)	0,5000001	+ 1	
7	− 0,0001985	0,0446429	(0,1142858)	0,3083334	0,8333335	+ 1
9	+ 0,0000029	0,0303819		0,2135583	0,6527779	1,1666669

Erhebt man beide Seiten dieser Gleichung zur m-ten Potenz, so ergibt sich

$$(\zeta-\zeta_0)^m=(z-z_0)\{c_1+c_2(z-z_0)+\ldots+c_n(z-z_0)^{n-1}+\ldots\}^m.$$

Unter Verwendung der Ergebnisse von Abschnitt 29 finden wir

$$\{c_1+c_2(z-z_0)+\ldots+c_n(z-z_0)^{n-1}+\ldots\}^m=C_1+C_2(z-z_0)+C_3(z-z_0)^2+\ldots,$$

worin man die Koeffizienten C_n aus den Gln. (4.39) oder aus den Rekursionsformeln (4.37) und (4.38) bestimmt, indem man dort A_{n-1} durch C_n und c_{n-1} durch c_n ersetzt.

Durch Einsetzen der gefundenen Resultate erhalten wir

$$(\zeta-\zeta_0)^m=C_1(z-z_0)+C_2(z-z_0)^2+C_3(z-z_0)^3+\ldots+C_n(z-z_0)^n+\ldots$$

und gelangen damit zur am Beginn dieses Abschnitts betrachteten Aufgabe zurück.

Bei der Umkehrung der erhaltenen gewöhnlichen Potenzreihe finden wir nach einigen einfachen Umformungen eine Gleichung für die Umkehrung der Reihe (4.51)

$$\begin{aligned}z-z_0&=B_1(\zeta-\zeta_0)^m+B_2(\zeta-\zeta_0)^{2m}+B_3(\zeta-\zeta_0)^{3m}+\ldots\\&\quad+B_n(\zeta-\zeta_0)^{nm}+\ldots,\end{aligned}\tag{4.52}$$

wobei

$$\begin{aligned}B_1&=+\frac{1}{c_1^m};\\B_2&=-\frac{m}{c_1^{2m}}\left(\frac{c_2}{c_1}\right)=-\frac{mc_2}{c_1^{2m+1}};\\B_3&=+\frac{m}{c_1^{3m}}\left[\frac{3m+1}{2!}\left(\frac{c_2}{c_1}\right)^2-\frac{c_3}{c_1}\right];\\B_4&=-\frac{m}{c_1^{4m}}\left[\frac{(4m+1)(4m+2)}{3!}\left(\frac{c_2}{c_1}\right)^3-(4m+1)\left(\frac{c_2c_3}{c_1^2}\right)+\frac{c_4}{c_1}\right];\\B_5&=+\frac{m}{c_1^{5m}}\left[\frac{(5m+1)(5m+2)(5m+3)}{4!}\left(\frac{c_2}{c_1}\right)^4\right.\\&\quad\left.-\frac{(5m+1)(5m+2)}{2!}\left(\frac{c_2^2c_3}{c_1^3}\right)+\frac{5m+1}{2!}\left(\frac{2c_2c_4+c_3^2}{c_1^2}\right)-\frac{c_5}{c_1}\right];\\&\ldots\ldots\ldots\ldots\ldots\ldots\ldots\ldots\end{aligned}\tag{4.53}$$

Setzen wir darin m = 1, so finden wir die ersten fünf Koeffizienten der Umkehrreihe (4.41) wieder, die auf anderem Wege in den Arbeiten [285, Bd. I, S. 389–390] erhalten wurden. Wenn man mehr Koeffizienten benötigt, so verwendet man besser die Rekursionsformeln (4.43) bis (4.48).

Wir wenden uns noch der Umkehrung von Reihen mit komplizierterer Struktur zu, denen man bei der Lösung gewisser technischer Probleme begegnet.

Wir suchen zum Beispiel die Umkehrung von

$$\zeta=\ln z+a_0+a_1z+a_2z^2+\ldots+a_nz^n+\ldots\tag{4.54}$$

Bei Beschränkung auf die ersten beiden Glieder haben wir

$$\zeta = \ln z_I + a_0$$

und daraus

$$\ln z_I = \zeta - a_0 . \tag{4.55}$$

Bei Lösung dieser Gleichung finden wir eine erste Näherung (die wir durch z_I bezeichnen):

$$z_I = e^{\zeta - a_0} . \tag{4.56}$$

Die exakte Lösung der Gleichung (4.54) setzen wir in der Form

$$z = (1 + \epsilon)\, z_I \tag{4.57}$$

an, wobei die Größe ϵ noch zu bestimmen ist. Zu diesem Zweck setzen wir Gl. (4.57) in Gl. (4.54) ein und finden unter Berücksichtigung, daß gemäß Gl. (4.55)

$$\ln(1+\epsilon)\, z_1 = \ln(1+\epsilon) + \ln z_I = \ln(1+\epsilon) + (\zeta - a_0)$$

gilt, die Beziehung

$$\begin{aligned}\zeta &= \ln(1+\epsilon) + \ln z_I + a_0 + a_1(1+\epsilon)\, z_I + \ldots + a_n(1+\epsilon)^n z_I^n + \ldots\\ &= \ln(1+\epsilon) + (\zeta - a_0) + a_0 + a_1(1+\epsilon)\, z_I + \ldots + a_n(1+\epsilon)^n z_I^n + \ldots .\end{aligned}$$

Mit der Reihenentwicklung für $\ln(1+\epsilon)$

$$\ln(1+\epsilon) = \epsilon - \frac{\epsilon^2}{2} + \frac{\epsilon^3}{3} - \frac{\epsilon^4}{4} + \ldots + \frac{(-1)^{n+1}}{n}\epsilon^n + \ldots$$

erhalten wir nach offensichtlichen Vereinfachungen

$$\begin{aligned}&\epsilon - \frac{\epsilon^2}{2} + \ldots + \frac{(-1)^{n+1}}{n}\epsilon^n + a_1(1+\epsilon)\, z_I + a_2(1+2\epsilon+\epsilon^2)\, z_I^2\\ &\quad + \ldots + a_n\left[1 + n\epsilon + \frac{n(n-1)}{2!}\epsilon^2 + \ldots + \epsilon^n\right] z_I^n + \ldots = 0,\end{aligned} \tag{4.58}$$

worin $z_I = e^{\zeta - a_0}$ eine bekannte Größe ist.

Die Lösung der Gl. (4.58) setzen wir in Form einer Reihe

$$\epsilon = A_1 z_I + A_2 z_I^2 + A_3 z_I^3 + \ldots + A_n z_I^n + \ldots \tag{4.59}$$

an. Dann haben wir

$$\begin{aligned}\epsilon^2 &= A_1^{(2)} z_I^2 + A_2^{(2)} z_I^3 + A_3^{(2)} z_I^4 + \ldots + A_{n-1}^{(2)} z_I^n + \ldots ,\\ \epsilon^3 &= A_1^{(3)} z_I^3 + A_2^{(3)} z_I^4 + \ldots + A_{n-2}^{(3)} z_I^n + \ldots ,\\ &\ldots\ldots\ldots\ldots\ldots\ldots\ldots\ldots\ldots\ldots\\ \epsilon^n &= A_1^{(n)} z_I^n + \ldots ,\end{aligned}$$

worin man bei bekanntem $A_m^{(1)} \equiv A_m$ alle Koeffizienten $A_m^{(k)}$ gemäß Gl. (4.44) aus der Beziehung

$$A_m^{(k+1)} = A_1 A_m^{(k)} + A_2 A_{m-1}^{(k)} + \ldots + A_m A_1^{(k)};$$
$$A_1^{(k)} = (A_1)^k; \quad A_2^{(k+1)} = (k+1) A_1^k A_2; \ldots \tag{4.60}$$

findet. Wir setzen Gl. (4.59) in Gl. (4.58) ein und erhalten:

$$\begin{aligned}
&(A_1 z_I + A_2 z_I^2 + \ldots + A_n z_I^n + \ldots) - \tfrac{1}{2} [A_1^{(2)} z_I^2 + \ldots + A_{n-1}^{(2)} z_I^n + \ldots] \\
&+ \frac{(-1)^{n+1}}{n} [A_1^{(n)} z_I^n + \ldots] + a_1 [1 + A_1 z_I + A_2 z_I^2 + \ldots + A_n z_I^n + \ldots] z_I \\
&+ a_2 \{1 + 2 [A_1 z_I + A_2 z_I^2 + \ldots + A_n z_I^n + \ldots] \\
&+ [A_1^{(2)} z_I^2 + \ldots + A_{n-1}^{(2)} z_I^n + \ldots]\} z_I^2 + \ldots \\
&+ a_n \{1 + n [A_1 z_I + A_2 z_I^2 + \ldots + A_n z_I^n + \ldots] \\
&+ \frac{n(n-1)}{2!} [A_1^{(2)} z_I^2 + \ldots + A_{n-1}^{(2)} z_I^n + \ldots] + \ldots \\
&+ [A_1^{(n)} z_I^n + \ldots]\} z_I^n + \ldots = 0.
\end{aligned}$$

Durch Nullsetzen der Koeffizienten der einzelnen Potenzen von z_I in dieser Identität finden wir der Reihe nach

$$\begin{aligned}
&A_1 + a_1 = 0, \\
&A_2 - \tfrac{1}{2} A_1^{(2)} + a_1 A_1 + a_2 = 0, \\
&A_3 - \tfrac{1}{2} A_2^{(2)} + \tfrac{1}{3} A_1^{(3)} + a_1 A_2 + 2a_2 A_1 + a_3 = 0, \\
&\ldots\ldots\ldots\ldots\ldots\ldots\ldots\ldots\ldots\ldots\ldots\ldots\ldots\ldots \\
&A_n - \tfrac{1}{2} A_{n-1}^{(2)} + \tfrac{1}{3} A_{n-2}^{(3)} + \ldots + \frac{(-1)^{n+1}}{n} A_1^{(n)} + a_1 A_{n-1} \\
&\quad + a_2 [2A_{n-2} + A_{n-3}^{(2)}] + a_3 [3A_{n-3} + 3A_{n-4}^{(2)} + A_{n-5}^{(3)}] + \ldots + a_n = 0.
\end{aligned} \tag{4.61}$$

Da alle Koeffizienten a_n bekannt sind, erhalten wir aus den Gln. (4.61) und (4.60) der Reihe nach alle A_n und $A_m^{(k)}$, womit die gestellte Aufgabe gelöst ist.

Insbesondere haben wir

$$\begin{aligned}
&A_1 = -a_1, \\
&A_2 = \tfrac{1}{2} A_1^{(2)} - a_1 A_1 - a_2 = \tfrac{3}{2} a_1^2 - a_2, \\
&A_3 = \tfrac{1}{2} A_2^{(2)} - [\tfrac{1}{3} A_1^{(3)} + a_1 A_2 + 2a_2 A_1 + a_3] = -\tfrac{8}{3} a_1^3 + 4a_1 a_2 - a_3.
\end{aligned} \tag{4.62}$$

Auf analogem Wege finden wir die Umkehrung der Reihe

$$\zeta = f(z) + \sum_{n=0}^{\infty} a_n (z - z_0)^n,$$

wenn die Umkehrfunktion von f(z) bekannt ist. Die Umkehrung eines Sonderfalls einer Laurent-Reihe ist in [485, Bd. 2, S. 60] und in [99] betrachtet worden.

Zum Abschluß bemerken wir, daß man alle Gleichungen aus den Abschnitten 28 bis 30 leicht auf einer ERA programmieren kann. Diese Gleichungen gelten auch im komplexen Bereich. Wir kommen darauf in Kapitel 6 zurück.

Übungen zu Kapitel 4

1. Man bestimme die Reihen für den hyperbolischen Sinus und Kosinus, die durch die Beziehungen

$$\sinh z = \frac{e^z - e^{-z}}{2}, \quad \cosh z = \frac{e^z + e^{-z}}{2},$$

definiert sind. Man verwende dabei die bekannten Entwicklungen:

$$e^z = 1 + z + \frac{z^2}{2!} + \frac{z^3}{3!} + \dots, \quad e^{-z} = 1 - z + \frac{z^2}{2!} - \frac{z^3}{3!} + \dots .$$

2. Man berechne auf fünf Dezimalstellen die Koeffizienten der Reihen für die Funktionen:

a) $f(z) = \sin z \cos z$; b) $\tanh z = \dfrac{\sinh z}{\cosh z}$; c) $f(z) = z \cot z = \dfrac{z \cos z}{\sin z}$.

3. Man berechne mit fünf Dezimalstellen die Koeffizienten der Reihen für die Funktionen:

a) $f(z) = \sin^2 z$; b) $f(z) = \sqrt[3]{\cos z}$; c) $f(z) = \sqrt{\ln z}$.

4. Man finde die Umkehrung für die Potenzreihen:

$$\zeta = \sinh z = z + \frac{z^3}{3!} + \frac{z^5}{5!} + \dots + \frac{z^{2n+1}}{(2n+1)!} + \dots;$$

$$\zeta = \arctan z = z - \frac{z^3}{3} + \frac{z^5}{5} + \dots + (-1)^{n+1} \frac{z^{2n-1}}{2n-1} + \dots, \quad |z| \leqslant 1;$$

$$\zeta = z^{\frac{1}{2}} e^z = z^{\frac{1}{2}} \left\{1 + z + \frac{z^2}{2!} + \frac{z^3}{3!} + \dots\right\}.$$

Kapitel 5. Näherungsmethoden bei der Differentiation und Integration

Die analytischen Methoden zur Differentiation oder Integration von Funktionen sind in der Praxis nicht immer anwendbar. Wenn die Funktion etwa in Tabellenform gegeben ist oder durch ihr Schaubild, so versagen die analytischen Methoden bei der Bestimmung der Ableitung oder des Integrals dieser Funktion.

Darüber hinaus erfordert die Integration einer Funktion, auch wenn sie mit Hilfe einer Formel gegeben ist, in vielen Fällen sehr großen Arbeitsaufwand oder ist auf analytischem Wege überhaupt nicht durchzuführen. Zum Beispiel kann man das Wahrscheinlichkeitsintegral

$$\Phi(x) = \frac{1}{\sqrt{2\pi}} \int_0^x e^{-\frac{t^2}{2}}\, dt$$

nicht mit Hilfe von elementaren Funktionen ausdrücken.

In allen diesen Fällen gewinnt man das Ergebnis mit Hilfe von numerischen oder graphischen Methoden. Diesen wollen wir uns nun zuwenden.

31. Numerische Differentiation

Wir gehen aus von der Interpolationsformel von *Gregory-Newton* (siehe Kapitel 2, Abschnitt 11):

$$\begin{aligned} f(x_0 + u\Delta x) = f(x_0) &+ \frac{u}{1!}\Delta f(x_0) + \frac{u(u-1)}{2!}\Delta^2 f(x_0) \\ &+ \frac{u(u-1)(u-2)}{3!}\Delta^3 f(x_0) + \frac{u(u-1)(u-2)\dots(u-n+1)}{n!}\Delta^n f(x_0) \end{aligned} \tag{5.1}$$

mit

$$\Delta x = x_1 - x_0; \quad u = \frac{x - x_0}{\Delta x}.$$

Die Gl. (5.1) liefert in dem betrachteten Intervall ein Approximationspolynom n-ten Grades für die Funktion $f(x) = f(x_0 + u\Delta x)$. In den Stützpunkten stimmen die Werte dieses Polynoms mit den Funktionswerten von $f(x)$ überein.

Die Größen x_0 und Δx in Gl. (5.1) sind Konstanten. Die veränderliche Größe ist u.

Mit

$$u(u-1) = u^2 - u,$$
$$u(u-1)(u-2) = (u^2-u)(u-2) = u^3 - 3u^2 + 2u,$$
$$u(u-1)(u-2)(u-3) = (u^3 - 3u^2 + 2u)(u-3) = u^4 - 6u^3 + 11u^2 - 6u\,,$$
$$\cdots\cdots\cdots\cdots\cdots\cdots\cdots\cdots\cdots$$

erhalten wir durch Differenzieren von Gl. (5.1) nach u

$$\Delta x f'(x_0 + u\Delta x) = \Delta f(x_0) + \frac{2u-1}{2!}\Delta^2 f(x_0) + \frac{3u^2-6u+2}{3!}\Delta^3 f(x_0)$$
$$+ \frac{4u^3 - 18u^2 + 22u - 6}{4!}\Delta^4 f(x_0)$$
$$+ \frac{5u^4 - 40u^3 + 105u^2 - 100u + 24}{5!}\Delta^5 f(x_0) + \ldots;$$

$$(\Delta x)^2 f''(x_0 + u\Delta x) = \Delta^2 f(x_0) + (u-1)\Delta^3 f(x_0) + \frac{6u^2 - 18u + 11}{12}\Delta^4 f(x_0)$$
$$+ \frac{2u^3 - 12u^2 + 21u - 10}{12}\Delta^5 f(x_0) + \ldots;$$

$$(\Delta x)^3 f'''(x_0 + u\Delta x) = \Delta^3 f(x_0) + \frac{2u-3}{2}\Delta^4 f(x_0) + \frac{2u^2 - 8u + 7}{4}\Delta^5 f(x_0) + \ldots;$$
$$\cdots\cdots\cdots\cdots\cdots\cdots\cdots\cdots\cdots$$

Daraus folgt nach Vereinfachung

$$f'(x_0 + u\Delta x) = \frac{1}{\Delta x}\left[\Delta f(x_0) + c_2'\Delta^2 f(x_0) + c_3'\Delta^3 f(x_0) + \ldots\right];$$
$$f''(x_0 + u\Delta x) = \frac{1}{(\Delta x)^2}\left[\Delta^2 f(x_0) + c_3''\Delta^3 f(x_0) + c_4''\Delta^4 f(x_0) + \ldots\right]; \qquad (5.2)$$
$$f'''(x_0 + u\Delta x) = \frac{1}{(\Delta x)^3}\left[\Delta^3 f(x_0) + c_4'''\Delta^4 f(x_0) + c_5'''\Delta^5 f(x_0) + \ldots\right];$$
$$\cdots\cdots\cdots\cdots\cdots\cdots\cdots\cdots\cdots$$

Die Koeffizienten $c_n = c_n(u)$ haben darin die folgende Bedeutung:

$$c_2' = \frac{2u-1}{2}; \quad c_3' = \frac{3u^2-6u+2}{6}; \quad c_4' = \frac{2u^3 - 9u^2 + 11u - 3}{12};$$
$$c_5' = \frac{5u^4 - 40u^3 + 105u^2 - 100u + 24}{120}; \ldots;$$
$$c_3'' = u - 1; \quad c_4'' = \frac{6u^2 - 18u + 11}{12}; \quad c_5'' = \frac{2u^3 - 12u^2 + 21u - 10}{12}; \ldots; \qquad (5.3)$$
$$c_4''' = \frac{2u-3}{2}; \quad c_5''' = \frac{2u^2 - 8u + 7}{4}; \ldots.$$

Bei der Angabe der Gln. (5.2) haben wir uns auf die ersten drei Ableitungen und die Differenzen bis zur fünften Ordnung beschränkt. Man kann die Gleichungen jedoch durch Hinzunahme beliebig hoher Differenzen erweitern. Dies ermöglicht eine Erhöhung der Genauigkeit bei der Berechnung der Ableitungen. In der Praxis ist jedoch die Bestimmung der höheren Differenzen einer gegebenen Funktion meist mit großem Arbeitsaufwand verbunden (man benötigt dazu die Funktionswerte in sehr vielen Stützpunkten und mit sehr hoher Genauigkeit). Die numerische Differentiation gehört daher zu den mühevollsten Aufgaben der angewandten Mathematik.

Beispiel: Man bestimme für $x = 0{,}423$ die erste und die zweite Ableitung einer in Tabellenform gegebenen Funktion $f(x)$.

Lösung: Zur Bestimmung der gesuchten Ableitungen schreiben wir in Tabelle 66 von $x = x_0 = 0{,}4$ an einen Teil der gegebenen Tabelle nochmals an und berechnen die notwendigen Differenzen.

Tabelle 66

x	f(x)	$\Delta f(x)$	$\Delta^2 f(x)$	$\Delta^3 f(x)$	$\Delta^4 f(x)$	$\Delta^5 f(x)$
0,4	2,8918247					
		2568966				
0,5	3,1487213		165009			
		2733975		17355		
0,6	3,4221188		182364		1824	
		2916339		19179		194
0,7	3,7137527		201543		2018	
		3117882		21197		
0,8	4,0255409		222740			
		3340622				
0,9	4,3596031					

In unserem Beispiel haben wir

$$x = 0{,}423; \quad x_0 = 0{,}400; \quad \Delta x = 0{,}1; \quad u = \frac{x - x_0}{\Delta x} = 0{,}23.$$

Durch Einsetzen dieser Werte in die Gln. (5.3) finden wir die Koeffizienten c'_n und c''_n. Alle ohne Anschreiben von Zwischenergebnissen durchgeführten Rechnungen sind in Tabelle 67 angegeben. In diese Tabelle wurden zuvor auch die Werte der Differenzen $\Delta^n f(x_0)$ eingetragen. Die Koeffizienten $c'_5 = 0{,}05068$ und $c''_5 = -0{,}4817$ runden wir in Übereinstimmung mit der Zahl der bedeutsamen Ziffern in der Differenz $\Delta^5 f(x_0) = 0{,}0000194$. Nach Bestimmung der Koeffizienten c'_n und c''_n berechnen wir aus den Gln. (5.2) die Ableitungen $f'(x)$ und $f''(x)$.

Zur Illustration des Einflusses der Anzahl der in den Gln. (5.2) beibehaltenen Glieder auf die Genauigkeit der Ergebnisse berechnen wir $f'(x)$ und $f''(x)$ für $n = 1, 2, 3, 4, 5$.

Bei $n = 5$, $x = 0{,}423$ haben wir

$$f'(x) = 2{,}526536; \quad f''(x) = 1{,}52643.$$

Tabelle 67

n	u^{n-1}	c_n'	c_n''	$\Delta^n f(x_0)$	$f_n'(x)$	$f_n''(x)$
1	–	+ 1,00000	0	0,2568966	2,568966	–
2	0,23000	– 0,27000	+ 1,0000	0,0165009	2,524414	1,65009
3	0,05290	+ 0,12978	– 0,7700	0,0017355	2,526666	1,51646
4	0,01217	– 0,07681	+ 0,5981	0,0001824	2,526526	1,52737
5	0,00280	+ 0,05070	– 0,4820	0,0000194	2,526536	1,52643

Die oben tabellierte Funktion ist

$$f(x) = e^x + x + 1$$

mit den Ableitungen

$$f'(x) = e^x + 1, \quad f''(x) = e^x.$$

Wegen

$$e^{0,423} = 1,5265343$$

lauten die absoluten Fehler der von uns berechneten Ableitungen

$$\epsilon = 0,000002 \text{ für } f'(x) \text{ und } \epsilon = 0,00010 \text{ für } f''(x).$$

Zur Erhöhung der Genauigkeit der Ergebnisse muß man in den Gln. (5.2) mehr Glieder und darüber hinaus die Ausgangswerte mit mehr bedeutsamen Ziffern nehmen.

Übung 1: Man ergänze die Gln. (5.2) bis zu den Differenzen $\Delta^6 f(x_0)$ einschließlich. Man gebe die Gleichungen für $f^{IV}(x)$ und $f^{V}(x)$ an und berechne $f^{III}(x)$, $f^{IV}(x)$ und $f^{V}(x)$ für die in Tabelle 66 angegebene Funktion für $x = 0,423$. Es gilt

$$f(1,0) = 4,7182818.$$

Übung 2: Man runde die in Tabelle 66 angegebenen Werte für f(x) auf fünf Dezimalstellen und berechne hierauf $f'(x)$ und $f''(x)$ bei $x = 0,423$.

Es sind alle in den Tabellen 66 und 67 angegebenen Rechnungen neu durchzuführen, da die Differenzen nun neue Werte erhalten und $\Delta^5 f(x_0)$ sogar das Vorzeichen ändert.

Bemerkung: Bei der Berechnung der Ableitungen nach den Gln. (5.2) nimmt die Genauigkeit rasch ab. So sind die Funktionswerte f(x) in Tabelle 66 mit acht bedeutsamen Ziffern angegeben. Jede der aufeinander folgenden Ableitungen hat jedoch schon eine bedeutsame Ziffer weniger. Die Genauigkeit der ersten Ableitung kann daher nicht größer als sieben bedeutsame Ziffern sein, die der zweiten Ableitung nicht größer als sechs bedeutsame Ziffern usw. Dies gilt jedoch nur unter der Bedingung, daß in den Gln. (5.2) hinreichend viele Glieder herangezogen werden.

Wir kehren nochmals zur Übung 2 zurück. Als Ergebnis erhält man

$$f'(x)|_{x=0,423} = 2,52653.$$

Dieses Ergebnis besitzt sechs gültige Stellen, während $\Delta f(x_0) = 0{,}25690$ nur fünf gültige Stellen hat. Dieses Beispiel widerspricht jedoch nicht der oben gemachten Bemerkung. Der Sachverhalt beruht nur auf Zufall. Er kommt daher, daß sich bei der Berechnung von $f'(x)$ die Fehler in den einzelnen Gliedern gegenseitig kompensieren. Ein derartig günstiges Zusammentreffen von Umständen kann man aber im vorhinein nicht garantieren, man darf daher auch nicht damit rechnen. Bei Fortsetzung der Rechnung erhält man zum Beispiel

$$f''(x)|_{x=0{,}423} = 1{,}5297.$$

In diesem Ergebnis sind nur drei Stellen gültig.

Die Gln. (5.2) erlauben auch die Lösung komplizierterer Aufgaben, wie etwa die Bestimmung von Extremalpunkten oder Wendepunkten einer in Tabellenform gegebenen Funktion $f(x)$. In solchen Fällen nehmen wir entweder die erste oder die zweite Gleichung aus (5.2) und setzen

$$f'(x) = 0 \quad \text{oder} \quad f''(x) = 0.$$

Die erhaltene algebraische Gleichung in u lösen wir nach einer der Methoden aus Kapitel 3. Dabei muß man jedoch Vorsicht walten lassen, da wir auf diesem Wege nicht die Extremalpunkte oder Wendepunkte der Funktion $f(x)$ selbst, sondern nur des Approximationspolynoms erhalten, das zwar in den Stützpunkten mit den Funktionswerten übereinstimmt, in den Punkten dazwischen aber davon sehr weit abweichen kann, wie in den Abschnitten 11 und 14 von Kapitel 2 gezeigt wurde.

In diesem Abschnitt haben wir uns auf die Gleichungen für die numerische Differentiation beschränkt, die man aus der Interpolationsformel von *Gregory-Newton* ableitet. Genauere Ergebnisse erhält man bei Verwendung von Interpolationsformeln mit zentralen Differenzen. Ausführlich sind diese Fragen in den Büchern [198; 270; 415; 461] behandelt. Größtes Interesse verdienen die Gleichungen die aus den Grundergebnissen von Abschnitt 13 aus Kapitel 2 folgen. Diese Probleme sind jedoch leider noch zu wenig durchgearbeitet.

32. Die graphische Differentiation

Die graphische Bestimmung der ersten Ableitung einer Funktion $f(x)$ führt über die Berechnung der Steigung der Kurve $y = f(x)$ in einem gegebenen Punkt nach der Gleichung

$$f'(x) = \tan\alpha,$$

worin α den Winkel bedeutet, den die Tangente mit der Abszissenachse bildet.

Den gesamten Prozeß der graphischen Bestimmung der Ableitung kann man in drei Phasen unterteilen: 1. die Konstruktion des Schaubildes $y = f(x)$, 2. die Konstruktion der Tangente an die Kurve in einem Punkt mit gegebener Abszisse x, 3. die Berechnung der Steigung der Kurve.

Das Schaubild einer Funktion konstruiert man häufig unter Verwendung verschiedener Maßstäbe auf den beiden Koordinatenachsen. Die Gleichung für die Steigung lautet dann

$$f'(x) = \frac{dy}{dx} = \frac{m_x}{m_y} \cdot \frac{y_2 - y_1}{x_2 - x_1} . \qquad (5.4)$$

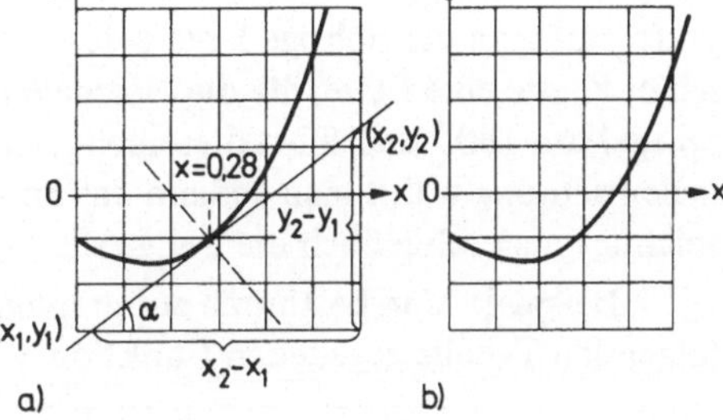

Bild 38

Dabei bedeuten $(x_1; y_1)$ und $(x_2; y_2)$ zwei Punkte auf der Tangente und m_x und m_y die Maßstäbe auf der x- bzw. y-Achse.

Es ist klar, daß eine geringe Änderung der Kurve $y = f(x)$ zu einem beträchtlichen Fehler bei der Bestimmung von $f'(x)$ führen kann. Das Schaubild der Funktion ist daher äußerst sorgfältig zu konstruieren, indem man besondere Aufmerksamkeit seinem wesentlichen Verlauf zuwendet. Zuerst verbinden wir die konstruierten Punkte mit der freien Hand durch dünne Linien, bis die Wölbungen der Kurve abschnittsweise durch drei oder vier Punkte erkennbar werden. Hierauf ziehen wir die Kurve mit Hilfe eines Kurvenlineals aus.

Das Schaubild zeichnet man am besten auf ein gerastertes Papier, z. B. auf Millimeterpapier[1]). Die erhaltenen Ergebnisse überprüfen wir aus der sogenannten schrägen Sicht. Wir halten das Schaubild hinreichend nahe ans Gesicht und betrachten es längs der Kurve. Scharfe Änderungen in der Kurvenrichtung lassen sich dann gut erkennen. Die Bilder 38a und b zum Beispiel stellen das Schaubild derselben Funktion dar. Auf den ersten Blick erkennt man keinen Unterschied. Bei Betrachtung aus schräger Sicht erkennt man jedoch in Bild 38b eine Ecke im Kurvenverlauf.

Bei der Konstruktion des Schaubildes der Funktion $y = f(x)$ sollte man auch darauf achten, daß die Tangente in dem betrachteten Punkt mit der x-Achse einen Winkel einschließt, der zwischen 35° und 55° liegt. Bei gleichen übrigen Bedingungen gewährleistet dies nämlich bei der Bestimmung der Ableitung den kleinsten Fehler. Durch geeignete Wahl der Maßstäbe ist diese Bedingung stets erreichbar.

Zur Erhöhung der Genauigkeit soll man darüber hinaus die Punkte $(x_1; y_1)$ und $(x_2; y_2)$ hinreichend weit voneinander entfernt wählen. Am besten nimmt man dafür häufig die Schnittpunkte der Tangente mit den Koordinatenachsen.

Zur richtigen Konstruktion der Tangente an die Kurve benötigt man ein durchsichtiges Dreieck, das man im gegebenen Punkt langsam zur konvexen Seite der Kurve dreht, bis man die Lage der Tangente gefunden hat. Die Genauigkeit der Tangentenkonstruktion läßt sich erhöhen, wenn man einen Rechteckspiegel ohne Rahmen verwendet. Den Spiegel stellt man senkrecht zur Zeichenebene und zwar so, daß seine Kante durch den gegebenen Punkt verläuft. Hierauf dreht man ihn solange, bis die Kurve und ihr

[1]) Die Technik der Erstellung und Verwendung von Schaubildern ist sehr gut in dem Buch [464, Kapitel II] dargelegt.

Spiegelbild eine glatte Kurve ohne Ecke bilden, was man durch schräge Einsicht überprüft. Hat man die richtige Lage gefunden, so fixiert man den Spiegel und zieht längs seiner Kante eine Linie, die die Normale zur Kurve darstellt. Hierauf dreht man den Spiegel um 180° und führt dieselbe Konstruktion nochmals durch. Als endgültige Normalenrichtung wählt man sodann das arithmetische Mittel. Zur gegebenen Normalen zeichnet man schließlich die Tangente.

Beispiel: Man bestimme auf graphischem Wege die erste Ableitung der in der folgenden Tabelle gegebenen Funktion $y = f(x)$ für $x = 0{,}28$:

x	0,0	0,1	0,2	0,3	0,4	0,5	0,6
f(x)	- 0,0200	- 0,0272	- 0,0284	- 0,0176	+ 0,0112	+ 0,0640	+ 0,1468

Lösung: Alle notwendigen Konstruktionen sind aus Bild 38a ersichtlich. Den Maßstab längs der y-Achse nehmen wir fünfmal so groß wie auf der x-Achse. Es gilt also

$$\frac{m_x}{m_y} = \frac{1}{5} = 0{,}2.$$

Die Strecken $y_2 - y_1$ und $x_2 - x_1$ entnehmen wir mit dem Zirkel unmittelbar der Zeichnung. Nach Gl. (5.4) berechnen wir hierauf

$$f'(x) = 0{,}2 \cdot \frac{23{,}1}{29{,}7} = 0{,}156.$$

Der gefundene Wert für $f'(x)$ ist dimensionslos und hängt nicht von der Wahl der Maßeinheiten ab, da in die Gl. (5.4) nur das Verhältnis von Strecken eingeht. In unserem Beispiel haben wir die Messungen in Millimetern durchgeführt.

Zur Kontrolle des Ergebnisses berechnen wir $f'(x)$ nach Gln. (5.2). Der Leser kann dies nach dem Muster der Tabellen 66 und 67 leicht selbst durchführen. Es zeigt sich dabei, daß die dritte Differenz konstante Werte annimmt, daß also

$$\Delta^4 f(x) \equiv 0.$$

In den Gln. (5.2) benötigt man daher nur die ersten drei Glieder. Man erhält so

$$f'(x)|_{x=0,28} = 0{,}1532.$$

Die Konstanz von $\Delta^3 f(x)$ deutet darauf hin, daß $f(x)$ ein Polynom dritten Grades ist. Tatsächlich lautet der Ausdruck für die tabellierte Funktion

$$f(x) = x^3 - 0{,}082x - 0{,}020$$

mit

$$f'(x) = 3x^2 - 0{,}082 \quad \text{und} \quad f'(x)|_{x=0,28} = 0{,}1532.$$

Die Gln. (5.2) liefern daher im Falle eines Polynoms ein exaktes Ergebnis, wie es auch sein muß. Die Gl. (5.4) hingegen liefert in unserem Beispiel nur zwei gültige Ziffern.

Die graphische Methode zur Bestimmung der Ableitung besitzt nur geringe Genauigkeit. Man verwendet sie daher hauptsächlich bei Funktionen, die in Form eines Schaubildes gegeben sind, z. B. durch das Schaubild eines automatisch schreibenden Kontrollgerätes. In diesem Fall kann man jedoch auch die Gln. (5.2) verwenden, wobei man alle benötigten Funktionswerte unmittelbar aus dem Schaubild entnimmt.

Übung: Man bestimme auf graphischem Wege die Geschwindigkeit $v(t) = ds/dt$ und die Beschleunigung $w(t) = d^2s/dt^2$ des Punktes M in den Zeitpunkten $t_1 = 0{,}10$ und $t_2 = 0{,}65$, wenn die Beobachtung des Punktes M lehrt, daß seine Bewegung $y = s(t)$ durch die folgenden Angaben charakterisiert wird:

a)

t	0,0	0,2	0,4	0,6	0,8	1,0	1,2	1,4
s (t)	- 0,100	0,099	0,289	0,465	0,617	0,742	0,832	0,885

b)

t	0,0	0,3	0,6	0,9	1,2	1,5
s (t)	3,74	2,84	2,71	3,35	4,77	6,97

33. Numerische Integration

Wenn man eine Funktion auf analytischem Wege nicht integrieren kann oder wenn eine Integration auf diesem Wege sehr mühevoll wäre, so kann man numerische Methoden verwenden. Diese Methoden ermöglichen die Bestimmung eines bestimmten Integrals, falls dieses existiert und falls die Werte des Integranden numerisch gegeben sind. Formeln, mit deren Hilfe man numerische Integrationen durchführt, heißen *Quadraturformeln.* Die am häufigsten verwendeten und bequemsten unter ihnen sind die Trapezregel und die Parabel- oder Simpsonsche Regel, zu deren Ableitung wir nun übergehen.

Das bestimmte Integral

$$S = \int_a^b f(x)\,dx \tag{5.5}$$

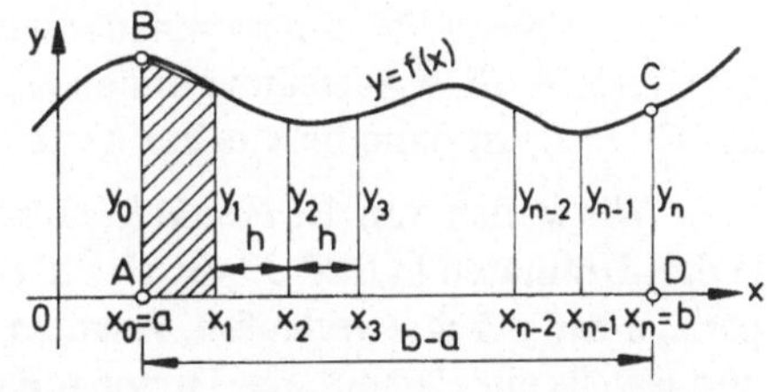

Bild 39

ist seinem Betrag nach gleich der Fläche des krummlinigen Trapezes ABCD, das von einem Teil der x-Achse, den zwei Ordinaten $x = a$ und $x = b$ und der Kurve des Integranden begrenzt wird (Bild 39).

Zur Bestimmung eines Näherungswerts für die Fläche S unterteilen wir die Strecke AD durch die Punkte $x_0 = a, x_1, x_2, \dots, x_{n-1}, x_n = b$ in n gleiche Teile und legen durch diese Punkte die Ordinaten $y_0, y_1, y_2, \dots, y_{n-1}, y_n$. Die oberen Enden dieser Ordinaten verbinden wir der Reihe nach durch Geraden. Als Ergebnis ersetzen wir das krummlinige Trapez ABCD durch die Summe von n elementaren geradlinigen Trapezen, deren Flächeninhalte $s_1, s_2, \dots, s_n$ man leicht berechnet.

Da die Grundlinie aller elementaren Trapeze gleich lang ist, nämlich

$$h = \frac{b-a}{n},$$

haben wir für die Fläche des ersten unter ihnen (in Bild 39 schraffiert)

$$s_1 = \frac{b-a}{n} \cdot \frac{y_0 + y_1}{2} = h\frac{y_0 + y_1}{2}$$

und analog für alle übrigen

$$s_2 = \frac{b-a}{n} \cdot \frac{y_1 + y_2}{2} = h\frac{y_1 + y_2}{2},$$

. . . .

$$s_n = \frac{b-a}{n} \cdot \frac{y_{n-1} + y_n}{2} = h\frac{y_{n-1} + y_n}{2}.$$

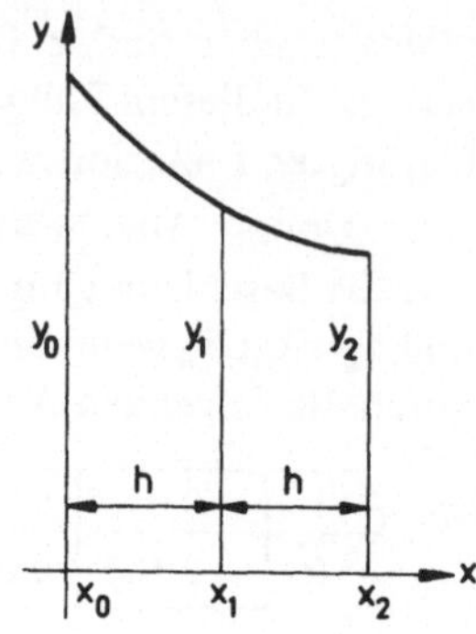

Bild 40

Somit gilt

$$S = s_1 + s_2 + \ldots + s_{n-1} + s_n = \frac{b-a}{n} \cdot \frac{y_0 + 2y_1 + 2y_2 + \ldots + 2y_{n-1} + y_n}{2}.$$

Unter Berücksichtigung, daß $y_k = f(x_k)$, erhalten wir die gesuchte *Trapezgleichung:*

$$\int_a^b f(x)\,dx = \frac{b-a}{2n}[f(x_0) + 2f(x_1) + 2f(x_2) + \ldots + 2f(x_{n-1}) + f(x_n)]$$

$$= \frac{h}{2}\sum_{j=0}^{n} c_j f(x_j), \qquad (5.6)$$

wobei $c_j = 1, 2, 2, \ldots, 1, 2$.

Je größer n ist, um so genauer wird bei im übrigen gleichbleibenden Bedingungen die Gl. (5.6). Eine Ausnahme bilden jene Fälle, in denen die Funktion $f(x)$ linear ist. Die Gl. (5.6) ist dann bereits bei $n = 2$ genau.

Wir wollen nun die *Parabelgleichung* ableiten. Dazu verbinden wir die Scheitel von je drei Ordinaten in Bild 39 durch die Bögen von quadratischen Parabeln, deren Achsen parallel zur y-Achse verlaufen. Anstelle von zwei elementaren Trapezen betrachten wir nun jeweils ein elementares Trapez mit einem Parabelbogen als vierte Seite. Die Flächeninhalte dieser Trapeze bezeichnen wir durch

$$s_{12};\ s_{34};\ s_{56};\ \ldots;\ s_{n-1,n}.$$

Wir betrachten das erste unter ihnen. Zur Vereinfachung der Rechnung verschieben wir die y-Achse parallel zu sich selbst, bis sie mit der Ordinate y_0 zusammenfällt (Bild 40). Es ist klar, daß dadurch der Flächeninhalt s_{12} unverändert bleibt.

Die Gleichung einer quadratischen Parabel, deren Achse parallel zur y-Achse ist, lautet

$$y = A_0 + A_1 x + A_2 x^2. \qquad (5.7)$$

Die Parabel Gl. (5.7) verläuft durch die Punkte $(x_0; y_0)$, $(x_1; y_1)$ und $(x_2; y_2)$ der zu integrierenden Kurve, wenn die Koeffizienten A_0, A_1 und A_2 so gewählt werden, daß die Koordinaten dieser Punkte die Gl. (5.7) erfüllen.

Wegen $x_0 = 0, x_1 = h, x_2 = 2h$, erhalten wir nach Einsetzen in Gl. (5.7) das System

$$\left.\begin{aligned} y_0 &= A_0, \\ y_1 &= A_0 + A_1 h + A_2 h^2, \\ y_2 &= A_0 + 2A_1 h + 4A_2 h^2, \end{aligned}\right\}$$

und als dessen Lösung

$$A_0 = y_0; \quad A_1 = \frac{-y_2 + 4y_1 - 3y_0}{2h}; \quad A_2 = \frac{y_2 - 2y_1 + y_0}{2h^2}. \tag{5.8}$$

Die Fläche s_{12} bestimmt man gemäß Gl. (5.5) aus dem Integral

$$s_{12} = \int_0^{2h} y\,dx = \int_0^{2h} (A_0 + A_1 x + A_2 x^2)\,dx = 2A_0 h + 2A_1 h^2 + \tfrac{8}{3} A_2 h^3.$$

Nach Einsetzen der gefundenen Werte für A_0, A_1, A_2 und Zusammenfassen gleichartiger Glieder erhalten wir

$$s_{12} = \frac{h}{3}(y_0 + 4y_1 + y_2).$$

Analog ergibt sich

$$s_{34} = \frac{h}{3}(y_2 + 4y_3 + y_4),$$

$$s_{56} = \frac{h}{3}(y_4 + 4y_5 + y_6),$$

$$\dots\dots\dots\dots\dots\dots\dots\dots$$

$$s_{n-1,n} = \frac{h}{3}(y_{n-2} + 4y_{n-1} + y).$$

Somit haben wir

$$S = s_{12} + s_{34} + s_{56} + \dots + s_{n-1,n} = \frac{h}{3}(y_0 + 4y_1 + 2y_2 + 4y_3 + 2y_4 + \dots + 2y_{n-2} + 4y_{n-1} + y_n).$$

Daraus finden wir die Parabelformel, die auch als *Simpsonsche Gleichung* bezeichnet wird[1]):

$$\int_a^b f(x)\,dx = \frac{b-a}{3n}[f(x_0) + 4f(x_1) + 2f(x_2) + 4f(x_3) + 2f(x_4) + \dots + 2f(x_{n-2}) + 4f(x_{n-1}) + f(x_n)].$$

---

1) Diese Gleichung wurde (in geometrischer Form) zuerst von *Cavalieri* im Jahre 1639 betrachtet. *Gregory* untersuchte sie 1668, *Simpson* 1743. Von *Simpson* wurde sie in seiner Untersuchung auch systematisch verwendet.

In kompakterer Form lautet sie

$$\int_a^b f(x)\,dx = \frac{h}{3} \sum_{j=0}^{n} c_j f(x_j), \tag{5.9}$$

wobei $c_j = 1, 4, 2, 4, 2, \ldots, 2, 4, 1$.

Wir bemerken, daß in der Simpsonschen Gleichung n immer eine gerade Zahl sein muß.

Die absoluten Fehler bei der Trapezgleichung und bei der Parabelgleichung genügen den Abschätzungen

$$\epsilon_{Tr} \leqslant \frac{h^2 (b-a) M_2}{12}; \quad h = \frac{b-a}{n}; \tag{5.10}$$

$$\epsilon_{Par} \leqslant \frac{h^4 (b-a) M_4}{180}, \tag{5.11}$$

wobei

$$M_2 = \max |f''(x)|; \quad M_4 = \max |f^{IV}(x)|$$

die Maximalwerte der Beträge der zweiten und vierten Ableitungen der Funktion $f(x)$ im Intervall $[a; b]$ sind.

Die Gl. (5.6) liefert genaue Ergebnisse daher nur für lineare Funktionen, die Gl. (5.9) dagegen auch für Polynome bis zum dritten Grade, für die $f^{IV}(x) \equiv 0$.

Die Gln. (5.10) und (5.11) kann man nur dann verwenden, wenn die entsprechenden Ableitungen $f''(x)$ und $f^{IV}(x)$ existieren und leicht zu berechnen (oder abzuschätzen) sind, was in der Praxis, d. h. bei realen Berechnungen, leider nur sehr selten zutrifft. Mit Hilfe dieser Gleichungen gelangt man jedoch zu Fehlerabschätzungen, die für die Praxis geeignet sind und oft genug die gewünschten Resultate gewährleisten.

Wir nehmen an, das Integral

$$S = \int_a^b f(x)\,dx$$

sei nach der Simpsonschen Regel bei zwei verschiedenen Werten für h berechnet worden. Es bedeute I_1, h_1, ϵ_1 das Resultat, die Schrittweite und den Fehler bei der ersten Rechnung, I_2, h_2, ϵ_2 die entsprechenden Größen bei der zweiten Rechnung.

Gemäß Gl. (5.11) haben wir dann

$$\frac{\epsilon_1}{\epsilon_2} = \frac{h_1^4}{h_2^4} \quad \text{oder} \quad \epsilon_1 = \left(\frac{h_1}{h_2}\right)^4 \epsilon_2. \tag{5.12}$$

Daraus ergibt sich insbesondere für $h_2 = h_1/2$

$$\epsilon_1 = 16\epsilon_2.$$

Für den exakten Wert des Integrals S haben wir somit bei zwei Berechnungen mit zwei verschiedenen Schrittweiten h_1 und $h_2 = h_1/2$

$$S = I_1 + \epsilon_1 = I_1 + 16\epsilon_2,$$
$$S = I_2 + \epsilon_2.$$

Zieht man die erste Gleichung von der zweiten ab, so findet man

$$\epsilon_2 = \frac{I_2 - I_1}{15}$$

oder bei Einführung einer allgemeineren Bezeichnungsweise

$$\epsilon_{2n} = \frac{I_{2n} - I_n}{15}. \tag{5.13}$$

Wenn wir daher nach der Simpsonschen Gleichung das Integral

$$I = \int_a^b f(x)\,dx$$

berechnen und einmal das Intervall in n Teile und das zweite Mal in 2n Teile unterteilen, so ist für das zweite Resultat I_{2n} der Fehler gleich 1/15 der Differenz der Resultate $I_{2n} - I_n$.

Daraus ergibt sich die folgende Regel zur näherungsweisen Abschätzung des Ergebnisses: *Die Anzahl der gültigen Stellen von* I_{2n} *ist um Eins größer als die Zahl der gemeinsamen Stellen von* I_{2n} *bis* I_n.

Ist der Fehler des erreichten Resultats noch zu groß, so muß man die Anzahl der Teilungspunkte erhöhen und somit h verkleinern. Gemäß Gl. (5.12) ergibt sich der erforderliche Wert für h aus der Gleichung

$$h = h_1 \sqrt[4]{\frac{\epsilon_{gr}}{\epsilon_1}} \tag{5.14}$$

wobei ϵ_{gr} die gewünschte Fehlergrenze bedeutet. Insbesondere sinkt bei jeder Verdopplung der Anzahl der Teilungspunkte im Intervall [a; b] der Fehler der Simpsonschen Gleichung auf ein Sechszehntel.

Wir betonen nochmals, daß die Gln. (5.11) bis (5.14) unter unveränderten übrigen Bedingungen nur dann gültig sind, wenn in dem betrachteten Intervall [a; b] die vierten Differenzen des Integranden f(x) praktisch konstant sind (siehe Kapitel 2, Abschnitt 10). Da eine Überprüfung dieser Bedingung meist sehr schwer durchführbar ist, gilt das größte Interesse in der Praxis solchen Kriterien für die Anwendbarkeit der einfachen und bequemen Gl. (5.13), die keine Untersuchung der vierten Differenzen der gegebenen Funktion erfordern. Zum Beispiel wäre eine ausführliche Untersuchung darüber interessant, welche Schlüsse man ziehen kann, wenn die Gl. (5.13) bei einfacher, doppelter und vierfacher Anzahl von Teilungspunkten im Intervall [a; b] (mit der gegebenen Genauigkeit) dieselben Resultate für I_n, I_{2n} und I_{4n} liefert.

Beispiel 1: Wir berechnen nach der Simpsonschen Gleichung mit fünf bedeutsamen Ziffern das elliptische Integral erster Art (das man bekanntlich nicht durch elementare Funktionen ausdrücken kann):

$$F(\varphi;k) = \int_0^{\varphi} \frac{dt}{\sqrt{1-k^2\sin^2 t}}$$

für $\varphi = 36°$ und $k = \sin 49° = 0{,}754710$.

Lösung: Zur Sicherstellung der geforderten Genauigkeit muß man die Werte des Integranden

$$f(t) = \frac{1}{\sqrt{1-k^2\sin^2 t}}$$

mit sechs bedeutsamen Ziffern berechnen.

Wir wählen zuerst $n = 4$. Mit $b = 36°$, $a = 0$ haben wir dann $h = \frac{b-a}{n} = 9°$; $\frac{h}{3} = 3°$ $= 0{,}05235988$ rad. Alle nötigen Rechnungen findet man in Tabelle 68. Durch Multiplikation der Summe bei $n = 4$ mit $h/3$ und der entsprechenden Summe bei $n = 2$ mit $2h/3$ ergibt sich

$$F(\varphi;k) = 0{,}6523203 \quad \text{bei} \quad n = 4,$$
$$F(\varphi;k) = 0{,}6523245 \quad \text{bei} \quad n = 2.$$

Tabelle 68

j	$\alpha°$	$\sin\alpha$	$k\sin\alpha$	$1-k^2\sin^2\alpha$	$\sqrt{1-k^2\sin^2\alpha}$	$f(\alpha)$	n = 4	n = 2
							c_j	c_j
0	0	0,000000	0,000000	1,000000	1,000000	1,00000	1	1
1	9	0,156434	0,118062	0,986061	0,993006	1,00704	4	–
2	18	0,309017	0,233218	0,945609	0,972424	1,02836	2	4
3	27	0,453990	0,342631	0,882604	0,939470	1,06443	4	–
4	36	0,587785	0,443607	0,803213	0,896222	1,11580	1	1

Gemäß Gl. (5.13) sind fünf Stellen gültig. Aus den Tabellen [405; 645] finden wir tatsächlich für $\varphi = 36°$, $k = \sin 49°$, daß

$$F(\varphi;k) = 0{,}65232.$$

Bemerkung: Zur Bestimmung des Fehlers bei der Rechnung nach der Simpsonschen Gleichung benötigt man keine neuen Werte des Integranden $f(x)$, sondern kann jene Werte von $f(x)$ verwenden, die in den Zeilen mit gerader Nummer angeführt sind. Dazu muß man jedoch für n ein Vielfaches von vier nehmen, da man bei Verdopplung von h sonst keinen geraden Wert für n erhält, wie es die Gl. (5.9) verlangt.

Die gefundenen Resultate zeigen, daß in unserem Beispiel die Simpsonsche Gleichung mit $n = 4$ die gewünschte Genauigkeit liefert. Man muß dazu jedoch alle Haupt- und Zwischenrechnungen mit sieben bedeutsamen Ziffern durchführen.

Übung 1: Man berechne dasselbe elliptische Integral mit Hilfe der Trapezgleichung.

Beispiel 2: Wir berechnen die Zahl π nach der Simpsonschen Gleichung und nach der Trapezgleichung, ausgehend von der Gleichung

$$\int_0^1 \frac{dx}{1+x^2} = \arctan x \,|_0^1 = \frac{\pi}{4}$$

und berechnen den Fehler bei n = 10.

Lösung: In unserem Beispiel gilt

$$b = 1;\ a = 0;\ n = 10;\ h = 0{,}1;\ f(x) = \frac{1}{1+x^2}\ .$$

Der gesamte weitere Verlauf des Lösungsweges ist aus Tabelle 69 zu ersehen, zu deren Erläuterung die folgenden Bemerkungen dienen mögen. Die Summen der Produkte $\sum_{j=0}^{10} c_j f(x_j)$ finden wir durch Multiplikation der Werte von $f(x_j)$ und c_j, die in derselben Zeile der Tabelle liegen, und anschließende Addition. Das Resultat stellen wir im Resultatzähler des Rechners ein und dividieren im Falle der Simpsonschen Gleichung (5.9) durch 30, im Falle der Trapezgleichung (5.6) durch 20. Die Summenwerte braucht man daher in die Tabelle 69 nicht einzutragen. Wir haben dies trotzdem getan, um dem Leser das Nachvollziehen des Beispiels zu erleichtern.

Tabelle 69

j	x_j	$1 + x_j^2$	$f(x_j)$	Gleichung (5.9) c_j	Gleichung (5.6) c_j	Erläuterungen
0	0,0	1,00	1,00000000	1	1	nach Gl. (5.9)
1	0,1	1,01	0,99009901	4	2	$\sum_{j=0}^{10} c_j f(x_j) = 23{,}56194462$
2	0,2	1,04	0,96153846	2	2	
3	0,3	1,09	0,91743119	4	2	
4	0,4	1,16	0,86206897	2	2	$\frac{\pi}{4} \approx 0{,}785398154$
5	0,5	1,25	0,80000000	4	2	nach Gl. (5.6)
6	0,6	1,36	0,73529412	2	2	
7	0,7	1,49	0,67114094	4	2	$\sum_{j=0}^{10} c_j f(x_j) = 15{,}69962996$
8	0,8	1,64	0,60975610	2	2	
9	0,9	1,81	0,55248619	4	2	$\frac{\pi}{4} \approx 0{,}784981498$
10	1,0	2,00	0,50000000	1	1	

Wir bestimmen nun nach den Gln. (5.10) und (5.11) die Rechenfehler. In unserem Beispiel gilt

$$f(x) = \frac{1}{1+x^2}$$

und somit

$$f''(x) = -2\frac{1-3x^2}{(1+x^2)^3}; \quad f^{IV}(x) = +24\frac{1-10x^2+5x^4}{(1+x^2)^5}.$$

Ihre Höchstwerte nehmen die Ableitungen $f''(x)$ und $f^{IV}(x)$ im Intervall $[a; b] = [0; 1]$ im Punkt $x = 0$ an.

Also haben wir $M_2 = |f''(0)| = 2$; $M_4 = |f^{IV}(0)| = 24$ und finden damit aus den Gln. (5.10) und (5.11)

$$\epsilon_{Tr} \leqslant \frac{h^2(b-a)M_2}{12} = \frac{2 \cdot 0{,}01}{12} = 0{,}0017;$$

$$\epsilon_{Par} \leqslant \frac{h^4(b-a)M_4}{180} = \frac{24 \cdot 0{,}0001}{180} = 0{,}000013.$$

Mit dem exakten Wert $\pi/4 = 0{,}785398163\ldots$ haben wir nun die tatsächlichen Fehler

$$\epsilon_{Tr} = 0{,}000416665 \approx 0{,}00042; \quad \epsilon_{Par} = 0{,}000000009.$$

Übung 2: Man beende Beispiel 2 unter Verwendung der Simpsonschen Gleichung für $n = 8$ und $n = 4$ und bestimme den Rechenfehler mit Hilfe der Gl. (5.13).

In den betrachteten Beispielen ergab die Simpsonsche Gleichung sehr gute Ergebnisse. Leider ist dies nicht immer der Fall. Zur Illustration dieser Tatsache betrachten wir noch ein Beispiel[1]).

Beispiel 3: Wir berechnen nach der Simpsonschen Gleichung den Wert des Integrals

$$I = \int_{-1}^{+1} f(x)\,dx \quad \text{wobei} \quad f(x) = \frac{x^7 \cdot \sqrt{1-x^2}}{\sqrt{(2-x)^{13}}}.$$

Lösung: Der Integrand ist im Intervall $[-1; 0]$ negativ, im Intervall $[0; 1]$ hingegen positiv. Wir halbieren daher das Integrationsintervall und wenden die Simpsonsche Gleichung für $n = 4$ und $h = 0{,}25$ auf beide Bereiche an.

Die Ergebnisse der Rechnung sind in Tabelle 70 angegeben. Wir haben somit

$$I = \int_{-1}^{0} + \int_{0}^{+1} = -0{,}000044 + 0{,}006981 = 0{,}006937.$$

Das Ergebnis erweckt jedoch Mißtrauen, da $f(x)$ eine sich sehr scharf ändernde Funktion ist. Wir untersuchen daher die Funktion genauer und konstruieren vorerst ihr Schaubild (Bild 41). Dieses Schaubild legt eine zweckmäßige Zerlegung des Integrationsintervalls in drei Teile nahe. Jedes der Integrale berechnen wir nach der Simpsonschen

---

1) Dieses Beispiel wurde aus dem Buch von *J. B. Scarborough,* Numerical Mathematical Analysis, Sixth Ed., Baltimore, 1966, S. 168, entnommen.

Tabelle 70

j	x_j	$f(x_j)$	c_j	j	x_j	$f(x_j)$	c_j
0	− 1,00	0,0000000	1	0	0,00	0,0000000	1
1	− 0,75	− 0,0001231	4	1	+ 0,25	0,0000016	4
2	− 0,50	− 0,00001753	2	2	+ 0,50	0,000485	2
3	− 0,25	− 0,000000304	4	3	+ 0,75	0,02070	4
4	0,00	0,000000000	1	4	+ 1,00	0,00000	1
	$\int_{-1}^{0} = -0{,}0000441$				$\int_{0}^{+1} = 0{,}006981$		

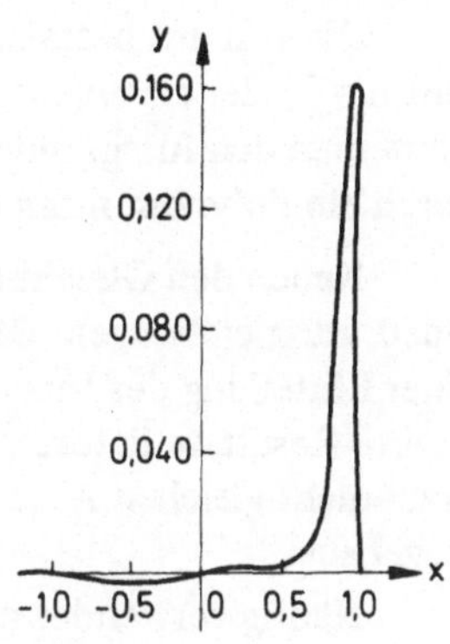

Bild 41

Tabelle 71

j	x_j	$f(x_j)$	c_j	j	x_j	$f(x_j)$	c_j	j	x_j	$f(x_j)$	c_j
0	− 1,00	0,000000	1	0	0,50	0,000485	1	0	0,80	0,03847	1
1	− 0,75	− 0,000123	4	1	0,55	0,001136	4	1	0,82	0,04865	4
2	− 0,50	− 0,000018	2	2	0,60	0,002514	2	2	0,84	0,06102	2
3	− 0,25	0,000000	4	3	0,65	0,005297	4	3	0,86	0,07576	4
4	0,00	0,000000	2	4	0,70	0,010688	2	4	0,88	0,09292	2
5	+ 0,25	+ 0,000002	4	5	0,75	0,020701	4	5	0,90	0,11221	4
6	+ 0,50	+ 0,000485	1	6	0,80	0,038468	1	6	0,92	0,13259	2
	$\sum_{j=0}^{6} c_j f(x_j) = -0{,}000035$				$\sum_{j=0}^{6} c_j f(x_j) = 0{,}173893$			7	0,94	0,15149	4
	$\frac{h}{3} = \frac{b-a}{3n} = \frac{1{,}5}{3 \cdot 6} = 0{,}083$				$\frac{h}{3} = \frac{0{,}30}{3 \cdot 6} = 0{,}016667$			8	0,96	0,16306	2
								9	0,98	0,15190	4
								10	1,00	0,00000	1
	$\int_{-1{,}0}^{+0{,}5} = -0{,}000003$				$\int_{0{,}5}^{0{,}8} = 0{,}002898$				$\frac{h}{3} = \frac{0{,}20}{3 \cdot 10}$; $\int_{0{,}8}^{1{,}0} = 0{,}020651$		

Gleichung mit entsprechendem n und h (Tabelle 71). Wir wählen dabei h um so kleiner, je schneller sich die Funktion in dem gegebenen Intervall ändert, und erhalten:

$$I = \int_{-1{,}0}^{+0{,}5} + \int_{0{,}5}^{0{,}8} + \int_{0{,}8}^{1{,}0} = -0{,}000003 + 0{,}002898 + 0{,}020651 = 0{,}023546.$$

Wir weisen darauf hin, daß man in verschiedenen Teilbereichen verschiedene Quadraturformeln verwenden darf.

Die von uns betrachteten Trapez- und Parabelgleichungen sind Spezialfälle (für $n = 1$ und $n = 2$) der *allgemeinen Quadraturgleichung von Newton-Cotes,* die man gewinnt, wenn man den Integranden mit Hilfe der Interpolationsgleichung von *Newton-Gregory* durch ein Polynom n-ten Grades ersetzt.

Neben den Gleichungen von *Newton-Cotes* gibt es noch eine Reihe von anderen Quadraturgleichungen. Die genaueste unter ihnen ist die *Gaußsche Gleichung,* die bei einer Einteilung des Integrationsintervalls durch n Punkte für ein Polynom n-ten Grades exakte Resultate liefert[1]. Die Teilungspunkte bei der Gaußschen Gleichung haben jedoch nicht gleichen Abstand voneinander, sondern man wählt sie nach einer bestimmten Regel aus.

Häufig verwendet man auch die Quadraturgleichung von *Tschebyschew,* bei der die Teilungspunkte (ebenfalls unregelmäßig) so gewählt werden, daß die Gewichte aller Funktionswerte $f(x_j)$ gleich sind (d. h. $c_j = 1$). Dank dieser Besonderheit eignet sich diese Gleichung sehr gut zur Integration von experimentell bestimmten Funktionen $f(x)$, bei denen die Wahrscheinlichkeit für einen Meßfehler stets dieselbe ist. In diesem Fall kommt tatsächlich keinem Funktionswert $f(x_j)$ ein besonderes Gewicht zu. In der Simpsonschen Gleichung hingegen werden der erste und letzte Funktionswert mit 1, alle ungeraden Zwischenwerte mit 4 und alle geraden Zwischenwerte mit 2 gewichtet. Zur leichteren Handhabung der einzelnen Quadraturgleichung wurden spezielle Tabellen der Stützstellen und der Gewichtsfunktionen angefertigt.

Alle diese Fragen, einschließlich der Berechnung von mehrfachen Integralen, sowie eine umfassende Bibliographie bis zur Mitte des Jahres 1962 findet man sehr gut dargelegt in dem Handbuch [199] und in den Büchern [19; 49; 100; 198; 206; 269; 270; 339; 390; 415; 461; 509].

34. Integration mit Hilfe von Potenzreihen

Potenzreihen erlauben in vielen Fällen eine effektive Berechnung bestimmter, unbestimmter und gewisser uneigentlicher Integrale. In vollster Allgemeinheit betrachten wir diese Frage in Kapitel 6, wo wir die Potenzreihen zur Integration von gewöhnlichen Differentialgleichungen heranziehen wollen, da man ein beliebiges unbestimmtes Integral

$$y = \int f(x)\,dx$$

immer als einfache Differentialgleichung erster Ordnung

$$y' = f(x)$$

schreiben kann.

---

[1] Wenn man von der Genauigkeit dieser oder jener Quadraturgleichung spricht, so unterliegt der Begriff der Genauigkeit einer Einschränkung, da man durch Wahl einer hinreichend kleinen Schrittweite h jeden beliebig hohen Genauigkeitsgrad erzielen kann. Es gelten die Worte des französischen Mathematikers *P. Laurent,* der diesen Sachverhalt so ausdrückt: „Diese Gleichungen liefern den numerischen Wert eines Integrals mit einer Genauigkeit, die im wesentlichen von der Geduld des Rechners abhängt.“ (*P. Laurent,* Traité d'analyse, Paris 1888, v. III, S. 498).

In diesem Abschnitt beschränken wir uns daher auf vier charakteristische Beispiele: Die Berechnung des Integralsinus, des Integralkosinus, der Beta- und der Gammafunktion mit Hilfe von Potenzreihen.

Der *Integralsinus* und der *Integralkosinus* sind durch die folgenden Integrale definiert [655, S. 65]:

$$\mathrm{Si}(x) = \int_0^x \frac{\sin t}{t}\, dt, \tag{5.15}$$

$$\mathrm{Ci}(x) = -\int_x^\infty \frac{\cos t}{t}\, dt = \gamma + \ln x - \int_0^x \frac{1-\cos t}{t}\, dt. \tag{5.16}$$

Dabei gilt mit 15 Dezimalstellen

$$\gamma = \lim_{k\to\infty} \sum_{\nu=1}^{k} \left(\frac{1}{\nu} - \ln k\right) = 0{,}577215664901533\ ;$$

γ heißt Eulersche Konstante.

Die Integrale Gln. (5.15) und (5.16) kann man ungeachtet ihrer einfachen Struktur nicht durch elementare Funktionen ausdrücken. Für diese Integrale findet man jedoch leicht sehr schnell konvergente Potenzreihen.

Entwickelt man nämlich sin t in eine Maclaurinsche Reihe, so findet man nach einfachen Umformungen

$$\mathrm{Si}(x) = \int_0^x \frac{1}{t}\left[t - \frac{t^3}{3!} + \frac{t^5}{5!} - \frac{t^7}{7!} + \ldots + (-1)^n \frac{t^{2n+1}}{(2n+1)!} + \ldots\right] dt$$

$$= x - \frac{x^3}{3\cdot 3!} + \frac{x^5}{5\cdot 5!} - \frac{x^7}{7\cdot 7!} + \ldots + (-1)^n \frac{x^{2n+1}}{(2n+1)(2n+1)!} + \ldots .$$

Eine für die Rechnung sehr bequeme Darstellung ist

$$\mathrm{Si}(x) = \sum_{n=0}^{\infty} s_n(x), \tag{5.17}$$

wobei

$$s_0(x) = x;\quad s_{n+1}(x) = \frac{-(2n+1)\,x^2}{(2n+2)(2n+3)^2}\, s_n(x);\quad n = 0, 1, 2, \ldots .$$

Analog findet man für den Integralkosinus mit der Maclaurinschen Reihe für cos t gemäß Gl. (5.16)

$$\mathrm{Ci}(x) = \gamma + \ln x - \int_0^n \frac{1}{t}\left\{1 - \left[1 - \frac{t^2}{2!} + \frac{t^4}{4!} - \frac{t^6}{6!} + \ldots + (-1)^n \frac{t^{2n}}{(2n)!} + \ldots\right]\right\} dt$$

$$= \gamma + \ln x - \left[\frac{x^2}{2\cdot 2!} - \frac{x^4}{4\cdot 4!} + \frac{x^6}{6\cdot 6!} - \frac{x^8}{8\cdot 8!} + \ldots + (-1)^n \frac{x^{2n}}{2n(2n)!} + \ldots\right],$$

oder die für die Rechnung bequemere Darstellung

$$\operatorname{Ci} x = \sum_{n=0}^{\infty} c_n(x), \tag{5.18}$$

wobei

$$c_0(x) = \gamma + \ln x; \quad c_1(x) = -\frac{x^2}{4};$$

$$c_{n+1}(x) = -\frac{2nx^2}{(2n+1)(2n+2)^2} c_n(x); \quad n = 1, 2, 3, \dots .$$

Beispiel 1: Wir berechnen mit 11 Dezimalstellen den Integralsinus und den Integralkosinus für $x = 2$.

Lösung: Setzt man in den Rekursionsformeln (5.17) und (5.18) $x = 2$ und berechnet man (mit zwei zusätzlichen Stellen) die notwendige Anzahl von Gliedern, so findet man nach Addition

$$\operatorname{Si}(2) = 1{,}60541297680;$$
$$\operatorname{Ci}(2) = 0{,}42298082878.$$

Alle benötigten Rechnungen sind in Tabelle 72 angegeben, wobei alle aufeinanderfolgenden Glieder $s_{n+1}(x)$ der Reihe (5.17) in einem Zuge ohne Anschreiben der Zwischenergebnisse berechnet wurden, indem $s_n(x)$ mit $(2n + 1)x^2$ multipliziert und hierauf durch die Ausdrücke $(2n + 2)(2n + 3)^2$ dividiert wurde, die in derselben Zeile von Tabelle 72 stehen. Alle Glieder $c_{n+1}(x)$ der Reihe (5.18) von $n = 2$ an wurden auf analogem Wege gefunden.

Übung 1: Man berechne mit sieben Dezimalstellen Si(x) und Ci(x) für $x = 0{,}5$; $x = 1{,}0$; $x = 2{,}0$; $x = 3{,}0$.

Antwort: Für $x = 0{,}5$: $\operatorname{Si}(x) = +0{,}4931074$; $\operatorname{Ci}(x) = -0{,}1777841$. Die angegebenen Reihen erlauben die Berechnung des Integralsinus und des Integralkosinus auch

Tabelle 72

$x = 2$;		$x^2 = 4$;	$\ln x = 0{,}693147180559$9;			$\nu = 0{,}577215664901$5
n	$(2n+1)x^2$	$(2n+2) \times (2n+3)^2$	$s_n(x)$	$2nx^2$	$(2n+1) \times (2n+2)^2$	$c_n(x)$
0	4	18	+2,0000000000000	–	–	+1,2703628454614
1	12	100	−0,4444444444444	8	48	−1,0000000000000
2	20	294	+0,0533333333333	16	180	+0,1666666666667
3	28	648	−0,0036281179138	24	448	−0,0148148148148
4	36	1210	+0,0001567705271	32	900	+0,0007936507937
5	44	2028	−0,0000046642471	40	1584	−0,0000282186941
6	52	3150	+0,0000001011967	48	2548	+0,0000007125933
7	60	4624	−0,0000000016705	56	3840	−0,0000000134240
8	68	6498	+0,0000000000217	64	5508	+0,0000000001958
9	–	–	−0,0000000000002	–	–	−0,0000000000023
		Σ =	+1,6054129768028		Σ =	+0,4229808287757

für komplexe Argumentwerte. Man hat dazu in den Gln. (5.17) und (5.18) nur x durch $z = x + iy$ zu ersetzen und die Ergebnisse zu verwenden, die in Abschnitt 49 von Kapitel 6 erzielt werden. Die Reihen (5.17) und (5.18) konvergieren in der gesamten komplexen Ebene, da gemäß Gl. (4.20) ihr Konvergenzradius $R = \infty$ ist.

Wir verwenden nun eine Potenzreihe zur Integration der *Eulerschen Betafunktion*, die durch das folgende uneigentliche Integral

$$B(p, q) = \int_0^1 x^{p-1}(1-x)^{q-1}\,dx; \quad \operatorname{Re} p > 0; \quad \operatorname{Re} q > 0 \tag{5.19}$$

definiert ist. Wir stellen das Integral Gl. (5.19) als Summe von zwei Integralen dar und ersetzen im zweiten davon $1 - x$ durch t:

$$1 - x = t, \quad x = 1 - t, \quad dx = -dt.$$

Nach einfachen Umformungen erhalten wir

$$B(p, q) = \int_0^{1/2} + \int_{1/2}^1 = \int_0^{1/2} x^{p-1}(1-x)^{q-1}\,dt + \int_0^{1/2} t^{q-1}(1-t)^{p-1}\,dt.$$

Ersetzen wir nun die Integrationsvariable t durch x (was am Wert des Integrals nichts ändert), so erhalten wir

$$B(p, q) = \int_0^{1/2} [x^{p-1}(1-x)^{q-1} + x^{q-1}(1-x)^{p-1}]\,dx.$$

Unter Verwendung der Binomialreihe erhalten wir nun

$$(1-x)^{\gamma-1} = \sum_{n=0}^{\infty} a_n^{(\gamma)} x^n. \tag{5.20}$$

Dabei wurden die Bezeichnungen

$$a_{n+1}^{(\gamma)} = \frac{n+1-\gamma}{n+1}\,a_n^{(\gamma)}; \quad a_0^{(\gamma)} = 1; \quad \gamma = p, q; \quad n = 0, 1, 2, \ldots \tag{5.21}$$

verwendet. Es ergibt sich daraus

$$B(p, q) = \int_0^{1/2} \sum_{n=0}^{\infty} [a_n^{(q)} x^{n+p-1} + a_n^{(p)} x^{n+q-1}]\,dx$$

$$= \sum_{n=0}^{\infty} \frac{a_n^{(q)}}{n+p}\,x^{n+p} + \frac{a_n^{(p)}}{n+q}\,x^{n+q}\,\Big|_0^{1/2}$$

und schließlich nach gliedweiser Integration

$$B(p, q) = \sum_{n=0}^{\infty} \frac{a_n^{(p)}}{(n+q)2^{n+q}} + \sum_{n=0}^{\infty} \frac{a_n^{(q)}}{(n+p)2^{n+p}}. \tag{5.22}$$

Die erhaltene Gleichung gestattet die Berechnung der Betafunktion $B(p, q)$ mit hoher Genauigkeit und geringem Arbeitsaufwand, da die Reihe (5.22) sehr schnell konvergiert.

Insbesondere haben wir für $p = q$ aus Gl. (5.22)

$$B(p, p) = 2 \sum_{n=0}^{\infty} \frac{a_n^{(p)}}{(n+p)2^{n+p}} = 2^{1-p} \sum_{n=0}^{\infty} A_n(p), \tag{5.23}$$

wobei wir die neuen Bezeichnungen

$$A_n(p) = \frac{a_n^{(p)}}{(n+p)2^n} \tag{5.24}$$

eingeführt haben.

Aus den Gln. (5.24) und (5.21) finden wir mit $\gamma = p$ eine Rekursionsformel zur unmittelbaren Berechnung der Größen $A_n(p)$:

$$A_{n+1}(p) = \frac{(n+p)(n+1-p)}{2(n+1)(n+p+1)} A_n(p); \quad A_0(p) = \frac{1}{p}; \quad n = 0, 1, 2, \ldots . \tag{5.25}$$

Wir bemerken, daß bei ganzzahligem $p = m$ die Reihe (5.23) nach $m - 1$ Gliedern abbricht, da für $p = m$, $n = m - 1$ gemäß Gl. (5.25)

$$A_n(m) = 0$$

und damit auch alle nachfolgenden $A_n(m)$ gleich Null werden.

Wir verwenden nun das erhaltene Ergebnis zur Berechnung der *Eulerschen Gammafunktion*

$$\Gamma(p) = \int_0^{\infty} e^{-t} t^{p-1} \, dt.$$

Die Betafunktion und die Gammafunktion stehen in der Beziehung [205; 231;460]

$$B(p, q) = \frac{\Gamma(p)\Gamma(q)}{\Gamma(p+q)}. \tag{5.26}$$

Setzt man in Gl. (5.26) $p = q$ und berücksichtigt Gl. (5.23), so erhält man

$$\frac{\Gamma^2(p)}{\Gamma(2p)} = 2^{1-p} \sum_{n=0}^{\infty} A_n(p) \tag{5.27}$$

oder

$$\Gamma^2(p) = 2^{1-p}\Gamma(2p) \sum_{n=0}^{\infty} A_n(p), \tag{5.28}$$

worin die Größen $A_n(p)$ nach Gl. (5.25) zu berechnen sind.

Die Gl. (5.28) kann man als Gleichung für den Funktionswert bei Halbierung des Arguments auffassen und mit ihrer Hilfe bei bekanntem $\Gamma(2p)$ die Größe $\Gamma(p)$ berechnen. In Beispiel 2 des Abschnitts 13 von Kapitel 2 haben wir gezeigt, wie man mit Hilfe einer Subtabelle schon mit sehr wenigen Stützpunkten eine ziemlich genaue Tabelle der Gammafunktion erhält. Die Gl. (5.28) erlaubt nun eine Ergänzung der früher erhaltenen Ergebnisse und ausgehend von ganzzahligen Argumentswerten die Berechnung einer beliebig großen Anzahl von Zwischenwerten.

Beispiel 2: Wir berechnen mit 10 Dezimalstellen die Werte der Gammafunktion für $p = 0{,}5$ und $p = 0{,}75$.

Lösung: Für $p = 0{,}5$ haben wir $2^{1-p} = \sqrt{2}$; $\Gamma(2p) = \Gamma(1) = 1$. Setzen wir diese Werte in die Gl. (5.28) ein und berechnen wir $\Sigma A_n(p)$ für $p = 0{,}5$, so erhalten wir $\Gamma^2(p)$. Alle Rechnungen wurden mit zwei zusätzlichen Stellen durchgeführt und sind in Tabelle 73 angegeben.

Das erhaltene Ergebnis stimmt innerhalb der Rechengenauigkeit mit dem exakten Wert

$$\Gamma^2(0{,}5) = \pi = 3{,}14159265358 97\ldots$$

überein. Wir haben damit eine Kontrolle der Gln. (5.25) und (5.28).

Bei $p = 0{,}75$ haben wir unter Berücksichtigung der Rekursionsformel (2.68) aus Abschnitt 13

$$\Gamma(x + 1) = x\Gamma(x),$$
$$\Gamma(2p) = \Gamma(1{,}5) = \tfrac{1}{2}\,\Gamma(0{,}5) = \tfrac{1}{2}\sqrt{\pi} = 0{,}886226925452 76,$$
$$2^{1-p} = \sqrt[4]{2}.$$

Berechnet man gemäß Tabelle 73 die entsprechenden $A_n(p)$, so findet man $\Gamma^2(0{,}75)$ und daraus $\Gamma(0{,}75)$.

Dieses Verfahren läßt sich leicht fortsetzen. Man findet so die benötigte Anzahl von Zwischenwerten zur Aufstellung einer Tabelle der Gammafunktion mit beliebig vorgegebenem Genauigkeitsgrad. Aus dem bekannten Wert $\Gamma(0{,}75)$ finden wir

$$\Gamma(1{,}75) = 0{,}75\;\Gamma(0{,}75),$$

was wieder gemäß Gl. (5.28) die Bestimmung von $\Gamma(0{,}875)$ erlaubt. Hierauf ergibt sich vollkommen analog $\Gamma(1{,}875)$ und daraus wieder $\Gamma(0{,}9375)$ usw.

Zur Beschleunigung der Konvergenz der Reihe (5.28) und zur Kontrolle der Rechnung kann man von p zu $p+k$ mit $k = 1, 2, 3, \ldots$ übergehen.

Im Falle

$$p^* = p + 1$$

Tabelle 73

$p = 0{,}5;\ 2^{1-p} = \sqrt{2} = 1{,}4142135623731;\ \Gamma(1) = 1$				$p = 0{,}75;\ 2^{1-p} = 1{,}189207115002 7;\ \Gamma(\frac{3}{2}) = \frac{\sqrt{\pi}}{2}$		
n	$(n+p) \times (n+1-p)$	$2(n+1) \times (n+1+p)$	$A_n(p)$	$(n+p) \times (n+1-p)$	$2(n+1) \times (n+1+p)$	$A_n(p)$
0	0,25	3	2,000000000000	0,1875	3,5	1,333333333333
1	2,25	10	0,166666666667	2,1875	11,0	0,071428571429
2	6,25	21	0,037500000000	6,1875	22,5	0,014204545455
3	12,25	36	0,011160714286	12,1875	38,0	0,003906250000
4	20,25	55	0,003797743056	20,1875	57,5	0,001252826891
5	30,25	78	0,001398259943	30,1875	81,0	0,000439851180
6	42,25	105	0,000542273888	42,1875	108,5	0,000163926018
7	56,25	136	0,000218200684	56,1875	140,0	0,000063738515
8	72,25	171	0,000090248445	72,1875	175,5	0,000025580770
9	90,25	210	0,000038131287	90,1875	215,0	0,000010522005
10	110,25	253	0,000016387375	110,1875	258,5	0,000004413736
11	132,25	300	0,000007141139	132,1875	306,0	0,000001881387
12	156,25	351	0,000003148052	156,1875	357,5	0,000000812732
13	182,25	406	0,000001401376	182,1875	413,0	0,000000355073
14	210,25	465	0,000000629066	210,1875	472,5	0,000000156634
15	240,25	528	0,000000284433	240,1875	536,0	0,000000069677
16	272,25	595	0,000000129422	272,1875	603,5	0,000000031223
17	306,25	666	0,000000059219	306,1875	675,0	0,000000014082
18	342,25	741	0,000000027231	342,1875	750,5	0,000000006388
19	380,25	820	0,000000012577	380,1875	830,0	0,000000002913
20	420,25	903	0,000000005832	420,1875	913,5	0,000000001334
21	462,25	990	0,000000002714	462,1875	1001,0	0,000000000614
22	506,25	1081	0,000000001267	506,1875	1092,5	0,000000000283
23	552,25	1176	0,000000000593	552,1875	1188,0	0,000000000131
24	600,25	1275	0,000000000278	600,1875	1287,5	0,000000000061
25	650,25	1378	0,000000000131	650,1875	1391,0	0,000000000028
26	702,25	1485	0,000000000062	702,1875	1498,5	0,000000000013
27	756,25	1596	0,000000000029	756,1875	1610,0	0,000000000006
28	812,25	1711	0,000000000014	812,1875	1725,5	0,000000000003
29	870,25	1830	0,000000000007	870,1875	1845,0	0,0000000000013
30	930,25	1953	0,000000000003	–	–	0,0000000000006
31	992,25	2080	0,0000000000014			
32	–	–	0,0000000000007		$\Sigma A_n(p) =$	1,424836891916
					$\sqrt[4]{2}\,\Gamma(1{,}5) =$	1,0539073652554
		$\Sigma A_n(p) =$	2,221441469078		$\Gamma^2(0{,}75) =$	1,5016460946779
		$\Gamma^2(0{,}5) =$	3,141592653588		$\Gamma(0{,}75) =$	1,225416702464

haben wir zum Beispiel gemäß Gl. (2.68)

$$\Gamma(p^*) = \Gamma(p + 1) = p\Gamma(p),$$
$$\Gamma(2p^*) = \Gamma(2p + 2) = (1 + 2p)\,\Gamma(2p + 1) = 2p(1 + 2p)\,\Gamma(2p)$$

und daraus folgt

$$\frac{\Gamma^2(p^*)}{\Gamma(2p^*)} = \frac{p}{2(1+2p)} \cdot \frac{\Gamma^2(p)}{\Gamma(2p)}.$$

Bei Verwendung von Gl. (5.27) erhält man nach leicht erkennbaren Vereinfachungen

$$\sum_{n=0}^{\infty} A_n^*(p^*) = \frac{p}{1+2p} \sum_{n=0}^{\infty} A_n(p); \quad p^* = p+1, \tag{5.29}$$

worin $A_n(p^*) = A_n(p+1)$ das für p^* berechnete Glied der Reihe (5.28) ist.

Bei Verwendung der Gl. (5.29) für

$$p^{**} = p^* + 1 = p + 2$$

findet man

$$\sum_{n=0}^{\infty} A_n^{**}(p^{**}) = \frac{p^*}{1+2p^*} \sum_{n=0}^{\infty} A_n^*(p^*) = \frac{p(1+p)}{(1+2p)(3+2p)} \sum_{n=0}^{\infty} A_n(p) \tag{5.30}$$

oder in allgemeinerer Form für beliebige ganzzahlige k

$$\sum_{n=0}^{\infty} A_n^{(k)}(p^{(k)}) = \frac{p(1+p)(2+p)\ldots(k-1+p)}{(1+2p)(3+2p)\ldots(2k-1+2p)} \sum_{n=0}^{\infty} A_n(p). \tag{5.31}$$

Dabei gilt

$$p^{(k)} = p + k; \quad A_n^{(k)}(p^{(k)}) = A_n(p+k); \quad k = 1, 2, 3, \ldots .$$

Die Größen A_n^* nehmen mit wachsendem n schneller ab als A_n, die Größen A_n^{**} schneller als A_n^* usw. Das Verfahren zur Beschleunigung der Konvergenz der Reihe (5.28) verliert jedoch mit wachsendem k seine Wirksamkeit. Am effektivsten ist es für $k \leqslant 4$.

Die Gln. (5.29) bis (5.31) erlauben auch eine wirksame Kontrolle bei der Berechnung von ΣA_n. Setzt man in Beispiel 2 etwa die Gln. (5.29) und (5.30) p = 0,75, so erhält man die folgenden Kontrollgleichungen:

$$\sum_{n=0}^{\infty} A_n^*(p^*) = \frac{3}{10} \sum_{n=0}^{\infty} A_n(p); \quad \sum_{n=0}^{\infty} A_n^{**}(p^{**}) = \frac{7}{60} \sum_{n=0}^{\infty} A_n(p). \tag{5.32}$$

Man berechnet gemäß Gl. (5.25) die entsprechende Anzahl von Gliedern A_n^* für $p^* = 1{,}75$ oder A_n^{**} für $p^{**} = 2{,}75$ und bildet mit der gegebenen Genauigkeit ihre Summe. Hierauf gewinnt man mit einer der Gln. (5.32) eine Kontrolle des Ergebnisses für p = 0,75.

Übung 2: Man berechne mit 12 Dezimalstellen (von denen zwei als zusätzliche Stellen dienen) die Summe ΣA_n^* und mit 13 Dezimalstellen ΣA_n^{**}. Hierauf überprüfe man die in Tabelle 73 berechnete Summe $\Sigma A_n(0{,}75)$.

Antwort: $\Sigma A_n^* = \Sigma A_n(1{,}75) = 0{,}427451067577;$

$\Sigma A_n^{**} = \Sigma A_n(2{,}75) = 0{,}1662309707237.$

35. Graphische Integration

Falls der Integrand in Form eines Schaubildes gegeben ist, kann man das gesuchte Integral mit Hilfe graphischer Methoden gewinnen. Wir betrachten Interesse halber ein Integral mit veränderlicher oberer Grenze

$$F(x) = \int_0^x y\,dx \quad \text{mit} \quad y = f(x). \tag{5.33}$$

Wir gehen von der Trapezgleichung (5.6) aus und erhalten

$$F(x_k) = \int_a^{a+kh} f(x)\,dx = h\left(\frac{y_0 + y_1}{2} + \frac{y_1 + y_2}{2} + \ldots + \frac{y_{k-1} + y_k}{2}\right),$$

$$F(x_{k+1}) = \int_a^{a+(k+1)h} f(x)\,dx$$

$$= h\left(\frac{y_0 + y_1}{2} + \frac{y_1 + y_2}{2} + \ldots + \frac{y_{k-1} + y_k}{2} + \frac{y_k + y_{k+1}}{2}\right)$$

oder

$$F(x_{k+1}) = F(x_k) + h\,\frac{y_k + y_{k+1}}{2}, \tag{5.34}$$

mit

$$x_k = a + kh, \quad k = 1, 2, 3, \ldots .$$

Die letzte Gleichung erlaubt die Berechnung von $F(x_{k+1}) = F(x_k + h)$ bei bekanntem Wert von $F(x_k)$, wobei nicht vorausgesetzt ist, daß die Schrittweite h immer dieselbe ist.

Wir verwenden nun die Gl. (5.34) zur graphischen Bestimmung des Integrals Gl. (5.33), wenn das Schaubild des Integranden gegeben ist.

Wir unterteilen das Integrationsintervall in mehrere, nicht notwendig gleich lange Teile. Die Teilungspunkte seien

$$x_0 = a, x_1, x_2, x_3, \ldots, x_n = x.$$

Durch diese Punkte ziehen wir die Ordinaten $y_k = f(x_k)$. Durch die Mittelpunkte der betrachteten Abschnitte ziehen wir die Ordinaten $y_{k+\frac{1}{2}}$ (in Bild 42 punktiert).

Falls alle Teilintervalle hinreichend klein sind, kann man näherungsweise

$$\frac{y_k + y_{k+1}}{2} = y_{k+\frac{1}{2}}$$

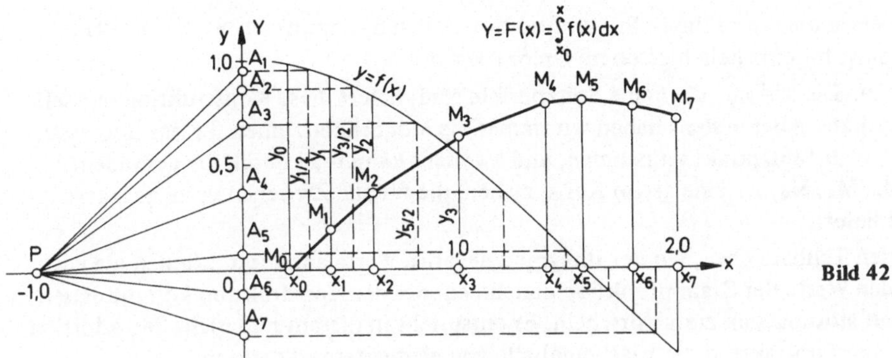

Bild 42

setzen und erhält hierauf

$$F(x_{k+1}) = F(x_k) + hy_{k+\frac{1}{2}}. \tag{5.35}$$

Wir projizieren nun die Enden der Ordinaten $y_{\frac{1}{2}}$; $y_{\frac{3}{2}}$; $y_{\frac{5}{2}}$ ... auf die y-Achse und verbinden die so erhaltenen Punkte $A_1, A_2, A_3, \dots$ mit dem Punkt $P(-1; 0)$ (Bild 42).

Nun ziehen wir durch den Punkt $M_0(x_0; 0)$ parallel zur Strecke $\overline{PA_1}$ einen Strahl und bezeichnen seinen Schnittpunkt auf der Ordinate y_1 mit M_1. Dazu legen wir den Winkelmesser (am besten einen aus durchsichtigem Material) längs der Strecke $\overline{PA_1}$ an, fixieren diese Lage mit Hilfe eines Lineals und verschieben dann bei unbewegtem Lineal den Winkelmesser bis zum Punkt M_0. Analog konstruieren wir die Strecken $\overline{M_1M_2}$, $\overline{M_2M_3}, \dots$, parallel zu den Strahlen $\overline{PA_2}, \overline{PA_3}, \dots$. Die Punkte $M_0, M_1, M_2, \dots$ sind Punkte auf der gesuchten Näherungsintegralkurve $Y = F(x)$, da gemäß Bild 42 und Gl. (5.35)

$$\overline{x_1M_1} = hy_{\frac{1}{2}} = F(x_1);$$

$$\overline{x_2M_2} = F(x_1) + hy_{\frac{3}{2}} = F(x_2);$$

$$\overline{x_3M_3} = F(x_2) + hy_{\frac{5}{2}} = F(x_3);$$

....

Der Streckenzug $M_0M_1M_2M_3\dots$ liefert somit näherungsweise das Schaubild der Stammfunktion

$$F(x) = \int_{x_0}^{x} f(x)\,dx.$$

Die Ordinaten

$$\overline{x_1M_1};\ \overline{x_2M_2};\ \overline{x_3M_3};\ \overline{x_4M_4};\dots$$

dagegen liefern die Werte dieser Stammfunktion in den Stützpunkten $x_1, x_2, x_3, x_4, \ldots$, darunter auch für eine beliebige obere Grenze $x = b$.

Für Punkte $x \neq x_k$, die keine Stützpunkte sind, liefert diese Konstruktion nur sehr grobe Resultate. Aber erstens haben wir immer die Möglichkeit, einen für uns interessanten Punkt x als Stützpunkt zu nehmen, und zweitens kann man durch die gefundenen Punkte $M_0, M_1, M_2, \ldots$ eine glatte Kurve ziehen, die für alle Zwischenwerte genauere Resultate liefert.

In den Teilbereichen, wo der Integrand negative Werte annimmt, können die entsprechenden Werte der Stammfunktion abnehmen. Bei der Konstruktion kommt dieser Sachverhalt automatisch zum Vorschein. Er entspricht in diesem Fall nicht der Addition, sondern einer Subtraktion der Flächeninhalte von elementaren Trapezen.

Wir betrachten nun Bild 42. Für diese Zeichnung gilt

$$x_0 = 0{,}2; \quad f(x) = \cos x.$$

Somit haben wir

$$F(x) = \int_{0,2}^{x} \cos x dx = \sin x - \sin 0{,}2 = \sin x - 0{,}1987.$$

Wir haben damit eine Möglichkeit, die Genauigkeit der graphischen Integration zu überprüfen. Dies ist in Tabelle 74 geschehen. Dabei gibt $F_T(x)$ den exakten Wert, $F_{gr}(x)$ den auf graphischem Wege gefundenen Näherungswert an. $\delta(x)$ bedeutet den relativen Fehler, ausgedrückt in Prozent.

Tabelle 74

x	0,2	0,4	0,6	0,8	1,0	1,2	1,4	0,5π	1,8	2,0
$F_T(x)$	0,0000	0,1907	0,3659	0,5187	0,6428	0,7333	0,7867	0,8013	0,7751	0,7106
$F_{gr}(x)$	0,000	0,191	0,362	0,498	0,640	0,710	0,783	0,798	0,771	0,704
$\delta(x)$ %	–	0,2	1,1	4,0	0,4	3,2	0,5	0,4	0,5	0,9

Wie man sieht, ist in den Stützpunkten der relative Fehler nicht größer als 1,1 %. In den Punkten x = 0,8 und x = 1,2, die in Bild 42 nicht zu den Stützpunkten zählen, ist der Fehler hingegen beträchtlich hoch.

Die Genauigkeit der graphischen Integrationsmethode kann man erhöhen, indem man die Anzahl der Stützpunkte und den Maßstab vergrößert. Bei mehr als drei bedeutsamen Ziffern wird diese Methode jedoch sehr mühsam.

Übung: Mit Hilfe der Tabelle von [646] konstruiere man auf einem Millimeterpapier mit 100 mm als Längeneinheit das Schaubild der Funktion $y = \cos x$ und bestimme auf graphischem Wege einige Werte von

$$F(x) = \int_{0,2}^{x} \cos x dx \quad \text{und} \quad F(x) = \int_{0}^{x} \cos x dx.$$

Man untersuche, welchen Einfluß die Anzahl der Stützpunkte auf die Genauigkeit der Resultate besitzt und wie die Genauigkeit über den Integrationsbereich verteilt ist.

Bemerkung: Die Konstruktion in Bild 42 entspricht dem Fall, daß die Maßstäbe für den Integranden f(x) und die Stammfunktion F(x) dieselben sind. Nimmt man für die Stammfunktion einen anderen Maßstab, so bleibt die Konstruktion dieselbe. Man muß nur die Länge der Strecke $\overline{OP}$ gleich

$$l = \frac{m_F}{m_f}$$

setzen, worin m_F den Maßstab für F(x) und m_f den Maßstab für f(x) bedeutet.

Maßstabsänderungen verwendet man in der Praxis meist dazu, um eine Zeichenfläche möglichst gut auszunützen.

36. Das Polarplanimeter

Unter einem Planimeter versteht man ein Gerät zur mechanischen Bestimmung des Flächeninhalts einer beliebigen ebenen geschlossenen Figur.

Es gibt zahlreiche unterschiedliche Konstruktionsmöglichkeiten für ein Planimeter. Wir betrachten das am häufigsten verwendete, das sogenannte Polarplanimeter, das 1854 von *Amsler* erfunden wurde. Ein Polarplanimeter liefert den Inhalt einer Fläche mit drei bedeutsamen Ziffern [198].

Ein Polarplanimeter besteht aus einem Polarm $\overline{OB}$ und einem damit durch ein Scharnier B verbundenen Arm $\overline{BA}$ (Bild 43). Bei der Arbeit mit dem Gerät bleibt das Ende O des Arms $\overline{OB}$, das man als *Pol des Planimeters* bezeichnet, stets unbewegt. Es ist mit einem massiven Metallzylinder verbunden, der in der Mitte eine Nadel enthält.

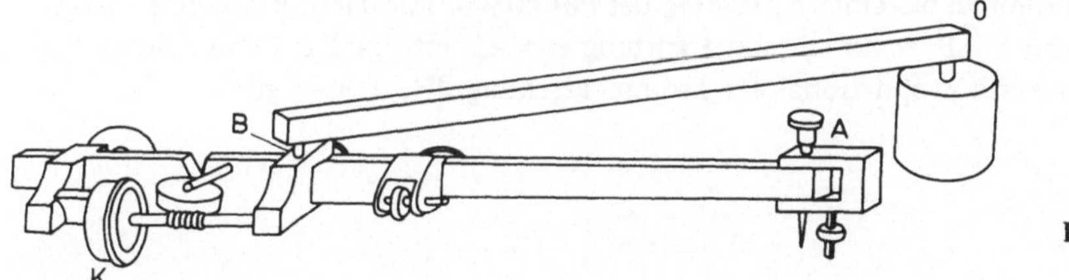

Bild 43

Am Ende des zweiten Armes $\overline{AB}$ befindet sich die Führungsspitze A, mit deren Hilfe man die Kontur der zu messenden Fläche abfährt. Neben der Spitze A ist ein stumpfer Stützstift befestigt, damit die Spitze das Zeichenpapier nicht berührt und zerkratzt. Die Spitze A wird im aufgehobenen Zustand durch eine Feder gehalten. Durch Druck auf den Arm $\overline{AB}$ hat man am Anfang die Möglichkeit, einen Punkt zu markieren, an dem die Messung beginnt.

Am Arm $\overline{AB}$ ist zudem ein Rädchen K befestigt, das über die Zeichenebene rollt und mit einem Zählwerk versehen ist, das seine Umdrehungen registriert. Das Zählwerk besteht aus einer mit hundert Teilstrichen versehenen Trommel und einem Nonius zum Ablesen von tausendstel Umdrehungen des Rädchens K. Der Drehwinkel wird durch die Größe der Fläche der umfahrenen Kontur bestimmt.

Das Zählwerk und das Scharnier B sind auf einem eigenen Schlitten montiert, der längs des Armes $\overline{AB}$ verschiebbar und durch eine Klemmschraube in jedem beliebigen Punkt feststellbar ist.

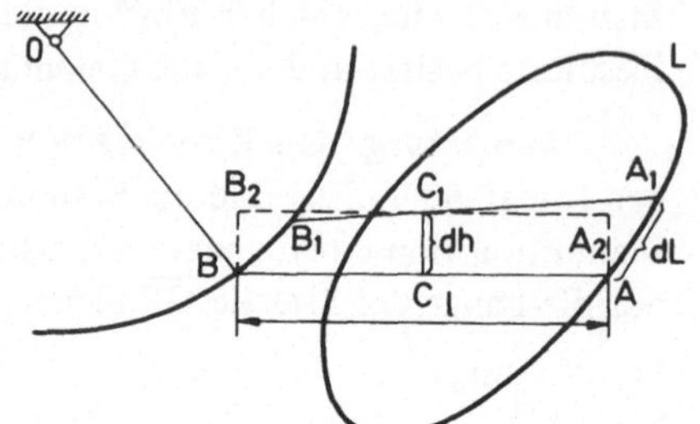

Bild 44

Wir betrachten nun das Arbeitsprinzip des Planimeters. Der Pol O des Armes $\overline{OB}$ bleibt fest und wir verschieben die Führungsspitze A längs der gegebenen Kontur L um die Größe dL (Bild 44). Der Arbeitsteil des Armes $\overline{AB}$ nimmt dann die neue Lage A_1B_1 ein und die Strecke $\overline{AB}$ „notiert", wie man sagt, die Fläche dS, die gleich der Fläche der Figur AA_1B_1B ist. Gemäß Bild 44 haben wir:

$$dS = l\,dh - S_B + S_A$$

mit $dh = CC_1$. Diese Größe ist senkrecht zur Richtung $\overline{AB}$ der Verschiebung des Mittelpunktes C der Strecke $\overline{AB}$. S_B und S_A bedeuten die Inhalte der Flächen von $BB_2C_1B_1B$ und $AA_2C_1A_1A$.

Die Differenz $S_B - S_A$, die im Vergleich mit der Größe $l$dh unendlich klein und von höherer Ordnung ist, darf man vernachlässigen. Damit erhalten wir

$$dS = l\,dh.$$

Da die Drehachse des Trommelzählers (am Rädchen K) parallel zur Strecke $\overline{AB}$ ist, bewegt sich die Trommel bei einer Bewegung des Punktes A nur dann, wenn eine Verschiebung der Strecke $\overline{AB}$ senkrecht zur Richtung von $\overline{AB}$ erfolgt. Die Größe dieser Verschiebung dh ist somit proportional der Trommeldrehung dN, d. h. es gilt

$$dh = k\,dN$$

und damit auch

$$dS = kl\,dN.$$

Der Flächeninhalt der von $\overline{AB}$ „notierten" Fläche ist daher bei einer Führung der Spitze A längs einer geschlossenen Kontur gleich

$$S = \int_{N_0}^{N} kl\,dN = kl(N - N_0) = kl\Delta N. \tag{5.36}$$

Dabei bedeuten N_0 und N die Anfangs- und Endstellung des Zeigers an der Skala des Trommelzählers. Die Differenz gibt den Drehwinkel an.

Wenn der Pol O außerhalb der Kontur L liegt, so ist die gefundene Größe S gleich dem Flächeninhalt der von der geschlossenen Kurve L berandeten Figur, da die außerhalb von L liegende Fläche von der Strecke $\overline{AB}$ zweimal in entgegengesetzten Richtungen „notiert" wird und daher auf die Endstellung des Skalenzeigers keinen Einfluß hat.

Der Inhalt der zu messenden Fläche S ist somit proportional der Anzahl $\Delta N = N - N_0$ der Skalenteilstriche der Zähltrommel, die man nach einem vollen Umlauf der Spitze A längs der Kontur L der gegebenen Figur abliest.

Das Planimeter ist so konstruiert, daß man die Länge l der Strecke $\overline{AB}$ verkleinern kann. Man kann dadurch l immer so wählen, daß kl gleich eins wird. Diesen Vorgang bezeichnet man als Eichung des Planimeters. Man eicht das Planimeter, indem man eine Fläche bekannten Inhalts mißt, zum Beispiel eine Kreisfläche $S_0 = 100\ \text{cm}^2$. Beim Umfahren des Umfangs dieses Kreises legt man eine Leiste an das Planimeter an, deren Abstand von der Nadel bis zum Senkkopf, wo sich die Spitze A befindet, gleich

$$R = \sqrt{\frac{100}{\pi}}\ \text{in cm}$$

ist. Die Eichung selbst führt man auf die folgende Weise durch. Bei beliebigem $l_1 = \overline{AB}$ mißt man mit Hilfe der Einstelleiste die Fläche $S_0 = 100\ \text{cm}^2$ und liest an der Zähltrommel die Differenz der Zeigerstellungen $\Delta N_1 = N^{(1)} - N_0^{(1)}$ ab. In diesem Fall gilt

$$S_0 = k l_1 \Delta N_1,\ k = \frac{S_0}{l_1 \Delta N_1}.$$

Daraus berechnet man die Länge

$$l_2 = \frac{1}{k} = \frac{l_1 \Delta N_1}{S_0},$$

für die $kl_2 = 1$ wird.

Nun stellt man die gefundene Länge l_2 am Planimeter ein und mißt nochmals die Fläche S. Falls dies notwendig ist, berechnet man aus der neuen Zeigerdifferenz ΔN_2 einen exakteren Wert

$$l_3 = \frac{l_2 \Delta N_2}{S_0}.$$

Wenn die Figur, deren Fläche man bestimmen will, im Maßstab 1 : m gezeichnet wurde, so muß man zur Eichung des Planimeters als S_0

$$S_0' = m^2 S_0$$

nehmen. Das Planimeter „notiert" dann den Flächeninhalt der wirklichen Figur und nicht den Flächeninhalt der Zeichnung. Wenn das Planimeter geeicht ist, setzt man seine Spitze auf einen Punkt der Kontur, merkt diesen (durch Niederdrücken der Spitze) an, liest die Anfangsstellung des Zeigers an der Zähltrommel ab und fährt sorgfältig in positiver Richtung mit der Spitze die Kontur bis zum Anfangspunkt ab. Die Differenz zwischen Anfangs- und Endstellung des Zeigers an der Zähltrommel ist gleich dem Inhalt der gemessenen Fläche.

Zur Erhöhung der Genauigkeit und Zuverlässigkeit der Resultate wiederholt man die Messung einige Male und nimmt als Endwert für S das arithmetische Mittel aus den einzelnen Ergebnissen. Man kann auch die Kontur mehrmals, etwa 3 bis 5 mal, umlaufen und dann die Differenz der Zeigerstellungen durch die Anzahl der Umläufe dividieren.

Sind die Ausmaße der Figur so groß, daß man die Kontur ohne den Pol zu bewegen, nicht umlaufen kann, so unterteilt man die Figur durch gerade Linien in mehrere Teile und mißt diese einzeln für sich. Wenn der Pol im Inneren der Figur liegt, muß man zu der vom Planimeter gemessenen Fläche noch die Fläche eines Kreises mit dem Radius $\overline{OB}$ (Bild 44) addieren.

Zum Schluß bemerken wir, daß man den Inhalt einer beliebigen Figur mit 2 bis 3 bedeutsamen Ziffern auch mit einer Analysenwaage bestimmen kann. Dazu zeichnet man die gegebene Figur auf ein Blatt Papier oder auf einen dünnen Karton, schneidet sie aus und wiegt sie ab. Hierauf bestimmt man das Gewicht einer Flächeneinheit des Papiers oder Kartons, indem man aus der gegebenen Figur einen Kreis, ein Parallelogramm, ein Trapez, oder eine beliebige andere Figur ausschneidet, deren Flächeninhalt man leicht bestimmen kann. Indem man zur Eichung dasselbe Material verwendet, kompensiert man dessen Inhomogenitäten. Die Ergebnisse kann man verbessern, indem man das Verfahren mehrere Male wiederholt und hierauf das arithmetische Mittel nimmt. Bei der Eichung des Materials kann man ebenfalls etwas bessere Ergebnisse erzielen, wenn man statt einbeschriebener Figuren umbeschriebene verwendet, deren Flächeninhalt man leicht berechnen kann. Man zeichnet eine solche Figur um die ursprüngliche Figur und beginnt die Wägung mit ihr. Erst dann schneidet man die gesuchte Figur aus und wiegt sie ebenfalls. Für den Flächeninhalt einer Ellipse mit den Halbachsen a = 10 cm und b = 6 cm haben wir zum Beispiel

$$S_{el} = \frac{w_{el}}{w_r}\, 240 \text{ cm}^2$$

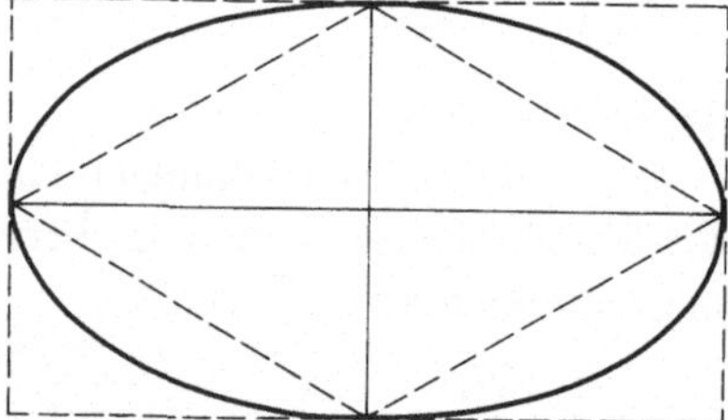

Bild 45

Dabei bedeutet w_{el} das Gewicht der aus einem Papier ausgeschnittenen Ellipse, w_r das Gewicht eines umbeschriebenen Rechtecks mit dem Flächeninhalt $S_r = 4ab = 240 \text{ cm}^2$ (Bild 45).

In Tabelle 75 sind die entsprechenden Ergebnisse zusammengefaßt. Die ersten vier Versuche wurden mit einem dünnen Kreidekarton und einer gewöhnlichen Laborwaage gemacht. Die übrigen Versuche erfolgten mit Wattepapier und einer Analysenwaage. Das arithmetische Mittel aus den Versuchen mit dem Karton ist:

$$S_{el} \approx 188{,}1; \quad \epsilon = S_{ex} - S_{nä} = +0{,}4; \quad \delta = (\epsilon/S_{ex})\, 100\,\% = +0{,}21\,\%.$$

Für die übrigen Versuche gilt:

$$S_{el} \approx 188{,}6; \quad \epsilon = -0{,}1; \quad \delta = -0{,}05\,\%.$$

Tabelle 75

n	1	2	3	4	5	6	7	8
w_{el}, g	8,06	8,34	8,24	8,04	3,815	3,788	3,791	3,800
w_r, g	10,32	10,58	10,50	10,30	4,842	4,828	4,837	4,830
S_{el}, cm^2	187,4	189,2	188,3	187,3	189,1	188,3	188,1	188,8
$\epsilon = S_{ex} - S_{nä}\delta$, %	+ 1,1	- 0,7	+ 0,2	+ 1,2	- 0,6	+ 0,2	+ 0,4	- 0,3
	+ 0,58	- 0,37	+ 0,11	+ 0,64	- 0,32	+ 0,11	+ 0,21	- 0,16

Der exakte Wert ist (mit vier Dezimalstellen):

$S_{el} = \pi\, ab = 188{,}5$ cm.

Die Genauigkeit dieser sehr einfachen Methode, die von *Archimedes* angegeben wurde (ungefähr 287 bis 212 v. u. Z.), ist somit dieselbe wie bei der Arbeit mit dem Planimeter.

Die Genauigkeit der Resultate hängt in beiden Fällen wesentlich von der Genauigkeit ab, mit der die Kontur der Figur gezeichnet wurde. Alle folgenden Operationen ergeben geringere Fehler. Dabei kann man eine Figur meist genauer ausschneiden, als mit dem Planimeter umfahren. Auch eine Wägung läßt sich leicht auf vier bedeutsame Ziffern durchführen.

Übungen zu Kapitel 5

1. Man bestimme mit sechs Dezimalstellen nach der Simpsonschen Gleichung für acht Stützpunkte die Werte der unten angegebenen Integrale und gebe nach Gl. (5.13) eine Abschätzung für den dabei begangenen Fehler an.

a) Das Integral

$$I = \int_0^x e^{-x^2}\, dx \quad \text{für} \quad x = 0{,}8.$$

Antwort: $J_8 = 0{,}657671$; $J_4 = 0{,}657696$; $\epsilon_8 = 0{,}000002$.

b) Das elliptische Integral zweiter Art $E(\varphi; k)$ für $\varphi = 60°$, $k^2 = 0{,}5$:

$$I = E(\varphi; k) = \int_0^{\varphi} \sqrt{1 - k^2 \sin^2 \varphi}\, d\varphi.$$

c) Das Integral

$$I = \int_{0,1}^{0,7} \frac{dx}{\ln x}.$$

2. Man berechne nach der Simpsonschen Gleichung und nach der Trapezgleichung mit einer Genauigkeit bis zu 0,00005 die Integrale [232, S. 183–184]:

a) $\int\limits_{0,600}^{1,724} \sqrt{x + x^2}\, dx;$ b) $\int\limits_{2,000}^{3,478} x \sqrt{\log_{10}}\, dx;$

c) $\int\limits_{0}^{1,234} \frac{\sin^2 x}{\sqrt{1 + x^2}}\, dx;$ d) $\int\limits_{0}^{1,047} \frac{e^{\frac{x}{2}}}{\sqrt{1 + x}}\, dx.$

Antwort: a) 1,898; b) 2,685; c) 0,349; d) 1,114.

3. Man bestimme die Integrale

$$\int\limits_0^{0,3} f(x)\, dx \quad \text{und} \quad \int\limits_0^{0,6} f(x)\, dx$$

nach der Simpsonschen Gleichung auf graphischem Wege und mit Hilfe eines Planimeters (oder durch Wägung), wenn f(x) durch die folgenden Tabellen gegeben ist:

a)

x	0,000	0,075	0,150	0,225	0,300	0,375	0,450	0,525	0,600
f(x)	0,2764	0,2041	0,1371	0,0749	0,0172	- 0,0363	- 0,0860	- 0,1320	- 0,1748

b)

x	0,000	0,075	0,150	0,225	0,300	0,375	0,450	0,525	0,600
f(x)	0,578	0,563	0,419	0,264	0,207	0,221	0,286	0,350	0,372

Antwort: a) Die tabellierte Funktion ist $f(x) = e^{-x} - 0,7236$.

4. Nach der Substitution $x = \frac{1}{t}$ berechne man nach der Simpsonschen Gleichung für n = 4 das Integral

$$I = \int\limits_1^{\infty} \frac{x^2}{1 + x^4}\, dx$$

und schätze den Fehler des Ergebnisses ab.

Kapitel 6. Die Integration gewöhnlicher Differentialgleichungen

In allen Fällen, in denen sich wissenschaftliche oder technische Probleme mathematisch formulieren lassen, führt die Aufgabe meist zu einer oder mehreren Differentialgleichungen. Dies gilt insbesondere stets für eine breite Klasse von Problemen, die mit Kräften und Bewegungen im Zusammenhang stehen.

Wenn wir die Bahn eines künstlichen Satelliten oder die Bahn eines Elektrons in einem Synchrophasotron zu bestimmen haben, wenn wir die Bewegung eines Flugzeuges untersuchen, stoßen wir immer auf die Integration von Differentialgleichungen. In der Elektronik, der Radiotechnik, der Elektrotechnik, der Hydro- und Aerodynamik, in der Wärmetechnik, der Physik, der Chemie, in der Biologie und in vielen anderen Bereichen der Wissenschaft und Technik führt die Mehrzahl der Probleme stets auf Differentialgleichungen. Aber ungeachtet der großen Anstrenungen, die während mehr als zwei Jahrhunderten von vielen Mathematikern der Welt unternommen worden sind, ist die Anzahl der Differentialgleichungstypen, die man in geschlossener Form oder durch Quadraturen lösen kann, immer noch sehr begrenzt. In unserer Zeit existieren daher noch unzählige Probleme, die man zwar exakt in Form von Differentialgleichungen formulieren kann, deren Lösungen aber noch immer unbekannt sind.

Dies hat schließlich dazu geführt, daß man neben analytischen Methoden und Näherungsmethoden zur Lösung von Differentialgleichungen auch immer mehr numerische Methoden verwendet, deren Rolle mit der Entwicklung von elektronischen Rechenanlagen bedeutend gewachsen ist.

In diesem Kapitel betrachten wir unter den zahlreichen vorhandenen numerischen Methoden zur Integration gewöhnlicher Differentialgleichungen nur die sehr häufig verwendete Methode von *Adams-Krylow.* Hierauf wenden wir uns der Verwendung von Potenzreihen zur Lösung nichtlinearer Differentialgleichungen zu, da diese für die Praxis ungemein wichtige Frage in der Literatur noch ungenügend behandelt ist.

37. Die Fragestellung

Die Darlegung der numerischen Methoden zur Lösung von gewöhnlichen Differentialgleichungen beginnen wir mit der Gleichung erster Ordnung. In Abschnitt 40 werden wir dann die erhaltenen Ergebnisse verallgemeinern.

Gegeben sei die bezüglich der Ableitung aufgelöste Gleichung erster Ordnung

$$y' = f(x, y) \tag{6.1}$$

mit den Anfangsbedingungen (Cauchysches Problem)

$$y(x_0) = y_0 . \tag{6.2}$$

Gesucht ist eine Tabelle für die Werte der Lösung der Gl. (6.1) im Intervall $[x_0; x_m]$ und für äquidistante Argumentwerte [1])

$$x_n = x_0 + nh, \quad n = 0, 1, 2, 3, \dots, m, \tag{6.3}$$

wobei h die Schrittweite der Tabelle bedeutet. Wir stellen noch die zusätzliche Bedingung, daß die Tabellenwerte y stets p gültige Dezimalstellen haben, d. h. der Fehler der tabellierten Funktionswerte $y = y(x)$ soll nicht größer als $0{,}5 \cdot 10^{-p}$ sein.

Bezüglich der Funktion $f(x, y)$ setzen wir voraus, daß sie stetig ist und allen Bedingungen genügt, die die Existenz einer eindeutigen Lösung des Cauchyschen Problems sicherstellen [72; 150; 299; 392; 421; 437].

Wir verwenden die Bezeichnung

$$y_n = y(x_n) \tag{6.4}$$

für die Näherungswerte der gesuchten Funktion $y(x)$, die mit der gegebenen Genauigkeit berechnet sind.

Nehmen wir nun an, daß uns bereits n Werte der Funktion $y = y(x)$, d. h. y_1, $y_2, \dots, y_n$, bekannt sind.

Die Aufgabe der numerischen Integration der Gl. (6.1) besteht dann in der Berechnung eines Wertes y_{n+1} aus den schon bekannten Werten

$$y_n, y_{n-1}, \dots, y_{n-k}, \quad k \leqslant n$$

und den Ableitungen

$$y'_n = f(x_n; y_n), \; y'_{n-1} = f(x_{n-1}; y_{n-1}), \dots, y'_{n-k} = f(x_{n-k}; y_{n-k}),$$

die man gemäß Gl. (6.1.) leicht aus den bekannten

$$y_n, y_{n-1}, \dots, y_{n-k} \text{ und } x_n, x_{n-1}, \dots, x_{n-k}; \; k \leqslant n$$

berechnet.

Die Aufgabe der numerischen Integration der Gl. (6.1) mit der Anfangsbedingung Gl. (6.2) führt somit auf die Aufstellung einer Rekursionsbeziehung, die es ermöglicht, y_{n+1} durch $y_n, y_{n-1}, \dots, y_{n-k}, y'_n, y'_{n-1}, \dots, y'_{n-k}$ und die Schrittweite h auszudrücken.

Die am häufigsten verwendete Methode unter den zahlreichen Methoden zur numerischen Integration von gewöhnlichen Differentialgleichungen ist die Methode von *Adams-Krylow*, die von *J. Adams* [553] bei der Untersuchung der Theorie kapillarer Erscheinungen gefunden und hierauf von *A. N. Krylow* [198] ausgearbeitet worden ist. Diese Methode wird meist wegen ihrer Einfachheit und der Zuverlässigkeit ihrer Resultate verwendet.

---

[1]) Aufgrund einer derartigen Tabelle kann man mit Hilfe der Interpolation auch die y-Werte für beliebiges x aus $[x_0; x_m]$ finden.

38. Die Methode von Adams-Krylow

Mit $x_{n+1} = x_n + h$ schreiben wir unter Verwendung der ersten Glieder der Taylor-Reihe für $y_{n+1} = y(x_{n+1})$:

$$y(x_{n+1}) = y(x_n + h) = y(x_n) + \frac{h}{1!}y'(x_n) + \frac{h^2}{2!}y''(x_n) + \frac{h^3}{3!}y'''(x_n) + \dots .$$

Mit den Bezeichnungen Gl. (6.4) haben wir dann:

$$y_{n+1} = y_n + h\left(y_n' + \frac{h}{2!}y_n'' + \frac{h^2}{3!}y_n''' + \frac{h^3}{4!}y_n^{IV} + \frac{h^4}{5!}y_n^{V} + \dots\right). \tag{6.5}$$

Die Größen y_n und $y_n' = f(x_n; y_n)$ betrachten wir als bekannt. Wir müssen also noch die höheren Ableitungen durch die Differenzen der ersten Ableitung ausdrücken. Dazu bedienen wir uns der Gln. (5.2) und (5.3) aus Abschnitt 31, setzen

$$x_0 = x_n, \quad u = 0, \quad \Delta x = h$$

und erhalten damit

$$y_n'' = [y'(x_n)]' = \frac{1}{h}\left(\Delta y_n' - \frac{1}{2}\Delta^2 y_n' + \frac{1}{3}\Delta^3 y_n' - \frac{1}{4}\Delta^4 y_n' + \dots\right),$$

$$y_n''' = [y'(x_n)]'' = \frac{1}{h^2}\left(\Delta^2 y_n' - \Delta^3 y_n' + \frac{11}{12}\Delta^4 y_n' - \dots\right),$$

$$y_n^{IV} = [y'(x_n)]''' = \frac{1}{h^3}\left(\Delta^3 y_n' - \frac{3}{2}\Delta^4 y_n' + \dots\right),$$

$$y_n^{V} = [y'(x_n)]^{IV} = \frac{1}{h^4}(\Delta^4 y_n' - \dots).$$

Multipliziert man der Reihe nach diese Gleichungen mit $\frac{h}{2!}, \frac{h^2}{3!}, \frac{h^3}{4!}, \frac{h^4}{5!}$ und setzt die Resultate in Gl. (6.5) ein, so findet man die Rekursionsformel:

$$y_{n+1} = y_n + h\left(y_n' + \frac{1}{2}\Delta y_n' - \frac{1}{12}\Delta^2 y_n' + \frac{1}{24}\Delta^3 y_n' - \frac{19}{720}\Delta^4 y_n' + \dots\right). \tag{6.6}$$

Die Gl. (6.6) löst noch nicht unmittelbar die gestellte Aufgabe, da man zur Berechnung der Differenzen noch die Größen $\Delta y_n', \Delta^2 y_n', \Delta^3 y_n', \dots$ benötigt, wie aus Tabelle 76 ersichtlich ist.

Wir verwenden die Definition der Differenzen einer beliebigen Funktion $\Phi_n = \Phi(x_n)$:

$$\Delta\Phi_{n-1} = \Phi_n - \Phi_{n-1} \quad \text{und daraus} \quad \Phi_n = \Phi_{n-1} + \Delta\Phi_{n-1}.$$

Nun setzen wir der Reihe nach

$$\Phi_n = \Delta y_n' \quad (\text{damit wird } \Delta\Phi_n = \Delta^2 y_n'); \quad \Phi_n = \Delta^2 y_n'; \quad \Phi_n = \Delta^3 y_n'; \dots$$

Tabelle 76

n	x	y	$y' = f(x, y)$	$\Delta y'$	$\Delta^2 y'$	$\Delta^3 y'$	$\Delta^4 y'$
0	x_0	y_0	$y'_0 = f(x_0, y_0)$				
				$\Delta y'_0$			
1	x_1	y_1	$y'_1 = f(x_1, y_1)$		$\Delta^2 y'_0$		
				$\Delta y'_1$		$\Delta^3 y'_0$	
2	x_2	y_2	$y'_2 = f(x_2, y_2)$		$\Delta^2 y'_1$		$\Delta^4 y'_0$
				$\Delta y'_2$		$\Delta^3 y'_1$	
3	x_3	y_3	$y'_3 = f(x_3, y_3)$		$\Delta^2 y'_2$		$\Delta^4 y'_1$
				$\Delta y'_3$		$\Delta^3 y_2$	
4	x_4	y_4	$y'_4 = f(x_4, y_4)$		$\Delta^2 y'_3$		
				$\Delta y'_4$			
5	x_5	y_5	$y'_5 = f(x_5, y_5)$				

und erhalten

$$\Delta y'_n = \Delta y'_{n-1} + \Delta^2 y'_{n-1}; \qquad \Delta^2 y'_n = \Delta^2 y'_{n-1} + \Delta^3 y'_{n-1};$$
$$\Delta^3 y'_n = \Delta^3 y'_{n-1} + \Delta^4 y'_{n-1}; \qquad \Delta^4 y'_n = \Delta^4 y'_{n-1} + \Delta^5 y'_{n-1}; \ldots .$$

Durch Einsetzen dieser Werte in die Gl. (6.6) und Zusammenfassen gleichartiger Glieder findet man

$$y_{n+1} = y_n + h\left(y'_n + \frac{1}{2}\Delta y'_{n-1} + \frac{5}{12}\Delta^2 y'_{n-1} - \frac{1}{24}\Delta^3 y'_{n-1} + \frac{11}{720}\Delta^4 y'_{n-1} + \ldots\right). \quad (6.7)$$

Wir vertauschen nochmals

$$\Delta^2 y'_{n-1} = \Delta^2 y'_{n-2} + \Delta^3 y'_{n-2}; \quad \Delta^3 y'_{n-1} = \Delta^3 y'_{n-2} + \Delta^4 y'_{n-2}; \ldots$$

Durch Wiederholung der ersten Umformung erhalten wir

$$y_{n+1} = y_n + h\left(y'_n + \frac{1}{2}\Delta y'_{n-1} + \frac{5}{12}\Delta^2 y'_{n-2} + \frac{9}{24}\Delta^3 y'_{n-2} - \frac{19}{720}\Delta^4 y'_{n-2} + \ldots\right), \quad (6.8)$$

und (mit $\Delta^4 y'_{n-3} = \Delta^4 y'_{n-4} + \Delta^5 y'_{n-4}$) gewinnen wir vollkommen analog

$$y_{n+1} = y_n + h\left(y'_n + \frac{1}{2}\Delta y'_{n-1} + \frac{5}{12}\Delta^2 y'_{n-2} + \frac{9}{24}\Delta^3 y'_{n-3} + \frac{251}{720}\Delta^4 y'_{n-4} + \ldots\right) \quad (6.9)$$

oder in verkürzter Schreibweise

$$y_{n+1} = y_n + h\sum_{k=0}^{n} c_k \Delta^k y'_{n-k}, \quad (6.9')$$

wobei (mit sechs Dezimalstellen)

$$c_0 = 1; \quad c_1 = \frac{1}{2}; \quad c_2 = \frac{5}{12} = 0{,}416667;$$

$$c_3 = \frac{9}{24} = 0{,}375000; \quad c_4 = \frac{251}{720} = 0{,}348611; \ldots$$

Die Gl. (6.9) ist die Rekursionsformel von *Adams*, die bei bekannten Werten y_n und y'_n mit Hilfe der schief nach unten verlaufenden Zeile der Differenzen der ersten Ableitung y' die Berechnung des nächsten Wertes der gesuchten Funktion

$y_{n+1} = y(x_{n+1})$ erlaubt.

Der gefundene Wert y_{n+1} erlaubt nun die Berechnung von $y'_{n+1} = f(x_{n+1}, y_{n+1})$. Damit gewinnt man eine neue schräg nach unten verlaufende Zeile von Differenzen, die zur Bestimmung von y_{n+2} dient.

Auf diese Weise läßt sich der Prozeß beliebig weit fortsetzen, wodurch die in Abschnitt 37 gestellte Aufgabe gelöst ist.

Beispiel: Wir berechnen mit vier Dezimalstellen im Intervall [0; 1,5] eine Tabelle der Lösung von

$$y' = y$$

mit der Anfangsbedingung $y(0) = 1$ und der Schrittweite $h = 0{,}1$.

Lösung: Wir führen die Rechnung nach Gl. (6.9) mit einer zusätzlichen Stelle durch. Wegen $h = 0{,}1$ genügt es, wenn wir die bereits berechneten Koeffizienten c_k mit vier Dezimalstellen nehmen, wie dies in Tabelle 77 geschehen ist.

Tabelle 77

		$c_k =$	1,0000	0,5000	0,4167	0,3750	0,3486	h = 0,1	
n	x	y	y' = y	$\Delta y'$	$\Delta^2 y'$	$\Delta^3 y'$	$\Delta^4 y'$	$h\Sigma c_k \Delta^k y'$	e^x
0	0,0	1,00000	1,0000					–	1,00000
				0,1052					
1	0,1	1,10517	1,1052		0,0110			–	1,10517
				1162		0,0013			
2	0,2	1,22140	1,2214		123		– 0,0002	–	1,22140
				1285		11			
3	0,3	1,34985	1,3499		134		+ 5	–	1,34986
				1419		16			
4	0,4	[1,49183]	1,4918		150		– 1	[0,15687]	1,49182
				1569		15			
5	0,5	1,64870	1,6487		165		+ 2	0,17342	1,64872
				1734		17			
6	0,6	1,82212	1,8221		182		+ 3	0,19162	1,82212
				1916		20			
7	0,7	2,01374	2,0137		202		+ 1	0,21178	2,01375
				2118		21			
8	0,8	2,22552	2,2255		223		+ 2	0,23407	2,22554
				2341		23			
9	0,9	2,45959	2,4596		246		+ 3	0,25868	2,45960
				2587		26			
10	1,0	2,71827	2,7183		272		+ 2	0,28588	2,71828
				2859		28			
11	1,1	3,00415	3,0042		300		+ 5	0,31596	3,00417
				3159		33			
12	1,2	3,32011	3,3201		333		+ 1	0,34917	3,32012
				3492		34			
13	1,3	3,66928	3,6693		367			0,38592	3,66930
				3859					
14	1,4	4,05520	4,0552					0,42648	4,05520
15	1,5	4,48168							4,48169

Wir nehmen nun an, daß der Teil von Tabelle 77 bis n = 4, der stufenförmig abgesetzt ist, bereits berechnet ist, und erklären die Berechnung von y_5. Dazu müssen wir gemäß Gl. (6.9) y'_4 und die Differenzen $\Delta y_3, \Delta^2 y'_2, \Delta^3 y'_1, \Delta^4 y'_0$ mit den entsprechenden Koeffizienten c_k multiplizieren. Als Ergebnis finden wir

$$1{,}0000 \cdot 1{,}4918 + 0{,}5000 \cdot 0{,}1419 + 0{,}4167 \cdot 0{,}0134 + 0{,}3750 \cdot 0{,}0011 - 0{,}3486 \cdot 0{,}0002 = 1{,}5687.$$

Dieses Ergebnis, das man ohne Anschreiben von Zwischenergebnissen gewinnen kann, multiplizieren wir nun mit h = 0,1 und addieren es zu y_4. Wir erhalten [1])

$$y_5 = y_4 + h\Sigma c_k \Delta^k y'_{n-k} = 1{,}49183 + 0{,}15687 = 1{,}64870.$$

Die Werte von y_4 und $h\Sigma c_k \Delta^k y'_{n-k}$ sind in Tabelle 77 umrandet.

Aus dem gefundenen y_5 und x_5 bestimmen wir $y'_5 = f(x_5, y_5)$. In unserem Beispiel gilt

$$f(x, y) = y(x)$$

$y'(x)$ ergibt sich also einfach durch Rundung der letzten Dezimalstelle im gefundenen Wert der Funktion $y(x)$.

Aus y'_5 finden wir nun der Reihe nach:

$$\Delta y'_4 = 1{,}6487 - 1{,}4918 = 0{,}1569;$$
$$\Delta^2 y'_3 = 0{,}0150; \quad \Delta^3 y'_2 = 0{,}0016; \quad \Delta^4 y'_1 = 0{,}0005.$$

Dabei behalten wir jede vorangehende Differenz (zum Beispiel $\Delta y'_4 = 0{,}1569$) im Resultatzähler zur Berechnung der folgenden Differenz (zum Beispiel $\Delta^2 y'_3 = 0{,}1569 - 0{,}1419 = 0{,}0150$).

Bei Fortsetzung dieses Verfahrens findet man der Reihe nach $y_6, y_7, \ldots, y_{15}$.

Den Summenwert $h\Sigma c_k \Delta^k y'_{n-k}$ braucht man eigentlich auch nicht anzuschreiben. Man kann ihn im Resultatzähler lassen und unmittelbar dazu den entsprechenden Wert y_n zu addieren. Wir haben den Wert jedoch in Tabelle 77 aufgenommen, um dem Leser beim Nachvollziehen des betrachteten Beispiels eine Kontrolle zu bieten.

In der letzten Spalte von Tabelle 77 sind zur Probe die Werte der Funktion $y = e^x$ angegeben, die die Lösung der Gleichung $y' = y$ darstellt.

Wie man sieht, ist der Fehler nirgends größer als zwei Einheiten der letzten Stelle.

Übung 1: Man setze die Rechnung in Tabelle 77 bis einschließlich x = 2,0 fort.

Antwort: $y_{20} = y(2{,}0) = 7{,}38904$. Der exakte Wert ist $e^2 = 7{,}38906$.

Wir betrachten nun den Anfang des Verfahrens, d. h. wir wollen sehen, wie man neben y_0 die notwendige Anzahl von Ausgangswerten $y_1, y_2, y_3, \ldots$ erhält.

---

[1]) Wir weisen darauf hin, daß alle Summanden dieselbe Anzahl von Dezimalstellen haben sollen. Zur Erleichterung der Rechnung markiert man die einzelnen Faktorenpaare c_k und $\Delta^k y'_{n-k}$ in Tabelle 77 mit einer beliebigen Marke, zum Beispiel einer kleinen Münze, und verschiebt diese nach Beendigung der Operation zum nächsten Paar.

Gewöhnlich berechnet man dazu mit Hilfe der Gl. (6.1) und der Bedingung (6.2) die Werte der höheren Ableitungen y'', y''', ... im Punkt $x = x_0$. Hierauf berechnet man in der Umgebung von $x = x_0$ mit Hilfe der Taylorschen Reihe die benötigte Anzahl von Werten y_n.

A. N. Krylow [198] gelang es jedoch, zur Lösung dieser Aufgabe eine Methode der schrittweisen Näherung heranzuziehen, die heute häufig verwendet wird.

Zur Herleitung der benötigten Gleichungen setzen wir in den Gln. (6.6) bis (6.9) $n = 0, 1, 2, 3$ und erhalten

$$y_1 = y_0 + h\left(y'_0 + \frac{1}{2}\Delta y'_0 - \frac{1}{12}\Delta^2 y'_0 + \frac{1}{24}\Delta^3 y'_0 - \frac{19}{720}\Delta^4 y'_0 + \ldots\right), \tag{6.10}$$

$$y_2 = y_1 + h\left(y'_1 + \frac{1}{2}\Delta y'_0 + \frac{5}{12}\Delta^2 y'_0 - \frac{1}{24}\Delta^3 y'_0 + \frac{11}{720}\Delta^4 y'_0 - \ldots\right), \tag{6.11}$$

$$y_3 = y_2 + h\left(y'_2 + \frac{1}{2}\Delta y'_1 + \frac{5}{12}\Delta^2 y'_0 + \frac{9}{24}\Delta^3 y'_0 - \frac{19}{720}\Delta^4 y'_0 + \ldots\right), \tag{6.12}$$

$$y_4 = y_3 + h\left(y'_3 + \frac{1}{2}\Delta y'_2 + \frac{5}{12}\Delta^2 y'_1 + \frac{9}{24}\Delta^3 y'_0 + \frac{251}{720}\Delta^4 y'_0 - \ldots\right). \tag{6.13}$$

Zu Beginn der Lösung der Aufgabe ist nur x_0, y_0 und $y'_0 = f(x_0, y_0)$ bekannt. Aus der Gl. (6.10) können wir daher bei Beschränkung auf die ersten zwei Glieder nur eine erste Näherung $y_1^{(1)}$ berechnen. Aus dieser finden wir aber $y'_1 = f(x_1, y_1)$ und $\Delta y'_0 = y'_1 - y'_0$. Damit ist der erste Rechenschritt beendet.

Die Ergebnisse der ersten Näherung liefern nun die Möglichkeit zur Verwendung der zwei Gln. (6.10) und (6.11) mit jeweils drei Gliedern. Damit gewinnt man eine zweite Näherung $y_1^{(2)}$ und $y_2^{(2)}$ und hierauf y'_2, y'_1 und die Differenzen $\Delta y'_1$, $\Delta y'_0$, $\Delta^2 y'_0$.

Im dritten Schritt verwendet man schon vier Glieder der Gln. (6.10), (6.11) und (6.12) und berechnet damit eine dritte genauere Näherungslösung $y_1^{(3)}$, $y_2^{(3)}$, $y_3^{(3)}$.

Dieses Verfahren setzt man solange fort, bis man die benötigte Anzahl von Werten $y_1, y_2, y_3, y_4, \ldots$ besitzt, die bei zwei aufeinander folgenden Näherungen mit der gegebenen Genauigkeit übereinstimmen.

In den meisten Fällen beschränkt man sich am Beginn des Verfahrens auf Differenzen nicht höher als dritter Ordnung. Auf Grund der Wahl einer hinreichend kleinen Schrittweite h gewährleistet dies jeden beliebig hohen Genauigkeitsgrad. Im Laufe der weiteren Rechnung kann man hierauf, wo dies notwendig wird, auch Differenzen höherer Ordnung einführen.

Wir kehren nun zu unserem Beispiel zurück und illustrieren, wie man die am Beginn des Verfahrens benötigten Werte y_1, y_2, y_3, y_4 erhält. Die Ergebnisse sind in Tabelle 78 festgehalten, an deren Kopf alle für die Rechnung mit den Gln. (6.10) bis (6.12) benötigten Koeffizienten c_k angegeben sind.

Wir lassen nun einige Bemerkungen bezüglich des Rechenganges in Tabelle 78 folgen.

Erster Schritt: Aus den Anfangsbedingungen wissen wir, daß

$$y_0 = 1, \quad y'_0 = y_0 = 1.$$

Tabelle 78

		$c_k =$ {	1,0000	0,5000	−0,0833 +0,4167	±0,0417 +0,3750	h = 0,1	
n	x	y	y′	Δy′	Δ²y′	Δ³y′	$h\Sigma c_k \Delta^k y'$	Schritt
0	0,0	1,00000	1,0000				0,10000	I
				0,1000				
1	0,1	1,10000	1,1000				–	
0	0,0	1,00000	1,0000				0,10500	II
				0,1050				
1	0,1	**0,10500**	**1,1050**		108		0,11575	
				0,1158				
2	0,2	1,22075	1,2208					
0	0,0	1,00000	1,0000				0,10516	III
				0,1052				
1	0,1	1,10516	1,1052		110		0,11623	
				0,1162		12		
2	0,2	1,22139	1,2214		122		0,12841	
				0,1284				
3	0,3	1,34980	1,3498				–	
0	0,0	1,00000	1,0000				0,10517	IV
				0,1052				
1	0,1	1,10517	1,1052		110		0,11623	
				0,1162		13		
2	0,2	1,22140	1,2214		123		0,12845	
				0,1285		11		
3	0,3	1,34985	1,3499		134		0,14198	
				0,1419				
4	0,4	1,49183	1,4918					

In erster Näherung haben wir daher nach Gl. (6.10)

$$y_1^{(1)} = y_0 + hy_0' = 1{,}00000 + 0{,}1 \cdot 1{,}00000 = 1{,}10000;$$
$$y_1' = y_1^{(1)} = 1{,}10000; \quad \Delta y_0 = y_1^{(1)} - y_0 = 0{,}10000.$$

Zweiter Schritt: Als zweite Näherung finden wir wieder nach Gl. (6.10)

$$y_1^{(2)} = y_0 + h\left(y_0' + \tfrac{1}{2}\,\Delta y_0'\right)$$
$$= 1{,}00000 + 0{,}1 \cdot \left(1{,}0000 + \tfrac{1}{2} \cdot 0{,}1000\right) = 1{,}10500$$

und damit

$$y_1' = y_1^{(2)} = 1{,}1050; \quad \Delta y_0' = 0{,}1050.$$

Will man die Konvergenz des Verfahrens beschleunigen, so darf man bei der Berechnung von $y_2^{(2)}$ nach Gl. (6.11) nur die schon gefundenen Werte $y_1^{(2)}$ und y_1' (in Tabelle 78 in halbfetter Schrift) verwenden und nicht die in der ersten Näherung gefundenen Werte.

Wir erhalten dadurch:

$$y_2^{(2)} = y_1^{(2)} + h\,(y_1' + \tfrac{1}{2}\,\Delta y_0')$$
$$= 1{,}10500 + 0{,}1\,(1{,}1050 + \tfrac{1}{2}\,0{,}1050) = 1{,}22075$$

und daraus

$$y_2' = 1{,}2208; \quad \Delta y_1' = y_2' - y_1' = 0{,}1158; \quad \Delta^2 y_0' = \Delta y_1' - \Delta y_0' = 0{,}0108.$$

Wenn wir bei der Berechnung von $y_2^{(2)}$ nur die ersten Näherungen $y_1' = y_1^{(1)} = 1{,}1000$ und $\Delta y_0' = 0{,}1000$ verwenden, so erhalten wir $y_2^{(2)} = 1{,}22000$.

Dritter Schritt: Die dritte Näherung $y_1^{(3)}$ berechnen wir nach Gl. (6.10) nur aus den Angaben der zweiten Näherung (da wir noch keine weiteren Angaben haben):

$$y_1^{(3)} = y_0 + h\,(y_0' + \tfrac{1}{2}\,\Delta y_0' - \tfrac{1}{12}\,\Delta^2 y_0')$$
$$= 1{,}00000 + 0{,}1\,(1{,}0000 + \tfrac{1}{2}\,0{,}1050 - \tfrac{1}{12}\,0{,}0108).$$

Daraus folgt

$$y_1^{(3)} = 1{,}10516; \quad y_1' = 1{,}1052; \quad \Delta y_0' = 0{,}1052.$$

Jetzt können wir in Gl. (6.11) schon $y_1^{(3)}$, y_1' und $\Delta y_0'$ verwenden. $\Delta^2 y_0'$ bleibt dasselbe wie im zweiten Schritt. Es ergibt sich damit:

$$y_2^{(3)} = y_1^{(3)} + h\,(y_1' + \tfrac{1}{2}\,\Delta y_0' + \tfrac{5}{12}\,\Delta^2 y_0')$$
$$= 1{,}10516 + 0{,}1\,(1{,}1052 + \tfrac{1}{2}\,0{,}1052 + \tfrac{5}{12}\,0{,}0108)$$

und somit als dritte Näherung

$$y_2^{(3)} = 1{,}22139; \quad y_2' = 1{,}2214; \quad \Delta y_1' = 0{,}1162; \quad \Delta^2 y_0' = 0{,}0110.$$

Nun verwenden wir in Gl. (6.12) alle im dritten Schritt gefundenen Angaben und erhalten

$$y_3^{(3)} = y_2^{(3)} + h\,(y_2' + \tfrac{1}{2}\,\Delta y_1' + \tfrac{5}{12}\,\Delta^2 y_0') = 1{,}34980.$$

Vierter Schritt: Er wird vollkommen analog durchgeführt.

Führt man nun einen fünften Schritt unter Verwendung aller Glieder der Gln. (6.10) bis (6.13) bis zu den vierten Differenzen durch, so erreicht man dasselbe Ergebnis wie in Tabelle 77.

Der Anfangsteil des Verfahrens ist damit beendet. Hätten wir nicht jedesmal die maximale Anzahl der eben erst gefundenen genaueren Angaben verwendet, so hätten wir in unserem Beispiel noch einen weiteren Schritt durchführen müssen. Die Anzahl der notwendigen aufeinander folgenden Näherungen kann man auch durch Verkleinerung der Schrittweite h erniedrigen. Auf dieses Problem kommen wir noch im folgenden Abschnitt zurück.

Übung 2: Man berechne das oben betrachtete Beispiel mit der Schrittweite h = 0,05 im Intervall [0; 0,5].

39. Über die Genauigkeit der Methode von Adams-Krylow

Die Methode von *Adams-Krylow* erlaubt bei jedem Resultat einen Rückschluß auf dessen Genauigkeit. So ist im Beispiel von Abschnitt 38 der maximale Betrag der $\Delta^4 y'_n$ enthaltenden Glieder von Gl. (6.9) gleich

$$0{,}1 \cdot 0{,}3486 \cdot 0{,}0005 \approx 0{,}000017.$$

Diese Größe beeinflußt das Ergebnis nicht mehr in der vierten Dezimalstelle[1]. Jedoch darf man die vierten Differenzen nicht vernachlässigen, da dies zwar kleine, dafür aber systematische Fehler bedingen würde, deren Anhäufung im Endergebnis beobachtbar wäre, da $\Sigma\Delta^4 y'_n = 0{,}0021$, womit $0{,}1 \cdot 0{,}3486 \cdot 0{,}0021 \approx 0{,}000073$.

Andererseits haben die fünften Differenzen $\Delta^5 y'_n$, wie eine Rechnung zeigt, veränderliches Vorzeichen. Ihre Summe ist in dem betrachteten Intervall [0; 1,5] gleich 0,0003. Bei der in Abschnitt 38 vorgegebenen Genauigkeit sind also die fünften Differenzen praktisch gleich Null und man darf sie daher vernachlässigen, wie dies in Tabelle 77 geschehen ist.

Bei gegebener Schrittweite h ist daher die Rechnung bis zu den Differenzen so hoher Ordnung fortzusetzen, daß in dem betrachteten Intervall durch deren Summe das Resultat nicht mehr beeinflußt wird.

Die dazu benötigte genauere Gleichung erhält man sehr leicht ausgehend von der Interpolationsgleichung (2.38) in Abschnitt 11, deren Integration einen allgemeinen Ausdruck für die Adamsschen Koeffizienten liefert:

$$c_{k+1} = \int_0^1 \frac{v(v+1)(v+2)\dots(v+k)}{(k+1)!}\,dv. \tag{6.14}$$

Die Gl. (6.9) findet dadurch die folgende genauere Gestalt:

$$\begin{aligned} y_{n+1} = y_n + h\Big(& y'_n + \frac{1}{2}\Delta y'_{n-1} + \frac{5}{12}\Delta^2 y'_{n-2} + \frac{9}{24}\Delta^3 y'_{n-3} \\ & + \frac{251}{720}\Delta^4 y'_{n-4} + \frac{475}{1440}\Delta^5 y'_{n-5} + \frac{19087}{60480}\Delta^6 y'_{n-6} \\ & + \frac{36799}{120960}\Delta^7 y'_{n-7} + \frac{1070017}{3628800}\Delta^8 y'_{n-8} + \dots\Big). \end{aligned} \tag{6.15}$$

Ausgehend von der Gl. (6.15) erhält man auch eine Verbesserung der Gl. (6.6), die man am Beginn des Verfahrens benötigt:

$$\begin{aligned} y_{n+1} = y_n + h\Big(& y'_n + \frac{1}{2}\Delta y'_n - \frac{1}{12}\Delta^2 y'_n + \frac{1}{24}\Delta^3 y'_n - \frac{19}{720}\Delta^4 y'_n \\ & + \frac{27}{1440}\Delta^5 y'_n - \frac{863}{60480}\Delta^6 y'_n + \frac{1375}{120960}\Delta^7 y'_n - \frac{33953}{3628800}\Delta^8 y'_n + \dots\Big). \end{aligned} \tag{6.16}$$

---

[1]) Der ungleichmäßige Verlauf der vierten Differenzen in Tabelle 77 rührt von den Rundungsfehlern her (siehe Abschnitt 10 in Kapitel 2).

Eine Verbesserung der Gln. (6.7) und (6.8) möge der Leser als Übung selbst ableiten.

Beispiel: Wir berechnen mit fünf Dezimalstellen im Intervall [1,0; 1,5] eine Tabelle der Lösung der Gleichung

$$y' = \frac{1}{2x - y^2} \tag{6.17}$$

bei den Anfangsbedingungen $y(1) = 0$ und der Schrittweite $h = 0{,}05$.

Lösung: Alle Rechnungen sind (mit einer zusätzlichen Stelle) in den Tabellen 79 und 80 durchgeführt. Sie verlaufen vollkommen analog zu den im Beispiel von Abschnitt 38 angestellten Rechnungen.

Die gegebene Differentialgleichung, mit deren Hilfe man $y'(x, y)$ berechnet, schreiben wir der Bequemlichkeit halber an den Kopf der Rechentabelle. Die vierten Differenzen sind erst am Ende von Tabelle 80 angegeben, da sie die Ergebnisse in Tabelle 79 nicht beeinflussen.

Der über dem schrägen Pfeil liegende Teil von Tabelle 80 wurde mit Hilfe der Gln. (6.10) bis (6.13) berechnet. Er bildet den letzten Schritt im Verfahren der schrittweisen Näherung, da seine Ergebnisse mit der gegebenen Genauigkeit mit den früher gefundenen Ergebnissen übereinstimmen. Alle weiteren Rechnungen sind in Tabelle 80 durch Pfeile angedeutet.

Die Spalten $2x - y^2$ und $h\Sigma c_k \Delta^k y'_{n-k}$ in den Tabellen 79 und 80 darf man auslassen. Ihre Ergebnisse verwendet man leicht unmittelbar im Laufe der Rechnung, ohne sie anzuschreiben.

Tabelle 79

$y' = \frac{1}{2x - y^2}$			$c_k = \{$	1,00000	0,50000	$-0{,}08333$ $+0{,}41667$	$\pm 0{,}04167$ $+0{,}37500$	$h = 0{,}05$
n	x	y	$2x - y^2$	y'	$\Delta y'$	$\Delta^2 y'$	$\Delta^3 y'$	$h\Sigma c_k \Delta^k y'$
0	1,00	0,000000	2,00000	0,50000				0,025000
					−2367			
1	1,05	0,025000	2,09938	0,47633				–
0	1,00	0,000000	2,00000	0,50000				0,024408
					−2367			
1	1,05	0,024408	2.09940	0,47633		+236		0,023225
					−2131			
2	1,10	0,047633	2,19773	0,45502				–
0	1,00	0,000000	2,00000	0,50000				0,024398
					−2367			
1	1,05	0,024398	2,09940	0,47633		+236		0,02374
					−2131		−36	
2	1,10	0,047672	2,19773	0,45502		+200		0,022267
					−1931			
3	1,15	0,069939	2,29511	0,43571				

Tabelle 80

$y' = (2x - y^2)^{-1}$;			$c_k = \{$	1,00000	0,50000	0,41667	0,3750	0,348	h = 0,05
n	x	y	$2x - y^2$	y'	$\Delta y'$	$\Delta^2 y'$	$\Delta^3 y'$	$\Delta^4 y'$	$h\Sigma c_k \Delta^k y'$
0	1,00	0,000000	2,00000	0,50000					0,024398
					− 2367				
1	1,05	0,024398	2,09940	0,47633		+ 236			0,023275
					− 2131		− 36		
2	1,10	0,047673	2,19773	0,45502		+ 200		+ 8	0,022261
					− 1931		− 28		
3	1,15	0,069934	2,29511	0,43571		+ 172		+ 4	0,021338
					− 1759		− 24		
4	1,20	**[0,091272]**	2,39167	0,41812		+ 148		+ 5	**[0,020498]**
					− 1611		− 19		
5	1,25	0,111770	2,48751	0,40201		+ 129		+ 3	0,019725
					− 1482		− 16		
6	1,30	0,131495	2,58271	0,38719		+ 113		+ 4	0,019013
					− 1369		− 12		
7	1,35	0,150508	2,67735	0,37350		+ 101		− 1	0,018354
					− 1268		− 13		
8	1,40	0,168862	2,77149	0,36082		+ 88			0,017743
					− 1180				
9	1,45	0,186605	2,86518	0,34902					0,017172
10	1,50	0,203777	$\sum_{n=4}^{n=9}$ =	2,29066	− 8669	+ 751	− 112	+ 23	0,112505

Übung: Man setze die Rechnung von Tabelle 80 bis x = 1,70 fort. Hierauf wiederhole man die gesamte Rechnung mit der genaueren Gl. (6.6) für den Anfangsteil.

Die Lösung der Gl. (6.17) läßt sich, wie man leicht einsieht, in der Form

$$2x = y^2 + y + \tfrac{1}{2} + Ce^{2y} \tag{6.18}$$

darstellen, wobei bei $x_0 = 1$, $y_0 = 0$, $C = 3/2$.

Wir vergleichen die Ergebnisse von Tabelle 80 mit den analytischen Ergebnissen. Der nach der numerischen Methode gefundene Wert

$$y_{10} = 0{,}203\,777$$

liefert bei Einsetzen in die Gl. (6.18)

$$2x = 0{,}041\,525 + 0{,}203\,777 + 0{,}50000 + 1{,}5 \cdot 1{,}503\,1368 = 3{,}000007.$$

Der exakte Wurzelwert von Gl. (6.18) bei x = 1,5 ist

$$y = 0{,}203\,7758\ldots .$$

Die Genauigkeitsbedingungen in diesem Beispiel sind daher erfüllt.

Wir bemerken, daß ungeachtet des Vorhandenseins einer analytischen Lösung der Gl. (6.17) die Aufstellung der Tabelle 80 nach dem numerischen Verfahren leichter ist als unter Verwendung von Gl. (6.18). Im zweiten Fall hat man jeden Tabellenwert y bei gegebenem x als Wurzel der Gl. (6.18) zu bestimmen.

Wir betrachten nun am Beispiel der Tabelle 80, wie man das Ergebnis einer Rechnung nach der Methode von *Adams-Krylow* überprüft.

Bei $n < 4$ wurde die Methode der schrittweisen Näherung verwendet, die Ergebnisse wurden zweimal berechnet und eine Kontrolle ist daher nicht notwendig. Von $n = 4$ an erfolgt die Rechnung nach Gl. (6.9). Zu ihrer Kontrolle bilden wir die Summen

$$\sum_{n=4}^{n=9} y'_n = 2{,}29066; \quad \sum_{n=4}^{9} \Delta y'_{n-1} = -0{,}08669; \ldots;$$

$$\sum_{n=4}^{9} \Delta^4 y'_{n-4} = 0{,}00023$$

für jede Spalte einzeln (in Tabelle 80 unter dem horizontalen Strich eingetragen). Hierauf berechnen wir nach Gl. (6.9) die Größe

$$h\left(\sum y'_n + \frac{1}{2}\sum \Delta y'_{n-1} + \frac{5}{12}\sum \Delta^2 y'_{n-2} + \frac{9}{24}\sum \Delta^3 y'_{n-3} + \frac{251}{720}\sum \Delta^4 y'_{n-4}\right)$$

$$= 0{,}112505,$$

die gleich der Summe der Werte der letzten Spalte von Tabelle 80 sein muß. Man kann die gefundene Größe unmittelbar zu y_4 addieren, man muß dadurch y_{10} erhalten:

$$0{,}091272 + 0{,}112505 = 0{,}203777.$$

Die Resultate können sich um 2 bis 3 Einheiten der letzten Stelle unterscheiden. Dieser Unterschied rührt von den unvermeidlichen Rundungsfehlern her. Wenn man eine Lösungstabelle in einem Intervall größeren Umfangs berechnet, muß man unbedingt nach der Bestimmung von 5 bis 7 y_n-Werten eine Kontrolle durchführen. Die Rechnung selbst ist mit zwei zusätzlichen Stellen auszuführen. Die Kontrolle deckt jedoch nur Rechenfehler und Irrtümer auf. Mängel der Methode selbst entdeckt man dabei nicht.

Für eine endgültige Kontrolle muß man die Rechentabelle um so viele Zeilen verlängern, wie die Ordnung der höchsten Differenz in der verwendeten Gl. (6.9) angibt und hierauf zuerst alle Rechnungen nach Gl. (6.6) wiederholen. Da in der Gl. (6.6) die Koeffizienten bei den Differenzen höherer Ordnung beträchtlich kleiner sind als die entsprechenden Differenzen in Gl. (6.9), sind die neuen Resultate genauer.

Alle Ziffern der neuen Ergebnisse, die mit den entsprechenden Ziffern der früher erhaltenen Resultate übereinstimmen, werden daher gültig sein.

Die verlangte Genauigkeit kann man entweder durch Verkleinerung der Schrittweite h oder durch Vergrößerung der Anzahl der Differenzen in den Rechenformeln gewährleisten. Die Schrittweite darf man im Laufe des Verfahrens erhöhen, wenn die höheren Differenzen (in der Praxis die Differenzen zweiter oder dritter Ordnung) klein sind. Man verkleinert die Schrittweite h nur dann, wenn man auch Differenzen höherer als fünfter bis sechster Ordnung heranziehen muß.

Wir erwähnen noch, daß man nach dem finnischen Mathematiker *Nyström* [608] an Stelle der Gl. (6.9) auch die einfachere Gleichung

$$y_{n+1} = y_{n-1} + h\left[2y'_n + \frac{1}{3}(\Delta^2 y'_{n-2} + \Delta^3 y'_{n-3} + \Delta^4 y'_{n-4} + \Delta^5 y'_{n-5} + \Delta^6 y'_{n-6}) - \frac{1}{90}(\Delta^4 y'_{n-4} + 2\Delta^5 y'_{n-5} + 3\Delta^6 y'_{n-6}) + \frac{1}{756}\Delta^6 y'_{n-6} + \ldots\right]. \quad (6.19)$$

verwenden kann. Diese Gleichung gewährleistet denselben Genauigkeitsgrad wie die Gl. (6.9).

40. Gleichungen höherer Ordnung

Die Methode von *Adams-Krylow* erweitert man leicht auf den Fall eines Systems von mehreren simultanen Differentialgleichungen erster Ordnung. Gegeben sei zum Beispiel das System

$$\left.\frac{dy}{dx} = \varphi(x, y, z); \qquad \frac{dz}{dx} = f(x, y, z),\right\} \quad (6.20)$$

mit den Anfangsbedingungen

$$y(x_0) = y_0; \quad z(x_0) = z_0. \quad (6.21)$$

Zur Lösung dieses Systems benötigt man nicht ein, sondern zwei Tabellenpaare, analog zu den in Abschnitt 38 betrachteten, wobei das erste Paar (für den Prozeßanfang und dessen Fortsetzung) die Werte

$$x, y, \frac{dy}{dx} = \varphi, \Delta\varphi, \Delta^2\varphi, \Delta^3\varphi, \Delta^4\varphi, \ldots$$

und das zweite Paar die Werte

$$x, y, \frac{dz}{dx} = f, \Delta f, \Delta^2 f, \Delta^3 f, \Delta^4 f, \ldots$$

enthalten soll.

Die Rechengleichungen für beide Tabellenpaare gewinnt man auf dieselbe Weise wie in Abschnitt 38 oder Abschnitt 39. Die Schrittweite h soll für beide Tabellenpaare dieselbe sein.

Vollkommen analog geht man auch im Falle von drei oder mehr Gleichungen vor.

Wir wenden nun die erhaltenen Resultate zur Integration von Gleichungen höherer Ordnung an. Bekanntlich kann man jede Differentialgleichung beliebig hoher Ordnung und jedes Systems solcher Gleichungen, falls sie nach der höchsten darin enthaltenen Ableitung auflösbar sind, in ein System von Gleichungen erster Ordnung der Form:

$$\frac{dx_k}{dt} = f_k(x_1, x_2, \dots, x_n, t); \quad k = 1, 2, 3, \dots, n$$

überführen.

So geht zum Beispiel die Gleichung zweiter Ordnung

$$y'' = f(x, y, y'); \quad y(x_0) = y_0; \quad y'(x_0) = y_0' \tag{6.22}$$

durch die Substitutionen

$$y' = z; \quad y'' = z'$$

in ein System über, das einen Spezialfall des Systems (6.20) darstellt, nämlich in

$$\frac{dy}{dx} = z; \quad \frac{dz}{dx} = f(x, y, z),$$

mit den Anfangsbedingungen

$$y(x_0) = y_0; \quad z(x_0) = y_0'.$$

Gleichungen höherer Ordnung löst man vollkommen analog.

Beispiel: Wir berechnen mit vier Dezimalstellen im Intervall [0; 1] eine Tabelle der Lösung von

$$y'' = -y$$

mit den Anfangsbedingungen

$$y(0) = 0; \quad y'(0) = 1.$$

Lösung: Mit Hilfe der Substitutionen

$$y' = z; \quad y'' = z'$$

gelangen wir zu dem System

$$\left.\begin{array}{ll} y' = z; & y_0 = 0; \\ z' = -y; & z_0 = 1. \end{array}\right\}$$

Wir setzen $h = 0{,}1$ und überprüfen, ob bei dieser Schrittweite und bei der gegebenen Genauigkeit nicht zu viele Differenzen höherer Ordnungen notwendig werden. Die Resultate findet man in Tabelle 81, die mit Hilfe der Gln. (6.10) bis (6.12) berechnet wurden, und in Tabelle 82, bei der Gl. (6.9) herangezogen wurde.

Die Berechnung der beiden Tabellen erfolgt vollkommen analog zu den in den Abschnitten 38 und 39 betrachteten Berechnungen. Zusätzlich haben wir hier nur eine „Überkreuzung" der Prozesse: Wir berechnen y_n und finden daraus

$$z_n' = -y_n.$$

Tabelle 81

$y' = z$;	$c_k =$		1,0000	0,5000	− 0,0833 + 0,4167	± 0,0417 + 0,3750	$h = 0{,}1$	$z' = -y$; $c_k =$	1,0000	0,5000	− 0,0833 + 0,4167	± 0,0417 + 0,3750	$h = 0{,}1$
n	x	y	y'	$\Delta y'$	$\Delta^2 y'$	$\Delta^3 y'$	$h\Sigma c_k \Delta^k y'_{n-k}$	z	z'	$\Delta z'$	$\Delta^2 z'$	$\Delta^3 z'$	$h\Sigma c_k \Delta^k z'_{n-k}$
0	0,0	0,00000	1,0000				0,10000	1,00000	0,0000				− 0,00500
				− 50						− 1000			
1	0,1	0,10000	0,9950				–	0,99500	− 0,1000				–
0	0,0	0,00000	1,0000				0,09975	1,00000	0,0000				− 0,00499
				− 50						− 998			
1	0,1	0,09975	0,9950		− 99		0,09925	0,99501	− 0,0998		+ 6		− 0,01494
				− 149						− 992			
2	0,2	0,19900	0,9801				–	0,98007	− 0,1990				–
0	0,0	0,00000	1,0000				0,09983	1,00000	0,0000				− 0,00499
				− 50						− 998			
1	0,1	0,09983	0,9950		− 99		0,09884	0,99501	− 0,0998		+ 9		− 0,01493
				− 149		0				− 989		+ 12	
2	0,2	0,19867	0,9801		− 99		0,09685	0,98008	− 0,1987		+ 21		− 0,02474
				− 248						− 968			
3	0,3	0,29552	0,9553				–	0,95534	− 0,2955				–

Tabelle 82

$y' = z;$ $c_k =$			1,0000	0,5000	0,417	0,38	0,35	h = 0,1	$z' = -y;$ $c_k =$	1,0000	0,5000	0,417	0,38	0,35	h = 0,1	
n	x	y	y'	Δy'	Δ²y'	Δ³y'	Δ⁴y'	sin x	z	z'	Δz'	Δ²z'	Δ³z'	Δ⁴z'	cos x	n
0	0,0	0,00000	1,0000					0,00000	1,00000	0,0000					1,00000	0
				- 50												
1	0,1	0,09983	0,9950		- 99			0,09983	0,99501	- 0,0998	- 998				0,99500	1
				- 149								+ 9				
2	0,2	0,19867	0,9801		- 99	0		0,19867	0,98008	- 0,1987	- 989		+ 12		0,98007	2
				- 248			+ 5					+ 21		- 4		
3	0,3	0,29552	0,9553		- 94	+ 5		0,29552	0,95534	- 0,2955	- 968		+ 8		0,95534	3
				- 342			- 4					+ 29		+ 2		
4	0,4	0,38940	0,9211		- 93	+ 1		0,38942	0,92108	- 0,3894	- 939		+ 10		0,92106	4
				- 435			+ 4					+ 39		- 1		
5	0,5	0,47944	0,8776		- 88	+ 5		0,47943	0,87758	- 0,4794	- 900		+ 9		0,87758	5
				- 523			+ 1					+ 48		- 1		
6	0,6	0,56463	0,8253		- 82	+ 6		0,56464	0,82533	- 0,5646	- 852		+ 8		0,82534	6
				- 605			0					+ 56		0		
7	0,7	0,64422	0,7648		- 76	+ 6		0,64422	0,76484	- 0,6442	- 796		+ 8		0,76484	7
				- 681			0					+ 64				
8	0,8	0,71736	0,6967		- 70	+ 6		0,71736	0,69670	- 0,7174	- 732				0,69671	8
				- 751												
9	0,9	0,78333	0,6216					0,78333	0,62160						0,62161	9
10	1,0	0,84147						0,84147								10

Daraus ermitteln wir z_{n+1} und damit wieder

$$y'_{n+1} = z_{n+1}, \quad \Delta y'_n = y'_{n+1} - y'_n, \quad \Delta^2 y'_{n-1}, \quad \Delta^3 y'_{n-2}, \ldots,$$

also die zur Berechnung von y_{n+1} notwendigen Größen. Die Anfangswerte y_0 und z_0 sind aus den Anfangsbedingungen bekannt.

In Tabelle 82 sind zum Vergleich der Resultate die Werte der Funktion $\sin x$ angegeben (die die Lösung der gegebenen Gleichung $y'' = -y$ ist). Gleichzeitig findet man dort auch die Werte der Ableitung $y' = z = \cos x$.

Die Tabelle enthält keine Spalten $h\Sigma c_k \Delta^k y'_{n-k}$ und $h\Sigma c_k \Delta^k z'_{n-k}$. Geübte Rechner benötigen sie nicht.

Eine Kontrolle der Rechnungen geschieht analog zu den Ausführungen in Abschnitt 39. Wir überlassen sie daher dem Leser.

Übung 1: Man setze die Rechnung bis $x = 1{,}5$ fort.

Übung 2: Nach demselben Schema berechne man mit fünf Dezimalstellen eine Tabelle der Funktionswerte für $\sin x$ und $\cos x$, und zwar im Intervall $[0; 10°]$ und mit einer Schrittweite $h = 1°$.

Hinweis: Man muß $h = 0{,}0174533$ (rad) setzen.

Das von uns betrachtete Beispiel ist sehr einfach. Jedoch treten auch bei der numerischen Lösung komplizierterer Gleichungen keine grundsätzlichen Schwierigkeiten auf. Erschwert wird nur die Berechnung der Ableitung $y' = f(x, y)$. Alles übrige bleibt wie früher.

Für die Gl. (6.22) hat der norwegische Mathematiker *Stormer,* ausgehend von derselben Idee wie *Adams,* ein wirksameres Verfahren ausgearbeitet, das heute sehr oft verwendet wird. In der Folge wurden zahlreiche verschiedene numerische Verfahren zur Lösung von gewöhnlichen Differentialgleichungen erarbeitet. Jedes dieser Verfahren hat seine Vor- und Nachteile. Eine ausführliche Darlegung aller dieser Fragen einschließlich einer Bibliographie, die viele hundert Namen umfaßt, findet der Leser in den Arbeiten [19; 34–36; 41; 79; 89; 101; 129; 147; 158; 172; 173; 185; 198; 206; 229; 232; 261; 268; 269; 271; 284; 339; 390; 415; 424; 461; 503; 549; 566; 579; 580; 589; 598; 604; 618; 619; 625; 626]. Wir wenden uns nun der Lösung von Differentialgleichungen mit Hilfe von Potenzreihen zu. Diese erlauben bei einer großen Klasse von linearen und nichtlinearen Gleichungen die Herleitung von Methoden, die effektiver und universeller als die numerischen Methoden sind.

41. Die Integration von Differentialgleichungen mit Hilfe von Potenzreihen. Das Cauchysche Problem

Wir betrachten das Cauchysche Problem für eine Gleichung ν-ter Ordnung, die nach der höchsten Ableitung aufgelöst ist:

$$y^{(\nu)} = f(x, y, y', \ldots, y^{(\nu-1)}); \tag{6.23}$$

$$y^{(j)}(x_0) = y_0^{(j)}; \quad j = 0, 1, 2, \ldots, \nu - 1. \tag{6.24}$$

Wir suchen eine formale Lösung der Aufgabe (6.23) bis (6.24) in Form einer Potenzreihe [490, I]

$$y = \sum_{n=0}^{\infty} a_n (x - x_0)^n, \tag{6.25}$$

wobei in jedem konkreten Fall noch eine zusätzliche Untersuchung notwendig wird, ob das gegebene Cauchysche Problem mit Hilfe der Reihe (6.25) gelöst wird oder nicht.

Wir bezeichnen die k-ten Potenzen der Reihe (6.25) durch

$$y^k = \sum_{n=0}^{\infty} a_n^{(k)}(x - x_0)^n; \quad k = 1, 2, 3, \ldots \tag{6.26}$$

und leiten eine Rekursionsformel zur Berechnung der Koeffizienten $a_n^{(k)}$ her.

Es gilt für beliebiges $k = l + m$ die Identität

$$y^k = y^{l+m} = y^l \cdot y^m.$$

Unter Verwendung der Gleichung von Cauchy für die Multiplikation von Potenzreihen (4.28) aus Abschnitt 28 erhalten wir unmittelbar die gesuchte Rekursionsformel

$$a_n^{(l+m)} = a_0^{(l)} a_n^{(m)} + a_1^{(l)} a_{n-1}^{(m)} + \ldots + a_n^{(l)} a_0^{(m)} \tag{6.27}$$

mit

$$l = 1, 2, 3, \ldots; \quad m = 1, 2, 3, \ldots; \quad n = 0, 1, 2, 3, \ldots .$$

Insbesondere fällt für $k = 1$ die Reihe (6.26) mit der Reihe (6.25) zusammen. Somit ist

$$a_n^{(1)} \equiv a_n; \quad n = 0, 1, 2, \ldots . \tag{6.28}$$

Mit Hilfe der Gl. (6.27) bestimmt man daher leicht die Koeffizienten $a_n^{(k)}$ für beliebige Potenzen der Reihe y^k aus den Koeffizienten a_n der Ausgangsreihe (6.25).

Der Bequemlichkeit halber stellen wir die Ableitungen $y', y'', \ldots$ in Form der Reihen

$$y' = \sum_{n=0}^{\infty} \dot{a}_{n+1}(x - x_0)^n, \quad y'' = \sum_{n=0}^{\infty} \ddot{a}_{n+2}(x - x_0)^n, \ldots \tag{6.29}$$

dar, indem wir die Bezeichnungen

$$\dot{a}_{n+1} = (n + 1)\, a_{n+1}, \quad \ddot{a}_{n+2} = (n + 1)(n + 2)\, a_{n+2}, \ldots \tag{6.30}$$

verwenden. Auch die Potenzen der Ableitungen $y', y'', \ldots$ erhält man in Form der Reihen

$$(y')^k = \sum_{n=0}^{\infty} \dot{a}_{n+1}^{(k)}(x - x_0)^n, \quad (y'')^k = \sum_{n=0}^{\infty} \ddot{a}_{n+2}^{(k)}(x - x_0)^n, \ldots \tag{6.31}$$

deren Koeffizienten

$$\dot{a}_{n+1}^{(k)}, \quad \ddot{a}_{n+2}^{(k)}, \quad \dddot{a}_{n+3}^{(k)}, \ldots$$

man aus der Gl. (6.27) erhält, wenn man dort die Koeffizienten a_n durch $\dot{a}_{n+1}, \ddot{a}_{n+2}, \dddot{a}_{n+3}, \ldots$ ersetzt.

Wir setzen nun die Reihen (6.25), (6.26), (6.29) und (6.31) in die Gl. (6.23) ein und fassen die Koeffizienten gleicher Potenzen von $(x - x_0)$ zusammen. Nach entsprechenden Vereinfachungen erhalten wir dann eine Rekursionsformel der Form

$$a_{n+\nu} = F(a_0, a_1, a_2, \ldots, a_{n+\nu-1}); \quad n = 0, 1, 2, \ldots, \tag{6.32}$$

wobei die Funktion F vollständig durch die Funktion $f(x, y, y', \ldots, y^{(\nu-1)})$ bestimmt ist. Die ersten ν Koeffizienten lauten aufgrund der Anfangsbedingungen Gl. (6.24)

$$a_0 = y_0; \quad a_1 = \frac{y_0'}{1!}; \quad a_2 = \frac{y_0''}{2!}; \ldots; \quad a_{\nu-1} = \frac{y_0^{(\nu-1)}}{(\nu-1)!}. \tag{6.33}$$

Wenn der Grenzwert

$$\lim_{n \to \infty} \frac{a_n}{a_{n+p}}$$

existiert, so kann man den Konvergenzradius der Reihe (6.25) numerisch ermitteln, indem man eine hinreichende Anzahl der Glieder der Folge

$$R_n^p = \frac{a_n}{a_{n+p}}; \quad n = 0, 1, 2, \ldots; \quad p = 1, 2, 3, \ldots \tag{6.34}$$

berechnet. Die Berechnung kann abgebrochen werden, wenn mit der notwendigen Genauigkeit

$$\frac{a_n}{a_{n+p}} = \frac{a_{n+p}}{a_{n+2p}} = \frac{a_{n+2p}}{a_{n+3p}} = \ldots = \text{const} = R^p \tag{6.35}$$

gilt.

In einzelnen Sonderfällen kann man den Konvergenzradius der Reihe (6.25) aus der Rekursionsformel (6.32) bestimmen.

Die betrachtete Methode erlaubt auch eine analytische Fortsetzung der Reihe (6.25) und die Feststellung der singulären Punkte der Lösung. Dazu berechnet man in einem beliebigen Punkt x_1 mit $|x_1 - x_0| < R$ mit Hilfe der Reihe (6.25) die neuen Anfangswerte

$$y^{(j)}(x_1) = y_1^{(j)}; \quad j = 0, 1, 2, \ldots, \nu - 1 \tag{6.36}$$

Setzt man diese in die Rekursionsformel (6.32) ein, so ergeben sich die Koeffizienten a_n^* der neuen Reihe

$$y = \sum_{n=0}^{\infty} a_n^* (x - x_1)^n, \tag{6.37}$$

die nach einem bekannten Theorem über die analytische Fortsetzung der Lösungen von Differentialgleichungen [72; 421] die analytische Fortsetzung der Reihe (6.25) darstellt.

Die singulären Punkte findet man als Schnittpunkte von zwei oder drei Konvergenzkreisen der entsprechenden analytischen Fortsetzungen. Wenn der gefundene singuläre

Punkt ein Pol ist, so kann man ihn leicht beseitigen, wenn man zur Umkehrreihe von Gl. (6.25) übergeht. Wir kommen darauf in Abschnitt 42 noch zurück.

Alle angegebenen Resultate gelten auch im komplexen Bereich.

Zur Erläuterung der Rechenmethode betrachten wir einige Beispiele.

Beispiel 1: Wir lösen mit sieben Dezimalstellen im Intervall $[-1; +1]$ das Cauchysche Problem für die nichtlineare Gleichung dritter Ordnung

$$5y''' = 2y' + y^3 - f(x); \quad f(x) = \frac{1}{x}\sinh x \tag{6.38}$$

mit den folgenden Anfangsbedingungen:

$$x_0 = 0; \quad y(0) = 1; \quad y'(0) = 1; \quad y''(0) = \tfrac{1}{2}. \tag{6.39}$$

Lösung: Wir setzen in die Ausgangsgleichung (6.38) die Reihen (6.25), (6.26) und (6.29) mit $x_0 = 0$ und $k = 3$ ein und erhalten durch Vergleich der Koeffizienten von x^n:

$$5\dddot{a}_{n+3} = 2\dot{a}_{n+1} + a_n^{(3)} - \beta_n. \tag{6.40}$$

Dabei sind die β_n die Koeffizienten der Maclaurinschen Reihe für die gegebene Funktion

$$f(x) = \frac{1}{x}\sinh x = \frac{1}{x}\left(x + \frac{x^3}{3!} + \frac{x^5}{5!} + \frac{x^7}{7!} + \ldots\right).$$

Es gilt also

$$\beta_{2n} = \frac{1}{(2n+1)!}; \quad \beta_{2n+1} = 0; \quad n = 0, 1, 2, 3, \ldots .$$

Setzen wir nun gemäß Gl. (6.30)

$$\dddot{a}_{n+3} = (n+1)(n+2)(n+3)\,a_{n+3}$$

und berücksichtigen, daß gemäß den Anfangsbedingungen Gl. (6.39)

$$a_0 = 1; \quad a_1 = 1; \quad a_2 = \tfrac{1}{4},$$

so finden wir aus Gl. (6.40) die Rekursionsformel (6.32) für die Gl. (6.38):

$$a_{n+3} = \frac{2a_{n+1} + a_n^{(3)} - \beta_n}{5(n+1)(n+2)(n+3)}; \quad a_0 = a_1 = 1; \quad a_2 = \tfrac{1}{4}; \quad n = 0, 1, 2, \ldots . \tag{6.41}$$

Die Koeffizienten $\dot{a}_{n+1}$ berechnen wir aus Gl. (6.30), die Koeffizienten $a_n^{(3)}$ aus Gl. (6.27), in der wir zuerst $l = m = 1$, dann $l = 1$, $m = 2$ setzen. Dadurch erhalten wir

$$a_n^{(2)} = a_0 a_n + a_1 a_{n-1} + a_2 a_{n-2} + \ldots + a_n a_0; \quad n = 0, 1, 2, \ldots \tag{6.42}$$

$$a_n^{(3)} = a_0 a_n^{(2)} + a_1 a_{n-1}^{(2)} + a_2 a_{n-2}^{(2)} + \ldots + a_n a_0^{(2)}; \quad n = 0, 1, 2, \ldots \tag{6.42'}$$

Alle (mit einer zusätzlichen Stelle durchgeführten) Rechnungen sind in Tabelle 83 angegeben. Als Lösung erhalten wir schließlich die Reihe

$$y = \sum_{n=0}^{\infty} a_n x^n. \tag{6.43}$$

Tabelle 83

$$5y''' = 2y' + y^3 - \frac{1}{x}\sinh x; \quad a_{n+3} = \frac{2\dot{a}_{n+1} + a_n^{(3)} - \beta_n}{5N_n}; \quad N_n = (n+1)(n+2)(n+3)$$

n	a_n	$a_n^{(2)}$	$a_n^{(3)}$	$\dot{a}_{n+1}$	β_n	$5N_n$	$\frac{a_n}{a_{n+1}}$
0	1,00000000	1,00000000	1,00000000	1,00000000	1,0000000	30	1,0000
1	1,00000000	2,00000000	3,00000000	0,50000000	0	120	4,0000
2	0,25000000	1,50000000	3,75000000	0,20000000	0,16666667	300	3,7500
3	0,06666667	0,63333333	2,70000000	0,13333333	0	600	2,0000
4	0,03333333	0,26250000	1,43750000	0,06638890	0,00833333	1050	2,5105
5	0,01327778	0,12655556	0,72733333	0,02966664	0	1680	2,6854
6	0,00494444	0,05755556	0,37345834	0,01041299	0,00019841	2520	3,3838
7	0,00148757	0,02394736	0,18304604	0,00374600	0	3600	3,1769
8	0,00046825	0,00926534	0,08405794	0,00140742	0,00000276	4950	2,9943
9	0,00015638	0,00353749	0,03678636	0,00052930	0	6600	2,954
10	0,00005293	0,00135702	0,01571434	0,00019305	0,00000003	8580	3,016
11	0,00001755	0,00051206	0,00660437	0,00006876	0	10920	3,061
12	0,00000573	0,00018904	0,00271802	0,00002444	0,00000000	13650	3,056
13	0,00000188						3,039
14	0,00000062						3,046
15	0,00000020						

Gemäß Gl. (6.35) ist der Konvergenzradius der erhaltenen Reihe

$$R \approx 3{,}0.$$

Bei n = 15 ist also für $|x| \leqslant 1$ die gegebene Genauigkeit eingehalten.

Die Rechenmethode gemäß den Gln. (6.41) bis (6.42′) ist sehr einfach. Aus den bekannten Größen a_0, a_1, a_2 berechnen wir $\dot{a}_1 = a_1$ und $\dot{a}_2 = 2a_2$, und hierauf $a_0^{(2)}$, $a_1^{(2)}$, $a_2^{(2)}$. Durch Multiplikation der Spalte a_n mit der Spalte $a_n^{(2)}$ finden wir die entsprechenden Koeffizienten $a_n^{(3)}$. Damit besitzen wir alle notwendigen Angaben zur Berechnung von a_3 und a_4 aus der Rekursionsformel (6.41). Dies erlaubt wieder die Fortsetzung des Prozesses und damit die Bestimmung beliebig vieler Koeffizienten a_n der gesuchten Reihe (6.43).

Zur besseren Orientierung markieren wir alle in einem gegebenen Augenblick benötigten Faktoren durch eine Marke, wie schon in Abschnitt 28 von Kapitel 4 beschrieben wurde. Die Spalten $a_n^{(2)}$ berechnen wir durch Multiplikation der Spalten a_n mit sich selbst.

Zum Beispiel gilt

$$a_2^{(2)} = 1{,}00000000 \cdot 0{,}25000000 + (1{,}00000000)^2 + 0{,}250000000 \cdot 1{,}00000000$$
$$= 1{,}50000000,$$
$$a_2^{(3)} = 1{,}00000000 \cdot 1{,}50000000 + 1{,}00000000 \cdot 2{,}00000000$$
$$+ 0{,}25000000 \cdot 1{,}00000000 = 3{,}75000000.$$

Der weitere Rechengang ist aus Tabelle 83 ersichtlich, in der alle zur Berechnung der a_{n+3} notwendigen Größen in einer Zeile angeordnet sind.

Zur exakten Bestimmung des Konvergenzradius R muß man die Rechnung mit mehr bedeutsamen Ziffern durchführen. Wir erhalten dabei zum Beispiel

$$a_{12} = 5{,}7341 \cdot 10^{-6}; \qquad a_{13} = 1{,}8765 \cdot 10^{-6};$$
$$a_{14} = 0{,}61740 \cdot 10^{-6}; \qquad a_{15} = 0{,}20270 \cdot 10^{-6}.$$

Daraus ergeben sich in Tabelle 83 auch die entsprechenden a_n/a_{n+1}.

Übung 1: Man berechne Tabelle 83 nochmals mit sechs bedeutsamen Ziffern und erweitere sie bis n = 20. Hierauf bestimme man nach Gl. (6.35) einen genaueren Wert für $R = \lim a_n/a_{n+1}$.

Beispiel 2: Zu lösen ist das Cauchysche Problem für die Gleichung

$$4y''' = y'^2 + \sin y + f(x); \quad f(x) = e^x = \sum_{n=0}^{\infty} \beta_n x^n \tag{6.44}$$

mit den Anfangsbedingungen

$$x_0 = 0; \quad y(0) = 1; \quad y'(0) = y''(0) = \tfrac{1}{2}. \tag{6.45}$$

Lösung: Wir entwickeln sin y in die Maclaurinsche Reihe und stellen die Gl. (6.44) in der Form

$$4y''' = \left\{ y - \frac{y^3}{3!} + \frac{y^5}{5!} - \frac{y^7}{7!} + \ldots \right\} + y'^2 + \sum_{n=0}^{\infty} \beta_n x^n \tag{6.46}$$

dar. Die Rekursionsformel (6.32) lautet nun

$$4\dddot{a}_{n+3} = \left\{ a_n - \frac{a_n^{(3)}}{3!} + \frac{a_n^{(5)}}{5!} - \frac{a_n^{(7)}}{7!} + \ldots \right\} + a_{n+1}^{(2)} + \beta_n \tag{6.47}$$

oder

$$a_{n+3} = \frac{\left\{ a_n - \frac{a_n^{(3)}}{3!} + \frac{a_n^{(5)}}{5!} - \frac{a_n^{(7)}}{7!} + \ldots \right\} + a_{n+1}^{(2)} + \beta_n}{4(n+1)(n+2)(n+3)}; \quad \beta_n = \frac{1}{n!}; \tag{6.48}$$

$$n = 0, 1, 2, \ldots,$$

wobei aufgrund der Anfangswerte Gl. (6.45)

$$a_0 = 1; \quad a_1 = \tfrac{1}{2}; \quad a_2 = \tfrac{1}{4}.$$

Alle Rechnungen, die zur Bestimmung der ersten 16 Koeffizienten der Lösung $y = \Sigma a_n x^n$ mit sieben bedeutsamen Ziffern nötig sind, enthält Tabelle 84, wobei wir zur Sicherstellung der geforderten Genauigkeit ab $n \geqslant 6$ auch $a_n^{(13)}$, $a_n^{(15)}$, $a_n^{(17)}$ und $a_n^{(19)}$ berechnet haben. Diese Größen wurden in der Tabelle nicht angeführt. In diesem Beispiel wurde somit die Nichtlinearität der Funktion sin y bis zur einschließlich neunzehnten Potenz berücksichtigt.

Wir bemerken, daß die Koeffizienten $a_n^{(2)}$ und $\dot{a}_{n+1} = (n+1)\,a_{n+1}$, die zur Berechnung von $a_n^{(2\nu+1)}$, $\nu = 1, 2, 3, \ldots$ benötigt werden, und $\dot{a}_{n+1}^{(2)}$ in der Rekursionsformel (6.48) unmittelbar nicht auftreten. Bei der Berechnung der a_{n+3} ist gemäß Gl. (6.48) jede der Größen $a_n^{(2\nu+1)}$ mit dem Koeffizienten $(-1)^{\nu+1}/(2\nu+1)!$ zu multiplizieren (diese Werte sind am Kopf der Tabelle 84 angegeben). Die Ergebnisse addiert man hierauf ohne Anschreiben von Zwischensummen. Man kann die Spalten $a_n^{(2\nu+1)}/(2\nu+1)!$, $\nu = 1, 2, 3, \ldots$ auch unmittelbar (ohne Anschreiben von Zwischenergebnissen) aus der Gleichung

$$\frac{a_n^{(2\nu+1)}}{(2\nu+1)!} = \frac{1}{2\nu(2\nu-1)}\left[a_0^{(2)}\frac{a_n^{(2\nu-1)}}{(2\nu-1)!} + a_1^{(2)}\frac{a_{n-1}^{(2\nu-1)}}{(2\nu-1)!} + \ldots + a_n^{(2)}\frac{a_0^{(2\nu-1)}}{(2\nu-1)!}\right] \tag{6.49}$$

berechnen. Diese Gleichung erhält man leicht aus Gl. (6.27). Die Berechnung der a_{n+3} erfolgt dabei durch Summieren der entsprechenden Größen in der n-ten Zeile der Tabelle 84 mit anschließender Division durch $4N_n = 4(n+1)(n+2)(n+3)$. Eine einfachere Lösung dieses Beispiels werden wir in Abschnitt 44 betrachten.

Übung 2: Man berechne mit sechs bedeutsamen Ziffern die ersten 10 Koeffizienten $\dot{a}_n$ mit Hilfe der Gln. (6.48) und (6.49) und bestimme daraus den Wert der gesuchten Lösung $y(x) = \Sigma a_n x^n$ in den Punkten $x = \pm\, 0{,}5$ und $x = \pm\, 1{,}0$.

Beispiel 3: Wir lösen das folgende Cauchysche Problem:

$$y'' = x(y' + y^4) - 3x^2 y + x^3; \quad y(0) = \tfrac{1}{2}; \quad y'(0) = \tfrac{1}{5}. \tag{6.50}$$

Lösung: In diesem Fall lautet die Rekursionsformel (6.32)

$$\ddot{a}_{n+2} = \dot{a}_n + a_{n-1}^{(4)} - 3a_{n-2} + \beta_n; \qquad \beta_n = \begin{cases} 1 & \text{für } n = 3 \\ 0 & \text{für } n \neq 3 \end{cases} \tag{6.51}$$

Mit Gl. (6.30) ergibt sich daraus

$$a_{n+2} = \frac{\dot{a}_n + a_{n-1}^{(4)} - 3a_{n-2} + \beta_n}{(n+1)(n+2)}; \quad n \geqslant 2. \tag{6.52}$$

Tabelle 84

$4y''' = y'^2 + \sin y + e^x$;		$\frac{(-1)^{\nu+1}}{(2\nu+1)!} =$	-10^{-1} 1,666666667	$+10^{-2}$ 0,833333333	-10^{-3} 0,19841270	$+10^{-5}$ 0,2755732	-10^{-7} 0,2505211		$\beta_{n+1} = \frac{\beta_n}{n+1}$		
n	a_n	$a_n^{(2)}$	$a_n^{(3)}$	$a_n^{(5)}$	$a_n^{(7)}$	$a_n^{(9)}$	$a_n^{(11)}$	$\dot{a}_{n+1} = (n+1)\,a_{n+1}$	$\dot{a}_{n+1}^{(2)}$	β_n	n
0	1,0000000	1,0000000	1,0000000	1,0000000	1,000000	1,00000	1,0000	0,5000000	0,2500000	1,000000000	0
1	0,5000000	1,0000000	1,5000000	2,5000000	3,500000	4,50000	5,5000	0,5000000	0,5000000	1,000000000	1
2	0,2500000	0,7500000	1,5000000	3,7500000	7,000000	11,25000	16,5000	0,2614339	0,5114339	0,500000000	2
3	$0,8714462 \cdot 10^{-1}$	0,4242892	1,1364338	4,1857230	10,235012	20,28430	35,3336	$0,7375628 \cdot 10^{-1}$	0,3351902	0,166666667	3
4	$0,1843907 \cdot 10^{-1}$	0,1865228	0,6917510	3,7761414	12,021610	29,17816	59,9958	$0,2169428 \cdot 10^{-1}$	0,1637982	0,041666667	4
5	$0,4338857 \cdot 10^{-2}$	$0,7068909 \cdot 10^{-1}$	0,3581592	2,8891426	11,932657	35,32407	85,3988	$0,5406264 \cdot 10^{-2}$	0,06566533	0,008333333	5
6	$0,9010440 \cdot 10^{-3}$	$0,2295466 \cdot 10^{-1}$	0,1609736	1,9288951	10,325239	37,19273	105,4463	$0,1148113 \cdot 10^{-2}$	0,02333761	0,001388889	6
7	$0,1640162 \cdot 10^{-3}$	$0,6612236 \cdot 10^{-2}$	$0,6415900 \cdot 10^{-1}$	1,1463032	7,954047	34,82026	115,5747	$0,2407628 \cdot 10^{-3}$	0,007415816	0,000198413	7
8	$0,3009535 \cdot 10^{-4}$	$0,1770944 \cdot 10^{-2}$	$0,2312603 \cdot 10^{-1}$	0,6154604	5,538870	29,45115	114,3196	$0,5769629 \cdot 10^{-4}$	0,002166904	0,000024802	8
9	$0,6410699 \cdot 10^{-5}$	$0,4419761 \cdot 10^{-3}$	$0,7635440 \cdot 10^{-2}$	0,3019874	3,527155	22,77582	103,3224	$0,1789073 \cdot 10^{-4}$	0,000605405	0,000002756	9
10	$0,1789073 \cdot 10^{-5}$	$0,1056773 \cdot 10^{-3}$	$0,2344021 \cdot 10^{-2}$	0,1367075	2,072876	16,25608	86,1544	$0,6876860 \cdot 10^{-5}$	0,000169493	0,000000276	10
11	$0,6251691 \cdot 10^{-6}$	$0,2535767 \cdot 10^{-4}$	$0,6788172 \cdot 10^{-3}$	0,0575626	1,132705	10,78954	66,7924	$0,2770368 \cdot 10^{-5}$	0,000050373	0,000000025	11
12	$0,2308640 \cdot 10^{-6}$	$0,6443776 \cdot 10^{-5}$	$0,1882105 \cdot 10^{-3}$	0,0227072	0,579143	6,70099	48,4501	$0,1044558 \cdot 10^{-5}$	0,000016474	0,000000002	12
13	$0,8035061 \cdot 10^{-7}$										13
14	$0,2529085 \cdot 10^{-7}$										14
15	$0,7046618 \cdot 10^{-8}$										15

Da in unserem Beispiel $x_0 = 0$ gilt, haben wir nämlich gemäß Gln. (6.25), (6.26) und (6.29):

$$y = \sum_{n=0}^{\infty} a_n x^n; \quad y^4 = \sum_{n=0}^{\infty} a_n^{(4)} x^n; \quad y' = \sum_{n=0}^{\infty} \dot{a}_{n+1} x^n;$$

$$y'' = \sum_{n=0}^{\infty} \ddot{a}_{n+2} x^n.$$

Bei Einsetzen dieser Werte in die Ausgangsgleichung (6.50) erhalten wir somit

$$\begin{aligned}
&\ddot{a}_2 + \ddot{a}_3 x + \ddot{a}_4 x^2 + \ldots + \ddot{a}_{n+2} x^n + \ldots \\
&\quad = x(\dot{a}_1 + a_2 x + \ldots + \dot{a}_{n+1} x^n + \ldots) \\
&\quad + x(a_0^{(4)} + a_1^{(4)} x + \ldots + a_n^{(4)} x^n + \ldots) \\
&\quad - 3x^2(a_0 + a_1 x + \ldots + a_n x^n + \ldots) + x^3.
\end{aligned}$$

Durch Vergleich der Koeffizienten bei gleichen Potenzen von x ergeben sich die Beziehungen

$$\begin{aligned}
\ddot{a}_2 &= 0, \\
\ddot{a}_3 &= \dot{a}_1 + a_0^{(4)}, \\
\ddot{a}_4 &= \dot{a}_2 + a_1^{(4)} - 3a_0, \\
&\ldots\ldots\ldots\ldots\ldots\ldots \\
\ddot{a}_{n+2} &= \dot{a}_n + a_{n-1}^{(4)} - 3a_{n-2} + \beta_n; \quad \beta_3 = 1; \quad \beta_n = 0 \text{ für } n \neq 3.
\end{aligned}$$

Daraus ergibt sich die für $n \geqslant 2$ gültige Gl. (6.52), und wir finden wegen $\dot{a}_1 = a_1$

$$a_2 = 0; \quad a_3 = \frac{a_1 + a_0^{(4)}}{2 \cdot 3}.$$

Die Werte $a_0 = a_1$, aus denen sich alle übrigen Koeffizienten a_n ergeben, findet man aus den Anfangsbedingungen

$$a_0 = y(0) = \tfrac{1}{2}; \quad a_1 = y'(0) = \tfrac{1}{5}.$$

In der Gl. (6.52) vergrößert man am besten alle Indizes um 2, d. h. man vollzieht die Indextransformation $n \to n + 2$. Die Rekursionsformel gewinnt dadurch die endgültige Form:

$$a_{n+4} = \frac{a_{n+2} + a_{n+1}^{(4)} - 3a_n + \beta_{n+2}}{(n+3)(n+4)}; \quad \dot{a}_{n+2} = (n+2)\, a_{n+2}; \quad n \geqslant 0. \tag{6.53}$$

Alle mit acht Dezimalstellen durchgeführten Rechnungen sind in Tabelle 85 angegeben. Zur bequemeren Rechnung wurden die Spalten $a_n^{(4)}$ und $\dot{a}_{n+1}$ entsprechend verschoben eingetragen. Alle zur Bestimmung der Koeffizienten a_{n+4} notwendigen Größen befinden sich daher in einer horizontalen Zeile.

Tabelle 85

$$y'' = x(y' + y^4) - 3x^2 y + x^3; \quad a_{n+4} = \frac{\dot{a}_{n+2} + a_{n+1}^{(4)} - 3a_n + \beta_{n+2}}{(n+3)(n+4)}; \quad n \geqslant 0$$

n	a_n	$a_n^{(2)}$	$a_{n+1}^{(4)}$	$\dot{a}_{n+2}$	β_{n+2}	$(n+3) \times (n+4)$	x^n
-1	–	–	+0,06250000	+0,20000000	0	6	–
0	+0,500000000	+0,25000000	+0,10000000	0	0	12	+1,00000000
1	+0,200000000	+0,20000000	+0,06000000	+0,13125000	1	20	±0,50000000
2	0	+0,04000000	+0,03787500	-0,46666667	0	30	+0,25000000
3	+0,04375000	+0,04375000	-0,03048333	+0,14781250	0	42	±0,12500000
4	-0,11666667	-0,09916667	-0,04471875	-0,08575836	0	56	+0,06250000
5	+0,02956250	-0,01710417	-0,01313794	-0,00232015	0	72	±0,03125000
6	-0,01429306	-0,00055400	-0,01839552	+0,03136040	0	90	+0,01562500
7	-0,00033145	-0,01625701	+0,01178294	-0,01301823	0	110	±0,00781250
8	+0,00392005	+0,01998530	+0,00602391	+0,00620490	0	132	+0,00390625
9	-0,00144647	-0,00802701	-0,00052109	-0,00002409	0	156	±0,00195313
10	+0,00062049	+0,00422189	+0,00594920	+0,00004260	0	182	+0,00097656
11	-0,00002219	-0,00017873	-0,00427036	+0,00031616	0	210	±0,00048828
12	+0,00003355	-0,00085388	+0,00126933	+0,00031766	0	240	+0,00024414
13	+0,00002432	+0,00065879	-0,00029605	-0,00028200	0	272	±0,00012207
14	+0,00002269	-0,00031003	-0,00086264	+0,00010512	0	306	+0,00006104
15	-0,00001880	+0,00006653	+0,00089005	-0,00004063	0	342	±0,00003052
16	+0,00000657	-0,00000119	-0,00058911	-0,00004860	0	380	+0,00001526
17	-0,00000239	-0,00001493	+0,00027750	+0,00005035	0	420	±0,00000763
18	-0,00000270	-0,00000230	-0,00005002	-0,00003460	0	462	
19	+0,00000265	+0,00000536	-0,00003778	+0,00001680	0	506	
20	-0,00000173	-0,00000377	+0,00005102	-0,00000374	0	552	
21	+0,00000080	+0,00000152	-0,00003016	-0,00000138	0	600	
22	-0,00000017	+0,00000081	+0,00001181	+0,00000240	0	650	
23	-0,00000006	-0,00000177	-0,00000224	-0,00000150	0	702	
24	+0,00000010						
25	-0,00000006						
26	+0,00000002						
27	-0,00000001						

Mit Hilfe der gefundenen Koeffizienten a_n ist die Berechnung der Funktionswerte (sowie der Ableitungen) für beliebige Punkte innerhalb des Konvergenzbereiches der Reihe $y = \Sigma a_n x^n$ möglich. Multiplizieren wir zum Beispiel die Spalten a_n und $\dot{a}_{n+1}$ mit der Spalte x^n aus Tabelle 85, so erhalten wir für $x = \pm 0{,}5$ (mit sieben gültigen Dezimalstellen):

$$y(0{,}5) = \sum_{n=0}^{\infty} a_n (0{,}5)^n = 0{,}5988881;$$

$$y(-0{,}5) = \sum_{n=0}^{\infty} a_n (-0{,}5)^n = 0{,}3861138;$$

$$y'(0{,}5) = \sum_{n=0}^{\infty} \dot{a}_{n+1} (0{,}5)^n = 0{,}1812076; \quad y'(-0{,}5) = 0{,}3027198.$$

Ganz analog erhalten wir durch Multiplikation der Koeffizienten a_n mit der Spalte x^n für $x = \pm 1$

$$y(+1) = \sum_{n=0}^{\infty} a_n = 0{,}6451480; \quad y(-1) = \sum_{n=0}^{\infty} (-1)^n a_n = 0{,}1020703.$$

Übung 3: Man löse mit Hilfe von Potenzreihen das Cauchysche Problem für die separierbare Gleichung

$$y' = x^2 y + x^2; \quad x_0 = 0; \quad y(0) = 1$$

und vergleiche das Ergebnis mit der exakten analytischen Lösung

$$y = Ce^{\frac{x^3}{3}} - 1; \quad C = 2.$$

Antwort:

$$a_0 = 1; \; a_1 = a_2 = 0; \; a_3 = \tfrac{2}{3}; \; a_{n+3} = \frac{a_n}{n+3} \text{ für } n \geqslant 1.$$

Beispiel 4: Wir lösen das Cauchysche Problem für die nichtlineare Gleichung zweiter Ordnung mit variablen Koeffizienten

$$y'' = y^2 + y^3 \sin x - f(x); \quad f(x) = \tfrac{1}{8}(4 + x - 2x^2 - x^3) \tag{6.54}$$

und den Anfangsbedingungen

$$x_0 = 0; \; y(0) = \tfrac{1}{2}; \; y'(0) = \tfrac{1}{2}. \tag{6.55}$$

Lösung: In den früher betrachteten Beispielen nichtlinearer Gln. (6.23) waren entweder die Koeffizienten Konstanten oder die Funktion $f(x, y, \ldots, y^{(\nu-1)})$ war algebraisch.

Das gegebene Beispiel ist etwas komplizierter. Zu seiner Lösung stellen wir alle vorkommenden Funktionen der unabhängigen Variablen x durch Potenzreihen dar (mit dem durch die Anfangsbedingungen gegebenen Zentrum x_0):

$$\sin x = \sum_{n=0}^{\infty} \gamma_n x^n, \quad \text{wobei} \quad \gamma_{2k} = 0; \quad \gamma_{2k+1} = \frac{(-1)^k}{(2k+1)!}; \quad k = 0, 1, 2, \ldots,$$

$$f(x) = \sum_{n=0}^{\infty} \beta_n x^n, \quad \text{wobei}\ \beta_0 = +\tfrac{1}{2}; \quad \beta_1 = +\tfrac{1}{8}; \quad \beta_2 = -\tfrac{1}{4}; \quad \beta_3 = -\tfrac{1}{8}; \quad \beta_n = 0$$

für $n \geqslant 4$.

Die gegebene Gleichung gewinnt dadurch die folgende Form:

$$y'' = y^2 + y^3 \sum_{n=0}^{\infty} \gamma_n x^n - \sum_{n=0}^{\infty} \beta_n x^n.$$

Als Rekursionsformel (6.32) erhält man

$$\ddot{a}_{n+2} = a_n^{(2)} + [a_n^{(3)} \gamma_n] - \beta_n, \tag{6.56}$$

wobei die Symbole

$$[a_n^{(3)} \gamma_n] = a_0^{(3)} \gamma_n + a_1^{(3)} \gamma_{n-1} + a_2^{(3)} \gamma_{n-2} + \ldots + a_n^{(3)} \gamma_0 \tag{6.57}$$

das n-te Glied der Produktreihe

$$y^3 \sin x = \sum_{n=0}^{\infty} a_n^{(3)} x^n \cdot \sum_{n=0}^{\infty} \gamma_n x^n = \sum_{n=0}^{\infty} [a_n^{(3)} \gamma_n] x^n$$

bedeuten, die wir nach Gl. (4.28) aus Abschnitt 28 berechnet haben.

Mit Gl. (6.30) und den Anfangsbedingungen Gl. (6.55) erhalten wir schließlich eine Gleichung zur Berechnung der Koeffizienten a_n der gesuchten Lösung der Gl. (6.54):

$$y = \sum_{n=0}^{\infty} a_n x^n.$$

Alle zur Bestimmung der ersten zwanzig Koeffizienten a_n notwendigen Rechnungen mit acht Dezimalstellen sind in Tabelle 86 angegeben. Der Leser möge die Rechnungen mit sechs oder sieben Dezimalstellen nachvollziehen.

Übung 4: Man löse mit Hilfe von Potenzreihen das folgende Cauchysche Problem:

$$y' = y \sin x; \quad x_0 = 0; \quad y(0) = 1.$$

Das erhaltene Resultat vergleiche man mit der exakten Lösung

$$y = e^{1-\cos x} = e^{\left(\frac{x^2}{2!} - \frac{x^4}{4!} + \frac{x^6}{6!} - \frac{x^8}{8!} + \ldots\right)} = 1 + \tfrac{1}{2} x^2 + \tfrac{1}{12} x^4 + \ldots$$

Tabelle 86

$y'' = y^2 + y^3 \sin x - f(x)$; $y_0 = \frac{1}{2}$; $y_0' = 0$; $f(x) = \Sigma \beta_n x^n$; $\sin x = \Sigma \gamma_n x^n$;

$$a_{n+2} = \frac{a_n^{(2)} + |a_n^{(3)}\gamma_n| - \beta_n}{(n+1)(n+2)}$$

n	a_n	$a_n^{(2)}$	$a_n^{(3)}$	γ_n	$\lvert a_n^{(3)}\gamma_n \rvert$	β_n	$(n+1)\cdot(n+2)$
0	+ 0,50000000	+ 0,25000000	+ 0,12500000	0	0	+ 0,500	2
1	0	0	0	+ 1,00000000	+ 0,12500000	+ 0,125	6
2	- 0,12500000	- 0,12500000	- 0,09375000	0	0	- 0,250	12
3	0	0	0	- 0,16666667	- 0,11458333	- 0,125	20
4	+ 0,01041667	+ 0,02604167	+ 0,03125000	0	0	0	30
5	+ 0,00052083	+ 0,00052083	+ 0,00039062	+ 0,00833333	+ 0,04791667	0	42
6	+ 0,00086806	- 0,00173611	- 0,00520833	0	+ 0,00039062	0	56
7	+ 0,00115327	+ 0,00102306	+ 0,00066964	- 0,00019841	- 0,01122271	0	72
8	- 0,00002403	- 0,00013254	+ 0,00030750	0	+ 0,00060454	0	90
9	- 0,00014166	- 0,00041913	- 0,00049803	+ 0,00000276	+ 0,00145492	0	110
10	+ 0,00000524	+ 0,00002960	+ 0,00004047	0	- 0,00060638	0	132
11	+ 0,00000942	+ 0,00006977	+ 0,00014758	- 0,00000003	- 0,00006065	0	156
12	- 0,00000437	- 0,00000423	- 0,00000994	0	+ 0,00023609	0	182
13	+ 0,00000006	- 0,00000327	- 0,00002077	0	- 0,00001300	0	210
14	+ 0,00000127	+ 0,00000361	+ 0,00000446	0	- 0,00004965	0	240
15	- 0,00000008	- 0,00000019	+ 0,00000098	0	+ 0,00000638	0	272
16	- 0,00000019	- 0,00000091	- 0,00000184	0	+ 0,00000577	0	306
17	+ 0,00000002	+ 0,00000007	+ 0,00000015	0	- 0,00000267	0	342
18	+ 0,00000002	+ 0,00000013	+ 0,00000043	0	- 0,00000022	0	380
19	- 0,00000001	- 0,00000002	- 0,00000005	0			420
20	0,00000000						

Antwort:

$$a_{n+1} = \frac{[a_n \gamma_n]}{n+1}; \quad a_0 = 1; \quad \gamma_{2k} = 0; \quad \gamma_{2k+1} = \frac{(-1)^k}{(2k+1)!}; \quad k = 0, 1, 2, \ldots$$

Die betrachteten Beispiele zeigen, daß man mit Hilfe von Potenzreihen das Cauchysche Problem für eine sehr umfangreiche Klasse von linearen, und was besonders wichtig ist, auch von nichtlinearen Gleichungen lösen kann, nämlich von Gleichungen vom Typ (6.23) beliebiger Ordnung ν, deren rechte Seite eine gegebene analytische Funktion aller ihrer Argumente ist. Meist erhält man dabei die Rekursionsformel (6.32) unmittelbar aus der Ausgangsgleichung (6.23) oder nach einfachen Umformungen. Glieder der Form

$$x^k y, x^k y', x^k y'', \ldots, \text{ wobei } k = \pm 1; \pm 2; \pm 3; \ldots,$$

in der rechten Seite $f(x, y, y', \ldots, y^{(\nu-1)})$ berücksichtigt man durch eine Indexverschiebung und Übergang zu einer Rekursionsformel in den Koeffizienten

$$a_{n-k}; \; \dot{a}_{n-k+1}; \; \ddot{a}_{n-k+2}; \ldots$$

Glieder der Form

$$P_k(x)\, y^m; \; P_k(x)\,(y')^m; \; P_k(x)\,(y'')^m; \ldots; \; m = 1, 2, 3, \ldots,$$

worin $P_k(x)$ ein Polynom vom Grade k bedeutet, berücksichtigt man in der Rekursionsformel (6.32) am einfachsten durch die Größen

$$[a_n^{(m)}\gamma_n], \quad [\dot{a}_{n+1}^{(m)}\gamma_n], \quad [\ddot{a}_{n+2}^{(m)}\gamma_n], \ldots,$$

indem man das gegebene Polynom formal als Reihe

$$P_k(x) = \alpha_0 + \alpha_1 x + \alpha_2 x^2 + \ldots + \alpha_k x^k = \sum_{n=0}^{\infty} \gamma_n (x - x_0)^n$$

schreibt, wobei die Koeffizienten $\gamma_0, \gamma_1, \gamma_2, \ldots, \gamma_k$ durch die Koeffizienten des Polynoms $\alpha_0, \alpha_1, \alpha_2, \ldots, \alpha_k$ gegeben sind, während für $n > k$ alle $\gamma_n = 0$ sind.

Die dargelegte Methode überträgt somit alle mit der Lösung des Cauchyschen Problems einer Differentialgleichung verbundenen Schwierigkeiten auf die Berechnung und Untersuchung des Verlaufs der Koeffizienten a_n der Reihe

$$y = \sum_{n=0}^{\infty} a_n (x - x_0)^n.$$

Bestimmt werden diese Koeffizienten durch die Rekursionsformel (6.32), die in den meisten Fällen eine einfache algebraische Struktur aufweist.

42. Die Berücksichtigung singulärer Punkte

Wir betrachten die geometrische Reihe

$$\frac{a_0}{1 - q(x - x_0)} = a_0 \{1 + q(x - x_0) + q^2(x - x_0)^2 + \ldots\} = \sum_{n=0}^{\infty} a_n (x - x_0)^n, \quad (6.58)$$

die durch die Angabe von a_0 und dem Verhältnis aufeinander folgender Koeffizienten

$$\frac{a_{n+1}}{a_n} = q = \text{const}; \quad n = 0, 1, 2, \ldots, \quad (6.59)$$

vollkommen bestimmt ist, womit die Beziehung

$$a_n = a_0 q^n$$

gilt. Die Größe q darf sowohl positiv als auch negativ sein (und im allgemeinen auch komplex).

Bei der Lösung einer Differentialgleichung erhalten wir oft Reihen

$$y = \Sigma a_n (x - x_0)^n, \quad (6.60)$$

für die die Bedingung (6.59) nur asymptotisch erfüllt ist:

$$\lim_{n \to \infty} \frac{a_{n+1}}{a_n} = q = \text{const}. \quad (6.61)$$

Im Bereich der geforderten Genauigkeit ist also das Verhältnis (6.59) bei genügend großem n konstant.

In diesem Fall kann man aus der Reihe (6.60) eine geometrische Reihe (6.58) abtrennen und zu einer neuen Potenzreihe $\Sigma b_n (x - x_0)^n$ übergehen, deren Koeffizienten durch die Gleichung

$$b_{n+1} = a_n q - a_{n+1}$$

bestimmt sind. Daraus folgt

$$a_{n+1} = a_n q - b_{n+1}.$$

Somit haben wir

$$\begin{aligned}
a_0 &= a_0, \\
a_1 &= a_0 q - b_1, \\
a_2 &= a_1 q - b_2 = a_0 q^2 - b_1 q - b_2, \\
a_3 &= a_2 q - b_3 = a_0 q^3 - b_1 q^2 - b_2 q - b_3, \\
&\dots\dots\dots\dots\dots\dots\dots\dots\dots\dots\dots\dots \\
a_n &= a_{n-1} q - b_n = a_0 q^n - b_1 q^{n-1} - b_2 q^{n-2} - b_3 q^{n-3} - \dots - b_n.
\end{aligned}$$

Multiplizieren wir die angegebenen Gleichungen der Reihe nach mit $(x - x_0)^\nu$; $\nu = 0, 1, 2, \dots$ und addieren wir die Ergebnisse, so erhalten wir

$$\begin{aligned}
\sum_{\nu=0}^{n} a_\nu (x - x_0)^\nu = a_0 \sum_{\nu=0}^{n} q^\nu (x - x_0)^\nu - b_1 (x - x_0) \sum_{\nu=0}^{n-1} q^\nu (x - x_0)^\nu \\
- b_2 (x - x_0)^2 \sum_{\nu=0}^{n-2} q^\nu (x - x_0)^\nu - \dots .
\end{aligned}$$

Von dieser Gleichung aus kommen wir mit $n \to \infty$ bei Berücksichtigung von

$$\sum_{\nu=0}^{\infty} q^\nu (x - x_0)^\nu = \frac{1}{1 - q(x - x_0)}$$

zur gesuchten Gleichung

$$\sum_{\nu=0}^{\infty} a_\nu (x - x_0)^\nu = \frac{1}{1 - q(x - x_0)} \left\{ a_0 - \sum_{\nu=1}^{\infty} b_\nu (x - x_0)^\nu \right\} \tag{6.62}$$

wobei, wie schon früher festgestellt wurde,

$$b_{\nu+1} = a_\nu q - a_{\nu+1} \tag{6.63}$$

gilt.

Wenn für die Lösung (6.60) die Bedingung (6.61) erfüllt ist, kann man daher mit Hilfe von Gl. (6.62) eine geometrische Reihe abziehen und dadurch gleichzeitig einen (einfachen) Pol der Lösung finden, da für $q(x - x_0) = 1$, d. h. für

$$x = \frac{1}{q} + x_0, \tag{6.64}$$

die rechte Seite von Gl. (6.62) unendlich wird.

Wenn die Koeffizienten der Reihe $\Sigma b_\nu (x - x_0)^\nu$ ihrerseits wieder die Bedingung (6.61) erfüllen, so kann man nochmals eine geometrische Reihe mit dem Faktor q^* abziehen und diesen Prozeß solange fortsetzen, bis alle Polstellen der Lösung (6.60) gefunden sind. Insbesondere kann $q^* = q$ sein, dann handelt es sich um eine mehrfache Polstelle.

Der Konvergenzradius der Reihe (6.60) ergibt sich gemäß Gl. (4.20) von Abschnitt 27 aus der Gleichung

$$R = \left|\frac{1}{q}\right|, \tag{6.65}$$

da der Konvergenzkreis durch den ersten singulären Punkt der Lösung (6.60) verlaufen muß.

Wenn auf dem Konvergenzkreis R keine weiteren singulären Punkte der Lösung (6.60) liegen (andernfalls müßte man vorher die entsprechenden Terme abziehen), so wird der Konvergenzradius der Reihe $\Sigma b_\nu (x - x_0)^\nu$ durch den nächsten von x_0 weiter entfernten singulären Punkt bestimmt. Die Gl. (6.62) erlaubt daher die Berechnung der Lösung im Bereich des ersten singulären Punktes. Diese Tatsache ist von grundsätzlicher Bedeutung. Sie erlaubt nämlich mit Hilfe der analytischen Fortsetzung eine Ausdehnung der Lösung (6.60) auf ein beliebiges endliches Intervall, in dem keine wesentlichen singulären Punkte vorhanden sind. Eine Untersuchung des Verhaltens der Lösung in der Umgebung von wesentlichen singulären Punkten wollen wir in Abschnitt 49 vornehmen.

In den Sonderfällen, in denen die Reihe (6.60) nur ungerade oder nur gerade Potenzen enthält, erhalten die Gln. (6.62) und (6.63) die folgende Form:

$$\sum_{\nu=0}^{\infty} a_{2\nu+1}(x - x_0)^{2\nu+1} = \frac{x}{1 - q^2(x - x_0)^2}\left\{a_1 - \sum_{\nu=1}^{\infty} b_{2\nu+1}(x - x_0)^{2\nu}\right\} \tag{6.66}$$

mit

$$a_{2\nu} = 0; \quad q^2 = \lim_{\nu\to\infty} \frac{a_{2\nu+1}}{a_{2\nu+3}}; \quad b_{2\nu+3} = a_{2\nu+1}\, q^2 - a_{2\nu+3}$$

und

$$\sum_{\nu=0}^{\infty} a_{2\nu}(x - x_0)^{2\nu} = \frac{1}{1 - q^2(x - x_0)^2}\left\{a_0 - \sum_{\nu=1}^{\infty} b_{2\nu}(x - x_0)^{2\nu}\right\} \tag{6.67}$$

mit

$$a_{2\nu+1} = 0; \quad q^2 = \lim_{\nu\to\infty} \frac{a_{2\nu}}{a_{2\nu+2}}; \quad b_{2\nu+2} = a_{2\nu}q^2 - a_{2\nu+2}.$$

Beispiel 1: Wir lösen das folgende Cauchysche Problem

$$y' = 1 - y^2 ; \quad x_0 = 0; \quad y(0) = 0 \tag{6.68}$$

und trennen von der erhaltenen Lösung die ersten zwei Polterme ab.

Lösung: Wegen $x_0 = 0$ erhalten wir die Lösung in Form der Reihe

$$y = \sum_{n=0}^{\infty} a_n x^n , \tag{6.69}$$

deren Koeffizienten gemäß Gl. (6.68) durch die Rekursionsformel

$$a_{n+1} = -\frac{a_n^{(2)} - \beta_n}{n+1} ; \quad \beta_n = \begin{cases} 1 \text{ für } n = 0 \\ 0 \text{ für } n \neq 0 \end{cases} \tag{6.70}$$

gegeben sind. Mit der Anfangsbedingung $y_0 = 0$ finden wir daraus

$$a_0 = 0, \ \beta_0 = 1; \quad a_1 = +1$$

und hierauf mit $n = 2\nu$ in Gl. (6.69)

$$a_{2\nu} = 0; \quad a_{2\nu+3} = -\frac{a_{2\nu+1}^{(2)}}{2\nu + 3}; \quad \nu = 0, 1, 2, \ldots, \tag{6.71}$$

wobei die Größen $a_{2\nu+1}^{(2)}$ wie üblich nach Gl. (6.42) berechnet werden.

In Tabelle 87 wurden die ersten 20 Koeffizienten a_n bis einschließlich a_{19} mit neun bedeutsamen Ziffern berechnet. Aus den bekannten $a_n = a_{2\nu+1}$ wurden hierauf die dazu gehörenden Größen

$$q_{2\nu+1}^2 = \frac{a_{2\nu+1}}{a_{2\nu+3}}$$

bestimmt.

Tabelle 87

$y' = 1 - y^2 ; \ a_{2\nu} = 0; \ a_{2\nu+3} = -\frac{a_{2\nu+1}^{(2)}}{2\nu+3} ; \qquad \nu = 0, 1, 2, \ldots ; \ b_{2\nu+3} = a_{2\nu+1}\, q^2 - a_{2\nu+3} ; \ q^2 = q_{17}^2$

$2\nu+1$	$a_{2\nu+1}$	$a_{2\nu+1}^{(2)}$	$q_{2\nu+1}^2 = \frac{a_{2\nu+3}}{a_{2\nu+1}}$	$b_{2\nu+1}$	$z^{2\nu+1}$
1	+ 1,000000000	+ 1,0000000000	− 0,333333333	–	2; 2i
3	− 0,333333333	− 0,6666666667	− 0,400000000	− 0,071951400	± 4
5	+ 0,133333333	+ 0,3777777778	− 0,404761906	+ 0,001761578	+ 16
7	$- 0{,}539682540 \cdot 10^{-1}$	− 0,1968253969	− 0,405228757	− 0,000069710 3	± 64
9	$+ 0{,}218694885 \cdot 10^{-1}$	+ 0,0974955908	− 0,405278593	+ 0,0000030209	+ 256
11	$- 0{,}886323553 \cdot 10^{-2}$	$- 0{,}4669766440 \cdot 10^{-1}$	− 0,405284054	− 0,0000001342 8	± 1024
13	$+ 0{,}359212803 \cdot 10^{-2}$	$+ 0{,}2183751577 \cdot 10^{-1}$	− 0,405284658	+ 0,0000000060 2	+ 4096
15	$- 0{,}145583438 \cdot 10^{-2}$	$- 0{,}1003046647 \cdot 10^{-1}$	− 0,405284727	− 0,0000000002 7	± 16384
17	$+ 0{,}590027439 \cdot 10^{-3}$	$+ 0{,}4543453156 \cdot 10^{-2}$	− 0,405284733	+ 0,000000000009	+ 65536
19	$- 0{,}239129113 \cdot 10^{-3}$			0,000000000000	

Eine Analyse der Ergebnisse ergibt, daß die Größen $q_{2\nu+1}^2$ mit wachsendem $n = 2\nu + 1$ monoton und sehr rasch gegen einen Grenzwert streben. Die Bedingung (6.61) ist daher für die Reihe (6.69) mit neun bedeutsamen Ziffern bereits ab $n = 2\nu + 1 = 17$ erfüllt. Nehmen wir an, daß mit derselben Genauigkeit auch

$$q^2 = \lim_{\nu \to \infty} q_{2\nu+1}^2 = q_{17}^2 = -0{,}405\,284\,733$$

gilt, so können wir die gefundene Lösung (6.69) umformen und gemäß Gl. (6.66) die Reihe

$$y = \sum_{\nu=0}^{\infty} a_{2\nu+1} x^{2\nu+1} = \frac{x}{1 - q^2 x^2} \left\{1 - \sum_{\nu=1}^{\infty} b_{2\nu+1} x^{2\nu}\right\} \tag{6.72}$$

darstellen, deren Koeffizienten $b_{2\nu+1}$ ebenfalls in Tabelle 87 berechnet wurden.

Wir zerlegen nun in Gl. (6.72) den Nenner in zwei Faktoren

$$1 - q^2 x^2 = (1 - qx)(1 + qx)$$

und finden gemäß den Gln. (6.64) und (6.65), daß die gefundene Funktion $y(x)$ mindestens zwei einfache Polstellen

$$x = \pm \frac{1}{q} = \mp 1{,}570\,796\,329\,9 i$$

besitzt. Der Konvergenzradius der ursprünglichen Reihe (6.69) ist

$$\widetilde{R} = \left|\frac{1}{q}\right| = 1{,}570\,796\,329\,9,$$

da in unserem Beispiel

$$q = \sqrt{-0{,}405\,284\,733} = 0{,}636\,619\,771\,1 i.$$

Die Gl. (6.68) ist eine Gleichung erster Ordnung, bei der eine Variablentrennung möglich ist. Das Cauchysche Problem besitzt daher die analytische Lösung

$$y = \tanh x = x - \frac{x^3}{3} + \frac{2}{15} x^5 - \frac{17}{315} x^7 + \frac{62}{2835} x^9 - \frac{1382}{155\,925} x^{11} + \dots .$$

Der Konvergenzradius dieser exakten Lösung ist

$$R = \frac{\pi}{2} = 1{,}570\,796\,326\,79\dots .$$

Der von uns mit Hilfe einer Potenzreihe gefundene Näherungswert $\widetilde{R}$ hat also neun gültige Ziffern. In der zehnten Stelle unterscheidet er sich um drei Einheiten vom wahren Wert, was durch die begrenzte Rechengenauigkeit der Tabelle 87 bedingt ist.

Die erhaltenen Resultate bleiben auch im komplexen Bereich gültig. Wir schreiben die Gl. (6.68) und ihre Lösung (6.69) in der Form

$$w' = 1 - z^2; \quad z_0 = 0; \quad w(0) = 0; \tag{6.68'}$$

$$w = \sum_{n=0}^{\infty} a_n z^n; \quad w = u + iv; \quad z = x + iy \tag{6.69'}$$

und wenden darauf die Potenzreihenmethode an. So gelangen wir auf vollkommen analogem Wege zur selben Rekursionsformel (6.70) und damit zu denselben Koeffizienten a_n und b_n wie in Tabelle 87. Da die exakte Lösung der Gl. (6.68')

$$w = \tanh z$$

ist, erhalten wir, wenn wir in Gl. (6.72) x durch z ersetzen,

$$w = \tanh z = \frac{z}{1 - q^2 z^2} \left\{1 - \sum_{\nu=0}^{\infty} b_{2\nu+1} z^2\right\}; \quad b_{2\nu} = 0, \tag{6.73}$$

wobei (mit vierzehn Dezimalstellen)

$$q^2 = -\frac{4}{\pi^2} = -0{,}405\,284\,734\,569\,35;$$
$$b_3 = q^2 + \tfrac{1}{3} = -0{,}071\,951\,401\,236\,02;$$
$$b_5 = -\tfrac{1}{3} q^2 - \tfrac{2}{15} = +0{,}001\,761\,578\,189\,78;$$
$$b_7 = -0{,}000\,069\,710\,640\,99;$$
$$b_9 = +0{,}000\,003\,020\,948\,54;$$
$$b_{11} = -0{,}000\,000\,134\,326\,64;$$
$$b_{13} = +0{,}000\,000\,006\,022\,59;$$
$$b_{15} = -0{,}000\,000\,000\,270\,79;$$
$$b_{17} = +0{,}000\,000\,000\,012\,19.$$

Die Gl. (6.73) eignet sich sehr gut zur Berechnung der Funktionswerte von $w = \tanh z$. Bei $z = 1$ oder $z = i$ finden wir zum Beispiel (mit den Koeffizienten aus Tabelle 87 zu deren Kontrolle):

$$\tanh 1 = \frac{1{,}070\,256\,639\,9}{1{,}405\,284\,733} = 0{,}761\,594\,155\,8,$$

$$\tanh i = \frac{0{,}926\,214\,150\,2}{0{,}594\,715\,267}\, i = 1{,}557\,407\,724\, i.$$

Der exakte Wert für $z = 1$ ist:

$$\tanh z = \frac{1 - e^{-2z}}{1 + e^{-2z}} = \frac{0{,}864\,664\,716\,763\,387}{1{,}135\,335\,283\,236\,613} = 0{,}761\,594\,155\,955\,764.$$

Für $z = i$ haben wir wegen $\tanh iz = i \tan z$:

$$\tanh i = i \tan 1 = 1{,}557\,407\,724\,65\, i.$$

Die Resultate von Gl. (6.73) haben daher die Genauigkeit, mit der die Koeffizienten $b_{2\nu+1}$ berechnet worden sind. Nimmt man also $b_{2\nu+1}$ mit vierzehn Dezimalstellen, so erhält man exaktere Werte für tanh 1 und tanh i. Der Leser möge dies als Übung selbst durchführen.

Verwendet man dagegen die Ausgangsreihe (6.69), so erhält man für z = 1 und z = i mit den in Tabelle 87 angegebenen Koeffizienten a_n (d. h. mit n = 19) die folgenden Ergebnisse:

$$\tanh 1 = \sum_{\nu=0}^{9} a_{2\nu+1} = 0{,}761\,525\,191;$$

$$\tan 1 = \sum_{\nu=0}^{9} (-1)^{\nu} a_{2\nu+1} = 1{,}557\,244\,763.$$

Darin sind nur die ersten vier Ziffern gültig.

Analog finden wir für z = 2 und z = 2i unter Verwendung der in Tabelle 87 angeführten Spalte der Werte von $z^{2\nu+1}$

$$\tanh 2 = \frac{2 \cdot 1{,}263\,425\,139}{2{,}621\,138\,932} = 0{,}964\,027\,602;$$

$$\tanh 2i = i \tan 2 = \frac{2i \cdot 0{,}678\,607\,168}{-0{,}621\,138\,932} = -2{,}185\,041\,5\,i$$

und die entsprechenden genaueren Werte

$$\tanh 2 = 0{,}964\,027\,800\,758; \quad \tanh 2i = i \tan 2 = -2{,}185\,039\,863\,26\,i.$$

Somit erhalten wir auch außerhalb des Konvergenzbereiches der Reihe (6.69),sofern wir nicht diese direkt verwenden, mit Gl. (6.73) hinreichend exakte Resultate. Wo dies nötig ist, läßt sich die Genauigkeit noch erhöhen, wenn man mehr Koeffizienten $b_{2\nu+1}$ und diese mit mehr Dezimalstellen berechnet.

Die Funktion tanh z besitzt bekanntlich in der komplexen Ebene z = x + iy die unendlich vielen einfachen Polstellen

$$z = \pm \frac{k\pi}{2} i; \quad k = 1, 2, 3, \ldots,$$

die alle auf der imaginären Achse liegen (Bild 46). Der Konvergenzradius der Ausgangsreihe (6.69) wird daher durch das erste Polstellenpaar $z = \pm \pi i/2$ bestimmt. Der Konvergenzradius ist also $R_1 = \pi/2$. Der Konvergenzradius der Reihe (6.73) ist dagegen $R_2 = 3\pi/2$. Für die Koeffizienten $b_{2\nu+1}$ muß also die Beziehung

$$\lim_{\nu \to \infty} \frac{b_{2\nu+1}}{b_{2\nu+3}} = \frac{-1}{R_2^2} = \frac{-4}{9\pi^2} = -0{,}045\,031\,637\ldots$$

gelten.

Von der Reihe (6.73) können wir nun eine weitere geometrische Reihe mit dem Faktor

$$q_1^2 = -\frac{4}{9\pi^2}$$

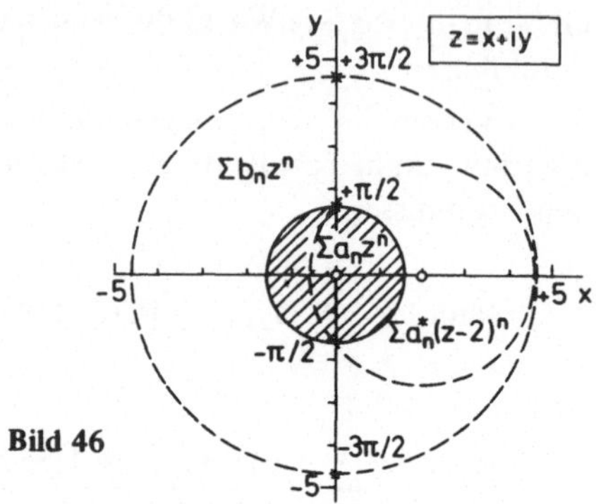

Bild 46

abziehen. Wir erhalten dadurch eine noch schneller konvergierende Reihe. Wenn wir jedoch unmittelbar die Koeffizienten $b_{2\nu+1}$ aus Tabelle 87 verwenden, so erhalten wir wegen des großen Genauigkeitsverlustes bei ihrer Berechnung keine gültigen Ergebnisse. Man muß daher die Berechnung der Tabelle 87 mit wesentlich mehr bedeutsamen Ziffern wiederholen. Dasselbe Ergebnis erreicht man jedoch einfacher mit Hilfe der analytischen Fortsetzung.

Wir verwenden dazu die mit Hilfe von Gl. (6.73) gewonnenen Ergebnisse

$$z_0 = 2; \quad w(z_0) = 0{,}9640276$$

und lösen das ursprüngliche Cauchysche Problem (6.68′) in Form einer Reihe $w = \Sigma a_n^*(z - z_0)^n$ und mit neuen Anfangsbedingungen. Dazu muß man nur in der Rekursionsformel (6.70) $a_0 = 0$ durch $a_0^* = w(z_0) = 0{,}9640276$ ersetzen.

Übung 1: Man führe diese Rechnungen mit sieben Dezimalstellen durch. Das Resultat überprüfe man an Hand des exakten Wertes

$$\tanh 4 = \frac{1 - e^{-8}}{1 + e^{-8}} = \frac{0{,}999664537}{1{,}00033546} = 0{,}99932930.$$

Wir betrachten nun die Binomialreihe mit dem Zentrum $x_0 = 0$

$$(1 \pm x)^m = \sum_{n=0}^{\infty} b_n x^n, \tag{6.74}$$

deren Koeffizienten durch die Rekursionsformel

$$b_{n+1} = \pm \frac{m - n}{n + 1} b_n; \quad b_0 = 1; \quad n = 0, 1, 2, \ldots \tag{6.75}$$

gegeben sind. Es ergibt sich daraus für die Binomialreihe bei beliebigem m und n:

$$n \pm (n + 1)\frac{b_{n+1}}{b_n} = m = \text{const.} \tag{6.76}$$

Wenn für eine gegebene Reihe

$$y = \sum_{n=0}^{\infty} a_n x^n; \quad a_0 = 1 \tag{6.77}$$

die Beziehung (6.76) nur asymptotisch erfüllt wird,

$$\lim_{n \to \infty} m_n = \lim_{n \to \infty} \left[n \pm (n+1) \frac{a_{n+1}}{a_n} \right] = m = \text{const}, \tag{6.78}$$

d. h. wenn von einem gewissen n ab die Größen

$$m_n = n \pm (n+1) \frac{a_{n+1}}{a_n} \tag{6.79}$$

mit der gegebenen Genauigkeit konstant bleiben, so kann man von der Reihe (6.77) eine Binomialreihe mit konstantem m und $a_0 = 1$ abtrennen.

Es sind zwei Fälle möglich. Wir unterscheiden sie nach dem Charakter des Vorzeichenwechsels bei der gegebenen Reihe.

Wenn für genügend großes $n > m$ die Koeffizienten a_n wechselndes Vorzeichen haben, so strebt die Reihe (6.77) asymptotisch gegen die Reihe $(1 + x)^m$. Haben die Koeffizienten a_n dagegen konstantes Vorzeichen, so strebt sie gegen $(1 - x)^m$.

Das Vorzeichen des Exponenten m ergibt sich unmittelbar aus Gl. (6.79). Ist der Exponent eine negative ganze Zahl,

$$m = -n; \quad n = 1, 2, 3, \ldots,$$

so finden wir auf demselben Wege für $n = 1$ einen einfachen und für $n \geqslant 2$ einen mehrfachen Pol.

Beispiel 2: Wir lösen das Cauchysche Problem

$$y' = y + \frac{y}{2(1+x)}; \quad x_0 = 0; \quad y(0) = 1 \tag{6.80}$$

und trennen von der erhaltenen Reihe eine Binomialreihe ab.

Lösung: Wir schreiben die Ausgangsgleichung in der Form

$$2(y' - y) + 2x(y' - y) = y$$

und erhalten bei Berücksichtigung der Ergebnisse in Beispiel 3 von Abschnitt 41 die folgende Rekursionsformel:

$$2(\dot{a}_{n+1} - a_n) + 2(\dot{a}_n - a_{n-1}) = a_n.$$

Ersetzen wir darin $\dot{a}_{n+1}$ durch $(n+1)\, a_{n+1}$ und $\dot{a}_n = n a_n$, so finden wir

$$a_{n+1} = \frac{a_{n-1} - (n - 1{,}5)\, a_n}{n+1}; \quad a_0 = +1; \quad a_1 = +1{,}5; \quad n \geqslant 0. \tag{6.81}$$

Die ersten beiden Koeffizienten, die für den Beginn des Rekursionsverfahrens benötigt werden, findet man aus den Anfangsbedingungen und aus der Gl. (6.80) selbst:

$$a_0 = y(0) = +1; \quad a_1 = y'(0) = y(0) + \frac{y(0)}{2} = +1{,}5.$$

Die ersten 16 nach Gl. (6.81) berechneten Koeffizienten sind in Tabelle 88 angegeben.

In unserem Beispiel hat die Rekursionsformel eine sehr einfache Struktur (was durch die Linearität der Ausgangsgleichung bedingt ist). Wir bestimmen daher den Grenzwert (6.78) nicht numerisch, sondern unmittelbar aus Gl. (6.81). In Tabelle 88 haben die Koeffizienten a_n ab $n \geqslant 5$ alternierendes Vorzeichen. In Gl. (6.78) müssen wir daher das Pluszeichen verwenden. Aus Gl. (6.81) erhalten wir so eine unbestimmte Form, die wir mit der Regel von *de l'Hospital* behandeln:

$$\lim_{n\to\infty} m_n = \lim_{n\to\infty}\left[n + (n+1)\frac{a_{n+1}}{a_n}\right] = \lim_{n\to\infty} n\left[1 + \frac{n+1}{n}\cdot\frac{a_{n+1}}{a_n}\right]$$

$$= \lim_{n\to\infty}\frac{1 + \frac{n+1}{n}\cdot\frac{a_{n+1}}{a_n}}{\frac{1}{n}} = \lim_{n\to\infty}\frac{\left\{1 + \frac{\frac{a_{n-1}}{a_n} - (n-1{,}5)}{n}\right\}'}{\left(\frac{1}{n}\right)'} = \frac{1}{2}.$$

Tabelle 88

$$y' = y + \frac{y}{2(1+x)}; \quad y(0) = 1; \quad a_{n+1} = \frac{a_{n-1} - (n-1{,}5)\,a_n}{n+1}; \quad a_0 = 1; \quad a_1 = 1{,}5$$

$$c_n = a_n - (b_1 c_{n-1} + b_2 c_{n-2} + \ldots + b_n c_0); \quad b_n = \frac{(1{,}5-n)}{n}\, b_{n-1}$$

n	1,5 − n	a_n	b_n	c_n	m_n
0	–	+ 1,000 000 000 00	+ 1,000 000 000 00	1,000 000 000	+ 1,500 000
1	+ 0,5	+ 1,500 000 000 00	+ 0,500 000 000 00	1,000 000 000	+ 2,166 667
2	− 0,5	+ 0,875 000 000 00	− 0,125 000 000 00	0,500 000 000	+ 3,214 286
3	− 1,5	+ 0,354 166 666 67	+ 0,625 000 000 00 · 10^{-1}	0,166 666 667	+ 3,970 588
4	− 2,5	+ 0,859 375 000 00 · 10^{-1}	− 0,390 625 000 00 · 10^{-1}	0,416 666 667 · 10^{-1}	+ 5,621 212
5	− 3,5	+ 0,278 645 833 33 · 10^{-1}	+ 0,273 437 500 00 · 10^{-1}	0,833 333 333 · 10^{-2}	+ 4,584 112
6	− 4,5	− 0,193 142 361 11 · 10^{-2}	− 0,205 078 125 00 · 10^{-1}	0,138 888 889 · 10^{-2}	+ 4,107 303
7	− 5,5	+ 0,522 228 422 62 · 10^{-2}	+ 0,161 132 812 50 · 10^{-1}	0,198 412 71 · 10^{-3}	+ 1,130 157
8	− 6,5	− 0,383 174 835 69 · 10^{-2}	− 0,130 920 410 16 · 10^{-1}	0,248 015 8 · 10^{-4}	+ 0,137 101
9	− 7,5	+ 0,334 762 761 62 · 10^{-2}		0,275 57 · 10^{-5}	+ 0,355 384
10	− 8,5	− 0,289 389 554 78 · 10^{-2}		0,275 5 · 10^{-6}	+ 0,343 210
11	− 9,5	+ 0,254 052 179 75 · 10^{-2}			+ 0,360 905
12	− 10,5	− 0,225 240 438 53 · 10^{-2}			+ 0,372 084
13	− 11,5	+ 0,201 467 444 95 · 10^{-2}			+ 0,382 001
14	− 12,5	− 0,181 579 718 25 · 10^{-2}			+ 0,390 474
15	− 13,5	+ 0,164 747 594 87 · 10^{-2}			

Es gilt also $m = 1/2$. Die asymptotische Binomialreihe ist daher in unserem Fall

$$(1+x)^{\frac{1}{2}} = \sum_{n=0}^{\infty} b_n x^n; \quad b_{n+1} = \frac{-(n-0{,}5)}{n+1} b_n; \quad b_0 = 1; \quad n = 0, 1, 2, \ldots,$$

mit den Koeffizienten gemäß Gl. (6.75):

$$b_{n+1} = \frac{0{,}5-n}{n+1} b_n; \quad b_0 = 1; \quad n = 0, 1, 2, \ldots.$$

Für die Rechnung in Tabelle 88 ist bequemer

$$b_n = \frac{1{,}5-n}{n} b_{n-1}; \quad b_0 = 1; \quad b_1 = \frac{1}{2}; \quad n = 1, 2, 3, \ldots.$$

Die Reihe $\Sigma b_n x^n$ trennen wir nun von der Reihe $\Sigma a_n x^n$ durch Division ab und erhalten als Ergebnis eine Reihe $\Sigma c_n x^n$, deren Koeffizienten c_n wir nach Gl. (4.31) aus Abschnitt 28 berechnen:

$$c_n = \left[\frac{a_n}{b_n}\right] = a_n - (b_1 c_{n-1} + b_2 c_{n-2} + \ldots + b_n c_0); \quad c_0 = \frac{a_0}{b_0}; \quad b_0 = 1.$$

Die Koeffizienten b_n und c_n sind ebenfalls in Tabelle 88 enthalten. Innerhalb der Rechengenauigkeit gilt

$$c_n = \frac{1}{n!}, \text{ also ist } \sum_{n=0}^{\infty} c_n x^n = e^x.$$

Durch Kombination der erhaltenen Ergebnisse finden wir nun die gesuchte Lösung für das Problem (6.80):

$$y = \sum_{n=0}^{\infty} a_n x^n = \left[\sum_{n=0}^{\infty} b_n x^n \cdot \sum_{n=0}^{\infty} c_n x^n\right] = e^x \sqrt{1+x}. \tag{6.82}$$

Setzen wir das Ergebnis in die Ausgangsgleichung ein und differenzieren wir, so überzeugen wir uns, daß die Lösung (6.82) der Gl. (6.80) genügt.

Zur Illustration des Vorteils der Berechnung des Grenzwertes (6.78) aus der Rekursionsformel gegenüber einer numerischen Ermittlung wurden in Tabelle 88 auch die entsprechenden Größen m_n angegeben, die mit Hilfe von Gl. (6.79) gefunden wurden.

Übung 2: Man setze die Berechnung der a_n und der entsprechenden Größen m_n in Tabelle 88 bis $n = 30$ fort. Die Rechnung führe man mit sechs bedeutsamen Ziffern durch.

Die Gln. (6.74) bis (6.79) erhielten wir unter der Voraussetzung, daß $x_0 = 0$ und $a_0 = 1$. Von beiden Einschränkungen kann man sich leicht befreien.

Wenn $a_0 \neq 1$, so schreiben wir die Ausgangsreihe in der Form

$$\sum_{n=0}^{\infty} a_n (x-x_0)^n = a_0 \sum_{n=0}^{\infty} \bar{a}_n (x-x_0)^n$$

und führen die neuen Koeffizienten

$$\bar{a}_n = \frac{a_n}{a_0}, \quad \bar{a}_0 = 1$$

ein, wodurch wir $\bar{a}_0 = 1$ erhalten.

Bei $x_0 \neq 0$ lauten alle erhaltenen Gleichungen genauso wie bei $x_0 = 0$, da die Wahl des Zentrums der Reihe die Struktur der Rekursionsformel zur Bestimmung ihrer Koeffizienten nicht beeinflußt. Der Übergang von einem x_0-Wert zu einem anderen beeinflußt nur den Zahlenwert der Koeffizienten a_n. Durch einen derartigen Übergang erhalten wir nämlich neue Anfangsbedingungen $y(x_0) = y_0, y'(x_0) = y_0', \ldots$ und damit auch neue Werte für die ersten Koeffizienten $a_0, a_1, \ldots$ in der entsprechenden Rekursionsformel.

In diesem Abschnitt haben wir nur die Fragen betrachtet, wie man von einer Lösung eine geometrische Reihe oder eine Binomialreihe abtrennt. Auf analogem Wege kann man von einer Potenzreihe eine beliebige andere Potenzreihe abtrennen, deren Koeffizienten durch eine hinreichend einfache Rekursionsformel bestimmt sind, zum Beispiel eine logarithmische Reihe, eine hypergeometrische Reihe usw.

Wir bemerken noch, daß wir aus den Gln. (6.62) und (6.63) für $q = 1$ die Eulersche Formel zur Transformation einer langsam konvergenten Reihe in eine Reihe mit rascher Konvergenz [375, S. 375] erhalten. Diese Gleichung lautet

$$\sum_{n=0}^{\infty} a_n x^n = \frac{1}{1-x} a_0 + \frac{1}{1-x} \sum_{n=1}^{\infty} \left(\frac{x}{1-x}\right)^n \Delta^n a_0, \tag{6.83}$$

wobei

$$\begin{aligned} \Delta a_0 &= a_1 - a_0, \\ \Delta^2 a_0 &= \Delta a_1 - \Delta a_0 = a_2 - 2a_1 + a_0, \\ &\cdots\cdots\cdots\cdots \\ \Delta^n a_k &= \Delta^{n-1} a_{k+1} - \Delta^{n-1} a_k. \end{aligned}$$

Auf diese Fragen kommen wir noch später zurück.

43. Die geometrische Bedeutung einer Gleichung erster Ordnung. Die Riccatische Gleichung

Wir betrachten eine Differentialgleichung erster Ordnung, die bezüglich der Ableitung aufgelöst ist:

$$y' = f(x, y). \tag{6.84}$$

Wir wollen annehmen, daß $f(x, y)$ eine eindeutige Funktion von x und y ist, daß sie nach x und y differenzierbar ist und daß ihre Ableitungen endlich sind.

Ausgehend von rein geometrischen Überlegungen können wir ohne Aufsuchen einer expliziten Lösung $y(x)$ ein qualitatives Bild dieser Lösungen finden, was die weitere Untersuchung der Gl. (6.84) wesentlich erleichtert.

Die Größe

$$y' = \tan \alpha = k$$

bedeutet den Tangens des Neigungswinkels der Tangente an die Kurve $y = y(x)$ in der xy-Ebene. Wenn wir also y' durch x und y ausdrücken können, so können wir gemäß Gl. (6.84) in jedem (nichtsingulären) Punkt der xy-Ebene den Winkelkoeffizienten $k = y'$ der Tangente zur Integralkurve $y = y(x)$ der Gl. (6.84) finden. Die Richtung der Tangente durch den Punkt (x, y) deuten wir durch eine kleine gerade Strecke mit der Steigung $k = \tan \alpha = y'$ an und konstruieren dazu ein Hilfsdreieck mit den Katheten $\Delta x = 1$ und $\Delta y = k = \tan \alpha$ (Bild 47).

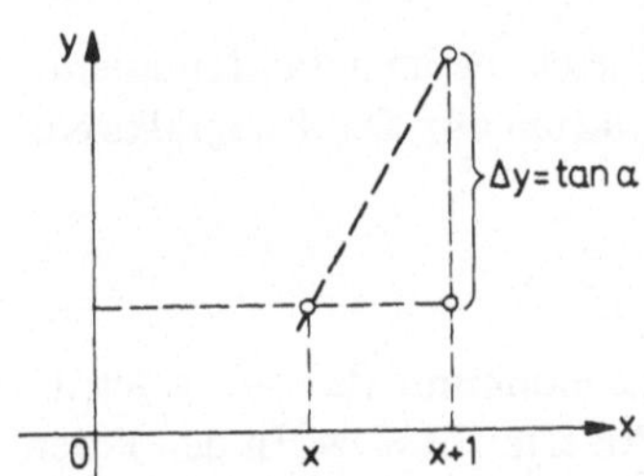

Bild 47

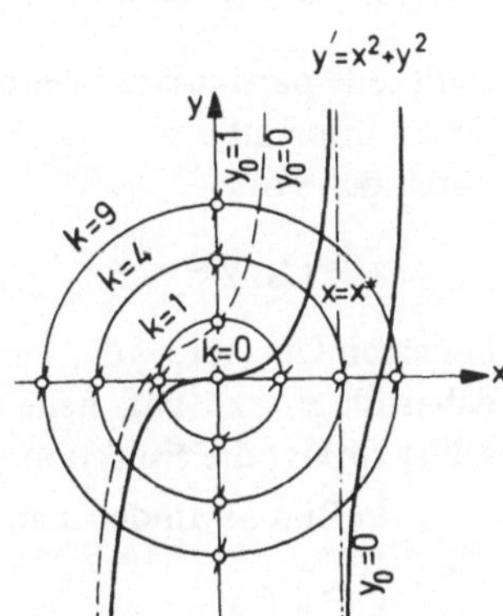

Bild 48

Wir zeichnen nun eine Kurvenschar, die durch die Gleichung

$$f(x, y) = C = \text{const} \tag{6.85}$$

definiert wird. Jede solche Kurve enthält gemäß Gl. (6.85) die Punkte, in denen die Integralkurven $y = y(x)$ der Gl. (6.84) dieselbe Steigung besitzen. Durch Änderung der Konstanten C in der Gl. (6.85) erhalten wir eine Schar von solchen Kurven, die man als *Isoklinen* bezeichnet, d. h. als Kurven gleicher Steigung. Das Aufsuchen von Lösungen (d. h. von Integralkurven) der Gl. (6.84) besteht nun in der Bestimmung von Kurven, die jede Isokline mit entsprechender Steigung schneiden. Offenbar erhält man unendlich viele Integralkurven, wenn man jede Konstruktion in einem anderen Punkt einer gewissen Isoklinen beginnt.

In Bild 48 sind zwei Integralkurven der Gleichung

$$y' = x^2 + y^2$$

dargestellt, die durch die Punkte $x = 0, y = 0$ (geschlossene Linie) und $x = 0, y = 1$ (gestrichelte Linie) verlaufen.

Als Isoklinen dienen hier die Kreislinien

$$x^2 + y^2 = R^2 = C = \text{const.}$$

In allen Punkten dieser Kreislinien hat die Steigung

$$k = y' = R^2$$

einen konstanten Wert.

Bei $x = 0$, $y = 0$ ist die Steigung $k = 0$. Je weiter wir uns vom Koordinatenursprung entfernen, umso größer wird $k = R^2$ und strebt schließlich mit $R \to \infty$ gegen Unendlich. In Übereinstimmung damit streben auch die Integralkurven mit wachsender Entfernung vom Koordinatenursprung immer schneller nach Unendlich und zwar mit stetiger Vergrößerung ihrer Steigung. Wegen

$$k = x^2 + y^2 \geqslant 0$$

stellt jede partikuläre Lösung $y = y(x, C)$ der betrachteten Gleichung im gesamten unendlichen Intervall $-\infty < x < +\infty$ eine monoton wachsende Funktion dar. Die Integralkurve durch den Pol,

$$x = x^*, \quad y = \pm\infty,$$

in dessen Umgebung die Tangente an $y(x)$ eine vertikale Lage einnimmt ($k = \infty$), wächst daher für $x > x^*$ aufs neue monoton, bis sie einen zweiten Pol erreicht, usw. In den Polen selbst springt die Funktion $y = y(x)$ von $+\infty$ nach $-\infty$.

In Bild 49 findet man eine analoge Konstruktion für die Gleichung

$$y' = 1 + y^2,$$

deren allgemeines Integral bekanntlich

$$y = \tan(x + C)$$

ist.

Die Isoklinen dieser Gleichung sind Geraden parallel zur Abszissenachse:

$$1 + y^2 = C = \text{const} \quad \text{oder} \quad y = \pm\sqrt{C - 1}.$$

Die Steigung

$$k = 1 + y^2,$$

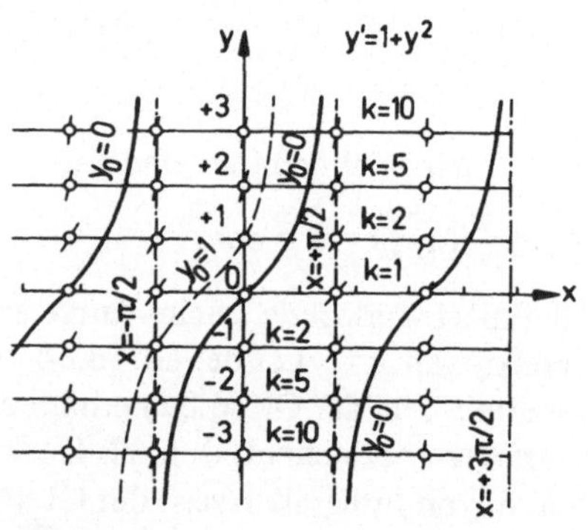

Bild 49

die die einzelnen Isoklinen beschreibt, hängt nicht von x, sondern nur von y ab. Bei $y \to \infty$ haben wir wie im ersten Fall $k \to \infty$.

Daraus folgt unmittelbar, daß $\tan x$ eine periodische und meromorphe Funktion ist, d. h. eine Funktion, deren singuläre Punkte im endlichen Bereich Pole sind. Nach Durchgang durch die erste Polstelle, die für die Integralkurve mit den Anfangsbedingungen $y(0) = y_0 = 0$ bekanntlich bei $\pi/2$ liegt, kann die Kurve $y = \tan x$ nämlich nur Teilstücke durchlaufen, die zu den Teilstücken der ersten Periode äquivalent sind, da längs allen Geraden $y = \text{const}$ dieselbe Steigung $k = y' = 1 + y^2$ vorliegt.

Die dargelegte Methode zur Lösung von Differentialgleichungen erster Ordnung heißt auch *Isoklinenmethode.* Bei der Lösung des Cauchyschen Problems sondern wir dabei unter allen möglichen Integralkurven eine aus, die durch einen gegebenen Punkt (x_0, y_0) verläuft.

Bei der Konstruktion der Integralkurvenschar für die gegebene Gl. (6.84) interessieren wir uns vor allem für die Isokline $k = 0$, auf der alle Extremalpunkte der gesuchten Integralkurve liegen müssen, und für die Isokline $k = \infty$, in deren Punkten die Tangente an die Integralkurve vertikal verläuft. Auf analogem Wege kann man in der xy-Ebene unter Verwendung der Gl. (6.84) die Kurven $y'' = 0$ bestimmen, die die Wendepunkte enthält. Man erhält dadurch ein hinreichend genaues qualitatives Bild der Integralkurven der untersuchten Differentialgleichung.

Die Isoklinenmethode läßt sich nur unter der Voraussetzung anwenden, daß $f(x, y)$ eine eindeutige und stetige Funktion von x und y ist. Andernfalls geht durch jeden Punkt (x, y) nicht nur genau eine Integralkurve und die Lösung ist nicht eindeutig.

In gewissen Sonderfällen kann diese Bedingung nicht erfüllt sein. Wenn zum Beispiel $f(x, y)$ als Quotient zweier Funktionen φ und ψ gegeben ist, also durch

$$f(x, y) = \frac{\varphi(x, y)}{\psi(x, y)}$$

und die Funktionen φ und ψ in irgendeinem Punkt gleichzeitig gleich Null sind, so bleibt dort die Funktion $f(x, y)$ unbestimmt und die Isoklinenmethode läßt sich nicht ohne zusätzliche Überlegungen anwenden.

Der Kurvenverlauf in der Umgebung der singulären Punkte der Differentialgleichungen (die man von den singulären Punkten konkreter partikulärer Lösungen dieser Gleichungen zu unterscheiden hat) wird in allen Standardwerken über die analytische Theorie der Differentialgleichungen dargelegt, zum Beispiel in den beachtenswerten Werken [72, 299, 354].

Wir betrachten nun etwas ausführlicher die Riccatische Gleichung (*Jakob Riccati,* 1676–1754). Es ist dies eine der einfachsten nichtlinearen Differentialgleichungen erster Ordnung.

Die allgemeine Riccatische Differentialgleichung

$$y' = P(x)\, y^2 + Q(x)\, y + R(x) \tag{6.86}$$

führt mit Ausnahme einiger Sonderfälle auf keine Quadratur und kann in endlicher Form nicht durch elementare Funktionen ausgedrückt werden (*Liouville*).

Für je vier partikuläre Lösungen dieser Gleichung y_1, y_2, y_3, y_4 ist das Doppelverhältnis

$$\frac{y_4 - y_2}{y_4 - y_1} : \frac{y_3 - y_2}{y_3 - y_1} = C = \text{const}$$

eine Konstante. Wenn daher drei Lösungen dieser Gleichung bekannt sind, findet man daraus die allgemeine Lösung

$$y = \frac{y_2(y_3 - y_1) + Cy_1(y_2 - y_3)}{(y_3 - y_1) + C(y_2 - y_3)} \tag{6.87}$$

mit einer beliebigen Konstanten C. Wenn nur zwei Lösungen bekannt sind, etwa y_1 und y_2, so haben wir

$$y = y_1 + \frac{y_2 - y_1}{1 + Ce^{\int P(x)(y_2 - y_1)dx}}. \tag{6.88}$$

Falls nur eine partikuläre Lösung bekannt ist, so führt die Substitution

$$y = y_1 + \frac{1}{v} \tag{6.89}$$

von der Riccatischen Gleichung zur linearen Gleichung

$$v' + [2P(x)\, y_1 + Q(x)]\, v + P(x) = 0. \tag{6.90}$$

Die Substitution

$$y = -\frac{u'}{P(x)\, u} \tag{6.91}$$

führt die Gl. (6.86) über in die homogene lineare Gleichung zweiter Ordnung

$$u'' - \left(\frac{P'}{P} + Q\right) u' + PRu = 0. \tag{6.92}$$

Setzt man

$$y = \frac{1}{z}, \tag{6.93}$$

so erhält man für z wieder eine Riccatische Differentialgleichung

$$z' = -[R(x)\, z^2 + Q(x)\, z + P(x)], \tag{6.94}$$

deren Nullstellen die Pole der Ausgangsgleichung und umgekehrt sind.

Durch Einführung der Veränderlichen

$$y = \frac{w}{P(x)} + \gamma(x) \tag{6.95}$$

geht die allgemeine Riccatische Gleichung (6.86) über in die kanonische Form

$$w' = w^2 + R^*(x), \tag{6.96}$$

mit

$$R^*(x) = P(P\gamma^2 + \gamma Q + R - \gamma'). \tag{6.97}$$

Die Funktion $\gamma(x)$ bestimmt man dabei aus der Beziehung

$$P' + 2P^2\gamma + PQ = 0,$$

d. h.

$$\gamma(x) = -\frac{P(x)\,Q(x) + P'(x)}{2P^2(x)}. \tag{6.98}$$

Beispiel 1: Wir lösen das Cauchysche Problem für die Riccatische Gleichung

$$y' = y^2 + x^2;\quad x_0 = 0;\quad y(0) = +1, \tag{6.99}$$

deren Isoklinen bereits in Bild 48 dargestellt worden sind.

Lösung: Unter Verwendung der Ergebnisse aus Abschnitt 41 erhalten wir eine Lösung in Gestalt der Reihe $y = \Sigma\, a_n x^n$, deren Koeffizienten durch die Rekursionsformel

$$a_{n+1} = \frac{a_n^{(2)} + \beta_n}{n+1};\quad a_0 = 1;\quad \beta_n = \begin{cases} 1 \text{ für } n = 2 \\ 0 \text{ für } n \neq 2 \end{cases} \tag{6.100}$$

gegeben sind.

Alle Rechnungen zur Bestimmung der ersten 24 Koeffizienten mit sieben gültigen Stellen findet man in Tabelle 89. Da die gefundenen Koeffizienten a_n der Bedingung (6.61) aus Abschnitt 42 genügen, wurden in derselben Tabelle auch die Größen

$$R_n = \frac{1}{q_n} = \frac{a_n}{a_{n+1}};\quad R = \lim_{n\to\infty} \left|\frac{1}{q_n}\right|$$

und die entsprechenden Koeffizienten b_n der Reihe

$$y = \sum_{n=0}^{\infty} a_n x^n = \frac{R}{R-x}\left\{1 - \sum_{n=1}^{\infty} b_n x^n\right\} \tag{6.101}$$

berechnet, wobei gemäß Gl. (6.63) gilt

$$b_{n+1} = \frac{a_n}{R} - a_{n+1};\quad R = 0{,}9698106.$$

Der erste singuläre Punkt der gesuchten Lösung ist daher ein (einfacher) Pol $x = +R$ und die Reihe (6.101), von der bereits der Polterm abgetrennt ist, erlaubt die Fortsetzung der Rechnung über diesen Bereich hinaus. Wir berechnen mit Hilfe der Reihe (6.101) neue Anfangswerte $y(x_0) = y_0$ im Bereich des ersten singulären Punkts und bestimmen auf analogem Wege den zweiten singulären Punkt. Setzt man dieses Verfahren fort, so gewinnt man analytische Fortsetzungen der ursprünglichen Lösung für ein beliebig vorgegebenes endliches Intervall.

Beispiel 2: Wir konstruieren die allgemeine Lösung für die Riccatische Gleichung

$$y' = y^2 + x^2$$

Tabelle 89

$y' = y^2 + x^2; \quad y(0) = 1; \quad a_{n+1} = \dfrac{a_n^{(2)} + n}{n+1}; \quad b_{n+1} = \dfrac{a_n}{R} - a_{n+1}$

n	a_n	$a_n^{(2)}$	β_n	$R_n = \dfrac{a_n}{a_{n+1}}$	b_n
0	1,0000000	1,0000000	0	1,00000000	–
1	1,0000000	2,0000000	0	1,00000000	+ 0,0311292
2	1,0000000	3,0000000	1	0,75000000	+ 0,0311292
3	1,3333333	4,6666667	0	1,14285708	− 0,3022041
4	1,1666667	6,0000000	0	0,97222222	+ 0,2081722
5	1,2000000	7,4000000	0	0,97297297	+ 0,0029841
6	1,2333333	8,9777778	0	0,96163362	+ 0,0040217
7	1,2825397	10,5428572	0	0,97320089	− 0,0108137
8	1,3178571	12,2285714	0	0,96991816	+ 0,0046070
9	1,3587302	14,0071428	0	0,97002665	+ 0,0001507
10	1,4007143	15,8924868	0	0,96950577	+ 0,0003121
11	1,4447715	17,8753102	0	0,96989969	− 0,0004541
12	1,4896092	19,9676767	0	0,96981338	+ 0,0001369
13	1,5359751	22,1727752	0	0,96982225	+ 0,0000044
14	1,5837697	24,4963402	0	0,96979981	+ 0,0000191
15	1,6330893	26,9427497	0	0,96981297	− 0,0000181
16	1,6839219	29,5177952	0	0,96981065	+ 0,0000042
17	1,7363409	32,2270317	0	0,96981122	+ 0,0000001
18	1,7903906	35,0763686	0	0,96981022	+ 0,0000012
19	1,8461247	38,0718547	0	0,96981077	− 0,0000007
20	1,9035927	41,2198479	0	0,96981063	+ 0,0000004
21	1,9628499	44,5269358	0	0,96981069	+ 0,0000001
22	2,0239516	47,9999759	0	0,96981062	+ 0,0000002
23	2,0869555				0,0000000

aus drei partikulären Lösungen $y_1(x), y_2(x), y_3(x)$ für die Anfangsbedingungen

$$x_0 = 0; \quad y_1(0) = 0; \quad y_2(0) = +\tfrac{1}{2}; \quad y_3(0) = -\tfrac{1}{2}.$$

Lösung: Wir konstruieren zuerst eine partikuläre Lösung

$$y_1 = \sum_{n=0}^{\infty} a_n^I x^n; \quad y_1(0) = 0; \quad a_0^I = 0. \tag{6.102}$$

Die Koeffizienten $a_n = a_n^I$ für diese Lösung berechnen wir wieder aus der Rekursionsformel (6.100), in der wir aufgrund der neuen Anfangsbedingungen

$$a_0 = a_0^I = y_1(0) = 0$$

zu setzen haben.

Nach Gl. (6.100) haben wir dann

$$a_0 = a_1 = a_2 = a_0^{(2)} = a_1^{(2)} = a_2^{(2)} = 0; \quad a_3 = \frac{\beta_2}{3} = \frac{1}{3}$$

und weiterhin

$$a_4 = a_5 = a_6 = a_3^{(2)} = a_4^{(2)} = a_5^{(2)} = 0; \quad a_6^{(2)} = \tfrac{1}{9}; \quad \beta_6 = 0;$$

$$a_7 = \frac{a_6^{(2)}}{7} = \frac{1}{63}.$$

Bei Fortsetzung des Rekursionsverfahrens gelangen wir zu dem Schluß, daß alle Koeffizienten

$$a_{4\nu} = a_{4\nu+1} = a_{4\nu+2} = 0; \quad \nu = 0, 1, 2, \dots . \qquad (6.103)$$

Von Null verschieden sind nur die Koeffizienten a_n mit

$$n = 4\nu + 3.$$

Diese Koeffizienten berechnen wir nach der Gleichung

$$a_{n+4} = \frac{a_{n+3}^{(2)}}{n+4}, \qquad (6.103')$$

die wir aus Gl. (6.100) unter Berücksichtigung von Gl. (6.102) erhalten, da für $n > 2$ alle β_n gleich Null sind. Wenden wir nun die Gl. (6.103') unter Beibehaltung der Brüche an, so können wir die Koeffizienten $a_n = a_n^{\mathrm{I}}$ exakt berechnen, zum Beispiel

$$a_{10}^{(2)} = 2a_3 a_7 = \frac{2}{3^3 \cdot 7}; \qquad a_{11} = \frac{a_{10}^{(2)}}{11} = \frac{2}{3^3 \cdot 7 \cdot 11};$$

$$a_{14}^{(2)} = 2a_3 a_{11} + a_7^2 = \frac{13}{3^3 \cdot 7^2 \cdot 11}; \qquad a_{15} = \frac{a_{14}^{(2)}}{15} = \frac{13}{3^4 \cdot 5 \cdot 7^2 \cdot 11} \quad \text{usw.}$$

Die Endergebnisse bis n = 43 sind in Tabelle 90 angegeben. Aus den gegebenen a_n wurden dort auch die entsprechenden

$$R_n^4 = \frac{a_n}{a_{n+4}}$$

berechnet.

Eine Analyse des Verlaufs der R_n^4 zeigt, daß mit neun Dezimalstellen

$$\lim_{n \to \infty} R_n^4 = R^4 = 16{,}1009535.$$

Der Konvergenzradius der gefundenen Reihe ist daher

$$R = R_{\mathrm{I}} = 2{,}00314736.$$

Tabelle 90

$$y' = y^2 + x^2; \quad y(0) = 0; \quad a_{n+4} = \frac{a_{n+3}^{(2)}}{n+4}; \quad a_0 = a_1 = a_2 = 0; \quad a_3 = \frac{1}{3}$$

n	a_n	$R_n^4 = \dfrac{a_n}{a_{n+4}}$
3	$\frac{1}{3} = 0{,}33333333$	21,00000000
7	$\frac{1}{3^2 \cdot 7} = \frac{1}{63} = 0{,}15873016 \cdot 10^{-1}$	16,50000000
11	$\frac{2}{3^3 \cdot 7 \cdot 11} = \frac{2}{2079} = 0{,}96200096 \cdot 10^{-3}$	16,15384615
15	$\frac{13}{3^4 \cdot 5 \cdot 7^2 \cdot 11} = \frac{13}{218295} = 0{,}59552441 \cdot 10^{-4}$	16,10869565
19	$\frac{2 \cdot 23}{3^5 \cdot 5 \cdot 7^2 \cdot 11 \cdot 19} = \frac{46}{12442815} = 0{,}36969126 \cdot 10^{-5}$	16,10212149
23	$\frac{2 \cdot 7589}{3^6 \cdot 5 \cdot 7^3 \cdot 11^2 \cdot 19 \cdot 23} = \frac{15178}{66108676095} = 0{,}22959165 \cdot 10^{-6}$	16,10113154
27	$\frac{2^2 \cdot 101}{3^7 \cdot 5 \cdot 7^2 \cdot 11^2 \cdot 19 \cdot 23} = 0{,}14259349 \cdot 10^{-7}$	16,10098074
31	$\frac{190571}{3^7 \cdot 5^2 \cdot 7^4 \cdot 11^2 \cdot 19 \cdot 23 \cdot 31} = 0{,}88561989 \cdot 10^{-9}$	16,10095767
35	$\frac{5858822}{3^9 \cdot 5^3 \cdot 7^4 \cdot 11^3 \cdot 19 \cdot 23 \cdot 31} = 0{,}55004175 \cdot 10^{-10}$	16,10095413
39	$\frac{1887447754}{3^{10} \cdot 5^3 \cdot 7^5 \cdot 11^3 \cdot 13 \cdot 19^2 \cdot 23 \cdot 31} = 0{,}34162059 \cdot 10^{-11}$	16,10095359
43	$\frac{15122132916}{3^{11} \cdot 5^3 \cdot 7^5 \cdot 11^3 \cdot 13 \cdot 19^2 \cdot 23 \cdot 31 \cdot 43} = 0{,}21217414 \cdot 10^{-12}$	

Nach der Bestimmung von $y_1(x)$ mit der geforderten Genauigkeit finden wir nun auch auf demselben Wege eine zweite und eine dritte partikuläre Lösung

$$y_2 = \sum_{n=0}^{\infty} a_n^{II} x^n; \quad a_0^{II} = y_2(0) = +\frac{1}{2}; \tag{6.104}$$

$$y_3 = \sum_{n=0}^{\infty} a_n^{III} x^n; \quad a_0^{III} = y_3(0) = -\frac{1}{2}, \tag{6.105}$$

wobei man unmittelbar aus Gl. (6.100) beweist, daß zwischen den a_n^{II} und den a_n^{III} die folgenden Beziehungen gelten:

$$a_{2\nu}^{III} = -a_{2\nu}^{II}; \quad a_{2\nu+1}^{III} = +a_{2\nu+1}^{II}; \quad \nu = 0, 1, 2, \dots . \tag{6.106}$$

Die Werte der Koeffizienten a_n^I, a_n^{II}, a_n^{III} (von n = 8 ab mit sieben Dezimalstellen) sind in Tabelle 91 angegeben.

Die Konvergenzradien für die Reihen (6.104) und (6.105) sind (mit derselben Genauigkeit)

$$R_{II} = R_{III} = 1{,}547548.$$

Setzt man nun $y_1(x)$, $y_2(x)$ und $y_3(x)$ in die Gl. (6.87) ein, so erhalten wir die allgemeine Lösung für die Riccatische Gleichung

$$y' = y^2 + x^2.$$

Zur Kontrolle der Ergebnisse bestimmen wir nach Gl. (6.87) die Lösung $y = y(x)$ des Problems (6.99), das in Beispiel 1 betrachtet worden ist. Setzen wir in Gl. (6.87) die Anfangswerte $y_1(0) = 0$, $y_2(0) = +\frac{1}{2}$; $y_3(0) = -\frac{1}{2}$ und $y(0) = +1$ ein, so finden wir $C = +1/4$. Für Beispiel 1 haben wir daher:

$$y(x) = \frac{4y_2 y_3 - y_1(3y_2 + y_3)}{3y_3 + y_2 - 4y_1}. \tag{6.107}$$

Dabei sind die Größen $y_j = y_j(x)$, $j = 1, 2, 3$ durch die Reihen (6.102), (6.104) und (6.105) gegeben.

In Tabelle 91 wurden aus den früher gefundenen a_n^I, a_n^{II} und a_n^{III} auch die Koeffizienten γ_n der Reihe berechnet, die im Nenner der Gl. (6.107) steht:

$$\gamma_n = 3a_n^{III} + a_n^{II} - 4a_n^I.$$

Multiplizieren wir die Spalte γ_n mit der Spalte $x^n = R^n$ und summieren wir die Ergebnisse, so überzeugen wir uns aufs neue, daß für die in Tabelle 89 gefundene Größe R im Bereich der Rechengenauigkeit gilt

$$\sum_{n=0}^{n=45} \gamma_n R^n = -0{,}000000098 \approx 0,$$

d. h. R = 0,9698106 bildet tatsächlich einen Pol für die Lösung $y(x)$ des Problems (6.99).

Die allgemeine Lösung jeder konkreten Riccatischen Gleichung erhält man auch mit Hilfe der Substitution (6.91). Dieser Weg führt zu einfacheren Ergebnissen.

Die Gleichung

$$y' = y^2 + x^2; \quad x_0 = 0; \quad y(0) = y_0 \tag{6.108}$$

geht zum Beispiel durch die Substitution

$$y = -\frac{u'}{u}; \quad y' = \frac{u'^2 - u''u}{u^2} \tag{6.109}$$

Tabelle 91

$$y' = y^2 + x^2;\quad y_1(0) = 0;\quad y_2(0) = +\frac{1}{2};\quad y_3(0) = -\frac{1}{2};\quad y = \frac{4y_2y_3 - y_1(3y_2 + y_3)}{3y_3 + y_2 - 4y_1}$$

n	a_n^{I}	$a_n^{II};\ a_n^{III}$	$\gamma_n = 3a_n^{III} + a_n^{II} - 4a_n^{I}$	$x^n = R^n$
0	0	±0,500000000	−1,000000000	1,0000000
1	0	+0,250000000	+1,000000000	0,9698106
2	0	±0,125000000	−0,250000000	0,9405326
3	+0,333333333	+0,395833333	+0,250000000	0,9121385
4	0	±0,114583333	−0,229166667	0,8846016
5	0	+0,065625000	+0,262500000	0,8578960
6	0	±0,036979167	−0,073958333	0,8319966
7	+0,015873016	+0,036445932	+0,082291664	0,8068791
8	0	±0,2025669 · 10^{-1}	−0,040513380	0,7825199
9	0	+0,1253410 · 10^{-1}	+0,050136400	0,7588961
10	0	±0,7608817 · 10^{-2}	−0,015217634	0,7359855
11	+0,9620010 · 10^{-3}	+0,5506737 · 10^{-2}	+0,018178944	0,7137665
12	0	±0,3473911 · 10^{-2}	−0,006947822	0,6922183
13	0	+0,2218881 · 10^{-2}	+0,008875524	0,6713206
14	0	±0,1398767 · 10^{-2}	−0,002797534	0,6510538
15	+0,5955244 · 10^{-4}	+0,9300954 · 10^{-3}	+0,003482172	0,6313989
16	0	±0,5999091 · 10^{-3}	−0,001199818	0,6123373
17	0	+0,3868724 · 10^{-3}	+0,001547490	0,5938512
18	0	±0,2478245 · 10^{-3}	−0,000495649	0,5759232
19	+0,3696913 · 10^{-5}	+0,1612119 · 10^{-3}	+0,000630060	0,5585364
20	0	±0,1042333 · 10^{-3}	−0,000208467	0,5416745
21	0	+0,6735669 · 10^{-4}	+0,000269427	0,5253217
22	0	±0,4340421 · 10^{-4}	−0,000086808	0,5094626
23	+0,2295916 · 10^{-6}	+0,2808621 · 10^{-4}	+0,000111426	0,4940822
24	0	±0,1815540 · 10^{-4}	−0,000036311	0,4791662
25	0	+0,1173439 · 10^{-4}	+0,000046938	0,4647005
26	0	±0,7576419 · 10^{-5}	−0,000015153	0,4506715
27	+0,1425935 · 10^{-7}	+0,4896952 · 10^{-5}	+0,000019531	0,4370660
28	0	±0,3164715 · 10^{-5}	−0,000006329	0,4238712
29	0	+0,2045249 · 10^{-5}	+0,000008181	0,4110748
30	0	±0,1321317 · 10^{-5}	−0,000002643	0,3986647
31	+0,8856199 · 10^{-9}	+0,8538374 · 10^{-6}	+0,000003412	0,3866293
32	0	±0,5517523 · 10^{-6}	−0,000001104	0,3749572
33	0	+0,3565520 · 10^{-6}	+0,000001426	0,3636375
34	0	±0,2303856 · 10^{-6}	−0,000000461	0,3526595
35	+0,5500417 · 10^{-10}	+0,1488711 · 10^{-6}	+0,000000595	0,3420129
36	0	±0,9619855 · 10^{-7}	−0,000000192	0,3316877
37	0	+0,6216307 · 10^{-7}	+0,000000249	0,3216742
38	0	±0,4016827 · 10^{-7}	−0,000000080	0,3119630
39	+0,3416206 · 10^{-11}	+0,2595601 · 10^{-7}	+0,000000104	0,3025450
40	0	±0,1677235 · 10^{-7}	−0,000000034	0,2934113
41	0	+0,1083808 · 10^{-7}	+0,000000043	0,2845534
42	0	±0,7003375 · 10^{-8}	−0,000000014	0,2759629
43	+0,2121741 · 10^{-12}	+0,4525462 · 10^{-8}	+0,000000018	0,2676317
44	0	±0,2924278 · 10^{-8}	−0,000000006	0,2595521
45	0	+0,1889624 · 10^{-8}	+0,000000008	0,2517164

über in die lineare Gleichung zweiter Ordnung

$$u'' = -x^2 u, \tag{6.110}$$

die man sehr leicht mit Hilfe einer Reihe löst.

Wir suchen etwa die Lösung der Gl. (6.110) in Gestalt der Reihe

$$u = \sum_{n=0}^{\infty} c_n x^n. \tag{6.111}$$

Zur Bestimmung der Koeffizienten c_n erhalten wir dann die Rekursionsformel

$$\ddot{c}_{n+2} = -c_{n-2}; \quad c_{n+2} = -\frac{c_{n-2}}{(n+1)(n+2)}$$

oder nach einer Indexverschiebung

$$c_{n+4} = -\frac{c_n}{(n+3)(n+4)}; \quad c_0 = 1; \quad c_1 = -y_0; \quad c_2 = c_3 = 0; \quad n \geqslant 0. \tag{6.112}$$

In Gl. (6.111) dürfen wir immer ohne Verlust an Allgemeinheit $c_0 = 1$ setzen, d. h. wir suchen eine Lösung in Form der Reihe

$$u = 1 + c_1 x + c_2 x^2 + c_3 x^3 + \dots .$$

In diesem Fall gilt nach Gl. (6.109)

$$y = -\frac{u'}{u} = -\frac{c_1 + 2c_2 x + 3c_3 x^2 + \dots}{1 + c_1 x + c_2 x^2 + \dots} = -c_1 + (c_1^2 - 2c_2)\, x + \dots .$$

Zur Erfüllung der Anfangsbedingungen (6.108) muß gelten

$$c_1 = -y_0 .$$

Weiterhin haben wir für $x = 0$ gemäß Gl. (6.110)

$$u''(0) = 0; \quad u'''(0) = -[2xu + x^2 u']_{x=0} = 0$$

und daher

$$c_2 = \frac{u''(0)}{2!} = 0; \quad c_3 = \frac{u'''(0)}{3!} = 0.$$

Verwenden wir die gefundenen Werte c_0, c_1, c_2 und c_3 unmittelbar in Gl. (6.112), so finden wir mit Hilfe dieser Gleichung leicht beliebig viele weitere Koeffizienten c_n. Dabei sind alle $c_{4\nu+2} = c_{4\nu+3} = 0$; $\nu = 0, 1, 2, \dots$; alle $c_{4\nu+1}$ lassen sich linear durch $c_1 = -y_0$ ausdrücken, alle $c_{4\nu}$ berechnet man unmittelbar aus $c_0 = 1$.

Die Lösung (6.111) hängt somit nur von einem Parameter ab, nämlich von $c_1 = -y_0$. Definitionsgemäß ist somit

$$y(x) = -\frac{u'(x)}{u(x)}$$

die allgemeine Lösung der Gl. (8.108). Mit jedem konkreten Wert $y(0) = y_0 = C^*$ erhalten, wir eine partikuläre Lösung, die durch den Punkt $x_0 = 0$, $y_0 = C^*$ verläuft. Die Gleichungen für die Koeffizienten c_n gelten auch für beliebiges $x_0 \neq 0$, da sie nicht von der Wahl des Zentrums der Reihe (6.111) abhängen.

Insbesondere haben wir für Beispiel 1 $y_0 = +1$. Setzen wir daher in Gl. (6.112) $c_1 = -1$, so finden wir

$$c_0 = +1; \quad c_4 = \frac{-1}{3\cdot 4}; \quad c_8 = \frac{+1}{3\cdot 4\cdot 7\cdot 8};$$

$$c_1 = -1, \quad c_5 = \frac{+1}{4\cdot 5}; \quad c_9 = \frac{-1}{4\cdot 5\cdot 8\cdot 9};$$

$$c_{12} = \frac{-1}{3\cdot 4\cdot 7\cdot 8\cdot 11\cdot 12}; \dots;$$

$$c_{13} = \frac{+1}{4\cdot 5\cdot 8\cdot 9\cdot 12\cdot 13}; \dots;$$

$$c_2 = c_3 = c_6 = c_7 = c_{10} = c_{11} = \dots = 0$$

und somit

$$u = 1 - x - \frac{x^4}{3\cdot 4} + \frac{x^5}{4\cdot 5} + \frac{x^8}{3\cdot 4\cdot 7\cdot 8} - \frac{x^9}{4\cdot 5\cdot 8\cdot 9} - \frac{x^{12}}{3\cdot 4\cdot 7\cdot 8\cdot 11\cdot 12} + \dots,$$

$$u' = -1 - \frac{x^3}{3} + \frac{x^4}{4} + \frac{x^7}{3\cdot 4\cdot 7} - \frac{x^8}{4\cdot 5\cdot 8} - \frac{x^{11}}{3\cdot 4\cdot 7\cdot 8\cdot 11} + \dots .$$

Daraus folgt

$$u'' = -x^2 + x^3 + \frac{x^6}{3\cdot 4} - \frac{x^7}{4\cdot 5} - \dots = -x^2\left(1 - x - \frac{x^4}{3\cdot 4} + \frac{x^5}{4\cdot 5} + \dots\right) = -x^2 u.$$

Aus den gefundenen Ausdrücken für u und u' erhalten wir gemäß Gl. (6.109)

$$y = -\frac{u'}{u} = \frac{1 + \frac{1}{3}x^3 - \frac{1}{4}x^4 - \frac{1}{3\cdot 4\cdot 7}x^7 + \frac{1}{4\cdot 5\cdot 8}x^8 + \dots}{1 - x - \frac{1}{3\cdot 4}x^4 + \frac{1}{4\cdot 5}x^5 + \frac{1}{3\cdot 4\cdot 7\cdot 8}x^8 - \dots}$$

$$= 1 + x + x^2 + \frac{4}{3}x^3 + \frac{7}{6}x^4 + \frac{6}{5}x^5 + \frac{37}{2\cdot 3\cdot 5}x^6 + \frac{4\cdot 101}{5\cdot 7\cdot 9}x^7 + \frac{9\cdot 41}{5\cdot 7\cdot 8}x^8 + \dots,$$

was vollkommen mit den Ergebnissen aus Tabelle 89 übereinstimmt.

Alle zur Bestimmung der ersten 26 Koeffizienten c_n mit zwölf gültigen Stellen notwendigen Rechnungen sind in Tabelle 92 angegeben (die Rechnungen wurden mit drei zusätzlichen Ziffern durchgeführt). In derselben Tabelle findet man auch die Koeffizienten $\dot{c}_n = nc_n$ der Ableitung

$$u' = u'(x) = \sum_{n=1}^{\infty} \dot{c}_n x^{n-1}, \tag{6.113}$$

die man in unserem Falle am besten nicht aus den bekannten Koeffizienten c_n, sondern aus der Rekursionsformel

$$\dot{c}_{n+4} = -\frac{\dot{c}_n}{n(n+3)}; \quad \dot{c}_1 = -1; \quad \dot{c}_2 = \dot{c}_3 = 0; \quad \dot{c}_4 = \frac{-1}{3}; \quad n \geqslant 1 \tag{6.114}$$

berechnet.

Die Reihe (6.111) und damit auch die Reihe (6.113), konvergiert in der gesamten komplexen Ebene, da gemäß Gl. (6.112) der Konvergenzradius dieser Reihe durch

$$R^4 = \lim_{n\to\infty} \left|\frac{c_n}{c_{n+4}}\right| = \lim_{n\to\infty} (n+3)(n+4) = \infty$$

gegeben ist.

Tabelle 92

$u = -x^2 u$; $u(0) = 1$; $u'(0) = -1$; $c_{n+4} = \frac{-c_n}{(n+3)(n+4)}$; $\dot{c}_{n+4} = \frac{-c_n}{n(n+3)}$; $c_4 = -\frac{1}{3}$

n	(n + 3) X (n + 4)	c_n	n(n + 3)	$\dot{c}_n$
0	12	+ 1,000000000000	–	0
1	20	– 1,000000000000	4	– 1,000000000000
2	–	0	–	0
3	–	0	–	0
4	56	$-0{,}833333333333 \cdot 10^{-1}$	28	– 0,333333333333
5	72	$+0{,}500000000000 \cdot 10^{-1}$	40	+ 0,250000000000
6	–	0	–	0
7	–	0	–	0
8	132	$+0{,}148809523810 \cdot 10^{-2}$	88	$+0{,}119047619048 \cdot 10^{-1}$
9	156	$-0{,}694444444444 \cdot 10^{-3}$	108	$-0{,}625000000000 \cdot 10^{-2}$
10	–	0	–	0
11	–	0	–	0
12	240	$-0{,}112734487734 \cdot 10^{-4}$	180	$-0{,}135281385281 \cdot 10^{-3}$
13	272	$+0{,}445156695157 \cdot 10^{-5}$	208	$+0{,}578703703704 \cdot 10^{-4}$
14	–	0	–	0
15	–	0	–	0
16	380	$+0{,}469727032227 \cdot 10^{-7}$	304	$+0{,}751563251563 \cdot 10^{-6}$
17	420	$-0{,}163660549690 \cdot 10^{-7}$	340	$-0{,}278222934473 \cdot 10^{-6}$
18	–	0	–	0
19	–	0	–	0
20	552	$-0{,}123612376902 \cdot 10^{-9}$	460	$-0{,}247224753804 \cdot 10^{-8}$
21	600	$+0{,}389667975452 \cdot 10^{-10}$	504	$+0{,}818302748450 \cdot 10^{-9}$
22	–	0	–	0
23	–	0	–	0
24		$+0{,}223935465402 \cdot 10^{-12}$		$+0{,}537445116965 \cdot 10^{-11}$
25		$-0{,}649446625754 \cdot 10^{-13}$		$-0{,}162361656438 \cdot 10^{-11}$

Multiplizieren wir in Tabelle 92 die Spalte der Koeffizienten c_n oder $\dot{c}_n$ mit den Werten der Spalten x^n oder x^{n-1}, so finden wir u(x) und u'(x). Daraus berechnen wir

$$y(x) = -\frac{u'(x)}{u(x)}.$$

So haben wir zum Beispiel für $x = \pm 1$:

$$u(+1) = \Sigma c_n = -0{,}032546473899;$$
$$u(-1) = \Sigma(-1)^n c_n = +1{,}868833544451;$$
$$u'(+1) = \Sigma \dot{c}_n = -1{,}077755510753;$$
$$u'(-1) = \Sigma(-1)^n \dot{c}_n = -0{,}43462930332$$

und dementsprechend

$$y(+1) = -33{,}114355616; \quad y(-1) = +0{,}23256715645.$$

Wir berechnen zur Kontrolle diesen Wert auch nach Gl. (6.101) und erhalten

$$y(+1) = -33{,}1142; \quad y(-1) = +0{,}2325670,$$

was im Bereich der Genauigkeit bei der Berechnung der Koeffizienten b_n und der Größe R in Tabelle 89 vollkommene Übereinstimmung liefert.

Bemerkung: Wenn die Ausgangsdifferentialgleichung (6.23) linear ist, so ist auch die Rekursionsformel (6.32) mit Ausnahme einiger Sonderfälle linear. Dies erlaubt für jeden festen x-Wert eine möglichst einfache Bestimmung der Summe der Ausgangsreihe. Wir stellen zum Beispiel die Reihen (6.111) und (6.113) in der Form

$$u(x) = \sum_{n=0}^{\infty} u_n(x), \quad \text{wobei} \quad u_n(x) = c_n x^n, \tag{6.115}$$

$$u'(x) = \sum_{n=1}^{\infty} \dot{u}_n(x), \quad \text{wobei} \quad \dot{u}_n(x) = \dot{c}_n x^{n-1} \tag{6.116}$$

dar. Damit kann man die aufeinander folgenden Glieder dieser Reihen bei festem x aus den Rekursionsformeln

$$u_{n+4}(x) = -\frac{x^4 u_n(x)}{(n+3)(n+4)}; \quad u_0 = +1; \quad u_1 = -x; \quad u_2 = u_3 = 0; \tag{6.117}$$

$$\dot{u}_{n+4}(x) = -\frac{x^4 \dot{u}_n(x)}{n(n+3)}; \quad \dot{u}_1 = -1; \quad \dot{u}_2 = \dot{u}_3 = 0; \quad \dot{u}_4 = -\frac{x^3}{3} \tag{6.118}$$

berechnen, die unmittelbar aus den Gln. (6.112) und (6.114) folgen.

In Tabelle 93 sind mit neun bedeutsamen Ziffern alle Berechnungen nach den Gln. (6.115) bis (6.118) zur Bestimmung von u(x) und u'(x) für $x = \pm 0{,}25$; $x = \pm 0{,}50$ und $x = \pm 0{,}75$ angegeben.

Tabelle 93

$y = -\frac{u'(x)}{u(x)}$			$x = \pm 0{,}25;\ x^4 = 0{,}00390625$		$x = \pm 0{,}50;\ x^4 = 0{,}06250000$		$x = \pm 0{,}75;\ x^4 = 0{,}31640625$	
n	(n + 3) X (n + 4)	n(n + 3)	$u_n(x)$	$\dot{u}_n(x)$	$u_n(x)$	$\dot{u}_n(x)$	$u_n(x)$	$\dot{u}_n(x)$
0	12	–	+ 1,000000000	–	+ 1,000000000	–	+ 1,000000000	–
1	20	4	∓ 0,250000000	- 1,000000000	∓ 0,500000000	- 1,000000000	∓ 0,750000000	- 1,000000000
4	56	28	- 0,000325521	∓ 0,005208333	- 0,005208333	∓ 0,041666667	- 0,026367188	∓ 0,140625000
5	72	40	± 0,000048828	+ 0,000976563	± 0,001562500	+ 0,015625000	± 0,011865234	+ 0,079101563
8	132	88	+ 0,000000023	± 0,000000727	+ 0,000005813	± 0,000093006	+ 0,000148978	± 0,001589094
9	156	108	∓ 0,000000003	- 0,000000095	∓ 0,000001356	- 0,000024414	∓ 0,000052142	- 0,000625706
12	240	180	–	–	- 0,000000003	∓ 0,000000066	- 0,000000357	∓ 0,000005714
13	272	208	–	–	± 0,000000001	+ 0,000000014	± 0,000000106	+ 0,000001833
16								± 0,000000010
17								- 0,000000003
$\Sigma = u(+x);\ \dot{u}(+x) =$			+ 0,749723327	- 1,004231138	+ 0,496358622	- 1,025973127	+ 0,235594631	- 1,060563923
$\Sigma = u(-x);\ \dot{u}(-x) =$			+ 1,249625677	- 0,993815926	+ 1,493236332	- 0,942825673	+ 1,711968235	- 0,782480703
			y(+ 0,25) =	+ 1,33946898	y(+ 0,50) =	+ 2,06699971	y(+ 0,75) =	+ 4,50164725
			y(- 0,25) =	+ 0,795290897	y(- 0,50) =	+ 0,631397491	y(- 0,75) =	+ 0,457064966

Hierauf wurden die entsprechenden Werte

$$y(x) = -\frac{u'(x)}{u(x)}$$

berechnet[1]).

Unter Verwendung des Anfangswertes $y(0) = +1$ und der früher berechneten Werte $y(\pm 1{,}00)$ können wir nun mit Hilfe der in Abschnitt 13 von Kapitel 2 dargelegten Subtabellierung mit der gegebenen Schrittweite eine Tabelle der Werte von $y(x)$ im Intervall $-1 \leqslant x \leqslant +1$ konstruieren. Auf demselben Wege erweitert man die Konstruktion der Tabelle für $y(x)$ auf ein beliebiges endliches Intervall, indem man mit Hilfe der Gln. (6.115) bis (6.118) die benötigte Anzahl von Stützpunkten berechnet. Allerdings konvergieren die Reihen (6.115) und (6.116) für $|x| > 1$ weniger rasch.

Die Pole einer konkreten Lösung $y = y(x)$ findet man am einfachsten als Nullstellen von u, d. h. als Wurzeln der Gleichung

$$u(x) = \sum_{n=0}^{\infty} c_n x^n = 0. \tag{6.119}$$

In Tabelle 94 sind alle Rechnungen angegeben, die zur Bestimmung des ersten negativen Pols

$$x = -2{,}223\,378\,382$$

der Lösung $y = y(x)$ des Cauchyschen Problems (6.99) mit 10 bedeutsamen Ziffern führen. Dieses Problem haben wir in Beispiel 1 betrachtet. Den exakten Wert der Wurzel der Gl. (6.119) findet man mit der Newtonschen Gleichung

$$x_{n+1} = x_n - \frac{u(x_n)}{u'(x_n)}, \tag{6.120}$$

ausgehend von $x_0 = -2{,}0$. Dafür gilt

$$u(-2{,}0) \approx +0{,}73; \quad u'(-2{,}0) \approx +3{,}0$$

und daher

$$x_1 = -2{,}0 - \frac{0{,}73}{3{,}02} = -2{,}2;$$

$$x_2 = -2{,}2 - \frac{u(-2{,}2)}{u'(-2{,}2)} = -2{,}2 - \frac{0{,}078\,80}{3{,}367\,31} = -2{,}2234;$$

$$x_3 = x_2 - \frac{u(x_2)}{u'(x_2)} = -2{,}2234 + \frac{0{,}000\,072\,8899}{3{,}371\,7994} = -2{,}223\,378\,382.$$

---

[1]) Wir bemerken, daß wir analoge Gleichungen schon in Abschnitt 8 von Kapitel 2 verwendet haben, und zwar bei der Berechnung der Funktionen $y = \sin x$ und $y = \cos x$, die durch die lineare Differentialgleichung $y'' = -y$ und die Anfangsbedingungen $y(0) = 0$, $y'(0) = 1$ und $y(0) = 1$, $y'(0) = 0$ definiert sind.

Tabelle 94

$y' = y^2 + x^2$; $y_0 = +1$			$x = -2,2$; $x^4 = 23,4256$		$x = -2,2234$; $x^4 = 24,43826700$	
n	(n + 3) (n + 4)	n(n + 3)	$u_n(x)$	$\dot{u}_n(x)$	$u_n(x)$	$\dot{u}_n(x)$
0	12	–	+ 1,00000	–	+ 1,0000000000	–
1	20	4	+ 2,20000	- 1,00000	+ 2,2234000000	- 1,0000000
4	56	28	- 1,95213	+ 3,54933	- 2,0365222500	+ 3,6637982
5	72	40	- 2,57682	+ 5,85640	- 2,7168021424	+ 6,1095668
8	132	88	+ 0,81660	- 2,96947	+ 0,8887334732	- 3,1977457
9	156	108	+ 0,83838	- 3,42974	+ 0,9221380020	- 3,7326806
12	240	180	- 0,14492	+ 0,79047	- 0,1645386811	+ 0,8880382
13	272	208	- 0,12589	+ 0,74392	- 0,1444580430	+ 0,8446319
16	380	304	+ 0,01415	- 0,10287	+ 0,0167543343	- 0,1205673
17	420	340	+ 0,01084	- 0,08378	+ 0,0129790597	- 0,0992372
20	552	460	- 0,00087	+ 0,00793	- 0,0010774918	+ 0,0096923
21	600	504	- 0,00060	+ 0,00577	- 0,0007552041	+ 0,0071329
24	756	648	+ 0,00004	- 0,00040	+ 0,0000477030	- 0,0005149
25	812	700	+ 0,00002	- 0,00027	+ 0,0000307598	- 0,0003459
28	992	868		+ 0,00001	- 0,0000015420	+ 0,0000194
29	1056	928		+ 0,00001	- 0,0000009258	+ 0,0000121
32	1260				+ 0,0000000380	- 0,0000005
33	1332				+ 0,0000000214	- 0,0000003
36					- 0,0000000007	
37					- 0,0000000004	
Σ = u (x), u′ (x) =			+ 0,07880	+ 3,36731	- 0,0000728899	+ 3,3717994
			u : u′ =	+ 0,0234	u (x) : u′ (x) =	- 0,000021618

Analog erhalten wir für den ersten positiven Pol $x = x^*$ ausgehend von $x_0 = +1,0$ gemäß Gl. (6.120)

$$x_1 = +1,0 - \frac{u(+1,0)}{u'(+1,0)} = +1,0 - \frac{0,03255}{1,07776} = +0,9680.$$

Berechnen wir nun noch zwei weitere Näherungen, so finden wir mit 12 Dezimalstellen

$$x = 0,969810653931.$$

Der schon früher in Tabelle 89 berechnete Wert

$$x = R = 0,9698106$$

ist also bis auf eine halbe Einheit der letzten Stelle genau.

Die Nullstellen der Lösung der Riccatischen Gleichung findet man in Übereinstimmung mit Gl. (6.91) am einfachsten in den Nullstellen der Funktion $u'(x)$, d. h. als Wurzeln der Gleichung

$$u'(x) = 0, \qquad (6.121)$$

die wir nach der Newtonschen Methode behandeln.

Insbesondere lautet für Beispiel 1 die Newtonsche Gleichung gemäß Gl. (6.110)

$$x_{n+1} = x_n - \frac{u'(x_n)}{u''(x_n)} = x_n + \frac{u'(x_n)}{x_n^2 u(x_n)} . \qquad (6.122)$$

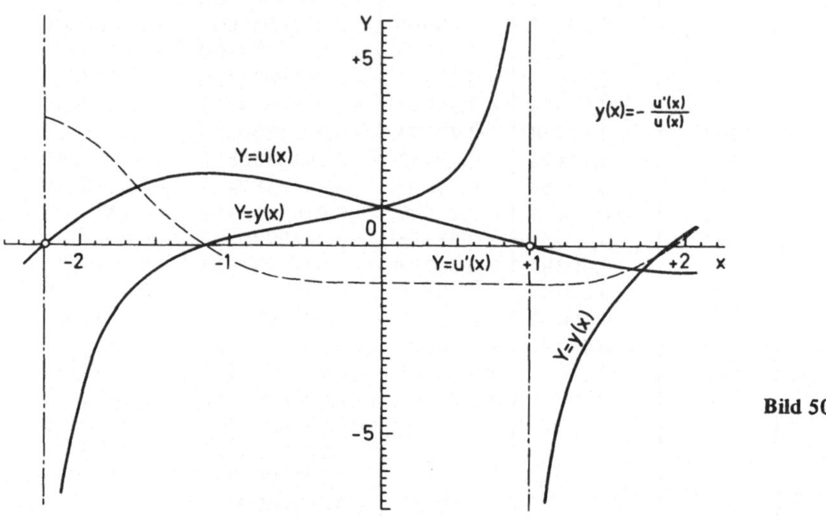

Bild 50

Die Schaubilder der Funktionen $y(x)$, $u(x)$ und $u'(x)$ für dieses Beispiel sind in Bild 50 dargestellt. Ausführlicher werden diese Fragen in [492] behandelt.

Übung 1: Man berechne für die Gleichung

$$y' = y^2 + x^2, \quad x_0 = 0, \quad y_0 = +1$$

nach den Gln. (6.115) bis (6.118) mit sieben bedeutsamen Ziffern die Werte der Funktionen $u(x)$, $u'(x)$ und $y(x) = -u'(x)/u(x)$ für $x = \pm 1{,}25$; $x = \pm 1{,}50$; $x = \pm 1{,}75$ und $x = \pm 2{,}00$. Außerdem bestimme man für $y(x)$ zwei positive Pole.

Antwort: $u(1{,}50) = -0{,}5313277$; $u'(1{,}50) = -0{,}8202010$; $y(1{,}50) = -1{,}543682$; $u(-1{,}50) = 1{,}7609899$; $u'(-1{,}50) = 1{,}0457466$; $y(-1{,}50) = -0{,}5938402$; $u(2{,}00) = -0{,}7167584$; $u'(2{,}00) = 0{,}2230964$; $u(-2{,}00) = 0{,}7255496$; $u'(-2{,}00) = 3{,}0161734$.

Übung 2: Man bestimme mit sieben gültigen Ziffern die Koeffizienten c_n und $\dot{c}_n$ der Reihen (6.111) und (6.113) für das Cauchysche Problem (6.108) mit $y_0 = 0$ und $y_0 = 1/2$. Man berechne hierauf die ersten zwei positiven Pole der gesuchten Lösung $y = y(x)$.

Antwort: Für $y_0 = 0$ sind nur die Koeffizienten $c_{4\nu}$ und $\dot{c}_{4\nu+4}$ von Null verschieden ($\nu = 0, 1, 2, 3, \ldots$). Sie stimmen in Größe und Vorzeichen mit den in Tabelle 92 berechneten Koeffizienten überein.

Wir haben die Lösungen der Gleichung $y' = y^2 + x^2$ betrachtet, die geeignet waren, die verschiedenen Lösungswege und ihre Effektivität zu vergleichen. Die erhaltenen Resultate lassen sich leicht auf die Gleichung

$$y' = y^2 - x^2$$

übertragen. Wir müssen dazu nur x durch ix ersetzen.

Darüber hinaus tritt die Gleichung

$$y' = y^2 \pm x^2$$

in der Literatur öfter auf als andere Riccatische Gleichungen. Der Leser wird selbst leicht die mit Hilfe von Reihen gewonnenen Resultate mit den Resultaten anderer Methoden vergleichen können (siehe zum Beispiel [129, S. 293; 185, S. 89–91; 206, S. 187; 271, S. 44, 61, 66–68, 73, 78; 284, S. 16; 339, S. 298]).

Zur Lösung einer konkreten Riccatischen Gleichung erweist sich, wie wir schon erwähnt haben, die Substitution (6.91) am wirksamsten. Sie führt auf eine lineare Gleichung zweiter Ordnung. Zur Illustration betrachten wir noch ein Beispiel, das wir dem Buch von *S. A. Tschaplygin* [515, S.93–97] entnommen haben.

Beispiel 3: Wir lösen das Cauchysche Problem

$$y' = -y^2 + 1 + x; \quad x_0 = 0; \quad y(0) = +1 \tag{6.123}$$

und bestimmen mit acht bedeutsamen Ziffern die Werte von $y(x)$ in den Punkten $x = \pm 1{,}0$.

Lösung: In unserem Fall gilt $P = -1$; $Q = 0$; $R = 1 + x$. Die Substitution

$$y = +\frac{u'}{u} \tag{6.124}$$

führt Gl. (6.123) daher in die lineare Gleichung

$$u'' = (1 + x)\,u; \quad u(0) = u'(0) = +1 \tag{6.125}$$

über. Wir suchen eine Lösung dieser Gleichung in Form der Reihe

$$u = \sum_{n=0}^{\infty} c_n x^n = \sum_{n=0}^{\infty} u_n(x); \quad u_n(x) = c_n x^n, \tag{6.126}$$

deren Koeffizienten aus der Rekursionsformel

$$\ddot{c}_{n+2} = c_n + c_{n-1}$$

zu bestimmen sind. Nach einer einfachen Umformung haben wir

$$c_{n+2} = \frac{c_{n-1} + c_n}{(n+1)(n+2)}; \quad c_0 = c_1 = +1; \quad c_2 = +\frac{1}{2}; \quad n \geqslant 1. \tag{6.127}$$

Tabelle 95

	$y' = -y^2 + 1 + x;\ y = \frac{u'}{u};\ u'' = (1+x)\,u;\ c_{n+2} = \frac{c_{n-1} + c_n}{(n+1)(n+2)}$				$x = \pm 1{,}4100;\ x^2 = 1{,}9881$	
n	(n + 1) (n + 2)	c_n	$\dot{c}_{n+1} = (n+1)\,c_{n+1}$	x_n	$u_n(x) = c_n x^n$	$\dot{u}_{n+1}(x)$
0	–	1,000000000	1,00000000	+ 1,00000000	+ 1,000000000	+ 1,000000000
1	6	1,000000000	1,00000000	± 1,41000000	± 1,410000000	+ 1,410000000
2	12	0,500000000	1,00000000	+ 1,98810000	+ 0,994050000	+ 1,988100000
3	20	0,333333333	0,50000000	± 2,80322100	± 0,934407000	± 1,401610500
4	30	0,125000000	0,20833333	+ 3,95254161	+ 0,494067701	+ 0,823446169
5	42	0,416666667 · 10^{-1}	0,91666667 · 10^{-1}	± 5,57308367	± 0,232211820	± 0,510866003
6	56	0,152777778 · 10^{-1}	0,27777778 · 10^{-1}	+ 7,85804797	+ 0,120053511	+ 0,218279110
7	72	0,396825397 · 10^{-2}	0,81349206 · 10^{-2}	± 11,07984764	± 0,043967649	± 0,090133681
8	90	0,101686508 · 10^{-2}	0,24057540 · 10^{-2}	+ 15,6225851	+ 0,015886061	+ 0,037584096
9	110	0,267305996 · 10^{-3}	0,55390212 · 10^{-3}	± 22,0278450	± 0,005888175	± 0,012201270
10	132	0,553902116 · 10^{-4}	0,12841711 · 10^{-3}	+ 31,0592614	+ 0,001720379	+ 0,003988531
11	156	0,116742825 · 10^{-4}	0,29336019 · 10^{-4}	± 43,7935586	± 0,000511258	± 0,001284729
12	182	0,244466824 · 10^{-5}	0,55887078 · 10^{-5}	+ 61,7489176	+ 0,000150956	+ 0,000345097
13	210	0,429900603 · 10^{-6}	0,10860731 · 10^{-5}	± 87,0659738	± 0,000037430	± 0,000094560
14	240	0,775766524 · 10^{-7}	0,20532635 · 10^{-6}	+ 122,763023	+ 0,000009524	+ 0,000025207
15	272	0,136884231 · 10^{-7}	0,33831817 · 10^{-7}	± 173,095862	± 0,000002369	± 0,000005856
16	306	0,211448856 · 10^{-8}	0,57040672 · 10^{-8}	+ 244,065165	+ 0,000000516	+ 0,000001392
17	342	0,335533366 · 10^{-9}	0,92958304 · 10^{-9}	± 344,131883	± 0,000000115	± 0,000000320
18	380	0,516435022 · 10^{-10}	0,13611233 · 10^{-9}	+ 485,225955	+ 0,000000025	+ 0,000000066
19		0,716380680 · 10^{-11}	0,20377730 · 10^{-10}	± 684,168597	± 0,000000005	± 0,000000014
20		0,101888650 · 10^{-11}				+ 0,000000003
	Σ (+) =	3,02060024	3,83903703	Σ (+) =	+ 5,252964494	+ 7,497966614
	Σ (−) =	0,26210488	0,63826514	Σ (−) =	− 0,001087148	+ 0,645572748

Der Koeffizient

$$c_2 = \frac{u''(0)}{2!} = +\frac{1}{2}$$

ergibt sich aus Gl. (6.125) mit $x = 0$ und $u(0) = +1$.

In Tabelle 95 wurden mit acht gültigen Ziffern (die Rechnungen wurden mit einer zusätzlichen Stelle durchgeführt) die ersten 20 Koeffizienten c_n und $\dot{c}_{n+1} = (n+1)\,c_{n+1}$ bestimmt, die zur Berechnung der Ableitung

$$u' = \sum_{n=0}^{\infty} \dot{c}_{n+1} x^n = \sum_{n=0}^{\infty} \dot{u}_{n+1}(x); \quad \dot{u}_{n+1}(x) = \dot{c}_{n+1} x^n \tag{6.128}$$

notwendig sind.

Die Reihen (6.126) und (6.128) konvergieren in der gesamten komplexen Ebene, da ihr Konvergenzradius R^* unendlich ist.

Wir multiplizieren die Koeffizienten c_n und $\dot{c}_{n+1}$ mit den entsprechenden Werten x^n, berechnen $u(x)$ und $u'(x)$ und hierauf nach Gl. (6.124) $y(x)$. Insbesondere haben wir für $x = \pm 1$

$$\begin{aligned}
u(+1) &= \Sigma c_n = 3{,}02060024;\\
u(-1) &= \Sigma(-1)^n c_n = 0{,}26210488;\\
u'(+1) &= \Sigma \dot{c}_{n+1} = 3{,}83903703;\\
u'(-1) &= \Sigma(-1)^n \dot{c}_{n+1} = 0{,}63826514
\end{aligned}$$

und damit

$$y(+1) = 1{,}2709517; \quad y(-1) = 2{,}4351517.$$

Da alle Koeffizienten c_n positiv sind, kann die Funktion $u(x)$ nur für negative x-Werte Null werden. Alle Pole von $y(x)$ liegen daher auf der negativen Halbachse. Wir bestimmen den ersten davon. Dabei finden wir ausgehend von $x_0 = -1$ nach Gl. (6.120)

$$x_1 = -1 - \frac{0{,}262}{0{,}638} = -1{,}41.$$

In Tabelle 95 wurden die Funktionen $u(x)$ und $u'(x)$ für $x = \pm 1{,}41$ aus den Potenzen von x^n berechnet. Zur Kontrolle wurde die Summe der Glieder $u_n(x) = c_n x^n$ und $\dot{u}_{n+1}(x)$ der Reihen (6.126) und (6.128) unmittelbar aus den Rekursionsformeln

$$u_{n+2}(x) = \frac{(xu_{n-1} + u_n)\,x^2}{(n+1)(n+2)}; \quad u_0 = +1; \quad u_1 = x; \quad u_2 = \frac{x^2}{2}; \tag{6.129}$$

$$\dot{u}_{n+2}(x) = \frac{x^2[nx\dot{u}_{n-1} + (n-1)\,\dot{u}_n]}{n(n^2-1)}; \quad \dot{u}_1 = +1; \quad \dot{u}_2 = x; \quad \dot{u}_3 = x^2 \tag{6.130}$$

bestimmt, die man leicht aus Gl. (6.127) erhält.

Setzt man das Verfahren fort und wendet Gl. (6.120) noch zweimal an, so findet man für den ersten negativen Pol der Lösung $y(x)$

$$x = -1{,}408\,315\,99.$$

Bei Division der Reihe (6.128) durch die Reihe (6.126) erhalten wir gemäß Gl. (6.124) eine Reihe für die Lösung $y = y(x)$ selbst:

$$y = \frac{1 + x + x^2 + \frac{1}{2}x^3 + \frac{5}{24}x^4 + \frac{11}{120}x^5 + \ldots}{1 + x + \frac{1}{2}x^2 + \frac{1}{3}x^3 + \frac{1}{8}x^4 + \frac{1}{24}x^5 + \ldots}$$

$$= 1 + \frac{1}{2}x^2 - \frac{1}{3}x^3 + \frac{1}{6}x^4 - \frac{7}{60}x^5 + \ldots .$$

Ihr Konvergenzradius ist

$$R = 1{,}408\,315\,99.$$

Aus den Werten $u(\pm 1{,}41)$ und $u'(\pm 1{,}41)$ in Tabelle 95 finden wir

$$y(+1{,}41) = \frac{7{,}497\,966\,614}{5{,}252\,964\,494} = +1{,}427\,378\,12; \quad y(-1{,}41) = -593{,}8223.$$

Die erhaltenen Ergebnisse stimmen vollkommen mit den Ergebnissen von *S. A. Tschaplygin* überein, insbesondere mit dem von diesem Autor angegebenen Näherungswert

$$y(+1) = 1{,}2707.$$

Übung 3: Man berechne mit fünf bedeutsamen Ziffern $u(x)$, $u'(x)$, $y(x)$ für $x = \pm 0{,}25$; $\pm 0{,}50$; $\pm 0{,}75$; $\pm 1{,}25$; $\pm 1{,}50$.

Übung 4: Nach dem Muster von Beispiel 1 konstruiere man unmittelbar aus Gleichung (6.123) die Reihe

$$y = \sum_{n=0}^{\infty} a_n x^n = \frac{R}{R+x}\left\{1 - \sum_{n=1}^{\infty} b_n x^n\right\}$$

und bestimme ihren Konvergenzradius.

Zum Abschluß bemerken wir, daß die Lösung einer Riccatischen Gleichung nur eine meromorphe Funktion sein kann, d. h. eine Funktion, die außer im unendlich fernen Punkt als singuläre Punkte nur Polstellen haben kann [72, Kapitel 1, Abschnitt 11].

44. Systeme von Gleichungen

Wir betrachten die Lösung des Cauchyschen Problems für ein System von gewöhnlichen Differentialgleichungen

$$y_j^{(\nu_j)} = f_j(x, y_1, y_1', \ldots, y_1^{(\nu_j-1)}, \ldots, y_r, y_r', \ldots, y_r^{(\nu_r-1)}) \tag{6.131}$$

mit den Anfangsbedingungen

$$y_j(x_0) = y_{j0}; \quad y_j'(x_0) = y_{j0}^{(1)}; \ldots ; y_j^{(\nu_j-1)}(x_0) = y_{j0}^{(\nu_j-1)}; \quad j = 1, 2, \ldots , r,$$

wobei wir bezüglich der Funktionen f_j voraussetzen, daß sie in allen ihren Argumenten analytisch sind.

Die Lösung dieser Aufgabe für ein System von r Differentialgleichungen beliebiger Ordnung mit Hilfe von Potenzreihen führt zu keinen grundsätzlichen Schwierigkeiten. Der Rechengang ist derselbe wie bei einer einzigen Gleichung. Darüber hinaus ist es jedoch oft zweckmäßig, eine Gleichung durch ein dazu äquivalentes System von Gleichungen zu ersetzen, dessen Lösung einfacher zu erhalten ist. Wir wollen alles weitere an Beispielen darlegen.

Beispiel 1: Wir lösen das Cauchysche Problem für ein System von zwei nichtlinearen Differentialgleichungen erster Ordnung:

$$y' = z^2 + x; \quad x_0 = 0; \quad y(0) = +1; \quad z' = y^2; \quad z(0) = 0. \tag{6.132}$$

Lösung: Wir suchen die Lösungen $y = y(x)$ und $z = z(x)$ in Form von Potenzreihen mit demselben Zentrum $x_0 = 0$:

$$y = \sum_{n=0}^{\infty} a_n x^n; \quad z = \sum_{n=0}^{\infty} b_n x^n. \tag{6.132'}$$

Zur Bestimmung der Koeffizienten a_n und b_n erhalten wir gemäß Gl. (6.132) die folgenden Rekursionsformeln:

$$\dot{a}_{n+1} = b_n^{(2)} + \gamma_n; \quad \dot{b}_{n+1} = a_n^{(2)},$$

wobei

$$\gamma_n = \begin{cases} 1 \text{ für } n = 1 \\ 0 \text{ für } n \neq 1 \end{cases}$$

Setzen wir nach Gl. (6.30)

$$\dot{a}_{n+1} = (n+1)\, a_{n+1}; \quad \dot{b}_{n+1} = (n+1)\, b_{n+1}$$

und berücksichtigen die Anfangsbedingungen

$$a_0 = y(0) = +1; \quad b_0 = z(0) = 0,$$

so erhalten wir daraus die Rechengleichungen

$$a_{n+1} = \frac{b_n^{(2)} + \gamma_n}{n+1}; \quad b_{n+1} = \frac{a_n^{(2)}}{n+1}; \quad \begin{matrix} a_0 = 1; \\ b_0 = 0; \end{matrix} \quad \gamma_n = \begin{cases} 1 \text{ für } n = 1 \\ 0 \text{ für } n \neq 1 \end{cases} \tag{6.133}$$

Die Koeffizienten $a_n^{(2)}$ und $b_n^{(2)}$ für die Reihen

$$y^2 = \left\{ \sum_{n=0}^{\infty} a_n x^n \right\}^2 \qquad z^2 = \left\{ \sum_{n=0}^{\infty} b_n x^n \right\}^2$$

finden wir mit Hilfe von Gl. (6.27) aus Abschnitt 41.

Alle zur Bestimmung der Koeffizienten a_n und b_n mit sieben bedeutsamen Ziffern notwendigen Rechnungen (für $n \leqslant 15$ und $n = 50$ bis 55) sind in Tabelle 96 angegeben. In derselben Tabelle wurden auch die Größen

$$R_n(a) = \frac{a_n}{a_{n+1}}; \quad R_n(b) = \frac{b_n}{b_{n+1}} \tag{6.134}$$

berechnet, deren Werte für $n = 50$ bis 55 die Bestimmung der Konvergenzradien der Reihen (6.132′) (mit drei Dezimalstellen) erlauben:

$$R_a = R_b = R \approx 1{,}487.$$

Der Punkt

$$x = R$$

ist demnach ein Pol der Lösungen des Systems (6.132).

Die in Tabelle 96 gefundenen Ergebnisse lassen sich mit Hilfe der analytischen Fortsetzung auch auf ein größeres Intervall ausdehnen. Dazu setzen wir in Gl. (6.132′) $x = \pm 1/2$ und berechnen bei bekannten Koeffizienten a_n und b_n

$$y\left(+\frac{1}{2}\right) = \sum_{n=0}^{15} = \frac{a_n}{2^n} = +1{,}1721354;$$

$$y\left(-\frac{1}{2}\right) = \sum_{n=0}^{15} = \frac{a_n}{(-2)^n} = +1{,}0799328;$$

$$z\left(+\frac{1}{2}\right) = \sum_{n=0}^{15} = \frac{b_n}{2^n} = +0{,}5556151;$$

$$z\left(-\frac{1}{2}\right) = \sum_{n=0}^{15} = \frac{b_n}{(-2)^n} = -0{,}5314458.$$

Die Werte

$$x_0 = \pm\frac{1}{2}; \quad y_0 = y(x_0) = y\left(\pm\frac{1}{2}\right); \quad z_0 = z(x_0) = z\left(\pm\frac{1}{2}\right)$$

nehmen wir nun als neue Anfangswerte für das Problem (6.132) und finden mit Hilfe derselben Rekursionsformel (6.133) auf vollkommen analogem Wege die Koeffizienten der Potenzreihen

$$y = \sum_{n=0}^{\infty} a_n^* \left(x - \frac{1}{2}\right)^n; \quad z = \sum_{n=0}^{\infty} b_n^* \left(x - \frac{1}{2}\right)^n; \quad x_0 = +\frac{1}{2}; \tag{6.135}$$

$$y = \sum_{n=0}^{\infty} a_n^{**} \left(x + \frac{1}{2}\right)^n; \quad z = \sum_{n=0}^{\infty} b_n^{**} \left(x + \frac{1}{2}\right)^n; \quad x_0 = -\frac{1}{2}, \tag{6.136}$$

die die analytischen Fortsetzungen der Reihen (6.132′) bilden.

Tabelle 96

$$y' = z^2 + x; \quad y(0) = a_0 = +1; \quad a_{n+1} = \frac{b_n^{(2)} + \gamma_n}{n+1}; \quad b_{n+1} = \frac{a_n^{(2)}}{n+1}$$
$$z' = y^2; \quad z(0) = b_0 = 0;$$

n	a_n	$a_n^{(2)}$	b_n	$b_n^{(2)}$	γ_n	$\frac{a_n}{a_{n+1}}$	$\frac{b_n}{b_{n+1}}$
0	1,0000000	1,0000000	0	0	0	–	–
1	0	0	1,0000000	0	1	–	–
2	0,5000000	1,0000000	0	1,0000000	0	–	–
3	0,3333333	0,6666667	0,3333333	0	0	–	–
4	0	0,2500000	0,1666667	0,6666667	0	–	–
5	0,1333333	0,6000000	0,0500000	0,3333333	0	–	–
6	$0,5555555 \cdot 10^{-1}$	0,2222222	0,1000000	0,2111111	0	1,8421	3,1500
7	$0,3015873 \cdot 10^{-1}$	0,1936508	$0,3174603 \cdot 10^{-1}$	0,3111111	0	0,7755	1,3115
8	$0,3888889 \cdot 10^{-1}$	0,2222222	$0,2420635 \cdot 10^{-1}$	0,1246032	0	2,8089	0,9804
9	$0,1384480 \cdot 10^{-1}$	0,09488537	$0,2469136 \cdot 10^{-1}$	0,1317460	0	1,0509	2,6022
10	$0,1317460 \cdot 10^{-1}$	0,10312168	$0,9488537 \cdot 10^{-2}$	0,10638008	0	1,3623	1,0121
11	$0,9670916 \cdot 10^{-2}$	0,07392738	$0,9374698 \cdot 10^{-2}$	0,05569665	0	2,0836	1,5217
12	$0,4641388 \cdot 10^{-2}$	0,04281599	$0,6160615 \cdot 10^{-2}$	0,05645369	0	1,0688	1,8705
13	$0,4342592 \cdot 10^{-2}$	0,04086051	$0,3293538 \cdot 10^{-2}$	0,03564722	0	1,7055	1,1285
14	$0,2546230 \cdot 10^{-2}$	0,02510361	$0,2918608 \cdot 10^{-2}$	0,02431792	0	1,5706	1,7439
15	$0,1621196 \cdot 10^{-2}$	–	$0,1673574 \cdot 10^{-2}$	–	0	1,2657	1,4813
...	....	....	....	....	...	....	....
50	$0,1612568 \cdot 10^{-8}$	–	$0,1612475 \cdot 10^{-8}$	–	0	1,4870	1,4871
51	$0,1084419 \cdot 10^{-8}$	–	$0,1084331 \cdot 10^{-8}$	–	0	1,4877	1,4872
52	$0,7289106 \cdot 10^{-9}$	–	$0,7291184 \cdot 10^{-9}$	–	0	1,4870	1,4876
53	$0,4901871 \cdot 10^{-9}$	–	$0,4901205 \cdot 10^{-9}$	–	0	1,4874	1,4870
54	$0,3295671 \cdot 10^{-9}$	–	$0,3295979 \cdot 10^{-9}$	–	0	1,4874	1,4874
55	$0,2215657 \cdot 10^{-9}$	–	$0,2215903 \cdot 10^{-9}$	–	0		

Wenn dabei die übrigen singulären Punkte hinreichend weit von dem untersuchten Punkt entfernt sind, so wird das Bild immer klarer, je näher man das Zentrum der neuen Reihe $x_0 = x_0^*$ an diesen Punkt heranrückt. In unserem Beispiel haben wir mit $x_0 = x_0^* = +1$, wofür

$$a_0^* = y_0 = y(+1) = 2{,}144759; \quad b_0^* = z_0 = z(+1) = 1{,}767125,$$

schon bei n = 19 bis 21

$$a_{19}^* = 1753532, \quad a_{20}^* = 3598414, \quad a_{21}^* = 7384282;$$
$$b_{19}^* = 1753602, \quad b_{20}^* = 3598535, \quad b_{21}^* = 7384496;$$
$$R_{19}^*(a) = \frac{a_{19}^*}{a_{20}^*} = 0{,}4873069; \quad R_{20}^*(a) = \frac{a_{20}^*}{a_{21}^*} = 0{,}4873072;$$
$$R_{19}^*(b) = \frac{b_{19}^*}{b_{20}^*} = 0{,}4873100; \quad R_{20}^*(b) = \frac{b_{20}^*}{b_{21}^*} = 0{,}4873095.$$

Der Konvergenzradius dieser Reihen ist also mit sechs bedeutsamen Ziffern

$$R^* = \frac{R_{20}^*(a) + R_{20}^*(b)}{2} = 0{,}487308.$$

Wir kehren nun zu den Ausgangsreihen (6.132′) zurück und finden

$$R = x_0^* + R^* = 1{,}487308.$$

Ein genauerer Wert für den gesuchten singulären Punkt ist daher

$$x = R = 1{,}487309.$$

Nach den in Abschnitt 49 dargelegten Methoden kann man leicht die diesem singulären Punkt entsprechenden Terme von den Reihen (6.132′) abtrennen und damit die Lösung über diesen Punkt hinaus erweitern.

Dieselben Ergebnisse erreicht man, wenn man im System (6.132) zu den neuen Funktionen

$$y(x) = \frac{1}{u(x)}, \quad z(x) = \frac{1}{v(x)}$$

übergeht. Der Leser möge dies als Übung durchführen. Die Nullstellen der Funktionen $u(x)$ und $v(x)$ (die man leicht findet, sobald genügend Koeffizienten der Reihen für $u(x)$ und $v(x)$ bestimmt sind) bilden die singulären Punkte von $y(x)$ und $z(x)$ und bestimmen die Konvergenzradien der Reihen (6.132′) oder ihrer analytischen Fortsetzungen. In unserem Beispiel, wo die Anfangsbedingung $z(0) = 0$ für die Funktion $v(x)$ zur Bedingung $v(0) = \infty$ führt, muß man zuerst mit Hilfe der analytischen Fortsetzung vom Zentrum $x_0 = 0$ zu einem neuen Zentrum übergehen, zum Beispiel zu $x_0 = 0{,}5$ oder $x_0 = 1$.

Ausführlicher hat dieses Beispiel nach der oben angedeuteten Methode *N. I. Sinjawski* [412] betrachtet, der insbesondere auch als erste positive Nullstelle der Funktionen $u(x)$ und $v(x)$ den Wert

$$x^{(0)} = 1{,}487309$$

gefunden hat.

Übung 1: Man berechne mit sechs bedeutsamen Ziffern die Koeffizienten a_n^* und b_n^* der Reihen (6.135) bis einschließlich $n = 22$ und bestimme hierauf für $x = +1$ die gesuchten Funktionswerte $y(+1)$ und $z(+1)$.

Übung 2: Mit den in der vorangehenden Übung gefundenen Werten $y_0^* = y(+1)$ und $z_0^* = z(+1)$ konstruiere man eine Reihe mit dem Zentrum in $x_0^* = +1$ und bestimme (mit sechs Stellen) ihren Konvergenzradius.

Das System (6.132) wurde von *S. H. Mikhlin* und *Ch. L. Smolintzky* betrachtet [284, S. 18–19]. Diese Autoren fanden mit sehr grober Näherung

$$y(x) \approx y_2(x) = 1 + \frac{x^2}{2}; \quad z(x) \approx z_2(x) = x,$$

was mit den in Tabelle 96 angeführten Ergebnissen übereinstimmt.

Beispiel 2: Wir lösen das in Abschnitt 41 betrachtete Cauchysche Problem durch Übergang zu einem Gleichungssystem:

$$4y''' = y'^2 + \sin y + e^x; \quad x_0 = 0; \quad y(0) = 1; \quad y'(0) = y''(0) = \tfrac{1}{2}. \tag{6.137}$$

Lösung: Wir führen die zwei Hilfsfunktionen

$$z = \sin y; \quad v = \cos y \tag{6.138}$$

ein. Mit

$$z' = y' \cos y = y'v; \quad v' = -y' \sin y = -y'z,$$

gelangen wir dann zu dem System

$$\begin{aligned} &4y''' = y'^2 + z + e^x; \quad x_0 = 0; \quad y(0) = 1; \quad y'(0) = y''(0) = \tfrac{1}{2}\,; \\ &z' = +y'v; \quad z(0) = \sin y_0 = \sin 1 = 0{,}8414710; \\ &v' = -y'z; \quad v(0) = \cos y_0 = \cos 1 = 0{,}5403023, \end{aligned} \tag{6.139}$$

das zum Ausgangssystem äquivalent ist.

Analog zur Gl. (6.57) in Abschnitt 41 bezeichnen wir die Koeffizienten der Reihe

$$\sum_{n=0}^{\infty} C_n(x - x_0)^n = \sum_{n=0}^{\infty} A_n(x - x_0)^n \cdot \sum_{n=0}^{\infty} B_n(x - x_0)^n, \tag{6.140}$$

die das Produkt aus zwei Potenzreihen darstellt, durch

$$C_n = [A_n B_n].$$

Ihre Werte findet man nach Gl. (4.28) aus Abschnitt 28:

$$[A_n B_n] = A_0 B_n + A_1 B_{n-1} + A_2 B_{n-2} + \ldots + A_n B_0; \quad n = 0, 1, 2, \ldots\,. \tag{6.141}$$

Wir stellen nun die gesuchten Funktionen y, z, v und die gegebene Funktion $f(x) = e^x$ durch Reihen dar:

$$y = \sum_{n=0}^{\infty} a_n x^n; \quad z = \sum_{n=0}^{\infty} b_n x^n; \quad v = \sum_{n=0}^{\infty} c_n x^n; \quad e^x = \sum_{n=0}^{\infty} \gamma_n x^n; \quad \gamma_n = \frac{1}{n!}.$$

Damit erhalten wir zur Bestimmung der Koeffizienten a_n, b_n und c_n die folgenden Rekursionsformeln:

$$a_{n+3} = \frac{\dot{a}_{n+1}^{(2)} + b_n + \gamma_n}{4N_n}; \quad b_{n+1} = \frac{[\dot{a}_{n+1} c_n]}{n+1}; \quad c_{n+1} = -\frac{[\dot{a}_{n+1} b_n]}{n+1}. \tag{6.142}$$

Dabei gilt

$$a_0 = 1; \quad a_1 = \tfrac{1}{2}; \quad a_2 = \tfrac{1}{4}; \quad b_0 = \sin 1; \quad c_0 = \cos 1; \quad N_n = (n+1)(n+2)(n+3).$$

Die Koeffizienten b_{n+1} und c_{n+1} berechnen wir nach Gl. (6.142) in einem Rechengang ohne Anschreiben von Zwischenergebnissen. Dazu berechnen wir aus den bereits gefundenen a_{n+1}, b_n, c_n nach Gl. (6.141) die Größen $[a_{n+1} b_n]$ oder $[a_{n+1} c_n]$ und dividieren die Ergebnisse durch $n + 1$.

Tabelle 97

$$a_{n+3} = \frac{\dot a^{(2)}_{n+1} + b_n + \gamma_n}{4\,N_n}\,;\quad b_{n+1} = \frac{[\dot a_{n+1}\,c_n]}{n+1}\,;\quad c_{n+1} = -\frac{[\dot a_{n+1}\,b_n]}{n+1}\,;\quad N_n = (n+1)(n+2)(n+3);\quad \dot a_{n+1} = (n+1)\,a_{n+1}$$

n	a_n	$\dot a_{n+1}$	$\dot a^{(2)}_{n+1}$	b_n	γ_n	$4\,N_n$	$[\dot a_{n+1}\,b_n]$	c_n	$[\dot a_{n+1}\,c_n]$	n
0	1,0000000	0,5000000	0,2500000	+0,8414710	1,00000000	24	+0,4207355	+0,5403023	+0,2701512	0
1	0,5000000	0,5000000	0,5000000	+0,2701512	1,00000000	96	+0,5558111	−0,4207355	+0,05978340	1
2	0,2500000	0,2614339	0,5114339	$+0,2989170 \cdot 10^{-1}$	0,50000000	240	+0,3700105	−0,2779056	−0,2080672	2
3	$0,8714462 \cdot 10^{-1}$	$0,7375628 \cdot 10^{-1}$	0,3351902	$-0,6935574 \cdot 10^{-1}$	0,16666667	480	+0,1129584	−0,1233368	−0,2707650	3
4	$0,1843907 \cdot 10^{-1}$	$0,2169428 \cdot 10^{-1}$	0,1637982	$-0,6769126 \cdot 10^{-1}$	$0,41666667 \cdot 10^{-1}$	840	−0,02252834	−0,02823961	−0,1677526	4
5	$0,4338857 \cdot 10^{-2}$	$0,5406264 \cdot 10^{-2}$	$0,6566533 \cdot 10^{-1}$	$-0,3355051 \cdot 10^{-1}$	$0,83333333 \cdot 10^{-2}$	1344	−0,05613818	+0,004505668	−0,07081521	5
6	$0,9010440 \cdot 10^{-3}$	$0,1148113 \cdot 10^{-2}$	$0,2333761 \cdot 10^{-1}$	$-0,1180253 \cdot 10^{-1}$	$0,13888889 \cdot 10^{-2}$	2016	−0,04241364	+0,009356363	−0,01723188	6
7	$0,1640162 \cdot 10^{-3}$	$0,2407628 \cdot 10^{-3}$	$0,7415815 \cdot 10^{-2}$	$-0,2461697 \cdot 10^{-2}$	$0,19841270 \cdot 10^{-3}$	2880	−0,02172627	+0,006059091	+0,002271711	7
8	$0,3009535 \cdot 10^{-4}$	$0,5769629 \cdot 10^{-4}$	$0,2166904 \cdot 10^{-2}$	$+0,2839639 \cdot 10^{-3}$	$0,24801587 \cdot 10^{-4}$	3960	−0,008344566	+0,002715784	+0,005497209	8
9	$0,6410699 \cdot 10^{-5}$	$0,1789073 \cdot 10^{-4}$	$0,6054052 \cdot 10^{-3}$	$+0,6108010 \cdot 10^{-3}$	$0,27557319 \cdot 10^{-5}$	5280	−0,002202300	+0,0009271740	+0,003817575	9
10	$0,1789073 \cdot 10^{-5}$	$0,6876860 \cdot 10^{-5}$	$0,1694933 \cdot 10^{-3}$	$+0,3817575 \cdot 10^{-3}$	$0,27557319 \cdot 10^{-6}$	6864	−0,0001305499	+0,0002202300	+0,001875971	10
11	$0,6251691 \cdot 10^{-6}$	$0,2770368 \cdot 10^{-5}$	$0,5037300 \cdot 10^{-4}$	$+0,1705428 \cdot 10^{-3}$	$0,25052108 \cdot 10^{-7}$	8736		+0,00001186817	+0,0007256700	11
12	$0,2308640 \cdot 10^{-6}$	$0,1044558 \cdot 10^{-5}$	$0,1647450 \cdot 10^{-4}$	$+0,6047250 \cdot 10^{-4}$	$0,20876758 \cdot 10^{-8}$	10920				12
13	$0,8035058 \cdot 10^{-7}$									
14	$0,2529085 \cdot 10^{-7}$									
15	$0,7046620 \cdot 10^{-8}$									

Alle bis einschließlich n = 15 mit sieben Dezimalstellen durchgeführten Rechnungen findet man in Tabelle 97. Vergleicht man die Ergebnisse mit den Ergebnissen aus Tabelle 84 (Abschnitt 41), so findet man innerhalb der Rechengenauigkeit volle Übereinstimmung.

In Tabelle 98 berechnen wir aus den Koeffizienten a_n und a_{n+1} die Werte der gesuchten Funktion $y(x)$ und ihrer ersten Ableitung $y'(x)$ für $x = \pm 0{,}25$; $x = \pm 0{,}50$; $x = \pm 0{,}75$ und $x = \pm 1{,}00$. Bild 51 enthält die Schaubilder dieser Funktionen über dem Intervall $[-1;\ +1]$. In Tabelle 98 wurde darüber hinaus mit Hilfe der Ausgangsgleichung (6.137) eine direkte Kontrolle der Ergebnisse durchgeführt. Zu diesem Zweck wurde in Tabelle 98 für jeden der angeführten Argumentwerte, zum Beispiel für x = 0,25, unter Verwendung der Tabellen [634; 648] berechnet:

$$y(x) = 1{,}1420631 \text{ (rad)} = 65{,}435396° = 65°26'7{,}43''; \quad y'(x) = 0{,}6425824.$$

Hierauf wurde (über dem Umweg $\log \sin y = \bar{1}{,}95879943$) bestimmt:

$$\sin y = 0{,}9094932,$$
$$y'^2 = 0{,}4129121,$$
$$e^{0{,}25} = 1{,}2840254.$$

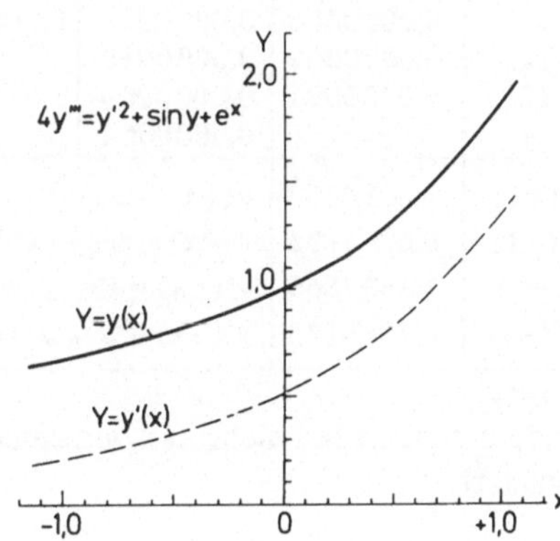

Bild 51

Durch Einsetzen dieser Werte in die linke Seite von Gl. (6.137) ergibt sich:

$$y'^2 + \sin y + e^x = 2{,}6064307.$$

Innerhalb der Rechengenauigkeit stimmt dies mit

$$4y'''(x)|_{x=0{,}25} = 2{,}6064305$$

überein. Den letzten Wert erhalten wir, wenn wir in Tabelle 98 die Spalte der Koeffizienten $4\dddot{a}_{n+3}$ mit der Spalte der Potenzen $x^n = (0{,}25)^n$ multiplizieren. Um die Rundungsfehler auf ein Minimum zu reduzieren, berechnen wir dabei die Größen

$$4\dddot{a}_{n+3} = 4(n+1)(n+2)(n+3)\,a_{n+3}$$

nicht aus den Koeffizienten a_n sondern unmittelbar aus der Rekursionsformel (6.142)

$$4N_n a_{n+3} = 4\dddot{a}_{n+3} = \dot{a}^{(2)}_{n+1} + b_n + \gamma_n.$$

Dabei entnehmen wir alle notwendigen Größen der Tabelle 97.

Die vorgenommene numerische Kontrolle ist unvollständig. In allen Rechnungen kommen nur endlich viele Koeffizienten vor, und diese nicht mit allen ihren bedeutsamen Ziffern. Die Kontrolle schließt aber grobe Fehler aus. Ihre Wirksamkeit läßt sich erhöhen,

Tabelle 98

n	a_n	$\dot{a}_{n+1}$	$4\dddot{a}_{n+3}$	$x^n = (0{,}75)^n$	$x^n = (0{,}50)^n$	$x^n = (0{,}25)^n$
0	1,0000000	0,5000000	2,0914709	1,0000000	1,0000000	1,0000000
1	0,5000000	0,5000000	1,7701507	0,7500000	0,5000000	0,2500000
2	0,2500000	0,2614339	1,0413257	0,5625000	0,2500000	0,0625000
3	0,0871446	0,0737563	0,4325011	0,4218750	0,1250000	0,0156250
4	0,0184391	0,0216943	0,1377736	0,3164063	0,0625000	0,0039063
5	0,0043389	0,0054063	0,0404482	0,2373047	0,0312500	0,0009766
6	0,0009010	0,0011481	0,0129240	0,1779785	0,0156250	0,0002441
7	0,0001640	0,0002408	0,0051525	0,1334839	0,0078125	0,0000610
8	0,0000301	0,0000577	0,0024757	0,1001129	0,0039063	0,0000153
9	0,0000064	0,0000179	0,0012190	0,0750847	0,0019531	
10	0,0000018	0,0000069	0,0005515	0,0563135	0,0009766	
11	0,0000006	0,0000028	0,0002209	0,0422351		
12	0,0000002	0,0000010		0,0316763		
13	0,0000001	0,0000004		0,0237572		
14		0,0000001		0,0178179		
y(+ 1)	1,8610268	$y(+x) = \Sigma a_n x^n =$		1,5594389	1,3246966	1,1420631
y(− 1)	0,6777176	$y(-x) = \Sigma a_n(-x)^n =$		0,7338066	0,8026367	0,8893314
y′(+ 1)	1,3637665	$y'(+x) = \Sigma \dot{a}_{n+1} x^n =$		1,0615638	0,8261229	0,6425824
y′(− 1)	0,2049175	$y'(-x) = \Sigma \dot{a}_{n+1}(-x)^n =$		0,2466988	0,3073421	0,3902669

indem man sie bei mehreren verschiedenen (positiven und negativen) Argumentwerten wiederholt.

Übung 3: Man setze die Rechnungen von Tabelle 97 bis n = 20 fort und bestimme auch die Größen

$$R_n = \frac{a_n}{a_{n+1}} \, .$$

Die erhaltenen Ergebnisse überprüfe man mit Hilfe der Ausgangsgleichung (6.137) für $x = \pm\, 0{,}75$.

Beispiel 3: Wir lösen das System von drei Gleichungen [271, Abschnitt 37, Kapitel VI]

$$y' = +\, zv; \quad z' = -\, yv; \quad v' = -\, k^2 yz; \quad k^2 = \tfrac{1}{2} \tag{6.143}$$

bei den folgenden Anfangsbedingungen:

$$x_0 = 0; \quad y(0) = 0; \quad z(0) = 1; \quad v(0) = 1. \tag{6.143'}$$

Lösung: Wir suchen die Funktionen y, z, v in Form der Reihen

$$y = \sum_{n=0}^{\infty} a_n x^n; \quad z = \sum_{n=0}^{\infty} b_n x^n; \quad v = \sum_{n=0}^{\infty} c_n x^n. \tag{6.144}$$

Die Koeffizienten dieser Reihen ergeben sich gemäß Gl. (6.143) aus den Rekursionsformeln

$$a_{n+1} = +\frac{[b_n c_n]}{n+1}; \quad b_{n+1} = -\frac{[a_n c_n]}{n+1}; \quad c_{n+1} = -\frac{k^2 [a_n b_n]}{n+1} \tag{6.145}$$

mit

$$a_0 = 0; \quad b_0 = c_0 = 1.$$

In Tabelle 99 sind für $k^2 = 1/2$ die ersten 26 Koeffizienten a_n, b_n, c_n und die Größen $R_n^2(a) = |a_n/a_{n+2}|$ berechnet worden.

Die Lösung des Gleichungssystems (6.143) bei den Anfangsbedingungen (6.143′) sind die Jakobischen elliptischen Funktionen

$$y = \operatorname{sn}(x; k), \quad z = \operatorname{cn}(x; k), \quad v = \operatorname{dn}(x; k)$$

für einen speziellen k-Wert, der in unserem Beispiel durch die Gleichung

$$k^2 = 1/2$$

gegeben ist. Der Konvergenzradius der Reihen (6.144) ist daher

$$R = K'(k) = 1{,}8540747; \quad k'^2 = k^2 = 0{,}5.$$

Mit acht bedeutsamen Ziffern haben wir somit

$$R^2 = K'^2 = 3{,}4375930,$$

wobei $K'(k) = K(k')$ das vollständige elliptische Integral erster Art mit dem positiven Modul $k' = \sqrt{1-k^2}$ bedeutet. Wegen $k^2 = 1/2$ gilt $k' = k$.

Nach Bestimmung des Konvergenzradius der Reihen (6.144) mit der erforderlichen Genauigkeit finden wir leicht ohne Benutzung der Rekursionsformeln (6.145) die notwendige Anzahl weiterer Koeffizienten, zum Beispiel

$$a_{27} = -\frac{a_{25}}{R^2} = -0{,}878987 \cdot 10^{-7};$$

$$b_{26} = -\frac{b_{24}}{R^2} = -0{,}162971 \cdot 10^{-6};$$

$$c_{26} = -\frac{c_{24}}{R^2} = -0{,}115238 \cdot 10^{-6};$$

$$a_{29} = -\frac{a_{27}}{R^2} = +0{,}255698 \cdot 10^{-7}; \ldots$$

$$b_{28} = -\frac{b_{26}}{R^2} = +0{,}474084 \cdot 10^{-7}; \ldots$$

$$c_{28} = -\frac{c_{26}}{R^2} = +0{,}335228 \cdot 10^{-7}; \ldots .$$

Tabelle 99

$y = \mathrm{sn}(x;k) = \Sigma a_n x^n; \quad z = \mathrm{cn}(x;k) = \Sigma b_n x^n; \quad v = \mathrm{dn}(x;k) = \Sigma c_n x^n$

$a_{n+1} = \frac{[b_n c_n]}{n+1}; \quad b_{n+1} = -\frac{[a_n c_n]}{n+1}; \quad c_{n+1} = -\frac{k^2 [a_n b_n]}{n+1}; \quad k^2 = \frac{1}{2}; \quad a_0 = 0; \quad b_0 = c_0 = 1$

n	a_n	b_n	c_n	x^n	x^n	$R_n^2(a) = \left\lvert \frac{a_n}{a_{n+2}} \right\rvert$
0	0	$+1{,}0000000$	$+1{,}0000000$	1	$1{,}0000000$	
1	$+1{,}0000000$	0	0	10^{-1}	$0{,}4000000$	4,000000
2	0	$-0{,}5000000$	$-0{,}2500000$	10^{-2}	$0{,}1600000$	
3	$-0{,}2500000$	0	0	10^{-3}	$0{,}6400000 \cdot 10^{-1}$	3,636364
4	0	$+0{,}1250000$	$+0{,}9375000 \cdot 10^{-1}$	10^{-4}	$0{,}2560000 \cdot 10^{-1}$	
5	$+0{,}6875000 \cdot 10^{-1}$	0	0	10^{-5}	$0{,}1024000 \cdot 10^{-1}$	3,384615
6	0	$-0{,}3750000 \cdot 10^{-1}$	$-0{,}2656250 \cdot 10^{-1}$	10^{-6}	$0{,}4096000 \cdot 10^{-2}$	
7	$-0{,}2031250 \cdot 10^{-1}$	0	0	10^{-7}	$0{,}1638400 \cdot 10^{-2}$	3,447514
8	0	$+0{,}1093750 \cdot 10^{-1}$	$+0{,}7714844 \cdot 10^{-2}$	10^{-8}	$0{,}6553600 \cdot 10^{-3}$	
9	$+0{,}5891927 \cdot 10^{-2}$	0	0	10^{-9}	$0{,}2621440 \cdot 10^{-3}$	3,437797
10	0	$-0{,}3177083 \cdot 10^{-2}$	$-0{,}2247721 \cdot 10^{-2}$		$0{,}1048576 \cdot 10^{-3}$	
11	$-0{,}1713867 \cdot 10^{-2}$	0	0		$0{,}4194304 \cdot 10^{-4}$	3,437180
12	0	$+0{,}9244791 \cdot 10^{-3}$	$+0{,}6536865 \cdot 10^{-3}$		$0{,}1677722 \cdot 10^{-4}$	
13	$+0{,}4986259 \cdot 10^{-3}$	0	0		$0{,}6710886 \cdot 10^{-5}$	3,437687
14	0	$-0{,}2689303 \cdot 10^{-3}$	$-0{,}1901597 \cdot 10^{-3}$		$0{,}2684355 \cdot 10^{-5}$	
15	$-0{,}1450469 \cdot 10^{-3}$	0	0		$0{,}1073742 \cdot 10^{-5}$	3,437587
16	0	$+0{,}7823141 \cdot 10^{-4}$	$+0{,}5531822 \cdot 10^{-4}$		$0{,}4294967 \cdot 10^{-6}$	
17	$+0{,}4219439 \cdot 10^{-4}$	0	0		$0{,}1717987 \cdot 10^{-6}$	3,437590
18	0	$-0{,}2275767 \cdot 10^{-4}$	$-0{,}1609210 \cdot 10^{-4}$			
19	$-0{,}1227441 \cdot 10^{-4}$	0	0			3,437594
20	0	$+0{,}6620234 \cdot 10^{-5}$	$+0{,}4681212 \cdot 10^{-5}$			
21	$+0{,}3570640 \cdot 10^{-5}$	0	0			3,437591
22	0	$-0{,}1925834 \cdot 10^{-5}$	$-0{,}1361770 \cdot 10^{-5}$			
23	$-0{,}1038704 \cdot 10^{-5}$	0	0			3,437595
24	0	$+0{,}5602275 \cdot 10^{-6}$	$+0{,}3961406 \cdot 10^{-6}$			
25	$+0{,}3021601 \cdot 10^{-6}$	0	0			
Σ(1)	$+0{,}803001825$	$+0{,}595976567$	$+0{,}823161001$			
Σ(i)	$+1{,}347371471i$	$+1{,}677918318$	$+1{,}381196923$			

Alle Koeffizienten a_n, b_n und c_n kontrolliert man in unserem Beispiel sehr leicht unter Verwendung der bekannten Identitäten

$$\operatorname{sn}(ix;k) = i\,\frac{\operatorname{sn}(x;k')}{\operatorname{cn}(x;k')};\quad \operatorname{cn}(ix;k) = \frac{1}{\operatorname{cn}(x;k')};\quad \operatorname{dn}(ix;k) = \frac{\operatorname{dn}(x;k')}{\operatorname{cn}(x;k')}. \tag{6.146}$$

Gemäß Gl. (6.144) erhalten wir für $x = +1$ und $x = +i$, wenn wir die Koeffizienten a_n, b_n und c_n bis $n = 40$ heranziehen:

$$y(1) = \Sigma a_n = 0{,}803\,001\,825;\qquad z(1) = 0{,}595\,976\,567;$$
$$y(i) = \Sigma\,|a_n| = 1{,}347\,371\,471i;\qquad z(i) = 1{,}677\,918\,318;$$
$$v(1) = 0{,}823\,161\,001;$$
$$v(i) = 1{,}381\,196\,923,$$

da bei $x = +i$

$$x^2 = i^2 = -1;\quad x^3 = i^3 = -i;\quad x^4 = i^4 = +1;\ldots .$$

Setzen wir nun den Wert für $x = +1$ in die rechte Seite der Identität (6.146) ein, so erhalten wir

$$\frac{y(+1)}{z(+1)} = 1{,}347\,371\,473;\qquad \frac{1}{z(+1)} = 1{,}677\,918\,320;\qquad \frac{v(+1)}{z(+1)} = 1{,}381\,196\,924,$$

was innerhalb des Genauigkeitsbereiches mit den in Tabelle 99 unmittelbar aus den Koeffizienten a_n, b_n und c_n gefundenen Werten übereinstimmt.

In Tabelle 99 findet man auch eine Spalte der Potenzen x^n für $x = 0{,}1 = 10^{-1}$ und $x = 0{,}4$. Wir multiplizieren diese mit den entsprechenden Spalten der Koeffizienten a_n, b_n und c_n und deren Beträge $|a_n|$, $|b_n|$, $|c_n|$ und erhalten hierauf zur Kontrolle mit den Identitäten (6.146)

$$y(0{,}1) = 0{,}099\,750\,6855;\qquad z(0{,}1) = 0{,}995\,012\,463;\qquad v(0{,}1) = 0{,}997\,509\,349;$$
$$y(0{,}1i) = 0{,}100\,250\,6895i;\qquad z(0{,}1i) = 1{,}005\,012\,538;\qquad v(0{,}1i) = 1{,}002\,509\,402;$$
$$\frac{y(0{,}1)}{z(0{,}1)} = 0{,}100\,250\,6895;\qquad \frac{1}{z(0{,}1)} = 1{,}005\,012\,537;\qquad \frac{v(0{,}1)}{z(0{,}1)} = 1{,}002\,509\,402;$$
$$y(0{,}4) = 0{,}384\,672\,196;\qquad z(0{,}4) = 0{,}923\,053\,250;\qquad v(0{,}4) = 0{,}962\,296\,031;$$
$$y(0{,}4i) = 0{,}416\,738\,900i;\qquad z(0{,}4i) = 1{,}083\,361\,117;\qquad v(0{,}4i) = 1{,}042\,514\,103;$$
$$\frac{y(0{,}4)}{z(0{,}4)} = 0{,}416\,738\,900;\qquad \frac{1}{z(0{,}4)} = 1{,}083\,361\,117;\qquad \frac{v(0{,}4)}{z(0{,}4)} = 1{,}042\,514\,103.$$

Die Werte für $x = 0{,}1$ und $x = 0{,}4$ stimmen mit den Ergebnissen überein, die *W. E. Milne* [271, S. 89–90] auf numerischem Wege ermittelt hat (mit fünf bedeutsamen Ziffern). Sie stimmen auch mit den Werten in Tabellen elliptischer Funktionen, z. B. [297, Anhang II] überein.

Übung 4: Aus den Angaben von Tabelle 99 berechne man die Größen

$$R_n^2(b) = \left|\frac{b_n}{b_{n+2}}\right|; \quad R_n^2(c) = \left|\frac{c_n}{c_{n+2}}\right|.$$

Hierauf berechne man mit fünf bedeutsamen Ziffern die Werte der Funktionen y, z, v für $x = 0{,}6$ und $x = 0{,}6i$ und kontrolliere die Ergebnisse mit Hilfe der Identitäten (6.146).

Beispiel 4: Wir integrieren die Gleichung

$$2y^{IV} = y' + \operatorname{sn}(y;k) + 1 - \tfrac{1}{5}x^2; \quad k^2 = 0{,}8 \tag{6.147}$$

unter den Anfangsbedingungen

$$x_0 = 0; \quad y(0) = y''(0) = 0; \quad y'(0) = y'''(0) = +1. \tag{6.148}$$

Lösung: Wir stellen die gesuchte Funktion in Form der Reihe

$$y = \sum_{n=0}^{\infty} a_n x^n$$

dar und führen die Hilfsfunktionen

$$z = \operatorname{sn}(y;k) = \sum_{n=0}^{\infty} b_n x^n; \qquad v = \operatorname{cn}(y;k) = \sum_{n=0}^{\infty} c_n x^n;$$

$$w = \operatorname{dn}(y;k) = \sum_{n=0}^{\infty} d_n x^n$$

ein. Wir gelangen so zu dem System

$$\begin{aligned} &2y^{IV} = y' + z + (1 - \tfrac{1}{5}x^2); \quad z' = +vwy'; \\ &v' = -zwy'; \quad w' = -k^2 zvy', \end{aligned} \tag{6.149}$$

das zur Gl. (6.147) äquivalent ist.

Die Koeffizienten a_n, b_n. c_n und d_n für die Lösungen des Systems (6.149) bestimmen wir aus den Rekursionsformeln

$$\begin{aligned} &a_{n+4} = \frac{\dot{a}_{n+1} + b_n + \gamma_n}{2N_n}; \qquad b_{n+1} = \frac{[[c_n d_n]\,\dot{a}_{n+1}]}{n+1}; \\ &c_{n+1} = -\frac{[[b_n d_n]\,\dot{a}_{n+1}]}{n+1}; \qquad d_{n+1} = -\frac{k^2[[b_n c_n]\,\dot{a}_{n+1}]}{n+1}, \end{aligned} \tag{6.150}$$

wobei gemäß den Gln. (6.147) und (6.148)

$$N_n = (n+1)(n+2)(n+3)(n+4);$$
$$\gamma_0 = +1; \quad \gamma_2 = -\tfrac{1}{5}; \quad \gamma_n = 0 \ \text{ für } n = 1, 3, 4, 5, \ldots;$$
$$a_0 = a_2 = 0; \quad a_1 = +1; \quad a_3 = +\tfrac{1}{6}; \quad b_0 = 0; \quad c_0 = d_0 = +1; \quad k^2 = 0{,}8.$$

Tabelle 100

$$a_{n+4} = \frac{\dot a_{n+1} + b_n + \gamma_n}{2 N_n}; \quad b_{n+1} = + \frac{[[c_n d_n]\, \dot a_{n+1}]}{n+1}; \quad c_{n+1} = - \frac{[[b_n d_n]\, \dot a_{n+1}]}{n+1}; \quad d_{n+1} = - \frac{k^2 [[b_n c_n]\, \dot a_{n+1}]}{n+1}$$

$N_n = (n+1)(n+2)(n+3)(n+4)$; $y(0) = y''(0) = 0$; $y'(0) = y'''(0) = 1$; $b_0 = \operatorname{sn} y_0 = 0$; $c_0 = \operatorname{cn} y_0 = 1$; $d_0 = \operatorname{dn} y_0 = 1$; $k^2 = 0{,}8$

n	a_n	b_n	c_n	d_n	γ_n	$2N_n$	$\dot a_{n+1}$	$[b_n c_n]$	$[b_n d_n]$	$[c_n d_n]$	$[[b_n c_n]\, \dot a_{n+1}]$	$[[b_n d_n]\, \dot a_{n+1}]$	$[[c_n d_n]\, \dot a_{n+1}]$	n
0	0	0	+ 1,0000000	+ 1,0000000	+ 1,0	48	+ 1,0000000	0	0	+ 1,0000000	0	0	+ 1,0000000	0
1	+ 1,0000000	+ 1,0000000	0	0	0	240	0	+ 1,0000000	+ 1,0000000	0	+ 1,0000000	+ 1,0000000	0	1
2	0	0	- 0,5000000	- 0,4000000	- 0,2	720	+ 0,5000000	0	0	- 0,9000000	0	0	- 0,4000000	2
3	+ 0,1666667	- 0,1333333	0	0	0	1680	+ 0,1666667	- 0,6333333	- 0,5333333	0	- 0,1333333	- 0,0333333	+ 0,1666667	3
4	+ 0,0416667	+ 0,0416667	+ 0,0083333	+ 0,0266667	0	3360	+ 0,0208333	+ 0,0416667	+ 0,0416667	+ 0,2350000	+ 0,2083333	+ 0,2083333	- 0,1941667	4
5	+ 0,0041667	- 0,0388333	- 0,0416667	- 0,0333333	0	6048	+ 0,0025000	+ 0,0361667	+ 0,0411667	- 0,0750000	- 0,2596667	- 0,2046667	- 0,2225000	5
6	+ 0,0004167	- 0,0370833	+ 0,0341111	+ 0,0346222	0	10080	+ 0,0001386	- 0,0995834	- 0,0870833	+ 0,0520666	- 0,1818056	- 0,1526389	+ 0,1509552	6
7	+ 0,0000198	+ 0,0215650	+ 0,0218056	+ 0,0207778	0	15840	+ 0,0001488	+ 0,0739816	+ 0,0681650	+ 0,0759167	+ 0,0859536	+ 0,0847203	+ 0,0754822	7
8	+ 0,0000186	+ 0,0094353	- 0,0105900	- 0,0085954	0	23760	- 0,0000540			- 0,0499187			- 0,0316683	8
9	- 0,0000060	- 0,0035187			0	34320	- 0,0000370							
10	- 0,0000037													
11	+ 0,0000014													
12	+ 0,0000004													
13	- 0,0000001													

Alle zur Bestimmung der ersten 14 Koeffizienten a_n, b_n, c_n und d_n notwendigen Rechnungen findet man in Tabelle 100. Dabei wurden zuerst nach Gl. (6.141) die Größen $[b_n c_n]$, $[b_n d_n]$, $[c_n d_n]$ ermittelt. Setzt man dann in derselben Gleichung

$$A_n = [c_n d_n]; \quad B_n = \dot{a}_{n+1}$$

und dividiert die erhaltenen Ergebnisse durch n + 1, so findet man ohne Anschreiben von Zwischenergebnissen der Reihe nach die Koeffizienten

$$b_{n+1} = \frac{[[c_n d_n]\,\dot{a}_{n+1}]}{n+1} .$$

Die Koeffizienten c_n und d_n findet man analog.

Übung 5: Man überprüfe mit der Ausgangsgleichung (6.147) die Tabelle 100 bei $x = \pm\, 0{,}5$, indem man $\mathrm{sn}(y; k)$ aus einer Tabelle [297, S. 439] entnimmt oder direkt aus den Koeffizienten b_n berechnet.

Antwort: Für $x = +\,0{,}5$, $k^2 = 0{,}8$ haben wir:

$$y(x) = 0{,}52357; \quad y' = \Sigma \dot{a}_{n+1} x^n = 1{,}14722; \quad \mathrm{sn}(y; k) = 0{,}48433;$$

$$\Sigma b_n x^n = 0{,}48434; \quad y'(x) + \mathrm{sn}(y; k) + \left(1 - \frac{x^2}{5}\right) = 2{,}58155;$$

$$2y^{IV}(x)\,|_{x=0,5} = \Sigma 2\ddot{\ddot{a}}_{n+4}(0{,}5)^n = 2{,}58156,$$

wobei

$$2\ddot{\ddot{a}}_{n+4} = \dot{a}_{n+1} + b_n + \gamma_n .$$

Beispiel 5: Wir lösen mit Hilfe von Potenzreihen das Cauchysche Problem

$$y'' + e^x \sinh y = 0; \quad y(0) = 0; \quad y'(0) = +\,1, \tag{6.151}$$

das zum erstenmal von *M. Tschini* [150, S. 715] betrachtet wurde.

Lösung: Wir stellen die gesuchte und die gegebene Funktion durch Reihen dar:

$$y = \Sigma a_n x^n; \quad e^x = \Sigma \gamma_n x^n; \quad \gamma_n = \frac{1}{n!} .$$

Durch Einführung der zwei Hilfsfunktionen

$$z = \sinh y = \Sigma b_n x^n; \quad w = \cosh y = \Sigma c_n x^n$$

gelangen wir hierauf zu einem zur Ausgangsgleichung (6.151) äquivalenten System

$$y'' = -\,e^x z; \quad z' = +\,wy'; \quad w' = +\,zy'. \tag{6.152}$$

Die Koeffizienten der Lösungsreihen findet man aus den Rekursionsformeln

$$a_{n+2} = -\frac{[b_n \gamma_n]}{(n+1)(n+2)}; \quad b_{n+1} = \frac{[\dot{a}_{n+1} c_n]}{n+1}; \quad c_{n+1} = \frac{[\dot{a}_{n+1} b_n]}{n+1}, \tag{6.153}$$

wobei gemäß Gl. (6.151)

$$a_0 = 0; \quad a_1 = +1; \quad b_0 = \sinh y_0 = 0; \quad c_0 = \cosh y_0 = +1.$$

In Tabelle 101 sind die ersten Koeffizienten a_n und alle notwendigen Hilfsgrößen berechnet worden. Dabei wurden wie in Beispiel 2 von Abschnitt 43 alle Rechnungen unter Beibehaltung einfacher Brüche durchgeführt. Man erhält dadurch die Werte der gesuchten Koeffizienten exakt.

Tabelle 101

n	a_n	$\dot{a}_{n+1}$	$[\dot{a}_{n+1} b_n]$	c_n	$[a_{n+1} c_n]$	b_n	γ_n	$[b_n \gamma_n]$	$(n+1) \times (n+2)$
0	0	$+1$	0	$+1$	$+1$	0	$+1$	0	$1 \cdot 2$
1	$+1$	0	$+1$	0	0	$+1$	$+1$	$+1$	$2 \cdot 3$
2	0	$-\frac{1}{2}$	0	$+\frac{1}{2}$	0	0	$+\frac{1}{2!}$	$+1$	$3 \cdot 4$
3	$-\frac{1}{3!}$	$-\frac{1}{3}$	$-\frac{1}{2}$	0	$-\frac{1}{3}$	0	$+\frac{1}{3!}$	$+\frac{1}{2}$	$4 \cdot 5$
4	$-\frac{2}{4!}$	$\frac{-1}{2 \cdot 4}$	$\frac{-5}{3 \cdot 4}$	$\frac{-1}{2 \cdot 4}$	$-\frac{1}{2}$	$\frac{-1}{3 \cdot 4}$	$+\frac{1}{4!}$	$+\frac{2}{4!}$	$5 \cdot 6$
5	$-\frac{3}{5!}$	$-\frac{2}{5!}$	$\frac{-9}{2 \cdot 4 \cdot 5}$	$\frac{-1}{3 \cdot 4}$	$-\frac{32}{5!}$	$\frac{-1}{2 \cdot 5}$	$+\frac{1}{5!}$	$-\frac{17}{5!}$	$6 \cdot 7$
6	$-\frac{2}{6!}$	$+\frac{17}{6!}$		$\frac{-3}{2 \cdot 2 \cdot 4 \cdot 5}$	$-\frac{10}{6!}$	$-\frac{32}{6!}$	$+\frac{1}{6!}$	$-\frac{128}{6!}$	$7 \cdot 8$
7	$+\frac{17}{7!}$					$-\frac{10}{7!}$	$+\frac{1}{7!}$	$-\frac{549}{7!}$	$8 \cdot 9$
8	$+\frac{128}{8!}$								
9	$+\frac{549}{9!}$								

Die gefundenen Werte für a_n stimmen vollkommen mit den Ergebnissen von *M. Tschini* überein. Sie sind auch (allerdings nicht vorbehaltlos gültig) bei *E. Kamke* [150, S. 715] angegeben.

Übung 6: Man wiederhole die Rechnungen in Tabelle 101, setze sie bis n = 15 fort und verwende dabei überall Dezimalbrüche (mit sechs bedeutsamen Ziffern).

Zum Abschluß betonen wir, daß bei der Lösung eines Systems von gewöhnlichen Differentialgleichungen die Rekursionsformeln zur Bestimmung der Koeffizienten der gesuchten Funktionen keine algebraischen Gleichungssysteme darstellen. Es handelt sich dagegen um sogenannte „Kettenformeln", die eindeutige Algorithmen zur Bestimmung aller gesuchten Koeffizienten liefern, unabhängig von der Anzahl der Gleichungen im System oder von der Ordnung der Gleichungen. In diesen Formeln sind die Koeffizienten aller gesuchten Funktionen untereinander verkettet und beeinflussen sich so gegenseitig. Der Charakter dieser Einflußnahme ist vollständig durch die Struktur des betrachteten Systems festgelegt.

Diese Umstände erschließen die Möglichkeit für die Lösung einzelner Differentialgleichungen oder Systemen von solchen aus einer großen Klasse von funktionalen Nichtlinearitäten. Wenn etwa y_j in Gl. (6.131) unter dem Funktionszeichen einer Funktion steht, die mit Hilfe einer Differentialgleichung der algebraischen Klasse (oder eines Systems von solchen Gleichungen) bestimmt wird, so ersetzen wir das System (6.131) durch ein System von algebraischen Gleichungen und gelangen dadurch zu einer Kette von algebraischen Rekursionsformeln. Somit läßt sich auch beim Rechnen mit der Hand die Lösung eines Systems von 10 bis 12 Differentialgleichungen beliebiger Ordnung realisieren. Bei Verwendung einer ERA kann die Anzahl der Gleichungen des äquivalenten Systems 100 und mehr erreichen, wobei die Programmierung der Rekursionsformeln auch bei großem n auf keine besonderen Schwierigkeiten stößt.

45. Randwertprobleme

Wir wenden uns nun den Randwertproblemen bei gewöhnlichen Differentialgleichungen oder Systemen von solchen Gleichungen zu. Da man Randwertprobleme auf dem üblichen Wege auf die Lösung Cauchyscher Probleme zurückführen kann, behandeln wir diese Fragen nur an Hand von Beispielen.

Beispiel 1: Wir lösen die folgende Randwertaufgabe für die nichtlineare Gleichung zweiter Ordnung

$$\tfrac{5}{2}\, y'' = y^2 + xe^x;\quad y(0) = 1;\quad y(1) = 1{,}75. \tag{6.154}$$

Lösung: Zum Unterschied von einem Cauchyschen Problem, bei dem immer die Anfangsbedingungen in einem einzigen Punkt x_0 gegeben sind, handelt es sich hier um die Bestimmung einer Lösung der Gleichung (6.154), die durch zwei gegebene Punkte verläuft, nämlich durch die Punkte

$$x = 0;\quad y = 1 \quad \text{und} \quad x = 1;\quad y = 1{,}75.$$

Nehmen wir daher eine der Randbedingungen (zum Beispiel die erste $x = x_0 = 0$; $y_0 = 1$) als Anfangsbedingung und stellen die gesuchte und die gegebene Funktion als Potenzreihe mit dem Zentrum x_0 dar

$$y = \sum_{n=0}^{\infty} a_n x^n;\quad xe^x = \sum_{n=0}^{\infty} \gamma_n x^n;\quad \gamma_0 = 0;\quad \gamma_n = \frac{1}{(n-1)!}, \tag{6.155}$$

so erhalten wir für die Koeffizienten a_n auf dem üblichen Wege die Rekursionsformel

$$\tfrac{5}{2}\, \ddot{a}_{n+2} = a_n^{(2)} + \gamma_n;\quad a_0 = y_0 = +1$$

oder

$$a_{n+2} = \frac{a_n^{(2)} + \gamma_n}{\frac{5}{2}(n+1)(n+2)};\quad a_0 = +1;\quad n = 0, 1, 2, \ldots . \tag{6.156}$$

Um Gl. (6.156) anwenden zu können, muß man noch den Koeffizienten a_1 wissen. Man findet seinen Wert jedoch leicht mit Hilfe der zweiten Randbedingung. Setzen wir nämlich in der Reihe für die gesuchte Funktion (6.155) x = 1, so haben wir aufgrund der zweiten Randbedingung

$$y(+1) = \sum_{n=0}^{\infty} a_n = 1{,}75. \tag{6.157}$$

Die Bedingung (6.157) kann man als Gleichung mit einer Unbekannten a_1 auffassen, da alle übrigen Koeffizienten mit Hilfe der Rekursionsformel (6.156) durch $a_0 = +1$ und a_1 ausgedrückt werden. Die Gl. (6.157) lösen wir nach einer der bekannten Methoden. Mit Hilfe von Gl. (6.156) bestimmt man sehr einfach numerische Werte der Koeffizienten a_n, die gegebenen Werte von a_1 entsprechen. Man erhält dagegen die a_n nicht in expliziter Form als Polynome in der unabhängigen Variablen a_1. Zur Lösung der Gl. (6.157) verwendet man daher geeigneterweise die Methode der linearen Interpolation oder die Methode der polynomialen Approximation, die wir in den Abschnitten 19 und 21 dargelegt haben.

In Tabelle 102 findet man alle Rechnungen für die ersten zwei Versuche $a_1 = 0{,}3$ und $a_1 = 0{,}358$ sowie das Endergebnis

$$a_1 = 0{,}359\,545\,70$$

Tabelle 102

$a_{n+2} = \dfrac{a_n^{(2)} + \gamma_n}{\frac{5}{2}(n+1)(n+2)}$			$a_1 = 0{,}3$		$a_1 = 0{,}358$		$a_1 = 0{,}35954570$	
n	$\frac{5}{2}(n+1) \times (n+2)$	γ_n	a_n	$a_n^{(2)}$	a_n	$a_n^{(2)}$	a_n	$a_n^{(2)}$
0	5	0	1,000	1,000	1,00000	1,00000	1,00000000	1,00000000
1	15	1,000000000	0,300	0,600	0,35800	0,71600	0,35954570	0,71909140
2	30	1,000000000	0,200	0,490	0,20000	0,52816	0,20000000	0,52927311
3	50	0,500000000	0,107	0,334	0,11440	0,37200	0,11460609	0,37303046
4	75	0,166666667	0,050		0,05094	0,22379	0,05097577	0,22436379
5	105	0,041666667	0,017		0,01744	0,11711	0,01746061	0,11741989
6	140	0,008333333			0,00521	0,05637	0,00521374	0,05650812
7	180	0,001388889			0,00151	0,02538	0,00151511	0,02544789
8	225	0,000198413			0,00046	0,01067	0,00046315	0,01070201
9	275	0,000024802			0,00015		0,00014909	0,00421246
10	330	0,000002756			0,00005		0,00004845	0,00157307
11	390	0,000000276					0,00001541	0,00056799
12	455	0,000000025					0,00000478	0,00020151
13	525	0,000000002					0,00000146	0,00007080
14	600						0,00000044	0,00002465
15	680						0,00000013	0,00000849
16							0,00000004	
17							0,00000001	
$y(1) = \Sigma a_n =$			1,674		1,74816		1,74999998	

(mit acht Dezimalstellen), wobei

$$y(1) = \sum_{n=0}^{\infty} a_n = 1{,}74999998.$$

Die Bedingung (6.157) ist also innerhalb der Rechengenauigkeit erfüllt.

Da es sich bei der Gl. (6.157) um eine transzendente Gleichung handelt, kann die Aufgabe (6.154) auch keine Lösung haben. Andere Wurzeln dieser Gleichung (falls solche existieren) findet man auf demselben Wege, wenn man für a_1 andere Ausgangswerte nimmt und die entsprechenden Summen Σa_n berechnet.

Beispiel 2: Wir lösen die nichtlineare Randwertaufgabe zweiter Ordnung, die wir der Monographie von *L. Collatz* [185, S. 102 und 157] entnommen haben:

$$y'' = \tfrac{3}{2}\, y^2; \quad y(0) = 4; \quad y(1) = 1. \tag{6.158}$$

Lösung: Die Rekursionsformel (6.32) für die Gleichung (6.158) lautet

$$\ddot{a}_{n+2} = \tfrac{3}{2}\, a_n^{(2)} \quad \text{oder} \quad a_{n+2} = \frac{3a_n^{(2)}}{2(n+1)(n+2)}. \tag{6.159}$$

In diesem Beispiel verwendet man als Anfangsbedingung besser die Bedingung $y(1) = 1$ und sucht die Lösung in Form einer Reihe mit dem Zentrum $x_0 = 1$:

$$y = \sum_{n=0}^{\infty} a_n (x-1)^n; \quad a_0 = y(1) = 1. \tag{6.160}$$

Wir setzen in der Reihe (6.160) $x = 0$ und berücksichtigen die erste Randbedingung $y(0) = 4$. Damit erhalten wir als Gleichung zur Bestimmung von a_1

$$y(0) = \sum_{n=0}^{\infty} (-1)^n a_n = 4. \tag{6.161}$$

Für eine gründliche Untersuchung der Randwertaufgabe (6.158) geben wir bei festem $a_0 = 1$ eine Reihe von Werten für a_1 vor und berechnen nach den Gln. (6.159) und (6.161) die entsprechenden Werte von $y(0) = y_0$.

Die Ergebnisse sind aus Bild 52 und aus den ersten drei Spalten von Tabelle 103 ersichtlich, wobei N die Anzahl der Glieder der Reihe (6.160) bedeutet, die eine Genauigkeit der Ergebnisse mit sieben bedeutsamen Ziffern gewährleisten. Die Randwertaufgabe (6.158) hat demnach zwei reelle Lösungen für alle Werte von $y(0) = y_0 > -3{,}707\ \ldots$.

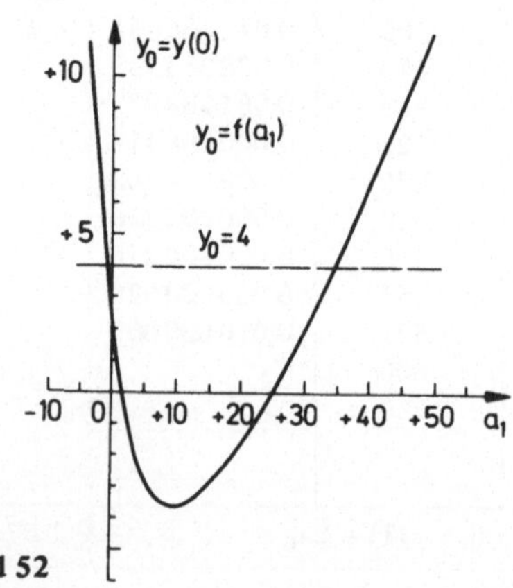

Bild 52

Tabelle 103

$$y'' = \frac{3}{2}y^2; \quad y = \Sigma a_n (x - x_0)^n; \quad a_{n+2} = \frac{3a_n^{(2)}}{2(n+1)(n+2)}$$

a_1	y(0)	N	n	a_n	$\sum_{k=0}^{k=n} (-1)^k a_k$
− 2	+ 6,582266	46	0	+ 1,0000000	+ 1,000000
− 1	+ 4,000000	38	1	− 1,0000000	+ 2,000000
0	+ 1,997032	28	2	+ 0,7500000	+ 2,750000
+ 1	+ 0,444444	38	3	− 0,5000000	+ 3,250000
+ 2	− 0,754320	46	4	+ 0,3125000	+ 3,562500
+ 3	− 1,672510	55	5	− 0,1875000	+ 3,750000
+ 4	− 2,366334	64	6	+ 0,1093750	+ 3,859375
+ 5	− 2,879370	75	7	$- 0{,}6250000 \cdot 10^{-1}$	+ 3,921875
+ 6	− 3,245710	86	8	$+ 0{,}3515625 \cdot 10^{-1}$	+ 3,957031
+ 7	− 3,492257	100	9	$- 0{,}1953125 \cdot 10^{-1}$	+ 3,976563
+ 8	− 3,640390	115	10	$+ 0{,}1074219 \cdot 10^{-1}$	+ 3,987304
+ 9	− 3,707221	133	11	$- 0{,}5859375 \cdot 10^{-2}$	+ 3,993164
+ 10	− 3,706521	156	12	$+ 0{,}3173828 \cdot 10^{-2}$	+ 3,996338
+ 11	− 3,649439	184	13	$- 0{,}1708984 \cdot 10^{-2}$	+ 3,998047
+ 12	− 3,545036	220	14	$+ 0{,}9155274 \cdot 10^{-3}$	+ 3,998962
+ 13	− 3,400712	268	15	$- 0{,}4882813 \cdot 10^{-3}$	+ 3,999451
+ 14	− 3,222529	336	16	$+ 0{,}2593994 \cdot 10^{-3}$	+ 3,999710
+ 15	− 3,015467	385	17	$- 0{,}1373291 \cdot 10^{-3}$	+ 3,999847
+ 20	− 1,667766	–	18	$+ 0{,}7247925 \cdot 10^{-4}$	+ 3,999920
+ 25	+ 0,016010	–	19	$- 0{,}3814697 \cdot 10^{-4}$	+ 3,999958
+ 30	+ 1,919542	–	20	$+ 0{,}2002716 \cdot 10^{-4}$	+ 3,999978
+ 35	+ 4,013552	–	21	$- 0{,}1049042 \cdot 10^{-4}$	+ 3,999988
+ 40	+ 6,310694	–	22	$+ 0{,}5483627 \cdot 10^{-5}$	+ 3,999994
+ 45	+ 8,847347	–	23	$- 0{,}2861023 \cdot 10^{-5}$	+ 3,999997
			24	$+ 0{,}1490116 \cdot 10^{-5}$	+ 3,999998
			25	$- 0{,}7748604 \cdot 10^{-6}$	+ 3,999999

Für $y_0 \leqslant -3{,}707\ldots$ existiert nur eine reelle Lösung oder überhaupt keine. Die entsprechenden a_1-Werte finden wir bei gegebenem y_0 mit Hilfe von Interpolation (oder direkt) aus Tabelle 103. Insbesondere haben wir für $y(0) = 4$:

$$a_1 = y'(1) = -1 \quad \text{und} \quad a_1 = y'(1) = +34{,}96906. \tag{6.162}$$

In Tabelle 103 sind zudem für $a_1 = -1$ die Koeffizienten a_n für die gesuchte erste Lösung bis $n = 25$ angegeben. Weiterhin findet man dort die Werte der Summe (6.161) für alle betrachteten n. Setzt man die Rechnung bis $k = n = 38$ fort, so findet man bei $a_1 = -1$ mit sieben bedeutsamen Ziffern:

$$y(0) = \sum_{k=0}^{k=38} (-1)^k a_k = 4{,}000000.$$

Wir suchen nun die singulären Stellen der gefundenen Lösung. In unserem Beispiel geschieht dies am einfachsten mit Hilfe der analytischen Fortsetzung durch Übergang zu einer Reihe mit dem Zentrum im Punkt $x_0 = 0$. Aus der ersten Randbedingung

$$a_0^* = y(0) = +4$$

und den in Tabelle 103 angegebenen Koeffizienten a_n berechnen wir

$$a_1^* = y'(0) = -8.$$

Mit $a_0^* = +4$ und $a_1^* = -8$ finden wir nun mit Hilfe derselben Rekursionsformel (6.159) der Reihe nach

$$a_2^* = +12; \quad a_3^* = -16; \quad a_4^* = +20; \quad a_5^* = -24\dots;$$

Die gesuchte Reihe mit dem Zentrum $x_0 = 0$ lautet daher

$$y = \sum_{n=0}^{\infty} a_n^* x^n = 4(1 - 2x + 3x^2 - 4x^3 + 5x^4 - 6x^5 + \dots) = 4(1+x)^{-2}$$

oder

$$y = \frac{4}{(1+x)^2}. \tag{6.163}$$

Gemäß Gl. (6.79) aus Abschnitt 42 gilt nämlich für die Koeffizienten a_n^*:

$$m_n = n + (n+1)\frac{a_{n+1}^*}{a_n^*} = -2 = \text{const} \quad \text{mit} \quad n = 0, 1, 2, 3, \dots .$$

Somit haben wir die erste Lösung der Randwertaufgabe (6.158) in expliziter Form gefunden. Im Punkt $x = -1$ besitzt sie einen Pol zweiter Ordnung.

Die zweite Lösung ergibt sich aus der Reihe (6.160) mit

$$a_0 = +1; \quad a_1 = +34{,}96906.$$

Da jedoch für diese zweite Lösung der Konvergenzradius nahezu 1 ist, benötigt man bei der direkten Berechnung nach Gl. (6.161) an die tausend Glieder der Reihe (6.160). Die zweite Lösung stellt man daher zweckmäßiger als Folge von vier Reihen mit den Zentren

$$x_0 = 1{,}00; \quad x_0 = 0{,}75; \quad x_0 = 0{,}50; \quad x_0 = 0{,}25$$

dar. Diese Reihen gehen durch analytische Fortsetzung aus einander hervor. In diesem Fall gilt im Intervall $0 \leqslant x \leqslant 1$ für die unabhängige Variable x die Ungleichung

$$|x - x_0| \leqslant \tfrac{1}{4}.$$

Aufgrund der raschen Abnahme der Größen

$$|x - x_0|^n \leqslant \frac{1}{4^n}$$

benötigt man bei jeder dieser Reihen nicht mehr als 24 Glieder.

Tabelle 104

	$x_0 = 1{,}00$	$x_0 = 0{,}75$	$x_0 = 0{,}50$	$x_0 = 0{,}25$	Lösung		
n	a_n	a_n	a_n	a_n	x	y(x)	y'(x)
0	1,000000	- 7,381568	- 10,53623	- 4,711931	1,00	+ 1,000000	+ 34,96906
1	34,96906	+ 28,62921	- 7,224079	- 33,42484	0,95	- 0,747808	+ 34,94878
2	0,750000	+ 40,86566	+ 83,25905	+ 16,65172	0,90	- 2,491614	+ 34,73280
3	17,48453	- 105,6642	+ 38,05728	+ 78,74777	0,85	- 4,210296	+ 33,87036
4	153,0419	+ 27,04081	- 212,7856	+ 120,0370	0,80	- 5,860895	+ 31,94547
5	6,556699	+ 292,4879	- 150,3674	- 139,1453	0,75	- 7,381568	+ 28,62921
6	76,47409	- 238,9687	+ 543,3063	- 305,9098	0,70	- 8,697583	+ 23,74618
7	383,6717	- 407,3502	+ 449,2927	- 146,0920	0,65	- 9,730579	+ 17,33504
8	30,71741	+ 901,3485	- 1158,765	+ 599,5588	0,60	- 10,41019	+ 9,67786
9	239,1118	+ 219,2028	- 1219,843	+ 752,0417	0,55	- 10,68589	+ 1,27722
10	844,3424	- 1954,034	+ 2370,491	- 226,2946	0,50	- 10,53623	- 7,22408
11	107,4979	+ 1109,993	+ 3035,564	- 1822,056	0,45	- 9,972906	- 15,16382
12	628,6922	+ 3111,107	- 4541,936	- 1196,162	0,40	- 9,038572	- 21,98687
13	1722,482	- 4448,634	- 7155,173	+ 1940,681	0,35	- 7,798852	- 27,34032
14	318,8344	- 2644,289	+ 8298,909	+ 4303,504	0,30	- 6,330999	- 31,11397
15	1495,533	+ 10580,62	+ 16129,45	+ 488,7809	0,25	- 4,711931	- 33,42484
16	3370,526	- 2739,281	- 14349,95	- 6913,650	0,20	- 3,008115	- 34,56321
17	849,1342	- 17927,18	- 35120,12	- 7862,873	0,15	- 1,268569	- 34,92555
18	3330,661	+ 18409,78	+ 23279,80	+ 4801,616	0,10	+ 0,478909	- 34,95634
19	6426,839	+ 20032,15	+ 74260,79	+ 18034,20	0,05	+ 2,229159	- 35,11285
20	2097,121	- 48825,79	- 34493,01	+ 9389,303	0,00	+ 4,000000	- 35,85855
21	7082,618	- 1309,659	- 153128,8	- 22446,50			
22	12055,47	+ 90920,92	+ 43640,13	- 37311,65			
23	4898,567	- 63728,26	+ 308783,7	+ 2292,054			

In Tabelle 104 findet man die Koeffizienten dieser Reihe sowie die Werte der gesuchten Funktion y(x) und ihrer Ableitung y'(x) für $0 \leqslant x \leqslant 1$ mit einer Schrittweite von $h = 0{,}05$. Die Koeffizienten a_1 der einzelnen Reihen liefern dabei die Ableitung y'(x) in den Punkten $x = x_0 = 1{,}00$; $x_0 = 0{,}75$; $x_0 = 0{,}50$; $x_0 = 0{,}25$. Diesen Umstand kann man zur Kontrolle der Rechnung verwenden. Den Verlauf der ersten und zweiten Lösung findet man in Bild 53 dargestellt.

Die Ergebnisse stimmen vollkommen mit den Ergebnissen von *L. Collatz* überein. Die Konvergenzreihe für die zweite Lösung in [185, S. 158] ist jedoch divergent und daher nicht gerechtfertigt.

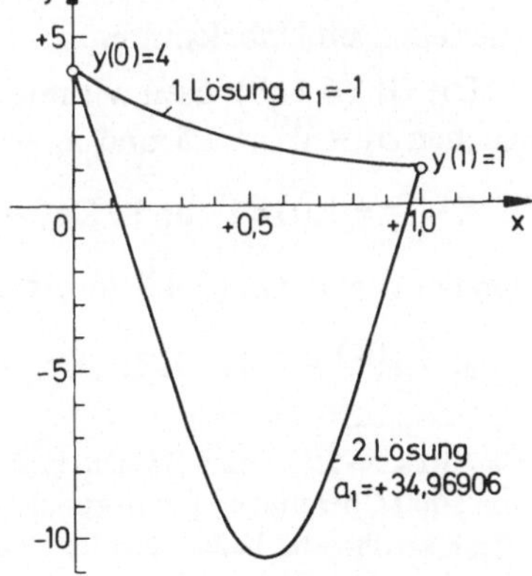

Bild 53

Die in den Tabellen 103 und 104 angegebenen Ergebnisse wurden auf einer Rechenanlage „Rasdan-2"[1]) von *N. I. Sinawsky* erzielt, der alle oben angegebenen Gleichungen für die Lösung des Cauchyschen Problems und der Randwertaufgaben programmiert hat.

Beispiel 3: Wir lösen die nichtlineare Randwertaufgabe [185, S. 114]:

$$y'' = -(1 + e^y); \quad y(0) = 0; \quad y(1) = 1. \tag{6.164}$$

Hier tritt die unbekannte Funktion unter dem Exponentialzeichen auf.

Lösung: Wir führen die Hilfsgrößen

$$z = e^y = \Sigma b_n (x - x_0)^n, \quad z' = e^y y' = zy'$$

ein und ersetzen die Gl. (6.164) durch das äquivalente System

$$y'' = -(1 + z); \quad z' = zy'. \tag{6.165}$$

Wir nehmen nun die erste Randbedingung als Anfangsbedingung und stellen die gesuchten Funktionen durch Reihen mit dem Zentrum im Punkt $x_0 = 0$ dar:

$$y = \sum_{n=0}^{\infty} a_n x^n; \quad a_0 = y(0) = 0; \quad z = \sum_{n=0}^{\infty} b_n x^n; \quad b_0 = z(0) = e^{y_0} = 1. \tag{6.166}$$

Zur Bestimmung der Koeffizienten a_n und b_n erhalten wir gemäß Gl. (6.165) die folgenden Rekursionsformeln:

$$\begin{aligned} a_{n+2} &= -\frac{b_n + \gamma_n}{(n+1)(n+2)}; \quad b_{n+1} = \frac{[b_n \dot{a}_{n+1}]}{n+1}; \\ a_0 &= 0; \quad b_0 = 1; \quad \gamma_0 = 1; \quad \gamma_n = 0 \text{ für } n \geqslant 1. \end{aligned} \tag{6.167}$$

Den Koeffizienten a_1, der für den Beginn des Rekursionsverfahrens benötigt wird, finden wir aus der zweiten Randbedingung $y(1) = 1$. Gemäß Gl. (6.166) und Gl. (6.167) führt diese Bedingung auf die Gleichung

$$y(1) = \sum_{n=0}^{\infty} a_n = 1 \tag{6.168}$$

mit der einzigen Unbekannten a_1.

Die Gl. (6.168) lösen wir mit Hilfe der linearen Interpolation. Mit den ersten zwei Versuchen $a_1 = a_1^{(I)} = 2{,}5$ und $a_1 = a_1^{(II)} = 2{,}482$ und den entsprechenden Summen

$$\Sigma a_n = +1{,}0181 \quad \text{und} \quad \Sigma a_n = +1{,}006525$$

finden wir gemäß Gl. (3.43) im Abschnitt 21 die genauere dritte Näherung

$$a_1 = a_1^{(III)} = 2{,}471853; \quad \Sigma a_n = +0{,}999974.$$

---

[1]) Die „Rasdan-2" ist eine Zweiadress-Ziffernrechenmaschine mit einer Operationsgeschwindigkeit von 5000 Operationen pro Sekunde. Der Kernspeicher kann 2048 Zahlen aufnehmen. Die Gleitkommaarithmetik liefert Resultate mit sieben bedeutsamen Ziffern.

Alle benötigten Rechnungen findet man in Tabelle 105. Für die ersten zwei Versuche haben wir nur a_n und $[b_n a_{n+1}]$ angegeben. Unter nochmaliger Verwendung von Gl. (3.43) finden wir aus dem zweiten und dritten Versuch den endgültigen Wert (mit sechs Dezimalstellen)

$$a_1 = a_1^{(IV)} = 2{,}471893.$$

In unserem Beispiel haben wir daher aus dem bereits bestimmten Wert für a_1 nur mehr die übrigen Koeffizienten a_n zu bestimmen, was der Leser als Übung selbst durchführen möge.

Bei der Lösung von Randwertaufgaben mit Hilfe von Potenzreihen erhält man die einfachsten Ergebnisse im Falle von linearen Gleichungen. Bei diesen ergeben sich die Gleichungen zur Bestimmung der unbekannten Koeffizienten in expliziter Form.

Beispiel 4: Wir suchen das Integral der Gleichung [271, S. 109]

$$y'' + xy' + y = 2x, \tag{6.169}$$

das durch die Punkte ($x_0 = 0$; $y_0 = 1$) und ($x_0 = 1$; $y_1 = 0$) verläuft.

Lösung: Wir suchen ein Integral der Gl. (6.169) in Form einer Reihe mit dem Zentrum $x_0 = 0$:

$$y = \sum_{n=0}^{\infty} a_n x^n; \quad a_0 = y(0) = 1. \tag{6.170}$$

Unter Verwendung der Ergebnisse von Beispiel 3 aus Abschnitt 41 finden wir zur Bestimmung der Koeffizienten a_n die Rekursionsformel

$$\ddot{a}_{n+2} + \dot{a}_n + a_n = \gamma_n; \quad \gamma_1 = 2; \quad \gamma_n = 0 \text{ für } n \neq 1;$$

oder mit $\ddot{a}_{n+2} = (n+1)(n+2)\,a_{n+2}$; $\dot{a}_n = na_n$;

$$a_{n+2} = \frac{\gamma_n - (n+1)\,a_n}{(n+1)(n+2)}; \quad a_0 = 1; \quad a_1 = a_1;$$

$$\gamma_n = \begin{cases} 2 \text{ für } n = 1, \\ 0 \text{ für } n \neq 1. \end{cases} \tag{6.171}$$

Für $n = 1$ finden wir daraus

$$a_3 = \frac{2 - 2a_1}{2 \cdot 3} = \frac{1 - a_1}{3}. \tag{6.172}$$

Für alle übrigen n haben wir wegen $\gamma_n = 0$ für $n \neq 1$

$$a_{n+2} = -\frac{a_n}{n+2}; \quad n = 0, 2, 3, 4, 5, \ldots . \tag{6.173}$$

Tabelle 105

$y'' = -(1 + e^y)$; $y(0) = a_0 = 0$; $y(1) = \Sigma a_n = 1$

$y'' = -(1 + z)$; $y = \Sigma a_n x^n$; $z' = zy'$; $z = \Sigma b_n x^n$; $a_{n+2} = -\frac{b_n + \gamma_n}{(n+1)(n+2)}$; $b_{n+1} = \frac{[b_n \dot{a}_{n+1}]}{n+1}$; $\dot{a}_{n+1} = (n+1)\,a_{n+1}$; $a_0 = 0$; $b_0 = 1$

			$a_1 = a_1^{(I)} = 2{,}5$				$a_1 = a_1^{(II)} = 2{,}482$		$a_1 = a_1^{(III)} = 2{,}471\,853$				
n	$(n+1) \times (n+2)$	γ_n	a_n	b_n	$\dot{a}_{n+1}$	$[b_n \dot{a}_{n+1}]$	a_n	$[b_n \dot{a}_{n+1}]$	a_n	b_n	$\dot{a}_{n+1}$	$[b_n \dot{a}_{n+1}]$	n
0	2	1	0	+ 1,0000	+ 2,5000	+ 2,5000	0	+ 2,482000	0	+ 1,000000	+ 2,471853	+ 2,471853	0
1	6	0	+ 2,5000	+ 2,5000	- 2,0000	+ 4,2500	+ 2,482000	+ 4,160324	+ 2,471853	- 2,471853	- 2,000000	+ 4,110057	1
2	12	0	- 1,0000	+ 2,1250	- 1,2500	- 0,9375	- 1,000000	- 1,042038	- 1,000000	+ 2,055029	- 1,235928	- 1,099904	2
3	20	0	- 0,4167	- 0,3125	- 0,7084	- 8,8647	- 0,413667	- 8,795987	- 0,411976	- 0,366635	- 0,685008	- 8,756366	3
4	30	0	- 0,1771	- 2,2162	+ 0,0780	- 9,2647	- 0,173347	- 8,978854	- 0,171252	- 2,189092	+ 0,091660	- 8,819291	4
5	42	0	+ 0,0156	- 1,8529	+ 0,4434	- 0,6762	+ 0,017367	- 0,415088	+ 0,018332	- 1,763858	+ 0,437820	- 0,272000	5
6	56	0	+ 0,0739	- 0,1127	+ 0,3087	+ 7,9986	+ 0,073300	+ 7,961142	+ 0,072970	- 0,045333	+ 0,293979	+ 7,936937	6
7	72	0	+ 0,0441	+ 1,1427	+ 0,0160	+ 8,6738	+ 0,042756	+ 8,351882	+ 0,041997	+ 1,133848	+ 0,006480	+ 8,172199	7
8	90	0	+ 0,0020	+ 1,0842	- 0,1431	+ 2,1200	+ 0,001235	+ 1,808800	+ 0,000810	+ 1,021525	- 0,141732	+ 1,638897	8
9	110	0	- 0,0159	+ 0,2356	- 0,1200	- 4,5953	- 0,015796	- 4,627882	- 0,015748	+ 0,182100	- 0,113500	- 4,641637	9
10	132	0	- 0,0120	- 0,4595	- 0,0231	- 5,9314	- 0,011600	- 5,695870	- 0,011350	- 0,464164	- 0,018205	- 5,563126	10
11	156	0	- 0,0021	- 0,5392	+ 0,0420	- 2,2859	- 0,001827	- 2,023500	- 0,001655	- 0,505739	+ 0,042192	- 1,879331	11
12	182	0	+ 0,0035	- 0,1905	+ 0,0455	+ 1,9925	+ 0,003506	+ 2,063118	+ 0,003516	- 0,156611	+ 0,042146	+ 2,099494	12
13	210	0	+ 0,0035	+ 0,1533	+ 0,0140	+ 3,2491	+ 0,003319	+ 3,235878	+ 0,003242	+ 0,161500	+ 0,012054	+ 3,160478	13
14	240	0	+ 0,0010	+ 0,2321	- 0,0105	+ 1,7131	+ 0,000927	+ 1,554822	+ 0,000861	+ 0,225748	- 0,011535	+ 1,455725	14
15	272	0	- 0,0007	+ 0,1142	- 0,0160	- 0,6181	- 0,000756	- 0,704684	- 0,000769	+ 0,097048	- 0,015056	- 0,743412	15
16	306	0	- 0,0010	- 0,0386	- 0,0068	- 1,6575	- 0,000963	- 1,614603	- 0,000941	- 0,046463	- 0,006069	- 1,580376	16
17	342	0	- 0,0004	- 0,0975			- 0,000381	- 0,979534	- 0,000357	- 0,092963	+ 0,002736	- 0,920908	17
18	380	0	+ 0,0001				+ 0,000144	+ 0,143540	+ 0,000152	- 0,051162	+ 0,005168	+ 0,173909	18
19	420	0	+ 0,0003				+ 0,000278	+ 0,725692	+ 0,000272	+ 0,009153	+ 0,002700	+ 0,713882	19
20	462	0					+ 0,000143	+ 0,541950	+ 0,000135	+ 0,035694	- 0,000462	+ 0,511126	20
21	506	0					- 0,000018	+ 0,031224	- 0,000022	+ 0,024339	- 0,001694	+ 0,011272	21
22	552	0					- 0,000079	- 0,296489	- 0,000077	+ 0,000512	- 0,001104	- 0,294348	22
23	600	0					- 0,000051	- 0,272489	- 0,000048	- 0,012798	- 0,000024	- 0,257794	23
24	650						- 0,000003		- 0,000001	- 0,010741	+ 0,000525	- 0,046698	24
25	702						+ 0,000021		+ 0,000021	- 0,001868	+ 0,000442	+ 0,110543	25
26	756						+ 0,000017		+ 0,000017	+ 0,004252	+ 0,000081	+ 0,120512	26
27	812								+ 0,000003	+ 0,004463			27
28									- 0,000006				28
29									- 0,000005				29
	Σa_n =					Σa_n =	+ 1,006525	Σa_n =	+ 0,999974				

Mit Gl. (6.173) erhalten wir aus $a_0 = 1$ direkt alle Koeffizienten mit geradzahligem Index $a_n = a_{2\nu}$. Die Koeffizienten mit ungeradem Index (ab n = 3) $a_n = a_{2\nu+3}$ lassen sich unter Berücksichtigung von Gl. (6.172) durch a_1 ausdrücken:

$$\frac{a_{2\nu+5}}{1-a_1} = -\frac{1}{2\nu+5}\left(\frac{a_{2\nu+3}}{1-a_1}\right); \quad \frac{a_3}{1-a_1} = +\frac{1}{3}; \quad \nu = 0, 1, 2, 3, \ldots \; . \tag{6.174}$$

Wir bemerken, daß gemäß Gl. (6.174) die Größen

$$\frac{a_{2\nu+5}}{1-a_1}$$

von a_1 unabhängig sind, zum Beispiel gilt

$$\frac{a_5}{1-a_1} = -\frac{1}{5}\cdot\frac{a_3}{1-a_1} = -\frac{1}{3\cdot 5};$$

$$\frac{a_7}{1-a_1} = -\frac{1}{7}\cdot\frac{a_5}{1-a_1} = +\frac{1}{3\cdot 5\cdot 7}; \ldots$$

In Tabelle 106 wurden diese Größen (mit 10 Dezimalstellen) berechnet. Mit der zweiten Randbedingung $x = x_1 = 1$

$$y_1 = y(1) = \sum_{n=0}^{\infty} a_n = 0$$

erhalten wir nach einfachen Umformungen eine Gleichung mit der einzigen Unbekannten a_1, nämlich

$$\sum_{n=0}^{\infty} a_n = \sum_{\nu=0}^{\infty} a_{2\nu} + \sum_{\nu=0}^{\infty} a_{2\nu+1} = \sum_{\nu=0}^{\infty} a_{2\nu} + a_1 + (1-a_1)\sum_{\nu=0}^{\infty}\left(\frac{a_{2\nu+3}}{1-a_1}\right) = y_1$$

Tabelle 106

$y'' + xy' + y = 2x, (x_0 = 0;\ y_0 = 1),\ (x_1 = 1;\ y_1 = 0),\ a_{n+2} = -\frac{a_n}{n+2}$

n	a_n	x^n	n	$\frac{a_n}{1-a_1}$	a_n	x^n
0	+ 1,0000000000	1,000000	1	–	– 1,216581687	0,500000
2	– 0,5000000000	0,250000	3	+ 0,3333333333	+ 0,7388605623	0,125000
4	+ 0,1250000000	0,062500	5	– 0,0666666667	– 0,1477721125	0,031250
6	– 0,0208333333	$1,562500 \cdot 10^{-2}$	7	+ 0,0095238095	+ 0,0211103018	$0,781250 \cdot 10^{-2}$
8	+ 0,0026041667	$3,906250 \cdot 10^{-3}$	9	– 0,0010582011	– 0,0023455891	$1,953125 \cdot 10^{-3}$
10	– 0,0002604167	$9,765625 \cdot 10^{-4}$	11	+ 0,0000962001	+ 0,0002132354	$4,882813 \cdot 10^{-4}$
12	+ 0,0000217014	$2,441406 \cdot 10^{-4}$	13	– 0,0000074000	– 0,0000164027	$1,220703 \cdot 10^{-4}$
14	– 0,0000015501	$0,610352 \cdot 10^{-4}$	15	+ 0,0000004933	+ 0,0000010935	$0,305176 \cdot 10^{-4}$
16	+ 0,0000000969		17	– 0,0000000290	– 0,0000000643	
18	– 0,0000000054		19	+ 0,0000000015	+ 0,0000000034	
20	+ 0,0000000003		21	– 0,0000000001	– 0,0000000002	
Σ	+ 0,6065306598		Σ	+ 0,2752215408		

oder

$$0{,}6065306598 + a_1 + 0{,}2752215408\,(1 - a_1) = y_1 = 0.$$

Daraus ergibt sich

$$a_1 = -\frac{0{,}8817522006}{0{,}7247784592} = -1{,}216581687.$$

Bei bekanntem a_1 berechnen wir nun nach Gl. (6.172) die Größe a_3. Hierauf ergeben sich nach Gl. (6.173) alle weiteren Koeffizienten $a_n = a_{2\nu+1}$ mit ungeradem Index. Somit sind alle Koeffizienten der gesuchten Reihe (6.170) bestimmt. Die Reihe konvergiert in der gesamten komplexen Ebene. Gemäß Gl. (6.173) haben wir nämlich

$$R^2 = \lim_{n \to \infty} \left| \frac{a_n}{a_{n+2}} \right| = n + 2 = \infty .$$

Legen wir in der Reihe (6.170) x beliebig fest (x darf auch komplex sein), zum Beispiel $x = 0{,}1$; $x = 0{,}2$; $x = 0{,}5$, so finden wir mit neun gültigen Stellen

$$y(0{,}1) = 0{,}874091695; \quad y(0{,}2) = 0{,}742746202; \quad y(0{,}5) = 0{,}362106196.$$

Dies stimmt mit den Ergebnissen von *Milne* [271, S. 110, Tabelle 26] überein:

$$y(0{,}1) = 0{,}874091; \quad y(0{,}2) = 0{,}742745; \quad y(0{,}5) = 0{,}362105.$$

Diese Werte wurden mit sechs bedeutsamen Ziffern auf numerischem Wege ermittelt.

Übung 1: Man berechne mit sechs bedeutsamen Ziffern $y(x)$ für $x = 0{,}1i$; $x = 0{,}5i$; $x = -0{,}5$; $x = -1{,}0$ sowie für $x = \pm 1{,}5$ und $x = \pm 2{,}0$. Man zeichne das Schaubild der Funktion $y(x)$ über dem Intervall $-2 \leqslant x \leqslant +2$.

Übung 2: Man bestimme das Integral der Gleichung [271, Kapitel VII, Abschnitt 46, Beispiel 2]

$$y'' + y \cosh x = 0,$$

das durch die Punkte ($x = 0$; $y = 0$) und ($x = 2{,}2$; $y = 1$) verläuft.

In diesem Abschnitt haben wir uns auf die Betrachtung von Randwertaufgaben für Gleichungen zweiter Ordnung beschränkt. Dabei waren die Werte der gesuchten Funktion in den Endpunkten eines Intervalls gegeben. Aufgaben mit anderen Typen von Randbedingungen wie Randwertaufgaben für Gleichungen höherer Ordnung löst man auf analogem Wege. Es ergeben sich dabei keine grundsätzlichen Schwierigkeiten. Nur der Arbeitsaufwand kann dabei erheblich anwachsen. Zum Beispiel können bei einer Gleichung höherer Ordnung die Randbedingungen zu einem System von transzendenten Gleichungen für die ersten Koeffizienten der Lösungsreihe führen.

Die erhaltenen Systeme löst man nach einer der in den Abschnitten 22 und 23 dargelegten Methoden. Dabei muß man möglichst viele Bedingungen als Anfangsbedingungen verwenden. Diese führen nämlich nicht auf Gleichungen, sondern erlauben die direkte Bestimmung der $a_0, a_1, a_2, \ldots$.

46. Die Bestimmung von Eigenwerten. Das Sturm-Liouvillesche Problem

Wir betrachten die homogene selbstadjungierte Differentialgleichung zweiter Ordnung

$$[p(x)\,y']' + [q(x) + \lambda\rho(x)]\,y = 0 \tag{6.175}$$

mit den homogenen Randbedingungen

$$\begin{aligned} \alpha_0\,y(a) + \alpha_1\,y'(a) = 0,\\ \beta_0\,y(b) + \beta_1\,y'(b) = 0, \end{aligned} \tag{6.176}$$

wobei $p(x) > 0$; $|\alpha_0| + |\alpha_1| \neq 0$, $|\beta_0| + |\beta_1| \neq 0$; $p(x), q(x), \rho(x)$ stetige Funktionen und λ ein Parameter sind.

Offensichtlich ist die Funktion $y \equiv 0$ eine Lösung der Differentialgleichung (6.175), welche den Randbedingungen (6.176) genügt. Jedoch interessiert man sich gewöhnlich für nichttriviale Lösungen des Randwertproblems (6.175), (6.176).

Jene Parameterwerte λ, für die eine nichttriviale Lösung der homogenen Aufgabe existiert, heißen *charakteristische Werte der Randwertaufgabe, Fundamentalzahlen* oder *charakteristische Zahlen* oder auch *Eigenwerte.* Die letzte Bezeichnung wird am häufigsten gebraucht. Die entsprechenden nichttrivialen Lösungen $y(x, \lambda)$ heißen Eigenfunktionen.

Die Bestimmung der Eigenwerte und der Eigenfunktionen der Gl. (6.175) bezeichnet man als Sturm-Liouvillesches Problem (*Jaques Charles Francois Sturm,* 1803–1855; *Joseph Liouville,* 1809–1882). Neben dem Sturm-Liouvilleschen Problem, das am häufigsten auftritt, erscheinen auch oft die Probleme der Bestimmung von Eigenwerten bei anderen Typen von Differentialgleichungen. Wir kommen in Abschnitt 47 darauf zurück.

Eigenwertproblemen begegnet man sehr häufig in der mathematischen Physik im Zusammenhang mit verschiedenen Problemen. Zum Beispiel erscheinen sie im Zusammenhang mit der Wärmeleitungsgleichung

$$V_t = L(V);\quad L(u) \equiv P_0(x)\,u'' + P_1(x)\,u' + P_2(x)\,u,$$

wenn wir nach einer Lösung in der Form

$$V = u(x)\,e^{-\lambda t}$$

suchen. Auch im Zusammenhang mit der Wellengleichung

$$V_{tt} = L(V)$$

und deren Lösungen der Form

$$V = u(x)\cos\sqrt{\lambda}t$$

treten Eigenwertprobleme auf.

Schließlich treten solche Aufgaben bei der Separation der Variablen bei partiellen Differentialgleichungen auf.

In Übereinstimmung mit vielen anderen Autoren (siehe zum Beispiel [271, S. 245; 390, S. 154]) betrachten wir daher die Bestimmung von Eigenwerten als eine der wichtigsten und zugleich als eine der mühevollsten Aufgaben, die im Zusammenhang mit der numerischen Lösung von gewöhnlichen Differentialgleichungen stehen.

Für die Bestimmung von Eigenwerten existieren mehrere verschiedene Methoden. Alle sind jedoch mit sehr viel Mühe verbunden und erlauben hauptsächlich nur die Bestimmung der ersten zwei bis drei Eigenwerte. Ausführlicheres über diese Fragen findet der Leser in den Büchern [2; 18; 101; 150; 154; 185; 197; 207; 219; 271; 285; 339; 390; 392; 421; 423; 449; 501; 564; 589; 598; 615], in denen auch die entsprechende Bibliographie zu finden ist, die mehrere hundert Namen umfaßt.

Die Bestimmung von Eigenwerten läßt sich wesentlich vereinfachen, wenn man Potenzreihen in die Betrachtung einbezieht [490, IV]. Man erhält dabei ziemlich einfache Rechenformeln, mit deren Hilfe man auch die ersten zwei bis drei Eigenwerte mit beliebig vorgegebener Genauigkeit durch Rechnung mit der Hand erhält.

Beispiel 1: Wir lösen das einfache Sturm-Liouvillesche Problem

$$y'' + \lambda y = 0 \tag{6.177}$$

mit den Randbedingungen

$$y(0) = y(1) = 0. \tag{6.178}$$

Lösung: Wir suchen ein Integral $y = y(x, \lambda)$ der gegebenen Gleichung in Form einer Potenzreihe mit dem Zentrum im Punkt $x_0 = 0$:

$$y = \sum_{n=0}^{\infty} a_n x^n, \quad a_0 = y(0) = 0, \; a_1 = 1. \tag{6.179}$$

Die Koeffizienten dieser Reihe findet man gemäß Gl. (6.177) aus der Rekursionsformel

$$a_{n+2} = -\lambda \frac{a_n}{(n+1)(n+2)}; \quad a_0 = 0; \quad a_1 = 1; \quad n = 0, 1, 2, \ldots . \tag{6.180}$$

Wegen der Homogenität der Gleichung ist die Lösung $y = y(x, \lambda)$ nur bis auf einen konstanten Faktor bestimmt. In den Gln. (6.179) und (6.180) dürfen wir daher ohne Verlust an Allgemeinheit $a_1 = 1$ setzen. Mit $a_0 = 0$ finden wir daher aus Gl. (6.180) für alle Koeffizienten mit geradem Index

$$a_{2\nu} = 0.$$

Aus $a_1 = 1$ ergibt sich der Reihe nach

$$a_3 = -\frac{\lambda}{3!}; \quad a_5 = +\frac{\lambda^2}{5!}; \quad a_7 = -\frac{\lambda^3}{7!}; \ldots; \quad a_{2\nu+1} = (-1)^{\nu} \frac{\lambda^{\nu}}{(2\nu+1)!}.$$

Die gesuchte Lösungsreihe lautet daher

$$y = x - \frac{\lambda}{3!}x^3 + \frac{\lambda^2}{5!}x^5 - \frac{\lambda^3}{7!}x^7 + \ldots$$

$$= \frac{1}{\lambda^{1/2}}\left(\lambda^{1/2}x - \frac{\lambda^{3/2}x^3}{3!} + \frac{\lambda^{5/2}x^5}{5!} - \frac{\lambda^{7/2}x^7}{7!} + \ldots\right).$$

Die Summe der Reihe unter den Klammern ist uns bekannt. Als Lösung erhalten wir daher endgültig

$$y = y(x, \lambda) = \frac{1}{\sqrt{\lambda}} \sin\sqrt{\lambda}x. \tag{6.181}$$

Setzen wir in Gl. (6.181) $x = 1$ und verwenden wir die zweite Randbedingung, so erhalten wir zur Bestimmung der Eigenwerte die Gleichung

$$\frac{1}{\sqrt{\lambda}} \sin\sqrt{\lambda} = 0 \tag{6.182}$$

Daraus folgt

$$\lambda_k = (k\pi)^2\,; \quad k = 1, 2, 3, \ldots, \tag{6.183}$$

da nur für diese Werte für λ_k die gesuchte Lösung (6.181) in beiden Enden des gegebenen Intervalls ($x = 0$ und $x = 1$) zu Null wird.

Die gesuchten Eigenwerte ergeben sich somit aus Gl. (6.183). Die entsprechenden Eigenfunktionen erhält man, wenn man in Gl. (6.181) $\lambda = \lambda_k$ setzt:

$$y = \frac{1}{k\pi} \sin k\pi x; \quad k = 1, 2, 3, \ldots\,. \tag{6.184}$$

In unserem Beispiel war die Summe der Lösungsreihe bekannt. Wir erhielten daher die Lösung des Sturm-Liouvilleschen Problems in geschlossener Form. Bei komplizierteren Beispielen, denen man in der Praxis oft begegnet, kann man die Summe der Lösungsreihe nur sehr selten in geschlossener Form darstellen. Wir lösen unser Beispiel daher noch auf numerischem Wege ohne Verwendung der exakten Lösung (6.181) mit Hilfe der Rekursionsformel (6.180). Wir setzen dazu die aus Gl. (6.180) gefundenen Koeffizienten

$$a_{2\nu} = 0; \quad a_{2\nu+1} = (-1)^\nu \frac{\lambda^\nu}{(2\nu+1)!} \tag{6.185}$$

direkt in die Reihe (6.179) ein und erhalten mit $x = 1$ und der zweiten Randbedingung zur Bestimmung der Eigenwerte $\lambda = \lambda_k$ die Gleichung

$$f(\lambda) = \sum_{\nu=0}^{\infty} a_{2\nu+1}(\lambda) = 1 - \frac{\lambda}{3!} + \frac{\lambda^2}{5!} - \frac{\lambda^3}{7!} + \ldots = 0. \tag{6.186}$$

Die Gl. (6.186) lösen wir nach dem Newtonschen Verfahren, indem wir die nullte Näherung $\lambda_k^{(0)}$ aller betrachteten Werte von $\lambda = \lambda_k$, k = 1, 2, 3, ... nach der Gleichung

$$\lambda_k^{(n+1)} = \lambda_k^{(n)} - \epsilon_n(\lambda_k); \quad \epsilon_n(\lambda_k) = \frac{f(\lambda_k^{(n)})}{f'(\lambda_k^{(n)})}; \quad n = 0, 1, 2, ... \tag{6.187}$$

verbessern, wobei gemäß Gl. (6.186)

$$f'(\lambda) = \sum_{\nu=0}^{\infty} a'_{2\nu+1}(\lambda) = -\frac{1}{3!} + \frac{2\lambda}{5!} - \frac{3\lambda^2}{7!} + \dots \,. \tag{6.188}$$

Die Differentiation bezieht sich dabei auf den Parameter λ, den wir hier als Argument betrachten und durch den die Koeffizienten

$$a_{2\nu+1} = a_{2\nu+1}(\lambda)$$

bestimmt sind. Die Größen $f(\lambda)$ bestimmt man bei festem λ am einfachsten durch Berechnung einer hinreichenden Anzahl von Koeffizienten mit ungeradem Index aus der Rekursionsformel

$$a_{2\nu+1}(\lambda) = -\frac{\lambda a_{2\nu-1}(\lambda)}{2\nu(2\nu+1)}; \quad a_1(\lambda) \equiv 1; \quad \nu = 1, 2, 3, \dots \tag{6.189}$$

die man mit $n = 2\nu - 1$ aus Gl. (6.180) erhält.

Die Größen $a'_{2\nu+1}(\lambda)$, durch die die Ableitung $f'(\lambda)$ festgelegt ist, gewinnt man aus der Gleichung

$$a'_{2\nu+1}(\lambda) = \frac{\nu}{\lambda} a_{2\nu+1}(\lambda), \tag{6.190}$$

die sich aus Gl. (6.185) durch Differentiation nach λ ergibt:

$$a'_{2\nu+1}(\lambda) = (-1)^\nu \frac{\nu\lambda^{\nu-1}}{(2\nu+1)!} = \frac{\nu}{\lambda} a_{2\nu+1}(\lambda).$$

Wir kommen nun zur Bestimmung des ersten Eigenwerts $\lambda = \lambda_1$. Aus Gl. (6.186) kann man ersehen, daß alle Wurzeln dieser Gleichung positiv sein müssen. Die kleinste unter ihnen muß zudem der Ungleichung

$$\lambda_1 > 3! = 6$$

genügen, da für $\lambda = \lambda_1 \leqslant 6$ alle aufeinander folgenden Glieder $a_{2\nu+1}(\lambda)$ monoton abnehmen und die Summe der Reihe streng positiv ist. Bei beliebigem negativem λ-Wert $\lambda = -\gamma$, $\gamma > 0$ folgt aus Gl. (6.186)

$$f(\lambda) = 1 + \frac{\gamma}{3!} + \frac{\gamma^2}{5!} + \frac{\gamma^3}{7!} + \dots > 1.$$

Negative λ-Werte ergeben also keine Wurzeln der Gl. (6.186).

Wir nehmen daher als nullte Näherung

$$\lambda_1^{(0)} = 10$$

und berechnen daraus mit vier Dezimalstellen

$$f(\lambda_1^{(0)}) = -0{,}0065, \quad f'(\lambda_1^{(0)}) = -0{,}0497, \quad \epsilon_0(\lambda_1) = +0{,}13.$$

Gemäß Gl. (6.187) finden wir dann als erste Näherung

$$\lambda_1^{(1)} = \lambda_1^{(0)} - \epsilon_0(\lambda_1) = 10{,}00 - 0{,}13 = 9{,}87.$$

Durch Wiederholung dieses Verfahrens erhalten wir aus der ersten die zweite und hierauf die dritte Näherung:

$$\lambda_1^{(2)} = 9{,}869604; \quad \lambda_1^{(3)} = 9{,}869604401089.$$

In beiden Zahlen sind alle Ziffern gültig. Der genaue Wert für λ_1 ist nämlich nach Gl. (6.183)

$$\lambda_1 = \pi^2 = 9{,}86960440108935\ldots$$

Auf analogem Wege finden wir mit den nullten Näherungen $\lambda_2^{(0)} = 40$ und $\lambda_3^{(0)} = 90$ nach zwei oder drei Schritten

$$\lambda_2 = \lambda_2^{(3)} = 39{,}478417604 36; \quad \lambda_3 = \lambda_3^{(2)} = 88{,}82644.$$

Die exakten Werte sind

$$\lambda_2 = 4\pi^2 = 39{,}4784176043574\ldots; \quad \lambda_3 = 9\pi^2 = 88{,}8264396098\ldots$$

Alle für die Bestimmung von $\lambda_1 = \lambda_1^{(2)}$ und $\lambda_2 = \lambda_2^{(3)}$ notwendigen Rechnungen, die mit Hilfe der Gln. (6.186) bis (6.190) durchgeführt wurden, findet man in Tabelle 107.

In unserem Beispiel verdoppelt sich also bei Verwendung der Newtonschen Gleichung (6.187) in jedem Schritt die Anzahl der gültigen Ziffern. Bei der Bestimmung der aufeinander folgenden Eigenwerte λ_k,

$$\lambda_1 < \lambda_2 < \lambda_3 < \lambda_4 < \lambda_5 < \ldots$$

wird dagegen auf Grund des Nenners

$$2\nu(2\nu + 1)$$

die Anzahl der Glieder der Reihe (6.186), die man bei ($k \leqslant 10$) betrachten muß, um vier bis sechs größer. Die Berechnung der Folge der $a_{2\nu+1}$ führt man nach Gl. (6.189) in einem Zuge durch. Man multipliziert dabei den letzten Wert mit der festen Zahl und dividiert anschließend durch $2\nu(2\nu + 1)$. So benötigt man zur Bestimmung der ersten fünf Eigenwerte der Aufgabe mit Hilfe der Gln. (6.177) und (6.178) mit sechs bis sieben gültigen Ziffern bei Handrechnung etwa 2 bis 3 Tage. Eine ERA schafft dies in einigen Minuten.

Übung 1: Man berechne aus $\lambda_1^{(2)} = 9{,}8696$ die dritte Näherung für λ_1. Hierauf berechne man λ_3 mit sieben bedeutsamen Ziffern.

Auch bei anderen Randwertproblemen bleibt der Lösungsweg derselbe. Wir bestimmen zum Beispiel die Eigenwerte der Gl. (6.177) bei den Randbedingungen

$$y(0) = 0; \quad y'(1) = 0. \tag{6.191}$$

Tabelle 107

$y'' + \lambda y = 0$		$\lambda_1 = \lambda_1^{(0)} = 10$		$\lambda_1^{(1)} = 9{,}87$		$\lambda_2 = \lambda_2^{(0)} = 40$		$\lambda_2^{(1)} = 39{,}5$		$\lambda_2^{(2)} = 39{,}4784$		
ν	$2\nu(2\nu+1)$	$a_{2\nu+1}$	$a'_{2\nu+1}$	$a_{2\nu+1}(\lambda_1)$	$a'_{2\nu+1}(\lambda_1)$	$a_{2\nu+1}$	$a'_{2\nu+1}$	$a_{2\nu+1}(\lambda_2)$	$a'_{2\nu+1}(\lambda_2)$	$a_{2\nu+1}(\lambda_2)$	$a'_{2\nu+1}(\lambda_2)$	ν
0	0	+ 1,0000	0	+ 1,00000000	0	+ 1,0000	0	+ 1,00000000	0	+ 1,000000000000	0	0
1	6	− 1,6667	− 0,1667	− 1,64500000	− 0,166667	− 6,6667	− 0,1667	− 6,58333333	− 0,166667	− 6,579733333333	− 0,166666667	1
2	20	+ 0,8333	+ 0,1667	+ 0,81180750	+ 0,164500	+ 13,3333	+ 0,6667	+ 13,00208333	+ 0,658333	+ 12,987867221333	+ 0,657973333	2
3	42	− 0,1984	− 0,0595	− 0,19077476	− 0,057986	− 12,6984	− 0,9524	− 12,22814980	− 0,928720	− 12,208100412159	− 0,927704802	3
4	72	+ 0,0276	+ 0,0110	+ 0,02615204	+ 0,010599	+ 7,0547	+ 0,7055	+ 6,70849885	+ 0,679342	+ 6,693837101547	+ 0,678227801	4
5	110	− 0,0025	− 0,0013	− 0,00234655	− 0,001189	− 2,5653	− 0,3207	− 2,40896095	− 0,304932	− 2,402381623906	− 0,304265323	5
6	156	+ 0,0002	+ 0,0001	+ 0,00014846	+ 0,000090	+ 0,6578	+ 0,0987	+ 0,60996127	+ 0,092652	+ 0,607962709623	+ 0,092399293	6
7	210			− 0,00000698	− 0,000005	− 0,1253	− 0,0219	− 0,11473081	− 0,020332	− 0,114292357312	− 0,020265424	7
8	272			+ 0,00000025		+ 0,0184	+ 0,0037	+ 0,01666128	+ 0,003374	+ 0,016588527202	+ 0,003361540	8
9	342			− 0,00000001		− 0,0022	− 0,0005	− 0,00192433	− 0,000438	− 0,001914878691	− 0,000436540	9
10	420					+ 0,0002	+ 0,0001	+ 0,00018098	+ 0,000046	+ 0,000179991302	+ 0,000045592	10
11	506							− 0,00001413	− 0,000004	− 0,000014043021	− 0,000003913	11
12	600							+ 0,00000093		+ 0,000000923993	+ 0,000000281	12
13	702							− 0,00000005		− 0,000000051963	− 0,000000017	13
14	812									+ 0,000000002526	+ 0,000000001	14
15	930									− 0,000000000107		15
16	1056									+ 0,000000000004		16
	$\Sigma =$	− 0,0065	− 0,0497	− 0,00002005	− 0,050657	+ 0,0065	+ 0,0125	+ 0,00027324	+ 0,012654	− 0,000000222962	+ 0,012665155	
		$\epsilon_0(\lambda_1) = +0{,}13$		$\epsilon_1(\lambda_1) = +0{,}000396$		$\epsilon_0(\lambda_2) = +0{,}52$		$\epsilon_1(\lambda_2) = +0{,}02159$		$\epsilon_2(\lambda_2) = -0{,}00001760436$		
		$\lambda_1^{(1)} = 10 - 0{,}13 = 9{,}87$		$\lambda_1^{(2)} = 9{,}869604$		$\lambda_2^{(1)} = 40 - 0{,}5 = 39{,}5$		$\lambda_2^{(2)} = 39{,}47841 \approx 39{,}4784$		$\lambda_2^{(3)} = 39{,}47841760436$		

In diesem Fall erhält man die Koeffizienten der Reihe (6.179) ebenfalls aus der Rekursionsformel (6.180). Aber aus der zweiten Randbedingung (6.191) erhalten wir nun für die Bestimmung der Eigenwerte statt Gl. (6.186) die Gleichung[1])

$$f(\lambda) = \sum_{\nu=0}^{\infty} \dot{a}_{2\nu+1}(\lambda) = 0, \tag{6.192}$$

worin gemäß Gl. (6.30) und Gl. (6.185) gilt:

$$\dot{a}_{2\nu+1}(\lambda) = (2\nu + 1)\, a_{2\nu+1}(\lambda) = (-1)^{\nu} \frac{\lambda^{\nu}}{(2\nu)!}\,. \tag{6.193}$$

Nach Einsetzen dieses Wertes in Gl. (6.192) haben wir:

$$f(\lambda) = \Sigma a_{2\nu+1}(\lambda) = 1 - \frac{\lambda}{2!} + \frac{\lambda^2}{4!} - \frac{\lambda^3}{6!} + \ldots = \cos\sqrt{\lambda} = 0. \tag{6.192'}$$

Daraus finden wir die Eigenwerte

$$\sqrt{\lambda_k} = \frac{2k+1}{2}\pi \quad \text{oder} \quad \lambda_k = \frac{(2k+1)^2\pi^2}{4}; \quad k = 0, 1, 2, \ldots \tag{6.194}$$

Ferner wird das Sturm-Liouvillesche Problem

$$y'' + \lambda y = 0; \quad y(-1) = y(+1) = 0 \tag{6.195}$$

durch die Reihe

$$y = \sum_{n=0}^{\infty} a_n (x+1)^n = (x+1) - \frac{\lambda}{3!}(x+1)^3 + \ldots = \frac{1}{\sqrt{\lambda}} \sin\sqrt{\lambda}(x+1) \tag{6.196}$$

gelöst, deren Koeffizienten a_n ebenfalls aus Gl. (6.185) folgen, da die Koeffizienten der gesuchten Reihe nicht von der Wahl des Zentrums x_0 abhängen.

Aus Gl. (6.196) finden wir mit der zweiten Randbedingung

$$y(x, \lambda)|_{x=1} = \frac{1}{\sqrt{\lambda}} \sin 2\sqrt{\lambda} = 0.$$

Die Eigenwerte sind demnach

$$\lambda_k = \left(\frac{k\pi}{2}\right)^2; \quad k = 1, 2, 3, \ldots\,. \tag{6.197}$$

---

[1]) Wir bemerken, daß hier zwischen zwei Symbolen zu unterscheiden ist: $\dot{a}_{n+1} = (n+1)\, a_{n+1}$ bedeuten die Koeffizienten der Reihe für die Ableitung der gesuchten Lösungen $y' = y'(x) = \frac{dy}{dx}$ und $a_n'(\lambda) = \frac{da_n(\lambda)}{d\lambda}$ bedeuten dagegen die Ableitungen der Koeffizienten der gesuchten Reihe $y = y(x, \lambda)$ nach dem Parameter λ.

Auch hier findet man die numerische Lösung mit Hilfe der Gln. (6.186) bis (6.190), in denen nur die Koeffizienten $a_{2\nu+1}$ durch die Koeffizienten

$$A_{2\nu+1}(\lambda) = 2^{2\nu+1} a_{2\nu+1}(\lambda) \tag{6.198}$$

zu ersetzen sind.

Die früher erhaltenen Ergebnisse lassen sich daher auf diesen Fall übertragen, indem man alle λ_k durch 4 dividiert:

$$\lambda_1^{(2)} = 2{,}467401; \quad \lambda_2^{(3)} = 9{,}869604401 09; \quad \lambda_3^{(2)} = 22{,}20661.$$

Im Rahmen der Rechengenauigkeit stimmen diese Werte mit den exakten Werten

$$\lambda_1 = \frac{\pi^2}{4} = 2{,}467401100\ldots; \quad \lambda_2 = \pi^2 = 9{,}869604401089\ldots;$$

$$\lambda_3 = \frac{9\pi^2}{4} = 22{,}2066099\ldots$$

überein.

Das Beispiel (6.195) wurde zuerst von *W. Ritz* [615; 421, Bd. IV, S. 570; 154, S. 316] zur Illustration seiner Methode zur Lösung gewisser Probleme der mathematischen Physik betrachtet. Bei der Anwendung dieser Methode auf die Bestimmung von Eigenwerten gelangte *Ritz* in zweiter Näherung zur Gleichung

$$4\lambda^3 - 450\lambda^2 + 8910\lambda - 19305 = 0,$$

deren Wurzeln ebenfalls Näherungswerte für die gesuchten λ_k liefern:

$$\lambda_1^{(2)} = 2{,}467401108\ldots; \quad \lambda_3^{(2)} = 23{,}301\ldots.$$

Die zweite Näherung für den ersten Eigenwert ist also ziemlich genau. Beim dritten Eigenwert beträgt der Fehler 5 %.

Beispiel 2: Wir bestimmen die ersten fünf Eigenwerte der Gleichung

$$y'' + \lambda xy = 0; \quad y(0) = y(1) = 0 \tag{6.199}$$

unter denselben Bedingungen wie in Beispiel 1.

Lösung: Wir suchen ein Integral der homogenen Gleichung (6.199) in Form einer Reihe mit dem Zentrum im Punkt $x_0 = 0$:

$$y = \sum_{n=0}^{\infty} a_n x^n; \quad a_0 = 0; \quad a_1 = 1; \quad a_2 = \frac{y''(0)}{2!} = 0. \tag{6.200}$$

Die Koeffizienten dieser Reihe findet man wie in Beispiel 3 von Abschnitt 41 aus der Rekursionsformel

$$\ddot{a}_{n+2} + \lambda a_{n-1} = 0.$$

Wir setzen gemäß Gl. (6.30) $\ddot{a}_{n+2} = (n+1)(n+2)\,a_{n+2}$ und erhalten nach einer Indexverschiebung um eine Einheit

$$a_{n+3} = -\frac{\lambda a_n}{(n+2)(n+3)}; \quad a_0 = a_2 = 0; \quad a_1 = 1; \quad n \geqslant 0. \tag{6.201}$$

In unserem Falle gilt

$$a_3 = 0; \quad a_4 = -\frac{\lambda}{3 \cdot 4}; \quad a_5 = a_6 = 0; \quad a_7 = -\frac{\lambda a_4}{6 \cdot 7} = +\frac{\lambda^2}{3 \cdot 4 \cdot 6 \cdot 7}; \ldots$$

oder in allgemeiner Form

$$a_{3\nu} = a_{3\nu+2} \equiv 0; \quad a_1 = 1; \quad a_{3\nu+1} = (-1)^\nu \frac{2 \cdot 5 \ldots (3\nu - 1)\,\lambda^\nu}{(3\nu+1)!}. \tag{6.202}$$

Wir setzen diese Werte in die Reihe (6.200) ein. Aufgrund der zweiten Randbedingung bei $x = 1$ erhalten wir zur Bestimmung der Eigenwerte $\lambda = \lambda_k$ die Gleichung

$$f(\lambda) = y(x, \lambda)|_{x=1} = \sum_{\nu=0}^{\infty} a_{3\nu+1}(\lambda)$$
$$= 1 - \frac{2\lambda}{4!} + \frac{2 \cdot 5\lambda^2}{7!} - \frac{2 \cdot 5 \cdot 8\lambda^3}{10!} + \ldots = 0. \tag{6.203}$$

Die Gl. (6.203) lösen wir mit Hilfe der Newtonschen Gleichung (6.187). Wir berücksichtigen dabei, daß in unserem Beispiel

$$f'(\lambda) = \sum_{\nu=0}^{\infty} a'_{3\nu+1}(\lambda) = -\frac{1}{3 \cdot 4} + \frac{2\lambda}{3 \cdot 4 \cdot 6 \cdot 7} - \frac{3\lambda^2}{3 \cdot 4 \cdot 6 \cdot 7 \cdot 9 \cdot 10} + \ldots; \tag{6.204}$$

$$a_{3\nu+1}(\lambda) = -\frac{\lambda a_{3\nu-2}}{3\nu(3\nu+1)}; \quad a_1(\lambda) \equiv 1; \quad \nu = 1, 2, 3, \ldots; \tag{6.205}$$

$$a'_{3\nu+1}(\lambda) = \frac{\nu}{\lambda}\, a_{3\nu+1}(\lambda). \tag{6.206}$$

Nach Differentiation nach λ erhalten wir nämlich aus Gl. (6.202)

$$a'_{3\nu+1}(\lambda) = (-1)^\nu \nu \frac{2 \cdot 5 \ldots (3\nu-1)\,\lambda^{\nu-1}}{(3\nu+1)!} = \frac{\nu}{\lambda}\, a_{3\nu+1}(\lambda). \tag{6.207}$$

Die Gl. (6.205), die zur Berechnung der Koeffizienten $a_{3\nu+1}(\lambda)$ am geeignetsten ist, erhält man mit $n = 3\nu - 2$ aus Gl. (6.201).

Die kleinste positive Wurzel $\lambda = \lambda_1$ der Gl. (6.203) muß der Ungleichung

$$\lambda_1 > \frac{4!}{2} = 12$$

genügen. Wir setzen daher für die nullte Näherung

$$\lambda_1^{(0)} = 15$$

und berechnen mit den Gln. (6.203) bis (6.206) die entsprechenden Werte $f(\lambda_1^{(0)}) = +0{,}128$; $f'(\lambda_1^{(0)}) = -0{,}037$; $\epsilon_0(\lambda_1) = -3{,}5$. Nach der Newtonschen Gl. (6.187) finden wir als erste Näherung

$$\lambda_1^{(1)} = 15{,}0 + 3{,}5 = 18{,}5.$$

Alle weiteren Rechnungen zur Bestimmung des ersten Eigenwertes mit 14 bedeutsamen Ziffern findet man in Tabelle 108.

Für den zweiten Eigenwert setzen wir $\lambda_2^{(0)} = 80$. Bei Beschränkung auf die dritte Näherung finden wir der Reihe nach

$$f(\lambda_2^{(0)}) = -0{,}0142; \quad f'(\lambda_2^{(0)}) = +0{,}00763;$$

$$\lambda_2^{(1)} = 80 + \frac{0{,}0142}{0{,}00763} = 81{,}9;$$

$$f(\lambda_2^{(1)}) = +0{,}0000993; \quad f'(\lambda_2^{(1)}) = +0{,}007401; \quad \lambda_2^{(2)} = 81{,}8866.$$

$$f(\lambda_2^{(2)}) = +0{,}0000001230400; \quad f'(\lambda_2^{(2)}) = +0{,}0074022945.$$

$$\epsilon_2(\lambda_2) = +0{,}00001662187; \quad \lambda_2^{(3)} = \lambda_2^{(2)} - \epsilon_2 = 81{,}88658337813.$$

Die Koeffizienten $a_{3\nu+1}(\lambda)$ und $a'_{3\nu+1}(\lambda)$, aus denen wir $f(\lambda)$ und $f'(\lambda)$ für $\lambda_2 = \lambda_2^{(2)}$ (und für die zweite Näherung des dritten Eigenwerts $\lambda_3 = \lambda_3^{(2)} = 189{,}2209$) berechnen, findet man in den letzten Spalten der Tabelle 108. Auf analogem Wege finden wir (bei Beschränkung auf sechs bis sieben bedeutsame Ziffern) den vierten und fünften Eigenwert. Als Ergebnis erhalten wir somit

$$\lambda_1 = \lambda_1^{(4)} = 18{,}956265591372; \quad \lambda_2^{(3)} = 81{,}88658337813;$$

$$\lambda_3^{(3)} = 189{,}22093329533; \quad \lambda_4^{(2)} = 340{,}9669; \quad \lambda_5^{(2)} = 537{,}162.$$

Damit ist die gestellte Aufgabe gelöst.

Übung 2: Man berechne nach dem Muster von Tabelle 108 die Eigenwerte λ_3 und λ_4 mit sechs bedeutsamen Ziffern.

Übung 3: Man bestimme mit sechs bedeutsamen Ziffern die ersten zwei Eigenwerte des folgenden Sturm-Liouvilleschen Problems:

$$y'' + \lambda x^2 y = 0; \quad y(0) = y(1) = 0.$$

Antwort: $\lambda_1 = \lambda_1^{(2)} = 30{,}9333 \qquad (\lambda_1^{(0)} = 30; \; \lambda_1^{(1)} = 30{,}92)$.

Beispiel 3: Wir bestimmen die ersten fünf Eigenwerte und die dazu gehörenden Eigenfunktionen für das Sturm-Liouvillesche Problem:

$$y'' + \lambda y \sinh x = 0; \quad y(0) = y(1) = 0. \tag{6.208}$$

Tabelle 108

	$\lambda_1 = \lambda_1^{(1)} = 18{,}5$		$\lambda_1 = \lambda_1^{(2)} = 18{,}95$		$\lambda_1 = \lambda_1^{(3)} = 18{,}95627$		$\lambda_2 = \lambda_2^{(2)} = 81{,}8866$		$\lambda_3 = \lambda_3^{(2)} = 189{,}2209;\ y'' = \lambda xy = 0$	
ν	$a_{3\nu+1}$	$a'_{3\nu+1}$	$a_{3\nu+1}(\lambda_1)$	$a'_{3\nu+1}(\lambda_1)$	$a_{3\nu+1}(\lambda_1)$	$a'_{3\nu+1}(\lambda_1)$	$a_{3\nu+1}(\lambda_2)$	$a'_{3\nu+1}(\lambda_2)$	$a_{3\nu+1}(\lambda_3)$	$a'_{3\nu+1}(\lambda_3)$
0	+1,0000	0	+1,00000000	0	+1,00000000000000	0	+1,0000000000000	0	+1,0000000000000	0
1	-1,5417	-0,0833	-1,57916667	-0,0833333	-1,57968916666667	-0,083333333	-6,8238833333333	-0,0833333333	-15,76840833333333	-0,083333333333
2	+0,6791	+0,0734	+0,71250496	+0,0751984	+0,71297653236687	+0,075223294	+13,3043953562698	+0,3249468254	+71,04077181906746	+0,750876587302
3	-0,1396	-0,0226	-0,15002188	-0,0237502	-0,15017084056900	-0,023765884	-12,1050188975636	-0,4434798452	-149,35998644776202	-2,368025727303
4	+0,0166	+0,0036	+0,01822381	+0,0038467	+0,01824794230739	-0,003850534	+6,3540951311361	+0,3103850999	+181,16686576688034	+3,829743242251
5	-0,0013	-0,0004	-0,00143892	-0,0003797	-0,00144130383885	-0,000380165	-2,1679801931887	-0,1323769819	-142,83565579411787	-3,774309703476
6	+0,0001		+0,00007973	+0,0000252	+0,00007988814246	+0,000025286	+0,5190892599052	+0,0380347402	+79,02775246038947	+2,505888698143
7			-0,00000327	-0,0000012	-0,00000327788138	-0,000001210	-0,0920053129657	-0,0078649888	-32,36732131067556	-1,197390188795
8			+0,00000010		+0,00000010356067	+0,000000044	+0,0125566704345	+0,0012267375	+10,20762278165868	+0,431564284142
9					-0,00000000259672	-0,000000001	-0,0013600833984	-0,0001494842	-2,55488831958460	-0,121519318829
10					+0,00000000005293		+0,0001197554895	+0,0000146246	+0,51982609379708	+0,027471917415
11					-0,00000000000089		-0,0000087400801	-0,0000011741	-0,08766663218518	-0,005096334253
12					+0,00000000000001		+0,0000005373089	+0,0000000787	+0,01245372300454	+0,000789789479
13							-0,0000000282041	-0,0000000045	-0,00151057992004	-0,000103781025
14							+0,0000000012788	+0,0000000002	+0,00015826871959	+0,000011709922
15							-0,0000000000506		-0,00001446751187	-0,000001146875
16							+0,0000000000018		+0,00000116392671	+0,000000098418
17							-0,0000000000001		-0,00000008304648	-0,000000007461
18									+0,00000000529095	+0,000000000503
19									-0,00000000030283	-0,000000000030
20									+0,00000000001566	+0,000000000002
21									-0,00000000000073	
22									+0,00000000000003	
Σ =	+0,0132	-0,0293	+0,00017786	-0,0283939	-0,00000012512318	-0,028381435	+0,0000001230400	+0,0074022945	+0,00000011431000	-0,003433213800
	$\epsilon_1(\lambda_1) = -0{,}45$		$\epsilon_2(\lambda_1) = -0{,}006264$		$\epsilon_3(\lambda_1) = +0{,}000004408628$		$\epsilon_2(\lambda_2) = +0{,}0000166218 7$		$\epsilon_2(\lambda_3) = -0{,}00003329533$	
	$\lambda_1^{(2)} = 18{,}95$		$\lambda_1^{(3)} = 18{,}956264$		$\lambda_1^{(4)} = 18{,}956265591372$		$\lambda_2^{(3)} = 81{,}886583378 13$		$\lambda_3^{(3)} = 189{,}22093329533$	

Lösung: Wir stellen die gebebene und die gesuchte Funktion in Form von Reihen mit dem Zentrum im Punkt $x_0 = 0$ dar:

$$\sinh x = \sum_{n=0}^{\infty} \gamma_n x^n; \quad \gamma_{2\nu} = 0; \quad \gamma_{2\nu+1} = \frac{1}{(2\nu+1)!}; \tag{6.209}$$

$$y = \sum_{n=0}^{\infty} a_n x^n; \quad a_0 = 0; \quad a_1 = 1. \tag{6.210}$$

Für die Koeffizienten $a_n = a_n(\lambda)$ folgt aus Gl. (6.208) die folgende Rekursionsformel:

$$a_{n+2} = -\lambda \frac{[\gamma_n a_n]}{(n+1)(n+2)}; \quad a_0 = 0; \quad a_1 = 1. \tag{6.211}$$

Unter Verwendung der zweiten Randbedingung erhalten wir hierauf mit $x = 1$ aus Gl. (6.210) zur Bestimmung der Eigenwerte die Gleichung

$$\sum_{n=0}^{\infty} a_n(\lambda) = 0. \tag{6.212}$$

Die Gl. (6.212) lösen wir durch polynomiale Approximation (siehe Abschnitt 21), da in diesem Beispiel die Berechnung der Ableitungen $a'(\lambda)$ sehr kompliziert ist, so daß sich die Newtonsche Methode als unzweckmäßig erweist.

In Tabelle 109 werden die ersten zwei Versuche für den ersten Eigenwert

$$\lambda_1^{(1)} = 18{,}5; \quad \lambda_1^{(2)} = 18{,}0$$

berechnet, für die wir gemäß Gl. (6.211) und Gl. (6.212)

$$\Sigma a_n(\lambda_1^{(1)}) = -0{,}02123; \quad \Sigma a_n(\lambda_1^{(2)}) = -0{,}00667$$

erhalten.

Wir bestimmen daraus durch lineare Interpolation einen dritten Versuch

$$\lambda_1^{(3)} = 17{,}77 \quad \text{mit} \quad \Sigma a_n(\lambda_1^{(3)}) = +0{,}0002046.$$

Aus diesen drei Versuchen gewinnen wir mit sieben bedeutsamen Ziffern

$$\lambda_1 = \lambda_1^{(4)} = 17{,}77678; \quad \Sigma a_n(\lambda_1^{(4)}) = +0{,}000000112$$

und den exakteren Wert $\lambda_1 = \lambda_1^{(5)} = 17{,}7767834$.

Auf analogem Wege finden wir (mit sechs bis sieben bedeutsamen Ziffern) die übrigen vier Eigenwerte

$$\lambda_2 = 76{,}43702; \quad \lambda_3 = 176{,}4669; \quad \lambda_4 = 317{,}880; \quad \lambda_5 = 500{,}717.$$

Dabei muß man bei der Berechnung der Koeffizienten $a_n = a_n(\lambda)$ die Produkte $[\gamma_n a_n]$ nicht anschreiben. Wir übertragen diese Größen einfach in den Resultatszähler, multiplizieren mit λ und dividieren anschließend durch $(n + 1)(n + 2)$. Dies liefert der

Tabelle 109

$y'' + \lambda y \sinh x = 0$			$\lambda = \lambda_1^{(1)} = 18{,}5$		$\lambda = \lambda_1^{(2)} = 18{,}0$		$\lambda_1^{(3)} = 17{,}77$	$\lambda_1^{(4)} = 17{,}77678$
n	(n + 1) × (n + 2)	γ_n	$a_n(\lambda)$	$[\lambda_n a_n]$	$a_n(\lambda)$	$[\gamma_n a_n]$	$a_n(\lambda)$	$a_n(\lambda)$
0	2	0	0	0	0	0	0	0
1	6	1,0000000000	+ 1,00000	0	+ 1,00000	0	+ 1,0000000	+ 1,000000000
2	12	0	0	+ 1,00000	0	+ 1,00000	0	0
3	20	0,1666666667	0	0	0	0	0	0
4	30	0	- 1,54167	+ 0,16667	- 1,50000	+ 0,16667	- 1,4808333	- 1,481398333
5	42	0,0083333333	0	- 1,54167	0	- 1,50000	0	0
6	56	0	- 0,10278	+ 0,00833	- 0,10000	+ 0,00833	- 0,0987222	- 0,098759889
7	72	0,0001984127	+ 0,67907	- 0,35973	+ 0,64286	- 0,35000	+ 0,6265335	+ 0,627011721
8	90	0	- 0,00275	+ 0,67927	- 0,00268	+ 0,64306	- 0,0026443	- 0,002645354
9	110	0,0000027557	+ 0,09243	- 0,03273	+ 0,08750	- 0,03185	+ 0,0852782	+ 0,085343262
10	132	0	- 0,13963	+ 0,20561	- 0,12861	+ 0,19465	- 0,1237447	- 0,123886406
11	156	0,0000000251	+ 0,00550	- 0,14125	+ 0,00521	- 0,13019	+ 0,0050787	+ 0,005082595
12	182	0	- 0,02882	+ 0,02656	- 0,02654	+ 0,02515	- 0,0255381	- 0,025567315
13	210	0,0000000002	+ 0,01675	- 0,05214	+ 0,01502	- 0,04802	+ 0,0142732	+ 0,014294836
14	240	0	- 0,00270	+ 0,01857	- 0,00249	+ 0,01675	- 0,0023934	- 0,002396114
15	272	0	+ 0,00459	- 0,00867	+ 0,00412	- 0,00799	+ 0,0039101	+ 0,003916036
16	306	0	- 0,00143	+ 0,00745	- 0,00126	+ 0,00669	- 0,0011813	- 0,001183455
17	342	0	+ 0,00059	- 0,00215	+ 0,00053	- 0,00192	+ 0,0005019	+ 0,000502623
18	380	0	- 0,00045	+ 0,00150	- 0,00039	+ 0,00134	- 0,0003688	- 0,000369451
19	420	0	+ 0,00012	- 0,00072	+ 0,00010	- 0,00063	+ 0,0000944	+ 0,000094625
20	462	0	- 0,00007	+ 0,00026	- 0,00006	+ 0,00023	- 0,0000596	- 0,000059678
21	506	0	+ 0,00003		+ 0,00003		+ 0,0000250	+ 0,000025060
22	552	0	- 0,00001				- 0,0000082	- 0,000008230
23	600	0					+ 0,0000046	+ 0,000004626
24	650	0					- 0,0000015	- 0,000001476
25	702	0					+ 0,0000006	+ 0,000000637
26	756	0					- 0,0000003	- 0,000000265
27	812	0					+ 0,0000001	+ 0,000000087
28	870	0						- 0,000000039
29	930	0						+ 0,000000013
30	992	0						- 0,000000005
31								+ 0,000000002
32								- 0,000000001
		$\Sigma a_n =$	- 0,02123		- 0,00667		+ 0,0002046	+ 0,000000112

Reihe nach die Größen $a_{n+2}(\lambda)$. In Tabelle 109 sind der besseren Übersicht wegen die Größen $[\gamma_n a_n]$ für die ersten zwei Versuche angegeben worden. Der Leser gewinnt dadurch zudem beim Nachrechnen der Tabelle eine leichte Kontrolle.

Die Gl. (6.211) erlaubt auch die Bestimmung der Koeffizienten $a_n(\lambda)$ in allgemeiner Form. In Tabelle 110 sind alle Rechnungen angegeben, die zur Bestimmung der ersten 17 Koeffizienten $a_n(\lambda)$ notwendig sind. Wir können die Reihe (6.210) daher nun explizit in der folgenden Form schreiben:

$$y(x, \lambda) = x - \frac{\lambda}{12} x^4 - \frac{\lambda}{180} x^6 + \frac{\lambda^2}{504} x^7 - \frac{\lambda}{6720} x^8 + \frac{7\lambda^2}{25920} x^9 - \frac{\lambda(10\lambda^2 + 1)}{453600} x^{10} + \frac{107\lambda^2}{6652800} x^{11} - \frac{\lambda(218\lambda^2 + 1)}{47900160} x^{12} + \ldots \tag{6.213}$$

Tabelle 110

n	(n + 1) × (n + 2)	γ_n	$c_n(\lambda)$	$[\gamma_n a_n]$
0	2	0	0	0
1	6	1	+1	0
2	12	0	0	+1
3	20	$\frac{1}{3!}$	0	0
4	30	0	$-\frac{1}{12}\lambda$	$+\frac{1}{6}$
5	42	$\frac{1}{5!}$	0	$-\frac{1}{12}\lambda$
6	56	0	$-\frac{1}{180}\lambda$	$+\frac{1}{5!}$
7	72	$\frac{1}{7!}$	$+\frac{10}{7!}\lambda^2$	$-\frac{7}{3\cdot 5!}\lambda$
8	90	0	$-\frac{6}{8!}\lambda$	$+\frac{1}{7!}(10\lambda^2+1)$
9	110	$\frac{1}{9!}$	$+\frac{98}{9!}\lambda^2$	$-\frac{107}{3\cdot 4\cdot 7!}\lambda$
10	132	0	$-\frac{8}{10!}(10\lambda^3+\lambda)$	$+\frac{1}{9!}(218\lambda^2+1)$
11	156	$\frac{1}{11!}$	$+\frac{642}{11!}\lambda^2$	$-\frac{1}{5\cdot 9!}(40\lambda^3+163\lambda)$
12	182	0	$-\frac{10}{12!}(218\lambda^3+\lambda)$	$+\frac{1}{3\cdot 11!}(9\,296\lambda^2+3)$
13	210	$\frac{1}{13!}$	$+\frac{22}{13!}(40\lambda^4+163\lambda^2)$	$-\frac{1}{12!}(3\,940\lambda^3+1\,418\lambda)$
14	240	0	$-\frac{4}{14!}(9\,296\lambda^3+3\lambda)$	$+\frac{1}{7\cdot 13!}(6\,160\lambda^4+257\,204\lambda^2+7)$
15			$+\frac{13}{15!}(3\,940\lambda^4+1\,418\lambda^2)$	
16			$-\frac{2}{16!}(6\,160\lambda^5+257\,204\lambda^3+7\lambda)$	

Bei weiterem Anwachsen von n wird aber die Berechnung der $a_n(\lambda)$ mehr und mehr kompliziert. Man berechnet die Eigenwerte daher einfacher, indem man λ festhält und die dazu gehörenden $a_n(\lambda)$ ermittelt, wie dies im obigen Beispiel geschehen ist. Bei größeren Werten von λ findet man die Größen $y(1;\lambda) = \Sigma a_n(\lambda)$ am besten mit Hilfe der analytischen Fortsetzung der Ausgangsreihe, worauf wir in Abschnitt 47 noch zurückkommen.

Aus den gefundenen Eigenwerten bestimmen wir hierauf die entsprechenden Eigenfunktionen

$$y = y(x, \lambda_k).$$

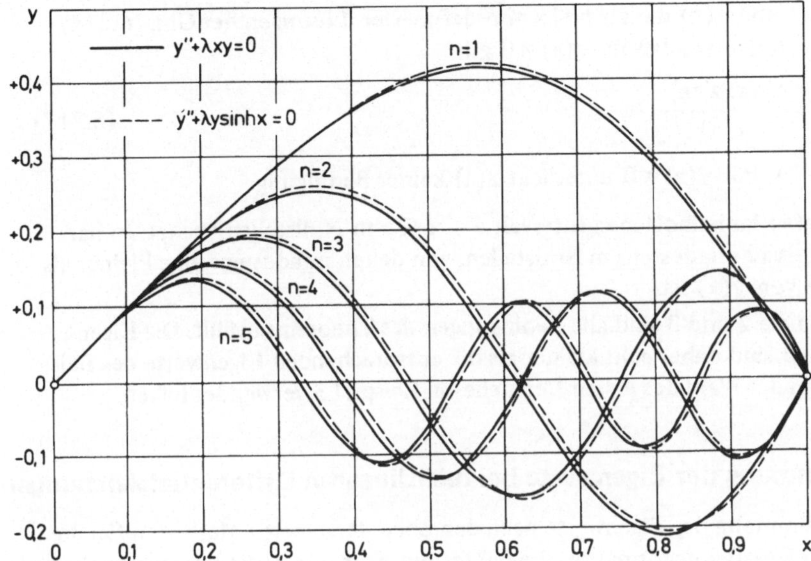

Bild 54

Dies ist sehr einfach. Man muß dazu nur in der Reihe (6.210) als Koeffizienten a_n die Größen $a_n(\lambda_k)$ verwenden. Dasselbe Ergebnis erreicht man auch, wenn man in der Reihe (6.213) $\lambda = \lambda_k$ setzt. In Bild 54 sind die Schaubilder der ersten fünf Eigenfunktionen für die Beispiele 2 und 3 dargestellt. Die Koordinaten der Punkte, die zur Konstruktion der Schaubilder benötigt wurden, wurden mit Hilfe der Reihen (6.200), (6.201) und (6.210), (6.211) ermittelt. Diese Reihen konvergieren in der gesamten komplexen Ebene.

Für das Sturm-Liouvillesche Problem gilt das folgende Theorem [392, Bd. I, S. 186–187].

Gegeben seien die beiden Gleichungen

$$[q(x)y']' - P(x)y = 0, \tag{6.214}$$

$$[q_1(x)z']' - P_1(x)z = 0, \tag{6.215}$$

$$q(x) \geqslant q_1(x), \quad P(x) \geqslant P_1(x) \tag{6.216}$$

wobei $q'(x)$, $q_1'(x)$, $P(x)$, $P_1(x)$ stetige Funktionen sind mit $q(x) > 0$, $q_1(x) > 0$ und für $a \leqslant x \leqslant b$. Außerdem gelte im Intervall $[a, b]$ nicht gleichzeitig

$$q(x) \equiv q_1(x) \quad \text{und} \quad P(x) \equiv P_1(x),$$

und nicht gleichzeitig

$$P(x) \equiv P_1(x) \equiv 0.$$

Es seien $y(x)$ und $z(x)$ die für $a \leqslant x \leqslant b$ definierten Lösungen der Gln. (6.214) und (6.215). Wir nehmen an, daß für $y(a) \neq 0$ gilt

$$\frac{q(a)\,y'(a)}{y(a)} \geqslant \frac{q_1(a)\,z'(a)}{z(a)} \tag{6.217}$$

(und somit $z(a) \neq 0$). Für $y(a) = 0$ unterliegt $z(a)$ keiner Bedingung.

Wenn nun $y(x)$ im halboffenen Intervall $a < x \leqslant b$ m Nullstellen besitzt, so hat $z(x)$ in diesem Intervall mindestens m Nullstellen, von denen mindestens eine kleiner als die erste Nullstelle von $y(x)$ ist.

Für die Beispiele 2 und 3 sind alle Bedingungen des Theorems erfüllt. Die Eigenwerte des Beispiels 3 sind daher echt kleiner als die entsprechenden Eigenwerte des Beispiels 2, was wir bei der Wahl des ersten Versuches in Beispiel 3 verwendet haben.

47. Die Bestimmung der Eigenwerte bei nichtlinearen Differentialgleichungen

Bei der Bestimmung der Eigenwerte nach den oben dargelegten Methoden fiel die tragende Rolle der Rekursionsformel zu, die bei festem Wert von λ die Berechnung beliebig vieler Koeffizienten der gesuchten Reihe erlaubte. Man erweitert die erhaltenen Ergebnisse daher leicht auf nichtlineare Gleichungen. Für die Bestimmung der Eigenwerte solcher Gleichungen existieren bis heute noch keine wirksameren Methoden.

Beispiel 1: Wir bestimmen mit acht Dezimalstellen den ersten Eigenwert und die entsprechende Eigenfunktion der folgenden nichtlinearen Randwertaufgabe:

$$y'' + \lambda e^y = 0; \quad y(0) = y(1) = 0. \tag{6.218}$$

Lösung: Wir führen die Hilfsfunktionen

$$z = e^y = \sum_{n=0}^{\infty} b_n x^n; \quad b_0 = z(0) = e^{y_0} = 1 \tag{6.219}$$

ein, mit deren Hilfe die gegebene nichtlineare Gleichung durch das einfache äquivalente System

$$y'' + \lambda z = 0; \quad z' = zy' \tag{6.220}$$

ersetzt werden kann. Zur Bestimmung der Koeffizienten der gesuchten Lösung

$$y = \sum_{n=0}^{\infty} a_n x^n; \quad x_0 = 0; \quad a_0 = 0; \quad a_1 = 1 \tag{6.221}$$

erhalten wir dann auf dem üblichen Wege die Rekursionsformeln

$$a_{n+2} = \frac{-\lambda b_n}{(n+1)(n+2)}; \quad a_0 = 0; \quad a_1 = b_0 = 1; \quad n \geqslant 1; \tag{6.222}$$

$$b_{n+1} = \frac{[b_n \dot{a}_{n+1}]}{n+1} = \frac{b_0 \dot{a}_{n+1} + b_1 \dot{a}_n + \ldots + b_{n-1} \dot{a}_2 + b_n \dot{a}_1}{n+1}, \tag{6.223}$$

die man noch vereinfachen kann, wenn man sie nach den b_n auflöst. Zu diesem Zweck stellen wir Gl. (6.222) in der Form

$$b_n = -\frac{(n+1)(n+2)\,a_{n+2}}{\lambda} = -\frac{n+1}{\lambda}\,\dot{a}_{n+2}$$

dar und setzen diese Werte in Gl. (6.223) ein. Nach einfachen Umformungen und der Indexverschiebung $n \to n-1$ erhalten wir als endgültige Rechengleichung

$$\dot{a}_{n+2} = \frac{1}{2(n+1)}\left[\dot{a}_1\dot{a}_{n+1} + \dot{a}_2\dot{a}_n + \ldots + \dot{a}_n\dot{a}_2 + \dot{a}_{n+1}\dot{a}_1\right] \tag{6.224}$$

oder bei abkürzender Schreibweise

$$\dot{a}_{n+2} = \frac{\dot{a}^{(2)}_{n+1}}{2(n+1)}; \quad \dot{a}_1 = 1; \quad \dot{a}_2 = -\lambda; \quad n \geqslant 1. \tag{6.224'}$$

Wir berechnen nun nach Gl. (6.224) die benötigte Anzahl der Koeffizienten $\dot{a}_{n+1}$ und bestimmen hierauf die entsprechenden Koeffizienten der gesuchten Reihe

$$a_{n+1} = \frac{\dot{a}_{n+1}}{n+1}; \quad a_0 = 0; \quad a_1 = 1; \quad a_2 = -\frac{\lambda}{2}. \tag{6.225}$$

Die Koeffizienten $\dot{a}_{n+1}$ sind ebenfalls von Interesse. Sie bestimmen die Ableitung (nach x) der gesuchten Reihe (6.221):

$$y'(x) = \sum_{n=0}^{\infty} \dot{a}_{n+1} x^n.$$

Aus den Gln. (6.224) und (6.225) folgt wie im Falle einer linearen Gleichung, daß alle Koeffizienten a_n letzten Endes von dem einen Parameter λ abhängen.

Wir setzen nun in Gl. (6.221) $x = 1$ und erhalten zur Bestimmung der gesuchten Eigenwerte $\lambda = \lambda_k$ aus der zweiten Randbedingung (6.218) die Gleichung

$$y(x, \lambda)|_{x=1} = f(\lambda) = \sum_{n=0}^{\infty} a_n(\lambda) = 0. \tag{6.226}$$

Die Gl. (6.226) lösen wir nach der Methode der polynomialen Approximation. Wir berechnen dazu nach den Gln. (6.224) und (6.225) für die entsprechenden festen λ-Werte die benötigte Anzahl der Koeffizienten $a_n = a_n(\lambda)$.

In Tabelle 111 findet man alle Rechnungen zur Bestimmung der ersten zwei Versuche $\lambda = \lambda_1^{(1)} = 1{,}60$ und $\lambda = \lambda_1^{(2)} = 1{,}68$, die

$$\Sigma a_n(\lambda_1^{(1)}) = +\,0{,}039658; \quad \Sigma a_n(\lambda_1^{(2)}) = -\,0{,}000848$$

ergeben. Als Ergebnis erhalten wir schließlich mit der geforderten Genauigkeit im vierten Schritt

$$\lambda_1 = \lambda_1^{(4)} = 1{,}67831420; \quad \Sigma a_n(\lambda_1^{(4)}) = -\,0{,}00000001.$$

Tabelle 111

	$\lambda_1 = \lambda_1^{(1)} = 1{,}60$		$\lambda_1^{(2)} = 1{,}68$		$\lambda_1^{(4)} = 1{,}67831420$	
n	a_{n+1}	a_n	$\dot{a}_{n+1}$	a_n	$\dot{a}_{n+1}$	a_n
0	+ 1,000000	0	+ 1,000000	0	+ 1,00000000	0
1	- 1,600000	+ 1,000000	- 1,680000	+ 1,000000	- 1,67831420	+ 1,00000000
2	- 0,800000	- 0,800000	- 0,840000	- 0,840000	- 0,83915710	- 0,83915710
3	+ 0,160000	- 0,266667	+ 0,190400	- 0,280000	+ 0,18973739	- 0,27971903
4	+ 0,360000	+ 0,040000	+ 0,400400	+ 0,047600	+ 0,39952667	+ 0,04743435
5	+ 0,084800	+ 0,072000	+ 0,086666	+ 0,080080	+ 0,08663601	+ 0,07990533
6	- 0,010320	+ 0,014133	- 0,124324	+ 0,014444	- 0,12385246	+ 0,01443933
7	- 0,073440	- 0,014743	- 0,084019	- 0,017761	- 0,08378863	- 0,01769321
8	+ 0,010180	- 0,009180	+ 0,016035	- 0,010502	+ 0,01589733	- 0,01047358
9	+ 0,032068	+ 0,001131	+ 0,039809	+ 0,001782	+ 0,03963350	+ 0,00176637
10	+ 0,008855	+ 0,003207	+ 0,009448	+ 0,003981	+ 0,00943786	+ 0,00396335
11	- 0,008719	+ 0,000805	- 0,012084	+ 0,000859	- 0,01200430	+ 0,00085799
12	- 0,006842	- 0,000727	- 0,008563	- 0,001007	- 0,00852436	- 0,00100036
13	+ 0,000609	- 0,000526	+ 0,001404	- 0,000659	+ 0,00138344	- 0,00065572
14	+ 0,002852	+ 0,000044	+ 0,003965	+ 0,000100	+ 0,00393882	+ 0,00009882
15	+ 0,000901	+ 0,000190	+ 0,001018	+ 0,000264	+ 0,00101589	+ 0,00026259
16	- 0,000731	+ 0,000056	- 0,001173	+ 0,000064	- 0,00116201	+ 0,00006349
17	- 0,000634	- 0,000043	- 0,000871	- 0,000069	- 0,00086582	- 0,00006835
18	+ 0,000027	- 0,000035	+ 0,000120	- 0,000048	+ 0,00011775	- 0,00004810
19	+ 0,000253	+ 0,000001	+ 0,000395	+ 0,000006	+ 0,00039101	+ 0,00000620
20	+ 0,000090	+ 0,000013	+ 0,000109	+ 0,000020	+ 0,00010864	+ 0,00001955
21	- 0,000061	+ 0,000004	- 0,000114	+ 0,000005	- 0,00011226	+ 0,00000517
22	- 0,000058	- 0,000003	- 0,000089	- 0,000005	- 0,00008782	- 0,00000510
23	0,000000	- 0,000003	+ 0,000010	- 0,000004	+ 0,00000972	- 0,00000382
24	+ 0,000022	0,000000	+ 0,000039	0,000000	+ 0,00003877	+ 0,00000040
25	+ 0,000009	+ 0,000001	+ 0,000012	+ 0,000002	+ 0,00001155	+ 0,00000155
26	- 0,000005	0,000000	- 0,000011	0,000000	- 0,00001082	+ 0,00000044
27		0,000000		0,000000	- 0,00000889	- 0,00000040
28					+ 0,00000077	- 0,00000032
29					+ 0,00000384	+ 0,00000003
30					+ 0,00000122	+ 0,00000013
31					- 0,00000104	+ 0,00000004
32					- 0,00000090	- 0,00000003
33					+ 0,00000006	- 0,00000003
34					+ 0,00000038	0,00000000
35					+ 0,00000013	+ 0,00000001
36						0,00000000
	$\Sigma a_n =$	+ 0,039658	$\Sigma a_n =$	- 0,000848	$\Sigma a_n =$	- 0,00000001

Mit diesem Wert für λ_1 ergibt sich nun leicht die dazu gehörige Eigenfunktion. Diese wird nämlich durch die Reihe (6.221) dargestellt, wenn wir dort für a_n die Werte $a_n(\lambda_1)$ setzen. Diese Werte findet man in der letzten Spalte der Tabelle 111. Beispiel 1 ist damit vollständig gelöst. Interesse halber setzen wir die Untersuchung jedoch fort.

Die Gl. (6.224) erlaubt die Bestimmung der Koeffizienten $\dot{a}_{n+1}(\lambda)$ in expliziter Form. In Tabelle 112 sind diese Koeffizienten bis $n+1 = 15$ berechnet worden. Aus den $\dot{a}_{n+1}(\lambda)$ bestimmen wir gemäß Gl. (6.225) die entsprechenden $a_{n+1} = a_{n+1}(\lambda)$ und setzen diese in die Gl. (6.226) ein. Nach einigen Vereinfachungen haben wir

$$f(\lambda) = \sum_{n=0}^{\infty} a_n(\lambda) = 1 - \beta_1\lambda + \beta_2\lambda^2 - \beta_3\lambda^3 + \beta_4\lambda^4 - \beta_5\lambda^5 + \ldots = 0, \qquad (6.227)$$

wobei aufgrund der in Tabelle 112 angegebenen Ergebnisse

$$\beta_1 = \frac{1}{2!} + \frac{1}{3!} + \frac{1}{4!} + \frac{1}{5!} + \frac{1}{6!} + \frac{1}{7!} + \frac{1}{8!} + \frac{1}{9!} + \ldots = e - 2 \approx 0{,}718282;$$

$$\beta_2 = \frac{1}{4!} + \frac{4}{5!} + \frac{11}{6!} + \frac{26}{7!} + \ldots + \frac{\alpha_2(n+2)}{(n+3)!} + \ldots \approx 0{,}097264;$$

$$\alpha_2(n+2) = n + \alpha_2(n+1);$$

$$\beta_3 = \frac{4}{6!} + \frac{34}{7!} + \frac{180}{8!} + \frac{768}{9!} + \frac{2904}{10!} + \frac{10194}{11!} + \frac{34096}{12!} + \ldots \approx 0{,}020032;$$

$$\beta_4 = \frac{34}{8!} + \frac{496}{9!} + \frac{4288}{10!} + \frac{28768}{11!} + \frac{166042}{12!} + \frac{868744}{13!} + \ldots \approx 0{,}00466;$$

$$\beta_5 = \frac{496}{10!} + \frac{11056}{11!} + \frac{141584}{12!} + \frac{1372088}{13!} + \frac{11204160}{14!} + \ldots \approx 0{,}00112;$$

. . . .

Man erkennt leicht, daß alle Koeffizienten β_ν positiv sind. Für $\lambda < 0$ ist die Größe $f(\lambda)$ daher größer als 1. Die Gl. (6.218) hat somit auf der negativen Halbachse keine Eigenwerte.

Der Vollständigkeit halber untersuchen wir noch den Verlauf von $f(\lambda) = y(1;\lambda)$ für $\lambda > 0$. In Bild 55 sind die Approximationspolynome

$$f_\nu(\lambda) = \sum_{n=0}^{\nu} (-1)^n \beta_n \lambda^n = 1 - \beta_1\lambda + \beta_2\lambda^2 - \beta_3\lambda^3 + \ldots + (-1)^\nu \beta_\nu \lambda^\nu \qquad (6.228)$$

für $\nu = 1, 2, 3, 4$ und 5 dargestellt, die wir erhalten, wenn wir die Reihe (6.227) nach dem ν-ten Glied abbrechen. Die mit kleinen Kreisen gekennzeichnete Kurve dieses Bildes bedeutet den Grenzwert

$$f(\lambda) = \lim_{\nu\to\infty} f_\nu(\lambda) = \sum_{\nu=0}^{\infty} (-1)^\nu \beta_\nu \lambda^\nu,$$

der gleich der von uns gesuchten Funktion

$$f(\lambda) = y(1;\lambda) = \sum_{n=0}^{\infty} a_n(\lambda)$$

ist.

Tabelle 112

n	$\dot{a}_{n+1}$
0	$+1$
1	$-\lambda$
2	$-\frac{\lambda}{2!}$
3	$-\frac{\lambda}{3!}(1-\lambda)$
4	$-\frac{\lambda}{4!}(1-4\lambda)$
5	$-\frac{\lambda}{5!}(1-11\lambda+4\lambda^2)$
6	$-\frac{\lambda}{6!}(1-26\lambda+34\lambda^2)$
7	$-\frac{\lambda}{7!}(1-57\lambda+180\lambda^2-34\lambda^3)$
8	$-\frac{\lambda}{8!}(1-120\lambda+768\lambda^2-496\lambda^3)$
9	$-\frac{\lambda}{9!}(1-247\lambda+2904\lambda^2-4288\lambda^3+496\lambda^4)$
10	$-\frac{\lambda}{10!}(1-502\lambda+10194\lambda^2-28768\lambda^3+11056\lambda^4)$
11	$-\frac{\lambda}{11!}(1-1013\lambda+34096\lambda^2-166042\lambda^3+141584\lambda^4-11056\lambda^5)$
12	$-\frac{\lambda}{12!}(1-2036\lambda+110392\lambda^2-868744\lambda^3+1372088\lambda^4-349504\lambda^5)$
13	$-\frac{\lambda}{13!}(1-4083\lambda+349500\lambda^2-4247720\lambda^3+11204160\lambda^4-6213288\lambda^5+349504\lambda^6)$
14	$-\frac{\lambda}{14!}(1-8178\lambda+1089330\lambda^2-19786880\lambda^3+81507120\lambda^4-82096368\lambda^5+14873104\lambda^6)$

Für $\lambda \leqslant 4$ kann man $f(\lambda)$ mit einer der Gln. (6.224), (6.225) oder (6.227) berechnen. Für $\lambda > 4$ (dieser Wert ist nicht ganz exakt) konvergieren die Approximationspolynome nicht mehr gegen einen Grenzwert. Bei $\lambda \to \infty$ wächst ihr Absolutbetrag unbegrenzt an, das Vorzeichen wechselt jedoch. Es gilt

$$\lim_{\lambda \to \infty} f_\nu(\lambda) \to (-1)^\nu \lambda^\nu .$$

Für $\lambda > 4$ wird auch die Konvergenz des Rekursionsverfahrens (6.224) sprunghaft schlechter. Bei $\lambda = 3$ benötigt man zum Beispiel zur Berechnung von $f(\lambda)$ auf sieben Dezimalstellen 93 Glieder der Reihe (6.226), bei $\lambda = 4$ dagegen schon 253 Glieder. Bei $\lambda = 5$ sind ab $n = 500$ die Absolutbeträge der Koeffizienten $a_n = a_n(\lambda)$ bereits sehr groß.

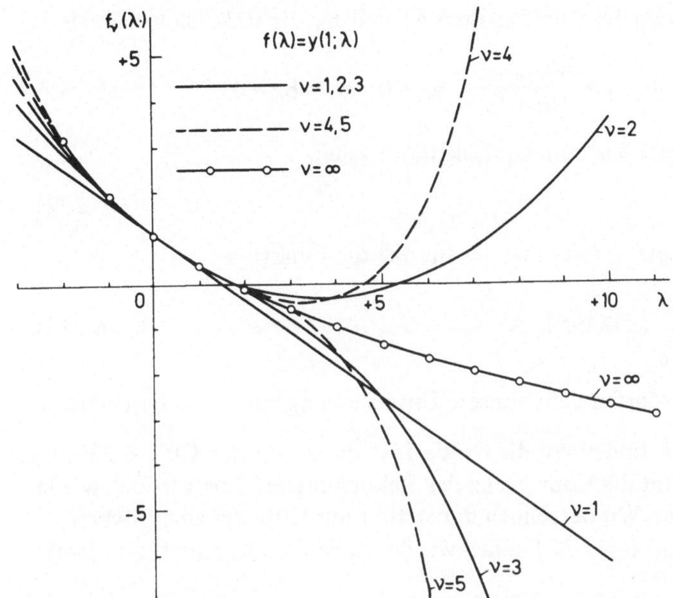

Bild 55

Es gilt zum Beispiel:

$a_{50} = +0{,}4312;$ $a_{100} = +1{,}0036;$ $a_{150} = +2{,}4669;$
$a_{200} = +3{,}3771;$ $a_{250} = -19{,}745;$ $a_{300} = -251{,}72;$
$a_{350} = -1860{,}27;$ $a_{400} = -11314{,}2;$ $a_{500} = -289548{,}9;$
$a_{501} = -181091{,}2;$ $a_{502} = +236546{,}3;$ $a_{503} = +2884556;$
$a_{504} = -136806{,}8;$ $a_{505} = -363081{,}5; \ldots$

Bei $\lambda = 6$ wachsen die Koeffizienten $a_n = a_n(\lambda)$ noch schneller. Wir haben hier zum Beispiel:

$a_{50} = +31{,}33842;$ $a_{100} = +4658{,}070;$ $a_{150} = +443439{,}2; \ldots$

Bei größeren Werten von λ bestimmt man die Größe $f(\lambda) = \Sigma a_n(\lambda)$ daher zweckmäßiger mit Hilfe der analytischen Fortsetzung. Wir kommen darauf in dem folgenden Beispiel zurück.

Beispiel 2: Wir bestimmen den ersten Eigenwert und untersuchen die Funktion $f(\lambda) = y(1;\lambda)$ für die Randwertaufgabe

$$y'' + \lambda e^{\frac{1}{2}y} = 0; \quad y(0) = y(1) = 0. \tag{6.229}$$

Lösung: Wir stellen die gesuchte Funktion und die Hilfsfunktion $z = e^{\frac{1}{2}y}$ durch die Reihen

$$y = \sum_{n=0}^{\infty} a_n x^n; \quad z = e^{\frac{1}{2}y} = \sum_{n=0}^{\infty} b_n x^n \tag{6.230}$$

dar und erhalten zur Bestimmung der Koeffizienten a_n und b_n die Rekursionsformeln

$$a_{n+2} = \frac{-\lambda b_n}{(n+1)(n+2)}; \quad b_{n+1} = \frac{[b_n \dot{a}_{n+1}]}{2(n+1)}; \quad a_0 = 0; \quad a_1 = b_0 = 1, \tag{6.231}$$

wobei wir von der Ausgangsgleichung zum äquivalenten System

$$y'' + \lambda z = 0; \quad z' = \tfrac{1}{2} zy' \tag{6.232}$$

übergegangen sind. Wie in Beispiel 1 zeigt man leicht, daß die Funktion

$$f(\lambda) = y(x, \lambda)|_{x=1} = \sum_{n=0}^{\infty} a_n(\lambda) x^n |_{x=1} \tag{6.233}$$

für $\lambda < 0$ strikt positiv ist. Wir dürfen daher unsere Untersuchung auf $\lambda \geqslant 0$ beschränken.

Bei kleinen Werten von λ finden wir die Größe $f(\lambda)$ direkt aus den Gln. (6.231) und (6.233). Bei wachsendem λ wird die Konvergenz des Rekursionsverfahrens jedoch wie in Beispiel 1 sprunghaft schlechter. Wir berechnen daher $f(\lambda)$ mit Hilfe der analytischen Fortsetzung. Das Grundintervall $0 \leqslant x \leqslant 1$ teilen wir durch den Punkt $x_0 = 0{,}5$ in zwei Teile:

$$0 \leqslant x \leqslant x_0; \quad x_0 \leqslant x \leqslant 1.$$

Mit Hilfe der beiden Reihen

$$y_I(x, \lambda) = \sum_{n=0}^{\infty} a_n^I x^n; \quad x_0 = 0; \quad a_0^I = 0; \quad a_1^I = 1; \tag{6.234}$$

$$y_{II}(x, \lambda) = \sum_{n=0}^{\infty} a_n^{II} (x - x_0)^n; \quad x_0 = \tfrac{1}{2}; \quad a_0^{II} = y(\tfrac{1}{2}); \quad a_1^{II} = y'(\tfrac{1}{2}), \tag{6.235}$$

von denen die erste mit der Reihe (6.230) identisch ist und die zweite deren analytische Fortsetzung mit dem Zentrum $x_0 = 0{,}5$ darstellt, berechnen wir nun die Größe $f(\lambda) = y(1; \lambda)$ durch die Gleichung

$$y(1; \lambda) = \sum_{n=0}^{\infty} a_n(\lambda) x^n |_{x=1} = \sum_{n=0}^{\infty} \frac{a_n^I(\lambda)}{2^n} + \sum_{n=0}^{\infty} \frac{a_n^{II}(\lambda)}{2^n}, \tag{6.236}$$

wobei

$$y(x)|_{x=1} = y_I(x)\Big|_{x=\frac{1}{2}} + y_{II}(x - x_0)\Big|_{x-x_0=\frac{1}{2}}.$$

Vollkommen analog erhalten wir bei Vierteilung des Grundintervalls [0; 1] durch die Punkte

$$x_0 = \tfrac{1}{4}; \quad x_0 = \tfrac{2}{4}; \quad x_0 = \tfrac{3}{4}$$

die Gleichung

$$f(\lambda) = y(1;\lambda) = \sum_{n=0}^{\infty} \frac{A_n^{I}(\lambda)}{4^n} + \sum_{n=0}^{\infty} \frac{A_n^{II}(\lambda)}{4^n} + \sum_{n=0}^{\infty} \frac{A_n^{III}(\lambda)}{4^n} + \sum_{n=0}^{\infty} \frac{A_n^{IV}(\lambda)}{4^n}, \quad (6.237)$$

worin $A_n^I = a_n, A_n^{II}, A_n^{III}, A_n^{IV}$ die Koeffizienten der vier Reihen

$$y(x) = \Sigma A_n(x - x_0)^n; \quad x_0 = 0; \quad x_0 = \tfrac{1}{4}; \quad x_0 = \tfrac{2}{4}; \quad x_0 = \tfrac{3}{4} \quad (6.238)$$

bedeuten, von denen jede die analytische Fortsetzung der anderen ist.Setzen wir dieses Verfahren der Verdopplung der Anzahl der betrachteten Reihen fort, so können wir aufgrund des schnellen Anwachsens der Größe 2^{kn}, $k = 1, 2, 3, \dots$, die im Nenner vorkommt, $f(\lambda)$ in jedem beliebigen gegebenen endlichen Intervall berechnen, was für die Praxis vollkommen ausreicht. Wo dies zweckmäßig ist, kann man das Grundintervall [0; 1] in eine beliebige andere Anzahl von gleich großen oder nicht gleich großen Teilintervallen aufspalten.

Da jede der betrachteten Reihen eine Lösung derselben Differentialgleichung darstellt, berechnet man alle Koeffizienten A_n nach derselben Rekursionsformel (6.231) aus dem entsprechenden vorher bestimmten Wert

$$A_0(\lambda) = y(x_0, \lambda); \quad A_1(\lambda) = y'(x_0, \lambda); \quad B_0(\lambda) = e^{\frac{1}{2} y(x_0, \lambda)} \quad (6.239)$$

Diesen Wert gewinnt man mit der vorhergehenden Reihe.

In Tabelle 113 wurden für die Reihe (6.235) die Größen

$$a_0^{II}(\lambda) = y(x_0, \lambda); \quad a_1^{II}(\lambda) = y'(x_0, \lambda); \quad b_0^{II}(\lambda) = e^{\frac{1}{2} y(x_0, \lambda)}; \quad x_0 = \tfrac{1}{2}$$

berechnet. Mit Hilfe von zwei Potenzreihen berechnet man daraus die Funktion

$$f(\lambda) = y(x, \lambda)|_{x=1}$$

im Intervall $0 \leqslant \lambda \leqslant 16$. Nimmt man vier Potenzreihen mit den Zentren

$$x_0 = 0; \quad x_0 = 0{,}25; \quad x_0 = 0{,}50; \quad x_0 = 0{,}75,$$

so findet man die Funktion $f(\lambda)$ nach Gl. (6.237) im Intervall [0; 24]. In Tabelle 114 sind die endgültigen Werte der Funktion $f(\lambda) = y(1;\lambda)$ und ihrer ersten zwei Differenzen angegeben. Diese Werte wurden mit Hilfe von vier Potenzreihen ermittelt, wobei sich bei jeder Reihe die ersten 32 Glieder als hinreichend erwiesen. Zur Durchführung der analytischen Fortsetzung wurde von *N. I. Sinyawsky* ein Standardprogramm für eine ERA vom Typ „Rasdan-2" aufgestellt. Ihm verdanken wir auch die Ergebnisse in den Tabellen 113 und 114, mit denen die Schaubilder der Funktionen $f(\lambda)$ in den Bildern 55 und 56 konstruiert wurden.

Tabelle 113

λ	$a_0^{II} = y(\frac{1}{2};\lambda)$	$a_1^{II} = y'(\frac{1}{2};\lambda)$	$b_0^{II} = z(\frac{1}{2};\lambda)$	$f(\lambda) = y(1;\lambda)$
0	–	–	–	+ 1,000000
1	+ 0,3654644	+ 0,4450038	+ 1,200493	+ 0,4341920
2	+ 0,2339502	- 0,08525626	+ 1,124091	- 0,08147538
3	+ 0,1053004	- 0,5926799	+ 1,054061	- 0,5564590
4	- 0,02062949	- 1,078975	+ 0,9897382	- 0,9977475
5	- 0,1439734	- 1,545683	+ 0,9305432	- 1,410652
6	- 0,2648556	- 1,994194	+ 0,8759662	- 1,799306
7	- 0,3833913	- 2,425773	+ 0,8255581	- 2,166986
8	- 0,4996877	- 2,841563	+ 0,7789224	- 2,516340
9	- 0,6138449	- 3,242611	+ 0,7357076	- 2,849531
10	- 0,7259563	- 3,629867	+ 0,6956016	- 3,168357
11	- 0,8361092	- 4,004203	+ 0,6583263	- 3,474323
12	- 0,9443853	- 4,366417	+ 0,6236334	- 3,768703
13	- 1,050861	- 4,717241	+ 0,5913006	- 4,052589
14	- 1,155609	- 5,057349	+ 0,5611289	- 4,326918
15	- 1,258696	- 5,387361	+ 0,5329390	- 4,592504
16	- 1,360187	- 5,707850	+ 0,5065695	- 4,850060

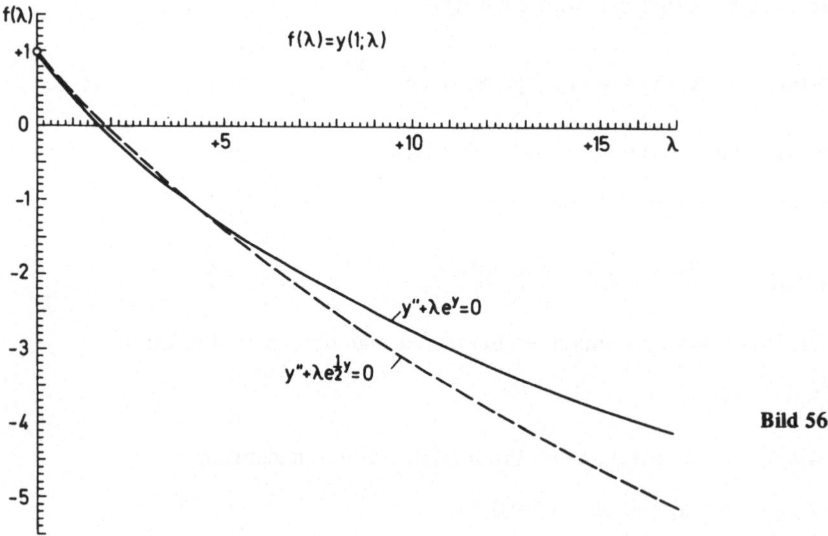

Bild 56

Die erhaltenen Ergebnisse zeigen, daß $f(\lambda)$ in den Beispielen 1 und 2 in dem betrachteten Intervall eine monoton abnehmende Funktion ist und dort nur eine Nullstelle besitzt. Unter Verwendung der Angaben in Tabelle 114 finden wir nun im Falle des Beispiels 2 (nach der Gleichung für die lineare Interpolation (3.43), Abschnitt 21) als ersten Eigenwert

$$\lambda_1 \approx 1{,}835.$$

Diesen Wert kann man leicht verbessern. Zur Erhöhung der Genauigkeit wenden wir die Formel (3.43) zweimal auf die Näherungswerte $\lambda_1^{(1)} = 1$, $\lambda_1^{(2)} = 2$ und $\lambda_1^{(1)} = 2$, $\lambda_1^{(2)} = 3$ an. Dies liefert

$$\lambda_{1;2}^{(0)} = 1{,}842 \quad \text{und} \quad \lambda_{2;3}^{(0)} = 1{,}828.$$

Tabelle 114

	$y'' = \lambda e^y = 0$; $y(0) = y(1) = 0$			$y'' + \lambda e^{\frac{1}{2}y} = 0$; $y(0) = y(1) = 0$		
λ	$f(\lambda) = y(1;\lambda)$	Δy	$\Delta^2 y$	$f(\lambda) = y(1;\lambda)$	Δy	$\Delta^2 y$
0	+ 1,000000			+ 1,000000		
		- 637305			- 565808	
1	+ 0,362695		+ 116980	+ 0,434192		+ 50141
		- 520325			- 515667	
2	- 0,157630		+ 76048	- 0,081475		+ 40683
		- 444277			- 474984	
3	- 0,601907		+ 53563	- 0,556459		+ 33695
		- 390714			- 441289	
4	- 0,992621		+ 39866	- 0,997748		+ 28385
		- 350848			- 412904	
5	- 1,343469		+ 30897	- 1,410652		+ 24250
		- 319951			- 388654	
6	- 1,663420		+ 24700	- 1,799306		+ 20973
		- 295251			- 367681	
7	- 1,958671		+ 20233	- 2,166987		+ 18328
		- 275018			- 349353	
8	- 2,233689		+ 16907	- 2,516340		+ 16162
		- 258111			- 333191	
9	- 2,491800		+ 14362	- 2,849531		+ 14365
		- 243749			- 318826	
10	- 2,735549		+ 12369	- 3,168357		+ 12860
		- 231380			- 305966	
11	- 2,966929		+ 10778	- 3,474323		+ 11586
		- 220602			- 294380	
12	- 3,187531		+ 9488	- 3,768703		+ 10494
		- 211114			- 283886	
13	- 3,398645		+ 8425	- 4,052589		+ 9557
		- 202689			- 274329	
14	- 3,601334		+ 7540	- 4,326918		+ 8743
		- 195149			- 265586	
15	- 3,796483		+ 6795	- 4,592504		+ 8030
		- 188354			- 257556	
16	- 3,984837		+ 6160	- 4,850060		+ 7407
		- 182194			- 250149	
17	- 4,167031			- 5,100209		+ 6853
					- 243296	
18				- 5,343505		+ 6364
					- 236932	
19				- 5,580437		+ 5927
					- 231005	
20				- 5,811442		+ 5534
					- 225471	
21				- 6,036913		+ 5182
					- 220289	
22				- 6,257202		+ 4862
					- 215427	
23				- 6,472629		+ 4576
					- 210851	
24				- 6,683480		

Hierauf nehmen wir das arithmetische Mittel

$$\lambda_1 = \frac{1{,}842 + 1{,}828}{2} = 1{,}835.$$

Übung 1: Aus den zwei Versuchen $\lambda_1^{(1)} = 1{,}835$ und $\lambda_1^{(2)} = 1{,}836$ bestimme man nach Gl. (3.43) λ_1 mit sechs Dezimalstellen.

Antwort: 1,836178.

Beispiel 3: Wir bestimmen den ersten Eigenwert und die dazu gehörende Eigenfunktion für das nichtlineare Randwertproblem zweiter Ordnung

$$y^{IV} + \lambda x y^2 = 0; \quad y(0) = y(1) = 0; \quad y''(0) = y'''(0) = 0. \tag{6.240}$$

Lösung: Wir stellen die gesuchte Funktion in Form einer Reihe mit dem Zentrum $x_0 = 0$ dar:

$$y = \sum_{n=0}^{\infty} a_n x^n; \quad a_0 = a_2 = a_3 = a_4 = 0; \quad a_1 = 1. \tag{6.241}$$

Für das Quadrat und die vierte Ableitung haben wir dann

$$y^2 = \sum_{n=0}^{\infty} a_n^{(2)} x^n; \quad y^{IV} = \sum_{n=0}^{\infty} \ddot{\ddot{a}}_{n+4} x^n. \tag{6.242}$$

Setzen wir diese Werte in die Ausgangsgleichung ein, so gewinnen wir die Rekursionsformel

$$\ddot{\ddot{a}}_{n+4} = -\lambda a_{n-1}^{(2)}.$$

Nach einer Indexverschiebung $n \to n+1$ und mit Hilfe von

$$\ddot{\ddot{a}}_{n+5} = (n+2)(n+3)(n+4)(n+5)\, a_{n+5}$$

ergibt sich daraus

$$a_{n+5} = \frac{-\lambda a_n^{(2)}}{N_n}; \quad a_n^{(2)} = a_0 a_n + a_1 a_{n-1} + \ldots + a_n a_0, \tag{6.243}$$

wobei

$$N_n = (n+2)(n+3)(n+4)(n+5); \quad a_1 = 1; \quad a_0 = a_2 = a_3 = a_4 = 0.$$

Die ersten fünf Koeffizienten, die zur Einleitung des Rekursionsverfahrens benötigt werden, finden wir auf Grund der Homogenität der betrachteten Aufgabe und auf Grund der Bedingungen für die Lösung im Punkt $x_0 = 0$. Wir haben somit neben $a_1 = 1$

$$a_0 = y(0) = 0; \quad a_2 = \frac{y''(0)}{2!} = 0; \quad a_3 = \frac{y'''(0)}{3!} = 0; \quad a_4 = \frac{y^{IV}(0)}{4!} = 0,$$

Tabelle 115

$y^{IV} + \lambda x y^2 = 0;\ \Sigma a_n = 0$				$n = 6\nu + 2$		$\lambda_1 = \lambda_1^{(4)} = 929{,}0320$		$\lambda = 14000$	
n	N_n	$a_n(\lambda)$	$a_n^{(2)}(\lambda)$	ν	N_ν	$a_{6\nu+1}$	$a_{6\nu+2}^{(2)}$	$a_{6\nu+1}$	$a_{6\nu+2}^{(2)}$
0		0	0	0	840	+ 1,0000000	+ 1,0000000	+ 1,0	+ 1,0
1		+ 1	0	1	17160	- 1,1059905	- 2,2119810	- 16,7	- 33,4
2	840	0	+ 1	2	93024	+ 0,1197553	+ 1,4627256	+ 27,2	+ 333,3
3		0	0	3	303600	- 0,0146083	- 0,2941130	- 50,2	- 1009
4		0	0	4	755160	+ 0,0009000	+ 0,0484546	+ 46,5	+ 2510
5		0	0	5	1585080	- 0,0000596	- 0,0056088	- 46,5	- 4377
6		0	0	6	2961840	+ 0,0000033	+ 0,0005674	+ 38,7	+ 6680
7		$-\frac{\lambda}{840}$	0	7	5085024	- 0,0000002		- 31,6	- 8554
8	17160	0	$-\frac{\lambda}{420}$	8	8185320			+ 23,6	- 10039
9		0	0	9	12524520			- 17,2	- 10752
10		0	0	10	18395520			+ 12,0	+ 10816
11		0	0	11	26122320			- 8,2	- 10260
12		0	0	12	36060024			+ 5,5	+ 9296
13		$+\frac{\lambda^2}{7207200}$	0	13	48594840			- 3,6	- 8082
14	93024	0	$+\frac{19\lambda^2}{11211200}$	14	64144080			+ 2,3	+ 6788
15		0	0	15	83156160			- 1,5	- 5529
16		0	0	16	106110600			+ 0,9	+ 4385
17		0	0	17	133518024			- 0,6	- 3395
18		0	0	18	165920160			+ 0,4	+ 2575
19		$-\frac{\lambda^3}{54890035200}$	0	19	203889840			- 0,2	- 1916
20	303600	0		20	248031000			+ 0,1	
					$\Sigma a_n =$	0,0000000	$\Sigma a_n =$	- 18,1	

da aus Gl. (6.240) die Beziehung

$$y^{IV}(0) = -\lambda x y^2 |_{x=0} = 0$$

folgt.

Im ersten Teil von Tabelle 115 findet man die nach Gl. (6.243) berechneten Koeffizienten $a_n(\lambda)$ bis einschließlich n = 20. Setzen wir diese in Gl. (6.241) ein, so erhalten wir als Lösung

$$y = x - \frac{\lambda}{840} x^7 + \frac{\lambda^2}{7207200} x^{13} - \frac{\lambda^3}{54890035200} x^{19} + \dots . \qquad (6.244)$$

Man erkennt leicht, daß nur die Koeffizienten

$$a_{6\nu+1}(\lambda)\ ;\ a^{(2)}_{6\nu+2}(\lambda);\ \nu = 0, 1, 2, \dots$$

von Null verschieden sind. Zu ihrer Berechnung setzen wir in Gl. (6.243) $n = 6\nu + 2$:

$$a_{6\nu+7} = \frac{-\lambda a^{(2)}_{6\nu+2}}{N_\nu};\ N_\nu = (6\nu+4)(6\nu+5)(6\nu+6)(6\nu+7);\ a_1 = a^{(2)}_2 = 1. \qquad (6.245)$$

Als Gleichung zur Bestimmung der Eigenwerte dient wie in Beispiel 1 die Gl. (6.226):

$$y(x, \lambda)|_{x=1} = f(\lambda) = \sum_{n=0}^{\infty} a_n(\lambda) = 0.$$

Wegen der zweiten Randbedingung haben wir nämlich $y(1) = 0$.

In Tabelle 115 findet man die Ergebnisse bei der Bestimmung des ersten Eigenwertes

$$\lambda_1 = 929{,}0320$$

(mit sieben bedeutsamen Ziffern). Diesen erhalten wir (nach zwei aufeinander folgenden Näherungen) aus den Versuchen

$$\lambda^{(1)}_1 = 924;\ f(\lambda^{(1)}_1) = 0{,}00484 \quad \text{und} \quad \lambda^{(2)}_1 = 928{,}5;\ f(\lambda^{(2)}_1) = 0{,}0005195.$$

Wenn λ_1 bestimmt ist, erhalten wir die dazu gehörige Eigenfunktion, indem wir in Gl. (6.244) $\lambda = \lambda_1$ setzen.

Das Schaubild der Funktion $f(\lambda) = y(1; \lambda)$ ist in Bild 57 dargestellt. Es läßt erkennen, daß die Gl. (6.240) im Intervall [0; 20000] keine weiteren Eigenwerte mehr besitzt. Die zur Konstruktion dieses Schaubildes benötigten Punkte berechnen wir, indem wir eine Reihe von λ-Werten wählen und die entsprechenden Funktionswerte

$$f(\lambda) = y(1; \lambda) = \Sigma a_n(\lambda)$$

berechnen. In Tabelle 115 sind zur Illustration auch die Rechnungen zur Bestimmung eines derartigen Punktes (λ = 14000) angegeben.

Um zu überprüfen, welchen Einfluß eine so schwache Nichtlinearität wie y^2 auf die Ergebnisse ausübt, zeigt in Bild 57 die punktierte Kurve den Verlauf der Funktion $f(\lambda) = y(1; \lambda)$ für die entsprechende lineare Gleichung

$$y^{IV} + \lambda xy = 0; \quad y(0) = y(1) = 0; \quad y''(0) = y'''(0). \tag{6.246}$$

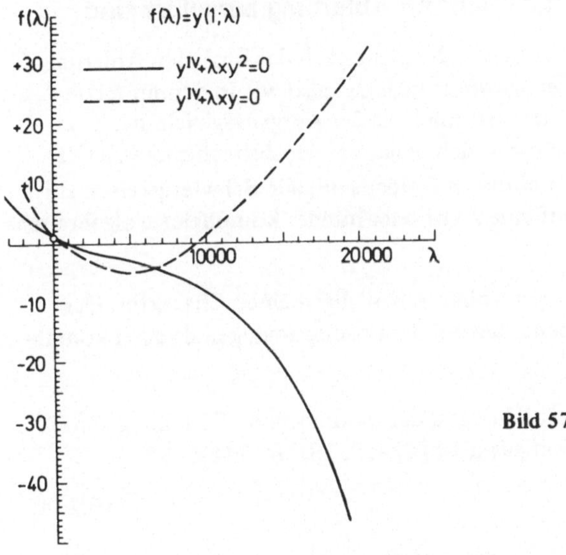

Bild 57

Die Koeffizienten des Integrals $y = \Sigma a_n x^n$ dieser Gleichung bestimmt man mit Hilfe der Rekursionsformel

$$a_{n+5} = \frac{-\lambda a_n}{(n+2)(n+3)(n+4)(n+5)}; \quad a_1 = 1; \quad a_0 = a_2 = a_3 = a_4 = 0. \tag{6.247}$$

Übung 2: Man berechne mit einer Dezimalstelle den Wert der Funktion $f(\lambda) = y(1; \lambda)$ für die nichtlineare Aufgabe (6.240) für $\lambda = 10000$ und $\lambda = 18000$.

Antwort: $f(10000) = -8{,}5$; $f(18000) = -36{,}8$.

Übung 3: Man bestimme mit sieben bedeutsamen Ziffern die ersten drei Eigenwerte für die lineare Randwertaufgabe (6.246).

Antwort: $\lambda_1 = 377{,}8733$, $\lambda_3 = 56763{,}09$.

Auch bei Gleichungen höherer Ordnung und bei anderen Typen von Randbedingungen bleibt der Lösungsweg derselbe. In komplizierteren Fällen bestimmt man dabei die Eigenwerte nicht aus einer Gleichung vom Typ (6.226), sondern aus einem System von transzendenten Gleichungen, das man nach den in den Abschnitten 22 und 23 von Kapitel 3 dargelegten Methoden löst.

Das Problem der Eigenwertbestimmung, das ein homogenes Randwertproblem darstellt, läßt sich somit mit Hilfe von Potenzreihen äußerst wirksam lösen und zwar für eine große Klasse von linearen und nichtlinearen Gleichungen, denen man in der Praxis begegnet.

48. Gleichungen, die nicht nach der höchsten Ableitung aufgelöst sind

Löst man Gleichungen beliebiger Ordnung, die nicht nach der höchsten Ableitung aufgelöst sind, mit Hilfe von Potenzreihen, gewinnt man genauso wie in den im letzten Abschnitt betrachteten Fällen eine Rekursionsformel aus der Ausgangsgleichung. Zum Unterschied von anderen Methoden übertragen sich daher bei der Betrachtung von Gleichungen, die nicht nach der höchsten Ableitung aufgelöst sind, alle Schwierigkeiten auf die Ermittlung der Koeffizienten, was auf eine mehr oder minder komplizierte algebraische Aufgabe hinausläuft.

Die unten angeführten Beispiele tragen vollkommen allgemeinen Charakter. Der Leser lernt daher, wenn er sie nachvollzieht, sowohl die Lösung analoger als auch komplizierterer Aufgaben.

Beispiel 1: Wir suchen das allgemeine Integral der inhomogenen Gleichung erster Ordnung, die nicht nach der Ableitung aufgelöst ist [474, S. 33, Nr. 344]:

$$y'^2 - yy' + e^x = 0. \tag{6.248}$$

Lösung: Wir stellen wie üblich die gesuchte und die gegebene Funktion durch Reihen dar:

$$y = \sum_{n=0}^{\infty} a_n x^n; \quad e^x = \sum_{n=0}^{\infty} \gamma_n x^n; \quad \gamma_n = \frac{1}{n!}. \tag{6.249}$$

Für die Ableitung y' und deren Quadrat finden wir dann:

$$y' = \sum_{n=0}^{\infty} \dot{a}_{n+1} x^n; \quad y'^2 = \sum_{n=0}^{\infty} \dot{a}^{(2)}_{n+1} x^n; \quad a_{n+1} = (n+1)\, a_{n+1}. \tag{6.250}$$

Wir setzen diese Werte in die Ausgangsgleichung ein und finden unter Berücksichtigung der Beziehung (6.141) aus Abschnitt 44 zur Bestimmung der unbekannten Koeffizienten a_n die Rekursionsformel

$$\dot{a}^{(2)}_{n+1} - [a_n \dot{a}_{n+1}] + \gamma_n = 0; \quad \dot{a}^{(2)}_{n+1} = [\dot{a}_{n+1} \dot{a}_{n+1}]; \quad \gamma_n = \frac{1}{n!}. \tag{6.251}$$

Ausführlich geschrieben lautet diese

$$(\dot{a}_1 \dot{a}_{n+1} + \dot{a}_2 \dot{a}_n + \ldots + \dot{a}_{n+1} \dot{a}_1) - (a_0 \dot{a}_{n+1} + a_1 \dot{a}_n + \ldots + a_n \dot{a}_1) + \gamma_n = 0.$$

Die Gl. (6.251) löst die gestellte Aufgabe, da wir mit ihrer Hilfe alle Koeffizienten a_n durch einen davon ausdrücken können. Als Basiskoeffizient eignet sich am besten der Koeffizient a_1. Für $n = 0$ haben wir aus Gl. (6.251)

$$\dot{a}_1^2 - a_0 \dot{a}_1 + \gamma_0 = 0.$$

Daraus folgt unter Berücksichtigung von $\dot{a}_{n+1} = (n+1)\, a_{n+1}$, $\dot{a}_1 = a_1$, $\gamma_0 = 1$

$$a_0 = a_1 + \frac{1}{a_1}. \tag{6.252}$$

Für $n = 1$ liefert die Gl. (6.251)

$$2\dot{a}_1 \dot{a}_2 - (a_0 \dot{a}_2 + a_1 \dot{a}_1) + \gamma_1 = 0$$

oder wegen $a_1 = a_1$, $\gamma_1 = 1$

$$\dot{a}_2 (2a_1 - a_0) = a_1^2 - 1; \quad a_1 \neq \pm 1. \tag{6.253}$$

Gemäß Gl. (6.252) gilt aber

$$2a_1 - a_0 = 2a_1 - \left(a_1 + \frac{1}{a_1}\right) = a_1 - \frac{1}{a_1}$$

und wir haben also

$$\dot{a}_2 = \frac{a_1^2 - 1}{a_1 - \dfrac{1}{a_1}} = a_1$$

und somit

$$a_2 = \frac{\dot{a}_2}{2} = \frac{a_1}{2!}. \tag{6.254}$$

Weiterhin haben wir für $n = 2$

$$(2\dot{a}_1 \dot{a}_3 + \dot{a}_2^2) - (a_0 \dot{a}_3 + a_1 \dot{a}_2 + a_2 \dot{a}_1) + \frac{1}{2!} = 0$$

oder

$$(2a_1 - a_0)\, \dot{a}_3 = 3a_2 a_1 - \dot{a}_2^2 - \frac{1}{2!}.$$

Daraus finden wir nach einfachen Umformungen

$$\dot{a}_3 = \frac{a_1}{2!} = a_2; \quad a_3 = \frac{a_1}{3!}.$$

Mit Hilfe der vollständigen Induktion beweisen wir hierauf, daß aus

$$\dot{a}_n = a_{n-1} \quad \text{und} \quad \gamma_n = \frac{1}{n!}$$

und Gl. (6.251)

$$\dot{a}_{n+1} = a_n = \frac{a_1}{n!} \tag{6.255}$$

folgt.

Wir setzen nun die erhaltenen Koeffizienten a_n in die Reihe (6.249) ein und erhalten damit endgültig:

$$y = \sum_{n=0}^{\infty} a_n x^n = a_1 + \frac{1}{a_1} + a_1\left(x + \frac{x^2}{2!} + \frac{x^3}{3!} + \ldots\right) = a_1 + \frac{1}{a_1} + a_1(e^x - 1)$$

oder

$$y = Ce^x + \frac{1}{C}, \quad \text{wobei } C = a_1. \tag{6.256}$$

Setzen wir Gl. (6.256) in die Ausgangsgleichung ein, so können wir uns direkt davon überzeugen, daß dieser Ausdruck das allgemeine Integral der Gl. (6.248) darstellt.

Bei der Bestimmung von a_2 aus Gl. (6.253) müssen wir $a_1 \neq \pm 1$ voraussetzen. Andernfalls wären a_2 und damit alle nachfolgenden Koeffizienten unbestimmt. Wir betrachten nun diesen Ausnahmefall:

$$y'(0) = a_1 = \pm 1; \quad y(0) = a_0 = a_1 + \frac{1}{a_1} = \pm 2.$$

Durch Differentiation der Ausgangsgleichung (6.248) finden wir

$$2y'y'' - y'^2 - yy'' + e^x = 1.$$

Wir finden daraus für die zweite Ableitung $y_0'' = y''(0)$ im Punkt $x = x_0 = 0$ mit der Regel von *de l'Hospital*

$$y_0'' = \lim_{x \to 0} \frac{y'^2 - e^x}{2y' - y} = \lim_{x \to 0} \frac{2y'y'' - e^x}{2y'' - y'} = \frac{2y_0' y_0'' - e^{x_0}}{2y_0'' - y_0'} .$$

Bei $x_0 = 0$ haben wir aber $y_0' = y'(0) = \pm 1$; $e^{x_0} = 1$. Zur Bestimmung von y_0'' erhalten wir also die quadratischen Gleichungen

$$2y_0''^2 \mp 3y_0'' + 1 = 0$$

mit den Wurzeln

$$y_0'' = \pm 1; \quad y_0'' = \pm \tfrac{1}{2} .$$

Die Werte $y_0'' = \pm 1$ entsprechen dem früher gefundenen

$$a_2 = \frac{y''(0)}{2!} = \frac{a_1}{2} .$$

Man erhält sie aus dem allgemeinen Integral für $C = a_1 = \pm 1$.

Die Werte $y_0'' = \pm 1/2$ liefern

$$a_2 = \pm \frac{1}{2 \cdot 2!}.$$

Setzen wir das Verfahren fort, so erhalten wir auf analogem Wege

$$a_3 = \pm \frac{1}{2^2 \cdot 3!}; \quad a_4 = \pm \frac{1}{2^3 \cdot 4!}; \ldots$$

und gelangen zu dem partikulären Integral

$$y = \sum_{n=0}^{\infty} a_n x^n = \pm \left(2 + x + \frac{x^2}{2 \cdot 2!} + \frac{x^3}{2^2 \cdot 3!} + \ldots\right) = \pm 2e^{\frac{x}{2}}, \tag{6.257}$$

das ebenfalls der Gl. (6.248) genügt, in dem allgemeinen Integral Gl. (6.256) aber für keinen Wert der Konstanten C enthalten ist.

Beispiel 2: Wir betrachten das Cauchysche Problem für die nicht nach der höchsten Ableitung aufgelöste Gleichung

$$y'^2 = 4y - x^2; \quad x_0 = 1; \quad y(x_0) = \tfrac{5}{4}. \tag{6.258}$$

Lösung: Wir setzen

$$y = \sum_{n=0}^{\infty} a_n (x-1)^n; \quad x^2 = [(x-1)+1]^2 = (x-1)^2 + 2(x-1) + 1 \tag{6.259}$$

und erhalten zur Bestimmung der gesuchten Koeffizienten a_n aus der Ausgangsgleichung (6.258) die Rekursionsformel

$$\dot{a}_{n+1}^{(2)} = 4a_n - \gamma_n; \quad \gamma_0 = \gamma_2 = 1; \quad \gamma_1 = 2; \quad \gamma_n = 0 \text{ für } n \geqslant 3. \tag{6.260}$$

Für $n = 0$ erhalten wir Gl. (6.260) unter Berücksichtigung von $a_0 = y(x_0) = 5/4$; $\gamma_0 = 1$:

$$\dot{a}_1^{(2)} = 4a_0 - \gamma_0 = 4.$$

Wegen $\dot{a}_1^{(2)} = \{\dot{a}_1\}^2 = a_1^2$ gilt

$$\dot{a}_1 = a_1 = \sqrt{\dot{a}_1^{(2)}} = 2. \tag{6.261}$$

Für $n = 1$ finden wir mit den bekannten Werten $a_1 = 2$ und $\gamma_1 = 2$ der Reihe nach

$$\dot{a}_2^{(2)} = 4a_1 - \gamma_1 = 6; \quad \dot{a}_2 = \frac{\dot{a}_2^{(2)}}{2a_1} = \frac{3}{2}; \quad a_2 = \frac{\dot{a}_2}{2} = \frac{3}{4}.$$

Es gilt nämlich

$$\dot{a}_2^{(2)} = 2\dot{a}_1 \dot{a}_2; \quad \dot{a}_2 = 2a_2.$$

Zur Fortsetzung des Rekursionsverfahrens (6.260) müssen wir nur noch aus den bekannten Werten von $\dot{a}^{(2)}_{n+1}$ die Werte

$$\dot{a}_{n+1} = (n+1)\, a_{n+1}$$

bestimmen, die ihrerseits die Bestimmung von

$$a_{n+1} = \frac{\dot{a}_{n+1}}{n+1} \tag{6.262}$$

erlauben. Diese Größen benötigen wir zur Berechnung des nächsten Wertes $\dot{a}^{(2)}_{n+2}$. Wir schreiben dazu ausführlicher

$$\dot{a}^{(2)}_{n+1} = \dot{a}_1 \dot{a}_{n+1} + a_2 a_n + \dot{a}_3 \dot{a}_{n-1} + \ldots + \dot{a}_n \dot{a}_2 + \dot{a}_{n+1} \dot{a}_1$$

und erhalten daraus

$$\dot{a}_{n+1} = \frac{\dot{a}^{(2)}_{n+1} - \{\dot{a}_2 \dot{a}_n + \dot{a}_3 \dot{a}_{n-1} + \ldots + \dot{a}_n \dot{a}_2\}}{2a_1}\,; \quad n \geqslant 1. \tag{6.263}$$

In Tabelle 116 wurden nach den Gln. (6.260) bis (6.263) die ersten 16 Koeffizienten a_n mit sieben Dezimalstellen berechnet. Dabei haben wir zur bequemeren Beschreibung der Resultate die Gl. (6.263) in der kompakteren Form

$$\dot{a}_{n+1} = \frac{\dot{a}^{(2)}_{n+1} - [\dot{a}_2 \dot{a}_n]^*_1}{2a_1}\,; \quad n \geqslant 1; \quad a_1 = \dot{a}_1 = \sqrt{\dot{a}^{(2)}_1} \tag{6.264}$$

verwendet, worin das Symbol

$$[\dot{a}_2 \dot{a}_n]^*_1 = \dot{a}_2 \dot{a}_n + \dot{a}_3 \dot{a}_{n-1} + \ldots + \dot{a}_{n-1} \dot{a}_3 + \dot{a}_n \dot{a}_2 \tag{6.265}$$

die „unvollständigen Produkte“ der Koeffizienten $\dot{a}_{n+1}$ ohne das erste und das letzte Glied bezeichnet. Dies wird durch den Index 1 nach der Klammer angedeutet.

Die Gl. (6.264) erhält man auch direkt unter Verwendung der Symbole (6.265), wenn man schreibt:

$$\dot{a}^{(2)}_{n+1} \equiv [\dot{a}_{n+1} \dot{a}_{n+1}] = 2\dot{a}_1 \dot{a}_{n+1} + [\dot{a}_2 \dot{a}_n]^*_1.$$

Für n = 1 vereinbart man zweckmäßigerweise

$$[\dot{a}_2 \dot{a}_n]^* \equiv 0.$$

Gemäß Gl. (6.264) haben wir dann

$$\dot{a}_2 = \frac{\dot{a}^{(2)}_2}{2a_1} = \frac{6}{4} = \frac{3}{2},$$

d. h. man kann diese Gleichung ab Zeile n = 1 der Tabelle 116 verwenden.

Wir weisen darauf hin, daß für n = 2

$$[\dot{a}_2 \dot{a}_n]^*_1 = \dot{a}_2^2$$

Tabelle 116

$y'^2 = 4y - x^2$; $\dot{a}_1 = \sqrt{\dot{a}_1^{(2)}}$;

$$\dot{a}_{n+1} = \frac{\dot{a}_{n+1}^{(2)} - [\dot{a}_2\dot{a}_n]_1^*}{2a_1}; \quad a_{n+1} = \frac{\dot{a}_{n+1}}{n+1}$$

$\dot{a}_{n+1}^{(2)} = 4a_n - \gamma_n$; $\frac{1}{2a_1} = 0{,}25$;

n	a_n	γ_n	$\dot{a}_{n+1}$	$\dot{a}_{n+1}^{(2)}$	$[\dot{a}_2\dot{a}_n]_1^*$	$(x-1)^n$
0	+ 1,2500000	1	– · –	+ 4,0000000	–	+ 1,0000000
1	+ 2,0000000	2	+ 1,5000000	+ 6,0000000	0	± 0,6050318
2	+ 0,7500000	1	– 0,0625000	+ 2,0000000	+ 2,2500000	+ 0,3660635
3	– 0,0208333	0	+ 0,0260417	– 0,0833333	– 0,1875000	± 0,2214801
4	+ 0,0065104	0	– 0,0139974	+ 0,0260416	+ 0,0820314	+ 0,1340025
5	– 0,0027995	0	+ 0,0085124	– 0,0111980	– 0,0452474	± 0,0810758
6	+ 0,0014187	0	– 0,0055726	+ 0,0056748	+ 0,0279650	+ 0,0490534
7	– 0,0007961	0	+ 0,0038316	– 0,0031844	– 0,0185109	± 0,0296789
8	+ 0,0004790	0	– 0,0027287	+ 0,0019160	+ 0,0128307	+ 0,0179567
9	– 0,0003032	0	+ 0,0019952	– 0,0012128	– 0,0091936	± 0,0108644
10	+ 0,0001995	0	– 0,0014892	+ 0,0007980	+ 0,0067547	+ 0,0065733
11	– 0,0001354	0	+ 0,0011299	– 0,0005416	– 0,0050613	± 0,0039771
12	+ 0,0000942	0	– 0,0008689	+ 0,0003768	+ 0,0038524	+ 0,0024063
13	– 0,0000668	0	+ 0,0006758	– 0,0002672	– 0,0029705	± 0,0014559
14	+ 0,0000483	0	– 0,0005306	+ 0,0001932	+ 0,0023156	+ 0,0008809
15	– 0,0000354	0				± 0,0005330

(und nicht $2\dot{a}_2^2$). Daher gilt

$$\dot{a}_3 = \frac{\dot{a}_3^{(2)} - \dot{a}_2^{(2)}}{2a_1} = \frac{2{,}00 - 2{,}25}{4} = -0{,}0625; \quad a_3 = \frac{\dot{a}_3}{3} = -0{,}0208333.$$

Alle weiteren Rechnungen sind aus Tabelle 116 ersichtlich. Ihre zweite Spalte beginnt mit $\dot{a}_2 = 1{,}5$ (und nicht mit $\dot{a}_1 = a_1 = 2$), um bei der Berechnung der Größen

$$[\dot{a}_2\dot{a}_n]_1^* = \dot{a}_2\dot{a}_n + \dot{a}_3\dot{a}_{n-1} + \ldots$$

Irrtümer zu vermeiden.

Die erhaltenen Ergebnisse überprüft man leicht numerisch, da die Gl. (6.258) ein allgemeines Integral besitzt, das man in parametrischer Form durch

$$x = Cue^u; \quad 4y = C^2 e^{2u}(2u^2 + 2u + 1) \tag{6.266}$$

darstellen kann [474, Gleichung Nr. 378, S. 33 und S. 87].

In unserem Cauchyschen Problem entsprechen den Werten $x_0 = 1$, $y_0 = 5/4$ die Werte $u_0 = 1$, $C = 1/e$, d. h. das Integral

$$x = ue^{u-1}; \quad y = \tfrac{1}{4}\, e^{2(u-1)}(2u^2 + 2u + 1). \tag{6.267}$$

Setzen wir daher in Gl. (6.267) zum Beispiel u = 1,25, so haben wir:

$$e^{u-1} = e^{\frac{1}{4}} = 1{,}284025417; \quad e^{2(u-1)} = e^{\frac{1}{2}} = 1{,}648721271$$

und somit

$$x = 1{,}605031771; \quad y(x) = 2{,}730694605.$$

Für den gefundenen Wert $x - 1 = +0{,}6050318$ wurden in Tabelle 116 die entsprechenden Größen $(x-1)^n$ berechnet. Diese findet man in der letzten Spalte. Multipliziert man mit den Koeffizienten a_n, die in derselben Zeile stehen, und summiert die Ergebnisse, so ergibt sich gemäß Gl. (6.259)

$$y(x) = \sum_{n=0}^{\infty} a_n (x-1)^n = 2{,}730694699 \approx 2{,}7306947,$$

was innerhalb der Rechengenauigkeit vollkommen mit dem exakten Wert übereinstimmt.

Ferner haben wir für

$$x - 1 = -0{,}6050318; \quad x = +0{,}394968200$$

unter Verwendung der Tabellen [648] gemäß Gl. (6.267):

$$u = 0{,}593227421; \quad e^{2(u-1)} = 0{,}443283765; \quad y(x) = 0{,}320304923.$$

Die Berechnung mit Hilfe der Reihe (6.259) liefert

$$y(x) = \sum_{n=0}^{15} a_n (x-1)^n = 0{,}320304918,$$

d. h. ein Ergebnis, das in acht Dezimalstellen exakt ist.

Übung 1: Man dupliziere Tabelle 116 und setze die Berechnung der Koeffizienten a_n bis n = 20 fort.

Übung 2: Aus den gefundenen a_n berechne man mit vier Dezimalstellen y(x) für x = 0; x = 0,5; x = 1,5; x = 2,0. Hierauf konstruiere man im Intervall [0; 2] das Schaubild von y = y(x).

Übung 3: Man bestimme mit fünf Dezimalstellen $y_1 = y(x_1)$ für $x = x_1 = 2$ und konstruiere hierauf mit Hilfe des gefundenen Wertes $a_0^* = y_1$ eine Reihe mit dem Zentrum in $x_1 = 2$, die die analytische Fortsetzung der Reihe (6.259) darstellt.

Hinweis: Die Koeffizienten a_n^* der Reihe $y(x) = \Sigma a_n^* (x-2)^n$ berechne man ebenfalls mit Hilfe der Rekursionsformeln (6.260) bis (6.265). Für γ_n sind nun aber die folgenden Werte zu nehmen:

$$\gamma_0^* = \gamma_1^* = 4; \quad \gamma_2^* = 1; \quad \gamma_n^* = 0 \text{ für } n \geqslant 3.$$

Dies gilt wegen

$$x^2 = [(x-2)+2]^2 = (x-2)^2 + 4(x-2) + 4.$$

Antwort: $a_0^* = 3{,}98379$; $a_1^* = 3{,}45473$; $a_2^* = 0{,}71054$; $a_3^* = -0{,}00855$; $a_4^* = 0{,}00140$; $a_5^* = -0{,}00032$; $a_6^* = 0{,}00009$; $a_7^* = -0{,}00003$; $a_8^* = 0{,}00001$.

Die Ausgangsgleichungen in den Beispielen 1 und 2 hatten eine ziemlich einfache Struktur. Wir betrachteten sie zum Zwecke einer Kontrolle der erhaltenen Resultate. Aber auch bei der Lösung von komplizierteren Gleichungen dieses Typs mit Hilfe von Potenzreihen entstehen keine neuen grundsätzlichen Schwierigkeiten. Nur der Arbeitsaufwand wird größer.

Beispiel 3: Wir lösen das Cauchysche Problem für die folgende inhomogene Gleichung dritter Ordnung, die nicht nach der höchsten Ableitung aufgelöst ist:

$$\begin{aligned} &y'''^4 - e^x y'^2 + (1+x^2)\,y = 8 + \tfrac{3}{4}x^2; \\ &y(0) = 1; \quad y'(0) = -\tfrac{1}{4}; \quad y''(0) = \tfrac{1}{10}. \end{aligned} \tag{6.268}$$

Lösung: Wir stellen die gesuchte und die gegebene Funktion als Reihen mit dem Zentrum in $x_0 = 0$ dar und erhalten

$$\begin{aligned} &y = \sum_{n=0}^{\infty} a_n x^n; \quad y'^2 = \sum_{n=0}^{\infty} \dot{a}_{n+1}^{(2)} x^n; \quad y''' = \sum_{n=0}^{\infty} \dddot{a}_{n+3} x^n; \\ &y'''^4 = \sum_{n=0}^{\infty} \dddot{a}_{n+3}^{(4)} x^n; \quad e^x = \sum_{n=0}^{\infty} \gamma_n x^n; \quad 8 + \frac{3}{4}x^2 = \sum_{n=0}^{\infty} \beta_n x^n, \end{aligned} \tag{6.269}$$

wobei

$$\gamma_n = \frac{1}{n!} = \frac{\gamma_{n-1}}{n}; \quad \beta_0 = 8; \quad \beta_1 = 0; \quad \beta_2 = \tfrac{3}{4}; \quad \beta_n = 0 \text{ für } n \geqslant 3.$$

Wir setzen nun diese Resultate in die Gl. (6.268) ein und berücksichtigen die Anfangsbedingungen. So erhalten wir auf dem üblichen Wege eine Rekursionsformel zur Bestimmung der gesuchten Koeffizienten a_n:

$$\dddot{a}_{n+3}^{(4)} = [\gamma_n \dot{a}_{n+1}^{(2)}] - (a_n + a_{n-2}) + \beta_n; \quad n \geqslant 0 \tag{6.270}$$

mit

$$a_0 = +1; \quad a_1 = -\tfrac{1}{4}; \quad a_2 = \frac{y''(0)}{2} = +\tfrac{1}{20}.$$

Bei Verwendung dieser Formel für $n = 0$ und $n = 1$ muß gelten

$$a_{-2} = a_{-1} = 0.$$

Die gesuchte Reihe ist nämlich eine Potenzreihe $y = \Sigma a_n x^n$ und keine Laurent-Reihe.

Die Gl. (6.270) erlaubt bei bekannten a_n, $\dot{a}_{n+1}$, γ_n die Bestimmung von $\dddot{a}^{(4)}_{n+3}$. Im Bereich der Koeffizienten ergibt sich daher die folgende einfache Aufgabe: Man bestimme $\dddot{a}_{n+3}$ aus dem bekannten Wert von $\dddot{a}^{(4)}_{n+3}$. Wir lösen diese Aufgabe in zwei Schritte: Bei bekanntem $\dddot{a}^{(4)}_{n+3}$ finden wir $\dddot{a}^{(2)}_{n+3}$ und aus diesem Wert bestimmen wir $\dddot{a}_{n+3}$.

Sobald $\dddot{a}_{n+3}$ gefunden ist, berechnen wir die zur Fortsetzung des Rekursionsverfahrens notwendigen Größen $\dot{a}_{n+3}$ und a_{n+3} nach den Gleichungen

$$\dot{a}_{n+3} = \frac{\dddot{a}_{n+3}}{(n+1)(n+2)}; \quad a_{n+3} = \frac{\dddot{a}_{n+3}}{(n+1)(n+2)(n+3)} = \frac{\dot{a}_{n+3}}{n+3}. \tag{6.271}$$

Dabei berechnet man am besten zuerst den Koeffizienten der Reihe der ersten Ableitung $\dot{a}_{n+3}$ und dann erst a_{n+3}, indem man zusätzlich durch $n + 3$ dividiert. Dies vermindert nicht nur den Rechenaufwand im Vergleich zu der weiteren Möglichkeit

$$a_{n+3} = \frac{\dddot{a}_{n+3}}{(n+1)(n+2)(n+3)}; \quad \dot{a}_{n+3} = (n+3)\, a_{n+3},$$

sondern erhöht auch die Genauigkeit (ohne auf mehr bedeutsame Ziffern zu führen), da die Multiplikation von Näherungszahlen mit einer exakten Zahl den Fehler im Ergebnis vergrößert, die Division aber vermindert.

Wir kommen nun zur Herleitung der Gleichung für die Bestimmung der $\dddot{a}_{n+3}$. Dazu schreiben wir in ausführlicher Form

$$\dddot{a}^{(2)}_{n+3} = \dddot{a}_3\, \dddot{a}_{n+3} + \dddot{a}_4\, \dddot{a}_{n+2} + \dddot{a}_5\, \dddot{a}_{n+1} + \ldots + \dddot{a}_{n+2}\, \dddot{a}_4 + \dddot{a}_{n+3}\, \dddot{a}_3$$

und erhalten daraus die erste benötigte Gleichung

$$\dddot{a}_{n+3} = \frac{1}{2\dddot{a}_3} \{ \dddot{a}^{(2)}_{n+3} - [\dddot{a}_4\, \dddot{a}_{n+2}]_1^* \}; \quad n \geqslant 1; \quad \dddot{a}_3 = \sqrt{\dddot{a}^{(2)}_3}, \tag{6.272}$$

mit

$$[\dddot{a}_4\, \dddot{a}_{n+2}]_1^* = \dddot{a}_4\, \dddot{a}_{n+2} + \dddot{a}_5\, \dddot{a}_{n+1} + \ldots + \dddot{a}_{n+2}\, \dddot{a}_4 \tag{6.272'}$$

Insbesondere haben wir für $n = 1$ und $n = 2$

$$[\dddot{a}_4\, \dddot{a}_{n+2}]_1^* \equiv 0 \quad \text{und} \quad [\dddot{a}_4\, \dddot{a}_{n+2}]_1^* = \{\dddot{a}_4\}^2 = \dddot{a}_4^2.$$

Wir ersetzen nun in Gl. (6.272) $\dddot{a}_n$ durch $\dddot{a}_n^{(2)}$ und $\dddot{a}_n^{(2)}$ durch $\dddot{a}_n^{(4)}$. So erhalten wir die vollkommen analoge Gleichung

$$\dddot{a}^{(2)}_{n+3} = \frac{1}{2\dddot{a}_3^{(2)}} \{ \dddot{a}^{(4)}_{n+3} - [\dddot{a}_4^{(2)}\, \dddot{a}^{(2)}_{n+2}]_1^* \}; \quad n \geqslant 1; \quad \dddot{a}_3^{(2)} = \sqrt{\dddot{a}_3^{(4)}}, \tag{6.273}$$

mit

$$[\dddot{a}_4^{(2)}\, \dddot{a}^{(2)}_{n+2}]_1^* = \dddot{a}_4^{(2)}\, \dddot{a}^{(2)}_{n+2} + \dddot{a}_5^{(2)}\, \dddot{a}^{(2)}_{n+1} + \ldots + \dddot{a}^{(2)}_{n+2}\, \dddot{a}_4^{(2)}. \tag{6.273'}$$

Tabelle 117

$$y'''^4 - e^x y'^2 + (1 + x^2)\,y = 8 + \frac{3}{4}x^2;\quad y(0) = 1;\quad y'(0) = -\frac{1}{4};\quad y''(0) = \frac{1}{10};\quad y = \Sigma a_n x^n;\quad e^x = \Sigma \gamma_n x^n;\quad \gamma_n = \frac{1}{n!};\quad 8 + \frac{3}{4}x^2 = \Sigma \beta_n x^n$$

$$\dddot{a}^{(4)}_{n+3} = [\gamma_n \dot{a}^{(2)}_{n+1}] - (a_n + a_{n-2}) + \beta_n;\quad \dddot{a}^{(2)}_{n+3} = \frac{1}{2\dddot{a}^{(2)}_3}\{\dddot{a}^{(4)}_{n+3} - [\dddot{a}^{(2)}_4 \dddot{a}^{(2)}_{n+2}]^*_1\};\quad \dddot{a}_{n+3} = \frac{1}{2\dddot{a}_3}\{\dddot{a}^{(2)}_{n+3} - [\dddot{a}_4 \dddot{a}_{n+2}]^*_1\};\quad n \geq 1$$

$2\dddot{a}_3 = 3{,}2603904$; $2\dddot{a}^{(2)}_3 = 5{,}3150730$; $\dddot{a}^{(2)}_3 = \sqrt{\dddot{a}^{(4)}_3}$; $\dddot{a}_3 = \sqrt{\dddot{a}^{(2)}_3}$

$\dot{a}_{n+3} = \frac{\dddot{a}_{n+3}}{(n+1)(n+2)}$; $a_{n+3} = \frac{\dot{a}_{n+3}}{n+3}$; $\gamma_n = \frac{1}{n!} = \frac{\gamma_{n-1}}{n}$

n	a_n	$\dddot{a}_{n+3}$	$\dddot{a}^{(2)}_{n+3}$	$\dddot{a}^{(4)}_{n+3}$	$[\dddot{a}^{(2)}_4 \dddot{a}^{(2)}_{n+2}]^*_1$	$[\dddot{a}_4 \dddot{a}_{n+2}]^*_1$	$(n+1)(n+2)$	$\dot{a}_{n+1}$	$\dot{a}^{(2)}_{n+1}$	γ_n	$[\gamma_n \dot{a}^{(2)}_{n+1}]$	β_n	n
0	+ 1,0000000	+ 1,6301952	+ 2,6575365	+ 7,0625000			2	- 0,2500000	+ 0,0625000	1,0000000	+ 0,0625000	8,00	0
		*	- * -										
1	- 0,2500000	+ 0,0151478	+ 0,0493878	+ 0,2625000	0	0	6	+ 0,1000000	- 0,0500000	1,0000000	+ 0,0125000	0	1
2	+ 0,0500000	- 0,0415459	- 0,1352264	- 0,7162988	+ 0,0024392	+ 0,0002295	12	+ 0,8150976	- 0,3975488	0,5000000	- 0,4162988	0,75	2
3	+ 0,2716992	- 0,0145435	- 0,0486761	- 0,2720741	- 0,0133571	- 0,0012587	20	+ 0,0025246	+ 0,1617572	0,1666667	- 0,2503749	0	3
4	+ 0,0006312	+ 0,0319075	+ 0,1053164	+ 0,5732425	+ 0,0134782	+ 0,0012855	30	- 0,0034622	+ 0,6666201	0,0416667	+ 0,6238737	0	4
5	- 0,0006924	+ 0,0217742	+ 0,0731675	+ 0,4124580	+ 0,0235673	+ 0,0021751	42	- 0,0007272	+ 0,0037868	0,0083333	+ 0,6834648	0	5
6	- 0,0001212	+ 0,0212753	+ 0,0675858	+ 0,3403371	- 0,0188866	- 0,0017801	56	+ 0,0010636	- 0,0063149	0,0013889	+ 0,3408471	0	6
7	+ 0,0001519	+ 0,0083000	+ 0,0249683	+ 0,1093429	- 0,0233653	- 0,0020928	72	+ 0,0005184	- 0,0012494	0,0001984	+ 0,1088024	0	7
8	+ 0 0000648	+ 0,0025598	+ 0,0072142	+ 0,0264999	- 0,0118440	- 0,0011316	90	+ 0,0003799	+ 0,0016559	0,0000248	+ 0,0264435	0	8
9	+ 0,0000422	+ 0,0001663	+ 0,0007007	+ 0,0065161	+ 0,0027917	+ 0,0001586	110	+ 0,0001153	+ 0,0008738	0,0000028	+ 0,0067102	0	9
10	+ 0,0000115	- 0,0011465	- 0,0023554	+ 0,0027576	+ 0,0152767	+ 0,0013827	132	+ 0,0000284	+ 0,0006240	0,0000003	+ 0,0028339	0	10
11	- 0,0000026	- 0,0011307	- 0,0023532	+ 0,0015175	+ 0,0140248	+ 0,0013332	156	+ 0,0000015	+ 0,0001897	0,0000000	+ 0,0015623	0	11
12	+ 0,0000001	- 0,0008551	- 0,0017544	+ 0,0007525	+ 0,0100775	+ 0,0010336	182	- 0,0000087	+ 0,0000493	0,0000000	+ 0,0007641	0	12
13	- 0,0000007	- 0,0004637	- 0,0009353	+ 0,0002997	+ 0,0052707	+ 0,0005767	210	- 0,0000072	+ 0,0000042	0,0000000	+ 0,0003016	0	13
14	- 0,0000005							- 0,0000047					14
15	- 0,0000003							- 0,0000022					15
16	- 0,0000001												16

In Tabelle 117 sind alle Rechnungen angegeben, die zur Bestimmung der Koeffizienten a_n mit sieben Dezimalstellen notwendig sind. Die Erklärung beschränken wir auf die folgenden Bemerkungen. Als erstes berechnen wir in Tabelle 117 die Spalten $(n+1)(n+2)$ und $\gamma_n = \gamma_{n-1}/n$. Auch tragen wir die Größen β_n und a_0, a_1, a_2 ein, die aus den Anfangsbedingungen bekannt sind.

Für $n = 0$ finden wir ferner bei bekanntem a_1

$$\dot{a}_1 = a_1 = -0{,}25;\quad \dot{a}_1^{(2)} = \{\dot{a}_1\}^2 = +0{,}0625;\quad [\gamma_n \dot{a}_{n+1}^{(2)}] = \gamma_0 \dot{a}_1^{(2)} = +0{,}0625,$$

was gemäß Gl. (6.270) die Berechnung von

$$\ddot{a}_3^{(4)} = +0{,}0625 - 1{,}0000 + 8{,}0000 = +7{,}0625 \text{ (wegen } a_{-2} = 0)$$

erlaubt. Hierauf finden wir[1])

$$\ddot{a}_3^{(2)} = \sqrt{7{,}0625} = +2{,}6575365;\quad \ddot{a}_3 = \sqrt{\ddot{a}_3^{(2)}} = +1{,}6301952.$$

Aus dem bekannten Wert $\ddot{a}_3$ bestimmen wir nach Gl. (6.271)

$$\dot{a}_3 = \frac{1{,}6301952}{2} = 0{,}8150976;\quad a_3 = \frac{0{,}8150976}{3} = 0{,}2716992.$$

Damit sind alle Rechnungen für $n = 0$ beendet.

Für $n = 1$ bestimmen wir vorerst

$$\dot{a}_2 = 2a_2 = +0{,}1;\quad \dot{a}_2^{(2)} = 2\dot{a}_1\dot{a}_2 = -0{,}05;$$

$$[\gamma_n \dot{a}_{n+1}^{(2)}] = \gamma_0 \dot{a}_2^{(2)} + \gamma_1 \dot{a}_1^{(2)} = +0{,}0125.$$

Mit Berücksichtigung von $a_1 = -0{,}25$; $a_{-1} = 0$ und $\beta_1 = 0$ finden wir nach Gl. (6.270)

$$\ddot{a}_4^{(4)} = 0{,}0125 + 0{,}2500 = +0{,}2625.$$

Aus den Gln. (2.272) und (6.273) berechnen wir hierauf, da für $n = 1$ die Größen $[\ddot{a}_4^{(2)} \ddot{a}_{n+2}^{(2)}]_1^* = [\ddot{a}_4 \ddot{a}_{n+2}]_1^* = 0$ verschwinden,

$$\ddot{a}_4^{(2)} = \frac{0{,}2625000}{5{,}3150730} = +0{,}0493878;\quad \ddot{a}_4 = \frac{0{,}0493878}{3{,}2603904} = +0{,}0151478.$$

Wir dividieren nun den gefundenen Wert $\ddot{a}_4$ durch $(n+1)(n+2) = 6$, der in derselben Zeile für $n = 1$ steht, und erhalten gemäß Gl. (6.271)

$$a_4 = \frac{0{,}0151478}{6} = +0{,}0025246;\quad a_4 = \frac{0{,}0025246}{4} = +0{,}0006312.$$

Diese Werte tragen wir in Tabelle 117 in die Zeilen $n = 3$ (d. h. für $n + 1 = 4$) und $n = 4$ ein.

---

[1]) Neben dem positiven Wurzelwert muß man auch den negativen heranziehen. Der Leser möge dies als Übung ausführen.

Für n = 2 bestimmen wir vollkommen analog

$$\dot{a}_3^{(2)} = 2\dot{a}_1\dot{a}_3 + \dot{a}_2^2 = -0{,}3975488; \quad [\gamma_n \dot{a}_{n+1}^{(2)}] = \gamma_0 \dot{a}_3^{(2)} + \gamma_1 \dot{a}_2^{(2)} + \gamma_2 \dot{a}_1^{(2)} = -0{,}4162988;$$

$$\ddot{a}_5^{(4)} = -0{,}4162988 - (0{,}0500000 + 1{,}0000000) + 0{,}7500000 = -0{,}7162988$$

und finden darüber hinaus nach den Gln. (6.272′) und (6.273′)

$$[\ddot{a}_4^{(2)} \ddot{a}_{n+2}^{(2)}]_1^* = \{\ddot{a}_4^{(2)}\}^2 = (0{,}0493878)^2 = +0{,}0024392;$$

$$[\ddot{a}_4 \ddot{a}_{n+2}]_1^* = \{\ddot{a}_4\}^2 = (0{,}0151478)^2 = +0{,}0002295.$$

Hierauf berechnen wir nach den Gln. (6.272) und (6.273)

$$\ddot{a}_5^{(2)} = \frac{-0{,}7162988 - 0{,}0024392}{5{,}3150730} = -0{,}1352264;$$

$$\ddot{a}_5 = \frac{-0{,}1352264 - 0{,}0002295}{3{,}2603904} = -0{,}0415459.$$

Diese Werte tragen wir in den entsprechenden Spalten in die Zeile n = 2 (d. h. n + 3 = 5) ein.

Alle weiteren Rechnungen sind aus Tabelle 117 ersichtlich, wo wir zur Vermeidung von Irrtümern die Größen $\ddot{a}_4$ und $\ddot{a}_4^{(2)}$ durch das Zeichen – * – getrennt haben. Mit diesen Größen beginnt die Rechnung nach den Gln. (6.272′) und (6.273′). Die Größen $[\ddot{a}_4 \ddot{a}_{n+2}]_1^*$ (sowie die Größen $[\ddot{a}_4^{(2)} \ddot{a}_{n+2}^{(2)}]_1^*$, die wir zur besseren Veranschaulichung der Ergebnisse und um dem Leser beim Nachvollzug dieses Beispiels eine Kontrolle zu ermöglichen, ebenfalls angeführt werden) müßten in die Tabelle nicht aufgenommen werden. Hat man nämlich ihren Wert gefunden, so gewinnt man mit Hilfe der bereits berechneten Größen $\dddot{a}_{n+3}^{(2)}$ unmittelbar

$$-\{[\ddot{a}_4 \ddot{a}_{n+2}]_1^* - \dddot{a}_{n+3}^{(2)}\}.$$

Nach Division durch $2\ddot{a}_3 = 3{,}2603904$ (dieser Wert ist am Tabellenkopf angegeben) finden wir $\dddot{a}_{n+3}$.

Die Größen

$$\dot{a}_{n+1}^{(2)} = \dot{a}_1 \dot{a}_{n+1} + \dot{a}_2 \dot{a}_n + \ldots + \dot{a}_{n+1} \dot{a}_1,$$

$$[\gamma_n \dot{a}_{n+1}^{(2)}] = \gamma_0 \dot{a}_{n+1}^{(2)} + \gamma_1 \dot{a}_n^{(2)} + \ldots + \gamma_n \dot{a}_1^{(2)}$$

berechnen wir in einem Zuge. Die Vorgangsweise ist in Abschnitt 6 von Kapitel 1 beschrieben.

Übung 4: Man löse das Cauchysche Problem

$$y'''^4 - e^x y'^2 + \left(1 + \frac{1}{x^2}\right) y = 8 + \tfrac{3}{4} x^2; \quad y(0) = 1; \quad y(0) = -\tfrac{1}{4}; \quad y(0) = \tfrac{1}{10}$$

und berechne nach dem Muster von Tabelle 117 alle Koeffizienten a_n mit sechs Dezimalstellen.

Hinweis: Alle Rechengleichungen lauten gleich wie in Beispiel 3, ausgenommen Gl. (6.270), die jetzt durch

$$\dddot{a}^{(4)}_{n+3} = [\gamma_n \dot{a}^{(2)}_{n+1}] - (a_n + a_{n+2}) + \beta_n; \quad n \geqslant 0$$

zu ersetzen ist.

Antwort: $a_3 = +0{,}271217$; $a_4 = -0{,}000021$; $a_5 = +0{,}000275$; $a_6 = -0{,}000251$; $a_7 = +0{,}000170$; $a_8 = 0{,}000119$; $a_9 = +0{,}000036$; $a_{10} = +0{,}000010$; $a_{11} = +0{,}000002$.

Im allgemeinen Fall kann eine nicht nach der höchsten Ableitung aufgelöste Gleichung im Bereich der Koeffizienten auf kompliziertere Probleme führen. Wir betrachten zum Beispiel die Bestimmung der a_n aus den bekannten Werten von $a^{(3)}_n$ und allen vorhergehenden $a_{n-1}, a_{n-2}, \ldots, a_0 = \sqrt[3]{a^{(3)}_0}$.

Zu diesem Zweck schreiben wir die gegebenen Größen ausführlich als:

$$\begin{aligned} a^{(3)}_n &= a_0 a^{(2)}_n + a_1 a^{(2)}_{n-1} + \ldots + a_{n-1} a^{(2)}_1 + a_n a^{(2)}_0 \\ &= a_0 a^{(2)}_n + a_n a^{(2)}_0 + [a_1 a^{(2)}_{n-1}]^*_1; \quad n \geqslant 1; \quad a^{(3)}_0 = \{a_0\}^3. \end{aligned} \tag{6.274}$$

Unbekannt sind in Gl. (6.274) nur die Größen a_n und $a^{(2)}_n$. Für $a^{(2)}_n$ haben wir jedoch andererseits

$$a^{(2)}_n = a_0 a_n + a_1 a_{n-1} + \ldots + a_{n-1} a_1 + a_n a_0 = 2a_0 a_n + [a_1 a_{n-1}]^*_1.$$

Durch Einsetzen in Gl. (6.274) finden wir daher

$$a^{(3)}_n = 3a_0^2 a_n + a_0 [a_1 a_{n-1}]^*_1 + [a_1 a^{(2)}_{n-1}]^*_1. \tag{6.275}$$

Daraus ergibt sich die gesuchte Gleichung

$$a_n = \frac{a^{(3)}_n - a_0 [a_1 a_{n-1}]^*_1 - [a_1 a^{(2)}_{n-1}]^*_1}{3a_0^2}; \quad n \geqslant 1; \quad a_0 = \sqrt[3]{a^{(3)}_0}. \tag{6.276}$$

Wir substituieren nun in Gl. (6.276) in der folgenden Art:

$$a_n \to \dot{a}_{n+1} \to \ddot{a}_{n+2} \to \dddot{a}_{n+3} \to \ldots$$

und erhalten eine analoge Gleichung zur Bestimmung von $\dot{a}_{n+1}, \ddot{a}_{n+2}, \dddot{a}_{n+3}, \ldots$ aus den bekannten Größen $\dot{a}^{(3)}_{n+1}, \ddot{a}^{(3)}_{n+2}, \dddot{a}^{(3)}_{n+3}, \ldots$.

Auf demselben Wege löst man auch die analoge Aufgabe für $a^{(m)}_n$ bei beliebigem ganzzahligen und positiven m.

Zum Abschluß bemerken wir noch, daß man bei der Untersuchung von Gleichungen, die nicht nach der höchsten Ableitung aufgelöst sind, durch Differentiation zu einer Gleichung höherer Ordnung übergehen kann, die man leicht nach der höchsten Ableitung auflösen kann. Die Erhöhung der Ordnung bringt bei Verwendung von Potenzreihen keine Schwierigkeiten mit sich. Auch dadurch unterscheidet sich diese Methode von anderen Methoden.

49. Die Untersuchung der Lösung in der Umgebung eines Pols und eines wesentlich singulären Punktes. Potenzreihen im komplexen Bereich

Bei der Lösung von Differentialgleichungen mit Hilfe von Potenzreihen bildet die erhaltene Reihe nur ein Element der gesuchten Lösung, das im Konvergenzbereich dieser Reihe definiert ist. Der Konvergenzbereich einer Potenzreihe ist ein Kreis, dessen Rand mindestens einen singulären Punkt der Lösung der Ausgangsgleichung enthält. Zur Erweiterung der erhaltenen Ergebnisse auf die gesamte komplexe Ebene untersuchen wir zuerst den Verlauf der Lösung in der Umgebung eines Pols oder eines wesentlich singulären Punktes. Solche Punkte sind in der Praxis sehr häufig. Zu diesem Zweck betrachten wir zwei charakteristische Beispiele, in denen die gesuchte Funktion $w = u + iv$ und das Argument $z = x + iy$ komplexe Größen sind.

Beispiel 1: Wir bestimmen zwei Pole des Cauchyschen Problems für die Riccatische Gleichung

$$w' = \frac{2zw\,[2-(1+z)w]}{1+z} - \frac{1+2z}{(1+z)^2}; \quad z_0 = 0; \quad w(z_0) = \tfrac{3}{2}. \tag{6.277}$$

Lösung: Wir schreiben für die gesuchte Funktion:

$$(1+z)w' = 4zw - 2z(1+z)w^2 + \gamma(z); \quad \gamma(z) = -\frac{1+2z}{1+z} = \Sigma\gamma_n z^n. \tag{6.278}$$

Zur Bestimmung der Koeffizienten der Lösung

$$w = \Sigma a_n z^n; \quad z_0 = 0; \quad w(0) = \tfrac{3}{2} \tag{6.279}$$

erhalten wir die Rekursionsformel

$$\dot{a}_{n+1} + \dot{a}_n = 4a_{n-1} - 2\,\{a_{n-1}^{(2)} + a_{n-2}^{(2)}\} + \gamma_n$$

oder

$$\dot{a}_{n+1} = 4a_{n-1} - 2\,\{a_{n-1}^{(2)} + a_{n-2}^{(2)}\} - \dot{a}_n + \gamma_n; \quad a_{n+1} = \frac{\dot{a}_{n+1}}{n+1}, \tag{6.280}$$

mit

$$a_{-2} = a_{-1} = 0; \quad a_0 = \tfrac{3}{2}; \quad \gamma_0 = -1; \quad \gamma_n = (-1)^n \text{ für } n \geqslant 1.$$

Die Koeffizienten γ_n für die gegebene Funktion

$$\gamma(z) = -\frac{1+2z}{1+z} = -2 + \frac{1}{1+z} = -2 + (1 - z + z^2 - z^3 + \ldots) = \Sigma\gamma_n z^n$$

finden wir, wenn wir diese Funktion als Reihe mit dem Zentrum $z_0 = 0$ darstellen.

Für $n = 0$ haben wir

$$a_{-1} = 0; \quad a_{-1}^{(2)} = a_{-2}^{(2)} = 0; \quad \dot{a}_0 = 0 \ (\text{da } \dot{a}_n = na_n); \quad \gamma_0 = -1.$$

Gemäß Gl. (6.280) finden wir dann

$$\dot{a}_1 = \gamma_0 = -1; \quad a_1 = \dot{a}_1 .$$

Für n = 1 haben wir

$$a_0 = \tfrac{3}{2}; \quad a_0^{(2)} = \{a_0\}^2 = \tfrac{9}{4}; \quad a_{-1}^{(2)} = 0; \quad \dot{a}_1 = -1; \quad \gamma_1 = -1$$

und damit

$$\dot{a}_2 = 4 \cdot \tfrac{3}{2} - 2 \cdot \tfrac{9}{4} + 1 - 1 = \tfrac{3}{2}; \quad a_2 = \frac{\dot{a}_2}{2} = \tfrac{3}{4}.$$

Die Berechnung der übrigen Koeffizienten $\dot{a}_n$ und a_n (bis n = 12) ist aus Tabelle 118 ersichtlich, in der auch alle notwendigen Angaben zu finden sind. Wir berechnen dabei zuerst aus dem bekannten Wert a_n die Größen $a_n^{(2)} = [a_n a_n]$ und $\dot{a}_{n+1}$. Wenn wir hierauf $\dot{a}_{n+1}$ durch seinen Index dividieren, erhalten wir a_{n+1}.

Tabelle 118

$$\dot{a}_{n+1} = 4a_{n-1} - 2\{a_{n-1}^{(2)} + a_{n-2}^{(2)}\} - \dot{a}_n + \gamma_n; \quad a_{n+1} \frac{\dot{a}_{n+1}}{n+1}$$

n	a_n	$a_n^{(2)}$	$\dot{a}_n$	γ_n	$b_n = a_n - (-1)^n$
0	+ 1,5000000	+ 2,2500000	0	− 1	+ 0,5000000
1	− 1,0000000	− 3,0000000	− 1,0000000	− 1	0
2	+ 0,7500000	+ 3,2500000	+ 1,5000000	+ 1	− 0,2500000
3	− 1,0000000	− 4,5000000	− 3,0000000	− 1	0
4	+ 1,1250000	+ 5,9375000	+ 4,5000000	+ 1	+ 0,1250000
5	− 1,0000000	− 6,7500000	− 5,0000000	− 1	0
6	+ 0,9375000	+ 7,5000000	+ 5,6250000	+ 1	− 0,0625000
7	− 1,0000000	− 8,6250000	− 7,0000000	− 1	0
8	+ 1,0312500	+ 9,7656250	+ 8,2500000	+ 1	+ 0,0312500
9	− 1,0000000	− 10,6875000	− 9,0000000	− 1	0
10	+ 0,9843750	+ 11,6093750	+ 9,8437500	+ 1	− 0,0156250
11	− 1,0000000		− 11,0000000	− 1	0
12	+ 1,0078125		+ 12,0937500		+ 0,0078125

Eine Analyse der Ergebnisse zeigt, daß für alle Koeffizienten mit ungeradem Index gilt

$$a_n = a_{2\nu+1} = -1; \quad \nu = 0, 1, 2, \ldots$$

Alle Koeffizienten mit geradem Index streben mit wachsendem n gegen k + 1. Wir trennen daher zweckmäßigerweise von der Lösung (6.279) die Reihe

$$\frac{1}{1+z} = 1 - z + z^2 - z^3 + \ldots$$

ab und erhalten

$$w = \sum_{n=0}^{\infty} a_n z^n = \sum_{n=0}^{\infty} (-1)^n z^n + \sum_{n=0}^{\infty} b_n z^n, \tag{6.281}$$

wobei die Koeffizienten b_n durch die Gleichung

$$b_n = a_n - (-1)^n$$

gegeben sind. Ihre Werte findet man in der letzten Spalte von Tabelle 118.

Wegen

$$b_{2\nu+1} = 0; \quad b_{2\nu} = \frac{(-1)^\nu}{2^{\nu+1}}; \quad \nu = 0, 1, 2, \ldots,$$

können wir beide erhaltenen Reihen summieren und die Lösung der Gl. (6.277) in geschlossener Form darstellen:

$$w = \frac{1}{1+z} + \frac{1}{2+z^2}. \tag{6.282}$$

Wir setzen nun diesen Wert in Gl. (6.277) ein und können uns davon überzeugen, daß sowohl die Differentialgleichung als auch die Anfangsbedingungen $w(0) = 3/2$ erfüllt sind.

Die gesuchte Lösung besitzt demnach drei Pole

$$z = -1, \quad z = \pm\sqrt{2}i.$$

Der Konvergenzradius der Reihe (6.279) ist daher gleich 1.

Die Gl. (6.282), die wir ausgehend von der Reihe (6.279) gefunden haben, löst die gestellte Aufgabe vollständig. In der Praxis findet man die Summe der erhaltenen Reihe explizit jedoch nur sehr selten. Wir lösen daher die gestellte Aufgabe unter Umgehung einer Summierung der Reihe (6.279). Wir verwenden dagegen die analytische Fortsetzung und gehen darüber hinaus zur inversen Funktion über, was man übrigens im Falle einer beliebigen Reihe tun kann, ob deren Summe explizit bekannt ist oder nicht.

Die Reihe (6.279) stellt nur jenen Teil der Lösung der Gl. (6.277) dar, der im Kreis mit dem Zentrum $z_0 = 0$ definiert ist. Der Kreis verläuft durch den z_0 am nächsten liegenden singulären Punkt $z = -1$. Die Lösung läßt sich jedoch analytisch auf ihren gesamten Definitionsbereich fortsetzen. Der Definitionsbereich besteht aus der gesamten komplexen Ebene mit Ausnahme geeigneter kleiner Umgebungen der isolierten singulären Punkte.[1]

Zur analytischen Fortsetzung des Ausgangselements Gl. (6.279) müssen wir nur für das neue Zentrum z_0 den Funktionswert $w(z_0) = w_0$ berechnen und, wenn nötig,

[1] Es kann auch vorkommen, daß der Rand des Konvergenzkreises eine in ihm dichte Menge von singulären Punkten enthält. Die Ausgangsreihe läßt sich dann nicht analytisch fortsetzen. Solche Ausnahmefälle schließen wir jedoch aus unserer Untersuchung aus.

die Rekursionsformel (6.280) umformen. Als neues Zentrum z_0 kann man an sich jeden beliebigen Punkt der komplexen Ebenen nehmen, der im Inneren des Konvergenzkreises der Reihe (6.279) liegt. Jedoch führt nicht jede beliebige Wahl von z_0 zu einer Erweiterung des Konvergenzbereiches der Ausgangsreihe. Wir müssen daher eine Reihe von Versuchen unternehmen und dadurch eine Folge von Zentren $z_0^{I}, z_0^{II}, z_0^{III}, \ldots$ konstruieren, die dem gewünschten Zweck entspricht.

Als ersten Versuch wählen wir

$$z_0 = z_0^{(I)} = +\tfrac{1}{2}.$$

Wir führen hierauf in Gl. (6.278) die unabhängige Veränderliche

$$z = t + z_0^{(I)} = t + \tfrac{1}{2};\quad \frac{dw}{dz} = \frac{dw}{dt}\cdot\frac{dt}{dz} = \frac{dw}{dt};\quad \frac{dt}{dz} = 1 \tag{6.283}$$

ein und gelangen dadurch zur Gleichung

$$(\tfrac{3}{2} + t)\, w_t' = 4\,(\tfrac{1}{2} + t)\, w - 2\,(\tfrac{1}{2} + t)(\tfrac{3}{2} + t)\, w^2 - \frac{1 + 2\,(\tfrac{1}{2} + t)}{\tfrac{3}{2} + 1};\quad w_t' = \frac{dw}{dt}$$

oder nach einigen Umformungen zu

$$(\tfrac{3}{2} + t)\, w_t' = 4\,(\tfrac{1}{2} + t)\, w - (\tfrac{3}{2} + 4t + 2t^2)\, w^2 + \gamma^*(t), \tag{6.284}$$

wobei

$$\gamma^*(t) = \Sigma\gamma_n^* t^n = -\frac{2 + 2t}{\tfrac{3}{2} + t} = -2 + \frac{\tfrac{2}{3}}{1 + \tfrac{2}{3}\,t}$$
$$= -2 + \tfrac{2}{3}\,\{1 - \tfrac{2}{3}\,t + (\tfrac{2}{3}\,t)^2 - (\tfrac{2}{3}\,t)^3 + \ldots\}.$$

Die Koeffizienten $a_n = a_n^*$ der Reihe I

$$w = \Sigma a_n^* t^n = \Sigma a_n^* (z - \tfrac{1}{2})^n;\quad a_0^* = w(z_0^{(I)}) \tag{6.285}$$

bestimmt man daher aus der Rekursionsformel

$$\tfrac{3}{2}\,\dot{a}_{n+1} + a_n = 2a_n + 4a_{n-1} - \{\tfrac{3}{2}\,\dot{a}_n^{(2)} + 4a_{n-1}^{(2)} + 2a_{n-2}^{(2)}\} + \gamma_n^*;\quad a_n = a_n^*$$

oder

$$1{,}5\dot{a}_{n+1} = (4a_{n-1} + 2a_n) - \{1{,}5a_n^{(2)} + 4a_{n-1}^{(2)} + 2a_{n-2}^{(2)}\} - \dot{a}_n + \gamma_n^*, \tag{6.286}$$

wobei

$$a_{-2}^* = a_{-1}^* = 0;\quad a_0^* = w(z_0^{(I)});\quad \gamma_0^* = -\tfrac{4}{3};\quad \gamma_1^* = -\tfrac{4}{9};\quad \gamma_{n+1}^* = -\tfrac{2}{3}\,\gamma_n^*.$$

In der ersten Hälfte der Tabelle 119 wurden nach Gl. (6.286) mit sieben Dezimalstellen 17 Koeffizienten $a_n = a_n^*$ der Reihe I berechnet. Den Wert $a_0^* = 10/9 = 1{,}1111111\ldots$, der für den Beginn des Rekursionsverfahrens (6.286) benötigt wird, bestimmen wir mit Hilfe der Ausgangsreihe (6.279)

$$w = \sum_{n=0}^{\infty} a_n z^n,$$

indem wir darin $z = z_0^{(I)} = 1/2$ setzen. Zur Gewährleistung der geforderten Genauigkeit muß man dazu in Tabelle 118 die Berechnung der Koeffizienten a_n bis $n = 24$ verlängern. Zur Kontrolle der gefundenen Koeffizienten a_n^* der Reihe I bestimmen wir $w(t)$ für $t = -0{,}5$, d. h. für $z = t + 0{,}5 = 0$ und erhalten

$$w(t)|_{t=-0,5} = w(z)|_{z=0} = 1{,}5000000,$$

was im Bereich der Rechengenauigkeit vollkommen mit dem Ausgangswert Gl. (6.277)

$$w(z)|_{z=0} = w(z_0) = \tfrac{3}{2}$$

übereinstimmt.

Wir berechnen ferner mit Hilfe der Reihe I mit denselben Koeffizienten a_n^* den Wert $w(t)$ für $t = +0{,}5$, d. h. für $z = t + 0{,}5 = 1$, und erhalten den neuen Anfangswert

$$w(z)|_{z=z_0=1} = w(z_0^{(II)}) = 0{,}8333333,$$

der die Reihe II mit dem Zentrum $z_0 = z_0^{(II)} = +1$ definiert:

$$w = \Sigma a_n^{**} \tau^n = \Sigma a_n^{**} (z-1)^n; \quad \tau = z - 1; \quad a_0^{**} = w(z_0^{(II)}) = 0{,}8333333. \qquad (6.287)$$

Es handelt sich dabei um die analytische Fortsetzung der Reihe I (Bild 58).

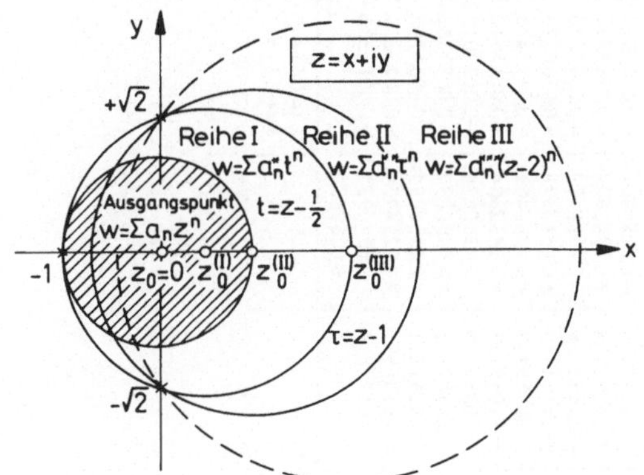

Bild 58

Die Rekursionsformel zur Bestimmung der Koeffizienten $a_n = a_n^{**}$ der Reihe II lautet

$$\dot{a}_{n+1} = 2(a_n + a_{n-1}) - \{2a_n^{(2)} + 3a_{n-1}^{(2)} + a_{n-2}^{(2)}\} - \tfrac{1}{2}\,\dot{a}_n + \tfrac{1}{2}\,\gamma_n^{**}, \qquad (6.288)$$

Tabelle 119

$w = \Sigma a_n^* t^n;\ t = z + 0{,}5;\ z_0 = z_0^{I} = +0{,}5;\ a_n = a_n^*$							$w = \Sigma a_n^{**} \tau^n;\ \tau = z + 1;\ z_0 = z_0^{II} = +1;\ a_n = a_n^{**}$					
$1{,}5\dot a_{n+1} = (4a_{n-1} + 2a_n) - \{1{,}5a_n^{(2)} + 4a_{n-1}^{(2)} + 2a_{n-2}^{(2)}\} - \dot a_n + \gamma_n^*;\ a_n = \frac{\dot a_n}{n}$							$\dot a_{n+1} = 2(a_n + a_{n-1}) - \{2a_n^{(2)} + 3a_{n-1}^{(2)} + a_{n-2}^{(2)}\} - \frac{1}{2}\dot a_n + \frac{1}{2}\gamma_n^{**};\ \gamma_{n+1}^{**} = -\frac{1}{2}\gamma_n^{**}$					
n	$a_n = a_n^*$	$a_n^{(2)}$	$\dot a_n$	γ_n^*	t^n	t^n	$a_n = a_n^{**}$	$a_n^{(2)}$	$\dot a_n$	$\frac{1}{2}\gamma_n^{**}$	τ^n	n
- 2	–	0	–	–	–	–	–	0	–	–	–	- 2
- 1	0	0	–	–	–	–	0	0	–	–	–	- 1
0	+ 1,1111111	+ 1,2345679	0	- 1,3333333	+ 1,0000000	+ 1	+ 0,8333333	+ 0,6944444	0	- 0,75000000	+ 1,0000000	0
1	- 0,6419753	- 1,4266118	- 0,6419753	- 0,4444444	∓ 0,5000000	∓ 1	- 0,4722222	- 0,7870370	- 0,4722222	- 0,12500000	∓ 0,5000000	1
2	+ 0,1865569	+ 0,8267032	+ 0,3731138	+ 0,2962963	+ 0,2500000	+ 1	+ 0,1620370	+ 0,4930555	+ 0,3240741	+ 0,06250000	+ 0,2500000	2
3	- 0,0609663	- 0,3750105	- 0,1828989	- 0,1975309	∓ 0,1250000	∓ 1	- 0,0131173	- 0,1748971	- 0,0393519	- 0,03125000	∓ 0,1250000	3
4	+ 0,1197649	+ 0,3792254	+ 0,4790597	+ 0,1316873	+ 0,0625000	+ 1	- 0,0140175	+ 0,0152820	- 0,0560700	+ 0,01562500	+ 0,0625000	4
5	- 0,1431880	- 0,4947151	- 0,7159402	- 0,0877915	∓ 0,0312500	∓ 1	- 0,0019076	+ 0,0058084	- 0,0095378	- 0,00781250	∓ 0,0312500	5
6	+ 0,0884472	+ 0,4287984	+ 0,5306829	+ 0,0585277	+ 0,0156250	+ 1	+ 0,0137567	+ 0,0203588	+ 0,0825405	+ 0,00390625	+ 0,0156250	6
7	- 0,0276953	- 0,2431355	- 0,1938673	- 0,0390185	∓ 0,0078125	∓ 1	- 0,0124415	- 0,0339787	- 0,0870906	- 0,00195313	∓ 0,0078125	7
8	+ 0,0076822	+ 0,1174347	+ 0,0614578	+ 0,0260123	+ 0,0039063	+ 1	+ 0,0056619	+ 0,0258915	+ 0,0452952	+ 0,00097656	+ 0,0039063	8
9	- 0,0142273	- 0,0968957	- 0,1280461	- 0,0173415	∓ 0,0019531	∓ 1	- 0,0006040	- 0,0106934	- 0,0054359	- 0,00048828	∓ 0,0019531	9
10	+ 0,0183236	+ 0,1069181	+ 0,1832364	+ 0,0115610	+ 0,0009766	+ 1	- 0,0009964	+ 0,0006890	- 0,0099635	+ 0,00024414	+ 0,0009766	10
11	- 0,0120970	- 0,0886169	- 0,1330674	- 0,0077073	∓ 0,0004883	∓ 1	+ 0,0006214	+ 0,0019287	+ 0,0068358	- 0,00012207	∓ 0,0004883	11
12	+ 0,0040836	+ 0,0507725	+ 0,0490032	+ 0,0051382	+ 0,0002441	+ 1	+ 0,0000399	- 0,0007495	+ 0,0004790	+ 0,00006104	+ 0,0002441	12
13	- 0,0010058	- 0,0247331	- 0,0130754	- 0,0034255	∓ 0,0001221	∓ 1	- 0,0002948	- 0,0006485	- 0,0038320	- 0,00003052	∓ 0,0001221	13
14	+ 0,0016770	+ 0,0186061	+ 0,0234774	+ 0,0022837	+ 0,0000611	+ 1	+ 0,0002137	+ 0,0009720	+ 0,0029925	+ 0,00001526	+ 0,0000611	14
15	- 0,0023282	- 0,0192874	- 0,0349231	- 0,0015225	∓ 0,0000305	∓ 1	- 0,0000595		- 0,0008922		∓ 0,0000305	15
16	+ 0,0016427		+ 0,0262834		+ 0,0000153	+ 1						16
Σ(- 1)	+ 2,4428			Σ(- 0,5) =	+ 1,5000000	Σ(- 1)	+ 0,5000031			Σ(- 0,5) =	+ 1,1111111	
Σ(+ 1)	+ 0,6358			Σ(+ 0,5) =	+ 0,8333333	Σ(+ 1)	+ 1,5000541			Σ(+ 0,5) =	+ 0,6352941	

wobei

$$a_{-2}^{**} = a_{-1}^{**} = 0; \quad a_0^{**} = w(z_0^{(II)}); \; \gamma_0^{**} = -\tfrac{3}{2}; \quad \gamma_1^{**} = -\tfrac{1}{4}; \quad \gamma_{n+1}^{**} = -\tfrac{1}{2}\gamma_n^{**}.$$

Führen wir nämlich in Gl. (6.277) die Substitution

$$z = \tau + z_0^{(II)} = \tau + 1; \quad \frac{dw}{dz} = \frac{dw}{d\tau} = w'_\tau \tag{6.289}$$

durch, so gelangen wir zur Gleichung

$$(2 + \tau)\, w'_\tau = 4(1 + \tau)\, w - 2(2 + 3\tau + \tau^2)\, w^2 + \gamma^{**}(\tau); \tag{6.290}$$

$$\gamma^{**}(\tau) = \Sigma\gamma_n^{**}\tau^n = -2 + \frac{1}{2 + \tau} = -2 + \tfrac{1}{2}\{1 - \tfrac{\tau}{2} + (\tfrac{\tau}{2})^2 - (\tfrac{\tau}{2})^3 + \ldots\},$$

aus der auch die Gl. (6.288) folgt.

Die ersten 16 Koeffizienten $a_n = a_n^{**}$ der Reihe II sind dieselben wie in Tabelle 119. Zu ihrer Kontrolle multiplizieren wir a_n^{**} mit τ^n für $\tau = -0{,}5$, d. h. für $z = \tau + 1 = +0{,}5$. Diese Größen stehen in einer Zeile. Die Ergebnisse summieren wir und erhalten

$$w(\tau)|_{\tau=-0,5} = w(z)|_{z=+0,5} = 1{,}111\,1111,$$

was vollkommen mit dem Anfangswert $w(z_0^{(I)}) = a_0^* = 1{,}111\,111\,11$ der Reihe I übereinstimmt.

Wir berechnen auf analogem Wege

$$w(\tau)|_{\tau=+0,5} = w(z)|_{z=+1,5} = 0{,}635\,294\,1.$$

Dieses Ergebnis verwenden wir zur Konstruktion der *Reihe III.* Die Konvergenz der Reihe II ist wesentlich besser als die der Reihe I, wovon man sich leicht überzeugt, indem man die Abnahme der Koeffizienten a_n^* und a_n^{**} vergleicht. Auch eine Gegenüberstellung der Ergebnisse in Tabelle 119 für $t = 1$ und $\tau = 1$ mit den entsprechenden exakten Werten zeigt dieselbe Tatsache. Wir können daher mit Hilfe von Reihe II (mit $n = 15$ und fünf Dezimalstellen) den Anfangswert

$$w(\tau)|_{\tau=+1} = w(z)|_{z=+2} = 0{,}500\,00$$

berechnen, der dem Zentrum $z_0 = z_0^{(III)} = +2$ entspricht, und damit die Reihe III konstruieren, die noch schneller konvergiert. Der Leser möge sich davon in Form einer Übung überzeugen.

Durch Fortsetzung dieses Verfahrens erhalten wir immer schneller konvergente Reihen. Bestimmen wir nach Gl. (6.34) von Abschnitt 41 den Konvergenzradius von zwei solchen Reihen, so finden wir die Pole $z = \pm i\sqrt{2}$ als Schnittpunkte der Ränder der Konvergenzkreise. Dieses Verfahren ist ziemlich mühsam. Es ist daher zweckmäßiger, wenn man zur inversen Funktion

$$\zeta(z) = \frac{1}{w(z)}; \quad w(z) = \frac{1}{\zeta(z)} \tag{6.291}$$

übergeht, deren Nullstellen die Pole der gesuchten Funktion w (und umgekehrt) sind.

Den Übergang zur inversen Funktion erreicht man am einfachsten durch die Substitution

$$w(z) = \frac{1}{\zeta(z)}; \quad w'_z = -\frac{\zeta'_z}{\zeta^2}; \quad \zeta'_z = \frac{d\zeta}{dz}. \tag{6.292}$$

Aus Gl. (6.277) erhalten wir dann die Gleichung

$$-\frac{1+z}{\zeta^2}\zeta' = \frac{4z}{\zeta} - \frac{2z(1+z)}{\zeta^2} - \frac{1+2z}{1+z}; \quad \zeta(z_0) = \frac{1}{w(z_0)} = \frac{2}{3},$$

oder, wenn wir mit $(1 + z)\,\zeta^2$ multiplizieren und das Vorzeichen ändern,

$$(1 + 2z + z^2)\,\zeta' = (1 + 2z)\,\zeta^2 - 4z(1 + z)\,\zeta + 2z(1 + 2z + z^2). \tag{6.293}$$

Die Lösung dieser Gleichung suchen wir in Form der Reihe

$$\zeta = \sum_{n=0}^{\infty} \alpha_n z^n; \quad \beta(z) = 2z(1 + 2z + z^2) = \sum_{n=0}^{\infty} \beta_n z^n \tag{6.294}$$

und erhalten für deren Koeffizienten α_n die Rekursionsformel

$$\dot{\alpha}_{n+1} = \{\alpha_n^{(2)} + 2\alpha_{n-1}^{(2)}\} - (2\dot{\alpha}_n + \dot{\alpha}_{n-1}) - 4(\alpha_{n-1} + \alpha_{n-2}) + \beta_n, \tag{6.295}$$

wobei

$$\alpha_0 = \tfrac{1}{a_0} = \tfrac{2}{3}; \quad \beta_0 = 0; \quad \beta_1 = 2; \quad \beta_2 = 4; \quad \beta_3 = 2; \quad \beta_n = 0 \text{ für } n \geqslant 4.$$

Die Nullstellen der Funktion ζ finden wir als Wurzeln der Gleichung

$$\zeta = \Sigma \alpha_n z^n = 0$$

nach der Newtonschen Gleichung

$$z_{n+1}^{(0)} = z_n^{(0)} - \epsilon_n; \quad \epsilon_n = \frac{\zeta(z_n^{(0)})}{\zeta'(z_n^{(0)})}; \quad \zeta'(z_n^{(0)}) = \sum_{n=0}^{\infty} \dot{\alpha}_{n+1} z^n. \tag{6.296}$$

Dabei bestimmen wir die Ableitung $\zeta'(z)$ mit Hilfe der Koeffizienten $\dot{\alpha}_n$, die man bei der Bestimmung der Koeffizienten α_n nach Gl. (6.295) noch berechnen muß.

In Tabelle 120 sind die ersten 24 Koeffizienten α_n angegeben. Ausgehend vom Näherungswert $z_0^{(0)} = -0{,}8$ finden wir daraus mit Hilfe der Newtonschen Gleichung nach zwei Schritten eine der Nullstellen $z_2^{(0)} = -1{,}00001$ der inversen Funktion $\zeta(z)$. Nach einem weiteren Schritt ergibt sich

$$z^{(0)} = z_3^{(0)} = -1{,}000000.$$

Tabelle 120

$$(1 + 2z + z^2)\,\zeta' = (1 + 2z)\,\zeta^2 - 4z\,(1 + z)\,\zeta + 2z\,(1 + 2z + z^2); \quad z_0 = 0; \quad \zeta(0) = \frac{2}{3}$$

$$\dot{\alpha}_{n+1} = \{\alpha_n^{(2)} + 2\alpha_{n-1}^{(2)}\} - (2\dot{\alpha}_n + \dot{\alpha}_{n-1}) - 4(\alpha_{n-1} + \alpha_{n-2}) + \beta_n; \quad \alpha_{n+1} = \frac{\dot{\alpha}_{n+1}}{n+1}$$

n	α_n	$\alpha_n^{(2)}$	α_n	β_n	z_1^n	z_2^n
0	+0,6666667	+0,4444444	0	0	+1,0000	+1,0000000
1	+0,4444444	+0,5925926	+0,4444444	+2	−0,8000	−0,9940000
2	−0,0370370	+0,1481482	−0,0740741	+4	+0,6400	+0,9880360
3	+0,1975309	+0,2304528	+0,5925928	+2	−0,5120	−0,9821078
4	−0,0534980	+0,1056241	−0,2139919	0	+0,4096	+0,9762152
5	−0,0480110	−0,1262004	−0,2400549	0	−0,3277	−0,9703579
6	+0,0338363	+0,0454199	+0,2030179	0	+0,2622	+0,9645358
7	+0,0047249	+0,0187979	+0,0330742	0	−0,2100	−0,9587486
8	−0,0128537	−0,0315500	−0,1028298	0	+0,1680	+0,9529961
9	+0,0027096	+0,0103417	+0,0243864	0	−0,1344	−0,9472781
10	+0,0033814	+0,0084205	+0,0338139	0	+0,1075	+0,9415944
11	−0,0020304	−0,0087348	−0,0223339	0		−0,9359448
12	−0,0004503	+0,0004813	−0,0054039	0		+0,9303291
13	+0,0008269	+0,0034526	+0,0107494	0		−0,9247471
14	−0,0001255	−0,0016706	−0,0017569	0		+0,9191986
15	−0,0002338	−0,0007080	−0,0035074	0		−0,9136834
16	+0,0001198	+0,0009507	+0,0019169	0		+0,9082013
17	+0,0000380	−0,0000954	+0,0006455	0		−0,9027521
18	−0,0000526	−0,0003328	−0,0009459	0		+0,8973356
19	+0,0000048	+0,0001634	+0,0000915	0		−0,8919516
20	+0,0000160	+0,0000752	+0,0003191	0		+0,8865999
21	−0,0000067	−0,0000859	−0,0001413	0		−0,8812803
22	−0,0000025	+0,0000081	−0,0000552	0		+0,8759926
23	+0,0000022	+0,0000285	+0,0000508	0		−0,8707366
$z_0^{(0)} = -0{,}8;\ \epsilon_0 = +0{,}194$			$\zeta = \Sigma\alpha_n z^n =$		+0,1665	+0,0059887
$z_1^{(0)} = z_0^{(0)} - \epsilon_0 = -0{,}994$			$\zeta' = \Sigma\dot{\alpha}_{n+1} z^n =$		+0,8575	+0,995977
$z_2^{(0)} = z_1^{(0)} - \epsilon_1 = -1{,}00001$			$\epsilon = \zeta(z) : \zeta'(z) =$		+0,194	+0,00601

Die untersuchte Funktion

$$\omega(z) = \frac{1}{\zeta(z)}$$

hat also einen Pol in $z = -1{,}000000$.

Wir trennen den entsprechenden Polterm von der Ausgangsreihe (6.279) ab und bestimmen auf analogem Wege die übrigen Pole. Damit ist die gestellte Aufgabe gelöst.

Die Koeffizienten α_n für die inverse Funktion findet man auch direkt aus den Koeffizienten der Ausgangsreihe (6.279). Gemäß Gl. (6.291) haben wir nämlich

$$\sum_{n=0}^{\infty} \alpha_n z^n = \frac{1}{\sum\limits_{n=1}^{\infty} a_n z^n}. \tag{6.297}$$

Wir stellen nun die Eins in der Form

$$1 = \sum_{n=0}^{\infty} \gamma_n z^n, \text{ mit } \gamma_0 = 1, \ \gamma_n = 0 \text{ für } n \geqslant 1$$

dar und verwenden die Gln. (4.30) und (4.31) aus Abschnitt 28. Damit erhalten wir

$$\alpha_n = -\alpha_0[\alpha_0 a_n + \alpha_1 a_{n-1} + \ldots + \alpha_{n-1} a_1]; \quad \alpha_0 = \frac{1}{a_0} = \frac{2}{3}, \tag{6.298}$$

worin a_n die Koeffizienten der Ausgangsreihe (6.279) sind, deren Werte in Tabelle 118 angegeben sind.

Die Gl. (6.298) eignet sich sehr gut zur Überprüfung der Ergebnisse, die man aus der Rekursionsformel (6.295) erhalten hat.

Übung 1: Man berechne die ersten 15 Koeffizienten α_n mit Hilfe der Gl. (6.298) und vergleiche die Ergebnisse mit den Werten aus Tabelle 120.

Bei der Untersuchung des Lösungsverlaufes in der Umgebung von singulären Punkten muß man die Potenzreihen in einem komplexen Bereich betrachten. Alle in den vorhergehenden Abschnitten hergeleiteten Gleichungen, die algebraischen Operationen mit Reihen sowie die Rekursionsformeln zur Bestimmung der Koeffizienten der Lösungen von Differentialgleichungen gelten auch im komplexen Bereich. Einzige zusätzliche Bedingung ist, daß nun alle Operationen nach den Regeln für das Rechnen mit komplexen Zahlen durchgeführt werden. Insbesondere erfolgt die Multiplikation zweier komplexer Größen nach der Gleichung

$$Z_1 Z_2 = (X_1 + iY_1)(X_2 + iY_2) = (X_1 X_2 - Y_1 Y_2) + i(X_1 Y_2 + X_2 Y_1)$$

oder

$$Z_1 Z_2 = (\operatorname{Re} Z_1 \operatorname{Re} Z_2 - \operatorname{Im} Z_1 \operatorname{Im} Z_2) + i(\operatorname{Re} Z_1 \operatorname{Im} Z_2 + \operatorname{Re} Z_2 \operatorname{Im} Z_1), \tag{6.299}$$

wobei $i = \sqrt{-1}$, $i^2 = -1$. Die Symbole $X = \operatorname{Re} Z$, $Y = \operatorname{Im} Z$ bedeuten den Realteil und den Imaginärteil der komplexen Größe $Z = X + iY$ (vom Lateinischen realis – reell und imaginarius – scheinbar).

Zur Erklärung möge ein Beispiel genügen. Alles Wissenswerte über komplexe Zahlen findet der Leser in den Büchern über die Theorie der Funktionen komplexer Veränderlicher, zum Beispiel in [78, 112, 221, 244, 257, 258, 353, 430, 488, 505, 545]. Da das folgende Beispiel sehr illustrativ und zur Demonstration der Rechentechnik im komplexen

Bereich äußerst gut geeignet ist, gewinnen wir auch eine hinreichende Kontrolle der Ergebnisse.

Beispiel 2: Im komplexen Bereich ist die Potenzreihe der Funktion

$$w(z) = [1 + (0{,}48 - 0{,}74i)\,z]^{+1{,}5}\,[1 + (0{,}37 + 0{,}21i)\,z]^{-2{,}4} \tag{6.300}$$

zu bestimmen und der Wert $w(z)$ im Punkt $z = 0{,}63972 + 0{,}51328\,i$ zu berechnen.

Lösung: Wir stellen jeden Faktor als Binomialreihe dar,

$$\begin{aligned} w_1(z) &= [1 + (0{,}48 - 0{,}74i)\,z]^{+1{,}5} = \sum_{n=0}^{\infty} a_n z^n; \\ w_2(z) &= [1 + (0{,}37 + 0{,}21i)\,z]^{-2{,}4} = \sum_{n=0}^{\infty} b_n z^n, \end{aligned} \tag{6.301}$$

wobei

$$z = x + iy; \quad a_n = \operatorname{Re} a_n + i \operatorname{Im} a_n; \quad b_n = \operatorname{Re} b_n + i \operatorname{Im} b_n; \quad a_0 = b_0 = 1;$$

$$a_{n+1} = \frac{1{,}5 - n}{n+1}\,(0{,}48 - 0{,}74i)\,a_n; \quad b_{n+1} = -\frac{2{,}4 + n}{n+1}\,(0{,}37 + 0{,}21i)\,b_n.$$

Die Koeffizienten $c_n = \operatorname{Re} c_n + i \operatorname{Im} c_n$ der gesuchten Reihe

$$w(z) = w_1(z)\,w_2(z) = \Sigma c_n z^n \tag{6.302}$$

finden wir dann nach den Gln. (6.140) und (6.141) aus Abschnitt 44 für das Produkt zweier Reihen

$$c_n = [a_n b_n] = a_0 b_n + a_1 b_{n-1} + \dots + a_n b_0 \tag{6.303}$$

oder gemäß Gl. (6.299) in ausführlicher Form

$$\operatorname{Re} c_n = [\operatorname{Re} a_n \operatorname{Re} b_n] - [\operatorname{Im} a_n \operatorname{Im} b_n], \tag{6.303'}$$

$$\operatorname{Im} c_n = [\operatorname{Re} a_n \operatorname{Im} b_n] + [\operatorname{Im} a_n \operatorname{Re} b_n], \tag{6.303''}$$

mit

$$\begin{aligned} [\operatorname{Re} a_n \operatorname{Re} b_n] &= \operatorname{Re} a_0 \operatorname{Re} b_n + \operatorname{Re} a_1 \operatorname{Re} b_{n-1} + \dots + \operatorname{Re} a_n \operatorname{Re} b_0, \\ [\operatorname{Re} a_n \operatorname{Im} b_n] &= \operatorname{Re} a_0 \operatorname{Im} b_n + \operatorname{Re} a_1 \operatorname{Im} b_{n-1} + \dots + \operatorname{Re} a_n \operatorname{Im} b_0, \\ [\operatorname{Im} a_n \operatorname{Im} b_n] &= \operatorname{Im} a_0 \operatorname{Im} b_n + \operatorname{Im} a_1 \operatorname{Im} b_{n-1} + \dots + \operatorname{Im} a_n \operatorname{Im} b_0. \end{aligned}$$

In Tabelle 121 findet man mit fünf Dezimalstellen die Koeffizienten c_n bis einschließlich $n = 20$. Dabei berechnet man sowohl den Realteil als auch den Imaginärteil der gesuchten Koeffizienten nach den Gln. (6.303′) und (6.303″) in einem Zug ohne Anschreiben von Zwischenergebnissen, indem man die Spalten

$$\operatorname{Re} a_n \operatorname{Re} b_n, \quad \operatorname{Im} a_n \operatorname{Im} b_n, \quad \operatorname{Re} a_n \operatorname{Im} b_n, \quad \operatorname{Im} a_n \operatorname{Re} b_n$$

miteinander multipliziert. Das Verfahren ist vollkommen analog zu der in Abschnitt 28 beschriebenen Vorgangsweise.

Zur Kontrolle der gewonnenen Größen bestimmen wir mit Hilfe der Gln. (6.301) und (6.302) für $z = 1$

$$\begin{aligned} w_1(z)|_{z=1} &= \Sigma a_n = \Sigma \mathrm{Re}\, a_n + i\Sigma \mathrm{Im}\, a_n = 1{,}63416 - 1{,}36385i, \\ w_2(z)|_{z=1} &= \Sigma b_n = \Sigma \mathrm{Re}\, b_n + i\Sigma \mathrm{Im}\, b_n = 0{,}42674 - 0{,}16309i, \\ w(z)|_{z=1} &= \Sigma c_n = \Sigma \mathrm{Re}\, c_n + i\Sigma \mathrm{Im}\, c_n = 0{,}47493 - 0{,}84859i \end{aligned}$$

und vergleichen die Ergebnisse mit den exakten Werten, die man durch Berechnung (mit einer zusätzlichen Ziffer und anschließender Rundung der letzten Dezimalstelle) nach der Gleichung

$$W = Z^m = \rho e^{i\vartheta}; \quad \mathrm{Re}\, W = \rho \cos\vartheta; \quad \mathrm{Im}\, W = \rho \sin\vartheta \tag{6.304}$$

erhält, wobei

$$Z = X + iY = re^{i\varphi}; \quad r^2 = X^2 + Y^2; \quad \tan\varphi = \frac{Y}{X}; \quad \lg\rho = \frac{m}{2}\lg r^2; \quad \vartheta = m\varphi.$$

Mit $w = w_1 w_2$ erhalten wir schließlich

$$\begin{aligned} &\mathrm{Re}\, w_1 = 1{,}634163 \approx 1{,}63416; && \mathrm{Im}\, w_1 = -1{,}363834 \approx -1{,}36383; \\ &\mathrm{Re}\, w_2 = 0{,}426741 \approx 0{,}42674; && \mathrm{Im}\, w_2 = -0{,}163087 \approx -0{,}16309; \\ &\mathrm{Re}\, w = 0{,}474941 \approx 0{,}47494; && \mathrm{Im}\, w = -0{,}848515 \approx -0{,}84852. \end{aligned}$$

Diese Werte sind in den beiden letzten Zeilen von Tabelle 121 angegeben. Abgesehen von Rundungsfehlern stimmen die nach verschiedenen Gleichungen erhaltenen Ergebnisse vollkommen überein.

In den letzten beiden Spalten der Tabelle 121 findet man die Potenzen

$$z^n = \mathrm{Re}\, z^n + i \mathrm{Im}\, z^n$$

für die gegebene komplexe Zahl $z = x + iy = 0{,}63972 + 0{,}51328i$.

Diese Größen berechnen wir nach der Rekursionsformel

$$\begin{aligned} z^{n+1} &= z \cdot z^n = (x + iy)(\mathrm{Re}\, z^n + i \mathrm{Im}\, z^n) \\ &= (x \mathrm{Re}\, z^n - y \mathrm{Im}\, z^n) + i(x \mathrm{Im}\, z^n + x \mathrm{Re}\, z^n); \quad n \geqslant 1, \end{aligned} \tag{6.305}$$

wobei wir für $n = 1$

$$\mathrm{Re}\, z^n = x; \quad \mathrm{Im}\, z^n = y$$

haben. Die gefundenen z^n überprüfen wir bei $n = 10$ und $n = 20$ durch direkte Berechnung nach Gl. (6.304).

Wir beenden nun die Lösung des Beispiels und multiplizieren gemäß Gl. (6.299) und Gl. (6.302) zeilenweise die Größen c_n und z^n. Die Ergebnisse summieren wir gleichzeitig ohne Anschreiben von Zwischenergebnissen.

Tabelle 121

	$\mathrm{Re}\,c_n = [\mathrm{Re}\,a_n\,\mathrm{Re}\,b_n] - [\mathrm{Im}\,a_n\,\mathrm{Im}\,b_n]$; $\mathrm{Im}\,c_n = [\mathrm{Re}\,a_n\,\mathrm{Im}\,b_n] + [\mathrm{Im}\,a_n\,\mathrm{Re}\,b_n]$						$\mathrm{Re}\,z^{n+1} = x\,\mathrm{Re}\,z^n - y\,\mathrm{Im}\,z^n$; $\mathrm{Im}\,z^{n+1} = x\,\mathrm{Im}\,z^n + y\,\mathrm{Re}\,z^n$	
	$a_n = \mathrm{Re}\,a_n + i\mathrm{Im}\,a_n$		$b_n = \mathrm{Re}\,b_n + i\mathrm{Im}\,b_n$		$c_n = [a_n b_n]$		$z = 0{,}63972 + 0{,}51328\,i$	
n	$\mathrm{Re}\,a_n$	$\mathrm{Im}\,a_n$	$\mathrm{Re}\,b_n$	$\mathrm{Im}\,b_n$	$\mathrm{Re}\,c_n$	$\mathrm{Im}\,c_n$	$\mathrm{Re}\,z^n$	$\mathrm{Im}\,z^n$
0	+ 1,00000	0	+ 1,00000	0	+ 1,00000	0	+ 1,00000	0
1	+ 0,72000	- 1,11000	- 0,88800	- 0,50400	- 0,16800	- 1,61400	+ 0,63972	+ 0,51328
2	- 0,11895	- 0,26640	+ 0,37862	+ 0,63403	- 0,93913	+ 0,99043	+ 0,14579	+ 0,65671
3	+ 0,04237	+ 0,00664	- 0,01018	- 0,46068	+ 0,97993	- 0,12129	- 0,24381	+ 0,49494
4	- 0,00947	+ 0,01056	- 0,12552	+ 0,23300	- 0,56408	- 0,28036	- 0,41001	+ 0,19148
5	- 0,00163	- 0,00604	+ 0,12208	- 0,07661	+ 0,19276	+ 0,30672	- 0,36057	- 0,08796
6	+ 0,00306	+ 0,00099	- 0,07555	+ 0,00334	- 0,00188	- 0,19602	- 0,18552	- 0,24134
7	- 0,00142	+ 0,00115	+ 0,03439	+ 0,01756	- 0,05356	+ 0,08912	+ 0,00519	- 0,24961
8	- 0,00012	- 0,00110	- 0,01062	- 0,01612	+ 0,04740	- 0,02617	+ 0,13144	- 0,15702
9	+ 0,00063	+ 0,00032	+ 0,00063	+ 0,00947	- 0,02694	- 0,00009	+ 0,16468	- 0,03298
10	- 0,00040	+ 0,00023	+ 0,00200	- 0,00415	+ 0,01108	+ 0,00661	+ 0,12228	+ 0,06343
11	+ 0,00002	- 0,00031	- 0,00182	+ 0,00126	- 0,00287	- 0,00566	+ 0,04567	+ 0,10334
12	+ 0,00017	+ 0,00013	+ 0,00105	- 0,00009	- 0,00013	+ 0,00324	- 0,02383	+ 0,08955
13	- 0,00014	+ 0,00005	- 0,00045	- 0,00021	+ 0,00071	- 0,00136	- 0,06121	+ 0,04506
14	+ 0,00002	- 0,00010	+ 0,00013	+ 0,00019	- 0,00055	+ 0,00034	- 0,06229	- 0,00259
15	+ 0,00005	+ 0,00005	- 0,00001	- 0,00011	+ 0,00030	+ 0,00005	- 0,03852	- 0,03363
16	- 0,00005	+ 0,00001	- 0,00002	+ 0,00005	- 0,00015	- 0,00011	- 0,00738	- 0,04129
17	+ 0,00001	- 0,00004	+ 0,00002	- 0,00002	+ 0,00006	+ 0,00006	+ 0,01647	- 0,03020
18	+ 0,00002	+ 0,00002	- 0,00001	0,00000	- 0,00001	- 0,00002	+ 0,02604	- 0,01087
19	- 0,00002	0,00000	0,00000	0,00000	- 0,00002	- 0,00001	+ 0,02224	+ 0,00641
20	+ 0,00001	- 0,00001	0,00000	0,00000	+ 0,00002	+ 0,00001	+ 0,01094	+ 0,01552
Σ =	+ 1,63416	- 1,36385	+ 0,42674	- 0,16309	+ 0,47494	- 0,84851	+ 0,97101	- 1,15549
exakter Wert	+ 1,63416	- 1,36383	+ 0,42674	- 0,16309	+ 0,47494	- 0,84852	+ 0,97101	- 1,15551

Es ergibt sich

$$w(z) = \Sigma c_n z^n = 0{,}97101 - 1{,}15549\,i.$$

Zur besseren Verdeutlichung berechnen wir diese Größen noch getrennt:

$$\begin{aligned} \operatorname{Re} w &= \operatorname{Re} \Sigma c_n z^n = \Sigma \operatorname{Re} c_n \operatorname{Re} z^n - \Sigma \operatorname{Im} c_n \operatorname{Im} z^n \\ &= 0{,}6815417 + 0{,}2894640 = 0{,}9710057 \approx 0{,}97101; \\ \operatorname{Im} w &= \operatorname{Im} \Sigma c_n z^n = \Sigma \operatorname{Re} c_n \operatorname{Im} z^n + \Sigma \operatorname{Im} c_n \operatorname{Re} z^n \\ &= -0{,}3352348 - 0{,}8202597 = -1{,}1554944 \approx -1{,}15549. \end{aligned}$$

Die mit Hilfe der Reihen gefundenen Ergebnisse überprüfen wir, indem wir für $z = 0{,}63972 + i\,0{,}51328i$ nach Gl. (6.304) die Größen

$$\begin{aligned} w_1(z) &= [1 + (0{,}48 - 0{,}74i)\,z]^{1,5} = (1{,}686893 - 0{,}227018i)^{1,5} \\ &= 2{,}176081 - 0{,}442611i; \\ w_2(z) &= [1 + (0{,}37 + 0{,}21i)\,z]^{-2,4} = (1{,}128908 + 0{,}324255i)^{-2,4} \\ &= 0{,}532208 - 0{,}422754i; \\ w(z) &= w_1(z)\,w_2(z) = 0{,}971012 - 1{,}155508i \end{aligned}$$

berechnen. Die Ergebnisse stimmen im Rahmen der Rechengenauigkeit überein.

Übung 2: Man wiederhole die Berechnung der Koeffizienten c_n bis $n = 10$ (aus den in Tabelle 121 angegebenen a_n und b_n) und bestimme hierauf die Funktion $w(z)$ für $z = 0{,}40721 - 0{,}31543i$.

Wir untersuchen nun den Verlauf der Lösung in der Umgebung eines wesentlich singulären Punktes und betrachten dazu ein Beispiel, dessen Lösung man in geschlossener Form gewinnen kann. Wir erreichen dadurch eine möglichst genaue Kontrolle der Ergebnisse.

Beispiel 3: Wir betrachten das Cauchysche Problem für die separierbare Gleichung

$$w' = \frac{w}{(2-z)^2}; \quad w(0) = +1; \quad w = u + iv; \quad z = x + iy \tag{6.306}$$

und untersuchen die Lösung in der Umgebung einer singulären Stelle.

Lösung: Wir schreiben die Ausgangsgleichung in der Form

$$(4 - 4z + z^2)\,w' = w$$

und erhalten als Lösung

$$w = \Sigma a_n z^n; \quad z_0 = 0; \quad a_0 = w(0) = +1 \tag{6.307}$$

und die Rekursionsformel

$$4\dot{a}_{n+1} - 4\dot{a}_n + \dot{a}_{n-1} = a_n$$

oder nach einfachen Umformungen

$$4(n+1)\,a_{n+1} - (4n+1)\,a_n + (n-1)\,a_{n-1} = 0. \tag{6.308}$$

Mit $a_{-1} = 0$, $a_0 = w(z_0) = +1$ gelangen wir schließlich zur Gleichung

$$a_{n+1} = \frac{(n+0{,}25)\,a_n - 0{,}25\,(n-1)\,a_{n-1}}{n+1}; \quad n \geqslant 0, \tag{6.309}$$

mit deren Hilfe man leicht beliebig viele Koeffizienten a_n der gesuchten Reihe (6.307) berechnet.

Aus der Gl. (6.308) läßt sich auch der Grenzwert

$$q = \lim_{n \to \infty} \frac{a_{n+1}}{a_n}$$

bestimmen, mit dessen Hilfe man von der Lösung den zur singulären Stelle gehörenden Term abtrennen kann (siehe Abschnitt 42). Dividieren wir nämlich Gl. (6.308) durch $(n-1)\,a_{n-1}$, so erhalten wir

$$4\,\frac{n+1}{n-1} \cdot \frac{a_{n+1}}{a_{n-1}} - \frac{4n+1}{n-1} \cdot \frac{a_n}{a_{n-1}} + 1 = 0.$$

Daraus folgt für $n \to \infty$ mit

$$\lim_{n \to \infty} \frac{4(n+1)}{n-1} = \lim_{n \to \infty} \frac{4n+1}{n-1} = 4; \qquad \lim_{n \to \infty} \frac{a_n}{a_{n-1}} = q;$$

$$\lim_{n \to \infty} \frac{a_{n+1}}{a_{n-1}} = \lim_{n \to \infty} \frac{a_{n+1}}{a_n} \cdot \frac{a_n}{a_{n-1}} = q^2$$

die Gleichung

$$4q^2 - 4q + 1 = (2q-1)^2 = 0$$

und somit

$$q = +\tfrac{1}{2}.$$

Unter Verwendung der Resultate von Abschnitt 42 können wir nun von der Reihe (6.307) eine geometrische Reihe mit dem Faktor q abziehen. Die gesuchte Lösung erhält damit die Form

$$w(z) = \sum_{n=0}^{\infty} a_n z^n = \frac{1}{1-qz} \left\{ a_0 - \sum_{n=1}^{\infty} b_n^{(1)} z^n \right\}, \tag{6.310}$$

wobei gemäß Gl. (6.63)

$$b_n^{(1)} = q a_{n-1} - a_n.$$

Mit derselben Umformung für die Reihe $\Sigma b_n^{(1)} z^n$ erhalten wir

$$w(z) = a_0 \left(\frac{1}{1-qz}\right) - \left(\frac{1}{1-qz}\right)^2 \left\{ b_1^{(1)} z - \sum_{n=1}^{\infty} b_{n+1}^{(2)} z^{n+1} \right\};$$

$$b_n^{(2)} = q b_{n-1}^{(1)} - b_n^{(1)}$$

und nach k Schritten

$$w(z) = a_0 \left(\frac{1}{1-qz}\right) - z b_1^{(1)} \left(\frac{1}{1-qz}\right)^2 + z^2 b_2^{(2)} \left(\frac{1}{1-qz}\right)^3 + \ldots$$
$$+ (-z)^{k-1} b_{k-1}^{(k-1)} \left(\frac{1}{1-qz}\right)^k + \left(\frac{-z}{1-qz}\right)^k \sum_{\nu=0}^{\infty} b_{k+\nu}^{(k)} z^\nu \tag{6.311}$$

oder $w(z) = \dfrac{1}{1-qz} \displaystyle\sum_{n=0}^{k-1} b_n^{(n)} \left(\frac{-z}{1-qz}\right)^n + \left(\frac{-z}{1-qz}\right)^k \sum_{\nu=0}^{\infty} b_{k+\nu}^{(k)} z^\nu$

mit $b_n^{(k+1)} = q b_{n-1}^{(k)} - b_n^{(k)}$; $b_n^{(0)} \equiv a_n$; $q = \frac{1}{2}$.

In Tabelle 122 sind die Koeffizienten a_n und $b_n^{(k)}$ bis einschließlich $n = 12$ und $k = 7$ mit neun bedeutsamen Ziffern angegeben. Um die geforderte Genauigkeit sicherzustellen, wurden dabei Differenzen kleiner Größen mit fünf zusätzlichen Stellen berechnet.

Wir gehen nun in Gl. (6.311) zum Grenzwert $k \to \infty$ über und ersetzen q durch $1/2$. Nach einfachen Umformungen finden wir

$$w(z) = c_0 + c_1 \left(\frac{z}{2-z}\right) + c_2 \left(\frac{z}{2-z}\right)^2 + \ldots = \sum_{n=0}^{\infty} c_n \left(\frac{z}{2-z}\right)^n, \tag{6.312}$$

wobei

$$c_0 = 1; \quad c_1 = \tfrac{1}{2}; \quad c_2 = \tfrac{1}{8}; \quad c_3 = \tfrac{1}{48}; \ldots .$$

Dasselbe Ergebnis erhält man auch direkt aus der Differentialgleichung, von der wir ausgegangen sind. Durch Differenzieren von Gl. (6.312) erhalten wir nämlich

$$w' = \frac{2}{(2-z)^2} \sum_{n=0}^{\infty} \dot{c}_{n+1} \left(\frac{z}{2-z}\right)^n$$

oder

$$(2-z)^2 w' = 2 \sum_{n=0}^{\infty} \dot{c}_{n+1} \left(\frac{z}{2-z}\right)^n; \quad \dot{c}_{n+1} = (n+1) c_{n+1}. \tag{6.313}$$

Tabelle 122

$(2-z)^2\,w' = w;\quad w(0) = +1;\quad a_{n+1} = \dfrac{(n+0{,}25)\,a_n - 0{,}25\,(n-1)\,a_{n-1}}{n+1};\quad a_{-1} = 0;\quad a_0 = w(0) = +1;\quad b_n^{(k+1)} = \frac{1}{2}\,b_{n-1}^{(k)} - b_n^{(k)};\quad b_n^{(0)} \equiv a_n$

n	a_n	$b_n^{(1)} = \frac{1}{2} a_{n-1} - a_n$	$b_n^{(2)} = \frac{1}{2} b_{n-1}^{(1)} - b_n^{(1)}$	$b_n^{(3)} = \frac{1}{2} b_{n-1}^{(2)} - b_n^{(2)}$	$b_n^{(4)} = \frac{1}{2} b_{n-1}^{(3)} - b_n^{(3)}$	$b_n^{(5)} = \frac{1}{2} b_{n-1}^{(4)} - b_n^{(4)}$	$b_n^{(6)} = \frac{1}{2} b_{n-1}^{(5)} - b_n^{(5)}$	$b_n^{(7)} = \frac{1}{2} b_{n-1}^{(6)} - b_n^{(6)}$	n
0	1,0000000000000								0
1	0,2500000000000	+ 0,2500000000000							1
2	0,1562500000000	− 0,0312500000000	+ 0,1562500000000						2
3	0,0963541666667	− 0,0182291666667	+ 0,0026041666667	+ 0,755208333 · 10^{-1}					3
4	0,0587565104167	− 0,0105794270833	+ 0,0014648437500	− 0,162760417 · 10^{-3}	+ 0,379231771 · 10^{-1}				4
5	0,0354899088542	− 0,0061116536458	+ 0,0008219401042	− 0,895182292 · 10^{-4}	+ 0,813802083 · 10^{-5}	+ 0,189534505 · 10^{-1}			5
6	0,0212609185113	− 0,0035159640842	+ 0,0004601372613	− 0,491672092 · 10^{-4}	+ 0,440809462 · 10^{-5}	− 0,339084201 · 10^{-6}	+ 0,947706434 · 10^{-2}		6
7	0,0126454792325	− 0,0020150199769	+ 0,0002570379348	− 0,269693042 · 10^{-4}	+ 0,238569956 · 10^{-5}	− 0,181652251 · 10^{-6}	+ 0,121101506 · 10^{-7}	+ 0,473852006 · 10^{-2}	7
8	0,0074735433336	− 0,0011508037174	+ 0,0001432937289	− 0,147747615 · 10^{-4}	+ 0,129010942 · 10^{-5}	− 0,972596422 · 10^{-7}	+ 0,643351659 · 10^{-8}	− 0,378441306 · 10^{-9}	8
9	0,0043919048717	− 0,0006551332049	+ 0,0000797313462	− 0,808448178 · 10^{-5}	+ 0,697101025 · 10^{-6}	− 0,520463134 · 10^{-7}	+ 0,341649234 · 10^{-8}	− 0,199734047 · 10^{-9}	9
10	0,0025678033396	− 0,0003718509038	+ 0,0000442843013	− 0,441862819 · 10^{-5}	+ 0,376387301 · 10^{-6}	− 0,278367883 · 10^{-7}	+ 0,181363156 · 10^{-8}	− 0,105385388 · 10^{-9}	10
11	0,0014943816609	− 0,0002104799911	+ 0,0000245545392	− 0,241238854 · 10^{-5}	+ 0,203074450 · 10^{-6}	− 0,148807996 · 10^{-7}	+ 0,962405413 · 10^{-9}	− 0,555896328 · 10^{-10}	11
12	0,0008660237780	− 0,0001188329475	+ 0,0000135929520	− 0,131568241 · 10^{-5}	+ 0,109488143 · 10^{-6}	− 0,795091768 · 10^{-8}	+ 0,510517909 · 10^{-9}	− 0,293152025 · 10^{-10}	12

Setzen wir nun die Gln. (6.312) und (6.313) in die Gl. (6.306) ein, so gelangen wir zu einer Rekursionsformel zur direkten Bestimmung der Koeffizienten c_n:

$$2\dot{c}_{n+1} = c_n; \quad c_{n+1} = \frac{c_n}{2(n+1)}; \quad c_0 = w(0) = 1. \tag{6.314}$$

Daraus findet man

$$c_0 = 1; \quad c_1 = \frac{1}{2}; \quad c_2 = \frac{1}{2^2 \cdot 2!}; \quad c_3 = \frac{1}{2^3 \cdot 3!}; \dots; \quad c_n = \frac{1}{2^n \cdot n!}$$

und daher

$$w(z) = \sum_{n=0}^{\infty} c_n \left(\frac{z}{2-z}\right)^n = \sum_{n=0}^{\infty} \frac{1}{n!}\left[\frac{z}{2(2-z)}\right]^n = e^{\frac{z}{2(2-z)}}, \tag{6.315}$$

was mit dem Ergebnis bei der direkten Integration der Gl. (6.306) vollkommen übereinstimmt: $w = Ce^{\frac{1}{2-z}}$, wobei $C = e^{-1/2}$ für $z_0 = 0$, $w(0) = +1$.

Zur Illustration der Effektivität der Reihe, die wir durch Abtrennen singulärer Terme erhalten haben, berechnen wir in Tabelle 123 für $z = +1$ und $z = -1{,}125$ nach den Gln. (6.307) und (6.311) die Werte $w = w_a(z)$ und $w = w_b(z)$ für $q = 1/2$, $k = 7$ und $n = 12$. Die dazu notwendigen Koeffizienten a_n und $b_n^{(k)}$ entnehmen wir der Tabelle 122. Bei $z = +1$, wofür

$$1 - qz = +\frac{1}{2}; \quad \frac{-z}{1-qz} = -2; \quad \frac{z}{2(2-z)} = +\frac{1}{2}$$

erhalten wir

$$w_a(+1) = \sum_{n=0}^{12} a_n z^n = \sum_{n=0}^{12} a_n = 1{,}647\,550\,641 \approx 1{,}648;$$

$$\sum\nolimits_n = \sum_{n=0}^{6} b_n^{(n)} \left(\frac{-z}{1-qz}\right)^n = 1{,}127\,625\,868\,96;$$

$$\sum\nolimits_\nu = \sum_{\nu=0}^{5} b_{k+\nu}^{(k)} z^\nu = 0{,}004\,738\,519\,29$$

und

$$w_b(+1) = 2\Sigma_n - 128\Sigma_\nu = 1{,}648\,721\,268\,8 \approx 1{,}648\,721\,269,$$

während sich gemäß Gl. (6.315) als exakter Wert

$$w(z)|_{z=+1} = e^{\frac{1}{2}} = 1{,}648\,721\,270\,7\dots$$

ergibt.

Für $z = +1$, $n = 12$ und $k = 7$ liefert die Ausgangsreihe (6.307) also Ergebnisse mit vier, die Reihe (6.311) hingegen mit zehn bedeutsamen Ziffern.

Analog erhalten wir für

$$z = -1{,}125; \quad 1 - qz = 1{,}5625; \quad \frac{-z}{1-qz} = 0{,}72; \quad \frac{z}{2(2-z)} = -0{,}18;$$

$$w_a(z) = \Sigma a_n z^n = 0{,}8366729 \approx 0{,}837;$$

$$\Sigma_n = \Sigma b_n^{(n)} (0{,}72)^n = 1{,}3043670449482;$$

$$\Sigma_\nu = 0{,}00473852035;$$

$$w_b(z) = \frac{1}{1{,}5625} \Sigma_n + 0{,}10030613004\, \Sigma_\nu = 0{,}8352702114053$$

und den exakten Wert

$$w(z) = e^{-0{,}18} = 0{,}83527021141127 \ldots .$$

In diesem Fall liefert die Reihe (6.311) also ein noch besseres Ergebnis.

Der Rechengang ist in Tabelle 123 vollkommen erklärt. Den Beginn der Berechnung des zweiten Gliedes von Reihe (6.311) haben wir dabei durch ein Sternchen markiert. Darüber hinaus wurden zur Platzersparnis die Werte $(-z/1-qz)^n$ und z^ν in einer Spalte angeführt. Der Wert $z^\nu = +1$ für $\nu = 0$ ist dabei nicht angeführt.

Wir wiederholen alle diese Rechnungen für $z = -1$ und finden

$$w_a(z) \approx 0{,}8468; \quad w_b(z) \approx 0{,}84648172489;$$

$$w(z) = e^{-\frac{1}{6}} = 0{,}8464817248906 \ldots .$$

Für $z = -2$, wo die Reihe (6.307) divergiert, liefert die Gl. (6.311)

$$w_b(z) \approx 0{,}7788007835.$$

Der entsprechende exakte Wert lautet

$$w(z) = e^{-0{,}25} = 0{,}778800783071 4 \ldots .$$

Dieser letzte Umstand ist so zu erklären: Wenn auch die Reihe $\Sigma b_{k+\nu}^{(k)} z^\nu$ für $z = -2$ divergiert, so ist der darauf zurückzuführende Fehler wegen der Kleinheit der Koeffizienten $b_{k+\nu}^{(k)}$ für $k = 7$ und $n = 12$ dennoch sehr klein.

Da die Koeffizienten $b_{k+\nu}^{(k)}$ für $\nu \geqslant 1$ erheblich schneller abnehmen als die Koeffizienten $b_k^{(k)}$, ergibt die Gl. (6.311) die größte Genauigkeit bei $k = n$, wenn wir aus allen Summen

$$\sum_\nu = \sum_{\nu=0}^{\infty} b_{k+\nu}^{(k)} z^\nu$$

nur das erste Glied $b_k^{(k)}$ berücksichtigen, das $\nu = 0$ entspricht. Insbesondere erhält man für $k = n = 12$ nach Gl. (6.311) Ergebnisse mit 16 bis 20 Stellen (wenn man alle benötigten

Tabelle 123

$$w(z) = \sum_{n=0}^{\infty} a_n z^n = \frac{1}{1-qz} \sum_{n=0}^{k-1} b_n^{(n)} \left(\frac{-z}{1-qz}\right)^n + \left(\frac{-z}{1-qz}\right)^k \sum_{\nu=0}^{\infty} b_{k+\nu}^{(k)} z^\nu; \quad q = +\tfrac{1}{2}$$

k	n	a_n		z^n	$b_n^{(k)}$		$\left(\frac{-z}{1-qz}\right)^n$; z^ν	ν	$k+\nu$
0	0	1,000000000	+ 1	+ 1,000000	+ 1,000000000	+ 1	+ 1,0000000000	–	0
1	1	0,250000000	+ 1	– 1,125000	+ 0,250000000	– 2	+ 0,7200000000	–	1
2	2	0,156250000	+ 1	+ 1,265625	+ 0,156250000	+ 4	+ 0,5184000000	–	2
3	3	0,096354167	+ 1	– 1,423828	+ 0,755208333 · 10^{-1}	– 8	+ 0,3732480000	–	3
4	4	0,058756510	+ 1	+ 1,601807	+ 0,379231771 · 10^{-1}	+ 16	+ 0,2687385600	–	4
5	5	0,035489909	+ 1	– 1,802033	+ 0,189534505 · 10^{-1}	– 32	+ 0,1934917632	–	5
6	6	0,021260919	+ 1	+ 2,027287	+ 0,947706434 · 10^{-2}	+ 64	+ 0,1393140695	–	6
					– * –	*	– * –		
7	7	0,012645479	+ 1	– 2,280698	+ 0,473852006 · 10^{-2}	– 128	+ 0,1003061300 4	0	7
7	8	0,007473543	+ 1	+ 2,565785	– 0,378441306 · 10^{-9}	+ 1	– 1,1250	1	8
7	9	0,004391905	+ 1	– 2,886508	– 0,199734047 · 10^{-9}	+ 1	+ 1,2656	2	9
7	10	0,002567803	+ 1	+ 3,247322	– 0,105385388 · 10^{-9}	+ 1	– 1,4238	3	10
7	11	0,001494382	+ 1	– 3,653237	– 0,055589633 · 10^{-9}	+ 1	+ 1,6018	4	11
7	12	0,000866024	+ 1	+ 4,109892	– 0,029315203 · 10^{-9}	+ 1	– 1,8020	5	12

$w_a(+1) = 1{,}647550641$; $w_b(+1) = 1{,}6487212688$; $e^{+0,5} = 1{,}6487212707...$

$w_a(-1{,}125) = 0{,}8366729$; $w_b(-1{,}125) = 0{,}8352702114053$; $e^{-0,18} = 0{,}83527021141127...$

Koeffizienten $b_k^{(k)}$ mit der entsprechenden Genauigkeit berechnet), wozu man einige hundert und sogar tausend Koeffizienten a_n der Ausgangsreihe (6.307) benötigt. Ein Grenzübergang $k \to \infty$ in Gl. (6.311) ist nur dann zweckmäßig, wenn man hierauf die Reihe

$$\sum_n = \sum_{n=0}^{\infty} b_n^{(n)} \left(\frac{-z}{1-qz}\right)^n$$

in die Form (6.315) überführt.

Da jedoch die Reihe Σ_n in Gl. (6.311) eine unendliche Reihe ist und nicht nach endlich vielen Gliedern $k - 1 = m$ abbricht, schließen wir, daß der Punkt $z = -2$, für den $1 - qz = 0$ gilt, ein wesentlich singulärer Punkt der Lösung (6.307) ist. Die Gl. (6.311) erlaubt daher die Untersuchung der Lösung (6.307) in der Umgebung des wesentlich singulären Punktes $z = -2$. Man überzeugt sich leicht, daß die Funktion $w(z)$ in unserem Beispiel keine weiteren singulären Punkte hat.

Übung 3: Berechnen Sie mit möglichst großer Genauigkeit nach den Gln. (6.307) und (6.311) für $k = n = 7$ die Werte von $w(z)$ für $z = +1{,}2$ und $z = -4/3$ und vergleichen Sie die Ergebnisse mit den genauen Werten

$$w(+1{,}2) = e^{+0{,}75} = 2{,}1170000166\ldots \quad \text{und} \quad w\left(-\tfrac{4}{3}\right) = e^{-0{,}20} = 0{,}818730753077 98\ldots .$$

Übung 4: Man berechne nach Gl. (6.311) $w = w_b(z)$ für $z = +1$ und verwende dabei die in Tabelle 122 angegebenen Koeffizienten $b_n^{(k)}$ für $n = 12$; $k = 1, 2, 3, 4, 5, 6$. Man bestimme, wieviel gültige Stellen bis zu den Ergebnissen erhalten bleiben.

Antwort:

$1{,}648_{426\,426}$ $(k = 1)$; $1{,}6486_{543\,32}$ $(k = 2)$; $1{,}6487_{086\,96}$ $(k = 3)$;
$1{,}64871_{9223}$ $(k = 4)$; $1{,}6487212_{32}$ $(k = 6)$,

wobei die gültigen Stellen durch große Ziffern bezeichnet sind.

Auch im allgemeinen Fall erreicht man eine Untersuchung der Lösung $w(z)$ in der Umgebung eines beliebigen singulären Punktes A mit Hilfe der analytischen Fortsetzung des Ausgangselements

$$w(z) = w^{(0)} = \sum_{n=0}^{\infty} a_n (z - z_0)^n .$$

Zu diesem Zweck wählt man die Zentren $z_0^{(k)}$ der aufeinander folgenden Elemente am besten am Rand des Kreises $R = |z_0 - A|$, wie es in Bild 59 angedeutet ist. Für alle Werte von $k = 1, 2, 3, \ldots, 11$ erhalten wir dann

$$|z_0^{(k+1)} - z_0^{(k)}| \approx \tfrac{1}{2} R.$$

Dadurch wird bei der Berechnung der Anfangswerte $w(z_0^{(k+1)}), w'(z_0^{(k+1)}), \ldots$, die man zur Konstruktion des nächsten Elements $w(z) = w^{(k+1)}$ benötigt, die Konvergenz der Reihe $w(z) = w^{(k)}$ im Punkt $z_0^{(k+1)}$ gewöhnlich ziemlich gut. Wenn dies hingegen nicht zutrifft, so muß man den Rand des Kreises, auf den man die Zentren $z_0^{(k)}$ verlegen will, in eine größere Anzahl N von Bögen unterteilen, die mit wachsendem N die Größe

$|z_0^{(k+1)} - z_0^{(k)}|$; $k = 1, 2, 3, \ldots, N-1$ und damit alle Potenzen davon kleiner werden. Dadurch wird andererseits bei festen Werten der Koeffizienten die Konvergenz der Reihe verbessert. Nachdem alle Zentren $z_0^{(k)}$ und die ihnen entsprechenden Werte $w(z) = w^{(k)}$ bestimmt sind, können wir die Ausgangsreihe in jeder beliebigen Richtung analytisch fortsetzen, bis wir den nächsten singulären Punkt erreichen.

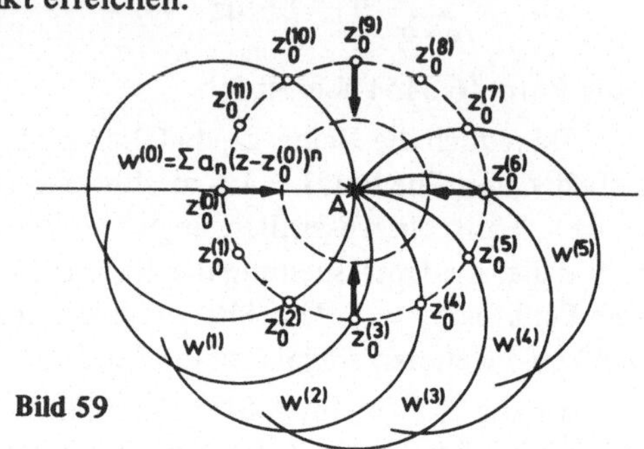

Bild 59

Darüber hinaus können wir eine analytische Fortsetzung auch in der Richtung zum Punkt A hin vornehmen und dadurch eine detaillierte Untersuchung des Lösungsverlaufes in jeder beliebig kleinen Umgebung dieses Punktes durchführen. Wenn insbesondere für $z \to A$ unabhängig von der gewählten Richtung

$$\lim_{z \to A} w(z) = \infty$$

gilt, so handelt es sich beim Punkt A um einen Pol. Wenn die Größe dieses Grenzwertes hingegen von der Wahl der Richtung abhängt, so ist A ein wesentlich singulärer Punkt. Mit Hilfe der analytischen Fortsetzung kann man auch kompliziertere Typen von singulären Punkten untersuchen (zum Beispiel wenn $w(z)$ mehrblättrig ist). Dies ist in [21] dargelegt.

Zur Realisierung des oben beschriebenen Verfahrens hat *N. I. Sinawsky* ein Standardprogramm für eine ERA verfertigt und damit eine Reihe von interessanten Beispielen untersucht [412; 497].

50. Konvergenzverbesserung bei den Reihen für die Jakobischen elliptischen Funktionen

Bei allen analytischen Funktionen, für die eine Potenzreihenentwicklung und die Lage ihrer singulären Punkte bekannt sind, kann man die Konvergenz dieser Reihen durch Abtrennung von Termen, die diesen Singularitäten entsprechen, wesentlich verbessern. Sind die Funktionen durch Differentialgleichungen gegeben, wie dies bei vielen speziellen Funktionen der Fall ist, so muß man vorerst eine hinreichend große Anzahl von Koeffizienten ihrer Potenzreihen aus der entsprechenden Rekursionsformel bestimmen.

Als Beispiel mit vollkommen allgemeinem Charakter wollen wir die Konvergenz der Potenzreihen für die Jakobischen elliptischen Funktionen verbessern.

Wie schon in Abschnitt 44 erwähnt (Beispiel 3), genügen die Jakobischen elliptischen Funktionen

$$w_1 = \mathrm{sn}(z, k); \quad w_2 = \mathrm{cn}(z, k); \quad w_3 = \mathrm{dn}(z, k); \quad z = x + iy \tag{6.316}$$

dem System der drei nichtlinearen Gleichungen

$$w_1' = w_2 w_3; \quad w_2' = -w_1 w_3; \quad w_3' = -k^2 w_1 w_2 \tag{6.317}$$

mit den Anfangsbedingungen

$$z_0 = 0; \quad w_1(0) = 0; \quad w_2(0) = w_3(0) = +1. \tag{6.317'}$$

Stellen wir daher die betrachteten Funktionen durch die Reihen

$$w_1 = \Sigma a_n z^n; \quad w_2 = \Sigma b_n z^n; \quad w_3 = \Sigma c_n z^n \tag{6.318}$$

dar, so findet man die gesuchten Koeffizienten aus den Rekursionsformeln

$$a_{n+1} = \frac{[b_n c_n]}{n+1}; \quad b_{n+1} = -\frac{[a_n c_n]}{n+1}; \quad c_{n+1} = -\frac{k^2 [a_n b_n]}{n+1} \tag{6.319}$$

mit $a_0 = 0,\ b_0 = c_0 = +1$.

Wir berechnen nun nach den Gln. (6.319) eine hinreichend große Anzahl von Koeffizienten a_n, b_n und c_n und finden dadurch auf dem einfachsten Wege die Potenzreihenentwicklungen für die Jakobischen elliptischen Funktionen (bei komplexem Argument $z = x + iy$):

$$\begin{aligned} \mathrm{sn}(z,k) = z &- \frac{1+k^2}{3!} z^3 + \frac{1+14k^2+k^4}{5!} z^5 - \frac{(1+k^6)+135(k^2+k^6)}{7!} z^7 \\ &+ \frac{(1+k^8)+1228(k^2+k^6)+5478k^4}{9!} z^9 \\ &- \frac{(1+k^{10})+11069(k^2+k^8)+165826(k^4+k^6)}{11!} z^{11} \\ &+ \frac{(1+k^{12})+99642(k^2+k^{10})+4494351(k^4+k^8)+13180268k^6}{13!} z^{13} \\ &- [(1+k^{14})+896803(k^2+k^{12})+116294673(k^4+k^{10}) \\ &+ 834687179(k^6+k^8)] \frac{z^{15}}{15!} + \ldots; \end{aligned} \tag{6.320}$$

$$\begin{aligned} \mathrm{cn}(z,k) = 1 &- \frac{z^2}{2!} + \frac{1+4k^2}{4!} z^4 - \frac{1+44k^2+16k^4}{6!} z^6 \\ &+ \frac{1+408k^2+912k^4+64k^6}{8!} z^8 - \frac{1+3688k^2+30768k^4+15808k^6+256k^8}{10!} z^{10} \\ &+ \frac{1+33212k^2+870640k^4+1538560k^6+259328k^8+1024k^{10}}{12!} z^{12} \\ &- (1+298932k^2+22945056k^4+106923008k^6 \\ &+ 65008896k^8+4180992k^{10}+4096k^{12}) \frac{z^{14}}{14!} + \ldots; \end{aligned} \tag{6.321}$$

Tabelle 124

$w_1' = +w_2 w_3;\quad w_2' = -w_1 w_3;\quad w_3' = -k^2 w_1 w_2;\quad w_1(0) = 0;\quad w_2(0) = w_3(0) = +1;$
$w_1 = \mathrm{sn}(z,k) = \Sigma a_n z^n;\quad w_2 = \mathrm{cn}(z,k) = \Sigma b_n z^n;\quad w_3 = \mathrm{dn}(z,k) = \Sigma c_n z^n$

$a_{n+1} = +\frac{[b_n c_n]}{n+1};\quad b_{n+1} = -\frac{[a_n c_n]}{n+1};\quad c_{n+1} = -k^2\frac{[a_n b_n]}{n+1};\quad n \geqslant 0$

n	a_n	b_n	c_n	$[b_n c_n]$	$[a_n b_n]$	$[a_n c_n]$	n
0	0	+1	+1	+1	0	0	0
1	+1	0	0	0	+1	+1	1
2	0	$-\frac{1}{2!}$	$-\frac{k^2}{2!}$	$-\frac{1}{2!}(1+k^2)$	0	0	2
3	$-\frac{1}{3!}(1+k^2)$	0	0	0	$-\frac{1}{3!}(1+k^2+3)$	$-\frac{1}{3!}(1+k^2+3k^2)$	3
4	0	$+\frac{1}{4!}(1+4k^2)$	$+\frac{k^2}{4!}(4+k^2)$	$+\frac{1}{4!}(1+14k^2+k^4)$	0	0	4
5	$+\frac{1}{5!}(1+14k^2+k^4)$	0	0	0	$+\frac{1}{5!}(16+44k^2+k^4)$	$+\frac{1}{5!}(1+44k^2+16k^2)$	5
6	0	$-\frac{1}{6!}(1+44k^2+16k^4)$	$-\frac{k^2}{6!}(16+44k^2+k^4)$	$-\frac{1}{6!}(1+135k^2+ +135k^4+k^6)$	0	0	6
7	$-\frac{1}{7!}(1+135k^2+ +135k^4+k^6)$	0	0	0	$-\frac{1}{7!}(64+912k^2+ +408k^4+k^6)$	$-\frac{1}{7!}(1+408k^2+ +912k^4+64k^6)$	7
8	0	$+\frac{1}{8!}(1+408k^2+ +912k^4+64k^6)$	$+\frac{k^2}{8!}(64+912k^2 408k^4+ +k^6)$	$+\frac{1}{8!}[(1+k^8)+ +1228(k^2+k^6)+ +5478k^4]$	0	0	8
9	$+\frac{1}{9!}[(1+k^8)+ +1228(k^2+k^6)+ +5478k^4]$	0	0	0	$+\frac{1}{9!}(256+15808k^2+ +30768k^4+3688k^6+k^8)$	$+\frac{1}{9!}(1+3688k^2+ +30768k^4+15808k^6+ +256k^8)$	9
10	0	$-\frac{1}{10!}(1+3688k^2+ +30768k^4+15808k^6+ +256k^8)$	$-\frac{k^2}{10!}(256+15808k^2+ +30768k^4+3688k^6+ +k^8)$	$-\frac{1}{10!}[(1+k^{10})+ +11069(k^2+k^8)+ +165826(k^4+k^6)]$	0	0	10
11	$-\frac{1}{11!}[(1+k^{10})+ +11069(k^2+k^8)+ +165826(k^4+k^6)]$	0	0				11

$$\begin{aligned}\operatorname{dn}(z,k) = 1 &- \frac{k^2z^2}{2!} + \frac{4k^2+k^4}{4!}z^4 - \frac{16k^2+44k^4-k^6}{6!}z^6 \\ &+ \frac{64k^2+912k^4+408k^6+k^8}{8!}z^8 \\ &- \frac{256k^2+15\,808k^4+30\,768k^6+3688k^8+k^{10}}{10!}z^{10} \\ &+ (1024k^2+259\,328k^4+1\,538\,560k^6+870\,640k^8 \\ &+ 33\,212k^{10}+k^{12})\frac{z^{12}}{12!} - (4096k^2+4\,180\,992k^4 \\ &+ 65\,008\,896k^6+106\,923\,008k^8+22\,945\,056k^{10} \\ &+ 298\,932k^{12}+k^{14})\frac{z^{14}}{14!} + \dots\,. \end{aligned} \tag{6.322}$$

In Tabelle 124 sind als Muster alle notwendigen Rechnungen bis einschließlich $n = 11$ angeführt. Der Leser möge diese nachvollziehen und dann die Tabelle bis $n = 16$ verlängern.

Die singulären Punkte aller drei betrachteten Funktionen sind die Pole

$$z = 2mK + (2n+1)K'; \qquad m = n = 0;\ \pm 1;\ \pm 2; \dots\,. \tag{6.323}$$

Dabei bedeuten $K = K(k)$ und $K' = K'(k)$ die vollständigen elliptischen Integrale erster Art. m und n sind beliebige ganze Zahlen. Am nächsten beim Punkt $z_0 = 0$ liegen die beiden Pole

$$z = \pm\, iK'.$$

Alle drei Reihen (6.320) bis (6.322) haben daher denselben Konvergenzradius

$$R = K'; \quad \frac{\pi}{2} \leqslant K' \leqslant \infty.$$

Wir trennen nun von diesen Reihen die Singularitäten $z = \pm\, iK'$ ab und erhalten für die Jakobischen Funktionen die neuen und erheblich besser konvergenten Reihen

$$\operatorname{sn}(z,k) = \frac{z}{1+\frac{z^2}{K'^2}} \sum_{\nu=0}^{\infty} a^*_{2\nu+1} z^{2\nu}; \qquad a^*_{2\nu+1} = \frac{a_{2\nu-1}}{K'^2} + a_{2\nu+1}; \tag{6.324}$$

$$\operatorname{cn}(z,k) = \frac{1}{1+\frac{z^2}{K'^2}} \sum_{\nu=0}^{\infty} b^*_{2\nu} z^{2\nu}; \qquad b^*_{2\nu} = \frac{b_{2\nu-2}}{K'^2} + b_{2\nu}; \tag{6.325}$$

$$\operatorname{dn}(z,k) = \frac{1}{1+\frac{z^2}{K'^2}} \sum_{\nu=0}^{\infty} c^*_{2\nu} z^{2\nu}; \qquad c^*_{2\nu} = \frac{c_{2\nu-2}}{K'^2} + c_{2\nu}, \tag{6.326}$$

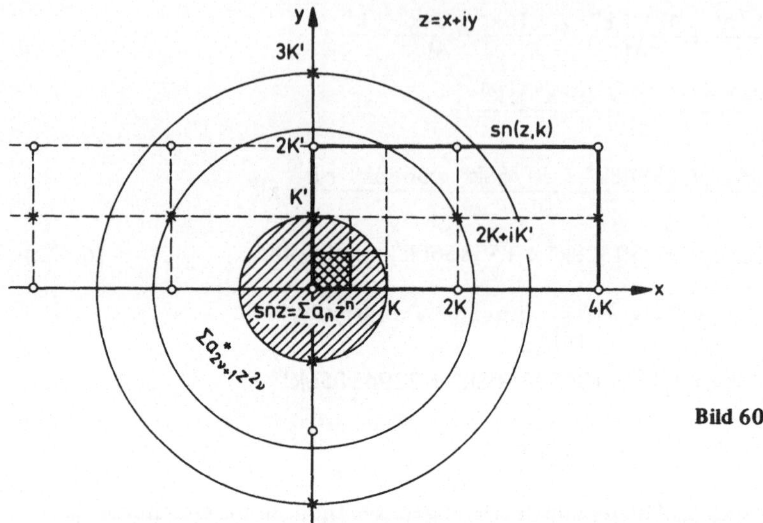

Bild 60

deren Konvergenzradien durch die dem Punkt $z_0 = 0$ am nächsten liegenden Pole (Bild 60)

$$z = \pm\, 2K \pm iK' \quad \text{für} \quad k^2 < 0{,}8284272$$

oder

$$z = \pm\, 3iK' \quad \text{für} \quad k^2 > 0{,}8284272$$

bestimmt wird.

Bei $k^2 = 0{,}8284272$ erhalten wir $K = 2{,}3271854$; $K' = 1{,}6455685$. Damit gilt

$$|2K \pm iK'| = |3K'| = 4{,}9367055.$$

Die Koeffizienten $a^*_{2\nu+1}$, $b^*_{2\nu}$, $c^*_{2\nu}$, deren Größen vom Modul k abhängen, berechnen wir aus den bekannten Koeffizienten a_n, b_n und c_n der Ausgangsreihe. Diese sind in Tabelle 124 angegeben, wobei (für beliebiges k)

$$a^*_1 = a_1 = 1; \quad b^*_0 = b_0 = 1; \quad c^*_0 = c_0 = 1.$$

Die Größe $K' = K'(k)$ bestimmen wir entweder aus Tabellen [633, Bd. I. S. 646; 297, S. 369], wo sie mit acht bedeutsamen Ziffern angegeben sind, oder mit Hilfe der bekannten Reihenentwicklungen [118, Kapitel I, Abschnitt 17; 485, Bd. I, Abschnitt 48].

In den ersten zwei Spalten von Tabelle 125 findet man alle Rechnungen für die Funktion sn(z, k) beim Modulwert $k^2 = 1/2$, für den

$$K(k) = K'(k) = 1{,}8540747; \quad K'^2 = 3{,}4375930.$$

In Tabelle 125 sind noch nach Gl. (6.324) die Werte von sn(z, k) für

$$z = i; \quad z = 1{,}64i; \quad z = \tfrac{1}{2}K; \quad z = K; \quad z = 0{,}77 + 0{,}61i$$

berechnet worden, wobei in den Ergebnissen alle Ziffern mit Ausnahme der letzten gültig sind. Die genauen Werte für die Funktion sn z sind[1])

$$\operatorname{sn} K = 1; \quad \operatorname{sn}\frac{K}{2} = \frac{1}{\sqrt{1+k'}} = \sqrt{2-\sqrt{2}} = 0{,}765\,366\,864\,730\ldots\ .$$

Die Anwendung der Gl. (6.324) auf komplexe Argumentwerte $z = x + iy$ erweist sich nicht komplizierter als die Anwendung auf reelle oder rein imaginäre Argumente.

So bestimmen wir im betrachteten Fall nach Gl. (6.305) aus Abschnitt 49 bei gegebenem

$$z^2 = (0{,}77 + 0{,}61i)^2 = 0{,}2208 + 0{,}9394i$$

alle benötigten Potenzen

$$z^{2\nu} = \operatorname{Re} z^{2\nu} + i\operatorname{Im} z^{2\nu}.$$

Da alle Koeffizienten $a^*_{2\nu+1}$ reelle Zahlen sind, erhalten wir

$$\sum_{\nu=0}^{7} a^*_{2\nu+1} z^{2\nu} = \sum_{\nu=0}^{7} a^*_{2\nu+1} \operatorname{Re} z^{2\nu} + i \sum_{\nu=0}^{7} a^*_{2\nu+1} \operatorname{Im} z^{2\nu}$$
$$= 1{,}01251607 + 0{,}03700184i.$$

Wir setzen nun diese Werte in die Gl. (6.324) ein und ersetzen die Division durch eine komplexe Zahl durch eine Multiplikation mit der konjugierten Zahl. Bei Berücksichtigung von

$$Z \cdot \overline{Z} = |Z|^2 = X^2 + Y^2$$

finden wir schließlich

$$\operatorname{sn}(0{,}77 + 0{,}61i) = \frac{(0{,}77 + 0{,}61i)\,(1{,}01251607 + 0{,}03700184i)}{1 + \dfrac{0{,}2208 + 0{,}9394i}{3{,}4375930}}$$
$$= \frac{(0{,}75706625 + 0{,}64612622i)\,(1{,}06423099 - 0{,}27327261i)}{(1{,}06423099 + 0{,}27327261i)\,(1{,}06423099 - 0{,}27327261i)}$$
$$= \frac{0{,}982261963 + 0{,}480742077i}{1{,}20726552} = 0{,}81362546 + 0{,}39820741i.$$

Berechnen wir dagegen diesen Wert unter Verwendung von fünfstelligen Tafeln für die Jakobischen Funktionen [297, S. 434–493], so erhalten wir

$$\operatorname{sn}(0{,}77 + 0{,}61i) = 0{,}81363 + 0{,}39821i.$$

---

[1]) Die Koeffizienten $a^*_{2\nu+1}$ aus Tabelle 125 erlauben die Bestimmung von sn(K/2) mit höherer Genauigkeit. Dazu benötigt man jedoch einen genaueren Wert für K′ [460, Bd. 2, S. 421]:

$$K' = K\left(\frac{\sqrt{2}}{2}\right) = \frac{1}{4\sqrt{\pi}}\left\{\Gamma\left(\frac{1}{4}\right)\right\}^2 = 1{,}85407468\ldots\ .$$

Tabelle 125

$k^2 = \frac{1}{2}$; $a^*_{2\nu+1} = \frac{a_{2\nu-1}}{3{,}4375930} + a_{2\nu+1}$			$z = i$	$z = 1{,}64i$	$z = \frac{1}{2}K = 0{,}92703735$	$z = K = 1{,}8540747$	$z = 0{,}77 + 0{,}61i$; $z^2 = 0{,}2208 + 0{,}9394i$		
$2\nu + 1$	$a_{2\nu+1}$	$a^*_{2\nu+1}$	$z^{2\nu}$	$z^{2\nu}$	$z^{2\nu}$	$z^{2\nu}$	$\mathrm{Re}\, z^{2\nu}$	$\mathrm{Im}\, z^{2\nu}$	2ν
1	+ 1,000000000	+ 1,000000000	+ 1	+ 1,00000000	+ 1,00000000	+ 1,0000000	+ 1,00000000	0	0
3	- 0,250000000	+ 0,040901221	- 1	- 2,68960000	+ 0,85939825	+ 3,4375930	+ 0,22080000	+ 0,93940000	2
5	+ 0,0687500000	- 0,0039753052	+ 1	+ 7,23394816	+ 0,73856535	+ 11,817046	- 0,83371972	+ 0,41483904	4
7	- 0,0203125000	- 0,0003130411	- 1	- 19,4564270	+ 0,63472177	+ 40,622195	- 0,57378511	- 0,69159984	6
9	+ 0,005891927 08	- 0,0000170039 6	+ 1	+ 52,330006	+ 0,54547878	+ 139,64257	+ 0,52299714	- 0,69171898	8
11	- 0,00171386719	+ 0,00000010159	- 1	- 140,7468	+ 0,4687835	+ 480,0343	+ 0,76527858	+ 0,33857196	10
13	+ 0,00049862593	+ 0,00000005987	+ 1	+ 378,553	+ 0,402872	+ 1650,162	- 0,14908099	+ 0,79365939	12
15	- 0,00014504692	+ 0,00000000397	- 1	- 1018,16	+ 0,34623	+ 5672,59	- 0,77848071	+ 0,03519331	14

$$\mathrm{sn}(i; k) = i\,\frac{0{,}95541946525}{0{,}70909878} = 1{,}3473715i;$$

$$\mathrm{sn}(1{,}64i) = i\,\frac{1{,}64 \cdot 0{,}866440}{1 - 0{,}78240792} = 6{,}53039i;$$

$$\mathrm{sn}(0{,}77 + 0{,}61i) = \frac{(0{,}77 + 0{,}61i)\,(1{,}01251607 + 0{,}03700184i)}{1 + (0{,}06423099 + 0{,}27327261i)} = 0{,}81362546 + 0{,}39820741i$$

$$\mathrm{sn}\,\frac{K}{2} = \frac{K \cdot 1{,}032006519}{2\,(1 + 0{,}25)} = 0{,}76536687$$

$$\mathrm{sn}\,K = \frac{K}{2} \cdot 1{,}0787046 = 0{,}9999995$$

Die aufgewendete Zeit und Mühe ist dabei nicht geringer als bei der direkten Berechnung nach Gl. (6.324), da wir das Additionstheorem

$$\operatorname{sn}(z_1 + z_2) = \frac{\operatorname{sn} z_1 \operatorname{cn} z_2 \operatorname{dn} z_2 + \operatorname{sn} z_2 \operatorname{cn} z_1 \operatorname{dn} z_1}{1 - k^2 \operatorname{sn}^2 z_1 \operatorname{sn}^2 z_2} \tag{6.327}$$

und die Gleichungen für den Übergang von einem imaginären zu einem reellen Argument (für z = y)

$$\operatorname{sn}(iz, k) = i\frac{\operatorname{sn}(z, k')}{\operatorname{cn}(z, k')}; \quad \operatorname{cn}(iz, k) = \frac{1}{\operatorname{cn}(z, k')}; \quad \operatorname{dn}(iz, k) = \frac{\operatorname{dn}(z, k')}{\operatorname{cn}(z, k')} \tag{6.328}$$

verwenden müssen. Bei nichttabellierten Werten des Arguments oder Moduls müssen wir darüber hinaus den gesuchten Funktionswert durch Interpolation aus einer Tabelle mit zwei Eingängen ermitteln. Wir weisen noch darauf hin, daß beim Tabellenrechnen mit einer Erhöhung der Genauigkeit auch der Tabellenumfang stark zunimmt, was den gesamten Rechenaufwand erhöht. Bei Verwendung der Gl. (6.324) kann man dagegen jede beliebige vorgegebene Genauigkeit erzielen, wobei jedes zusätzliche Glied der Reihe die Genauigkeit des Ergebnisses um ein bis zwei Stellen erhöht. Um zum Beispiel in Tabelle 125 die Ergebnisse mit fünf gültigen Stellen zu finden, genügt es, wenn man in Gl. (6.324) die ersten fünf Glieder heranzieht.

Die Berechnung der Funktionen cn(z, k) und dn(z, k) nach den Gln. (6.325) und (6.326) erfolgt vollkommen analog. Wir weisen noch darauf hin, daß man die erhaltenen Ergebnisse am besten mit Hilfe der bekannten Identitäten

$$\operatorname{sn}^2 z + \operatorname{cn}^2 z = 1; \quad \operatorname{dn}^2 z + k^2 \operatorname{sn}^2 z = 1 \tag{6.329}$$

überprüft.

Übung 1: Man berechne nach Gl. (6.324) mit sieben bedeutsamen Ziffern sn(z, k) für

$$k^2 = 0{,}5; \quad z = 0{,}3; \quad z = 0{,}7; \quad z = 1; \quad z = 0{,}37241 - 0{,}42389i$$

und überprüfe die ersten fünf Stellen mit Hilfe der Tabellen [297].

Antwort:

$$\operatorname{sn} 0{,}3 = 0{,}2934127; \quad \operatorname{sn} 0{,}7 = 0{,}6243401; \quad \operatorname{sn} 1 = 0{,}8030017;$$

$$\operatorname{sn}(0{,}37241 - 0{,}42389i) = \frac{(0{,}37241 - 0{,}42389i)(0{,}9987089 - 0{,}0130256i)}{0{,}9880749 - 0{,}0918438i}$$

$$= 0{,}4075899 - 0{,}3954750i.$$

Übung 2: Für die Werte von z und k aus Übung 1 berechne man nach den Gln. (6.325) und (6.326) cn(z, k) und dn(z, k). Die Ergebnisse überprüfe man mit Hilfe der Identitäten (6.239).

Übung 3: Aus den Koeffizienten $a^*_{2\nu+1}$ aus Tabelle 125 berechne man für $k^2 = 0{,}5$ mit größtmöglicher Genauigkeit sn (K/2), sn (iK'/2), sn(K + iK')/2 und analog nach den Gln. (6.325) und (6.326) die Werte

$$\operatorname{cn}\frac{K}{2}, \ \operatorname{cn} i\frac{K'}{2}, \ \operatorname{cn}\frac{K + iK'}{2}, \ \operatorname{dn}\frac{K}{2}, \ \operatorname{dn} i\frac{K'}{2}, \ \operatorname{dn}\frac{K + iK'}{2}.$$

Dieselben Größen berechne man mit sieben bedeutsamen Ziffern für $k^2 = 0{,}247$, wo für

$$k'^2 = 1 - k^2 = 0{,}753; \quad K = 1{,}6841288; \quad K' = 2{,}1619258.$$

Antwort:

$$\operatorname{sn}\frac{K}{2} = \frac{1}{\sqrt{1+k'}}; \quad \operatorname{sn} i\frac{K'}{2} = \frac{i}{\sqrt{k}}; \quad \operatorname{sn}\frac{K+iK'}{2} = \frac{\sqrt{1+k} + i\sqrt{1-k}}{\sqrt{k}};$$

$$\operatorname{cn}\frac{K}{2} = \frac{\sqrt{k'}}{\sqrt{1+k'}}; \quad \operatorname{cn} i\frac{K'}{2} = \frac{\sqrt{1+k}}{\sqrt{k}}; \quad \operatorname{cn}\frac{K+iK'}{2} = \frac{(1-i)\sqrt{k'}}{\sqrt{2k}};$$

$$\operatorname{dn}\frac{K}{2} = \sqrt{k'}; \quad \operatorname{dn} i\frac{K'}{2} = \sqrt{1+k}; \quad \operatorname{dn}\frac{K+iK'}{2} = \sqrt{\frac{k'}{2}}\left(\sqrt{1+k'} - i\sqrt{1-k'}\right).$$

Die bei $k^2 = 0{,}5$ erhaltenen Ergebnisse sind weniger genau und illustrieren daher sehr gut die Effektivität der hergeleiteten Gleichungen. Für

$$0 \leqslant k^2 < 0{,}5$$

ist die Konvergenz der Reihen (6.324) bis (6.326) nämlich besser als bei $k^2 = 0{,}5$. Bei $0{,}5 < k^2 \leqslant 1$ kann man mit Hilfe von Gl. (6.328) und der Substitution $z^* = iz$ immer zum komplementären Modul $k'^2 = 1 - k^2 < 0{,}5$ übergehen.

Mit Hilfe der bekannten Gleichungen für die Jakobischen Funktionen [488, Abschnitt 45]

$$\operatorname{sn}(2K \pm z) = \mp \operatorname{sn} z; \quad \operatorname{cn}(2K \pm z) = -\operatorname{cn} z; \quad \operatorname{dn}(2K \pm z) = \operatorname{dn} z;$$
$$\operatorname{sn}(2iK' \pm z) = \pm \operatorname{sn} z; \quad \operatorname{cn}(2iK' \pm z) = -\operatorname{cn} z; \quad \operatorname{dn}(2iK' \pm z) = -\operatorname{dn} z;$$

$$\operatorname{sn}(K \pm z) = \frac{\operatorname{cn} z}{\operatorname{dn} z}; \quad \operatorname{cn}(K \pm z) = \mp \frac{k' \operatorname{sn} z}{\operatorname{dn} z}; \quad \operatorname{dn}(K \pm z) = \frac{k'}{\operatorname{dn} z};$$

$$\operatorname{sn}(iK' \pm z) = \frac{\pm 1}{k \operatorname{sn} z}; \quad \operatorname{cn}(iK' \pm z) = \mp \frac{i \operatorname{dn} z}{k \operatorname{sn} z}; \quad \operatorname{dn}(iK' \pm z) = \mp \frac{i \operatorname{cn} z}{\operatorname{sn} z}; \tag{6.330}$$

$$\operatorname{sn}[(K + iK') \pm z] = \frac{\operatorname{dn} z}{k \operatorname{cn} z}; \quad \operatorname{cn}[(K + iK') \pm z] = \frac{-ik'}{k \operatorname{cn} z};$$

$$\operatorname{dn}[(K + iK') \pm z] = \pm ik' \frac{\operatorname{sn} z}{\operatorname{cn} z}$$

kann man ein Argument $z = x + iy$ in einem beliebigen Bereich der komplexen Ebene immer durch ein Argument aus dem doppelt schraffierten Quadrat in Bild 60 ersetzen.

Bei fester Anzahl von Gliedern in den Gln. (6.324) bis (6.326) erhalten wir rohe Ergebnisse nur bei

$$k^2 = \frac{1}{2} \quad \text{und} \quad z = \frac{K + iK'}{2}.$$

Für alle anderen Werte von k und z ist die Genauigkeit höher.

Für k = 0 gehen die Jakobischen Funktionen in die trigonometrischen Funktionen

$$\operatorname{sn}(z; 0) = \sin z; \quad \operatorname{cn}(z; 0) = \cos z; \quad \operatorname{dn}(z; 0) \equiv 1 \tag{6.331}$$

und für k = 1 in die hyperbolischen Funktionen über:

$$\operatorname{sn}(z; 1) = \tanh z; \quad \operatorname{cn}(z; 1) = \operatorname{dn}(z; 1) = \frac{1}{\cosh z}. \tag{6.332}$$

Die Jakobischen Funktionen sind doppeltperiodisch. Wie schon erwähnt, haben diese Funktionen unendlich viele Pole, und zwar alle drei dieselben. In Bild 60 sind diese durch Kreuzchen gekennzeichnet. Die kleinen Kreise in diesem Bild bezeichnen die Nullstellen der Funktion sn z. Ihr Periodenparallelogramm ist das Rechteck mit den Seiten 4K und 2K′. Das Periodenparallelogramm für die Funktion cn z ist ein Parallelogramm mit der Grundlinie 4K, der Höhe 2K′ und dem spitzen Winkel $\alpha = \operatorname{arc}\tan K'/K$. Für dn z ist es ein Rechteck mit den Seiten 2K und 4K′.

Für k = 0 gilt

$$K(0) = \frac{\pi}{2}, \quad K'(0) = \infty.$$

Die rein imaginäre Periode 2iK′ verschwindet und daher bleibt bei den trigonometrischen Funktionen gemäß Gl. (6.331) nur die reelle Periode

$$4K = 2\pi.$$

Aus den Gln. (6.320) bis (6.322) und (6.324) bis (6.326) erhalten wir

$$\operatorname{sn}(z; 0) = \sin z = z - \frac{z^3}{3!} + \frac{z^5}{5!} - \frac{z^7}{7!} + \dots,$$

$$\operatorname{cn}(z; 0) = \cos z = 1 - \frac{z^2}{2!} + \frac{z^4}{4!} - \frac{z^6}{6!} + \dots,$$

$$\operatorname{dn}(z; 0) \equiv 1.$$

Für k = 1 erhalten wir

$$K(1) = \infty; \quad K'(1) = \frac{\pi}{2}.$$

Gemäß Gl. (6.332) besitzen die Funktionen tanh z und cosh z die rein imaginären Perioden

$$2iK' = i\pi \quad \text{und} \quad 4iK' = 2i\pi.$$

Abschließend bemerken wir, daß die Effektivität der Gln. (6.324) bis (6.326) bei Verwendung einer ERA erheblich zunimmt. Diese Gleichungen zusammen mit den Gln. (6.319), (6.328) und (6.330) erlauben bei Verwendung einer Großspeichermaschine die Erstellung von Unterprogrammen zur Berechnung der Jakobischen Funktionen im gesamten komplexen Bereich mit beliebig vorgegebener Genauigkeit.

51. Die Verwendung verallgemeinerter Potenzreihen. Die Gleichung von Moigno. Die Gleichung von Thomas-Fermi

Verallgemeinerte Potenzreihen, d. h. Reihen der Form

$$w = z^p \{a_0 + a_1 z^\nu + a_2 z^{2\nu} + a_3 z^{3\nu} + \dots\}, \tag{6.333}$$

benötigen wir immer dann, wenn es sich um die Untersuchung der Lösung in der Umgebung eines singulären Punktes handelt, der weder ein Pol noch eine wesentlich singuläre Stelle ist. In solchen Fällen liefern die gewöhnlichen Potenzreihen nicht die gewünschten Ergebnisse.

Der Übergang zu verallgemeinerten Potenzreihen bietet bei der Untersuchung von Differentialgleichungen keine neuen Schwierigkeiten. Neben den Koeffizienten a_n sind dabei jedoch noch die im voraus unbekannten Werte der Zahlen p und ν zu bestimmen. Sind p und ν positive oder negative ganze Zahlen, so geht die Reihe (6.333) in eine gewöhnliche Potenzreihe oder in eine Laurent-Reihe über.

Wir betrachten alle diese Fragen an Hand von Beispielen, leiten aber vorerst eine Gleichung für die Produkte von Potenzreihen her, die für unsere Zwecke geeigneter ist als die in Abschnitt 29 von Kapitel 4 erhaltene Gleichung.

Es sei eine gewöhnliche Potenzreihe gegeben (d. h. es sei eine Gleichung zur Berechnung ihrer Koeffizienten a_n gegeben):

$$w = \sum_{n=0}^{\infty} a_n z^n = a_0 + a_1 z + a_2 z^2 + \dots ; \quad a_0 \neq 0. \tag{6.334}$$

Gesucht sei die m-te Potenz dieser Reihe:

$$\omega = w^m = \sum_{n=0}^{\infty} A_n z^n ; \quad A_n = a_n^{(m)}. \tag{6.335}$$

Die Bedingung $a_0 \neq 0$ ist nicht wesentlich. Wenn $a_0 = 0$ oder wenn

$$a_0 = a_1 = \dots = a_{p-1} = 0, \quad a_p \neq 0,$$

so stellen wir die gegebene Reihe in der Form

$$w = \sum_{n=0}^{\infty} a_n z^n = a_p z^p + a_{p+1} z^{p+1} + a_{p+2} z^{p+2} + \dots$$
$$= z^p (a_p + a_{p+1} z + a_{p+2} z^2 + a_{p+3} z^3 + \dots)$$

dar und kommen wegen

$$w^m = z^{mp} (a_p + a_{p+1} z + a_{p+2} z^2 + a_{p+3} z^3 + \dots)^m , \quad a_p \neq 0$$

auf den betrachteten Fall zurück.

Auf Grund der letzten Bemerkung finden wir, wenn wir in den Gln. (6.334) und (6.335) $z = 0$ setzen

$$A_0 = a_0^m. \tag{6.336}$$

Zur Bestimmung der übrigen Koeffizienten A_n differenzieren wir die Gl. (6.335) und erhalten

$$\omega' = mw^{m-1}w' = \frac{m}{w}w^m w' = \frac{m}{w}\omega w'$$

oder

$$w\omega' = m\omega w'. \tag{6.337}$$

Wir gehen nun zur Rekursionsformel für diese Differentialgleichung über und erhalten

$$[a_n \dot{A}_{n+1}] = m[A_n \dot{a}_{n+1}], \quad \dot{a}_{n+1} = (n+1)a_{n+1} \tag{6.338}$$

oder ausführlicher

$$a_0\dot{A}_{n+1} + a_1\dot{A}_n + a_2\dot{A}_{n-1} + \ldots + a_n\dot{A}_1 = m(A_0\dot{a}_{n+1} + A_1\dot{a}_n + \ldots + A_n\dot{a}_1).$$

Daraus folgt die von uns gewünschte Gleichung

$$\dot{A}_{n+1} = (n+1)A_{n+1}.$$

Die Resultate erhalten noch eine kompaktere Gestalt, wenn man die in Abschnitt 48 eingeführten Symbole für die unvollständigen Produkte der Reihenkoeffizienten

$$[a_1 b_{n-1}]_1^* = a_1 b_{n-1} + a_2 b_{n-2} + \ldots + a_n b_0 = [a_n b_n] - a_0 b_n \tag{6.339}$$

benützt. Damit erhalten wir

$$[a_n \dot{A}_{n+1}] = a_0\dot{A}_{n+1} + [a_1\dot{A}_n]_1^*$$

und schließlich

$$\dot{A}_{n+1} = \frac{m[A_n\dot{a}_{n+1}] - [a_1\dot{A}_n]_1^*}{a_0}; \quad A_0 = a_0^m; \quad \dot{A}_0 = 0 \tag{6.340}$$

oder ausführlicher

$$\dot{A}_{n+1} = \frac{m(A_0\dot{a}_{n+1} + A_1\dot{a}_n + \ldots + A_n\dot{a}_1) - (a_1\dot{A}_n + a_2\dot{A}_{n-1} + \ldots + a_n\dot{A}_1)}{a_0};$$

$$A_{n+1} = \frac{\dot{A}_{n+1}}{n+1}; \quad n \geqslant 0. \tag{6.340'}$$

Daraus ergibt sich insbesondere für $n = 0$ und $n = 1$:

$$\begin{aligned} A_1 &= \frac{mA_0\dot{a}_1}{a_0} = mA_0\frac{a_1}{a_0}; \quad A_0 = a_0^m; \\ A_2 &= \frac{m(A_0\dot{a}_2 + A_1\dot{a}_1) - a_1A_1}{2a_0} = mA_0\left[\frac{a_2}{a_0} + \frac{m-1}{2}\left(\frac{a_1}{a_0}\right)^2\right]. \end{aligned} \tag{6.341}$$

Die Gln. (6.341) lassen sich zur Kontrolle der Anfangsphase des Rekursionsverfahrens (6.340) verwenden, wo man am leichtesten Fehler begeht.

Beispiel 1: Unter Verwendung der Maclaurinschen Reihe

$$w = e^z = 1 + z + \frac{z^2}{2!} + \frac{z^3}{3!} + \ldots + \frac{z^n}{n!} + \ldots$$

bestimmen wir eine Reihe für die Funktion

$$\omega = w^{\frac{1}{2}} = \sqrt{e^z},$$

die wir schon in Abschnitt 29 von Kapitel 4 betrachtet haben.

Lösung: Aus den bekannten Koeffizienten der Ausgangsreihe

$$a_n = \frac{1}{n!} = \frac{a_{n-1}}{n}\;; \quad a_0 = 1$$

berechnen wir zuerst die entsprechenden Koeffizienten der Ableitung $w' = \Sigma \dot{a}_{n+1} z^n$:

$$\dot{a}_{n+1} = (n+1)\, a_{n+1} = a_n.$$

Wir tragen die Ergebnisse in Tabelle 126 ein. Wegen $a_0 = 1$ gilt auch $A_0 = a_0^m = 1$. Hierauf beenden wir mit Gl. (6.340) die Berechnung der von uns benötigten Koeffizienten $\dot{A}_n$ und $A_n = \dot{A}_n/n$. Die Ergebnisse stimmen vollkommen mit den Ergebnissen in Tabelle 63 (Abschnitt 29) überein. Bei der Rechnung nach Gl. (6.340) benötigt man jedoch in der Rechentabelle bei beliebigem n immer sechs Spalten (von denen man die letzte allerdings nicht anschreiben muß, wenn man sie bei der Berechnung der aufeinanderfolgenden $\dot{A}_n$ unmittelbar berücksichtigt), während bei Verwendung der Gln. (4.37) und (4.38) von Abschnitt 29 die Anzahl der Spalten mit wachsendem n zunimmt.

Wir kehren nun zum Hauptthema dieses Abschnitt zurück und wenden uns Beispielen zu, die vollkommen allgemeinen Charakter tragen. Es handelt sich um eine Gleichung, die bei *F. Moigno* [606, Bd. 2, S. 422 und 432–434] zu finden ist, und um eine Gleichung,

Tabelle 126

$$m = \frac{1}{2};\; a_n = \frac{1}{n!}\;;\; \dot{A}_0 = 0,\; \dot{A}_{n+1} = \frac{1}{2}[A_n\dot{a}_{n+1}] - [a_1 A_n]_1^*;\; A_n = \frac{\dot{A}_n}{n}$$

n	A_n	$\dot{a}_{n+1}$	a_n	$\dot{A}_n$	$[A_n\dot{a}_{n+1}]$	$[a_1\dot{A}_n]_1^*$
0	1,000000	1,000000	– * –		1,0000000	0
1	0,500000	1,000000	1,000000	0,500000	1,5000000	0,5000000
2	0,125000	0,500000	0,500000	0,250000	1,1250000	0,5000000
3	0,020833	0,166667	0,166667	0,062500	0,5625000	0,2708333
4	0,002604	0,041667	0,041667	0,010417	0,2109375	0,1041673
5	0,000260	0,008333	0,008333	0,001301	0,0632804	0,0315094
6	0,000022	0,001389	0,001389	0,000131	0,0158200	0,0078996
7	0,000001			0,000010		

die die Lage der Elektronen im Atom beschreibt und die zum erstenmal von *L. Thomas* und *E. Fermi* 1927 betrachtet worden ist.

Beispiel 2: Wir betrachten das Cauchysche Problem für die Gleichung von *Moigno* [198, Kapitel VII, Abschnitt 100; 261, Kapitel VIII, Abschnitt 1]:

$$y' = \sqrt{y} + \sqrt{x}; \quad x_0 = 0; \quad y(0) = 0. \tag{6.342}$$

Lösung: Wir suchen ein Integral der Gl. (6.342) in Form der verallgemeinerten Potenzreihe

$$y = x^p \sum_{n=0}^{\infty} a_n x^{n\nu}, \tag{6.343}$$

wobei die Exponenten p und ν noch unbestimmt sind.

In unserem Beispiel gilt

$$y' = x^{p-1} \sum_{n=0}^{\infty} (p + n\nu)\, a_n x^{n\nu}, \tag{6.344}$$

$$y^{\frac{1}{2}} = x^{\frac{1}{2}p} \sum_{n=0}^{\infty} A_n x^{n\nu}, \quad A_0 = a_0^{\frac{1}{2}} = \sqrt{a_0}. \tag{6.345}$$

Gemäß Gl. (6.340) bestimmt man dabei die Koeffizienten A_n aus der Ausgangsreihe (6.343) mit $m = 1/2$.

Nach Einsetzen dieser Resultate in die Gl. (6.342) erhalten wir:

$$x^{p-1} \sum_{n=0}^{\infty} (p + n\nu)\, a_n x^{n\nu} = x^{\frac{1}{2}} + x^{\frac{1}{2}p} \sum_{n=0}^{\infty} A_n x^{n\nu}; \quad A_0 = a_0^{\frac{1}{2}} \tag{6.346}$$

oder ausführlicher geschrieben

$$\begin{aligned} &p a_0 x^{p-1} + (p + \nu)\, a_1 x^{p+\nu-1} + (p + 2\nu)\, a_2 x^{p+2\nu-1} + \ldots \\ &\qquad = x^{\frac{1}{2}} + A_0 x^{\frac{p}{2}} + A_1 x^{\frac{p}{2}+\nu} + \ldots\,. \end{aligned} \tag{6.346'}$$

Durch Vergleich der Potenzen von x in den ersten zwei Gliedern der Gl. (6.346) erhalten wir zwei Gleichungen:

$$p - 1 = \frac{1}{2} \quad \text{und} \quad p + \nu - 1 = \frac{p}{2}. \tag{6.347}$$

Ihre Lösungen ergeben die anfangs noch unbestimmten Exponenten p und ν der verallgemeinerten Potenzreihe:

$$p = \tfrac{3}{2}; \quad \nu = \tfrac{1}{4}. \tag{6.348}$$

Somit finden wir:

$$y = x^{\frac{3}{2}} \sum_{n=0}^{\infty} a_n x^{\frac{n}{4}} = a_0 x^{\frac{6}{4}} + a_1 x^{\frac{7}{4}} + \ldots + a_{n+1} x^{\frac{n+7}{4}} + \ldots ; \tag{6.343'}$$

$$y' = \frac{3}{2} a_0 x^{\frac{1}{2}} + \frac{7}{4} a_1 x^{\frac{3}{4}} + \ldots + \frac{n+7}{4} a_{n+1} x^{\frac{n+3}{4}} + \ldots ; \tag{6.344'}$$

$$y^{\frac{1}{2}} = x^{\frac{3}{4}} (A_0 + A_1 x^{\frac{1}{4}} + \ldots + A_n x^{\frac{n}{4}} + \ldots); \quad A_0 = a_0^{\frac{1}{2}}. \tag{6.345'}$$

Nach Einsetzen dieser Angaben in die Ausgangsgleichung (6.342) gelangen wir zu der Identität

$$\frac{3}{2} a_0 x^{\frac{1}{2}} + \frac{7}{4} a_1 x^{\frac{3}{4}} + \frac{8}{4} a_2 x^{\frac{4}{4}} + \ldots + \frac{n+7}{4} a_{n+1} x^{\frac{n+3}{4}} + \ldots$$
$$= x^{\frac{1}{2}} + A_0 x^{\frac{3}{4}} + A_1 x^{\frac{4}{4}} + \ldots + A_n x^{\frac{n+3}{4}} + \ldots .$$

Durch Vergleich der Koeffizienten bei gleichen Potenzen von x ergibt sich:

$$\frac{3}{2} a_0 = 1; \quad \frac{7}{4} a_1 = A_0; \quad \frac{8}{4} a_2 = A_1; \ldots ; \quad \frac{n+7}{4} a_{n+1} = A_n. \tag{6.349}$$

Da sich die Koeffizienten A_n ihrerseits nach Gl. (6.340) durch die Größen a_n ausdrücken lassen, gelangen wir nach Zusammenfassung aller Ergebnisse schließlich zu den Gleichungen:

$$\begin{aligned} &a_0 = \frac{2}{3}; \quad A_0 = \sqrt{a_0}; \quad a_{n+1} = \frac{4A_n}{n+7} = \frac{A_n}{p + (n+1)\nu}; \quad A_n = \frac{\dot{A}}{n}; \\ &\dot{A}_{n+1} = \frac{3}{4} [A_n \dot{a}_{n+1}] - \frac{3}{2} [a_1 \dot{A}_n]_1^*; \quad \dot{a}_{n+1} = (n+1) a_{n+1}. \end{aligned} \tag{6.350}$$

In Tabelle 127 findet man alle Rechnungen zur Bestimmung der Koeffizienten a_n auf acht Dezimalstellen, die mit Hilfe dieser Gleichungen durchgeführt wurden.

Zur Kontrolle der Rechnungen verwenden wir die Tatsache, daß für $x = 1$ gemäß Gl. (6.343) und Gl. (6.345)

$$y(x)|_{x=1} = \sum_{n=0}^{\infty} a_n; \quad y^{\frac{1}{2}}(x)|_{x=1} = \sum_{n=0}^{\infty} A_n$$

und wir daher die Identität

$$\left\{ \sum_{n=0}^{\infty} A_n \right\}^2 = \sum_{n=0}^{\infty} a_n \tag{6.351}$$

erhalten müssen.

Tabelle 127

$p = \frac{3}{2}$; $\nu = \frac{1}{4}$;

$a_0 = \frac{2}{3}$; $A_0 = \sqrt{a_0}$;

$$a_{n+1} = \frac{A_n}{p + (n+1)\nu}; \quad A_n = \frac{\dot{A}_n}{n}; \quad \dot{A}_{n+1} = \frac{3}{4}[A_n \dot{a}_{n+1}] - \frac{3}{2}[a_1 \dot{A}_n]_1^*$$

$\sqrt{0{,}7} = 0{,}836\,660\,027$; $\sqrt{0{,}4} = 0{,}632\,455\,532$

$\sqrt[4]{0{,}7} = 0{,}914\,691\,219$; $\sqrt[4]{0{,}4} = 0{,}795\,270\,729$

n	$p+(n+1)\nu$	a_n	$\dot{A}_n$	A_n	$\dot{a}_{n+1}$	$[A_n\dot{a}_{n+1}]$	$[a_1\dot{A}_n]_1^*$	$x^{p+n\nu}$	$x^{p+n\nu}$	$p+n\nu$	n
0	1,75	+ 0,66666667	0	+ 0,81649658	+ 0,46656947	+ 0,38095238	0	0,58566202	0,25298221	1,50	0
			– * –								
1	2,00	+ 0,46656947	+ 0,28571429	+ 0,28571429	+ 0,28571429	+ 0,36659031	+ 0,13330556	0,53569991	0,20118935	1,75	1
2	2,25	+ 0,14285714	+ 0,07498439	+ 0,03749220	+ 0,04998960	+ 0,13994171	+ 0,07580175	0,49000000	0,16000000	2,00	2
3	2,50	+ 0,01666320	- 0,00874634	- 0,00291545	- 0,00466472	+ 0,01982581	+ 0,01139219	0,44819870	0,12724332	2,25	3
4	2,75	- 0,00116618	- 0,00221893	- 0,00055473	- 0,00100860	- 0,00137388	- 0,00136848	0,40996341	0,10119289	2,50	4
5	3,00	- 0,00020172	+ 0,00102231	+ 0,00020446	+ 0,00040890	- 0,00033804	- 0,00013083	0,3749899	0,0804757	2,75	5
6	3,25	+ 0,00006815	- 0,00005729	- 0,00000955	- 0,00002058	+ 0,00010204	+ 0,00009689	0,34300	0,06400	3,00	6
7	3,50	- 0,00000294	- 0,00006880	- 0,00000983	- 0,00002248	- 0,00000047	- 0,00001463	0,31374	0,05090	3,25	7
8	3,75	- 0,00000281	+ 0,00002159	+ 0,00000270	+ 0,00000648	- 0,00000552	- 0,00000307	0,28697	0,04048	3,50	8
9	4,00	+ 0,00000072	+ 0,00000047	+ 0,00000005	+ 0,00000010	+ 0,00000107	+ 0,00000189	0,2625	0,0322	3,75	9
10	4,25	+ 0,00000001	- 0,00000203	- 0,00000020	- 0,00000055	+ 0,00000009	- 0,00000027	0,24	0,03	4,00	10
11	4,50	- 0,00000005	+ 0,00000047	+ 0,00000004	+ 0,00000012			0,22	0,02	4,25	11
12		+ 0,00000001						0,20	0,02	4,50	12
$\Sigma a_n =$		+ 1,29145167	$\Sigma A_n =$	+ 1,13642056		$y(x) = \Sigma a_n x^{p+n\nu} =$		0,71731909	0,28737092	$= y(x)$	
$\Sigma(p+n\nu)a_n =$		+ 2,13642051	$\{\Sigma A_n\}^2 =$	+ 1,29145169				$x = 0{,}7$	$x = 0{,}4$		

Darüber hinaus gilt für x = 1 gemäß Gl. (6.344)

$$y'(x)|_{x=1} = \sum_{n=0}^{\infty} (p + n\nu)\, a_n$$

und damit in Übereinstimmung mit der Ausgangsgleichung (6.342)

$$\sum_{n=0}^{\infty} (n + p\nu)\, a_n = 1 + \sum_{n=0}^{\infty} A_n. \tag{6.352}$$

Die in den unteren Zeilen von Tabelle 127 angegebene Kontrolle zeigt, daß die Identitäten (6.351) und (6.352) innerhalb der Rechengenauigkeit erfüllt sind.

Nachdem die Koeffizienten a_n bestimmt sind, berechnen wir im Bereich $0 \leqslant x \leqslant 1$ mit derselben Genauigkeit nach Gl. (6.343). Die Gleichung von *Moigno* wird gewöhnlich nur in diesem Intervall betrachtet. Der Rechengang ist aus Tabelle 127 ersichtlich. Für $x = 1$; $x = 0{,}7$; $x = 0{,}4$ ergab sich: $y(1) = \Sigma a_n = 1{,}29145167$; $y(0{,}7) = 0{,}71731909$; $y(0{,}4) = 0{,}28737092$. Dabei sind alle Stellen mit Ausnahme der letzten gültig.

Wir vergleichen die Ergebnisse von Tabelle 127 mit den schon in der Literatur vorhandenen Ergebnissen. Unter diesen sind die genauesten von *A. N. Krylow* [198, S. 311–317] und *P. W. Melentjew* [261, S. 193–198 und 212–218]. Dadurch erkennen wir, daß die dargelegte Methode bei geringem Arbeitsaufwand eine sehr hohe Genauigkeit gewährleistet.

Übung 1: Man berechne nochmals die Tabelle 127 mit sechs Dezimalstellen. Außerdem berechne man $y(x)$ und $y'(x)$ für $x = 0{,}2809$ und $x = 0{,}5374$. Die erhaltenen Resultate kontrolliere man durch Einsetzen in die Ausgangsgleichung

$$y'(x) = \sqrt{x} + \sqrt{y}.$$

Hinweis: Wir bestimmen die Ableitung $y'(x)$ nach Gl. (6.344), indem wir vorerst bei bekannten a_n die Spalte der Größen $(p + n\nu)\, a_n$ berechnen. Die Größen $\dot{a}_{n+1} = (n + 1)\, a_{n+1}$, die in die Rechengleichung (6.350) eingehen, dienen bei einer verallgemeinerten Potenzreihe nicht als Koeffizienten für die Ableitung $y'(x)$.

Die Gln. (6.350) zur Berechnung der gesuchten Koeffizienten kann man vereinfachen, wenn man daraus A_n eliminiert. Das Ergebnis ist nach einfachen Umformungen

$$a_0 = \frac{2}{3};\quad a_1 = \frac{4}{7}\sqrt{a_0};\quad a_2 = \frac{1}{7};\quad a_3 = \frac{\sqrt{a_0}}{49}$$

und für $n \geqslant 4$

$$a_n = \frac{16 a_{n-1} - [8(n+5)\, a_2 a_{n-1} + 9(n+4)\, a_3 a_{n-2} + \ldots + 8(n+5)\, a_{n-1} a_2]}{8(n+6)\sqrt{a_0}}. \tag{6.353}$$

Wir berechnen nach den Gln. (6.353) hinreichend viele Koeffizienten a_n und finden schließlich die Lösung der Gleichung von *Moigno:*

$$y(x)=\frac{2}{3}x^{\frac{6}{4}}+\frac{4\sqrt{a_0}}{7}x^{\frac{7}{4}}+\frac{1}{7}x^2+\frac{\sqrt{a_0}}{49}x^{\frac{9}{4}}-\frac{2}{1715}x^{\frac{10}{4}}-\frac{261\sqrt{a_0}}{1056440}x^{\frac{11}{4}} \qquad (6.354)$$

$$+\frac{9}{132055}x^3-\frac{1383\sqrt{a_0}}{384544160}x^{\frac{13}{4}}-\frac{11574}{4121832715}x^{\frac{14}{4}}+\dots$$

mit

$$a_0=\frac{2}{3};\quad A_0=\sqrt{a_0}=0{,}816496580926014\dots\,.$$

Darüber hinaus wurden in Tabelle 128 mit sieben bis neun bedeutsamen Ziffern die endgültigen Ergebnisse nach den Gln. (6.353) bis einschließlich n = 30 berechnet. Aus den bekannten Koeffizienten a_n konstruieren wir in Bild 61 das Schaubild der Größe

$$R_n=\left|\frac{a_n}{a_{n+1}}\right|,$$

die nur für ganzzahlige n definiert ist. Eine Analyse dieses Schaubildes zeigt, daß R_n nicht gegen einen Grenzwert strebt. Ein Grenzwert existiert jedoch für die Größen

$$R_n^3=\frac{a_n}{a_{n+3}}\quad \text{für } n=3k;\ \ 3k+1;\ \ 3k+2;\ \ k=0,1,2,\dots\,.$$

Dieser Grenzwert wurde ebenfalls in Tabelle 128 berechnet.

Tabelle 128

n	a_n	$a_n:a_{n+3}$	n	a_n	$a_n:a_{n+3}$
0	+ 0,6666666667	+ 40,008	16	$+0{,}2656902\cdot10^{-10}$	+ 37,460
1	+ 0,4665694748	− 400,083	17	$-0{,}1771105\cdot10^{-10}$	+ 48,051
2	+ 0,1428571429	− 708,193	18	$+0{,}2465273\cdot10^{-11}$	+ 61,506
3	$+0{,}166631955\cdot10^{-1}$	+ 244,495	19	$+0{,}7092692\cdot10^{-12}$	+ 38,806
4	$-0{,}116618076\cdot10^{-2}$	+ 397,133	20	$-0{,}3685902\cdot10^{-12}$	+ 46,709
5	$-0{,}201720502\cdot10^{-3}$	+ 71,838	21	$+0{,}4008152\cdot10^{-13}$	+ 64,903
6	$+0{,}681534209\cdot10^{-4}$	+ 94,679	22	$+0{,}1827721\cdot10^{-13}$	+ 39,239
7	$-0{,}293650221\cdot10^{-5}$	− 224,429	23	$-0{,}7891188\cdot10^{-14}$	+ 45,832
8	$-0{,}280797421\cdot10^{-5}$	+ 59,246	24	$+0{,}6175571\cdot10^{-15}$	+ 77,265
9	$+0{,}719832982\cdot10^{-6}$	+ 72,940	25	$+0{,}4657872\cdot10^{-15}$	+ 39,356
10	$+0{,}130843319\cdot10^{-7}$	+ 14,874	26	$-0{,}1721782\cdot10^{-15}$	+ 45,291
11	$-0{,}473949571\cdot10^{-7}$	+ 53,406	27	$+0{,}7992753\cdot10^{-17}$	+ 175,748
12	$+0{,}986889550\cdot10^{-8}$	+ 64,894	28	$+0{,}1183529\cdot10^{-16}$	
13	$+0{,}8796908\cdot10^{-9}$	+ 33,110	29	$-0{,}3801617\cdot10^{-17}$	
14	$-0{,}8874454\cdot10^{-9}$	+ 50,107	30	$+0{,}4547844\cdot10^{-19}$	
15	$+0{,}1520778\cdot10^{-9}$	+ 61,688			

Man darf daher erwarten, daß die dem Punkt x = 0 am nächsten gelegenen singulären Punkte der Lösung der Gleichung von *Moigno* auf den Kreisen $R\approx\sqrt[3]{39}$ und $R\approx\sqrt[3]{45}$ liegen.

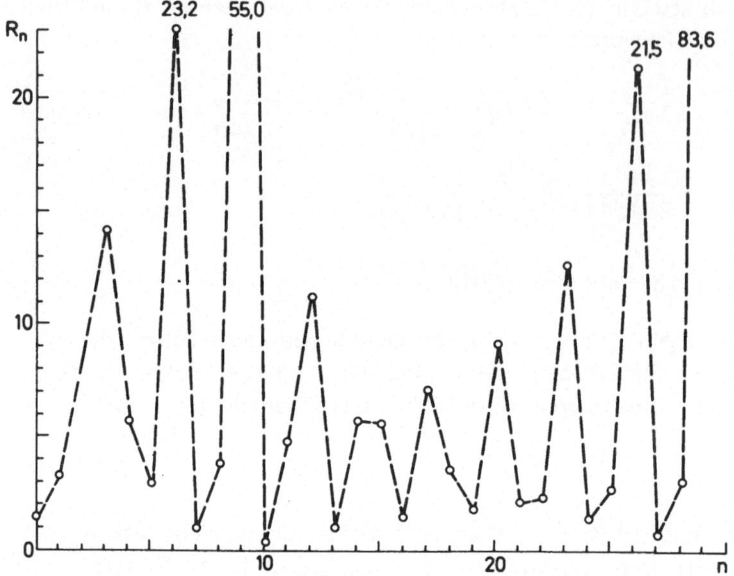

Bild 61

Ein genaueres Ergebnis gewinnt man, wenn man die Berechnung der Koeffizienten a_n fortsetzt und damit den Grenzwert von

$$R_n^3 = \frac{a_n}{a_{n+3}}$$

genauer bestimmt oder mit Hilfe der analytischen Fortsetzung, wie es in Abschnitt 49 dargelegt wurde.

Übung 2: Aus den in Tabelle 128 angegebenen Koeffizienten a_n berechne man mit sechs Dezimalstellen die Werte von $y(x)$ und $y'(x)$ für $x = 2$; $x = 3$; $x = 3{,}5$. Die Ergebnisse kontrollieren man durch Einsetzen in die Ausgangsgleichung (6.342).

Beispiel 3: Wir lösen die singuläre Randwertaufgabe für die Gleichung von *Thomas-Fermi* [628; 571]:

$$\frac{d^2y}{dx^2} = x^{-\frac{1}{2}} y^{\frac{3}{2}}; \quad y(0) = 1; \quad y(x) \to 0 \text{ für } x \to \infty. \tag{6.355}$$

Lösung: Unabhängig voneinander haben (1928–1934) *Skortz-Dragon, Mabriani* und *Lampariello* bewiesen [150, S. 398 und 742; 392, Bd. II, S. 376–377], daß die Randwertaufgabe

$$\frac{d^2y}{dx^2} = f(x, y)\, g(x); \quad y(0) = y_0 > 0; \quad y(x) \to 0 \text{ für } x \to \infty$$

genau eine Lösung besitzt, wenn die folgende Bedingung erfüllt ist.

Die Funktion $f(x, y)$ sei für $x \geqslant 0$, $y \geqslant 0$ stetig, mit y monoton wachsend, genüge bezüglich y einer *Lipschitz*-Bedingung, besitze bei jedem festen $y \geqslant 0$ eine untere Grenze und es gelte $f(x, 0) = 0$ für alle $x \geqslant 0$. Für $x > 0$ sei $g(x)$ stetig, positiv und in jedem endlichen Intervall $0 < x < \infty$ integrierbar. Das Integral $\int_0^\infty g(x)\,dx$ hingegen sei divergent.

In unserem Beispiel sind alle diese Bedingungen erfüllt. Die Gl. (6.355) hat daher eine eindeutige Lösung, die für positive x monoton abnehmend ist. Diese Lösung beschreibt das Verhalten eines neutralen Atoms. Die Gl. (6.355) gilt auch für ein ionisiertes Atom, ihre Lösung strebt aber in diesem Fall nicht mehr nach Null, wenn x gegen Unendlich geht, sondern verschwindet bei einem gewissen Wert $x = x^*$ [228, S. 291–294], der bei jedem konkreten Atom eindeutig bestimmt ist. Wir betrachten die gestellte Aufgabe in einem etwas weiteren Sinne und ersetzen die zweite Randbedingung durch die allgemeinere Bedingung

$$y(x^*) = 0$$

für einen vorgegebenen Wert von x^*, insbesondere auch für $x^* \to \infty$.

Wir suchen die Lösung der gestellten Aufgabe in Form einer Reihe nach Potenzen von $x^{1/2}$:

$$y = \sum_{n=0}^{\infty} a_n x^{\frac{n}{2}} = a_0 + a_1 x^{\frac{1}{2}} + a_2 x + \dots + a_n x^{\frac{n}{2}} + \dots . \tag{6.356}$$

Dabei gilt aufgrund der ersten Randbedingung $a_0 = y(0) = 1$.

In unserem Falle erhalten wir

$$y' = \frac{1}{2} a_1 x^{-\frac{1}{2}} + a_2 + \frac{3}{2} a_3 x^{\frac{1}{2}} + \dots + \frac{n}{2} a_n x^{\frac{n}{2}-1} + \dots ,$$

$$y'' = -\frac{1}{4} a_1 x^{-\frac{3}{2}} + \frac{1 \cdot 3}{2 \cdot 2} a_3 x^{-\frac{1}{2}} + \dots + \frac{n(n-2)}{2 \cdot 2} a_n x^{\frac{n}{2}-2} + \dots .$$

Ferner schreiben wir:

$$y^{\frac{3}{2}} = \sum_{n=0}^{\infty} A_n x^{\frac{n}{2}} = A_0 + A_1 x^{\frac{1}{2}} + A_2 x + \dots + A_n x^{\frac{n}{2}} + \dots . \tag{6.357}$$

Die Koeffizienten A_n ergeben sich dabei nach den Gln. (6.340) für $m = 3/2$ und $a_0 = 1$:

$$\dot{A}_{n+1} = \frac{3}{2} [A_n \dot{a}_{n+1}] - [a_1 \dot{A}_n]_1^*; \quad \dot{a}_n = n a_n . \tag{6.358}$$

Ausführlicher lautet dies:

$$\dot{A}_{n+1} = \frac{3}{2} [A_0 \dot{a}_{n+1} + \dots + A_n \dot{a}_1] - [a_1 \dot{A}_n + a_2 \dot{A}_{n-1} + \dots + a_n \dot{A}_1];$$

$$A_0 = a_0 = 1; \quad A_1 = \frac{3}{2} a_1; \quad A_n = \frac{\dot{A}_n}{n} .$$

Wir setzen diese Ergebnisse in die Ausgangsgleichung (6.355) ein und erhalten:

$$-\frac{1}{4}a_1x^{-\frac{3}{2}}+\frac{3}{4}a_3x^{-\frac{1}{2}}+2a_4+\ldots+\frac{n(n-2)}{4}a_nx^{\frac{n-4}{2}}+\ldots$$

$$=A_0x^{-\frac{1}{2}}+A_1+\ldots+A_nx^{\frac{n-1}{2}}+\ldots.$$

Wir führen nun einen Koeffizientenvergleich durch. Zusammen mit dem aus der ersten Randbedingung gegebenen Wert für a_0 finden wir

$$a_0=1;\quad a_1=0;\quad \frac{3}{4}a_3=A_0=1;\quad a_3=\frac{4}{3};\quad 2a_4=A_1=0;\quad a_n=\frac{4A_{n-3}}{n(n-2)};\quad n\geqslant 3$$

oder

$$a_{n+3}=\frac{4A_n}{(n+1)(n+3)};\quad a_0=A_0=1;\quad a_1=0;\quad n\geqslant 0. \tag{6.359}$$

Die erhaltene Rekursionsformel gestattet die Bestimmung beliebig vieler Koeffizienten der Reihe (6.356). Der Koeffizient a_2 bleibt dabei jedoch unbestimmt. Er ergibt sich erst mit Hilfe der zweiten Randbedingung. In Tabelle 129 sind alle Rechnungen angegeben, die man benötigt, um die ersten 14 Koeffizienten a_n durch den Koeffizienten $a_2=a$ auszudrücken.

Als Ergebnis erhalten wir

$$\begin{aligned}y(x)=1&+ax+\frac{4}{3}x^{\frac{3}{2}}+\frac{2a}{5}x^{\frac{5}{2}}+\frac{1}{3}x^3+\frac{3a^2}{70}x^{\frac{7}{2}}+\frac{2a}{15}x^4\\&+\frac{1}{63}\left(\frac{14}{3}-\frac{a^3}{4}\right)x^{\frac{9}{2}}+\frac{a^2}{175}x^5+\left(\frac{31a}{1485}+\frac{a^4}{1056}\right)x^{\frac{11}{2}}\\&+\left(\frac{4}{405}+\frac{4a^3}{1575}\right)x^6+\left(\frac{557a^2}{100100}-\frac{3a^5}{9152}\right)x^{\frac{13}{2}}+\ldots\end{aligned} \tag{6.360}$$

und entsprechend [1])

$$y'(x)=a+2x^{\frac{1}{2}}+ax^{\frac{3}{2}}+x^2+\frac{3a^2}{20}x^{\frac{5}{2}}+\frac{8a}{15}x^3+\frac{1}{14}\left(\frac{14}{3}-\frac{a^3}{4}\right)x^{\frac{7}{2}}+\ldots,$$

$$y''(x)=x^{-\frac{1}{2}}+\frac{3a}{2}x^{\frac{1}{2}}+2x+\frac{3a^2}{8}x^{\frac{3}{2}}+\frac{8a}{5}x^2+\frac{1}{4}\left(\frac{14}{3}-\frac{a^3}{4}\right)x^{\frac{5}{2}}+\ldots,$$

$$y^{\frac{3}{2}}(x)=1+\frac{3a}{2}x+2x^{\frac{3}{2}}+\frac{3a^2}{8}x^2+\frac{8a}{5}x^{\frac{5}{2}}+\frac{1}{4}\left(\frac{14}{3}-\frac{a^3}{4}\right)x^3+\ldots.$$

---

[1]) Wir bemerken, daß die Größen $\dot{a}_{n+1}=(n+1)\,a_{n+1}$ nicht mit den Koeffizienten der Reihe $y'(x)$ übereinstimmen. Die Reihe (6.356) ist eine verallgemeinerte Potenzreihe.

Tabelle 129

$$a_{n+3} = \frac{4A_n}{(n+1)(n+3)}; \quad \dot{A}_{n+1} = \frac{3}{2}[A_n \dot{a}_{n+1}] - [a_1 A_n]_1^*; \quad A_n = \frac{A_n}{n}; \quad a_0 = A_0 = 1; \; a_1 = 0; \; a_2 = a$$

n	$\frac{(n+1)(n+3)}{4}$	a_n	A_n	A_n	$\dot{a}_{n+1}$	$[A_n \dot{a}_{n+1}]$	$[a_1 A_n]_1^*$
0	$\frac{1\cdot 3}{4}$	– * –		1	0	0	0
1	$1\cdot 2$	0	0	0	2a	2a	0
2	$\frac{3\cdot 5}{4}$	a	3a	$\frac{3}{2}a$	4	4	0
3	$2\cdot 3$	$\frac{4}{3}$	6	2	0	$3a^2$	$3a^2$
4	$\frac{5\cdot 7}{4}$	0	$\frac{3}{2}a^2$	$\frac{3}{8}a^2$	2a	12a	10a
5	$3\cdot 4$	$\frac{2}{5}a$	8a	$\frac{8}{5}a$	2	$10+\frac{3}{4}a^2$	$8+\frac{3}{2}a^3$
6	$\frac{7\cdot 9}{4}$	$\frac{1}{3}$	$7-\frac{3}{8}a^3$	$\frac{7}{6}-\frac{a^3}{16}$	$\frac{3}{10}a^2$	$8a^2$	$\frac{56}{5}a^2$
7	$4\cdot 5$	$\frac{3}{70}a^2$	$\frac{4}{5}a^2$	$\frac{4}{35}a^2$	$\frac{16}{15}a$	$\frac{84}{5}a-\frac{a^4}{8}$	$\frac{316}{15}a-\frac{3}{8}a^4$
8	$\frac{9\cdot 11}{4}$	$\frac{2}{15}a$	$\frac{62}{15}a+\frac{3}{16}a^4$	$\frac{31a}{60}+\frac{3a^4}{128}$	$\frac{2}{3}-\frac{a^3}{28}$	$\frac{28}{3}+\frac{8}{7}a^3$	$\frac{34}{3}+\frac{36}{35}a^3$
9	$5\cdot 6$	$\frac{1}{63}\left(\frac{14}{3}-\frac{a^3}{4}\right)$	$\frac{8}{3}+\frac{24}{35}a^3$	$\frac{8}{27}+\frac{8a^3}{105}$	$\frac{2}{35}a^2$	$\frac{3233}{420}a^2+\frac{3a^5}{64}$	$\frac{2007}{210}a^2+\frac{3a^5}{16}$
10	$\frac{11\cdot 13}{4}$	$\frac{1}{175}a^2$	$\frac{557}{280}a^2-\frac{15a^5}{128}$	$\frac{557a^2}{2800}-\frac{3a^5}{256}$	$\frac{31a}{135}+\frac{a^4}{96}$		
11	$6\cdot 7$	$\frac{31a}{1485}+\frac{a^4}{1056}$					
12	$\frac{13\cdot 15}{4}$	$\frac{4}{405}+\frac{4a^3}{1575}$					
13	$7\cdot 8$	$\frac{557a^2}{100100}-\frac{3a^5}{9152}$					

Wir setzen nun diese Ergebnisse in die Ausgangsgleichung (6.355) ein. Man überzeugt sich so unmittelbar, daß die Reihe (6.360) eine Lösung bietet. Diese Reihe konvergiert jedoch sehr langsam. Wir verwenden daher die analytische Fortsetzung und konstruieren für die Gleichung von *Thomas-Fermi* die Folge von Reihen

$$y = \sum_{n=0}^{\infty} a_n (x - x_0)^n; \quad a_n \equiv a_n^{(k)}; \quad x_0 \equiv x_0^{(k)}; \quad k = \mathrm{I}, \mathrm{II}, \mathrm{III}, \dots \tag{6.361}$$

mit den Zentren $x_0 = x_0^{\mathrm{I}}$, $x_0 = x_0^{\mathrm{II}}$, … .

Da man als Zentren $x_0^{(k)}$ reguläre Punkte der Gl. (6.355) verwenden darf, so kann man in Gl. (6.361) gewöhnliche Potenzreihen verwenden. Zum Unterschied davon ist das Zentrum der verallgemeinerten Reihe (6.356) der erste singuläre Punkt $x = 0$ der Gl. (6.355).

Wir stellen nun $x^{-1/2}$ als Binomialreihe mit dem Zentrum x_0 dar:

$$x^{-\frac{1}{2}} = x_0^{-\frac{1}{2}} \left(1 + \frac{x - x_0}{x_0}\right)^{-\frac{1}{2}} = x_0^{-\frac{1}{2}} \sum_{n=0}^{\infty} \beta_n (x - x_0)^n. \tag{6.362}$$

Dabei gilt

$$\beta_n \equiv \beta_n^{(k)}; \quad x_0 = x_0^{(k)}; \quad \beta_{n+1} = -\frac{n + 0{,}5}{x_0(n+1)} \beta_n; \quad \beta_0 = 1. \tag{6.363}$$

Darüber hinaus haben wir wie früher

$$y^{\frac{3}{2}} = \sum_{n=0}^{\infty} A_n (x - x_0)^n; \quad A_n \equiv A_n^{(k)}, \tag{6.364}$$

wobei die A_n ebenfalls nach den Gln. (6.340) berechnet werden. Die neuen Koeffizienten sind jedoch $a_n \equiv a_n^{(k)}$.

Wir setzen diese Ergebnisse in die Ausgangsgleichung ein und erhalten

$$y'' = \sum_{n=0}^{\infty} \ddot{a}_{n+2} (x - x_0)^n = x_0^{-\frac{1}{2}} \sum_{n=0}^{\infty} \beta_n (x - x_0)^n \cdot \sum_{n=0}^{\infty} A_n (x - x_0)^n.$$

Daraus folgt

$$\ddot{a}_{n+2} = x_0^{-\frac{1}{2}} [\beta_n A_n]$$

oder schließlich

$$a_{n+2} = \frac{[\beta_n A_n]}{x_0^{\frac{1}{2}} (n+1)(n+2)}; \quad a_0 \dot{A}_{n+1} = \frac{3}{2} [A_n \dot{a}_{n+1}] - [a_1 \dot{A}_n]_1^*, \tag{6.365}$$

mit

$$a_0 = y(x_0); \quad a_1 = y'(x_0); \quad A_0 = a_0^{\frac{3}{2}}; \quad A_1 = \frac{3}{2} A_0 \frac{a_1}{a_0}; \quad A_n = \frac{\dot{A}_n}{n}.$$

Das Rechnen nach diesen Gleichungen erfolgt ebenso leicht wie in allen früheren Fällen. Wenn wir das Zentrum $x_0 = x_0^{(k)}$ der entsprechenden k-ten Reihe (6.361) gewählt haben, so berechnen wir zuerst nach Gl. (6.363) die Binomialkoeffizienten β_n. Hierauf verwenden wir die Ausgangsreihe oder die vorhergehende (k–1)-te Reihe und berechnen die ersten zwei gesuchten Koeffizienten

$$a_0 = y(x_0), \quad a_1 = y'(x_0).$$

Daraus ergeben sich dann A_0 und A_1, was aufgrund der Rekursionsformel (6.365) die Bestimmung von beliebig vielen weiteren Koeffizienten $a_n = a_n^{(k)}$ der k-ten Reihe erlaubt. Den gesamten Rechengang kann man auch in allgemeiner Form durchführen, wodurch die Reihen (6.361) die folgende Form erhalten:

$$\begin{aligned} y(x) &= a_0 + a_1(x - x_0) + \frac{a_0^{\frac{3}{2}}}{2x_0^{\frac{1}{2}}}(x - x_0)^2 + \frac{a_0^{\frac{1}{2}}}{12x_0^{\frac{1}{2}}}\left(3a_1 - \frac{a_0}{x_0}\right)(x - x_0)^3 \\ &+ \frac{1}{16x_0^{\frac{1}{2}}}\left\{\frac{a_0^{-\frac{1}{2}}a_1^2}{2} - \frac{a_0^{\frac{1}{2}}a_1}{x_0} + \frac{a_0^{\frac{3}{2}}}{2x_0^2} + \frac{a_0^2}{x_0^{\frac{1}{2}}}\right\}(x - x_0)^4 \\ &- \frac{1}{40x_0^{\frac{1}{2}}}\left\{\frac{a_0^{-\frac{3}{2}}a_1^3}{8} + \frac{3a_0^{-\frac{1}{2}}a_1^2}{8x_0} - \frac{9a_0^{\frac{1}{2}}a_1}{8x_0^2}\right. \\ &\left. - \frac{3a_0a_1}{2x_0^{\frac{1}{2}}} + \frac{5a_0^{\frac{3}{2}}}{8x_0^3} + \frac{a_0^2}{x_0^{\frac{3}{2}}}\right\}(x - x_0)^5 + \dots . \end{aligned} \tag{6.366}$$

Daraus folgt, daß bei gegebenem x_0, a_0, a_1 gilt:

$$\begin{aligned} y'(x) &= a_1 + \frac{a_0^{\frac{3}{2}}}{x_0^{\frac{1}{2}}}(x - x_0) + \frac{a_0^{\frac{1}{2}}}{4x_0^{\frac{1}{2}}}\left(3a_1 - \frac{a_0}{x_0}\right)(x - x_0)^2 + \dots , \\ y''(x) &= \frac{a_0^{\frac{3}{2}}}{x_0^{\frac{1}{2}}} + \frac{a_0^{\frac{1}{2}}}{2x_0^{\frac{1}{2}}}\left(3a_1 - \frac{a_0}{x_0}\right)(x - x_0) + \dots . \end{aligned} \tag{6.367}$$

Wir verwenden nun die gewonnenen Resultate zur Untersuchung des Verlaufs der Integralkurve $y(x)$ in der Umgebung des Punktes $x = x^*$. Für diesen Wert gilt aufgrund der zweiten Randbedingung $y(x^*) = 0$.

Wählen wir bei der analytischen Fortsetzung (6.361) die Folge der Zentren $x_0 = x_0^{(k)}$ so, daß sie immer näher beim Punkt $x = x^*$ zu liegen kommen, in dem die Integralkurve die Abszissenachse schneidet, so finden wir im Grenzfall bei $a_0 = y(x_0)$

$$a_0(x^*) = \lim_{x_0 \to x^*} a_0 = \lim_{x \to x^*} y(x) = y(x^*) = 0.$$

Setzen wir nun $a_0(x^*)$ in die Gln. (6.366) und (6.367) ein, so ergibt sich

$$y(x) = a_1(x - x_0) + \epsilon;$$

$$y'(x) = a_1 + \epsilon_1; \quad y''(x) = \frac{a_0^{\frac{3}{2}}}{x_0^{\frac{1}{2}}} + \epsilon_2,$$

wobei $\epsilon, \epsilon_1, \epsilon_2$ unendlich klein von höherer Ordnung sind, die für $x - x_0 \to 0$ ebenfalls gegen Null streben.

Bei Annäherung an den Punkt $x = x^*$ geht die Integralkurve daher asymptotisch in die Gerade

$$y(x) = a_1(x - x^*) = -a_1(x^* - x)$$

über, deren Steigung durch

$$a_1 = y'(x^*) < 0$$

gegeben ist.

Nach Durchgang durch den Punkt x^* bleibt $y(x)$ negativ. Die Potenzreihe (6.361), deren Koeffizienten reelle Zahlen sind, erfüllt dann die Gleichung von *Thomas-Fermi* nicht mehr, da die rechte Seite der Gl. (6.355) für $x > 0$, $y < 0$ rein imaginär wird, während die linke Seite

$$y'' = \sum_{n=0}^{\infty} \ddot{a}_{n+2} (x - x_0)^n$$

weiterhin reell bleibt. Wenn man also alle Zentren $x_0 = x_0^{(k)}$ auf der reellen Achse wählt, so können wir x_0 zwar beliebig nahe an x^* wählen, wir dürfen aber x^* nicht überschreiten. Wir weisen auch darauf hin, daß gemäß Gl. (6.366) die Koeffizienten a_n ab $n \geqslant 4$ mit $a_0 \to 0$ unbegrenzt anwachsen. Der Prozeß der analytischen Fortsetzung wird dadurch automatisch im Punkt $x = x^*$ unterbrochen. Dieser Punkt ist daher der zweite singuläre Punkt der Gleichung von *Thomas-Fermi*.

Der Verlauf der Funktion $y(x)$ in der Umgebung von $x = x^*$ läßt sich leicht ausführlicher untersuchen, wenn man in den komplexen Bereich übergeht und die Zentren $x_0 = x_0^{(k)}$ längs einer beliebigen Kurve wählt, zum Beispiel längs einer hinreichend kleinen Kreislinie. Wir können dann insbesondere auf der reellen Achse auch in den Bereich rechts vom Punkt $x = x^*$ gelangen. Die Koeffizienten der Reihe (6.361) werden dann allerdings komplexe Größen.

Wir wenden uns nun kurz der Frage zu, wie man eine gegebene Rechengenauigkeit gewährleisten kann. Dazu wählt man bei der analytischen Fortsetzung die Zentren der Reihe nach so, daß bei fester Anzahl N von Gliedern die nächste Reihe die gegebene Genauigkeit garantiert.

Zur Kontrolle kann man die Werte von $y(x)$ und $y'(x)$ zweimal berechnen, einmal mit der (k–1)-ten und ein zweitesmal mit der k-ten Reihe. Die Anzahl der Glieder der momentan vorliegenden Reihe muß so groß sein, daß die beiden Werte für $y(x)$ und $y'(x)$ mit der gegebenen Genauigkeit im Kontrollpunkt übereinstimmen.

So bestimmen wir in unserem Beispiel mit 62 Gliedern der Ausgangsreihe (6.356) für $x = 0{,}3$ mit sieben bis acht gültigen Ziffern die Werte $y(0{,}3)$ und $y'(0{,}3)$. Die Gleichung von *Thomas-Fermi* hat, wie schon erwähnt, im Intervall $[0; x^*]$ nur die beiden singulären Punkte $x = 0$ und $x = x^*$. In unserem Beispiel wird der Konvergenzradius der Potenzreihen (6.361) durch einen der Punkte $x = 0$ oder $x = x^*$ bestimmt, der näher am Zentrum $x_0 = x_0^{(k)}$ liegt. Bei kleinen Werten von x_0 ist der Konvergenzradius daher gleich dem Abstand zwischen dem Zentrum der Reihe und dem Koordinatenursprung:

$$R_k = x_0^{(k)}. \tag{6.368}$$

Nehmen wir daher als Zentrum für die erste Reihe den Punkt

$$x_0 = x_0^{\mathrm{I}} = 0{,}3$$

und beschränken wir uns auf $N = 16$ Glieder[1]), so können wir $y(x)$ und $y'(x)$ für $|x - x_0^{\mathrm{I}}| \leqslant 0{,}025$ mit einheitlicher Genauigkeit berechnen. Die geringste Genauigkeit ergibt sich in den Punkten

$$x = x_0^{\mathrm{I}} - 0{,}025 = 0{,}275 \quad \text{oder} \quad x = x_0^{\mathrm{I}} + 0{,}025 = 0{,}325.$$

Zur Kontrolle dieser Ergebnisse wählen wir den Punkt $x = 0{,}275$ und vergleichen die Werte $y(0{,}275)$ und $y'(0{,}275)$, die wir mit Hilfe der ersten Reihe (6.361) berechnet haben, mit den Werten, die wir mit der Ausgangsreihe (6.356) für $x = 0{,}275$ gefunden haben. Die Genauigkeit ist dabei größer als für $x = x_0 = 0{,}300$, da eine Potenzreihe (bei fester Anzahl von Gliedern) eine umso größere Genauigkeit liefert, je kleiner der Argumentwert ist. Rechtfertigt die Kontrolle die Schrittweite $\Delta x_0 = 0{,}025$ und die Beschränkung auf $N = 16$ Glieder, so nehmen wir als nächstes Zentrum (für $k = \mathrm{II}$)

$$x_0 = x_0^{\mathrm{II}} = 0{,}325.$$

Führen wir bei festem $\Delta x_0 = 0{,}025$ und $N = 16$ noch weitere elf Schritte durch, so gelangen wir schließlich zur Reihe $k = \mathrm{XIII}$ mit dem Zentrum $x_0 = x_0^{\mathrm{XIII}} = 0{,}6$, deren Konvergenzradius doppelt so groß ist wie der Radius der Reihe I, was eine Vergrößerung von Δx_0 als auch der Anzahl N der Glieder erlaubt. Das Verfahren setzen wir solange

---

1) Für $x_0 = 0{,}3$ und $N > 16$ kann bei der Berechnung der Koeffizienten A_n mit Hilfe einer ERA eine Bereichsüberschreitung eintreten. Wir kommen darauf noch am Ende des Abschnitts zurück.

fort, bis wir den Punkt x^* erreichen. Dabei ist jedoch zu berücksichtigen, daß für $x > x^*/2$ der Konvergenzradius der Reihen (6.361) durch

$$R_k = x^* - x_0^{(k)} \tag{6.368'}$$

gegeben ist.

Durch Einsetzen einer Reihe von Werten von

$$a_2 = a = y'(0)$$

in Gl. (6.360) berechnen wir nun die entsprechenden $y(x)$ und $y'(x)$ in jedem beliebigen Punkt x des Intervalls $[0; x^*]$.

Zur endgültigen Kontrolle berechnen wir in allen uns interessierenden Punkten des Intervalls $[0; x^*]$ mit Hilfe der Ausgangsreihe und der Reihen (6.361) die Größe

$$y''(x) = \sum_{n=0}^{N} \frac{n(n-2)}{4} a_n x^{\frac{n}{2}-2}$$

oder

$$y'' = \sum_{n=0}^{N} \ddot{a}_{n+2} (x - x_0)^n; \quad N = N_k; \quad a_n = a_n^{(k)}; \quad x_0 = x_0^{(k)}; \quad k = \text{I}, \text{II}, \ldots$$

und vergleichen das Ergebnis mit der entsprechenden Größe

$$x^{-\frac{1}{2}} y^{\frac{3}{2}} = x^{-\frac{1}{2}} \left\{ \sum_{n=0}^{N} a_n x^{\frac{n}{2}} \right\}^{\frac{3}{2}} \quad \text{oder} \quad x^{-\frac{1}{2}} y^{\frac{3}{2}} = x^{-\frac{1}{2}} \left\{ \sum_{n=0}^{N} a_n (x - x_0)^n \right\}^{\frac{3}{2}}.$$

Stimmen beide Resultate in der gegebenen Anzahl von Ziffern überein, so ist die Wahl der N_k und $\Delta x_0^{(k)}$ berechtigt.

Von *N. I. Sinawsky* stammt ein Standardprogramm für eine ERA "Rasdan-2", das die oben angeführte Methode realisiert und eine Rechengenauigkeit von sechs bis sieben bedeutsamen Ziffern gewährleistet. Man benötigt dabei, obwohl eine große Anzahl von analytischen Fortsetzungen durchgeführt werden (im allgemeinen an die hundert), für die Lösung einer Variante mit Drucken der Ergebnisse nur 2 ... 3 min Maschinenzeit. Bei schnelleren Maschinen genügen dazu einige Sekunden.

In Bild 62 ist eine Reihe von Integralkurven dargestellt, die verschiedenen Werten von $a_2 = a = y'(0)$ entsprechen. In Tabelle 130 findet man die Ergebnisse $y(x)$ und $y'(x)$ für $a = -1{,}588072$ und $a = -1{,}588071$.

Die erste Integralkurve schneidet die Abszissenachse im Punkt $x^* = 23{,}92037$, die zweite hat ein Minimum im Punkt $x = x_{min} = 39{,}923 \ldots$ und geht hierauf nach Unendlich. Aufgrund dieses Sachverhalts dürfen wir daher behaupten, daß im Grenzfall $x^* \to \infty$ die Ungleichung

$$-1{,}588072 < a < -1{,}588071 \tag{6.369}$$

gilt.

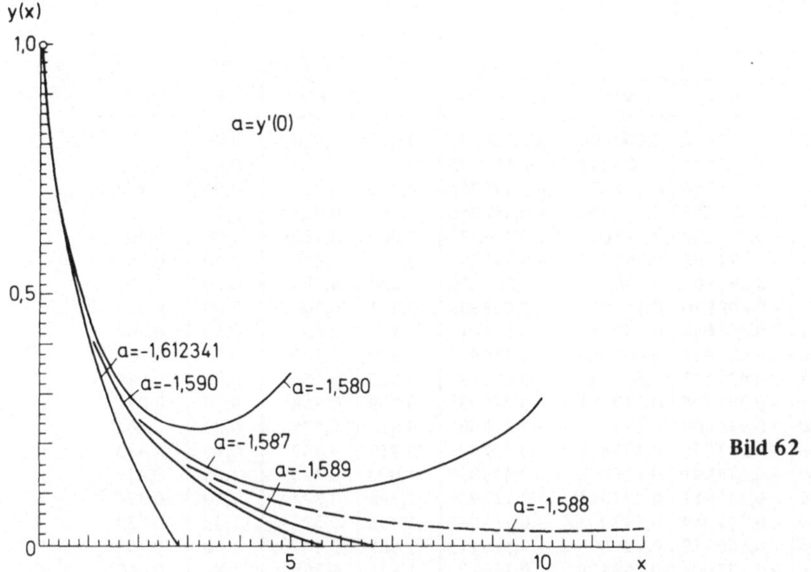

Bild 62

Auf der „Rasdan-2" kann man die Anfangsdaten nur mit sieben bedeutsamen Ziffern angeben. Trotzdem können wir genauere Werte der Anfangssteigung $a_1 = y'(0)$ erhalten, wenn wir durch Interpolation der ursprünglichen Ergebnisse für einen hinreichend großen Wert von x_0 die entsprechenden

$$a_0 = y(x_0) \text{ und } a_1 = y'(x_0)$$

berechnen und daraus mit Hilfe der Reihen (6.361) y(x) und y'(x) für $x > x_0$ und insbesondere x^* oder $x = x_{min}$ bestimmen.

So berechnen wir zum Beispiel durch Interpolation bei $x_0 = 10$ die ersten zwei Koeffizienten der Reihen (6.361)

$$a_0^I = y(10) = 0{,}024314293; \quad a_1^I = y'(10) = -0{,}0046028808$$

und

$$a_0^{II} = y(10) = 0{,}024314273; \quad a_1^{II} = y'(10) = -0{,}0046028872,$$

die den Anfangssteigungen

$$a = a_I = y_I'(0) = -1{,}5880710221 \text{ und } a_{II} = y_{II}'(0) = -1{,}5880710220$$

entsprechen. Wir finden daraus hierauf die folgenden Werte für die gesuchte Funktion y(x):

x	20	30	40	50	60	70
$y_I(x)$	0,0057847	0,002255	0,001111	0,000626	0,000379	0,000137
$y_{II}(x)$	0,0057850	0,002256	0,001114	0,000633	0,000395	0,000190

Tabelle 130

a = y'(0) = - 1,588072			a = - 1,588071		Angaben aus [562]		Angaben aus [228]	
x	y(x)	y'(x)	y(x)	y'(x)	x	y(x)	x	y(x)
0,00	1,000000	- 1,588072	1,000000	- 1,588071	0,000	1,000	0,00	1,000
0,05	0,935192	- 1,155996	0,935192	- 1,155995	0,010	0,985	0,02	0,972
0,10	0,881697	- 0,995356	0,881697	- 0,995355	0,030	0,959	0,04	0,947
0,15	0,834890	- 0,882257	0,834890	- 0,882256	0,060	0,924	0,06	0,924
0,20	0,793059	- 0,794228	0,793059	- 0,794227	0,080	0,902	0,08	0,902
0,25	0,755201	- 0,722308	0,755201	- 0,722307	0,100	0,882	0,10	0,882
0,30	0,720639	- 0,661801	0,720639	- 0,661800	0,200	0,793	0,20	0,793
0,35	0,688879	- 0,609870	0,688879	- 0,609869	0,333	0,700	0,30	0,721
0,40	0,659541	- 0,564644	0,659541	- 0,564642	0,417	0,651	0,40	0,660
0,50	0,606986	- 0,489413	0,606986	- 0,489412	0,500	0,607	0,50	0,607
0,60	0,561161	- 0,429173	0,561162	- 0,429172	0,625	0,552	0,60	0,561
0,70	0,520791	- 0,379796	0,520791	- 0,379795	0,709	0,518	0,70	0,521
0,80	0,484930	- 0,338609	0,484931	- 0,338607	0,833	0,475	0,80	0,485
0,90	0,452858	- 0,303777	0,452859	- 0,303776	0,917	0,449	0,90	0,453
1,00	0,424007	- 0,273991	0,424008	- 0,273989	1,000	0,425	1,00	0,424
1,20	0,374239	- 0,225911	0,374241	- 0,225909	1,208	0,374	1,20	0,374
1,40	0,332899	- 0,189044	0,332901	- 0,189041	1,458	0,322	1,40	0,333
1,60	0,298095	- 0,160118	0,298098	- 0,160115	1,667	0,287	1,60	0,298
1,80	0,268466	- 0,137002	0,268470	- 0,136998	1,875	0,259	1,80	0,268
2,00	0,243005	- 0,118247	0,243009	- 0,118243	2,083	0,234	2,00	0,243
2,20	0,220945	- 0,102835	0,220950	- 0,102831	2,292	0,212	2,20	0,221
2,40	0,201697	- 0,090031	0,201703	- 0,090026	2,500	0,193	2,40	0,202
2,60	0,184796	- 0,079291	0,184802	- 0,079286	2,708	0,176	2,60	0,185
2,80	0,169871	- 0,070206	0,169878	- 0,070200	2,918	0,162	2,80	0,170
3,00	0,156624	- 0,062463	0,156633	- 0,062457	3,125	0,150	3,00	0,157
3,20	0,144812	- 0,055820	0,144822	- 0,055813	3,333	0,138	3,20	0,145
3,40	0,134236	- 0,050084	0,134247	- 0,050077	3,542	0,127	3,40	0,134
3,60	0,124728	- 0,045106	0,124741	- 0,045097	3,750	0,118	3,60	0,125
3,80	0,116151	- 0,040761	0,116166	- 0,040753	3,960	0,110	3,80	0,116
4,00	0,108388	- 0,036953	0,108405	- 0,036944	4,167	0,102	4,00	0,108
4,50	0,091926	- 0,029283	0,091949	- 0,029271	4,583	0,0895	4,50	0,0919
5,00	0,078780	- 0,023574	0,078808	- 0,023560	5,000	0,0788	5,00	0,0788
5,50	0,068124	- 0,019238	0,068161	- 0,019221	5,418	0,0695	5,50	–
6,00	0,059378	- 0,015888	0,059424	- 0,015867	6,042	0,0587	6,00	0,0594
6,50	0,052117	- 0,013259	0,052174	- 0,013235	6,458	0,0526	6,50	–
7,00	0,046029	- 0,011170	0,046099	- 0,011142	7,083	0,0450	7,00	0,0461
8,00	0,036486	- 0,008126	0,036590	- 0,008088	8,125	0,0355	8,00	0,0366
9,00	0,029447	- 0,006081	0,029594	- 0,006032	9,167	0,0287	9,00	0,0296
10,00	0,024116	- 0,004665	0,024319	- 0,004601	10,00	0,0244	10,00	0,0243
11,00	0,019982	- 0,003658	0,020256	- 0,003578	11,16	0,0198	11,00	0,0202
12,00	0,016709	- 0,002927	0,017072	- 0,002828	12,01	0,0171	12,00	0,0171
13,00	0,014065	- 0,002388	0,014537	- 0,002268	12,97	0,0147	13,00	0,0145
14,00	0,011887	- 0,001987	0,012492	- 0,001841	14,12	0,0123	14,00	0,0125
15,00	0,010058	- 0,001685	0,010822	- 0,001511	15,01	0,0109	15,00	0,0108
20,00	0,003743	- 0,001010	0,005831	- 0,000639	20,00	0,0058	20,00	0,0058
23,50	+ 0,000392	- 0,000933	–	–	22,85	0,0043	25,00	0,0035
24,00	- 0,000074	- 0,000933	0,003911	- 0,000354	24,00	0,0038	30,00	0,0023
30,00	–	–	0,002470	- 0,000153	30,00	0,0022	40,00	0,0011
39,00	–	–	0,001798	- 0,000011	34,29	0,0016	50,00	0,00063
40,00	–	–	0,001793	+ 0,000001	36,92	0,0011	60,00	0,00039

Für die Ableitung y′(x) ergibt sich:

x	20	30	40	50	60	70
$y_I'(x)$	- 0,00064729	- 0,0001808	- 0,0000699	- 0,0000331	- 0,0000182	- 0,0000115
$y_{II}'(x)$	- 0,00064725	- 0,0001807	- 0,0000696	- 0,0000325	- 0,0000171	- 0,0000097

Die Interpolation selbst führen wir nach den Gln. (2.58) und (2.62) aus Abschnitt 13 von Kapitel 2 durch. Wir gehen dabei von den vier Integralkurven aus, die den Werten

$$a = -1{,}588070; \quad a = -1{,}588071; \quad a = -1{,}588072; \quad a = -1{,}588073$$

entsprechen und die in Bild 63 dargestellt sind. Die Ausgangswerte für y(x) und y′(x) sollen sieben bedeutsame Ziffern haben.

Eine bessere „untere“ Integralkurve ist daher $y_I(x)$, die die x-Achse im Punkt $x^* \approx 98$ schneidet. Eine bessere „obere“ Integralkurve ist $y_{II}(x)$ mit einem Minimum im Punkt $x = x_{min} \approx 114$, $y_{min} = \approx 0{,}00011$. Die frühere Ungleichung für den Grenzfall $x^* \to \infty$ ersetzen wir daher jetzt durch die genauere Ungleichung

$$-1{,}5880710221 < a < -1{,}5880710220. \tag{6.369'}$$

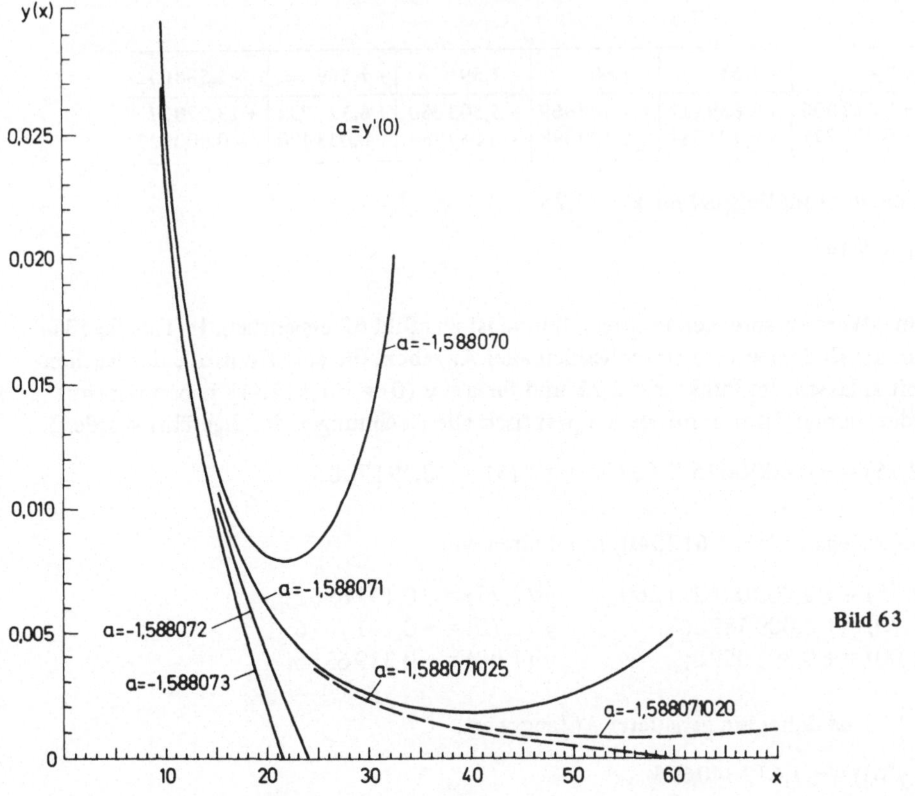

Bild 63

Durch Fortsetzung dieses Verfahrens kann man die Anfangssteigung $a = y'(0)$ noch genauer bestimmen. Dies ist jedoch nicht notwendig, da bei größeren Entfernungen die Gleichung von *Thomas-Fermi* nicht mehr anwendbar ist [228, S. 291]. Wir weisen noch darauf hin [392, Bd. II, S. 376–377], daß für den Grenzfall $x^* \to \infty$ *Fermi* auf graphischem Wege $a = y'(0) = -1{,}58$ gefunden hat. *Sommerfeld* und *Miranda* haben diesen Wert verbessert und dafür $a = -1{,}589$ und $a = -1{,}588$ gefunden. *Baker* bestimmte durch iterative Näherung die ersten acht Glieder der Reihe (6.360) und fand $a = -1{,}588558$. In diesem Resultat sind jedoch die letzten drei Dezimalstellen ungültig [497].

Zum Vergleich der Ergebnisse sind in den letzten vier Spalten von Tabelle 130 die Daten angegeben, die *Buch* und *Caldwell* mit dem Buchschen Differentialanalysator unmittelbar für den Grenzfall $x^* \to \infty$ gefunden haben [562]. Außerdem findet man dort die Resultate von *Landau* und *Lifschitz* [228, S. 291].

Eine Gegenüberstellung dieser Ergebnisse zeigt, daß die Reihenmethode eine höhere Genauigkeit zuläßt, die sich bei Bedarf leicht noch verbessern läßt.

Für ein ionisiertes Atom, bei dem $y(x^*) = 0$ für gegebenes x^* sein muß, erhält man die entsprechende Anfangssteigung $a = y'(0)$ durch Interpolation aus den folgenden Daten [497]:

$a_2 = a$	$-1{,}62$	$-1{,}61$	$-1{,}60$	$-1{,}59$	$-1{,}589$	$-1{,}588072$
x^*	$+2{,}517006$	$+2{,}839117$	$+3{,}408869$	$+5{,}503060$	$+6{,}527732$	$+23{,}92037$
$y'(x^*)$	$-0{,}222777$	$-0{,}181381$	$-0{,}130398$	$-0{,}049284$	$-0{,}033490$	$-0{,}000933$

So haben wir zum Beispiel für $x^* = 2{,}75$

$$a = -1{,}612341.$$

Die diesem a-Wert entsprechende Integralkurve ist aus Bild 62 ersichtlich. In Tabelle 131 findet man die Endergebnisse einschließlich aller Angaben, die eine Kontrolle der Rechengenauigkeit zulassen. Im Punkt $x = 2{,}75$ und für $a = y'(0) = -1{,}612341$ haben wir (mit sieben bedeutsamen Ziffern, mit denen praktisch alle Rechnungen durchgeführt wurden):

$$y(2{,}75) = -0{,}000002572607; \quad y'(2{,}75) = -0{,}1917005.$$

Wählen wir dagegen $a = -1{,}612340$, so erhalten wir

$$y(2{,}75) = +0{,}000004291260; \quad y'(2{,}75) = -0{,}1916962;$$
$$y(2{,}70) = +0{,}009589267; \quad y'(2{,}70) = -0{,}1917076;$$
$$y(1{,}00) = +0{,}3910570; \quad y'(1{,}00) = -0{,}3196316.$$

Für $x^* = 2{,}75$ ist daher ein genauerer Anfangswert:

$$a = y'(0) = -1{,}612340625\ldots.$$

Tabelle 131

x	y(x)	y′(x)	y″(x)	$y^{3/2}(x)$	$x^{-1/2}y^{3/2}$
0,00	1,000000	- 1,612341	–	–	–
0,05	0,933973	- 1,180531	4,036608	0,9026129	4,036608
0,10	0,879240	- 1,020366	2,607121	0,8244440	2,607121
0,15	0,831168	- 0,907873	1,956536	0,7577632	1,956536
0,20	0,788039	- 0,820548	1,564252	0,6995547	1,564252
0,25	0,748846	- 0,749417	1,296040	0,6480201	1,296040
0,30	0,712907	- 0,689772	1,098977	0,6019345	1,098977
0,35	0,679725	- 0,638769	0,9472529	0,5604022	0,9472529
0,40	0,648918	- 0,594533	0,8265219	0,5227383	0,8265219
0,45	0,620181	- 0,555748	0,7280672	0,4884023	0,7280672
0,50	0,593268	- 0,521450	0,6462367	0,4569582	0,6462367
0,60	0,544124	- 0,463565	0,5181683	0,4013716	0,5181683
0,70	0,500188	- 0,416735	0,4228157	0,3537529	0,4228157
0,80	0,460499	- 0,378276	0,3493797	0,3124947	0,3493797
0,90	0,424316	- 0,346348	0,2913484	0,2763973	0,2913485
1,00	0,391056	- 0,319634	0,2445445	0,2445445	0,2445445
1,20	0,331507	- 0,278186	0,1742404	0,1908708	0,1742404
1,40	0,278996	- 0,248577	0,1245471	0,1473660	0,1245470
1,60	0,231511	- 0,227494	0,0880636	0,1113926	0,0880636
1,80	0,187577	- 0,212757	0,0605527	0,0812400	0,0605527
2,00	0,146087	- 0,202845	0,0394824	0,0558365	0,0394823
2,20	0,106193	- 0,196637	0,0233308	0,0346052	0,0233309
2,40	0,067245	- 0,193242	0,0112560	0,0174377	0,0112560
2,60	0,028760	- 0,191881	0,0030248	0,0048774	0,0030248
2,70	0,009583	- 0,191712	0,0005709	0,0009381	0,0005709

Zum Abschluß bemerken wir, daß keine exakte Lösung für die Gleichung von *Thomas-Fermi* (6.355) existiert, welche gleichzeitig den beiden Randbedingungen

$$y(0) = 1 \quad \text{und} \quad y(x)|_{x=\infty} = 0$$

genügt.

Würden wir etwa die Genauigkeit der Ungleichungen (6.369) oder (6.369′) noch weiter erhöhen, die die Anfangssteigung für den Grenzfall $x^* \to \infty$ definieren, so erhielten wir wohl neue Paare von „unteren" und „oberen" Integralkurven, die bei endlichem x gegen eine Grenzlage streben, aber keine dieser Kurven verläuft durch den Punkt $y = 0$, $x = \infty$.

Andererseits besitzt die Gl. (6.355) die exakte Lösung (die man leicht mit Hilfe von verallgemeinerten Potenzreihen erhält):

$$y = \frac{144}{x^3}. \tag{6.370}$$

Diese Lösung erfüllt $y(\infty) = 0$, aber nicht die erste Randbedingung $y(0) = 1$.

Bemerkung: Bei der analytischen Fortsetzung der Reihen (6.361) sind wir gezwungen, uns auf sehr wenige Glieder zu beschränken, um eine Bereichsüberschreitung zu vermeiden. Die Koeffizienten A_n und a_n wachsen nämlich sehr schnell an.

Dieses Hindernis kann man umgehen, wenn man zu den neuen Koeffizienten

$$a_n^* = \mu^n a_n; \quad A_n^* = \mu^n A_n; \quad \beta_n^* = \mu^n \beta_n; \quad 0 < \mu < 1$$

übergeht und den Faktor μ (als echten Bruch) so wählt, daß er dem Anwachsen der ursprünglichen Koeffizienten entgegenwirkt. Die Formeln für die Berechnung der neuen Koeffizienten erhalten wir unmittelbar aus den Rekursionsformeln (6.363) und (6.365). Sie lauten:

$$\beta_{n+1}^* = -\frac{\frac{\mu}{x_0}\left(n + \frac{1}{2}\right)}{n+1}\,\beta_n^*; \quad \beta_0^* = \beta_0 = 1; \tag{6.371}$$

$$\dot{a}_{n+2}^* = \frac{\mu^2\,[\beta_n^* A_n^*]}{x_0^{\frac{1}{2}}\,(n+1)}; \quad a_0^* A_{n+1}^* = \frac{3}{2}\,[A_n^* \dot{a}_{n+1}^*] - [a_1^* A_n^*]_1^* \tag{6.372}$$

mit

$$a_0^* = a_0 = y(x_0); \quad a_1^* = \mu a_1 = \mu y'(x_0); \quad A_0^* = A_0 = a_0^{\frac{3}{2}};$$

$$a_{n+2}^* = \frac{\dot{a}_{n+2}^*}{n+2}; \quad A_n^* = \frac{\dot{A}_n^*}{n}.$$

Die ersten beiden Gleichungen unterscheiden sich somit von den ursprünglichen nur durch die Faktoren μ und μ^2. Die Koeffizienten A_n^* berechnen wir überhaupt nach den ursprünglichen Gleichungen, in denen a_n durch a_n^* und A_n durch A_n^* ersetzt worden ist.

Die Größen $y(x)$ und $y'(x)$ finden wir nun aus den Koeffizienten a_n^* gemäß den Gleichungen

$$y(x) = \sum_{n=0}^{\infty} a_n (x - x_0)^n = \sum_{n=0}^{\infty} \mu^n a_n \left(\frac{x - x_0}{\mu}\right)^n = \sum_{n=0}^{\infty} a_n^* \left(\frac{x - x_0}{\mu}\right)^n, \tag{6.373}$$

$$y'(x) = \sum_{n=0}^{\infty} \dot{a}_{n+1} (x - x_0)^n = \frac{1}{\mu} \sum_{n=0}^{\infty} \dot{a}_{n+1}^* \left(\frac{x - x_0}{\mu}\right)^n. \tag{6.374}$$

Es gilt nämlich

$$\dot{a}_{n+1}^* = \mu^{n+1}\,\dot{a}_{n+1} = (n+1)\,a_{n+1}^*.$$

Das dargelegte Verfahren hat allgemeinen Wert. Es erlaubt die Vermeidung von Bereichsüberschreitungen immer dann, wenn die Koeffizienten einer Reihe exponentiell anwachsen. Dabei erhält man alle Rechengleichungen leicht aus der Ausgangsdifferentialgleichung, wenn man die lineare Transformation $x = \mu x^* + x_0$ durchführt.

Im Falle der Gleichung von *Thomas-Fermi* nimmt man als Faktor μ am besten

$$\mu = a_0 = y(x_0).$$

52. Abschließende Bemerkungen

Potenzreihen zur Integration von Differentialgleichungen verwendete man bereits zu Beginn der Differential- und Integralrechnung. Bereits in einer Reihe von Arbeiten von *I. Newton* (1642–1727), *G. Leibnitz* (1646–1716), *Jakob Bernoulli* (1654–1705) und *Johann Bernoulli* (1667–1748) findet man systematische Beschreibungen der Methode der unbestimmten Koeffizienten zur Lösung von linearen und einigen nichtlinearen Differentialgleichungen. Ein bedeutender Schritt in dieser Richtung erfolgte von *L. Euler* (1707–1783).

Euler schlug vor, die Lösung der Gleichung

$$y' = f(x, y),$$

mit der Anfangsbedingung $y(0) = 0$ in Form der Potenzreihe

$$y(x) = a_1 x + a_2 x^2 + \ldots + a_n x^n + \ldots,$$

zu suchen und die Koeffizienten nach der Taylorschen Formel (*Taylor,* 1685–1731)

$$a_n = \frac{y^{(n)}(0)}{n!}; \quad a_1 = y'(0) = f(x, y)\Big|_{y=0}^{x=0}$$

zu bestimmen. Dazu hat man die Ausgangsgleichung der Reihe nach immer weiter abzuleiten:

$$y'' = \frac{\partial f}{\partial x} + \frac{\partial f}{\partial y} y',$$

$$y''' = \frac{\partial^2 f}{\partial x^2} + 2 \frac{\partial^2 f}{\partial x \partial y} y' + \frac{\partial^2 f}{\partial y^2} y'^2 + \frac{\partial f}{\partial y} y'',$$

....

Diese Methode von *Euler* wurde vor zweihundert Jahren zur Untersuchung der Mondbewegung und zur Lösung der Riccatischen Gleichung verwendet. Sie ist in den Kapiteln VII und VIII des zweiten Bandes seiner Memoiren Institutionis Calculi Integralis, Petropoli, 1769 beschrieben.

In der Folge fand die Methode von *Euler* breite Verwendung bei der Lösung verschiedener theoretischer Probleme. Ihre praktische Bedeutung ist dadurch eingeschränkt, daß die Ableitungen der Funktion $f(x, y)$ bei größerem n sehr schwierig zu finden sind. Gewöhnlich benötigt man bei dieser Methode mehr als 5 bis 10 Reihenglieder. Alle diese Schwierigkeiten werden beseitigt, wenn man die Koeffizienten a_n nicht nach der Taylorschen Formel, sondern nach der Formel von *Cauchy* (1789–1857) für die Multiplikation von Potenzreihen bestimmt, wie es in den Abschnitten 41 bis 51 geschehen ist. Wir bemerken noch, daß die Cauchysche Formel für eine sehr weite Klasse von Differentialgleichungen rekursionsartige Algorithmen liefert, die man leicht für eine ERA programmieren kann.

Wir wenden uns nun noch kurz der Frage zu, wie man eine vorgegebene Rechengenauigkeit sicherstellt und beginnen dabei mit der Formulierung eines Existenz- und

Eindeutigkeitssatzes für eine Gleichung erster Ordnung, die bezüglich der Ableitung aufgelöst ist.

Existenztheorem (Cauchy). *Es sei* $f(x; y)$ *im Bereich* D,

$$D: x_0 - a \leqslant x \leqslant x_0 + a; \quad y_0 - b \leqslant y \leqslant y_0 + b,$$

eine stetige Funktion der beiden unabhängigen Variablen x *und* y, *dann existiert mindestens eine Lösung* $y = \varphi(x)$ *der Gleichung*

$$y' = f(x; y), \tag{6.375}$$

welche für $x = x_0$ *den Wert* $y = y_0$ *annimmt. Diese Lösung ist definiert und stetig im Intervall*

$$x_0 - h \leqslant x \leqslant x_0 + h,$$

wobei h *das Minimum der beiden Zahlen* a *und* b/M *bedeutet, d. h.*

$$h = \min\left(a; \frac{b}{M}\right), \tag{6.376}$$

M *bezeichnet das Maximum des Betrages von* $f(x; y)$ *im Bereich* D.

Da eine stetige Funktion in einem abgeschlossenen Bereich beschränkt ist, folgt aus den Bedingungen des Theorems automatisch die Existenz einer positiven Zahl M, für die in allen Punkten des Bereiches D die Ungleichung

$$|f(x; y)| \leqslant M$$

erfüllt ist. Diese Bedingung braucht daher nicht eigens formuliert zu werden, wie dies manchmal in der Literatur vorkommt.

Wenn die Funktion $f(x; y)$ *nicht nur stetig ist, sondern im Bereich* D *auch einer Lipschitzbedingung genügt, d. h. wenn bei festem* x *für zwei zu* D *gehörige* y*-Werte* y_1 *und* y_2 *die Ungleichung*

$$|f(x; y_1) - f(x; y_2)| < N\,|y_1 - y_2| \tag{6.377}$$

gilt, wobei N *von* x, y_1 *und* y_2 *unabhängig sein muß, so ist die Lösung*

$$y = \varphi(x); \quad \varphi(0) = y_0$$

des gestellten Cauchyschen Problems eindeutig und stellt eine stetige Funktion des Anfangswerts y_0 *dar.*

Dieses Existenztheorem wurde zuerst von *O. Cauchy* (1789–1857) bewiesen, später dann von *E. Piccard* (1856–1941) (für Normalsysteme von Differentialgleichungen) mit Hilfe der von ihm erarbeiteten Methode der sukzessiven Näherung, die auch die Bestimmung der Lösung mit beliebiger Genauigkeit erlaubt.

J. Peano (1858–1932) verdankt man einen Beweis des Theorems unter weniger Voraussetzungen. Er bewies nämlich, daß es für die Existenz einer Lösung bereits hinreicht, wenn man nur die Stetigkeit der Funktion $f(x; y)$ bezüglich eines Arguments fordert. Wenn jedoch $f(x; y)$ nicht zusätzlichen Bedingungen genügt, so kann ein Anfangswert im allgemeinen nicht nur eine Lösung liefern, d. h. der Eindeutigkeitssatz gilt nicht mehr. Darüber hinaus hat *M. A. Lawrentjew* [210] ein Beispiel für eine Differentialgleichung der Form (6.375) angegeben, bei der zwar $f(x; y)$ stetig ist, bei der aber durch jeden Punkt des Bereiches D mindestens zwei Integralkurven verlaufen.

Die Eindeutigkeit der Lösung kann man auch bei schwächeren Bedingungen zeigen, zum Beispiel mit Hilfe des Theorems von Osgud, das bei *I. G. Petrowsky* [330, Kapitel III, Abschnitt 12] zu finden ist.

Die bezüglich der Gl. (6.375) erhaltenen Ergebnisse lassen sich auf Gleichungen höherer Ordnung, auf Systeme von solchen Gleichungen und auf komplexe Bereiche verallgemeinern. Ausführliche Darstellungen und Hinweise auf weitere Literatur findet man in [72, 150, 259, 299, 330, 392, 437].

Mit Hilfe des Existenz- und Eindeutigkeitstheorems kann man beweisen, daß die Reihenmethode bei einer bestimmten Klasse von Differentialgleichungen jede beliebige vorgegebene Genauigkeit gewährleistet. Es liege etwa die Gleichung

$$\frac{dw}{dz} = f(z; w) \tag{6.378}$$

vor, worin $f(z; w)$ eine analytische Funktion zweier komplexer Veränderlicher im Bereich D,

$$|z - z_0| < a; \quad |w - w_0| < b,$$

darstellt, die in D beschränkt ist:

$$|f(z; w)| \leqslant M.$$

Außerdem sei $f(z; w)$ stetig in D. In D existiere eine Lösung in Form der Potenzreihe

$$w = c_0 + c_1(z - z_0) + \ldots + c_n(z - z_0)^n + \ldots; \quad c_0 = w(z_0), \tag{6.379}$$

die wenigstens innerhalb des Kreises

$$|z - z_0| < \rho; \quad \rho = \min\left(a; \frac{b}{M}\right); \quad \rho \leqslant R, \tag{6.380}$$

konvergiere, wobei R der zwar vorhandene, anfangs aber unbekannte Konvergenzradius von Gl. (6.379) sei.

Wenn nun in unserem Fall der Konvergenzradius

$$\rho = a$$

ist, so wird mit hinreichend vielen Gliedern der Reihe (6.379) in allen uns interessierenden Punkten z mit

$$|z - z_0| < a$$

die geforderte Genauigkeit gewährleistet. Wenn hingegen $\rho < a$ gilt, so müssen wir die analytische Fortsetzung heranziehen, gemäß der Bedingung

$$|\Delta z_0| \leqslant \tfrac{1}{2}\rho$$

ein neues Zentrum wählen und das gesamte Verfahren wiederholen. Auf diese Weise erweitern wir entweder den Holomorphiebereich auf die gewünschten Ausmaße, oder wir gelangen beliebig nahe an den nächsten singulären Punkt der Gl. (6.378) heran, der den wahren Konvergenzradius R der Reihe (6.379) definiert.

Eine Kontrolle der gewählten Anzahl N von Gliedern der Reihe ist unerläßlich. Man setzt dazu das Polynom vom Grade N, durch das wir praktisch die Reihe (6.379) ersetzen, in die Ausgangsgleichung ein und überprüft unmittelbar, ob dieses Polynom die Gl. (6.378) mit der geforderten Genauigkeit erfüllt. Auch eine Kontrolle der Wahl von Δz_0 bei der analytischen Fortsetzung muß man auf numerischem Wege durchführen. Dies wurde bereits in Abschnitt 51 bei der Lösung der Gleichung von *Thomas-Fermi* beschrieben.

Zur Erhöhung der Zuverlässigkeit der Resultate muß man, wenn der am nächsten bei z_0 liegende singuläre Punkt zumindest grob gefunden ist, die gesamte Rechnung wiederholen, indem man die Anzahl N der Glieder vergrößert oder die analytischen Fortsetzungen mit kleinerem Δz_0 durchführt.

Eine Fortführung der Untersuchung aller dieser Fragen ist von großem theoretischen wie praktischen Interesse.

Übungen zu Kapitel 6

1. Man löse im Intervall [0; 2] mit fünf Dezimalstellen das Cauchysche Problem

$$y'' = e^x + \sin y; \quad y(0) = 1; \quad y'(0) = 0.$$

Man berechne die Werte von y(x) und y'(x) für x = 0,5; x = 1; x = 2.

2. Man bestimme im Intervall [− 1; + 1] mit sechs Dezimalstellen die Lösung der Riccatischen Gleichung

$$y' = \sin x + y + y^2; \quad y(0) = 0.$$

Man berechne y(x) für x = ± 0,2; x = ± 0,4; x = ± 0,6; x = ± 0,8; x = ± 1,0.

3. Man bestimme mit sieben bedeutsamen Ziffern die ersten zwei Eigenwerte für die Gleichung

$$y'' + \lambda x^3 y = 0; \quad y(0) = y(1) = 0.$$

4. Man bestimme für die folgende nicht nach der höchsten Ableitung aufgelöste Gleichung ein partikuläres Integral und lege dafür im Intervall [0; 0,5] (mit der Schrittweite $\Delta x = h = 0{,}1$) eine vierstellige Tabelle an:

$$y'''^2 = y' \sin x - y^2 + \cos x; \quad y(0) = 1; \quad y'(0) = y''(0) = \tfrac{1}{4}.$$

Kapitel 7. Konforme Abbildung

Die konforme Abbildung spielt eine ausnehmend wichtige Rolle in der Theorie der Funktionen komplexer Veränderlicher und deren technischen Anwendungen. Über effektive Näherungsmethoden zur Konstruktion der abbildenden Funktionen gibt es daher eine große Zahl von Arbeiten. In erster Linie sind zu erwähnen die Arbeiten von *M. A. Lawrentjew, L. W. Kantorowitsch* und *W. I. Krylow, J. W. Blagoweschtschensky, S. A. Gerschgorin, G. M. Golusin, P. W. Melenjew, G. A. Nikolajew, G. N. Poloschij, G. W. Sirik, G. J. Stepanow, A. G. Ugodschikow, B. F. Schilow, W. E. Schamanski, L. Bieberbach, I. Garrick, E. Nager, A. Ostrowski, T. Theodorsen* und viele andere. Ausführliche Literaturangaben findet man in [154, 164, 190, 222, 383, 414, 488, 556, 565, 570, 573, 595, 623].

Der Großteil dieser Arbeiten befaßt sich mit analytischen Methoden, die bei komplizierten Konturen zu äußerst mühevollen Rechnungen führen. Graphische Methoden hingegen und Methoden, die auf der Elektromodellierung beruhen, sind meist für die Praxis nicht ausreichend genau.

In diesem Kapitel befassen wir uns mit einer Methode, die auf einer trigonometrischen Interpolation beruht. Mit ihrer Hilfe lassen sich die abbildenden Funktionen für eine große Klasse von Bereichen konstruieren, die in der Praxis häufig vorkommen. Die Rechenformeln sind dabei einfach und gewährleisten jede vorgegebene Genauigkeit

53. Die Methode der trigonometrischen Interpolation. Die Abbildung des Inneren eines Bereiches

Wir betrachten die Abbildung des Einheitskreises $|\zeta| \leqslant 1$ auf einen vorgegebenen einfach zusammenhängenden und einblättrigen Bereich $z = x + iy$, der durch eine einfache geschlossene Kurve begrenzt ist. Die abbildende Funktion $z = f(\zeta)$ normieren wir wie üblich durch die Bedingungen

$$z = f(\zeta)|_{\zeta=0} = 0; \quad z = f(\zeta)|_{\zeta=1} = x_0, \tag{7.1}$$

d. h. wir fordern, daß die Punkte $\zeta = 0$ und $\zeta = 1$ in die Punkte $z = 0$ und $z = x_0$ übergehen (Bild 64).

Als abbildende Funktion suchen wir ein Polynom mit komplexen Koeffizienten:

$$z = \sum_{n=1}^{m} C_n \zeta^n; \quad C_n = A_n + iB_n. \tag{7.2}$$

Für $m \to \infty$ geht das Polynom (7.2) in eine Potenzreihe über, die nach dem Riemannschen Satz die exakte abbildende Funktion realisieren soll.

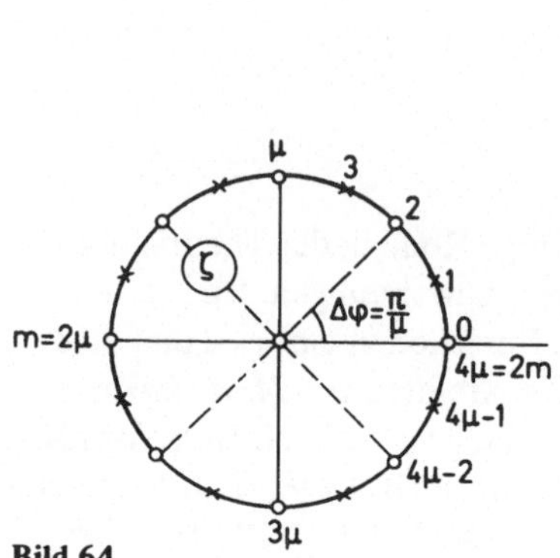

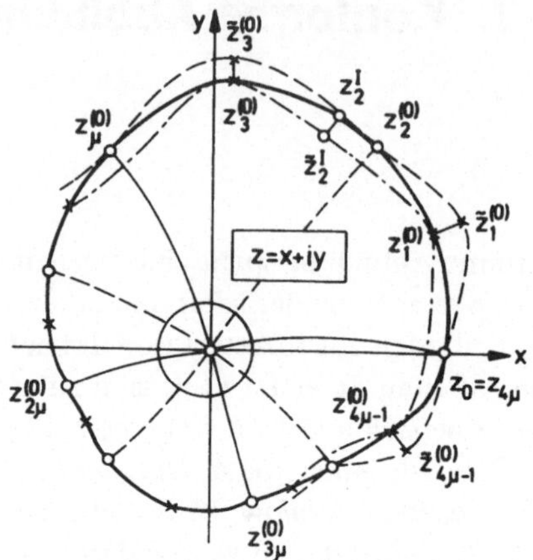

Bild 64

Wir unterteilen den Einheitskreis $|\zeta| = 1$ in $2m = 4\mu$ gleiche Teile. Die Polarkoordinaten der Teilungspunkte $\zeta_n = r_n e^{i\varphi_n}$ seien

$$r_n = 1; \quad \varphi_n = \frac{n\pi}{m}; \quad n = 0, 1, 2, \dots . \tag{7.3}$$

Die Bilder $z_n = x_n + iy_n$ dieser Punkte im z-Bereich heißen *Stützpunkte* (Bild 64).

Für die weitere Darlegung der Methode spielt die Orthogonalität der trigonometrischen Funktionen bei diskreten Argumenten und äquidistanten Daten eine tragende Rolle. Diese Orthogonalität wurde auf elementarem Wege bereits von *A. N. Krylow* 1906 gezeigt [198, § 53; 77, Kapitel III, § 38]. Es gilt nämlich

$$\sum_{n=1}^{m} \sin j\varphi_n \sin \nu\varphi_n = \sum_{n=1}^{m} \cos j\varphi_n \cos \nu\varphi_n = \begin{cases} 0 \text{ für } j \neq \nu \\ m/2 \text{ für } j = \nu \end{cases}$$

$$\sum_{n=1}^{m} \sin j\varphi_n = \sum_{n=1}^{m} \cos j\varphi_n = 0; \quad \sum_{n=1}^{m} \sin j\varphi_n \cos \nu\varphi_n = 0 \text{ bei beliebigem j.} \tag{7.4}$$

Ausführlich wird dieses Problem in der Arbeit [480] behandelt. Dort findet man auch Gleichungen zur Orthogonalität der trigonometrischen Funktionen bei diskreten Argumenten, die für den betrachteten Zweck besonders geeignet sind.

Wir gehen im ζ-Bereich nun zu Polarkoordinaten über und verwenden für ζ^ν die Eulerschen Formeln

$$\zeta^\nu = r^\nu e^{i\nu\varphi} = r^\nu (\cos \nu\varphi + i \sin \nu).$$

Damit erhält Gl. (7.2) die folgende Gestalt:

$$z = x + iy = \sum_{\nu=1}^{m} (A_\nu + iB_\nu) [r^\nu (\cos \nu\varphi + i \sin \nu\varphi)].$$

Wir trennen Realteil und Imaginärteil und finden

$$x = \sum_{\nu=1}^{m} r^\nu (A_\nu \cos\nu\varphi - B_\nu \sin\nu\varphi); \quad y = \sum_{\nu=1}^{m} r^\nu (A_\nu \sin\nu\varphi + B_\nu \cos\nu\varphi). \tag{7.5}$$

Insbesondere haben wir für die Stützpunkte $z_n = x_n + iy_n$ bei $r = 1, \varphi = \varphi_n = \frac{n\pi}{m}$

$$\begin{aligned} x_n &= \sum_{\nu=1}^{m} A_\nu \cos\nu\varphi_n - B_\nu \sin\nu\varphi_n; \\ y_n &= \sum_{\nu=1}^{m} A_\nu \sin\nu\varphi_n + B_\nu \cos\nu\varphi_n. \end{aligned} \tag{7.6}$$

Die Gl. (7.6) erlauben auf einfachem Wege die Berechnung der Stützpunkte, wenn die Koeffizienten A_ν und B_ν bekannt sind. Uns interessiert jedoch die umgekehrte Aufgabe, nämlich die Berechnung der A_ν und B_ν aus den Stützpunkten. Dazu muß man das System (7.6) von 2m Gleichungen in den 2m Unbekannten A_j und B_j, $j = 1, 2, 3, \ldots, m$, invertieren. Die Lösung eines Systems von linearen algebraischen Gleichungen ist bei größerem m eine komplizierte Aufgabe. Es gibt dafür noch keine hinreichend effektiven Methoden. In unserem Sonderfall kann man aber den Winkel φ_n äquivalent wählen und die Orthogonalität (7.4) verwenden. Die Umkehrung des Systems (7.6) wird dadurch sehr einfach. Es ergibt sich nämlich

$$\begin{aligned} A_j &= \frac{1}{m} \sum_{n=1}^{m} x_n \cos j\varphi_n + y_n \sin j\varphi_n; \quad \varphi_n = \frac{n\pi}{m}; \\ B_j &= \frac{1}{m} \sum_{n=1}^{m} y_n \cos j\varphi_n - x_n \sin j\varphi_n; \quad j = 1, 2, \ldots, m. \end{aligned} \tag{7.7}$$

Multiplizieren wir zum Beispiel die erste Gleichung von (7.6) mit $\cos j\varphi_n$, die zweite mit $\sin j\varphi_n$ und summieren wir die Ergebnisse über n, so ergibt sich

$$\begin{aligned} \sum_{n=1}^{m} x_n \cos j\varphi_n + y_n \sin j\varphi_n &= \sum_{n=1}^{m} \left\{ \sum_{\nu=1}^{m} (A_\nu \cos\nu\varphi_n - B_\nu \sin\nu\varphi_n) \cos j\varphi_n \right. \\ &\quad \left. + \sum_{\nu=1}^{m} (A_\nu \sin\nu\varphi_n + B_\nu \cos\nu\varphi_n) \sin j\varphi_n \right\} \\ &= \sum_{\nu=1}^{m} A_j \left\{ \sum_{n=1}^{m} \cos j\varphi_n \cos\nu\varphi_n + \sum_{n=1}^{m} \sin j\varphi_n \sin\nu\varphi_n \right\} \\ &\quad + \sum_{\nu=1}^{m} B_\nu \left\{ \sum_{n=1}^{m} \sin j\varphi_n \cos\nu\varphi_n - \sum_{n=1}^{m} \cos j\varphi_n \sin\nu\varphi_n \right\} \\ &= A_j \left(\frac{m}{2} + \frac{m}{2} \right) = m A_j, \end{aligned}$$

da wegen der Orthogonalität (7.4) alle inneren Summen mit Ausnahme der zwei Summen für $A_\nu = A_j$ gleich Null werden. Die Gleichungen für B_j erhalten wir auf analogem Wege.

Die Gleichungen (7.7) führen die Aufgabe der Berechnung der Koeffizienten für die abbildende Funktion (7.2) auf die Bestimmung der Stützpunkte zurück, die vorerst noch unbekannt sind. Wir konstruieren nun ein Iterationsverfahren zur Bestimmung der Stützpunkte mit vorgegebener Genauigkeit. Hier liegt die Hauptschwierigkeit bei der Lösung der vorgelegten Aufgabe.

Zu diesem Zweck betrachten wir zwei Systeme von m Stützpunkten: Die Punkte mit geradem Index $n = 2\nu$ und die Punkte mit ungeradem Index $n = k = 2\nu - 1$; $\nu = 1, 2, 3, \dots, m$.

Die Koeffizienten A_j, B_j, die wir aus dem System von geraden Stützpunkten erhalten, bezeichnen wir durch $A_j^{(+m)}$, $B_j^{(+m)}$, die übrigen durch $A_j^{(-m)}$, $B_j^{(-m)}$. Gemäß Gl. (7.7) ergibt sich dann

$$\begin{aligned} A_j^{(+m)} &= \frac{1}{m} \sum_{\nu=1}^{m} x_{2\nu} \cos j\varphi_{2\nu} + y_{2\nu} \sin j\varphi_{2\nu}; \quad j = 1, 2, \dots, m; \\ B_j^{(+m)} &= \frac{1}{m} \sum_{\nu=1}^{m} y_{2\nu} \cos j\varphi_{2\nu} - x_{2\nu} \sin j\varphi_{2\nu}; \quad z_{2m} = z_0 \end{aligned} \tag{7.8}$$

und entsprechend

$$\begin{aligned} A_j^{(-m)} &= \frac{1}{m} \sum_{k=1}^{2m-1} x_k \cos j\varphi_k + y_k \sin j\varphi_k; \quad j = 1, 2, \dots, m; \\ B_j^{(-m)} &= \frac{1}{m} \sum_{k=1}^{2m-1} y_k \cos j\varphi_k - x_k \sin j\varphi_k; \quad k = 1, 3, \dots, 2m-1. \end{aligned} \tag{7.9}$$

Für diese Größen gelten die folgenden Gleichungen:

$$\begin{aligned} A_j^{(\pm m)} &= \sum_{\nu=0}^{\infty} (\pm 1)^\nu a_{j+\nu m} = a_j \pm a_{j+m} + a_{j+2m} \pm \dots; \\ B_j^{(\pm m)} &= \sum_{\nu=0}^{\infty} (\pm 1)^\nu b_{j+\nu m} = b_j \pm b_{j+m} + b_{j+2m} \pm \dots. \end{aligned} \tag{7.10}$$

Dabei bedeuten a_n und b_n die Koeffizienten der Reihe, die die exakte abbildende Funktion beschreibt, d. h. der Reihe, in die das Polynom (7.2) für $m \to \infty$ übergeht.

Wir nehmen an, daß bei gegebenem $m = 2\mu$ die nullten Näherungswerte der geraden Stützpunkte bekannt sind:

$$z_{2\nu}^{(0)} = x_{2\nu}^{(0)} + iy_{2\nu}^{(0)}; \quad \nu = 1, 2, \dots, m; \quad z_{2m} = z_0. \tag{7.11}$$

Nach den Gln. (7.8) erhält man daraus alle $A_j^{(+m)}$, $B_j^{(+m)}$; j = 1, 2, 3, ..., m. Das entsprechende Polynom m-ten Grades (7.2)

$$\begin{aligned} \widetilde{z}^{(0)} &= P_m(\zeta) = C_1^{(+m)}\zeta + C_2^{(+m)}\zeta^2 + \ldots + C_m^{(+m)}\zeta^m; \\ C_j^{(+m)} &= A_j^{(+m)} + iB_j^{(+m)} \end{aligned} \tag{7.12}$$

bildet dabei den Einheitskreis $|\zeta| \leqslant 1$ auf den $\widetilde{z}^{(0)}$-Bereich in einer Weise ab, daß dessen Berandung durch die gegebenen Stützpunkte (7.11) verläuft. Diese Behauptung ergibt sich aus der Herleitung der Gln. (7.8), da die Größen $A_j^{(+m)}$ und $B_j^{(+m)}$ aus einem System von linearen Gleichungen bestimmt werden, auf dessen rechter Seite die Koordinaten der gegebenen Stützpunkte $x_{2\nu}^{(0)}$, $y_{2\nu}^{(0)}$ stehen.

Wir setzen nun näherungsweise

$$A_j^{(+m)} \approx a_j^{(0)}; \quad B_j^{(+m)} \approx b_j^{(0)} \tag{7.13}$$

und berechnen daraus gemäß Gl. (7.6) die ungeraden Punkte

$$\widetilde{z}_k = \widetilde{x}_k + i\widetilde{y}_k,$$

die im allgemeinen nicht auf dem Rand des gegebenen z-Bereiches liegen (Bild 64).

Wir verschieben diese Punkte nun längs den Normalen oder nach irgendeinem anderen Verfahren auf die Kontur und erhalten dadurch ein System von ungeraden Punkten

$$z_k^{(0)} = x_k^{(0)} + iy_k^{(0)}; \quad k = 1, 3, 5, \ldots, 2m-1, \tag{7.14}$$

aus dem wir nach den Gln. (7.9) die Größen

$$C_j^{(-m)} = A_j^{(-m)} + iB_j^{(-m)}$$

berechnen.

Das neue Polynom

$$\widetilde{z}^{(1)} = P_{-m}(\zeta) = C_1^{(-m)}\zeta + C_2^{(-m)}\zeta^2 + \ldots + C_m^{(-m)}\zeta^m \tag{7.15}$$

bildet den Einheitskreis $|\zeta| \leqslant 1$ auf den $\widetilde{z}^{(1)}$-Bereich so ab, daß nun der Rand dieses Bereiches durch die ungeraden Punkte Gl. (7.14) verläuft, die bereits auf dem Rand der gegebenen Kontur liegen. Wir setzen wieder näherungsweise

$$A_j^{(-m)} \approx a_j^{(1)}; \quad B_j^{(-m)} \approx b_j^{(1)} \tag{7.16}$$

und berechnen ebenfalls nach Gl. (7.6) die Näherungen

$$\widetilde{z}_{2\nu} = \widetilde{x}_{2\nu} + i\widetilde{y}_{2\nu}; \quad \nu = 1, 2, \ldots, m,$$

die wir wieder auf die gegebene Kontur verschieben. Dies liefert exaktere Werte für die geraden Stützpunkte (siehe Bild 64).

Dieses Iterationsverfahren setzen wir solange fort, bis sich zwei aufeinanderfolgende Näherungen innerhalb der Rechengenauigkeit nicht mehr unterscheiden. Dabei kann man nach den Gln. (7.13) und (7.16) beliebig viele Punkte berechnen, insbesondere auch $2m^*$, $4m^*$ oder $2^\nu m^*$ solche Punkte. Dies erlaubt eine Verdoppelung, eine Vervierfachung oder eine Erhöhung der im ursprünglichen Zyklus vorkommenden m^* Größen auf das 2^ν-fache. Bei hinreichend großem $m = 2^\nu m^*$ stimmen die Größen $A_j^{(+m)}$, $B_j^{(+m)}$, $A_j^{(-m)}$ und $B_j^{(-m)}$ mit der beliebig vorgegebenen Genauigkeit überein. In diesem Fall darf das Verfahren beendet werden.

Aufgrund des Riemannschen Satzes ist die Reihe, die wir aus Gl. (7.2) für $m \to \infty$ erhalten, konvergent. Bei beliebig vorgegebenem ϵ kann man daher immer eine Zahl m so bestimmen, daß die Bedingungen

$$|\pm a_{j+m} + a_{j+2m} \pm \dots| < \frac{\epsilon}{2}; \quad |\pm b_{j+m} + b_{j+2m} \pm \dots| < \frac{\epsilon}{2} \tag{7.17}$$

erfüllt sind. Damit haben wir nach Gl. (7.10) mit einer Genauigkeit bis auf ϵ:

$$A_j^{(+m)} = A_j^{(-m)} = a_j; \quad B_j^{(+m)} = B_j^{(-m)} = b_j; \quad j = 1, 2, \dots, m. \tag{7.18}$$

Die Anfangswerte $z_{2\nu}^{(0)}$ bestimmen wir graphisch. Dies wird an Hand der Lösung von Beispielen oder mit Hilfe der Elektromodulierung (Abschnitt 60) gezeigt werden.

Den oben beschriebenen Iterationsprozeß kann man wesentlich vereinfachen, wenn man die geraden und ungeraden Stützpunkte gemeinsam behandelt.Dann entfällt in jedem Schritt die Berechnung von Zwischenwerten für die Koeffizienten $A_j^{(\pm m)}$, $B_j^{(\pm m)}$, da man den gesamten Iterationsprozeß mit den Stützpunkten direkt durchführt. Sind die Stützpunkte mit der geforderten Genauigkeit bestimmt, so berechnet man die endgültigen Koeffizienten

$$A_j^{(+m)} = A_j^{(-m)} = a_j; \quad B_j^{(+m)} = B_j^{(-m)} = b_j$$

nur einmal nach den Gln. (7.8) und (7.9). Diese müssen mit der durch ϵ gegebenen Genauigkeit übereinstimmen.

Wir wenden uns nun der Herleitung der benötigten Gleichung zu und drücken die *k-Punkte,* d. h. die ungeraden Stützpunkte, durch die geraden *2ν-Punkte* aus. Dazu müssen wir die Koeffizienten $A_j^{(+m)}$ und $B_j^{(+m)}$ in die Gln. (7.6) einsetzen, in denen $n = k = 2\nu - 1$ gilt. Das Ergebnis ist:

$$x_k = \sum_{j=1}^{m} A_j^{(+m)} \cos j\varphi_k - B_j^{(+m)} \sin j\varphi_k;$$

$$y_k = \sum_{j=1}^{m} A_j^{(+m)} \sin j\varphi_k + B_j^{(+m)} \cos j\varphi_k.$$

Elimiminiert man daraus $A_j^{(+m)}$ und $B_j^{(+m)}$ mit Hilfe der Gln. (7.8), so findet man

$$x_k = \frac{1}{m} \sum_{j=1}^{m} \sum_{\nu=1}^{m} (x_{2\nu} \cos j\varphi_{2\nu} + y_{2\nu} \sin j\varphi_{2\nu}) \cos j\varphi_k$$

$$+ (x_{2\nu} \sin j\varphi_{2\nu} - y_{2\nu} \cos j\varphi_{2\nu}) \sin j\varphi_k = \frac{1}{m} \sum_{j=1}^{m} \sum_{\nu=1}^{m} \{x_{2\nu} (\cos j\varphi_{2\nu} \cos j\varphi_k$$

$$+ \sin j\varphi_{2\nu} \sin j\varphi_k) + y_{2\nu} (\sin j\varphi_{2\nu} \cos j\varphi_k - \cos j\varphi_{2\nu} \sin j\varphi_k)\}$$

oder bei Berücksichtigung von Gl. (7.3) und unter Verwendung der bekannten trigonometrischen Identitäten,

$$x_k = \frac{1}{m} \sum_{j=1}^{m} \sum_{\nu=1}^{m} x_{2\nu} \cos j\varphi_{2\nu-k} + y_{2\nu} \sin j\varphi_{2\nu-k};$$
$$y_k = \frac{1}{m} \sum_{j=1}^{m} \sum_{\nu=1}^{m} y_{2\nu} \cos j\varphi_{2\nu-k} - x_{2\nu} \sin j\varphi_{2\nu-k}. \tag{7.19}$$

Dabei gilt

$$\varphi_{2\nu} = \frac{2\nu\pi}{m}, \quad \varphi_k = \frac{k\pi}{m}, \quad \varphi_{2\nu-k} = \varphi_{2\nu} - \varphi_k = \frac{(2\nu - k)\pi}{m}; \tag{7.19'}$$

$$\nu = 1, 2, \dots, m; \quad k = 1, 3, 5, \dots, 2m-1; \quad x_{2m} = x_0, y_{2m} = y_0.$$

Ferner erhalten wir wegen

$$(m-j)\,\varphi_{2\nu-k} = \frac{(m-j)(2\nu-k)\pi}{m} = (2\nu-k)\pi - j\varphi_{2\nu-k},$$

da $2\nu - k$ immer ungerade ist:

$$\cos j\varphi_{2\nu-k} + \cos(m-j)\,\varphi_{2\nu-k} = 0; \quad \cos\frac{m}{2}\varphi_{2\nu-k} = 0;$$

$$\cos m\varphi_{2\nu-k} = \cos(2\nu-k)\pi = \cos\pi = -1.$$

In unserem Fall gilt für beliebiges m; $2\nu = 2, 4, \dots, 2m$; $k = 1, 3, \dots, 2m-1$:

$$\sum_{j=1}^{m} \cos j\varphi_{2\nu-k} = \cos\frac{m}{2}\varphi_{2\nu-k} + \cos m\varphi_{2\nu-k}$$

$$+ \sum_{j=1}^{m/2-1} \{\cos j\varphi_{2\nu-k} + \cos(m-j)\,\varphi_{2\nu-k}\} = -1.$$

Setzt man diese Resultate in Gl. (7.19) ein und vertauscht die Reihenfolge der Summation, so findet man:

$$x_k = \frac{-1}{m} \sum_{\nu=1}^{m} x_{2\nu} + \frac{1}{m} \sum_{\nu=1}^{m} \sum_{j=1}^{m} y_{2\nu} \sin j\varphi_{2\nu-k};$$
$$y_k = \frac{-1}{m} \sum_{\nu=1}^{m} y_{2\nu} - \frac{1}{m} \sum_{\nu=1}^{m} \sum_{j=1}^{m} x_{2\nu} \sin j\varphi_{2\nu-k}. \tag{7.20}$$

In kompakterer Form lautet dies

$$x_k = \sigma_x + \sum_{\nu=1}^{m} y_{2\nu}\gamma_{2\nu-k}; \quad y_k = \sigma_y - \sum_{\nu=1}^{m} x_{2\nu}\gamma_{2\nu-k}, \tag{7.21}$$

wobei die folgenden Bezeichnungen verwendet wurden:

$$\sigma_x = -\frac{1}{m} \sum_{\nu=1}^{m} x_{2\nu}; \quad \sigma_y = -\frac{1}{m} \sum_{\nu=1}^{m} y_{2\nu}; \tag{7.22}$$

$$\gamma_{2\nu-k} = \frac{1}{m} \sum_{j=1}^{m} \sin j\varphi_{2\nu-k} = \frac{1}{m} \cot \frac{1}{2} \varphi_{2\nu-k}; \quad \varphi_{2\nu-k} = \frac{(2\nu-k)\pi}{m}. \tag{7.23}$$

Wir setzen nun in Gl. (7.6) $n = 2\nu$; $A_j = A_j^{(-m)}$; $B_j = B_j^{(-m)}$ und eliminieren $A_j^{(-m)}$ und $B_j^{(-m)}$ mit Hilfe von Gl. (7.9). Dann gilt

$$x_{2\nu} = \frac{1}{m} \sum_{j=1}^{m} \sum_{k=1}^{2m-1} x_k \cos j\varphi_{2\nu-k} - y_k \sin j\varphi_{2\nu-k};$$

$$y_{2\nu} = \frac{1}{m} \sum_{j=1}^{m} \sum_{k=1}^{2m-1} y_k \cos j\varphi_{2\nu-k} + x_k \sin j\varphi_{2\nu-k}.$$

Daraus erhalten wir vollkommen analog die Gleichungen für die direkte Berechnung der geraden Stützpunkte $z_{2\nu} = x_{2\nu} + iy_{2\nu}$ aus den ungeraden Stützpunkten $z_k = x_k + iy_k$:

$$x_{2\nu} = \sigma'_x - \sum_{k=1}^{2m-1} y_k\gamma_{2\nu-k}; \quad y_{2\nu} = \sigma'_y + \sum_{k=1}^{2m-1} x_k\gamma_{2\nu-k}, \tag{7.24}$$

mit

$$\sigma'_x = \frac{-1}{m} \sum_{k=1}^{2m-1} x_k; \quad \sigma'_y = \frac{-1}{m} \sum_{k=1}^{2m-1} y_k; \quad k = 1, 3, 5, \dots, 2m-1. \tag{7.25}$$

Die Koeffizienten $\gamma_{2\nu-k}$ behalten die früheren Werte von Gl. (7.23) bei.

Wir weisen darauf hin, daß die Größen $\gamma_{2\nu-k}$ konstant und von dem abzubildenden Bereich unabhängig sind. Eine einmalige Berechnung genügt also. Bei gegebenem m sind dabei die Grundwerte für $\gamma_{2\nu-k}$ nur $\mu = m/2$, da gemäß Gl. (7.23) gilt

$$\gamma_{-n} = -\gamma_n; \quad \gamma_{2m \pm n} = \pm \gamma_n. \tag{7.26}$$

In Tabelle 132 sind die Grundwerte der Koeffizienten $\gamma_{2\nu-k}$ für m = 4; 8; 16; 32 angegeben, und zwar mit acht Dezimalstellen.

Wir bemerken, daß für $m \to \infty$ die Grundwerte der Koeffizienten

$$\gamma_{2\nu-k}; \quad 2\nu - k = 1, 3, 5, \dots, 2m-1$$

gemäß Gl. (7.23) lauten:

$$\gamma_{2\nu-k}(\infty) = \lim_{m \to \infty} \frac{1}{m} \cot \frac{(2\nu-k)\pi}{m} = \frac{2}{(2\nu-k)\pi} \tag{7.27}$$

oder

$$\gamma_1(\infty) = \frac{2}{\pi} = 0{,}636619772 \dots; \quad \gamma_3(\infty) = \tfrac{1}{3}\gamma_1(\infty); \quad \gamma_5(\infty) = \tfrac{1}{5}\gamma_1(\infty); \dots .$$

Zur Vereinfachung der Rechnung nach den Gln. (7.21) und (7.24) benötigen wir Schablonen. Muster für m = 4 und m = 8 sind in Tabelle 133 angegeben. Mit Hilfe der Koeffizienten $\gamma_{2\nu-k}$ aus Tabelle 132 findet der Leser leicht die entsprechenden Schablonen für m = 16 und m = 32.

Tabelle 132

	m = 4	m = 8	m = 16	m = 32	
$2\nu-k$	$\gamma_{2\nu-k}$	$\gamma_{2\nu-k}$	$\gamma_{2\nu-k}$	$\gamma_{2\nu-k}$	$2\nu-k$
1	0,60355339	0,62841744	0,63457315	0,63610836	1
3	0,10355339	0,18707572	0,20603489	0,21067039	3
5		0,08352233	0,11692928	0,12475699	5
7		0,02486405	0,07615647	0,08733790	7
9			0,05129242	0,06607257	9
11			0,03340695	0,05213748	11
13			0,01895917	0,04213575	13
15			0,00615571	0,03447906	15
17				0,02832335	17
19				0,02317658	19
21				0,01873053	21
23				0,01478015	23
25				0,01118143	25
27				0,00782772	27
29				0,00463550	29
31				0,00153521	31

Tabelle 133

Rechenschablone für m = 4	$+\gamma_1$ $+\gamma_3$ $-\gamma_3$ $-\gamma_1$
$\gamma_1 = 0{,}603\,553\,39$	$+\gamma_1$
$\gamma_3 = 0{,}103\,553\,39$	$+\gamma_3$ $-\gamma_3$ $-\gamma_1$
$+\sigma_x$ oder $+\sigma_y$	
Rechenschablone für die Berechnung nach den Formeln (7.21) und (7.24) für m = 8	$+\gamma_1$ $+\gamma_3$ $+\gamma_5$ $+\gamma_7$ $-\gamma_7$ $-\gamma_5$ $-\gamma_3$ $-\gamma_1$
$\gamma_1 = 0{,}62841744$	$+\gamma_1$
$\gamma_3 = 0{,}187\,075\,72$ $\gamma_5 = 0{,}083\,522\,33$ $\gamma_7 = 0{,}024\,864\,05$	$+\gamma_3$ $+\gamma_5$ $+\gamma_7$ $-\gamma_7$ $-\gamma_5$ $-\gamma_3$ $-\gamma_1$
$+\sigma_x$ oder $+\sigma_y$	

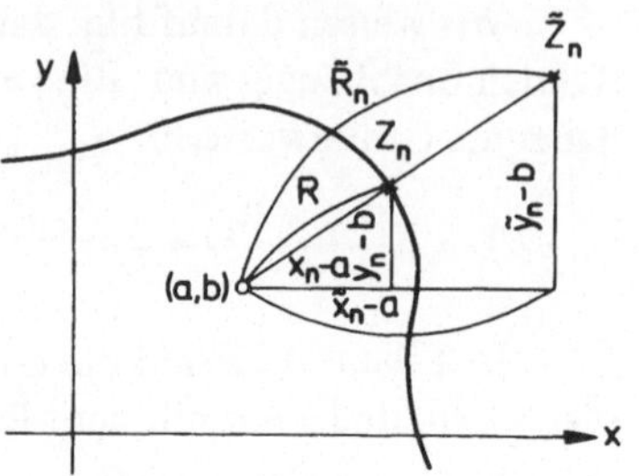

Bild 65

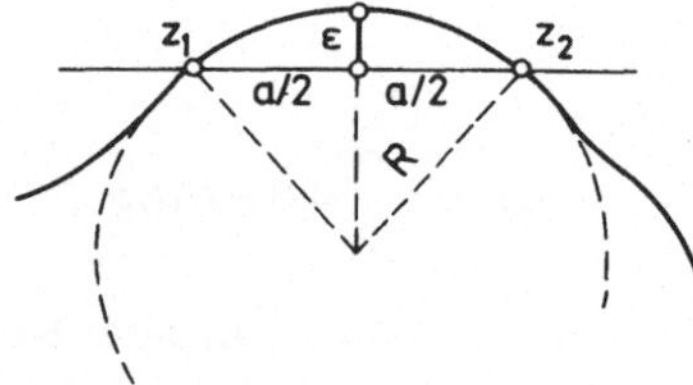

Bild 66

Die Schablonen verfertigen wir aus sehr feinen Streifen, damit man sie leicht auf der Rechentabelle verschieben kann.

Wenn der z-Bereich symmetrisch bezüglich der x-Achse ist, so sind alle Koeffizienten des Polynoms (7.2) reelle Zahlen, $C_n = A_n$, $B_n = 0$. Bei zwei Symmetrieachsen, von denen eine die x-Achse ist, sind nur die A_j mit ungeradem Index von Null verschieden.

Ehe wir zur Rechenmethode übergehen, die wir anhand von Beispielen erläutern, bemerken wir noch: Wenn ein Teil der Kontur ein Bogen des Kreises

$$(x-a)^2 + (y-b)^2 = R^2 \tag{7.28}$$

ist, so läßt sich die Verschiebung der (nicht auf der Kontur liegenden) Näherungspunkte $\tilde{z}_n = \tilde{x}_n + i\tilde{y}_n$ längs der Normalen auf diesen Bogen mit Hilfe der Gleichungen

$$x_n - a = \frac{R}{\tilde{R}_n}(\tilde{x}_n - a); \quad y_n - b = \frac{R}{\tilde{R}_n}(\tilde{y}_n - b) \tag{7.28'}$$

durchführen, wobei

$$\widetilde{R}_n^2 = (\widetilde{x}_n - a)^2 - (\widetilde{y}_n - b)^2 .$$

Die Herleitung der Gl. (7.28′) ist in Bild 65 erklärt.

Wenn in einem hinreichend kleinen Bereich der Rand des z-Bereiches, in dessen Umgebung der Punkt $\widetilde{z}_n$ liegt, eine glatte Kurve bildet, so kann man diese immer mit beliebig hoher Genauigkeit durch eine Sehne a ersetzen, die durch zwei benachbarte Punkte der Kontur verläuft. Den Abstand ϵ des Mittelpunkts der Sehne von der Kontur bestimmt man nach der Gleichung

$$\begin{aligned}\epsilon &= R - \sqrt{R^2 - \left(\frac{a}{2}\right)^2}\\ &= R - R\sqrt{1 - \left(\frac{a}{2R}\right)^2}\\ &= \frac{a}{8}\left[\frac{a}{R} + \frac{1}{16}\left(\frac{a}{R}\right)^3 + \dots\right],\end{aligned}$$

deren Herleitung aus Bild 66 ersichtlich ist. R bedeutet dabei den Krümmungsradius der Kontur, der dem Sehnenmittelpunkt entspricht. Für $a/R \to 0$ strebt ϵ wie $a^2/8R$ gegen Null, d. h. also sehr schnell. Für $R = 1$ und $a = 0{,}001\ R$ haben wir zum Beispiel $\epsilon = 0{,}000\,000\,125 \dots$.

Bei der Verschiebung der Näherungspunkte $\widetilde{z}_n$ auf ein glattes Teilstück der Kontur dürfen wir dieses Teilstück daher immer durch seine Sehne ersetzen. Wählt man die Punkte z_1 und z_2 hinreichend benachbart, so kann man darüber hinaus den Fehler, der bei dieser Ersetzung zustande kommt, auf ein Maß herabsetzen, das innerhalb der Rechengenauigkeit liegt. Durch diesen Umstand wird die Verschiebung der Punkte $\widetilde{z}_n$ auf die Kontur, die bei exakter Durchführung oft die Lösung von transzendenten Gleichungen erfordern würde, auf die einfache Aufgabe der Berechnung des Schnittpunktes zweier Geraden zurückgeführt. Eine dieser Geraden ist die Sehne durch zwei gegebene Punkte $z_1 = z_n'$ und $z_2 = z_n''$ auf dem Rand des z-Bereiches

$$y = kx + b \quad \text{wobei} \quad k = \frac{y_2 - y_1}{x_2 - x_1}, \quad b = y_1 - kx_1 . \tag{7.29}$$

Die zweite Gerade verläuft durch den Näherungspunkt z_n und hat die gegebene Richtung $k_1 = \tan\gamma_1$ (Bild 67):

$$y = k_1 x + b_1 \quad \text{wobei} \quad b_1 = \widetilde{y}_n - k_1\widetilde{x}_n . \tag{7.30}$$

Die Gerade (7.30) nennt man auch *Verschiebungsstrahl.*

Nach Lösung des linearen Systems der Gln. (7.29) und (7.30) finden wir die Koordinaten des Schnittpunktes z_n, den wir hierauf als erste Näherung für den gesuchten Stützpunkt $z_n = z_n^I$ verwenden:

$$x_n = \frac{b - b_1}{k_1 - k}, \quad y_n = kx_n + b. \tag{7.31}$$

Wir betrachten nun drei Verschiebungsverfahren, die man bei der Abbildung konkreter Bereiche heranziehen kann.

Verschiebung längs der Normalen. In diesem Fall ist die Gerade (7.30) orthogonal zur Sehne (7.29), und es gilt daher

$$k_1 = -\frac{1}{k} = \frac{x_1 - x_2}{y_2 - y_1}. \tag{7.32}$$

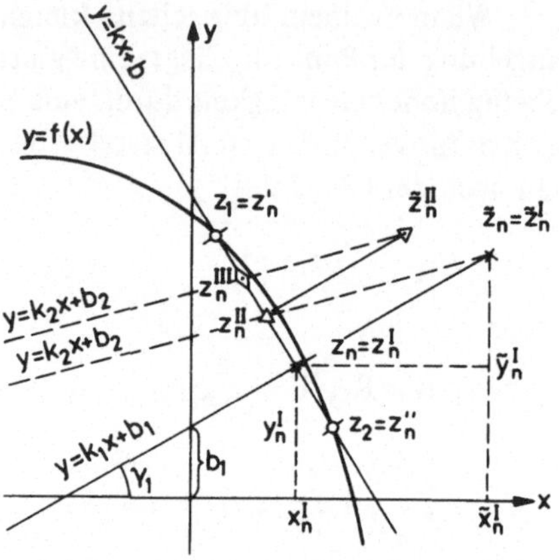

Bild 67

Setzen wir nun k_1 in die Gl. (7.31) ein und vertauschen wir b und b_1 durch die Werte aus den Gln. (7.29) und (7.30), so erhalten wir nach einfachen Umformungen die Rechenformeln für die Verschiebung längs der Normalen auf die Sehne zur Kontur (Bild 67):

$$x_n = \frac{k(\tilde{y}_n - y_1) + k^2 x_1 + \tilde{x}_n}{1 + k^2}; \quad y_n = y_1 + k(x_n - x_1), \tag{7.33}$$

oder

$$x_n = \frac{k_1(y_1 - \tilde{y}_n) + k_1^2 \tilde{x}_n + x_1}{1 + k_1^2}; \quad y_n = \tilde{y}_n + k_1(x_n - \tilde{x}_n), \tag{7.33'}$$

mit

$$k = \frac{y_2 - y_1}{x_2 - x_1}; \quad k_1 = -\frac{1}{k} = \frac{x_1 - x_2}{y_2 - y_1}.$$

Daraus folgt insbesondere für jene Randstücke des z-Bereiches, für die die Sehne horizontal ($k = 0$) oder vertikal ($k = \infty$, $k_1 = 0$) ist:

$$x_n = \tilde{x}_n; \quad y_n = y_1 = y_2 = \text{const} \quad \text{für } k = 0, \tag{7.34}$$

$$x_n = x_1 = x_2 = \text{const}; \quad y_n = \tilde{y}_n \quad \text{für } k_1 = 0. \tag{7.34'}$$

Verschiebung längs eines Strahles vom Koordinatenursprung. In diesem Fall gilt

$$k_1 = \frac{\tilde{y}_n}{\tilde{x}_n} = \frac{y_n}{x_n}; \quad b_1 = 0$$

und wir finden aus den Gln. (7.31) und (7.29) die Rechenformel

$$x_n = \frac{\tilde{x}_n(y_1 - kx_1)}{\tilde{y}_n - kx_n}; \quad y_n = y_1 + k(x_n - x_1); \quad k = \frac{y_2 - y_1}{x_2 - x_1}. \tag{7.35}$$

Zweistufige Verschiebung mit Berücksichtigung der Ergebnisse zweier Näherungen. Für jeden Näherungspunkt z_n existiert eine Richtung k_1 des Verschiebungsstrahles (7.30), die mit Hilfe eines einzigen Schrittes das Auffinden des wahren Stützpunktes $\widetilde{z}_n$ erlaubt. Diese Richtung ist uns jedoch im Voraus nicht bekannt und kann erst dann bestimmt werden, wenn die Verschiebungsaufgabe bereits gelöst ist. In allen Fällen aber, in denen die Verschiebung nach den Gln. (7.33) und (7.35) für die Bestimmung der Stützpunkte nur langsame Konvergenz liefert, kann man das Iterationsverfahren wesentlich beschleunigen, wenn man mit Hilfe von zwei aufeinander folgenden Näherungen einen genaueren Wert für die Steigung k_2 des Verschiebungsstrahles ermittelt. Man geht dabei auf die folgende Weise vor. Wir verschieben alle im ersten Schritt erhaltenen geraden und ungeraden Näherungspunkte $\widetilde{z}_n = \widetilde{z}_n^I$ nach den Gln. (7.33) oder (7.35) und finden dabei die ersten Näherungen der Konturpunkte z_n^I. Im zweiten Schritt erhalten wir nach einem vollen Iterationszykel zuerst die geraden und dann die ungeraden Näherungspunkte $\widetilde{z}_n = \widetilde{z}_n^{II}$, die wir ebenfalls nach den Gln. (7.33) oder (7.35) auf die Kontur verschieben. Mit den exakteren Werten z_n^{II} bestimmen wir hierauf leicht einen exakteren Wert für k_2, der vom Punkt $\widetilde{z}_n^I$ des ersten Schrittes aus direkt den Punkt z_n^{II} des zweiten Schrittes liefert. Die Steigung k_2 des genaueren Verschiebungsstrahles

$$y = k_2 x + b_2 \tag{7.36}$$

bestimmen wir aus den zwei gegebenen Punkten $\widetilde{z}_n^I = \widetilde{x}_n^I + i\widetilde{y}_n^I$; $z_n^{II} = x_n^{II} + iy_n^{II}$, d. h. aus dem Näherungspunkt des ersten Schrittes $\widetilde{z}_n^I$ (der nicht auf der Kontur liegt) und dem im zweiten Schritt (Bild 67) zur Kontur hin verschobenen Punkt z_n^{II}:

$$k_2 = \frac{y_n^{II} - \widetilde{y}_n^I}{x_n^{II} - \widetilde{x}_n^I}. \tag{7.36'}$$

Mit diesem genaueren Wert k_2, verschieben wir im zweiten Schritt alle Näherungspunkte $\widetilde{z}_n^{II}$ auf die Kontur, und zwar längs den zu Gl. (7.36) parallelen Strahlen

$$y = k_2 x + b_2^*; \quad b_2^* = \widetilde{y}_n^{II} - k_2 \widetilde{x}_n^{II}, \tag{7.36''}$$

b_2^* wird dabei durch die Bedingung bestimmt, daß der Verschiebungsstrahl durch den Punkt $\widetilde{z}_n^{II}$ verläuft.

Als Ergebnis erhalten wir aus den Näherungspunkten $\widetilde{z}_n^{II}$ des zweiten Schrittes direkt die Konturpunkte z_n^{III}, die nahezu ebenso genau sind, wie die im gewöhnlichen einstufigen Verfahren im dritten Schritt erhaltenen Werte (Bild 67). Bei geringer Erhöhung des Arbeitsaufwandes bei der Berechnung der Parameter k_2 und b_2^* ersparen wir somit einen vollen Iterationszykel. Im weiteren Rechenverlauf kann man nach jedem Iterationszykel die Parameter k_2 und b_2^* verbessern. Jedoch ist dies nicht notwendig, da sich diese Größen nur langsam ändern. Wir behalten daher die nach zwei Schritten gefundenen Werte für k_2 und b_2^* auch für alle weiteren Schritte bei.

Die Rechenformeln für die zweistufige Verschiebung erhalten wir aus den allgemeinen Gln. (7.31), die nun die folgende Gestalt erhalten:

$$x_n = \frac{b - b_2^*}{k_2 - k}; \quad y_n = kx_n + b. \tag{7.31'}$$

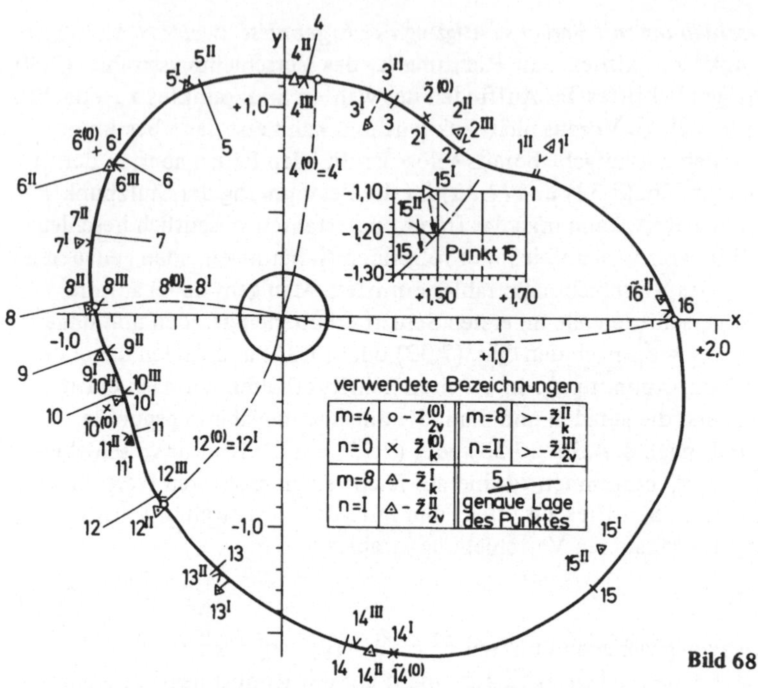

Bild 68

Dabei werden die Größen k, b, k_2, b_2^* nach den Gln. (7.29), (7.36′) und (7.36″) bestimmt.

Wir bemerken, daß man die Gln. (7.31′) zweckmäßig nur dann verwendet, wenn die gewöhnliche Verschiebung bei gegebenen m nach zwei bis drei Schritten noch keine zufriedenstellenden Ergebnisse geliefert hat.

Beispiel 1: Wir bilden den Einheitskreis $|\zeta| \leqslant 1$ mit einer Genauigkeit von $|\delta| < 0{,}005$ auf den in Bild 68 dargestellten z-Bereich ab (das Original der Kontur wurde auf Millimeterpapier im Maßstab 1 = 100 gezeichnet).

Lösung: Der Iterationsprozeß führt auf das Niveau m = 8. Wir beginnen jedoch bei m = 4.

Zuerst bestimmen wir auf graphischem Wege die nullte Näherung der geraden Stützpunkte (bei m = 4).

Da der Radius $0 \leqslant r \leqslant 1$ ($\varphi = 0$) durch die Punkte $\zeta = 0$, $\zeta = 1$ verläuft und orthogonal zum Einheitskreis $|\zeta| = 1$ ist, muß sein Bild aufgrund der Normierung (7.1) durch die Punkte z = 0 und $z_0 = x_0$ verlaufen. Ziehen wir daher im Punkt $z_0 = z_{2m}$ die innere Normale und verlängern sie bis zum Koordinatenursprung z = 0, so erhalten wir in nullter Näherung das gesuchte Bild des Strahlenabschnitts $\varphi = 0$. Wir ziehen nun in z = 0 einen kleinen Kreis und teilen ihn, wie es in Bild 68 gezeigt ist, in vier gleiche Teile. Wir finden dadurch die Anfangsrichtungen für die Strahlen $\varphi = \pm \pi/2$; $\varphi = \pi$, die wir durch eine glatte Kurve verlängern und die Kontur in einem rechten Winkel erreichen lassen. Es ergeben sich dadurch die nullten Näherungen für die Punkte z_4, z_8, z_{12} (in Bild 68 durch kleine Kreise markiert). Wir tragen nun die gefundenen Punkte in die Tabelle 134 ein und verwenden die Schablone für m = 4. So berechnen wir nach Gl. (7.21) die entsprechenden Punkte $\widetilde{z}_k^{(0)}$, die ebenfalls in Tabelle 134 angegeben sind. Zur bequemeren Rechnung schreibt man den Punkt $z_0 = z_{16}$ in den unteren Teil der Tabelle und nimmt die Koordinaten $x_{2\nu}$ mit umgekehrten Vorzeichen.

Wir verschieben nun die Punkte $z_k^{(0)}$ längs den Normalen auf die Kontur und nehmen die Ausgangspunkte $z_{2\nu}^{(0)}$ hinzu. So erhalten wir die erste Näherung des Systems der geraden Punkte für m = 8. Alle weiteren Rechnungen führt man mit Hilfe der Schablone für m = 8 aus. Diese Schablone dient sowohl zur Rechnung nach Gl. (7.21) als auch nach Gl. (7.24). Man muß dazu nur in der Rechentabelle die geraden Punkte von $2\nu = 2$ an anschreiben und mit dem Wert $2\nu = 16$ enden. Außerdem ist $z_0 \equiv z_{16}$ zu berücksichtigen. Die Rechnungen selbst sind höchst einfach. Zuerst nehmen wir die Koordinatenwerte in den Spalten $x_{2\nu}$, $y_{2\nu}$, bilden die Summen $\Sigma(+x_{2\nu})$, $\Sigma(+y_{2\nu})$ und berechnen die entsprechenden $\sigma_x = -1/m\, \Sigma x_{2\nu}$ und $\sigma_y = -1/m\, \Sigma y_{2\nu}$, die wir in die unteren zwei Zeilen der Tabelle eintragen.

Hierauf verschieben wir die Schablone bis unmittelbar links vor die Spalte $y_{2\nu}^{(0)}$. Der Koeffizient $+\gamma_1$ (in der Schablone durch zwei Linien getrennt) soll sich dabei in der Zeile $y_2^{\mathrm{I}} = +0{,}944$ befinden. Nun multiplizieren wir ohne Anmerken der Resultate alle $y_{2\nu}$ in der gegebenen Reihenfolge mit den Koeffizienten $\gamma_{2\nu-k}$ und addieren zum Ergebnis die Größe $\sigma_x = -0{,}0214 \approx -0{,}021$. So berechnen wir in einem Zuge ohne Anschreiben von Zwischenergebnissen

$$\begin{aligned}\widetilde{x}_1^{\mathrm{I}} &= \gamma_1(y_2 - y_{16}) + \gamma_3(y_4 - y_{14}) + \gamma_5(y_6 - y_{12}) + \gamma_7(y_8 - y_{10}) + \sigma_x \\ &= +1{,}2304580 \approx +1{,}230.\end{aligned}$$

Wir verschieben ferner die Schablone um eine Zeile nach unten. Der Koeffizient $+\gamma_1$ muß nun in der Zeile $y_4^{\mathrm{I}} = +1{,}130$ stehen. Auf analogem Wege berechnen wir sodann

$$\widetilde{x}_3^{\mathrm{I}} = \gamma_1(y_4 - y_2) + \gamma_3(y_6 - y_{16}) + \gamma_5(y_8 - y_{14}) + \gamma_7(y_{10} - y_{12}) + \sigma_x \approx +0{,}386.$$

Wieder verschieben wir die Schablone um eine Zeile nach unten und finden $\widetilde{x}_5^{\mathrm{I}} = 999999{,}55583... \approx -0{,}444$. Das Verfahren setzen wir solange fort, bis die Spalte der $\widetilde{x}_k^{\mathrm{I}}$ berechnet ist. Hierauf verschieben wir die Schablone bis unmittelbar links vor die Spalte der $-x_{2\nu}^{\mathrm{I}}$ und setzen den Koeffizienten $+\gamma_1$ in die Zeile $-x_2^{\mathrm{I}} = -0{,}642$. Auf vollkommen analogem Wege berechnen wir sodann die Spalte $\widetilde{y}_k^{\mathrm{I}}$.

Bei diesen Rechnungen muß man am Arithmometer (oder an einer beliebigen anderen Rechenmaschine) die Koeffizienten $\gamma_{2\nu-k}$ (in unserem Beispiel mit vier Dezimalstellen) einstellen und mit den entsprechenden Koordinaten $x_{2\nu}$ oder $y_{2\nu}$ multiplizieren. Zur Berechnung eines einzigen Wertes x_k oder y_k benötigt man dabei nur vier Einstellungen, wobei die letzte Einstellung γ_7 oder γ_1 für die Berechnung des nächsten Wertes erhalten bleibt. Die Anzahl der Einstellungen wird dadurch noch vermindert. Zu diesem Zweck addiert man die Größen σ_x oder σ_y nicht am Ende sondern gleich nach der ersten Multiplikation.

Bei einer exakten Verschiebung der Schablone müssen ihre Zeilenstriche mit den Zeilenstrichen in der Rechentabelle zusammenfallen.

Tabelle 134

m = 4; n = 0					
2ν	$-x_{2\nu}^{(0)}$	$y_{2\nu}^{(0)}$	k	$\tilde{x}_k^{(0)}$	$\tilde{y}_k^{(0)}$
			2	+ 0,652	+ 0,959
4	- 0,150	+ 1,130			
			6	- 0,874	+ 0,793
8	+ 0,875	+ 0,050			
			10	- 0,819	- 0,431
12	+ 0,560	- 0,900			
			14	+ 0,526	- 1,601
16	- 1,800	0			
Σ	+ 0,515	+ 0,280	Σ	- 0,515	- 0,280
σ_z	- 0,129	- 0,070		Kontrolle	

m = 8; n = I; Verschiebung längs der Normalen											
2ν	$-x_{2\nu}^{I}$	$y_{2\nu}^{I}$	k	$\tilde{x}_k^{I}$	$\tilde{y}_k^{I}$	$-x_k^{I}$	y_k^{I}	2ν	$\tilde{x}_{2\nu}^{II}$	$\tilde{y}_{2\nu}^{II}$
2	- 0,642	+ 0,944	1	+ 1,230	+ 0,822	- 1,155	+ 0,670	2	+ 0,795	+ 0,879
4	- 0,150	+ 1,130	3	+ 0,386	+ 0,915	- 0,436	+ 1,052	4	+ 0,051	+ 1,138
6	+ 0,782	+ 0,748	5	- 0,444	+ 1,110	+ 0,434	+ 1,084	6	- 0,806	+ 0,720
8	+ 0,875	+ 0,050	7	- 0,939	+ 0,357	+ 0,890	+ 0,350	8	- 0,888	+ 0,048
10	+ 0,730	- 0,392	9	- 0,859	- 0,191	+ 0,816	- 0,176	10	- 0,762	- 0,386
12	+ 0,560	- 0,900	11	- 0,716	- 0,595	+ 0,683	- 0,588	12	- 0,577	- 0,907
14	- 0,526	- 1,596	13	- 0,301	- 1,304	+ 0,245	- 1,242	14	+ 0,401	- 1,580
16	- 1,800	0	15	+ 1,471	- 1,099	- 1,540	- 1,158	16	+ 1,723	+ 0,096
Σ	+ 0,171	- 0,016	Σ	- 0,172	+ 0,015	+ 0,063	- 0,008	Σ	- 0,063	+ 0,008
σ_z	- 0,021	+ 0,002		Kontrolle; σ_z		- 0,008	+ 0,001		Kontrolle; σ_z	

m = 8; n = II; zweistufige Verschiebung									
$-x_{2\nu}^{II}$	$y_{2\nu}^{II}$	k	$\tilde{x}_k^{II}$	$\tilde{y}_k^{II}$	$-x_k^{II}$	y_k^{II}	2ν	$\tilde{x}_{2\nu}^{III}$	$\tilde{y}_{2\nu}^{III}$
- 0,760	+ 0,840	1	+ 1,177	+ 0,754	- 1,150	+ 0,676	2	+ 0,808	+ 0,839
- 0,054	+ 1,142	3	+ 0,468	+ 1,053	- 0,467	+ 1,040	4	+ 0,079	+ 1,146
+ 0,800	+ 0,718	5	- 0,433	+ 1,091	+ 0,427	+ 1,088	6	- 0,785	+ 0,730
+ 0,877	+ 0,052	7	- 0,891	+ 0,354	+ 0,889	+ 0,356	8	- 0,870	+ 0,061
+ 0,738	- 0,374	9	- 0,823	- 0,175	+ 0,818	- 0,170	10	- 0,734	- 0,368
+ 0,563	- 0,897	11	- 0,706	- 0,572	+ 0,688	- 0,553	12	- 0,584	- 0,874
- 0,402	- 1,577	13	- 0,286	- 1,227	+ 0,280	- 1,208	14	+ 0,329	- 1,556
- 1,800	0	15	+ 1,454	- 1,182	- 1,463	- 1,245	16	+ 1,781	+ 0,039
+ 0,038	- 0,096	Σ	- 0,040	+ 0,096	- 0,022	- 0,016	Σ	+ 0,024	+ 0,017
- 0,005	+ 0,012		Kontrolle; σ_z		+ 0,003	+ 0,002		Kontrolle	

Eine Kontrolle der durchgeführten Rechnungen gewinnt man mit Hilfe der Gleichung

$$\sum_{k=1}^{2m-1} \widetilde{x}_k = m\sigma_x = -\sum_{\nu=1}^{m} x_{2\nu}; \quad \sum_{k=1}^{2m-1} \widetilde{y}_k = m\sigma_y = -\sum_{\nu=1}^{m} y_{2\nu}, \tag{7.37}$$

die unmittelbar aus Gl. (7.21) folgt. Wegen der Anhäufung der Rundungsfehler in Gl. (7.37) lassen wir eine Abweichung um m/2 Einheiten der letzten Dezimalstelle zu.

Wir verschieben nun die gefundenen Punkte $\widetilde{z}_k^I$ längs der Normalen auf die Kontur und erhalten die erste Näherung der ungeraden Stützpunkte z_k^I, aus denen wir mit Hilfe derselben Schablone auf vollkommen analogem Wege nach Gl. (7.24) die zweite Näherung für die Punkte $\widetilde{z}_{2\nu}^{II}$ berechnen. Nach weiteren analog durchgeführten Schritten finden wir die Stützpunkte $z_{2\nu}^{IV}$ und z_k^{IV} mit der in den Bedingungen des Beispiels angegebenen Genauigkeit. Zur Beschleunigung des Verfahrens verwenden wir nach dem zweiten Schritt ($n \geqslant II$) die zweistufige Verschiebung. Bei weiterer Verschiebung längs der Normalen müßten wir bis zur Erreichung derselben Resultate noch 2 bis 3 Schritte durchführen.

Wir tragen nun die gefundenen Werte für $x_{2\nu}^{IV}$, $y_{2\nu}^{IV}$ und x_k^{IV}, y_k^{IV} in die Tabelle 135 ein. Durch Einsetzen in die Gln. (7.8) und (7.9) berechnen wir hierauf die Koeffizienten der Approximationspolynome $A_j^{(+8)}$, $B_j^{(+8)}$ und $A_j^{(-8)}$, $B_j^{(-8)}$.

Zur weiteren Kontrolle der Ergebnisse gehen wir nun zu m = 16 über und überzeugen uns nach einem Iterationszykel, daß alle ungeraden Punkte mit der gegebenen Genauigkeit auf der Kontur liegen, indem wir die Koeffizienten $a_j = A_j^{(+16)} = A_j^{(-16)}$; $b_j = B_j^{(+16)} = B_j^{(-16)}$ berechnen, die ebenfalls in Tabelle 135 angegeben sind. Für $j \geqslant 8$ erhalten wir dabei $a_j = b_j = 0$.

Führt man die Verschiebung der nicht auf der Kontur liegenden Punkte auf graphischem Wege durch, so kann man jede beliebig hohe Genauigkeit erreichen, wenn man die Umgebung der einzelnen Stützpunkte in einem hinreichend großen Maßstab zeichnet. Die Verschiebung der Näherungsstützpunkte kann man jedoch, wie es oben beschrieben wurde, auf analytischem Wege durchführen.

Beispiel 2: Wir bilden den Einheitskreis $|\zeta| \leqslant 1$ mit der Genauigkeit $|\delta| < 0{,}00005$ auf einen z-Bereich ab, der durch eine Schachtelkurve berandet ist, d. h. auf ein krummliniges Rechteck, dessen Abmessungen in Bild 69 gegeben sind.

Lösung: Wir bestimmen ausgehend von den Angaben $x_0 = 1{,}5$ und $y_\mu = y_{m/2} = 1{,}0$ in nullter Näherung der Reihe nach die geraden Stützpunkte für m = 4, 8, 16, wie es in Bild 69 angedeutet ist. Die gestellte Aufgabe lösen wir dabei mit drei Schritten auf dem Niveau m = 16 und mit zwei Schritten auf dem Niveau m = 32. Die Verschiebung der nicht auf der Kontur liegenden Punkte führen wir dabei (im Bereich $0{,}5 \leqslant x \leqslant 1{,}5$) nach Gl. (7.28′) durch. In Tabelle 136 sind alle Rechnungen für die zweite Hälfte des fünften Schritts (n = V) angegeben. Man findet dort die Abweichungen $\delta_{2\nu}$ der Näherungspunkte $\widetilde{z}_{2\nu}$ von der Kontur. Außerdem wurden in dieser Tabelle aufgrund der gefundenen geraden und ungeraden Stützpunkte aller Koeffizienten $A_j^{(\pm m)}$ für m = 32 berechnet, wobei $A_2 = A_4 = \ldots = A_m = 0$; $B_j = 0$.

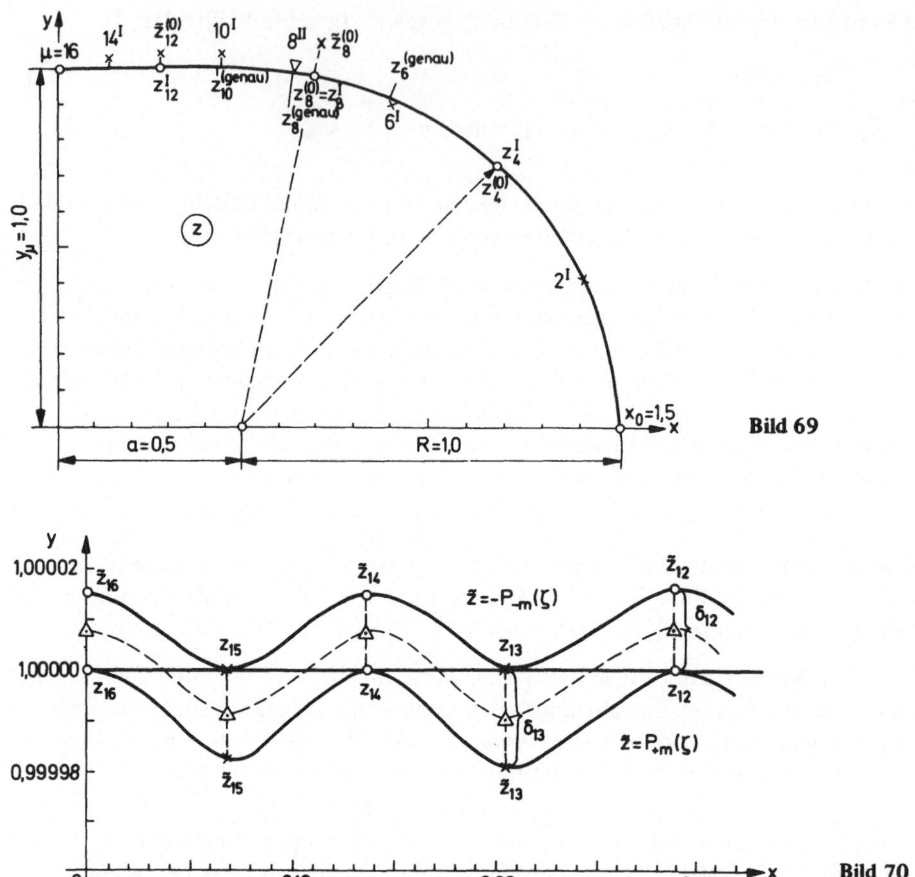

Bild 69

Bild 70

In Bild 70 haben wir aus den Punkten $\tilde{z}_{2\nu}^{VI}$, $\tilde{z}_k^{V} = \tilde{z}_k^{VI}$ und den gefundenen Stützpunkten $z_{2\nu}^{VI}$, $z_k^{V} = z_k^{VI}$ näherungsweise eine Kontur konstruiert, auf die der Einheitskreis $|\zeta| \leqslant 1$ durch die Polynome

$$\tilde{z} = P + m(\zeta); \quad \tilde{z} = P_{-m}(\zeta); \quad m = 32$$

tatsächlich abgebildet wird.

Die punktierten Strecken in der Zeichnung zeigen die Abweichungen δ_k und $\delta_{2\nu}$ der tatsächlichen Kontur von der gegebenen Kontur an, die im betrachteten Teilbereich von der Geraden $y = 1$ dargestellt wird. Der besseren Übersicht wegen ist der Maßstab auf der y-Achse 2500-mal größer. Die Amplitude der Approximationskurve wird beim Übergang vom Punkt z_{16} zum Punkt z_0 in unserem Beispiel immer größer. Ihr Maximum erreicht sie mit $\delta_0 = 0{,}000052$ im Punkt z_0. Dieser Wert ist 3,5-mal so groß wie der minimale Wert $\delta_{16} = 0{,}000015$ im Punkt z_{16}. Alle Abweichungen δ_k und $\delta_{2\nu}$ sind gleichgerichtet. Die Kurve P_{-m} liegt jedoch in unserem Beispiel außerhalb des gegebenen z-Bereiches, die Kurve P_{+m} innerhalb.

Tabelle 135

2ν	$x_{2\nu}^{IV}$	$y_{2\nu}^{IV}$	k	x_k^{IV}	y_k^{IV}	j	$A_j^{(+8)}$	$A_j^{(-8)}$	$B_j^{(+8)}$	$B_j^{(-8)}$	a_j	b_j
0	+ 1,800	0	1	+ 1,152	+ 0,675	1	+ 1,121	+ 1,122	- 0,244	- 0,244	+ 1,1234	- 0,2428
2	+ 0,811	+ 0,798	3	+ 0,504	+ 1,024	2	+ 0,329	+ 0,329	- 0,098	- 0,096	+ 0,3297	- 0,0953
4	+ 0,108	+ 1,137	5	- 0,383	+ 1,106	3	+ 0,164	+ 0,163	+ 0,136	+ 0,136	+ 0,1620	+ 0,1364
6	- 0,776	+ 0,762	7	- 0,887	+ 0,381	4	+ 0,108	+ 0,108	+ 0,090	+ 0,089	+ 0,1074	+ 0,0894
8	- 0,882	+ 0,077	9	- 0,823	- 0,161	5	+ 0,046	+ 0,046	+ 0,049	+ 0,049	+ 0,0463	+ 0,0489
10	- 0,744	- 0,361	11	- 0,690	- 0,545	6	+ 0,022	+ 0,021	+ 0,044	+ 0,044	+ 0,0214	+ 0,0447
12	- 0,595	- 0,848	13	- 0,305	- 1,188	7	+ 0,010	+ 0,010	+ 0,020	+ 0,018	+ 0,0098	+ 0,0187
14	+ 0,275	- 1,554	15	+ 1,426	- 1,290	8	0,000	+ 0,001	+ 0,001	0,000	0,0000	0,0000

Tabelle 136

k	x_k^{V}	y_k^{V}	2ν	$\tilde{x}_{2\nu}^{VI}$	$\tilde{y}_{2\nu}^{VI}$	$\delta_{2\nu}$	$x_{2\nu}^{VI}$	$y_{2\nu}^{VI}$	j	$A_j^{(+32)}$	$A_j^{(-32)}$	j	$A_j^{(+32)}$	$A_j^{(-32)}$
1	1,476618	0,214983	0	1,500052	0	0,000052	1,500000	0	1	+ 1,201333	+ 1,201361	17	+ 0,000253	+ 0,000254
3	1,307548	0,589802	2	1,409688	0,415409	0,000048	1,409644	0,415389	3	+ 0,246170	+ 0,246188	19	+ 0,000016	+ 0,000016
5	1,043827	0,839197	4	1,181805	0,731595	0,000044	1,181775	0,731562	5	+ 0,047952	+ 0,047957	21	- 0,000142	- 0,000141
7	0,768660	0,963235	6	0,903756	0,914909	0,000038	0,903740	0,914874	7	+ 0,002871	+ 0,002872	23	+ 0,000059	+ 0,000060
9	0,531995	0,999488	8	0,643750	0,989642	0,000027	0,643746	0,989615	9	+ 0,000840	+ 0,000841	25	+ 0,000054	+ 0,000053
11	0,353268	1,000000	10	0,436547	1,000022	0,000022	0,436547	1,000000	11	+ 0,001164	+ 0,001165	27	- 0,000068	- 0,000069
13	0,203945	1,000000	12	0,276286	1,000017	0,000017	0,276286	1,000000	13	- 0,000298	- 0,000299	29	+ 0,000008	+ 0,000009
15	0,066794	1,000000	14	0,134426	1,000015	0,000015	0,134426	1,000000	15	- 0,000254	- 0,000254	31	+ 0,000040	+ 0,000041
			16	0	1,000015	0,000015	0	1,000000						

Die Ergebnisse verbessert man leicht, wenn man als endgültiges Approximationspolynom

$$\widetilde{z} = P_m(\zeta) = A_1\zeta + A_3\zeta^3 + \dots + A_{m-1}\zeta^{m-1} \tag{7.38}$$

verwendet, dessen Koeffizienten die arithmetischen Mittel aus den $A_j^{(+m)}$ und $A_j^{(-m)}$ sind:

$$A_j = \tfrac{1}{2}\,[A_j^{(+m)} + A_j^{(-m)}]; \quad j = 1, 3, \dots, m-1. \tag{7.38'}$$

Wegen der Linearität dieser Gleichungen verläuft die durch das Polynom $\widetilde{z} = P_m(\zeta)$ definierte Kurve durch die Mittelpunkte aller Strecken δ_k und $\delta_{2\nu}$, d. h. die Approximationskurve P_m besitzt Abweichungen nach beiden Richtungen hin, ihre Amplituden sind jedoch nur halb so groß. Die Abweichungen in den Stützpunkten sind dabei durch die Gleichung

$$\delta_n^{(\pm)} = \tfrac{1}{2}\,\delta_n; \quad n = 0, 1, 2, 3, 4, \dots, 2m-1 \tag{7.38''}$$

bestimmt.

In Bild 70 ist die Kurve $\widetilde{z} = P_m(\zeta)$ punktiert eingezeichnet. Die zur Konstruktion verwendeten Punkte sind durch ein Dreieck markiert. Verwenden wir daher als abbildende Funktion das Polynom (7.38), so ist die in unserem Beispiel gestellte Bedingung $|\delta| < 0{,}000050$ doppelt erfüllt. Führt man immer drei Schritte auf dem Niveau $m = 16$ durch und bestimmt dann die Koeffizienten $\widetilde{A}_j$ des Polynoms $\widetilde{z} = P_m(\zeta)$ aus $A_j^{(+16)}$ und $A_j^{(-16)}$ (was der Leser als Übung selbst durchführen möge), so erreicht man die Genauigkeit

$$|\delta| < 0{,}0005.$$

Diese Genauigkeit ist zum Beispiel bei der Lösung von Aufgaben aus der Elastizitätstheorie weit höher als die Toleranzen mechanischer Verarbeitungen. Eine höhere Genauigkeit hat daher in diesem Fall gar keinen Sinn. Bei anderen Klassen von Aufgaben aus der Technik ist die geforderte Genauigkeit der Lösung oft durch die Aufgabenstellung bereits eindeutig vorgegeben und kann durch die Methode der trigonometrischen Interpolation stets gewährleistet werden.

Da eine Schachtelkurve singuläre Punkte hat – in den Verbindungspunkten ändert sich der Krümmungsradius von $R = 1$ sprunghaft auf $R = \infty$ –, sind die Ergebnisse für eine glatte Kurve noch besser als in unserem Beispiel.

Alle diese Fragen sowie weitere Beispiele findet man ausführlich in der Arbeit [488, Kapitel III, § 59–63] behandelt.

54. Die Abbildung des äußeren Bereiches

Wir betrachten jetzt die Abbildung des Äußeren des Einheitskreises $|\zeta| \geqslant 1$ auf das Äußere eines beliebigen einfach zusammenhängenden und einblättrigen Bereiches $z = x + iy$, der durch eine einfache geschlossene Kurve begrenzt sei.

Die abbildenden Funktion $z = f(\zeta)$ normieren wir im Falle eines äußeren Bereichs durch die Bedingungen

$$z = f(\zeta)\,|_{\zeta=\infty} = \infty; \quad z = f(\zeta)\,|_{\zeta=1} = x_0, \tag{7.39}$$

d. h. wir fordern, daß die Punkte $\zeta = \infty$ und $\zeta = 1$ auf die Punkte $z = \infty$ und $z = x_0$ abgebildet werden.

Als abbildende Funktion wählen wir das Approximationspolynom

$$z = \sum_{n=-1}^{m-2} C_n^* \zeta^{-n} = \sum_{n=-1}^{m-2} (A_n^* + iB_n^*)\, r^{-n} (\cos n\varphi - i \sin n\varphi), \tag{7.40}$$

das für $m \to \infty$ in die Laurent-Reihe mit abbrechendem regulären Teil

$$z = \sum_{n=-1}^{\infty} C_n^* \zeta^{-n} = C_{-1}^* \zeta + C_0^* + \frac{C_1^*}{\zeta} + \frac{C_2^*}{\zeta^2} + \ldots \tag{7.41}$$

übergeht.

Zur Bestimmung der Koeffizienten $C_n^* = A_n^* + iB_n^*$ (die wir zum Unterschied von den Koeffizienten $C_n = A_n + iB_n$ für den inneren Bereich durch Sternchen markieren) unterteilen wir wie in Abschnitt 53 den Einheitskreis $r = 1$ in $2m$ gleiche Teile und wählen zwei Systeme von Punkten: die geraden $\varphi_{2\nu} = 2\nu\pi/m$ und die ungeraden $\varphi_{2\nu-1} = (2\nu - 1)\pi/m$; $\nu = 1, 2, 3, \ldots, m$.

Damit erhalten wir für die Stützpunkte $z_n = x_n + iy_n$, für die $r = 1$ gilt, gemäß Gl. (7.40)

$$\begin{aligned} x_n &= \sum_{\nu=-1}^{m-2} A_\nu^* \cos \nu\varphi_n + B_\nu^* \sin \nu\varphi_n; \quad n = 1, 2, \ldots, m; \\ y_n &= \sum_{\nu=-1}^{m-2} - A_\nu^* \sin \nu\varphi_n + B_\nu^* \cos \nu\varphi_n. \end{aligned} \tag{7.42}$$

Die Orthogonalitätsbedingung (7.4) erlaubt wieder den Übergang zum inversen System von Gl. (7.42). Wir multiplizieren dazu die erste Gleichung mit $\cos j\varphi_n$, die zweite mit $(-\sin j\varphi_n)$, und summieren über n. Damit finden wir

$$\begin{aligned} &\sum_{n=1}^{m} x_n \cos j\varphi_n - y_n \sin j\varphi_n \\ &= \sum_{\nu=-1}^{m-2} A_\nu^* \left\{ \sum_{n=1}^{m} (\cos j\varphi_n \cos \nu\varphi_n + \sin j\varphi_n \sin \nu\varphi_n) \right\} \\ &\quad + \sum_{\nu=-1}^{m-2} B_\nu^* \left\{ \sum_{n=1}^{m} (\cos j\varphi_n \sin \nu\varphi_n - \sin j\varphi_n \cos \nu\varphi_n) \right\} = mA_j^*. \end{aligned}$$

Multiplizieren wir ferner die erste Gleichung des Systems (7.42) mit $\sin j\varphi_n$, die zweite mit $\cos j\varphi_n$ und summieren wieder über n, so erhalten wir einen analogen Ausdruck zur Bestimmung der B_j^*. Wir erhalten somit endgültig

$$A_j^* = \frac{1}{m} \sum_{n=1}^{m} x_n \cos j\varphi_n - y_n \sin j\varphi_n; \quad j = -1, 0, 1, \ldots, m-2;$$

$$B_j^* = \frac{1}{m} \sum_{n=1}^{m} x_n \sin j\varphi_n + y_n \cos j\varphi_n. \tag{7.43}$$

Mit Hilfe der Gln. (7.43) berechnet man nun leicht die Koeffizienten A_j^* und B_j^* aus den Stützpunkten, die allerdings noch zu bestimmen sind. Zu diesem Zweck stellen wir eine Beziehung zwischen den Stützpunkten des geraden und des ungeraden Systems her. Gemäß Gl. (7.43) erhalten wir dafür

$$A_j^* = A_j^{(+m)} = \frac{1}{m} \sum_{\nu=1}^{m} x_{2\nu} \cos j\varphi_{2\nu} - y_{2\nu} \sin j\varphi_{2\nu};$$

$$B_j^* = B_j^{(+m)} = \frac{1}{m} \sum_{\nu=1}^{m} x_{2\nu} \sin j\varphi_{2\nu} + y_{2\nu} \cos j\varphi_{2\nu} \tag{7.44}$$

und entsprechend

$$A_j^* = A_j^{(-m)} = \frac{1}{m} \sum_{k=1}^{m} x_{2k-1} \cos j\varphi_{2k-1} - y_{2k-1} \sin j\varphi_{2k-1};$$

$$B_j^* = B_j^{(-m)} = \frac{1}{m} \sum_{k=1}^{m} x_{2k-1} \sin j\varphi_{2k-1} + y_{2k-1} \cos j\varphi_{2k-1}. \tag{7.45}$$

Um zur gewünschten Beziehung zwischen den geraden und ungeraden Stützpunkten zu gelangen, muß man mit Hilfe der Gln. (7.45) die Koeffizienten $A_n^* = A_n^{(-m)}$, $B_n^* = B_n^{(-m)}$ aus Gl. (7.42) eliminieren. Das Ergebnis ist

$$x_{2\nu} = \sum_{n=-1}^{m-2} A_n^{(-m)} \cos n\varphi_{2\nu} + B_n^{(-m)} \sin n\varphi_{2\nu}$$

$$= \frac{1}{m} \sum_{k=1}^{m} \left\{ x_{2k-1} \sum_{n=-1}^{m-2} \cos n(\varphi_{2k-1} - \varphi_{2\nu}) - y_{2k-1} \sum_{n=-1}^{m-2} \sin n(\varphi_{2k-1} - \varphi_{2\nu}) \right\};$$

$$y_{2\nu} = \sum_{n=-1}^{m-2} - A_n^{(-m)} \sin n\varphi_{2\nu} + B_n^{(-m)} \cos n\varphi_{2\nu}$$

$$= \frac{1}{m} \sum_{k=1}^{m} \left\{ x_{2k-1} \sum_{n=-1}^{m-2} \sin n(\varphi_{2k-1} - \varphi_{2\nu}) + y_{2k-1} \sum_{n=-1}^{m-2} \cos n(\varphi_{2k-1} - \varphi_{2\nu}) \right\}.$$

Analog erhalten wir durch Elimination der Koeffizienten $A_n^* = A_n^{(+m)}$, $B_n^* = B_n^{(+m)}$ aus Gl. (7.42) mit Hilfe der Gln. (7.44)

$$x_{2k-1} = \frac{1}{m} \sum_{\nu=1}^{m} \left\{ x_{2\nu} \sum_{n=-1}^{m-2} \cos n(\varphi_{2\nu} - \varphi_{2k-1}) - y_{2\nu} \sum_{n=-1}^{m-2} \sin n(\varphi_{2\nu} - \varphi_{2k-1}) \right\};$$

$$y_{2k-1} = \frac{1}{m} \sum_{\nu=1}^{m} \left\{ x_{2\nu} \sum_{n=-1}^{m-2} \sin n(\varphi_{2\nu} - \varphi_{2k-1}) + y_{2\nu} \sum_{n=-1}^{m-2} \cos n(\varphi_{2\nu} - \varphi_{2k-1}) \right\}.$$

Wir führen nun die Bezeichnungen

$$\overset{\mathrm{I}}{\gamma}_{2k-1, 2\nu} = \frac{1}{m} \sum_{n=-1}^{m-2} s_{n(2k-1-2\nu)}; \quad \overset{\mathrm{I}}{\gamma}_{2\nu, 2k-1} = -\overset{\mathrm{I}}{\gamma}_{2k-1, 2\nu}; \tag{7.46}$$

$$\overset{\mathrm{II}}{\gamma}_{2k-1, 2\nu} = \frac{1}{m} \sum_{n=-1}^{m-2} c_{n(2k-1-2\nu)}; \quad \overset{\mathrm{II}}{\gamma}_{2\nu, 2k-1} = +\overset{\mathrm{II}}{\gamma}_{2k-1, 2\nu} \tag{7.47}$$

ein, wobei

$$s_N = \sin \varphi_N = \sin \frac{N\pi}{m}; \quad c_N = \cos \varphi_N = \cos \frac{N\pi}{m}; \quad N = n(2k - 1 - 2\nu)$$

und gelangen so zu den Rechenformeln für den gegebenen Iterationsprozeß:

$$\begin{aligned} x_{2k-1}^{(n)} &= \sum_{\nu=1}^{m} x_{2\nu}^{(n)} \overset{\mathrm{II}}{\gamma}_{2\nu, 2k-1} - y_{2\nu}^{(n)} \overset{\mathrm{I}}{\gamma}_{2\nu, 2k-1}; \\ y_{2k-1}^{(n)} &= \sum_{\nu=1}^{m} x_{2\nu}^{(n)} \overset{\mathrm{I}}{\gamma}_{2\nu, 2k-1} + y_{2\nu}^{(n)} \overset{\mathrm{II}}{\gamma}_{2\nu, 2k-1} \end{aligned} \tag{7.48}$$

und

$$\begin{aligned} x_{2\nu}^{(n+1)} &= \sum_{k=1}^{m} x_{2k-1}^{(n)} \overset{\mathrm{II}}{\gamma}_{2k-1, 2\nu} - y_{2k-1}^{(n)} \overset{\mathrm{I}}{\gamma}_{2k-1, 2\nu}; \\ y_{2\nu}^{(n+1)} &= \sum_{k=1}^{m} x_{2k-1}^{(n)} \overset{\mathrm{I}}{\gamma}_{2k-1, 2\nu} + y_{2k-1}^{(n)} \overset{\mathrm{II}}{\gamma}_{2k-1, 2\nu}. \end{aligned} \tag{7.49}$$

Den Iterationsprozeß selbst führt man in der folgenden Weise durch: Bei einem gewissen $m = 4, 8, 16, \ldots$ wählen wir ausgehend von graphischen Zuordnungen als nullte Näherungswerte m Stützpunkte $x_{2\nu}^{(0)}, y_{2\nu}^{(0)}, \nu = 1, 2, \ldots, m$ und berechnen nach den Gln. (7.48) Näherungswerte für die ungeraden Stützpunkte, die im allgemeinen nicht auf der Kontur liegen werden. Verschieben wir diese längs der Normalen auf die Kontur, so erhalten wir die nullten Näherungen für die ungeraden Stützpunkte $x_{2k-1}^{(0)}, y_{2k-1}^{(0)}$. Jetzt berechnen wir nach den Gln. (7.49) die nächsten Näherungen für die geraden Stützpunkte, verschieben diese auf die Kontur und erhalten so als erste Näherung für die geraden Stützpunkte $x_{2\nu}^{(1)}, y_{2\nu}^{(1)}$ usw.

Das Iterationsverfahren setzen wir solange fort, bis zwei aufeinander folgende Näherungen mit der geforderten Genauigkeit übereinstimmen. Wenn bei gegebenem m die nicht auf der Kontur liegenden Punkte von dieser weiter abweichen, als zugelassen ist, so müssen wir zur Erhöhung der Abbildungsgenauigkeit zu einem größeren m übergehen, zum Beispiel zu 2m. Dabei nehmen wir sowohl die geraden als auch die ungeraden Punkte des alten Systems als gerade Punkte des neuen Systems und wiederholen das Iterationsverfahren. Wir verbessern dadurch die Lage der Stützpunkte und besitzen hierauf in den Gln. (7.44) und (7.45) die Möglichkeit, die Koeffizienten des abbildenden Polynoms mit der gegebenen Genauigkeit zu berechnen.

Wir untersuchen nun etwas ausführlicher die Struktur der Matrizen $\|\gamma^{I}\|$ und $\|\gamma^{II}\|$ des Iterationsverfahrens (7.48), (7.49). Wie aus den Gln. (7.46) und (7.47) zu ersehen ist, hängen die Größen γ nicht von den Konturpunkten ab, da sie sich durch die Sinus- und Kosinuswerte bei diskreten Argumenten ausdrücken und damit ein für allemal berechnen lassen. Zum Aufstellen der Matrizen $\|\gamma^{I}\|$ und $\|\gamma^{II}\|$ genügt es, wenn man von jeder Matrix die erste Spalte berechnet. Die Elemente der ersten Zeile erhält man dann daraus nach den Gleichungen

$$\gamma_{1,2m-(2k-4)} = \gamma_{2k-1,2}; \quad k = 2, 3, \dots, m; \quad \gamma_{0,2m-(2k-3)} = \gamma_{2k-2,1}. \tag{7.50}$$

Indem wir nun längs aller Diagonalen dieselben Elemente anschreiben, gewinnen wir die gesamte Matrix $\|\gamma^{I}\|$:

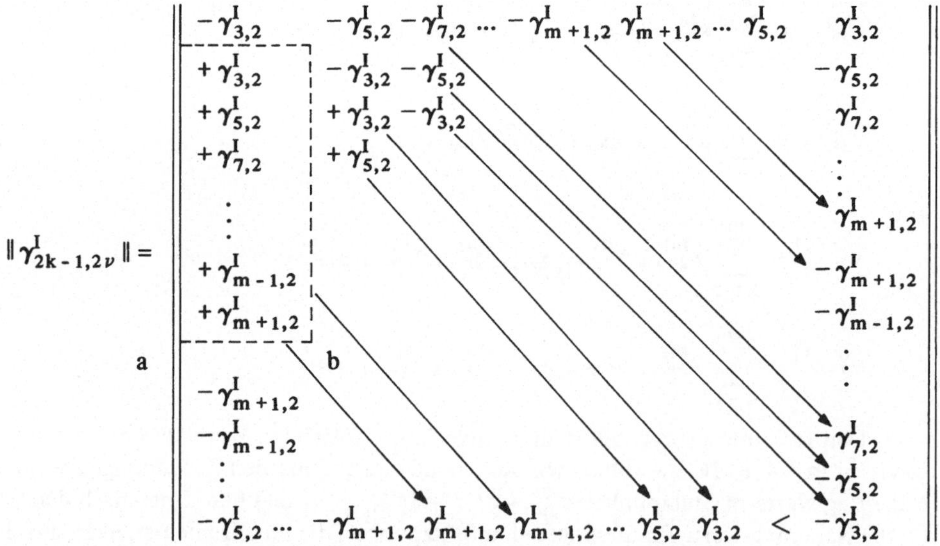

$$\|\gamma^{I}_{2k-1,2\nu}\| = \left\| \begin{array}{cccccccccc}
-\gamma^{I}_{3,2} & -\gamma^{I}_{5,2} & -\gamma^{I}_{7,2} & \cdots & -\gamma^{I}_{m+1,2} & \gamma^{I}_{m+1,2} & \cdots & \gamma^{I}_{5,2} & & \gamma^{I}_{3,2} \\
+\gamma^{I}_{3,2} & -\gamma^{I}_{3,2} & -\gamma^{I}_{5,2} & & & & & & & -\gamma^{I}_{5,2} \\
+\gamma^{I}_{5,2} & +\gamma^{I}_{3,2} & -\gamma^{I}_{3,2} & & & & & & & \gamma^{I}_{7,2} \\
+\gamma^{I}_{7,2} & +\gamma^{I}_{5,2} & & & & & & & & \vdots \\
\vdots & & & & & & & & & \gamma^{I}_{m+1,2} \\
+\gamma^{I}_{m-1,2} & & & & & & & & & -\gamma^{I}_{m+1,2} \\
+\gamma^{I}_{m+1,2} & & & & & & & & & -\gamma^{I}_{m-1,2} \\
\text{a} & \text{b} & & & & & & & & \vdots \\
-\gamma^{I}_{m+1,2} & & & & & & & & & -\gamma^{I}_{7,2} \\
-\gamma^{I}_{m-1,2} & & & & & & & & & -\gamma^{I}_{5,2} \\
\vdots & & & & & & & & & \\
-\gamma^{I}_{5,2} & \cdots & -\gamma^{I}_{m+1,2} & \gamma^{I}_{m+1,2} & \gamma^{I}_{m-1,2} & \cdots & \gamma^{I}_{5,2} & \gamma^{I}_{3,2} & < & -\gamma^{I}_{3,2}
\end{array} \right\|$$

Man erkennt zudem, daß wir bei der Konstruktion der Matrix $\|\gamma^{I}\|$ nicht die gesamte erste Spalte benötigen, sondern nur die Hälfte davon, einen Vektor mit m/2 Komponenten also. Wir bezeichnen diesen Vektor durch $\Gamma^{I}(\gamma^{I}_{3,2};\ \gamma^{I}_{5,2};\ \gamma^{I}_{7,2} \dots;\ \gamma^{I}_{m+1,2})$ und nennen ihn *Basisvektor der Matrix* $\|\gamma^{I}\|$.

Der analoge Vektor $\Gamma^{II}(\gamma^{II}_{3,2};\ \gamma^{II}_{5,2};\ \gamma^{II}_{7,2};\ \dots;\ \gamma^{II}_{m+1,2})$ ist der *Basisvektor der Matrix* $\|\gamma^{II}\|$:

$$\|\gamma^{II}_{2k-1,2\nu}\| = \left\|\begin{array}{cccccccc}
\gamma^{II}_{3,2} & \gamma^{II}_{5,2} & \gamma^{II}_{7,2} \cdots & \gamma^{II}_{m+1,2} & \gamma^{II}_{m+1,2} \cdots & & \gamma^{II}_{5,2} & \gamma^{II}_{3,2} \\
\gamma^{II}_{3,2} & \gamma^{II}_{3,2} & \gamma^{II}_{5,2} & & & & & \gamma^{II}_{5,2} \\
\gamma^{II}_{5,2} & \gamma^{II}_{3,2} & \gamma^{II}_{3,2} & & & & & \gamma^{II}_{7,2} \\
\gamma^{II}_{7,2} & \gamma^{II}_{5,2} & & & & & & \vdots \\
\vdots & & & & & & & \gamma^{II}_{m+1,2} \\
\gamma^{II}_{m-1,2} & & & & & & & \gamma^{II}_{m+1,2} \\
\gamma^{II}_{m+1,2} & & & & & & & \gamma^{II}_{m-1,2} \\
\text{a} & \text{b} & & & & & & \vdots \\
\gamma^{II}_{m+1,2} & & & & & & & \\
\gamma^{II}_{m-1,2} & & & & & & & \gamma^{II}_{7,2} \\
\vdots & & & & & & & \gamma^{II}_{5,2} \\
\gamma^{II}_{5,2} \cdots & \gamma^{II}_{m+1,2} & \gamma^{II}_{m+1,2} & \gamma^{II}_{m-1,2} & \cdots & \gamma^{II}_{5,2} & \gamma^{II}_{3,2} & \gamma^{II}_{3,2}
\end{array}\right\|$$

Die Struktur der Matrizen $\|\gamma^{I}\|$ und $\|\gamma^{II}\|$ ist nahezu dieselbe, eine Ausnahme bildet nur die erste Spalte: Bei der Matrix $\|\gamma^{I}\|$ ist die erste Spalte asymmetrisch, bei der Matrix $\|\gamma^{II}\|$ ist sie symmetrisch.

Die oben angeführten Matrizen verwendet man direkt bei der Berechnung der geraden Stützpunkte aus den ungeraden nach den Gln. (7.49). Bei der Berechnung der ungeraden Stützpunkte aus den geraden nach den Gln. (7.48) muß man bei allen Elementen dieser Matrizen beide Indizes um je eine Einheit vermindern (zum Beispiel statt $\gamma_{3,2}$ das Element $\gamma_{2,1}$ nehmen usw.).

Zur Bestimmung der Matrizen $\|\gamma^{I}\|$ und $\|\gamma^{II}\|$ benötigt man also nur die Komponenten der Basisvektoren Γ^{I} und Γ^{II}. Verwenden wir die Gln. (7.46), (7.47) und benutzen wir die bekannten Beziehungen für Sinus und Kosinus

$$s_{\frac{1}{2}m(2k-3)} = (-1)^k;\quad c_{\frac{1}{2}(m-2)(2k-3)} = s_{(2k-3)-km} = (-1)^k\, s_{2k-3},$$

so erhalten wir die folgenden einfachen Gleichungen zur Berechnung der Komponenten der Basisvektoren:

$$\begin{aligned}
\gamma^{I}_{2k-1,2} &= \frac{1}{m}\sum_{n=-1}^{m-2} s_{n(2k-3)} = \frac{1}{m}\sum_{n=1}^{m}\{s_{n(2k-3)} - [s_{2k-3} + s_{(2k-3)(m-1)}]\} \\
&= \frac{1}{m}\{\cot\varphi_{\frac{1}{2}(2k-3)} - 2s_{\frac{1}{2}m(2k-3)}\, c_{\frac{1}{2}(m-2)(2k-3)}\} \qquad (7.51) \\
&= \frac{1}{m}\{\cot\varphi_{\frac{1}{2}(2k-3)} - s_{2k-3}\};
\end{aligned}$$

$$\gamma^{II}_{2k-1,2} = \frac{1}{m}\sum_{n=-1}^{m-2} c_{n(2k-3)} = \frac{1}{m}(1 + 2c_{2k-3}), \qquad (7.52)$$

wobei

$$s_n = \sin \varphi_n = \sin \frac{n\pi}{m}; \quad c_n = \cos \varphi_n = \cos \frac{n\pi}{m}; \quad k = 2, 3, \ldots, \frac{m}{2} + 1.$$

In den Tabellen 137 und 138 sind ihre Werte für m = 4, 8, 16 und 32 angegeben.

Tabelle 137

m = 4		m = 8	m = 16	m = 32	
2k - 1	$\gamma^{I}_{2k-1,2}$	$\gamma^{I}_{2k-1,2}$	$\gamma^{I}_{2k-1,2}$	$\gamma^{I}_{2k-1,2}$	2k - 1
3	+ 0,25000000	+ 0,53274658	+ 0,61018686	+ 0,62998229	3
5	- 0,25000000	- 0,04389416	+ 0,13658861	+ 0,19252760	5
7		- 0,14744755	+ 0,01299558	+ 0,09529470	7
9		- 0,07080681	- 0,04644169	+ 0,04768832	9
11			- 0,07130574	+ 0,01775942	11
13			- 0,07052676	- 0,00298260	13
15			- 0,05048711	- 0,01767302	15
17			- 0,01823058	- 0,02771998	17
19				- 0,03387570	19
21				- 0,03663219	21
23				- 0,03638955	23
25				- 0,03353300	25
27				- 0,02846815	27
29				- 0,02163458	29
31				- 0,01350729	31
33				- 0,00459086	33

Tabelle 138

m = 4		m = 8	m = 16	m = 32	
2k - 1	$\gamma^{II}_{2k-1,2}$	$\gamma^{II}_{2k-1,2}$	$\gamma^{II}_{2k-1,2}$	$\gamma^{II}_{2k-1,2}$	2k - 1
3	+ 0,60355339	+ 0,35596988	+ 0,18509816	+ 0,09344905	3
5	- 0,10355339	+ 0,22067086	+ 0,16643370	+ 0,09105877	5
7		+ 0,02932914	+ 0,13194628	+ 0,08637008	7
9		- 0,10596988	+ 0,08688629	+ 0,07956315	9
11			+ 0,03811371	+ 0,07089958	11
13			- 0,00694628	+ 0,06071230	13
15			- 0,04143370	+ 0,04939279	15
17			- 0,06009816	+ 0,03737607	17
19				+ 0,02512393	19
21				+ 0,01310721	21
23				+ 0,00178770	23
25				- 0,00839958	25
27				- 0,01706315	27
29				- 0,02387008	29
31				- 0,02855877	31
33				- 0,03094906	33

Der Rechengang bei der Abbildung eines äußeren Bereiches unterscheidet sich nicht vom Rechengang im vorhergehenden Abschnitt. Wir beschränken uns daher auf Beispiele.

Beispiel 1: Wir bilden das Äußere des Einheitskreises $|\zeta| \geqslant 1$ mit der Genauigkeit $|\delta| < 0{,}0005$ auf einen z-Bereich ab, der das Äußere einer Schachtelkurve mit den Parametern $a = 0{,}8$; $b = 0$; $R = 1{,}0$ darstellt (Bild 71).

Lösung: Der Lösungsweg in diesem Beispiel ist derselbe wie in dem Beispiel 2 von Abschnitt 53. Insbesondere wird im Teilbereich $0{,}8 \leqslant x \leqslant 1{,}8$ die Verschiebung auf die Kontur ebenfalls nach Gl. (7.28′) durchgeführt:

$$x_n = 0{,}8 + \frac{1}{\widetilde{R}_n}(\widetilde{x}_n - 0{,}8); \quad y_n = \frac{1}{\widetilde{R}_n}\widetilde{y}_n; \quad \widetilde{R}_n^2 = (\widetilde{x}_n - 0{,}8)^2 + \widetilde{y}_n^2.$$

Für den geradlinigen Teil der Berandung verwenden wir dagegen die Gleichung (7.34)

$$x_n = \widetilde{x}_n; \quad y_n = 1 \quad \text{für} \quad 0 \leqslant x \leqslant 0{,}8,$$

da dieser Teil parallel zur x-Achse ist und seine Gleichung $y = 1$ lautet.

Alle zur Bestimmung der Stützpunkte und der Koeffizienten A_j^* des Approximationspolynoms notwendigen Rechnungen findet man in den Tabellen 139 und 140. Zur Vereinfachung der Schreibweise wurden in Tabelle 140 die Sternchen weggelassen. Unter $A_j^{(\pm m)}$ sind daher jetzt die entsprechenden Koeffizienten $A_j^{*(\pm m)}$ für einen äußeren Bereich zu verstehen. Die Koeffizienten A_j^* kann man entweder direkt aus Gl. (7.43) berechnen oder mit Hilfe einer speziellen Schablone [488, Anhang II, Schablone Nr. 6], durch die die Anzahl der Multiplikationen auf ein Minimum reduziert wird, indem man gleichartige Glieder vorher zusammenfaßt. Zu diesem Zweck muß man nur aus den bekannten Koordinaten der Stützpunkte die Größen

$$\alpha_{\substack{1k\\3k}}^* = \begin{cases} -y_k \pm x_{\frac{m}{2}-k} & k - \text{ungerade} \\ +x_k \mp y_{\frac{m}{2}-k} & k - \text{gerade} \end{cases}$$

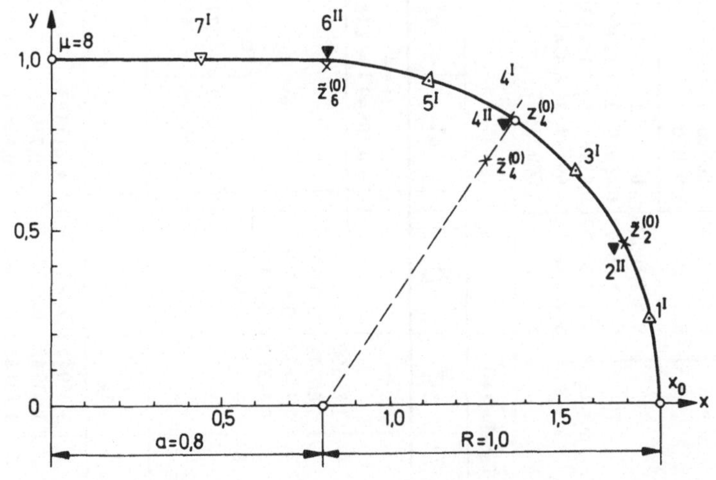

Bild 71

n	2ν	$x_{2\nu}$	$y_{2\nu}$	k	$\tilde{x}_k^{(0)}$	$\tilde{y}_k^{(0)}$	2ν	$x_{2\nu}^{(0)}$	$y_{2\nu}^{(0)}$	k	$\tilde{x}_k^{(0)}$	$\tilde{y}_k^{(0)}$	$x_k^{(0)}$	$y_k^{(0)}$	2ν	$\tilde{x}_{2\nu}^{I}$	$\tilde{y}_{2\nu}^{I}$
0	0	1,8000	0				0	1,8000	0	2	1,6836	0,4705	1,6827	0,4700	0	1,8063	0
m = 4				4	1,2728	0,7071	4	1,3558	0,8313	6	0,7924	0,9825	0,7924	1,0000	4	1,3501	0,8428
m = 8	8	0	1,0000		$\tilde{R}_4^2 = 0{,}7235$		8	0	1,0000		$\tilde{R}_2^2 = 1{,}0021$				8	0	1,0156

n	2ν	$x_{2\nu}^{(n)}$	$y_{2\nu}^{(n)}$	k	$\tilde{x}_k^{(n)}$	$\tilde{y}_k^{(n)}$	$\tilde{R}_k^2$	δ_k	$x_k^{(n)}$	$y_k^{(n)}$	2ν	$\tilde{x}_{2\nu}^{(n+1)}$	$\tilde{y}_{2\nu}^{(n+1)}$	$\tilde{R}_{2\nu}^2$	$\delta_{2\nu}$
	0	1,80000	0	1	1,76979	0,24101	0,99858	- 0,00071	1,77048	0,24118	0	1,79975	0	–	- 0,00025
I	2	1,68270	0,47000	3	1,53973	0,67294	1,00005	+ 0,00002	1,53972	0,67293	2	1,68254	0,46968	0,99948	- 0,00026
m = 16	4	1,34660	0,83740	5	1,10018	0,94579	0,98463	- 0,00771	1,10251	0,95314	4	1,34406	0,83845	0,99900	- 0,00050
μ = 8	6	0,79240	1,00000	7	0,42437	1,00796	–	+ 0,00796	0,42437	1,00000	6	0,80295	0,99811	0,99623	- 0,00189
	8	0	1,00000								8	0	0,99893	–	- 0,00107
	0	1,80000	0	1	1,77111	0,24145	1,00135	+ 0,00068	1,77045	0,24129	0	1,79927	0	–	- 0,00073
II	2	1,68277	0,46980	3	1,53994	0,67371	1,00140	+ 0,00070	1,53942	0,67324	2	1,68213	0,46944	0,99853	- 0,00074
m = 16	4	1,34433	0,83887	5	1,10188	0,95413	1,00150	+ 0,00075	1,10165	0,95342	4	1,34392	0,83819	0,99841	- 0,00079
μ = 8	6	0,80296	1,99999	7	0,42482	1,00135	–	+ 0,00135	0,42482	1,00000	6	0,80308	0,99897	0,99795	- 0,00102
	8	0	1,00000								8	0	0,99872	–	- 0,00128

Tabelle 140

2ν	$x_{2\nu}^{III}$	$y_{2\nu}^{III}$	i	α_{1i}^*	α_{3i}^*	j	$A_j^{(-4)}$	$A_j^{(+4)}$	j	$A_j^{(-16)}$	$A_j^{(+16)}$	$A_j^{(+32)}$	$A_{16+j}^{(+32)}$	16 + j
				m = 4		- 1	+ 1,543763	+ 1,400000	- 1	+ 1,476491	+ 1,477356	+ 1,476924	+ 0,000432	15
			I	+ 0,50549	- 2,18321	+ 1	+ 0,357435	+ 0,400000						
0	1,80000	0							+ 1	+ 0,379176	+ 0,378949	+ 0,379062	- 0,000114	17
2	1,68278	0,46979							+ 3	- 0,073410	- 0,073273	- 0,073342	+ 0,000068	19
4	1,34435	0,83886	i	m = 8		j	$A_j^{(-8)}$	$A_j^{(+8)}$	+ 5	+ 0,022369	+ 0,022298	+ 0,022334	- 0,000036	21
6	0,80308	0,99999							+ 7	- 0,005501	- 0,005474	- 0,005488	+ 0,000014	23
8	0	1,00000	1	+ 0,33329	- 1,27287				+ 9	- 0,000237	- 0,000231	- 0,000234	+ 0,000003	25
			2	+ 0,68279	+ 2,68277	- 1	+ 1,482831	+ 1,471882	+ 11	+ 0,001412	+ 0,001391	+ 0,001402	- 0,000010	27
						+ 1	+ 0,379180	+ 0,378718	+ 13	- 0,001035	- 0,001016	- 0,001026	+ 0,000010	29
						+ 3	- 0,074664	- 0,071882						
k	x_k^{II}	y_k^{II}	i	m = 16		+ 5	+ 0,023314	+ 0,021282						
1	1,77045	0,24129	1	+ 0,18353	- 0,66611	Σ(+)	1,810661	1,800000	Σ(+)	1,799265	1,800000	$\Sigma(+)^j$	1,799999	
3	1,53942	0,67324	2	+ 0,77045	+ 2,77045									
5	1,10165	0,95342	3	+ 0,42841	- 1,77489									
7	0,42482	1,00000	4	+ 0,58600	+ 2,49284	Σ(−)	1,005673	1,000000	Σ(−)	0,998719	1,000000	$\Sigma(-)^j$	1,000001	

berechnen und mit den Basiskoeffizienten

$$s_\nu = \frac{4}{m} \sin \frac{\nu\pi}{m}$$

multiplizieren, deren Werte (mit acht Dezimalstellen) auf der Schablone angegeben sind.

In unserem Beispiel nehmen wir als endgültige Koeffizienten $A_j^* = A_j^{(+32)}$, da wir uns durch eine zusätzliche Probe überzeugen können, daß damit die geforderte Genauigkeit von $|\delta| < 0{,}0005$ erreicht ist. Um noch höhere Genauigkeit zu erlangen, muß man bei $m = 32$ noch ein oder zwei Iterationen durchführen, hierauf $A_j^{(-32)}$ berechnen und als endgültige Koeffizienten das arithmetische Mittel

$$A_j^* = \tfrac{1}{2}\,[A_j^{(+m)} + A_j^{(-m)}]; \quad j = 1, 3, \ldots, m-1$$

nehmen. Der Leser möge dies als Übung selbst durchführen.

Ein Vergleich der Bilder 69 und 71 zeigt, daß im Falle des äußeren Bereichs die Stützpunkte gleichmäßiger längs der Kontur verteilt sind und gegenüber einer Variation der Kontur weniger empfindlich sind, da jetzt der Strahl $\varphi = \text{const}$ nicht durch den Punkt $z = 0$ sondern durch den Punkt $z = \infty$ geht. Aus diesem Grund konvergiert in der Regel das Iterationsverfahren für einen äußeren Bereich schneller als im Falle eines inneren Bereichs. Darüber hinaus häufen sich jetzt die Stützpunkte in Teilbereichen, die weiter vom Punkt $z = 0$ entfernt sind (d. h. „näher" beim Punkt $z = \infty$ liegen). In Teilbereichen die näher beim Koordinatenursprung sind, liegen sie weiter auseinander.

Zur Kontrolle der Rechenformeln kann man die Abbildung des Äußeren des Einheitskreises auf das Äußere der Ellipse

$$\frac{x^2}{a^2} + \frac{y^2}{b^2} = 1$$

betrachten, da in diesem Fall die exakte abbildende Funktion das Polynom

$$z = a_{-1}\zeta + \frac{a_1}{\zeta}; \quad a_{-1} = \frac{a+b}{2}; \quad a_1 = \frac{a-b}{2}$$

ist.

Beispiel 2: Wir bestimmen mit der Genauigkeit $|\delta| < 0{,}001$ eine Funktion, die das Äußere des Kreises $|\zeta| \geqslant 1$ auf das Äußere des in der folgenden Tabelle [475] gegebenen Turbinenprofils $z = x + iy$ abbildet:

x	- 1,211	- 1,200	- 1,000	- 0,700	- 0,400
y_o	- 0,974	- 0,930	- 0,572	- 0,128	+ 0,198
y_u	- 0,974	- 0,980	- 0,860	- 0,656	- 0,472
x	0,000	0,600	0,900	1,400	1,925
y_o	+ 0,429	0,513	0,502	0,457	0,400
y_u	- 0,255	0,020	0,129	0,285	0,400

y_o und y_u sind dabei die Ordinaten des oberen und unteren Profilteiles.

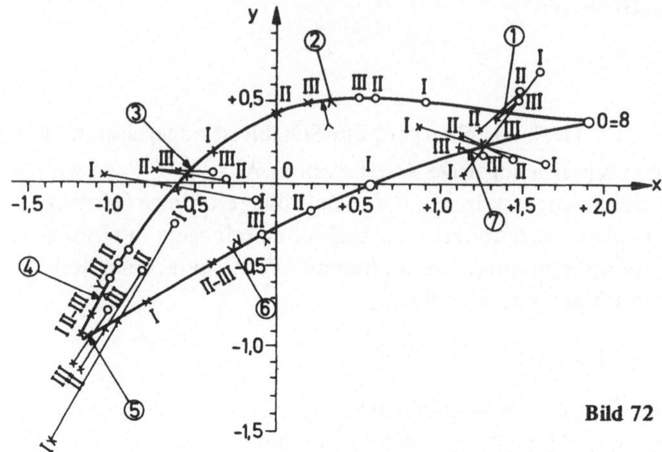

Bild 72

Lösung: Zur Sicherung der geforderten Genauigkeit konstruieren wir die Kontur auf Millimeterpapier im Maßstab 1:100 (Bild 72).

Ferner bestimmen wir durch Probieren gute Näherungen für die Stützpunkte bei m = 4 und verbessern diese dann bei m = 8. Auf der Kontur wählen wir zwei Systeme von geraden Punkten (im Bild durch kleine Kreuze und Kreise markiert), die offensichtlich auf verschiedenen Seiten der echten geraden Punkte liegen. Dazu muß man die geraden Kreuzchen- und Kreispunkte so wählen, daß die aus ihnen berechneten ungeraden Punkte auf verschiedenen Seiten der Kontur liegen, was man immer erreichen kann, wenn man eine hinreichend große Gabel nimmt. Wir verbinden nun die erhaltenen ungeraden Kreuzchen und Kreise durch gerade Strecken und bestimmen deren Schnittpunkte mit der Kontur (im Bild ebenfalls markiert) und nehmen diese als nullte Näherung für die ungeraden Stützpunkte. Aus diesen berechnen wir die erste Näherung für die geraden Stützpunkte. Damit ist der erste Schritt der Rechnung beendet.

Die gefundenen Punkte verschieben wir nun längs der Normalen auf die Kontur. Hierauf nehmen wir eine zweite beträchtlich kleinere Gabel und tragen auf beiden Seiten der Punkte Kreuzchen und Kreise ab, aber jetzt im kleineren Abstand als früher[1]). Den zweiten Schritt führen wir vollkommen analog zum ersten durch. Als Ergebnis erhalten wir die zweite Näherung für die geraden Stützpunkte, verschieben diese auf die Kontur und bestimmen die Tendenz der Änderung aufeinander folgender Näherungen für die geraden Stützpunkte.

Nachdem die Tendenz der Änderung festgestellt ist, wählen wir auf Grund der Ergebnisse der vorhergehenden Schritte die Kreuzchen und Kreise beträchtlich näher an den verschobenen Punkten. Bei jedem Schritt nehmen wir die Gabel immer enger und

---

1) Hier ist zu beachten, daß die Kreuzchen nicht in den Bereich der Kreise und umgekehrt zu liegen kommen dürfen, da dadurch die Konvergenz des Verfahrens verlangsamt würde. Die nötige Erfahrung gewinnt man aber bereits nach zwei oder drei Beispielen.

lokalisieren dadurch einen immer kleineren Bereich, in dessen Inneren die Stützpunkte liegen müssen. Der Prozeß ist beendet, wenn alle aus den geraden Punkten berechneten ungeraden Punkte mit der gegebenen Genauigkeit auf der Kontur liegen.

Die Ergebnisse aller Rechnungen, die auf dem Niveau $m = 4$ durchgeführt wurden, findet man in Tabelle 141, wobei der Punkt 8 mit dem Punkt 0 zu identifizieren ist. Die bei $m = 4$ gefundenen geraden und ungeraden Stützpunkte nehmen wir nun als neues System von geraden Punkten und führen zur Verbesserung der Ergebnisse auf dem Niveau $m = 8$ noch einen weiteren Iterationsschritt durch. Falls dies notwendig erscheint, gehen wir auch noch auf das Niveau $m = 16$. Die Ergebnisse dieser Rechnungen sind in Tabelle 142 angegeben, wobei bei $m = 8$ alle gefundenen ungeraden Punkte mit der gegebenen Genauigkeit auf der Kontur liegen. In unserem Fall ist also ein Übergang auf das Niveau $m = 16$ nicht notwendig. Er erfolgte nur aus Gründen einer zusätzlichen Kontrolle. Mit den Stützpunkten aus Tabelle 143 finden wir hierauf nach den Gln. (7.44) für $m = 8$ die Koeffizienten des abbildenden Polynoms (7.40).

Bei $m = 16$ erhalten wir dasselbe Ergebnis, wobei für $j \geqslant 3$ gilt $A_j^* = B_j^* = 0$.

Übung: Aus den in Tabelle 142 angegebenen Koordinaten der Stützpunkte berechne man nach der Gl. (7.44) oder Gl. (7.45) die Koeffizienten $A_j^{(-8)}$, $B_j^{(-8)}$, $A_j^{(+16)}$, $B_j^{(+16)}$, $A_j^{(-16)}$ und $B_j^{(-16)}$. Die Ergebnisse vergleiche man mit den Ergebnissen von Tabelle 143.

Zum Abschluß bemerken wir, daß die Existenz eines Wendepunktes auf der Kontur keine Schwierigkeiten bereitet. Alle Rechnungen sind auch in diesem Fall vollkommen analog zu den obigen durchzuführen [477].

Ausführlicher werden diese Probleme in den Arbeiten von *W. P. Filtschakow* [475–480] betrachtet. Man findet dort insbesondere auch andere Rechenverfahren, die bis zur Angabe von Rechenschablonen ausgearbeitet sind. Darüber hinaus hat *W. P. Filtschakow* die trigonometrische Interpolation zur Konstruktion effektiver Methoden bei der konformen Abbildung von unendlich zusammenhängenden gitterförmigen periodischen Bereichen verwendet. Die abbildende Funktion hat in diesem Fall die Form eines Teiles einer verallgemeinerten Laurent-Reihe nach den Funktionen

$$Z^{[-n]}(t) = \frac{\pi}{t} \frac{(-1)^{n-1}}{(n-1)!} \frac{d^{n-1}}{dz^{n-1}} \cot \frac{\pi z}{t}; \tag{7.53}$$

t bedeutet Gitterkonstante. Man erhält dabei eine Beziehung zwischen den Koeffizienten der abbildenden Funktion, der Gitterkonstanten und den Stützpunkten, aus der sich die gesuchten Koeffizienten und die Gitterkonstante leicht berechnen lassen. Für die Funktionen $Z_k^{[-n]}(t)$ gibt es Rekursionsformeln. Darüberhinaus wurden für $0 \leqslant t \leqslant 1{,}50$ sechsstellige Tabellen mit der Schrittweite $\Delta t = 0{,}02$ aufgestellt. Größere t-Werte benötigt man in der Praxis nicht, auch bei groben Gittern nicht. Die erwähnten Tabellen erlauben die Bestimmung der Koeffizienten der abbildenden Funktion mit minimalem Arbeitsaufwand für unendlich zusammenhängende Gitter beliebiger Form.

W. P. Filtschakow geht auch auf die Bestimmung der Konstanten ein, die in der Integralformel von *L. I. Sedow* auftritt. Bei diesem Integral handelt es sich um eine Verallgemeinerung der Integrale von *Christoffel-Schwartz* für den Fall von unendlich zusammenhängenden periodischen polygonalen Bereichen.

Tabelle 141

Schritt (m = 4)	n	x_n	y_n	n	$\tilde{x}_n$	$\tilde{y}_n$
$I_\odot$	0	+ 1,925	+ 0,400	1	+ 1,612	+ 0,694
	2	+ 0,900	+ 0,500	3	- 0,127	- 0,098
	4	- 0,900	- 0,417	5	- 0,631	- 0,238
	6	+ 0,554	0,000	7	+ 1,625	+ 0,125
$I_\times$	0	+ 1,925	+ 0,400	1	+ 1,117	+ 0,059
	2	- 0,400	+ 0,200	3	- 1,076	+ 0,048
	4	- 1,210	- 0,970	5	- 1,383	- 1,563
	6	- 0,800	- 0,723	7	+ 0,857	+ 0,363
$I_\vee$	1	+ 1,430	+ 0,450	2	+ 0,314	+ 0,365
	3	- 0,610	- 0,020	4	- 1,078	- 0,634
	5	- 0,970	- 0,840	6	- 0,072	- 0,363
	7	+ 1,244	+ 0,240	8 ≡ 0	+ 1,930	+ 0,462
$II_\odot$	0	+ 0,925	+ 0,400	1	+ 1,490	+ 0,575
	2	+ 0,600	+ 0,510	3	- 0,322	+ 0,024
	4	- 0,955	- 0,500	5	- 0,830	- 0,535
	6	+ 0,200	- 0,160	7	+ 1,432	+ 0,186
$II_\times$	0	+ 1,925	+ 0,400	1	+ 1,230	+ 0,334
	2	0,000	+ 0,430	3	- 0,750	+ 0,083
	4	- 1,130	- 0,800	5	- 1,213	- 1,151
	6	- 0,400	- 0,470	7	+ 1,127	+ 0,295
$II_\vee$	1	+ 1,365	+ 0,460	2	+ 0,289	+ 0,481
	3	- 0,545	+ 0,055	4	- 1,055	- 0,685
	5	- 1,060	- 0,900	6	- 0,149	- 0,346
	7	+ 1,260	+ 0,245	8 ≡ 0	+ 1,935	+ 0,410
$III_\odot$	0	+ 1,925	+ 0,400	1	+ 1,479	+ 0,517
	2	+ 0,500	+ 0,510	3	- 0,402	+ 0,062
	4	- 1,020	- 0,600	5	- 1,028	- 0,768
	6	- 0,100	- 0,307	7	+ 1,256	+ 0,192
$III_\times$	0	+ 1,925	+ 0,400	1	+ 1,338	+ 0,414
	2	+ 0,200	+ 0,480	3	- 0,617	+ 0,063
	4	- 1,130	- 0,800	5	- 1,246	- 1,106
	6	- 0,400	- 0,470	7	+ 1,119	+ 0,239
$III_\vee$	1	+ 1,398	+ 0,457	2	+ 0,324	+ 0,487
	3	- 0,532	+ 0,063	4	- 1,083	- 0,706
	5	- 1,145	- 0,956	6	- 0,267	- 0,400
	7	+ 1,175	+ 0,220	8 ≡ 0	+ 1,922	+ 0,403
IV m = 4	0	+ 1,925	+ 0,400	1	+ 1,397	+ 0,459
	2	+ 0,325	+ 0,500	3	- 0,526	+ 0,076
	4	- 1,079	- 0,702	5	- 1,149	- 0,956
	6	- 0,272	- 0,400	7	+ 1,176	+ 0,219

Tabelle 142

Schritt	2ν	$x_{2\nu}$	$y_{2\nu}$	2k - 1	x_{2k-1}	y_{2k-1}
	0	+ 1,925	+ 0,400	1	+ 1,795	+ 0,419
	2	+ 1,397	+ 0,459	3	+ 0,864	+ 0,507
	4	+ 0,325	+ 0,500	5	- 0,143	+ 0,365
V	6	- 0,526	+ 0,076	7	- 0,838	- 0,318
m = 8	8	- 1,079	- 0,702	9	- 1,208	- 0,943
	10	- 1,149	- 0,956	11	- 0,837	- 0,746
	12	- 0,272	- 0,400	13	+ 0,454	- 0,044
	14	+ 1,176	+ 0,219	15	+ 1,709	+ 0,356
	0	+ 1,925	+ 0,400	1	+ 1,902	+ 0,408
	2	+ 1,795	+ 0,419	3	+ 1,620	+ 0,435
	4	+ 1,397	+ 0,459	5	+ 1,137	+ 0,486
	6	+ 0,864	+ 0,507	7	+ 0,590	+ 0,516
	8	+ 0,325	+ 0,500	9	+ 0,082	+ 0,451
	10	- 0,143	+ 0,365	11	- 0,346	+ 0,238
VI	12	- 0,526	+ 0,076	13	- 0,691	- 0,114
m = 16	14	- 0,838	- 0,318	15	- 0,967	- 0,519
	16	- 1,079	- 0,702	17	- 1,160	- 0,848
	18	- 1,208	- 0,943	19	- 1,209	- 0,981
	20	- 1,149	- 0,956	21	- 0,028	- 0,874
	22	- 0,837	- 0,746	23	- 0,581	- 0,581
	24	- 0,272	- 0,400	25	+ 0,082	- 0,217
	26	+ 0,454	- 0,044	27	+ 0,826	+ 0,103
	28	+ 1,176	+ 0,219	29	+ 1,474	+ 0,303
	30	+ 1,709	+ 0,356	31	+ 1,863	+ 0,386

Tabelle 143

2ν	$x_{2\nu}^{V}$	$y_{2\nu}^{V}$	j	$A_j^* = A_j^{(+8)}$	$B_j^* = B_j^{(+8)}$
0	+ 1,925	+ 0,400	- 1	+ 0,976	+ 0,126
2	+ 1,397	+ 0,459	0	+ 0,225	- 0,050
4	+ 0,325	+ 0,500	+ 1	+ 0,526	+ 0,425
6	- 0,526	+ 0,076	+ 2	+ 0,198	- 0,100
8	- 1,079	- 0,702	+ 3	0,000	0,000
10	- 1,149	- 0,956	+ 4	0,000	0,000
12	- 0,272	- 0,400	+ 5	0,000	0,000
14	+ 1,176	+ 0,219	+ 6	0,000	0,000

55. Die Abbildung zweifach zusammenhängender Bereiche mit Hilfe der trigonometrischen Interpolation

Wir betrachten die konforme Abbildung eines Kreisringes $0 < r_0 \leqslant |\zeta| \leqslant 1$ auf einen zweifach zusammenhängenden Bereich, dessen innerer und äußerer Rand durch einfache geschlossene Kurven gebildet wird. Der Nullpunkt soll innerhalb beider Ränder liegen (Bild 73). Die Berandung des Bereiches kann analytisch, graphisch oder durch eine Reihe von diskreten Punkten gegeben sein.

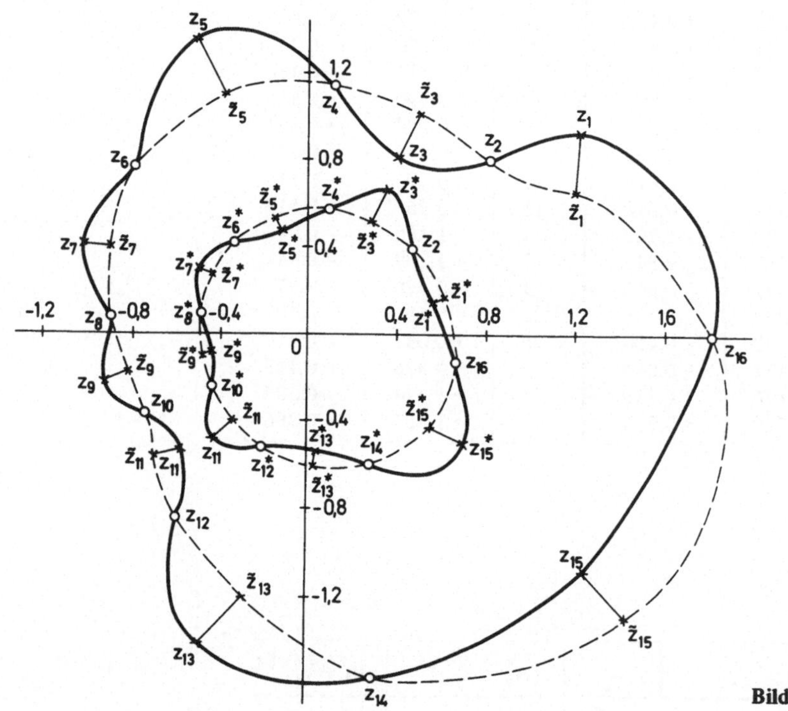

Bild 73

Die konform abbildende Funktion stellen wir als Laurent-Reihe dar:

$$z = f(\zeta) = \sum_{j=-\infty}^{+\infty} c_j \zeta^j; \quad c_j = a_j + ib_j. \tag{7.54}$$

Wir normieren diese abbildende Funktion durch ein Paar sich entsprechender Randpunkte:

$$z = f(\zeta)\,|_{\zeta=1} = x_0. \tag{7.55}$$

Wie im Falle eines einfach zusammenhängenden Bereichs suchen wir die abbildende Funktion in Form eines endlichen Abschnitts der Laurent-Reihe

$$z = \sum_{j=-m}^{m-1} C_j \zeta^j; \quad C_j = A_j + iB_j, \tag{7.56}$$

der für $m \to \infty$ in die Reihe (7.54) übergeht.

Durch Zerlegung in Real- und Imaginärteil erhalten wir aus Gl. (7.56) bei $\zeta = \zeta_n = e^{i\varphi_n}$ und $\zeta = \zeta_n^* = r_0 e^{i\varphi_n}$ Gleichungen zur Bestimmung der Stützpunkte $z_n = x_n + iy_n$ und $z_n^* = x_n^* + iy_n^*$, die auf dem inneren Rand L_0 und auf dem äußeren Rand L_1 liegen sollen:

$$\begin{aligned} x_n &= \sum_{j=-m}^{m-1} A_j \cos j\varphi_n - B_j \sin j\varphi_n; \\ y_n &= \sum_{j=-m}^{m-1} A_j \sin j\varphi_n + B_j \cos j\varphi_n; \\ x_n^* &= \sum_{j=-m}^{m-1} r_0^j (A_j \cos j\varphi_n - B_j \sin j\varphi_n); \\ y_n^* &= \sum_{j=-m}^{m-1} r_0^j (A_j \sin j\varphi_n + B_j \cos j\varphi_n). \end{aligned} \tag{7.57}$$

Zur Bestimmung der Koeffizienten A_j und B_j aus Gl. (7.57) bedienen wir uns der Orthogonalitätsbedingungen für die trigonometrischen Funktionen bei diskreten äquidistanten Argumentwerten [480]. Nach einigen Umformungen erhalten wir:

$$\begin{aligned} A_j &= \frac{1}{m(1-r_0^m)} \sum_{n=1}^{m} x_n \cos j\varphi_n + y_n \sin j\varphi_n - r_0^{m-j}(x_n^* \cos j\varphi_n + y_n^* \sin j\varphi_n); \\ B_j &= \frac{1}{m(1-r_0^m)} \sum_{n=1}^{m} - x_n \sin j\varphi_n + y_n \cos j\varphi_n \\ &\quad + r_0^{m-j}(x_n^* \sin j\varphi_n - y_n^* \cos j\varphi_n); \\ A_{-j} &= \frac{1}{m(1-r_0^m)} \sum_{n=1}^{m} r_0^m (-x_n \cos j\varphi_n + y_n \sin j\varphi_n) \\ &\quad + r_0^j(x_n^* \cos j\varphi_n - y_n^* \sin j\varphi_n); \\ B_{-j} &= \frac{1}{m(1-r_0^m)} \sum_{n=1}^{m} - r_0^m (x_n \sin j\varphi_n + y_n \cos j\varphi_n) \\ &\quad + r_0^j(x_n^* \sin j\varphi_n + y_n^* \cos j\varphi_n). \end{aligned} \tag{7.58}$$

Diese Gleichungen zur Berechnung der Koeffizienten hat *A. G. Ugodtschikow* auch auf anderem Wege gefunden [457].

Wir konstruieren nun einen Iterationsprozeß, der die Lage der Stützpunkte mit beliebiger Genauigkeit zu bestimmen erlaubt.

Zu diesem Zweck unterteilen wir beide Kreise $|\zeta| = 1$ und $|\zeta| = r_0$ in 2m gleiche Teile und wählen zwei Systeme von Punkten:

die geraden Punkte $|\zeta| = 1; \quad |\zeta| = r_0; \quad \varphi_{2\nu} = \frac{2\nu\pi}{m}; \quad \nu = 1, 2, 3, \dots, m;$

und

die ungeraden Punkte $|\zeta| = 1; \quad |\zeta| = r_0; \quad \varphi_k = \frac{k\pi}{m}; \quad k = 1, 3, 5, \dots, 2m-1.$

Die Bilder der geraden und ungeraden Punkte bei der Abbildung durch das Polynom (7.56) heißen entsprechend *gerade und ungerade Stützpunkte.*

Die Koeffizienten $A_j^{(+m)}$, $A_{-j}^{(+m)}$, $B_j^{(+m)}$ und $B_{-j}^{(+m)}$ des Polynoms, die wir auf Grund der geraden Stützpunkte aus dem System (7.58) erhalten, lassen sich in der folgenden Form darstellen:

$$\begin{aligned}
A_j^{(+m)} &= \frac{1}{m(1-r_0^m)} \sum_{\nu=1}^{m} x_{2\nu} \cos j\varphi_{2\nu} + y_{2\nu} \sin j\varphi_{2\nu} \\
&\quad - r_0^{m-j}(x_{2\nu}^* \cos j\varphi_{2\nu} + y_{2\nu}^* \sin j\varphi_{2\nu}); \\
B_j^{(+m)} &= \frac{1}{m(1-r_0^m)} \sum_{\nu=1}^{m} - x_{2\nu} \sin j\varphi_{2\nu} + y_{2\nu} \cos j\varphi_{2\nu} \\
&\quad + r_0^{m-j}(x_{2\nu}^* \sin j\varphi_{2\nu} - y_{2\nu}^* \cos j\varphi_{2\nu}); \\
A_{-j}^{(+m)} &= \frac{1}{m(1-r_0^m)} \sum_{\nu=1}^{m} r_0^m (- x_{2\nu} \cos j\varphi_{2\nu} + y_{2\nu} \sin j\varphi_{2\nu}) \\
&\quad + r_0^j (x_{2\nu}^* \cos j\varphi_{2\nu} - y_{2\nu}^* \sin j\varphi_{2\nu}); \\
B_{-j}^{(+m)} &= \frac{1}{m(1-r_0^m)} \sum_{\nu=1}^{m} - r_0^m (x_{2\nu} \sin j\varphi_{2\nu} + y_{2\nu} \cos j\varphi_{2\nu}) \\
&\quad + r_0^j (x_{2\nu}^* \sin j\varphi_{2\nu} + y_{2\nu}^* \cos j\varphi_{2\nu}).
\end{aligned} \tag{7.59}$$

Dabei gilt:

$$\varphi_{2\nu} = \frac{2\nu\pi}{m}; \quad j = 1, 2, 3, \dots, m; \quad \nu = 1, 2, 3, \dots, m.$$

Für die Koeffizienten $A_j^{(-m)}$, $A_{-j}^{(-m)}$, $B_j^{(-m)}$ und $B_{-j}^{(-m)}$, die wir auf Grund der ungeraden Stützpunkte erhalten, gilt:

$$\begin{aligned}
A_j^{(-m)} &= \frac{1}{m(1-r_0^m)} \sum_{k=1}^{2m-1} x_k \cos j\varphi_k + y_k \sin j\varphi_k \\
&\quad - r_0^{m-j}(x_k^* \cos j\varphi_k + y_k^* \sin j\varphi_k); \\
B_j^{(-m)} &= \frac{1}{m(1-r_0^m)} \sum_{k=1}^{2m-1} - x_k \sin j\varphi_k + y_k \cos j\varphi_k \\
&\quad + r_0^{m-j}(x_k^* \sin j\varphi_k - y_k^* \cos j\varphi_k); \\
A_{-j}^{(-m)} &= \frac{1}{m(1-r_0^m)} \sum_{k=1}^{2m-1} r_0^m(-x_k \cos j\varphi_k + y_k \sin j\varphi_k) \\
&\quad + r_0^j(x_k^* \cos j\varphi_k - y_k^* \sin j\varphi_k); \\
B_{-j}^{(-m)} &= \frac{1}{m(1-r_0^m)} \sum_{k=1}^{2m-1} - r_0^m(x_k \sin j\varphi_k + y_k \cos j\varphi_k) \\
&\quad + r_0^j(x_k^* \sin j\varphi_k + y_k^* \cos j\varphi_k),
\end{aligned} \tag{7.60}$$

mit

$$\varphi_k = \frac{k\pi}{m}; \quad j = 1, 2, 3, \ldots, m; \quad k = 1, 3, 5, \ldots, 2m-1.$$

Die Bilder der ungeraden Punkte bei dem aus den geraden Stützpunkten konstruierten Polynom werden im allgemeinen nicht auf dem Rand des Bereiches liegen. Wir nennen sie daher wie in Abschnitt 53 vom *Rand abweichende ungerade Stützpunkte.*

Aus den Beziehungen (7.57) erhalten wir:

$$\begin{aligned}
\widetilde{x}_k &= \sum_{j=0}^{m-1} A_j^{(+m)} \cos j\varphi_k - B_j^{(+m)} \sin j\varphi_k + \sum_{j=1}^{m} A_{-j}^{(+m)} \cos j\varphi_k + B_{-j}^{(+m)} \sin j\varphi_k; \\
\widetilde{y}_k &= \sum_{j=0}^{m-1} A_j^{(+m)} \sin j\varphi_k + B_j^{(+m)} \cos j\varphi_k + \sum_{j=1}^{m} - A_{-j}^{(+m)} \sin j\varphi_k + B_{-j}^{(+m)} \cos j\varphi_k; \\
\widetilde{x}_k^* &= \sum_{j=0}^{m-1} r_0^j (A_j^{(+m)} \cos j\varphi_k - B_j^{(+m)} \sin j\varphi_k) + \sum_{j=1}^{m} r_0^{-j}(A_{-j}^{(+m)} \cos j\varphi_k + B_{-j}^{(+m)} \sin j\varphi_k); \\
\widetilde{y}_k^* &= \sum_{j=0}^{m-1} r_0^j (A_j^{(+m)} \sin j\varphi_k + B_j^{(+m)} \cos j\varphi_k) + \sum_{j=1}^{m} r_0^{-j}(A_{-j}^{(+m)} \sin j\varphi_k + B_{-j}^{(+m)} \cos j\varphi_k).
\end{aligned} \tag{7.61}$$

Daraus ergibt sich unter Berücksichtigung von Gln. (7.59):

$$\begin{aligned}
\widetilde{x}_k = {} & \frac{1}{m(1-r_0^m)} \sum_{j=0}^{m-1} \sum_{\nu=1}^{m} \{[(x_{2\nu} \cos j\varphi_{2\nu} + y_{2\nu} \sin j\varphi_{2\nu}) \\
& - r_0^{m-j}(x_{2\nu}^* \cos j\varphi_{2\nu} + y_{2\nu}^* \sin j\varphi_{2\nu})] \cos j\varphi_k + [(x_{2\nu} \sin j\varphi_{2\nu} - y_{2\nu} \cos j\varphi_{2\nu}) \\
& + r_0^{m-j}(-x_{2\nu}^* \sin j\varphi_{2\nu} + y_{2\nu}^* \cos j\varphi_{2\nu})] \sin j\varphi_k\} \\
& + \frac{1}{m(1-r_0^m)} \sum_{j=0}^{m} \sum_{\nu=1}^{m} \{[-r_0^m (x_{2\nu} \cos j\varphi_{2\nu} - y_{2\nu} \sin j\varphi_{2\nu}) \\
& + r_0^j (x_{2\nu}^* \cos j\varphi_{2\nu} - y_{2\nu}^* \sin j\varphi_{2\nu})] \cos j\varphi_k \\
& + [-r_0^m (x_{2\nu} \sin j\varphi_{2\nu} + y_{2\nu} \cos j\varphi_{2\nu}) \\
& + r_0^j (x_{2\nu}^* \sin j\varphi_{2\nu} + y_{2\nu}^* \cos j\varphi_{2\nu})] \sin j\varphi_k\} \qquad (7.62) \\
= {} & \frac{1}{m(1-r_0^m)} \sum_{\nu=1}^{m} \left\{ x_{2\nu} \left(\sum_{j=0}^{m-1} \cos j\varphi_{2\nu-k} - r_0^m \sum_{j=1}^{m} \cos j\varphi_{2\nu-k} \right) \right. \\
& + y_{2\nu} \left(\sum_{j=0}^{m-1} \sin j\varphi_{2\nu-k} + r_0^m \sum_{j=1}^{m} \sin j\varphi_{2\nu-k} \right) \\
& + x_{2\nu}^* \left(\sum_{j=1}^{m} r_0^j \cos j\varphi_{2\nu-k} - \sum_{j=0}^{m-1} r_0^{m-j} \cos j\varphi_{2\nu-k} \right) \\
& \left. - y_{2\nu}^* \left(\sum_{j=0}^{m-1} r_0^{m-j} \sin j\varphi_{2\nu-k} + \sum_{j=1}^{m} r_0^j \sin j\varphi_{2\nu-k} \right) \right\} .
\end{aligned}$$

Analoge Beziehungen erhält man für $\widetilde{y}_k$, $\widetilde{x}_k^*$ und $\widetilde{y}_k^*$. In diesen Ausdrücken kann man die inneren Summen, d. h. die Summen über j, wegschaffen, wenn man berücksichtigt, daß:

$$\sum_{j=0}^{m-1} \cos j\varphi_{2\nu-k} = - \sum_{j=1}^{m} \cos j\varphi_{2\nu-k} = 1;$$

$$\sum_{j=0}^{m-1} \sin j\varphi_{2\nu-k} = \sum_{j=1}^{m} \sin j\varphi_{2\nu-k} = \cot \tfrac{1}{2} \varphi_{2\nu-k};$$

$$\sum_{j=0}^{m-1} r_0^{m-j} \cos j\varphi_{2\nu-k} = - \sum_{j=1}^{m} r_0^j \cos j\varphi_{2\nu-k} = \frac{r_0(1+r_0^m)(r_0 - \cos\varphi_{2\nu-k})}{r_0^2 - 2r_0 \cos\varphi_{2\nu-k} + 1};$$

$$\sum_{j=0}^{m-1} r_0^{m-j} \sin j\varphi_{2\nu-k} = \sum_{j=1}^{m} r_0^j \sin j\varphi_{2\nu-k} = \frac{r_0(1+r_0^m) \sin\varphi_{2\nu-k}}{r_0^2 - 2r_0 \cos\varphi_{2\nu-k} + 1}; \qquad (7.63)$$

$$\sum_{j=0}^{m-1} r_0^j \cos j\varphi_{2\nu-k} = -\sum_{j=1}^{m} r_0^{m-j} \cos j\varphi_{2\nu-k} = \frac{(1+r_0^m)(1-r_0\cos\varphi_{2\nu-k})}{r_0^2 - 2r_0\cos\varphi_{2\nu-k} + 1};$$

$$\sum_{j=0}^{m-1} r_0^j \sin j\varphi_{2\nu-k} = \sum_{j=1}^{m} r_0^{m-j} \sin j\varphi_{2\nu-k} = \frac{r_0(1+r_0^m)\sin\varphi_{2\nu-k}}{r_0^2 - 2r_0\cos\varphi_{2\nu-k} + 1}.$$

Die Gleichungen, die die vom Rand abweichenden ungeraden Stützpunkte direkt durch die Koordinaten der geraden Stützpunkte ausdrücken, lauten dann:

$$\begin{aligned}
\widetilde{x}_k &= \sigma_x(r_0) + \sum_{\nu=1}^{m} y_{2\nu}\gamma_{2\nu-k}(r_0) + x_{2\nu}^* \gamma_{2\nu-k}^{I}(r_0) - y_{2\nu}^* \gamma_{2\nu-k}^{II}(r_0);\\
\widetilde{y}_k &= \sigma_y(r_0) + \sum_{\nu=1}^{m} -x_{2\nu}\gamma_{2\nu-k}(r_0) + y_{2\nu}^* \gamma_{2\nu-k}^{I}(r_0) + x_{2\nu}^* \gamma_{2\nu-k}^{II}(r_0);\\
\widetilde{x}_k^* &= -\sigma_{x^*}(r_0) + \sum_{\nu=1}^{m} -y_{2\nu}^*\gamma_{2\nu-k}(r_0) + x_{2\nu} \gamma_{2\nu-k}^{III}(r_0) + y_{2\nu} \gamma_{2\nu-k}^{II}(r_0);\\
\widetilde{y}_k^* &= -\sigma_{y^*}(r_0) + \sum_{\nu=1}^{m} x_{2\nu}^*\gamma_{2\nu-k}(r_0) + y_{2\nu} \gamma_{2\nu-k}^{III}(r_0) - x_{2\nu} \gamma_{2\nu-k}^{II}(r_0),
\end{aligned} \tag{7.64}$$

wobei

$$\begin{aligned}
&\sigma_x(r_0) = \gamma(r_0)\sum_{\nu=1}^{m} x_{2\nu}; \quad \sigma_y(r_0) = \gamma(r_0)\sum_{\nu=1}^{m} y_{2\nu};\\
&\sigma_{x^*}(r_0) = \gamma(r_0)\sum_{\nu=1}^{m} x_{2\nu}^*; \quad \sigma_{y^*}(r_0) = \gamma(r_0)\sum_{\nu=1}^{m} y_{2\nu}^*;\\
&\gamma(r_0) = \frac{1+r_0^m}{m(1-r_0^m)}; \quad \gamma_{2\nu-k}(r_0) = \gamma(r_0)\cot\tfrac{1}{2}\varphi_{2\nu-k};\\
&\gamma_{2\nu-k}^{I}(r_0) = \gamma(r_0)\frac{2r_0(\cos\varphi_{2\nu-k} - r_0)}{r_0^2 - 2r_0\cos\varphi_{2\nu-k} + 1};\\
&\gamma_{2\nu-k}^{II}(r_0) = \gamma(r_0)\frac{2r_0\sin\varphi_{2\nu-k}}{r_0^2 - 2r_0\cos\varphi_{2\nu-k} + 1};\\
&\gamma_{2\nu-k}^{III}(r_0) = \gamma(r_0)\frac{2(1-r_0\cos\varphi_{2\nu-k})}{r_0^2 - 2r_0\cos\varphi_{2\nu-k} + 1};\\
&\varphi_{2\nu-k} = \frac{(2\nu-k)\pi}{m}; \quad \nu = 1, 2, 3, \ldots, m; \quad k = 1, 3, 5, \ldots, 2m-1.
\end{aligned} \tag{7.65}$$

Wir weisen darauf hin, daß bei gegebenem m und r_0 nur m/2 verschiedene Basiswerte der Koeffizienten $\gamma_{2\nu-k}(r_0)$, $\overset{I}{\gamma}_{2\nu-k}(r_0)$, $\overset{II}{\gamma}_{2\nu-k}(r_0)$ und $\overset{III}{\gamma}_{2\nu-k}(r_0)$ existieren, da wir ausgehend von den Gln. (7.65) erhalten

$$\begin{aligned} &\gamma_n = -\gamma_{-n}; \quad \gamma_{m-n} = -\gamma_{m+n}; \quad \gamma_{2m\pm n} = \pm\gamma_n; \\ &\overset{I}{\gamma}_n = +\overset{I}{\gamma}_{-n}; \quad \overset{I}{\gamma}_{m-n} = +\overset{I}{\gamma}_{m+n}; \quad \overset{I}{\gamma}_{2m\pm n} = +\overset{I}{\gamma}_n; \\ &\overset{II}{\gamma}_n = -\overset{II}{\gamma}_{-n}; \quad \overset{II}{\gamma}_{m-n} = -\overset{II}{\gamma}_{m+n}; \quad \overset{II}{\gamma}_{2m\pm n} = \pm\overset{II}{\gamma}_n; \\ &\overset{III}{\gamma}_n = +\overset{III}{\gamma}_{-n}; \quad \overset{III}{\gamma}_{m-n} = +\overset{III}{\gamma}_{m+n}; \quad \overset{III}{\gamma}_{2m\pm n} = +\overset{III}{\gamma}_n. \end{aligned} \tag{7.66}$$

Im Anhang findet man in Tabelle V die Basiswerte dieser Koeffizienten mit einer Schrittweite von 0,05 für $0 < r_0 \leqslant 0{,}99$. Berechnet wurden diese Werte von *G. G. Grebenkin* mit acht Dezimalstellen für m = 4, 8, 16, 32. Vollständigere Tabellen mit einer Schrittweite von 0,01 findet man in der Arbeit [83].

Auf analoge Weise erhält man die Gleichungen zur Bestimmung der Koordinaten der geraden Stützpunkte aus den Koordinaten der ungeraden Stützpunkte. Die Bilder der geraden Punkte bei der Abbildung durch das aus den ungeraden Stützpunkten konstruierte Polynom liegen im allgemeinen nicht auf der Berandung des gegebenen Bereichs. Wir nennen sie daher *vom Rand abweichende gerade Stützpunkte.* Die Koordinaten dieser Punkte erhält man aus den Beziehungen (7.57), wenn man dort $n = 2\nu$ ($\nu = 1, 2, 3, \dots, m$), $A_j = A_j^{(-m)}$ und $B_j = B_j^{(-m)}$ setzt:

$$\begin{aligned} \widetilde{x}_{2\nu} &= \sum_{j=0}^{m-1} A_j^{(-m)} \cos j\varphi_{2\nu} - B_j^{(-m)} \sin j\varphi_{2\nu} \\ &\quad + \sum_{j=1}^{m} A_{-j}^{(-m)} \cos j\varphi_{2\nu} + B_{-j}^{(-m)} \sin j\varphi_{2\nu}; \\ \widetilde{y}_{2\nu} &= \sum_{j=0}^{m-1} A_j^{(-m)} \sin j\varphi_{2\nu} + B_j^{(-m)} \cos j\varphi_{2\nu} \\ &\quad + \sum_{j=1}^{m} -A_{-j}^{(-m)} \sin j\varphi_{2\nu} + B_{-j}^{(-m)} \cos j\varphi_{2\nu}; \end{aligned} \tag{7.67}$$

$$\begin{aligned} \widetilde{x}^*_{2\nu} &= \sum_{j=0}^{m-1} r_0^j \left(A_j^{(-m)} \cos j\varphi_{2\nu} - B_j^{(-m)} \sin j\varphi_{2\nu}\right) \\ &\quad + \sum_{j=1}^{m} r_0^{-j} \left(A_{-j}^{(-m)} \cos j\varphi_{2\nu} + B_{-j}^{(-m)} \sin j\varphi_{2\nu}\right); \end{aligned}$$

$$\widetilde{y}^*_{2\nu} = \sum_{j=0}^{m-1} r_0^j (A_j^{(-m)} \sin j\varphi_{2\nu} + B_j^{(-m)} \cos j\varphi_{2\nu})$$

$$+ \sum_{j=1}^{m} r_0^{-j} (A_{-j}^{(-m)} \sin j\varphi_{2\nu} + B_{-j}^{(-m)} \cos j\varphi_{2\nu}).$$

Eliminiert man aus (7.67) mit Hilfe von (7.60) die Koeffizienten $A_j^{(-m)}$ und $B_j^{(-m)}$, so erhält man:

$$\begin{aligned}
\widetilde{x}_{2\nu} = {} & \frac{1}{m(1-r_0^m)} \sum_{j=0}^{m-1} \sum_{k=1}^{2m-1} \{[(x_k \cos j\varphi_k + y_k \sin j\varphi_k) \\
& - r_0^{m-j} (x_k^* \cos j\varphi_k + y_k^* \sin j\varphi_k)] \cos j\varphi_{2\nu} + [(x_k \sin j\varphi_k - y_k \cos j\varphi_k) \\
& - r_0^{m-j} (x_k^* \cos j\varphi_k - y_k^* \cos j\varphi_k)] \sin j\varphi_{2\nu}\} \\
& + \frac{1}{m(1-r_0^m)} \sum_{j=1}^{m} \sum_{k=1}^{2m-1} \{[- r_0^m (x_k \cos j\varphi_k - y_k \sin j\varphi_k) \\
& + r_0^j (x_k^* \cos j\varphi_k + y_k^* \sin j\varphi_k)] \cos j\varphi_{2\nu} + [- r_0^m (x_k \sin j\varphi_k + y_k \cos j\varphi_k) \\
& + r_0^j (x_k^* \sin j\varphi_k + y_k^* \cos j\varphi_k)] \sin j\varphi_{2\nu}\} \\
= {} & \frac{1}{m(1-r_0^m)} \sum_{k=1}^{2m-1} \left\{ x_k \left(\sum_{j=0}^{m-1} \cos j\varphi_{2\nu-k} - r_0^m \sum_{j=1}^{m} \cos j\varphi_{2\nu-k} \right) \right. \\
& + y_k \left(\sum_{j=0}^{m-1} \sin j\varphi_{2\nu-k} + r_0^m \sum_{j=1}^{m} \sin j\varphi_{2\nu-k} \right) \\
& + x_k^* \left(\sum_{j=0}^{m-1} r_0^{m-j} \cos j\varphi_{2\nu-k} + \sum_{j=1}^{m} r_0^j \cos j\varphi_{2\nu-k} \right) \\
& \left. + y_k^* \left(\sum_{j=0}^{m-1} r_0^{m-j} \sin j\varphi_{2\nu-k} + \sum_{j=1}^{m} r_0^j \sin j\varphi_{2\nu-k} \right) \right\}.
\end{aligned} \tag{7.68}$$

Den Ausdruck (7.68) kann man noch mit Hilfe von Gl. (7.63) von den Summen über j befreien. Man erhält dadurch eine Gleichung, die die Koordinaten der vom Rand abweichenden geraden Stützpunkte direkt durch die Koordinaten der ungeraden Stützpunkte ausdrückt:

$$\widetilde{x}_{2\nu} = \sigma_x^* (r_0) + \sum_{k=1}^{2m-1} - y_k \gamma_{2\nu-k} (r_0) + x_k^* \gamma_{2\nu-k}^{I} (r_0) + y_k^* \gamma_{2\nu-k}^{II} (r_0);$$

$$\widetilde{y}_{2\nu} = \sigma_y^* (r_0) + \sum_{k=1}^{2m-1} x_k \gamma_{2\nu-k} (r_0) + y_k^* \gamma_{2\nu-k}^{I} (r_0) - x_k^* \gamma_{2\nu-k}^{II} (r_0);$$

$$\widetilde{x}_{2\nu}^{*} = -\sigma_{x^*}^{*}(r_0) + \sum_{k=1}^{2m-1} y_k^{*}\gamma_{2\nu-k}(r_0) + x_k\gamma_{2\nu-k}^{III}(r_0) - y_k\gamma_{2\nu-k}^{II}(r_0); \tag{7.69}$$

$$\widetilde{y}_{2\nu}^{*} = -\sigma_{y^*}^{*}(r_0) + \sum_{k=1}^{2m-1} -x_k^{*}\gamma_{2\nu-k}(r_0) + y_k\gamma_{2\nu-k}^{III}(r_0) + x_k\gamma_{2\nu-k}^{II}(r_0).$$

Dabei gilt:

$$\sigma_x^{*}(r_0) = \gamma(r_0)\sum_{k=1}^{2m-1} x_k; \qquad \sigma_y^{*}(r_0) = \gamma(r_0)\sum_{k=1}^{2m-1} y_k;$$

$$\sigma_{x^*}^{*}(r_0) = \gamma(r_0)\sum_{k=1}^{2m-1} x_k^{*}; \qquad \sigma_{y^*}^{*} = \gamma(r_0)\sum_{k=1}^{2m-1} y_k^{*}; \tag{7.70}$$

$k = 1, 3, 5, \ldots, 2m-1.$

Die Größen $\gamma(r_0)$, $\gamma_{2\nu-k}(r_0)$, $\gamma_{2\nu-k}^{I}(r_0)$, $\gamma_{2\nu-k}^{II}(r_0)$ und $\gamma_{2\nu-k}^{III}(r_0)$ bestimmt man jedoch ebenfalls nach den Gln. (7.65).

Den inneren Radius r_0 des Kreisringes findet man aus der Gleichung [533]

$$r_0 \approx \frac{\sum_{\nu=1}^{m} x_{2\nu}^{*}\cos\varphi_{2\nu} + y_{2\nu}^{*}\sin\varphi_{2\nu}}{\sum_{\nu=1}^{m} x_{2\nu}\cos\varphi_{2\nu} + y_{2\nu}\sin\varphi_{2\nu}}; \quad \nu = 1, 2, 3, \ldots, m, \tag{7.71}$$

oder

$$r_0 \approx \frac{\sum_{k=1}^{2m-1} x_k^{*}\cos\varphi_k + y_k^{*}\sin\varphi_k}{\sum_{k=1}^{2m-1} x_k\cos\varphi_k + y_k\sin\varphi_k}, \tag{7.72}$$

wobei $k = 1, 3, 5, \ldots, 2m-1$ nur ungerade Werte annimmt. Dabei wird die Gl. (7.71) zur Berechnung der Koordinaten der ungeraden Punkte aus den Koordinaten der geraden Punkte verwendet, die Gl. (7.72) dagegen zur Berechnung der Koordinaten der geraden Punkte aus den Koordinaten der ungeraden Punkte. Nach Abschluß des Iterationsprozesses ergibt sich ein genauerer Wert für r_0 aus der Gleichung

$$r_0 \approx \frac{\sum_{n=1}^{2m} x_n^{*}\cos\varphi_n + y_n^{*}\sin\varphi_n}{\sum_{n=1}^{2m} x_n\cos\varphi_n + y_n\sin\varphi_n}, \tag{7.73}$$

mit $n = 1, 2, 3, \ldots, 2m$.

Den Iterationsprozeß, der die Bestimmung der Koordinaten der Stützpunkte mit beliebiger Genauigkeit erlaubt, beginnt man am besten mit $m = 4$. Die nullten Näherungen der geraden Stützpunkte finden wir auf graphischem Wege, analog zu dem in Abschnitt 53 für einfach zusammenhängende Bereiche dargelegten Verfahren, oder auf dem Wege der Elektromodulierung. Im zweiten Fall muß m größer als 4 sein.

Schema des Iterationsprozesses

1. Wir bestimmen den inneren Radius r_0 des Kreisringes nach Gl. (7.71) ausgehend von den nullten Näherungen für die geraden Stützpunkte.

2. Mit Hilfe der Gln. (7.64) bestimmen wir aus den geraden Stützpunkten $z_{2\nu}$ und $z_{2\nu}^*$ die vom Rand abweichenden ungeraden Stützpunkte $\widetilde{z}_k$ und $\widetilde{z}_k^*$.

3. Wir verschieben die vom Rand abweichenden ungeraden Stützpunkte $\widetilde{z}_k$ und $\widetilde{z}_k^*$ auf die Kontur des gegebenen Bereichs und erhalten die ungeraden Stützpunkte z_k und z_k^*.

4. Wir bestimmen den inneren Radius r_0 des Kreisringes gemäß Gl. (7.72) aus den Werten für z_k und z_k^*.

5. Mit Hilfe der Gl. (7.69) finden wir aus den ungeraden Stützpunkten z_k und z_k^* die vom Rand abweichenden geraden Stützpunkte $\widetilde{z}_{2\nu}$ und $\widetilde{z}_{2\nu}^*$.

6. Wir verschieben die vom Rand abweichenden geraden Stützpunkte auf die Kontur des gegebenen Bereichs und erhalten exaktere gerade Stützpunkte $z_{2\nu}$ und $z_{2\nu}^*$, d. h. exaktere Ausgangsdaten für Punkt 1.

Der Iterationsprozeß endet, wenn die vom Rand abweichenden (geraden und ungeraden) Punkte von der gegebenen Kontur eine Entfernung besitzen, die kleiner ist als der gestattete Fehler δ.

Ist bei gewähltem Wert von m dies nicht erreichbar, so wird die Anzahl der Stützpunkte verdoppelt. Man schafft dies am einfachsten dadurch, daß man die geraden und ungeraden Punkte bei m als gerade Punkte bei $2m$ verwendet.

Bei zweifach zusammenhängenden Bereichen kann man, wie es in einer Arbeit von *G. G. Grebenkin* ausführlich dargelegt wurde, offensichtlich auch einen Iterationsprozeß konstruieren, bei dem man nur ein System von geraden Punkten verwendet. In den ungeraden Punkten werden die Ergebnisse kontrolliert [83, Kapitel I, § 1]. Bei diesem Verfahren werden die geraden Ausgangsstützpunkte mit Hilfe der Gleichung von *M. A. Lawrentjew* für die Abbildung auf ähnliche Bereiche gleichförmig verbessert. Die Gleichung von *Lawrentjew* für die Abbildung auf ähnliche Bereiche wurde von *I. A. Alexandrow* [3] und *G. W. Sirik* [414] für den Fall zweifach zusammenhängender Bereiche erarbeitet.

Sind die Koordinaten der Stützpunkte mit der gegebenen Genauigkeit bestimmt, so berechnen wir nach den Gln. (7.59) und (7.60) die Koeffizienten $A_j^{(+m)}$, $B_j^{(+m)}$, $A_{-j}^{(+m)}$, $B_{-j}^{(+m)}$ und $A_j^{(-m)}$, $B_j^{(-m)}$, $A_{-j}^{(-m)}$, $B_{-j}^{(-m)}$ der Approximationspolynome, die ausgehend von geraden und ungeraden Punkten konstruiert worden sind. Diese Koeffizienten müssen wenigstens mit einer Genauigkeit von der Größenordnung δ zusammenfallen.

Bei der Arbeit mit kleinen Rechenmaschinen verfertigen wir uns zur Rechnung nach den Gln. (7.64) und (7.69) Schablonen, die wir genauso verwenden, wie es in Abschnitt 53

Tabelle 144

j	$A_j^{(+m)}$	$A_j^{(-m)}$	$A_j^{(Ug)}$
1	+ 0,999568	+ 0,999568	0,999564
5	+ 0,020772	+ 0,020773	0,021386
9	+ 0,000176	+ 0,000177	0,000167
13	+ 0,000008	+ 0,000010	- 0,000178
17	0,000000	- 0,000001	–
21	0,000000	- 0,000001	–
25	0,000000	- 0,000001	–
29	+ 0,000001	- 0,000002	–
- 3	- 0,020771	- 0,020771	- 0,021195
- 7	+ 0,000255	+ 0,000255	0,000273
- 11	- 0,000010	- 0,000010	- 0,000012
- 15	+ 0,000001	+ 0,000001	–
r_0	0,591524	0,591308	0,593237

n	δ_n in L_0	δ_n in L_1	δ_n in L_0	δ_n in L_1	δ_n in L_0	δ_n in L_1
1	0,000002	0,000305	0,000000	0,000000	+ 0,000120	+ 0,000840
2	0,000000	0,000000	+ 0,000001	- 0,000296	+ 0,000278	+ 0,002111
3	0,000000	0,000227	0,000000	0,000000	+ 0,000274	+ 0,001793
4	0,000000	0,000000	+ 0,000001	- 0,000254	+ 0,000038	- 0,000004
5	0,000000	0,000222	0,000000	0,000000	- 0,000216	- 0,000610
6	0,000000	0,000000	0,000000	- 0,000183	- 0,000252	+ 0,001902
7	0,000001	0,000125	0,000000	0,000000	- 0,000097	+ 0,004723
8	0,000000	0,000000	- 0,000002	- 0,000040	- 0,000003	0,000000

beschrieben wurde. Bei der Herstellung der Schablonen kann man die Basiswerte der Koeffizienten $\gamma_{2\nu-k}(r_0)$, $\overset{I}{\gamma}_{2\nu-k}(r_0)$, $\overset{II}{\gamma}_{2\nu-k}(r_0)$, $\overset{III}{\gamma}_{2\nu-k}(r_0)$ verwenden, die in Tabelle V des Anhangs angegeben sind. Die entsprechenden Koeffizienten für Zwischenwerte von r_0 findet man in den ersten Schritten des Iterationsprozesses, wo noch keine hohe Genauigkeit erforderlich ist, mit Hilfe der Interpolationsgleichungen. Ist eine höhere Genauigkeit wünschenswert, verwendet man die Gl. (7.65).

Wir weisen darauf hin, daß sich die Gleichungen des Iterationsverfahrens auch für die Behandlung mit einer ERA eignen. Von *G. G. Grebenkin* stammt ein Standardprogramm für die beschriebene Methode. Das Programm ist für die Maschine „Minsk-1" bestimmt,die mit gleitendem Komma und mit einem Betriebssystem arbeitet [83].

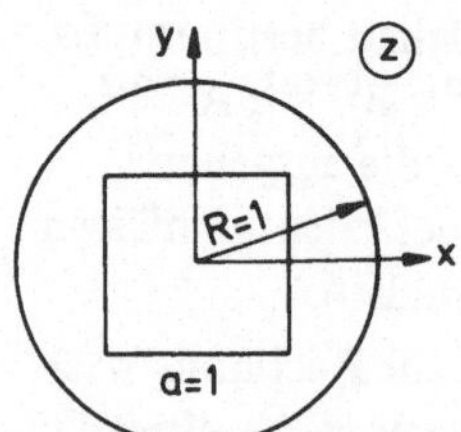

Bild 74

Beispiel: Wir bilden den Kreisring $0 < r_0 \leqslant \zeta \leqslant 1$ mit einer Genauigkeit bis zu $|\delta| \leqslant 0{,}0005$ auf den Kreis $R = 1$ ab, aus dem ein konzentrisches Quadrat der Seitenlänge 0,1 ausgeschnitten ist. Die Figur ist in Bild 74 dargestellt.

Lösung: In Tabelle 144 sind die Koeffizienten $A_j^{(Ug)}$ (nach Umrechnung auf $R = 1$) angegeben, die *A. G. Ugodtschikow* [457, § 5] erhalten hat. Daneben stehen die Koeffizienten $A_j^{(+m)}$ und $A_j^{(-m)}$ für $m = 32$, die von *G. G. Grebenkin* auf einer „Minsk-1" berechnet wurden. Außerdem ist der Fehler angegeben, der bei der Bestimmung der Stützpunkte sowohl auf der inneren Kontur L_0 als auch auf der äußeren Kontur L_1 zugelassen wurde.

56. Eine weitere Methode zur konformen Abbildung zweifach zusammenhängender Bereiche

Die Abbildung eines einblättrigen zweifach zusammenhängenden Bereichs kann man auch auf eine Folge von Abbildungen einfach zusammenhängender Bereiche zurückführen.

Wir betrachten das in Abschnitt 55 formulierte und gelöste Problem der Abbildung eines Kreisrings auf einen zweifach zusammenhängenden Bereich, der so von einfachen Kurven berandet wird, daß sich der Punkt $z = 0$ innerhalb der Kontur L_1 befindet, während die Kontur L_1 innerhalb der Kontur L_0 liegt. Diese Aufgabe kann man auch lösen, indem man eine Folge von Abbildungen des Inneren oder des Äußeren des Einheitskreises auf einen einfach zusammenhängenden Bereich durchführt, dessen Rand die innere oder äußere Kontur des gegebenen zweifach zusammenhängenden Bereichs ist.

Die Funktion, die die konforme Abbildung des Kreisringes auf den gegebenen zweifach zusammenhängenden Bereich bewirken soll, setzen wir wie früher in Form eines Abschnitt einer Laurent-Reihe (7.56) an und normieren sie mit Hilfe der Bedingungen (7.55). Die Koeffizienten der abbildenden Funktion berechnen wir aus den Koordinaten der Stützpunkte nach den Gln. (7.58). Zur Bestimmung der Lage der Stützpunkte auf dem Rand des zweifach zusammenhängenden Bereichs verwenden wir jedoch jetzt ein Verfahren, das auf einer Folge von konformen Abbildungen einfach zusammenhängender Bereiche beruht.

Schema des Iterationsprozesses

1. Wir bilden das Innere des Einheitskreises $|z_1| \leqslant 1$ mit Hilfe der Funktion $z = f_1(z_1)$ auf das Innere des Bereichs ab (Bild 75), der von der Kurve $L_0^{(0)}$ begrenzt wird.
2. Mit Hilfe der Funktion $z_1 = f_1^{-1}(z)$ bilden wir die innere Kontur $L_1^{(0)}$ auf $L_1^{(1)}$ ab.
3. Mit Hilfe der Funktion $z_1 = f_2(z_2)$ bilden wir das Äußere des Einheitskreises $|z_2| \geqslant 1$ auf das Äußere des Bereichs ab, dessen Rand die Kurve $L_1^{(1)}$ ist.
4. Mit Hilfe der Funktion $z_2 = f_2^{-1}(z_1)$ bilden wir die äußere Kontur $L_0^{(1)}$ auf $L_0^{(2)}$ ab. Nun wiederholen wir den Prozeß ab Punkt 1.

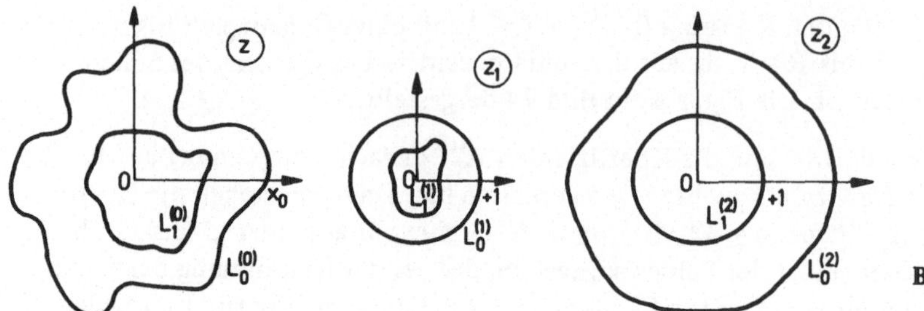

Bild 75

Dieses Verfahren setzen wir solange fort, bis die äußere und die innere Kontur mit der gegebenen Genauigkeit nicht mehr mit den Kreisen $|z_n| = 1$ und $|z_n^*| = r_0$ übereinstimmen, d. h. solange, bis wir mit der gegebenen Genauigkeit keinen Kreisring mehr erhalten. Hierauf unterteilen wir die beiden Kreise $|z_n| = 1$ und $|z_n^*| = r_0$ in 2m gleiche Teile und wählen zwei Systeme von Punkten:

die geraden Punkte $|(z_n)_{2\nu}| = 1; \quad |(z_n^*)_{2\nu}| = r_0; \quad \varphi_{2\nu} = \dfrac{2\nu\pi}{m}; \quad \nu = 1, 2, 3, \ldots, m$

und die ungeraden Punkte $|(z_n)_k| = 1; \quad |(z_n^*)_k| = r_0; \quad \varphi_k = \dfrac{k\pi}{m}; \quad k = 1, 3, 5, \ldots, 2m-1.$

Wir bilden nun diese Punkte der Reihe nach mit Hilfe der Funktionen $f_n(z_n), f_{n-1}(z_{n-1}), \ldots, f_1(z_1)$ auf die z-Ebene ab und erhalten so die entsprechenden geraden und ungeraden Stützpunkte. Mit Hilfe dieser Stützpunkte konstruieren wir nach den Gln. (7.59) und (7.60) eine konform abbildende Funktion in der Gestalt (7.56).

Um zu beweisen, daß der dargelegte Algorithmus konvergiert, bilden wir zuerst das Äußere des Einheitskreises auf das Äußere eines Bereichs ab, dessen Rand der innere Rand des zweifach zusammenhängenden Bereichs ist. Bei der Umkehrfunktion zur erhaltenen abbildenden Funktion geht dann der äußere Rand in irgendeine Kurve über. Um diese Kurve ziehen wir einen Kreis mit dem Zentrum im Koordinatenursprung. Diesen Kreis bilden wir zur bequemeren weiteren Rechnung auf den Einheitskreis ab. Der Einheitskreis selbst geht dabei in einen Kreis mit dem Radius r_0 über, die Kurve L_0 in eine Kurve, die dem Einheitskreis eingeschrieben ist.

Nach Einschreiben einer kreisförmigen Höhlung können wir nun mit Hilfe der „Auswuchtungsmethode" das Innere des gegebenen Kreises auf das Innere des Einheitskreises abbilden. Dieses „Auswuchtungsverfahren" konvergiert. Der Beweis für den Fall der aufgeschnittenen Halbebene wurde in der Arbeit [583] geführt. Unseren Fall erhält man daraus durch eine gebrochen-lineare Transformation, bei der Kreis in Kreise und daher kreisförmige Höhlungen in kreisförmige Höhlungen übergehen.

Wir untersuchen die Deformation der inneren Kontur bei der Auswuchtung der kreisförmigen Höhlung.

Lemma: *Gegeben sei ein zweifach zusammenhängender Bereich, dessen äußere Berandung von zwei sich schneidenden Kreisen (dem Einheitskreis und einem Kreis mit dem Mittelpunkt auf der reellen Achse) gebildet werden. Die innere Berandung sei ein Kreis mit dem Radius* r_0 *und dem Mittelpunkt im Koordinatenursprung.*

Bildet man den Bereich, der vom äußeren Rand des zweifach zusammenhängenden Bereichs (Kreis mit einer kreisförmigen Einbuchtung) berandet wird, konform auf einen Kreis ab, so wird das Maximum des Abstands zwischen beiden Rändern kleiner, das Minimum dagegen größer.

Beweis: Wir bilden den mit einer kreisförmigen Einbuchtung versehenen Kreis konform so auf einen Kreis ab, daß der Koordinatenursprung gleich bleibt und der Punkt x_0 in den Punkt 1 übergeht:

$$\zeta = e^{-i\gamma\varphi_1} \frac{\tau^\gamma - e^{2i\gamma\varphi_1}}{\tau^\gamma - 1} \tag{7.74}$$

mit

$$\tau = \rho e^{i\vartheta} = \frac{z - e^{i\varphi_1}}{z - e^{-i\varphi_1}}, \quad \gamma = \frac{\pi}{\alpha}, \quad z = re^{i\varphi}$$

$e^{i\varphi_1}$ und $e^{-i\varphi_1}$ sind die Schnittpunkte der Kreise, α der entsprechende Schnittwinkel (Bild 76).

Nach elementaren Umformungen finden wir:

$$\vartheta = \operatorname{arc\,cot} \frac{2 \sin\varphi_1(\cos\varphi_1 - r\cos\varphi)}{r^2 - 2\cos\varphi_1(\cos\varphi_1 - r\cos\varphi) - 1}, \tag{7.75}$$

$$|\zeta| = \frac{\rho^{2\gamma} - 2\rho^\gamma \cos\gamma(2\varphi_1 - \vartheta) + 1}{\rho^{2\gamma} - 2\rho^\gamma \cos\gamma\vartheta + 1}. \tag{7.76}$$

Für die Punkte der reellen Achse erhalten die Gln. (7.75) und (7.76) die einfachere Gestalt:

$$|\zeta| = \left| \frac{\sin\frac{\gamma}{2}(\vartheta - 2\varphi_1)}{\sin\frac{\gamma}{2}\vartheta} \right| = S(\alpha, \varphi_1, \vartheta); \tag{7.77}$$

$$\vartheta' = 2 \operatorname{arc\,cot} \frac{\cos\varphi - r_0}{\sin\varphi_1}; \tag{7.78}$$

$$\vartheta'' = 2 \operatorname{arc\,cot} \frac{\cos\varphi + r_0}{\sin\varphi_1}. \tag{7.79}$$

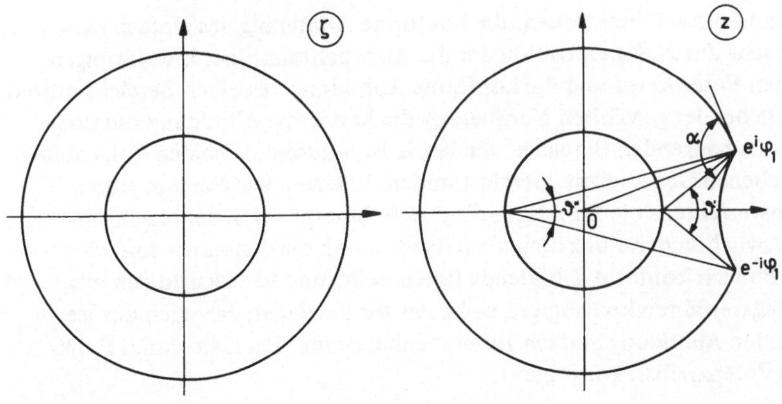

Bild 76

Dabei sind ϑ' und ϑ'' die Werte von ϑ in den Punkten r_0 und $-r_0$. Das Minimum und das Maximum des Abstands zwischen dem inneren und dem äußeren Rand ergeben sich durch die folgenden Beziehungen:

$$\min(L_0, L_1) = \cos\varphi_1 - r_0 - \sin\varphi_1 \cot\frac{\varphi_1+\alpha}{2}; \tag{7.80}$$

$$\max(L_0, L_1) = 1 - r_0. \tag{7.81}$$

Die Bilder der Punkte r_0 und $-r_0$ sind auf Grund der Gln. (7.77) und der gewählten Normierung $S(\alpha, \varphi_1, \vartheta')$ und $-S(\alpha, \varphi_1, \vartheta'')$.

Man sieht leicht, daß für

$$z \geqslant \alpha > 2 \operatorname{arccot}\frac{\cos\varphi_1 - r_0}{\sin\varphi_1} - \varphi_1, \tag{7.82}$$

d. h. für jene α-Werte, für die ein zweifach zusammenhängender Bereich des beschriebenen Typs existiert, die Ungleichungen

$$\begin{aligned} &\min(L_0, L_1) < 1 - S(\alpha, \varphi_1, \vartheta'); \\ &\max(L_0, L_1) > 1 - S(\alpha, \varphi_1, \vartheta''); \\ &1 - S(\alpha, \varphi_1, \vartheta') < 1 - S(\alpha, \varphi_1, \vartheta'') \end{aligned} \tag{7.83}$$

erfüllt sind.

Wendet man die Ungleichungen (7.83) auf die Werte von α an, die der Ungleichung (7.82) genügen, so ist das Lemma bewiesen.

Wir haben somit bewiesen, daß bei der Auswuchtung einer kreisförmigen Höhlung das Maximum des Abstands zwischen den Berandungen kleiner, das Minimum dagegen größer wird, wobei der erste Abstand größer als der zweite bleibt. Im Falle eines beliebigen zweifach zusammenhängenden Bereichs bilden bei der Auswuchtung von Höhlungen die Abstandsminima eine wachsende und nach oben beschränkte Folge, die Abstandsmaxima dagegen eine abnehmende und nach unten beschränkte Folge. Beide Folgen sind also konvergent. Da jede der Folgen für die andere eine – obere oder untere – Grenze bildet, konvergieren beide gegen denselben Grenzwert, in unserem Fall gegen den inneren Radius r_0 des Kreisringes.

Wir betrachten nun zwei Funktionen: die konforme Abbildung des einfach zusammenhängenden Bereichs durch Superposition der die Auswuchtung einer kreisförmigen Höhlung bewirkenden Funktionen und die konforme Abbildung desselben Bereichs mittels einer Potenzreihe. Da bei der gewählten Normierung die konforme Abbildung zwischen zwei einfach zusammenhängenden Bereichen eindeutig ist, müssen die beiden Funktionen im Rahmen der gegebenen Genauigkeit übereinstimmen. Ersetzen wir daher in jedem Schritt des Iterationsverfahrens die Funktion, die durch Superposition der eine kreisförmige Höhlung auswuchtenden Funktionen entstand, durch die denselben einfach zusammenhängenden Bereich konform abbildende Potenzreihe und berücksichtigen wir, daß das Auswuchtungsverfahren konvergiert, so haben wir bewiesen, daß auch das Verfahren der fortgesetzten Abbildung einfach zusammenhängender Bereiche durch Funktionen in Form von Potenzreihen konvergiert.

Γ3
Γ2
z=x+iy
Γ1
x
Γ2
Γ3
C
B D
$z_1=x_1+iy_1$
Γ1
A E
x_1
Γ2
Γ3
$z_2=x_2+iy_2$
Γ1
x_2
A B C D E
Γ3
Γ2
$z_3=x_3+iy_3$
Γ1
x_3
A B D E
Γ3
C_1
ζ=ξ+iη
B_1 D_1
Γ1
Γ2
ξ
A B D E A_1 E_1
Γ3
B_1 D_1
w=u+iv
Γ2
B D
Γ1
A E
A_1 E_1
u

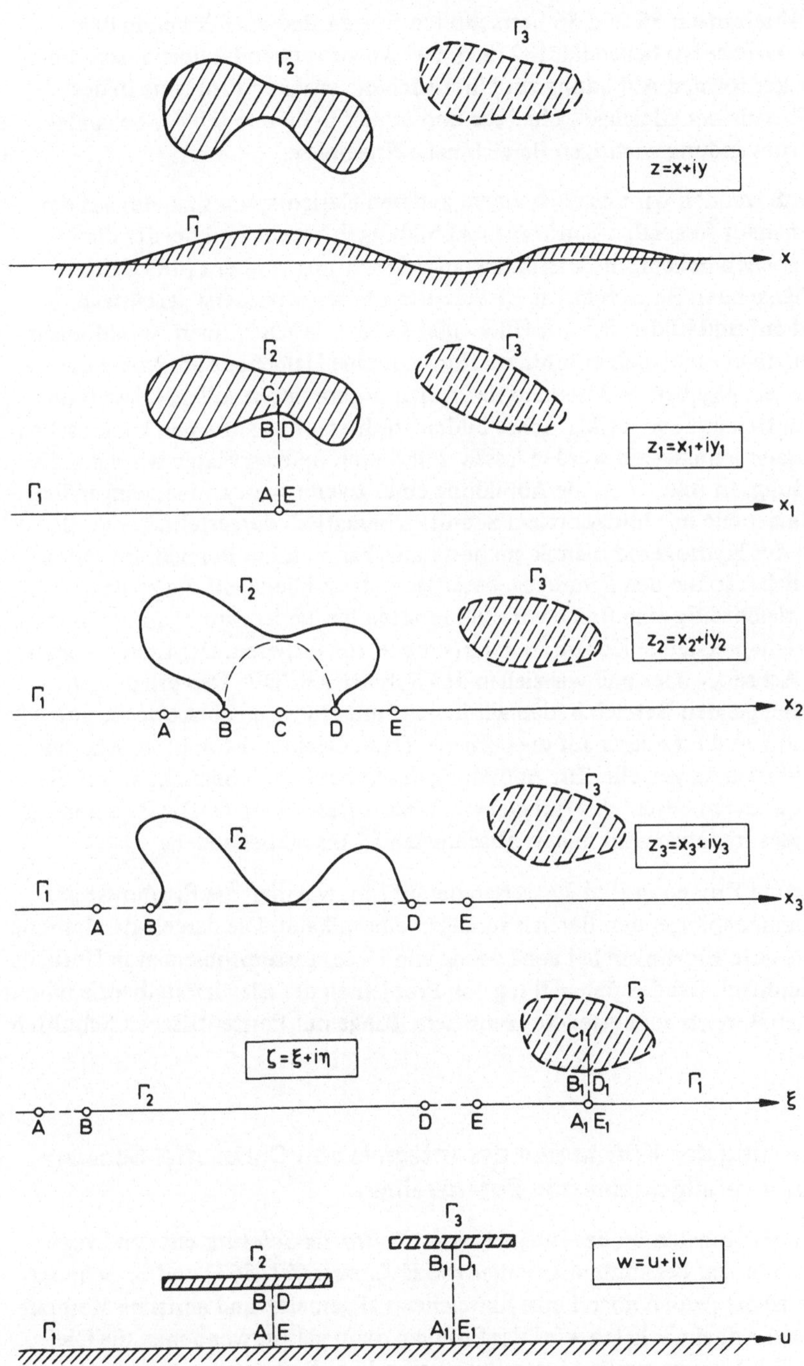

Bild 77

Alle in den Abschnitten 55 und 56 betrachteten Fragen sind ausführlich in den Arbeiten von *G. G. Grebenkin* behandelt [82, 83]. Der Autor verwendet dort ausgearbeitete Verfahren der konformen Abbildung zur Untersuchung gewisser Probleme in der mathematischen Theorie der Gleichgewichtsrisse und erhielt in diesem schwer behandelbaren aber für die Anwendung wichtigen Bereich neue Ergebnisse.

Zum Abschluß wenden wir uns noch einem anderen Gesichtspunkt zu, der auf der Methode der aufeinander folgenden konformen Abbildungen beruht und bei der die Abbildung von Bereichen beliebigen Zusammenhangs Beachtung verdient [489]. Einen n-fach zusammenhängenden Bereich mit $n-1$ Schnitten fassen wir zuerst als einfach zusammenhängend auf und bilden ihn mit Hilfe einer Folge von konformen Abbildungen (oder mit Hilfe der trigonometrischen Interpolation) auf eine Halbebene ab, wobei die Bilder der Schnitte fest gegeben sind und auf der reellen Achse liegen sollen. Diese Halbebene mit den Schnitten auf der reellen Achse bilden wir hierauf so auf einen kanonischen Bereich einfach zusammenhängend werden lassen. Für diesen Bereich bilden wir dann die gewünschte Abbildung. In Bild 77 ist die Abbildung eines zweifach zusammenhängenden Bereichs auf die Halbebene mit horizontalem Schnitt schematisch dargestellt. Dieser Bereich eignet sich in der Hydroaerodynamik am besten als kanonischer Bereich. Im ersten Schritt bilden wir dabei (ohne den Schnitt zu beseitigen) die z-Ebene auf die z_1-Ebene ab und berechnen gleichzeitig eine Reihe von Bildpunkten für die Kontur Γ_2, mit deren Hilfe wir dann die entsprechende Kontur in der z_1-Ebene konstruieren. Die Linie Γ_1 geht dabei in die reelle Achse x_1 über und wir ziehen den Schnitt ABCDE. Den erhaltenen einfach zusammenhängenden Bereich bilden wir hierauf mit Hilfe der Funktion E_s auf die z_2-Ebene ab und von dieser dann auf die ζ-Ebene. Das Verfahren ist in [488, Kapitel III, § 51–55] ausführlich dargestellt. Zur Abbildung des kanonischen Bereichs w auf die ζ-Ebene verwendet man am besten das Integral von *Christoffel-Schwartz*. Die Bestimmung der Konstanten dieses Integrals wird in den Abschnitten 57 bis 60 behandelt.

Die gestrichelten Kurven in Bild 77 weisen darauf hin, wie man die Ergebnisse auf einen dreifach zusammenhängenden Bereich verallgemeinern kann. Die dargelegte Methode liefert insbesondere gute Ergebnisse bei der Lösung von Unterwasserproblemen in Untiefen bei beliebiger Bodenform. Bei der Behandlung von Problemen der Elastizitätstheorie nimmt man als kanonischen Bereich am besten konzentrische Ringe mit konzentrischen Schnitten (bei $n \geqslant 3$).

57. Die Bestimmung der Konstanten des Integrals von Christoffel-Schwarz mit Hilfe von verallgemeinerten Potenzreihen

Das Problem der Konstanten des Integrals von *Christoffel-Schwarz* entstand vor etwa hundert Jahren in den bekannten Arbeiten von *E. Christoffel* [563] und *G. Schwarz* [622]. Bis heute existiert jedoch noch keine hinreichend allgemeine und einfache Methode für ihre Bestimmung. Am einfachsten wird das Problem dann gelöst, wenn man die Gleichung von *Christoffel-Schwarz* explizit integrieren kann. Eine Reihe von interessanten Lösungsbeispielen ähnlicher Natur hat *M. A. Lawrentjew* [214, 222] angegeben.

C. Bergmann beschrieb ein Verfahren zur Bestimmung dieser Konstanten für Vielecke mit den Winkeln $\pi/2$ und $3\pi/2$. Als konkrete Beispiele betrachtete er Vierecke und symmetrische Sechsecke [554, 555]. Am gründlichsten wurde die Frage der Bestimmung dieser Konstanten von *N. P. Stenin* [76] untersucht. Er verwendete dabei die Methode von *Newton-Fourier* zusammen mit der Methode zur Berechnung uneigentlicher Integrale von *L. W. Kantorowitsch* [154]. *P. P. Kufarew* verdankt man eine Methode, die auf der Verwendung der Differentialgleichung von *Lefner* [208] beruht. Eine Näherungsmethode, die in einzelnen Sonderfällen gute Ergebnisse liefert, wurde von *I. S. Chara* angegeben [508]. Der Fall eines beliebigen Vierecks wurde von *W. Koppenfels* und *F. Stahlmann* [595] betrachtet. Die Autoren verwendeten dabei hypergeometrische Reihen. Diese Richtung wurde in den interessanten Arbeiten von *I. A. Choisler* weiter verfolgt [575, 576]. Der Autor verwendete dabei das *Christoffel-Schwarz*-Integral zur Lösung von Aufgaben aus der Magnetohydrodynamik und der Potentialtheorie, die mit dem Hall-Effekt verbunden sind. In diesem Abschnitt verwenden wir zur Bestimmung der Konstanten des Integrals von *Christoffel-Schwarz* Potenzreihen [488], was eine wesentliche Vereinfachung aller Rechnungen erlaubt. Die erhaltenen Formeln programmiert man auch leicht für eine elektronische Rechenanlage.

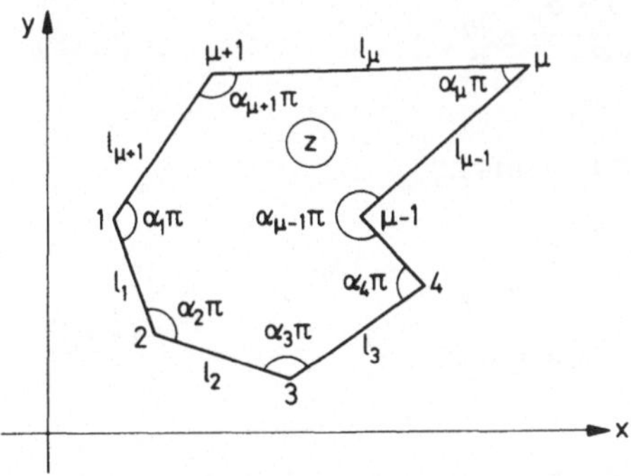

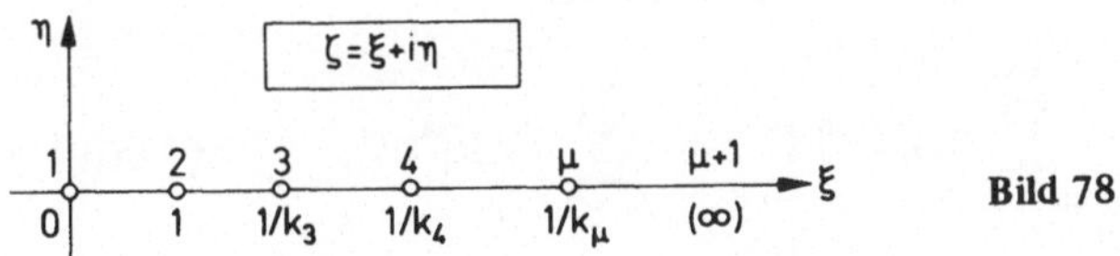

Bild 78

Ein beliebiges einfach zusammenhängendes $(\mu + 1)$-Eck z wird bei der in Bild 78 angegebenen Normierung mit Hilfe des Integrals von *Christoffel-Schwarz*

$$z = D_1 \int \zeta^{\alpha_1 - 1} (1 - \zeta)^{\alpha_2 - 1} (1 - k_3\zeta)^{\alpha_3 - 1} \ldots (1 - k_\mu\zeta)^{\alpha_\mu - 1} \, d\zeta + D_2, \tag{7.84}$$

auf die ζ-Ebene abgebildet. Dabei sind die Konstanten $k_3, k_4, \ldots, k_\mu, D_1, D_2$ erst zu bestimmen.

Zur Berechnung notwendiger Integrale I_i dient eine Gleichung, die man erhält, wenn man jeden Klammerausdruck des Integranden in eine Binomialreihe entwickelt:

$$I_i = \int_{1/k_i}^{1/k_j} \zeta^{\nu_i+\beta_i-1}\left(1-\frac{1}{k_i\zeta}\right)^{\alpha_i-1}(1-k_j\zeta)^{\alpha_j-1}\,d\zeta$$
$$= -\frac{\sin\pi\beta_{i-1}}{\sin\pi\beta_i}k_i^{-\nu_i-\beta_i}\sum_{m=0}^{\infty} b^{(i-1)}_{\nu_i+m}A^{(m)}_{ij/i} + k_j^{-\nu_i-\beta_i}\sum_{m=0}^{\infty} b^{(i)}_{\nu_i-m}A^{(m)}_{ij/i}, \tag{7.85}$$

mit

$$i = 1,2,3,\ldots;\quad j = i+1;\quad \beta_1 = \alpha_1;\quad \beta_n = \beta_{n-1}+\alpha_n - 1; \tag{7.86}$$

$$b_0^{(i)} = \frac{\Gamma(\beta_i)\,\Gamma(\alpha_j)}{\Gamma(\beta_i+\alpha_j)};\quad \frac{b^{(i)}_{\nu+1}}{b^{(i)}_{\nu}} = \frac{\nu+\beta_i}{\nu+\beta_i+\alpha_j};\quad \frac{b^{(i)}_{-\nu-1}}{b^{(i)}_{-\nu}} = \frac{\nu-\beta_j}{\nu+1-\beta_i}; \tag{7.87}$$

$$A^{(m)}_{\nu j/i} = \alpha^{(\nu)}_m\left(\frac{k_j}{k_i}\right)^m;\quad \alpha_0^{(\nu)} = 1;\quad \alpha^{(\nu)}_{m+1} = \frac{m+1-\alpha_\nu}{m+1}\alpha^{(\nu)}_m. \tag{7.88}$$

Bei Verwendung der Binomialreihe erhalten wir nämlich:

$$\left(1-\frac{1}{k_i\zeta}\right)^{\alpha_i-1} = 1+\alpha_1^{(i)}k_i^{-1}\zeta^{-1}+\alpha_2^{(i)}k_i^{-2}\zeta^{-2}+\ldots+\alpha_m^{(i)}k_i^{-m}\zeta^{-m}+\ldots;$$
$$(1-k_j\zeta)^{\alpha_j-1} = 1+\alpha_1^{(j)}k_j\zeta+\alpha_2^{(j)}k_j^2\zeta^2+\ldots+\alpha_m^{(j)}k_j^m\zeta^m+\ldots, \tag{7.89}$$

wobei man die Binomialkoeffizienten $\alpha_m^{(i)}$ und $\alpha_m^{(j)}$ leicht aus den Gln. (7.88) berechnet.

Durch Multiplikation der Reihen (7.89) erhalten wir daraus

$$\left(1-\frac{1}{k_i\zeta}\right)^{\alpha_i-1}(1-k_j\zeta)^{\alpha_j-1} = \sum_{m=0}^{\infty} b_{-m}k_i^{-m}\zeta^{-m} + \sum_{m=1}^{\infty} b_m k_j^m\zeta^m, \tag{7.90}$$

wobei die folgenden Abkürzungen eingeführt wurden:

$$b_{-m} = \alpha_0^{(j)}\alpha_m^{(i)} + \alpha_1^{(j)}\alpha_{m+1}^{(i)}\left(\frac{k_j}{k_i}\right) + \alpha_2^{(j)}\alpha_{m+2}^{(i)}\left(\frac{k_j}{k_i}\right)^2 + \ldots;$$
$$b_m = \alpha_0^{(i)}\alpha_m^{(j)} + \alpha_1^{(j)}\alpha_{m+1}^{(j)}\left(\frac{k_j}{k_i}\right) + \alpha_2^{(i)}\alpha_{m+2}^{(j)}\left(\frac{k_j}{k_i}\right)^2 + \ldots; \tag{7.91}$$
$$b_{-0} = b_{+0}.$$

Das Integral (7.85) nimmt damit die folgende Gestalt an:

$$I_i = \int_{1/k_i}^{1/k_j} \zeta^{\nu_i+\beta_i-1}\left(1-\frac{1}{k_i\zeta}\right)^{\alpha_i-1}(1-k_j\zeta)^{\alpha_j-1}\,d\zeta$$

$$= \int_{1/k_i}^{1/k_j} \zeta^{\nu_i+\beta_i-1}\left\{\sum_{m=0}^{\infty} b_{-m}k_i^{-m}\zeta^{-m} + \sum_{m=1}^{\infty} b_m k_j^m \zeta^m\right\} d\zeta$$

$$= \int_{1/k_i}^{1/k_j} \left\{\sum_{m=0}^{\infty} b_{-m}k_i\zeta^{-m+\nu_i+\beta_i-1} + \sum_{m=1}^{\infty} b_m k_j^m \zeta^{m+\nu_i+\beta_i-1}\right\} d\zeta.$$

Nach Integration und einige Umformungen erhält man

$$I_i = \left\{\sum_{m=0}^{\infty} \frac{b_{-m}k_i^{-m}\zeta^{-m+\nu_i+\beta_i}}{-m+\nu_i+\beta_i} + \sum_{m=1}^{\infty} \frac{b_m k_j^m \zeta^{m+\nu_i+\beta_i}}{m+\nu_i+\beta_i}\right\}\Bigg|_{k_i^{-1}}^{k_j^{-1}}$$

$$= \sum_{m=0}^{\infty} \frac{b_{-m}\left(\frac{k_j}{k_i}\right)^m k_j^{-\nu_i-\beta_i}}{-m+\nu_i+\beta_i} + \sum_{m=1}^{\infty} \frac{b_m k_j^{-\nu_i-\beta_i}}{m+\nu_i+\beta_i}$$

$$- \sum_{m=0}^{\infty} \frac{b_{-m}k_i^{-\nu_i-\beta_i}}{-m+\nu_i+\beta_i} - \sum_{m=1}^{\infty} \frac{b_m\left(\frac{k_j}{k_i}\right)^m k_i^{-\nu_i-\beta_i}}{m+\nu_i+\beta_i} \tag{7.92}$$

$$= k_j^{-\nu_i-\beta_i}\left\{\sum_{m=0}^{\infty} \frac{b_m}{m+\nu_i+\beta_i} + \sum_{m=1}^{\infty} \frac{b_{-m}\tau_i^m}{-m+\nu_i+\beta_i}\right\}$$

$$+ k_i^{-\nu_i-\beta_i}\left\{\sum_{m=0}^{\infty} \frac{b_{-m}}{m-\nu_i-\beta_i} + \sum_{m=1}^{\infty} \frac{b_m\tau_i^m}{-m-\nu_i-\beta_i}\right\}.$$

Dabei wurden die neuen Parameter

$$\tau_i = \frac{k_j}{k_i}; \quad j = i+1 \tag{7.92'}$$

eingeführt.

Wir formen nun die Ausdrücke unter den geschweiften Klammern um. Dazu bezeichnen wir die beiden Ausdrücke durch {I} und {II}. Außerdem schreiben wir

$$\{I\} = \sum\nolimits_+ + \sum\nolimits_-; \quad \sum\nolimits_+ = \sum_{m=0}^{\infty} \frac{b_m}{m+\nu_i+\beta_i}; \quad \sum\nolimits_- = \sum_{m=1}^{\infty} \frac{b_{-m}\tau_i^m}{-m+\nu_i+\beta_i}.$$

Die Summen Σ_+ und Σ_- sind gemäß Gl. (7.91) Doppelsummen, und wir haben:

$$\begin{aligned}\{I\} &= \frac{1}{\nu_i+\beta_i}\left[\alpha_0^{(i)}\alpha_0^{(i)} + \alpha_1^{(i)}\alpha_1^{(j)}\tau_i + \alpha_2^{(i)}\alpha_2^{(j)}\tau_i^2 + \alpha_3^{(i)}\alpha_3^{(j)}\tau_i^3 + \dots\right] \\ &+ \frac{1}{1+\nu_i+\beta_i}\left[\alpha_0^{(i)}\alpha_1^{(j)} + \alpha_1^{(i)}\alpha_2^{(j)}\tau_i + \alpha_2^{(i)}\alpha_3^{(j)}\tau_i^2 + \alpha_3^{(i)}\alpha_4^{(j)}\tau_i^3 + \dots\right] \\ &\cdots\cdots\cdots\cdots\cdots\cdots \\ &+ \frac{1}{-1+\nu_i+\beta_i}\left[\alpha_0^{(j)}\alpha_1^{(i)}\tau_i + \alpha_1^{(j)}\alpha_2^{(i)}\tau_i^2 + \alpha_2^{(j)}\alpha_3^{(i)}\tau_i^3 + \dots\right] \\ &+ \frac{1}{-2+\nu_i+\beta_i}\left[\alpha_0^{(j)}\alpha_2^{(i)}\tau_i^2 + \alpha_1^{(j)}\alpha_3^{(i)}\tau_i^3 + \dots\right] \\ &+ \frac{1}{-3+\nu_i+\beta_i}\left[\alpha_0^{(j)}\alpha_3^{(i)}\tau_i^3 + \dots\right] \\ &\cdots\cdots\cdots\cdots\cdots\cdots\end{aligned}$$

Wir fassen nun alle Glieder in $\alpha_0^{(i)}, \alpha_1^{(i)}\tau_i, \alpha_2^{(i)}\tau_i^2, \dots$ zusammen, d. h. wir führen die durch die kleinen Pfeile angedeutete Summierung durch (wobei die Summierung bei dem Glied mit dem Zeichen ♂ zu beginnen ist). Damit erhalten wir schließlich

$$\{I\} = \alpha_0^{(i)} \sum_{m=0}^{\infty} \frac{\alpha_m^{(j)}}{m+\nu_i+\beta_i} + \alpha_1^{(i)}\tau_i \sum_{m=-1}^{\infty} \frac{\alpha_{m+1}^{(j)}}{m+\nu_i+\beta_i} + \alpha_2^{(i)}\tau_i^2 \sum_{m=-2}^{\infty} \frac{\alpha_{m+2}^{(j)}}{m+\nu_i+\beta_i} \dots ,$$

oder

$$\{I\} = \sum_{p=0}^{\infty} A_{i\tau}^{(p)} b_p^{(\nu_i)} = \sum_{p=0}^{\infty} A_{i\tau}^{(p)} b_{p-\nu_i}, \tag{7.93}$$

mit den Abkürzungen

$$A_{i\tau}^{(p)} = \alpha_p^{(i)}\tau_i^p = \alpha_p^{(i)}\left(\frac{k_j}{k_i}\right)^p; \quad \tau = \frac{j}{i},$$

$$b_p^{(\nu_i)} = \sum_{m=-p}^{\infty} \frac{\alpha_j^{(m+p)}}{m+\nu_i+\beta_i} = \sum_{n=0}^{\infty} \frac{\alpha_j^{(n)}}{n-p+\nu_i+\beta_i} = \frac{\Gamma(-p+\nu_i+\beta_i)\,\Gamma(\alpha_j)}{\Gamma(-p+\nu_i+\beta_i+\alpha_j)}, \tag{7.94}$$

wegen

$$\sum_{n=0}^{\infty} \frac{\alpha_n}{n+b} = \int_0^1 t^{b-1}(1-t)^{\alpha-1}\,dt = \frac{\Gamma(b)\,\Gamma(\alpha)}{\Gamma(b+\alpha)}. \tag{7.95}$$

Von der Gültigkeit der Gl. (7.95) überzeugt man sich leicht, wenn man $(1-t)^{\alpha-1}$ in eine Binomialreihe entwickelt und hierauf integriert. Das Ergebnis ist

$$\int_0^1 t^{b-1}(1-t)^{\alpha-1}\,dt = \int_0^1 t^{b-1}\sum_{n=0}^{\infty}\alpha_n t^n dt = \sum_{n=0}^{\infty}\int_0^1 \alpha_n t^{n+b-1}dt = \sum_{n=0}^{\infty}\frac{\alpha_n}{n+\beta}.$$

Die Binomialkoeffizienten α_n berechnet man nach Gl. (7.88).

Drückt man andererseits das Eulersche Integral erster Art (das auch als Betafunktion bezeichnet wird) durch die Gammafunktion aus; so erhalten wir [205, S. 5–7; 460, Bd. II, S. 40–43]:

$$B(b,a) = \int_0^1 t^{b-1}(1-t)^{\alpha-1}\,dt = \frac{\Gamma(b)\,\Gamma(\alpha)}{\Gamma(b+\alpha)}.$$

Durch Zusammenfassen beider Ergebnisse erhalten wir hierauf die Gl. (7.95).

Ferner ändern sich die Koeffizienten $b_p^{(\nu_i)}$ gemäß Gl. (7.94) nicht, wenn man den oberen und unteren Index um 1 vermindert. Wir erhalten daher

$$b_p^{(\nu_i)} = b_{p-1}^{(\nu_i-1)} = \ldots = b_{p-\nu_i}^{(0)} \equiv b_{p-\nu_i};\quad b_0 \equiv b_0^{(i)} = \frac{\Gamma(\beta_i)\,\Gamma(\alpha_j)}{\Gamma(\beta_i+\alpha_j)}, \tag{7.96}$$

was man auch bei der Herleitung von Gl. (7.93) verwenden kann.

Analog finden wir für die zweite geschweifte Klammer in Gl. (7.92)

$$\{II\} = \left\{\sum_{m=0}^{\infty}\frac{b_{-m}}{m-\nu_i-\beta_i} + \sum_{m=1}^{\infty}\frac{b_m\tau_i^m}{-m-\nu_i-\beta_i}\right\}$$

nach denselben Umformungen

$$\{II\} = \alpha_0^{(j)}\sum_{m=0}^{\infty}\frac{\alpha_m^{(i)}}{m-\nu_i-\beta_i} + \alpha_1^{(j)}\tau_i\sum_{m=-1}^{\infty}\frac{\alpha_{m+1}^{(i)}}{m-\nu_i-\beta_i}$$

$$+\,\alpha_2^{(j)}\tau_i^2\sum_{m=-2}^{\infty}\frac{\alpha_{m+2}^{(i)}}{m-\nu_i-\beta_i} + \ldots,$$

oder

$$\{II\} = \sum_{p=0}^{\infty} A_{j\tau}^{(p)}a_p^{(\nu_i)} = \sum_{p=0}^{\infty} A_{i\tau}^{(p)}a_{p-\nu_i} \tag{7.97}$$

mit den Abkürzungen

$$A_{j\tau}^{(p)} = \alpha_p^{(j)}\tau_i^p = \alpha_p^{(j)}\left(\frac{k_j}{k_i}\right)^p,\ \tau = \frac{j}{i},$$

$$\alpha_p^{(\nu_i)} = \sum_{m=-p}^{\infty} \frac{\alpha_{m+p}^{(i)}}{m - \nu_i - \beta_i} = \sum_{n=0}^{\infty} \frac{\alpha_n^{(i)}}{n - p - \nu_i - \beta_i} \tag{7.98}$$

$$= \frac{\Gamma(-p - \nu_i - \beta_i)\,\Gamma(\alpha_i)}{\Gamma(-p - \nu_i - \beta_i + \alpha_i)}.$$

Daraus folgt

$$a_p^{(-\nu_i)} = a_{p+1}^{(-\nu_i+1)} = \ldots = a_{p+\nu_i}^{(0)} \equiv a_{p+\nu_i}; \quad a_0 \equiv a_0^{(i)} = \frac{\Gamma(-\beta_i)\,\Gamma(\alpha_i)}{\Gamma(-\beta_i + \alpha_i)}. \tag{7.99}$$

Durch Einsetzen dieser Ergebnisse in Gl. (7.92) ergibt sich

$$I_i = k_j^{-\nu_i - \beta_i} \sum_{m=0}^{\infty} b_{\nu_i - m}^{(i)} A_{i\tau}^{(m)} + k_i^{-\nu_i - \beta_i} \sum_{m=0}^{\infty} a_{-\nu_i - m}^{(i)} A_{j\tau}^{(m)}. \tag{7.100}$$

Benützt man nun die bekannte Beziehung für die Gammafunktion

$$\Gamma(z)\,\Gamma(1 - z) = \frac{\pi}{\sin \pi z}, \tag{7.101}$$

so findet man nach einfachen Umformungen

$$a_\nu^{(i)} = -\frac{\sin \pi\beta_{i-1}}{\sin \pi\beta_i}\, b_{-\nu}^{(i-1)}. \tag{7.102}$$

Setzen wir dies in Gl. (7.100) ein, so folgt daraus die Gl. (7.85). Die Gl. (7.87) zur Berechnung der Koeffizienten b_ν und $b_{-\nu}$ erhalten wir direkt aus den Gln. (7.94), (7.98) und (7.102), wenn wir die Rekursionsbeziehung für die Gammafunktion

$$\Gamma(1 + z) = z\Gamma(z) \tag{7.103}$$

verwenden.

Wir weisen darauf hin, daß die Gl. (7.95) für $\beta_i = 0, \pm 1, \pm 2, \ldots$ ihren Sinn verliert. Für diese Spezialfälle erhält man jedoch die Rechenformeln leicht durch Grenzwertbetrachtungen, worauf wir später noch zurückkommen.

Wir kehren nun zum Hauptproblem dieses Abschnitts zurück. Gemäß Gl. (7.84) gilt:

$$\frac{l_i}{|D_1|} = \int_{1/k_i}^{1/k_j} \zeta^{\alpha_1 - 1} (\zeta - 1)^{\alpha_2 - 1} \ldots (k_i\zeta - 1)^{\alpha_i - 1} (1 - k_j\zeta)^{\alpha_j - 1}$$

$$\ldots (1 - k_\mu\zeta)^{\alpha_\mu - 1} d\zeta = k_3^{\alpha_3 - 1} \ldots k_i^{\alpha_i - 1} \int_{1/k_i}^{1/k_j} \zeta^{\beta_i - 1} \left(1 - \frac{1}{\zeta}\right)^{\alpha_2 - 1}$$

$$\ldots \left(1 - \frac{1}{k_i\zeta}\right)^{\alpha_i - 1} (1 - k_j\zeta)^{\alpha_j - 1} \ldots (1 - k_\mu\zeta)^{\alpha_\mu - 1} d\zeta.$$

Entwickelt man alle Klammerausdrücke des Integranden außer dem i-ten und dem j-ten in eine Binomialreihe und verwendet hierauf die Gl. (7.85), so ergibt sich ein Gleichungssystem zur Bestimmung der Konstanten des Integrals von *Christoffel-Schwarz:*

$$\frac{M\lambda_1}{b_0^{(1)}} = \sum_{p,\ldots,m=0}^{\infty} A^{(p)}_{\mu\frac{\mu}{2}} \ldots A^{(n)}_{4\frac{4}{2}} A^{(m)}_{3\frac{3}{2}} \bar{b}^{(1)}_{p+\ldots+n+m};$$

$$\frac{M\lambda_2}{b_0^{(2)}} = k_3^{-\beta_2} \sum_{p,\ldots,m=0}^{\infty} A^{(p)}_{\mu\frac{\mu}{3}} \ldots A^{(n)}_{4\frac{4}{3}} A^{(m)}_{2\frac{3}{2}} \bar{b}^{(2)}_{p+\ldots+n-m}; \tag{7.104}$$

$$\frac{M\lambda_3}{b_0^{(3)}} = k_3^{\alpha_3-1} k_4^{-\beta_3} \sum_{p,\ldots,m=0}^{\infty} A^{(p)}_{\mu\frac{\mu}{4}} \ldots A^{(n)}_{2\frac{4}{2}} A^{(m)}_{2\frac{4}{3}} \bar{b}^{(3)}_{p+\ldots-n-m};$$

. . . .

$$\frac{M\lambda_{\mu-1}}{b_0^{(\mu-1)}} = k_3^{\alpha_3-1} k_4^{\alpha_4-1} \ldots k_\mu^{-\beta_{\mu-1}} \sum_{p,\ldots,m=0}^{\infty} A^{(p)}_{2\frac{\mu}{2}} \ldots A^{(n)}_{\mu-2\,\frac{\mu}{\mu-2}} A^{(m)}_{\mu-1\,\frac{\mu}{\mu-1}} \bar{b}^{(\mu-1)}_{-p-\ldots-n-m}.$$

Dabei gilt

$$\lambda_1 = l_1; \quad \lambda_\nu = \frac{1}{\sin\pi\beta_\nu} \sum_{j=1}^{\nu} l_j \sin\pi\beta_j; \quad M = \frac{1}{|D_1|}; \quad \bar{b}_\nu^{(i)} = \frac{b_\nu^{(i)}}{b_0^{(i)}}. \tag{7.105}$$

Die Koeffizienten $\bar{b}_\nu^{(i)}$ berechnen wir ebenfalls aus der Rekursionsformel (7.87) unter der Bedingung $\bar{b}_0^{(i)} = 1$. Alle Summen im System (7.104) haben die Vielfachheit $\mu - 2$.

Zur Erläuterung leiten wir die ersten beiden Gleichungen des Systems (7.104) ab. Für die Seite l_1 erhalten wir:

$$\frac{l_1}{|D_1|} = \int_0^1 \zeta^{\alpha_1-1}(1-\zeta)^{\alpha_2-1}(1-k_3\zeta)^{\alpha_3-1} \ldots (1-k_\mu\zeta)^{\alpha_\mu-1} d\zeta.$$

Verwenden wir die Binomialreihe und die Bezeichnungen (7.88) mit $k_2 = 1$, so finden wir

$$(1-k_3\zeta)^{\alpha_3-1} = \sum_{m=0}^{\infty} \alpha_m^{(3)} k_3^m \zeta^m = \sum_{m=0}^{\infty} \alpha_m^{(3)} \left(\frac{k_3}{k_2}\right)^m \zeta^m = \sum_{m=0}^{\infty} A^{(m)}_{3\frac{3}{2}} \zeta^m;$$

. . . .

$$(1-k_\mu\zeta)^{\alpha_\mu-1} = \sum_{p=0}^{\infty} \alpha_p^{(\mu)} k_\mu^p \zeta^p = \sum_{p=0}^{\infty} A^{(p)}_{\mu\frac{\mu}{2}} \zeta^p.$$

Also ergibt sich:

$$\frac{l_1}{|D_1|} = \int_0^1 \zeta^{\alpha_1 - 1}(1-\zeta)^{\alpha_2 - 1} \sum_{m=0}^{\infty} A^{(m)}_{3\frac{3}{2}} \zeta^m \sum_{n=0}^{\infty} A^{(n)}_{4\frac{4}{2}} \zeta^n \dots \sum_{p=0}^{\infty} A^{(p)}_{\mu\frac{\mu}{2}} \zeta^p d\zeta$$

$$= \sum_{p=0}^{\infty} A^{(p)}_{\mu\frac{\mu}{2}} \dots \sum_{m=0}^{\infty} A^{(m)}_{3\frac{3}{2}} \int_0^1 \zeta^{p+\dots+n+m+\alpha_1-1}(1-\zeta)^{\alpha_2-1} d\zeta$$

$$= \sum_{p,\dots,m=0}^{\infty} A^{(p)}_{\mu\frac{\mu}{2}} \dots A^{(m)}_{3\frac{3}{2}} I_1 .$$

Wir setzen in Gl. (7.85) nun

$$\nu_1 = p + \dots + n + m; \quad \beta_1 = \alpha_1; \quad i = 1; \quad j = 2; \quad k_i = k_1 = \infty; \quad k_j = k_2 = 1$$

ein und erhalten

$$k_i^{-\nu_i - \beta_i} = 0; \quad A^{(m)}_{i\frac{j}{i}} = \alpha^{(1)}_m \left(\frac{k_2}{k_1}\right)^m = \begin{cases} 1 & \text{für } m = 0 \\ 0 & \text{für } m \geqslant 1 \end{cases}$$

und daher

$$I_1 = b^{(i)}_{\nu_1} = b^{(1)}_{p+\dots+n+m}; \quad b^{(1)}_0 = \frac{\Gamma(\alpha_1)\,\Gamma(\alpha_2)}{\Gamma(\alpha_1+\alpha_2)} .$$

Wir setzen diesen Wert für I_1 in das vorangehende Ergebnis ein, führen mit Gl. (7.105) die Konstante M ein und bringen die Konstante $b^{(1)}_0$ unter das Summenzeichen. Damit erhalten wir die erste Gleichung des Systems (7.104).

Wir weisen darauf hin, daß man die erste Gleichung des Systems (7.104) auch ohne Zuhilfenahme der Gl. (7.85) gewinnen kann, da sich I_1 direkt durch die Eulersche Betafunktion ausdrücken läßt.

Für die Seite l_2 ergibt sich

$$\frac{l_2}{|D_1|} \int_1^{1/k_3} \zeta^{\alpha_1 - 1}(\zeta - 1)^{\alpha_2 - 1}(1 - k_3\zeta)^{\alpha_3 - 1} \dots (1 - k_\mu \zeta)^{\alpha_\mu - 1} d\zeta$$

$$= \int_1^{1/k_3} \zeta^{\alpha_1 + \alpha_2 - 2} \left(1 - \frac{1}{\zeta}\right)^{\alpha_2 - 1} (1 - k_3\zeta)^{\alpha_3 - 1} \sum_{n=0}^{\infty} A^{(n)}_{4\frac{4}{2}} \dots \sum_{p=0}^{\infty} A^{(p)}_{\mu\frac{\mu}{2}} \zeta^p d\zeta$$

$$= \sum_{p=0}^{\infty} A^{(p)}_{\mu\frac{\mu}{2}} \dots \sum_{n=0}^{\infty} A^{(n)}_{4\frac{4}{2}} I_2 ,$$

mit

$$\beta_2 = \alpha_1 + \alpha_2 - 1; \quad I_2 = \int_1^{1/k_3} \zeta^{p + \ldots + n + \beta_2 - 1} \left(1 - \frac{1}{\zeta}\right)^{\alpha_2 - 1} (1 - k_3\zeta)^{\alpha_3 - 1} d\zeta.$$

Wir setzen in Gl. (7.85)

$$i = 2; \quad j = 3; \quad \nu_2 = p + \ldots + n; \quad k_i = k_2 = 1; \quad k_j = k_3$$

und erhalten:

$$I_2 = -\frac{\sin \pi\beta_1}{\sin \pi\beta_2} \sum_{m=0}^{\infty} b^{(1)}_{p + \ldots + n + m} A^{(m)}_{3\,\frac{3}{2}} + k_3^{-p - \ldots - n - \beta_2} \sum_{m=0}^{\infty} b^{(2)}_{p + \ldots + n - m} A^{(m)}_{2\,\frac{3}{2}} \,.$$

Wir setzen diesen Wert für I_2 in die Ausgangsgleichung ein, ziehen die konstante Größe hinter das Summenzeichen und berücksichtigen die erste Gleichung des Systems (7.104). Damit erhalten wir:

$$\begin{aligned} Ml_2 = &-\frac{\sin \pi\beta_1}{\sin \pi\beta_2} \sum_{p, \ldots, m = 0}^{\infty} A^{(p)}_{\mu\,\frac{\mu}{2}} \ldots A^{(n)}_{4\,\frac{4}{2}} A^{(m)}_{3\,\frac{3}{2}} b^{(1)}_{p + \ldots + n + m} \\ &+ k_3^{-\nu_2 - \beta_2} \sum_{p, \ldots, m = 0}^{\infty} b^{(2)}_{\nu_2 - m} A^{(m)}_{2\,\frac{3}{2}} = -Ml_1 \frac{\sin \pi\beta_1}{\sin \pi\beta_2} \\ &+ k_3^{-\beta_2} \sum_{p, \ldots, m = 0}^{\infty} k_3^{-p - \ldots - n} A^{(p)}_{\mu\,\frac{\mu}{2}} \ldots A^{(n)}_{4\,\frac{4}{2}} A^{(m)}_{2\,\frac{3}{2}} b^{(2)}_{p + \ldots + n - m} \,. \end{aligned}$$

Wir führen nun die Konstante

$$\lambda_2 = l_2 + l_1 \frac{\sin \pi\beta_1}{\sin \pi\beta_2} \tag{7.105'}$$

ein und berücksichtigen, daß für $k_2 = 1$

$$A^{(n)}_{4\,\frac{4}{2}} k_3^{-n} = \alpha_n^{(4)} k_4^n k_3^{-n} = \alpha_n^{(4)} \left(\frac{k_4}{k_3}\right)^n = A^{(n)}_{4\,\frac{4}{3}}; \quad A^{(p)}_{\mu\,\frac{\mu}{2}} k_3^{-p} = A^{(p)}_{\mu\,\frac{\mu}{3}} \,.$$

Damit ergibt sich aus dem früheren Ergebnis die zweite Gleichung des Systems (7.104). Dabei zieht man die konstante Größe

$$b_0^{(2)} = \frac{\Gamma(\beta_2)\,\Gamma(\alpha_3)}{\Gamma(\beta_2 + \alpha_3)}$$

am besten vor das Summenzeichen und geht in der Summe zu den gestrichenen Koeffizienten $\overline{b}^{(2)}_{p + \ldots + n - m}$ über.

Die Herleitung der übrigen Gleichungen des Systems (7.104) erfolgt vollkommen analog.

Nach Elimination von M aus den Gleichungen (7.104) bestimmen wir aus dem erhaltenen System nach einer der bekannten Methoden (siehe Kapitel 3) die Konstanten $k_3, k_4, \dots, k_\mu$. Eine erste Näherung findet man am besten nach der Iterationsmethode, da alle Summen in Gl. (7.104) nahezu 1 sind. Die Hauptteile der einzelnen Gleichungen von (7.104) sind dementsprechend

$$1;\ k_3^{-\beta_2};\ k_3^{\alpha_3-1}k_4^{-\beta_3};\dots;\ k_3^{\alpha_3-1}k_4^{\alpha_4-1}\dots k_\mu^{-\beta_{\mu-1}}.$$

Nachdem $k_3, k_4, \dots, k_\mu$ gefunden ist, bestimmen wir aus der ersten Gleichung von (7.104) den Wert von M. Wir wählen nun im z-Bereich den Koordinatenursprung im Scheitel 1 und richten die x-Achse längs der Seite l_1. Dann ergibt sich:

$$D_1 = \frac{1}{M};\quad D_2 = 0.$$

Die Konstanten D_1 und D_2 bestimmt man bei anderer Achsenlage mit Hilfe einer linearen Transformation aus zwei gegebenen Ecken des Vielecks [488, § 32]. Wir beschränken uns im weiteren daher auf die Bestimmung der Konstanten $k_3, k_4, \dots, k_\mu$, worin die Hauptarbeit besteht.

58. Der Rechengang. Beispiele

Wir betrachten den Sonderfall eines Vierecks ($\mu = 3$), der bei der Lösung verschiedener technischer Probleme häufig auftritt.

Bei $\mu = 3$ erhalten wir bei $k_3 = k$ und $k_2 = 1$ aus Gl. (7.88)

$$A_{3\,\frac{3}{2}}^{(m)} = \alpha_m^{(3)}k^m;\quad A_{2\,\frac{3}{2}}^{(m)} = \alpha_m^{(2)}k^m.$$

Mit den neuen Bezeichnungen

$$A_m = \alpha_m^{(3)}\bar{b}_m^{(1)};\quad B_m = \alpha_m^{(2)}\bar{b}_m^{(2)} \tag{7.106}$$

ergibt sich mit Hilfe der Gln. (7.87), (7.88) und (7.105) aus dem System (7.104) bei $\mu = 3$

$$\frac{Ml_1}{b_0^{(1)}} = \sum_{m=0}^{\infty} A_m k^m;\quad A_{m+1} = \frac{(m+1-\alpha_3)(m+\alpha_1)}{(m+1)(m+\alpha_1+\alpha_2)}A_m; \tag{7.107}$$

$$\frac{M\lambda_2}{b_0^{(2)}} = k^{-\beta_2}\sum_{m=0}^{\infty} B_m k^m;\quad B_{m+1} = \frac{(m+1-\alpha_2)(m+\alpha_4)}{(m+1)(m+\alpha_3+\alpha_4)}B_m; \tag{7.108}$$

$$A_0 = B_0 = 1;\quad \lambda_2 = l_2 + l_1\frac{\sin\pi\alpha_1}{\sin\pi\beta_2};\quad \beta_2 = \alpha_1+\alpha_2-1. \tag{7.108'}$$

Wir dividieren nun Gl. (7.108) durch Gl. (7.107) und finden eine Gleichung zur Bestimmung von k:

$$f(k) = g - k^{\beta_2} I_c = 0. \tag{7.109}$$

Dabei gilt

$$g = \frac{l_1 b_0^{(2)}}{\lambda_2 b_0^{(1)}} = \frac{l_1 \Gamma(\alpha_1 + \alpha_2)\,\Gamma(\beta_2)\,\Gamma(\alpha_3)}{\lambda_2 \Gamma(\alpha_1)\,\Gamma(\alpha_2)\,\Gamma(\beta_2 + \alpha_3)};$$

$$I_c = \frac{\Sigma A_n k^n}{\Sigma B_n k^n} = \sum_{n=0}^{\infty} C_n k^n. \tag{7.110}$$

Die Koeffizienten der Reihe I_c berechnen wir nach den Rekursionsformeln von Kapitel 4 (Abschnitt 28):

$$C_0 = 1; \quad C_n = A_n - (B_n + C_1 B_{n-1} + \ldots + C_{n-1} B_1). \tag{7.111}$$

Setzen wir in Gl. (7.109) $I_c = 1$, so erhalten wir als nullte Näherung für k:

$$k_0 = g^{\frac{1}{\beta_2}}. \tag{7.112}$$

Genauere Ergebnisse liefert die Gleichung für die erste Näherung, deren Herleitung wir weiter unten anfügen:

$$k_1 = \frac{k_0}{1 - d_2 k_0}; \quad d_2 = -\frac{C_1}{\beta_2} = \frac{\alpha_1 \alpha_3 + \alpha_2 \alpha_4}{\beta_2^2 - 1}. \tag{7.113}$$

Die weitere Verbesserung führen wir nach der Newtonschen Formel durch:

$$k_{n+1} = k_n - \frac{f(k_n)}{f'(k_n)}. \tag{7.114}$$

Gemäß Gl. (7.109) gilt dabei

$$f'(k) = -k^{\beta_2 - 1}\left(\beta_2 I_c + \sum_{n=1}^{\infty} n C_n k^n\right). \tag{7.115}$$

Beispiel 1: Wir betrachten eine Familie von Vierecken mit festen Winkeln und der Seitenlänge $l_1 = 1$ (Bild 79).

Lösung: Die Daten für fünf Viereckvarianten und die entsprechenden Werte von k sind in Tabelle 145 angegeben. In dieser Tabelle findet man auch die Konstanten λ_2, g (oder λ_2^*, g^* für die Varianten IV und V) und k_0, k_1, die nach den Gln. (7.112) und (7.113) berechnet wurden. Bei der Berechnung von g wurden achtstellige Tabellen der Gammafunktion [297; Anhang XVI] herangezogen. Alle dazu notwendigen Rechnungen, die nach den Gln. (7.106) bis (7.115) durchgeführt wurden, findet man in Tabelle 146. Unter Verwendung der Ergebnisse von Tabelle 146 ergibt sich bei $k_1 \approx 0{,}05529$ für die Variante I

$$I_c(k_1) = 0{,}9928228; \quad f(k_1) = 0{,}0001344; \quad f'(k_1) = 9{,}5307.$$

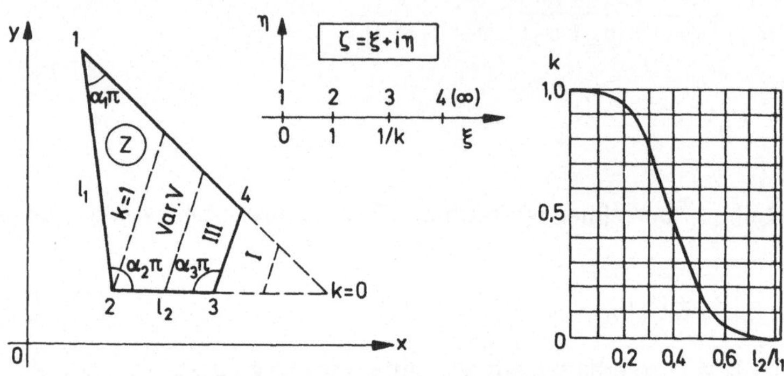

Bild 79

Nach einem weiteren Schritt nach der Newtonschen Formel findet man mit sieben Dezimalstellen

$$k = k_2 = 0{,}0552759.$$

Tabelle 145

Variante	I	II	III	IV	V	Daten
$l_2 : l_1$	0,6000000	0,5000000	0,3988633	0,3000000	0,2000000	Beispiel 1
$k = 1 - k^*$	0,0552759	0,2126450	0,5000000	0,7957171	0,9624817	$\alpha_1 = +0{,}20$
$\lambda_2; \lambda_2^*$	− 0,2312539	− 0,3312539	− 0,4323906	1,0742764	0,9360798	$\alpha_2 = +0{,}55$
$g; g^*$	2,0475692	1,4294423	1,0950939	0,8010078	0,6128422	$\alpha_3 = +0{,}60$
$k_0 = 1 - k_0^*$	0,0568914	0,23952	0,6953	0,77219	0,9617771	$\alpha_4 = +0{,}65$
$k_1 = 1 - k_1^*$	0,0552893	0,21347	0,5135	0,79500	0,9624777	$\beta_2 = -0{,}25$
$l_2 : l_1$	1,5000000	1,0000000	0,9371541	0,5000000	0,3119219	Beispiel 2
k	0,1133944	0,1860865	0,2000000	0,3616651	0,5000000	$\alpha_1 = +0{,}30$
λ_2	2,3090170	1,8090170	1,7461711	1,3090170	1,1209389	$\alpha_2 = +1{,}20$
g	0,3348373	0,4273841	0,4427660	0,5906303	0,6897300	$\alpha_3 = +0{,}75$
k_0	0,1121160	0,1826572	0,1960417	0,3488442	0,4757275	$\alpha_4 = -0{,}25$
k_1	0,1133873	0,1860557	0,1999618	0,361453	0,49949	$\beta_2 = +0{,}50$
$h : l_1$	5,000000	3,000000	2,000000	1,238859	0,6416990	Beispiel 3
k	0,2215004	0,3092554	0,3920668	0,5000000	0,6500000	$\alpha_1 = +0{,}28$
g	0,2209714	0,3682856	0,5524285	0,8918343	1,721768	$\alpha_2 = +1{,}89$
k_0	0,2751717	0,4258123	0,6021761	0,9067927	1,591064	$\alpha_4 = -0{,}17$
k_1	0,221972	0,31061	0,39501	0,5066	0,6669	$\beta_2 = +1{,}17$

Tabelle 146

$\alpha_{n+1}^{(2)} = \frac{n+0,45}{n+1}\alpha_n^{(2)}$; $\alpha_{n+1}^{(3)} = \frac{n+0,40}{n+1}\alpha_n^{(3)}$; $\bar{b}_{n+1}^{(1)} = \frac{n+0,20}{n+0,75}\bar{b}_n^{(1)}$; $\bar{b}_{-n-1}^{(2)} = \frac{n+0,65}{n+1,25}\bar{b}_{-n}^{(2)}$; $A_n = \alpha_n^{(3)}\bar{b}_n^{(1)}$

n	$\alpha_n^{(2)}$	$\alpha_n^{(3)}$	$\bar{b}_n^{(1)}$	$\bar{b}_n^{(2)}$	A_n	B_n	$C_n = [A_n : B_n]$	Variante I k_1^n	Variante II k_1^n	Variante II k_2^n	Variante III k^n	n
0	1,0000000	1,0000000	1,0000000	1,0000000	1,0000000	1,0000000	+ 1,0000000	1,0000000	1,0000000	1,0000000	1,0000000	0
1	0,4500000	0,4000000	0,2666667	0,5200000	0,1066667	0,2340000	- 0,1227333	0,0552900	0,2130000	0,2126447	0,5000000	1
2	0,3262500	0,2800000	0,1828571	0,3813333	0,0512000	0,1244100	- 0,0434140	0,0030570	0,0453690	0,0452178	0,2500000	2
3	0,2664375	0,2240000	0,1462857	0,3109333	0,0327680	0,0828443	- 0,0240759	0,0001690	0,0096636	0,0096153	0,1250000	3
4	0,2298023	0,1904000	0,1248305	0,2670368	0,0237677	0,0613657	- 0,0160143	0,0000093	0,0020583	0,0020446	0,0625000	4
5	0,2045240	0,1675520	0,1103764	0,2365183	0,0184938	0,0483737	- 0,0117269		0,0004384	0,0004348	0,0312500	5
6	0,1857760	0,1507968	0,0998187	0,2138125	0,0150523	0,0397212	- 0,0091142		0,0000934	0,0000925	0,0156250	6
7	0,1711793	0,1378714	0,0916853	0,1961177	0,0126408	0,0335713	- 0,0073768		0,0000199	0,0000197	0,0078125	7
8	0,1594107	0,1275310	0,0851786	0,1818546	0,0108629	0,0289896	- 0,0061486		0,0000042	0,0000042	0,0039062	8
9	0,1496689	0,1190289	0,0798245	0,1700586	0,0095014	0,0254525	- 0,0052401				0,0019531	9
10	0,1414371	0,1118872	0,0753216	0,1601040	0,0084275	0,0226446	- 0,0045444				0,0009766	10
11	0,1343652	0,1057843	0,0714679	0,1515651	0,0075602	0,0203651	- 0,0039969				0,0004883	11
12	0,1282068	0,1004951	0,0681226	0,1441415	0,0068460	0,0184799	- 0,0035560				0,0002442	12
13	0,1227827	0,0958569	0,0651840	0,1376143	0,0062483	0,0168967	- 0,0031946				0,0001221	13
							$I_c = \Sigma C_n k^n =$	0,9928228	0,9706366	0,9706898	0,9208607	
							$k^{\beta_2} =$	2,0622359	1,4719908	1,4726053	1,1892071	
							$g =$	2,0475692	1,4294423	1,4294423	1,0950940	
							$f(k) =$	0,0001344	0,0006742	-0,0000006	0,0000000	
							$f'(k) =$	9,5307	1,8976	1,8976		

$\alpha_1 = 0,20$; $\alpha_2 = 0,55$; $\alpha_3 = 0,60$; $\alpha_4 = 0,65$; $\beta_2 = -0,25$; $l_1 = 1$;

$$g = \frac{l_1 \Gamma(0,75)\Gamma(-0,25)\Gamma(0,60)}{\lambda_2 \Gamma(0,20)\Gamma(0,55)\Gamma(0,35)} = -\frac{0,47350830}{\lambda_2}; \quad f(k) = g - k^{\beta_2} I_c;$$

$$\lambda_2 = l_2 + l_1 \frac{\sin 36°}{\sin(-45°)} = l_2 - 0,83125387; \quad f'(k) = -k^{\beta_2}\left(\frac{\beta_2 I_c}{k} + \Sigma n C_n k^n\right);$$

Die Rechnung für die übrigen Varianten verläuft analog, wenn dabei $k > 0{,}5$ gilt, so berechnen wir die komplementäre Größe $k^* = 1 - k$. Man muß dazu zum transponierten Viereck übergehen, für das $l_1^* = l_2$; $l_2^* = l_3$; $\alpha_i^* = \alpha_{i+1}$, $\alpha_4^* = \alpha_1$ gilt. Die Koeffizienten C_n^* für das transponierte Viereck berechnet man ebenfalls aus den Gln. (7.106) bis (7.108) und (7.111). In Tabelle 147 sind alle notwendigen Hilfsrechnungen für die Varianten IV und V angegeben. In Bild 79 findet man das Schaubild $k = F(l_2/l_1)$ für die betrachtete einparametrige Familie von Vierecken.

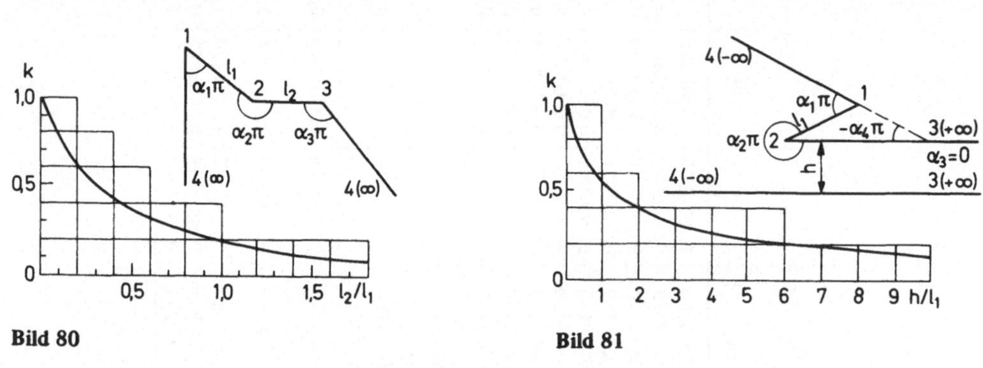

Bild 80 **Bild 81**

Beispiel 2: Wir betrachten eine Familie von offenen Vierecken (Bild 80).

Lösung: Die gegebenen Größen, die gesuchte Konstante k, ihre nullte und erste Näherung k_0 und k_1 und die Konstanten λ_2 und g findet man in Tabelle 145. Der Rechengang ist bei offenen Vierecken derselbe wie vorhin. Die Tabelle 148, in der alle Rechnungen des letzten Schritts angeführt sind, ist daher auch ohne zusätzliche Erläuterungen verständlich. Wir weisen noch darauf hin, daß die Gl. (7.113) in diesem Beispiel wie in Beispiel 1 Ergebnisse mit zwei bis fünf Dezimalstellen liefert. Um die gesuchte Konstante k auf sieben Stellen zu bestimmen, muß man daher noch die Newtonsche Formel (7.114) heranziehen.

In Bild 80 ist das Schaubild $k = F(l_2/l_1)$ für die gesamte Familie dargestellt.

Wir wenden uns nun dem Fall entarteter Vierecke mit $\alpha_3 = 0$ zu, die insbesondere in der Filtrierungstheorie auftreten (Bild 81).

Führen wir hier in den entsprechenden Formeln den Grenzübergang $\alpha_3 \to 0$, $l_2 \to \infty$ durch, so erhalten wir:

$$g = \frac{\pi l_1 \Gamma(\alpha_1 + \alpha_2)}{h\Gamma(\alpha_1)\Gamma(\alpha_2)}; \quad I_c = \frac{1}{(1-k)^{1-\alpha_2}} \sum_{n=0}^{\infty} A_n k^n;$$
$$A_{n+1} = \frac{n + \alpha_1}{n + \alpha_1 + \alpha_2} A_n; \quad d_2 = \frac{-\alpha_2}{\alpha_1 + \alpha_2}. \qquad (7.116)$$

Tabelle 147

$\alpha_{n+1}^{*(2)} = \frac{n+0{,}40}{n+1}\alpha_n^{*(2)}$; $\frac{n+0{,}35}{n+1}$; $\frac{n+0{,}55}{n+1{,}15}$; $\frac{n+0{,}20}{n+0{,}85}$; $A_n^* = \alpha_n^{*(3)}\bar{b}_n^{*(1)}$; $B_n^* = \alpha_n^{*(2)}\bar{b}_{-n}^{*(2)}$

								Variante IV			Variante V		
n	$\alpha_n^{*(2)}$	$\alpha_n^{*(3)}$	$\bar{b}_n^{*(1)}$	$\bar{b}_{-n}^{*(2)}$	A_n^*	B_n^*	$C_n^* = [A_n^* : B_n^*]$	k_1^{*n}	k_2^{*n}	k_3^{*n}	k_1^{*n}	k_2^{*n}	n
0	1,0000000	1,0000000	1,0000000	1,0000000	1,0000000	1,0000000	1,0000000	1,0000000	1,0000000	1,0000000	1,0000000	1,0000000	0
1	0,4000000	0,3500000	0,4782609	0,2352941	0,1673913	0,0941176	0,0732737	0,2050000	0,2042819	0,2042829	0,0375200	0,0375183	1
2	0,2800000	0,2362500	0,3447927	0,1526232	0,0814573	0,0427345	0,0318265	0,0420250	0,0417311	0,0417315	0,0014078	0,0014076	2
3	0,2240000	0,1850625	0,2791179	0,1178144	0,0516543	0,0263904	0,0191372	0,0086151	0,0085249	0,0085250	0,0000528	0,0000528	3
4	0,1904000	0,1549898	0,2387635	0,0979237	0,0370059	0,0186447	0,0132662	0,0017661	0,0017415	0,0017415	0,0000020	0,0000020	4
5	0,1675520	0,1348411	0,2109464	0,0847999	0,0284442	0,0142084	0,0099633	0,0003621	0,0003558	0,0003558			5
6	0,1507968	0,1202333	0,1903663	0,0753777	0,0228884	0,0113667	0,0078775	0,0000742	0,0000727	0,0000727			6
7	0,1378714	0,1090688	0,1743915	0,0682251	0,0190205	0,0094063	0,0064550	0,0000152	0,0000149	0,0000149			7
8	0,1275310	0,1002070	0,1615529	0,0625759	0,0161887	0,0079804	0,0054309	0,0000031	0,0000030	0,0000030			8
							$I_c^* = \Sigma C_n^* k_n^{*n} =$	1,0165512	1,0164871	1,0164872	1,0027951	1,0027949	
							$k^{*\beta_2^*} =$	0,7884300	0,7880150	0,7880156	0,6111382	0,6111341	
							$g^* =$	0,8010078	0,8010078	0,8010078	0,6128422	0,6128422	
							$f(k^*) =$	− 0,0004717	+ 0,0000007	0,0000000	− 0,0000042	0,0000000	
							$f'(k^*) =$	− 0,65686			− 2,49636		

$\alpha_1^* = 0{,}55$; $\alpha_2^* = 0{,}60$; $\alpha_3^* = 0{,}65$; $\alpha_4^* = 0{,}20$; $\beta_2^* = 0{,}15$; $l_1^* = l_2$; $I_c^* = \Sigma C_n^* k_n^{*n}$

$$g^* = \frac{l_2 \Gamma(1{,}15)\,\Gamma(0{,}15)\,\Gamma(0{,}65)}{\lambda_2^* \Gamma(0{,}55)\,\Gamma(0{,}65)\,\Gamma(0{,}80)} = 2{,}868\,346\,\frac{l_2}{\lambda_2^*};\quad f(k^*) = g^* - k^{*\beta_2} I_c^*;$$

$$l_2^* = l_3 = \frac{l_1 \sin\pi\alpha_4^* - l_2 \sin\pi(\alpha_1^* + \alpha_4^*)}{\sin\pi\alpha_3^*};\quad \lambda_2^* = l_2^* + l_1^* \frac{\sin\pi\alpha_1^*}{\sin\pi\beta_2^*};$$

Tabelle 148

$\alpha_{n+1}^{(2)} = \frac{n-0,20}{n+1}\,\alpha_n^{(2)}$; $\frac{n+0,25}{n+1}$; $\frac{n+0,30}{n+1,50}$; $\frac{n-0,25}{n+0,50}$; $A_n = \alpha_n^{(3)}\,\overline{b}_n^{(1)}$; $B_n = \alpha_n^{(2)}\,\overline{b}_{-n}^{(2)}$

n	$\alpha_n^{(2)}$	$\alpha_n^{(3)}$	$\overline{b}_n^{(1)}$	$\overline{b}_{-n}^{(2)}$	A_n	B_n	$C_n = [A_n : B_n]$	Variante I k^n	Variante II k^n	Variante III k^n	Variante IV k^n	Variante V k^n	n
0	+ 1,0000000	1,0000000	1,0000000	+ 1,0000000	1,0000000	1,0000000	+ 1,0000000	1,0000000	1,0000000	1,0000000	1,0000000	1,0000000	0
1	− 0,2000000	0,2500000	0,2000000	− 0,5000000	0,0500000	0,1000000	− 0,0500000	0,1133944	0,1860865	0,2000000	0,3616651	0,5000000	1
2	− 0,0800000	0,1562500	0,1040000	− 0,2500000	0,0162500	0,0200000	+ 0,0012500	0,0128583	0,0346282	0,0400000	0,1308016	0,2500000	2
3	− 0,0480000	0,1171875	0,0683429	− 0,1750000	0,0080089	0,0084000	+ 0,0004839	0,0014581	0,0064438	0,0080000	0,0473064	0,1250000	3
4	− 0,0336000	0,0952148	0,0501181	− 0,1375000	0,0047720	0,0046200	+ 0,0004986	0,0001653	0,0011991	0,0016000	0,0171091	0,0625000	4
5	− 0,0255360	0,0809326	0,0391832	− 0,1145833	0,0031712	0,0029260	+ 0,0004062	0,0000187	0,0002231	0,0003200	0,0061878	0,0312500	5
6	− 0,0204288	0,0708160	0,0319494	− 0,0989583	0,0022625	0,0020216	+ 0,0003268	0,0000021	0,0000415	0,0000640	0,0022379	0,0156250	6
7	− 0,0169267	0,0632286	0,0268375	− 0,0875400	0,0016969	0,0014818	+ 0,0002653			0,0000128	0,0008094	0,0078125	7
8	− 0,0143877	0,0573009	0,0230487	− 0,0787860	0,0013207	0,0011335	+ 0,0002186				0,0002927	0,0039062	8
9	− 0,0124693	0,0525258	0,0201373	− 0,0718343	0,0010577	0,0008957	+ 0,0001826				0,0001059	0,0019531	9
10	− 0,0109730	0,0485864	0,0178359	− 0,0661632	0,0008666	0,0007260	+ 0,0001547					0,0009766	10
11												0,0004883	11
12												0,0002442	12
							$I_c = \Sigma C_n k^n =$	0,99434715	0,99074278	0,99005482	0,98211522	0,97542549	
							$k^{\beta_2} = k^{1/2} =$	0,33674085	0,43137744	0,44721360	0,60138598	0,70710678	
							$g =$	0,3348373	0,4273841	0,44276598	0,5906303	0,68972998	
							$f(k) =$	0,0000000	0,0000000	0,0000000	−0,00000003	0,00000000	

$\alpha_1 = 0,30$; $\alpha_2 = 1,20$; $\alpha_3 = 0,75$; $\alpha_4 = -0,25$; $\beta_2 = 0,50$; $l_1 = 1$;

$$g = \frac{l_1\,\Gamma(1,50)\,\Gamma(0,50)\,\Gamma(0,75)}{\lambda_2\,\Gamma(0,30)\,\Gamma(1,20)\,\Gamma(1,25)} = \frac{0,77314518}{\lambda_2};$$

$\lambda_2 = l_2 + l_1 \sin 54°$; $\sin 54° = 0,80901699$; $f(k) = g - k^{\beta_2} I_c$;

Dabei bedeutet h den Abstand zwischen den Seiten 2–3 und 3–4 (Bild 81). Die weitere Rechnung erfolgt analog zu Beispiel 1 mit der Rechengleichung (7.116).

Beispiel 3: Wir betrachten die Familie von Vierecken, die in Bild 81 dargestellt ist. Die Resultate sind in Tabelle 145 und in Bild 81 (Schaubild) angegeben.

Übung: Nach dem Muster der Tabellen 146 bis 148 führe man alle Rechnungen in Beispiel 3 durch.

Für zwei Spezialfälle (Bild 82)

a) $\alpha_1 + \alpha_2 = 2; \quad \alpha_3 = \alpha_4 = 0;$ b) $\alpha_1 + \alpha_2 = 3; \quad \alpha_3 = 0; \quad \alpha_4 = -1$

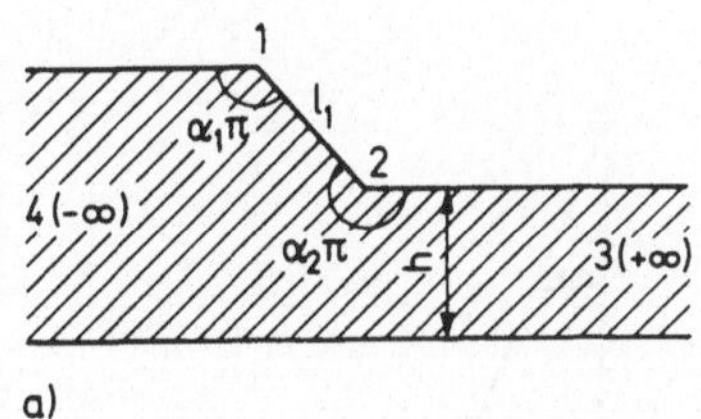

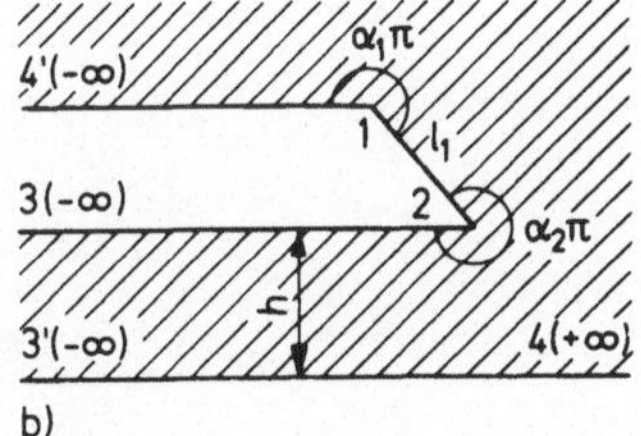

Bild 82

erhält man eine Lösung in geschlossener Form:

$$k = 1 - \left[1 - \frac{l_1(1-\alpha_2)\sin\pi\alpha_1}{h(1-\alpha_1)}\right]^{\frac{1}{1-\alpha_2}};$$
$$k = 1 - \left[\frac{1}{2-\alpha_2} - \frac{l_1 \sin\pi\alpha_1}{h(1-\alpha_1)}\right]^{\frac{1}{1-\alpha_2}}. \tag{7.117}$$

Der Fall a) stelle einen Filter bei endlicher Tiefe eines wasserundurchlässigen Grundes dar.

Zum Abschluß betrachten wir noch eine Reihenentwicklung für k nach Potenzen von k_0 und k_1. Gemäß den Gln. (7.109), (7.110) und (7.112) erhält man

$$g = k^{\beta_2}(1 + C_1 k + C_2 k^2 + \dots).$$

Die Lösung unserer Aufgabe ergibt sich durch Umkehrung der erhaltenen Reihe (siehe Abschnitt 30):

$$k = k_0 + d_2 k_0^2 + d_3 k_0^3 + d_4 k_0^4 + \dots; \quad k_0 = g^{\frac{1}{\beta_2}}. \tag{7.118}$$

Nach Gl. (4.53) gilt dabei

$$d_2 = -\frac{C_1}{\beta_2} = \frac{\alpha_1\alpha_3 + \alpha_2\alpha_4}{\beta_2^2 - 1}; \quad d_3 = \frac{3 + \beta_2}{2} d_2^2 - \frac{C_2}{\beta_2}.$$

Unter Verwendung der Ergebnisse der Abschnitte 29 und 30 erhält man auch leicht Rekursionsformeln zur Berechnung beliebig vieler Koeffizienten d_n.

Beispiel 4: (Bild 83)

$\alpha_1 = 0{,}51; \quad \alpha_2 = 0{,}24; \quad \alpha_3 = 1{,}15; \quad \alpha_4 = 0{,}10; \quad l_1 = l_2 = 1.$

Lösung: Hier gilt

$k_0 = 0{,}07251602; \quad d_2 = -0{,}651200; \quad d_3 = 0{,}368428;$
$d_4 = -0{,}20198; \quad d_5 = 0{,}1165; \quad d_6 = -0{,}0721$

und daher

$k = 0{,}06922677.$

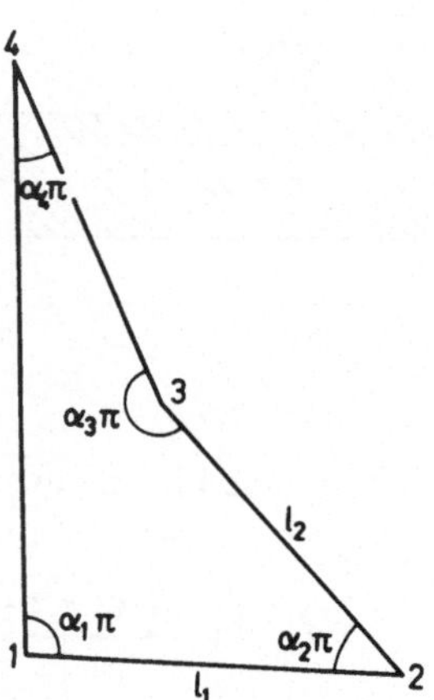

Bild 83

Ausgehend von der Gl. (7.118) gewinnt man auch Näherungsgleichungen für die Bestimmung von k. Nehmen wir zum Beispiel an, daß $d_n \approx d_2^{n-1}$, so erhalten wir aus Gl. (7.118) die Gleichung für die erste Näherung (7.113). Formen wir die Reihe (7.118) nach Potenzen von k_1 um und verwenden wir die Methode der unbestimmten Koeffizienten, so ergibt sich

$$k = k_1 + a_3 k_1^3 + a_4 k_1^4 + \dots \quad (a_2 = 0), \tag{7.119}$$

mit

$$a_3 = d_2^2 - d_3;$$

$$a_n = d_n - \left[d_2^{n-1} + \frac{(n-1)(n-2)}{2!} a_3 d_2^{n-3} + \dots + (n-1) a_{n-1} d_2\right].$$

Auf analogem Wege erhalten wir zwei Gleichungen für die zweite Näherung:

$$k_2 = k_1(1 + a_3 k_1^2); \quad k_{II} = k_0 \left(1 + \frac{d_2^2 k_0}{d_2 - d_3 k_0}\right). \tag{7.120}$$

In Tabelle 149 sind die Ergebnisse für alle sechzehn betrachteten Vierecke zusammengefaßt – für die geschlossenen, die offenen und die entarteten.

Der genaue Wert k_{ex} wurde mit sieben Dezimalstellen nach Gl. (7.114) berechnet, der Näherungswert $k_{nä}$ nach der Gleichung

$$k_{nä} = \frac{k_{II} + k_2}{2}. \tag{7.121}$$

Der Fehler der Gl. (7.121) nimmt mit der Größe k ab. In den meisten Fällen liefert diese Gleichung nicht weniger als vier bedeutsame Ziffern. Eine derartige Genauigkeit ist bei der Lösung sehr vieler technischer Probleme vollkommen ausreichend. Bei anschließender Anwendung der Newtonschen Methode wird die Anzahl der bedeutsamen Ziffern in jedem Schritt verdoppelt.

Tabelle 149

Nr.	α_1	α_2	α_3	α_4	$l_2:l_1$; $h:l_1$	k_{ex}	$k_{nä}$	k_{II}	k_2
1	0,20	0,55	0,60	0,65	0,6000000	0,0552759	0,0552762	0,0552759	0,0552764
2	0,20	0,55	0,60	0,65	0,5000000	0,2126450	0,21267	0,21261	0,21273
3	0,20	0,55	0,60	0,65	0,3988633	0,5000000	0,5007	0,4983	0,5031
4	0,55	0,60	0,65	0,20	0,4216054	0,2042829	0,20430	0,20426	0,20435
5	0,55	0,60	0,65	0,20	0,5009658	0,0375183	0,0375183	0,0375183	0,0375183
6	0,30	1,20	0,75	- 0,25	1,5000000	0,1133944	0,1133945	0,1133945	0,1133946
7	0,30	1,20	0,75	- 0,25	1,0000000	0,1860865	0,1860878	0,1860876	0,1860879
8	0,30	1,20	0,75	- 0,25	0,9371541	0,2000000	0,2000016	0,2000014	0,2000018
9	0,30	1,20	0,75	- 0,25	0,5000000	0,3616651	0,361687	0,361685	0,361689
10	0,30	1,20	0,75	- 0,25	0,3119219	0,5000000	0,50011	0,500098	0,500113
11	0,28	1,89	0	- 1,17	5,0000000	0,2215004	0,2214988	0,2214458	0,2215518
12	0,28	1,89	0	- 1,17	3,0000000	0,3092554	0,309238	0,309013	0,309462
13	0,28	1,89	0	- 1,17	2,0000000	0,3920668	0,39198	0,39133	0,39263
14	0,28	1,89	0	- 1,17	1,2388590	0,5000000	0,4996	0,4975	0,5016
15	0,28	1,89	0	- 1,17	0,6416990	0,6500000	0,6472	0,6389	0,6555
16	0,51	0,24	1,15	0,10	1,0000000	0,0692268	0,0692270	0,0692266	0,0692276

In allen Fällen von Tabelle 149, in denen die Reihe (7.118) alternierend ist (Nummer 1 bis 5, 11 bis 16), ergeben die Gln. (7.120) zweiseitige Näherungen.

Auch im allgemeinen Fall kann man unter Verwendung der Reihe (7.118) exaktere Gleichungen für eine zweiseitige Näherung erhalten, wobei eine direkte Fehlerabschätzung möglich ist.

Zur weiteren Prüfung der Ergebnisse betrachten wir ein Beispiel, zu dem wir durch die Literatur Zugang haben.

Wir berechnen 17 Koeffizienten C_n der Reihe (7.110) und wenden die Newtonsche Methode an. Damit ergibt sich für das in Bild 84 dargestellte Trapez

$$k = 0{,}69158119.$$

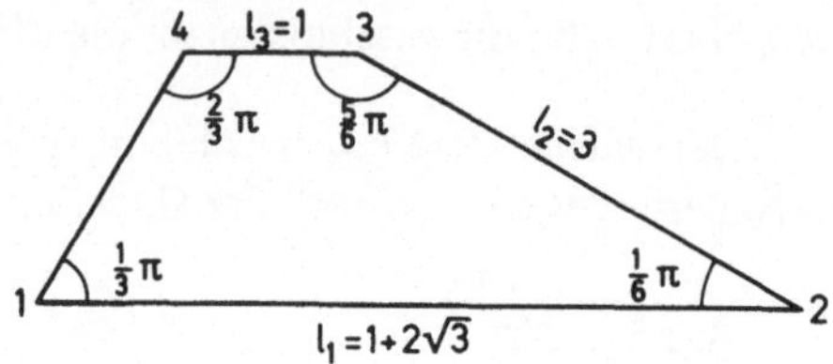

Bild 84

Der Übergang zum transponierten Viereck und zur Berechnung von $k^* = 1 - k = 0{,}308\ldots$ führt in diesem Beispiel auf einen singulären Fall, den wir hier übergehen.

Mit Hilfe der linear-gebrochenen Transformation

$$a = \frac{3-k}{1+k}$$

gelangen wir zu der in [154] eingeführten Normierung und finden mit neun bedeutsamen Ziffern

$$a = 1{,}36465150.$$

L. W. Kantorowitsch und *W. I. Krylow*, aus deren Monographie dieses Beispiel entnommen wurde, erhielten unter Verwendung der von *Kantorowitsch* ausgearbeiteten Methode zur Berechnung uneigentlicher Integrale nach drei Näherungen [154, S. 562–565]

$$a = 1{,}3655.$$

Wir betrachten nun den Fall eines Fünfecks ($\mu = 4$). Bei $\mu = 4$ und $k_2 = 1$ verwendet man am besten die einfachen Bezeichnungen

$$A_{ij}^{(\nu)} = \alpha_\nu^{(i)} k_j^\nu; \quad A_{i\tau}^{(\nu)} = \alpha_\nu^{(i)} \tau^\nu; \quad \tau = \frac{k_4}{k_3}. \tag{7.122}$$

Ausgehend von den Gln. (7.87), (7.88), (7.104) und (7.105) gelangt man dann letzten Endes zu einem System von zwei Gleichungen zur Bestimmung der Konstanten k_3 und k_4:

$$f(k_3, k_4) = g_1 I_{2\tau} - k_3^{\beta_2} I_{14} = 0;$$
$$\varphi(k_3, k_4) = g_3 I_{2\tau} - \tau^{-\beta_3} I_{34} = 0;$$

$$I_{14} = \sum_{n=0}^{\infty} S_{133}^{(n)} A_{44}^{(n)}; \quad I_{2\tau} = \sum_{n=0}^{\infty} S_{223}^{(n)} A_{4\tau}^{(n)}; \quad I_{34} = \sum_{n=0}^{\infty} S_{33\tau}^{(n)} A_{24}^{(n)};$$

$$S_{133}^{(n)} = \sum_{m=0}^{\infty} \bar{b}_{n+m}^{(1)} A_{33}^{(m)}; \quad S_{223}^{(n)} = \sum_{m=0}^{\infty} \bar{b}_{n-m}^{(2)} A_{23}^{(m)}; \quad S_{33\tau}^{(n)} = \sum_{m=0}^{\infty} \bar{b}_{-n-m}^{(3)} A_{3\tau}^{(n)};$$

$$g_1 = \frac{\lambda_1 \Gamma(\beta_2)\Gamma(\alpha_3)\Gamma(\alpha_1+\alpha_2)}{\lambda_2 \Gamma(\alpha_1)\Gamma(\alpha_2)\Gamma(\beta_2+\alpha_3)}; \quad g_3 = \frac{\lambda_3 \Gamma(\beta_2)\Gamma(\alpha_3)\Gamma(\beta_3+\alpha_4)}{\lambda_2 \Gamma(\beta_3)\Gamma(\alpha_4)\Gamma(\beta_2+\alpha_3)}. \tag{7.123}$$

Wir lösen das System (7.123) nach der Methode von *Newton-Fourier*, wobei wir die Anfangswerte nach einer Iterationsmethode bestimmen:

$$k_3 = \left\{ g_1 \frac{I_{2\tau}}{I_{14}} \right\}^{\frac{1}{\beta_2}}; \quad \tau = \left\{ g_3 \frac{I_{2\tau}}{I_{34}} \right\}^{-\frac{1}{\beta_3}}; \quad k_3^{(0)} = g_1^{\frac{1}{\beta_2}}; \quad \tau^{(0)} = g_3^{-\frac{1}{\beta_3}}. \tag{7.124}$$

Die weitere Verbesserung der Wurzeln erfolgt nach den Gleichungen

$$k_3^{(n+1)} = k_3^{(n)} - \frac{\Delta_3}{\Delta}; \quad k_4^{(n+1)} = k_4^{(n)} - \frac{\Delta_4}{\Delta}, \tag{7.125}$$

mit den Bezeichnungen

$$\Delta_3 = f\varphi_4' - \varphi f_4'; \quad \Delta_4 = \varphi f_3' - f\varphi_3'; \quad \Delta = f_3'\varphi_4' - \varphi_3' f_4';$$

$$f_3' = \frac{\partial f}{\partial k_3}; \quad f_4' = \frac{\partial f}{\partial k_4}; \quad \varphi_3' = \frac{\partial \varphi}{\partial k_3}; \quad \varphi_4' = \frac{\partial \varphi}{\partial k_4}.$$

Die benötigten partiellen Ableitungen drückt man aufgrund der Gln. (7.122) und (7.123) leicht durch die entsprechenden partiellen Ableitungen der Potenzreihen I_{14}, $I_{2\tau}$, I_{34}, $S_{133}^{(n)}$, $S_{223}^{(n)}$, $S_{33\tau}^{(n)}$ aus.

Den Rechenverlauf verfolgen wir am besten an Beispielen.

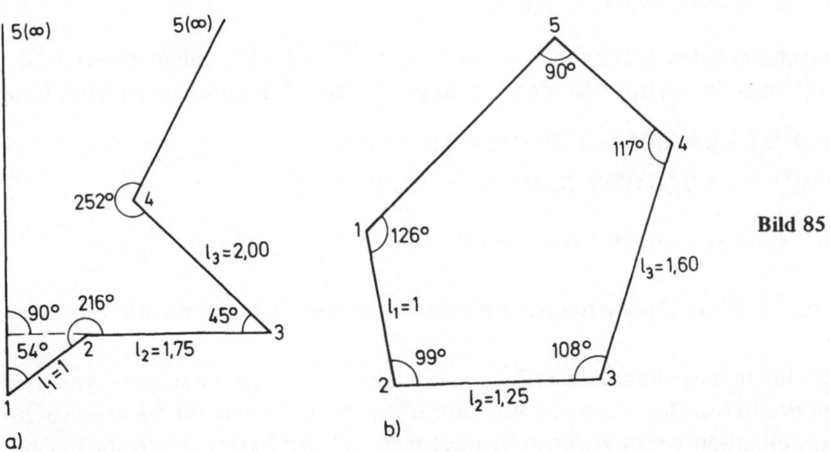

Bild 85

Beispiel 5: Wir bestimmen die Konstanten k_3, k_4 für das in Bild 85a dargestellte offene Fünfeck:

$$\alpha_1 = 0{,}30; \quad \alpha_2 = 1{,}20; \quad \alpha_3 = 0{,}25; \quad \alpha_4 = 1{,}40; \quad l_1 = 1; \quad l_2 = 1{,}75; \quad l_3 = 2{,}00.$$

Lösung: Bei Beschränkung auf sieben bedeutsame Ziffern gilt in unserem Beispiel aufgrund der Gln. (7.86), (7.105), (7.123) und (7.124):

$$\beta_2 = 0{,}50; \quad \beta_3 = -0{,}25; \quad \lambda_1 = l_1 = 1; \quad \lambda_2 = 2{,}559017; \quad \lambda_3 = -1{,}618997;$$
$$g_1 = 0{,}6611840; \quad g_3 = 0{,}7117855; \quad k_3^{(0)} = g_1^2 \approx 0{,}437; \quad \tau^{(0)} = g_3^4 \approx 0{,}257.$$

Ferner berechnen wir die Koeffizienten $\alpha_\nu^{(2)}, \alpha_\nu^{(3)}, \ldots, \overline{b}_{-\nu}^{(3)}$, die nur von den gegebenen Winkeln des Vielecks abhängen. Alle diese Koeffizienten berechnet man auf einer beliebigen Rechenmaschine in einem Zuge ohne Anschreiben von Zwischenresultaten nach den Rekursionsformeln (7.87) und (7.88). In unserem Falle haben wir zum Beispiel

$$\alpha_{\nu+1}^{(2)} = \frac{\nu - 0{,}20}{\nu + 1}\,\alpha_\nu^{(2)}; \quad \overline{b}_{-\nu-1}^{(2)} = \frac{\nu + 0{,}25}{\nu + 0{,}50}\,\overline{b}_{-\nu}^{(2)}; \quad \overline{b}_{\nu+1}^{(2)} = \frac{\nu + 0{,}50}{\nu + 0{,}75}\,\overline{b}_\nu^{(2)}.$$

Die Ergebnisse der Rechnungen sind in Tabelle 150 angegeben.

Unter Verwendung der Werte für $k_3^{(0)}, \tau^{(0)}, k_4^{(0)} = \tau^{(0)} k_3^{(0)}$ berechnen wir nun nach den Iterationsgleichungen (7.124) die erste Näherung, indem wir uns auf ein bis zwei Glieder der entsprechenden Reihen beschränken.

Aus den Gln. (7.125) finden wir hierauf die gesuchten Konstanten. Die ersten Schritte führen wir dabei mit drei bis vier bedeutsamen Ziffern durch. Das Verfahren setzen wir solange fort, bis sich die Ergebnisse zweier aufeinanderfolgender Schritte mit der geforderten Genauigkeit nicht mehr unterscheiden.

In unserem Beispiel benötigt man vier Schritte. In Tabelle 150 findet man alle Rechnungen, die im letzten Schritt zu $k_3 = 0{,}3296842$, $k_4 = 0{,}0633050$ und die ebenfalls gesuchte Größe $\tau = 0{,}1920171$ führen.

Wir berechnen dabei zuerst die Koeffizienten $A_{ij}^{(\nu)}$ und $A_{i\tau}^{(\nu)}$, indem wir nach Gl. (7.122) die $\alpha_i^{(\nu)}$ mit den entsprechenden Potenzen k_j^ν oder τ^ν multiplizieren, zum Beispiel:

$$A_{33}^{(2)} = \alpha_2^{(3)} k_3^2 = 0{,}656250 \cdot 0{,}108692 = 0{,}071329;$$
$$A_{4\tau}^{(3)} = \alpha_3^{(4)} \tau^3 = -0{,}064000 \cdot 0{,}007080 = -0{,}0004531.$$

Hierauf berechnen wir alle benötigten Summen $S^{(n)}$. Zur Berechnung von $S_{133}^{(0)} = \sum_{m=0}^{\infty} \overline{b}_m^{(1)} A_{33}^{(m)}$ multiplizieren wir auf einer beliebigen Rechenmaschine die Werte $\overline{b}_\nu^{(1)}$ und $A_{33}^{(\nu)}$, die in derselben Zeile stehen, und addieren die Ergebnisse ohne Anschreiben der einzelnen Produkte. Die Werte von $\overline{b}_\nu^{(1)}$ und $A_{33}^{(\nu)}$, $\nu = m$, die man für die eben auszuführende Multiplikation benötigt, kennzeichnet man sich am besten durch irgendeine

Tabelle 150

ν	$\alpha_\nu^{(2)}$	$\alpha_\nu^{(3)}$	$\alpha_\nu^{(4)}$	k_3^ν	k_4^ν	τ^ν
0	+ 1,000000	1,000000	+ 1,000000	1,0000000	1,0000000	1,0000000
1	- 0,200000	0,750000	- 0,400000	0,3926842	0,3296842	0,1920171
2	- 0,080000	0,656250	- 0,120000	0,108692	0,004008	0,0368706
3	- 0,048000	0,601562	- 0,064000	0,035834	0,000254	0,007080
4	- 0,033600	0,563965	- 0,041600	0,011814	0,000016	0,001359
5	- 0,025536	0,535767	- 0,029952	0,003895		0,000261
6	- 0,020429	0,513443	- 0,022963	0,001284		0,000050
7	- 0,016927	0,495106	- 0,018371	0,000423		0,000010
8	- 0,014388	0,479634		0,000139		
9	- 0,012469	0,466310		0,000046		
10	- 0,010973	0,454653		0,000015		

ν	$\bar{b}_\nu^{(1)}$	$\bar{b}_{-\nu}^{(2)}$	$\bar{b}_\nu^{(2)}$	$\bar{b}_{-\nu}^{(3)}$	$A_{33}^{(\nu)}$	$A_{23}^{(\nu)}$	$A_{3\tau}^{(\nu)}$
0	1,000000	1,000000	1,000000	+ 1,000000	1,000000	+ 1,0000000	+ 1,000000
1	0,200000	0,500000	0,666667	- 1,120000	0,247263	- 0,0659368	0,144013
2	0,104000	0,416667	0,571429	- 0,045333	0,071329	- 0,0086954	0,024197
3	0,068343	0,375000	0,519481	- 0,025805	0,021556	- 0,0017200	0,004259
4	0,050118	0,348214	0,484848	- 0,017305	0,006663	- 0,0003970	0,000766
5	0,039183	0,328869	0,459330	- 0,012690	0,002087	- 0,0000995	0,000140
6	0,031949	0,313921	0,439359	- 0,009847	0,000659	- 0,0000262	0,000026
7	0,026837	0,301847		- 0,007946	0,000209	- 0,0000072	0,000005
8	0,023049	0,291785			0,000067	- 0,0000020	0,000001
9	0,020137	0,283203			0,000021	- 0,0000006	
10	0,017836	0,275750			0,000007		

ν; n	$A_{44}^{(\nu)}$	$A_{4\tau}^{(\nu)}$	$A_{24}^{(\nu)}$	$S_{133}^{(n)}$	$S_{223}^{(n)}$	$S_{33\tau}^{(n)}$
0	+ 1,000000	+ 1,0000000	+ 1,000000	1,0587885	0,9625814	+ 0,9814963
1	- 0,025322	- 0,0768068	- 0,012661	0,232023	0,595471	- 0,127238
2	- 0,000481	- 0,0044245	- 0,000321	0,12561	0,51770	- 0,04953
3	- 0,000016	- 0,0004531	- 0,000012	0,0845	0,4740	- 0,0287
4	- 0,000001	- 0,0000565	- 0,000001	0,063	0,444	- 0,019
5		- 0,0000078			0,42	
6		- 0,0000011			0,4	
7		- 0,0000002			0,4	
			I =	1,0528514	0,9143110	0,9831235

Marke, zum Beispiel durch kleine Münzen. Bei der Berechnung von $S_{133}^{(1)} = \sum_{m=0}^{\infty} \overline{b}_{m+1}^{(1)} A_{33}^{(m)}$ entnimmt man die $\overline{b}_{\nu}^{(1)}$ in Tabelle 150 der Zeile darunter bei $\nu = m + 1$ usw.

Bei der Berechnung von $S_{223}^{(n)} = \sum_{m=0}^{\infty} \overline{b}_{n-m}^{(2)} A_{23}^{(m)}$ beginnt man mit der Multiplikation von $A_{23}^{(0)} = 1$ mit $\overline{b}_{\nu}^{(2)}$, $\nu = n$ und geht in der Spalte $A_{23}^{(\nu)}$ nach unten und gleichzeitig in der Spalte $\overline{b}_{\nu}^{(2)}$ nach oben, bis man zur nullten Zeile $\overline{b}_{+0}^{(2)} = \overline{b}_{-0}^{(2)} = 1$ gelangt. Hierauf gehen wir zur Spalte $\overline{b}_{-\nu}^{(2)}$ über und gehen in dieser im weiteren Verlauf der Rechnung nach unten. Zum Beispiel

$$S_{223}^{(2)} = \overline{b}_{2}^{(2)} A_{23}^{(0)} + \overline{b}_{1}^{(2)} A_{23}^{(1)} + \overline{b}_{0}^{(2)} A_{23}^{(2)} + \overline{b}_{-1}^{(2)} A_{23}^{(3)} + \overline{b}_{-2}^{(2)} A_{23}^{(4)} + \ldots = 0{,}51770.$$

Nach Beendigung der Berechnung aller $S^{(n)}$ kommen wir zur Berechnung der Summen $I_{14}, I_{2\tau}, I_{34}$.

Bei der Berechnung von $I_{14} = \sum_{n=0}^{\infty} S_{133}^{(n)} A_{44}^{(n)}$ multipliziert man die Werte $S_{133}^{(n)}$ und $A_{44}^{(\nu)}$, $\nu = n$, die sich in derselben Zeile befinden, und addiert die Produkte ohne Zwischenergebnisse anzuschreiben. Das Ergebnis ist:

$$I_{14} = 1{,}0587885 - 0{,}232023 \cdot 0{,}025322 - \ldots = 1{,}0528514.$$

Auf analogem Wege berechnen wir $I_{2\tau} = 0{,}9143110$ und $I_{34} = 0{,}9831235$ und tragen die Ergebnisse in Tabelle 150 in den entsprechenden Spalten für $S^{(n)}$ ein. Je größer n, umso weniger bedeutsame Ziffern benötigt man für die Summen $S^{(n)}$ in Übereinstimmung mit der Größe der $A_{44}^{(n)}, A_{4\tau}^{(n)}, A_{24}^{(n)}$.

Wir setzen nun die gefundenen I in die Gl. (7.123) ein und finden mit Berücksichtigung von $k_3^{\beta_2} = 0{,}5741813$ und $\tau^{-\beta_3} = 0{,}6619649$

$$f(k_3, k_4) = +\,0{,}0000001; \quad \varphi(k_3, k_4) = -\,0{,}0000001.$$

Nach einem weiteren Schritt findet man k_3 und k_4 mit 10 bis 11 bedeutsamen Ziffern.

Beispiel 6: Wir bestimmen die Konstanten k_3 und k_4 für das in Bild 85b dargestellte Fünfeck:

$$\alpha_1 = 0{,}70; \quad \alpha_2 = 0{,}55; \quad \alpha_3 = 0{,}60; \quad \alpha_4 = 0{,}65; \quad l_1 = 1; \quad l_2 = 1{,}25; \quad l_3 = 1{,}60.$$

Lösung: Auch im Falle eines geschlossenen Fünfecks unterscheidet sich der Rechengang nicht von den Betrachtungen in Beispiel 5. Wir geben daher nur die Grundwerte für die Konstanten und die endgültigen Ergebnisse an:

β_2	β_3	g_1	g_3	$k_3^{(0)}$	$\tau^{(0)}$	k_3	k_4
0,25	- 0,15	0,8758814	0,7448025	0,59	0,14	0,4588843	0,08152677

Zur Gewährleistung der geforderten Genauigkeit wurden in diesem Beispiel die Koeffizienten $A_{33}^{(\nu)}$ und $A_{23}^{(\nu)}$ bis einschließlich $\nu = 17$ berechnet. Wegen der Einfachheit und Gleichförmigkeit der Rechnungen war dazu jedoch nur ein geringer Mehraufwand an Rechenzeit nötig.

Darüber hinaus kann man sich auch im Falle eines Fünfecks sehr effektiver Näherungsformeln bedienen, die analog zu den für Vierecke betrachteten sind. Bei der Verbesserung nach Gl. (7.125) kann man sich dann auf ein bis zwei Schritte beschränken.

Auch im allgemeinen Fall $\mu \geqslant 5$ gewinnt man die Lösung auf analogem Wege, wobei man die Ausgangswerte mit zwei bis drei bedeutsamen Ziffern leicht mit Hilfe der Elektromodellierung herstellt, was in Abschnitt 60 betrachtet werden soll. Für größere Werte von μ verwendet man am besten eine elektronische Rechenanlage.

Zum Abschluß gehen wir noch auf die Frage der besten Normierung bei der Bestimmung der Konstanten des Integrals von *Christoffel-Schwarz* ein. Im Zusammenhang damit steht die freie Wahl der Seite l_1.

Stellt sich nach der ersten Näherung für die Konstanten $k_3, k_4, \dots, k_\mu$ heraus, daß bei der gegebenen Wahl von l_1 der Rechenaufwand sehr groß ist, so muß man zum transponierten Vieleck z^* übergehen, bei dem

$$l_1^* = l_2, l_2^* = l_3, l_3^* = l_4, \dots, l_{\mu+1}^* = l_1.$$

Man erhält dieses Vieleck also durch zyklische Vertauschung der Scheitel des Vielecks z.

In der Halbebene ζ führt der Übergang zum transponierten Vieleck auf eine gebrochen-lineare Transformation

$$\zeta^* = \frac{\zeta - 1}{(1 - k_3)\zeta}, \tag{7.126}$$

die die Scheitelbilder $\zeta_1 = 0, \zeta_2 = 1$ und $\zeta_3 = 1/k_3$ in die Punkte $\zeta_1^* = \infty, \zeta_2^* = 0$ und $\zeta_3^* = 1$ überführt.

Setzen wir in der Gl. (7.126) $\zeta^* = 1/k_n^*$ und $\zeta = 1/k_{n+1}$, so erhalten wir eine Beziehung zwischen den gesuchten und den transponierten Konstanten:

$$k_n^* = \frac{1 - k_3}{1 - k_{n+1}}; \quad n = 4, 5, \dots, \mu; \quad k_{\mu+1} = 0. \tag{7.127}$$

Insbesondere erhalten wir für ein Viereck ($k_3 = 4, k_4 = 0$) die Beziehung

$$k^* = 1 - k,$$

die wir schon bei der Lösung des Beispiels verwendet haben.

Im Falle eines Fünfecks ($k_5 = 0$) ergibt sich:

$$k_3^* = \frac{1-k_3}{1-k_4}; \quad k_4^* = 1-k_3; \quad \tau^* = \frac{k_4^*}{k_3^*} = 1-k_4.$$

Wenn zum Beispiel $k_3 = 0{,}9$; $k_4 = 0{,}7$ und $\tau = 0{,}777\ldots$, so erhalten wir für das transponierte Fünfeck: $k_3^* = 0{,}333\ldots$; $k_4^* = 0{,}1$; $\tau^* = 0{,}3$, was den Rechenaufwand wesentlich verringert.

Führt die erste zyklische Vertauschung noch nicht zum Ziel, so wenden wir eine weitere zyklische Vertauschung an usw.

Im Falle eines regelmäßigen Vielecks führt die zyklische Vertauschung auf ein Vieleck, das mit dem ursprünglichen identisch ist: $z \equiv z^*$. Für regelmäßige Vielecke gilt daher $k_n^* = k_n$ und wir erhalten aus Gl. (7.127) ein System von Gleichungen zur Bestimmung der gesuchten Konstanten:

$$1-k_3 = k_3(1-k_4) = k_4(1-k_5) = \ldots = k_\mu. \tag{7.128}$$

Daraus folgt insbesondere für ein Quadrat

$$k_3 = 1/2,$$

für ein regelmäßiges Fünfeck

$$k_3 = \frac{\sqrt{5}-1}{2} \approx 0{,}61803399; \quad k_4 = 1-k_3; \quad \tau = k_3$$

und für ein regelmäßiges Sechseck

$$k_3 = \tfrac{2}{3}; \quad k_4 = \tfrac{1}{2}; \quad k_5 = \tfrac{1}{3}.$$

W. N. Sawenkow hat bewiesen, daß man im Falle eines beliebigen Vielecks durch zyklische Vertauschung immer zu einem Vieleck übergehen kann, bei dem die Werte der Konstanten nicht größer sind als die Werte der Konstanten für das entsprechende regelmäßige Vieleck.

W. N. Sawenkow betrachtete auch singuläre Fälle von Vielecken, deren Untersuchung wir übergangen haben, und stellte ein Programm zur Berechnung der Konstanten des Integrals von *Christoffel-Schwarz* nach der in Abschnitt 57 dargelegten Methode für eine ERA "Minsk-1" auf. Darüber hinaus wurde von *W. N. Sawenkow* die Frage der Konvergenz des Iterationsverfahrens von Abschnitt 57 untersucht und bewiesen, daß das Verfahren bei beliebigen Vierecken und beliebigem Anfangswert k_0 konvergiert. Alle diese Fragen und weitere Beispiele zur Bestimmung der Konstanten für einfache und mehrfache Vierecke und Fünfecke findet man in den Arbeiten [377, 378, 496] behandelt.

Auch von *W. M. Golowan* [67–69] wurden singuläre Fälle betrachtet und die Ergebnisse von Abschnitt 57 zur Lösung eines Problems verwendet, bei dem es um die Ausfilterung aus einem Kanal bei Berücksichtigung der Kapillareffekte des Wassers geht. Dieses Problem hat bereits *W. W. Wedernikow* in den dreißiger Jahren gestellt.

59. Die Bestimmung der Konstanten des Integrals von Christoffel-Schwarz mit Hilfe der analytischen Fortsetzung

Mit der in den Abschnitten 57 und 58 dargelegten Methode löst man nur die Hauptaufgabe für das Integral von *Christoffel-Schwarz,* d. h. sie erlaubt die Bestimmung seiner Konstanten. Es bleibt jedoch noch das Problem der Bestimmung des Integrals selbst für reelle und komplexe Argumentwerte. Dies ist schließlich das Ziel bei der Lösung von Aufgaben mit praktischer Anwendung. Allgemeinere Resultate erzielt man, wenn man die Ergebnisse der letzten Kapitel heranzieht und die analytische Fortsetzung der Reihen betrachtet, durch die sich das Integral von *Christoffel-Schwarz* darstellen läßt. Wir wenden uns nun diesem Problemkreis zu.

Zu diesem Zweck leiten wir vorerst eine wirksame Gleichung für die Entwicklung eines Produktes von ν Binomen ($\nu = 2, 3, 4, \ldots$) in eine Potenzreihe her. Als konkreten Fall betrachten wir dabei vorerst drei Binome ($\nu = 3$).

Wir verwenden dazu die Bezeichnung

$$f(w) = (1 - \kappa_1 w)^{\gamma_1} (1 - \kappa_2 w)^{\gamma_2} (1 - \kappa_3 w)^{\gamma_3} = \sum_{n=0}^{\infty} a_n w^n, \qquad (7.129)$$

mit

$$f(w) = f_3(w); \quad a_n = a_n^{\{3\}}; \quad a_0 = a_0^{\{3\}} = 1; \quad \kappa_1 > \kappa_2 > \kappa_3 \geqslant 0.$$

Differenzieren wir diese Gleichung, so ergibt sich

$$f'(w) = -\left[\frac{\kappa_1\gamma_1}{1-\kappa_1 w} + \frac{\kappa_2\gamma_2}{1-\kappa_2 w} + \frac{\kappa_3\gamma_3}{1-\kappa_3 w}\right] f(w) \qquad (7.130)$$

oder nach Multiplikation mit den Nennern der rechten Seite

$$\begin{aligned}(\kappa_1 w - 1)(\kappa_2 w - 1)(\kappa_3 w - 1) f'(w) &= [\kappa_1\gamma_1(\kappa_2 w - 1)(\kappa_3 w - 1) \\ &+ \kappa_2\gamma_2(\kappa_1 w - 1)(\kappa_3 w - 1) + \kappa_3\gamma_3(\kappa_1 w - 1)(\kappa_2 w - 1)] f(w).\end{aligned} \qquad (7.131)$$

Daraus finden wir mit den Potenzreihen

$$f(w) = \sum_{n=0}^{\infty} a_n w^n; \quad f'(w) = \sum_{n=0}^{\infty} \dot{a}_{n+1} w^n; \quad \dot{a}_{n+1} = (n+1)\, a_{n+1} \qquad (7.132)$$

nach einfachen Umformungen

$$(\tau_3 w^3 - \tau_2 w^2 + \tau_1 w - 1) \sum_{n=0}^{\infty} \dot{a}_{n+1} w^n = (\sigma_3 w^2 - \sigma_2 w + \sigma_1) \sum_{n=0}^{\infty} a_n w^n, \qquad (7.133)$$

mit

$$\tau_1 = \kappa_1 + \kappa_2 + \kappa_3; \qquad \sigma_1 = \kappa_1\gamma_1 + \kappa_2\gamma_2 + \kappa_3\gamma_3; \tag{7.134}$$
$$\tau_2 = \kappa_1\kappa_2 + \kappa_1\kappa_3 + \kappa_2\kappa_3; \qquad \sigma_2 = \kappa_1\kappa_2(\gamma_1 + \gamma_2) + \kappa_1\kappa_3(\gamma_1 + \gamma_3) + \kappa_2\kappa_3(\gamma_2 + \gamma_3);$$
$$\tau_3 = \kappa_1\kappa_2\kappa_3; \qquad \sigma_3 = \kappa_1\kappa_2\kappa_3(\gamma_1 + \gamma_2 + \gamma_3).$$

Durch Vergleich der Koeffizienten von w^{n+2} in Gl. (7.133) finden wir:

$$\tau_3\dot{a}_n - \tau_2\dot{a}_{n+1} + \tau_1\dot{a}_{n+2} - \dot{a}_{n+3} = \sigma_3 a_n - \sigma_2 a_{n+1} + \sigma_1 a_{n+2}.$$

Da nach Gl. (6.30) $\dot{a}_n = na_n$, ergibt sich daraus eine Rekursionsformel zur Bestimmung der gesuchten Koeffizienten $a_n = a_n^{\{3\}}$:

$$a_{n+3} = \frac{1}{n+3}\{[(n+2)\tau_1 - \sigma_1]a_{n+2} - [(n+1)\tau_2 - \sigma_2]a_{n+1}$$
$$+ (n\tau_3 - \sigma_3)a_n\}; \quad n \geqslant -2. \tag{7.135}$$

Dabei beginnen wir die Rechnung mit $n = -2$ und setzen

$$a_{-2} = a_{-1} = 0; \quad a_0 = 1. \tag{7.135'}$$

Die Gln. (7.129), (7.134) und (7.135) lösen die gestellte Aufgabe für $\nu = 3$. Setzen wir darin $\kappa_3 = 0$, so finden wir die entsprechenden Ergebnisse für den Fall von nur zwei Binomen ($\nu = 2$):

$$(1 - \kappa_1 w)^{\gamma_1}(1 - \kappa_2 w)^{\gamma_2} = \sum_{n=0}^{\infty} a_n w^n; \quad a_n = a_n^{\{2\}}; \quad a_0 = 1, \tag{7.136}$$

mit

$$a_{n+2} = \frac{1}{n+2}\{[(n+1)\tau_1 - \sigma_1]a_{n+1} - (n\tau_2 - \sigma_2)a_n\};$$
$$a_{-1} = 0; \quad a_0 = 1; \quad n \geqslant -1; \tag{7.137}$$
$$\tau_1 = \kappa_1 + \kappa_2; \qquad \sigma_1 = \kappa_1\gamma_1 + \kappa_2\gamma_2;$$
$$\tau_2 = \kappa_1\kappa_2; \qquad \sigma_2 = \kappa_1\kappa_2(\gamma_1 + \gamma_2) = \tau_2(\gamma_1 + \gamma_2).$$

Bei $\nu = 4$ erhalten wir durch Wiederholung aller dieser Umformungen die Reihe

$$(1 - \kappa_1 w)^{\gamma_1}(1 - \kappa_2 w)^{\gamma_2}(1 - \kappa_3 w)^{\gamma_3}(1 - \kappa_4 w)^{\gamma_4} = \sum_{n=0}^{\infty} a_n w^n; \quad a_n = a_n^{\{4\}}, \tag{7.138}$$

deren Koeffizienten man nach der Rekursionsformel

$$a_{n+4} = \frac{1}{n+4}\{[(n+3)\tau_1 - \sigma_1]a_{n+3} - [(n+2)\tau_2 - \sigma_2]a_{n+2}$$
$$+ [(n+1)\tau_3 - \sigma_3]a_{n+1} - (n\tau_4 - \sigma_4)a_n\} \tag{7.139}$$

bestimmt. Dabei soll gelten:

$$n \geqslant -3; \quad a_{-3} = a_{-2} = a_{-1} = 0; \quad a_0 = 1;$$

$$\tau_1 = \kappa_1 + \kappa_2 + \kappa_3 + \kappa_4 = \sum_{i=1}^{4} \kappa_i; \quad \sigma_1 = \kappa_1\gamma_1 + \kappa_2\gamma_2 + \kappa_3\gamma_3 + \kappa_4\gamma_4 = \sum_{i=1}^{4} \kappa_i\gamma_i;$$

$$\tau_2 = \kappa_1(\kappa_2 + \kappa_3 + \kappa_4) + \kappa_2(\kappa_3 + \kappa_4) + \kappa_3\kappa_4 = \sum_{i,j=1}^{4} \kappa_i\kappa_j;$$

$$\sigma_2 = \kappa_1\kappa_2(\gamma_1 + \gamma_2) + \kappa_1\kappa_3(\gamma_1 + \gamma_3) + \kappa_1\kappa_4(\gamma_1 + \gamma_4)$$

$$+ \kappa_2\kappa_3(\gamma_2 + \gamma_3) + \kappa_2\kappa_4(\gamma_2 + \gamma_4) + \kappa_3\kappa_4(\gamma_3 + \gamma_4) = \sum_{i,j=1}^{4} \kappa_i\kappa_j(\gamma_i + \gamma_j);$$

$$\tau_3 = \kappa_1\kappa_2(\kappa_3 + \kappa_4) + \kappa_1\kappa_3\kappa_4 + \kappa_2\kappa_3\kappa_4 = \sum_{i,j,k=1}^{4} \kappa_i\kappa_j\kappa_k;$$

$$\sigma_3 = \kappa_1\kappa_2\kappa_3(\gamma_1 + \gamma_2 + \gamma_3) + \kappa_1\kappa_2\kappa_4(\gamma_1 + \gamma_2 + \gamma_4)$$

$$+ \kappa_1\kappa_3\kappa_4(\gamma_1 + \gamma_3 + \gamma_4) + \kappa_2\kappa_3\kappa_4(\gamma_2 + \gamma_3 + \gamma_4)$$

$$= \sum_{i,j,k=1}^{4} \kappa_i\kappa_j\kappa_k(\gamma_i + \gamma_j + \gamma_k);$$

$$\tau_4 = \kappa_1\kappa_2\kappa_3\kappa_4; \quad \sigma_4 = \tau_4(\gamma_1 + \gamma_2 + \gamma_3 + \gamma_4).$$

Bei $\nu = 4$ sind die einzelnen τ_n, $n = 2, 3, 4$ also gleich den Summen aus allen möglichen Produkten (ohne Wiederholung) von zwei, drei oder vier Faktoren $\kappa_i\kappa_j$, $\kappa_i\kappa_j\kappa_k$, $\kappa_1\kappa_2\kappa_3\kappa_4$; $i, j, k = 1, 2, 3, 4$. Die Gleichungen zur Berechnung der σ_n besitzen dieselbe Struktur wie die Gleichungen für τ_n, die Produkte $\kappa_i\kappa_j$, $\kappa_i\kappa_j\kappa_k$, $\kappa_1\kappa_2\kappa_3\kappa_4$ werden dabei jedoch noch mit den entsprechenden Summen $(\gamma_i + \gamma_j)$, $(\gamma_i + \gamma_j + \gamma_k)$, $(\gamma_1 + \gamma_2 + \gamma_3 + \gamma_4)$ multipliziert. Durch vollständige Induktion erhalten wir daher für das Produkt von ν Binomen die Reihe

$$(1 - \kappa_1 w)^{\gamma_1}(1 - \kappa_2 w)^{\gamma_2} \dots (1 - \kappa_\nu w)^{\gamma_\nu} = \sum_{n=0}^{\infty} a_n w^n; \quad a_n = a_n^{\{\nu\}}, \tag{7.140}$$

deren Koeffizienten man aus der Rekursionsformel

$$\begin{aligned} a_{n+\nu} = \frac{1}{n+\nu} \{&[(n+\nu-1)\tau_1 - \sigma_1]\, a_{n+\nu-1} \\ &- [(n+\nu-2)\tau_2 - \sigma_2]\, a_{n+\nu-2} + \dots + (-1)^{\nu+1}(n\tau_\nu - \sigma_\nu)\, a_n\}, \end{aligned} \tag{7.141}$$

erhält, wobei

$$n \geqslant -(\nu-1); \quad a_{-(\nu-1)} = a_{-(\nu-2)} = \ldots = a_{-1} = 0; \quad a_0 = 1;$$

$$\tau_1 = \sum_{i=1}^{\nu} \kappa_i; \quad \sigma_1 = \sum_{i=1}^{\nu} \kappa_i \gamma_i;$$

$$\tau_2 = \sum_{i,j=1}^{\nu} \kappa_i \kappa_j; \quad \sigma_2 = \sum_{i,j=1}^{\nu} \kappa_i \kappa_j (\gamma_i + \gamma_j);$$

$$\tau_3 = \sum_{i,j,k=1}^{\nu} \kappa_i \kappa_j \kappa_k; \quad \sigma_3 = \sum_{i,j,k=1}^{\nu} \kappa_i \kappa_j \kappa_k (\gamma_i + \gamma_j + \gamma_k);$$

. . . .

$$\tau_\nu = \kappa_1 \kappa_2 \kappa_3 \ldots \kappa_\nu; \quad \sigma_\nu = \tau_\nu(\gamma_1 + \gamma_2 + \ldots + \gamma_\nu);$$
$$\kappa_1 > \kappa_2 > \kappa_3 > \ldots > \kappa_\nu \geqslant 0.$$

Die Rechnung nach Gl. (7.141) ist sehr leicht durchzuführen. Wir kommen darauf bei der Lösung eines Beispiels zurück.

Wir wenden nun die erhaltenen Ergebnisse auf die Bestimmung der Konstanten des Integrals von *Christoffel-Schwarz* Gl. (7.84) an und berechnen die Werte dieses Integrals im komplexen Bereich. Das Integral stellt man dazu am besten in der Form

$$z(w) - z(w_0) = DI(w);$$

$$I(w) = \int_{w_0}^{w} w^{\alpha_1 - 1} (1-w)^{\alpha_2 - 1} (1-k_3 w)^{\alpha_3 - 1} \ldots (1-k_\mu w)^{\alpha_\mu - 1} d\zeta \qquad (7.142)$$

dar. Setzen wir in Gl. (7.142)

$$w_0 = w_i; \quad w = w_j; \quad j = i+1; \quad i = 1, 2, 3, \ldots, \mu - 1$$

und berücksichtigen wir, daß für jede Seite des $(\mu + 1)$-Ecks (siehe Bild 78)

$$l_i = |z(w_j) - z(w_i)| \qquad (7.143)$$

gilt, so erhalten wir aus Gl. (7.142) ein System von $(\mu - 1)$ transzendenten Gleichungen zur Definition der Konstanten von *Christoffel-Schwarz*

$$l_i = |DI_i|; \quad i = 1, 2, 3, \ldots, \mu - 1, \qquad (7.144)$$

wobei der Kürze halber die Integrale[1])

$$I_i = \int_{w_i}^{w_j} dw = \int_{w_i}^{w_j} w^{\alpha_1 - 1}(1 - \omega)^{\alpha_2 - 1}(1 - k_3 w)^{\alpha_3 - 1} \dots (1 - k_\mu w)^{\alpha_\mu - 1} d\zeta \tag{7.145}$$

durch die Symbole $I_i = I(w_i) = \int dw$ bezeichnet wurden.

Das Integral I_i nennt man in Analogie zu der bei der Untersuchung von elliptischen Integralen und von Beta- und Gammafunktionen eingeführten Terminologie *vollständiges Integral* $I_i = I(w_i)$, zum Unterschied vom *unvollständigen Integral* $I_w = I(w)$, das von w_i nach $w < w_j$ genommen wird.

Wir dividieren nun im System (7.144) die j-te durch die i-te Gleichung, eliminieren dadurch die Konstante D und erhalten so ein System von $\mu - 2$ Gleichungen

$$\left|\frac{I_j}{I_i}\right| = \frac{l_j}{l_i}; \quad i = 1, 2, \dots, \mu - 2; \quad j = i + 1 \tag{7.146}$$

zur Bestimmung der Konstanten $k_3, k_4, \dots, k_\mu$.

Wenn die Konstanten k_ν bestimmt sind, so verwenden wir eine der Gleichungen von (7.144) zur Berechnung des Betrages der Konstanten D. Das Argument von D bestimmen wir aus dem Winkel, den die betrachtete Seite l_i mit der positiven x-Achse einschließt. Für $w_0 = w_1$ und w_2 nimmt man gewöhnlich 0 und 1:

$$w_1 = \frac{1}{k_1} = 0, \; k_1 = \infty; \quad w_2 = \frac{1}{k_2} = 1, \; k_2 = 1, \tag{7.147}$$

$z(w_0) = z(w_1)$ ist dann durch die Wahl des Koordinatenursprungs im z-Bereich festgelegt. Wenn der Koordinatenursprung in der ersten Ecke des betrachteten Vielecks liegt, so erhalten wir (Bild 86):

$$z(w_0) = z(w_1) = z_1 = 0. \tag{7.147'}$$

Somit lassen sich nach den Ergebnissen von Kapitel 3 die Konstanten des Integrals von *Christoffel-Schwarz* bestimmen, sobald wir Gleichungen für die Berechnung der vollständigen Integrale I_i besitzen, die im allgemeinen in beiden Integrationsenden $w = w_i$ und $w = w_j$ zu uneigentlichen Integralen werden. Darin liegt die gesamte Schwierigkeit des Problems.

Wir setzen die Darlegung an Hand eines konkreten Beispiels fort und betrachten das Viereck ($\mu = 3$) mit der Normierung (7.147) und (7.147'), das in Bild 86 zu sehen ist. Bei $\mu = 3$ lautet das Integral (7.142) mit $k_3 = k$

$$I(w) = \int_{w_0}^{w} w^{\alpha_1 - 1}(1 - w)^{\alpha_2 - 1}(1 - kw)^{\alpha_3 - 1} dw \tag{7.148}$$

1) Das Symbol $I_i = I(w_i)$ fällt nicht mit dem in Gl. (7.85) von Abschnitt 57 bestimmten I_i zusammen. Mißverständnisse sind aber nicht zu befürchten, da im Text immer darauf hingewiesen wird, wenn von dem Integral die Rede ist.

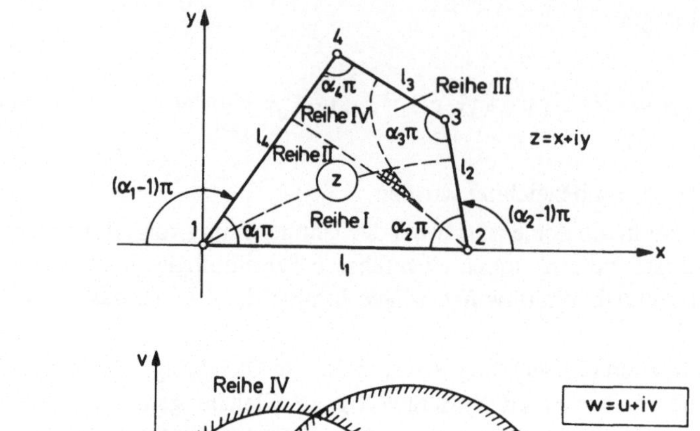

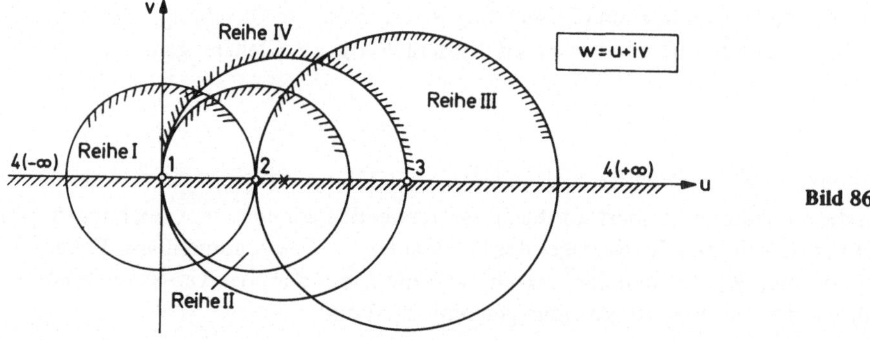

Bild 86

und das System (7.146) reduziert sich auf die einzige Gleichung

$$\left|\frac{I_2}{I_1}\right| = \frac{l_2}{l_1}; \quad I_1 = \int_0^1 dw; \quad I_2 = \int_1^{1/k} dw \tag{7.149}$$

mit der Unbekannten $k_3 = k$.

Zur Berechnung von I(w) konstruieren wir in der oberen Halbebene, die durch das Integral von *Christoffel-Schwarz* auf das gegebene Vieleck abgebildet wird, eine Reihe von verallgemeinerten Potenzreihen und beginnen dabei mit der Reihe I, d. h. mit der Reihe $|w| \leqslant 1$ und dem Zentrum in $w_0 = 0$.

Reihe I: Wir stellen das Produkt von zwei Binomen im Integranden von Gl. (7.148) als Reihe

$$(1-w)^{\alpha_2-1}(1-kw)^{\alpha_3-1} = \sum_{n=0}^{\infty} a_n w^n; \quad a_n = a_n^I; \quad 0 < k < 1 \tag{7.150}$$

dar und berechnen deren Koeffizienten $a_n = a_n^I$ aus Gl. (7.137), indem wir dort

$$\kappa_1 = 1; \quad \kappa_2 = k; \quad \gamma_1 = \alpha_2 - 1; \quad \gamma_2 = \alpha_3 - 1 \tag{7.151}$$

setzen. Mit der Reihe (7.150) und $w_0 = 0$ erhält man dann aus Gl. (7.148)

$$I(w) = \int_0^w w^{\alpha_1 - 1} \sum_{n=0}^{\infty} a_n^I w^n dw = \sum_{n=0}^{\infty} a_n^I \int_0^w w^{n+\alpha_1-1} dw = \sum_{n=0}^{\infty} A_n^I w^{n+\alpha_1}, \quad (7.152)$$

mit

$$A_n^I = \frac{a_n^I}{n+\alpha_1}; \quad a_0^I = 1; \quad A_0^I = \frac{1}{\alpha_1}; \quad |w| \leqslant 1. \quad (7.153)$$

Mit $w = w_2 = 1$ erhalten wir aus Gl. (7.152) für die Berechnung des vollständigen Integrals I_1

$$I_1 = \int_0^1 dw = \sum_{n=0}^{\infty} A_n^I. \quad (7.154)$$

Auf der reellen u-Achse, die auf die Kontur des Vierecks abgebildet wird, ist die Gl. (7.152), d. h. also die Reihe I, nur im Bereich

$$-1 \leqslant w \leqslant +1$$

anwendbar. Der Faktor

$$w^{\alpha_1} = (-1)^{\alpha_1} |w|^{\alpha_1} = e^{\alpha_1 \pi i} |w|^{\alpha_1}$$

bewirkt beim Übergang zu negativen w-Werten eine Drehung um den Winkel $(\alpha_1 - 1)\pi$ und gewährleistet dadurch beim Abschreiten der Berandung im z-Bereich den Übergang vom horizontalen Bereich (1–2) auf den Bereich (1–4).

Zur Behandlung des restlichen Bereichs auf der u-Achse benötigt man noch die Reihen II, III und IV. Die Reihen II und III konstruieren wir durch die lineare Substitution

$$w = b\zeta + c, \quad (7.155)$$

wobei die Koeffizienten b und c durch die folgenden Zuordnungen von Punktepaaren gegeben sind:

	Reihe II		Reihe III		Reihe IV		
Punkte	1	2	2	3	3	4	1
w	0	+ 1	+ 1	+ 1/k	+ 1/k	∞	0
ζ	- 1	0	- 1	0	- 1	0	+ 1

Reihe II: Bei der oben beschriebenen Zuordnung der Punkte lautet die Substitution (7.155) für die Reihe II:

$$w = 1 + \zeta; \quad \zeta = w - 1. \quad (7.155')$$

In unserem Fall gilt

$$1 - w = -\zeta; \quad dw = d\zeta;$$

$$1 - kw = (1 - k) - k\zeta = (1 - k)\left(1 - \frac{k\zeta}{1 - k}\right)$$

und daher

$$\begin{aligned} I(w) &= \int w^{\alpha_1 - 1}(1 - w)^{\alpha_2 - 1}(1 - kw)^{\alpha_3 - 1} dw \\ &= (1 - k)^{\alpha_3 - 1} \int (-\zeta)^{\alpha_2 - 1}\left(1 - \frac{k}{1 - k}\zeta\right)^{\alpha_3 - 1}(1 + \zeta)^{\alpha_1 - 1} d\zeta. \end{aligned} \tag{7.156}$$

Wir stellen nun das Produkt der beiden Binome im Integranden von Gl. (7.156) durch die Reihe

$$\left(1 - \frac{k}{1 - k}\zeta\right)^{\alpha_3 - 1}(1 + \zeta)^{\alpha_1 - 1} = \sum_{n=0}^{\infty} a_n^{II}\zeta^n \tag{7.157}$$

dar und führen die Bezeichnungen

$$I_2(\zeta) = \int_0^{\zeta} (-\zeta)^{\alpha_2 - 1}\left(1 - \frac{k}{1 - k}\zeta\right)^{\alpha_3 - 1}(1 + \zeta)^{\alpha_1 - 1} d\zeta \tag{7.158}$$

ein. Damit erhalten wir

$$I_2(\zeta) = \int_0^{\zeta} (-\zeta)^{\alpha_2 - 1} \sum_{n=0}^{\infty} a_n^{II}\zeta^n = \sum_{n=0}^{\infty} A_n^{II}(-\zeta)^{n + \alpha_2}; \quad A_n^{II} = \frac{a_n^{II}}{n + \alpha_2}. \tag{7.159}$$

Die Koeffizienten a_n^{II} finden wir nach Gl. (7.137), wenn wir in dieser

$$\kappa_1 = \frac{k}{1 - k}; \quad \kappa_2 = -1; \quad \gamma_1 = \alpha_3 - 1; \quad \gamma_2 = \alpha_1 - 1 \tag{7.160}$$

setzen.

Reihe III: Für die Reihe III lautet die Substitution (7.155):

$$w = \left(\frac{1}{k} - 1\right)\zeta + \frac{1}{k}; \quad \zeta = \frac{kw - 1}{1 - k}. \tag{7.161}$$

Dann gilt

$$w = \frac{1 - k}{k}\zeta + \frac{1}{k} = \frac{1}{k}[1 + (1 - k)\zeta]; \quad dw = \frac{1 - k}{k} d\zeta;$$

$$1 - w = \left(1 - \frac{1}{k}\right)(1 + \zeta); \quad 1 - kw = -(1 - k)\zeta$$

und somit

$$I(w) = \left(\frac{1}{k}\right)^{\alpha_1 - 1} \left(1 - \frac{1}{k}\right)^{\alpha_2 - 1} [-(1-k)]^{\alpha_3 - 1} \left(\frac{1-k}{k}\right) \int \zeta^{\alpha_3 - 1}$$
$$\times [1 + (1-k)\zeta]^{\alpha_1 - 1} (1+\zeta)^{\alpha_2 - 1} d\zeta \tag{7.162}$$
$$= (-1)^{\alpha_2 + \alpha_3 - 2} k^{1 - \alpha_1 - \alpha_2} (1-k)^{\alpha_2 + \alpha_3 - 1} I_3(\zeta)$$

mit

$$I_3(\zeta) = \int_0^\zeta \zeta^{\alpha_3 - 1} [1 + (1-k)\zeta]^{\alpha_1 - 1} (1+\zeta)^{\alpha_2 - 1} d\zeta = \sum_{n=0}^\infty A_n^{III} \zeta^{n + \alpha_3};$$

$$[1 + (1-k)\zeta]^{\alpha_1 - 1} (1+\zeta)^{\alpha_2 - 1} = \sum_{n=0}^\infty a_n^{III} \zeta^n; \quad A_n^{III} = \frac{a_n^{III}}{n + \alpha_3}. \tag{7.163}$$

Die Koeffizienten a_n^{III} findet man nach Gl. (7.137) mit

$$\kappa_1 = -(1-k); \quad \kappa_2 = -1; \quad \gamma_1 = \alpha_1 - 1; \quad \gamma_2 = \alpha_2 - 1. \tag{7.164}$$

Reihe IV: Für die Reihe IV verwenden wir die gebrochen-lineare Substitution

$$w = \frac{\zeta - 1}{2k\zeta}; \quad \zeta = \frac{1}{1 - 2kw}, \tag{7.165}$$

deren Koeffizienten aus den Zuordnungen der Punkte 3, 4 und 1 folgen. Damit ergibt sich

$$1 - w = \frac{2k\zeta - (\zeta - 1)}{2k\zeta} = \frac{1}{2k\zeta} [1 + (2k-1)\zeta];$$

$$1 - kw = 1 - \frac{\zeta - 1}{2\zeta} = \frac{\zeta + 1}{2\zeta};$$

$$\frac{dw}{d\zeta} = \frac{1}{2k} \left[\frac{\zeta - (\zeta - 1)}{\zeta^2}\right] = \frac{1}{2k\zeta^2}$$

und daher

$$I(w) = \int w^{\alpha_1 - 1} (1-w)^{\alpha_2 - 1} (1-kw)^{\alpha_3 - 1} dw$$
$$= \left(\frac{1}{2k}\right)^{\alpha_1 + \alpha_2 - 2 + 1} \left(\frac{1}{2}\right)^{\alpha_3 - 1} \int \frac{(\zeta-1)^{\alpha_1 - 1} [1 + (2k-1)\zeta]^{\alpha_2 - 1} (\zeta+1)^{\alpha_3 - 1}}{\zeta^{\alpha_1 + \alpha_2 + \alpha_3 - 3 + 2}} d\zeta.$$

Ferner gilt für ein beliebiges Viereck

$$\alpha_1 + \alpha_2 + \alpha_3 + \alpha_4 = 2 \quad \text{und} \quad \alpha_1 + \alpha_2 + \alpha_3 - 1 = 1 - \alpha_4.$$

Also erhalten wir

$$I(w) = 2^{\alpha_4}\left(\frac{1}{k}\right)^{\alpha_1+\alpha_2-1}\int \zeta^{\alpha_4-1}(\zeta-1)^{\alpha_1-1}[1+(2k-1)\zeta]^{\alpha_2-1}$$
$$\times(\zeta+1)^{\alpha_3-1}d\zeta = 2^{\alpha_4}\left(\frac{1}{k}\right)^{\alpha_1+\alpha_2-1}(-1)^{\alpha_1-1}I_4(\zeta), \tag{7.166}$$

mit

$$I_4(\zeta) = \int \zeta^{\alpha_4-1}(1-\zeta)^{\alpha_1-1}[1+(2k-1)\zeta]^{\alpha_2-1}(\zeta+1)^{\alpha_3-1}d\zeta = \sum_{n=0}^{\infty} A_n^{IV}\zeta^{n+\alpha_4};$$
$$(1-\zeta)^{\alpha_1-1}[1-(1-2k)\zeta]^{\alpha_2-1}(\zeta+1)^{\alpha_3-1} = \sum_{n=0}^{\infty} a_n^{IV}\zeta^n;\quad A_n^{IV} = \frac{a_n^{IV}}{n+\alpha_4}. \tag{7.167}$$

Die Koeffizienten a_n^{IV} findet man nach den Gln. (7.134) und (7.135) mit

$$\kappa_1 = +1;\quad \kappa_2 = 1-2k;\quad \kappa_3 = -1;$$
$$\gamma_1 = \alpha_1 - 1;\quad \gamma_2 = \alpha_2 - 1;\quad \gamma_3 = \alpha_3 - 1. \tag{7.168}$$

Die erhaltenen Reihen, von denen jede die analytische Fortsetzung der vorhergehenden ist, erlauben die Ausdehnung der Rechnung auf die gesamte reelle Achse. Wir erhalten damit die Möglichkeit, die vollständigen Integrale I_1 und I_2 mit Hilfe von zwei Reihen (und nicht nur einer einzigen wie in Abschnitt 57) zu berechnen. Wir zerlegen dazu die u-Achse im Bereich 1–2 und 2–3 in zwei Teile und verwenden die Reihen I, II und III nur im Inneren der Konvergenzkreise und nicht in deren Randpunkten. Der Rechenaufwand wird dadurch sehr verringert.

Nach einigen einfachen Umformungen erhalten wir jetzt zur Berechnung des ersten vollständigen Integrals die Gleichung

$$I_1 = \sum_{n=0}^{\infty} A_n^{I} w^{n+\alpha_1} + (1-k)^{\alpha_3-1}\sum_{n=0}^{\infty}(-1)^n A_n^{II}(1-w)^{n+\alpha_2}, \tag{7.169}$$

wobei w ein beliebiger Kopplungspunkt ist, der im Konvergenzbereich der Reihen I und II liegt (Bild 86). Nehmen wir insbesondere als Kopplungspunkt den Punkt

$$w = 1 - w = \tfrac{1}{2},$$

so gewinnt die Gl. (7.169) die für die Rechnung am besten geeignete Form:

$$I_1 = (\tfrac{1}{2})^{\alpha_1}\sum_{n=0}^{\infty}\frac{A_n^{I}}{2^n} + (\tfrac{1}{2})^{\alpha_2}(1-k)^{\alpha_3-1}\sum_{n=0}^{\infty}(-1)^n\frac{A_n^{II}}{2^n}. \tag{7.170}$$

Setzen wir dagegen in Gl. (7.169) w = 1 oder w = 0, so wird I_1 mit Hilfe von nur einer der Reihen I oder II bestimmt:

$$I_1 = \sum_{n=0}^{\infty} A_n^{I} = (1-k)^{\alpha_3-1}\sum_{n=0}^{\infty}(-1)^n A_n^{II}. \tag{7.171}$$

Ein Vergleich der Gln. (7.170) und (7.171) zeigt, daß im ersten Fall die Reihen schneller konvergieren, da im n-ten Glied jeder der Koeffizienten A_n^I und A_n^{II} noch durch 2^n dividiert wird.

Auf analogem Wege finden wir zur Berechnung des Betrags des zweiten vollständigen Integrals

$$I_2 = (-1)^{\alpha_2 - 1} |I_2| \tag{7.172}$$

die Gleichung

$$|I_2| = (1-k)^{\alpha_3 - 1} \sum_{n=0}^{\infty} A_n^{II} (w-1)^{n+\alpha_2} + \left(\frac{1}{k}\right)^{\alpha_1 + \alpha_2 - 2} (1-k)^{\alpha_2 + \alpha_3 - 2} \sum_{n=0}^{\infty} (-1)^n A_n^{III} \left(\frac{1-kw}{1-k}\right)^{n+\alpha_3}. \tag{7.173}$$

Als Kopplungspunkt w kann man dabei jeden beliebigen Punkt nehmen, der im gemeinsamen Konvergenzbereich der Reihen II und III liegt (Bild 86). Nimmt man insbesondere den Punkt $w = 2 - k$, für den

$$w - 1 = \frac{1-kw}{1-k}$$

gilt, so erhalten wir

$$|I_2| = (1-k)^{\alpha_3 - 1} \sum_{n=0}^{\infty} A_n^{II} (1-k)^{n+\alpha_2} + \left(\frac{1}{k}\right)^{\alpha_1 + \alpha_2 - 2} (1-k)^{\alpha_2 + \alpha_3 - 2} \sum_{n=0}^{\infty} (-1)^n A_n^{III} (1-k)^{n+\alpha_3}. \tag{7.174}$$

Für $w = 1$ ergibt sich aus Gl. (7.173) eine Gleichung für den Betrag des zweiten vollständigen Integrals mit Hilfe von nur einer Reihe III:

$$|I_2| = \left(\frac{1}{k}\right)^{\alpha_1 + \alpha_2 - 2} (1-k)^{\alpha_2 + \alpha_3 - 2} \sum_{n=0}^{\infty} (-1)^n A_n^{III}. \tag{7.174'}$$

Zum Abschluß wenden wir uns noch ganz kurz der Berechnung des Integrals von *Christoffel-Schwarz* im komplexen Bereich zu. Zu diesem Zweck gehen wir, sobald alle Konstanten bestimmt sind, am besten mit Hilfe einer gebrochen-linearen Transformation von der w-Halbebene zum Einheitskreis $|w^*| \leq 1$ über. Alle singulären Punkte des Integrals liegen dann auf dem Rand des Einheitskreises und man kann für beliebige Vielecke den Wert von $I(w^*)$ in inneren Punkten mit Hilfe einer einzigen Reihe bestimmen. Die Rechentechnik bei Reihen im komplexen Bereich haben wir bereits in Abschnitt 49 dargelegt. Wir übergehen diese Frage daher hier.

Der Übergang zum Einheitskreis erlaubt auch eine mühelose Umkehrung des Christoffel-Schwarz-Integrals. Man verwendet dazu die Ergebnisse von Abschnitt 30 und kehrt die erhaltene Reihe um.

Beispiel: Zur Illustration des Rechengangs nach der neuen Methode berechnen wir die Koeffizienten der Reihen I, II und III für das Viereck mit den Parametern

$$\alpha_1 = 0{,}20; \quad \alpha_2 = 0{,}55; \quad \alpha_3 = 0{,}60; \quad \alpha_4 = 0{,}65; \quad l_1 = 1; \quad l_2 = 0{,}5,$$

das wir schon in Abschnitt 58 betrachtet haben (Beispiel 1, Variante II).

Lösung: In Tabelle 151 sind alle Rechnungen angegeben, die zur Bestimmung der Koeffizienten A_n^I, A_n^{II}, A_n^{III} mit sechs Dezimalstellen notwendig sind. Dabei lautete der erste Versuch

$$k = k_1 = 0{,}213.$$

Wir weisen darauf hin, daß der Rechenaufwand bei der Bestimmung der A_n konstant bleibt und nicht mit n zunimmt, wie das in den Abschnitten 57 und 58 der Fall ist. Die neue Methode erlaubt daher auch die Bestimmung einer größeren Anzahl von Koeffizienten A_n und damit eine wesentliche Steigerung der Rechengenauigkeit durch Vermeidung von Rundungsfehlerhäufungen.

In diesem Abschnitt haben wir genauer nur den Fall von Vierecken betrachtet. Analoge Gleichungen erhält man für beliebige Vielecke, was der Leser als Übung durchführen möge. Der Rechenaufwand wächst jedoch sehr schnell mit der Anzahl der Seiten des Vielecks. Wir gehen daher noch auf die Frage ein, wie man die erste Näherung für die gesuchte Konstante zu finden hat. Der einfachste Weg ist die Simulierung der Rechnung auf einem elektrisch leitenden Papier. Die Technik der Simulierung von Aufgaben auf elektrisch leitendem Papier ist sehr einfach. Sie erfordert keine spezielle Vorbildung. Sie ist sehr ausführlich in den Büchern [485, Bd. 2; 493] dargelegt.

60. Die Bestimmung der Konstanten des Integrals von Christoffel-Schwarz mit Hilfe eines Analogmodells mit elektrisch leitenden Papier

Die Bestimmung der Konstanten des Integrals von *Christoffel-Schwarz* durch die Bildung eines Analogmodells mit Hilfe von elektrisch leitendem Papier wurde von *G. N. Poloschi* realisiert, der die ursprüngliche Methode des Widerstandsvergleichs ausgearbeitet und zur konformen Abbildung von einfach- und zweifach zusammenhängenden Bereichen verwendet hat [355].

Die Konstanten des Integrals von *Christoffel-Schwarz* bestimmt man nach der Methode des Widerstandsvergleichs auf dem folgenden Wege. Aus einem homogenen elektrisch leitenden Papier schneidet man das gegebene Vieleck $A_1 A_2 A_3 \ldots A_n$ aus, bringt an den Seiten $A_1 A_2$ und $A_3 A_4$ metallische Schienen an und mißt den Widerstand R zwischen ihnen.

Aus demselben Papier schneidet man einen Kreis aus, auf dem man die Punkte a_1, a_2 und a_3 markiert hat. Diese Punkte sind die beliebig gewählten Bildpunkte der Ecken

Tabelle 131

	Reihe I. $\kappa_1 = 1$; $\kappa_2 = k$; $\gamma_1 = -0{,}45$; $\gamma_2 = -0{,}40$				Reihe II. $\kappa_1 = \frac{k}{1-k}$; $\kappa_2 = -1$; $\gamma_1 = -0{,}40$; $\gamma_2 = -0{,}80$				Reihe III. $\kappa_1 = -(1-k)$; $\kappa_2 = -1$; $\gamma_1 = -0{,}80$; $\gamma_2 = -0{,}45$				
	$k = k_1 = 0{,}213$; $\tau_1 = 1{,}213000$; $\sigma_1 = -0{,}535200$; $\gamma_1 + \gamma_2 = -0{,}85$; $\tau_2 = 0{,}213000$; $\sigma_2 = -0{,}181050$				$\kappa_1 = 0{,}270648$; $\gamma_1 + \gamma_2 = -1{,}20$; $\tau_1 = -0{,}729352$; $\sigma_1 = +0{,}691741$; $\tau_2 = -0{,}270648$; $\sigma_2 = +0{,}324778$				$\kappa_1 = -0{,}787000$; $\tau_1 = -1{,}787000$; $\sigma_1 = +1{,}079600$; $\gamma_1 + \gamma_2 = -1{,}25$; $\tau_2 = +0{,}787000$; $\sigma_2 = -0{,}983750$				
n	$(n+1) \times \tau_1 - \sigma_1$	$n\tau_2 - \sigma_2$	$a_n = a_n^I$	$A_n^I = \frac{a_n}{n+0{,}20}$	$(n+1) \times \tau_1 - \sigma_1$	$n\tau_2 - \sigma_2$	$a_n = a_n^{II}$	$A_n^{II} = \frac{a_n}{n+0{,}55}$	$(n+1) \times \tau_1 - \sigma_1$	$n\tau_2 - \sigma_2$	$a_n = a_n^{III}$	$A_n^{III} = \frac{a_n}{n+0{,}60}$	n
-1	0,535200	–	0	0	- 0,691741	–	0	0	- 1,079600	–	0	0	-1
0	1,748200	0,181050	1,000000	5,000000	- 1,421093	- 0,324778	+ 1,000000	+ 1,818182	- 2,866600	+ 0,983750	+ 1,000000	+ 1,666667	0
1	2,961200	0,394050	0,535200	0,446000	- 2,150445	- 0,595426	- 0,691741	- 0,446285	- 4,653600	+ 1,770750	- 1,079600	- 0,674750	1
2	4,174200	0,607050	0,377293	0,171497	- 2,879797	- 0,866074	+ 0,653903	+ 0,256433	- 6,440600	+ 2,557750	+ 1,055516	+ 0,405968	2
3	5,387200	0,820050	0,302115	0,094411	- 3,609149	- 1,136722	- 0,606021	- 0,170710	- 8,227600	+ 3,344750	- 1,000083	- 0,277801	3
4	6,600200	1,033050	0,258013	0,061432	- 4,338501	- 1,407370	+ 0,577886	+ 0,127008	- 10,014600	+ 4,131750	+ 0,935347	+ 0,203336	4
5	7,813200	1,246050	0,228444	0,043932	- 5,067853	- 1,678018	- 0,554911	- 0,099984	- 11,801600	+ 4,918750	- 0,870127	- 0,155380	5
6	9,026200	1,459050	0,206873	0,033367	- 5,797205	- 1,948666	+ 0,536797	+ 0,081954	- 13,588600	+ 5,705750	+ 0,808226	+ 0,122458	6
7	10,239200	1,672050	0,190241	0,026422	- 6,526557	- 2,219314	- 0,521651	- 0,069093	- 15,375600	+ 6,492750	- 0,751203	- 0,098843	7
8	11,452200	1,885050	0,176914	0,021575	- 7,255909	- 2,489962	+ 0,508769	+ 0,059505	- 17,162600	+ 7,279750	+ 0,699533	+ 0,081341	8
9	12,665200	2,098050	0,165929	0,018036	- 7,985261	- 2,760610	- 0,497580	- 0,052103	- 18,949600	+ 8,066750	- 0,653152	- 0,068037	9
10	13,878200	2,311050	0,156676	0,015360	- 8,714613	- 3,031258	+ 0,487721	+ 0,046229	- 20,736600	+ 8,853750	+ 0,611736	+ 0,057711	10
11	15,091200	2,524050	0,148746	0,013281	- 9,443965	- 3,301906	- 0,478928	- 0,041466	- 22,523600	+ 9,640750	- 0,574849	- 0,049556	11
12	16,304200	2,737050	0,141853	0,011627	- 10,173313	- 3,572554	+ 0,471007	+ 0,037530	- 24,310600	+ 10,427750	+ 0,542021	+ 0,043018	12
13	17,517200	2,950050	0,135792	0,010287	- 10,902669	- 3,843202	- 0,463811	- 0,034230	- 26,097600	+ 11,214750	- 0,512791	- 0,037705	13
14	18,730200	3,163050	0,130409	0,009184	- 11,632021	- 4,113850	+ 0,457228	+ 0,031425	- 27,884600	+ 12,001750	+ 0,486728	+ 0,033338	14
15	19,943200	3,376050	0,125587	0,008262	- 12,361373	- 4,384498	- 0,451168	- 0,029014	- 29,671600	+ 12,788750	- 0,463441	- 0,029708	15
16	21,156200	3,589050	0,121236	0,007484	- 13,090725	- 4,655146	+ 0,445560	+ 0,026922	- 31,458600	+ 13,575750	+ 0,442580	+ 0,026661	16
17	22,369200	3,802050	0,117285	0,006819	- 13,820077	- 4,925794	- 0,440346	- 0,025091	- 33,245600	+ 14,362750	- 0,423837	- 0,024081	17
18	23,582200	4,015050	0,113677	0,006246	- 14,549429	- 5,196442	+ 0,435478	+ 0,023476	- 35,032600	+ 15,149750	+ 0,406942	+ 0,021879	18
19			0,110365	0,005748	- 15,278781	- 5,467090	- 0,430915	- 0,022042	- 36,819600	+ 15,936750	- 0,391661	- 0,019983	19
20			0,107312	0,005312	- 16,008133	- 5,737738	+ 0,426625	+ 0,020760	- 38,606600	+ 16,723750	+ 0,377792	+ 0,018339	20
21					- 16,737485	- 6,008386	- 0,422579	- 0,019609	- 40,393600	+ 17,510750	- 0,365159	- 0,016906	21
22					- 17,466837	- 6,279034	+ 0,418753	+ 0,018570	- 42,180600	+ 18,297750	+ 0,353611	+ 0,015647	22
23					- 18,196189	- 6,549682	- 0,415126	- 0,017627	- 43,967600	+ 19,084750	- 0,343022	- 0,014535	23
24					- 18,925541	- 6,820330	+ 0,411679	+ 0,016769	- 45,754600	+ 19,871750	+ 0,333275	+ 0,013548	24
25					- 19,654893	- 7,090978	- 0,408397	- 0,015984	- 47,541600	+ 20,658750	- 0,324273	- 0,012667	25
26					- 20,384245	- 7,361626	+ 0,405266	+ 0,015264	- 49,328600	+ 21,445750	+ 0,315924	+ 0,011877	26
27					- 21,113597	- 7,632274	- 0,402274	- 0,014602	- 51,115600	+ 22,232750	- 0,308165	- 0,011165	27
28					- 21,842949	- 7,902922	+ 0,399407	+ 0,013990	- 52,902600	+ 23,019750	+ 0,300933	+ 0,010522	28
29					- 22,572301	- 8,173570	- 0,396662	- 0,013423	- 54,689600	+ 23,806760	- 0,294173	- 0,009942	29
30					- 23,301653	- 8,444218	+ 0,394025	+ 0,012898	- 56,476600	+ 24,593750	+ 0,287837	+ 0,009406	30
31					- 24,031005	- 8,714866	- 0,391490	- 0,012409	- 58,263600	+ 25,380750	- 0,281917	- 0,008921	31
32					- 24,760357	- 8,985514	+ 0,389050	+ 0,011952	- 60,050600	+ 26,167750	+ 0,276335	+ 0,008477	32
33					- 25,489709	- 9,256162	- 0,386698	- 0,011526	- 61,837600	+ 26,954750	- 0,271061	- 0,008067	33
34					- 26,219061	- 9,526810	+ 0,384429	+ 0,011127	- 63,624600	+ 27,741750	+ 0,266068	+ 0,007690	34
35					- 26,948413	- 9,797458	- 0,382238	- 0,010752	- 65,411600	+ 28,528750	- 0,261332	- 0,007341	35
36					- 27,677765	- 10,068106	+ 0,380120	+ 0,010400	- 67,198600	+ 29,315750	+ 0,256832	+ 0,007017	36
37					- 28,407117	- 10,338754	- 0,378070	- 0,010068	- 68,985600	+ 30,102750	- 0,252549	- 0,006717	37
38					- 29,136469	- 10,609402	+ 0,376085	+ 0,009756	- 70,772600	+ 30,889750	+ 0,248466	+ 0,006437	38
39					- 29,865821	- 10,880050	- 0,374161	- 0,009460	- 72,559600	+ 31,676750	- 0,244568	- 0,006176	39
40					- 30,595173	- 11,150698	+ 0,372294	+ 0,009181	- 74,346600	+ 32,463750	+ 0,240842	+ 0,005932	40
41							- 0,370482	- 0,008917			- 0,237275	- 0,005704	41
42							+ 0,368721	+ 0,008666			+ 0,233856	+ 0,005510	42

A_1, A_2 und A_3. Hierauf legt man die Schienen an die Bögen $a_1 a_2$ und $a_3 a_M$ an und wählt a_M so, daß der Widerstand zwischen den Schienen gleich dem Widerstand R wird. *G. N. Poloschi* hat bewiesen, daß $a_M = a_4$ gilt, wenn diese Bedingung erfüllt ist. Auf analogem Wege konstruiert man die Punkte $a_5, a_6, \dots, a_n$.

Leider sind in der Arbeit [335] keine numerischen Beispiele angegeben. Wir haben daher keine Möglichkeit, die Genauigkeit der Methode des Widerstandsvergleichs mit der weiter unten dargelegten Methode zu vergleichen. Man darf jedoch annehmen, daß die Festlegung der Bögen $a_3 a_M$ mit Hilfe der Längenmessung längs einer krummlinigen Schiene, die man längs einer Kreislinie zu installieren hat, sowie die Verwendung von zwei Modellen aus leitendem Papier – dem Modell des gegebenen Vielecks und dem Kreismodell – beträchtliche Fehlerquellen aufweisen.

Einfacher und offensichtlich genauer ist die Methode von *O. W. Tosoni* [450], der auch konkrete Beispiele betrachtet hat.

In diesem Abschnitt betrachten wir eine Methode, die zur Arbeit mit den Integratoren EHDA [493] brauchbar ist.

Wir gehen von einem beliebigen gegebenen Vieleck aus, das wir uns aus leitendem Papier ausgeschnitten denken. An zwei benachbarte Seiten des Vielecks legen wir metallische Schienen an und versehen diese mit den Potentialen $\varphi = 0$ und $\varphi = 1$ (Bild 87). Die Ecke A_n, die einen singulären Randpunkt des Bereichs darstellt, eliminieren wir, indem wir sie durch einen Kreisbogen von sehr kleinem Radius r ersetzen. Auf dem gesamten restlichen Umfang des Vielecks gilt die Bedingung $\partial\varphi/\partial n = 0$, d. h. die gebrochene Linie $A_1 A_2 A_3 \dots A_{n-1}$ ist eine Stromlinie, da in unserem Schema in der anderen Richtung die Luft als Isolator wirkt. Mit anderen Worten, der Bereich, in dem elektrischer Strom $z = x + iy$ auftritt, wird durch zwei Äquipotentiallinien $\varphi = 0$ und $\varphi = 1$ und durch zwei Stromlinien begrenzt: die Linie $A_1 A_2 A_3 \dots A_{n-1}$ (der wir den Wert $\psi = 0$ zuschreiben wollen) und der Linie $\psi = \text{const}$, die dem Kreisbogen $r = \epsilon_0$ entspricht. Im Bereich des komplexen

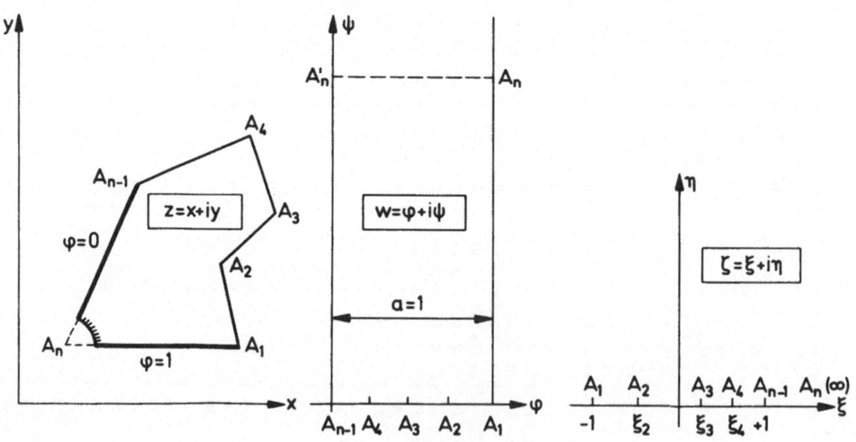

Bild 87

Potentials $w = \varphi + i\psi$ wird dem Vieleck z mit Ausnahme des Punktes A_n daher ein Rechteck $A_n A_1 A_{n-1} A'_n$ entsprechen, dessen Seite $A'_n A_n$ mit $r \to 0$ gegen Unendlich strebt. In Bereich des komplexen Potentials entspricht dem ursprünglichen Vieleck daher der unendliche Halbstreifen w.

Wir betonen nochmals, daß alle Kreise $r = \epsilon_0$ mit dem Mittelpunkt in A_n für hinreichend kleines ϵ_0 Stromlinien darstellen. Wenn wir das Modell also längs einer Kreislinie $r = \epsilon_0$ ausschneiden, so stören wir dadurch die Potentialverteilung im restlichen Bereich nicht, sie bleibt genau dieselbe wie für das Vieleck mit der einzigen Ausnahme des Punktes A_n.

Die Breite des Halbstreifens w dürfen wir ohne Beschränkung der Allgemeinheit gleich einer Einheit nehmen.

Wir bilden nun den Halbstreifen w auf die obere Halbebene $\zeta = \xi + i\eta$ und verwenden dabei die in Bild 87 angegebene Normierung, d. h. wir stellen die Bedingung, daß die Eckpunkte A_1, A_{n-1} und A_n in die Punkte $\xi = -1$; $\xi_{n-1} = +1$ und $\xi_n = \infty$ übergehen. Bekanntlich lautet die abbildende Funktion in diesem Fall (siehe zum Beispiel [488, § 42]):

$$w = \frac{1}{\pi} \arccos \zeta. \tag{7.175}$$

Insbesondere gilt für die Punkte der Achse $\psi = 0$: $w = \varphi$; $\zeta = \xi$; $-1 \leqslant \xi \leqslant +1$. Aus Gl. (7.175) finden wir daher

$$\varphi = \frac{1}{\pi} \arccos \xi; \quad -1 \leqslant \xi \leqslant +1. \tag{7.176}$$

Gehen wir in Gl. (7.176) zur Umkehrfunktion über, so erhalten wir eine Gleichung zur Bestimmung der Konstanten des Integrals von *Christoffel-Schwarz:*

$$\xi_k = \cos \pi \varphi_k; \quad 0 \leqslant \varphi_k \leqslant 1. \tag{7.177}$$

Dabei bedeuten φ_k die Werte der Potentialfunktion in den Punkten $A_1, A_2, A_3, \dots, A_{n-1}$.

Da die Werte der Funktion φ in entsprechenden Punkten des w- und z-Bereichs dieselben sind, so ist praktisch die Konstruktion des w-Bereichs nicht nötig. Alle uns interessierenden φ_k-Werte messen wir direkt in den Eckpunkten des Vielecks z (Bild 87).

Das gesamte Verfahren zur Bestimmung der Konstanten des Integrals von *Christoffel-Schwarz* besteht nach der dargelegten Methode in der Messung der Potentialwerte in $n-3$ Ecken des gegebenen Vielecks, das man aus einem leitendem Papier ausschneiden muß, und in einer einfachen Rechnung nach Gl. (7.177). Da die Seiten $A_{n-1} A_n$ und $A_n A_1$ geradlinig sind, legt man die Potentiale $\varphi = 0$ und $\varphi = 1$ dort leicht mit Hilfe einer Klemmschiene an.

Die Gl. (7.177) liefert, wie schon bemerkt wurde, gültige Resultate nur dann, wenn der Kreis $r = \epsilon_0$ innerhalb der Meßgenauigkeit mit einer Stromlinie zusammenfällt. Man muß sich daher einen zulässigen Grenzradius r für die Elimination der Ecke A_n festlegen.

Diesen Grenzradius kann man theoretisch mit Hilfe einer Folge von konformen Abbildungen finden. Einfacher bestimmt man das gesuchte r jedoch experimentell. Wir schneiden zu diesem Zweck zuerst einen Kreis von hinreichend kleinen Abmessungen aus und messen das Potential φ_k in der Ecke A_k, die am nächsten bei A_n liegt. Hierauf vergrößern wir r solange, bis eine weitere Vergrößerung der Kreisdimensionen keinen Einfluß auf das Meßergebnis φ_k mehr ausübt. Es hat dabei keinen Sinn, den Grenzradius sehr genau zu bestimmen, da Fehler hauptsächlich auf Grund der Inhomogenität des leitenden Papiers bei der Modellierung entstehen.

Durch eine sehr grobe Abschätzung kann man zeigen, daß es bei der Nachbildung mit leitendem Papier genügt, wenn man

$$r \leqslant 0{,}02\, l_{min}$$

wählt, wobei l_{min} die Länge der kleinsten Strecke A_nA_k ($k = 1, 2, 3, \ldots, n-1$), d. h. den Abstand zwischen dem zu eliminierenden Eckpunkt A_n und dem am nächsten gelegenen Eckpunkt A_k des Vielecks bedeutet.

Zur Illustration der Genauigkeit, die sich mit der dargelegten Methode erzielen läßt, betrachten wir konkrete Beispiele.

Beispiel 1: Wir bestimmen die Konstanten des Integrals von *Christoffel-Schwarz* für das Trapez:

$$\overline{A_1A_2} = 1;\quad \overline{A_2A_3} = 3;\quad \overline{A_3A_4} = 1 + 2\sqrt{3};\quad \overline{A_4A_1} = \sqrt{3}$$

$$\alpha_1 = 120°;\quad \alpha_2 = 150°;\quad \alpha_3 = 30°;\quad \alpha_4 = 60°.$$

Lösung: Das bereits montierte Modell für diese Aufgabe ist in Bild 88 dargestellt.

Der gesamte Modellierungsprozeß besteht darin, daß man an die Schienen $\overline{A_4A_3}$ und $\overline{A_4A_1}$ die Potentiale $\varphi = 0$ und $\varphi = 1 = 100\,\%$ anlegt und hierauf das Potential φ_2 im Punkt A_2 mißt.

Da es für die vorgelegte Aufgabe auch eine theoretische Lösung gibt, kann man sie zur Kontrolle der Methode verwenden. Wir haben das Experiment daher 60-mal wiederholt[1]. Die Ergebnisse der Elektromodellierung sind in Tabelle 152 angegeben. Dabei gilt $\epsilon = \varphi_T - \varphi_{em}$. $\widetilde{\varphi}_2$ bedeutet das arithmetische Mittel aus den entsprechenden 15 Experimenten.

Zur Erhöhung der Genauigkeit ist jedes Experiment mit doppeltem leitendem Papier durchgeführt worden [457]. Man schneidet dazu aus einer Rolle leitenden Papiers ein Quadrat mit der maximalen Dimension aus und legt es längs einer Diagonalen zusammen. Das Ergebnis ist ein Modell aus zwei Blättern, von denen eines eine Orientierung in der Längsachse der Rolle aufweist, während das zweite quer dazu orientiert ist. Auf diese Weise kompen-

---

[1]) Die Experimente von n = 1 bis n = 50 in Tabelle 152 und alle Experimente von Tabelle 153 sind in den Jahren 1958–1959 von *S. I. Guljajewa, N. M. Kortschaka, N. G. Kruser, S. M. Maljuga, W. E. Martinjuk, W. W. Moruga, G. A. Moruga, S. G. Udowenko, L. P. Tschernomor, I. G. Stepa* durchgeführt worden, und zwar im Laufe ihres Vordiplompraktikums am mathematischen Institut der Akademie der Wissenschaften der Ukraine. Die Experimente von n = 51 bis n = 60 stammen von *W. P. Kowal* und dem Autor aus dem Jahre 1967.

siert man bekanntlich die (vom Herstellungsprozeß herrührende) Anisotropie des leitenden Papiers. Hierauf zeichnen wir auf dem oberen Blatt das Trapez mit möglichst großen Dimensionen ein und lassen etwas Platz für die Schienen frei. Dann schneiden wir den Kreis $r = \epsilon_0$ aus, schneiden das Papier längs der Seiten $A_1 A_2$ und $A_2 A_3$ ab und legen die Schienen an. Zur Erreichung eines guten Kontakts müssen die Schienen mindestens 3 ... 5 mm über den Rand des Papiers reichen (Bild 88).

Um bei dem Experiment auch individuelle Fehler auszuschalten, wird bei jeder Wiederholung ein neues Modell angefertigt.

Die vorgelegte Aufgabe wurde theoretisch von *L. W. Kantorowitsch* und *W. I. Krylow* mit Hilfe einer Methode zur Berechnung uneigentlicher Integrale gelöst, die von *L. W. Kantorowitsch* stammt [154, S. 562–565] und in Abschnitt 58 beschrieben wurde.

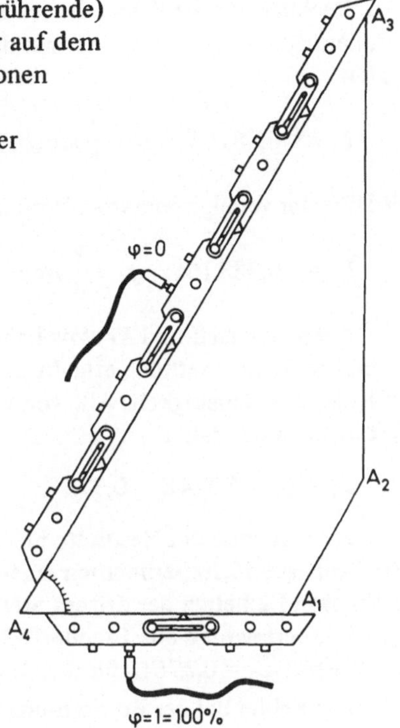

Bild 88

Tabelle 152

n	φ_{em}	ϵ	n	φ_{em}	ϵ	n	φ_{em}	ϵ	n	φ_{em}	ϵ
1	0,377	- 0,002	16	0,368	+ 0,007	31	0,371	+ 0,004	46	0,377	- 0,002
2	0,369	+ 0,006	17	0,380	- 0,005	32	0,376	- 0,001	47	0,379	- 0,004
3	0,376	- 0,001	18	0,372	+ 0,003	33	0,366	+ 0,009	48	0,370	+ 0,005
4	0,380	- 0,005	19	0,381	- 0,006	34	0,372	+ 0,003	49	0,384	- 0,009
5	0,362	+ 0,013	20	0,374	+ 0,001	35	0,379	- 0,004	50	0,378	- 0,003
6	0,376	- 0,001	21	0,384	- 0,009	36	0,370	+ 0,005	51	0,382	- 0,007
7	0,374	+ 0,001	22	0,373	+ 0,002	37	0,371	+ 0,004	52	0,377	- 0,002
8	0,375	0,000	23	0,374	+ 0,001	38	0,383	- 0,008	53	0,367	+ 0,008
9	0,386	- 0,011	24	0,369	+ 0,006	39	0,372	+ 0,003	54	0,377	- 0,002
10	0,376	- 0,001	25	0,375	0,000	40	0,377	- 0,002	55	0,370	+ 0,005
11	0,381	- 0,006	26	0,376	- 0,001	41	0,380	- 0,005	56	0,385	- 0,010
12	0,372	+ 0,003	27	0,363	+ 0,012	42	0,385	- 0,010	57	0,366	+ 0,009
13	0,375	0,000	28	0,369	+ 0,006	43	0,381	- 0,006	58	0,374	+ 0,001
14	0,374	+ 0,001	29	0,380	- 0,005	44	0,371	+ 0,004	59	0,378	- 0,003
15	0,370	+ 0,005	30	0,379	- 0,004	45	0,369	+ 0,006	60	0,379	- 0,004
$\widetilde{\varphi}_2 = 0{,}3749$			$\widetilde{\varphi}_2 = 0{,}3745$			$\widetilde{\varphi}_2 = 0{,}3749$			$\widetilde{\varphi}_2 = 0{,}3762$		

Rechnen wir die theoretischen Ergebnisse auf die in diesem Abschnitt verwendete Normierung um, so erhalten wir aus den Angaben von *L. W. Kantorowitsch* und *W. I. Krylow:*

$$\xi_2 = +\,0{,}38195; \quad \varphi_2 = \frac{1}{\pi} \arccos \xi_2 = 0{,}3753;$$

mit Hilfe der verallgemeinerten Potenzreihen

$$\xi_2 = +\,0{,}383\,165; \quad \varphi_2 = \frac{1}{\pi} \arccos \xi_2 = 0{,}37483.$$

Kantorowitsch und *Krylow* haben für ihre Ergebnisse keine Fehlerabschätzung angegeben. Die Reihenmethode erlaubt die Berechnung der Konstanten von *Christoffel-Schwarz* mit beliebiger Genauigkeit. Alle von uns angegebenen Ziffern sind gültig. Als theoretischen Wert nehmen wir daher

$$\varphi_T = \varphi_2 = 0{,}3748 \approx 0{,}375.$$

Eine Analyse der Resultate in Tabelle 152 zeigt, daß in unserem Fall schon der Mittelwert aus 15 Experimenten einen Wert $\widetilde{\varphi}_2$ liefert, dessen Fehler nicht größer ist als ein bis zwei Einheiten der dritten Stelle. Diese Behauptung gilt sogar für beliebige Gruppen von 15 Experimenten aus Tabelle 152. Für die Gruppe von $n = 9$ bis $n = 23$ erhalten wir zum Beispiel $\widetilde{\varphi}_2 = 0{,}3760$, für die Gruppe von $n = 26$ bis $n = 40$ gilt $\widetilde{\varphi}_2 = 0{,}3736$.

Der Fehler bei der Bestimmung der Konstanten selbst wird jedoch nach Gl. (7.177) $\pi \sin \pi\varphi_2$-mal so groß.

Das arithmetische Mittel aus 60 Experimenten liefert

$$\widetilde{\varphi}_2 = 0{,}3751 \quad \text{und damit} \quad \widetilde{\xi}_2 = 0{,}3824.$$

Beispiel 2: Wir bestimmen die Konstanten von *Christoffel-Schwarz* für das folgende Viereck (Bild 89):

$$A_1A_4 = A_1A_2 = 1; \quad A_2A_3 = 0{,}9462; \quad A_3A_4 = 1{,}5756;$$
$$\alpha_1 = 0{,}24\pi = 43°12'; \quad \alpha_2 = 1{,}15\pi = 207°;$$
$$\alpha_3 = 0{,}10\pi = 18°; \quad \alpha_4 = 0{,}51\pi = 91°48'.$$

Bei der Anfertigung des Modells für diese Aufgabe berechnet man am einfachsten die Diagonale $\overline{A_4A_2} = 0{,}7362$ und zeichnet dann auf beiden Seiten davon die Dreiecke $A_4A_1A_2$ und $A_4A_2A_3$.

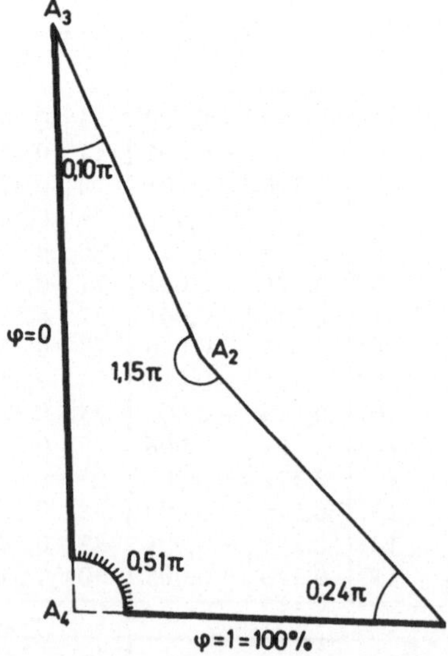

Bild 89

Aufgrund der theoretischen Lösung für dieses Viereck in Abschnitt 58 erhalten wir mit der Normierung $\xi_4 = \infty$, $\xi_1 = -1$ und $\xi_3 = +1$ mit sechs gültigen Ziffern

$$\xi_2 = 861546$$

und entsprechend

$$\varphi_2 = 0{,}169496 \approx 0{,}1695.$$

Die Ergebnisse der Modellierung sind in Tabelle 153 angegeben. Das arithmetische Mittel aus 15 Experimenten liefert

$$\widetilde{\varphi}_2 = 0{,}1698 \quad \text{und daher} \quad \widetilde{\xi}_2 = 0{,}86106 \approx 0{,}8611.$$

Der absolute Fehler des Mittelwerts ist in diesem Beispiel somit

$$\epsilon_\varphi = -0{,}0003;$$
$$\epsilon_\xi = +0{,}00049 \approx +0{,}0005 = \epsilon_\varphi \cdot \pi \sin \pi\varphi_2 .$$

Beispiel 3: Wir bestimmen die Konstanten von *Christoffel-Schwarz* für ein Siebeneck, das durch die Koordinaten seiner Ecken (Bild 90) gegeben ist.

Das Modell für die Aufgabe 3 (wie für die Aufgabe 2) verfertigt man vollkommen analog zur Beschreibung in Beispiel 1 aus einem Doppelblatt aus leitendem Papier.

Das Potential im Punkt A_4 muß man in hinreichender Nähe der Winkelhalbierenden von α_4 messen, da sich das Potential in der Umgebung eines hervorspringenden Punktes sehr scharf ändert und ein kleiner Fehler in der Wahl des Ortes einen großen Fehler bei der Messung des Potentials ergibt. Die Resultate lassen sich verbessern, wenn man die Potentiale in verschiedenen Punkten mißt, die in gleichen Abständen auf einem kleinen Kreisbogen um die Ecke A_4 liegen, und hierauf das arithmetische Mittel bildet. In Bild 90 sind diese Hilfspunkte durch Kreuzchen markiert.

Tabelle 153

n	φ_2	ϵ	n	φ_2	φ_3	φ_4	φ_5
1	0,167	+ 0,002	1	0,875	0,870	0,608	0,417
2	0,170	- 0,001	2	0,866	0,860	0,608	0,412
3	0,169	0,000	3	0,881	0,877	0,628	0,433
4	0,164	+ 0,005	4	0,871	0,866	0,610	0,414
5	0,175	- 0,006	5	0,875	0,869	0,621	0,426
6	0,172	- 0,003	6	0,876	0,871	0,621	0,416
7	0,165	+ 0,004	7	0,855	0,849	0,597	0,395
8	0,172	- 0,003	8	0,866	0,861	0,606	0,407
9	0,172	- 0,003	9	0,877	0,873	0,627	0,423
10	0,169	0,000	10	0,870	0,866	0,605	0,406
11	0,171	- 0,002	11	0,872	0,867	0,606	0,408
12	0,169	0,000	12	0,866	0,861	0,607	0,400
13	0,168	+ 0,001	13	0,858	0,852	0,599	0,391
14	0,169	0,000	14	0,863	0,859	0,614	0,399
15	0,175	- 0,006	15	0,859	0,854	0,604	0,398

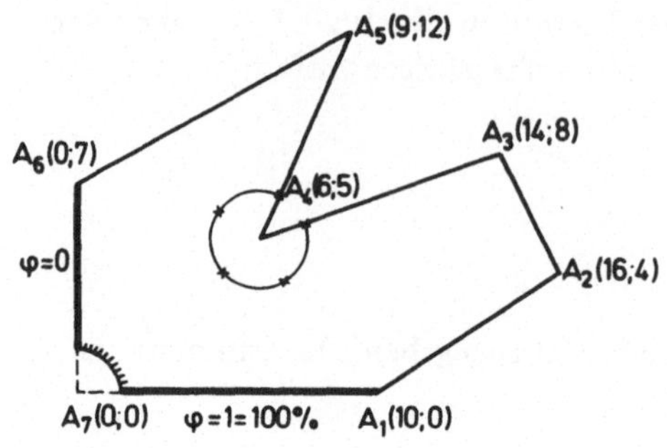

Bild 90

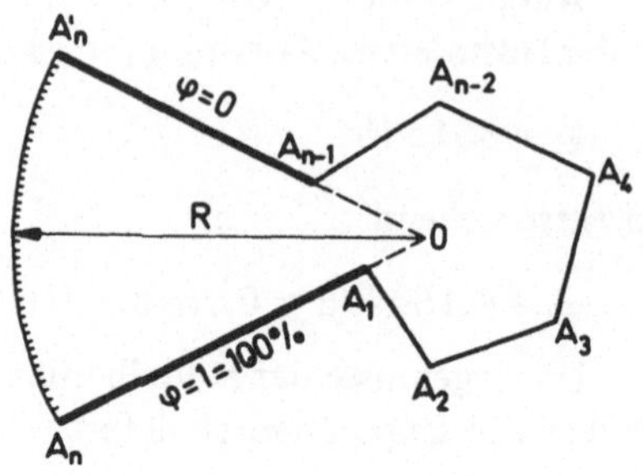

Bild 91

Die Ergebnisse der Elektromodellierung sind in Tabelle 153 angegeben. Der Mittelwert aus 15 Experimenten liefert

$$\widetilde{\varphi}_2 = 0{,}8687; \quad \widetilde{\varphi}_3 = 0{,}8637; \quad \widetilde{\varphi}_4 = 0{,}6107; \quad \widetilde{\varphi}_5 = 0{,}4097.$$

Gemäß Gl. (7.177) erhalten wir dann

$$\widetilde{\xi}_2 = -0{,}9161; \quad \widetilde{\xi}_3 = -0{,}9097; \quad \widetilde{\xi}_4 = -0{,}3408; \quad \widetilde{\xi}_5 = 0{,}2799.$$

Auch bei der Modellierung komplizierterer Vielecke entstehen keine neuen Schwierigkeiten. Man muß nur das Potential in mehr Punkten bestimmen. Wenn einige Seiten Schnitte darstellen, so realisieren wir diese auch bei der Modellierung als Schnitte im leitenden Papier und schieben zur Isolation einen Streifen Pauspapier hindurch.

Um geometrische Fehler so weit wie möglich auszuschließen, schneidet man das gegebene Vieleck aus einem festen Papier sorgfältig aus. Hierauf verwendet man diese Zeichnung als Schablone und überträgt die Eckpunkte auf eine beliebige Anzahl von Modellen aus leitendem Papier.

Die durch Elektromodellierung erhaltenen Ergebnisse kann man mit Hilfe der Netzmethode verbessern. Die Bestimmung der Konstanten des Integrals von *Christoffel-Schwarz* läßt sich nämlich auf eine Lösung der Laplaceschen Differentialgleichung zurückführen.

Die dafür benötigten Werte des Potentials in den Stützpunkten entnehmen wir dem elektrischen Modell und betrachten sie als erste Näherung.

Im Falle eines offenen Vielecks nehmen wir als Ecke A_n, die der Konstanten $\xi_n = \infty$ entspricht, den Punkt $z = \infty$ und „schließen" das Vieleck mit Hilfe eines Kreises von hinreichend großem Radius R, wie es in Bild 91 dargestellt ist.

Im übrigen bleibt die Methode die gleiche wie früher. Insbesondere gilt auch die Gl. (7.177) für offene Vielecke.

Zum Abschluß bemerken wir noch, daß wir auch bei der Modellierung von Aufgaben der Druckfiltrierung, deren Lösungen grundsätzlich in der Konstruktion der abbildenden Funktion bestehen, im wesentlichen implizit die Konstanten von *Christoffel-Schwarz* bestimmen. So wurden zum Beispiel bei der Elektromodellierung der Filtrierungsaufgabe für die in den Bildern 19 und 23 in der Arbeit [485, Bd. 2] dargestellten Verdichtungsschürzen, die zur Überprüfung von theoretischen Lösungen vorgenommen wurde, alle von uns benötigten Werte $\varphi_k = h_k$ für die entsprechenden 11- und 19-Ecke bestimmt. Setzen wir diese Werte nun in die Gl. (7.177) ein, so erhalten wir die Konstanten des Integrals von *Christoffel-Schwarz* auch für diese ziemlich komplizierten offenen Vielecke.

Übung: Unter Verwendung der durch Elektromodellierung in Beispiel 3 gefundenen Konstanten von *Christoffel-Schwarz* berechne man nach der Methode von Abschnitt 59 die ihnen entsprechenden Seiten des Siebenecks und vergleiche sie mit den gegebenen Seiten.

Eng mit dem oben betrachteten Problem verknüpft ist das Problem der experimentellen Bestimmung einander entsprechender Berandungen bei der konformen Abbildung. Am einfachsten bestimmt man die Zuordnung der Berandungen bei der konformen Abbildung eines Kreisrings

$$0 < \rho_0 \leqslant |\zeta| < 1$$

auf einen zweifach zusammenhängenden Bereich z, dessen innerer und äußerer Rand von einfachen geschlossenen Kurven gebildet wird, die beide den Nullpunkt in ihrem Inneren enthalten (Bild 92). Die Normierung wählen wir wie in Abschnitt 55, d. h. wir fordern, daß der Punkt $z = x_0$ bei der Abbildung in den Punkt $\zeta = 1$ übergeht:

$$z = f(\zeta)\,|_{\zeta = 1} = x_0.$$

Wir beginnen die Lösung mit der Montage eines Modells für die direkte Aufgabe. Zu diesem Zweck zeichnen wir den gegebenen z-Bereich auf leitendes Papier, kleben längs der Berandungen L_1 und L_2 mit elektrisch leitendem Leim [493, § 4] zwei Kupferdrähte auf und legen an diese die Potentiale $\varphi = 0$ und $\varphi = 1 = 100\,\%$. Die überflüssigen Papierteile entfernen wir. Hierauf ziehen wir von $z = x_0$ aus mehrere Niveaulinienteile $\varphi = \text{const}$ mit 5 oder 10 % Abstand. Dies erlaubt uns die Konstruktion der Orthogonaltrajektorie, die durch den Punkt $z = x_0$ verläuft und eine Stromlinie darstellt.

Zur Konstruktion des Modells für die umgekehrte Aufgabe schneiden wir (zusammen mit den Drahtschienen) den z-Bereich längs der gegebenen Ränder L_1 und L_2 genau aus, ziehen längs der gefundenen Stromlinie einen Schnitt und bringen an beiden Rändern neuerlich Kupferdrähte an, die wir wieder mit den Potentialen $\varphi = 0$ und $\varphi = 100\,\%$ versehen.

Die Stromlinien und die Potentiallinien im z-Bereich bilden ein orthogonales Gitter, das auf Grund der Eindeutigkeit der konformen Abbildung identisch sein muß mit dem orthogonalen Gitter, in das bei der konformen Abbildung die Strahlen $\theta = \text{const}$ und die Kreislinien $\rho = \text{const}$ übergehen.

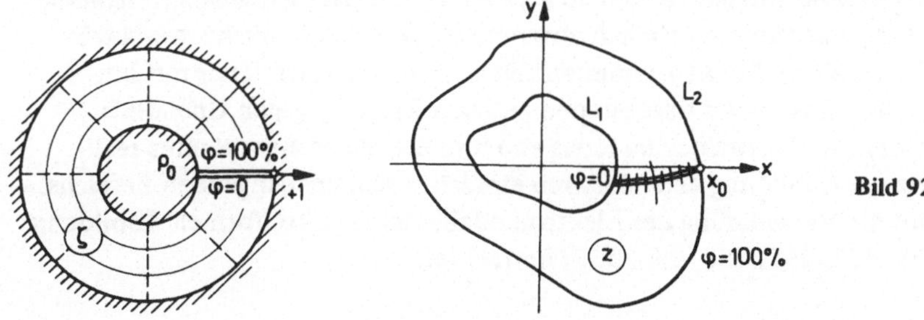

Bild 92

Messen wir daher am Modell für die umgekehrte Aufgabe in einem beliebigen Punkt M des inneren oder äußeren Randes des z-Bereichs das Potential φ_M, so finden wir daraus leicht den entsprechenden Punkt auf dem Rand des Kreisrings, da das Potential auf beiden Berandungen des Kreisringes linear verteilt ist (aus diesem Grund ist ein Modell des Kreisringes bei der umgekehrten Aufgabe nicht notwendig).

Insbesondere bestimmt man auf diesem Wege in nullter Näherung leicht die Stützpunkte, die man zur Realisierung der trigonometrischen Interpolation (siehe Abschnitt 55) benötigt. Die Stützpunkte findet man als Randpunkte des Modells der umgekehrten Aufgabe, in denen die Potentiale

$$\varphi_n = \frac{100n}{2m}\,\%; \quad n = 1, 2, 3, \ldots, 2m$$

herrschen.

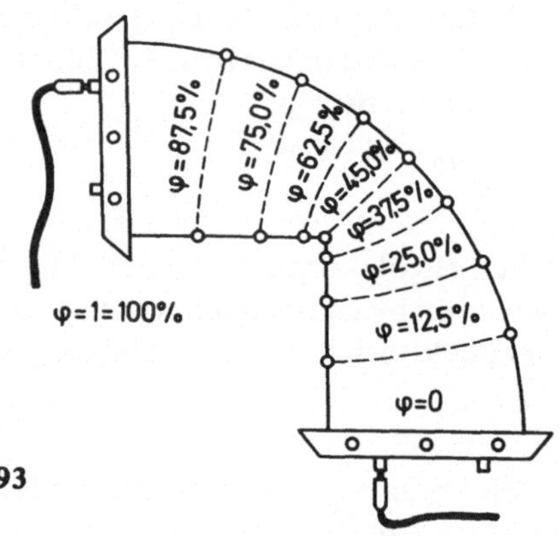

Bild 93

Wir betonen hier, daß die Lage der Stützpunkte nicht vom inneren Radius ρ_0 des Kreisringes abhängt, der vorerst nicht bekannt ist.

Wenn der z-Bereich q Symmetrieachsen besitzt, so kann man das Modell für die umgekehrte Aufgabe direkt konstruieren, da die Symmetrieachsen Stromlinien darstellen. Wir schneiden aus leitendem Papier den Teil des z-Bereiches aus, der zwischen zwei benachbarten Symmetrieachsen liegt, und legen an diese Achsen mit Hilfe von Klemmschienen die Potentiale $\varphi = 0$ und $\varphi = 1 = 100\,\%$. Auf diesem Wege finden wir daher wieder die Randpunkte, die sich bei der konformen Abbildung entsprechen, oder die gewünschten Stützpunkte. In Bild 93 wurden mit Hilfe der Elektromodellierung auf dem Niveau $m = 16$ die Stützpunkte für das in Abschnitt 55 betrachtete Beispiel konstruiert.

Das gesamte oben dargelegte Verfahren überträgt man leicht auf einfach zusammenhängende Bereiche, und zwar sowohl auf innere als auch auf äußere. Wir gelangen nämlich zum Fall der Abbildung eines inneren einfach zusammenhängenden Bereichs, wenn wir den inneren Rand L_1 zu einem Punkt zusammenziehen, bzw. auf einen Kreis mit hinreichend kleinem Radius. Lassen wir dagegen den äußeren Rand L_2 gegen Unendlich streben, was man in der Praxis durch einen Kreis von hinreichend großem Radius realisiert, so gelangen wir zur Abbildung eines äußeren einfach zusammenhängenden Bereichs. Sehr ausführlich wird die Verwendung der Elektromodellierung zur konformen Abbildung in den Arbeiten [438, 452, 457, 458, 459, 560] betrachtet.

Zum Abschluß sei noch bemerkt: Wenn der gegebene z-Bereich ein Vieleck ist, so können wir nach dem in Bild 92 dargestellten Schema das Potential in seinen Ecken bestimmen und die diesen Ecken entsprechenden Punkte auf dem äußeren Kreis aufsuchen. Wir finden dadurch unmittelbar die Konstanten des Integrals von Christoffel-Schwarz für die Abbildung des Einheitskreises auf ein gegebenes Vieleck.

61. Kurze Übersicht über die Arbeiten zur Elektromodellierung

Zur Lösung verschiedenster technischer Aufgaben verwendet man gewöhnlich einen Hydrointegrator [242, 243] oder einen Elektrointegrator (Analogrechner) netzartigen Typs [51, 57, 88, 240, 358, 451].

Als leitendes Medium für den Elektrointegrator dient ein diskretes Netz, das aus einer Ansammlung von konstanten oder variablen Widerständen (Resistoren) mit möglichst wenig Kapazität und Induktivität besteht. Solche Netze erlauben am Integrator die Lösung einer großen Klasse von Problemen, die durch partielle Differentialgleichungen mit variablen Koeffizienten und variabler rechter Seite beschrieben werden. Dazu gehören die Laplacesche Gleichung, die Poisson-Gleichung, die Fouriersche Gleichung, die Telegraphengleichung u.a.m.

Die Erzeugung eines universell verwendbaren Netzes ist jedoch eine sehr mühsame, aufwendige und teure Angelegenheit. Zur Lösung eines engeren Aufgabenbereichs erzeugt man daher einfachere und spezialisiertere Integratoren.

Zur Modellierung von Gleichungen elliptischen Typs verwendet man mit Erfolg die Methode der elektrohydrodynamischen Analogie (EHDA). Die EHDA-Methode ist nicht nur in der Hydrodynamik weit verbreitet, sondern auch in der Elektrotechnik, der Elastizitätstheorie, der Wärmetechnik, der Elektronenoptik, der Radiotechnik, in der Regelungstechnik und in anderen Bereichen. Die größte Anerkennung fand die Methode jedoch in der Hydrotechnik. Man verwendete sie bei der Projektierung nahezu aller großen hydrotechnischen Einrichtungen der USSR. Darüber hinaus muß aufgrund der technischen Bedingungen und Normen der Projektierung der Filtrierungsplan aller hydrotechnischen Anlagen der Klassen I und II unbedingt nach der EHDA-Methode erfolgen.

Die Literatur, in der diese Methode beschrieben wird, umfaßt viele hundert Namen. Am gründlichsten wird die EHDA-Methode in ihrer Anwendung auf Probleme der Filtrierung in den Monographien von *N. I. Druschinin* [109, 110] dargelegt. Dort findet man auch eine ausführliche Bibliographie. Die Anwendung der Analogiemethode auf die Probleme der Aerohydrodynamik ist sehr gut in der Monographie von *N. N. Syntzov* [441] beschrieben. Allgemeine Fragen der Modellierung werden in den Monographien von *I. M. Tetelbaum* [443] und *W. D. Karplus* [587] behandelt. In der Arbeit von *Karplus* findet man auch eine Darstellung der historischen Entwicklung der Methode, sowie eine umfangreiche Bibliographie aus den folgenden Bereichen: elektrostatische Felder, Elektronenoptik, elektromagnetische Wellen, Felder in elektrischen Leitern, magnetische Felder, Elastizitätstheorie, Thermodynamik, Hydrodynamik, Atomreaktoren.

Unter den Übersichtsartikeln sind in erster Linie zu nennen die sehr guten Darstellungen von *G. J. Stepanov* [440] und von *T. J. Higgins* [582], in denen die Methode der Elektroanalogien und ihre vielseitigen Anwendungen sehr ausführlich behandelt und an Hand von mehr als 1500 Literaturquellen analysiert wurden.

Großes Interesse verdienen auch der Übersichtsartikel von *G. Liebman* [602] und der Bericht von *L. Malavard:* „Die Methode der Elektroanalogien, ihre Möglichkeiten und ihre technische Entwicklung", der vom Autor bei der internationalen Konferenz 1955 in Brüssel vorgetragen wurde [603].

Bei der Existenz einer derartig umfangreichen Literatur über das betrachtete Problem dürfen wir uns auf einige allgemeine Bemerkungen beschränken.

Der Gedanke der elektrohydrodynamischen Analogie entstand zum ersten Mal in der Mitte des neunzehnten Jahrhunderts auf Grund der Untersuchungen elektrischer Prozesse von *Faraday, Helmholtz* und *Maxwell,* die der größeren Anschaulichkeit wegen den elektrischen Strom als Bewegung einer idealisierten Flüssigkeit gedeutet hatten.

1873 strich *Maxwell* in seiner berühmten „Abhandlung über Elektrizität und Magnetismus" [256] die tiefere grundsätzliche Bedeutung heraus, die in den elektrohydrodynamischen Analogien liegt, und gab eine physikalische Deutung des Real- und Imaginärteils einer Funktion einer komplexen Veränderlichen mit Hilfe der Potential- und Stromverteilung auf einem ebenen Blatt aus einem homogenen leitenden Material. *Maxwell* verdanken wir auch einen Ausspruch, der sehr genau das Wesen der Methode der Analogien in der damaligen Auffassung wiedergibt: „Die Ähnlichkeit, die durch die Analogie zum Ausdruck kommt, besteht nicht zwischen den Phänomenen selbst, sondern zwischen den mathematischen Beziehungen, durch die diese Phänomene beschrieben werden" [582, I].

1887 hat *N. E. Schukowsky* in seinen „Vorlesungen über Hydrodynamik" [115] das Hauptziel der elektrodynamischen Analogie beschrieben.

Noch später, nämlich 1845, verwendete *G. Kirchoff* [588] die Analogiemethode zur Untersuchung des Feldes eines ebenen Kondensators in einem elektrischen Modell aus einer Kupferfolie.

Elektrolyte wurden zum Zwecke der Modellierung zum erstenmal offenbar von *W. Smith* [624] und *W. Adams* [548] verwendet.

Interessante Angaben enthält auch der Artikel von *P. Förster* [572], in der dieser eine experimentelle Methode zur Lösung der Laplaceschen Gleichung mit Hilfe des elektrolytischen Trogs vorschlägt und eine Beschreibung der von ihm verwendeten Vorrichtung gibt[1]).

Die tragende Rolle in der Entwicklung der EHDA-Methode spielte jedoch die gewaltige wissenschaftliche und organisatorische Tätigkeit des Akademiemitglieds *N. N. Pawlowski* in den Jahren 1918–1922. Die Hauptresultate des wissenschaftlichen Teils der Arbeit sind in der Dissertation von *N. N. Pawlowski* [317, Kapitel XIII] dargestellt. Dort findet man auch die Beschreibung der Konstruktion einer EHDA-Vorrichtung, sowie das Lösungsschema und die Lösungsmethode bei den Problemen der Druckfiltrierung.

Dank der Bemühungen *Pawlowskis* entstand das erste Laboratorium zur Untersuchung der Filtrierung mit Hilfe der EHDA[2]). Dieses in seiner Art größte Laboratorium

---

1) Auf diese Arbeit hat liebenswürdigerweise *A. G. Ugodtschikow* hingewiesen.

2) Heute gehört das Laboratorium von *N. N. Pawlowski* zum hydrotechnischen Forschungsinstitut in Leningrad.

in der UdSSr spielte eine ausnehmend wichtige Rolle in der Entwicklung der EHDA-Methode und in ihrer Verwendung zur Lösung praktischer Probleme der Hydrotechnik. Heute gibt es in der UdSSR Dutzende von erstklassigen Laboratorien, in denen die Methode der Elektroanalogie zur Lösung einer großen Gruppe von theoretischen und praktischen Aufgaben herangezogen wird, die bei der starken technischen Entwicklung zu bewältigen sind.

Zur Realisierung der Methode der Elektroanalogie verwendet man verschiedene elektrisch leitende Materialien: Staniol, flüssige und geschmolzene Elektrolyte, Mischungen von Marmorbrösel mit Graphit, elektrisch leitende Lacke und Farbstoffe, elektrisch leitende Pappe und Widerstandspapier, u.a.m. Jedes Material hat seine Vorzüge und seine Nachteile. Ausführlich betrachtet werden diese Materialien in der Arbeit von *N. I. Druschinin* [109, Kapitel IV].

Die verbreitetsten Materialien sind heute die Widerstandsnetze, Elektrolyte und das leitende Papier. Alle diese verwendet man zur Modellierung mit Hilfe der EHDA-Methode bei den verschiedensten technischen Problemen, darunter auch nicht-stationärer Prozesse [24, 25, 40, 111, 128, 180, 184, 234, 293, 294, 305, 321, 322, 335, 388, 404, 454, 498, 578, 585, 607, 614]. Nicht-stationäre Felder simuliert man entweder nach der Methode der Änderung der stationären Konstanten im EHDA-Integrator [203, 519], oder mit Hilfe spezieller Integratoren, die von *A. G. Tarapon* [442, 293] erarbeitet wurden.

Die industrielle Fertigung von elektrisch leitendem Papier für technische Zwecke wurde von *B. B. Gutman* [90] erarbeitet. Bei unserer Verwendung dieses Papiers zur Modellierung von Filtrierungsproblemen ergaben sich vollkommen befriedigende Resultate, ungeachtet der großen elektrischen Inhomogenität.

Im weiteren wurde auf die Bitte des mathematischen Instituts der Akademie der Wissenschaften der Ukraine in den staatlichen Papierforschungsinstituten (Leningrad) unter der Leitung von *B. B. Gutman* mit der Entwicklung eines elektrisch leitenden Papiers höherer Qualität speziell für die Zwecke der Elektromodellierung begonnen. Insbesondere gelangt bei den neuen Labormustern eine beträchtliche Erhöhung der elektrischen Homogenität und der Hydrophobie. Außerdem gelang die Herstellung von leitendem Papier, dessen spezifischer Widerstand von einigen zehn Ohm bis zu einigen Megaohm pro Quadrat variiert, was für die Modellierung neue Perspektiven eröffnete.

Die systematische Arbeit an der Modellierung mit leitendem Papier wurde im Jahre 1947 am mathematischen Institut der Akademie der Wissenschaften der Ukraine begonnen. Ergebnisse wurden 1949 veröffentlicht [481].

Die Kontaktspannung zwischen dem Papier und den metallischen Schienen ist verschwindend klein. Sie übt auf die Meßergebnisse praktisch keinen Einfluß aus. Die Leitfähigkeit des Papiers ist eine Elektronenleitfähigkeit. Man kann daher mit Gleichstrom arbeiten. Die Meßvorrichtung wird dadurch einfacher und man erhält exaktere Ergebnisse als bei Verwendung von Elektrolyten. Die von uns untersuchten Papiermuster änderten im Laufe von sechs Jahren ihre Leitfähigkeit um weniger als 5 %.

Die mechanische Behandlung von Widerstandspapier ist einfach (mit einem Messer oder mit einer Schere läßt es sich zum Beispiel genauso schneiden wie gewöhnliches Papier).

Den Kontakt zwischen einzelnen Zonen stellt man mit Hilfe von elektrisch leitendem Leim her, dessen Zusammensetzung in [493, § 4] angegeben ist. Die Leitfähigkeit des Leims ist in weiten Bereichen variierbar.

Die Verwendung von Widerstandspapier als leitendes Medium erlaubt eine wesentliche Vereinfachung des Modellierungsproblems und der benützten Vorrichtung.

Die erste Vorrichtung EHDA-1 zur Modellierung von Filtrierungsproblemen [1]) wurde im Jahre 1947 mit Hilfe von Widerstandskarton von *W. I. Pantschinschin* und *P. F. Filtschakow* konstruiert, und zwar auf der Grundlage der EHDA-Vorrichtung von *N. N. Pawlowski.* Diese Vorrichtung arbeitet heute noch störungsfrei im Institut für Wasserbauingenieure der Ukraine.

Der Integrator EHDA-3 wurde 1949 im Auftrag der Wasserbauunion in Moskau hergestellt. Als Speisevorrichtung wurde dabei ein Generator mit fixierter Stimmung in den fünf Bereichen 200, 400, 2000, 4000 und 6000 Hz verwendet. Als Nullinstrument dient ein Galvanometer mit Lichtzeiger.

Die Integratoren EHDA-4 und EHDA-5 sind Experimentierintegratoren mit kleinen Abmessungen vom Tischrechnertyp [2]). Sie sind für die Arbeit mit industriell hergestelltem Widerstandspapier bestimmt. Man kann sie daher mit konstantem Strom speisen, was eine wesentliche Vereinfachung der Meßvorrichtung dieser Geräte erlaubt und die Meßgenauigkeit erhöht. 1951 wurde auf der Grundlage der bisherigen fünf Modelle der Integrator EHDA-6/51 gebaut.

In den Jahren 1955 und 1956 wurde die Ausarbeitung von zwei vollkommeren Integratormodellen beendet, dem Integrator EHDA-7/55 mit kleinen Dimensionen, einem Tischrechner, und dem universellen Integrator EHDA-8/56, der mit 20 potentiometrischen Spannungsteilern ausgestattet ist, die die Einstellung eines beliebig gegebenen Potentials mit einer Genauigkeit von 0,1 % der Arbeitsspannung erlauben. So können beliebige Randbedingungen bei der Modellierung von Potentialfeldern realisiert werden und der Kreis der modellierbaren Probleme wird dadurch erweitert.

Auf der Grundlage dieser acht Modelle wurde hierauf der neue universelle Integrator EHDA-9/60 konstruiert, dessen serienmäßige Erzeugung 1960 begonnen wurde.

In den heutigen Tagen wurde die Ausarbeitung des universellen und halbautomatischen Integrators EHDA-11 beendet. Auch er wird bereits serienmäßig erzeugt.

Ende 1960 hatte das Mathematische Institut der Akademie der Wissenschaften der Ukraine gemeinsam mit dem Herstellerbetrieb mehr als 700 EHDA-Integratoren in 489 verschiedenen Organisationen von 133 Städten und Ortschaften aller 15 Sowjetrepubliken installiert. In Tabelle 154 ist die Verteilung der Integratoren auf die Anwendungsbereiche und Organisationsgruppen beschrieben (Angaben in Prozenten).

---

1) Da es sich bei der Arbeit mit einer EHDA-Vorrichtung im wesentlichen meist um die Integration einer Gleichung vom Laplaceschen Typ handelt, ist die Bezeichnung „EHDA-Integrator" wohl gerechtfertigt.

2) Die Dimensionen des Integrators EHDA-5 sind zum Beispiel 220 × 180 × 110 mm. Sein Gewicht ist 4 kg.

Tabelle 154

Anwendungsbereiche	
Hydrotechnik, Hydrogeologie und Grubenmechanik	36,8
Maschinen-, Turbinen- und Reaktorbau	19,6
Baumechanik	13,4
Elektrotechnik, Radiotechnik und Elektronik	12,7
Aeromechanik, Flugzeugbau	10,2
allgemeintechnische Profile	7,3
gesamt	100,0 %

Organisationsgruppen	
1. Konstruktionsbüros von Fabriken und Unternehmen	
Maschinenbau	6,9
Elektromaschinenbau, Elektronik	4,1
Turbinenbau	3,2
Flugzeugbau, Schiffsbau	2,8
Atomenergie	0,7
	17,7 %
2. Wissenschaftliche Forschungsinstitute	
Hydrotechnik und Meliorationsarbeit	6,1
Wasserwirtschaft	4,6
Geologie und Hydrogeologie	3,7
Erdöl und Gas	2,6
Kohlenbau und Torfförderung	2,5
Bergbau, Montanmetallurgie	2,2
Geophysik und Seismologie	1,2
Elektrotechnik und Radioelektronik	4,7
Wärmeenergie	2,3
Maschinenbau	2,2
Lufttransport	1,5
Marine- und Flußtransport	1,0
Eisenbahn- und Automobiltransport	0,7
Baumechanik und Bautechnik	4,7
Frostleitung	0,4
chemische Industrie	1,2
Wirtschaft und Handel, Lebensmittelindustrie	1,1
Rechenzentren	0,6
Feinmechanik und Optik	0,6
	43,9 %

3. Lehranstalten und dazu gehörende Institute

Universitäten	4,4
Technische Hochschulen	9,0
Landwirtschaft	3,3
Hydrotechnik und Metallurgie	0,8
Bauingenieure, Städtebau	2,9
Eisenbahn- und Autotransport	2,8
Wassertransport, Marinetransport	2,3
Flugwesen	2,2
Bergbau, Erdöl und Gas	3,3
Energiewirtschaft	2,1
Elektrotechnik und Radiotechnik	1,2
Maschinenbau	1,2
Metallurgie	1,0
Technologie	0,7
Chemie-Technik	0,4
Meteorologie	0,4
Pädagogik	0,4
	38,4 %
Alle Organisationsgruppen	100,0 %

Übungen zu Kapitel 7

1. Mit Hilfe der trigonometrischen Interpolation bilde man mit einer Genauigkeit von $\delta \leqslant 0{,}001$ das Innere des Einheitskreises auf das Innere der Ellipse mit den Halbachsen $a = 1$ und $b = 0{,}5$ ab.

2. Mit Hilfe der trigonometrischen Interpolation bilde man mit einer Genauigkeit von $\delta \leqslant 0{,}0001$ das Äußere des Einheitskreises auf das Äußere eines gleichseitigen Dreiecks mit der Seitenlänge $a = 1$ ab. Hierauf bilde man denselben Bereich ein zweites Mal auf das Äußere dieses Dreiecks ab, dessen Ecken nun aber durch Kreise mit dem Radius $r = 0{,}1a$ gerundet sind. Man vergleiche die Ergebnisse mit den Ergebnissen, die 1936 *G. N. Sawin* auf anderem Wege erhalten hat [379, 383].

3. Man bilde einen Kreisring ($R = 1$) mit der Genauigkeit $\delta \leqslant 0{,}01$ auf den Einheitskreis ab, aus dem eine Ellipse mit den Halbachsen $a = 0{,}40$ und $b = 0{,}15$ ausgeschnitten wurde, deren Mittelpunkt mit dem Kreismittelpunkt zusammenfällt. Man verwende dazu einmal die Methode der trigonometrischen Interpolation und ein zweites Mal die Methode der Folge von konformen Abbildungen einfach zusammenhängender Bereiche.

4. Man bestimme mit sechs bedeutsamen Ziffern die Konstanten des Integrals von *Christoffel-Schwarz* für das geschlossene Viereck:

$$l_1 = 1;\quad l_2 = 1{,}7;\quad \alpha_1 = 0{,}62\pi;\quad \alpha_2 = 0{,}70\pi;\quad \alpha_3 = 0{,}26\pi.$$

5. Man bestimme mit vier bedeutsamen Ziffern die Konstanten des Integrals von *Christoffel-Schwarz* für das offene Fünfeck:

$$l_1 = 1;\quad l_2 = 0{,}8;\quad l_3 = 0{,}7;\quad \alpha_1 = 0{,}63\pi;\quad \alpha_2 = 0{,}70\pi;\quad \alpha_3 = 1{,}27\pi;\quad \alpha_4 = 0{,}81\pi.$$

Kapitel 8. Graphische Methoden zur Lösung einiger Filtrierungsprobleme

Bei der Lösung zahlreicher technischer Aufgaben werden sehr oft verschiedene graphische und graphisch-analytische Methoden herangezogen. Der Rahmen des vorliegenden Buches erlaubt keine ausführliche Darstellung solcher Methoden. Wir beschränken uns daher auf einige grundlegende Probleme der Filtrierung bei hydrotechnischen Einrichtungen, einschließlich des Falles von Entwässerungsgräben und des Falles von zweischichtigen Umgebungen. Diese Wahl wurde nicht zufällig getroffen. Die betrachteten Probleme sind bei exakter hydrodynamischer Formulierung bis heute noch nicht allgemein lösbar, oder die Lösung erfordert das Zehnfache oder Hundertfache des Arbeitsaufwandes, der bei der graphisch-analytischen Methode zu bewältigen ist.

Darüber hinaus kann man den Hauptvorteil der analytischen Methoden, nämlich die Sicherung eines beliebig gegebenen Genauigkeitsbereiches, im Falle von Filtrierungsaufgaben kaum ausnützen, da die Genauigkeit der Ausgangsdaten nur sehr gering ist (und diese Genauigkeit grundsätzlich nicht erhöht werden kann). Man erhält dadurch im Endresultat höchstens zwei bis drei gültige Stellen. Eine derartig geringe Genauigkeit wird aber auch bei der graphisch-analytischen Methode gewährleistet.

Das zweite charakteristische Merkmal der darzulegenden Methode liegt darin, daß mit ihrer Hilfe alle Besonderheiten der Lösung realisiert werden, wodurch auch eine genügend hohe Genauigkeit der Endergebnisse sichergestellt wird. Unbekannt bleibt nur die Wechselwirkung dieser Besonderheiten. Ähnlichen Sachverhalten begegnet man nicht nur bei der Lösung von Filtrierungsaufgaben. Die Kenntnis dieser Methode ist daher auch für Ingenieure anderer Fachgebiete nützlich.

62. Die Aufgabenstellung. Die graphische Lösung für eine Schürze mit einer Spundwand bei $T = \infty$

Die Theorie der Filtrierung bei hydrotechnischen Anlagen ist schon in den Jahren 1918–1920 von *N. N. Pawlowski* ausgearbeitet worden [317], der das Problem auf die Lösung einer gemischten Randwertaufgabe für die Laplacesche Gleichung bei den folgenden Randbedingungen zurückführte[1]) (Bild 94): Längs der Strahlen D–A und B–C gelte für die Potentialfunktion

$$\varphi = \varphi_1 = \text{const} \quad \text{und} \quad \varphi = \varphi_2 = \text{const},$$

(wobei man ohne Beschränkung der Allgemeinheit $\varphi_1 = 1$ und $\varphi_2 = 0$ nehmen darf), längs der unterirdischen Kontur der hydrotechnischen Anlage, die man auch als Schürze (Dich-

---

1) In der Filtrierungstheorie verwendet man gewöhnlich ein Linkssystem als Koordinatensystem. Wir folgen in diesem Kapitel dieser Tradition.

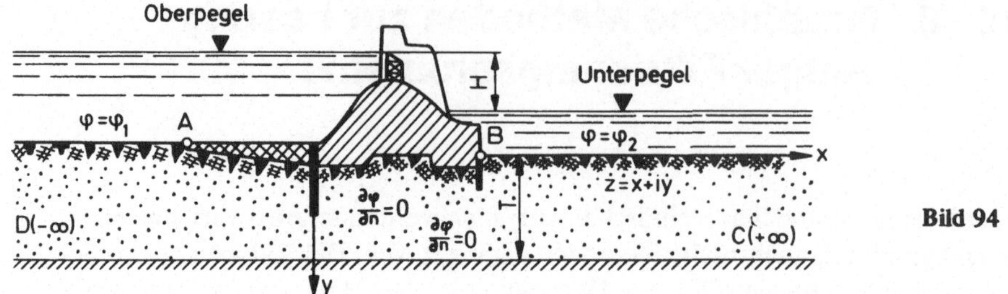

Bild 94

tungsschürze, Dammschürze) bezeichnet, und längs der Grenze des wasserabstoßenden Bereichs gelte

$$\partial\varphi/\partial n = 0.$$

Wenn die Tiefe des wasserdurchlässigen Grundes T größer ist als das Ein- bis Zweifache der unterirdischen Kontur L, so kann man diese Tiefe als unendlich groß betrachten. Wir nehmen in diesem Fall also an, daß $T = \infty$.

Im Prinzip ergibt sich die Lösung der gestellten Aufgabe durch eine Funktion, die den Bereich der Bewegung des Grundwassers $z = x + iy$ auf die Ebene $\zeta = \xi + i\eta$ abbildet. Diese Abbildung kann man mit Hilfe des Integrals von *Christoffel-Schwarz* realisieren. Jedoch entstehen, wie schon erwähnt, bei der exakten hydrodynamischen Lösung des Problems äußerst große Schwierigkeiten. Die komplizierteste Untergrundkontur, für die man heute eine exakte Lösung weiß, ist eine Schürze mit zwei Spundwänden ungleicher Länge für $T \leqslant \infty$ [485, Bd. 1, § 63, 64].

Neben der Entwicklung exakter Methoden in der Theorie der Filtrierung schenkte man daher auch der Entwicklung verschiedener Näherungsmethoden große Aufmerksamkeit, und dies umso mehr, als die Ausgangsdaten (Filtrierungskoeffizienten, Form der Begrenzung des wasserabstoßenden Bereichs, Form der Kurve des Grundabschnitts u.a.m.) stets nur mit begrenzter Genauigkeit bekannt sind. Unter den Näherungsmethoden wurde die lineare Konturfiltrierung sehr breit eingesetzt (*Bligh*-Methode [558, 559]), die in Rußland ab 1910 verwendet wurde. Bekannt ist auch die Methode von *Lane* [600], die 1934 entstand.

Die Methoden von *Bligh* und *Lane*, die aufgrund zahlreicher sorgfältiger Naturbeobachtungen entstanden, spielten zu ihrer Zeit eine wesentliche Rolle. Heute sind sie jedoch bereits veraltet. Diese Meinung wird in der Literatur häufig vertreten. In vielen modernen und anerkannten Lehrbüchern über die Projektierung von hydrotechnischen Anlagen werden die Methoden von *Bligh* und *Lane* (mit gewissen Verbesserungen) ihrer Einfachheit wegen nur noch für eine erste überschlagsmäßige Berechnung des Filtrierungsdrucks auf die Schürze empfohlen (siehe z. B. [85, 127]).

Als wesentlich effektiver erwies sich die Näherungsmethode der Folge von Spundwandabbildungen, die 1934 von *M. A. Lawrentjew* beschrieben wurde, und die hierauf in den Arbeiten von *W. C. Koslow* [182, 183] und unabhängig von *M. A. Lawrentjew* in den Arbeiten von *H. T. Meleschtschenko* [264], *F. P. Gantmacher* und *B. I. Segal* [54, 393] ausgearbeitet wurde. Auf der Grundlage dieser Methode entstand 1947–1949 die Methode der Folge konformer Abbildungen. Die Anwendung dieser Methode auf die Probleme der Filtrierung bei hydrotechnischen Anlagen erlaubte deren Lösung bei homogenem und anisotropem Untergrund sehr allgemeiner Form, nämlich für Schürzen beliebiger Profile und beliebiger Begrenzung des wasserabstoßenden Bereichs [485, Bd. 2]. Für erste Näherungen konstruierte man hierauf eine graphisch-analytische Methode, durch die sich die Lösung mit Hilfe von Zirkel und Lineal und vier Nomogrammen mit für die Praxis hinreichender Genauigkeit ergibt, was ein von *B. P. Ruplis* [373, 374] sorgfältig durchgeführter Vergleich mit den sechs verbreitetsten Ingenieurmethoden bestätigte. Sehr großes Interesse für die Praxis besitzt auch eine Methode, die auf *P. F. Kononenko* zurückgeht [189].

Wir müssen jedoch betonen, daß die von uns betrachteten Probleme zu den einfachsten Problemen der Filtrierungstheorie gehören. Die Lösung einer Klasse von komplizierteren Problemen, wie etwa die Filtrierung durch Erddämme und aus Kanälen, die Berechnung von Entwässerungssystemen, die Filtrierung bei inhomogenem Grund, die Filtrierung zweier Flüssigkeiten u.a.m., erfordert einen komplizierteren mathematischen Apparat, der erfolgreich von *P. J. Polyparinowa-Kotschina* [340–345, 347] erarbeitet und in der Monographie [346] dargestellt worden ist. Dieses Buch ist für alle unentbehrlich, die an der Filtrierungstheorie interessiert sind. Der Ausarbeitung dieser Probleme sind eine Reihe von Monographien und Aufsätze gewidmet.

Wir beginnen die Lösung der gestellten Aufgabe, einer Schürze mit einer Spundwand $z = x + iy$ bei unendlicher Tiefe des wasserdurchlässigen Grunds (Bild 95). Unter Verwendung der Methode von *Pawlowski* läßt sich die Schürze mit einer Spundwand leicht in eine äquivalente ebene Schürze $\zeta = \xi + i\eta$ überführen, für die die Lösung schon weniger Mühe bereitet. Die Funktion, die diese Abbildung realisiert, wurde von *Pawlowski* [317] angegeben. Man bringt sie leicht in die folgende Form:

$$\zeta = \sqrt{s^2 + z^2}; \quad \operatorname{sign} \xi = \operatorname{sign} x. \tag{8.1}$$

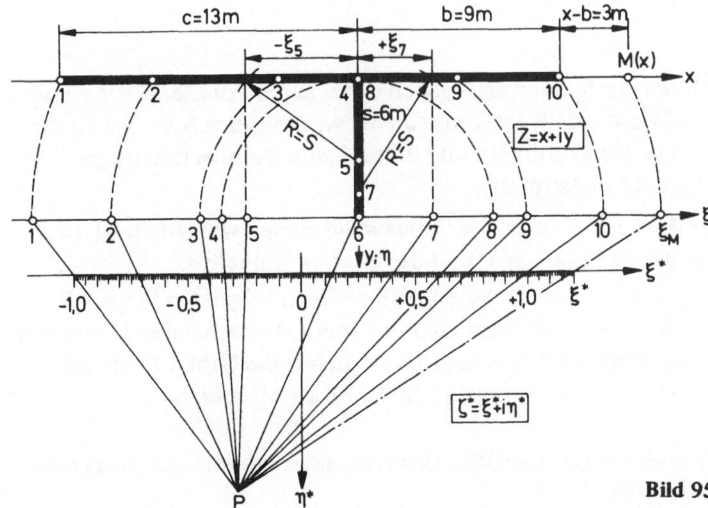

Bild 95

Dabei ist $z = x + iy$ ein Punkt der Schürze, von der wir ausgehen, und $\zeta = \xi + i\eta$ ein Punkt der äquivalenten ebenen Schürze. s bedeutet die Spundwandlänge.

Für die Punkte der reellen Achse haben wir insbesondere

$$\zeta = \xi = \sqrt{s^2 + x^2}; \quad \operatorname{sign} \xi = \operatorname{sign} x \tag{8.2}$$

und für die Punkte der imaginären Achse $z = iy$

$$\zeta = \xi = \sqrt{s^2 - y^2} \quad \text{für} \quad y \leqslant s \tag{8.3}$$

und

$$\zeta = i\eta = i\sqrt{y^2 - s^2} \quad \text{für} \quad y \geqslant s. \tag{8.4}$$

Mit Hilfe der Gln. (8.2) und (8.3) bildet man die Kontur der Schürze leicht graphisch auf die Kontur der äquivalenten ebenen Schürzen ab (Bild 95).

Wir ziehen dazu durch den Punkt 6 ($x = 0$, $y = s$), für den $\xi = 0$ gilt, parallel zur x-Achse die ξ-Achse. Gemäß Gl. (8.2) finden wir den Wert von ξ für einen beliebigen Punkt $z = x$ auf dem horizontalen Teil der Schürze als Hypothenuse des Dreiecks mit den Katheten s und x. Für den Punkt 10 ($x = b$) zum Beispiel finden wir den entsprechenden ξ-Wert direkt aus Bild 95, indem wir mit einem Zirkel den Abstand zwischen den Punkten 6 und 10 messen. Diesen Wert übertragen wir ohne die Zirkelöffnung zu ändern auf die ξ-Achse, wie es in Bild 95 durch die punktierte Linie angedeutet ist. Im weiteren werden wir der Kürze halber sagen, wir haben den Punkt 10 durch den Radius (6–10) vom Mittelpunkt 6 aus abgebildet.

Den so konstruierten Punkt nennen wir, wie es bei der konformen Abbildung üblich ist, *Bild des Ausgangspunktes*.

Um die Abbildung eindeutig zu machen, schreiben wir der Größe ξ das Vorzeichen zu, das die Größe x besitzt, d. h. wir tragen ξ rechts vom Nullpunkt 6 ab, wenn x positiv ist, und nach links, wenn x negativ ist. Dies ist bereits in Gl. (8.2) durch die Gleichung [1]

$$\operatorname{sign} \xi = \operatorname{sign} x$$

beschrieben worden.

Die Punkte 8 und 4 (Basis der Spundwand) gehen dabei in die Punkte $\xi_8 = +s$ und $\xi_4 = -s$ der ξ-Achse über. Auf analogem Wege konstruieren wir im Bereich $\zeta = \xi + i\eta$ die Bilder beliebiger anderer Punkte der Kontur (in Bild 95 sind zum Beispiel bereits die Bilder der Punkte 1, 2, 3, 9 und M konstruiert).

Die ξ-Werte beliebiger Punkte $z = iy$ an der Spundwand finden wir gemäß Gl. (8.3) als Kathete des Dreiecks mit der Hypotenuse y und der zweiten Kathete s.

Die Bestimmung von ξ erreicht man in diesem Fall auf dem folgenden Wege. Wir stellen am Zirkel den Radius $R = s$ ein und schneiden mit dem entsprechenden Kreisbogen vom Mittelpunkt $z = iy$ aus die x-Achse. Der Schnittpunkt liefert die Größe ξ, die wir entweder mit dem Zirkel abnehmen oder direkt auf die ξ-Achse projezieren.

---

1) Das Symbol sign bedeutet „Zeichen". Man kann diese Gleichung daher so lesen: „das Vorzeichen von ξ ist gleich dem Vorzeichen von x".

Wir tragen die Größe ξ in der positiven Richtung ab, wenn der Punkt $z = iy$ auf dem rechten Spundwandrand liegt. ξ wird negativ, wenn dieser Punkt auf dem linken Rand liegt. Auf diesem Wege wurden in Bild 95 bereits die Bilder der Punkte 5 und 7 konstruiert. Die Gl. (8.4) dient zur Bestimmung der Bilder der Begrenzung des wasserabstoßenden Bereichs, worauf im weiteren noch ausführlich eingegangen wird.

Die Funktion (8.1) bildet somit den Bereich der Schürze mit einer Spundwand $z = x + iy$ auf die Ebene $\zeta = \xi + i\eta$ ab, wobei die Spundwand in die Strecke $(-s; +s)$ übergeht. Die Punkte der reellen Achse werden dabei nur verschoben. Die Größe der Verschiebung nimmt mit der Entfernung von der Spundwand rasch ab.

Man sieht leicht ein, daß Gl. (8.1) eine analytische Funktion beschreibt. Es handelt sich daher um eine konforme Abbildung.

Auf diese Weise realisieren wir also allein mit Hilfe von Zirkel und Lineal die konforme Abbildung der Schürze auf die ζ-Ebene. Diese Abbildung erlaubt eine einfache Bestimmung aller interessanten Charakteristiken des Filterflusses, worauf wir nun näher eingehen wollen.

Die Methode, die wir aus Gründen der Konkretisierung an Hand der Schürze mit einer Spundwand darlegen, trägt vollkommen allgemeinen Charakter. Wir verwenden sie später auch im Falle von komplizierteren Schürzen.

63. Die Bestimmung der Hauptcharakteristiken der Filtrierung

Zu den Hauptcharakteristiken der Filtrierung, ohne die man keine unterirdische Kontur rationell planen kann, zählt der Ingenieur die Druckverteilung längs der Schürzenkontur, die Filterergiebigkeit und die Filtergeschwindigkeit längs des Grundes des Unterwassers.

Zur Bestimmung des reduzierten Drucks $\bar{h} = (h - H_2)/H$ in einem beliebigen Punkt der Kontur der Schürze, gehen wir von der ebenen Schürze $\zeta = \xi$, in die wir die Schürze mit einer Spundwand übergeführt haben, zu einer standardisierten ebenen Schürze $\zeta^* = \xi^*$ mit den Enden in den Punkten ± 1 über.

Diesen Übergang vollzieht man mittels der linearen Transformation

$$\xi^* = \frac{2}{\Lambda}(\xi - \xi_1) - 1, \tag{8.5}$$

wobei $\Lambda = \xi_{10} - \xi_1$ die volle Länge der äquivalenten ebenen Schürze bedeutet. Die Punkte ξ_{10} und ξ_1 entsprechen dem Ende des Brunnens $(x = +b)$ und dem Anfang der Dammvorderseite $(x = -c)$, d. h. es sind die Bilder der Punkte 1 und 10. ξ ist ein beliebiger Punkt der Schürzenkontur.

Die Größen $\xi_{10} - \xi_1$ und $\xi - \xi_1$ bestimmen wir wie üblich durch Zirkelmessung, oder wir messen sie direkt in der Zeichnung als Abstände der entsprechenden Punkte der ξ-Achse in einem beliebigen linearen Maßstab (z. B. in Millimetern), da die Größe ξ^* durch das Verhältnis aus zwei Strecken definiert wird und daher dimensionslos ist.

Die Transformation (8.5) läßt sich auch graphisch mit Hilfe einer Zentralprojektion realisieren. Wir ziehen dazu eine ξ^*-Achse parallel zur ξ-Achse und verlängern die Geraden, die die Punkte 10 und 1 der ξ-Achse mit den Punkten + 1 und − 1 der ξ^*-Achse verbinden. Ihr Schnitt bildet das Projektionszentrum P.

Verbinden wir nun die uns interessierenden Punkte der ξ-Achse mit dem Zentrum P, so erhalten wir die entsprechenden Punkte der standardisierten ebenen Schürze ξ^* (Bild 95). Bei bekanntem ξ^* bestimmen wir nun den reduzierten Druck (siehe zum Beispiel [485, Bd. 1, § 59])

$$\bar{h} = \frac{h - H_2}{H} = \frac{1}{\pi} \arccos \xi^* \tag{8.6}$$

mit Hilfe der von uns berechneten Tabellen [402, Tabelle 3] oder mit Hilfe des im Anhang angeführten Nomogramms 3.

Das Nomogramm wurde in Form einer Doppelskala ausgeführt. Es läßt sich außerordentlich leicht benutzen: Wir suchen auf der Skala den gegebenen ξ^*-Wert auf (in Abschnitt 83 auf S. 677 wird die Bezeichnung $\bar{\xi}$ verwendet) und lesen den gegenüberliegenden Wert von $\bar{h}$ ab. Wenn ξ^* negativ ist, so verwenden wir die in Klammern angeführten Ziffern, da

$$\bar{h}(-\xi^*) = 1 - \bar{h}(+\xi^*).$$

Beispiele: Gegeben $\xi^* = -0{,}413$; Antwort $\bar{h} = 0{,}636$;
Gegeben $\xi^* = +0{,}403$; Antwort $\bar{h} = 0{,}368$;
Gegeben $\xi^* = +0{,}736$; Antwort $\bar{h} = 0{,}237$.

In Tabelle 155 sind die Ergebnisse für die in Bild 95 dargestellte Schürze mit einer Spundwand angegeben.

Um den wahren Wert des Drucks zu finden, multiplizieren wir gemäß Gl. (8.6) $\bar{h}$ mit dem Arbeitsdruck H und addieren zum Ergebnis den Wert H_2 am Wasserspiegel des Unterwassers.

Die Anzahl der Punkte, in denen wir den Druck bestimmen können, und ihre Lage auf der Schürzenkontur ist in keiner Weise beschränkt.

Die reduzierte Filterergiebigkeit $\bar{q} = q/\kappa HB$, die durch den Bereich des Unterwassers fließt, der zwischen den Punkten $x = b$ (mit $\psi(b) = 0$) und $M(x)$ liegt, bestimmt man nach der Gleichung[1])

$$\bar{q} = \frac{1}{\pi} \operatorname{Arch} \xi_M^*, \tag{8.7}$$

wobei ξ_M^* der Punkt im Bereich der ebenen Standardschürze ist, der dem Punkt $M(x)$ des Unterwassergrundes entspricht, d. h. ξ_M^* ist das Bild von $M(x)$ im Bereich $\zeta^* = \xi^* + i\eta$.

---

[1]) Diese Abgabe wird unter der Voraussetzung berechnet, daß der Filterkoeffizient κ, der Arbeitsdruck H und die Schürzenbreite B gleich 1 sind. Ausführlich wird diese Frage zum Beispiel in [485, Bd. I, § 58–61] behandelt.

Tabelle 155

Größe	Punkt 1	2	3	4	5
z	- 13,0	- 9,0	- 3,5	- 0	3,5i
ξ	- 14,32	- 10,82	- 6,95	- 6,00	- 4,87
ξ^*	- 1,000	- 0,721	- 0,413	- 0,338	- 0,248
$\overline{h}$	+ 1,000	+ 0,756	+ 0,636	+ 0,610	+ 0,580
$\Delta\overline{h}$	- 0,244	- 0,120	- 0,026	- 0,030	- 0,124
$\frac{\Delta L}{s}$	+ 0,667	+ 0,917	+ 0,583	+ 0,583	+ 0,417
v_m	+ 0,366	+ 0,131	+ 0,045	+ 0,051	+ 0,297

Größe	Punkt 6	7	8	9	10
z	6,0i	5,0i	+ 0	+ 4,5	+ 9,0
ξ	0,00	+ 3,32	+ 6,00	+ 7,50	+ 10,82
ξ^*	+ 0,139	+ 0,403	+ 0,617	+ 0,736	+ 1,000
$\overline{h}$	+ 0,456	+ 0,368	+ 0,288	+ 0,237	0,000
$\Delta\overline{h}$	- 0,088	- 0,080	- 0,051	- 0,237	
$\frac{\Delta L}{s}$	+ 0,167	+ 0,833	+ 0,750	+ 0,750	
v_m	+ 0,527	+ 0,096	+ 0,068	+ 0,316	

Die Größe ξ_M^* bestimmt man genauso, wie die Werte von ξ^* für die Punkte des Dammvorderteils oder des Brunnens. Als Beispiel wurde in Bild 95 (strichpunktierte Linie) $\xi_M^* = 1{,}207$ für den Punkt $M(x = 12{,}0;\ y = 0)$ bestimmt.

Zur Berechnung der Größe $\overline{q}$ verwendet man Tabellen der hyperbolischen Funktionen oder das Nomogramm 4 im Anhang. Auch das Nomogramm 4 ist als Doppelskala ausgeführt. Sein Gebrauch ist vollkommen analog zum Gebrauch des Nomogramms 3. Für den gefundenen Wert $\xi_M^* = 1{,}207$ erhalten wir zum Beispiel $\overline{q} = 0{,}2013$.

Der wahre Wert der Ergiebigkeit q ergibt sich, wenn wir $\overline{q}$ mit dem Faktor κHB multiplizieren. Bei $B = 1$ m erhalten wir die Ergiebigkeit pro Laufmeter Länge der hydrotechnischen Anlage.

Wir kommen nun zur Bestimmung der Filtergeschwindigkeit.

Die reduzierte und die wahre Filtergeschwindigkeit längs des Unterwassergrundes findet man nach den Gleichungen

$$\overline{v} = \frac{s}{\pi \xi_M} \sqrt{\frac{(\xi_M - \xi_8)(\xi_M - \xi_4)}{(\xi_M - \xi_{10})(\xi_M - \xi_1)}}; \quad v = \kappa \left(\frac{H}{s}\right) \overline{v}. \tag{8.8}$$

Dabei bedeuten ξ_8, ξ_4 und ξ_{10}, ξ_1 die Bilder der Spundwandbasis und der Schürzenenden im Bereich $\zeta = \xi + i\eta$. ξ_M ist das Bild des Punktes $M(x)$ im ζ-Bereich, s die Spundwandlänge, als Maßeinheit verwendet.

Alle in die Gleichung für $\bar{v}$ eingehenden Größen entnimmt man unmittelbar der Zeichnung (siehe Bild 95). Die Messung kann man dabei in einem beliebigen Maßstab durchführen, da in dieser Gleichung nur Streckenverhältnisse, also dimensionslose Größen vorkommen. Man kann also zum Beispiel in Millimetern, in Zoll usw. messen. Die unten angeführten Meßergebnisse (in Millimetern) und Berechnungen für den Punkt M(x = 12,0; y = 0) sind in Bild 95 dargestellt. Die Zeichnung, an der die Messungen durchgeführt wurden, wurde auf Millimeterpapier im Maßstab 1: 100 hergestellt.

s	ξ_M	$\xi_M - \xi_1$	$\xi_M - \xi_4$	$\xi_M - \xi_8$	$\xi_M - \xi_{10}$	$\bar{v}$
60,0	134,0	277,8	194,0	74,0	26,0	0,201

Die exakte analytische Lösung liefert im gegebenen Fall $\bar{v} = 0{,}2012$. Wenn sich der Punkt M dem Austrittspunkt 10 nähert, so darf man die Größe $\xi_M - \xi_{10}$ nicht mehr auf graphischem Wege bestimmen, da dies zu ungenau wäre. Man gewinnt sie in diesem Fall nach der unmittelbar aus Gl. (8.2)[1]) folgenden Gleichung

$$\xi_M - \xi_{10} = \sqrt{s^2 + x^2} - \sqrt{s^2 + b^2} = \frac{x^2 - b^2}{\sqrt{s^2 + x^2} + \sqrt{s^2 + b^2}}. \tag{8.9}$$

Im Sonderfall b = 0 fallen die Punkte 8 und 10 zusammen. Damit gilt $\xi_8 = \xi_{10}$ und mit Gl. (8.8) erhalten wir die für das Weitere wichtige Gleichung

$$v = \frac{\kappa H}{\pi \xi_M} \sqrt{\frac{\xi_M - \xi_4}{\xi_M - \xi_1}}. \tag{8.10}$$

Setzen wir in Gl. (8.10) $\xi_M = \xi_8$ und berücksichtigen $\xi_8 = + s$, $\xi_4 = - s$, so finden wir die Filtriergeschwindigkeit im Austrittspunkt, die wir mit v_0 bezeichnen wollen,

$$v_0 = \frac{\kappa H \sqrt{2}}{\pi \sqrt{s\Lambda}} = \frac{0{,}4502}{\sqrt{s\Lambda}} \kappa H, \tag{8.11}$$

wobei die Größen $\Lambda = \xi_8 - \xi_4$ die volle Länge der äquivalenten ebenen Schürze bedeutet.

Nach den Gln. (8.8) und (8.10) kann man die Filtriergeschwindigkeit für die Schürze mit einer Spundwand auch in einem beliebigen Punkt M(ζ) des Filtrierungsbereiches bestimmen. Man muß dazu nur die Größe ξ_M durch die komplexe Größe ζ_M, das Bild des Punktes M(z), ersetzen. In dieser allgemeinen Verwendbarkeit liegt der bekannte Vorteil der Gln. (8.8) und (8.10).

Von praktischem Interesse ist jedoch nur die Geschwindigkeit längs der Schürzenkontur und längs der Unterwasserlinie. Für diese Spezialfälle verwendet man besser einfachere Näherungsformeln, zu deren Betrachtung wir nun übergehen.

---

[1]) Bei $x \to b$ ist die zweite Schreibweise von Gl. (8.9) vorteilhafter, da man zur Erreichung der gewünschten Genauigkeit die beiden Wurzeln mit weniger bedeutsamen Ziffern berechnen muß.

Die Filtriergeschwindigkeit längs der Schürzenkontur finden wir unter Verwendung der Gl. (2.114) [485], die nun die Form

$$v_L = -\kappa \frac{dh}{dL}$$

besitzt, wobei dL das Bogenelement der Schürzenkontur bedeutet.

Ersetzen wir das Differential durch eine endliche Differenz, so erhalten wir als mittleren Wert für die Geschwindigkeit im Intervall ΔL:

$$\bar{v}_m = -\frac{\Delta \bar{h}}{\Delta \bar{L}}; \quad v_m = \frac{\kappa H}{s} \bar{v}_m. \tag{8.12}$$

Dabei ist s die Spundwandlänge, die wir als Maßeinheit verwenden und $\Delta \bar{L} = \Delta L/s$ die reduzierte Länge des Bogenzuwachses.

Der Wert v_m bezieht sich auf die Mitte des Intervalls ΔL. Bei Verkleinerung von ΔL strebt v_m gegen den exakten Wert der Geschwindigkeit in der Mitte des Intervalls ΔL.

In Tabelle 155 sind die nach Gl. (8.12) berechneten reduzierten mittleren Filtriergeschwindigkeiten längs der Schürzenkontur angegeben.

Die Mittelwerte der reduzierten Austrittgeschwindigkeiten in einem beliebigen Punkt am Grund des Unterwassers finden wir nach der Gleichung

$$\bar{v}_m = \frac{\Delta \bar{q}}{\Delta \bar{x}}, \tag{8.13}$$

wobei $\Delta \bar{x} = \Delta x/s = x_2 - x_1/s$ und $\Delta \bar{q}$ den Zuwachs der reduzierten Ergiebigkeit im Bereich Δx bedeutet.

Wenn die Länge des Intervalls Δx hinreichend klein ist, so fällt die Größe $\bar{v}_m$ praktisch mit dem Wert der Geschwindigkeit im Mittelpunkt dieses Intervalls zusammen, d. h. also mit dem Wert der Geschwindigkeit $\bar{v}(x)$ im Punkt

$$x = \frac{x_1 + x_2}{2}.$$

Zur Illustration bestimmen wir die Geschwindigkeit im Punkt $M(x = 12{,}0;\ y = 0)$. Wir wählen dazu zwei hinreichend nahe Punkte im gleichen Abstand links und rechts von M, zum Beispiel $x_1 = 11{,}8$ m und $x_2 = 12{,}2$ m. Mit Hilfe der am Beginn dieses Abschnitts dargelegten Methode finden wir aus diesen Punkten

$$\bar{q}(x_1) = 0{,}1945 \quad \text{und} \quad \bar{q}(x_2) = 0{,}2080.$$

Setzen wir diese Werte nun in die Gl. (8.13) ein, so erhalten wir

$$x = \frac{x_1 + x_2}{2} = 12{,}0 \text{ m}$$

und

$$\bar{v}_m\left(\frac{x_1+x_2}{2}\right)=\frac{\bar{q}(x_2)-\bar{q}(x_1)}{\dfrac{x_2-x_1}{s}}=\frac{0{,}2080-0{,}1945}{\dfrac{12{,}2-11{,}8}{6{,}0}}=0{,}202.$$

Dieses Ergebnis stimmt im Rahmen der Rechengenauigkeit mit dem auf Seite 546 berechneten Wert überein.

Nach Berechnung der Austrittsgeschwindigkeit in einer Reihe von Punkten M_1; M_2; M_3; ... erhalten wir ein Geschwindigkeitsdiagramm.

64. Graphisch-analytische Behandlung nicht vertiefter Schürzen mit mehreren Spundwänden

Wir verwenden nun die Abbildung (8.1) zur Behandlung nicht vertiefter Schürzen mit mehreren Spundwänden.

Als konkreten Fall betrachten wir eine Schürze mit drei Spundwänden (Bild 96). Im Falle beliebig vieler Spundwände geht man analog vor.

Bei der Behandlung von Schürzen mit mehreren Spundwänden bilden wir jede Spundwand unabhängig von den anderen ab und vernachlässigen ihre Wechselwirkung.

Zu diesem Zweck betrachten wir die Punkte $A_1, A_2, \ldots, A_{n-1}$, die die horizontalen Teile der Schürze zwischen benachbarten Spundwänden proportional zu deren Längen unterteilen. Für eine Schürze mit drei Spundwänden (n = 3) erhalten wir zwei solche Punkte: A_1 und A_2 (Bild 96).

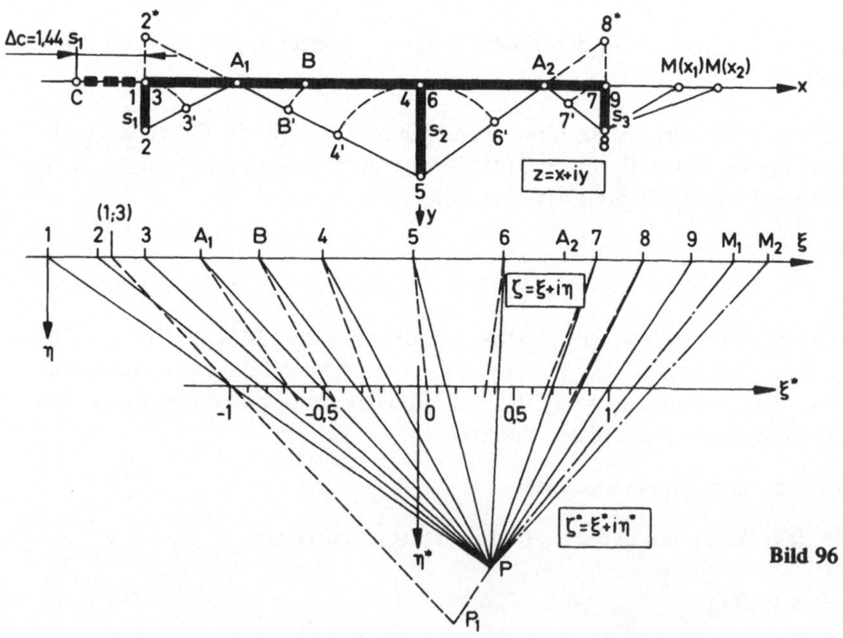

Bild 96

Zur Konstruktion der Punkte A_1 und A_2 verlängern wir die Strecken 2–3 und 8–9 vertikal nach oben um die Länge der entsprechenden Spundwand s_1 oder s_3 und verbinden die erhaltenen Punkte 2* und 8* mit dem Punkt 5. Aus den so gewonnenen ähnlichen Dreiecken folgt dann, daß die Schnittpunkte der Geraden 2*–5 und 5–8* mit der x-Achse die gesuchten Punkte A_1 und A_2 sind. Diese teilen die horizontalen Strecken 3–4 und 6–7 in Teile, die proportional zu den Spundwandlängen s_1, s_2 und s_2, s_3 sind. Alle notwendigen Hilfskonstruktionen sind in Bild 96 durch gestrichelte Linien angedeutet.

Die Konstruktion der ebenen Schürze, die zu der gegebenen Schürze äquivalent ist, bildet das eigentliche Problem der konformen Abbildung und ist leicht zu finden. Wir verbinden die Punkte A_1 und A_2 durch Geraden mit den Ecken s_1, s_2 und s_3 der Spundwände und erhalten die gebrochene Linie 1–2–A_1–5–A_2–8–9. Durch Begradigung dieser Kurve erhalten wir die äquivalente ebene Schürze.

Die Begradigung führen wir mit dem Zirkel durch, indem wir auf der ξ-Achse von einem beliebig gewählten Punkt aus die Strecken 1–2, 2–A_1, A_1–5, 5–A_2, A_2–8 und 8–9 abtragen. Als Anfangspunkt auf der ξ-Achse können wir den Punkt 1 nehmen.

Als Maßeinheit längs der ξ-Achse dient laut Gl. (8.1) jene Einheit, durch die wir die Dimensionen der Schürze ausdrücken.

Die auf dem horizontalen Teil der Schürze liegenden Punkte übertragen wir vorerst auf die gebrochene Linie, und zwar mittels Radien, die nach Gl. (8.2) gleich dem Abstand zwischen den entsprechenden Spundwandecken und dem gegebenen Punkt sind.

In Bild 96 wurden auf diesem Wege die Punkte 3, B, 4, 6 und 7 konstruiert.

Die Bilder der Punkte auf den Spundwänden selbst bestimmen wir aus ihrer Entfernung von den Ecken der entsprechenden Spundwand (mittels der in Abschnitt 62 beschriebenen Konstruktion nach Gl. (8.3)). Die Reduktion der erhaltenen ebenen Schürze ξ auf die standardisierte ebene Schürze ξ^* erfolgt genauso wie in Abschnitt 63. Genauso findet man auch den reduzierten Druck $\overline{h} = (h - H_2)/H$ in beliebigen Punkten der Schürze mit mehreren Spundwänden.

In Tabelle 156 werden die auf graphischem Wege gefundenen Resultate ($\overline{h}_{nä}$) mit den mit drei gültigen Ziffern auf analytischem Wege [485, Bd. 2, § 67] berechneten Werten verglichen. Ferner sind in der Tabelle für die Eckpunkte der Schürze der absolute Fehler

$$\epsilon = \overline{h}_{ex} - \overline{h}_{nä} \qquad (8.14)$$

und der relative Fehler

$$\delta = \epsilon/\overline{h}_{nä}\ 100\,\% \qquad (8.15)$$

angegeben. Man erkennt, daß die in unserem Beispiel erzielte Genauigkeit für praktische Zwecke ausreicht.

Die graphische Methode erlaubt in sehr anschaulicher Form auch einen Vergleich verschiedener Schürzenvarianten, was bei der Wahl vernünftiger Schürzenprofile sehr wichtig ist.

Wir erklären zum Beispiel den hydrodynamischen Effekt der Spundwand s_1.

Tabelle 156

Größe	Punkt					
	1	2	3	A_1	B(x)	4
x	- 15,0	- 15,0 + 2,5i	- 15,0	- 10,0	- 6,2	- 0,0
ξ	0,00	+ 2,50	+ 5,00	+ 8,10	+ 11,29	+ 14,30
ξ^*	- 1,000	- 0,854	- 0,708	- 0,528	- 0,351	- 0,166
$\overline{h}_{nä}$	+ 1,000	+ 0,826	+ 0,750	+ 0,677	+ 0,614	+ 0,553
$\overline{h}_{ex}$	+ 1,000	+ 0,826	+ 0,750	–	–	+ 0,551
ϵ	0,000	0,000	0,000	–	–	- 0,002
δ, %	0,0	0,0	0,0	–	–	- 0,4

Größe	Punkt					
	5	6	A_2	7	8	9
x	5i	+ 0,0	+ 6,7	+ 10,0	10,0 + 2,5i	+ 10,0
ξ	+ 19,25	+ 24,25	+ 27,65	+ 29,30	+ 31,80	+ 34,30
ξ^*	+ 0,122	+ 0,414	+ 0,612	+ 0,708	+ 0,854	+ 1,000
$\overline{h}_{nä}$	+ 0,461	+ 0,364	+ 0,290	+ 0,253	+ 0,174	0,000
$\overline{h}_{ex}$	+ 0,460	+ 0,356	–	+ 0,243	+ 0,165	0,000
ϵ	- 0,001	- 0,008	–	- 0,010	- 0,009	0,000
δ, %	- 0,2	- 2,2	–	- 4,0	- 5,2	0,0

Dazu gehen wir ähnlich vor wie im Falle einer Schürze mit einer Spundwand [485, Bd. 2, § 108] und vergleichen die gegebene Schürze mit drei Spundwänden mit einer analogen Schürze, bei der nur eine Spundwand vorhanden ist.

Bei dieser neuen Schürze vereinigen sich die Punkte 1, 2 und 3 in einem einzigen Punkt, den wir als Punkt (1; 3) bezeichnen wollen.

Die ebene Schürze ξ, die äquivalent zur neuen Schürze mit nur zwei Spundwänden ist, konstruieren wir, indem wir die Hypothenuse messen, die die Punkte (1; 3) und den Punkt 5 verbindet, und diese Strecke hierauf auf der ξ-Achse vom Punkt 5 nach links auftragen.

Wir verbinden die Punkte (1; 3) und 9 der ξ-Achse mit den Enden der standardisierten ebenen Schürze und erhalten ein neues Projektionszentrum P_1.

Nun projizieren wir von diesem neuen Zentrum aus (punktierte Linien in Bild 96, die bei den Zwischenpunkten hinter der ξ^*-Achse enden) und erhalten die neue standardisierte Schürze für die neue Variante.

Die Verschiebung längs der ξ^*-Achse charakterisiert die Druckerhöhung in einem gegebenen Punkt, die durch die Spundwand s_1 hervorgerufen wird.

Wir weisen darauf hin, daß der durch die Spundwand s_1 hervorgerufene Effekt mit der Entfernung schnell abklingt. Zum Beispiel erhalten wir in den Punkten 6 und 7 bei Abwesenheit der Spundwand s_1 den reduzierten Druck $h_6/H = 0{,}388$ und $h_7/H = 0{,}264$. Der Druck in den Punkten 6 und 7 erhöht sich also um 0,024 H bzw. um 0,011 H, d. h. um 6,6 % bzw. 4,3 % des entsprechenden ursprünglichen Werts.

Der Einbau der Spundwand s_1 in eine gegebene konkrete Schürze ist daher unzweckmäßig, da sie den Brunnenteil der Schürze nur wenig beeinflußt und die Austrittsgeschwindigkeit des Filtrierungsstroms in noch geringerem Maße erniedrigt.

Darüber hinaus läßt sich leicht eine äquivalente Verlängerung des vorderen Dammteils bestimmen, die denselben hydrodynamischen Effekt liefert wie die Spundwand s_1.

Man muß zu diesem Zweck nur mit dem Zirkel auf der ξ-Achse den Abstand zwischen den Punkten 1 und 5 messen und mit diesem Abstand als Radius vom Ende der Spundwand s_2 (Punkt 5) aus einen die x-Achse schneidenen Kreisbogen ziehen. Als Schnittpunkt ergibt sich der Punkt C (Bild 96).

Würden wir nun eine Schürze mit zwei Spundwänden (s_2 und s_3) betrachten, bei der die Länge des Dammvorderteils gleich der Länge der Strecke (4—C) ist, so erhielten wir auf der ξ-Achse, und damit auch auf der ξ^*-Achse praktisch dieselbe Verteilung wie im Falle der Schürze mit drei Spundwänden.

Die Schürze mit drei Spundwänden ist daher in unserem konkreten Fall äquivalent einer Schürze mit nur zwei Spundwänden und einem verlängerten Vorderteil des Dammes. Die Spundwand $s = s_1 = 2{,}5$ m entspricht dabei einem Längenzuwachs von $\Delta c = 1{,}44$ s und nicht $\Delta c = 6$ s, wie nach der Methode von *Lane* folgen würde.

Wir betonen, daß die Größe Δc eine variable Größe ist, die von der Konfiguration der Schürze abhängt.

Die Filtriergeschwindigkeit und die Filterergiebigkeit bestimmt man bei einer Schürze mit mehreren Spundwänden genauso wie im Falle einer einzigen Spundwand.

65. Graphisch-analytische Behandlung von vertieften Schürzen mit mehreren Spundwänden

Auch bei der Behandlung von vertieften Schürzen mit mehreren Spundwänden, deren Dicke man also nicht mehr vernachlässigen darf, ergeben sich keine zusätzlichen Schwierigkeiten.

Ohne Beschränkung der Allgemeinheit betrachten wir daher nur eine Schürze mit zwei Spundwänden, um einen Vergleich mit der exakten hydrodynamischen Lösung zu ermöglichen. Bei größerer Anzahl von Spundwänden löst man die Aufgabe vollkommen analog.

Wie in Abschnitt 64 unterteilen wir die Schürze mit den beiden Spundwänden ($n = 2$) durch den Punkt A_1 in zwei Schürzen mit je einer Spundwand und bilden diese unabhängig voneinander ab.

Zur Konstruktion des Punktes $A_1 = A$ tragen wir vom Punkt 5 aus senkrecht nach oben eine Strecke auf, deren Länge gleich der Spundwandlänge s_2 ist, und verbinden den erhaltenen Punkt 6^* mit dem Punkt 3 (Bild 97).

Die Schürze 1—2—3—4—A ist für $t_1 \neq 0$ asymmetrisch. Die Transformation (8.1) kann man daher nicht direkt darauf anwenden.

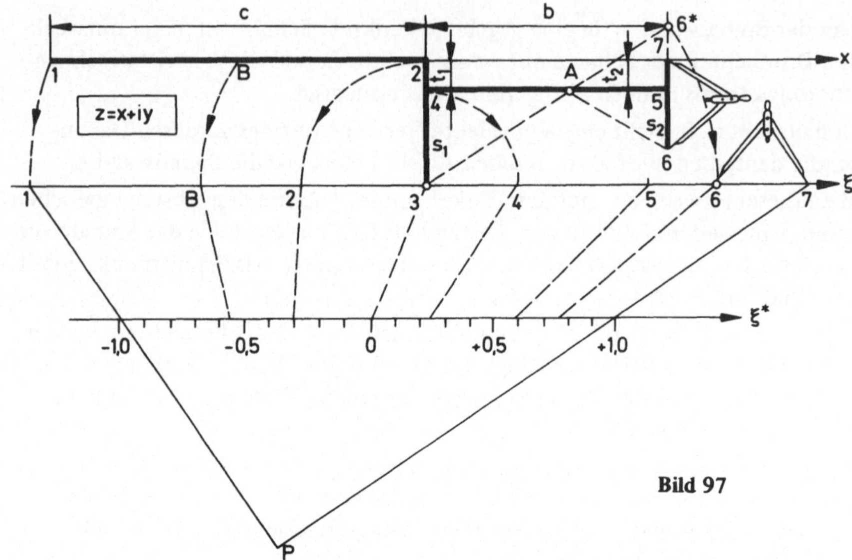

Bild 97

Jedoch kann man die Strecke 1–2–3 als linke Hälfte einer symmetrischen Schürze mit einer Spundwand $s = t_1 + s_1$ betrachten, die Strecke 3–4–A dagegen als rechte Hälfte einer symmetrischen Schürze mit der Spundwand $s = s_1$.

Die Lösung zahlreicher Probebeispiele hat gezeigt, daß die auf diese Weise erzielte Genauigkeit für praktische Zwecke vollkommen ausreicht, wenn die Spundwände in einer Entfernung voneinander angebracht sind, die mindestens gleich der Summe ihrer Längen ist, d. h. wenn die Bedingung

$$b \geqslant s_1 + s_2 \tag{8.16}$$

erfüllt ist.

Falls diese Bedingung jedoch nicht erfüllt ist, so müssen wir entweder die Fragmentmethode oder die Methode der aufeinanderfolgenden konformen Abbildungen heranziehen.

Für die zweite Schürze mit einer Spundwand A–5–6–7 dient die Ecke 6 der Spundwand s_2 als Abbildungszentrum. Wir suchen daher vor allen Dingen das Bild dieses Punktes, indem wir den Punkt 6* mittels des Radius 3–6* vom Zentrum 3 aus übertragen. Die Strecke 3–6* hat nämlich die gleiche Länge wie die gebrochene Linie 3–A–6. Folglich fällt das Bild des Endpunkts A der ersten Schürze 1–2–3–4–A bei unserer Konstruktion mit dem Bild des Anfangspunkts der zweiten Schürze A–5–6–7 zusammen, wodurch die Stetigkeit der Abbildung gewährleistet ist.

Das *Bild des Abbildungszentrums* 6 auf der ξ-Achse bezeichnen wir als *Stützpunkt* 6. Die Bilder der übrigen Punkte der Schürze A–5–6–7–(+ ∞) konstruieren wir, indem wir mit dem Zirkel den Abstand des gegebenen Punktes von der Ecke 6 der Spundwand s_2 messen und diesen Abstand hierauf auf der ξ-Achse vom Stützpunkt 6 aus in entsprechender Richtung auftragen. In Bild 97 ist die Konstruktion des Bildes von Punkt 7 dargestellt, sowie alle übrigen für die Lösung des betrachteten Beispiels notwendigen Konstruktionen.

Den Druck bestimmt man im Falle einer vertieften Schürze genauso wie im Falle einer nicht vertieften Schürze (siehe Abschnitt 64). Die Ergebnisse findet man in Tabelle 157. Außerdem sind dort die Ergebnisse, die nach der eben dargelegten Methode, und nach den Methoden von *Bligh* und *Lane* für die betrachtete Schürze und für eine weitere nicht vertiefte Schürze erzielt wurden und die exakten Ergebnisse gegenübergestellt.

Tabelle 157

Methode	Punkt							Dimension der Schürze
	1	2	3	4	5	6	7	
Exakter Wert $\bar{h}$	1,000	+ 0,599	+ 0,499	+ 0,416	+ 0,291	+ 0,217	0,000	$s_1 + t_1 = 1$
Bligh $\bar{h}$	1,000	+ 0,625	+ 0,500	+ 0,406	+ 0,156	+ 0,094	0,000	$c = 3$
ϵ		- 0,026	- 0,001	+ 0,010	+ 0,135	+ 0,123		$b = 2$
δ, %		- 4,2	- 0,2	+ 2,5	+ 86,6	+ 131,0		$s_1 = 0{,}75$
Lane $\bar{h}$	1,000	+ 0,786	+ 0,571	+ 0,411	+ 0,268	+ 0,161	0,000	$s_2 = 0{,}50$
ϵ		- 0,187	- 0,072	+ 0,005	+ 0,023	+ 0,056		$t_1 = 0{,}25$
δ, %		- 23,8	- 12,6	+ 1,2	+ 8,7	+ 34,8		$t_2 = 0{,}25$
Autor $\bar{h}$	1,000	+ 0,597	+ 0,492	+ 0,414	+ 2,279	+ 0,214	0,000	$T = \infty$
ϵ		+ 0,002	+ 0,007	+ 0,002	+ 0,012	+ 0,003		
δ, %		+ 0,4	+ 1,4	+ 0,5	+ 4,1	+ 1,4		
Exakter Wert $\bar{h}$	1,000	+ 0,611	+ 0,541	+ 0,474	+ 0,146	+ 0,103	0,000	$s_1 = 1$
Bligh $\bar{h}$	1,000	+ 0,652	+ 0,565	+ 0,478	+ 0,043	+ 0,022	0,000	$c = 4$
ϵ		- 0,041	- 0,024	- 0,004	+ 0,103	+ 0,081		$s_2 = 0{,}25$
δ, %		- 6,3	- 4,2	- 0,8	+ 240,0	+ 368,0		$t_1 = 0$
Lane $\bar{h}$	1,000	+ 0,758	+ 0,576	+ 0,394	+ 0,091	+ 0,045	0,000	$t_2 = 0$
ϵ		- 0,147	- 0,035	+ 0,080	+ 0,055	+ 0,058		$T = \infty$
δ, %		- 19,4	- 6,1	+ 20,3	+ 60,4	+ 129,0		
Autor $\bar{h}$	1,000	+ 0,612	+ 0,543	+ 0,476	+ 0,147	+ 0,106	0,000	
ϵ		- 0,001	- 0,002	- 0,002	- 0,001	- 0,003		
δ, %		- 0,2	- 0,4	- 0,4	- 0,7	- 2,8		

Wie man sieht, liefern die Methoden von *Bligh* und *Lane* für den Punkt 6 äußerst schlechte Resultate [1]), damit aber auch für den Ausgangsgradienten, was für die nach diesen Methoden berechneten Ausgangspartien der Anlage gefährliche Folgen haben kann.

Die Funktion, die den Bereich der Schürze mit zwei Spundwänden $z = x + iy$ auf die Ebene $\zeta = \xi + i\eta$ abbildet, lautet [485, Bd. I, § 63]:

$$z = AL\left\{Cu(k) - \mathbf{E}(u; k) + D\Pi(u; a) + \sqrt{\frac{(\zeta - \xi_4)(\xi_5 - \zeta)(\xi_7 - \zeta)}{L^2(\zeta - \xi_2)}}\right\}. \qquad (8.17)$$

[1]) Der Fehler ist um so größer, je länger der vertikale Ausgangsteil ist.

Dabei gilt

$$\mathrm{sn}^2(u,k)=\frac{(\xi_5-\xi_2)(\zeta-\xi_4)}{(\xi_5-\xi_4)(\zeta-\xi_2)};\quad \mathrm{sn}^2(a,k)=\frac{\xi_7-\xi_4}{\xi_7-\xi_2};$$

$$k^2=\frac{(\xi_5-\xi_4)(\xi_7-\xi_2)}{(\xi_5-\xi_2)(\xi_7-\xi_4)};$$

$$C=\frac{b(K'-E')+t_2E+(t_1-t_2)E(a)}{bK'+t_2K+a(t_1-t_2)};\quad D=\frac{2(t_1-t_2)}{\pi AL};$$

$$L^2=(\xi_5-\xi_2)(\xi_7-\xi_4);\quad AL=-\frac{2}{\pi}[bK'+t_2K+a(t_1-t_2)].$$

Wie üblich bedeuten hier $u(k)$, $\mathbf{E}(u,k)$ und $\Pi(u,a)$ die elliptischen Integrale erster, zweiter und dritter Art und K, K', E und E' die vollständigen elliptischen Integrale erster und zweiter Art.

Die angegebenen Gleichungen erhalten wir bei der Normierung

$$\xi_2=-1;\quad \xi_7=+1;\quad \zeta|_{z=\infty}=\infty.$$

Bei dieser Normierung führt die Bestimmung der Konstanten ξ_3, ξ_4, ξ_5 und ξ_6 auf die Lösung eines Systems von zwei transzendenten Gleichungen für ξ_4 und ξ_5:

$$\frac{-s_1}{AL}=(1-C^*)\mu_1'-\mathbf{E}(\mu_1')+\sqrt{\frac{(1-\xi_3^2)(\xi_4-\xi_3)}{L^2(\xi_5-\xi_3)}}+D\sum_{n=1}^{\infty}\frac{\sin\frac{\pi na}{K}\sinh\frac{\pi n\mu_1'}{K}}{n\sinh\frac{\pi nK'}{K}};$$

$$\frac{-s_2}{AL}=(1-C^*)\mu_2'-\mathbf{E}(\mu_2')+\sqrt{\frac{(1-\xi_6^2)(\xi_6-\xi_5)}{L^2(\xi_6-\xi_4)}}+D\sum_{n=1}^{\infty}(-1)^n\frac{\sin\frac{\pi na}{K}\sinh\frac{\pi n\mu_2'}{K}}{n\sinh\frac{\pi nK'}{K}};$$

mit

$$\mathrm{sn}^2(\mu_1,k')=\frac{(1+\xi_5)(\xi_4-\xi_3)}{(1+\xi_4)(\xi_5-\xi_3)};\quad \mathrm{sn}^2(\mu_2,k')=\frac{(1-\xi_4)(\xi_6-\xi_5)}{(1-\xi_5)(\xi_6-\xi_4)};$$

$$k'=+\sqrt{1-k^2};\quad C^*=C+D\left[\mathbf{E}(a)-\frac{aE}{K}\right];$$

$$\xi_3=-\frac{p}{2}-\sqrt{\left(\frac{p}{2}\right)^2-q};\quad \xi_6=-\frac{p}{2}+\sqrt{\left(\frac{p}{2}\right)^2-q};$$

$$-2p=\xi_4+\xi_5-LD;\quad -2q=1-\xi_4(\xi_5-LD)-CL^2.$$

Sobald die Größen ξ_3, ξ_4, ξ_5 und ξ_6 gefunden sind, bestimmen wir aus Gl. (8.17) die Bilder der Punkte 1 und B ($x_B = -1{,}5$). Insbesondere erhalten wir für den Punkt B (für den in Tabelle 157 keine Ergebnisse angegeben sind) $\overline{h}_{ex} = 0{,}692$, was innerhalb der Rechengenauigkeit mit $\xi_{nä} = -0{,}566$; $\overline{h}_{nä} = 0{,}692$ übereinstimmt. Die letzten Werte wurden mittels der graphisch-analytischen Methode gefunden.

Wir bemerken, daß die exakte Lösung für eine Schürze mit zwei Spundwänden (auf einer gewöhnlichen Rechenmaschine) mehr als zehn Stunden erfordert, während man für eine Näherungslösung 10 ... 15 min benötigt. Alle graphischen Konstruktionen führt man dabei am besten auf Millimeterpapier durch, und zwar in einem Maßstab, bei dem auf der ξ-Achse die Einheit auf eine Strecke der Länge 100 mm abgebildet wird.

Wir gehen nun etwas ausführlicher auf die Bestimmung der Ausgangsgeschwindigkeit ein.

Bei der Bestimmung der Filtriergeschwindigkeit längs der Unterwasserlinie der gegebenen Schürze gelangen wir unter Verwendung der Methoden der Abschnitte 62 und 64 nicht zu einer ebenen Schürze, sondern zu einer Schürze mit einer Spundwand am unteren Rand, für die wir die Ausgangsgeschwindigkeit nach Gl. (8.8) oder Gl. (8.10) berechnen[1]).

Die Geschwindigkeit im Ausgangspunkt, die in der Praxis von großem Interesse ist, kann man auch graphisch bestimmen.

Wir betrachten, um konkret zu werden, den allgemeineren Fall einer asymmetrischen Schürze mit zwei Spundwänden bei verschiedenen Markierungen der Unterwasser- und der Oberwasserlinie.

Wir bestimmen gleichzeitig die Geschwindigkeit v_0 im Ausgangspunkt für die fünf Schürzen ($c = 0;\ 1;\ 2;\ 3;\ 4;\ b = 2;\ t_1 = 0{,}25;\ t_2 = 0{,}20;\ s_2 = 0{,}50;\ T = \infty$, Bild 98).

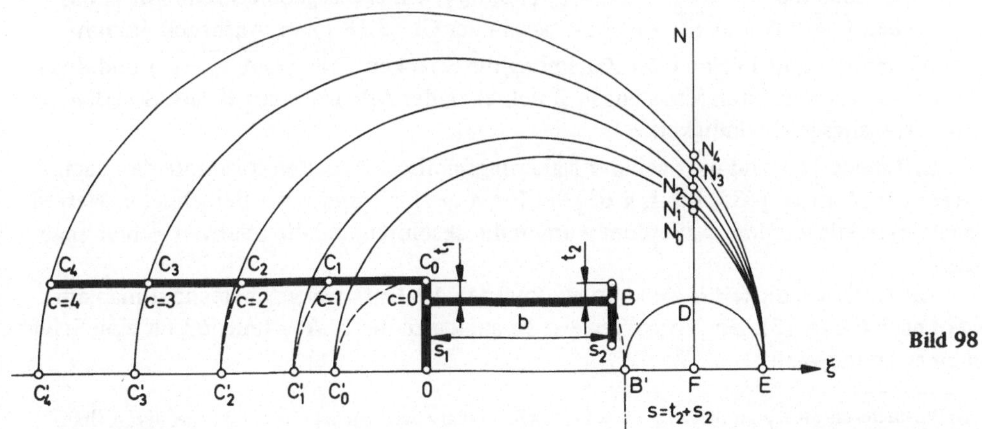

Bild 98

1) Den erhaltenen Wert der Filtriergeschwindigkeit muß man noch mit dem Betrag der Abteilung der Funktion multiplizieren, die die gegebene Schürze auf die Schürze mit einer Spundwand abbildet. Dieser Betrag ist jedoch für Punkte, die weit genug von den Enden der Spundwände entfernt sind, die geglättet wurden (und dies gilt auch für die Punkte der Unterwasserlinie), sehr wenig von 1 verschieden und darf daher unberücksichtigt bleiben.

Durch den Punkt 0 (Scheitel der Spundwand s_1) ziehen wir die ξ-Achse und übertragen hierauf von 0 als Zentrum aus mit die Radien $\overline{0C_0}$, $\overline{0C_1}$, ..., $\overline{0C_4}$ und $\overline{0B}$ die Punkte C_0; C_1; ... ; C_4 und B auf diese Achse. Die erhaltenen Punkte bezeichnen wir durch die mit einem Strich versehenen gleichen Buchstaben.

Im Punkt B' wird (strichpunktierte Linie) eine Spundwand[1]) angebracht.

Das Ergebnis der Konstruktion ist die Abbildung aller fünf Schürzen mit zwei Spundwänden gemäß Gl. (8.1) auf die entsprechenden Schürzen mit der einen Spundwand $s = t_2 + s_2$ am unteren Rand.

Wir verwenden nun die Gl. (8.11), die in unserem Fall die Gestalt

$$v_0 = \frac{0{,}4502}{\sqrt{\Lambda(t_2 + s_2)}} \kappa H \tag{8.18}$$

annimmt. Mit ihrer Hilfe berechnen wir leicht auf graphischem Wege die Geschwindigkeit v_0 im Ausgangspunkt.

Zu diesem Zweck ziehen wir mit dem Radius $R = t_2 + s_2$ den Halbkreis B'DE und legen durch seinen Mittelpunkt F die Vertikale $\overline{FN}$.

Ferner konstruieren wir Halbkreise mit den Strecken $\overline{EC'_0}$, $\overline{EC'_1}$, ... , $\overline{EC'_4}$ als Durchmesser. Diese schneiden die Senkrechte $\overline{FN}$ in den Punkten

$$FN_i = \sqrt{\Lambda(t_2 + s_2)} \; (i = 0; 1; 2; 3; 4). \tag{8.18'}$$

Nach Konstruktion gilt nämlich $\overline{B'F} = t_2 + s_2$. Jede der Strecken $\overline{C'_iF}$ (i = 0; 1; 2; 3; 4) hat daher die volle Länge Λ der entsprechenden ebenen Schürze, die äquivalent ist der Schürze mit der einen Spundwand $s = t_2 + s_2$ am unteren Rand[2]).

Nach Konstruktion gilt auch $\overline{FE} = t_2 + s_2$. Nach einem Theorem der elementaren Geometrie bilden die Strecken $\overline{FN_i}$ (i = 0; 1; 2; 3; 4) daher das geometrische Mittel aus den Strecken $\overline{C'_iF} = \Lambda$ und $\overline{FE} = t_2 + s_2$, was in der Gl. (8.18') zum Ausdruck kommt.

Wir messen nun an Hand der Zeichnung die Strecken $\overline{FN_i} = \sqrt{\Lambda(t_2 + s_2)}$ und drücken sie mit Hilfe des gewählten Maßstabs in Bruchteilen des Arbeitsdrucks H aus. So erhalten wir die Ausgangsgeschwindigkeit.

In Tabelle 158 sind die nach der Näherungsmethode erzielten Resultate den nach exakten Gleichungen [485, Bd. I, § 63] bei $H = s_1 + t_1 = 1$ und $\kappa = 1$ berechneten Werten gegenübergestellt worden. Außerdem wurden die absoluten und die relativen Fehler angegeben.

Die Geschwindigkeit in den übrigen Punkten des Unterwassers berechnet man am besten nach Gl. (8.13). Die Vorgangsweise ist analog zu der in Abschnitt 63 für eine Schürze mit einer Spundwand.

---

[1]) In Wirklichkeit muß man diese Spundwand nicht konstruieren, sie ist nur bei den weiteren Überlegungen zu berücksichtigen.

[2]) Bei dieser Konstruktion haben wir die unbedeutende Verlängerung des vorderen Dammbereiches $B'C'_i$ (i = 0; 1; 2; 3; 4) vernachlässigt, die auftritt, wenn man die Schürze mit einer Spundwand nach der in Abschnitt 62 dargelegten Methode abbildet. Als Ergebnis dieser Vernachlässigung erhöhen wir die Ausgangsgeschwindigkeit etwas, was eine Reserve bedeutet.

Tabelle 158

c	$\frac{H}{\sqrt{\Lambda(t_2 + s_2)}}$	$v_{nä}$	v_{ex}	ϵ	δ, %
0	1,660	0,271	0,263	- 0,008	- 3,0
1	1,756	0,256	0,250	- 0,006	- 2,4
2	1,924	0,234	0,229	- 0,005	- 2,2
3	2,080	0,216	0,211	- 0,005	- 2,4
4	2,240	0,201	0,196	- 0,005	- 2,5

66. Graphisch-analytische Behandlung von Schürzen mit praktischen Profilen

Eine Schürze von praktischem Profil läßt sich durch Schematisierung auf die in den vorangehenden Abschnitten behandelten Schürzen zurückführen.

Wir betrachten den konkreten Fall einer Schürze mit einer Spundwand und einem praktischen Profil, deren charakteristische Punkte wir durchnumerieren (Bild 99). Die gegebene Schürze führt man mit Hilfe der Transformation (8.1) leicht auf eine schematisierte Schürze mit einer Spundwand zurück.

Wir verbinden dazu die Punkte 7 und 11 durch eine Gerade und übertragen darauf mit der Strecke 7–8 als Radius vom Zentrum 7 aus den Punkt 8. Ebenso übertragen wir mit den Radien 11–9 und 11–10 vom Zentrum 11 aus die Punkte 9 und 10. Die erhaltenen Punkte bezeichnen wir durch 8′, 9′ und 10′.

Nun gehen wir von der dicken Schürze mit einer Spundwand zu einer dünnen Schürze mit einer Spundwand über und verwenden dabei die Abbildung der Schürze auf den Bereich einer ebenen Schürze, d. h. auf eine Halbebene [485, Bd. I, § 62].

In der Praxis gehen wir dabei so vor: Wir verlagern die neue Schürzensohle über den Punkt 12 hinaus und übertragen auf diese Verlängerung den Punkt 13, und zwar wie bei der Abbildung (8.1) mit dem Radius $R = t_{12;\,13} = 1{,}5$ m, d. h. mit der Strecke 12–13 als Radius und vom Zentrum 12 aus. Das Ergebnis ist der Punkt 13′.

Bei der Abbildung der spundwandlosen Anordnung erfahren jedoch alle Punkte der Schürzensohle eine Verschiebung, deren relative Größe schnell abklingt. Praktisch ist daher nur die Verschiebung des Punkts 12 zu berücksichtigen.

Der Punkt 12 wird in den Punkt 12′ verschoben, der links vom Punkt 13′ liegt, und zwar im Abstand

$$l \approx 0{,}64\ \mathrm{t}. \tag{8.19}$$

t bedeutet die Dicke der Schürze im umzubildenden Teil.

Im betrachteten Fall gilt $l = l_{13';\,12'} = 0{,}64\, t_{13;\,12} = -\,0{,}64 \cdot 1{,}5\ \mathrm{m} = -\,0{,}96$ m. Die Verschiebung der übrigen Punkte der Schürzensohle wird vernachlässigt.

Auf analogem Wege führen wir den dicken Dammvorderteil in einen dünnen über, indem wir den Punkt 1 mit dem Radius $R = t_{1;2} = 0{,}5$ m vom Zentrum 2 aus auf die

Verlängerung der Geraden 4–3–2 übertragen. Den erhaltenen Punkt bezeichnen wir durch 1′.

Ferner finden wir nach Gl. (8.19) den Abstand zwischen den Bildpunkten 1′–2′. In unserem Beispiel gilt $l = l_{1';2'} = 0{,}64 t_{1;2} = +\,0{,}64 \cdot 0{,}5$ m $= 0{,}32$m.

Nun übertragen wir noch den Punkt 2 in den Punkt 2′ der Geraden 1′–3–4 und beenden damit die Schematisierung der Schürze mit einer Spundwand und dem praktischen Profil.

Die schematisierte Schürze 1′–2′–3–4–5–6–7–8′–9′–10′–11–12′–13′ mit dem geneigten Dammvorderteil, bilden wir gewöhnlich, wenn der Neigungswinkel kleiner als 45° ist, mit Hilfe der Transformation (8.1) auf den Bereich einer ebenen Schürze $\zeta = \xi + i\eta$ und anschließend auf den Bereich einer standardisierten ebenen Schürze $\zeta^* = \xi^* + i\eta^*$ ab.

Alle Konstruktionen sind in Bild 99 dargestellt. Das Projektionszentrum P ist nicht mehr zu sehen. Wie schon erwähnt, führt man solche Konstruktionen am besten auf Millimeterpapier durch und wählt dabei den Maßstab so, daß die Einheit auf der ξ^*-Achse gleich 100 mm wird.

In Tabelle 159 sind die Werte des reduzierten Drucks $\bar{h}_{nä}$, die mit den aus Bild 99 entnommenen ξ^*-Werten bestimmt wurden, und die Werte $\bar{h}_{ex}$ gegenübergestellt, die für dieselbe Schürze mit drei gültigen Ziffern nach der Methode der Aufeinanderfolge von konformen Abbildungen berechnet wurden[1]). Auch sind dort die absoluten und relativen Fehler angegeben.

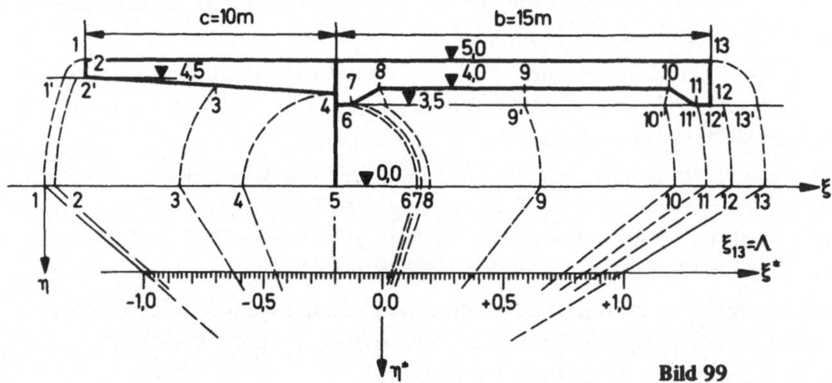

Bild 99

Die in Bild 99 dargestellte Konstruktion erlaubt auch die Berechnung der Geschwindigkeit im Ausgangspunkt.

Dem Bild 99 entnehmen wir nämlich unmittelbar die Größe Λ, die gleich der Gesamtlänge der äquivalenten ebenen Schürze ist. Der Maßstab auf der ξ-Achse ist gleich dem Maßstab, in dem wir die Schürze gezeichnet haben, daher erhalten wir $\Lambda = 28{,}28$ m.

---

1) Siehe [485, Bd. 2, § 72, Tabelle 8]. Man muß dabei berücksichtigen, daß die Numerierungen in den Bildern 99 und 19 [485] verschieden sind.

Tabelle 159

Größe	Punkt					
	1	2	3	4	5	6
ξ^*	- 1,000	- 0,979	- 0,653	- 0,472	- 0,193	+ 0,053
$\bar{h}_{nä}$	+ 1,000	+ 0,935	+ 0,726	+ 0,657	+ 0,562	+ 0,483
$\bar{h}_{ex}$	+ 1,000	+ 0,935	+ 0,730	+ 0,665	+ 0,566	+ 0,479
ϵ	–	0,000	+ 0,004	+ 0,008	+ 0,004	- 0,004
δ, %	–	0,0	+ 0,6	+ 1,2	+ 0,7	- 0,8

Größe	Punkt						
	7	8	9	10	11	12	13
ξ^*	+ 0,057	+ 0,081	0,390	0,782	0,863	0,932	1,000
$\bar{h}_{nä}$	+ 0,482	+ 0,474	0,372	0,214	0,169	0,118	0,000
$\bar{h}_{ex}$	+ 0,477	+ 0,471	0,373	0,222	0,173	0,120	0,000
ϵ	- 0,005	- 0,003	0,001	0,008	0,004	0,002	–
δ, %	- 1,0	- 0,6	0,3	3,7	2,4	1,7	–

Wir setzen nun diesen Wert von Λ in die Gl. (8.18) ein und beachten, daß in unserem Beispiel $t_2 = t_{12;\,13} = 1{,}5$ m; $s_2 = 0$ gilt. Dann erhalten wir

$$v_0 = \frac{0{,}4502}{\sqrt{28{,}29 \cdot 1{,}5}}\,\kappa H = 0{,}0691\,\kappa H.$$

Dasselbe Ergebnis finden wir auch graphisch (siehe Abschnitt 65). Die übrigen Elemente des Filterstroms bestimmt man genauso wie in den früher betrachteten Beispielen.

Mehrspundwandschürzen mit praktischen Profilen zerlegen wir nach dem in Abschnitt 64 beschriebenen Verfahren zuerst in eine Reihe von Schürzen mit einer Spundwand und bilden diese hierauf unabhängig voneinander ab.

Als Beispiele für kompliziertere Schürzen betrachten wir die Schürzenvarianten I und III (von insgesmat 19 Varianten) für einen Staudamm des Kachovka-Wasserkraftwerks, deren Filtriereigenschaften im Mathematischen Institut der Akademie der Wissenschaften der Ukraine nach den Angaben der ukrainischen Wasserprojektsektion untersucht worden sind [482].

Wir betrachten zuerst eine Schürze mit zwei Spundwänden und hierauf dieselbe Schürze ohne die Spundwand auf der Dammvorderseite.

Den wasserdurchlässigen Grund betrachten wir als homogen und in große Tiefe ($T = \infty$) vordringend.

Die Basisdimensionen der Schürze und ihre charakteristischen Punkte sind in Bild 100 dargestellt. Dieses Bild wurde der Arbeit [482] entnommen.

Wie in [482] bezeichnen wir diese Schürze als Variante I, die Schürze ohne die Spundwand an der Dammvorderseite dagegen als Variante III.

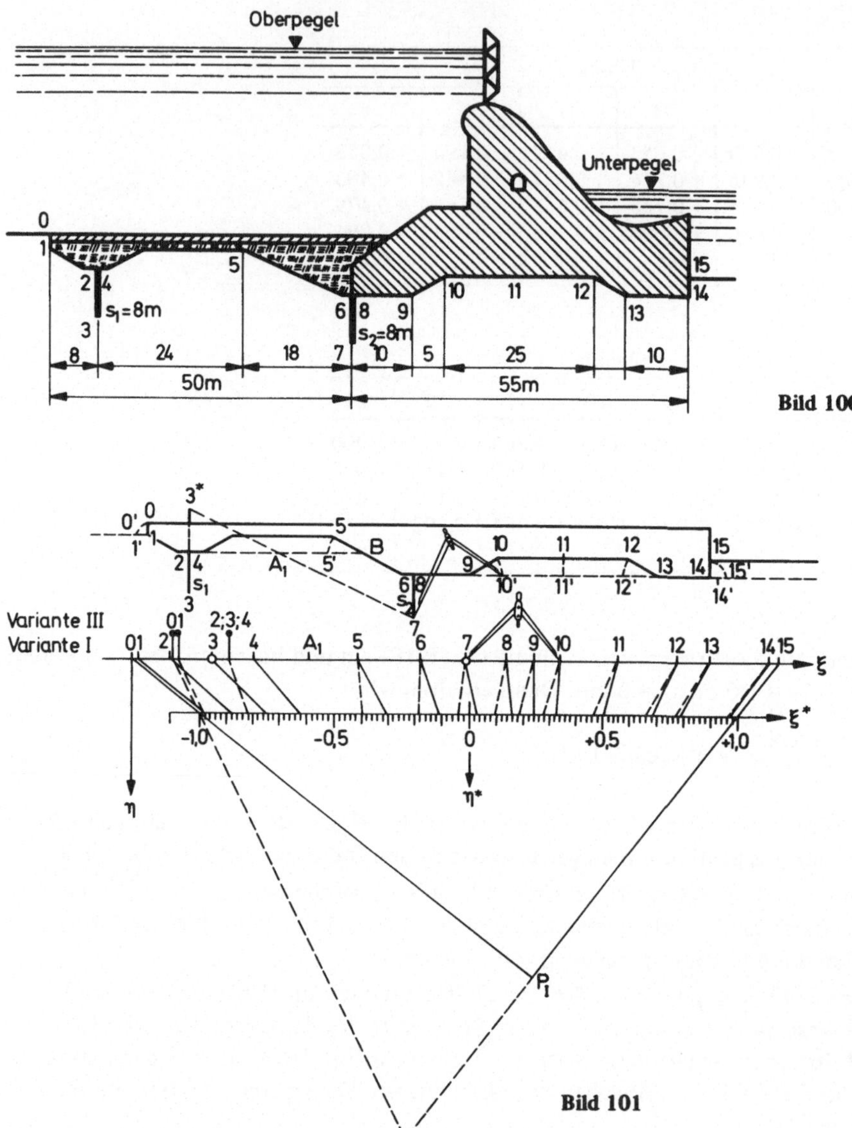

Bild 100

Bild 101

Wir schematisieren zuerst die Variante I. Dazu ziehen wir die Geraden 4–B und 9–13 und übertragen mit den Radien B–5, 9–10, 9–11 und 13–12 die Punkte 5, 10, 11 und 12. Die so erhaltenen Punkte bezeichnen wir durch 5′, 10′, 11′ und 12′ (Bild 101).

Hierauf gehen wir von der dicken Schürze zu einer dünnen über, indem wir die Strecke 13–14 verlängern und auf ihr mit dem Radius 14–15 den Punkt 15 einzeichnen. Der Punkt 14 erleidet, wie schon erwähnt wurde, eine Verschiebung und geht in den Punkt 15′ im Abstand 0,64t über. In unserem Fall gilt $t = t_{14;\,15} = 3{,}0$ m.

Auf analogem Wege konstruieren wir die Punkte $0'$ und $1'$. Die Konstruktion ist in Bild 101 durch die gestrichelten Linien angedeutet.

Das Ergebnis der Schematisierung ist eine nicht vertiefte Schürze mit zwei Spundwänden (d. h. also eine dünne Schürze), zu deren weiterer Behandlung noch der Punkt A_1 zu konstruieren ist. Wir ziehen dazu wie gewöhnlich vom Punkt 4 aus eine Vertikale nach oben, deren Länge gleich der Spundwandlänge s_1 ist und verbinden den erhaltenen Punkt 3^* mit dem Punkt 7. Verbinden wir nun die Scheitel der Spundwände s_1 und s_2 mit den Schürzenenden $0'$ und $15'$ und dem Punkt A_1, so erhalten wir eine äquivalente ebene Schürze, auf die wir alle uns interessierenden Punkte durch entsprechende Radien übertragen und hierauf begradigen.

Nach vollendeter Schematisierung und Konstruktion des Punktes A_1 ist jedoch eine Durchführung der restlichen Konstruktion praktisch nicht mehr notwendig. Wir haben diese nur beschrieben, um den Prozeß der näherungsweisen konformen Abbildung der Schürzenkontur mit zwei Spundwänden z auf die Kontur der ebenen Schürze $\zeta = \xi + i\eta$ zu veranschaulichen.

Tatsächlich können wir alle uns interessierenden Größen im Bereich der ebenen Schürze ζ auch unmittelbar der schematisierten Schürze entnehmen, wenn wir den Punkt A_1 kennen, der die Schürze in zwei Schürzen mit je einer Spundwand zerlegt. Dabei interessiert uns der Punkt A_1 selbst an sich nicht. Wir benötigen ihn nur zur Orientierung bei der Wahl der Abbildungszentren. Zur Konstruktion des Punktes A_1 ziehen wir die ξ-Achse und tragen von einem willkürlich gewählten Ursprung 0 aus die Strecken 0–3 und $3^*-7 = (3-A_1) + (A_1-7)$ auf.

Die Längen dieser Strecken entnehmen wir unmittelbar mit dem Zirkel der Zeichnung.

Die Punkte 3 und 7, die nach der in Abschnitt 65 eingeführten Terminologie als Stützpunkte zu bezeichnen sind, heben wir auf der ξ-Achse durch kleine Kreise hervor. Zur Erhöhung der Genauigkeit bei der Konstruktion des Punktes 7 entnehmen wir der Zeichnung statt der gebrochenen Linie $3-A_1-7$ die längengleiche Strecke 3^*-7. Zur endgültigen Konstruktion des Punktes 7 müssen wir auf der ξ-Achse diese Strecke rechts vom Stützpunkt 3 abtragen. Hierauf können wir zur Abbildung des ersten Schürzenteils $0-3-A_1$ übergehen, wobei als Abbildungszentrum der Scheitel 3 der ersten Spundwand dient.

Wir fixieren nun einen Zirkelschenkel im Scheitel 3 der Spundwand s_1 und messen die Abstände der uns interessierenden Punkte $1'$, 2 und 4. Statt nun diese Punkte auf die gebrochene Kontur der ebenen Schürze (Bild 101) zu übertragen, tragen wir die erhaltenen Strecken direkt vom Stützpunkt 3 der ξ-Achse ab, und zwar nach links oder rechts, je nach der Lage des gegebenen Punkts links oder rechts von der Spundwand s_1 im z-Bereich.

Auf analogem Wege finden wir jeden beliebigen Punkt der Kontur, der im „Einflußbereich“ der Spundwand s_1 liegt, d. h. also im Bereich der schematisierten Kontur $0'-1'-2-3-4-A_1$.

Wir gehen nun zur Abbildung des zweiten Schürzenteils A_1-7-15' über. Als Abbildungszentrum dient hier der Scheitel 7 der zweiten Spundwand.

Dazu messen wir die Abstände der uns interessierenden Punkte vom Scheitel 7 im z-Bereich, tragen diese Abstände rechts oder links von Stützpunkt 7 auf der ξ-Achse ab und finden so die Bilder dieser Punkte im ζ-Bereich. In Bild 101 ist die Konstruktion des Punktes 10 angedeutet.

Im z-Bereich sind vorerst alle betrachteten Punkte auf die Kontur der schematisierten Schürze zu übertragen. In unserem Beispiel wurde das bereits für die Punkte 5', 10', 11', 12', 14' und 15' durchgeführt.

Das Ergebnis der beschriebenen Arbeiten ist die konforme Abbildung der Kontur der Schürze mit zwei Spundwänden und einem praktischen Profil auf die Kontur einer ebenen Schürze ξ.

Zur Vollendung der Aufgabe bleibt noch die Reduzierung auf eine standardisierte ebene Schürze ξ^* und die Berechnung des reduzierten Drucks in den betrachteten Punkten mit Hilfe von Tabelle 3 in [402] oder mit Hilfe von Nomogramm 3 im Anhang. Als Projektionszentrum für die Variante I dient der Punkt P_I. Die Projektionsstrahlen, die die betrachteten Punkte mit dem Zentrum P_I verbinden enden in Bild 103 hinter der ξ^*-Achse.

In Tabelle 160 sind die mit Hilfe der graphisch-analytischen Methode gewonnenen Näherungswerte des reduzierten Drucks $\overline{h}_{nä}$ den Wert $\overline{h}_{em}$ gegenübergestellt, die früher in der Arbeit [482] auf dem Wege der Elektromodellierung gefunden wurden (arithmetisches Mittel aus 5 Experimenten).

Wir wenden uns nun der Variante III zu. Bei $s_1 = 0$ gehen die Punkte 2, 3 und 4 in einen einzigen Punkt über. Die früher gefundene Schematisierung der Schürze bleibt dabei gültig. Im Falle einer Schürze mit nur einer Spundwand bleibt jedoch nur ein Abbildungszentrum, der Scheitel 7 der Spundwand s_2. Alle vom Zentrum 7 aus bei der Lösung der

Tabelle 160

Druck	Punkt							
	0	1	2	3	4	5	6	7
ξ^*	- 1,000	- 0,986	- 0,885	- 0,752	- 0,619	- 0,310	- 0,110	+ 0,024
$\overline{h}_{nä}$	+ 1,000	+ 0,947	+ 0,846	+ 0,771	+ 0,712	+ 0,600	+ 0,535	+ 0,492
$\overline{h}_{em}$	+ 1,000	+ 0,954	+ 0,885	+ 0,781	+ 0,706	+ 0,612	+ 0,553	+ 0,495
ξ^*	- 1,000	- 0,978	–	- 0,815	–	- 0,394	- 0,181	- 0,039
$\overline{h}_{nä}$	+ 1,000	+ 0,933	–	+ 0,803	–	+ 0,629	+ 0,558	+ 0,512
$\overline{h}_{em}$	+ 1,000	+ 0,944	–	+ 0,819	–	+ 0,643	+ 0,568	+ 0,515

Druck	Punkt								Variante
	8	9	10	11	12	13	14	15	
ξ^*	0,157	0,237	0,319	0,501	0,690	0,786	0,968	1,000	
$\overline{h}_{nä}$	0,450	0,424	0,397	0,333	0,258	0,212	0,081	0,000	Variante I
$\overline{h}_{em}$	0,453	0,414	0,387	0,337	0,277	0,233	0,087	0,000	
ξ^*	0,103	0,188	0,276	0,469	0,670	0,772	0,966	1,000	
$\overline{h}_{nä}$	0,467	0,440	0,411	0,345	0,266	0,219	0,083	0,000	Variante III
$\overline{h}_{em}$	0,470	0,427	0,399	0,346	0,284	0,239	0,089	0,000	

Variante I konstruierten Punkte bleiben daher bei der Variante III gleich. Zur endgültigen Lösung der Variante III müssen wir daher nur noch die Abstände der Punkte 0', 1' und 2 = 4 der schematisierten Schürze vom Scheitel 7 messen und auf der ξ-Achse links vom Stütztpunkt 7 abtragen. In Bild 101 sind diese drei neuen Punkte der Variante III durch lange Striche markiert.

Da jedoch die Gesamtlänge der äquivalenten ebenen Schürze für die Variante III von der entsprechenden Größe für die Variante I verschieden ist, ändert sich auch die Lage des Projektionszentrums P.

Zur Konstruktion des Projektionszentrums für die Variante III, das wir mit P_{III} bezeichnen, verbinden wir den für die Variante III erhaltenen Punkt 0 auf der ξ-Achse mit dem Punkt $\xi^* = -1$ auf der ξ^*-Achse und verlängern diesen Strahl bis zum Schnitt mit der Verlängerung des früheren zweiten Strahls (Bild 101, gestrichelte Strahlen).

Die Projektion der restlichen Punkte für die Variante III wurde in Bild 101 wieder durch gestrichelte Strahlen beschrieben, die an der ξ^*-Achse enden. Die mit Hilfe der graphisch-analytischen Methode gewonnenen Werte $\bar{h}_{nä}$ sind ebenfalls in Tabelle 160 den früher gefundenen Werten $\bar{h}_{em}$ [482] gegenübergestellt. Wie man sieht, stimmen für beide Varianten die Ergebnisse im Genauigkeitsbereich der Elektromodellierung überein.

Bild 102 stellt die Druckdiagramme für die Varianten I und III und für die in Abschnitt 70 betrachtete Variante III dar. Zur Konstruktion wurden die neu gefundenen Werte $\bar{h}_{nä}$ verwendet.

Aus der Gegenüberstellung geht hervor, daß die Verstärkung der Schürze durch die vorderseitige Spundwand nur zu einer Neuverteilung des Gegendrucks auf der Vorderseite führt. Der Gegendruck auf der Wasserüberflußseite (Punkte 8 bis 14) bleibt praktisch unverändert.

Der Ausgangsgradient ist bei Anwesenheit einer vorderseitigen Spundwand um 2,4 % geringer als bei der Variante III.

Somit gelangen wir mit Hilfe der graphisch-analytischen Methode aufs neue zu der Aussage, daß unter den Bedingungen des Kochovka-Kraftwerks [482]die Verwendung einer vorderseitigen Spundwand unzweckmäßig ist. Dieser Hinweis wurde hierauf bei der Konstruktion des Staudamms berücksichtigt. Weiter Naturbeobachtungen werden helfen,die Richtigkeit unserer Meinung zu überprüfen.

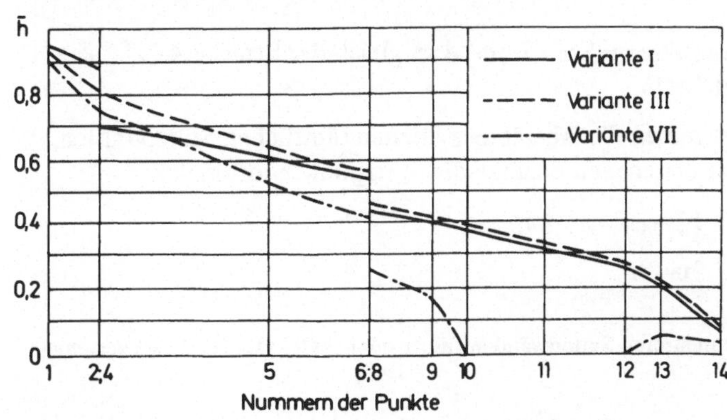

Bild 102

Auch im Falle einer größerer Anzahl von Spundwänden entstehen keine zusätzlichen Schwierigkeiten, solange für je zwei benachbarte Paare von Spundwänden die Bedingung (8.16) erfüllt ist.

Bei einer Schürze mit vier Spundwänden[1] zum Beispiel benötigt man drei Hilfspunkte A_1, A_2 und A_3, deren Konstruktion in Bild 103 angedeutet ist. Als Abbildungszentren dienen die vier Spundwandscheitel, d. h. die Punkte 4, 7, 10 und 13 (der größeren Anschaulichkeit halber wurde Bild 103 nicht maßstabsgetreu ausgeführt, die Abmessungen sind in Metern angegeben).

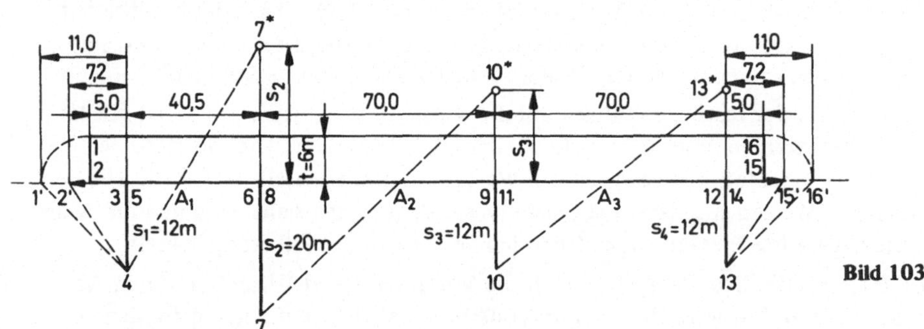

Bild 103

Da es sich ferner um eine dicke Schürze handelt, muß man vorerst zu einer äquivalenten dünnen Schürze übergehen. Zu diesem Zweck übertragen wir nach der oben dargelegten Methode vom Punkt 2 als Zentrum aus den Punkt 1 mit dem Radius R = t = 6 m auf die Schürzensohle. Hierauf verschieben wir den Punkt 2 gemäß Gl. (8.19) um den Betrag 1 – 0,64t = 0,36t = 2,2 m gegen den Punkt 1. Das Ergebnis sind die Punkte 1′ und 2′. Auf analogem Wege konstruieren wir die Punkte 15′ und 16′.

Die restlichen Konstruktionen durchzuführen ist in unserem Beispiel nicht notwendig, einfacher bestimmt man nämlich die benötigten Größen analytisch. So ist zum Beispiel der Abstand zwischen dem Bild des Anfangspunktes 1′ und dem ersten Stützpunkt 4 gleich der Hypotenuse des Dreiecks 1′34, d. h.

$$c_4 = \sqrt{11^2 + 12^2} = 16{,}28.$$

Der Abstand zwischen den Stützpunkten 7 und 4 ist gleich der Strecke 4–7*, also gilt $c_7^2 = (12 + 20)^2 + 40{,}5^2 = 2664{,}25$.

Wir setzen $\xi_1 = 0$ und bestimmen die Abstände zwischen sämtlichen Stützpunkten. Dadurch ergeben sich im Bereich der ebenen Schürze die Stützpunktkoordinaten:

$$\xi_4 = \xi_1 + c_4 = 16{,}28; \quad \xi_7 = \xi_4 + c_7 = 67{,}89;$$
$$\xi_{10} = \xi_7 + c_{10}; \quad \xi_{13} = \xi_{10} + c_{13}.$$

[1] Wir bemerken, daß Schürzen mit mehreren Spundwänden früher oder später aus der Praxis verschwinden werden.

Die Koordinaten der übrigen Punkte finden wir aus Bild 103, wenn wir ihre Entfernung von den entsprechenden Abbildungszentren bestimmen, zum Beispiel

$$\xi_6 = \xi_7 - s_2; \quad \xi_8 = \xi_7 + s_2;$$
$$\xi_9 = \xi_{10} - s_3; \quad \xi_{11} = \xi_{10} + s_3.$$

Alle zur Lösung des gegebenen Beispiels notwendigen Berechnungen sind in den ersten vier Zeilen von Tabelle 161 zu finden. Insbesondere sind die Strecken 2′–4 und 13–15′ gleich $c_2 = c_{15} = 13{,}99$; daher erhalten wir

$$\xi_2 = \xi_4 - c_2 = 16{,}28 - 13{,}99 = 2{,}29;$$
$$\xi_{15} = \xi_{13} + c_{15} = 218{,}86 + 13{,}99 = 232{,}85.$$

Den Übergang zur standardisierten ebenen Schürze realisiert man wie gewöhnlich mittels der linearen Transformation

$$\xi^* = \frac{2\xi}{\xi_{16}} - 1.$$

Aus den nach der graphisch-analytischen Methode gewonnenen ξ^*-Werten bestimmen wir mit Hilfe des Nomogramms 3 im Anhang den reduzierten Druck, der durch $\bar{h}_{gran}$ bezeichnet werden soll.

Zum Vergleich der Resultate wurden in Tabelle 161 mit drei bedeutsamen Ziffern auch die Werte $\bar{h}_{ex}$ angegeben, die nach der Methode der Aufeinanderfolge von konformen Abbildungen gefunden wurden. Außerdem wurden die absoluten und relativen Fehler angegeben.

Das vorliegende Beispiel wurde bereits früher von dem hervorragenden indischen Hydrotechniker *A. N. Chosla* gelöst, der bereits 1936 eine einfache und effektive Näherungsmethode zur Behandlung von Schürzen mit beliebigen praktischen Profilen bei $T = \infty$ ausgearbeitet hat, die auf der hydromechanischen Berechnung der Wechselwirkung von Spundwänden beruht.

Eine ausführliche Darstellung dieser Methode bietet die Monographie von *S. Leliavski*, aus der wir das Beispiel und die Resultate der Lösung nach *Chosla* [601, S. 157–167] entnommen haben.

Die nach der Methode von *Chosla* berechneten theoretischen Werte $\bar{h}_{Chos;\,T}$ und die bei der Untersuchung von Modellen gewonnenen Werte $\bar{h}_{Chos;\,M}$ sind ebenfalls in Tabelle 161 enthalten. Eine Analyse der Ergebnisse dieser Tabelle zeigt, daß sowohl die Methode von *Chosla* als auch die graphisch-analytische Methode in dem betrachteten Beispiel eine Genauigkeit bietet, die für die Praxis vollkommen ausreicht.

Zum Abschluß bemerken wir, daß die bei der Lösung des letzten Beispiels verwendete Methode ganz allgemeinen Charakter besitzt und folglich in jenen Fällen anzuwenden ist, in denen man die Fehler graphischer Konstruktionen vermeiden will.

Mit dieser Bemerkung beenden wir die Darstellung der graphisch-analytischen Methode für unendlich große Tiefe des wasserdurchlässigen Grundes.

Tabelle 161

Größe	Punkt							
	1	2	3	4	5	6	7	8
c^2		+ 195,8		+ 265,0			+ 2664	
c		- 13,99	- 12,00	+ 16,28	+ 12,00	- 20,00	+ 51,61	+ 20,00
ξ	0,00	+ 2,29	+ 4,28	+ 16,28	+ 28,28	+ 47,89	+ 67,89	+ 87,89
ξ^*	- 1,000	- 0,9805	- 0,9636	- 0,8615	- 0,7595	- 0,5927	- 0,4226	- 0,2524
$\overline{h}_{gran}$	+ 1,000	+ 0,937	+ 0,914	+ 0,830	+ 0,775	+ 0,702	+ 0,639	+ 0,581
h_{ex}	+ 1,000	+ 0,939	+ 0,913	+ 0,826	+ 0,770	+ 0,706	+ 0,642	+ 0,585
ϵ	–	+ 0,002	- 0,001	- 0,004	- 0,005	+ 0,004	+ 0,003	+ 0,004
δ, %	–	+ 0,2	- 0,1	- 0,5	- 0,6	+ 0,6	+ 0,5	+ 0,7
$\overline{h}_{Chos; T}$	+ 1,000	–	+ 0,909	–	+ 0,771	+ 0,725	–	+ 0,603
$\overline{h}_{Chos; M}$	+ 1,000	–	+ 0,916	–	+ 0,761	+ 0,703	–	+ 0,583

Größe	Punkt							
	9	10	11	12	13	14	15	16
c^2		5924			5476		195,8	265,0
c	- 12,0	76,97	+ 12,00	- 12,00	74,00	+ 12,00	+ 13,99	+ 16,28
ξ	132,86	144,86	156,86	206,86	218,86	230,86	232,85	236,14
ξ^*	0,1301	0,2321	0,3342	0,7595	0,8615	0,9636	0,9805	1,000
$\overline{h}_{gran}$	0,458	0,425	0,392	0,225	0,170	0,086	0,063	0,000
$\overline{h}_{ex}$	0,466	0,434	0,401	0,239	0,179	0,088	0,062	0,000
ϵ	0,008	0,009	0,009	0,014	0,009	0,002	- 0,001	–
δ, %	1,7	2,1	2,2	5,9	5,0	2,3	1,6	–
$\overline{h}_{Chos; T}$	0,455	–	0,399	0,242	–	0,091	–	0,000
$\overline{h}_{Chos; M}$	0,464	–	0,394	0,245	–	0,083	–	0,000

Die graphisch-analytische Methode läßt sich ohne grundsätzliche Schwierigkeiten auch im Falle einer endlichen Tiefe des wasserdurchlässigen Grundes anwenden. Man muß dazu nur wissen, wie man im allgemeinen Fall (d. h. für beliebige komplexe Bereiche z) die Abbildung (8.1) graphisch realisiert. Für diese Abbildung haben wir früher die Bezeichnung E(s) eingeführt [485, Bd. 2, § 71].

67. Graphische Realisierung der Abbildung E (s)

Der graphisch-analytischen Methode liegt die Methode der Aufeinanderfolge von konformen Abbildungen zugrunde. Da man bei der Behandlung von Filtrierungsaufgaben der Technik keine hohe Genauigkeit benötigt (Größenordnung des Fehlers 5 %), läßt sich diese Methode wesentlich vereinfachen.

Eine komplizierte Schürze mit n Spundwänden zerlegen wir nämlich auf mechanischem Wege in n einzelne Schürzen mit je einer Spundwand. Hieraut bilden wir unter Verwendung der Funktion

$$\zeta = \sqrt{z^2 + s^2},$$

jede dieser Schürzen unabhängig von den anderen ab, ohne den Einfluß der einzelnen Schritte aufeinander zu berücksichtigen. Dies steht im Gegensatz zur exakten Methode der Aufeinanderfolge von konformen Abbildungen. Damit kann man sich auf n Schritte beschränken (wobei n die Anzahl der Spundwände ist). Darüber hinaus kann man alle n Schritte gleichzeitig ausführen und benötigt dazu nur n Abbildungszentren. Als solche nimmt man für jede einzelne Schürze den Scheitel der entsprechenden Spundwand. Die erhaltenen Ergebnisse „leimt" man dann zur allgemeinen Lösung zusammen.

Bilden wir alle elementaren Schürzen mit einer Spundwand auf einen horizontalen Bereich der ξ-Achse ab, so überlappen sich die Ergebnisse teilweise, weil beim Dehnen der einzelnen Spundwände die Länge der erhaltenen ebenen Schürze größer wird als die Länge der Ausgangsschürze. Der Prozeß des „Zusammenleimens" wird dadurch schwieriger. Wir drehen daher die positive und negative ξ-Achse um die Abbildungszentren, d. h. um die Scheitel der entsprechenden Spundwände, und stellen dadurch die äquivalente ebene Schürze als gebrochene Linie dar, deren Sehnen sich nicht gegenseitig schneiden. Dies gewährleistet eine stetige Aufeinanderfolge der einzelnen Ergebnisse, da bei dieser Konstruktion das Ende des vorhergehenden Teilstücks den Anfang des nächsten bildet.

Die Abbildung (8.1)

$$\zeta = \sqrt{z^2 + s^2}$$

ist identisch mit der in [485] betrachteten Abbildung E(s).

Im Falle einer unendlichen Tiefe des wasserdurchlässigen Bereichs ($T = \infty$), genügt die Anwendung der Abbildung E(s) auf die Randpunkte des z-Bereichs, d. h. auf die Punkte der Schürzenkontur und auf die Grundlinie des Unterwassers und des Oberwassers.

Für eine weitere Verallgemeinerung der graphisch-analytischen Methode benötigt man eine graphische Konstruktion zur Realisierung der Abbildung E(s) im allgemeinen Fall beliebiger komplexer Werte $z = x + iy$.

Wir quadrieren dazu beide Seiten der Gleichung (8.1) und erhalten

$$\zeta^2 = z^2 + s^2$$

oder

$$(\xi + i\eta)^2 = (x + iy)^2 + s^2.$$

Durch Trennung in Realteil und Imaginärteil finden wir:

$$\xi\eta = xy; \tag{8.20}$$

$$\xi^2 - \eta^2 = x^2 - y^2 + s^2. \tag{8.21}$$

Nach Multiplikation beider Seiten von Gl. (8.21) mit ξ^2 ergibt sich

$$\xi^4 - (\xi\eta)^2 = \xi^2(x^2 - y^2 + s^2).$$

Wir setzen für $\xi\eta$ den Wert aus Gl. (8.20) ein und finden

$$\xi^4 - x^2y^2 = \xi^2x^2 - \xi^2y^2 + \xi^2s^2$$

oder nach einer Umgruppierung

$$\xi^4 + \xi^2 y^2 = x^2 \xi^2 + x^2 y^2 + s^2 \xi^2 .$$

Schließlich gelangen wir nach einer weiteren Umformung zu der von uns benötigten Gleichung

$$\xi^2 (\xi^2 + y^2) = x^2 (\xi^2 + y^2) + s^2 \xi^2$$

oder

$$\xi^2 = x^2 + \left\{\frac{s\xi}{\sqrt{\xi^2 + y^2}}\right\}^2 . \tag{8.22}$$

Die Gln. (8.20) und (8.22) erlauben nun die graphische Realisierung der Abbildung E(s).

In der Tat folgt aus Gl. (8.22), daß für $y = 0$

$$\xi^2 = x^2 + s^2, \quad \text{d. h.} \quad \xi = \sqrt{x^2 + s^2}$$

und für $y = \infty$

$$\xi^2 = x^2, \quad \text{d. h.} \quad \xi = x.$$

Aus Gl. (8.22) folgt ferner, daß die Größe ξ mit wachsendem y monoton abnimmt. Für

$$0 \leqslant y \leqslant \infty$$

gilt also die Ungleichung

$$x \leqslant \xi \leqslant \sqrt{x^2 + s^2}. \tag{8.23}$$

Nehmen wir daher für ξ_0 einen beliebigen Wert ξ aus dem Intervall (8.23), so konstruieren wir die erste Näherung gemäß Gl. (8.22) als Hypotenuse eines Dreiecks, dessen Katheten x und $s\xi_0/\sqrt{\xi_0^2 + y^2}$ sind (Bild 104).

Zur Konstruktion der Größe $s\xi_0/\sqrt{\xi_0^2 + y^2}$ markieren wir auf der x-Achse die Strecke $\sqrt{\xi_0^2 + y^2}$, die gleich dem Abstand zwischen den Punkten ξ_0 und y ist. Die durch den Punkt ξ_0 verlaufende Gerade parallel zur strichpunktierten Verbindungsgeraden der Punkte s und $\sqrt{\xi_0^2 + y^2}$ schneidet auf der y-Achse die Strecke $s\,\xi_0/\sqrt{\xi_0^2 + y^2}$ ab. Wir verbinden den erhaltenen Punkt mit dem gegebenen Punkt x und erhalten die Strecke ξ_1, die wir auf der Achse $0\xi = 0x$ abtragen. Zur Vereinfachung der Konstruktion haben wir in Bild 104 die Achsen ξ, η mit den Achsen x, y zusammenfallen lassen. Wiederholen wir diesen Iterationsprozeß, so finden wir nach ein bis drei Näherungen auf graphischem Wege den Wert ξ mit einer Genauigkeit, die für praktische Zwecke hinreicht.

In Bild 104 zum Beispiel ergab bereits die erste Näherung das gewünschte Resultat $\xi = \xi_1$.

Die Größe η finden wir gemäß Gl. (8.20) als Schnittpunkt der y-Achse mit der durch x verlaufenden Parallelen zur Verbindungsgeraden der Punkte y und $\xi = \xi_1$.

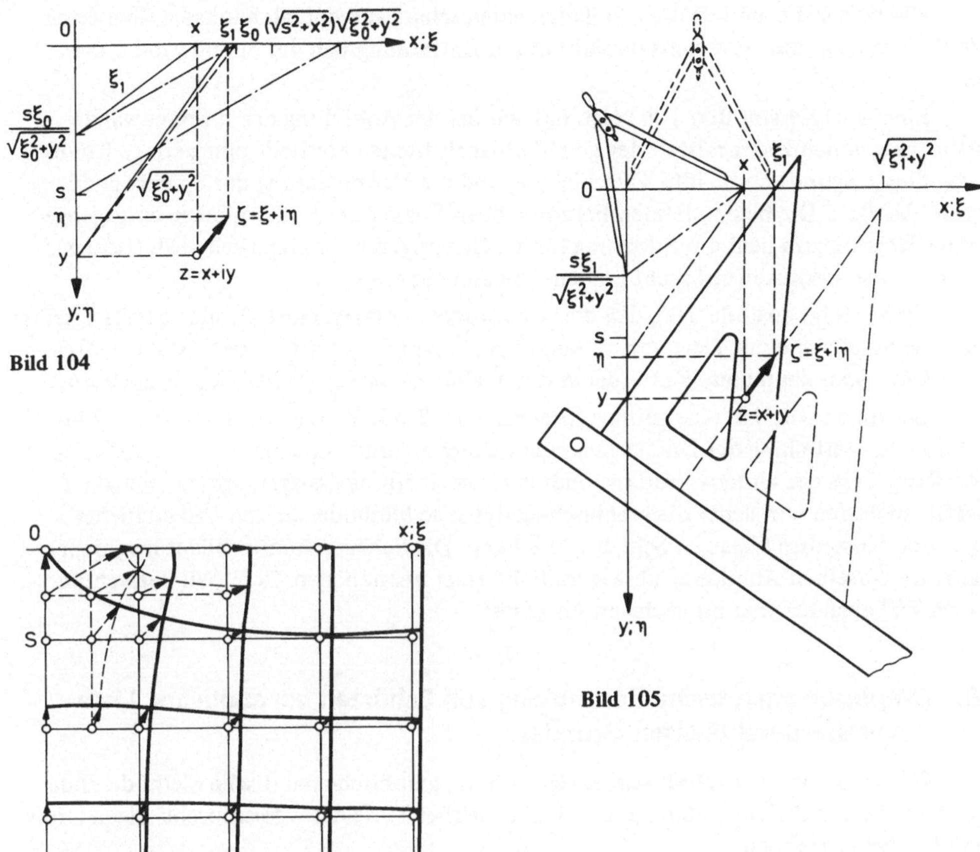

Bild 104

Bild 105

Bild 106

Den gesuchten Punkt $\zeta = \xi + i\eta$ konstruieren wir daher, indem wir durch den Punkt $z = x + iy$ eine Gerade parallel zu den ersten zwei Geraden legen (die Gerade η, x ist in Bild 104 nicht eingezeichnet).

Bei der tatsächlichen Konstruktion des Punktes $\zeta = \sqrt{z^2 + s^2}$ zieht man auf der Zeichnung keine Linien. Man benötigt nur die Koordinatenachsen und Marken auf diesen. Alle Strecken mißt man mit dem Zirkel direkt an Hand der Zeichnung und trägt sie dort wieder ein. Parallele Linien konstruiert man mit Hilfe eines Dreiecks, das man längs eines Lineals verschiebt (Bild 105).

Der durch einen kurzen Strich markierte Punkt $\sqrt{x^2 + s^2}$ in Bild 104 wird nicht direkt verwendet. Er dient nur zur Orientierung bei der Wahl der nullten Näherung ξ_0.

In Bild 106 ist die Abbildung des Koordinatengitters x = const, y = const mit Hilfe der Funktion E(s) dargestellt.

Wie man sieht, besitzt die Abbildung einen scharf ausgeprägten lokalen Charakter. Die Deformation des z-Bereichs nimmt mit der Entfernung von der Spundwand s rasch ab.

Eine Analyse von Bild 106 zeigt, daß wir bei der Abbildung der n Spundwände unabhängig voneinander mittels der graphisch-analytischen Methode eine geringe Krümmung dieser Spundwände, ihre Verschiebung und die Verminderung der Spundwandlänge vernachlässigen. Die beiden letzten Faktoren beeinflussen das Endresultat in entgegengesetzter Weise. Darin liegt die Erklärung für die Genauigkeit der graphisch-analytischen Methode, die ansonsten auf recht groben Annahmen beruht.

Ferner folgt aus Bild 106, daß die Grenzkurve der wasserabstoßenden Schicht, selbst wenn sie bereits in einer Tiefe von 2s liegt, bei der Abbildung E(s) relativ wenig deformiert wird. Man kann diese Kurve daher durch eine passend gewählte Gerade ersetzen.

Bedenken wir, daß eine geringe Änderung der Tiefe T einen relativ geringen Einfluß auf die Verteilung des Drucks längs der Schürzenkontur und auf die Ergiebigkeitsverteilung längs der Unterwasserlinie und damit auch auf die Ausgangsgeschwindigkeit ausübt, so dürfen wir sicher die graphisch-analytische Methode auf den Fall endlicher Tiefe der wasserdurchlässigen Schicht ausdehnen. Die Schürzenkontur bildet man dabei mit Hilfe derselben Abbildung ab wie im Falle einer unendlichen Tiefe. Wir betrachten diesen Fall ausführlicher im nächsten Abschnitt.

68. Graphisch-analytische Behandlung von Schürzen bei endlicher Tiefe des wasserdurchlässigen Grundes

Wie schon oben erwähnt wurde, läßt sich die graphisch-analytische Methode ohne grundsätzliche Schwierigkeiten auf den Fall endlicher Tiefe des wasserdurchlässigen Grundes ($T < \infty$) ausdehnen.

Die Schürzenkontur führen wir bei $T < \infty$ genauso wie bei $T = \infty$ in eine ebene Schürze über. In dieser Beziehung besteht nicht der geringste Unterschied zwischen dem in den letzten Abschnitten ausführlich betrachteten Fall unendlicher Tiefe des wasserdurchlässigen Grundes und dem Fall endlicher Tiefe. Bei $T < \infty$ müssen wir daher nur zusätzlich die Grenze des wasserabstoßenden Bereichs

$$y = T$$

mit Hilfe der Transformation E(s) abbilden, die die Gerade $y = \text{const}$ bei hinreichend großem T in eine schwach gekrümmte Kurve überführt, die sich der Geraden $y = T$ asymptotisch nähert (siehe Bild 106).

Ersetzen wir nun die gekrümmte Wasserabstoßungsgrenze durch die Gerade $\eta^* = T^*$, so geht die gegebene Schürze in eine standardisierte ebene Schürze mit der Tiefe T^* über.

Die dazu notwendige Tiefe der wasserdurchlässigen Schicht bestimmen wir nach der Gleichung

$$T^* = \frac{T + \sqrt{T^2 - s_m^2}}{\Lambda}, \tag{8.24}$$

wobei Λ die Gesamtlänge der äquivalenten ebenen Schürze im Bereich $\zeta = \xi + i\eta$ und s_m die Länge des längsten vertikalen Teils der Schürze bedeutet.

Da die Tiefe T auf den Bereich des Filterstroms in der Umgebung der Schürze und der Unterwasserlinie nur geringen Einfluß nimmt, liefert die Gl. (8.24) unter der Bedingung

$$T \geqslant 2s_m, \tag{8.25}$$

vollkommen befriedigende Ergebnisse.

Alle uns interessierenden Elemente des Grundstroms, nämlich den Druck längs der Schürzenkontur, die partielle und die volle Ergiebigkeit längs der Grundlinie des Unterwassers und die Ausgangsgeschwindigkeit, bestimmen wir bei $T < \infty$ vollkommen analog zum Fall $T = \infty$. Wir beschränken uns daher in diesem Abschnitt auf die Betrachtung einiger typischer Beispiele.

Beispiel 1: Wir bestimmen den reduzierten Druck und die volle Filterergiebigkeit längs der Kontur einer Schürze mit zwei Spundwänden in verschiedenen Punkten des Unter- und Oberwassergrundes (Bild 107):

$c = 0$; $b = 2{,}00$; $t_1 = 0{,}25$; $s_1 = 0{,}75$; $t_2 = 0{,}20$; $s_2 = 0{,}50$
für $T = \infty$ und für $T = 2$.

Lösung: Wie in den letzten Abschnitten beginnen wir die Lösung mit der Konstruktion des Punktes $A_1 \equiv A$, die in Bild 107 erklärt wird. Hierauf tragen wir auf der ξ-Achse

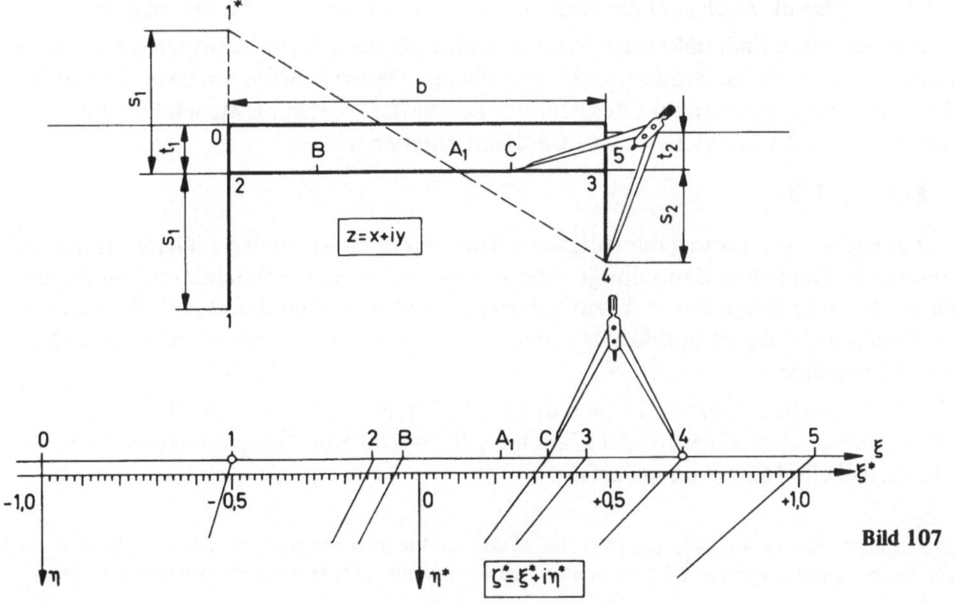

Bild 107

im gleichen Maßstab, in dem die Schürze gezeichnet wurde[1]), die Strecke $t_1 + s_1$ ab und erhalten den ersten Stützpunkt 1 als Bild des Scheitels 1 der Spundwand s_1.

Nun messen wir mit dem Zirkel direkt in der Zeichnung die Strecke

$$1^*-4 = (1-A) + (A-4)$$

und übertragen sie auf die ξ-Achse. Damit erhalten wir den zweiten Stützpunkt 4 als Bild des Scheitels 4 der Spundwand s_2. Das Bild eines beliebigen anderen uns interessierenden Punktes erhalten wir, wenn wir auf der ξ-Achse vom Stützpunkt 1 oder 4 aus eine Strecke abtragen, deren Länge gleich dem Abstand des gegebenen Punktes vom entsprechenden Abbildungszentrum 1 oder 4 ist, d. h. gleich dem Abstand vom Scheitel s_1 oder s_2.

Die erforderliche Entfernung messen wir mit dem Zirkel unmittelbar in der Zeichnung der Schürze und übertragen sie hierauf ohne Änderung der Zirkelöffnung auf die ξ-Achse, da die Maßstäbe im Bereich der Schürze s und in der Halbebene $\zeta = \xi + i\eta$ dieselben sind. Einander entsprechende Punkte des z- und ζ-Bereichs bezeichnen wir durch dieselbe Nummer oder denselben Buchstaben. Da die Lage der Koordinatenachsen im z-Bereich gleichgültig ist, wurden die x- und y-Achse in Bild 107 nicht eingezeichnet.

Zur Konstruktion der Punkte links vom Zerlegungspunkt A dient das Abbildungszentrum 1 und der Stützpunkt 1. Für die Punkte rechts von A benützen wir das Abbildungszentrum 4 und den Stützpunkt 4.

Um die Abbildung eindeutig zu machen, tragen wir die Punkte links von der entsprechenden Spundwand auch links vom dazu gehörigen Stützpunkt ab, die Punkte rechts von der Spundwand rechts.

In Bild 107 ist das Konstruktionsverfahren für das Bild des Punktes C in der Ebene $\zeta = \xi + i\eta$ dargestellt. Auch sind die Bilder der übrigen betrachteten Punkte markiert.

Das Bild eines Endpunktes der Schürzenkontur in der ζ-Ebene ist durch die Größe Λ bestimmt, nämlich die Gesamtlänge der äquivalenten ebenen Schürze. Im betrachteten Beispiel dient als Schürzenendpunkt der Punkt 5. Da auf der ξ-Achse als Maßeinheit die Strecke 0–1 mit der Länge $t_1 + s_1 = 1{,}00$ dient, erhalten wir

$$\xi_5 = \Lambda = 4{,}06.$$

Zur endgültigen Lösung der Aufgabe müssen wir noch wie in den früher betrachteten Beispielen mit Hilfe einer Zentralprojektion zu einer äquivalenten standardisierten ebenen Schürze $\zeta = \xi + i\eta$ übergehen, d. h. zur Schürze $\zeta^* = \xi^* + i\eta^*$ mit den Endpunkten in ± 1. Diese Standardisierung ist in Bild 107 verwirklicht. Das Projektionszentrum P liegt außerhalb der Zeichnung.

Alle Konstruktionen wurden von uns auf Millimeterpapier im Maßstab $t_1 + s_1 = 1 = 100$ mm ausgeführt. Auch auf der ξ^*-Achse gilt $1 = 100$ mm. Die gefundenen Werte wurden in Tabelle 162 zusammengefaßt.

---

1) In Beispiel 1, für das bereits früher [485, Bd. I] eine exakte hydrodynamische Lösung gefunden worden ist, wurden relative Schürzenabmessungen verwendet. Als Maßeinheit dient die Strecke $t_1 + s_1$.

Tabelle 162

Größe	T = ∞					
	Punkt					
	1	2	B	C	3	4
$\xi^*_{nä}$	- 0,507	- 0,138	- 0,062	+ 0,314	+ 0,409	+ 0,655
$\overline{h}_{nä}$	+ 0,669	+ 0,544	+ 0,520	+ 0,398	+ 0,366	+ 0,273
$\overline{h}_{ex}$	+ 0,673	+ 0,539	–	–	+ 0,363	+ 0,265
ϵ	+ 0,004	- 0,005	–	–	- 0,003	- 0,008
δ, %	+ 0,5	- 0,9	–	–	- 0,8	- 3,0

Größe	T = 2					
	Punkt					
	1	2	B	C	3	4
$\xi^*_{nä}$	- 0,507	- 0,138	- 0,062	+ 0,314	+ 0,409	+ 0,655
$\overline{h}_{nä}$	+ 0,690	+ 0,551	+ 0,523	+ 0,383	+ 0,348	+ 0,249
$\overline{h}_{ex}$	+ 0,696	+ 0,544	–	–	+ 0,341	+ 0,237
ϵ	+ 0,006	- 0,007	–	–	- 0,007	- 0,012
δ, %	+ 0,9	- 1,3	–	–	- 2,0	- 4,8

Bis jetzt haben wir bei unseren Konstruktionen die Tiefe T des wasserdurchlässigen Grundes noch nicht verwendet. Die erhaltenen ξ^*-Werte gelten für beliebiges T. Bei der Bestimmung der Elemente des Grundstroms, insbesondere des Drucks, benötigen wir aber nun die Größe T.

In unserem Beispiel gilt $\Lambda = \xi_5 = 4.06$. Die größte vertikale Ausdehnung ist $s_m = t_1 + s_1 = 1$ und $T = 2$. Gemäß Gl. (8.24) haben wir daher

$$T^* = \frac{2 + \sqrt{3}}{4{,}06} = 0{,}92.$$

Aus den gefundenen Werten von ξ^* und T^* finden wir nun mittels Nomogramm 2 im Anhang den reduzierten Druck in allen uns interessierenden Punkten (über die Verwendung von Nomogramm 2 siehe Abschnitt 83).

Bei $T = \infty$ gilt gemäß Gl. (8.24)

$$T^* = \infty$$

und wir bestimmen $\overline{h}$ aus demselben ξ^*-Wert, jedoch mit Hilfe von Nomogramm 3 oder der Tabelle 3 in [402].

In Tabelle 162 wurden die mittels der graphisch-analytischen Methode gewonnenen Ergebnisse $\overline{h}_{nä}$ für $T = \infty$ und $T = 2$ den exakten hydrodynamischen Lösungen $\overline{h}_{ex}$ gegenübergestellt. Außerdem wurden die absoluten und relativen Fehler angegeben.

In den Punkten 0 und 5, die in Tabelle 162 nicht auftreten, fallen die Näherungswerte mit den exakten Werten zusammen. Sie lauten $\overline{h}_0 = 1{,}000$ und $\overline{h}_5 = 0$.

Wir bemerken, daß die Behandlung von nur einem Beispiel nach den exakten Gleichungen bei T = 2 rund 80 Stunden Rechenarbeit erfordert. Mit Hilfe der Näherungsmethode benötigt man dazu etwa 10 ... 15 min.

Ferner finden wir mit Hilfe von Nomogramm 1 aus dem Anhang bei dem graphisch-analytisch bestimmten Wert $T^* = 0{,}92$ den reduzierten Wert der Filterergiebigkeit

$$\overline{Q}_{nä} = \frac{Q_{nä}}{\kappa HB} = 0{,}327.$$

Der exakte Wert ist

$$\overline{Q}_{ex} = \frac{Q_{ex}}{\kappa HB} = 0{,}321.$$

Für die Ergiebigkeit $\overline{Q}_{nä}$ gilt daher

$$\epsilon = -0{,}006; \qquad \delta = -1{,}9\ \%.$$

Das betrachtete Beispiel zeigt, daß die graphisch-analytische Methode auch bei endlicher Tiefe des wasserdurchlässigen Grundes, nämlich sogar bei $T = 2s_m = 2(t_1 + s_1)$, für die Praxis annehmbare Ergebnisse liefert.

Beispiel 2: Wir behandeln die Schürze der in Bild 108 dargestellten Stromschnelle, wenn die Grenze des wasserabstoßenden Bereichs y = T bei der Marke −29,0 liegt.

Lösung: Es handelt sich um eine Schürze mit praktischem Profil und drei Spundwänden. Wir schematisieren diese (Abschnitt 66), wie es durch die gestrichelten Linien in Bild 108 angedeutet ist, und übertragen die uns interessierenden Punkte auf die schematisierte Kontur. Der Ausgangsteil der Schürze wird durch eine vertikale Spundwand begrenzt, deren Überführung in die dünne Schürze ist daher nicht notwendig.

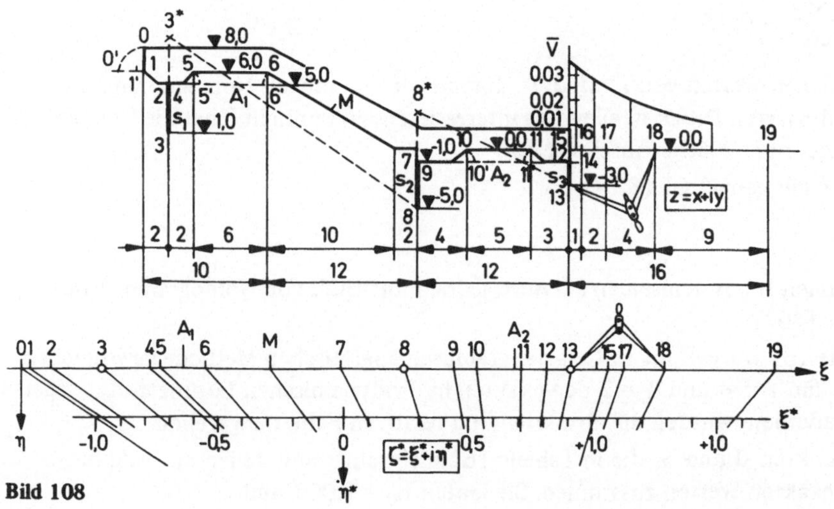

Bild 108

Als nächstes konstruieren wir die Zerlegungspunkte A_1 und A_2 und bilden unter Verwendung von drei Abbildungszentren (den drei Scheiteln der Spundwände s_1, s_2 und s_3) und der drei Stützpunkte 3, 8 und 13 auf der ξ-Achse die gegebene Schürze $z = x + iy$ auf eine äquivalente ebene Schürze $\zeta = \xi + i\eta$ ab.

Neben der Schürzenkontur bilden wir noch die Punkte 16 bis 19 des Unterwassers ab. Diese benötigen wir zur Berechnung der Ausgangsgeschwindigkeit. Die Bilder dieser Punkte konstruieren wir genauso wie die Bilder der Schürzenkontur unter Verwendung des Abbildungszentrums 13 (Scheitel der Spundwand s_3) und des Stützpunkts 13 auf der ξ-Achse.

In Bild 108 ist die Konstruktion des Punktes 18 erklärt.

Auf analogem Wege gewinnt man die Bilder beliebiger Punkte des Oberwassers. Als Abbildungszentrum dient dabei der Scheitel 3 der Spundwand s_1.

Die erhaltene ebene Schürze standardisieren wir wie üblich. Den Punkt P erhalten wir als Schnittpunkt der Strahlen durch die Endpunkte 0 und 15 und die Endpunkte -1 und $+1$ der standardisierten ebenen Schürze.

In dieser Hinsicht unterscheidet sich die betrachtete Schürze nicht im geringsten von den früher betrachteten. Eine Ausnahme bildet nur der Punkt 14, der auf dem äußeren Rand der Spundwand s_3 liegt und den wir wie in Abschnitt 62 (Punkt 7 in Bild 95) konstruieren.

Bei der Abbildung der Punkte in der Nähe des Schürzenendes 15 liefert die graphische Konstruktion jedoch nicht die geforderte Genauigkeit. Die Bilder der Punkte 14 und 16 zum Beispiel fallen in Bild 108 mit dem Punkt 15 zusammen.

Es läßt sich leicht überprüfen, daß die angegebenen Konstruktionen durch die folgenden Gleichungen beschrieben werden:

für die Punkte des Unterwassers

$$\xi^* = 1 + \frac{2}{\Lambda}(\sqrt{x^2 + s_B^2} - s_B), \tag{8.26}$$

für die Spundwandpunkte

$$\xi^* = 1 - \frac{2}{\Lambda}(s_B - \sqrt{s_B^2 - y^2}). \tag{8.27}$$

Dabei ist $s_B = s_3 + t_3$ der äußere Rand der Ausgangsspundwand, Λ die Gesamtlänge der äquivalenten ebenen Schürze im Bereich $\zeta = \xi + i\eta$, x, y die Koordinaten der betrachteten Punkte im Bereich $z = x + iy$.

In unserem Fall gilt $s_B = 3{,}0$ m; $\Lambda = \xi_{15} = 47{,}23$ (da der Maßstab auf der ξ-Achse derselbe ist wie im Bereich $z = x + iy$); $2/\Lambda = 0{,}04235$.

Für den Punkt 16, für den $x = 1$ ist, erhalten wir dann gemäß Gl. (8.26)

$$\xi_{16}^* = 1 + \frac{2}{\Lambda}(\sqrt{10} - 3) = 1{,}0069$$

und für den Punkt 14 mit $y = 1$ gilt gemäß Gl. (8.27)

$$\xi_{14}^* = 1 - \frac{2}{\Lambda}(3 - \sqrt{8}) = 0{,}9927.$$

Dem Leser wird die Herleitung analoger Gleichungen für die übrigen Schürzenbereiche keine große Mühe bereiten. Mit ihrer Hilfe kann man ξ^* mit beliebiger Genauigkeit berechnen. Die Bestimmung von ξ^* mit einer größeren Stellenzahl hat jedoch keinen Sinn, da die Methode näherungsweise vorgeht und in der überwiegenden Mehrzahl der Punkte die Genauigkeit der graphischen Konstruktion ausreicht.

Aus den gefundenen ξ^*-Werten berechnen wir wie üblich den reduzierten Druck längs der Schürzenkontur. Dazu muß man vorher die Größe T^* nach Gl. (8.24) bestimmen.

In unserem Beispiel gilt $T = 29{,}0$ m; $s_m = s_2 + t_2 = 5{,}0$ m; $\Lambda = 47{,}23$ m. Damit erhalten wir

$$T^* = \frac{29{,}0 + 28{,}6}{47{,}23} = 1{,}22.$$

In Tabelle 163 werden die erhaltenen Werte $\overline{h}_{nä}$ den Resultaten $\overline{h}_{em}$ einer Elektromodellierung (Mittelwert aus zwei Experimenten) gegenübergestellt. Den wahren Druckwert erhalten wir durch Multiplikation von $\overline{h}$ mit dem Arbeitsdruck H und anschließender Addition von H_2.

Tabelle 163

Größe	Punkt						
	0	1	2	3	4	5	6
ξ^*	− 1,000	− 0,970	− 0,898	− 0,729	− 0,560	− 0,531	− 0,370
$\overline{h}_{nä}$	+ 1,000	+ 0,929	+ 0,867	+ 0,776	+ 0,704	+ 0,692	+ 0,632
$\overline{h}_{em}$	+ 1,000	+ 0,926	+ 0,870	+ 0,786	+ 0,689	+ 0,686	+ 0,639

Größe	Punkt								
	7	8	9	10	11	12	13	14	15
ξ^*	0,093	0,305	0,474	0,557	0,706	0,788	0,873	0,993	1,000
$\overline{h}_{nä}$	0,467	0,392	0,330	0,297	0,235	0,196	0,149	0,036	0,000
$\overline{h}_{em}$	0,498	0,407	0,336	0,299	0,251	0,210	0,158	0,038	0,000

Aus $T^* = 1{,}22$ finden wir mit Hilfe des Nomogramms 1

$$\overline{Q}_{nä} = \frac{Q_{nä}}{\kappa HB} = 0{,}397.$$

Die Elektromodellierung liefert in diesem Fall

$$\overline{Q}_{em} = 0{,}428.$$

Die Filtriergeschwindigkeit längs der Unterwasserlinie finden wir nach Gleichung [485, Bd. 2, § 74]

$$\bar{v} = \frac{v}{\kappa H} = \frac{\Delta\bar{\psi}(x)}{\Delta x}\,; \quad \bar{\psi}(\xi) = \frac{F(\alpha, k')}{2K}\,;$$

$$\cos\alpha = \frac{\sinh\frac{\pi b}{2T}}{\sinh\frac{\pi\xi}{2T}}\,; \quad k = \tanh\frac{\pi b}{2T}\,; \quad k' = \frac{1}{\cosh\frac{\pi b}{2T}}\,, \tag{8.28}$$

wobei κ den Filterkoeffizienten, H den Arbeitsdruck, b die halbe Länge der ebenen Schürze, T die Tiefe des wasserdurchlässigen Grundes im Bereich der ebenen Schürze und $\Delta\bar{\psi}$ die reduzierte Filterergiebigkeit bedeutet, die durch das Intervall Δx des Unterwassers fließt.

Der reduzierte Wert des Flusses $\bar{\psi}(x)$ in einem beliebigen Punkt des Unterwassers ist bei der betrachteten Schürze gleich dem Wert $\bar{\psi}(\xi)$ für die standardisierte ebene Schürze, wenn der Punkt ξ der Bildpunkt von x ist.

In diesem Fall bestimmen wir die Werte $\bar{\psi}$ aus den für die Punkte 15 bis 19 gefundenen Werten $\xi = \xi^*$.

Wir bilden hierauf die Differenz der Flußwerte

$$\Delta\bar{\psi} = \bar{\psi}(x_2) - \bar{\psi}(x_1)$$

in zwei benachbarten Punkten x_1 und x_2 und erhalten die durch den Unterwasserbereich

$$\Delta x = x_2 - x_1$$

fließende Ergiebigkeit.

Nun dividieren wir die erhaltene Ergiebigkeit $\Delta\bar{\psi}$ durch die Länge Δx des Teilstücks und erhalten so nach Gl. (8.28) die Filtriergeschwindigkeit im Mittelpunkt dieses Teilstücks.

In Tabelle 164 sind alle notwendigen Berechnungen angegeben. Um die wahren Werte der Filtriergeschwindigkeit zu finden, muß man die Werte $\bar{v}$ noch mit dem Produkt κH multiplizieren.

Tabelle 164

Punkt	Größe					
	x	ξ^*	$\bar{\psi}(\xi^*) = \bar{\psi}(x)$	$\Delta\bar{\psi}$	Δx	$\bar{v}$
15	0,0	1,0000	0,0000			
16	1,0	1,0069	0,0336	0,0336	1,0	0,034
17	3,0	1,053	0,0921	0,0585	2,0	0,029
18	7,0	1,195	0,1717	0,0796	4,0	0,020
19	16,0	1,562	0,2690	0,0973	9,0	0,011

Aus den mit Hilfe der graphisch-analytischen Methode gefundenen Werten von $\bar{v}$ wird in Bild 108 ein Diagramm der Ausgangsgeschwindigkeit hergestellt.

Die partiellen Ergiebigkeiten sind ebenfalls von Interesse. Man benötigt sie zur Berechnung der Durchlaßeigenschaften des Filters.

Wir betonen nochmals, daß die Geschwindigkeiten $\overline{v}(x)$ auf die Mittelpunkte der Intervalle 15–16, 16–17, 17–18 und 18–19 bezogen sind.

Den Wert der Filtriergeschwindigkeit $\overline{v}_0$ im Ausgangspunkt, der für die Praxis am interessantesten ist, bestimmt man mit Hilfe der Gleichung [485, Bd. 2, § 74]

$$\overline{v}_0 = -\frac{\Delta \overline{h}}{\Delta y}. \tag{8.29}$$

Der Druckgradient $\Delta\overline{h}$ ist für ein kleines Teilstück Δy der Spundwand zu bestimmen, die unmittelbar im Ausganspunkt anliegen. Dazu betrachten wir besonders den Punkt 14.

So erhalten wir unter Verwendung der Punkte 15 $(y = 0)$ und 14 $(y = 1)$, für die wir die Werte des reduzierten Drucks aus der Tabelle 163 entnehmen,

$$\overline{v}_0 = \frac{\overline{h}_{15} - \overline{h}_{14}}{y_{14} - y_{15}} = \frac{0{,}036}{1{,}0} = 0{,}036.$$

Streng genommen gilt dieser Wert $\overline{v}_0$ im Mittelpunkt des Intervalls Δy (in unserem Beispiel im Punkt $x = 0$, $y = 0{,}5$ m). Einen genaueren Wert der Ausgangsgeschwindigkeit erhalten wir, wenn wir die mit Hilfe der Gln. (8.28) und (8.29) gewonnenen Werte mitteln. Für die Praxis reicht jedoch die mit Gl. (8.29) erzielte Genauigkeit vollkommen aus.

Die Gl. (8.29) ist auch deshalb geeigneter, weil sie nicht die Bestimmung der Flußfunktion erfordert.

Die betrachteten Beispiele tragen vollkommen allgemeinen Charakter. Die graphisch-analytische Methode erlaubt daher die Behandlung von beliebigen Schürzen mit praktischen Profilen, für die die Bedingungen (8.16) und (8.25) erfüllt sind, mit wenig Zeitaufwand, und zwar sowohl im Falle einer endlichen als auch einer unendlichen Tiefe des wasserdurchlässigen Bereichs. Wenn hingegen eine dieser Bedingungen nicht erfüllt ist, so dürfen wir die Wechselwirkung der Spundwände, die Krümmung der Spundwandbilder oder der Grenze des wasserabstoßenden Bereichs nicht mehr vernachlässigen. In solchen Fällen muß man die Methode der Aufeinanderfolge von konformen Abbildungen heranziehen, die jede beliebig hohe Genauigkeit gewährleistet. Diese Methode erlaubt auch die Lösung komplizierterer Aufgaben drainierter Schürzen, denen man in der Hydrotechnik heutzutage am häufigsten begegnet.

69. Die Behandlung ebener drainierter Schürzen bei $T = \infty$

Wir betrachten eine nicht vertiefte ebene Schürze mit ebenem drainierten Teil im Unterwasserbereich bei unendlicher Tiefe des wasserdurchlässigen Grundes $(T = \infty)$. Auf diesen Fall führen wir hierauf alle komplizierteren drainierten Schürzen zurück.

In diesem Fall stellt der Bereich des komplexen Potentials $w = \varphi + i\psi$ einen ebenen Halbstreifen mit dem Schnitt ABC dar (Bild 109).

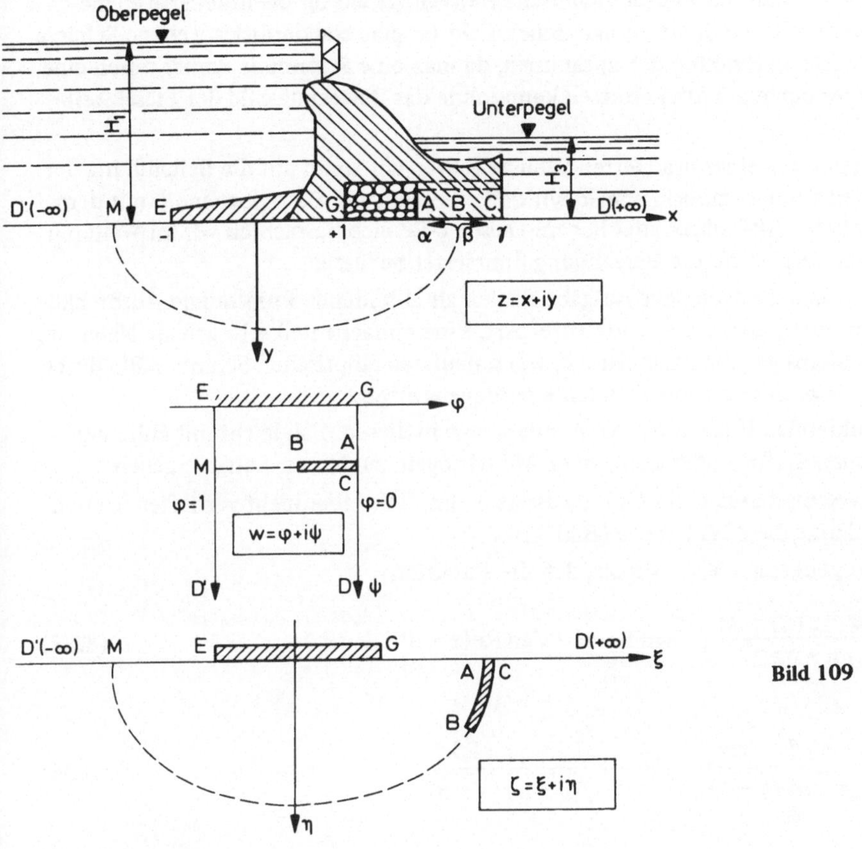

Bild 109

Die Funktion

$$\zeta = \cos \pi w = \cos \pi\varphi \cosh \pi\psi - i \sin \pi\varphi \sinh \pi\psi \tag{8.30}$$

bildet den w-Bereich konform auf die Halbebene ζ mit dem Schnitt ABC ab. Die Stromlinien $\psi = \text{const}$ gehen dabei im ζ-Bereich in die Ellipsen

$$\frac{\xi^2}{\cosh^2 \pi\psi} + \frac{\eta^2}{\sinh^2 \pi\psi} = 1 \tag{8.31}$$

über, deren Brennpunkte in den Punkten ± 1 liegen.

Die Äquipotentiallinien $\varphi = \text{const}$ werden zu Hyperbeln mit denselben Brennpunkten:

$$\frac{\xi^2}{\cos^2 \pi\varphi} - \frac{\eta^2}{\sin^2 \pi\varphi} = 1. \tag{8.32}$$

Der Schürzenbereich A–B–C, der ein Teil der Stromlinie M–B–A(C) ist, geht in der ζ-Halbebene in den Schnitt ABC längs eines Ellipsenbogens über. Der Verzweigungspunkt B des Filterstroms entspricht dabei dem Scheitel des Schnitts.

Im Bereich ζ fällt das hydrodynamische Bewegungsfeld für die drainierte ebene Schürze identisch mit dem hydrodynamischen Feld für eine standardisierte ebene Schürze mit den Enden in den Punkten ± 1 zusammen, da man eine Stromlinie immer durch eine feste Wand (oder einen Schnitt) ersetzen kann, ohne das Bewegungsbild der Flüssigkeit zu ändern.

Die Behandlung einer drainierten Schürze führen wir somit auf die Behandlung der üblichen ebenen Schürze zurück, sobald wir den z-Bereich auf die Halbebene ζ mit dem elliptischen Schnitt ABC abgebildet haben. Diesen ζ-Bereich betrachten wir im Weiteren als kanonischen Bereich für die Berechnung drainierter Schürzen.

Bei der exakten Lösung der Aufgabe dienen als abbildende Funktionen Ausdrücke aus elliptischen Integralen erster und dritter Art. Eine einfache und sehr genaue Näherungslösung des Problems gewinnt man jedoch, wenn man den elliptischen Schnitt ABC durch einen Schnitt längs eines entsprechenden Kreisbogens ersetzt.

Die abbildenden Funktionen konstruiert man in diesem Fall leicht mit Hilfe der Methode aufeinanderfolgender konformer Abbildungen, zu der wir nun übergehen.

Der Bewegungsbereich des Grundwassers ist im Falle einer nicht vertieften ebenen drainierten Schürze die z-Halbebene (Bild 110).

Man überzeugt sich leicht direkt, daß die Funktion

$$\omega = \frac{\sqrt{(\alpha - z)(\gamma - z)}}{c + \delta z}\,; \quad \text{sign Re}\,\omega = \text{sign Re}(z - \beta) \tag{8.33}$$

mit

$$c = \frac{(\alpha + \gamma)\beta - 2\alpha\gamma}{2\sqrt{(\beta - \alpha)(\gamma - \beta)}}\,; \quad \delta = \frac{(\alpha + \gamma) - 2\beta}{2\sqrt{(\beta - \alpha)(\gamma - \beta)}} \tag{8.34}$$

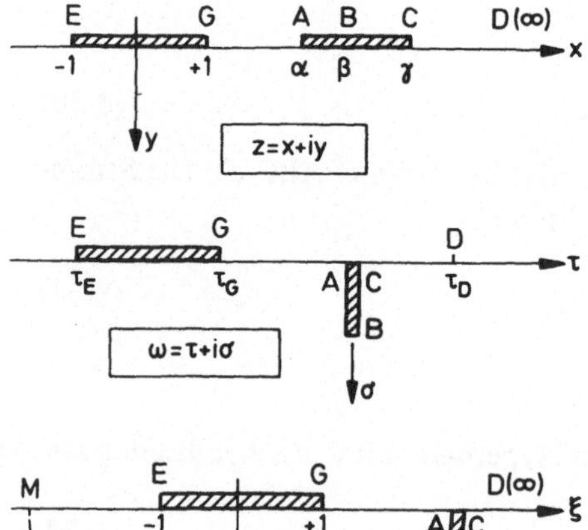

Bild 110

die Halbebene z auf die Halbebene ζ mit vertikalem Schnitt ABC der Länge $l = 1$ abbildet. Der Punkt $z = \infty$ geht dabei in den Punkt $\omega = \tau_D = 1/\delta$ über, dem Punkt $\omega = \infty$ entspricht der Punkt $z = -c/\delta$, und das Vorzeichen des Realteils von ω entspricht dem Vorzeichen des Realteils von $(z - \beta)$, wie es in Gl. (8.33) gefordert wird.

Ferner entsprechen den Punkten $E(z = -1)$ und $G(z = +1)$ die Punkte

$$\omega = \tau_E = \frac{-n_1}{c - \delta} \; ; \quad \omega = \tau_G = \frac{-n_2}{c + \delta} , \tag{8.35}$$

wobei die Bezeichnungen

$$n_1 = +\sqrt{(\alpha + 1)(\gamma + 1)}; \quad n_2 = +\sqrt{(\alpha - 1)(\gamma - 1)} \tag{8.36}$$

verwendet wurden.

Mit Hilfe der gebrochen-linearen Transformationen

$$\zeta = \Lambda \frac{\omega - \tau_E}{1 - \delta\omega} - 1; \quad \Lambda = \frac{2(1 - \delta\tau_G)}{\tau_G - \tau_E} \tag{8.37}$$

gehen wir nun zum ζ-Bereich über, in dem den Punkten E, G und D die Punkte $\zeta = \xi_E = -1$; $\zeta = \xi_G = +1$ und $\zeta = \infty$ entsprechen. Die gerade Strecke ABC geht dabei in einen Schnitt längs des Kreisbogens über, der durch die Punkte A = C und B verläuft und orthogonal zur ξ-Achse ist.

Durch diese Bedingungen ist der Kreis eindeutig definiert. Insbesondere gilt für seinen Radius

$$R = \frac{1}{2}\left(\xi_A - \xi_B + \frac{\eta_B^2}{\xi_A - \xi_B}\right). \tag{8.38}$$

Den Radius R bestimmen wir somit bei der endgültigen Rechnung aus den gegebenen Größen α, γ und dem Parameter β, dessen Wert wir noch bestimmen müssen.

Man kann beweisen, daß wir für die Größe β eine obere und eine untere Grenze, β_+ und β_-, erhalten, wenn wir anstelle des gesuchten Kreises einmal den der Ellipse ABM umschriebenen Kreis (Bild 109) mit dem Radius

$$R_+ = \xi_A \tag{8.39}$$

und ein zweites Mal den eingeschriebenen Kreis verwenden, dessen Radius gleich dem Krümmungsradius der Ellipse im Punkt A ist:

$$R_- = \frac{b^2}{a} .$$

Da die Brennpunkte der Ellipse in den Punkten ± 1 liegen, gilt für ihre Halbachsen $a = \xi_A$ und $b = \sqrt{a^2 - 1}$; wir erhalten daher

$$R_- = \xi_A - \frac{1}{\xi_A} . \tag{8.40}$$

Setzt man nun die Werte für R_+ und R_- in die Gl. (8.38) ein, so erhält man nach zwar elementaren aber umfangreichen Umformungen zwei Gleichungen für eine obere und eine untere Schranke des Parameters β:

$$\beta_+ = \frac{2\alpha\gamma + (\alpha+\gamma)\, m_1}{(\alpha+\gamma) + 2m_1}, \quad \text{mit } m_1 = +\sqrt{1 + n_1 n_2}; \tag{8.41}$$

$$\beta_- = \frac{2\alpha\gamma + (\alpha+\gamma)\, m_2}{(\alpha+\gamma) + 2m_2}, \quad \text{mit } m_2 = \frac{2n_1 n_2 + n_2 - n_1}{n_1 + n_2}. \tag{8.42}$$

Als endgültiges Resultat nehmen wir nun das arithmetische Mittel

$$\beta_{nä} = \frac{\beta_- + \beta_+}{2}, \tag{8.43}$$

mit dem Fehler

$$|\beta_{ex} - \beta_{nä}| \leqslant \frac{\beta_+ - \beta_-}{2}. \tag{8.44}$$

In den meisten in der Praxis vorkommenden Fällen ist $(\beta_+ - \beta_-)$ eine sehr kleine Größe.

Einen genaueren Wert für β erhalten wir, wenn wir fordern, daß der Kreis, durch den wir die Ellipse ersetzen, durch den Scheitel B des Schnitts verläuft.

Zu diesem Zweck führen wir vorläufig den neuen Parameter

$$\epsilon = \frac{\gamma + \alpha - 2\beta}{\gamma - \alpha} \tag{8.45}$$

ein, der (in dimensionslosen Größen) die Abweichung des Punktes B vom Mittelpunkt der Strecke $\overline{AC}$ beschreibt. Aus der Bedingung, daß der Kreis durch die Punkte A und B des Schnitts gehen und orthogonal zur ξ-Achse sein soll (siehe Bild 109), erhalten wir dann schließlich die folgende Gleichung für den Parameter ϵ:

$$\begin{aligned} &\frac{(\gamma+\alpha)(n_2 - n_1) + 2(n_1 + n_2)}{(\gamma-\alpha)(n_1 - 3n_2)}\,\epsilon^3 + \epsilon^2 \\ &+ \frac{(\gamma+\alpha)(n_1 + 3n_2) - 2(n_1 - 3n_2)}{(\gamma-\alpha)(n_1 - 3n_2)}\,\epsilon - \frac{n_1 + n_2}{n_1 - 3n_2} = 0. \end{aligned} \tag{8.46}$$

Dabei sind n_1 und n_2 durch die Gl. (8.36) gegeben.

Durch Vernachlässigung des ersten Gliedes von Gl. (8.46), das die sehr kleine Größe ϵ^3 enthält, gewinnen wir eine quadratische Gleichung mit den Lösungen

$$\epsilon = -p \pm \sqrt{p^2 + q} = \frac{q}{p \pm \sqrt{p^2 + q}}, \tag{8.47}$$

wobei

$$p = \frac{(n_1 + 3n_2)(\gamma+\alpha)}{2(n_1 - 3n_2)(\gamma-\alpha)} - \frac{1}{\gamma-\alpha}; \quad q = \frac{n_1 + n_2}{n_1 - 3n_2}.$$

Unter den beiden Wurzeln ϵ_1 und ϵ_2 ist jene zu wählen, die der Bedingung $|\epsilon| < 1$ genügt.

Nach Berechnung von ϵ gemäß Gl. (8.45) aus den gegebenen Werten von α und γ finden wir

$$\beta = \frac{(\gamma + \alpha) - \epsilon(\gamma - \alpha)}{2}. \tag{8.48}$$

Eine Fehlerabschätzung der genaueren Gl. (8.48) verschieben wir vorläufig.

Sobald die Koordinaten des Verzweigungspunktes β bestimmt sind, besitzen wir die Möglichkeit, alle Koeffizienten der abbildenden Funktionen (8.33) und (8.37) zu berechnen. Die Behandlung der drainierten Schürze wird hierauf außerordentlich einfach. Da nämlich das Teilstück A–B–C im ζ-Bereich praktisch mit einer Stromlinie zusammenfällt und das hydrodynamische Bewegungsfeld daher nicht beeinflußt, sind bereits alle Probleme auf die Behandlung der üblichen ebenen Schürze E–G zurückgeführt.

Insbesondere finden wir die Filterergiebigkeit q_1 durch die Drainage und den Druck auf den Basisbereich E–G durch die Gleichungen

$$q_1 = \psi_A = \frac{\kappa H}{\pi} \operatorname{Arch} \xi_A; \tag{8.49}$$

$$h = \frac{H}{\pi} \arccos \xi. \tag{8.50}$$

Dabei bedeutet κ den Filterkoeffizienten und $H = H_1 - H_3$ den Arbeitsdruck.

Zur Berechnung von q_1 und h benützt man am besten die Nomogramme, die im Anhang abgedruckt sind.

Den Druck in einem beliebigen inneren Punkt des Bereichs $\zeta = \xi + i\eta$ bestimmt man am einfachsten, indem man durch den gegebenen Punkt $N(\xi, \eta)$ eine Äquipotentiallinie legt, die einen Hyperbelast mit den Brennpunkten E und G (Bild 111) darstellt. Wir finden dadurch den äquivalenten Punkt ξ_0 (Scheitel der Hyperbel) des Teilstücks E–G, in dem der Druck denselben Wert hat wie im gegebenen Punkt $N(\xi, \eta)$.

Die Gleichung für ξ_0, die unmittelbar aus der Fokalgleichung der Hyperbel folgt, lautet

$$\xi_0 = \frac{\sqrt{(\xi + 1)^2 + \eta^2} - \sqrt{(\xi - 1)^2 + \eta^2}}{2} \tag{8.51}$$

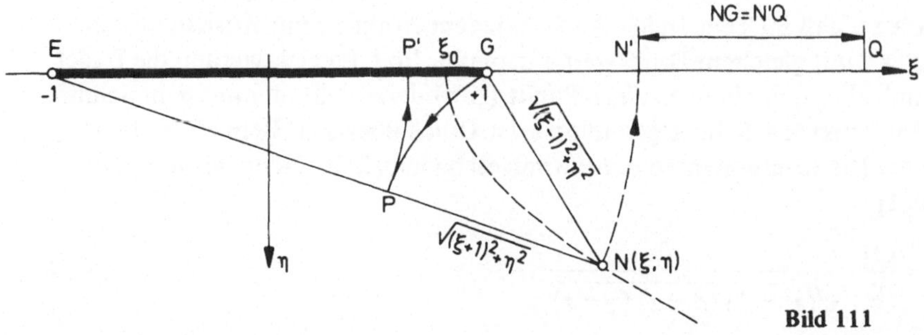

Bild 111

oder

$$\xi_0 = \frac{2\xi}{\sqrt{(\xi+1)^2+\eta^2}+\sqrt{(\xi-1)^2+\eta^2}}. \tag{8.51'}$$

Die Größe ξ_0 konstruiert man leicht graphisch, wie in Bild 111 gezeigt ist. Dazu schneiden wir mit dem Radius $\overline{NG} = \sqrt{(\xi-1)^2+\eta^2}$ vom Punkt N aus die Strecke $\overline{EN} = \sqrt{(\xi+1)^2+\eta^2}$ und konstruieren hierauf mit dem Radius $\overline{EP}$ vom Punkt E aus den Punkt P'. Wenn wir nun die Strecke $\overline{P'G}$ halbieren, so ergibt sich der gesuchte Punkt ξ_0. Diese Konstruktion wird mit dem Zirkel durchgeführt (ohne auch nur eine Linie in der Zeichnung zu ziehen), wobei wir den Punkt P durch Anlegen des Lineals in den Punkten E und N konstruieren.

Genauere Resultate (bis zu drei Dezimalstellen) erhalten wir, wenn wir wie in Bild 111 die Strecke

$$\overline{EQ} = \sqrt{(\xi+1)^2+\eta^2}+\sqrt{(\xi-1)^2+\eta^2}$$

konstruieren und hierauf ξ_0 nach Gl. (8.51') berechnen, indem wir eine einzige Division ausführen.

Mittels des dargelegten Verfahrens bestimmt man insbesondere leicht den Druck in einem beliebigen Punkt des Schnitts A–B–C, d. h. in einem beliebigen Punkt des Teilstücks A–B–C der drainierten Schürze z, sowie den Druckgradienten in der Ausgangsvertikalen.

Die Koordinaten ξ und η für das Teilstück A–B–C finden wir bei gegebenem $z = x$ und $\alpha \leqslant x \leqslant \gamma$ gemäß den Gln. (8.33) und (8.37) mit $\omega = i\sigma$:

$$\begin{gathered} \xi = -\Lambda \frac{\tau_E + \delta\sigma^2}{1+\delta^2\sigma^2} - 1; \quad \eta = \sigma\Lambda \frac{1-\tau_E}{1+\delta^2\sigma^2}; \quad \tau_E < 0; \\ \sigma = \frac{+\sqrt{(x-\alpha)(\gamma-x)}}{c+\delta x}; \quad \alpha \leqslant x \leqslant \gamma. \end{gathered} \tag{8.52}$$

Insbesondere haben wir für den Punkt B, für den $x = \beta$ und $\sigma = 1$ gilt:

$$\xi_B = -\Lambda \frac{\tau_E + \delta}{1+\delta^2} - 1; \quad \eta_B = \Lambda \frac{1-\delta\tau_E}{1+\delta^2}. \tag{8.53}$$

Sobald wir bei gegebenem $z = x$ des Teilstücks A–B–C die Größe ξ_0 gefunden haben, berechnen wir den Druck nach der Gl. (8.50) oder mit Hilfe des Nomogramms 3 im Anhang.

Wir bemerken, daß im Teilbereich A–B–C jedem Punkt x, mit Ausnahme von $x = \beta$, ein Punkt x^* mit gleichem Druckwert entspricht. Im ζ-Bereich werden die Bilder der Punkte x und x^* durch einen einzigen Punkt (ξ, η) dargestellt, der auf dem Schnitt A–B–C liegt. Im Punkt $x = \beta$ hingegen nimmt der Druck über dem Bereich A–B–C sein Maximum an. Die Komponenten der Filtriergeschwindigkeit finden wir nach der Gl. (8.33) [486, I]:

$$v_y + iv_x = \frac{\kappa H}{\pi} \cdot \frac{z-\beta}{\sqrt{(z^2-1)(\alpha-z)(\gamma-z)}}. \tag{8.54}$$

Für β nehmen wir dabei einen der Näherungswerte (8.43) oder (8.48).

Bei konkreten Problemen ist die Größe δ oft so klein, daß sie keinen Einfluß auf die Werte der Charakteristiken des Filterstroms ausübt. In erster Näherung, die sehr oft vollkommen befriedigende Ergebnisse liefert, setzen wir daher

$$\delta = 0. \tag{8.55}$$

Die Konstruktion der abbildenden Funktion wird dadurch wesentlich vereinfacht. Nach den Gln. (8.34), (8.33), (8.35) bis (8.37) erhalten wir nach einigen einfachen Umformungen

$$\beta = \frac{\gamma + \alpha}{2}\ ; \quad c = \frac{\gamma - \alpha}{2}\ ; \tag{8.56}$$

$$\zeta = \frac{n_1 + n_2}{n_1 - n_2} + \frac{2}{n_1 - n_2}\sqrt{(\alpha - z)(\gamma - z)}, \tag{8.57}$$

wobei n_1 und n_2 durch die Gln. (8.36) definiert sind. Das Vorzeichen des Realteils der Wurzel nimmt man in Übereinstimmung mit dem Vorzeichen der Größe $(x - \beta)$.

Zur Illustration der Genauigkeit der dargelegten Methode betrachten wir zwei Beispiele, für die auch exakte Lösungen existieren [486, I].

Beispiel 1: Gegeben seien die Größen $\alpha = 2$, $\gamma = 3$, $\kappa = 1$, $H = 1$. Die exakten Werte sind: $\beta_{ex} = 2{,}4391$; $q_1 = 0{,}4858$; $h_B = 0{,}0709$.

Lösung: Wir setzen die Angaben für α und γ in die Gln. (8.36), (8.41) und (8.42) ein und erhalten:

$$n_1 = 3{,}46410;\quad n_2 = 1{,}41421;\quad m_1 = 2{,}42878;\quad m_2 = 1{,}58827;$$
$$\beta_+ = 2{,}4493;\quad \beta_- = 2{,}4388$$

und daher nach den Gln. (8.43) und (8.44):

$$\beta_{nä} = 2{,}4440 \pm 0{,}0052.$$

Nach den Gln. (8.47) und (8.48) ergibt sich

$$p = -25{,}748;\quad q = -6{,}2661;\quad \epsilon = 0{,}1220;\quad \beta_{nä} = 2{,}4390.$$

Der gefundene Wert $\beta_{nä}$ unterscheidet sich vom exakten Wert also nur um eine Einheit in der vierten Dezimalstelle. Bei Verwendung der Gleichungen für die zweite Näherung berechnet man somit alle Filtercharakteristiken nahezu genau.

Bleiben wir daher bei den Gleichungen für die erste Näherung, so können wir insbesondere für die abbildende Funktion die Gl. (8.57) verwenden, die in unserem Fall für $z = x < \beta$ liefert:

$$\xi = 2{,}37979 - 0{,}97566\sqrt{(\alpha - x)(\gamma - x)}. \tag{8.57'}$$

Für den Punkt $A(z = \alpha)$ erhalten wir dann $\xi_A = 2{,}3798$ und nach Gl. (8.49) in erster Näherung

$$q_1 = 0{,}4815.$$

Diese Größe unterscheidet sich vom exakten Wert um 0,0043.

Ferner wurden in Tabelle 165 alle für die Bestimmung des Drucks im Teilstück E–G notwendigen Berechnungen angegeben. Außerdem wurde ein Vergleich der ersten Näherungen h_I mit den exakten Ergebnissen h_{ex} durchgeführt.

Im Punkt B gilt $z = \beta$. In erster Näherung finden wir damit aus den Gln. (8.56), (8.51), (8.50) und (8.57′) $\beta = 2{,}50$; $\xi_B = 2{,}3798$; $\eta_B = 0{,}4878$; $\xi_0 = 0{,}9757$ und $h_I = 0{,}0703$, was ebenfalls gut mit dem exakten Wert $h_{ex} = 0{,}0709$ übereinstimmt.

In unserem Beispiel gewährleistet daher bereits die Gleichung für die erste Näherung (8.57) die Berechnung des Drucks im Teilbereich E–G mit vier bedeutsamen Ziffern. Eine höhere Genauigkeit ist aber bei Filterproblemen nicht notwendig.

Beispiel 2: Gegeben sei: $\alpha = 1{,}1$; $\gamma = 3{,}0$; $\kappa = 1$; $H = 1$. Die exakten Werte sind:

$\beta_{ex} = 1{,}6590$; $q_1 = 0{,}3046$; $h_B = 0{,}2139$.

Lösung: Die Hauptergebnisse der Berechnung sind in den Tabellen 166 und 167 angegeben. Bei der Berechnung der Ergiebigkeit q_1 durch die Drainage und des Drucks im Teilstück E–G haben wir die exaktere abbildende Funktion (8.33) verwendet, deren Koeffizienten in Tabelle 166 zu finden sind. Die unter Verwendung der Gleichungen für die zweite Näherung (8.33) und (8.34) berechneten Werte der Ergiebigkeit und des Drucks, wurden in den Tabellen 166 und 167 durch $q_1^{(II)}$ und h_{II} bezeichnet. Zum Vergleich sind in denselben Tabellen auch die Werte $q_1^{(I)}$ und h_I angegeben, die mit Hilfe der weniger genauen Gln. (8.56) und (8.57) gewonnen wurden, bei deren Herleitung $\delta = 0$ gesetzt wurde.

Auf analogem Wege berechnen wir den Druck im Punkt B und erhalten $\xi_0 = 0{,}7836$, $h_{II} = 0{,}2134$ und $h_{II} = 0{,}1962$.

Wie man sieht, liefert die Gl. (8.57) bei $\delta \approx 0{,}39$ bei der Druckbestimmung im Teilstück E–G einen maximalen relativen Fehler (im Punkt 7) von 3,1 %, die Gl. (8.33) einen Fehler von 0,4 %.

Der Fehler bei der Bestimmung des Drucks im Punkt B nach den Gleichungen für die erste Näherung beträgt 0,0177 oder 8,3 %, der Fehler bei den Gleichungen für die zweite Näherung 0,0005 oder 0,2 %.

Bestimmt man dagegen den Verzweigungspunkt nach den Gln. (8.47) und (8.48), so erhält man $\beta_{nä} = 1{,}6600$ und man kann hierauf alle Elemente des Grundstroms einschließlich der Ausgangsgeschwindigkeit praktisch genau bestimmen. Insbesondere gewinnt man den Druck in den Teilstücken E–G und A–C mit vier exakten Dezimalstellen.

Man kann beweisen, daß der Fehler der Gleichungen für die erste Näherung monoton mit δ abnimmt. Die betrachteten Beispiele zur Demonstration der erhaltenen Genauigkeit spielen daher auch bei der Verallgemeinerung auf den Fall beliebiger Schürzen mit praktischen Profilen eine wichtige Rolle. Insbesondere können wir uns im weiteren in der Regel auf die Gleichungen für die erste Näherung beschränken, bei deren Verwendung sich die Abbildung leicht graphisch realisieren läßt.

Tabelle 165

Punkt	E	1	2	3	4	5	6	7	G
z	- 1,00	- 0,75	- 0,50	- 0,25	0	0,25	0,50	0,75	1,00
$(\alpha - z)(\gamma - z)$	12,0000	10,3125	8,7500	7,3125	6,0000	4,8125	3,7500	2,8125	2,0000
$\sqrt{(\alpha - z)(\gamma - z)}$	3,46410	3,21131	2,95804	2,70416	2,44949	2,19374	1,93649	1,67705	1,41421
ξ	- 1,0000	- 0,7534	- 0,5063	- 0,2586	- 0,0101	0,2394	0,4904	0,7436	1,0000
h_I	1,0000	0,7716	0,6690	0,5832	0,5032	0,4230	0,3369	0,2331	0
h_{ex}	1,0000	0,7716	0,6689	0,5832	0,5032	0,4231	0,3369	0,2332	0

Tabelle 166

n_1	n_2	m_1	m_2	β_+	β_-	$\beta_{nä}$	c	δ	ξ_A	$q_1^{(II)}$	$q_1^{(I)}$
0,4472	2,8983	1,5153	0,04221	1,7968	1,6186	1,7077	0,22657	0,38626	1,4646	0,2961	0,2643

Tabelle 167

Punkt	E	1	2	3	4	5	6	7	G
z	- 1,00	- 0,75	- 0,50	- 0,25	0	0,25	0,50	0,75	1,00
$\sqrt{(\alpha - z)(\gamma - z)}$	2,89828	2,6339	2,3664	2,0946	1,8166	1,5289	1,2247	0,88741	0,44721
$c + \delta z$	- 0,15969	- 0,06312	0,03344	0,13000	0,22657	0,32314	0,41970	0,51626	0,61283
$\omega = \tau$	- 18,149	- 41,728	70,766	16,112	8,0178	4,7314	2,9180	1,7189	0,72975
ξ	- 1,0000	- 0,7882	- 0,5739	- 0,3559	- 0,1326	0,0989	0,3450	0,6214	1,0000
h_{II}	1,0000	0,7890	0,6946	0,6159	0,5423	0,4685	0,3879	0,2865	0
h_{ex}	1,0000	0,7892	0,6948	0,6162	0,5429	0,4691	0,3887	0,2876	0
h_I	1,0000	0,7869	0,6915	0,6119	0,5374	0,4626	0,3808	0,2786	0

70. Graphisch-analytische Behandlung von drainierten Schürzen mit praktischem Profil für $T \leqslant \infty$

Wir betrachten zuerst eine ebene drainierte Schürze für endliche Tiefe $T < \infty$ der wasserdurchlässigen Schicht. Diese Schürze ist in Bild 112 dargestellt.

Die gegebene Schürze führt man am einfachsten auf eine äquivalente ebene nicht drainierte Schürze zurück, wenn man die erste Näherung der abbildenden Funktion verwendet, d. h. wenn man annimmt, daß $\delta = 0$. Der Verzweigungspunkt B fällt dann mit dem Mittelpunkt der Strecke A–C zusammen. Wir verschieben den Koordinatenursprung in den Punkt B, wodurch die abbildende Funktion in diesem Fall folgende einfache Gestalt annimmt:

$$\zeta = \sqrt{z^2 - l^2}, \quad \text{sign Re}\,\zeta = \text{sign Re}\,z \tag{8.58}$$

l bedeutet dabei die Länge des Teilstücks A–C.

Bei der Abbildung (8.58) geht das Teilstück A–C in den vertikalen Schnitt A′–B′–C′ über, den wir näherungsweise als Stromlinie auffassen. Das Teilstück E–G geht über in die äquivalente ebene nicht drainierte Schürze E′–G′. Der Bereich $z = x + iy$ der drainierten Schürze und der Bereich $\zeta = \xi + i\eta$ der dazu äquivalenten nicht drainierten Schürze fällt in Bild 112 der größeren Anschaulichkeit wegen zusammen.

Die Abbildung (8.58) läßt sich leicht graphisch realisieren. Dazu mißt man mit dem Zirkel den Abstand zwischen einem gegebenen Punkt x und dem Punkt B und trägt damit ohne Änderung der Zirkelöffnung auf der Abszissenachse den Punkt $x = \xi$ ab. Das Ergebnis ist der Punkt ξ. In Bild 112 ist die Konstruktion des Bildpunktes G′ des Punktes G dargestellt.

Die Punkte der reellen x-Achse, die innerhalb des Teilstücks A–C liegen, werden also bei der Abbildung (8.58) längs dieser Achse zum Punkt B hin verschoben. Die Größe der Verschiebung nimmt mit der Entfernung des betrachteten Punkts vom Punkt B ab. Die größte Verschiebung erfahren die Punkte A und C. Sie gehen in die Punkte A′ und C′ über, die in den Koordinatenursprung des ζ-Bereiches fallen.

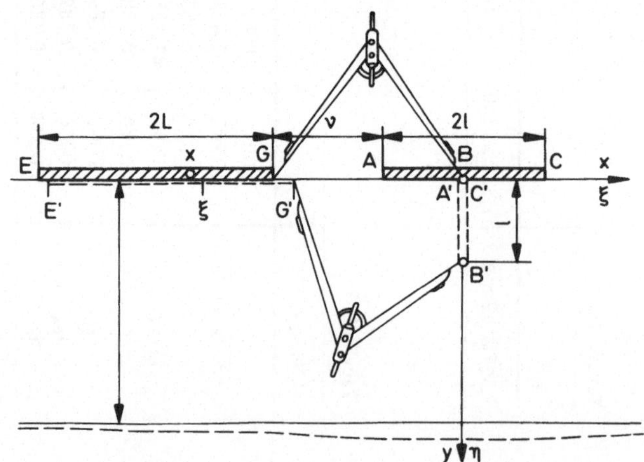

Bild 112

Die Punkte im Teilbereich A–C, für die $z = x$ und $|x| \leqslant l$ gilt, gehen bei der Abbildung (8.58) in die Punkte $\zeta = i\eta$ des vertikalen Schnitts A′–B′–C′ über, wobei

$$\eta = \sqrt{l^2 - x^2}; \quad 0 \leqslant \eta \leqslant l. \tag{8.59}$$

Nach Gl. (8.59) konstruiert man auch den äquivalenten Punkt η graphisch. Man nimmt dazu den Radius $R = l$ in den Zirkel und markiert damit vom Punkt x aus die η-Achse.

Die Funktion (8.58) bildet die Grenze des wasserabstoßenden Bereichs $y = T$ auf eine schwach gekrümmte Kurve ab, die sich der Geraden $\eta = T$ asymptotisch nähert. Die Koordinaten eines beliebigen Punkts des z-Bereichs und insbesondere der Punkte auf der Grenze des wasserabstoßenden Bereichs berechnet man am besten nach den folgenden Gleichungen, die man für $z = x + iy$ aus Gl. (8.58) erhält:

$$\eta = y + \frac{l^2}{(\eta + y)\left(1 + \dfrac{x^2}{\eta^2}\right)}; \quad \xi = \frac{xy}{\eta}. \tag{8.60}$$

Die Ordinate η bestimmen wir nach einer Iterationsmethode. Wir berechnen dazu die Abszisse ξ direkt und setzen dann $\eta_0 = y$.

Für $x = \pm\infty$ erhalten wir nach Gl. (8.60) $\eta = y$, $\xi = x$. Für $x = 0$ gilt

$$\xi = 0; \quad \eta = \sqrt{y^2 + l^2}, \tag{8.61}$$

was sich mit $z = iy$ unmittelbar aus Gl. (8.58) ergibt.

Für $-\infty \leqslant x \leqslant 0$ ändert sich die Ordinate η monoton im Bereich $y \leqslant \eta \leqslant \sqrt{y^2 + l^2}$, nimmt ihr Maximum in $x = 0$ an und nähert sich dann sehr schnell dem asymptotischen Wert.

Die Bilder der Grenze des wasserabstoßenden Bereichs erhalten wir, wenn wir in den Gln. (8.60) $y = T$ setzen. Die Größe der maximalen Deformation $\eta_{max} - T = \sqrt{T^2 + l^2} - T$ nimmt dabei mit wachsendem T rasch ab. Für $T \geqslant 2l$ haben wir bereits

$$\eta_{max} - T \leqslant 0{,}24l. \tag{8.62}$$

In Bild 112 bedeutet die gestrichelte Linie zum Beispiel das Bild der Wasserabstoßungsgrenze bei $T = 3l$.

Kleine Deformationen der Wasserabstoßungsgrenze beeinflussen die Charakteristiken des Filterstromes in der Umgebung der Schürze nur sehr wenig. Bei erfüllter Bedingung

$$T \geqslant 2l \tag{8.63}$$

dürfen wir derartige Deformationen, wie sie bei Verwendung der Funktion (8.58) entstehen, vernachlässigen, umso mehr, als bei der geologischen Untersuchung der Dammbasis oft beträchtlich größere Fehler unterlaufen.

Eine exakte Abschätzung des Fehlers, der von der Deformation des Bildes der Wasserabstoßungsgrenze herrührt, erhält man bei Verwendung der Ergebnisse von *I. I. Ljaschko* [250], der in einer Arbeit mit Hilfe der Methode der Summendarstellungen von *G. N. Poloschi* [336] analoge Fragen ausführlich untersucht hat.

Bei $2l \leqslant T < \infty$ bleibt somit die Methodik der Transformation einer ebenen drainierten Schürze in eine äquivalente nicht drainierte Schürze dieselbe wie bei $T = \infty$.

Dabei darf man selbstverständlich auch die Gln. (8.33) und (8.37) für die zweite Näherung verwenden, die ebenfalls nur eine geringe Deformation der Wasserabstoßungsgrenze ergeben, was man mit Hilfe eines Netzes leicht direkt überprüft. Die Anwendung der Gleichungen für die zweite Näherung ist jedoch nur im Falle

$$\delta \geqslant 0{,}4 \tag{8.64}$$

sinnvoll. Diesem Fall begegnet man in der Praxis selten.

Die weitere Rechnung führt man bei $T < \infty$ mit Hilfe der Gleichungen für eine ebene Schürze bei endlicher Tiefe des wasserdurchlässigen Grundes aus [485, Bd. 1, § 59]:

$$h = \frac{K - F(\alpha, k)}{2K} H; \quad k = \tanh \frac{\pi b}{2T}; \quad \sin \alpha = \frac{1}{k} \tanh \frac{\pi \xi}{2T}; \tag{8.65}$$

$$\psi = \frac{F(\alpha, k')}{2K} \kappa H; \quad k' = \sqrt{1 - k^2}; \quad \cos \alpha = \frac{\sinh \frac{\pi b}{2T}}{\sinh \frac{\pi \xi}{2T}}; \tag{8.66}$$

$$Q = \frac{K'}{2K} \kappa H. \tag{8.67}$$

Dabei sind F, K und K' die elliptischen Integrale erster Art. Die Ergiebigkeit q_1 der Drainage ist gleich der Flußfunktion im Punkt A:

$$q_1 = \psi_A. \tag{8.66'}$$

Den reduzierten Druck h/H und die volle Ergiebigkeit Q bestimmt man am besten mit Hilfe der Nomogramme 1 und 2 aus dem Anhang. Man geht dazu zu einer standardisierten ebenen Schürze ζ^* mit den Enden in den Punkten ± 1 über, wobei man den Übergang durch lineare Transformationen

$$\zeta^* = \frac{2(\zeta - \xi_E)}{\xi_G - \xi_E} - 1 \tag{8.68}$$

realisiert. Insbesondere findet man die reduzierte Tiefe T^* des wasserdurchlässigen Grundes für die standardisierte ebene Schürze gemäß Gl. (8.68) nach

$$T^* = \frac{2T}{\xi_G - \xi_E}, \tag{8.68'}$$

wobei T die gegebene Tiefe im Bereich der drainierten Schürze z ist, von der wir ausgehen.

Eine drainierte Schürze beliebigen Profils führen wir auf den betrachteten Fall zurück, indem wir die Schürze wie üblich mit Hilfe exakter Methoden oder mit Hilfe eines Näherungsverfahrens konform auf den Bereich einer ebenen drainierten Schürze abbilden und dabei auch das Bild der Drainierungslinie bestimmen. Als sehr effektiv erweist sich dabei die graphisch-analytische Methode.

Den Lösungsweg und die dabei erzielte Genauigkeit wollen wir an Beispielen demonstrieren. Vergleiche können wir in diesem Fall nur mit Ergebnissen ziehen, die durch Elektromodellierung gewonnen wurden. Eine exakte Lösung für die von uns betrachtete drainierte Schürze existiert bei endlicher Tiefe des wasserdurchlässigen Grundes nicht.

Beispiel 1: Wir betrachten eine ebene drainierte Schürze mit den folgenden Abmessungen: $2L = 20$ m; $\overline{GA} = 1$ m; $2l = 19$ m; $T = 25$ m, d. h. es handelt sich um dieselbe Schürze wie in Beispiel 2 von Abschnitt 69, aber mit endlicher Tiefe des wasserdurchlässigen Grundes.

Lösung: Alle nach den Gln. (8.58) und (8.68) für die erste Näherung durchgeführten Berechnungen sind in Tabelle 168 angegeben. Ferner erhalten wir nach Gl. (8.68′):

$$\frac{2}{\xi_G - \xi_E} = 0{,}0816; \quad T^* = 2{,}04.$$

Aus dem Nomogramm 2 finden wir hierauf bei bekanntem ξ^* und T^* den reduzierten Druck (in Bruchteilen des Arbeitsdrucks H).

In Tabelle 168 werden zudem die Resultate der ersten Näherung h_I mit den Resultaten der Elektromodellierung h_{em} (arithmetisches Mittel aus vier Experimenten) verglichen.

Wir setzen in Gl. (8.51) $\xi_B^* = \xi_A^* = 1{,}365$, $\eta_B^* = 0{,}775$ und finden $\xi_0^* = 0{,}816$. Aus Nomogramm 2 berechnen wir hierauf bei $T^* = 2{,}04$ in erster Näherung $h_B = 0{,}190$.

Aus den bekannten Werten von ξ_A^* und T^* bestimmen wir nun nach den Gln. (8.66) und (8.67) oder mit Hilfe von Nomogramm 1 die Ergiebigkeit der Drainage und die volle Filterergiebigkeit

$$q_1 = 0{,}247\, \kappa H; \quad Q = 0{,}539\, \kappa H.$$

Die Elektromodellierung ergab die Ergebnisse

$$q_{1;\,em} = 0{,}253\, \kappa H; \quad Q_{em} = 0{,}532\, \kappa H.$$

Genauere Resultate erhalten wir, wenn wir ξ nach den Gleichungen für die zweite Näherung berechnen. Unter Verwendung des Wertes $\xi_{II} = \xi^*$ aus Beispiel 2 von Abschnitt 69 erhalten wir so zum Beispiel für die Punkte 7 und B:

$$h_7^{(II)} = 0{,}279; \quad h_B^{(II)} = 0{,}206.$$

Es ist zu beachten, daß die Gleichungen für die erste Näherung in der Umgebung des Ausgangspunktes G und im Teilstück A–B–C etwas zu niedrige Druckwerte liefern.

Tabelle 168

Punkt	E	1	2	3	4	5	6	7	G	A	B
z	− 30,5	− 28,0	− 25,5	− 23,0	− 20,5	− 18,0	− 15,5	− 13,0	− 10,5	− 9,5	0
ξ	− 28,98	− 26,34	− 23,66	− 20,95	− 18,17	− 15,29	− 12,25	− 8,87	− 4,47	0	9,5i
ξ^*	− 1,000	− 0,785	− 0,566	− 0,345	− 0,118	+ 0,117	+ 0,365	+ 0,641	+ 1,000	+ 1,365	ξ_A + 0,775i
h_I	+ 1,000	+ 0,794	+ 0,698	+ 0,616	+ 0,540	+ 0,461	+ 0,377	+ 0,271	0,000	0,000	+ 0,190
h_{em}	+ 1,000	+ 0,791	+ 0,696	+ 0,615	+ 0,542	+ 0,465	+ 0,382	+ 0,283	0,000	0,000	+ 0,208

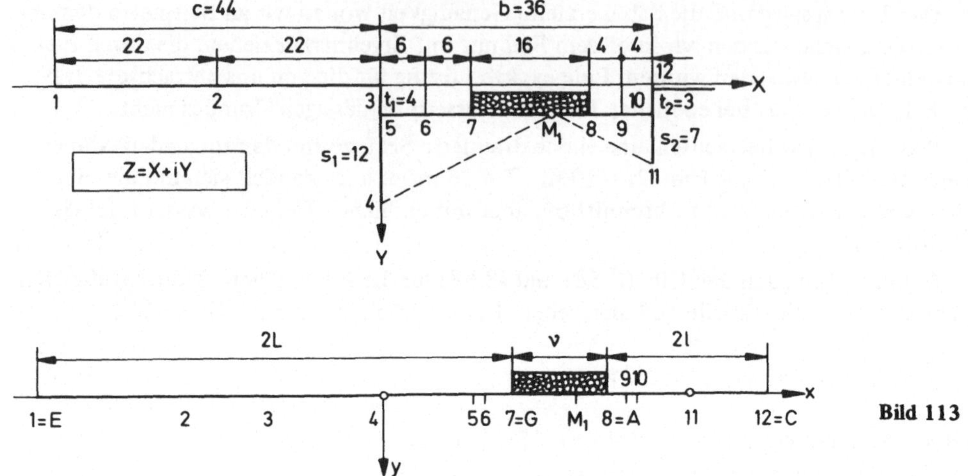

Bild 113

Man muß daher in den entsprechenden Fällen die Druckwerte in diesem Bereich mit Hilfe der zweiten Näherung überprüfen.

Beispiel 2: Als komplizierteres Beispiel betrachten wir eine vertiefte Schürze mit zwei Spundwänden bei verschiedenen Marken des Oberwasser- und Unterwassergrundes und für $T = 40$ m, $H = 1$. Den Bereich der Grundwasserbewegung bezeichnen wir für die Ausgangsschürze mit $Z = X + iY$. Die Abmessungen der Schürze und ihre charakteristischen Punkte sind in Bild 113 angegeben.

Lösung: Wir verwenden die graphisch-analytische Methode und bilden die gegebene Schürze Z auf eine ebene drainierte Schürze z ab. Wie früher beschrieben worden ist, unterteilen wir eine Schürze mit n Spundwänden bei Anwendung der graphisch-analytischen Methode zuerst durch die Punkte $M_1, M_2, \ldots, M_{n-1}$ (die den Abstand zweier benachbarter Spundwände proportional zu deren Länge unterteilen) in n Schürzen mit je einer Spundwand.

Hierauf bilden wir jede einzelne Schürze unabhängig von den anderen mit Hilfe der Funktion

$$z = \sqrt{Z^2 + s^2}; \quad \text{sign Re } z = \text{sign Re } Z \tag{8.69}$$

auf eine Ebene ab und „leimen" die Resultate zusammen.

Die Bilder der Scheitel der einzelnen Spundwände dienen als Abbildungszentren, bezüglich deren wir die Bilder der restlichen Punkte konstruieren, die wir nach Gl. (8.69) berechnen. Wir setzen zum Beispiel

$$x_4 = 0. \tag{8.70}$$

Im Falle einer Schürze mit zwei Spundwänden ($n = 2$) ergeben sich nur zwei Abbildungszentren x_4 und x_{11} und ein Teilungspunkt $M_1 \equiv M$.

Das zweite Abbildungszentrum, d. h. das Bild des Spundwandscheitels s_2, folgt aus der Gleichung

$$x_{11} = +\sqrt{b^2 + (s_1 + s_2)^2}, \tag{8.71}$$

in der wir im weiteren den arithmetischen Wert der Wurzel nehmen.

Die Bilder der Punkte links und rechts von der Spundwand s_1 bis zum Punkt M finden wir nach den Gleichungen

$$\begin{aligned} x &= -\sqrt{X^2 + (s_1 + t_1)^2} \quad \text{für} \quad -\infty \leqslant X < 0, \\ x &= +\sqrt{X^2 + s_1^2} \quad \text{für} \quad 0 < X \leqslant X_M. \end{aligned} \tag{8.72}$$

Analog erhalten wir für die Punkte im Einflußbereich der Spundwand s_2 (d. h. vom Punkt M bis $X = +\infty$)

$$\begin{aligned} x &= x_{11} - \sqrt{(b - X)^2 + s_2^2} \quad \text{für} \quad X_M \leqslant X < b, \\ x &= x_{11} + \sqrt{(X - b)^2 + (s_2 + t_2)^2} \quad \text{für} \quad b < X \leqslant +\infty. \end{aligned} \tag{8.73}$$

Das Bild der Wasserabstoßungsgrenze im z-Bereich bleibt in hinreichender Entfernung von der Schürze unverändert, d. h.

$$T_{max} = T,$$

in der Nähe der Schürze wird es jedoch etwas angehoben. Die maximale Deformation findet unmittelbar unter der Spundwandkrone statt. Die minimale Tiefe der Wasserabstoßungsgrenze lautet im Bildbereich daher nach Gl. (8.69)

$$T_{min} = \sqrt{T^2 - (s_1 + t_1)^2}.$$

Als Rechengröße für die Tiefe des wasserdurchlässigen Grundes verwenden wir im z-Bereich das arithmetische Mittel aus den Größen T_{min} und T_{max}, d. h.

$$T_m = \frac{T + \sqrt{T^2 - s_m^2}}{2} = T - \frac{s_m^2}{4T} - \frac{s_m^4}{16T^3} - \dots, \tag{8.74}$$

wobei s_m die Länge der größten vertikalen Ausdehnung der Schürze bedeutet. In unserem Beispiel gilt $s_m = s_1 + t_1$.

Die Gl. (8.74) sichert die für die Praxis hinreichende Genauigkeit, wenn die Bedingung

$$T \geqslant 2s_m \tag{8.75}$$

erfüllt ist.

Auf diese Weise gelangen wir nun zum früher betrachteten Fall zurück, d. h. zu einer ebenen drainierten Schürze bei horizontaler Wasserabstoßungsgrenze $y = T_m$.

Alle für die Bestimmung des Drucks notwendigen Berechnungen sind in Tabelle 169 angegeben. Wir geben noch eine Erklärung.

Tabelle 169

Punkt	1 = E	2	3	4	5	6	7 = G	8 = A	9	10	B	11	12 = C
X	- 44	- 22	0	0	0	+ 6	+ 12	+ 28	+ 32	+ 36	–	+ 36	+ 36
Y	0	0	0	+ 16	+ 4	+ 4	+ 4	+ 4	+ 4	4	–	+ 11	+ 1
z = x	- 46,82	- 27,20	- 16,00	0	+ 12,00	+ 13,42	+ 16,97	+ 30,08	+ 32,65	+ 33,71	+ 40,39	+ 40,71	50,71
z^*	- 87,21	- 67,59	- 56,39	- 40,39	- 28,39	- 26,97	- 23,42	- 10,31	- 7,74	- 6,68	0	+ 0,32	10,32
ζ^2	+ 7499	+ 4462	+ 3073	+ 1525	+ 699,5	+ 620,9	+ 442,0	0	- 46,6	- 61,9	- 106,5	- 106,4	0
ζ	- 86,60	- 66,80	- 55,43	- 39,05	- 26,45	- 24,92	- 21,02	0	+ 6,83i	+ 7,87i	+ 10,32i	+ 10,31i	0
ζ^*	- 1,000	- 0,396	- 0,049	+ 0,450	+ 0,835	+ 0,881	+ 1,000	+ 1,641	+ 0,208i	+ 0,240i	+ 0,315i	+ 0,314i	1,641
ξ_0^*	–	–	–	–	–	–	–	0	+ 0,988	+ 0,984	+ 0,973	+ 0,973	0
h_{gran}	+ 1,000	+ 0,642	+ 0,518	+ 0,338	+ 0,171	+ 0,144	0	0	+ 0,045	+ 0,051	+ 0,066	+ 0,066	0
h_{em}	+ 1,000	+ 0,649	+ 0,529	+ 0,345	+ 0,170	+ 0,143	0	0	+ 0,042	+ 0,048	+ 0,058	+ 0,057	0

Bei der Berechnung des Werts $z = x$ bestimmen wir zuerst nach Gl. (8.71) x_{11} und hierauf nach den Gln. (8.72) und (8.73) die Werte für x in allen übrigen Punkten. Damit führen wir die gegebene Schürze $Z = X + iY$ in die ebene drainierte Schürze $z = x + iy$ über, deren Anfangs- und Endpunkte die Punkte $1 = E$ und $12 = C$ sind. Die Drainage liegt zwischen den Punkten $7 = G$ und $8 = A$. Folglich gilt (siehe Bild 113)

$$2L = x_G - x_E = 63{,}79; \quad \nu = x_A - x_G = 13{,}11; \quad 2l = x_C - x_A = 20{,}63.$$

Die Größe δ ist für die erhaltene ebene Schürze z, wie man leicht an Hand einer direkten Rechnung einsieht, kleiner als der Wert (8.64). Wir verwenden für die weitere Rechnung daher die Gleichungen für die erste Näherung. Insbesondere bestimmen wir den Verzweigungspunkt B als Mittelpunkt der Strecke A–C,

$$x_B = \frac{x_C + x_A}{2} = 40{,}39.$$

Mit Hilfe der linearen Transformation

$$z^* = z - x_B \tag{8.76}$$

verschieben wir jetzt den Koordinatenursprung in den Punkt B und berechnen hierauf ζ und ζ^* nach den Gln. (8.58) und (8.68) bei $l = 10{,}32$ und

$$\frac{2}{\xi_G - \xi_E} = \frac{2}{65{,}58} = 0{,}03050.$$

In der Zeile ζ^* haben wir dabei für die Punkte 9 bis 11 nur die Ordinate η^* angeführt, da die Abszisse in allen diesen Punkten gleich $\xi_A^* = 1{,}641$ ist. Für die Punkte 9 bis 11, die auf dem Teilstück A–C liegen, berechnen wir aus den Werten η^* und ξ_A^* mit Hilfe der Gl. (8.51) den äquivalenten Wert ξ_0^*.

Sobald ξ^* für die Punkte 1 bis 7 und ξ_0^* für die Punkte 8 bis 12 mit Hilfe von Nomogramm 2 gefunden ist, berechnen wir den reduzierten Druck. Dazu benötigen wir vorerst die Werte für T_m und T^*, die wir aus den Gln. (8.74) und (8.68′) erhalten. In unserem Beispiel gilt

$$T_m = 38{,}33; \quad T^* = 1{,}169 \approx 1{,}17.$$

Die Werte h_{gran}, die auf graphisch-analytischem Wege gewonnen wurden, haben wir mit den Werten h_{em} der Elektromodellierung (arithmetisches Mittel aus vier Experimenten) verglichen. Ferner finden wir bei bekanntem ξ_A^* und T^* vollkommen analog zu Beispiel 1 den Wert der Ergiebigkeit durch die Drainage und die volle Filterergiebigkeit

$$q_1 = 0{,}279\,\kappa H; \quad Q = 0{,}386\,\kappa H.$$

Diese Werte stimmen mit den Resultaten der Elektromodellierung

$$q_{1;\,em} = 0{,}273\,\kappa H; \quad Q_{em} = 0{,}378\,\kappa H$$

überein.

Die Filtriergeschwindigkeit im Ausgangspunkt 12 bestimmen wir näherungsweise nach der Gleichung

$$v_0 \approx \kappa \frac{\Delta h}{\Delta y} = \frac{\kappa h_{11}}{s_2 + t_2} . \tag{8.77}$$

In unserem Beispiel ist $v_0 \approx 0{,}0066\,\kappa H$.

Zur Erhöhung der Genauigkeit der Gl. (8.77) kann man die Schrittweite Δy vermindern, die man bei der Berechnung von h im entsprechenden Punkt des äußeren Randes des Ausgangsteiles 11–12 verwendet, und zum Beispiel $\Delta y = 1$ m setzen.

Vollkommen analog findet man die Geschwindigkeit in einem beliebigen anderen Punkt der Unterwasserlinie oder in den Punkten der Drainage 7–8.

Die von uns durchgeführte Berechnung der Schürze mit zwei Spundwänden läßt sich auch auf graphischem Wege realisieren. Dazu ziehen wir die x-Achse der ebenen drainierten Schürze z, auf die wir die gegebene Schürze Z zurückgeführt haben, durch den Scheitel 4 der Spundwandkrone s_1 (siehe Bild 114). Hierauf konstruieren wir den Punkt 11 und tragen vom Punkt 10 vertikal nach oben eine Strecke mit der Spundwandlänge s_2 auf. Aus dem Abbildungszentrum 4 übertragen wir mit dem Zirkel den Punkt 11* auf die x-Achse und erhalten dadurch gemäß Gl. (8.71) das zweite Abbildungszentrum 11.

Alle Punkte links vom Teilungspunkt $M_1 = M$ übertragen wir mit dem Zirkel nach den Gln. (8.72) unmittelbar auf die x-Achse. Die Bilder der Punkte rechts von M finden wir, indem wir im Z-Bereich ihre Abstände vom Scheitel 11 der Spundwand s_2 messen und rechts oder links vom Abbildungszentrum auf der x-Achse abtragen. In Bild 114 ist die Konstruktion des Bildes von Punkt 9 dargestellt.

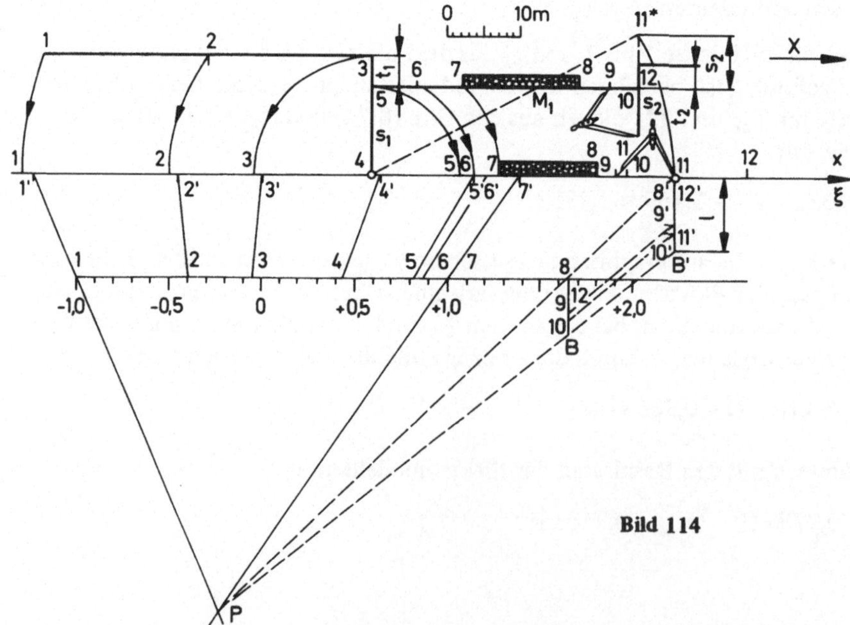

Bild 114

Nachdem die gegebene Schürze auf die ebene drainierte Schürze abgebildet ist, finden wir den Verzweigungspunkt als Mittelpunkt der Strecke 8–12 und beenden die Lösung der Aufgabe auf dem bereits oben beschriebenen Weg. Wir lassen dabei die ξ-Achse mit der x-Achse zusammenfallen. Die entsprechenden Punkte auf der ξ-Achse markieren wir durch Striche.

Die lineare Abbildung (8.68) läßt sich mit Hilfe einer Zentralprojektion realisieren. Dazu ziehen wir die ξ^*-Achse parallel zur ξ-Achse und markieren auf der ξ^*-Achse in einem für uns geeigneten Maßstab die Punkte −1 und + 1. Diese verbinden wir mit den Punkten $E = 1'$ und $G = 7'$ der ξ-Achse. Der Schnittpunkt dieser Verbindungsgeraden bildet das Projektionszentrum P. Wir verbinden nun alle uns interessierenden Punkte, einschließlich der Punkte auf dem Teilstück A–B–C, die im ξ-Bereich auf dem vertikalen Schnitt $8'$–B'–$12'$ liegen, mit dem Zentrum P und erhalten dadurch die Bilder dieser Punkte im ξ^*-Bereich. Die weitere Lösung verläuft genauso wie bei der analytischen Variante.

Beispiel 3: Wir betrachten eine drainierte Schürze mit praktischem Profil bei $T = \infty$. Die Schürze ist in Bild 115 dargestellt.

Lösung: Die gegebene Schürze führen wir auf graphischem Wege in eine ebene drainierte Schürze über. Dazu betrachten wir vorerst ihre Schematisierung als nichtvertiefte Schürze mit einer Spundwand. Wir verbinden zu diesem Zweck die Punkte 8 und 11 durch eine Gerade und verlängern diese Gerade bis zum Punkt 12. Auf die so erhaltene ebene Schürze (punktierte Linie in Bild 115) übertragen wir nun mit dem Zirkel und den Radien 8–9 und 11–10 von den Zentren 8 und 11 aus die Punkte 9 und 10, und ebenso mit dem Radius 12–13 vom Zentrum 12 aus den Punkt 13.

Bei der Abbildung des vertieften Teils auf einen nichtvertieften erfahren alle Punkte der Schürzensohle eine Verschiebung, deren relative Größe rasch abnimmt. Bei der graphisch-analytischen Methode berücksichtigen wir daher nur die Verschiebung des Punktes 12. Der Punkt 12 geht in den Punkt $12'$ über, der links vom Punkt $13'$ im Abstand

$$\tau = 0{,}64t \tag{8.78}$$

liegt. Dabei bedeutet t die Dicke der Schürze im umzubildenden Bereich. Auf analogem Wege übertragen wir die Punkte der Vorderseite auf eine dünne Vorderseite, wie es durch die gestrichelte Linie in Bild 115 angedeutet ist.

Nach dieser Transformation der gegebenen Schürze auf eine schematisierte drainierte Schürze mit einer Spundwand (oder im allgemeinen Fall mit mehreren Spundwänden) erfolgt die weitere Lösung auf dem in Beispiel 2 beschriebenen Wege. Die Neigung des Teilstücks 2–3 bleibt dabei (bei kleinen Neigungswinkeln) unberücksichtigt und wir übertragen die Punkte $1'$ und $2'$ unmittelbar vom Abbildungszentrum 6 aus mit dem Zirkel auf die x-Achse.

Alle Konstruktionen gehen aus Bild 115 hervor. In Tabelle 170 werden die reduzierten Druckwerte h_{gran}, die nach Gl. (8.50) aus den der Zeichnung in Bild 115 entnommenen ξ^*-Werten bestimmt wurden, und die auf dem Wege der Elektromodellierung schon 1951 (arithmetisches Mittel aus vier Experimenten) gewonnenen Werte h_{em} einander gegenübergestellt [482, Tabelle 2, Variante VII]. In dieser Tabelle findet man auch die absoluten und relativen Differenzen der verglichenen Werte:

$$\epsilon = h_{em} - h_{gran}, \quad \delta = \epsilon - h_{em}\ 100\,\%.$$

Tabelle 170

Punkt	E = 1	2	3	4	5	6	7	8	9 = G	A = 10	11	12	13 = C
ζ^*	– 1,000	– 0,965	– 0,710	– 0,122	0,268	0,496	0,716	0,853	+ 1,000	1,814	ξ_A^* + 0,238i	ξ_A^* + 0,155i	1,814
ξ_0^*	–	–	–	–	–	–	–	–	–	1,000	0,9880	0,9948	1,000
h_{gran}	+ 1,000	+ 0,916	+ 0,751	+ 0,539	0,414	0,335	0,246	0,175	0,000	0	0,049	0,033	0
h_{em}	+ 1,000	+ 0,924	+ 0,746	+ 0,535	0,430	0,345	0,256	0,173	0,000	0	0,048	0,035	0
ϵ	0	+ 0,008	– 0,005	– 0,004	0,016	0,010	0,010	– 0,002	0	0	– 0,001	0,002	0
δ, %	0	+ 0,9	– 0,7	– 0,7	3,7	2,9	3,9	– 1,2	0	0	– 2,1	5,7	0

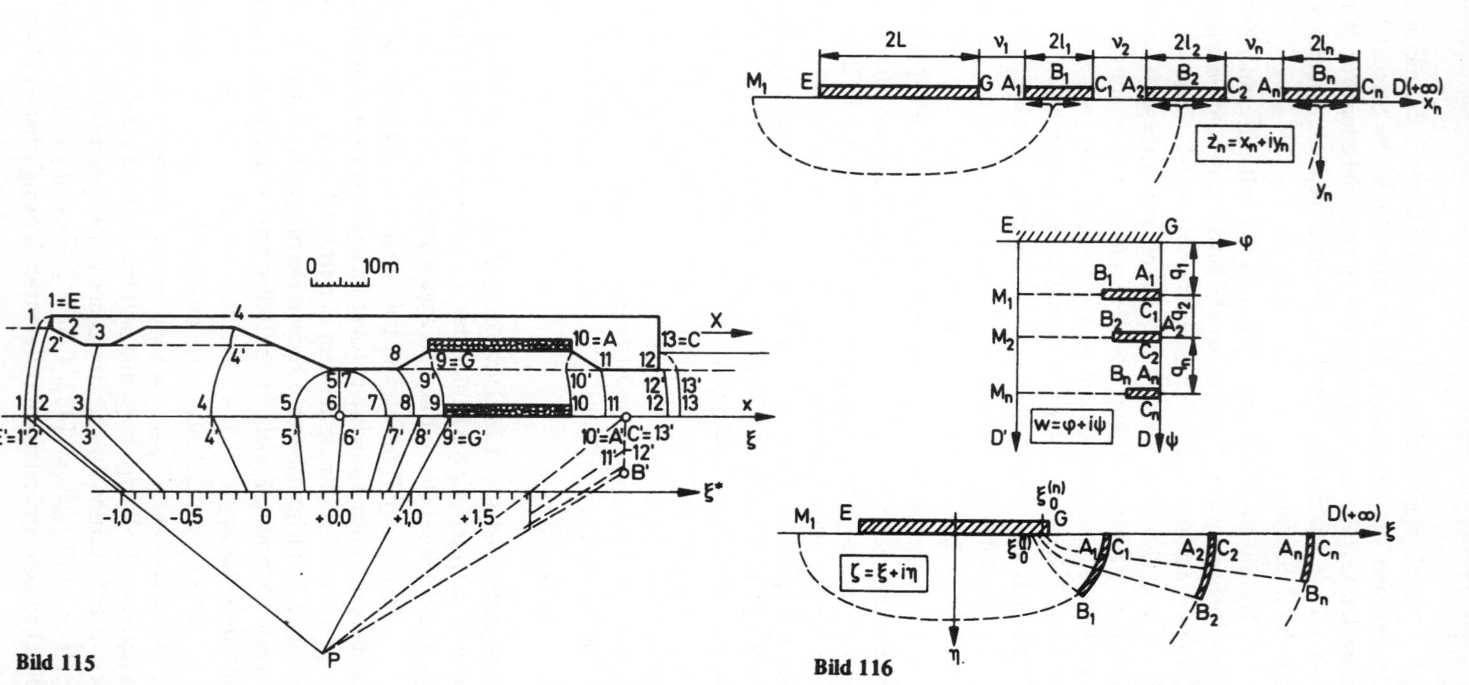

Bild 115

Bild 116

Ferner bestimmen wir gemäß Gl. (8.49) aus dem bekannten Wert $\xi_A^* = 1{,}814$ die Ergiebigkeit durch die Drainage $q_1 = 0{,}383\kappa H$. Dieser Wert stimmt sehr gut mit dem Ergebnis $q_{1;\,em} = 0{,}379\kappa H$ der Elektromodellierung überein.

Wenn die Bedingungen (8.63) und (8.75) erfüllt sind, konstruiert man bei endlicher Tiefe des wasserdurchlässigen Grundes den Wert ξ^* genauso wie bei $T = \infty$. Die Werte aller Filtercharakteristiken berechnen wir jedoch nach den Gleichungen für eine ebene drainierte Schürze bei $T^* < \infty$. Den dazu notwendigen T^*-Wert bestimmt man nach den Gln. (8.74) und (8.68').

Die graphisch-analytische Methode erlaubt auch die Behandlung von Schürzen mit n Drainierungsöffnungen. Die exakte Lösung erhält man in diesem Fall mit Hilfe der bekannten Gleichung von *Keldysch-Sedow* [171].

Eine Schürze Z_n beliebigen praktischen Profils mit n Drainierungsöffnungen (beliebiger Form) und endlicher oder unendlicher Tiefe des wasserdurchlässigen Grundes kann man immer exakt oder näherungsweise auf eine äquivalente ebene Schürze z_n mit ebenen Drainierungsöffnungen zurückführen. Das Verfahren zur Abbildung des gegebenen Bereichs Z_n auf den Bereich z_n unterscheidet sich dabei im Prinzip nicht von dem Abbildungsverfahren für nicht drainierte Schürzen praktischen Profils, das in der Monographie [485] in allen Einzelheiten dargelegt ist. Der einzige Unterschied besteht darin, daß man bei der Abbildung der gegebenen Schürze Z_n auf eine Halbebene (oder bei $T < \infty$ auf einen Streifen) die Bilder aller Anfangs- und Endpunkte der Drainierungsöffnungen bestimmen muß. Diese Bilder bestimmt man genauso wie alle übrigen Bilder der Schürzenkontur. Dabei stößt man auf keine weiteren Schwierigkeiten. Nur der Rechenumfang wird größer.

Sind die Drainierungsteilstücke gekrümmt, so führt man sie vorerst mit Hilfe einer Aufeinanderfolge von konformen Abbildungen in eine geradlinige Form über. Das Grundproblem ist daher das Problem einer ebenen drainierten Schürze $z_n = x_n + iy_n$ mit n ebenen Drainierungsöffnungen $\nu, \nu_2, \dots, \nu_n$ (Bild 116).

Bei $T = \infty$ ist der Bereich des komplexen Potentials der Schürze der Halbstreifen $w = \varphi + i\psi$ mit n Schnitten parallel zur φ-Achse. Jeder dieser Schnitte verläuft längs einer entsprechenden Stromlinie $M_1{-}B_1{-}A_1(C_1), \dots, M_n{-}B_n{-}A_n(C_n)$.

Bilden wir diesen Halbstreifen w mit Hilfe der Funktion (8.30) auf eine Halbebene ab, so entspricht dies dem Übergang zu einer äquivalenten ebenen nicht drainierten Schürze $\zeta = \xi + i\eta$. Im ζ-Bereich geht jedes Teilstück $A_1{-}C_1, A_2{-}C_2, \dots, A_n{-}C_n$ in einen Schnitt längs eines Ellipsenbogens über, der sich ebenfalls als Stromlinie erweist. Je weiter man sich dabei vom Punkt G entfernt, umso mehr nähern sich diese Schnitte einem vertikal verlaufenden geradlinigen Schnitt.

Im ζ-Bereich lassen sich leicht alle Filtercharakteristiken der Schürze z_n bestimmen. Tatsächlich ist der Druck in einem beliebigen Punkt des Basisteilstücks E–G der drainierten Schürze z_n gleich dem Druck im entsprechenden Punkt des Teilstücks E–G der nicht drainierten Schürze ζ. Zur Bestimmung des Drucks in einem beliebigen Punkt $z_n = x_n + iy_n$ suchen wir zuerst dessen Bild $\zeta = \xi + i\eta$ auf und legen, wie bereits erwähnt, durch den erhaltenen Punkt ζ eine Äquipotentiallinie, nämlich einen Hyperbelast mit den Brennpunkten in E und G. Der Scheitel dieser Hyperbel legt den äquivalenten Punkt ξ_0 des Basisteilstücks E–G fest, in dem der Druck gleich dem Druck im gegebenen Punkt $\zeta = \xi + i\eta$ ist. In Bild 116 sind die äquivalenten Punkte $\xi_0^{(1)}, \xi_0^{(2)}, \dots, \xi_0^{(n)}$ für die Punkte $B_1, B_2, \dots, B_n$ eingetragen. In diesen erreicht der Druck seine relative Maxima über den Teilstücken A_1–C_1, A_2–C_2, ..., A_n–C_n. Die Werte $\xi_0^{(1)}, \xi_0^{(2)}, \dots, \xi_0^{(n)}$ berechnen wir nach Gl. (8.51) oder wir finden sie graphisch, wie in Bild 111.

Die Ergiebigkeiten der einzelnen Drainierungsöffnungen $\nu_1, \nu_2, \dots, \nu_n$ bestimmen wir nach der Gleichung

$$q_k = \psi_k - \psi_{k-1}; \quad k = 1, 2, \dots, n; \quad \psi_0 = 0. \tag{8.79}$$

Dazu benötigen wir die Werte der Flußfunktion $\psi_1 = \psi_{A_1}, \psi_2 = \psi_{A_2}, \dots, \psi_n = \psi_{A_n}$ in den Punkten $A_1, A_2, \dots, A_n$. Wir berechnen sie nach Gl. (8.49) oder nach Gl. (8.66).

Die Filtriergeschwindigkeit bestimmt man am besten mit Hilfe einer Näherungsformel aus den bekannten Differenzen der Flußfunktion ψ oder der Druckfunktion h.

Die Abbildung des Bereichs z_n auf den ζ-Bereich realisiert man leicht auf graphischem Wege vollkommen analog zum Fall n = 1, den wir in Beispiel 2 betrachtet haben. Zu diesem Zweck führen wir das Teilstück A_n–C_n im ersten Schritt mit Hilfe der Gleichung

$$z_{n-1} = \sqrt{(z_n - x_{B_n})^2 - l^2}; \quad \operatorname{sign} x_{n-1} = \operatorname{sign}(x_n - x_{B_n}), \tag{8.80}$$

in der x_{B_n} die Abszisse des Mittelpunkts der Strecke A_n–C_n bedeutet, in einen vertikalen Schnitt über. Das Ergebnis ist eine ebene Schürze mit $n-1$ Drainierungsöffnungen.

Durch n-malige Wiederholung des Verfahrens gelangen wir schließlich zu einer nichtdrainierten Schürze $z_0 \equiv \zeta$. Bei jedem Schritt hat man dabei auch die Bilder der früheren Schnitte zu bestimmen.

Die Punkte $B_{n-1}, \dots, B_2, B_1$ sind von vornherein nicht bekannt. Wir finden sie der Reihe nach in den einzelnen Schritten als Mittelpunkte der Bilder der entsprechenden Teilstücke A_{n-1}–C_{n-1}, ..., A_1–C_1. Als Vorzeichen des Realteils $\operatorname{Re} z_{n-1} = x_{n-1}$ nehmen wir dabei in jedem Schritt das Vorzeichen der Größe $x_n - x_{B_n}$, wie es in Gl. (8.80) gefordert ist.

Wenn ν_1 klein ist, so geht im letzten Schritt das Bild des Teilstücks A_1–C_1 nicht in einen geradlinigen Schnitt über, sondern nach der Gleichung für die zweite Näherung (siehe Abschnitt 69) in einen Kreisbogen. Da das Teilstück A_1–C_1 auf den Grundwasserbereich in der Umgebung des Basisteilstücks E–G den größten Einfluß ausübt, während der Einfluß der Teilstücke A_2–C_2, ..., A_n–C_n rasch abklingt, gewährleistet die von uns gewählte Reihenfolge der „Beseitigung" der Drainierungsöffnungen, beginnend mit ν_n, ν_{n-1} und endend mit ν_1, den geringsten Abbildungsfehler. In der Tat wird bei dieser Reihenfolge das Teilstück A_1–C_1 sehr genau abgebildet, am wenigsten genau dagegen das am weitesten entfernte und daher am wenigsten einflußreiche Teilstück A_n–C_n. Bei jedem Schritt wird nämlich die Deformation des vorhergehenden Schnitts etwas vergrößert, da die Abweichung von der Stromlinie etwas größer wird.

Zur Beendigung des Verfahrens müssen wir von der Schürze ζ noch zu einer standardisierten ebenen Schürze ζ^* mit den Enden in den Punkten ± 1 übergehen, was man mit Hilfe der Gl. (8.68) realisiert.

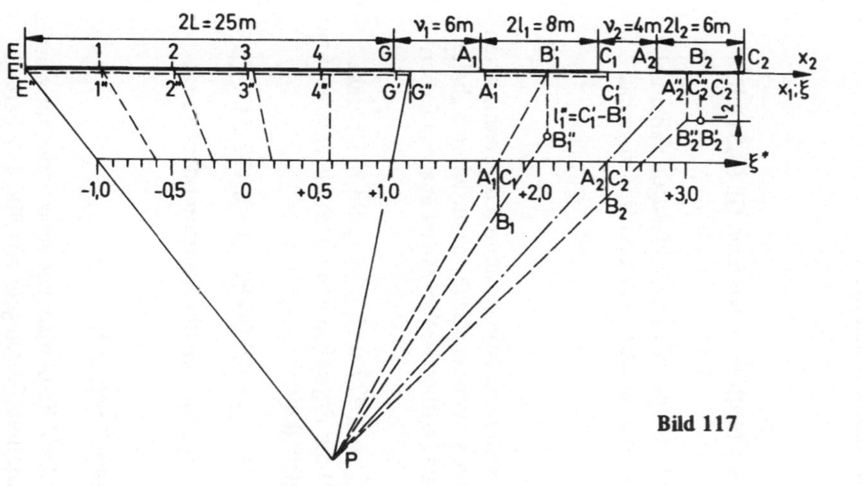

Bild 117

Tabelle 171

Punkt	E	1	2	3	4	G	A_1	B_1	C_1	A_2	B_2	C_2
$z_2 - x_{B_2}$	- 46,00	- 41,00	- 36,00	- 31,00	- 26,00	- 21,00	- 15,00	–	- 7,00	- 3,00	0	+ 3,00
z_1	- 45,90	- 40,89	- 35,87	- 30,85	- 25,83	- 20,78	- 14,70	- 10,51	- 6,32	0	3i	0
$z_1 - x_{B_1}$	- 35,39	- 30,38	- 25,36	- 20,34	- 15,32	- 10,27	- 4,19	0	+ 4,19	10,51	10,51 + 3i	10,51
$z_0 \equiv \zeta$	- 35,14	- 30,09	- 25,01	- 19,90	- 14,74	- 9,38	0	4,19i	0	9,64	9,72 + 3,24i	9,64
ζ^*	- 1	- 0,608	- 0,214	+ 0,183	+ 0,584	+ 1	1,728	$\xi^*_{A_1}$ + 0,325i	1,728	2,477	2,484 + 0,252i	2,477
ξ^*_0	–	–	–	–	–	–	1	0,975	1	1	0,994	1
h_{gran}	1,000	0,721	0,574	0,437	0,289	0	0	0,065	0	0	0,032	0
h_{em}	1,000	0,717	0,568	0,434	0,290	0	0	0,055	0	0	0,024	0

Bei endlicher Tiefe $T < \infty$ verfahren wir analog zum früher betrachteten Fall $n = 1$. Wir ersetzen nur die Bedingung (8.63) durch die Bedingung

$$T \geqslant \max\{2l_k\}; \quad k = 1, 2, \dots, n. \tag{8.81}$$

Beispiel 4: Wir betrachten die in Bild 117 dargestellte Schürze für T = 18 m.

Lösung: In unserem Beispiel gilt n = 2. Im ersten Schritt bilden wir mit Hilfe der Gl. (8.80) das Teilstück A_2–C_2 auf den vertikalen Schnitt $il_2 = 3i$ ab und verwenden für B_2 den Mittelpunkt der Strecke A_2–C_2. Alle Berechnungen sind in Tabelle 171 angegeben.

Als Ergebnis erhalten wir die Schürze z_1 mit einer Drainierungsöffnung, bei der (wie man leicht durch direkte Rechnung überprüft) δ kleiner als in Gl. (8.64) ist. Wir verwenden daher im zweiten Schritt ebenfalls die Gl. (8.80). Zu diesem Zweck berechnen wir vorerst die Abszisse des Punktes B_1 als arithmetisches Mittel aus den Abszissen von A_1 und C_1:

$$x_{B_1} = \frac{-14{,}70 - 6{,}32}{2} = -10{,}51.$$

Die Koordinaten des Punktes B_2 im Bereich $z_0 \equiv \zeta$ finden wir nach Gl. (8.60). Die ζ^*-Werte berechnen wir nach Gl. (8.68), wobei in unserem Beispiel

$$\frac{2}{\xi_G - \xi_E} = \frac{2}{25{,}76} = 0{,}07764.$$

Bei bekanntem ζ^* für die Punkte B_1 und B_2 bestimmen wir nach Gl. (8.51) die äquivalenten Werte ξ_0^*.

In unserem Beispiel ist die Bedingung (8.81) erfüllt. Wir vernachlässigen daher bei der Abbildung (8.80) die Deformation der Wasserabstoßungsgrenze und finden gemäß Gl. (8.68′)

$$T^* = 0{,}07764 \cdot 18 = 1{,}398 \approx 1{,}40.$$

Bei gegebenem ξ^* und T^* bestimmen wir nun nach Nomogramm 2 den reduzierten Druck h_{gran}. Die auf graphisch-analytischem Wege gewonnenen Werte wurden in Tabelle 171 mit den Resultaten einer Elektromodellierung (arithmetisches Mittel aus vier Experimenten) h_{em} verglichen.

Ferner bestimmen wir aus $\xi^*_{A_1} = 1{,}728$, $\xi^*_{A_2} = 2{,}477$ und $T^* = 1{,}398$ in Übereinstimmung mit den Gln. (8.66), (8.67) und (8.79) die Ergiebigkeiten durch die entsprechenden Drainagen ν_1 und ν_2 und die volle Filterergiebigkeit:

$$\psi_1 = 0{,}3097; \quad \psi_2 = 0{,}3835; \quad q_1 = 0{,}310\kappa H; \quad q_2 = 0{,}074\kappa H; \quad Q = 0{,}432\kappa H.$$

Die gefundenen Werte stimmen sehr gut mit den Ergebnissen der Elektromodellierung überein, bei der

$$q_{1;\,em} = 0{,}306\kappa H; \quad q_{2;\,em} = 0{,}076\kappa H; \quad Q_{em} = 0{,}435\kappa H.$$

Die Abbildung nach den Gln. (8.80) und (8.68) kann man, wie schon erwähnt wurde, auf graphischem Wege realisieren. Das Konstruktionsverfahren geht aus Bild 117 hervor.

In dieser Zeichnung fallen die Achsen x_2, x_1 und $x_0 \equiv \xi$ zusammen. Die Bilder der betrachteten Punkte im z_1- und im ζ-Bereich sind durch einen Strich bzw. durch zwei Striche markiert.

Bei der graphischen Konstruktion vernachlässigen wir im zweiten Schritt die Deformation des vertikalen Schnitts $A_2'-B_2'-C_2'$, die durch die Abbildung (8.80) hervorgerufen wird. Nachdem wir auf dem üblichen Wege den Punkt $A_2'' = C_2''$ gefunden haben (wozu wir die Strecke $B_1'-C_2$ messen und mit dieser Strecke als Radius vom Punkt B'' aus die ξ-Achse markieren), ziehen wir daher von diesem Punkt aus den vertikalen Schnitt $l_2'' = l_2' = l_2$. Der dabei entstehende Fehler ist kleiner als die Konstruktionsungenauigkeiten.

Bild 117 demonstriert auch sehr anschaulich die Hauptrolle des Teilstücks A_1-C_1 und die Zweitrangigkeit des Teilstücks A_2-C_2. Für $n > 2$ wird der Einfluß der weiter entfernten Teilstücke unwesentlich. In der Praxis kann man sich daher auf den Fall $n \leqslant 2$ beschränken.

71. Die Behandlung von Schürzen in zweischichtigen Medien

In der Theorie der Filtrierung setzt man gewöhnlich voraus, daß der wasserdurchlässige Grund, auf dem die hydrotechnische Anlage entstehen soll, homogen ist. In Wirklichkeit ist diese Voraussetzung nicht immer gegeben. Für eine erfolgreiche Einführung hydrodynamischer Methoden in die Praxis der Projektierung muß man daher vor allem den Fall zweischichtiger Medien betrachten.

Eine der ersten Arbeiten über Filtrierung bei mehrschichtigem Grund ist die Arbeit von *M. A. Lawrentjew* und *I. B. Pogrebiska* [220], in der die Autoren dieses Problem unter der Annahme einer Wirbelverteilung längs der Trennungslinien des Grundes mit Hilfe von Fourier-Integralen gelöst haben.

Ein grundsätzlich bedeutender Schritt in dieser Richtung erfolgte durch *P. J. Polybarinowa-Kotschina,* die bereits 1939 mit Hilfe der analytischen Theorie der Differentialgleichungen eine exakte hydrodynamische Lösung für eine Schürze mit einer Spundwand in einem zweischichtigen Medium mit gleicher Mächtigkeit (der Tiefe) beider Schichten angeben konnte [343]. In den folgenden Arbeiten [345, 346] betrachtete *P. J. Polybarinowa-Kotschina* eine Reihe weiterer Filtrierungsprobleme in zweischichtigen und in mehrschichtigen Medien.

Der japanische Mathematiker *Sima* [406] gelangte unter Verwendung der Variationsrechnung zu einer exakten Lösung für eine nicht vertiefte ebene Schürze in einem zweischichtigen Medium mit beliebigem Verhältnis der Mächtigkeiten der wasserdurchlässigen Schichten.

Mit exakten Lösungen von Filtrierungsaufgaben in zweischichtigen Medien befassen sich auch die Arbeiten von *H. K. Girinski* [60], *M. A. Glusberg* [64], *N. K. Kalinin* [149], *B. K. Riesenkampf* [366], *D. B. Topoljanski* [453], *S. Jalin* [631] und vielen anderen.

In der letzten Zeit entstand neben exakten hydrodynamischen Methoden auch die Tendenz zur Entwicklung von Näherungsmethoden zur Lösung von Filtrierungsaufgaben.

G. H. Poloschi [334] fand einige Variationstheoreme für den Fall eines achsensymmetrischen Flusses in einem inhomogenen Medium, sowie für den Fall eines ebenen Flusses mit einem Filterkoeffizienten, der eine stetige Funktion der Koordinaten darstellt.

I. I. Ljaschko [250] verwendete zur Lösung von Druckfiltrierungsaufgaben die Methode der Summendarstellungen und betrachtete neben einer großen Anzahl von Problemen in inhomogenen Medien auch eine Reihe interessanter Schemata für den Fall eines zweischichtigen Mediums.

Ein großer Problemkreis aus der Theorie der stationären und nichtstationären Filtrierung von Flüssigkeiten und Gasen wurde in der Monographie von *St. I. Georgitza* [574] betrachtet. Der Problemkreis umfaßt auch den Fall inhomogener Medien. Mit der Frage der Berechnung von Schürzen in inhomogenen Medien befaßt sich auch eine Arbeit von *I. K. Bramatkina* und *N. B. Ilinski* [38], in der die Autoren eine Reihe von Originalergebnissen veröffentlichten.

Eine weitere Verallgemeinerung der erarbeiteten exakten Methoden oder Näherungsmethoden auf den Fall beliebiger Schürzen praktischen Profils ist jedoch mit der Bewältigung sehr großer mathematischer Schwierigkeiten verbunden.

Ungeachtet dessen läßt sich aber unter Verwendung der Methode der Grenzfälle [484] außerordentlich einfach ein Näherungsverfahren konstruieren, das (wenn die weiter unten angegebenen Bedingungen erfüllt sind) die für die Praxis notwendige Genauigkeit gewährleistet.

Wir beginnen die Darlegung mit einer ebenen Schürze und unter der Annahme, daß die Trennungslinien des Grundes und die Wasserabstoßungsgrenze horizontal verlaufen (Bild 118). Dabei betrachten wir die beiden möglichen Fälle, daß die obere wasserdurchlässige Schicht eine höhere oder eine niedrigere Wasserdurchläßigkeit aufweist als die untere Schicht.

Fall 1: ($\kappa_1 \geqslant \kappa_2$). Wenn $\kappa_1 \geqslant \kappa_2$, so kann sich der Filterkoeffizient der unteren Schicht nur im Bereich

$$0 \leqslant \kappa_2 \leqslant \kappa_1$$

ändern. Man konstruiert daher leicht zwei Grenzlösungen, zwischen denen die gesuchte Lösung für die ebene Schürze in einem zweischichtigen Medium liegen muß.

Als ersten Grenzfall wählen wir eine ebene Schürze mit homogenem wasserdurchlässigen Untergrund, dessen Mächtigkeit (oder wie wir häufiger sagen, dessen Tiefe) durch

$$T_I = T_1 \tag{8.82}$$

ausgedrückt wird, d. h. es handelt sich um den Fall, den wir unter der Annahme

$$\kappa_2 = 0$$

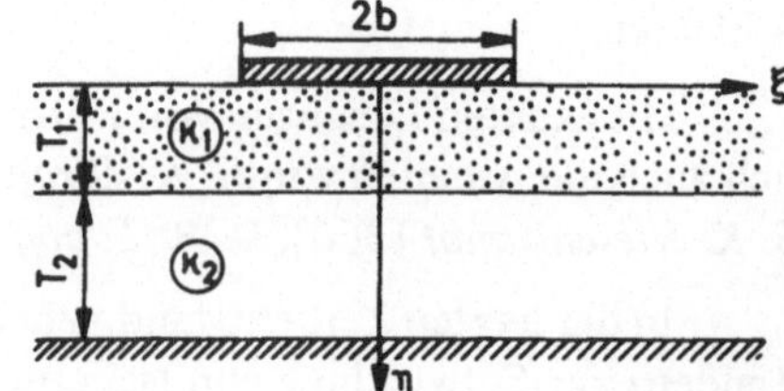

Bild 118

erhalten. Als zweiten Grenzfall nehmen wir dieselbe Schürze mit homogenem Untergrund der Tiefe

$$T_{II} = T_1 + T_2. \tag{8.83}$$

Wir erhalten diesen Fall also unter der Annahme

$$\kappa_2 = \kappa_1.$$

Den Druck für die Lösungen dieser Grenzfälle bezeichnen wir durch h_I und h_{II}. Einen Näherungswert für den Druck bei der ebenen Schürze in zweischichtigen Medium (den wir durch $\widetilde{h}$ bezeichnen wollen) erhalten wir im arithmetischen Mittel:

$$\widetilde{h} = \frac{h_I + h_{II}}{2}. \tag{8.84}$$

Den absoluten Fehler ϵ der Größe $\widetilde{h}$ bestimmt man aus der Ungleichung

$$\epsilon \leqslant \frac{|h_I - h_{II}|}{2}. \tag{8.85}$$

Für die Punkte $\xi = \pm b$ und $\xi = 0$, d. h. für die Schürzenenden und für ihren Mittelpunkt gilt:

$$h_I = h_{II}.$$

In diesen Punkten ist also $\epsilon = 0$.

Da die Grenzfälle homogenen Grund besitzen, berechnen wir die Größen h_I und h_{II} nach der bekannten Gleichung

$$\frac{h_n}{H} = \frac{K(k) - F(\alpha, k)}{2K(k)}; \quad k = \tanh \frac{\pi b}{2T_n}; \quad \sin\alpha = \frac{1}{k} \tanh \frac{\pi\xi}{2T_n}. \tag{8.86}$$

Dabei gilt n = I, II. H ist der Arbeitsdruck, b die halbe Länge der Schürze. Die Tiefe T_n entnimmt man den Gln. (8.82) und (8.83).

Die Größen h_I und h_{II} bestimmt man am einfachsten mit Hilfe von Nomogramm 2 im Anhang. Man findet so die Ergebnisse mit drei gültigen Dezimalstellen.

In Tabelle 172 werden die Werte h_I, h_{II} und $\widetilde{h}$ mit den Werten h_{em} verglichen, die für das zweischichtige Medium auf dem Wege der Elektromodellierung gewonnen wurden (Mittel aus zwei Experimenten). Als Ausgangsdaten dienten dabei:

$$H = 1; \quad b = 1; \quad T_1 = 0{,}25; \quad T_2 = 0{,}75; \quad \kappa_1 : \kappa_2 = 6{,}5.$$

Tabelle 172

ξ	– 1,00	– 0,75	– 0,50	– 0,25	0	0,25	0,50	0,75	1,00
h_I	1,000	0,838	0,725	0,613	0,500	0,387	0,275	0,162	0,000
h_{II}	1,000	0,791	0,686	0,591	0,500	0,409	0,314	0,209	0,000
$\widetilde{h}$	1,000	0,814	0,706	0,602	0,500	0,398	0,294	0,186	0,000
ϵ	0,000	0,024	0,020	0,011	0,000	0,011	0,020	0,024	0,000
h_{em}	1,000	0,823	0,714	0,607	0,503	0,394	0,289	0,179	0,000

Ausgehend von den Gln. (8.86) findet man den maximalen Fehler ϵ_{max} als Funktion der Größen T_1 und T_2 leicht auf analytischem Wege.

In der Praxis kann man ϵ_{max} ebenfalls mit Hilfe von Nomogramm 2 ermitteln. Da in diesem Nomogramm die Linienschar $h = \text{const}$ mit der horizontalen Richtung einen Winkel von 45° bildet, ist ϵ_{max} gleich dem halben Abstand zwischen den Linien $T_I = \text{const}$ und $T_{II} = \text{const}$.

Wir weisen darauf hin, daß sich ϵ_{max} bei Vergrößerung von T_1 rasch vermindert. Bei

$$T_1 \geqslant 0{,}5\,b$$

ergibt sich der maximale Fehler im schlechtesten Falle $T_2 = \infty$ bei $\xi = 0{,}69$. Er beträgt

$$\epsilon_{max} \leqslant 0{,}023\,H,$$

d. h. der maximale Fehler beträgt höchsten 2,3 % des Arbeitsdrucks H. Für die Bedürfnisse der Praxis ist dies durchaus hinreichend.

Vollkommen analog bestimmt man auch die Ausgangsgeschwindigkeit und die volle Filterergiebigkeit als arithmetisches Mittel der Größen, die sich bei der Lösung der beiden Grenzfälle ergeben. Bei größerer Differenz $T_2 - T_1$ sind die Ergebnisse für die Ergiebigkeit jedoch nicht hinreichend genau.

In solchen Fällen bestimmt man die Ergiebigkeit besser, indem man nach einer Idee von *N. N. Pablobska* die untere Schicht durch eine „virtuelle Schicht" der Mächtigkeit $\frac{\kappa_2}{\kappa_1} T_2$ ersetzt. Man gelangt dadurch wieder zu einer Schürze mit homogenem Untergrund (und dem Filterkoeffizienten κ_1) der Tiefe

$$T_{vir} = T_1 + \frac{\kappa_2}{\kappa_1} T_2. \tag{8.87}$$

In dem oben betrachteten Beispiel haben wir

$$T_{vir} = 0{,}25 + 0{,}154 \cdot 0{,}75 = 0{,}37.$$

Unter Verwendung von Nomogramm 1, das zu diesem Zweck konstruiert wurde, finden wir daraus für die reduzierte Ergiebigkeit

$$\overline{Q} = \frac{Q}{\kappa_1 H} = 0{,}159.$$

Das entsprechende Ergebnis der Elektromodellierung ist $\overline{Q}_{em} = 0{,}172$, was einen relativen Fehler von $\delta = 8{,}2\,\%$ ergibt.

Den wahren Wert der Ergiebigkeit (pro Laufmeter der Anlage) erhalten wir nach Multiplikation von $\overline{Q}$ mit der Größe $\kappa_1 H$.

Fall 2: ($\kappa_1 \leqslant \kappa_2$). Bei $\kappa_1 \leqslant \kappa_2$ kann sich der Filterkoeffizient der unteren Schicht im Bereich

$$\kappa_1 \leqslant \kappa \leqslant \infty$$

ändern. Als Grenzfälle nehmen wir daher die Werte $\kappa_2 = \infty$ und $\kappa_2 = \kappa_1$.

Die zweite Grenzlösung ist daher dieselbe wie im vorangehenden Fall. Es handelt sich dabei also um die Lösung für eine ebene nicht vertiefte Schürze mit homogenem Untergrund der Tiefe

$$T_{II} = T_1 + T_2.$$

Die erste Grenzlösung erhalten wir, wenn wir annehmen, daß die untere Schicht absolut wasserdurchlässig ist.

Für diesen Fall hat *N. K. Girinski* eine Lösung für die ebene nicht vertiefte Schürze angegeben. Insbesondere findet man den Druck h_I nach der Gleichung [59]:

$$\frac{h_I}{H} = \frac{1}{\pi} \arccos u; \qquad u = \frac{\sinh \frac{\pi\xi}{2T_1}}{\sinh \frac{\pi b}{2T_1}}. \tag{8.88}$$

Die Gln. (8.84) und (8.85) gelten auch jetzt noch.

In Tabelle 173 werden die nach der obigen Methode gewonnenen Resultate mit den Resultaten einer Elektromodellierung (arithmetisches Mittel aus zwei Experimenten) verglichen. Als Ausgangsangaben dienten: $H = 1$; $b = 1$; $T_1 = 1{,}5$; $T_2 = 1{,}0$; $\kappa_1 : \kappa_2 = 0{,}15$.

Die Größe h_I wurde nach Gl. (8.88) berechnet, die Größe h_{II} nach Gl. (8.86) mit $T_{II} = T_1 + T_2 = 2{,}5$. Die Filterergiebigkeit bestimmen wir wie früher mit Gl. (8.87) und Nomogramm 1. Das Ergebnis ist $\overline{Q} = 0{,}991$, während die Elektromodellierung $\overline{Q}_{em} = 1{,}03$ liefert.

Die Resultate stimmen sehr gut überein. Die Genauigkeit wächst mit der Vergrößerung von T_1.

Die Ergebnisse von Tabelle 173 erweitert man leicht auf negative ξ-Werte. Für eine ebene Schürze gilt nämlich die Gleichung

$$h(-\xi) = H - h(+\xi). \tag{8.89}$$

In den Punkten $\xi = -1$; 0; +1 haben wir, wie schon erwähnt, bei beliebigem κ_1 und κ_2 $h(-1) = 0$; $h(0) = 0{,}5$; $h(+1) = 1$. Die wahren Werte für h finden wir durch Multiplikation mit dem Arbeitsdruck H.

Eine Analyse der Ergebnisse in Tabelle 173 zeigt, daß in unserem Beispiel der maximale absolute Fehler nicht größer als 0,016H ist. Der maximale relative Fehler (im Punkt $\xi = 0{,}9$) ist nicht größer als 7,9 %.

Tabelle 173

ξ	0,1	0,2	0,3	0,4	0,5	0,6	0,7	0,8	0,9
h_I	0,473	0,446	0,418	0,388	0,356	0,320	0,279	0,229	0,163
h_{II}	0,466	0,434	0,401	0,366	0,329	0,290	0,248	0,200	0,140
$\widetilde{h}$	0,470	0,440	0,410	0,377	0,342	0,305	0,264	0,214	0,152
ϵ	0,004	0,006	0,009	0,011	0,013	0,015	0,016	0,014	0,012
h_{em}	0,472	0,442	0,411	0,382	0,349	0,312	0,271	0,221	0,160

Wir müssen jedoch darauf hinweisen, daß die Gl. (8.85) die größten Fehler bei den Fällen $\kappa_2 = 0$ und $\kappa_2 = \infty$ liefert.

In günstigeren Fällen ist der Fehler kleiner. Dies kommt auch in den Tabellen 172 und 173 beim Vergleich der theoretischen Ergebnissen der Elektromodellierung zum Ausdruck.

Die Ergebnisse verallgemeinert man nun leicht auf den Fall einer Schürze mit beliebigem praktischen Profil und einem zweischichtigen Untergrund.

Mit Hilfe aufeinander folgender konformer Abbildungen können wir nämlich mit beliebig hoher Genauigkeit eine Schürze mit praktischem Profil überführen in eine ebene nicht vertiefte Schürze [485, Bd. 2]. Die Trennungslinie des Grundes $y = T_1$ und die Wasserabstoßungsgrenze $y = T_1 + T_2$, die wir als innere Kurven der unteren Halbebene betrachten, werden dabei etwas deformiert. Der Einfluß dieser Deformation auf die Druckverteilung längs der Schürzenkontur nimmt mit wachsendem T_1 sehr rasch ab. Wir berücksichtigen daher die Deformation der Trennungslinie und der Grenze des wasserabstoßenden Bereichs vorerst nicht. Am Ende des Abschnitts werden wir zeigen, auf welchem Wege man den Einfluß der Krümmung dieser Linien berücksichtigen kann.

Wir vernachlässigen also die Deformation der Kurven $y = T_I = T_1$ und $y = T_{II} = T_1 + T_2$ und ersetzen deren gekrümmtes Bild durch die entsprechenden Geraden

$$\eta = \frac{T_{max} + T_{min}}{2} . \tag{8.90}$$

So gelangen wir zu dem am Anfang des Abschnitts betrachteten Problem.

Die Reduktion der gegebenen Schürze auf eine ebene Schürze vollzieht man auf graphisch-analytischen Wege.

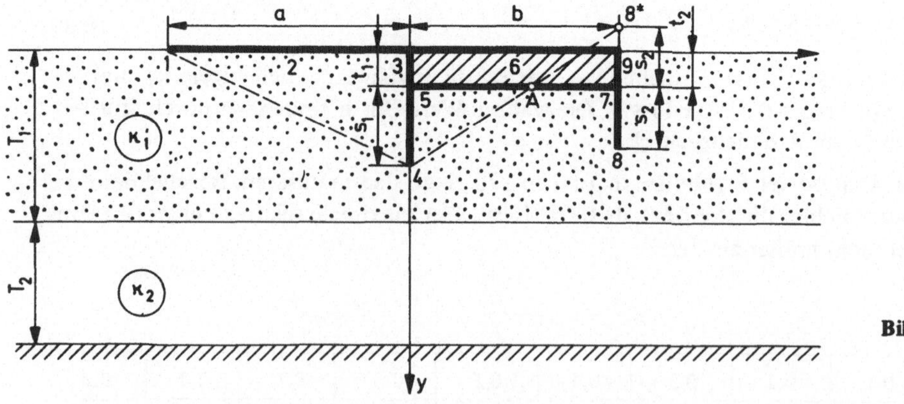

Bild 119

Zur Illustration betrachten wir eine vertiefte Schürze mit zwei Spundwänden und bestimmen den Druck in den in Bild 119 markierten Punkten. Die Abbildung der gegebenen Schürze auf eine ebene Schürze realisieren wir auf graphisch-analytischem Wege. Alle dazu notwendigen Konstruktionen sind im Bild angegeben.

Wie schon früher besprochen wurde, unterteilt man bei der graphisch-analytischen Methode die Schürze mit mehreren Spundwänden zuerst durch die Punkte A_n (die den Abstand benachbarter Spundwände proportional zu deren Länge teilen) in eine Reihe von Schürzen mit je einer Spundwand. Hierauf bildet man jede dieser Schürzen mit einer Spundwand mittels der Abbildung (8.1)

$$\zeta = \pm\sqrt{z^2 + s^2}; \quad \zeta = \xi + i\eta; \quad z = x + iy$$

auf eine Halbebene ab, d. h. also auf den Bereich einer ebenen Schürze. Die Ergebnisse „leimt" man dann wieder zusammen.

Die Bilder der Scheitel der einzelnen Spundwände ergeben die entsprechenden elementaren Abbildungszentren, bezüglich derer man die restlichen Punkte konstruiert, die nach Gl. (8.1) berechnet werden. Der Koordinatenursprung im ζ-Bereich darf dabei beliebig gewählt werden. Man setzt zum Beispiel $\xi_1 = 0$. Für die in Bild 119 dargestellte Schürze mit zwei Spundwänden lauten daher die Gleichungen, die der graphischen Konstruktion der Spundwandscheitel äquivalent sind (d. h. die Gleichungen für die Abbildungszentren):

$$\xi_4 = \xi_1 + \sqrt{c^2 + (s_1 + t_1)^2}; \quad \xi_8 = \xi_4 + \sqrt{b^2 + (s_1 + s_2)^2}. \tag{8.91}$$

Dabei verwenden wir hier und im weiteren den arithmetischen Wert der Wurzeln. Zur Vereinfachung der Gleichungen kann man, wie schon erwähnt, $\xi_1 = 0$ setzen. Die Bilder der Punkte links und rechts von der Spundwand s_1 bis zum Punkt $A_1 = A$ finden wir nach den Gleichungen

$$\begin{aligned} \xi &= \xi_4 - \sqrt{x^2 + (s_1 + t_1)^2}, \quad &&\text{wenn } -\infty \leqslant x < 0; \\ \xi &= \xi_4 + \sqrt{x^2 + s_1^2}, &&\text{wenn } 0 < x \leqslant x_A. \end{aligned} \tag{8.92}$$

Analog haben wir für die Punkte im Einflußbereich der Spundwand s_2 (d. h. vom Punkt A bis $x = +\infty$):

$$\begin{aligned} \xi &= \xi_8 - \sqrt{(b - x)^2 + s_2^2}, &&\text{wenn } x_A \leqslant x < b, \\ \xi &= \xi_8 + \sqrt{(x - b)^2 + (s_2 + t_2)^2}, \quad &&\text{wenn } b < x \leqslant +\infty. \end{aligned} \tag{8.93}$$

Wir betonen, daß die Gln. (8.93) sowohl für $t_1 = t_2$ als auch für $t_1 \neq t_2$ gelten.

Die Bilder der Trennungslinie der Grundschichten und die Grenzlinie des wasserabstoßenden Bereichs bleiben im ζ-Bereich in hinreichender Entfernung von der Schürze unverändert, d. h. es gilt

$$T_{max} = T. \tag{8.94}$$

In der Umgebung der Schürze werden sie jedoch leicht gehoben. Die größte Deformation erfahren die Punkte unmittelbar unter der Spundwand s_1. Die minimalen Tiefen der Bilder dieser Kurven ergeben sich daher aufgrund der Abbildung (8.1) nach der Gleichung

$$T_{min} = \sqrt{T^2 - (s_1 + t_1)^2}. \tag{8.94'}$$

Im betrachteten Beispiel ist die Krümmung der Trennungslinie der Grundschichten und der Wasserabstoßungsgrenze unerheblich. Wir vernachlässigen sie daher und erhalten nach den Gln. (8.90), (8.94) und (8.94'): $T_1 = 3$, $T_2 = 6$, $T_{II} = 9$. Damit gilt

$$\eta_I = \frac{3 + \sqrt{3^2 - 1}}{2} = 2{,}91; \quad \eta_{II} = \frac{9 + \sqrt{9^2 - 1}}{2} = 8{,}97.$$

Auf diese Weise realisieren wir also eine näherungsweise konforme Abbildung der Schürze mit zwei Spundwänden $z = x + iy$ auf eine ebene Schürze $\zeta = \xi + i\eta$.

Zur endgültigen Lösung der Aufgabe müssen wir noch die ebene Schürze ζ auf eine standardisierte ebene Schürze $\zeta^* = \xi^* + i\eta^*$ mit den Enden in den Punkten ± 1 abbilden. Bei $\xi_1 = 0$ dient dazu die lineare Transformation

$$\zeta^* = \frac{2}{\Lambda}\zeta - 1, \tag{8.95}$$

wobei $\Lambda = \xi_9 - \xi_1$ die Gesamtlänge der ebenen Schürze ist.

Die Trennungslinie der Grundschichten und die Grenze des wasserabstoßenden Bereichs werden im ζ^*-Bereich gemäß Gleichung (8.95) durch die Geraden

$$\eta^* = T_I^* = \frac{2}{\Lambda}\eta_I; \quad \eta^* = T_{II}^* = \frac{2}{\Lambda}\eta_{II} \quad \text{dargestellt.} \tag{8.96}$$

Alle notwendigen Rechnungen findet man in Tabelle 174. In unserem Beispiel erhalten wir:

$H = 1$; $c = 3$; $b = 2$; $t_1 = t_2 = 0{,}25$; $s_1 = 0{,}75$; $s_2 = 0{,}50$; $\kappa_1 : \kappa_2 = 6{,}5$;
$\Lambda = 6{,}270$; $T_I^* = 0{,}93$; $T_I^* = 2{,}86$.

Tabelle 174

Punkt	1	2	3	4	5	6	7	8	9
x	- 3,000	- 1,500	0	0	0	1,000	2,000	2,000	2,000
y	0	0	0	1,000	0,250	0,250	0,250	0,750	0
ξ	0	+ 1,359	+ 2,162	3,162	3,912	4,412	5,020	5,520	6,270
ξ^*	- 1,000	- 0,567	- 0,310	0,009	0,248	0,407	0,601	0,761	1,000
h_I	1,000	0,714	0,615	0,496	0,408	0,349	0,273	0,202	0,000
h_{II}	1,000	0,696	0,603	0,497	0,418	0,364	0,289	0,220	0,000
$\tilde{h}$	1,000	0,705	0,609	0,496	0,413	0,356	0,281	0,211	0,000
ϵ	0	0,009	0,006	0,000	0,005	0,008	0,008	0,009	0
δ, %	0	1,3	1,0	0,0	1,2	2,2	2,8	4,3	0
h_{em}	1,000	0,709	0,612	0,490	0,406	0,349	0,275	0,205	0,000

Den absoluten Fehler bei Berücksichtigung des Einflusses der unteren wasserdurchlässigen Schicht bestimmt man in unserem Fall nach Gl. (8.85). Neben dem absoluten Fehler haben wir auch den relativen Fehler

$$\delta = \frac{\epsilon}{\tilde{h}}\, 100\,\% \quad \text{berechnet.}$$

In Tabelle 174 sind zum Vergleich auch die auf dem Wege einer Elektromodellierung gewonnenen Resultate h_{em} angegeben (arithmetisches Mittel aus zwei Experimenten). Wie man sieht stimmen die Ergebnisse im Bereich der Genauigkeit der Elektromodellierung überein.

Die Filterergiebigkeit bestimmen wir mittels Gl. (8.87) und Nomogramm 1, und zwar mit den Werten $T_1^* = T_I^* = 0{,}93$ und $T_2^* = T_{II}^* - T_I^* = 1{,}93$, die wir für die standardisierte ebene Schürze ζ^* erhalten haben, die äquivalent zur gegebenen Schürze mit zwei Spundwänden ist. Nach Durchführung der notwendigen Rechnungen finden wir $T_{vir}^* = 1{,}23$ und $\overline{Q} = 0{,}399$. Bei der Elektromodellierung ergab sich $\overline{Q}_{em} = 0{,}424$.

Ist die untere Schicht mehr wasserdurchlässig, verläuft die Rechnung vollkommen analog, nur berechnet man die Größe h_I dann nach Gl. (8.88).

Je kleiner T_1 ist, umso größer wird der Fehler der dargelegten Methode. Dabei ist der Fehler bei $\kappa_1 < \kappa_2$ und sonst unveränderten Bedingungen immer größer als bei $\kappa_1 > \kappa_2$. Bei sehr kleinem T_1 bedarf die Methode einer Verbesserung.

Zum Abschluß bemerken wir, daß wir im Falle einer krummlinigen Trennungslinie der Grundschichten oder Grenzlinie der wasserabstoßenden Bereiche eine Fehlerabschätzung erhalten, wenn wir die Lösung für eine ebene Schürze mit stufenweise homogenem Untergrund verwenden (Bild 120).

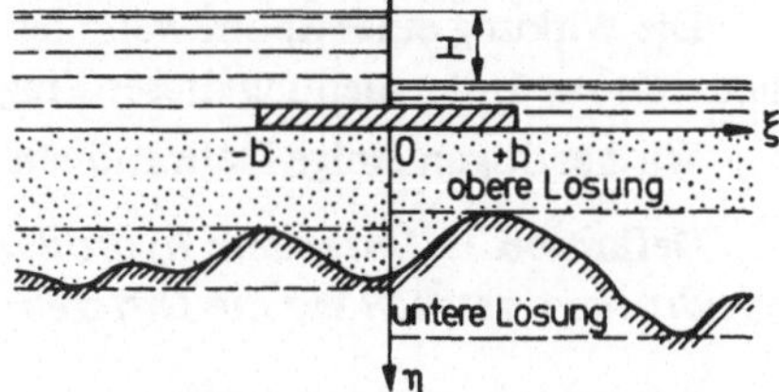

Bild 120

Von der physikalischen Anordnung ausgehend läßt sich dabei zeigen, daß die „obere Lösung" immer Druckwerte liefert, die größer sind als die entsprechenden Werte bei einer gekrümmten Grenzlinie des wasserabstoßenden Bereichs, die „untere Lösung" liefert dagegen immer kleinere Werte.

Unter Verwendung dieser Werte und der früheren Ergebnisse konstruiert man Grenzlösungen für eine ebene Schürze über einem zweischichtigen Grund bei gekrümmten Trennungslinien der Grundschichten und bei gekrümmter Grenze des wasserabstoßenden Bereichs, damit aber auch für eine Schürze beliebigen Profils, wenn diese ganz in der oberen wasserdurchlässigen Schicht angebracht ist.

Die oben dargelegte Methode der Grenzfälle wurde in den Arbeiten von *W. F. Kowalew* [177, 178] weiterentwickelt. Darin findet man auch eine ausführliche Bibliographie zur Theorie der Filtrierung in inhomogenen Medien.

72. Der hydrodynamische Effekt der Spundwand

Zu den oben betrachteten grundsätzlichen Problemen der Filtrierungstheorie bei hydrotechnischen Anlagen gehört unmittelbar auch die Frage nach dem hydrodynamischen Effekt der Spundwand [403, 482], die in der Literatur bisher noch zu wenig Beachtung fand, obwohl alle theoretischen Voraussetzungen für ihre Lösung bereits in einer Arbeit von *N. N. Pawlowski* enthalten sind.

Wir wollen das Problem des hydrodynamischen Effekts der Spundwand und die Frage nach der Äquivalenz einer Spundwand und eines horizontalen Teilstücks der vorderen Dammseite unter den folgenden Annahmen betrachten: a) der wasserdurchlässige Grund unter der hydrotechnischen Anlage ist homogen, b) es liegt keine Kontaktfiltrierung vor, c) die Spundwand ist absolut wasserundurchlässig.

Die Wirksamkeit einer Spundwand bewertet man nach der Größe des Drucks, dem sie begegnet. Ein derartiger Standpunkt ist einseitig und führt zu einer Überbewertung der Rolle einer Spundwand im Rahmen der hydrotechnischen Anlage. Uns scheint als Bewertung einer Spundwand eher ein Vergleich der Diagramme von Gegendruck und Ausgangsgeschwindigkeit bei ebenen Schürzen und bei Schürzen mit einer Spundwand unter unveränderten übrigen Bedingungen angebracht zu sein. Nur ein derartiger Vergleich erklärt den durch eine Spundwand hervorgerufenen Effekt (Bild 121).

Zur Abrundung des Bildes muß man auch noch die Filterergiebigkeiten der betrachteten Varianten vergleichen. Da jedoch die Filterergiebigkeit den Planungsingenieur gewöhnlich weniger interessiert als der Druck und die Ausgangsgeschwindigkeit und da darüber hinaus der Einfluß der Spundwand auf die Filterergiebigkeit relativ gering ist, gehen wir auf diese Frage nicht ein.

Die Wirkung einer Spundwand hängt von ihrer Länge und von ihrer Lage ab. Wir gehen nun zur Untersuchung dieser Fragen über und betrachten zuerst den Fall $T = \infty$.

Wir benötigen einige Definitionen.

Definition 1: *Unter dem hydrodynamischen Effekt einer Spundwand im Sinne des Gegendrucks verstehen wir die Differenz*

$$\Delta_s h(x) = h(x; s) - h(x; 0). \tag{8.97}$$

Dabei ist $h(x; s)$ *der Gegendruck im Punkt* x *der Schürze mit einer Spundwand* (Bild 122a) *und* $h(x; 0)$ *der Gegendruck im selben Punkt* x *bei* $s = 0$, *d. h. bei einer ebenen Schürze mit der gleichen horizontalen Länge* $b + c$.

Definition 2: *Unter dem hydrodynamischen Effekt einer Spundwand im Sinne der Ausgangsgeschwindigkeit verstehen wir die Differenz*

$$\Delta_s v(x) = v(x; s) - v(x; 0). \tag{8.98}$$

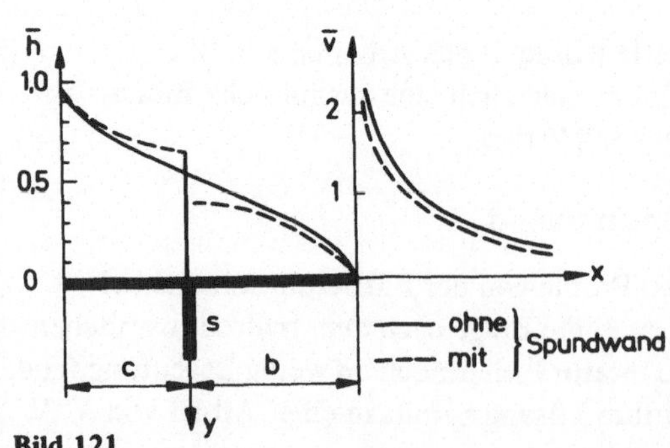

Bild 121

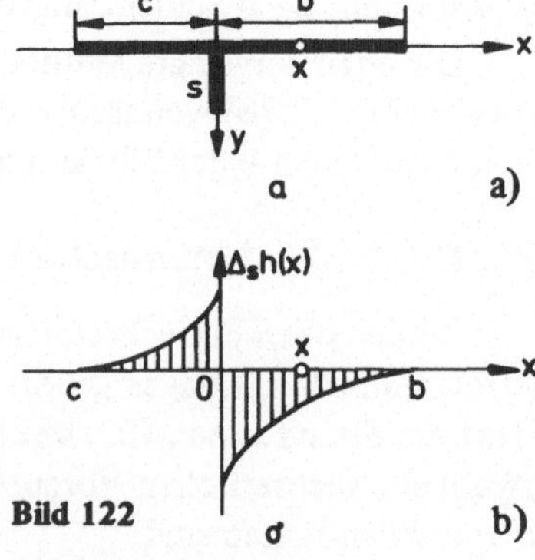

Bild 122

Da den Planungsingenieur hauptsächlich die Geschwindigkeit im Ausgangspunkt interessiert, die durch die Größe des Ausgangsgradienten bestimmt ist, beschränken wir uns auf die Untersuchung der Größe $\Delta_s h(x)$.

Wir gehen über zu dimensionslosen Größen und setzen

$$\frac{b+c}{2} = 1. \tag{8.99}$$

Mit dieser Bedingung (8.99) erhalten wir aus h(x; s) und h(x; 0) nach Gl. (8.97)

$$\Delta_s h(x; b) = \frac{1}{\pi}\left\{\arccos\frac{2\xi - \xi_5 - \xi_1}{-\xi_1 + \xi_5} - \arccos(x - b + 1)\right\}, \tag{8.100}$$

wobei

$$\xi = \pm\sqrt{1 + \left(\frac{x}{s}\right)^2}; \qquad \xi \gtrless 0 \text{ bei } x \gtrless 0; \tag{8.101}$$

$$\xi_5 = +\sqrt{1 + \left(\frac{b}{s}\right)^2}; \qquad \xi_1 = -\sqrt{1 + \left(\frac{-c}{s}\right)^2}. \tag{8.102}$$

In Bild 122b ist das Schaubild des Spundwandeinflusses (für c = 0,75; b = 1,25; s = 0,6) dargestellt. Wie man sieht, wird der Druck vor der Spundwand erhöht und hinter der Spundwand erniedrigt. Im Punkt x = 0 hat die Größe $\Delta_s h(x)$ einen Sprung. Vom Gesamtdruck, dem die Spundwand ausgesetzt ist, „entlastet" die Schürze also nur jener Teil, für den $\Delta_s h(x) < 0$. Bewerten wir daher die Spundwand nach den Druckdifferenzen vor und hinter ihr, so überschätzen wir offenbar ihren Effekt.

Wesentlich ist noch die Bemerkung, daß die Effektivität der Spundwand für $x \geqslant s$ sehr rasch nachläßt. Eine Spundwand, die vom Ausgangspunkt einen Abstand von (2 ... 3)s besitzt, beeinflußt den Ausgangsgradienten praktisch nicht mehr, und damit auch nicht die Ausgangsgeschwindigkeit.

Aus den Gln. (8.100) bis (8.102) folgt, daß $\Delta_s h(x; b)$ eine Funktion der beiden Veränderlichen x und b beim Parameter s ist. In Bild 123 sind die Schaubilder zur Bestimmung von $\Delta_s h(x; b)$ in den Punkten x = + s und x = + 0 für die Parameterwerte s = 0,1; 0,2; 0,4; 0,6; 0,8 und 1,0 dargestellt (in Bruchteilen der Größe (b + c)/2).

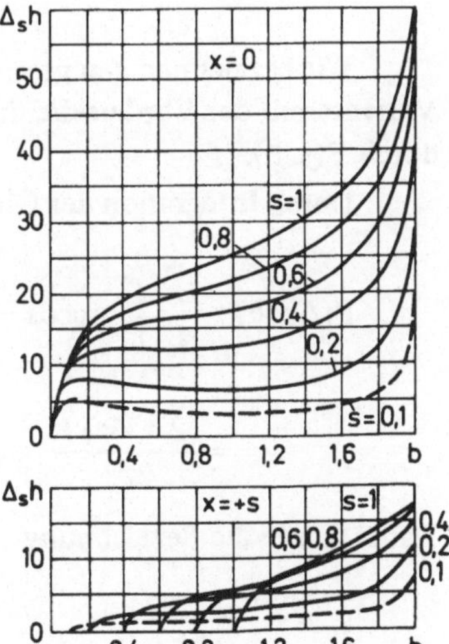

Bild 123

Die Beziehung

$$\Delta_s h(-x; b) = -\Delta_s h(+x; 2-b) \tag{8.103}$$

erlaubt zudem die Bestimmung des Wertes von $\Delta_s h(x; b)$ in den Punkten $x = -0$ und $x = -s$ aus denselben Schaubildern. Nehmen wir noch die offenbar richtigen Gleichungen $\Delta_s h(x) = 0$ für $x = b$ und $x = c$ hinzu, so erhalten wir sechs charakteristische Punkte zur Konstruktion der Kurve des Spundwandeinflusses.

Eine Analyse der Schaubilder in Bild 123 ergibt auch, daß die spezifische Effektivität einer Spundwand (d. h. die Effektivität einer Spundwand bezogen auf ihre Länge) mit wachsendem s rasch abnimmt.

Wir kommen nun zur Frage der Äquivalenz von horizontalen und vertikalen Filtrierungswegen für eine Schürze mit einer Spundwand bei $T = \infty$. Dazu vergleichen wir eine ebene Schürze $l = c + b$ (Bild 124), die durch Verlängerung ihrer Vorderseite um das Stück Δc verstärkt ist, und eine Schürze mit einer Spundwand und denselben Werten von b und c, d. h. eine durch die Spundwand s verstärkte ebene Schürze $l = c + b$.

Längs dieser Schürzen gilt [317]:

für die ebene Schürze

$$h(x; \Delta c) = \frac{H}{\pi} \arccos \frac{2x + c + \Delta c - b}{c + \Delta c + b} \tag{8.104}$$

für die Schürze mit einer Spundwand

$$h(x; s) = \frac{H}{\pi} \arccos \frac{2\xi - \xi_1 - \xi_5}{-\xi_1 + \xi_5}. \tag{8.105}$$

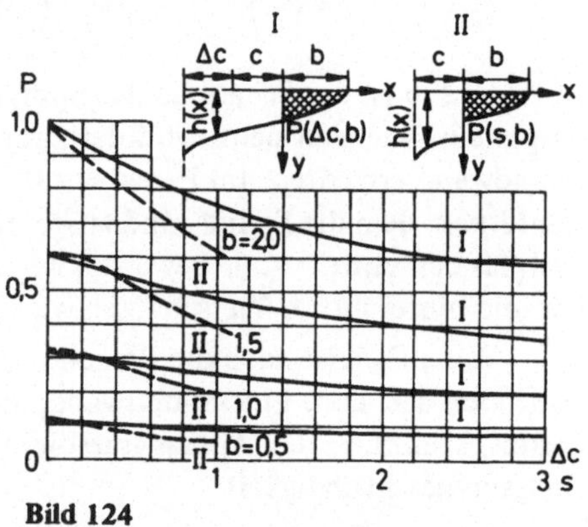

Bild 124

Wir bezeichnen den gesamten Gegendruck auf den verstärkenden Teil bei der Variante mit der Vorderseite durch $P(\Delta c; b)$ und bei der Variante mit der Spundwand durch $P(s; b)$.

Durch Integration der Gln. (8.104) und (8.105) finden wir einerseits

$$\begin{aligned} P(\Delta c; b) &= \frac{H}{\pi} \int_0^b \arccos \frac{2x + c + \Delta c - b}{c + \Delta c + b}\, dx \\ &= \frac{(2 + \Delta c)\, H}{2\pi} \left\{\sqrt{1 - \xi_0^2} - \xi_0 \arccos \xi_0\right\}. \end{aligned} \tag{8.106}$$

Dabei wurde die Bezeichnung

$$\xi_0 = \frac{c + \Delta c - b}{c + \Delta c + b}$$

und die Annahme

$$b + c = 2$$

verwendet. Andererseits gilt

$$P(s; b) = \frac{H}{\pi} \int_0^b \arccos \frac{2\sqrt{1+\left(\frac{x}{s}\right)^2} - \xi_1 - \xi_5}{-\xi_1 + \xi_5}\, dx$$

$$= \frac{H}{\pi} \left\{ x \arccos \frac{2\sqrt{1+\left(\frac{x}{s}\right)^2} - \xi_1 - \xi_5}{-\xi_1 + \xi_5} \Bigg|_0^b + s \int_1^{\xi_5} \frac{\sqrt{\zeta^2 - 1}\, d\zeta}{\sqrt{(\xi_5 - \zeta)(\zeta - \xi_1)}} \right\}$$

oder

$$P(s; b) = \frac{Hs}{\pi} \left\{ A \left[E - \frac{2K}{1 - \xi_1} \right] + \frac{2(\xi_5 + \xi_1)}{A} \Pi_0(n; k), \right. \tag{8.107}$$

mit

$$A^2 = (\xi_5 + 1)(1 - \xi_1); \quad k^2 = \frac{(\xi_5 - 1)(-\xi_1 - 1)}{A^2};$$

$$n = \frac{1 - \xi_5}{1 + \xi_5}; \quad -\xi_1 \geqslant 1.$$

Definition 3: *Wir betrachten den Zuwachs* Δc *als äquivalent zur Spundwand* s, *wenn die Gleichung*

$$P(\Delta c; b) = P(s; b) \tag{8.108}$$

erfüllt ist.

Zur Lösung der Gl. (8.108) wurden in Bild 124 die Schaubilder $P(\Delta c; b)$ und $P(s; b)$ als Funktionen von Δc und s mit dem Parameter b dargestellt. Die Lösung findet man auf die folgende Weise: Bei gegebenem s und b bestimmen wir (aus dem Schaubild II) den Wert $P(s; b)$. Hierauf finden wir mit $P(\Delta c; b) = P(s; b)$ (aus dem Schaubild I) auf der Abszissenachse das gesuchte Δc.

Eine Analyse der Schaubilder in Bild 124 zeigt, daß in den meisten Fällen der Praxis $\Delta c = (0{,}8 - 1{,}5)\,s$ gilt. Nur für Spundwände $s \geqslant 0{,}75\,b + c/2$, die sehr weit gegen das Ende des Abflußteils hin verschoben sind ($b \leqslant 0{,}5$), was praktisch kaum von Interesse ist, erhalten wir $\Delta c \geqslant 3s$.

Die hier gewonnenen Ergebnisse stehen somit im Widerspruch mit den Ergebnissen, die man nach der Methode von *Lane* erzielt. Nach dieser Methode wären nämlich vertikale Filtrierungswege dreimal so effektiv wie horizontale. Berücksichtigt man beide Spundwandränder getrennt, so muß nach *Lane* unabhängig von den Abmessungen und von der Form der unterirdischen Kontur immer $\Delta c = 6s$ gelten.

Die oben erzielten theoretischen Resultate wurden hierauf in der Praxis an einem von mehreren Dämmen des Senkow-Systems überprüft, der bei einer Druckhöhe von 10 m auf leicht schwefelhaltigem Sand erbaut wurde. Bei der Konstruktion wurde eine metallische Spundwand (s = 20 m) durch ein Vorderteil aus Lehm der Länge 1,75 s ersetzt. Bei Anlagen der Klasse I kannte man bis zu dieser Zeit keinen derartigen Fall[1]). Der Lösung ging ein sorgfältiger Vergleich verschiedener Varianten mit Spundwänden oder Vorderteilen an einem EHDA-Integrator für reale geologische Bedingungen voraus, der am Mathematischen Institut der Akademie der Wissenschaften der Ukraine durchgeführt wurde.

In Tabelle 175 werden die Druckwerte h am Hauptdammflügel, die mit Hilfe einer Elektromodellierung gewonnen wurden (bei realen geologischen Bedingungen), mit den Beobachtungsergebnissen am gleichen Flügel verglichen. Das Schema der piezometrischen Verteilung ist in Bild 125 zu sehen.

Tabelle 175

Größe	Nummer des Piezometers								
	12	1	2	3	4	5	6	VI	20
Ergebnisse der Elektromodellierung	0,508	0,426	0,420	0,362	0,349	0,292	0,274	0,125	0,018
Naturbeobachtungen	0,449	0,376	0,380	0,329	0,360	0,307	0,301	0,130	0,022

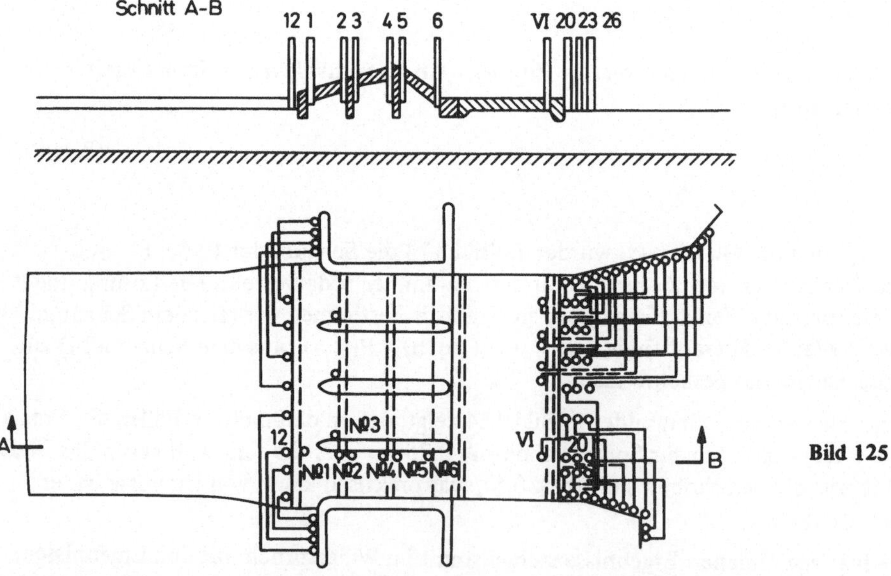

Bild 125

1) Beim ursprünglichen Projekt wollte man bei einem Dammvorderteil von 15 m eine Spundwand mit s = 20 m anfügen. Beim endgültigen Projekt beschränkte man sich auf ein Vorderteil von 50 m (Δc = 35 m) ohne Spundwand.

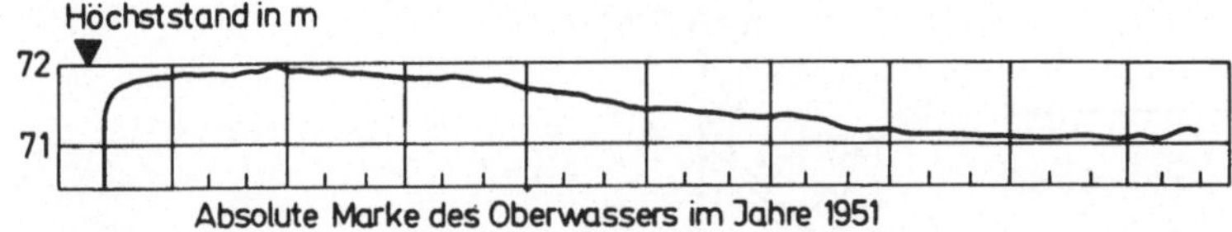

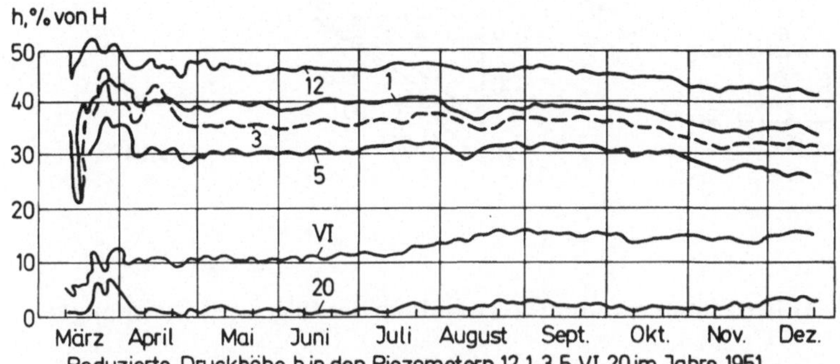

Bild 126

Die Beobachtungen an der wirklichen Anlage wurden regelmäßig zwei- bis dreimal wöchentlich während dreizehn Monaten durchgeführt.

In Tabelle 175 sind die arithmetischen Mittelwerte von 132 Beobachtungen zwischen dem 14. März 1951 und dem 15. April 1952 angeführt. Bild 126 zeigt das graphische Beobachtungsmaterial aus dem Jahre 1951. Alle disbezüglichen Angaben stammen aus der Arbeit [402, § 32].

Bei endlicher Tiefe der wasserdurchlässigen Schicht, d. h. bei $T < \infty$, bestimmt man den hydromechanischen Effekt der Spundwand im Sinne des Gegendrucks – und diesen allein betrachten wir im weiteren – aus einer zu Gl. (8.97) analogen Gleichung:

$$\Delta_s h(x; T) = h(x; T; s) - h(x; T; 0). \tag{8.109}$$

Dabei bedeutet $h(x; T; s)$ den Gegendruck im Punkt x für die Schürze mit einer Spundwand bei der Tiefe T der wasserdurchlässigen Schicht (Bild 127a), $h(x; T; 0)$ den Gegendruck im gleichen Punkt x für $s = 0$, d. h. für die ebene Schürze mit derselben horizontalen Länge $b + c$ und bei derselben Tiefe T der wasserdurchlässigen Schicht.

Den Wert des Gegendrucks für die ebene Schürze finden wir nach der bekannten Gleichung von *Pawlowski* [317]:

$$h(x; T; 0) = \frac{K(k) - F\left(\dfrac{\zeta}{k}, k\right)}{2K(k)}\, H. \tag{8.110}$$

Dabei gilt

$$\zeta = \tanh \frac{\pi z}{2T}; \quad k = \tanh \frac{\pi b}{2T}$$

und H ist die wirksame Druckhöhe.

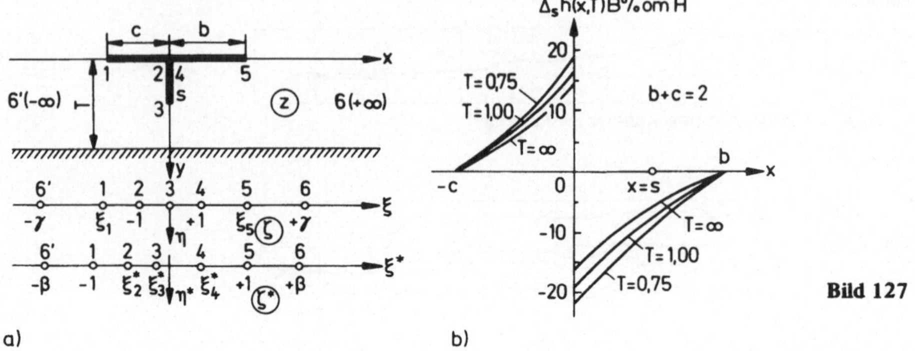

Bild 127

Die Größe h(x; T; s) berechnen wir unter Verwendung der folgenden Gleichung[1]) (Bild 127a):

$$h(x;T;s) = \frac{K(k^*) - F(\zeta^*, k^*)}{2K(k^*)} H. \tag{8.111}$$

Darin ist:

$$\zeta^* = \frac{\beta}{\gamma} \cdot \frac{\xi + a\gamma}{a\xi + 1}; \quad k^* = \frac{1}{\beta};$$

$$\xi = \pm\sqrt{1 + \left(\frac{\tanh \frac{\pi z}{2T}}{\tan \frac{\pi s}{2T}}\right)^2}\quad; \quad \xi \gtrless 0 \text{ wenn } x \gtrless 0;$$

$$\gamma = \frac{1}{\sin \frac{\pi s}{2T}}; \quad \xi_1 = \xi|_{z=c} < 0; \quad \xi_5 = \xi|_{z=+b};$$

$$R_j = \sqrt{\gamma^2 - \xi_j^2} \; (j = 1; 5);$$

$$a = \frac{R_1 R_5 - \xi_1 \xi_5 - \gamma^2}{\gamma^2(\xi_1 + \xi_5)}; \quad \beta = \frac{\xi_1 R_5 + \xi_5 R_1}{\gamma(R_1 - R_5)}.$$

Zur Illustration dient Bild 127b, in dem die Schaubilder des hydromechanischen Effekts der Spundwand für c = 0,75; b = 1,25; s = 0,50 und T = ∞; T = 1,00; T = 0,75 dargestellt sind.

---

[1]) Eine Lösung für eine Schürze mit einer Spundwand bei endlicher Tiefe des wasserdurchlässigen Grundes auf der Basis der Theorie von *N. N. Pawlowski* wurde in geschlossener Form zum erstenmal von *E. A. Samarin* angegeben. Wir verwenden hier eine Lösung, deren Form von der Samarinschen Lösung abweicht, weil diese für die Durchführung der Rechnungen bei der Erstellung einer Vergleichstabelle für den hydromechanischen Effekt der Spundwände geeigneter ist.

Bei $s < T < \infty$ und auch bei $T = \infty$ erhöht also die Spundwand den Gegendruck in dem Teil der Schürze, der vor der Spundwand liegt, sie erniedrigt ihn in dem Schürzenteil hinter ihr. Mit der Entfernung des Punktes x von der Basis der Spundwand klingt der hydromechanische Effekt dieser Spundwand rasch ab.

Aus den Gln. (8.110) und (8.111) folgt, daß die Größe $\Delta_s h$ bei der früher verwendeten Normierung (8.99) $b + c = 2$ eine Funktion der drei unabhängigen Veränderlichen x, T und b mit dem Parameter s ist.

In den Tabellen 176 und 177 und in Bild 128 werden die Werte von $\Delta_s h(x; T; b)$ für $T = \infty$ und $T = 2$ und für $x = +0$ (Tabelle 176) und $x = +s$ (Tabelle 177) verglichen.

Tabelle 176

s	T	b = 0,0	b = 0,1	b = 0,2	b = 0,5	b = 1,0	b = 1,5	b = 1,8	b = 1,9	b = 2,0
0,2	∞	0,0000	0,0765	0,0774	0,0670	0,0628	0,0764	0,1140	0,1504	0,2798
	2	0,0000	0,0742	0,0759	0,0683	0,0661	0,0784	0,1139	0,1482	0,2714
0,6	∞	0,0000	0,1076	0,1326	0,1560	0,1720	0,2155	0,2869	0,3339	0,4658
	2	0,0000	0,1046	0,1305	0,1589	0,1794	0,2256	0,2944	0,3389	0,4643
1,0	∞	0,0000	0,1182	0,1538	0,2045	0,2500	0,3154	0,3960	0,4441	0,5758
	2	0,0000	0,1161	0,1522	0,2098	0,2666	0,3392	0,4178	0,4641	0,5896

Tabelle 177

s	T	b = 0,2	b = 0,5	b = 1,0	b = 1,5	b = 1,8	b = 1,9	b = 2,0
0,2	∞	0,0000	0,0235	0,0253	0,0331	0,0527	0,0707	0,1048
	2	0,0000	0,0237	0,0271	0,0343	0,0534	0,0707	0,1037
0,6	∞	–	–	0,0545	0,0853	0,1187	0,1354	0,1556
	2	–	–	0,0578	0,0917	0,1266	0,1437	0,1644
1,0	∞	–	–	0,0000	0,0956	0,1332	0,1478	0,1637
	2	–	–	0,0000	0,1079	0,1509	0,1671	0,1848

Eine Analyse dieser Resultate zeigt, daß man den hydrodynamischen Effekt der Spundwand (in Bruchteilen der halben Schürzenlänge $(b + c)/2 = 1$) bei $T \geqslant 2$ mit einer für die Praxis hinreichenden Genauigkeit aus den für $T = \infty$ konstruierten Schaubildern berechnen kann.

Die Frage der Äquivalenz von horizontalen und vertikalen Filtrierungswegen führt ferner bei einer Schürze mit einer Spundwand bei $T < \infty$ wie im Falle $T = \infty$ auf die Lösung der Gleichung

$$\int_0^b h(x; T; \Delta c)\, dx = \int_0^b h(x; T; s)\, dx \tag{8.112}$$

(bezüglich der Größe $\Delta c/s$). Die zur Lösung dieser Gleichung für $T = \infty$ konstruierten Schaubilder bleiben daher auch für $T \geqslant 2$ gültig.

Für T < 2 berechnet man die in Gln. (8.112) enthaltenen Integrale mit Hilfe der Gln. (8.110) und (8.111) auf numerischem Wege. Dabei liefert die Simpsonsche Formel mit ein bis drei Zwischenordinaten völlig befriedigende Ergebnisse (siehe Abschnitt 33 im Kapitel 5).

Die oben gewonnenen Ergebnisse erweitert man leicht auf den Fall beliebiger Schürzen mit praktischem Profil und beliebigem geologischen Aufbau des Untergrunds.

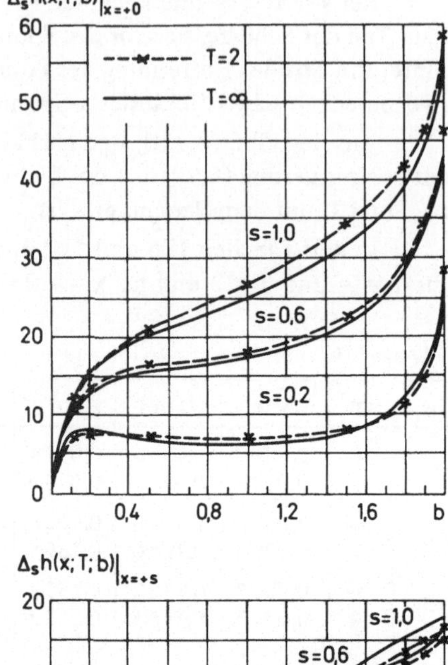

Bild 128

Wir empfehlen daher in der Regel, von der Errichtung einer vorderseitigen Spundwand abzusehen und statt dessen die Vorderseite selbst so lang wie möglich zu gestalten. Zur Bekämpfung der Kontaktfiltrierung (die wir nicht berücksichtigt haben) muß man jedoch am Beginn der Dammvorderseite unbedingt zur Kopplung mit dem Untergrund eine Verzahnung durchführen. Der Einfluß von Spaltenbildungen an der Dammvorderseite auf die Filtrierung in der Dammbasis wurde von *E. J. Romanow* betrachtet [369].

Die Gewinnung analytischer Gleichungen für kompliziertere Schürzen ist außerordentlich beschwerlich. Es besteht jedoch dafür keine Notwendigkeit. In schwierigen Fällen bestimmt man den Effekt einer der Spundwände einer konkreten Schürze, indem man die gegebene Schürze mit einer Schürze vergleicht, bei der nur die betrachtete Spundwand existiert. Ist dabei der Grund inhomogen, realisiert man diesen Vergleich am leichtesten mit Hilfe der Elektromodellierung. Wenn der Grund homogen ist, so liefert auch die graphisch-analytische Methode befriedigende Ergebnisse.

Wir weisen darauf hin, daß der Effekt der vorderseitigen Spundwand bei den meisten Schürzen unerheblich ist. In der heutigen Zeit sieht man in zunehmendem Maße von einer vorderseitigen Spundwand ab.

Darüber hinaus kann man den von der vorderseitigen Spundwand hervorgerufenen Effekt auch leicht dadurch erzielen, daß man die Vorderseite um ein Stück Δc verlängert, das etwa ein- bis zweimal so lang wie die vorderseitige Spundwand selbst ist.

Es muß betont werden, daß wir in diesem und in den früheren Abschnitt die Spundwände als absolut wasserundurchlässig angesehen haben. In Wirklichkeit sind jedoch alle metallischen und hölzernen Spundwände in einem gewissen Grade filtrierend (siehe z.B. [292, 524]), was ihren hydrodynamischen Effekt noch verringert.

73. Über die Drainierung von Schürzen und über Höhlungen an der Berührungslinie zwischen hydrotechnischen Anlagen und dem Grund

Analytische Methoden zur Behandlung von drainierten Schürzen mit praktischem Profil sind bisher noch nicht in hinreichendem Maße ausgearbeitet. Wir können diese Frage daher nicht mit der gebührenden Gründlichkeit betrachten, sondern müssen uns auf einige allgemeine Bemerkungen qualitativer Art beschränken. In größerer Ausführlichkeit kann man drainierte Schürzen ausgehend von den Ergebnissen in den Abschnitten 69 und 70 untersuchen.

Die wichtigste positive Wirkung einer Drainage besteht darin, daß sie den Gegendruck am drainierten Teil vollständig und den Gegendruck hinter dem drainierten Teil der Schürze nahezu vollständig aufnimmt.

Aber eine Drainage liefert auch eine Reihe von negativen Effekten:

a) Eine Drainage bezieht alle hinter ihr gelegenen wasserundurchlässigen Konturen in die Filtrierungsverhältnisse ein.

b) Eine Drainage vergrößert die Filterergiebigkeit der hydrotechnischen Anlage erherblich. Außerdem vergrößert sie die Geschwindigkeit des in sie eindrigenden Filtrierungsstroms, was seinerseits eine geeignete Rückfiltrierung erfordert.

Andererseits besitzen massive hydrotechnische Anlagen stets ein beträchtliches Eigengewicht, das eine gewisse Größe P_0 nicht unterschreiten kann. Es besteht daher nicht die Notwendigkeit, den Gegendruck im wasserführenden Teil vollständig zu beseitigen. Ein Teil davon kann immer vorhanden bleiben, die Größe dieses Teils hängt von der Stabilität der Anlage und vom Gewicht P_0 ab.

Aus all diesen Bemerkungen folgt, daß eine Drainage als Mittel zur vollständigen Beseitigung des Gegendrucks zu betrachten ist. Wie jedes radikale Mittel soll man aber eine Drainage erst dann in Erwägung ziehen, wenn alle übrigen Möglichkeiten bereits erschöpft sind, da eine Drainage eben auch beachtliche negative Eigenschaften aufweist.

Die Abmessungen und die Lage einer Drainage sind so zu wählen, daß die negativen Eigenschaften nur einen minimalen Einfluß ausüben und daß insbesondere das Konstruktionsgewicht P_0 davon Nutzen zieht.

Diese Umstände vernachlässigt man oft bei der Projektierung einer Drainage, indem man auf die (anteilsmäßig) kleinen Werte der negativen Faktoren verweist. Wenn aber auch der Verlust an elektrischer Energie, der durch die Erhöhung der Filterergiebigkeit im Zusammenhang mit dem Einbau einer Drainage bedingt ist, nur 0,01 % ausmacht, so beträgt dies bei einem Kraftwerk von der Größenordnung von 10 Milliarden KWh immer noch eine Million KWh. Dies ist die Produktion eines kleineren Kraftwerks.

Man kann sich daraus leicht die Gesamtverluste im ganzen Lande errechnen. Wir bemerken jedoch, daß man die von einer Drainage hervorgerufenen negativen Faktoren völlig kompensieren kann, indem man das filtrierte Wasser zur Versorgung der dem Kraftwerk am nächsten gelegenen Stadt verwendet. Dieses Wasser läuft durch einen hochwertigen natürlichen Filter, nämlich den Grund unter dem Damm, während die Einrichtung einer Wasserpumpanlage beträchtliche Kräfte und Mittel erfordert. Mit anderen Worten, die Drainierungsvorrichtung eines Dammes sollte man mit der Filtrierungsanlage einer Wasserstation verbinden. Dies ist offensichtlich technisch nicht allzu schwer zu verwirklichen, wenn man Hydrotechniker und Spezialisten für die Wasserversorgung mit der Lösung dieser Aufgabe betraut.

Zum Abschluß müssen wir jedoch betonen, um keine falschen Vorstellungen aufkommen zu lassen, daß wir nicht grundsätzlich eine Drainierung ablehnen. In anderen Fällen, zum Beispiel bei lehmigem Untergrund oder bei hölzernen Verkleidungen der Schürze, kommt man ohne Drainierung nicht aus. Wir empfehlen jedoch sehr eindringlich, bei der Projektierung einer Drainierung nicht nur deren positiven Seiten in Betracht zu ziehen. Auch alle ihre negativen Effekte sind sorgfältig zu bedenken.

Wir wenden uns noch kurz dem Effekt zu, der von Höhlungen an der Berührungslinie zwischen den hydrotechnischen Anlagen und dem Untergrund herrührt.

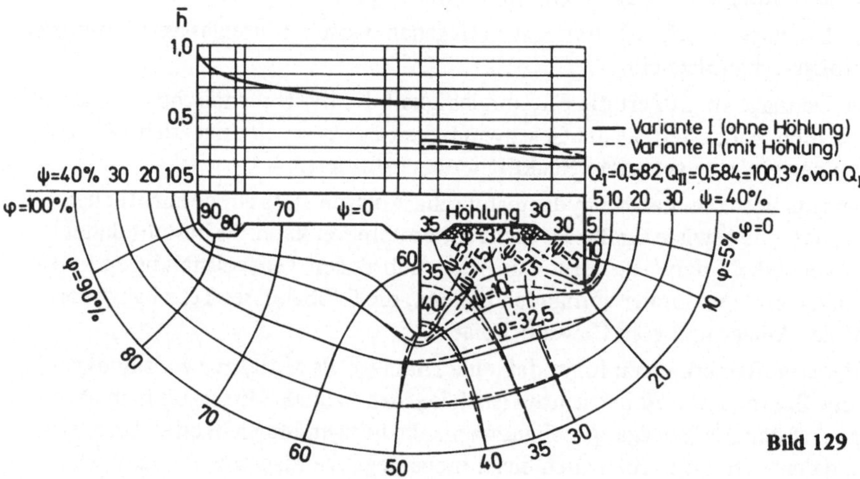

Bild 129

Bild 129 beinhaltet den Vergleich zweier Netze, die nach der EHDA-Methode für eine massive Schürze mit einer erheblichen Höhlung in ihrem zentralen Teil und für eine Schürze ohne solche Höhlungen konstruiert wurden. Die Höhlung ist mit dem Unterwasser nicht direkt verbunden.

Wie man sieht, besitzt die Höhlung auf den Filtrierungsfluß nur lokalen Einfluß. Insbesondere beeinflußt sie die Ausgangsgeschwindigkeit praktisch überhaupt nicht. Ebenso bleibt die gesamte Filterergiebigkeit praktisch unverändert.

Der Druck allerdings erfährt eine Neuverteilung. Der gesamte Gegendruck im wasserführenden Teil aber, der für die Stabilität der Anlage die Hauptrolle spielt, bleibt praktisch unverändert. Man überprüft dies leicht unmittelbar an Hand der in Bild 129 dargestellten Diagramme.

Die Filtriergeschwindigkeit wird in der Umgebung der Höhlung etwas größer.Da die Höhlung jedoch mit dem Unterwasser nicht in Verbindung steht, entsteht dadurch keine gefährliche Beanspruchung des Grundes.

Eine geringe Höhlung an der Berührungslinie zwischen der hydrotechnischen Anlage und dem Grund stellt daher, *wenn sie von den Filtrierungswegen des Unterwassers isoliert ist,* keine Gefahr dar. Ihre Wirkung besteht nur in einer lokalen Störung des Grundwasserstromes.

Steht die Höhlung dagegen mit dem Unterwasser in direkter Verbindung, so kann ihre Anwesenheit einen Bruch der hydrotechnischen Anlage zur Folge haben.

Auf diesen Umstand haben wir bereits 1949 bei der Durchführung der Untersuchungen für die Senkow-Dämme hingewiesen, von den schon in Abschnitt 72 die Rede war. Wir haben dabei betont, daß nicht unbedingt ein idealer Kontakt zwischen den Schachtaufschüttungen und den Betonplatten dieser Schächte bestehen muß[1]). Diese Dämme wurden hierauf trotz Höhlungen an der Berührungslinie zwischen den Schachtrahmen aus Beton und der Aufschüttung im März 1951 in Betrieb genommen.

Bezüglich massiver Dämme wurden diese Probleme von *A. W. Borisow* [37, 128] betrachtet.

74. Über die Konstruktion unterirdischer Konturen mit vorgegebenem Filtrierungsbereich

Eine typische Aufgabe aus der Theorie der Druckfiltrierung ist die folgende: Gegeben sind die unterirdische Kontur einer hydrotechnischen Anlage und die Randbedingungen an der Grenze des Bereichs der Grundwasserbewegung. Man bestimme die Charakteristiken des Filtrierungsflusses.

Bei der Frage nach einer rationalen unterirdischen Kontur entsteht das umgekehrte Problem: Man bestimme eine unterirdische Kontur mit vorgegebenen Charakteristiken des Filtrierungsflusses.

Dieses außerordentlich wichtige Problem ist bis heute nur sehr schwer zu lösen. Es existieren nämlich keine einheitlichen Kriterien, nach denen eine unterirdische Kontur bezüglich der Filtrierungseigenschaften als rational beurteilt werden könnte. Sobald man derartige Kriterien besitzt, liegen zur Lösung der Aufgabe keine wesentlichen mathematischen Schwierigkeiten mehr vor.

Ohne Anspruch auf Vollständigkeit bei der Darlegung des Problems zu erheben, betrachten wir unter Verwendung der graphisch-analytischen Methode zur Behandlung

1) Wegen der natürlichen Senkung der Schachtaufschüttung ist ein idealer Kontakt nur sehr schwer zu realisieren.

von Schürzen eine der Möglichkeiten zur Lösung der umgekehrten Aufgabe. Wir treffen dazu die folgende Annahmen:

a) Der wasserdurchlässige Grund unter der hydrotechnischen Anlage ist homogen.

b) Es existiert keine Kontaktfiltrierung.

c) Die Spundwände sind absolut wasserundurchlässig.

Ohne Beschränkung der Allgemeingültigkeit der Überlegungen wollen wir untersuchen, wie man eine unterirdische Kontur konstruiert, wenn der Arbeitsdruck H, der Filterkoeffizient κ, die zulässige Filtriergeschwindigkeit $v_0 = v_{zul}$ [1]) und der Druck h_r im Bilanzpunkt der Schürze gegeben sind.

Als Bilanzpunkt benutzen wir den Punkt unmittelbar unter dem Schild der Stauanlage, d. h. unmittelbar unter der Hauptspundwand, wenn eine derartige vorhanden ist.

Es handelt sich also mit anderen Worten um die Konstruktion einer unterirdischen Kontur bei gegebenem κ und H, bei der die Filtriergeschwindigkeit im Ausgangspunkt $v_0 = v_{zul}$ und der Druck im Bilanzpunkt vorgegebene Werte annehmen [485, Bd. 2, § 113].

Dieses Problem besitzt unendlich viele Lösungen. Unser Ziel besteht darin, dem Planungsingenieur mit möglichst geringem Arbeitsaufwand einen Überblick über möglichst viele Lösungen zu bieten. Unter den bezüglich der Filtrierungseigenschaften äquivalenten Varianten ist dann die vom technisch-ökonomischen Gesichtspunkt aus am rationalsten erscheindende Variante zu wählen. Dies ist nach *W. C. Baumgart* und *P. N. Dawidenkow* [16], *A. A. Nitschiporowitsch* [462] und *P. P. Tschugaew* [445, 522, 523] das Problem der rationalen unterirdischen Kontur. Bis heute hat sich in dieser Hinsicht kein Einwand ergeben.

Wir kommen nun zur Lösung der gestellten Aufgabe.

Eine beliebige Schürze mit beliebig kompliziertem Profil kann man immer exakt oder näherungsweise konform auf eine nicht vertiefte ebene Schürze abbilden. Wir sind daher zu der Annahme berechtigt, daß eine ebene Schürze potentiell alle möglichen Schürzen enthält. Unsere Aufgabe besteht also nur in der „Ausmessung" einer ebenen Schürze, nach der wir diese zu einer äquivalenten Schürze mit der von uns benötigten Kontur umformen können.

Wir erklären den Sachverhalt an Beispielen und beginnen mit einer Schürze mit einer Spundwand am unteren Rand. Dies ist nach der ebenen Schürze die einfachste. Zum Unterschied von einer ebenen Schürze erhalten wir außerdem dabei nach der Theorie von *Pawlowski* einen endlichen Wert für die Filtriergeschwindigkeit v_0 im Ausgangspunkt, was bei unserem Problem äußerst wesentlich ist.

Die Umformung der betrachteten Schürze mit einer Spundwand in eine ebene Schürze ist bei unendlicher Tiefe des wasserdurchlässigen Grundes außerordentlich einfach.

---

1) Auf das Problem der Bestimmung der zulässigen Geschwindigkeit gehen wir nicht ein. Eine Darstellung dieses Problems findet man in der Arbeit von *W. C. Istomina* [143]. Bei der Lösung des Problems einer rationalen unterirdischen Kontur ist die Größe v_{zul} eine Ausgangsgröße. Wenn diese Größe nicht bekannt ist, so läßt sich eine Lösung nur nach Einführung hinreichend vieler Ersatzkoeffizienten realisieren.

Mit Hilfe der graphisch-analytischen Methode realisiert man nämlich eine konforme Abbildung der Kontur der Schürze mit einer Spundwand auf die Kontur der ebenen Schürze auf dem folgenden Wege (siehe Abschnitt 62). Wir ziehen durch den Scheitel 3 der Spundwand die ξ-Achse und übertragen mit Hilfe der entsprechenden Radien alle uns interessierenden Punkte auf diese Achse (Bild 130). Das Ergebnis ist bereits das gewünschte konforme Bild.

In Bild 130 ist die Abbildung der Eckpunkte 1, 2, 3 und 4 der Schürze und eines willkürlich gewählten Punktes M dargestellt, der auf dem horizontalen Teil der Schürze liegt. Die gefundenen Punkte der ebenen Schürze erhielten die gleichen Buchstaben oder Ziffern und zusätzlich ein Sternchen.

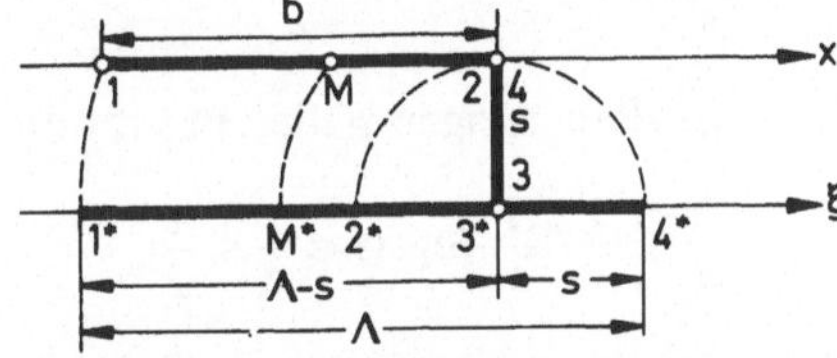

Bild 130

In den einander entsprechenden Punkten der Ausgangsschürze mit einer Spundwand und der erhaltenen ebenen Schürze besitzt der reduzierte Druck dieselben Werte. Insbesondere gehen die Punkte der Spundwandbasis 2 und 4 in die Punkte 2^* und 4^* der äquivalenten Schürze über, die links und rechts vom Punkt 3^* im Abstand s liegen.

Die Gesamtlänge der äquivalenten ebenen Schürze bezeichnen wir wie früher durch Λ.

In unserem Fall handelt es sich um die umgekehrte Aufgabe: Gegeben ist eine ebene Schürze Λ mit einer Markierung für den Punkt 3^*, der den Scheitel einer Spundwand darstellen soll. Man finde eine äquivalente Schürze mit einer Spundwand s am unteren Rand.

Wir lösen diese Aufgabe buchstäblich in der umgekehrten Reihenfolge. Wir ziehen im Punkt 3^* eine Vertikale und tragen auf dieser die Spundwand s ab, deren Länge gleich der gegebenen Strecke 3^*-4^* ist. Dadurch erhalten wir die Punkte 2, 3 und 4 (Bild 130). Hierauf ziehen wir durch den Punkt 2 senkrecht zur Spundwand s die x-Achse und markieren diese mit dem Radius $\Lambda - s$, dessen Länge durch die Strecke 1^*-3^* gegeben ist. So erhalten wir den Anfangspunkt 1 der Schürze mit einer Spundwand.

Auf analogem Wege übertragen wir auch die übrigen Punkte M^*.

Die so konstruierte Schürze 1–2–3–4 mit dem horizontalen Teil b und der Spundwand s ist bezüglich der Druckverteilung auf ihrer Kontur (sowie bezüglich der Ergiebigkeitsverteilung längs der Unterwasserlinie) äquivalent zur ebenen Schürze Λ, von der wir ausgegangen sind.

Die Größe b kann sich dabei zwischen $b_{max} = \Lambda$ für $s = 0$ und $b_{min} = 0$ für $s = \Lambda/2$ ändern.

Die Filtriergeschwindigkeit im Ausgangspunkt der konstruierten Schürze mit einer Spundwand bestimmen wir nach Gl. (8.11)

$$v_0 = \frac{\sqrt{2}}{\pi} \cdot \frac{\kappa H}{\sqrt{s\Lambda}},$$

die wir für unsere Zwecke besser in der folgenden Form darstellen:

$$\frac{v_0}{\kappa} = \frac{\sqrt{2}}{\pi}\left(\frac{H}{s}\right)\sqrt{\frac{s}{\Lambda}}. \tag{8.113}$$

Die Größe v_0 nimmt bei gegebenem κ, H und s ihr Minimum dann an, wenn die ebene Schürze in eine Schürze mit einer Spundwand $s = \Lambda/2$ transformiert wird.

In diesem Fall erhalten wir aus Gl. (8.113)

$$\frac{v_0}{\kappa} = \frac{1}{\pi} \cdot \frac{H}{s}.$$

In allen übrigen Fällen besitzt die Geschwindigkeit v_0 größere Werte, also gilt

$$\frac{v_0}{\kappa} \geqslant \frac{1}{\pi} \cdot \frac{H}{s} \quad \text{für } 0 \leqslant \frac{s}{\Lambda} \leqslant \frac{1}{2}. \tag{8.114}$$

Uns interessiert jene Schürze, für die $v_0 = v_{zul}$ wird. Wir setzen diesen Wert in die Ungleichung (8.114) ein und formen diese um. So erhalten wir die für das weitere Vorgehen benötigte Ungleichung

$$\frac{s}{H} \geqslant \frac{1}{\pi} \cdot \frac{\kappa}{v_{zul}}. \tag{8.115}$$

Wir kommen nun zur Lösung der in diesem Abschnitt gestellten Aufgabe: Man konstruiere bei gegebenem κ und H eine Schürze mit einer Spundwand am unteren Rand, für die die Geschwindigkeit v_0 im Ausgangspunkt gleich v_{zul} ist und bei der der Druck im Bilanzpunkt M vorgegebene Größen annimmt.

Wie schon bemerkt wurde, besitzt das Problem unendlich viele Lösungen. Eine Gesamtheit solcher Schürzen überblickt man jedoch leicht mit Hilfe von nur zwei Schaubilden, die in Bild 131 dargestellt sind.

Die Kurve I zeigt die reduzierte Filtriergeschwindigkeit im Ausgangspunkt (von uns durch $\bar{v}_0$ bezeichnet) als Funktion des Quotienten s/Λ:

$$\bar{v}_0 = \frac{v_0}{\frac{\kappa H}{s}} = \frac{\sqrt{2}}{\pi}\sqrt{\frac{s}{\Lambda}}. \tag{8.116}$$

Die Kurve II beschreibt die Verteilung des reduzierten Drucks längs der ebenen Schürze

$$\bar{h} = \frac{h - H_2}{H} = \frac{1}{\kappa} \arccos \frac{\xi}{\Lambda}. \tag{8.117}$$

Dabei bedeutet ξ den betrachteten Punkt der ebenen Schürze.

Der Lösungsweg selbst verläuft so: Bei gegebenem $v_0 = v_{zul}$ bestimmen wir v_{zul}/κ und wählen hierauf unter Berücksichtigung von Gl. (8.115) nach eigenem Ermessen die Größe s/H. Nun berechnen wir

$$\bar{v}_0 = \frac{v_0}{\frac{\kappa H}{s}} = \frac{v_{zul}}{\kappa} \cdot \frac{s}{H}.$$

Aus diesem Wert von $\bar{v}_0$ bestimmen wir nun an Hand der Kurve I den Punkt 3*, dessen Abstand vom Punkt 4* gleich der Länge s der Spundwand ist, ausgedrückt in Bruchteilen von Λ, d. h. es handelt sich um die Größe s/Λ.

Den Punkt 2* erhalten wir, wenn wir vom Punkt 3* aus nach links die Strecke 3*–4* abtragen.

Ferner berechnen wir aus dem gegebenem Wert h_{ber} die Größe

$$\bar{h}_{ber} = \frac{h_{ber} - H_2}{H}$$

und finden daraus mit Hilfe von Kurve II die Lage der Punktes M* auf der Kontur der ebenen Schürze.

Damit ist die Ausmessung der ebenen Schürze beendet. Diese formen wir nun in eine Schürze mit einer Spundwand am unteren Rand um.

Als Beispiel wurde in Bild 131 eine Ausmessung für die Werte

$$v_{zul} = \kappa; \quad \frac{s}{H} = 0{,}12 \text{ (d. h. für } \bar{v}_0 = 0{,}12)$$

$$\text{und } h_{ber} = 0{,}38H$$

durchgeführt.

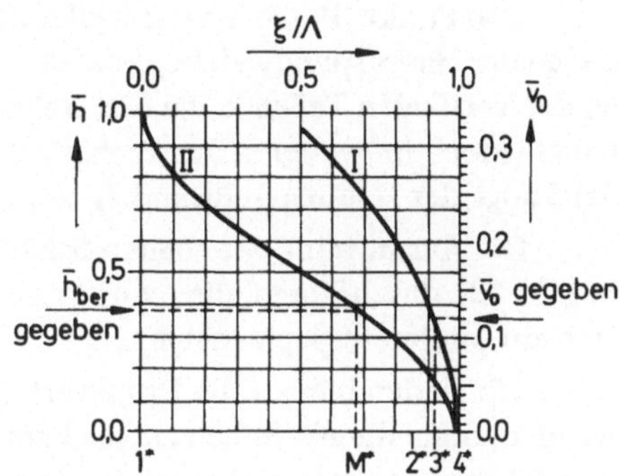

Bild 131

Die Umformung geschieht nach dem Muster von Bild 130.

Durch Wahl eines anderen Werts für s/H und Wiederholung des Verfahrens erhalten wir eine Schürze mit einer Spundwand bei neuen Werten von b und s, bei der $v_0 = v_{zul}$ und h_{ber} ebenfalls die früheren Werte besitzen.

Auf diese Weise erhalten wir schon innerhalb von 10 bis 20 Minuten eine Übersicht über 5 bis 10 Varianten von Schürzen mit einer Spundwand. Wenn der Punkt 3* sehr nahe am Punkt 4* liegt (und dieser Fall tritt fast immer auf), ist die Größe b praktisch gleich der Länge der Strecke 1*–3*. Die in Bild 130 durchgeführte Konstruktion erübrigt sich dann, wodurch das Lösungsverfahren erheblich beschleunigt wird.

Alle uns interessierenden Größen kann man unmittelbar aus den Schaubildern in Bild 131 ablesen.

In der Tat, die Geschwindigkeit im Ausgangspunkt ist eine gegebene Größe. Zur Berechnung des Drucks vor der Spundwand (im Punkt 2) zieht man durch den Punkt 2* eine Vertikale und liest an der Kurve II den Wert $\bar{h}_2$ ab. Den wahren Druckwert erhalten wir durch Multiplikation von $\bar{h}_2$ mit dem Arbeitsdruck H und anschließender Addition von H_2.

Der Wert des Drucks im Bilanzpunkt M ist ebenfalls gegeben. Die Konstruktion liefert uns also den Bilanzpunkt M auf der Kontur der Schürze mit einer Spundwand. Wir finden dadurch den Punkt M, in dem der Dammschild gesetzt werden muß.

Falls wir den Druck in einem beliebigen anderen Punkt der Schürzenkontur wissen wollen, finden wir diesen leicht auf graphisch-analytischem Wege.

Wir befassen uns nun mit der Konstruktion einer Schürze mit zwei Spundwänden bei gleichbleibenden Ausgangsdaten: κ, H, $v_0 = v_{zul}$ und h_r.

Bei einer Schürze mit zwei Spundwänden haben wir sieben charakteristische Punkte (siehe Bild 132).

Wir beginnen mit der Ausmessung der ebenen Schürze, die wir dann auf eine Schürze mit zwei Spundwänden abbilden wollen.

Als Bilanzpunkt M dient nun der Punkt 4. Die Punkte 4^*, 5^* und 6^* konstruieren wir daher genauso wie im Falle einer Schürze mit nur einer Spundwand.

Den Schürzenenden entsprechen nun die Punkte 1^* und 7^*. Es bleiben daher nur noch die Punkte 2^* und 3^*.

Den Punkt 3^* dürfen wir willkürlich wählen. Dabei erhält die Strecke 3^*-4^* die Länge der Hauptspundwand s_k, da bei Verwendung der graphisch-analytischen Methode an den vertikalen Teilen keine Maßstabsänderung eintritt. Von der Wahl des Punktes 3^* hängt jedoch im weiteren das Verhältnis zwischen der Länge des Dammvorderteils und der Länge der Hauptspundwand s_k ab.

Die Ausmessung der ebenen Schürze läßt sich unmittelbar an Hand der Schaubilder in Bild 131 durchführen, die man zur bequemen Verwendung am besten in großem Maßstab auf Millimeterpapier zeichnet.

Wir finden hierauf die Druckverteilung längs der Kontur der Schürze mit zwei Spundwänden, ohne diese wirklich zu zeichnen. Zu diesem Zweck zieht man in den Punkten 2^* und 3^* zwei senkrechte Linien und liest an deren Schnittpunkten mit der Kurve II die Größen $\overline{h}_2$ und $\overline{h}_3$ ab. Sodann berechnet man $h_2 = \overline{h}_2 H + H_2$ und $h_3 = \overline{h}_3 H + H_2$ und nimmt zu den gewonnenen Werten die gegebene Größe $h_4 = h_{ber}$ hinzu.

Sobald die Ausmessung beendet ist, gehen wir zur Umformung der erhaltenen ebenen Schürze in eine Schürze mit zwei Spundwänden über. Diese Umformung gewinnt man auf graphischem Wege.

Wie im Falle einer Schürze mit nur einer Spundwand erfolgt die Konstruktion auch hier in umgekehrter Reihenfolge in Bezug auf die graphische Abbildung der Schürze mit zwei Spundwänden auf eine ebene Schürze.

Zuerst konstruieren wir die wasserseitige Spundwand s_w, deren Länge gleich dem Abstand 6^*-7^* ist. Wir erhalten so den Teil 5–6–7 der endgültigen Schürze (Bild 132). Unter der Spundwand s_w verstehen wir dabei hier nicht nur eine Spundwand im strengen Sinn des Wortes, sondern auch eine wasserseitige Verzahnung mit geringen Abmessungen.

Wir ziehen nun durch den Punkt 5 eine Gerade senkrecht zur Spundwand s_w. Im Abstand der Länge 3^*-4^* ziehen wir parallel dazu eine Hilfsgerade. Dann tragen wir mit dem Radius 3^*-6^* vom Punkt 6 aus eine Marke auf dieser Hilfsgeraden auf und erhalten so den Punkt 3^{**}, der symmetrisch zum Punkt 3 liegt. Durch den Punkt 3^{**} legen wir

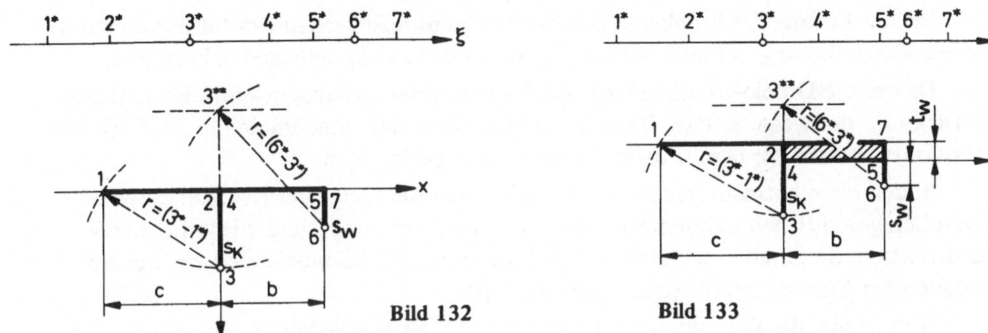

Bild 132

Bild 133

eine Senkrechte und finden dadurch die Punkte 2 und 4. Tragen wir nun vom Punkt 4 aus der auf Verlängerung dieser Senkrechten die Strecke 3* – 4* ab, so gelangen wir zum Punkt 3, dem Scheitel der Hauptspundwand.

Zur Bestimmung der Länge der Dammvorderseite müssen wir noch vom Punkt 3 aus mit dem Radius 1* – 3* auf der Verlängerung der Geraden 7–5–4–2 eine Marke ziehen. Dies ergibt den Anfangspunkt 1 der gesuchten Schürze mit zwei Spundwänden.

Damit ist die Umformung der ebenen Schürze in eine Schürze mit zwei Spundwänden beendet.

Die wahren Dimensionen der Schürze finden wir, wenn wir die wahre Länge der Spundwand s_w aus der bekannten Größe H und dem Verhältnis s_w/H bestimmen, das wir kennen, sobald der Punkt 6* aus der gegebenen Filtriergeschwindigkeit $v_0 = v_{zul}$ im Ausgangspunkt bestimmt ist.

Wir weisen nochmals darauf hin, daß bei all diesen Konstruktionen die Teile der ebenen Schürze, die wieder in horizontale Teile der gesuchten Schürze übergehen, eine Maßstabsänderung erfahren. Die Teile der ebenen Schürze, die in vertikale Teile übergehen, erfahren keine Längenänderung.

Dank dieser Umstände treten auch bei der Konstruktion dickerer Schürzen keinerlei Schwierigkeiten auf.

In Bild 133 ist als Beispiel eine derartige Konstruktion durchgeführt. Zur Erklärung von Bild 133 sei nur bemerkt, daß wir bei der Ausmessung der ebenen Schürze den Punkt 7* erhalten, indem wir vom Punkt 6* aus nach rechts eine Strecke der Länge $s_w + t_w$ abtragen und nicht eine Strecke der Länge s_w wie im vorangehenden Fall ($t = 0$). Den Punkt 2* erhalten wir, wenn wir vom Punkt 3* aus nach links die Strecke $s_w + t_w$ abtragen. Die weitere Ausmessung der ebenen Schürze unterscheidet sich nicht von der früher betrachteten.

Bei der Konstruktion der dicken Schürze mit zwei Spundwänden tragen wir zuerst unter Beibehaltung des Maßstabs die Strecke 7* – 6* und hierauf die Strecke 6* – 5* ab. Wir erhalten dadurch das Teilstück 5–6–7. Dann ziehen wir durch den Punkt 5 eine horizontale Gerade und konstruieren im Abstand 3* – 4* davon eine parallele Hilfsgerade. Die restliche Konstruktion verläuft analog zu dem oben betrachteten Fall. Sie ist in Bild 133 erklärt.

Bei der Lösung des Problems einer rationalen unterirdischen Kontur dürfen wir daher in erster Näherung mit einer dünnen Schürze mit zwei Spundwänden beginnen.

Da uns die Druckverteilung längs der konstruierten Schürze bekannt ist, läßt sich die Dicke t_w des wasserseitigen Teils leicht berechnen. Wir wiederholen hierauf alle Konstruktionen, indem wir bereits diese Größe t_w berücksichtigen.

In den oben betrachteten Beispielen haben wir die Länge der Hauptspundwand willkürlich gewählt. Wir nehmen nun einen anderen Wert für s_k und wiederholen die Konstruktion. So erhalten wir eine neue Schürze mit zwei Spundwänden, die der früheren bezüglich der Filtercharakteristiken äquivalent ist.

Wenn dabei die Dammvorderseite länger wird, als zugelassen ist, verkürzen wir sie, indem wir am oberen Rand eine vorderseitige Spundwand anbringen.

Gegeben sei eine Schürze mit zwei Spundwänden, die wir zu einer äquivalenten Schürze mit drei Spundwänden umformen wollen, wobei die Druckverteilung längs der Brunnensohle und die Ausgangsgeschwindigkeit dieselbe bleiben soll.

Aus dem graphisch-analytischen Konstruktionsverfahren, mit dessen Hilfe wir Schürzen mit zwei und drei Spundwänden auf ebene Schürzen konform abgebildet haben, folgt unmittelbar, daß bei einer äquivalenten Schürze die Länge der Strecke 1–5 gleich der Länge der gebrochenen Linie $1'-2'-A_1-5$ (Bild 134) sein muß.

Zur Realisierung dieser Bedingung führen wir die folgende Konstruktion aus. Wir ziehen vom Punkt 5 aus den Kreisbogen $1-N'-N''-B$. Außerdem ziehen wir einen zweiten Kreisbogen durch den Punkt 1 und den Punkt C, der orthogonal zur Strecke $\overline{BC}$ verläuft und die Strecke B–4 halbiert (Bild 134).

Nun ziehen wir den Strahl $5-N'$. Die Länge der Strecke $\overline{N'P'}$ muß gleich der Länge der vorderseitigen Spundwand s'_v sein. Die Lage der vorderseitigen Spundwand finden wir, wenn wir vom Punkt P' aus eine Senkrechte auf die Linie 1–4 ziehen und auf deren Verlängerung die Strecke $s'_v = \overline{N'P'}$ abtragen. Auf Grund unserer Konstruktion haben wir dabei die folgenden Beziehungen:

$$N'P' = (P' - 1') = (1' - 2'); \quad P'A_1 = A_1 - 2'.$$

Die Länge der Strecke 1–5 ist daher gleich der Länge der gebrochenen Linie $1'-2'-A_1-5$.

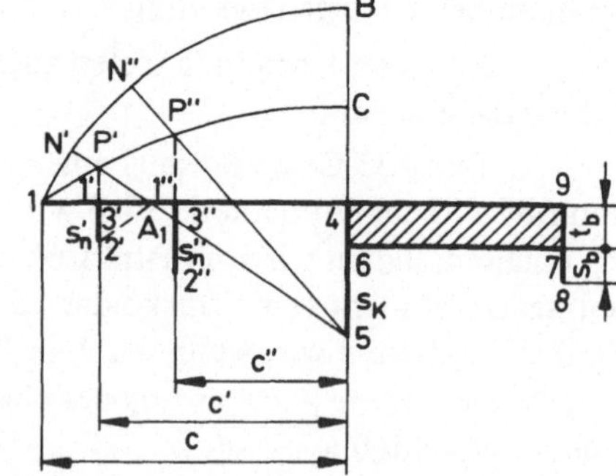

Bild 134

Auf diese Weise können wir eine Schürze mit zwei Spundwänden und der Dammvorderseite c durch eine Schürze mit drei Spundwänden mit der Dammvorderseite c' und der vorderseitigen Spundwand s'_v ersetzen.

Wir ziehen nun einen neuen Strahl $5-N''$ und wiederholen die gesamte Konstruktion. So erhalten wir eine neue Variante einer äquivalenten Schürze mit der Dammvorderseite

c'' und der Spundwand s_v'' am oberen Rand. Mit anderen Worten, die Konstruktion in Bild 134 liefert eine einparametrige unendliche Schar von äquivalenten Schürzen, aus der man nur noch die rationalste auszuwählen braucht.

Die dargelegte Methode zur Konstruktion von Schürzen mit vorgegebenen Filtrierungseigenschaften liefert exakte Ergebnisse nur im Falle einer Schürze mit einer Spundwand (wobei wir Zeichenungenauigkeiten nicht berücksichtigen).

Bei komplizierteren Schürzen gelten die Ergebnisse nur näherungsweise. Wie sich jedoch an zahlreichen Probebeispielen, mit denen wir uns in Abschnitt 75 noch befassen, gezeigt hat, hat der relative Fehler bei der Druckbestimmung mit Hilfe der graphisch-analytischen Methode die Größenordnung von 5 %, vorausgesetzt daß die Spundwände Abstände voneinander besitzen, die nicht kleiner als die Summen ihrer Längen sind.

Man hat daher auch bei der umgekehrten Aufgabe zu überprüfen, ob diese Bedingung erfüllt ist. Falls dies nicht der Fall ist, kann der Fehler wesentlich größer werden.

Die Ergebnisse verallgemeinert man leicht auf den Fall endlicher Tiefe des wasserdurchlässigen Grundes $T < \infty$.

Dabei bleibt das Konstruktionsverfahren dasselbe. Anstelle der Schaubilder in Bild 131 hat man jedoch neue zu verwenden, die für die gegebene Tiefe T berechnet wurden. Wir konstruieren uns eine Schar von Schaubildern für verschiedene T-Werte und können dann das Problem für beliebige Tiefe T lösen. Bei Verkleinerung von T wird jedoch der Fehler größer. Bei

$$T \leqslant 2\, s_m,$$

wobei s_m die größte Spundwandlänge ist, darf man das Verfahren ohne spezielle Verbesserung nicht mehr empfehlen. Die Fehler können dann zu groß werden.

Zum Abschluß bemerken wir noch, daß man als Ausgangsangaben schließlich auch andere Charakteristiken des Filtrierungsflusses wählen kann. Auch einzelne Dimensionen der Konstruktion darf man vorgeben, etwa die Dicke t_w oder die Brunnenlänge b, die aus den Durchlaßbedingungen des Wasserwegs zu bestimmen ist. Insbesondere kann man Schürzen mit vertieftem Brunnen ($t_w > 0$) ohne wasserseitige Spundwand ($s_w = 0$) betrachten.

75. Über die Genauigkeit der graphisch-analytischen Methode zur Berechnung von Schürzen. Abschließende Bemerkungen

Die in den letzten Abschnitten betrachteten Beispiele zeigen, daß die außerordentlich einfache graphisch-analytische Methode zur Berechnung von Schürzen eine Genauigkeit bietet, die für technische Berechnungen vollkommen ausreicht.

Zur weiteren Kontrolle der dargelegten Methode wurde der reduzierte Druck für die folgenden 100 Varianten von Schürzen mit einer ($s_2 = 0$) oder zwei ($t_1 = t_2 = 0$) Spundwänden bei $T = \infty$ berechnet (Bild 135):

$$s_1 = 1;\ b = 2; 3; 4; 5;\ c = 0;\ 1; 2; 3; 4;\ \ s_2 = 0{,}00;\ 0{,}25;\ 0{,}50;\ 0{,}75;\ 1{,}00.$$

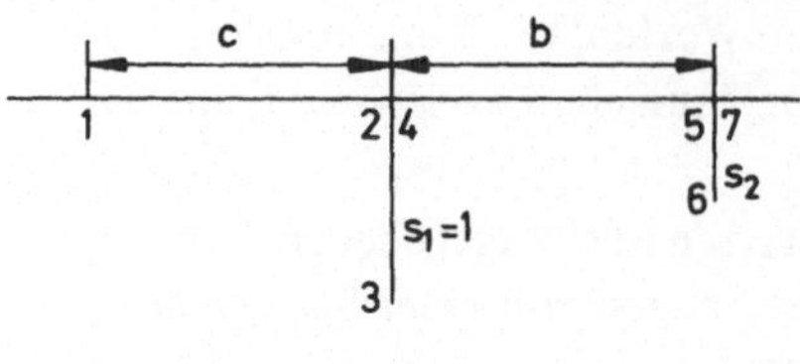

Bild 135

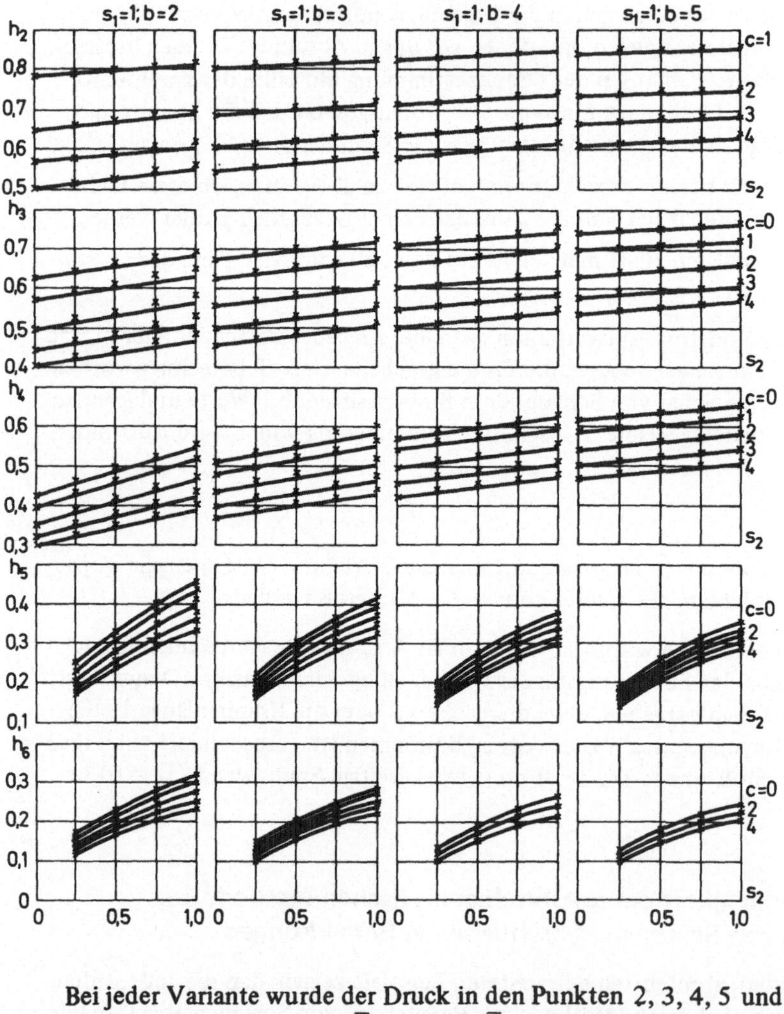

Bild 136

Bei jeder Variante wurde der Druck in den Punkten 2, 3, 4, 5 und 6 bestimmt (in den Punkten 1 und 7 gilt immer $\overline{h}_1 = 1{,}000$; $\overline{h}_7 = 0{,}0$) und mit dem exakten Wert [402, Tabellen VI, VIII, X, XII] verglichen. Hierauf wurden die absoluten und relativen Fehler ϵ und δ berechnet.

Die Ergebnisse sind in Bild 136 dargestellt. Die ausgezogenen Linien liefern den nach exakten Gleichungen berechneten reduzierten Druck in den Punkten 2, 3, 4, 5 und 6. Die Kreuzchen markieren die mittels der graphisch-analytischen Methode gefundenen Werte.

In unserer Rechenserie ergab sich für den maximalen absoluten und den maximalen relativen Fehler:

$\epsilon_{max} = -0{,}018$ bei $b = 2$; $c = 3$ und 4; $s_2 = 0{,}75$ und $1{,}00$.
$\delta_{max} = -4{,}8\,\%$ bei $b = 2$; $c = 4$; $s_2 = 0{,}50$.

Bei Vergrößerung von b wird die Genauigkeit größer. Bei $b = 3$ gilt zum Beispiel $\epsilon_{max} = 0{,}010$ und $\delta_{max} = 2{,}3\,\%$.

Bei Schürzen mit einer Spundwand liefert die Methode (innerhalb der Zeichengenauigkeit) exakte Resultate.

Auch bei der Bestimmung der Filtriergeschwindigkeit ist die Größenordnung des Fehlers dieselbe.

Wir bemerken zum Abschluß, daß die graphisch-analytische Methode (oder die exaktere Methode der Aufeinanderfolge von konformen Abbildungen) bei jedem Filtrierungsproblem im Zusammenhang mit einer hydrotechnischen Anlage neuen Typs die Verallgemeinerung der Lösung für eine ebene Schürze auf den Fall beliebiger Schürzen mit praktischem Profil gestattet.

Tatsächlich läßt sich mittels einer Folge von konformen Abbildungen oder mit Hilfe der graphisch-analytischen Methode jede beliebige Schürze praktischen Profils auf eine ebene Schürze überführen, und zwar unabhängig von den Randbedingungen des Problems. Die Aufgabe für die ebene Schürze bei gegebenem neuen Typ von Randbedingungen dürfen wir als gelöst betrachten.

Die graphisch-analytische Methode wurde von *A. A. Nitschiporowitsch, W. C. Istomina* und *W. I. Titow* mit Erfolg zur Konstruktion wirtschaftlicher Schürzen von Wasserdruckanlagen verwendet, die auf felslosem Untergrund errichtet wurden [462]. Die Methode wurde auch in den Lehrbüchern von *A. L. Filtschakow* [470] und *J. A. Chimerik* [510] aufgenommen.

Die graphisch-analytische Methode und die Methode der Aufeinanderfolge von konformen Abbildungen findet ferner weitgehende Verwendung auch bei der Lösung von komplizierteren Filtrierungsproblemen (Filtrierung unter Druck oder bei freier Oberfläche), sowie bei einigen anderen Klassen von technischen Problemen, worüber ausführlich in [488] berichtet wird.

W. M. Golowan [67–69], *P. A. Rutschenko* [370, 371] und *F. P. Jaremtschuk* [546, 547] betrachteten eine Reihe von komplizierten Problemen der Filtrierung aus Kanälen und Flußbetten beliebigen Profils, und zwar sowohl bei endlicher als auch bei unendlicher Tiefe der zu entwässernden Anlagerung, sowie mit Berücksichtigung der Kapilaritätseigenschaften des Wassers. Zur Vereinfachung der Rechnungen hat *P. A. Rutschenko* hierauf Hilfsnomogramme und Tabellen angelegt, wodurch die Ergebnisse einem breiten Kreis von Ingenieuren zugänglich gemacht wurden.

W. I. Lawrik [223–225, 294] erarbeitete auf der Basis der Aufeinanderfolge von konformen Abbildungen und der Methode der trigonometischen Interpolation ein Iterationsverfahren zur Lösung von Problemen der Filtrierung durch drainierte Erddämme mit vorgegebenem Druckgefälle. In diese Richtung zielten auch eine Reihe von weiteren

Arbeiten desselben Autors über die Berechnung der Filtrierung durch Erddämme mit innerer Drainage.

S. W. Meunargij [265–267] betrachtete mit Hilfe der Methode aufeinanderfolgender konformer Abbildungen eine Klasse von sehr aufwendigen Problemen der Filtrierung in Kanälen, Baugruben und Flußbetten mit beliebigem Profil bei Anwesenheit einer Schlammschicht. Er erzielte dabei eine Reihe von interessanten Ergebnissen.

A. J. Oleinik [225, 312, 313] verfaßte einen Zyklus von Arbeiten über die Filtrierung von Erdwällen und Dämmen mit unterbrochener Drainierung (bestehend aus linearen Reihen von Entwässerungsröhren und -bändern endlicher Länge) und gab darin eine Reihe von Empfehlungen, an die man sich heute in der Hydrobautechnik bereits weitgehend hält. Bei unterbrochener Drainage stellen entweder die Filtrierungsbereiche oder die Bereiche des komplexen Potentials Rechtecke mit geradlinigen Schnitten oder ausgesparten rechteckigen Höhlungen dar. Bei der exakten hydromechanischen Lösung dient daher als abbildende Funktion ein Ausdruck aus hyperelliptischen Integralen, was die Rechnung wesentlich schwieriger gestaltet. Die Methode der Aufeinanderfolge von konformen Abbildungen dagegen erlaubte *A. J. Oleinik* die Konstruktion einer Lösung mit beliebiger Genauigkeit, und zwar bereits nach wenigen Schritten und unter Verwendung von elementaren Funktionen. Die weitere Ausarbeitung dieser Probleme erfolgte in einer Arbeit von *A. J. Oleinik* und *W. A. Tkatschenko* [314].

B. P. Ruplis verallgemeinerte die graphisch-analytische Methode auf den Fall kleiner Tiefen der Wasserabstoßungsgrenze, in dem diese Methode in der ursprünglichen Form zu große Fehler aufwies. Auch legte er Nomogramme an, die die Konstruktion von Schürzen mit vorgegebenen Filtrierungseigenschaften erleichtern. Einen anderen Zugang zur Lösung dieser Fragen verdankt man einer Arbeit von *B. P. Ruplis* und *K. I. Simnischkis* [294]. Nomogramme zur Behandlung von undrainierten Erddämmen ohne Wasser im Unterwasser wurden von *T. I. Ramonas* angelegt [294].

Die Methode der Aufeinanderfolge von konformen Abbildungen wurde von *W. G. Degtjar* [98, 99, 294] auch mit Erfolg zur Berechnung der Filtrierung um einen Uferpfeiler beliebigen Profils mit geneigtem Diaphragma herangezogen. Ebenso erfolgreich verwendete sie *A. A. Dobronrawow* [104, 105] zur Berechnung der Stützfiltrierung aus Kanälen und Flußbetten beliebigen Profils bei unsymmetrischer Lage der Drainage.

W. F. Kowalew [177, 178, 294] erarbeitete mit Hilfe dieser Methode in Verbindung mit der Methode der Majorantenbereiche von *G. N. Poloschi* ein effektives Näherungsverfahren zur Lösung von Filtrierungsaufgaben bei hydrotechnischen Anlagen in zweischichtigen Medien mit beliebiger Trennungslinie der Grundschichten (worüber wir teilweise bereits in Abschnitt 71 gesprochen haben). Auch betrachtete er den Fall von Linsen mit hoher Wasserdurchlässigkeit oder Wasserundurchlässigkeit. Ausführlicher wurde das Filtrierungsproblem bei Schürzen mit derartigen Linsen von *W. A. Didkowski* [103] untersucht.

Unter den Autoren anderer Länder sind vor allem *St. I. Georgitza* und *V. Halek* zu nennen.

St. I. Georgitza betrachtet in seiner Monographie [574] einen großen Kreis von Fragen aus der Theorie der stationären und nichtstationären Filtrierung, sowie auch

Fragen der Filtrierung in inhomogenen Medien. Insbesondere befaßt er sich mit der Methode der Aufeinanderfolge von konformen Abbildungen von Spundwänden. Darüber hinaus verdankt man ihm eine Methode zur Lösung von Problemen der ebenen Hydrodynamik, bei deren Herleitung der Autor ebenfalls die Methode der Aufeinanderfolge von konformen Abbildungen verwendete.

V. Halek [577, 578] arbeitete die graphisch-analytische Originalmethode zur Berechnung drainierter und nichtdrainierter Schürzen aus und untersuchte den Einfluß von Spalten in der Dammvorderseite. Seine Ergebnisse stimmen mit den Ergebnissen anderer Autoren überein. *V. Halek* verdankt man auch einen wesentlichen Beitrag zur Entwicklung der Modellierungsmethoden bei komplizierten Filtrierungsproblemen.

Eine erschöpfende Übersicht über die Arbeiten zu den verschiedenen Richtungen der Filtrierungstheorie und eine ausführliche Bibliographie findet man in dem Buch [361], das unter der Redaktion und unmittelbaren Mitarbeit von *P. J. Polubarinowa-Kotschina, S. N. Numerow, I. A. Tscharni* und *W. M. Entow* verfaßt worden ist.

Eine Übersicht über die Ergebnisse bei der Anwendung der Methode der Aufeinanderfolge von konformen Abbildungen auf Filtrierungsprobleme findet man in den Arbeiten von *B. Browsin* [561], *V. Halek* [577], *H. J. Schaef* und *K. Tiemer* [621]. Zum Abschluß dieses Kapitels verweisen wir daher nur noch auf die Monographie von *M. T. Nuschin* und *N. B. Ilinski* [308] und die damit verwandten Arbeiten von *N. B. Ilinski, I. K. Bramatkina* und *G. W. Danilow* [38, 139, 140, 294], in denen ein großer Kreis von inversen Problemen der Filtrierungstheorie eingehend betrachtet wird. Schließlich sei noch die Monographie von *W. E. Schamanski* [529] erwähnt, in der neue effektive Algorithmen zur Lösung von Filtrierungsaufgaben, darunter auch dreidimensionalen, zu finden sind.

Übungen zu Kapitel 8

1. Man bestimme mit Hilfe der graphisch-analytischen Methode den reduzierten Druck in den charakteristischen Punkten einer dünnen Schürze ($t_1 = t_2 = 0$) mit zwei Spundwänden bei den folgenden Angaben (siehe Bild 135):

$$c = 3{,}0,\quad b = 2{,}5,\quad s_1 = 1{,}00,\quad s_2 = 0{,}25;$$
$$c = 2{,}0,\quad b = 3{,}5,\quad s_1 = 1{,}00,\quad s_2 = 0{,}50;$$
$$c = 4{,}0,\quad b = 3{,}0,\quad s_1 = 1{,}00,\quad s_2 = 0{,}75.$$

Die Resultate vergleiche man mit den exakten Ergebnissen [402, Anhang, Tabellen VI, VIII, X].

2. Man berechne auf graphisch-analytischem Wege für die Schürzen in Übung 1 die reduzierte Geschwindigkeit im Ausgangspunkt und vergleiche die Ergebnisse mit den exakten Werten [402, Anhang, Tabellen VII, IX, XI].

3. Man wiederhole die Übungen 1 und 2 mit $t_2 = 0{,}05$, $t_2 = 0{,}10$ und $t_2 = 0{,}15$ (siehe Bild 97) und untersuche, welchen Einfluß die Dicke t_2 auf die Filtercharakteristiken ausübt.

4. Man bestimme auf graphisch-analytischem Wege für eine Reihe von vertieften und nicht vertieften Schürzen mit drei Spundwänden den hydrodynamischen Effekt der vorderseitigen Spundwand und untersuche, wie die verschiedenen Schürzenelemente den Zuwachs Δc der Dammvorderseite beeinflussen, der zur vorderseitigen Spundwand s_1 äquivalent ist.

5. Man untersuche auf graphisch-analytischem Wege durch Betrachtung einer Reihe von drainierten Schürzen mit zwei Spundwänden, was einen größeren Effekt liefert: die Errichtung eines durchgehenden drainierten Teilstücks $l < b$ im mittleren Teil des wasserseitigen Bereichs b oder die Errichtung von zwei drainierten Teilstücken derselben Gesamtlänge l an den Brunnenenden (hinter der Hauptspundwand s_1 und vor der wasserseitigen Spundwand s_2).

Kapitel 9. Die Methode der kleinsten Quadrate. Die Interpolation experimenteller Daten („Fehlerrechnung")

Die Methode der kleinsten Quadrate wurde von *Carl Friedrich Gauß* (1777–1855) im Jahre 1794 entwickelt, aber erst im Jahre 1808 in seinem bekannten Werk „Theorie der Bewegung der Himmelskörper längs Kegelschnitten um die Sonne" veröffentlicht.

Zwei Jahre später, nämlich 1806, hat auch *Adrian Marie Legendre* (1752–1833) diese Methode in seiner Arbeit „Neue Verfahren zur Berechnung von Kometenbahnen" dargelegt. Seine Darstellung war jedoch weniger vollständig als die von *Gauß,* der sich später nochmals mit seiner Methode befaßte und sie bis zur Vollendung ausgearbeitet hat.

Unter den zahlreichen Anwendungen der Methode der kleinsten Quadrate betrachten wir nur die wichtigsten, die im Zusammenhang mit der besten Gleichung eines bestimmten Typs für die Darstellung von Beobachtungsdaten stehen. Es handelt sich also um die Aufbereitung von Beobachtungsmaterial. Wir beschränken uns dabei auf den Fall, in dem die gesuchte Funktion ein Polynom ist. Eine weitere Einführung in die Methode der kleinsten Quadrate und deren Darstellung findet der Leser in der Monographie von *J. W. Linnik* [233], in der der umfangreiche Stoff in der notwendigen Strenge, und leicht erfaßbar dargeboten wird, und in den Monographien und Lehrbüchern von *A. H. Krylov* [198], *N. I. Idelson* [138], *K. A. Semendjev* [399], *E. Witthaker* und *G. Robinson* [461], *A. Woring* und *J. Hefner* [464], *A. S. Tschebotarev* [517], *P. I. Schilov* [534], *B. M. Schtschigolev* [541], *K. P. Jakowlev* [544], in denen zahlreiche nützliche Ergebnisse enthalten sind.

76. Die Grundgleichungen

Wir betrachten zuerst den allgemeinen Fall, in dem ein Polynom vom Grad m gesucht ist:

$$y = A_0 + A_1 x + A_2 x^2 + \ldots + A_m x^m. \tag{9.1}$$

Die Aufgabe besteht darin, die Werte der Koeffizienten $A_0, A_1, A_2, \ldots, A_m$ so zu bestimmen, daß die Kurve (9.1) möglichst in der Nähe der experimentell gefundenen Punkte $(x_1; y_1), (x_2; y_2), \ldots, (x_n; y_n)$ verläuft.

Die Anzahl der Punkte n ist meist beträchtlich größer als $m + 1$. Wir können daher die Kurve (9.1) nicht so bestimmen, daß sie durch alle gegebenen Punkte verläuft. Darüber hinaus wird im allgemeinen keiner der betrachteten Punkte die Bedingung (9.1) exakt erfüllen. Setzen wir die Koordinaten dieser Punkte in (9.1) ein, so erhalten wir das System:

$$\left.\begin{array}{l} A_0 + A_1 x_1 + A_2 x_1^2 + \ldots + A_m x_1^m - y_1 = \delta_1, \\ A_0 + A_1 x_2 + A_2 x_2^2 + \ldots + A_m x_2^m - y_2 = \delta_2, \\ \cdots\cdots\cdots\cdots\cdots\cdots\cdots\cdots \\ A_0 + A_1 x_n + A_2 x_n^2 + \ldots + A_m x_n^m - y_n = \delta_n. \end{array}\right\} \tag{9.2}$$

Die Größen $\delta_1, \delta_2, \ldots, \delta_n$ bezeichnen wir als *Abweichungen („Fehler")*.

Dem Prinzip der kleinsten Quadrate zufolge sind die besten Werte der Koeffizienten $A_0, A_1, A_2, \dots, A_m$ jene, für die die Summe der Quadrate der Abweichungen am kleinsten ist [1]), d. h.

$$\sum\nolimits_\delta = \sum_{k=1}^{n} \delta_k^2 \tag{9.3}$$

soll ein Minimum werden.

Es folgt daraus, daß die Größe

$$\sum_{k=1}^{n} (A_0 + A_1 x_k + \dots + A_m x_k^m - y_k)^2 = F(A_0, A_1, \dots, A_m), \tag{9.4}$$

die wir als Funktion der Koeffizienten $A_0, A_1, A_2, \dots, A_m$ betrachten, ein Minimum wird.

Eine notwendige Bedingung für ein Minimum einer Funktion mehrerer Veränderlicher besteht bekanntlich darin, daß sämtliche partiellen Ableitungen gleich Null sind.

Wir differenzieren beide Seiten der Gl. (9.4) und gelangen so zu dem Gleichungssystem

$$\left.\begin{aligned}
\frac{\partial F}{\partial A_0} &= 2 \sum_{k=1}^{n} (A_0 + A_1 x_k + A_2 x_k^2 + \dots + A_m x_k^m - y_k) = 0,\\
\frac{\partial F}{\partial A_1} &= 2 \sum_{k=1}^{n} (A_0 + A_1 x_k + A_2 x_k^2 + \dots + A_m x_k^m - y_k)\, x_k = 0,\\
\frac{\partial F}{\partial A_2} &= 2 \sum_{k=1}^{n} (A_0 + A_1 x_k + A_2 x_k^2 + \dots + A_m x_k^m - y_k)\, x_k^2 = 0,\\
&\dots\dots\dots\dots\dots\dots\dots\dots\dots\dots\\
\frac{\partial F}{\partial A_m} &= 2 \sum_{k=1}^{n} (A_0 + A_1 x_k + A_2 x_k^2 + \dots + A_m x_k^m - y_k)\, x_k^m = 0.
\end{aligned}\right\} \tag{9.5}$$

Neben dem Ausgangssystem (9.2), das wir als *Bedingungssystem* bezeichnen und die im allgemeinen inkonsistent sind, da es sich um n Gleichungen mit m + 1 Unbekannten ($n > m + 1$) handelt, erhalten wir das in den $A_0, A_1, \dots, A_m$ lineare System (9.5).

---

[1]) Das Minimum der Summe der Abweichungen selbst und nicht ihrer Quadrate löst die Aufgabe nicht, da $\Sigma\delta_k$ auch dann sehr klein sein kann, wenn die einzelnen Abweichungen δ_k sehr groß sind und verschiedenes Vorzeichen besitzen, wobei sie sich gegenseitig kompensieren. Dagegen sind die Größen δ_k^2 alle positiv und aus Bedingung (9.3) folgt automatisch, daß die Abweichungen δ_k in ihrer Gesamtheit klein sein müssen.

Da sich dieses System aus dem Ausdruck (9.4) durch Differenzieren nach den unbekannten Koeffizienten $A_0, A_1, \dots, A_m$ ergab, ist bei beliebigem $n > m + 1$ die Anzahl der Gleichungen gleich der Anzahl der Unbekannten.

Das System (9.5) bezeichnen wir als *Normalsystem.*

Die gestellte Aufgabe besteht somit in der Reduktion des Bedingungssystem (9.2) auf das Normalsystem (9.5). Wir bringen dieses nun auf eine Form, die für die Lösung geeigneter ist, und verwenden mit den Bezeichnungen

$$\sum_{k=1}^{n} x_k; \quad \sum_{k=1}^{n} x_k^m; \quad \sum_{k=1}^{n} x_k^m y_k$$

die von *Gauß* eingeführte Form

$$\begin{aligned} [x] &= x_1 + x_2 + x_3 + x_4 + \dots + x_n; \\ [x^m] &= x_1^m + x_2^m + x_3^m + x_4^m + \dots + x_n^m; \\ [x^m y] &= x_1^m y_1 + x_2^m y_2 + x_3^m y_3 + \dots + x_n^m y_n. \end{aligned} \tag{9.6}$$

Das System (9.5) nimmt dann nach Kürzung aller Gleichungen durch 2 und Umgruppierung der Glieder die folgende Gestalt an:

$$\left.\begin{aligned} nA_0 + [x]\,A_1 + [x^2]\,A_2 + \dots + [x^m]\,A_m &= [y]; \\ [x]\,A_0 + [x^2]\,A_1 + [x^3]\,A_2 + \dots + [x^{m+1}]\,A_m &= [xy]; \\ [x^2]\,A_0 + [x^3]\,A_1 + [x^4]\,A_2 + \dots + [x^{m+2}]\,A_m &= [x^2 y]; \\ \dots\dots\dots\dots\dots\dots\dots\dots\dots\dots\dots\dots \\ [x^m]\,A_0 + [x^{m+1}]\,A_1 + [x^{m+2}]\,A_2 + \dots + [x^{2m}]\,A_m &= [x^m y]. \end{aligned}\right\} \tag{9.7}$$

Da nämlich die $A_0, A_1, \dots, A_m$ bezüglich der betrachteten Summen Konstanten sind, finden wir aufgrund einer bekannten Eigenschaft von Summen aus der ersten Gleichung des Systems (9.5)

$$\begin{aligned} &\sum_{k=1}^{n} (A_0 + A_1 x_k + A_2 x_k^2 + \dots + A_m x_k^m - y_k) \\ &= \sum_{k=1}^{n} A_0 + A_1 \sum_{k=1}^{k} x_k + A_2 \sum_{k=1}^{n} x_k^2 + \dots + A_m \sum_{k=1}^{n} x_k^m - \sum_{k=1}^{n} y_k \\ &= nA_0 + [x]\,A_1 + [x^2]\,A_2 + \dots + [x^m]\,A_m - [y] = 0. \end{aligned}$$

Das ist also die erste Gleichung des Systems (9.7). Alle übrigen Gleichungen des Systems (9.5) formt man analog um.

Die Lösung des Normalsystems (9.7) führt auf keine grundsätzlichen Schwierigkeiten mehr. Wir haben diese Aufgabe in Kapitel 3 betrachtet.

Die Koeffizienten dieser in den $A_0, A_1, \dots, A_m$ linearen Gleichungen sind die Summen

$$[1] = n; \ [x]; \ [x^2]; \dots; [x^{2m}]; \ [y]; \ [xy]; \dots; [x^m y],$$

die man leicht aus den bekannten Koordinaten der gegebenen Punkte

$$(x_1; y_1), (x_2; y_2), \dots, (x_n; y_n)$$

berechnet.

Bei Vergrößerung der Zahl m wächst der Arbeitsaufwand sehr rasch an. In der Praxis beschränkt man sich daher auf die ersten drei Potenzen.

77. Die Rechenmethode

Wir betrachten nun die Rechentechnik bei der Anwendung der Methode der kleinsten Quadrate. Wir beginnen mit dem einfachsten Fall eines Polynoms ersten Grades, d. h. mit dem Fall der linearen Interpolation.

Lineare Interpolation nach der Methode der kleinsten Quadrate. Als Ergebnis eines gewissen Versuchs haben sich die Koordinaten von n Punkten ergeben. Man soll eine Gerade $(m = 1)$

$$y = A_0 + A_1 x \tag{9.8}$$

angeben, die möglichst wenig von allen diesen Punkten abweicht.

Die gefundene Gerade liefert die Möglichkeit, für alle Zwischenwerte des Arguments den wahrscheinlichsten Funktionswert zu berechnen, d. h. mit ihrer Hilfe lassen sich die Versuchsergebnisse interpolieren.

Bei $m = 1$ geht das Normalsystem (9.7) in ein System von zwei Gleichungen mit den zwei Unbekannten A_0 und A_1 über,

$$\left.\begin{aligned} nA_0 + [x]\,A_1 &= [y], \\ [x]\,A_0 + [x^2]\,A_1 &= [xy], \end{aligned}\right\} \tag{9.9}$$

wodurch das gestellte Problem vollkommen gelöst wird.

Da das System (9.9) nur eine einzige Lösung besitzt, existiert auch nur eine Gerade, die näher als alle anderen Geraden durch die Gesamtheit der n gegebenen Punkte verläuft.

Wir erklären die Rechentechnik an Hand eines Beispiels.

Beispiel 1: Die Versuchsergebnisse seien die Werte einer gewissen Funktion $y = f(x)$ für äquidistante Argumentwerte x (Spalte y_{exp} in Tabelle 178). Die angegebenen Punkte sind in Bild 137 konstruiert. Wir bestimmen die Gleichung der Geraden

$$y = A_0 + A_1 x,$$

die möglichst nahe bei allen diesen Punkten verläuft.

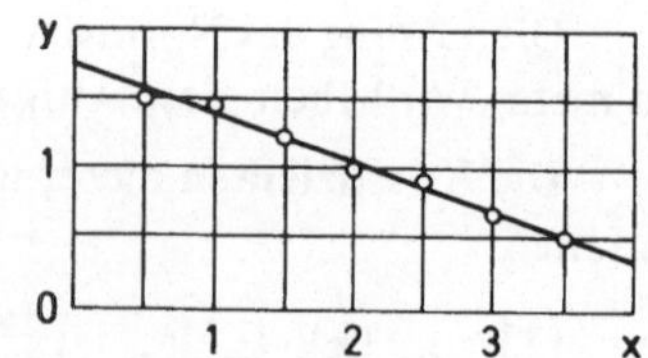

Bild 137

Tabelle 178

n	x	y_{exp}	y_{ber}	δ	Summe
1	0,5	1,532	1,558	+ 0,026	$[x] = 14,0$
2	1,0	1,428	1,384	− 0,044	$[x^2] = 35,00$
3	1,5	1,197	1,210	+ 0,013	$[y] = 7,251$
4	2,0	1,016	1,036	+ 0,020	$[xy] = 12,0630$
5	2,5	0,894	0,862	− 0,032	
6	3,0	0,675	0,688	+ 0,013	$[\delta^2] \approx 0,0044$
7	3,5	0,509	0,514	+ 0,005	

Lösung: Im betrachteten Fall gilt $m = 1$ und $n = 7$. Aus den bekannten Werten für x und y_{exp} berechnen wir die Summen $[x]$, $[x^2]$, $[y]$, $[xy]$. Alle diese Rechnungen führt man in einem Zug ohne Anschreiben von Zwischenergebnissen durch. Zur Berechnung von

$$[xy] = x_1y_1 + x_2y_2 + x_3y_3 + x_4y_4 + x_5y_5 + x_6y_6 + x_7y_7$$

zum Beispiel multiplizieren wir alle in einer Zeile stehenden Werte $[x]$ und $[y_{exp}]$ und addieren sie ohne Anschreiben der einzelnen Produkte. Als Ergebnis finden wir

$$[xy] = [xy_{exp}] = 12,0630.$$

Die Summe $[x^2]$ erhalten wir auf analogem Wege, indem wir jeden x-Wert mit sich selbst multiplizieren. Die Summen $[x]$ und $[y]$ bestimmt man unmittelbar durch Summierung der Ausgangsdaten, zum Beispiel

$$[y] = [y_{exp}] = y_1 + y_2 + y_3 + y_4 + y_5 + y_6 + y_7 = 7,251.$$

Die erhaltenen Ergebnisse setzen wir nun in Gl. (9.9) ein und finden das System

$$\left.\begin{aligned} 7,000\,A_0 + 14,000\,A_1 &= 7,251; \\ 14,000\,A_0 + 35,000\,A_1 &= 12,063, \end{aligned}\right\}$$

mit der Lösung

$$A_1 = -0,348; \quad A_0 = 1,732.$$

Die gesuchte Gerade ist daher (Bild 137)

$$y = 1,732 - 0,348x. \tag{9.10}$$

Wir berechnen ferner nach Gl. (9.10) die Funktionswerte $y = y_{ber}$ und finden die Verstimmungen

$$\delta = y_{ber} - y_{exp}. \tag{9.11}$$

Nun überprüfen wir die Rechnungen. Für $m = 1$ lautet das Gleichungssystem (9.2):

$$A_0 + A_1x_k - y_k = \delta_k, \quad k = 1, 2, 3, \ldots, n.$$

Wir quadrieren alle diese Gleichungen und addieren die Ergebnisse. Damit erhalten wir

$$[\delta^2] = [(A_0 + A_1 x - y)]^2$$
$$= [A_0^2] + [A_1^2 x^2] + [y^2] + 2[A_0 A_1 x] - 2[A_0 y] - 2[A_1 xy].$$

Ziehen wir nun die Konstanten A_0 und A_1 vor die Summenzeichen heraus und fassen gleichartige Glieder zusammen, so erhalten wir[1])

$$[\delta^2] = nA_0^2 + A_1^2[x^2] + [y^2] + \{A_0 A_1 [x] + A_0 A_1 [x]\} - 2A_0[y] - 2A_1[xy]$$
$$= [y^2] + A_0\{nA_0 + [x]A_1 - 2[y]\} + A_1\{[x]A_0 + [x^2]A_1 - 2[xy]\}.$$

Ferner finden wir unter Verwendung des Normalsystems (9.9)

$$[\delta^2] = [y^2] - A_0[y] - A_1[xy]$$

und erhalten daraus die Prüfformel

$$[y^2] = A_0[y] + A_1[xy] + [\delta^2]. \tag{9.12}$$

Wir überprüfen nun mit Hilfe von Gl. (9.12) die in Beispiel 1 gewonnenen Resultate. Dazu berechnen wir aus den Angaben von Tabelle 178 (für $y = y_{exp}$)

$$[y^2] = 8{,}365215; \quad [\delta^2] = 0{,}004399;$$
$$A_0[y] + A_1[xy] + [\delta^2] = 8{,}365207.$$

In Übereinstimmung mit Gl. (9.12) sind die früher erhaltenen Ergebnisse also gültig, da die Übereinstimmung in den Ergebnissen für die Rechengenauigkeit ausreicht.

Die Funktion (9.10) dient auch zur Interpolation im Bereich der Tabelle 178. Bei $x = 1{,}87$ erhalten wir zum Beispiel nach Gl. (9.10) $y = 1{,}081$. Ein Austritt aus dem Bereich der experimentellen Daten, d. h. eine Extrapolation nach der Methode der kleinsten Quadrate ist gewöhnlich nicht zu empfehlen, da sich die Zuverlässigkeit der Resultate mit der Entfernung von x vom Ausgangsintervall schnell vermindert. Wenn die Umstände eine Extrapolation notwendig machen, so muß man sich daher auf Argumentwerte beschränken, die in der Nähe der gegebenen Intervallenden liegen.

Quadratische Interpolation nach der Methode der kleinsten Quadrate. Bei der quadratischen Interpolation besteht die Aufgabe in der Konstruktion einer Parabel

$$y = A_0 + A_1 x + A_2 x^2, \tag{9.13}$$

die am wenigsten von den n gegebenen Punkten $(n > 3)$ abweicht. Diese Parabel dient auch zur Berechnung der Funktion y für die Zwischenwerte von x.

---

1) Man hat zu beachten, daß die Summe $[A_0^2]$ eine Summe von n gleichen Summanden A_0^2 ist, d. h.

$$[A_0^2] = A_0^2[1] = nA_0^2.$$

Zur Lösung der gestellten Aufgabe setzen wir in den allgemeinen Gln. (9.7) m = 2 und gelangen damit zu dem Normalsystem mit den drei Unbekannten A_0, A_1 und A_2:

$$\begin{aligned} &nA_0 + [x]\,A_1 + [x^2]\,A_2 = [y];\\ &[x]\,A_0 + [x^2]\,A_1 + [x^3]\,A_2 = [xy];\\ &[x^2]\,A_0 + [x^3]\,A_1 + [x^4]\,A_2 = [x^2y]. \end{aligned} \tag{9.14}$$

Die Lösung dieses Systems bestimmt eindeutig eine Parabel, die besser als anderen Parabeln (9.13) die experimentell gefundene Funktion y = f(x) in dem betrachteten Intervall darstellt.

Die Gleichung für die Überprüfung der Rechnung, zu der wir vollkommen analog wie im Falle m = 1 gelangen, lautet

$$[y^2] = A_0[y] + A_1[xy] + A_2[x^2y] + [\delta^2]. \tag{9.15}$$

Beispiel 2: Man bestimme die Parabel

$$y = A_0 + A_1x + A_2x^2,$$

die am besten die in Tabelle 179 angegebenen Daten x und $y = y_{exp}$ beschreibt.

Tabelle 179

n	x	x^2	y_{exp}	y_{ber}	δ	Summe
1	0,1	0,01	2,1299	2,1318	+ 0,0019	$[x] = 5{,}5$
2	0,2	0,04	2,1532	2,1531	- 0,0001	$[x^2] = 3{,}85$
3	0,3	0,09	2,1611	2,1590	- 0,0021	$[x^3] = 3{,}025$
4	0,4	0,16	2,1516	2,1497	- 0,0019	$[x^4] = 2{,}5333$
5	0,5	0,25	2,1282	2,1250	- 0,0032	$[y] = 20{,}4389$
6	0,6	0,36	2,0807	2,0851	+ 0,0044	$[xy] = 10{,}91187$
7	0,7	0,49	2,0266	2,0299	+ 0,0033	$[x^2y] = 7{,}46611$
8	0,8	0,64	1,9594	1,9593	- 0,0001	
9	0,9	0,81	1,8759	1,8735	- 0,0024	$[\delta^2] \approx 0{,}00006$
10	1,0	1,00	1,7723	1,7723	0,0000	$[y^2] \approx 41{,}9374$

Lösung: Im betrachteten Beispiel gilt n = 10, m = 2. Zur Festlegung des Normalsystems muß man aus den (als Ergebnis von Experimenten) bekannten Werten von x und $y = y_{exp}$ die folgenden sieben Summen berechnen:

$$[x], [x^2], [x^3], [x^4], [y], [xy], [x^2y].$$

Dazu genügt es, wenn man in Tabelle 179 noch die Spalte x^2 hinzunimmt. Dies ermöglicht die Berechnung aller benötigten Summen ohne Anschreiben von Zwischenresultaten. Die Summe $[x^3]$ schreiben wir dabei zum Beispiel in der Form

$$[x^3] = x_1x_1^2 + x_2x_2^2 + \ldots + x_{10}x_{10}^2.$$

Zur Berechnung von $[x^3]$ muß man hierauf lediglich die in derselben Zeile stehenden Werte für x und x^2 miteinander multiplizieren und ohne Anschreiben von Zwischenergebnissen addieren. Die Summe tragen wir ebenfalls in Tabelle 179 ein. Das gesuchte Normalsystem lautet demnach:

$$\left.\begin{aligned} 10{,}0000\,A_0 + 5{,}5000\,A_1 + 3{,}8500\,A_2 &= 20{,}4389; \\ 5{,}5000\,A_0 + 3{,}8500\,A_1 + 3{,}0250\,A_2 &= 10{,}9119; \\ 3{,}8500\,A_0 + 3{,}0250\,A_1 + 2{,}5333\,A_2 &= 7{,}4661. \end{aligned}\right\}$$

Die Lösung dieses Systems nach der Gaußschen Eliminationsmethode (siehe Abschnitt 16 von Kapitel 3) findet man in Tabelle 180.

Tabelle 180

k	A_0	A_1	A_2	c
	10,0000	5,5000	3,8500	20,4389
$k_2 = -0{,}5500$	5,5000	3,8500	3,0250	10,9119
$k_3 = -0{,}3850$	3,8500	3,0250	2,5333	7,4661
	0	0,8250	0,9075	−0,3295
$k_3' = -1{,}1000$	0	0,9075	1,1510	−0,4029
		0	0,0528	−0,0404

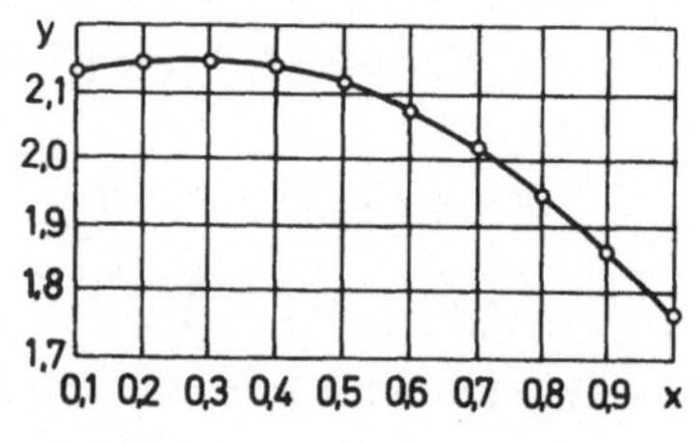

Bild 138

Auf Grund der Ergebnisse von Tabelle 180 finden wir

$$A_0 = 2{,}0952; \quad A_1 = 0{,}4423; \quad A_2 = -0{,}7652$$

und die gesuchte Parabel lautet daher (Bild 138)

$$y = 2{,}0952 + 0{,}4423x - 0{,}7652x^2. \tag{9.16}$$

Wir berechnen die Koeffizienten A_0, A_1, A_2 mit so vielen Stellen, daß die Gl. (9.16) die Genauigkeit gewährleistet, die die Ausgangsdaten $y = y_{exp}$ besitzen. Hierauf berechnen wir nach Gl. (9.16) $y = y_{ber}$ und finden die Verstimmung (9.11)

$$\delta = y_{ber} - y_{exp}.$$

Sämtliche Ergebnisse tragen wir in Tabelle 179 ein.

Zur Kontrolle berechnen wir aus den Angaben in Tabelle 179 (für $y = y_{exp}$)

$$[y^2] = 41{,}93743177 \approx 41{,}9374;$$
$$[\delta^2] = 0{,}00005790 \approx 0{,}0001;$$
$$A_0[y] + A_1[xy] + A_2[x^2y] + [\delta^2] \approx 41{,}9370$$

und überzeugen uns, daß die Gl. (9.15) im Rahmen der Rechengenauigkeit erfüllt ist.

Die quadratische Interpolation der Werte in Tabelle 179 gewinnt man mit Hilfe der Parabel (9.16). Für x = 0,473 erhalten wir zum Beispiel gemäß Gl. (9.16)

$$y = 2{,}0952 + 0{,}4423 \cdot 0{,}4730 - 0{,}7652 \cdot 0{,}2237 = 2{,}1332.$$

Zum Abschluß weisen wir darauf hin, daß alle in den Abschnitten 76 und 77 hergeleiteten Gleichungen für beliebige Werte x_n gültig bleiben. Es ist durchaus nicht notwendig, daß $x_1, x_2, \dots, x_n$ äquidistante Punkte sind. Auch die Rechentechnik bleibt bei nicht äquidistanten Punkten die gleiche wie in den oben betrachteten Beispielen.

Übung 1: Man führe eine lineare Interpolation der folgenden experimentell gefundenen Ausgangsdaten durch, und zwar nach der Methode der kleinsten Quadrate:

a)

x	0,2	0,3	0,7	0,8	1,2	1,4	1,8
y_{exp}	2,229	2,180	1,972	1,887	1,696	1,590	1,332

Man bestimme y für $x_1 = 0{,}578$, $x_2 = 0{,}882$, $x_3 = 1{,}356$.

b)

x	0,8	1,6	2,0	2,5	3,2	4,0	4,7	5,6
y_{exp}	0,757	1,278	1,496	1,817	2,299	2,776	3,226	3,825

Man bestimme y für $x_1 = 1{,}93$, $x_2 = 2{,}74$, $x_3 = 3{,}61$, $x_4 = 4{,}97$.

Antwort: $y = 0{,}240 + 0{,}637x$; $y(x_1) = 1{,}469$; $y(x_2) = 1{,}985$.

c)

x	1,0	1,5	1,8	2,2	2,7	3,2
y_{exp}	0,245	0,646	0,831	1,145	1,576	1,968

Man bestimme y für $x_1 = 1{,}28$, $x_2 = 2{,}00$, $x_3 = 3{,}08$.

Übung 2: Nach der Methode der kleinsten Quadrate ist eine quadratische Interpolation der folgenden experimentell gefundenen Daten durchzuführen:

a)

x	0,0	0,5	1,0	2,0	2,2	2,8	3,0
y_{exp}	2,354	2,307	2,915	5,457	6,300	8,893	10,062

Man bestimme y für $x_1 = 0{,}87$, $x_2 = 2{,}54$, $x_3 = 2{,}17$, $x_4 = 2{,}91$.

Antwort: $y = 2{,}3212 - 0{,}4096x + 0{,}9933x^2$; $y(x_3) = 6{,}1097 \approx 6{,}110$

b)

x	1,0	2,0	2,5	3,0	4,0	4,5	5,0	6,0
y_{exp}	+ 1,88	+ 0,96	− 0,13	− 2,08	− 6,72	− 10,67	− 14,13	− 22,84

Man bestimme y für $x_1 = 1{,}56$, $x_2 = 2{,}89$, $x_3 = 5{,}27$.

Alle Rechnungen zu den Übungen 1 und 2 sind in Tabellenform nach dem Muster der Tabellen 178 bis 180 durchzuführen. Die Ausgangsdaten und die gewonnenen Ergebnisse stelle man unter Verwendung von Millimeterpapier graphisch dar. Außerdem sind die Rechnungen mit Hilfe der Gln. (9.12) und (9.15) zu überprüfen.

Auch bei $m > 2$, wobei der Arbeitsaufwand rasch zunimmt, bleibt der Rechengang derselbe. Wir verlassen daher dieses Problem und wenden uns der Betrachtung von empirischen Gleichungen zu.

78. Empirische Gleichungen

Gleichungen zwischen experimentellen Daten, die man auf theoretischem Wege nicht finden konnte, heißen *empirische Gleichungen* oder *empirische Formeln.* Gleichungen dieser Art stellt man zuerst in allgemeiner Form auf und bestimmt dann ihre Koeffizienten.

Eine ideale empirische Gleichung muß die experimentellen Befunde hinreichend genau darstellen und gleichzeitig einfach genug sein, d. h. so wenig Koeffizienten wie möglich enthalten. Natürlich gelingt nicht immer die Erfüllung dieser zwei im allgemeinen einander entgegengesetzten Bedingungen, man opfert daher oft entweder die Genauigkeit oder die Einfachheit der Gleichung.

Bis heute gibt es keine feststehenden Methoden, mit deren Hilfe man den Typ der rationellsten Gleichung für die Darstellung dieser oder jener experimentellen Befunde finden könnte. Eine weit verbreitete Methode besteht darin, daß man die Meßergebnisse graphisch in Form von Punkten darstellt[1]), sie durch eine glatte Kurve verbindet und dann auf Grund der persönlichen Erfahrung aus der Verteilung der Punkte und Kurven auf den Gleichungstyp schließt.

Die Kurve soll möglichst nahe an den gegebenen Punkten vorbeiführen und die Abweichungen müssen positiv und negativ ausfallen.

Sobald der Gleichungstyp gewählt ist, sind die Koeffizienten zu bestimmen. Die wahrscheinlichsten Werte der Koeffizienten findet man nach der Methode der kleinsten Quadrate. Diese Methode erfordert jedoch umfangreiche Rechnungen. Man verwendet sie daher nur dann, wenn eine sehr hohe Genauigkeit benötigt wird, und vor allem nur dann, wenn die Beobachtungen mit hinreichender Genauigkeit durchgeführt wurden.

Weitere einfachere, aber weniger genaue Methoden zur Bestimmung der Koeffizienten einer gegebenen Gleichung findet der Leser in den Büchern [399, 415, 464, 544].

Als einfachste funktionale Beziehung erweist sich die lineare Funktion

$$y = a + bx.$$

Diese Gleichung kann man unmittelbar dann anwenden, wenn die Beobachtungspunkte mit hinreichender Genauigkeit auf einer Geraden liegen. Jedoch kann man auch von einer beliebigen Gleichung, die stets die Form

$$\varphi(x, y) = a + bf(x, y)$$

erhalten kann, durch Einführung der neuen Variablen

$$v = \varphi(x, y); \quad u = f(x, y)$$

zu einer linearen Funktion

$$v = a + bu$$

übergehen.

1) Die Punkte soll man durch zwei kreuzende Striche markieren, einen horizontalen und einen vertikalen, und nicht durch kleine Kreise, da dies die Anschaulichkeit erhöht.

Dieses äußerst interessante „Linearisierungsverfahren“ findet beim Aufstellen empirischer Gleichungen sehr oft Verwendung. Wir betrachten die häufigsten Typen von empirischen Gleichungen an Hand von Beispielen.

Beispiel 1: Der barometrische Druck hängt bekanntlich in exponentieller Form von der Höhe ab:

$$p = ae^{bh}. \tag{9.17}$$

Wir bestimmen die Koeffizienten a und b aus den Beobachtungsergebnissen, die in Tabelle 181 angegeben sind. p bedeutet den Druck in mm Hg-Säule, h die Höhe über dem Meeresspiegel in m[1]).

Tabelle 181

n	h = x	p_{exp}	y = lg p	bh	p_{ber}	δ	Summe
1	0	760	2,8808	0,000	762	+ 2	[h] = 7881
2	270	737	2,8675	0,034	737	0	[h²] = 17623469
3	840	686	2,8363	0,106	685	- 1	[y] = 16,8597
4	1452	635	2,8028	0,183	635	0	[hy] = 21747,0827
5	2116	584	2,7664	0,267	583	- 1	
6	3203	508	2,7059	0,404	509	+ 1	

Lösung: Die Konstanten a und b bestimmt man am einfachsten durch Linearisierung der Gl. (9.17). Zu diesem Zweck logarithmieren wir (auf der Basis 10) beide Seiten von Gl. (9.17)

$$\lg p = \lg a + bMh \quad \text{mit} \quad M = \lg e = 0{,}43429$$

und setzen

$$y = \lg p; \quad x = h; \quad A_0 = \lg a; \quad A_1 = bM. \tag{9.18}$$

Dadurch ergibt sich die lineare Beziehung

$$y = A_0 + A_1 x$$

und die Aufgabe wird auf die Betrachtungen der Abschnitte 76 und 77 zurückgeführt.

Alle notwendigen Rechnungen sind in Tabelle 181 angegeben.

Wir setzen die Ergebnisse in das Normalsystem (9.9) ein und erhalten

$$\left.\begin{aligned} 6A_0 + 0{,}7881 \cdot 10^4 A_1 &= 16{,}8597; \\ 7881 A_0 + 1762{,}3 \cdot 10^4 A_1 &= 21747{,}1. \end{aligned}\right\}$$

Daraus folgt

$$A_1 = -0{,}5475 \cdot 10^{-4}; \quad A_0 = 2{,}8819.$$

1) Die Angaben für dieses Beispiel sind dem Buch [399, S. 69, Übung 8] entnommen.

Gemäß Gl. (9.18) finden wir somit

$$b = \frac{A_1}{M} = -0{,}1261 \cdot 10^{-3} \approx -0{,}126 \cdot 10^{-3}; \quad a = 761{,}9 \approx 762$$

und erhalten schließlich

$$p = 762 e^{-0{,}000126 h}.$$

Nach dieser Gleichung wurden in Tabelle 181 die Werte $p = p_{ber}$ berechnet und die Ergebnisse mit den Ausgangsangaben $p = p_{exp}$ verglichen.

Übung 1: Man wiederhole alle Rechnungen von Beispiel 1 und beachte, mit welcher Genauigkeit man die Zwischen- und Endangaben nehmen muß.

Auch die Gleichung

$$v = au^b \tag{9.19}$$

läßt sich mit Hilfe einer Logarithmierung

$$\lg v = \lg a + b \lg u$$

und der Substitution

$$y = \lg v; \quad x = \lg u$$

„linearisieren". Auf Grund dieser Ergebnisse gelangen wir zur folgenden Konsequenz: Liegen die Beobachtungsdaten u und v (die im (u, v)-Koordinatensystem sich nicht längs einer Geraden befinden) im Koordinatensystem

$$y = \lg v, \ x = u \quad \text{oder} \quad y = \lg v, \ x = \lg u$$

annähernd auf einer Geraden, so suchen wir eine empirische Gleichung der Form[1])

$$v = ae^{bu} \quad \text{oder} \quad v = au^b.$$

Bild 139, in dem die Schaubilder der Funktion $v = 0{,}476 e^{0{,}75u}$ in den Koordinatensystemen (u, v) und (u, lg v) dargestellt sind, erklärt alle obigen Darlegungen.

Wir betrachten noch zwei spezielle gebrochen-lineare Funktionen, mit deren Hilfe man öfters Beobachtungsdaten darstellt.

Die Funktion

$$v = \frac{1}{a + bu} \tag{9.20}$$

---

1) Zu diesem Zweck ist die Verwendung eines halblogarithmischen oder logarithmischen Papiers besonders geeignet, bei dem das Netz der Koordinatenlinien (in einer oder in beiden Achsenrichtungen) nach einer logarithmischen Skala angelegt ist. Auf einem solchen Papier besitzen die Beziehungen (9.17) und (9.19) unmittelbar in den Koordinaten u und v die Form von Geraden.

läßt sich auf die Form

$$\frac{1}{v} = a + bu$$

bringen. Zur „Linearisierung" verwendet man die Punkte (u; 1/v).

Eine andere Transformation, die ebenfalls zum Ziel führt, besteht in der Umformung der Gl. (9.20) auf die Form

$$av + b(uv) = 1$$

und der anschließenden Substitution

$$x = v; \quad y = uv.$$

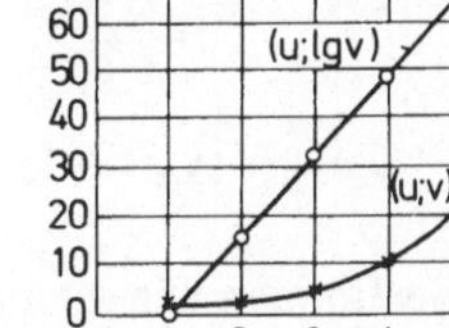

Bild 139

Die Gleichung

$$v = \frac{u}{a + bu} \qquad (9.21)$$

definiert eine Hyperbel mit Asymptoten parallel zu den Koordinatenachsen, die durch den Koordinatenursprung verläuft. Eine „Linearisierung" gewinnt man hier durch Transformation der Gleichung auf eine der drei folgenden Formen:

$$a + bu = \frac{u}{v}; \quad a\left(\frac{1}{u}\right) + b = \frac{1}{v}; \quad \frac{v}{u} = \frac{1}{a} - \frac{b}{a}v.$$

Die Wahl des einen oder anderen Verfahrens hängt von den konkreten Bedingungen des Problems ab. Gewöhnlich trachtet man jedoch, daß die Meßpunkte in den neuen Veränderlichen

$$\left(u; \frac{u}{v}\right) \text{ oder } \left(\frac{1}{u}; \frac{1}{v}\right) \text{ oder } \left(\frac{v}{u}; v\right)$$

nach Möglichkeit innerhalb eines kleinen Bereiches liegen und gleichmäßig längs einer Geraden verteilt sind.

Beispiel 2: Wir bestimmen die Brennweite einer Linse aus den in Tabelle 182 angeführten Beobachtungsergebnissen. d bedeutet den Objektabstand, f den Bildabstand.

Tabelle 182

n	d	f_{exp}	$y = \frac{d}{f}$	$A_1 d - 1$	f_{ber}	δ	Summe
1	40	39,82	1,005	1,002	39,92	+ 0,10	[d] = 600
2	50	33,27	1,503	1,503	33,27	0,00	
3	70	28,09	2,492	2,504	27,96	− 0,13	$\left[\frac{d}{f}\right] = 24{,}038$
4	100	24,92	4,013	4,006	24,96	+ 0,04	
5	140	23,40	5,983	6,008	23,30	− 0,10	
6	200	22,12	9,042	9,012	22,19	+ 0,07	

Lösung: Die Linsengleichung lautet bekanntlich

$$\frac{1}{f}+\frac{1}{d}=\frac{1}{F},$$

wobei F die Brennweite der Linse bedeutet. Diese Gleichung gehört daher zum Typ der Gl. (9.21).

Wir bringen die Linsengleichung auf die Form

$$\frac{d}{f}=-1+\frac{1}{F}d \quad \text{oder} \quad y=A_0+A_1x,$$

mit

$$x=d; \quad y=\frac{d}{f}; \quad A_0=-1; \quad A_1=\frac{1}{F}.$$

Nun bestimmen wir A_1 nach der Methode der kleinsten Quadrate. Zu diesem Zweck benötigt man nur die erste Gleichung von (9.9). Wir setzen darin $A_0=-1$. Alle notwendigen Berechnungen findet man in Tabelle 182. Aus den Ergebnissen erhalten wir (bei $n=6$)

$$-6+600\,A_1=24{,}038$$

und daraus $A_1=0{,}05006$, also $F=19{,}98$.

Die Beobachtungsdaten lassen sich folglich mit Hilfe der Gleichung

$$f=\frac{d}{A_1d-1}$$

beschreiben. Die nach dieser Gleichung bestimmten Werte $f=f_{ber}$ und die Abweichungen $\delta=f_{ber}-f_{exp}$ von den Beobachtungsergebnissen sind ebenfalls in Tabelle 182 angeführt und in Bild 140 dargestellt. Man erkennt, daß die Genauigkeit der Gleichung vollkommen hinreicht und man damit f für beliebige

$$40\leqslant d\leqslant 200$$

berechnen kann.

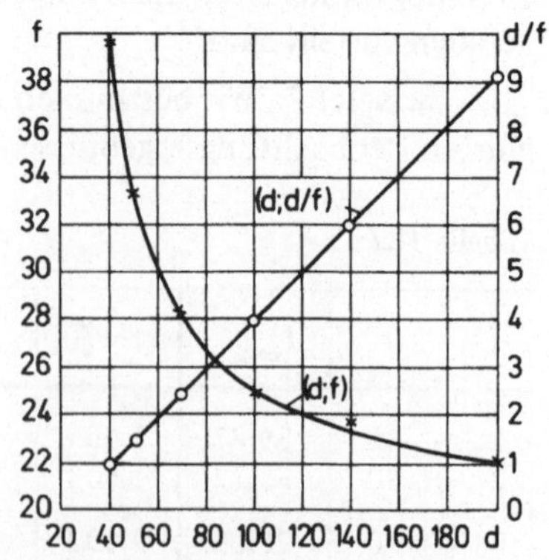

Bild 140

Unter den empirischen Gleichungen findet man oft Polynome, deren Koeffizienten man unmittelbar nach der Methode der kleinsten Quadrate bestimmen kann.

Bei der Konstruktion eines derartigen Polynoms ist man bestrebt mit möglichst wenig Gliedern (gewöhnlich zwei bis drei) auszukommen, da die Bestimmung einer größeren Anzahl von Koeffizienten meist mit einem beträchtlichen Rechenaufwand verbunden ist.

Beispiel 3: Die Geschwindigkeit eines Schiffes ergibt sich aus der Leistung seiner Maschine durch die empirische Gleichung

$$P = A_0 + A_3 v^3.$$

Dabei bezeichnet P die Leistung in PS und v die Geschwindigkeit in Knoten. Wir bestimmen die Koeffizienten A_0 und A_3 aus den Angaben in Tabelle 183.

Tabelle 183

n	v	v^3	v^4	P_{exp}	P_{ber}	δ	δ, %	Summe
1	6	216	1296	423	427	− 5	− 1,2	[v] = 49
2	8	512	4096	805	798	− 7	− 0,9	[v^3] = 5653
3	10	1000	10000	1378	1409	+ 31	+ 2,2	[v^4] = 64689
4	12	1728	20736	2357	2320	− 37	− 1,6	[P] = 7865
5	13	2197	28561	2893	2908	+ 15	+ 0,5	[vP] = 88705

Lösung: Es handelt sich hier um ein unvollständiges Polynom dritten Grades. Wir benötigen von dem Normalsystem (9.7) daher nur die zwei ersten Gleichungen und setzen darin $m = 3$, $A_1 = A_2 = 0$:

$$\left.\begin{aligned} nA_0 + [v^3]\,A_3 &= [P]; \\ [v]\,A_0 + [v^4]\,A_3 &= [vP]. \end{aligned}\right\}$$

Alle notwendigen Berechnungen sind in Tabelle 183 enthalten. Aus den Angaben in dieser Tabelle erhalten wir:

$$\left.\begin{aligned} 5A_0 + 5653\,A_3 &= 7865; \\ 49A_0 + 64689\,A_3 &= 88705 \end{aligned}\right\}$$

und daraus folgt

$$P = 157 + 1{,}252 v^3.$$

Aus dieser Gleichung finden wir $P = P_{ber}$ und können hierauf die absolute und die relative Größe der Unterschiede zwischen den berechneten und den experimentellen Werten berechnen:

$$\delta = P_{ber} - P_{exp}; \quad \delta\,\% = \frac{\delta}{P_{exp}}\,100\,\%.$$

Diese Werte sind ebenfalls in Tabelle 183 angeführt.

Wenn man annimmt, daß das gesuchte Polynom auch von Null verschiedene Koeffizienten A_1 und A_2 besitzt, so wird die Übereinstimmung der Ergebnisse wesentlich besser. Für praktische Zwecke ist die Genauigkeit in unserem Beispiel jedoch vollkommen hinreichend.

Übung 2: Aus den Angaben von Tabelle 183 bestimme man die Koeffizienten der exakteren empirischen Gleichung

$$P = A_0 + A_2 v^2 + A_3 v^3,$$

in der auch das Geschwindigkeitsquadrat berücksichtigt ist.

Unter allen empirischen Gleichungen haben wir nur die einfachsten betrachtet, in denen nur zwei unabhängige Parameter (die Koeffizienten dieser Gleichungen) eingehen. Auf Grund der Ergebnisse in den Abschnitten 76 und 77 kann der Leser selbst Gleichungen mit drei und mehr Parametern herleiten.

Empirische Gleichungen verwendet man in hohem Maße bei der Auswertung von Beobachtungsmaterial, das sich durch eine Funktion von einer einzigen unabhängigen Variablen beschreiben läßt. Wir wollen jedoch nochmals betonen, daß die Methode der kleinsten Quadrate nicht zur Festlegung des besten Typs der approximierenden Gleichung dient. Mit ihrer Hilfe findet man nur die besten Koeffizienten eines bereits gewählten Gleichungstyps. Für einen Satz von Beobachtungsdaten kann man daher im allgemeinen mehrere verschiedene empirische Gleichungen aufstellen.

Im Falle einer Funktion von mehreren unabhängigen Variablen wird das betrachtete Problem wesentlich komplizierter. Bis heute sind die damit verknüpften Fragen noch nahezu ungelöst. Im nächsten Abschnitt wenden wir uns kurz einem der möglichen Wege zur Approximation von Beobachtungsdaten im Falle einer Funktion von zwei unabhängigen Variablen zu, der auf der Verwendung von Widerstandspapier beruht.

79. Die Integration einer Funktion von zwei unabhängigen Variablen mit Hilfe einer Modellierung durch Widerstandspapier[1])

Die Integration einer Funktion mehrerer Variabler ist nicht nur deshalb schwieriger, weil alle Überlegungen und Berechnungen auf Grund des Vorhandenseins mehrerer variabler Größen mühevoller werden. Sie bietet darüber hinaus eine Reihe von grundsätzlichen Schwierigkeiten.

Die erste Schwierigkeit besteht darin, daß wir bei der Approximation einer Funktion von mehreren Variablen durch ein Polynom nicht willkürlich die Anzahl der Stützpunkte und den Grad des Polynoms vorgeben dürfen. Diese Größen stehen nämlich in einer festen Beziehung zueinander. Man überzeugt sich leicht von diesem Sachverhalt, wenn man die Approximation einer Funktion von zwei Variablen $z = f(x, y)$ bei gegebenen $(n + 1)$ Stützpunkten (x_0, y_0); $(x_1, y_1), \ldots, (x_n, y_n)$ betrachtet. Zur Interpolation dieser Funktion sucht man ein Polynom mit möglichst niedrigem Grad zu finden, das in den Stütz-

---

1) Dieser Abschnitt wurde zusammen mit *E. P. Grankin* geschrieben.

punkten die gegebenen Werte $z_0, z_1, \dots, z_n$ annimmt. Wir schreiben das Polynom in der Form

$$F(x, y) = a_{00} + a_{10}x + a_{01}y + a_{20}x^2 + a_{11}xy + a_{02}y^2 + \dots + a_{m,0}x^m + a_{m-1,1}x^{m-1}y + \dots + a_{0,m}y^m, \tag{9.22}$$

setzen die Koordinaten der Stützpunkte ein und setzen hierauf die linken Seiten den gegebenen Funktionswerten gleich. Damit ergibt sich ein System von $n + 1$ linearen Gleichungen zur Bestimmung der $1 + 2 + \dots + (m + 1) = (m + 1)(m + 2)/2$ Koeffizienten a_{ij}. Damit dieses System lösbar ist, muß gelten

$$n + 1 = \frac{(m + 1)(m + 2)}{2}. \tag{9.23}$$

Die zweite grundsätzliche Schwierigkeit liegt darin, daß bereits bei richtiger Wahl des Grades des Polynoms die Lage der Stützpunkte nicht mehr beliebig sein darf. Betrachten wir zum Beispiel die Determinante des Systems von algebraischen Gleichungen zur Bestimmung der Koeffizienten des Interpolationspolynoms im Falle einer Funktion von zwei unabhängigen Variablen. Für $n = 2$ und $n = 5$ lauten diese Determinanten:

$$\begin{vmatrix} 1 & x_0 & y_0 \\ 1 & x_1 & y_1 \\ 1 & x_2 & y_2 \end{vmatrix} \quad (n = 2); \qquad \begin{vmatrix} 1 & x_0 & y_0 & x_0^2 & x_0y_0 & y_0^2 \\ 1 & x_1 & y_1 & x_1^2 & x_1y_1 & y_1^2 \\ 1 & x_2 & y_2 & x_2^2 & x_2y_2 & y_2^2 \\ 1 & x_3 & y_3 & x_3^2 & x_3y_3 & y_3^2 \\ 1 & x_4 & y_4 & x_4^2 & x_4y_4 & y_4^2 \\ 1 & x_5 & y_5 & x_5^2 & x_5y_5 & y_5^2 \end{vmatrix} \quad (n = 5).$$

Die erste dieser Determinanten verschwindet, wenn die drei Stützpunkte auf einer Geraden liegen. Die zweite verschwindet, wenn die sechs Stützpunkte auf einer Kurve zweiter Ordnung liegen. Die Überprüfung, ob die Determinante verschwidet oder nicht, ist bei einer größeren Anzahl von Stützpunkten äußerst mühevoll.

Die dritte grundsätzliche Schwierigkeit entsteht bei der Abschätzung der Genauigkeit der Interpolation.

In diesem Abschnitt wollen wir eine sehr einfache Methode zur Integration von Funktionen mit zwei Veränderlichen mit Hilfe der Modellierung durch Widerstandspapier zeigen [493]. Diese Methode erlaubt eine rasche und hinreichend genaue Lösung der Integrationsaufgabe bei beliebiger Lage und beliebiger Anzahl der Stützpunkte.

In der (x, y)-Ebene seien $n + 1$ Stützpunkte $(x_0, y_0), (x_1, y_1), \dots, (x_n, y_n)$ gegeben. Die Werte der zu interpolierenden Funktion in diesen Punkten seien mit $z_0, z_1, \dots, z_n$ bezeichnet. Wir suchen eine Interpolationsfunktion in Form eines Polynoms

$$F(x, y) = z_0P_0(x, y) + z_1P_1(x, y) + \dots + z_nP_n(x, y), \tag{9.24}$$

wobei

$$P_i(x_j, y_j) = \begin{cases} 1 \text{ für } i = j, \\ 0 \text{ für } i \neq j; \end{cases} \quad i, j = 0, 1, 2, \dots, n.$$

Zur Modellierung des Problems schneiden wir aus Widerstandspapier einen Bereich aus, der dem Interpolationsbereich geometrisch ähnlich ist. In den Punkten, die den Stützpunkten entsprechen, bringen wir mit Hilfe einer Nadelschiene punktförmige Elektroden an und verbinden diese mit der Stromquelle des Integrators[1]). Mit Hilfe des Spannungsteilers des Integrators legen wir an diese Punkte Potentiale $\varphi_i = mz_i$, die proportional zu den gegebenen Funktionswerten in diesen Punkten sind.

Das Potentialfeld, das wir auf diese Weise erhalten, wird durch die Funktion

$$\varphi(x, y) = m[z_0\varphi_0(x, y) + z_1\varphi_1(x, y) + \ldots + z_n\varphi_n(x, y)] \tag{9.25}$$

beschrieben, wobei

$$\varphi_i(x_j, y_j) = \begin{cases} 1 \text{ für } i = j, \\ 0 \text{ für } i \neq j; \end{cases} \quad i, j = 0, 1, 2, \ldots, n$$

und $\Delta\varphi = \Delta\varphi_i = 0$ (Δ-*Laplace*-Operator).

Ein Vergleich der Ausdrücke (9.24) und (9.25) zeigt, daß bei der Lösung der betrachteten Aufgabe mit Hilfe von Widerstandspapier die Interpolation durch harmonische Polynome realisiert wird.

Wir messen nun an Hand des so konstruierten Modells die Potentiale in allen uns interessierenden Punkten. Auf diese Weise erhalten wir in diesen Punkten Näherungswerte für die zu interpolierende Funktion

$$f(x, y) = \frac{1}{m}\varphi(x, y) = z_0\varphi_0(x, y) + z_1\varphi_1(x, y) + \ldots + z_n\varphi_n(x, y). \tag{9.26}$$

Als Probebeispiel betrachten wir die Integration der Funktion

$$F(\theta, \alpha) = \int_0^\theta \frac{d\varphi}{\sqrt{1 - k^2\sin^2\varphi}}; \quad k = \sin\alpha, \tag{9.27}$$

d. h. eines elliptischen Integrals erster Art.

Die exakten Funktionswerte in den Stützpunkten sind in Tabelle 184 angegeben.

Tabelle 184

θ \ α	5°	40°	80°
10°	0,1745	0,1749	0,1754
30°	0,5238	0,5334	
50°	0,8734		

---

[1]) Nadelschienen wurden von *N. A. Tanura* vorgeschlagen, ihre Herstellung wird in [493, S. 143 und 152] beschrieben.

Zur Interpolation der Funktion schneiden wir aus Widerstandspapier ein rechtwinkliges Dreieck aus, dessen Katheten sich wie 75:40 verhalten, da nämlich $\alpha_{max} - \alpha_{min} = 75$ und $\theta_{max} - \theta_{min} = 40$. Nun bringen wir in den Punkten, die den Stützpunkten entsprechen punktförmige Elektroden an und versehen diese mit Hilfe des Spannungsteilers mit Potentialen, die proportional den Funktionswerten $F(\theta, \alpha)$ sind. Alle Messungen werden in Prozenten der Potentialdifferenz der Integratorstromquelle durchgeführt. Als Maßstabsfaktor m in Gl. (9.25) wählen wir eine Einheit (m = 1).

Die Meßergebnisse sind in Tabelle 185 angegeben, wo auch die Resultate der Elektromodellierung F_{em} mit den exakten Werten F_{ex} verglichen werden. Zur besseren Übersicht sind die gegebenen Werte von $F(\theta, \alpha)$ in den Stützpunkten halbfett gedruckt. Die Elektromodellierung zur Integration von Funktion zweier Variabler sichert daher bei großer Anzahl von Stützpunkten eine Genauigkeit, die für die Lösung zahlreicher Aufgaben der Praxis hinreicht.

Tabelle 185

θ \ α		5°	20°	40°	50°	80°
10°	F_{ex}	**0,1745**	0,1746	**0,1749**	0,1751	**0,1754**
	F_{em}	**0,174**	0,175	**0,175**	0,175	**0,175**
20°	F_{ex}	0,3491	0,3499	0,3520	0,3533	
	F_{em}	0,349	0,351	0,353	0,354	
30°	F_{ex}	**0,5238**	0,5263	**0,5334**		
	F_{em}	**0,524**	0,527	**0,533**		
40°	F_{ex}	0,6985	0,7043			
	F_{em}	0,701	0,703			
50°	F_{ex}	**0,8734**				
	F_{em}	**0,873**				

Nimmt man zu dieser Methode der Interpolation von Funktionen zweier Variabler noch die Extrapolation über den Interpolationsbereich hinaus hinzu, so erlaubt die Modellierung durch Widerstandspapier die Lösung wichtiger Probleme der Praxis, zu denen zum Beispiel auch Probleme der Wirtschaftsstatistik gehören. So ein Problem der Wirtschaftsstatistik wäre etwa die Vorhersage des Warenverbrauches der Bevölkerung in Abhängigkeit von verschiedenen Faktoren: dem Marktpreis, dem Bevölkerungseinkommen, dem Bevölkerungswachstum u.a.m. Es handelt sich dabei um sehr wichtige Fragen der Volkswirtschaft.

Die bestehenden Vorhersagemethoden beruhen auf dem Ausgleich einer Reihe von empirischen Werten und der anschließenden Extrapolation über den Bereich der empirischen Werte hinaus. Eine der am häufigsten dabei verwendeten Methoden ist die Methode der kleinsten Quadrate. Der wichtigste Punkt ist dabei die Wahl der richtigen Interpolationsgleichung. Obwohl sehr viele Standardfunktionen zur Verfügung stehen, findet man die beste Gleichung doch meist erst nach einigen Versuchen.

Wir betrachten eine sehr einfache und wirkungsvolle Methode zur Vorhersage der Nachfrage an verschiedenen Waren durch die Bevölkerung bei Berücksichtigung von zwei Faktoren, dem Marktpreis und dem Bevölkerungseinkommen. Natürlich hängt der Verbrauch von wesentlich mehr Faktoren ab. Jedoch besitzen diese beiden Faktoren erstens den größten Einfluß, und eine Reihe von weiteren Faktoren läßt sich zweitens bei der Prognose von Preis und Einkommen mit berücksichtigen.

Zur Lösung des Vorhersageproblems bietet sich uns die Methode der Inter- und Extrapolation durch Modellierung mit Widerstandspapier an. Die gewählte Funktion wird dabei über den Interpolationsbereich der empirischen Werte hinaus extrapoliert. Gültige Werte für die zu extrapolierende Funktion erhält man, indem man erstens den Bereich richtig erweitert und indem man zweitens, ausgehend von wirtschaftlichen Überlegungen, auf dem Rand des erweiterten Bereichs die Werte der zu interpolierenden Funktion vorgeben kann.

Bei der Modellierung des Problems der Vorhersage von Warenabsatz in Abhängigkeit vom Marktpreis z und dem Einkommen x verwenden wir in der (x, y)-Ebene die Abszissenachse als x-Achse und die Ordinatenachse als z-Achse. Der Absatz y ist dann eine Funktion von zwei Veränderlichen

$$y = f(x, z). \tag{9.28}$$

Wir setzen voraus, daß uns Preise und Einkommen durch eine Reihe von Jahren hindurch bekannt sind. Es seien also die Werte y_i in einer Reihe von Stützpunkten (x_1, z_1) $(x_2, z_2), \ldots, (x_n, z_n)$ bekannt. Wegen $x \geqslant 0$ und $z \geqslant 0$ kommt als Ausdehnungsbereich nur der erste Quadrant in Frage. $x = y = 0$ bedeutet keine Nachfrage beim Einkommen 0.

Zur Modellierung des Problems schneiden wir aus Widerstandspapier einen Viertelkreis von hinreichend großem Radius aus. Nach Wahl der Maßeinheiten auf der x- und z-Achse bestimmen wir die den Stützpunkten entsprechenden Punkte auf dem Widerstandspapier, in denen mittels Nadelschienen die Potentiale $\varphi_i = my_i$ anzulegen sind. Längs $x = 0$ legen wir eine Klemmschiene mit dem Potential $\varphi = 0$.

Eine Warenkategorie wird von den dauernd gebrauchten Waren gebildet. Für diese Waren ist charakteristisch, daß ihr Absatz einen Sättigungspunkt erreichen kann, d. h. es existiert ein Grenzwert, gegen den der Absatz im Laufe der Zeit strebt.

Bei hinreichend kleinem noch von Null verschiedenem Preis erreicht der Absatz von dauernd gebrauchten Waren einen Sättigungswert. Wir setzen also $y = y_s$ bei $z = 0$.

Bei der Modellierung des Problems des Absatzes von dauernd gebrauchten Waren legen wir also an die x-Achse eine metallische Schiene mit verstellbarem Potential. Zur Extrapolation der Absatzfunktion müssen wir auf dieser Schiene das entsprechende Potential einstellen.

Wir dürfen annehmen, daß uns die Preis- und Einkommensprognosen für die nächsten Jahre bekannt sind. Es sind uns also die Stützpunkte (x_{n+1}, z_{n+1}), (x_{n+2}, z_{n+2}), $\ldots, (x_m, z_m)$ bekannt. Zur Bestimmung des Potentials auf der x-Achse wissen wir nur (x_{n+1}, z_{n+1}). Wir gleichen nun die empirischen Werte aus und extrapolieren linear auf den Absatz im $(n+1)$-ten Jahr. Hierauf belegen wir die x-Achse mit einem Potential so, daß wir im Punkt (x_{n+1}, z_{n+1}) den extrapolierten Wert my erhalten. Das Potential φ/m liefert dann auf der x-Achse den Wert y_s. Im Bereich $x > x_n$ mißt man dann die Werte $\varphi(x, z) = mf(x, z)$ und gelangt so zu einer entsprechenden Tabelle mit zwei Eingängen.

Mit Hilfe der Elektromodellierung gewinnt man auch die Koeffizienten der Preis- und Einkommenselastizität

$$k_x = \frac{x}{y} \cdot \frac{\partial y}{\partial x}, \qquad k_z = \frac{z}{y} \cdot \frac{\partial y}{\partial z}. \tag{9.29}$$

Man formuliert diese dazu mit Hilfe von endlichen Differenzen.

In Tabelle 186 findet man die Absatzprognosen für einige Waren in der UdSSR, die mittels Elektromodellierung durch Widerstandspapier gewonnen wurden. Die Angaben stimmen mit den Ergebnissen überein, die nach der Methode der kleinsten Quadrate erzielt wurden.

Die Elektromodellierung dient auch zur Lösung von Vorhersageproblemen bezüglich Waren ohne Sättigungspunkt, zu welchen die meisten Lebensmittel gehören. Charakteristisch dafür ist das Anwachsen der Nachfrage bei niedrigem Preis.

Tabelle 186

Index	Jahr				
	1966	1967	1968	1969	1970
Nähmaschinen*)					
y_{em}	53,9	55,2	56,4	57,6	58,4
y_{ex}	53,8	55,7	57,4	59,2	60,9
Motorräder*)					
y_{em}	6,4	6,8	7,1	7,4	7,6
y_{ex}	6,4	6,8	7,3	7,8	8,3

*) in 100 Stück

Die Methode zur Vorhersage bei solchen Waren bleibt dieselbe wie bei den dauernd gebrauchten Waren. Die Grenzbedingung längs der x-Achse ändert sich jedoch. In den meisten Fällen nimmt bei kleinen Preisen der Absatz logarithmisch zu. Längs der x-Achse ändert sich also das Potential längs einer logarithmischen Kurve.

Wir bemerken noch, daß eine scharfe Abweichung des Absatzes in einer Reihe von empirischen Werten die Vorhersageergebnisse bei der Elektromodellierung nicht sonderlich beeinflußt, da eine Mittelung über die Papierfläche solche Abweichungen kompensiert. Die allgemeine Gesetzmäßigkeit in der Absatzentwicklung kommt daher trotzdem zum Ausdruck.

Übungen zu Kapitel 9

Die folgenden Übungen befassen sich mit der Berechnung der Koeffizienten von empirischen Gleichungen nach der Methode der kleinsten Quadrate. Bei einem Teil der Aufgaben ist der Gleichungstyp gegeben. Bei den restlichen Aufgaben wird die Wahl der

Gleichungen dem Leser überlassen[1]). Die Durchführung dieser Übungen ist mit der Konstruktion eines Schaubildes zu beginnen. Sobald alle Punkte aufgetragen und durch eine glatte Kurve verbunden sind, ist zu überprüfen, ob es sich um eine lineare oder eine quadratische Funktion handelt.

Zur Überprüfung der Ergebnisse verwendet man am besten ein durchsichtiges Lineal oder Dreieck, auf dem man mit einer Nadel eine dünne gerade Linie ritzt und diese mit Hilfe eines Anilinfarbgriffels schwarz oder blau färbt. Indem man das Lineal (mit dem Strich auf der Unterseite) entsprechend verschiebt, überprüft man, ob sich nicht eine Gerade so bestimmen läßt, daß alle gegebenen Punkte nahe genug an ihr liegen. Wenn sich eine solche Gerade nicht finden läßt, so nimmt man eine Parabel

$$y = A_0 + A_1x + A_2x^2.$$

Zu diesem Zweck ist es günstig, wenn man sich schon vorher auf Pauspapier eine einparametrige Schar von Parabeln $y = px^2$ zeichnet. Auf diese Form läßt sich durch eine Koordinatentransformation jede quadratische Parabel $y = A_0 + A_1x + A_2x^2$ bringen.

Wenn auch hier die Ergebnisse nicht befriedigen, so muß man Parabeln höheren Grades heranziehen und hierauf die Beobachtungsdaten u und v der Reihe nach in den Koordinaten $(x = u,\ y = \lg v)$, $(x = \lg u,\ y = \lg v)$, $(x = u,\ y = 1/v)$ und $(x = u, y = u/v)$ betrachten.

Sobald die Gleichung aufgestellt ist, soll man unbedingt mit ihrer Hilfe die entsprechenden Funktionswerte berechnen und mit experimentell gegebenen Werten vergleichen.

1. Aus den unten angegebenen Beobachtungsdaten konstruiere man eine lineare Funktion $y = A_0 + A_1x$. Hierauf berechne man die Werte dieser Funktion (außer in den Stützpunkten) in den Punkten $x = 0{,}750$; $x = 1{,}000$; $x = 1{,}673$ und $x = 1{,}894$.

x	0,6	0,8	1,1	1,4	1,8	2,0
y_{exp}	0,194	0,604	1,213	1,789	2,615	2,983

2. Man konstruiere eine quadratische Funktion $y = A_0 + A_1x + A_2x^2$ und berechne ihre Werte (außer in den Stützpunkten) in den Punkten $x = 0$; $x = 0{,}378$; $x = 0{,}521$ und $x = -0{,}435$.

x	- 0,5	- 0,3	- 0,1	0,2	0,6	0,8	1,0
y_{exp}	3,241	2,563	2,138	1,914	2,514	3,149	3,985

[1]) Die Aufgabe 3 ist dem Buch [415, Kapitel XVI] entnommen, die Aufgaben 5, 6, 7, 8 und 12 stammen aus dem Buch [399, S. 13 und 70–74]. Die Aufgaben 9 und 14 sind den folgenden Materialsammlungen entnommen: „Sozialistische und kapitalistische Länder in Ziffern“, Staatsverlag, M., 1957, „50 Jahre Sowjetländer“ in „Statistika“, M., 1967, „UdSSR im Jahre 1966 in Ziffern“ aus „Statistika“, M., 1967; „Weltwirtschaft. Ein kurzes Handbuch“ aus „Ökonomika“, M., 1967, „Prawda“ vom 25. Jan. 1968.

3. Temperaturkoeffizient. R Widerstand eines Drahtes in Ohm, t Temperatur in °C; $R = a + bt$.

t	19,1	25,0	30,1	36,0	40,0	45,1	50,0
R	76,30	77,80	79,75	80,80	82,35	83,90	85,10

Antwort: $a = 70{,}76$; $b = 0{,}288$.

4. Die Brennweite einer Linse. d Gegenstandsweite in mm, f Bildweite; $f = 1/(ad - 1)$.

d	70	100	120	140	180	230	250
f	11,64	11,02	10,98	10,69	10,53	10,46	10,39

Antwort: $a = 1/F = 0{,}1002$.

5. Magnetische Hysteresekurve von Eisen. H Feldstärke im Ampere/Meter, B magnetische Induktion in 10^{-1} Tesla; $B = H/(a + bH)$.

H	800	1000	1500	2000	3000	4000	6000	8000
B	13,0	14,0	15,4	16,3	17,2	17,8	18,5	18,8

6. Pendelschwingung. A Amplitude in cm, t Zeitdauer in s; $y = ae^{bx}$.

t	0	1	2	4	6	8	10
A	10,00	7,42	5,50	2,99	1,66	0,89	0,50

7. Die Löslichkeit von unverdünntem Chlorammoniak. S Menge des Salzes in Gramm, die in 100 g Wasser bei der absoluten Temperatur T gelöst ist; $y = ax^b$.

T	273	283	288	293	313	333	353	373
S	29,4	33,3	35,2	37,2	45,8	55,2	65,6	77,3

8. Ausdehnung von Quecksilber. γ-Ausdehnungskoeffizient des Quecksilbers im Bereich von 0 °C bis t °C; $y = A_0 + A_1x + A_2x^2$.

t	0	100	150	200	250	300	360
$\gamma \cdot 10^3$	0,18179	0,18216	0,18261	0,18323	0,18403	0,18500	0,18641

9. Bevölkerung der Erde. N Bevölkerung in Millionen Menschen, T Jahr. Die Gleichung $N = A_0 + A_1t + A_2t^2$ mit $t = T - 1650$ liefert eine Abweichung bis zu 15 %. Bessere Ergebnisse ergibt die Gleichung $\lg N = A_0 + A_1t + A_2t^2$.

T	1650	1750	1800	1850	1900	1940	1950	1960	1965[1]
N	545	728	906	1171	1608	2252	2508	3010	3250

Aus der gefundenen Gleichung berechne man N für 1970 und 1975.

1) Schätzung zu Beginn des Jahres.

10. Der Fall eines Körpers (mit Anfangsgeschwindigkeit). s Abstand in Zentimeter, den der Körper nach t Sekunden besitzt.

t	0,0	0,1	0,2	0,3	0,4	0,5	0,6	0,7
s	0,0	5,8	21,7	47,0	82,6	127,5	182,7	247,1

11. Die Geschwindigkeit eines Schiffes. P Leistung in PS, v Geschwindigkeit in Knoten.

v	8	10	12	14	16	17	18
P	1000	1890	3260	5370	8970	11400	15600

12. „Alter" einer Glühlampe. S Leuchtstärke in Candela nach einer Brenndauer von t Stunden.

t	0	250	500	750	1000	1250	1500
S	24,0	17,6	16,5	15,8	15,3	14,9	14,5

13. Die Masse g eines „mittleren" Mannes in kg als Funktion seines Wuchses S in cm

S	150	160	165	170	175	180
g	50	60	65	70	75	80

14. Wirtschaftswachstum in der UdSSR.

Index	1913	1928	1937	1940	1950	1955	1960	1965	1967
Elektroenergie (Milliarden KWh)	1,9	5,0	36,2	48,3	91,2	170,1	292	507	589
Kohle (Mrd. t)	29,1	35,5	128,0	165,9	261,1	391,0	510	578	595
Erdöl (Mio. t)	10,3	11,6	28,5	31,1	37,9	70,8	148	242,9	288
Gas (Mrd. m^3)	0,02	0,3	2,2	3,4	5,8	9,0	47,2	129,3	159
Stahl (Mio. t)	4,3	4,3	17,7	18,3	27,3	45,3	65,3	91,0	102,2
Zement (Mio. t)	1,8	1,8	5,5	5,7	10,2	22,5	45,5	72,4	84,8
Synthetische Stoffe und Plastik (Tsd. t)	–	–	–	11	–	–	312	801	1112
Wollwaren (Mio. m^2)	138	–	–	152	–	–	439	466	547
(Mio. Laufmeter)	108	86,8	108,3	120	155,2	251,0	342	365	–
Baumwollgewebe (Mrd. m^2)	1,82	–	2,6	2,70	3,0	4,6	4,84	5,50	5,92
(Mrd. Laufmeter)	2,67	2,7	3,4	3,95	3,95	5,9	6,39	7,08	–
Lederschuhwerk (Mio. Paare)	60	58	183	211	203	271	419	486	561

Kapitel 10. Elemente der Nomographie

In diesem Kapitel befassen wir uns mit einer grundlegenden Einführung in die Theorie der Nomographie, sowie mit einfachen Methoden zur Konstruktion von Nomogrammen aus Doppelskalen, Nomogrammen aus Ausgleichspunkten, Netznomogrammen, Nomogrammen mit binären Polen und komplizierter zusammengesetzten Nomogrammen.

Die Betrachtung jedes einzelnen Typs von Nomogrammen wird durch eine Auswahl von Beispielen begleitet und endet mit Übungen, die zur Beherrschung des Lehrstoffes nötig sind. Wir beschränken uns dabei auf die am häufigsten vorkommenden Typen von Nomogrammen. Dem Leser, der sich für dieses in der Anwendung äußerst nützliche Teilgebiet der numerischen Mathematik interessiert, empfehlen wir die Bücher [61, 62, 102, 291, 326, 327, 500].

80. Nomogramme und ihr Verwendungszweck

Wir betrachten Bild 141, in dem drei Punktreihen dargestellt sind. Die Punkte liegen längs Geraden und sind durch Nummern gekennzeichnet. Die äußeren Reihen tragen die Bezeichnung „Faktor u“ bzw. „Faktor v“, die mittlere Reihe trägt die Bezeichnung „Produkt w“. Welche Beziehung besteht zwischen der betrachteten Zeichnung und dem Produkt von Zahlen?

Für eine Antwort auf diese Frage verbinden wir die Zahlen 5 und 4 der Reihen u und v durch eine Gerade. Diese im Bild gestrichelt eingetragene Gerade geht durch den Punkt 20 der Reihe w. Wir haben somit, ohne eine Multiplikation durchzuführen, das Produkt $4 \cdot 5 = 20$ gefunden.

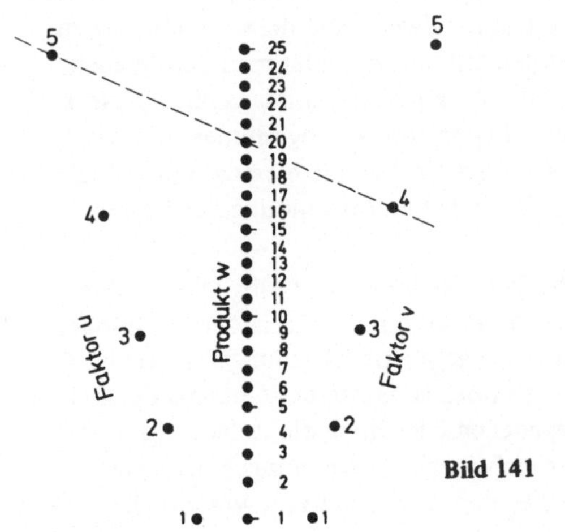

Bild 141

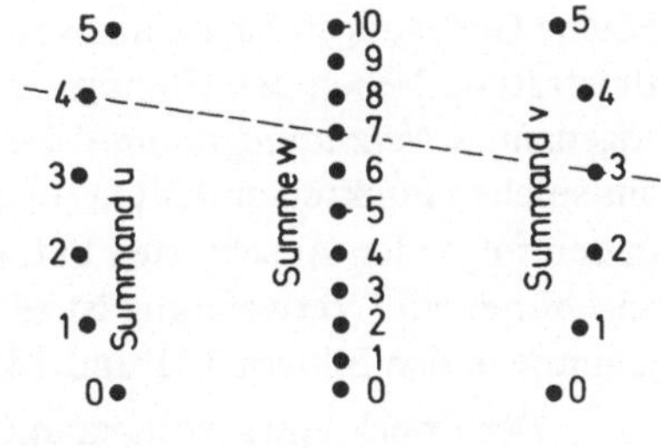

Bild 142

Wir überzeugen uns durch Wiederholung dieses Versuchs mit anderen Zahlen, daß der in der mittleren Reihe markierte Punkt stets das Produkt der durch eine Gerade verbundenen Punkte auf den äußeren Reihen liefert.

Eine derartige Zeichnung bezeichnet man als Nomogramm für das Produkt zweier ganzer Zahlen $u \cdot v = w$, wobei u und v die Faktoren und w das Produkt ist.

Das gegebene Nomogramm gehört zu denen, die man als *Nomogramme aus Ausgleichspunkten* bezeichnet. Die Bezeichnung rührt daher, daß jedes Punktetripel u, v, w, das der nomographierten Gleichung $u \cdot v = w$ genügt, auf einer Geraden liegt, d. h. die diesen Zahlen entsprechenden Punkte sind ausgeglichen.

In Bild 142 ist noch ein Nomogramm aus Ausgleichspunkten dargestellt, mit dessen Hilfe man die Addition von zwei Zahlen durchführen kann. Dieses Nomogramm besitzt dieselbe Eigenschaft wie das frühere: Verbindet man zwei beliebige Zahlen u und v durch eine Gerade, so schneidet diese die mittlere Reihe in dem Punkt, der der Summe der Zahlen u und v entspricht. So liefert zum Beispiel die punktierte Gerade die Summe $4 + 3 = 7$. Bild 142 stellt somit ein Nomogramm für die Summe zweier Summanden $u + v = w$ dar.

Mit Hilfe der Nomogramme 141 und 142 lassen sich auch die inversen Operationen durchführen. Wählen wir zum Beispiel in Nomogramm 142 in der Skala w den Diminuenden, in der Skala u den Subtrahenden, so liefert die Skala v die Differenz:

$$v = w - u.$$

Nomogramme sind somit als graphische Darstellung eines funktionalen Zusammenhangs zu betrachten, der durch eine gegebene Gleichung beschrieben wird.

Das Wort Nomogramm stammt aus dem Griechischen ($\nu o \mu o \sigma$ – das Gesetz, $\gamma \rho \alpha \varphi \omega$ – die Schrift, das Bild) und bedeutet die Darstellung eines Gesetzes oder einer Gleichung, die ein Gesetz definiert.

Wir haben nur zwei einfache Beispiele von Nomogrammen betrachtet, mit deren Hilfe sich alle vier arithmetische Operationen durchführen lassen. Nach demselben Prinzip lassen sich auch Nomogramme für erheblich kompliziertere Gleichungen konstruieren. Solche Gleichungen haben dann auch einen praktischen Zweck und dienen nicht nur zur Illustration. Neben den Nomogrammen aus Ausgleichspunkten findet man häufig auch sogenannte *Netznomogramme,* die nicht alle Markierungspunkte, sondern nur ein Netz aus solchen Punkten enthalten, und einige andere Typen von Nomogrammen, die wir in den folgenden Abschnitten betrachten wollen. Welchem Typ die Nomogramme auch angehören, ihre Verwendung ist stets ebenso einfach wie die Verwendung der Nomogramme in den Bildern 141 und 142.

Der Zweck eines Nomogramms liegt in der Bereitstellung einer Möglichkeit, den Wert einer Veränderlichen ohne Rechnung aus den bekannten Werten anderer Veränderlicher zu finden, wobei alle Veränderlichen durch die gegebene Gleichung in Beziehung stehen. Man wird daher jedes Nomogramm eher als Spezialinstrument denn als Zeichnung betrachten, das zur Rechnung nach einer vorgegebenen Gleichung dient. Nomogramme sind daher bei der Durchführung umfangreicher technischer Berechnungen nach stets derselben Gleichung sehr wirkungsvoll. Ein Rechenstab ist ebenfalls im wesentlichen ein Nomogramm mit beweglicher Skala.

Für jede Gleichung lassen sich viele nach Typ und Aussehen verschiedene Nomogramme konstruieren. Das beste darunter ist jenes, das bei minimalen Dimensionen die größte Genauigkeit bietet. Darüber hinaus bestimmt die Güte eines Nomogramms auch der Umstand, wie bequem man damit rechnen kann. Mit Hilfe eines guten Nomogramms kann man zwei, drei und mehr bedeutsame Ziffern finden. Oft ersetzt ein Nomogramm eine umfangreiche Tabelle von einigen zehn Seiten.

Die Nomographie erhielt als mathematische Disziplin ihre Selbständigkeit im Jahre 1890. Beim damaligen internationalen Kongreß in Paris gab man ihr auch diesen Namen. Zu bemerken ist jedoch, daß man einzelne Nomogramme schon viel früher konstruiert hat, etwa ab dem vierzehnten Jahrhundert. Dies waren allerdings mehr oder weniger einzelne Versuche, die keine theoretische Ausarbeitung und keine Allgemeinheit beinhalteten.

Die erste systematische Untersuchung zur Theorie der Netznomogramme verdankt man dem französischen Ingenieur *L. Lallanne* (1840–1845), der in seinem Werk [599] die eigenen Ergebnisse verallgemeinerte. Die Theorie der Nomogramme aus Ausgleichspunkten verdankt ihre systematische Ausarbeitung dem französischen Mathematiker *M. Ocagne.* Man findet ihre Darstellung in der Arbeit [609] und in zahlreichen anderen Veröffentlichungen.

Ihre rascheste Entwicklung erfuhr die Nomographie in den zwanziger Jahren. Ihren jetzigen Stand und ihre Verbreitung verdankt sie in hohem Maße den sowjetischen Wissenschaftlern *A. K. Wlasow, N. M. Gersewanow, N. A. Glagolew, I. A. Wilner, I. I. Denisjuk, M. W. Pentkowski, G. S. Chowanski* und vielen anderen.

Nach diesen vorbereitenden Bemerkungen gehen wir zur Konstruktion von Skalen über, die das Hauptelement der meisten Nomogramme darstellen.

81. Die Funktionalskala

Wir betrachten eine Funktion von einer Variablen, die im Intervall $[x_0, x_n]$ durch

$$y(x) = m[f(x) - f(x_0)], \quad x_0 \leqslant x \leqslant x_n \tag{10.1}$$

gegeben sei, wobei m eine vorerst willkürliche konstante Zahl bedeutet.

Wir setzen voraus, daß die betrachtete Funktion im Intervall $[x_0, x_n]$ eindeutig, stetig und monoton ist, und berechnen nach Gl. (10.1) die Reihe der Funktionswerte

$$y_0 = y(x_0),\; y_1 = y(x_1), \dots, y_n = y(x_n).$$

Diese Werte deuten wir längs einer gewissen Kurve durch kurze senkrecht zueinander stehende Striche an. Neben die Markierungen schreiben wir die entsprechenden Argumentwerte und nicht die Funktionswerte (Bild 143).

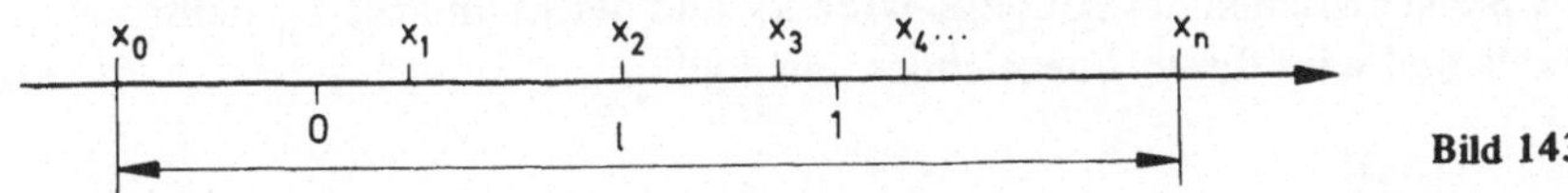

Bild 143

Die so konstruierte Skala bezeichnet man als *Funktionalskala*, die Zahl m heißt *Maßstab* oder *Modul*, die Kurve, längs der wir die Markierungen vorgenommen haben, heißt *Skalenträgerin*.

Die Gesamtheit der Punkte in den Bildern 141 und 142 stellen im wesentlichen für diese Nomogramme ebenfalls Skalen dar, die für ganze Zahlen konstruiert wurden. In Bild 143 ist die Skalenträgerin eine Gerade. Dies ist jedoch nicht Bedingung. Man verwendet sehr oft auch Nomogramme mit krummlinigen Skalen.

Eine *Funktionalskala* ist somit ein graphisches Bild einer Funktion von einer Veränderlichen. Wie schon erwähnt, unterscheidet man dabei *geradlinige* und *krummlinige Funktionalskalen*. Darüber hinaus unterscheidet man noch *gleichmäßige* und *ungleichmäßige*.

Eine gleichmäßige Skala ist dadurch gekennzeichnet, daß bei ihr die Längen der Strecken proportional zu den Zahlen sind, die an der Skala auftreten (Beispiel: die Millimeterskala eines Meßstabes oder die Skala der Gradeinteilung eines Kreises).

Alle anderen Skalen heißen ungleichmäßig.

Die Gleichung einer krummlinigen Skala gibt man oft in Parameterform an:

$$\begin{aligned} x &= m_1[f(t) - f(t_0)], \\ y &= m_2[f(t) - f(t_0)], \quad t_0 \leqslant t \leqslant t_n, \end{aligned} \tag{10.2}$$

t bedeutet dabei den Parameter der Skala.

In diesem und den folgenden zwei Abschnitten beschränken wir uns auf die Betrachtung von geradlinigen Skalen. Krummlinigen Skalen wenden wir uns ausführlich in Abschnitt 84 zu.

Jeder Punkt (Strich) einer Funktionalskala, der einem gegebenen Argumentwert entspricht, heißt *markiert*, der entsprechende Argumentwert heißt *Marke*.

Nun sind wir in der Lage, genau zu definieren: *Eine Funktionalskala ist der geometrische Ort aller markierten Punkte, die einzelne feste Werte einer Funktion und ihres Arguments darstellen*.

Die Gl. (10.1) heißt *Skalengleichung*. Die Werte des Arguments wählt man gewöhnlich so, daß die Abstände voneinander konstant bleiben. Der Abstand zwischen zwei Strichen (d. h. die Länge eines Skalenteils) heißt *graphisches Intervall*, die Differenz zwischen der Anfangs- und der Endmarke eines graphischen Intervalls heißt *Wert* (eines Skalenteils). Bei einer gleichmäßigen Skala sind die Werte der einzelnen Skalenteile konstant. Zur bequemen Handhabung einer Skala nimmt man gewöhnlich ein graphisches Intervall nicht kleiner als 0,5 mm und nicht größer als 5 mm. Bei einer richtig gestalteten Skala werden nur jene Marken angeschrieben, die runden Argumentwerten entsprechen. Striche ohne Inschrift bezeichnet man als *stumm*. Stumme Striche unterteilen ein Grundintervall, d. h. ein Intervall zwischen zwei Marken, in eine entsprechende Anzahl von gleichen Teilen. Auf diese Weise lassen sich die Markenwerte der stummen Striche leicht ermitteln.

Der Teil der Skala zwischen der Anfangsmarke x_0 und der Endmarke x_n heißt *Arbeitsteil* der Skala und wird durch l bezeichnet. Für l gilt

$$l = m[f(x_n) - f(x_0)].$$

Der Maßstab einer geradlinigen Skala ist dann

$$m = \frac{l}{f(x_n) - f(x_0)}. \qquad (10.3)$$

Für jede eindeutige und stetige Funktion $f(x)$ kann man innerhalb ihres Monotoniebereichs eine Funktionalskala mit vorgegebenen Endmarken x_0 und x_n und vorgegebenem Arbeitsteil l konstruieren.

Wir betrachten nun einige der bekanntesten Funktionalskalen.

Die logarithmische Skala. Die Konstruktion einer logarithmischen Skala erklären wir am besten an Hand eines Beispiels.

Beispiel 1: Wir konstruieren eine geradlinige Funktionalskala für die Funktion

$$f(x) = \lg x.$$

Die Schrittweite des Arguments sei 0,1. Als Ausgangsdaten dienen: $l = 53{,}5$ mm, $x_0 = 2$, $x_n = 6$.

Lösung: In unserem Beispiel gilt

$$f(x) - f(x_0) = \lg x - \lg 2 = \lg \frac{x}{2}; \quad m = \frac{53{,}5}{\lg 3} = \frac{53{,}5}{0{,}4771} = 112{,}14.$$

Die Gl. (10.1) zur Berechnung der Skala lautet hier

$$y = m \lg \frac{x}{2},$$

wobei wir y in Millimetern erhalten.

Die Berechnungen für ein Grundintervall sind in Tabelle 187 angegeben. Mit den Ergebnissen sind in Bild 144 die entsprechenden Punkte markiert.

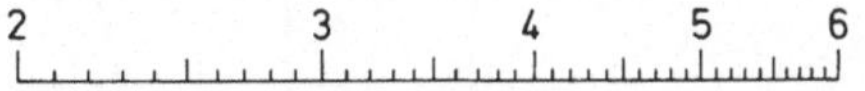

2 3 4 5 6

Bild 144

Tabelle 187

x	2,0	2,5	3,0	3,5	4,0	4,5	5,0	5,5	6,0
$f(x) - f(x_0)$	0,0000	0,0969	0,1761	0,2430	0,3010	0,3522	0,3979	0,4398	0,4771
y, mm	0,0	10,9	19,7	27,3	33,8	39,5	44,6	49,3	53,5

Falls das Grundintervall in zehn Teile unterteilt wird, zeichnet man den fünften Strich meist etwas länger und markiert ihn zur besseren Orientierung manchmal noch durch einen Punkt.

Die stummen Striche finden wir mit Hilfe der quadratischen graphischen Interpolation [102]. Bei äquidistanten Argumentwerten $x_0, x_1, x_2, \dots, x_n$ (wie in diesem Beispiel) wird die graphische Interpolation so durchgeführt: Wir unterteilen zuerst das gegebene Intervall in die geforderte Anzahl von Teilen und verschieben hierauf die Teilungsstriche in Richtung kleinerer Länge der Teilintervalle, wobei die Größe der Verschiebung von der Anzahl der schon korrigierten Teilintervalle abhängt.

Bei der Unterteilung des Grundintervalls in zwei Teile verschieben wir zum Beispiel die Intervallmitte um die Größe

$$\tfrac{1}{8}\,\Delta^2 \equiv \tfrac{1}{8}\,\Delta^2 y_1, \quad \text{wobei} \quad \Delta^2 y_1 = \Delta y_2 - \Delta y_1 .$$

Bei einer Unterteilung in fünf Teile verschieben wir den ersten und den vierten Punkt um die Größe

$$\tfrac{1}{12}\,\Delta^2 \equiv \tfrac{1}{12}\,\Delta^2 y_1$$

und den zweiten und dritten um

$$\tfrac{1}{8}\,\Delta^2 \equiv \tfrac{1}{8}\,\Delta^2 y_1 .$$

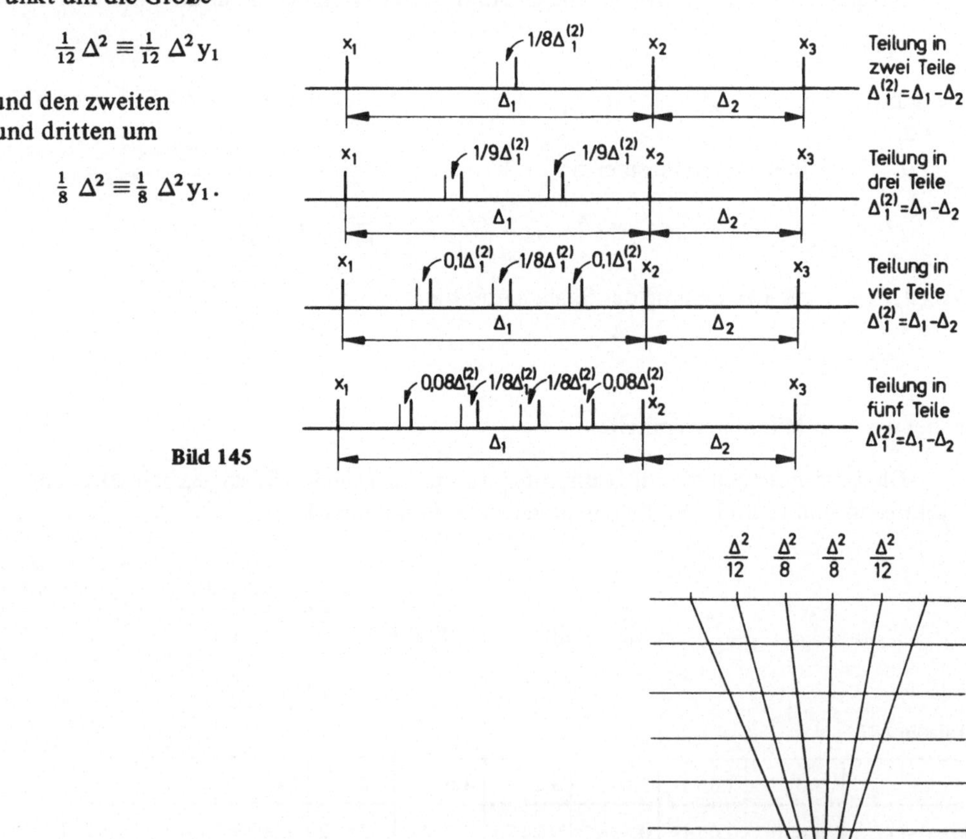

Bild 145

Bild 146

Diese Vorgangsweise wird in Bild 145 beschrieben. Die richtige Teilung in drei oder vier Teile geht ebenfalls aus Bild 145 hervor.

Zur Erleichterung der graphischen Interpolation verwendet man am besten Schablonen (Bild 146), die man aus Pauspapier anfertigt. Mit Hilfe von Zirkel und Maßstabslineal finden wir dann $\Delta^2 \equiv \Delta^2 y_1 = \Delta y_2 - \Delta y_1$ und tragen das Intervall $\Delta y_2 = y'(x_3) - y(x_2)$ vom Punkt mit der Marke x_2 (dies ist nicht der Punkt x_2, sondern der Punkt $y_2 = y(x_2)$) in Richtung zum Punkt mit der Marke x_1 hin auf. Dann berechnen wir (näherungsweise) die entsprechende Korrektur, die gewöhnlich ein Zehntel eines Millimeters ausmacht. Anschließend legen wir die Schablone so an, daß die Hilfslinien parallel zur Skala liegen und die Randgeraden des Strahls durch die Teilungspunkte des Intervalls verlaufen. Hierauf übertragen wir mit dem Zirkel die Zwischenpunkte, die den Korrekturen entsprechen (diese sind auf der Schablone angeschrieben).

Das beschriebene Verfahren läßt sich zur Konstruktion beliebiger Funktionalskalen verwenden, und zwar nicht nur bei geradlinigen, sondern auch bei krummlinigen, da auch die Längenmessung längs einer Kurve näherungsweise ohne besondere Schwierigkeiten zu bewerkstelligen ist.

Übung: Man konstruiere eine geradlinige logarithmische Skala mit den Ausgangsdaten:

a) $l = 150$ mm, $x_0 = 1$, $x_n = 10$, $\Delta x = 0{,}1$;

b) $l = 300$ mm, $x_0 = 1$, $x_n = 100$, $\Delta x = 0{,}1$ für $1 \leqslant x \leqslant 10$ und $\Delta x = 1$ für $10 \leqslant x \leqslant 100$.

Wir weisen auf weitere gute Eigenschaften der logarithmischen Skalen hin. Will man eine für das Intervall $1 \leqslant x \leqslant 10$ konstruierte Skala verlängern und auch die Logarithmen der Zahlen zwischen 10 und 100 aufnehmen, so ist die Verteilung der Marken 20, 30, ... , 100 auf der Verlängerung der Skala genau dieselbe wie die Verteilung der Marken 2, 3, ... , 10 im ursprünglichen Teil.

Tatsächlich gilt

$$\lg 20 = \lg 10 + \lg 2 = 1 + \lg 2,$$
$$\lg 30 = \lg 10 + \lg 3 = 1 + \lg 3,$$
$$\cdots\cdots\cdots\cdots$$

Wenn also die Einheit (d. h. der Punkt $1 = \lg 10$) bereits gewählt und gleich der Länge der Strecke zwischen den Marken 1 und 10 genommen wurde, so ist die Länge der Strecke zwischen den Marken 10 und 20 eben so lang wie die Strecke zwischen den Punkten 1 und 2. Wir erhalten daher die logarithmische Skala für das Intervall $10 \leqslant x \leqslant 100$, wenn wir die Skala für das Intervall $1 \leqslant x \leqslant 10$ um eine Einheit nach rechts verschieben. Verschieben wir dagegen um eine Einheit nach links, so erhalten wir die Skala für das Intervall $0{,}1 \leqslant x \leqslant 1$. In der Praxis geht man dabei so vor: Man konstruiert eine Skala für das Grundintervall $1 \leqslant x \leqslant 10$ und überträgt sie auf eine geeignete Schablone. Nach einer Verschiebung der Schablone um eine Einheit nach rechts oder nach links und der Übertragung der Teilstriche auf unsere Skala gewinnen wir deren Erweiterung auf das Intervall $10 \leqslant x \leqslant 100$ oder das Intervall $0{,}1 \leqslant x \leqslant 1$. Nach einer Verschiebung um zwei Einheiten erhalten wir die entsprechenden Skalen für die Intervalle $100 \leqslant x \leqslant 1000$ und $0{,}01 \leqslant x \leqslant 0{,}1$ usw. Insbesondere löst man die Übung b) mit Hilfe der in Übung a) konstruierten Skala und entsprechender Maßstabsvergrößerung.

Die betrachtete Eigenschaft läßt sich kurz so formulieren: *Eine logarithmische Skala reproduziert sich zwischen je zwei aufeinanderfolgenden positiven oder negativen Potenzen von Zehn.* Diese Eigenschaft schafft viele Bequemlichkeiten. Auf ihr beruht die häufige Verwendung logarithmischer Skalen in Nomogrammen.

Trigonometrische Skalen. Eine trigonometrische Skala kann man konstruieren, indem man mit Hilfe der Gln. (10.3) und (10.1) die benötigte Anzahl von Zwischenpunkten berechnet, d. h. also, indem man nach der allgemeinen Regel für die Konstruktion von Funktionalskalen vorgeht. In diesem Sonderfall erreicht man das gleiche Ergebnis jedoch viel einfacher auf graphischem Wege.

Wir konstruieren zum Beispiel eine Sinusskala $y = \sin\alpha$. Als Ausgangsdaten verwenden wir: $\alpha_0 = 0$; $\alpha_n = 90^\circ$; $l = 27$ mm; $\Delta\alpha = 5^\circ$.

Zu diesem Zweck ziehen wir im ersten Quadranten mit dem Radius $R = l$ einen Viertelkreis und unterteilen ihn dem gegebenen graphischen Intervall $\Delta\alpha$ gemäß in n gleiche Teile. Hierauf projizieren wir die Teilungspunkte auf die vertikale Achse und erhalten so die gesuchte Skala der Funktion $y = \sin\alpha$ (Bild 147).

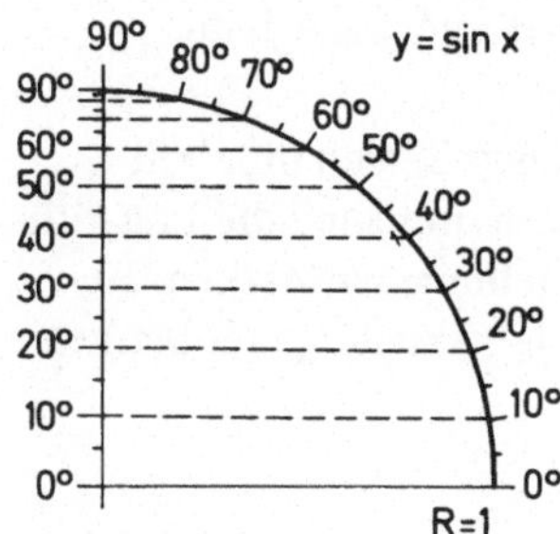

Bild 147

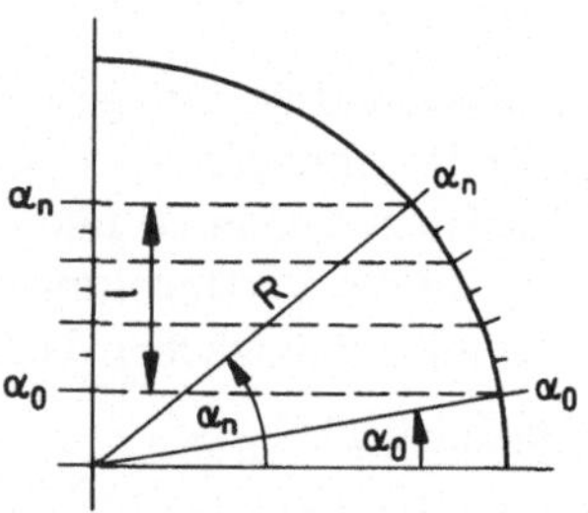

Bild 148

Auch die Feineinteilung läßt sich auf demselben Wege konstruieren. Man verwendet dazu aber auch die oben betrachtete graphische Interpolation.

Die konstruierte Sinusskala ist für den allgemeinen Fall vollkommen aus Bild 148 verständlich. Der Radius des Kreises ist dabei durch die Gleichung

$$R = \frac{l}{\sin\alpha_n - \sin\alpha_0}$$

gegeben. Die Winkel α_0 und α_n kann man mit Hilfe eines Winkelmessers konstruieren.

Eine Kosinusskala wird analog konstruiert. Die Projektion muß jedoch dabei auf die horizontale Achse erfolgen.

Eine Tangensskala konstruiert man mittels einer Zentralprojektion, wie in Bild 149 gezeigt wird. In diesem Bild findet man die Skala $y = \tan\alpha$ für die Ausgangsangaben: $\alpha_0 = 0$; $\alpha_n = 50^\circ$; $l = 43$ mm; $\Delta\alpha = 1^\circ$.

Als Projektionszentrum dient der Punkt 0. Die Skala legen wir längs einer Geraden parallel zur y-Achse an. Der Abstand a ergibt sich im allgemeinen Fall aus der Beziehung

$$a = \frac{l}{\tan\alpha_n - \tan\alpha_0}\,.$$

Den Radius des Kreises darf man willkürlich wählen. Gewöhnlich nimmt man aber R = a oder R < a. Den entsprechenden Kreisbogen teilen wir wie bei der Konstruktion der Sinusskala in gleiche Teile.

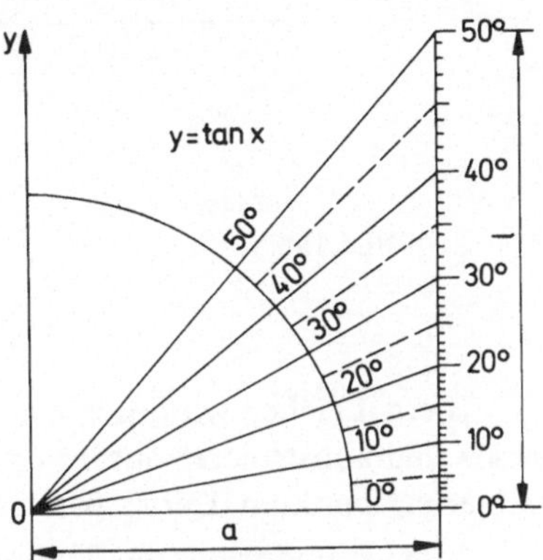

Bild 149

Zum Abschluß bemerken wir, daß sich in der Umgebung des Punktes $\alpha = 90^\circ$ die Sinusskala verdichtet. Die Tangensskala wird dort auseinander gezogen. Den Markierungspunkt $\alpha = 90^\circ$, für den $\tan\alpha = \infty$ gilt, kann man nicht mehr einzeichnen.

Projektive Skalen. Eine projektive Skala geht mit Hilfe einer Zentralprojektion aus einer gleichmäßigen geradlinigen Skala hervor. Wir bezeichnen die Punkte der gleichmäßigen Skala durch x, die der projektiven Skala durch y und erklären, welche funktionale Beziehung zwischen beiden besteht.

Da das Doppelverhältnis vier beliebiger Punkte auf einer Geraden bei einer Zentralprojektion unverändert bleibt, erhalten wir in unserem Fall

$$\frac{x_3 - x_1}{x_2 - x_1} : \frac{x - x_1}{x - x_2} = \frac{y_3 - y_1}{y_2 - y_1} : \frac{y - y_1}{y - y_2}\,.$$

Die Lösung dieser Gleichung nach y lautet nach einigen Umformungen

$$y = \frac{ax + b}{cx + d}\,, \tag{10.4}$$

wobei a, b, c, d konstante Größen sind, die durch drei gegebene Punktepaare bestimmt sind:

$$a = y_1 - ky_2;\quad b = kx_1y_2 - y_1x_2;\quad c = 1 - k;\quad d = kx_1 - x_2;$$

$$k = \frac{(x_2 - x_1)(y_3 - y_1)}{(x_3 - x_1)(y_2 - y_1)}\,. \tag{10.4'}$$

Eine projektive Skala definiert somit eine gebrochen-lineare Funktion (10.4). Mit anderen Worten, jede Gleichung der Form (10.4) definiert vollständig eine projektive Skala, die man leicht auf graphischem Wege konstruieren kann. Man muß dazu nur aus der gegebenen Gl. (10.4) drei Markierungspunkte der projektiven Skala berechnen und konstruieren. Man kann dabei etwa die Punkte y_0, y_1 und y_2 heranziehen, die den Werten $x = 0$, $x = 1$ und $x = 2$ entsprechen.

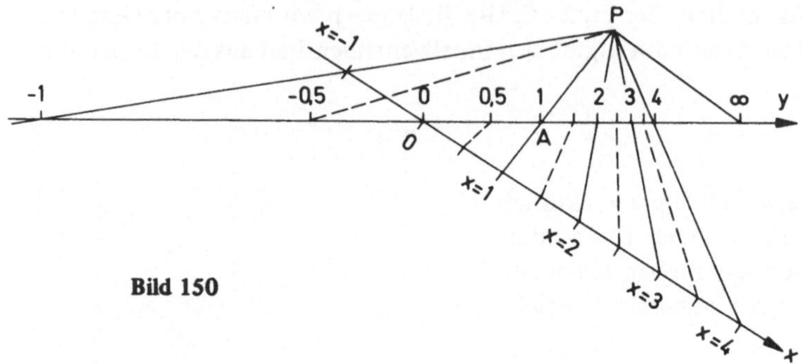

Bild 150

Hierauf ziehen wir durch den Punkt $y_0 = y(0)$ unter beliebigem Winkel eine zweite Gerade und konstruieren auf ihr eine gleichmäßige Skala mit der benötigten Anzahl von Markierungspunkten. Der Maßstab auf der gleichmäßigen Skala darf beliebig sein.

Nun verbinden wir die Punkte $x = 1$ und $x = 2$ mit den Punkten y_1 und y_2. Der Schnittpunkt der Verbindungsstrahlen liefert das Projektionszentrum P. Alle übrigen Punkte der gesuchten projektiven Skala finden wir, indem wir die Punkte der gleichmäßigen Skala vom Zentrum P aus auf die Skala projizieren (Bild 150).

Beispiel 2: Wir konstruieren eine projektive Skala mit der Schrittweite $\Delta y = 0{,}5$ entsprechend der Gleichung

$$y = \frac{3x - 4}{x + 2}.$$

Lösung: Wir setzen in dieser Gleichung $x = 0$, $x = 1$ und $x = 2$ und erhalten

$$y_0 = -2; \quad y_1 = -\tfrac{1}{3}; \quad y_2 = +\tfrac{1}{2}.$$

Nun ziehen wir eine beliebige Gerade, wählen auf ihr als Anfangspunkt den Punkt A und tragen auf der zukünftigen y-Achse die Strecken y_0, y_1 und y_2 auf, wobei wir den Maßstab bequem wählen (im allgemeinen willkürlich). Zum Beispiel nehmen wir als Einheit eine Strecke der Länge von 8 mm.

An den Enden der so konstruierten Strecken tragen wir die entsprechenden Argumentwerte ein. Wir messen also nach links vom Punkt A die Strecke $y_0 = -2 \cdot 8 = -16$ mm ab und schreiben an ihrem Endpunkt 0. An den Endpunkt der Strecke $y = -\frac{8}{3}$ mm = $-2{,}7$ mm setzen wir die Marke 1. Schließlich tragen wir nach rechts die Strecke $y_2 = +4$ mm ab und markieren den Endpunkt mit 2. Der Punkt A spielt nur eine Hilfsrolle und wird später nicht mehr benötigt.

Die weitere Konstruktion geht aus Bild 150 hervor, in dem auf der x-Achse als Einheit eine Strecke der Länge 11,2 mm verwendet wurde. Wir bemerken noch, daß der Punkt $x = \infty$ der Markierung $y(\infty) = 3$ entspricht. Diesen Punkt erhalten wir, indem wir durch das Projektionszentrum P eine Gerade parallel zur x-Achse legen.

Den letzten Umstand kann man dazu verwenden, die Konstruktion etwas zu vereinfachen. Anstelle des Markierungspunktes y_2 kann man nämlich den Punkt y_∞ berechnen. Dann finden wir das Projektionszentrum P als Schnittpunkt des Strahls $x_1 y_1$ und einer Geraden, die durch y_∞ geht und parallel zur x-Achse liegt (Bild 150).

Zum Abschluß dieses Abschnitts bemerken wir, daß eine projektive Skala immer ungleichmäßig ist. Die Markierungen verdichten sich auf ihr in der Nähe des Punktes $y_\infty = y(\infty)$, der dem Punkt $x = \infty$ entspricht.

Bemerkung: Zieht man in Bild 150 eine beliebige Gerade parallel zur y-Achse, so bildet das von P ausgehende Strahlenbündel auf dieser Geraden dieselbe projektive Skala, ab, nur in einem anderen Maßstab. Diesen Umstand kann man bei der Konstruktion von projektiven Skalen mit vorgegebener Länge l des Arbeitsteiles verwenden.

82. Nomogramme aus Doppelskalen

Nomogramme, die nur zwei unabhängige Größen in Beziehung setzen, etwa durch

$$F(u, v) = 0 \quad \text{oder} \quad v = f(u), \tag{10.5}$$

konstruiert man leicht in Form von zwei Funktionalskalen.

Eine Doppelskala für die Gl. (10.5) besteht aus zwei Funktionalskalen, die auf einer gemeinsamen Trägerin angebracht sind. Als Trägerin verwendet man meist eine Gerade: Die Skala der Variablen u legt man auf der einen Seite der Trägerin an, die Skala der Variablen v auf der anderen Seite.

Wir betrachten zum Beispiel die Gleichung

$$v = \sqrt{u}$$

oder in Parameterform

$$u = N, \quad v = \sqrt{N}$$

und konstruieren dafür im Bereich $N_0 = 1$, $N_n = 100$ ein Nomogramm.

Die Skala für die Variable u, die eine lineare Funktion des Parameters N ist, wird eine gleichmäßige Skala sein. Zu ihrer Konstruktion hat man die Strecke zwischen den Skalenendpunkten nur in entsprechend viele gleich große Teilstrecken zu unterteilen.

Die Skala der Variablen v konstruieren wir nach den Gln. (10.1) und (10.3):

$$v = m(\sqrt{N} - \sqrt{N_0}); \quad m = \frac{l}{\sqrt{N_n} - \sqrt{N_0}}.$$

Da die Skala für v sehr ungleichmäßig ist, betrachten wir zur Erhöhung der Genauigkeit die Teile

$$1 \leqslant N \leqslant 10; \quad 10 \leqslant N \leqslant 100$$

getrennt. Für jeden Teil davon wählen wir $l_1 \approx l_2 \approx 100$ mm und erhalten so:

$$m_1 = \frac{100}{\sqrt{10} - \sqrt{1}} = 46{,}25; \quad m_2 = \frac{100}{\sqrt{100} - \sqrt{10}} = 14{,}62.$$

Zur Vereinfachung der weiteren Arbeit runden wir die Maßstäbe und setzen $m_1 = 50$, $m_2 = 15$. Dies ist äquivalent den Skalenlängen

$$l_1 = m_1(\sqrt{10} - 1) = 108{,}1 \text{ mm},$$
$$l_2 = m_2(10 - \sqrt{10}) = 102{,}6 \text{ mm},$$

was keinerlei Schwierigkeiten mit sich bringt, da die beiden Teile des Nomogramms vollkommen unabhängig sind (Bild 151).

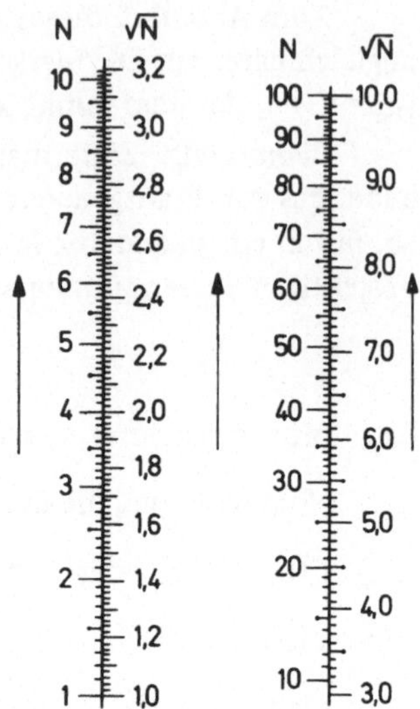

Bild 151

Darüber hinaus wählen wir im zweiten Skalenteil statt $N_0 = 10$ besser $N_0 = 9$ (wegen $\sqrt{N_0} = 3$). Da $9 < 10$ ist, gibt es beim Übergang von der einen Skala zur anderen keinen Sprung. Nur ist der eine Teil etwas anders geformt, was unwesentlich ist.

Somit erhalten wir schließlich für die v-Skala die folgenden Gleichungen:

$$v = v_I = 50(\sqrt{N} - 1) \quad \text{für} \quad 1 \leqslant N \leqslant 10,$$
$$v = v_{II} = 15(\sqrt{N} - 3) \quad \text{für} \quad 9 \leqslant N \leqslant 100.$$

Der Leser möge die in Tabelle 188 begonnenen Rechnungen für die Skalen v_I und v_{II} als Übung beenden und das in Bild 151 im Maßstab 3 : 5 dargestellte Nomogramm im Maßstab 1: 1 zeichnen. Alle stummen Striche wurden durch graphische Interpolation bestimmt.

Tabelle 188

N	$\sqrt{N}$	$\sqrt{N}-1$	v_I, mm	N	$\sqrt{N}$	$\sqrt{N}-3$	v_{II}, mm
1,0	1,0000	0,0000	0,0	10	3,1623	0,1623	2,4
1,5	1,2247	0,2247	11,2	15	3,8730	0,8730	13,1
2,0	1,4142	0,4142	20,7	20	4,4721	1,4721	22,1
2,5	1,5811	0,5811	29,1	25	5,0000	2,0000	30,0
3,0	1,7321	0,7321	36,6	30	5,4772	2,4772	37,2
....	......	......	.....	...	....	......	.....
10,0	3,1623	2,1623	108,1	100	10,0000	7,0000	105,0

Wenn die Endmarkierungen der Skalen u und v nicht zusammenfallen, verlängert man die gleichmäßige Skala bis zum nächsten Grundintervall.

Die Verwendung des Nomogramms ist sehr einfach: Wir suchen auf der Skala N die gegebene Zahl und finden ihr gegenüber die Antwort $\sqrt{N}$[1]).

Beispiele: a) $N = 3{,}45$; $\sqrt{N} = 1{,}86$; b) $N = 467$; $\sqrt{N} = 21{,}6$;

c) $N = 42{,}6$; $\sqrt{N} = 6{,}53$; d) $N = 0{,}765$; $\sqrt{N} = 0{,}875$.

Die betrachteten Beispiele zeigen insbesondere, wie man das Nomogramm im Bereich $1 \leqslant N \leqslant 100$ gebraucht. Man muß dazu nur den Radikanden und das Resultat vermindern oder auf das 10^{2n} bzw. das 10^n-fache vergrößern ($n = 1, 2, 3, \ldots$), wie dies in den Beispielen b) und c) notwendig wird:

$$\sqrt{467} = \sqrt{4{,}67 \cdot 10^2} = 2{,}16 \cdot 10 = 21{,}6.$$

Zum bequemen Auffinden des Ergebnisses verwendet man am besten ein Lineal aus durchsichtigem Material, zum Beispiel aus Plexiglas, auf dem man mit einem spitzen Gegenstand eine gerade Linie eingeritzt hat. Das Nomogramm muß am Grund klar sichtbar sein. Zur Vermeidung von Fehlern, die durch die Parallaxe hervorgerufen werden könnten, muß man das Lineal so anlegen, daß die eingeritzte Gerade sich unten befindet.

Ein Nomogramm liefert Ergebnisse mit drei bedeutsamen Ziffern. Die dritte Stelle finden wir durch Interpolation, die man leicht mit dem freien Auge ausführt.

Der Skalenwert der Antwortskala $\sqrt{N}$ ist im ersten Bereich 0,02, im zweiten Bereich 0,1.

Natürlich kann man das Nomogramm auch in der umgekehrten Richtung verwenden und bei gegebenem $\sqrt{N}$ den Wert $N = (\sqrt{N})^2$ bestimmen. Es dient also auch zur Berechnung der Funktion $y = x^2$.

Verwendet man das in Bild 151 dargestellte Nomogramm zur Bestimmung der nullten Näherung für den Newtonschen Algorithmus, so erhält man bereits bei der ersten Näherung den Wurzelwert mit fünf bedeutsamen Ziffern. Für $N = 12{,}473$ finden wir zum Beispiel aus dem Nomogramm $a_0 = \sqrt{N} = 3{,}53$. Nach Gl. (1.12) aus Abschnitt 6 erhalten wir dann:

$$a_1 = \frac{1}{2}\left(\frac{N}{a_0} + a_0\right) = \frac{1}{2}(3{,}533428 + 3{,}530000) = 3{,}531714.$$

Der exakte Wert ist $\sqrt{12{,}473} = 3{,}531713465\ldots$.

Vollkommen analog konstruiert man auch Nomogramme aus Doppelskalen für beliebige funktionale Zusammenhänge der Form (10.5). In Bild 152 ist zum Beispiel ein Nomogramm zur Lösung der transzendenten Gleichung

$$t = \frac{E' - k^2 K'}{E - k'^2 K} = f(k); \quad k'^2 = 1 - k^2$$

---

[1]) Es ist zu beachten, daß gemäß den Regeln zur Konstruktion von Funktionalskalen die Markierungen nicht die Funktionswerte, sondern die Argumente darstellen. Auf der mit N bezeichneten Skala bedeuten die Marken die Zahlen N. Die Striche sind aber nach $\sqrt{N}$ verteilt.

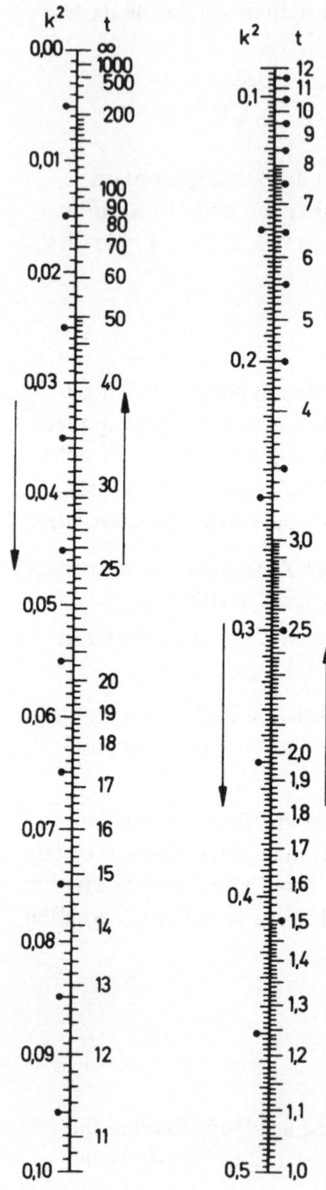

Bild 152

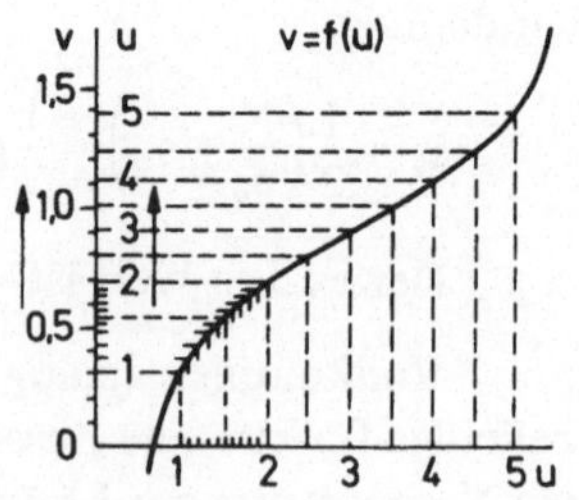

Bild 153

angegeben, mit Hilfe dessen man bei gegebenem t den Modul k der elliptischen Integrale zur konformen Abbildung des Bereichs einer vertieften ebenen Schürze auf eine Halbebene bestimmen kann. (Hier ist $t = t^*/b^*$ die reduzierte Dicke der Schürze, d. h. gleich dem Quotienten aus der wahren Dicke t^* und der halben Länge b^*; K, E, K' und E' bedeuten die elliptischen Integrale erster und zweiter Art. Ausführliches über diese findet man in [263, 317, 485].)

Wenn die Funktion (10.5) durch ein Schaubild gegeben ist, zum Beispiel als Beobachtungsergebnis, das von einem automatisch arbeitenden Kontrollgerät aufgezeichnet wird, so erhält man für jedes Monotonieintervall der Funktion ein Nomogramm leicht auf graphischem Wege. In Bild 153 wird erklärt, wie die benötigten Konstruktionen durchzuführen sind. Wir bemerken nur noch, daß die Maßstäbe auf beiden Achsen beliebig gewählt werden dürfen.

Nomogramme aus Doppelskalen (oder kurz Doppelskalen) nehmen weniger Platz ein als entsprechende Tabellen mit derselben Genauigkeit. Auch lassen sich Doppelskalen bequemer verwenden als Schaubilder oder Tabellen. Zur leichteren Orientierung am Nomogramm zeigt man die Richtung der Zunahme der Veränderlichen durch kleine Pfeile an. Diese Pfeile können gleichgerichtet sein wie in den Nomogrammen 151 und 153 oder entgegengesetzt gerichtet, falls die Funktion im betrachteten Bereich abnimmt (Bild 152).

Bei der Konstruktion eines Nomogramms ist der technischen Gestaltung der Zeichnung größte Aufmerksamkeit zu widmen. Die Skalen sind unbedingt mit Tusche und auf Zeichenpapier anzufertigen. Der Abstand zwischen zwei benachbarten Strichen soll nicht größer als 3 ... 5 mm und nicht kleiner als 0,7 ... 1,0 mm sein. Die Länge der kurzen Striche soll etwa 2 mm, die der langen etwa 5 mm betragen. Alle Striche müssen unbedingt gleich dick sein. Sie sollen sich voneinander nur durch ihre Länge unterscheiden, nämlich in Abhängigkeit vom Skalenwert. Die Dicke der Skalenträgerin soll 0,2 ... 0,3 mm betragen, die Dicke der Striche 0,15 ... 0,20 mm. Die größte Ziffernabmessung zur Bezeichnung der Marken kann 2,5 mm betragen.

Übung 1: Man konstruiere eine logarithmische Skala mit den Angaben:

a) $l = 200$ mm; $x_0 = 15$; $x_n = 95$; $\Delta x = 1$;
b) $l = 250$ mm; $x_0 = 0{,}1$; $x_n = 2$; $\Delta x = 0{,}01$.

Übung 2: Man konstruiere eine projektive Skala mit den Angaben:

a) $y = \frac{6x - 5}{2x + 3}$; $l = 150$ mm; $x_0 = 0$; $x_n = 5$; $\Delta x = 0{,}1$;

b) $y = \frac{5x + 4}{x + 8}$; $l = 100$ mm; $x_0 = -3$; $x_n = +1$; $\Delta x = 0{,}1$.

Übung 3: Man konstruiere eine Doppelskala für die Funktionen:

a) $y = 3x - e^x$; b) $y = \frac{x}{2} + \tan x$

im Bereich $x_0 = 0$, $x_n = 1$.

Die Länge des Arbeitsteils und der Wert der Teilintervalle ist so zu wählen, daß beide Nomogramme bei der Bestimmung von y eine Genauigkeit von 0,01 liefern.

Hinweis: Die gesuchten Nomogramme erhält man am einfachsten, indem man für beide Funktionen eine Funktionalskala anlegt und diese durch eine gleichmäßige Skala für die Argumente ergänzt.

Übung 4: Man konstruiere aus dem Schaubild von

$$y = \cos x, \quad 0 \leqslant x \leqslant \frac{\pi}{2}$$

ein Nomogramm aus einer Doppelskala.

83. Netznomogramme

Bei den Funktionalskalen werden die Werte der Veränderlichen durch Punkte (Striche) repräsentiert. Diese Werte kann man jedoch nicht nur durch Punkte, sondern auch durch Kurven darstellen. Eine Kurve, die zur Definition des Wertes einer Veränderlichen dient, heißt *markierte Kurve*, der entsprechende Wert dieser Veränderlichen heißt *Marke*. Die markierten Kurven einer einzigen Veränderlichen bilden eine *einparametrige Kurvenschar*. Nomogramme aus markierten Kurven heißen *Netznomogramme*, da diese Kurven ein gewisses Netz bilden.

Netznomogramme lassen sich für beliebige Funktionen von drei Veränderlichen

$$F(u, v, w) = 0 \tag{10.6}$$

konstruieren. Zwei dieser Veränderlichen faßt man dabei als Koordinaten der Ebene auf, die dritte dient als Parameter. Die Konstruktion einer einparametrigen Schar von Kurven

$$F(u, v, C) = 0 \quad \text{mit} \quad C = w_1, w_2, \ldots, w_n \tag{10.7}$$

in dem gewählten Koordinatensystem liefert dann das gewünschte Netznomogramm.

Im einfachsten Fall kann man als Kurven

$$u = \text{const}, \quad v = \text{const},$$

die die Veränderlichen u und v darstellen, die Geraden

$$u = x, \quad v = y \tag{10.8}$$

verwenden, die parallel zur x- und y-Achse verlaufen. Die dritte Veränderliche $w = \text{const}$ wird dann durch eine einparametrige Schar von Schaubildern der Funktion (10.7) in einem kartesischen Koordinatensystem gebildet. Ein solches Netznomogramm heißt auch *kartesisches Rechenbrett.*

Wir konstruieren zum Beispiel ein Netznomogramm für die Multiplikation zweier Größen

$$w = u \cdot v \tag{10.9}$$

und beginnen mit der Konstruktion eines Rechenbretts im Bereich

$$0 \leqslant u \leqslant 10; \quad 0 \leqslant v \leqslant 10.$$

Dazu ziehen wir vorerst eine Schar von Geraden u = x und v = y parallel zu den Achsen. Als Schrittweite verwenden wir $\Delta x = \Delta y = 0{,}5$. Diese Grundlinien versehen wir mit den entsprechenden Marken. Ferner stellt jede der Kurven w = const bei u = x und v = y eine gleichseitige Hyperbel

$$y = \frac{C}{x}$$

dar.

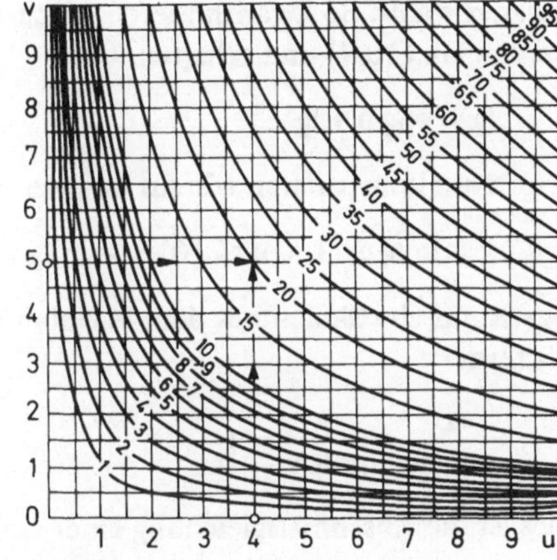

Bild 154

Wir geben nun der Veränderlichen w = C eine Reihe von Werten w = 1, 2, 3, ... , 10, 20, ... , 100 und konstruieren die dazu gehörigen Hyperbeln, die wir ebenfalls entsprechend mit Marken versehen (Bild 154). Damit ist die Konstruktion des Nomogramms beendet.

Bei jedem Netznomogramm müssen die drei Kurven

$$u = C_1, \quad v = C_2, \quad w = C_3,$$

die der gegebenen Gleichung genügen, durch einen Punkt verlaufen. Daraus ergibt sich eine einfache Regel für den Gebrauch von Netznomogrammen: Wir bestimmen den Schnittpunkt der zwei gegebenen Kurven $u = C_1$ und $v = C_2$ und finden hierauf die Kurve der dritten Schar, die durch diesen Punkt geht. Durch Ablesen der zu dieser Kurve gehörenden Marke finden wir die Antwort. Ist die gewünschte Kurve selbst nicht eingezeichnet, so müssen wir interpolieren. Zur Erleichterung der Arbeit kann man eine Schablone in Gestalt eines durchsichtigen Quadrats verwenden.

Wir weisen darauf hin, daß alle drei Veränderlichen beim Netzdiagramm gleichmäßig verteilt sind. Mit Hilfe des Nomogramms in Bild 154 findet man somit nicht nur das Produkt w = uv, sondern auch den Quotienten v = w/u.

Beispiel 1: Gegeben sei: u = 4,0; v = 5,0.

Antwort: w = 20. (Die Lösung ist in Bild 154 durch Pfeile angezeigt. An diese Pfeile muß man das durchsichtige Quadrat anlegen. Die Spitze zeigt dann auf die Antwort.)

Gegeben: u = 2,8; v = 3,4; Antwort: w = 9,5.

Gegeben: w = 57,5; u = 7,3; Antwort: v = 7,9.

Zur leichteren Konstruktion von Netznomogrammen sowie zu ihrer bequemeren Benutzung versucht man geradlinige Kurvenscharen zu erhalten. Eine derartige Aufgabe heißt *Anamorphose*. Es handelt sich dabei um die Berechnung der dritten Kurvenschar, da man zwei Scharen immer in geradliniger Form verwenden kann.

Eine Anamorphose ist leider nicht bei allen Netznomogrammen möglich. Sehr häufig läßt sich jedoch eine Anamorphose realisieren, indem man die ersten zwei Scharen geeignet wählt. So logarithmieren wir zum Beispiel im oben betrachteten Fall beide Seiten von Gl. (10.9) und erhalten

$$\lg w = \lg u + \lg v. \tag{10.10}$$

Nun konstruieren wir auf den Koordinatenachsen gemäß

$$x = m \lg u, \quad 1 \leqslant u \leqslant 10, \quad y = m \lg v, \quad 1 \leqslant v \leqslant 10 \tag{10.11}$$

logarithmische Skalen mit dem Maßstab m. Aus den Gln. (10.10) und (10.11) erhalten wir ferner:

$$\frac{x}{m \lg w} + \frac{y}{m \lg w} = 1. \tag{10.12}$$

Dies ist die Abschnittsgleichung einer Geraden

$$\frac{x}{a} + \frac{y}{b} = 1 \quad \text{mit} \quad a = b = m \lg w. \tag{10.12'}$$

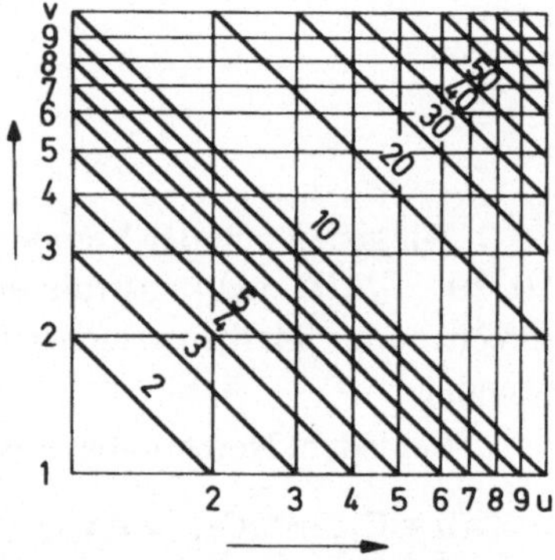

Bild 155

Die Kurvenschar w = C wird somit durch eine einparametrige Geradenschar dargestellt, die auf den Achsen gleiche Strecken der Länge $m \lg C$ abschneidet. In Bild 155 ist das Nomogramm der Gleichung

$$w = uv$$

zu sehen, in dem alle Hyperbeln mit Hilfe einer Anamorphose in Geraden übergeführt worden sind. Das Netz von horizontalen und vertikalen Kurven, die nach einer logarithmischen Skala konstruiert wurden, bezeichnet man als *Logarithmenpapier*. Logarithmenpapier eignet sich sehr gut zur Konstruktion von Nomogrammen für Gleichungen der Art

$$w = Au^{\alpha}v^{\beta},$$

wobei A, α und β gewisse Konstante sind.

Analog heißt ein Netz von zueinander senkrechten Geraden

$$x = m \lg u, \quad y = v$$

halblogarithmisches Papier. Ein derartiges Papier eignet sich sehr gut zur Konstruktion von Nomogrammen für Gleichungen der Gestalt

$$w = Au^{\alpha+\beta v}.$$

Wir betrachten jetzt den wichtigen Fall, daß zwei der Variablen, zum Beispiel u und v, in die allgemeine Gl. (10.6) in linearer Form eingehen:

$$u\varphi(w) + v\psi(w) + \chi(w) = 0$$

$\varphi(w)$, $\psi(w)$ und $\chi(w)$ seien dabei beliebige Funktionen der Variablen w. Konstruieren wir dann ein kartesisches Rechenbrett mit den Kurven

$$u = x = \text{const}, \quad v = y = \text{const},$$

so ist auch die Schar w = const eine Geradenschar. Eine in zwei der beliebigen Variablen lineare Funktion (10.6) kann man also mit Hilfe von drei Geradenscharen nomographieren. Die Anamorphose beinhaltet dementsprechend auch die Umformung der Gl. (10.6) auf eine Form, bei der zwei der unabhängigen Variablen linear vorkommen.

Zur Erklärung des Sachverhalts wollen wir kompliziertere Rechnungen vermeiden. Zur Illustration konstruieren wir daher ein Nomogramm zur Bestimmung der reellen Wurzeln der quadratischen Gleichung

$$z^2 + pz + q = 0. \qquad (10.13)$$

In allen anderen Fällen werden die Rechnungen sehr kompliziert. Das Konstruktionsverfahren dagegen bleibt dasselbe.

Wir betrachten die Gl. (10.13) als Funktion F(z, p, q) von drei Variablen, die in den Koeffizienten p und q linear ist. Zur Konstruktion eines einfachen Netznomogramms verwenden wir daher vorerst zwei Scharen von Geraden, die parallel zu den Koordinatenachsen verlaufen

$$p = x \text{ und } q = y.$$

Tabelle 189

z	z^2	$q_+(z)$	$q_-(z)$	z	$\frac{10}{z}$	$p_+(z)$	$p_-(z)$
0,0	0,00	0,00	0,00	1,0	10,00	- 11,00	9,00
0,1	0,01	- 1,01	0,99	1,5	6,67	- 8,17	5,17
0,2	0,04	- 2,04	1,96	2,0	5,00	- 7,00	3,00
0,3	0,09	- 3,09	2,91	2,5	4,00	- 6,50	1,50
0,4	0,16	- 4,16	3,84	3,0	3,33	- 6,33	0,33
0,5	0,25	- 5,25	4,75	3,5	2,86	- 6,36	- 0,64
0,6	0,36	- 6,36	5,64	4,0	2,50	- 6,50	- 1,50
0,7	0,49	- 7,49	6,51	4,5	2,22	- 6,72	- 2,28
0,8	0,64	- 8,64	7,36	5,0	2,00	- 7,00	- 3,00
0,9	0,81	- 9,81	8,19	5,5	1,82	- 7,32	- 3,68
1,0	1,00	- 11,00	9,00	6,0	1,67	- 7,67	- 4,33

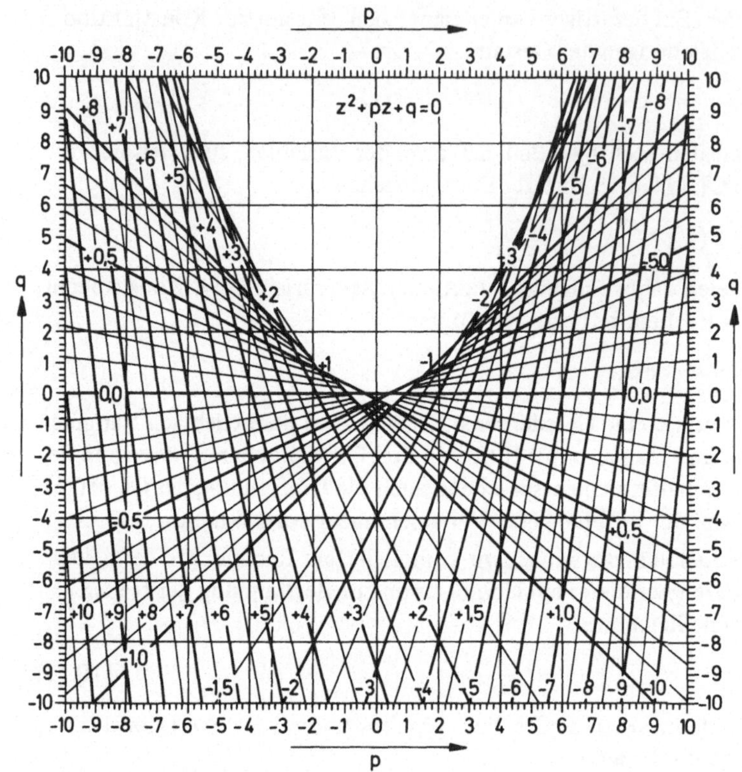

Bild 156

Die dritte Schar $z = C$ ist dann im System (p, q) ebenfalls eine Geradenschar

$$C^2 + pC + q = 0 \quad \text{oder} \quad Cp + q + C^2 = 0.$$

Wir bemerken, daß die Maßstäbe auf der p- und q-Achse verschieden sein dürfen, aber nicht notwendig verschieden sein müssen. In Bild 156 ist ein Nomogramm für die Gl. (10.13) im Bereich

$$-10 \leqslant p \leqslant +10; \quad -10 \leqslant q \leqslant +10$$

dargestellt. Jede der markierten Linien $z = \text{const}$ konstruiert man am einfachsten aus zwei Punkten gegenüberliegender Seiten $p = \pm 10$ oder $q = \pm 10$ des in Bild 156 dargestellen Quadrats. Die Koordinaten dieser Punkte (die wir mit q_+, q_- oder p_+, p_- bezeichnet haben) berechnen wir bei fixiertem z-Wert aus den aus Gl. (10.13) folgenden Gleichungen:

$$q_+ = -(10z + z^2), \quad \text{wenn } p = +10,$$

$$q_- = +10z - z^2, \quad \text{wenn } p = -10,$$

$$p_+ = -\left(\frac{10}{z} + z\right), \quad \text{wenn } q = +10,$$

$$p_- = +\frac{10}{z} - z, \quad \text{wenn } q = -10.$$

Diese Korrdinaten werden in Tabelle 189 angegeben. Die Tabelle ist für p_+ und p_- noch bis z = 10 zu ergänzen.

Die Bildung einer analogen Tabelle für die negativen z-Werte ist nicht notwendig, da

$$q_+(-z) = q_-(+z); \quad p_+(-z) = -p_+(z); \quad p_-(-z) = -p_-(z)$$

und wir also die Angaben aus Tabelle 189 verwenden können.

Wir konstruieren nun auf den Quadratseiten p = ± 10 und q = ± 10 (im gewählten Maßstab) die berechneten Punkte und verbinden sie durch Geraden. So erhalten wir die Schar der markierten Linien z = const.

Kurven, die „runden" z-Werten entsprechen, wurden dicker gezeichnet. Die entsprechenden Marken finden sich an ihren Enden. Alle übrigen markierten Linien z = const bleiben „stumm". Ihre Werte findet man leicht unmittelbar aus den bekannten Werten der Grundlinien z = const.

Um eine Überladung des Nomogramms zu vermeiden, wurde für die markierten Linien p = const und q = const das Intervall $\Delta p = \Delta q = 2$ gewählt. Alle übrigen Linien dieser Schar bestimmt man mit Hilfe der Skalen auf den horizontalen und vertikalen Seiten des Quadrats. Diese Skalen erlauben eine Genauigkeit von 0,05.

Der Gebrauch des Nomogramms in Bild 156 ist sehr einfach. Wir markieren mit Hilfe einer durchsichtigen quadratischen Schablone den Punkt mit den Koordinaten (p, q) und lesen dann die Marke der Kurve der dritten Schar ab, die durch diesen Punkt geht. Weist das Nomogramm keine derartige Kurve auf, so ziehen wir in Gedanken eine solche, indem wir zwischen den entsprechenden Kurven des Netzes interpolieren. Die Schablone verfertigt man am besten aus dünnem Plexiglas oder aus beliebigem anderem durchsichtigen Material.

Beispiel 2: Man bestimme die Wurzeln der Gleichung

$$z^2 - 3{,}3z - 5{,}4 = 0.$$

Lösung: Wir erhalten p = – 3,3; q = – 5,4. Wir legen daher das Quadrat so, daß zwei seiner Seiten durch den Punkt p = – 3,3 und q = – 5,4 parallel zu den Linien p = const und q = const verlaufen (im Nomogramm punktiert eingezeichnet). Als Antwort erhalten wir:

$$z_1 = +4{,}5; \quad z_2 = -1{,}2.$$

Die zweite Wurzel gewinnen wir durch Interpolation zwischen den markierten Linien z = – 1,0 und z = – 1,5. Wir unterteilen dazu das Teilstück der Linie z = + 4,5 zwischen den Linien z = – 1,0 und z = – 1,5 durch feine Bleistiftstriche in fünf Teile.

Wir führen noch zwei Beispiele an, die der Leser überprüfen möge.

Gegeben: p = + 6,7; q = + 2,4; Antwort: $z_1 = -6{,}3$; $z_2 = -0{,}38$.

Gegeben: p = + 5,0; q = – 6,0; Antwort: $z_1 = +1{,}0$; $z_2 = -6{,}0$.

Im Nomogramm Bild 156 gehen durch jeden Punkt mit den Koordinaten (p, q) zwei Linien z = const, die den zwei Wurzeln der quadratischen Gleichung

$$z^2 + pz + q = 0$$

entsprechen.

Das Flächenstück in der oberen Hälfte des Quadrats, das von einer Parabel begrenzt wird, ist frei von Linien z = const. Für die Punkte (p, q) aus dieser Zone besitzt die Gl. (10.13) keine reellen Lösungen. Die Punkte auf der Parabel selbst entsprechen zwei gleichen Wurzeln.

Wir wenden uns nun der allgemeinen dreigliedrigen Gleichung

$$z^m + pz^n + q = 0 \tag{10.14}$$

zu, von der die quadratische Gleichung ein Sonderfall ist $(m = 2, n = 1)$. Auch die Gl. (10.14) ist bei beliebigem ganzzahligem m und n in den Koeffizienten p und q linear. Daher läßt sich auch für diese Gleichung vollkommen analog ein Netznomogramm mit drei geradlinigen Scharen von markierten Linien finden.

Für die beiden ersten Scharen nehmen wir $p = x, q = y$ oder $q = x, p = y$. Würde man dagegen zum Beispiel $z = x$ und $q = y$ verwenden, so hätte man die dritte Schar von markierten Linien $p = C$ bereits aus der Gleichung

$$x^m + Cx^n + y = 0$$

zu berechnen, d. h. sie wäre krummlinig.

Für die dreigliedrige Gleichung mit $m = 3, n = 1$

$$z^3 + pz + q = 0 \tag{10.15}$$

ist diese Konstruktion zum Beispiel für den Bereich

$$-1 \leqslant p \leqslant +1 \quad -1 \leqslant q \leqslant +1$$

in Form des Nomogramms in Bild 157 ausgeführt.

Die beiden ersten Scharen lauten hier $q = x$ und $p = y$. Die markierten Linien $z = C$ sind dann im Koordinatensystem (q, p) die Geraden

$$q + Cp + C^3 = 0. \tag{10.15'}$$

Zur Konstruktion der Linien $z = C$ verwenden wir also die Gl. (10.15′) und berechnen uns zuerst eine zu Tabelle 189 analoge Tabelle. Der Leser möge dies als Übung durchführen.

Das Verwendungsschema für das Nomogramm 157 bleibt dasselbe wie im Falle der quadratischen Gleichung. Mit Hilfe einer Schablone aus einem durchsichtigen Quadrat bestimmen wir den Punkt mit den gegebenen Koordinaten q und p und lesen hierauf die Marke der Linie

$$z = C$$

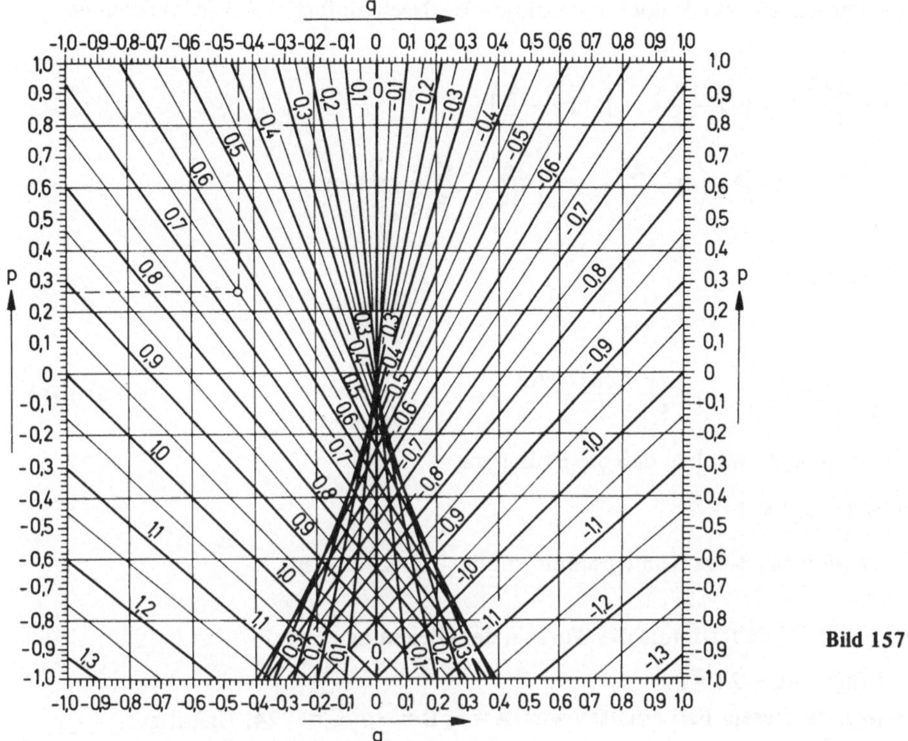

Bild 157

ab, die durch diesen Punkt verläuft. Durch jeden Punkt (q, p) gehen dabei entweder eine oder drei Linien $z = C$, d. h. die kubische Gl. (10.15) kann eine oder drei reelle Lösungen haben. Die Zone der drei reellen Wurzeln wird durch eine halbkubische Parabel begrenzt. Auf der Parabel selbst liegen die Punkte, die einer Doppelwurzel entsprechen.

Beispiel 3:

a) $z^3 + 0{,}26z - 0{,}44 = 0$. Antwort: $z_1 = +0{,}65$.

b) $z^3 - 0{,}73z + 0{,}072 = 0$. Antwort: $z_1 = +0{,}80$; $z_2 = -0{,}90$; $z_3 = +0{,}10$.

c) $z^3 - 0{,}80z - 0{,}20 = 0$. Antwort: $z_1 = +1{,}00$; $z_2 = -0{,}73$; $z_3 = -0{,}27$.

Die Lösung des ersten Beispiels ist in Nomogramm 157 durch die gestrichelten Linien angedeutet.

Wir weisen darauf hin, daß man die allgemeine kubische Gleichung

$$u^3 + Au^2 + Bu + C = 0 \tag{10.16}$$

leicht auf die Form (10.15) bringen kann. Zu diesem Zweck führen wir die Substitution

$$u = kz - \frac{A}{3} \tag{10.17}$$

ein, wobei der Koeffizient k noch unbestimmt ist. Nach einfachen Umformungen erhalten wir

$$\left(kz-\frac{A}{3}\right)^3+A\left(kz-\frac{A}{3}\right)^2+B\left(kz-\frac{A}{3}\right)+C$$
$$=k^3z^3+\left(B-\frac{A^2}{3}\right)kz+\left(\frac{2A^3}{27}-\frac{AB}{3}+C\right)=0$$

oder

$$z^3+pz+q=0$$

mit

$$p=\frac{1}{k^2}\left(B-\frac{A^2}{3}\right);\quad q=\frac{1}{k^3}\left(\frac{2A^3}{27}-\frac{AB}{3}+C\right). \tag{10.18}$$

Die Größe k ist so zu wählen, daß die Bedingung

$$|p|\leqslant 1;\quad |q|\leqslant 1$$

für die Verwendbarkeit des Nomogramms in Bild 157 erfüllt wird.

Beispiel 4: Man bestimme die Wurzeln der Gleichung

$u^3+6u^2-4u-24=0.$

Lösung: In diesem Fall erhalten wir: $A=6$, $B=-4$, $C=-24$. Damit gilt

$$p=\frac{1}{k^2}(-4-12)=-\frac{16}{k^2};\qquad q=\frac{1}{k^3}(16+8-24)=0.$$

Die Bedingung $|p|\leqslant 1$ ist erfüllt, wenn wir $k=4$ wählen. Die Bedingung $|q|\leqslant 1$ ist bei beliebigem $k\neq 0$ erfüllt, da in unserem Beispiel $q=0$.

Mit der Substitution

$$u=4z-2$$

erhalten wir daher die Gleichung

$$z^3-z=0.$$

Aus dem Nomogramm in Bild 157 finden wir somit für $q=0$, $p=-1$ die Wurzeln

$$z_1=0,\ z_2=+1,\ z_3=-1.$$

Setzen wir diese Werte in die Gleichung $u=4z-2$ ein, so ergeben sich die Wurzeln der Ausgangsgleichung

$$u_1=-2,\ u_2=+2,\ u_3=-6.$$

Die Nomogramme in den Bildern 156 und 157 dienen nur zur Illustration. Sie haben nur geringe praktische Bedeutung. Man erkennt jedoch, wie schnell man Nomogramme konstruieren und verwenden kann.

Da man Netznomogramme für beliebige Funktionen von zwei unabhängigen Veränderlichen

$$w = f(u, v) \quad \text{oder} \quad F(u, v, w) = 0$$

konstruieren kann, finden sie bei den verschiedenartigsten technischen Aufgaben Verwendung. Ein gut angelegtes Nomogramm kann dabei die Rechenarbeit auf ein Zehntel bis zu einem Hunderstel verkürzen.

Als komplizierteres Beispiel betrachten wir nun das Nomogramm 2 aus dem Anhang zur Berechnung des reduzierten Filtrierungsdrucks $\overline{h} = \overline{h}(\overline{\xi}, \overline{T})$ an der Sohle einer ebenen Schürze, das wir bereits vielfach in Kapitel 8 verwendet haben. Die Größe $\overline{h}$ hängt von zwei Veränderlichen ab: von der Koordinate des betrachteten Punkts $\overline{\xi} = \xi/b$ und von der reduzierten Tiefe $\overline{T} = T/b$ der wasserdurchlässigen Grundschicht (b bedeutet dabei die halbe Länge der ebenen Schürze, die wir als Maßeinheit verwenden).

$\overline{h}$ bestimmt man nach der Gl. (2.137) [485, Bd. I, § 59]:

$$\overline{h} = \frac{K(\kappa) - F(\varphi, \kappa)}{2K(\kappa)}.$$

Dabei sind F und K elliptische Integrale erster Art mit dem Modul $\kappa = \tanh \pi b/2T = \tanh \pi/2\overline{T}$ und der Amplitude $\sin \varphi = 1/\kappa \tanh \pi\overline{\xi}/2\overline{T}$; $-1 \leqslant \overline{\xi} \leqslant +1$, deren Berechnung ziemlich kompliziert ist.

Damit Nomogramm 2 auch die Möglichkeit zur Berechnung von $\overline{h}(\overline{\xi}, \overline{T})$ bei negativen Argumentwerten $\overline{\xi}$ bietet, hat gemäß

$$\overline{h}(-\overline{\xi}, \overline{T}) = 1 - \overline{h}(+\overline{\xi}, \overline{T}),$$

die Antwortskala $\overline{h}$ zweifache Numerierung: Die Ziffern in den Klammern entsprechen den negativen Argumentwerten $\overline{\xi}$, die Ziffern ohne Klammern den positiven.

Nomogramm 2 ist ein Netznomogramm mit zwei gleichmäßigen Scharen von Geraden, die gegeneinander einen Winkel von 135° bilden. Die allgemeine Theorie solcher Nomogramme für elliptische Integrale wurde schon 1947 von *I. A. Wilner* betrachtet, dem man auch eine umfangreiche Serie von Arbeiten zur Nomographie verdankt, insbesondere Arbeiten über die Nomographie analytischer Funktionen in komplexen Bereichen und über Probleme der Anamorphose [50].

Zur bequemen Verwendung ist Nomogramm 2 in zwei selbständige Nomogramme unterteilt: Nomogramm 2 a für das Intervall $0 \leqslant \overline{\xi} \leqslant 0{,}6$ und Nomogramm 2 b für das Intervall $0{,}6 \leqslant \overline{\xi} \leqslant 1{,}0$. Das Verwendungsschema ist sehr einfach: Wir legen durch den gegebenen Punkt $\overline{\xi}$ eine horizontale Gerade bis zum Schnitt mit der markierten Linie $\overline{T}$. Dann gehen wir längs der Linie der geneigten Schar weiter und finden die Antwort $\overline{h}$.

Beispiel 5:

Gegeben: $\overline{\xi} = +0{,}472$; $\overline{T} = 1{,}1$; Antwort: $\overline{h} = 0{,}328$.
Gegeben: $\overline{\xi} = +0{,}638$; $\overline{T} = 0{,}34$; Antwort: $\overline{h} = 0{,}222$.
Gegeben: $\overline{\xi} = -0{,}934$; $\overline{T} = 0{,}75$; Antwort: $\overline{h} = 0{,}902$.

Zur bequemen Handhabung des Nomogramms verwendet man am besten eine Schablone in Form eines durchsichtigen Rhombus. Die Diagonale des Rhombus färbt man mit Tusche (oder einer Anilinfarbe). Dies erleichtert die Einstellung längs einer Linie $\overline{T}$, wie es im Verwendungsschema von Nomogramm 2 gezeigt ist.

Der Fehler bei der Bestimmung von $\overline{h}$ mit Hilfe des Nomogramms ist nicht größer als 0,001. Für hydrotechnische Rechnungen genügt dies vollauf.

Da der Komplementärwinkel zwischen den zwei geradlinigen Scharen 45° beträgt, kann man die Angaben aus dem Nomogramm 2 auch mit Hilfe eines Meßzirkels abnehmen. Dazu fixiert man den einen Schenkel im Schnittpunkt der durch $\overline{\xi}$ verlaufenden horizontalen Geraden mit der gegebenen Linie $\overline{T}$ und den anderen Schenkel im Schnittpunkt mit der Linie $T = 0$. Bei einer Zirkeldrehung liefert dann die Differenz $\overline{h}(\overline{\xi}, \overline{T}) - \overline{h}(\overline{\xi}, 0)$ an der Skala unmittelbar $\overline{h}$.

Wir gehen nun noch kurz auf die Technik der Konstruktion von Netznomogrammen ein.

Die Konstruktion eines Netznomogramms beginnt man mit der Verfertigung einer Skizze, in die man nur die Grundlinien aller drei Kurvenscharen einträgt. Manchmal sind mehrere Skizzen notwendig, bis man die beste Form für das Nomogramm gefunden hat. Mit Hilfe dieser Skizze löst man die Frage, welche der drei Veränderlichen sich am besten für die ersten beiden geradlinigen Scharen eignen, welche Schrittweite man wählen soll, wo man am besten die Marken für die Linien der dritten Schar anbringt usw.

Ein Netznomogramm konstruiert man besten in einem geradlinigen kartesischen Koordinatensystem. Bei der Verfertigung der ersten Skizze nimmt man daher als Linien $u = C$ und $v = C$ Geraden, die parallel zu den Achsen x und y verlaufen. Dabei kann es aber vorkommen, daß die Geraden der Schar $w = C$ ein sehr enges Strahlenbündel bilden oder daß sie die Geraden $u = C$ oder $v = C$ in sehr spitzen Winkeln schneiden. Oder es kann ein anderer Effekt auftreten, der die Genauigkeit vermindert und daher für die Arbeit mit dem Nomogramm störend ist.

Solche Effekte kann man manchmal ausmerzen, indem man den Maßstab auf den Koordinatenachsen ändert oder die Rollen der Veränderlichen u, v und w vertauscht. Wenn dies aber nicht möglich ist, so muß man zu einem schiefwinkligen Koordinatensystem (wie dies zum Beispiel bei Nomogramm 2 geschah) oder zu irgendeinem anderen Koordinatensystem übergehen.

Die Koordinaten der Punkte berechnet man nur für die Grundlinien. Die Punkte, die man zur Konstruktion der übrigen markierten Linien benötigt, findet man durch graphische Interpolation zwischen den entsprechenden Grundlinien. Die Interpolation erfolgt genauso wie bei der Konstruktion von Funktionalskalen (siehe Abschnitt 81).

Nomogramme zeichnet man auf Zeichenpapier mit Tusche oder mit einem harten Bleistift. Millimeterpapier eignet sich trotz seiner Vorzüge nicht zur Anfertigung von Nomogrammen: Das Netz des Millimeterpapiers ist oft nicht genau genug, was zu Fehlern führen kann. Millimeterpapier darf man aber bei der Anfertigung der ersten Skizze verwenden.

Die Grundlinien der einzelnen Scharen zeichnet man mit einer Dicke von 0,20 ... 0,30 mm. Die Dicke der stummen Linien soll 0,10 ... 0,15 mm betragen. Der Abstand zwischen zwei benachbarten Linien soll nicht kleiner als 1,5 ... 2,0 mm und nicht größer als 5 ... 7 mm sein. Die stummen Linien sollen ein Grundintervall in 2 (durch 0,5) in 5 (durch 0,2) oder in 10 (durch 0,1) Teile unterteilen. Eine Unterteilung in eine andere Anzahl von Bereichen, zum Beispiel in 3 (durch 0,33) ist nur dann zulässig, wenn man ein unsymmetrisches Maßsystem verwendet.

Vermindert sich der Abstand zwischen den Grundlinien schnell, so teilt man anfangs das Grundintervall in zehn oder fünf Teile, und später in fünf oder zwei Teile (im zweiten Fall ist nur mehr eine stumme Linie zu ziehen).

Die Ziffern schreibt man so neben die markierten Linien, daß sie gut sichtbar und leicht abzulesen sind. Falls notwendig, markiert man eine Grundlinie an mehreren Stellen.

Das fertige Nomogramm ist unbedingt an Hand von einigen Beispielen zu überprüfen. Dazu berechnet man die gesuchten Werte direkt aus der gegebenen Gleichung und vergleicht sie mit den Ergebnissen, die das Nomogramm liefert. Die Beispiele sind so zu wählen, daß dabei der gesamte Bereich des Nomogramms benötigt wird. Die Lösung eines Beispiels kann man (durch gestrichelte Linien) am Nomogramm selbst erkenntlich machen. Dies dient hierauf als Verwendungsschema. Weitere Empfehlungen, die sich auf Nomogramme aus Ausgleichspunkten beziehen, findet man im nächsten Abschnitt.

Übung 1: Man konstruiere Netznomogramme zur Überführung von Polarkoordinaten in kartesische Koordinaten:

$$x = \rho \cos\varphi; \quad y = \rho \sin\varphi;$$
$$0 \leqslant \varphi \leqslant 90^\circ; \quad \Delta\varphi = 5^\circ; \quad 0 \leqslant \rho \leqslant 10; \quad \Delta\rho = 0{,}5.$$

Hinweis: Diese Nomogramme erhält man am einfachsten, wenn man als Kurvenschar $\rho = \text{const}$ die Kreislinien mit dem Radius und dem Mittelpunkt im Koordinatenursprung und als Kurvenschar $\varphi = \text{const}$ die vom Koordinatenursprung ausgehenden Strahlen nimmt. Die Kurvenscharen $x = \text{const}$ und $y = \text{const}$ sind dann die Parallelen zu den Achsen x und y. Beide Nomogramme (für x und y) kann man in einer Zeichnung vereinigen.

Übung 2: Man konstruiere ein Netznomogramm zur Bestimmung der Seitenfläche eines Kegels:

$$S = \pi r \sqrt{r^2 + h^2}; \quad 0 \leqslant r \leqslant 5; \quad 0 \leqslant h \leqslant 10.$$

84. Nomogramme aus Ausgleichspunkten

Für eine gewisse Klasse von Funktionen

$$F(u, v, w) = 0$$

kann man Nomogramme konstruieren, bei denen je drei Werte u_1, v_1 und w_1, die der Ausgangsgleichung $F(u, v, w) = 0$ genügen, auf einer Geraden liegen. Diese Gerade bezeichnet man Lösungsgerade. Das Nomogramm selbst bezeichnet man, wie schon in Abschnitt 80 erwähnt, als *Nomogramm aus Ausgleichspunkten.*

Nomogramme aus Ausgleichspunkten sind sehr einfach zu verwenden. Sie sind daher sehr verbreitet. Es gibt zahlreiche Typen von solchen Nomogrammen. Wir betrachten nur die häufigsten Typen, und zwar die Nomogramme aus drei parallelen Skalen und die Z-Nomogramme.

Drei parallele Skalen haben die Abstände h_1 und h_2 (Bild 158). Wir ziehen die Geraden $M_1 M_3 M_2$ und bezeichnen die Strecken $\overline{AM_1}$, $\overline{BM_2}$ und $\overline{CM_3}$ durch y_1, y_2 und y_3. Aus den so gebildeten ähnlichen Dreiecken folgt dann

$$\frac{y_3 - y_1}{h_1} = \frac{y_2 - y_1}{h_1 + h_2} \quad \text{oder} \quad (h_1 + h_2)\, y_3 = y_1 h_2 + y_2 h_1 .$$

Wir dividieren diese Gleichung (die die Bedingung dafür darstellt, daß die drei Punkte auf einer Geraden liegen) durch das Produkt $h_1 h_2$ und erhalten

$$\frac{h_1 + h_2}{h_1 h_2}\, y_3 = \frac{y_1}{h_1} + \frac{y_2}{h_2} . \tag{10.19}$$

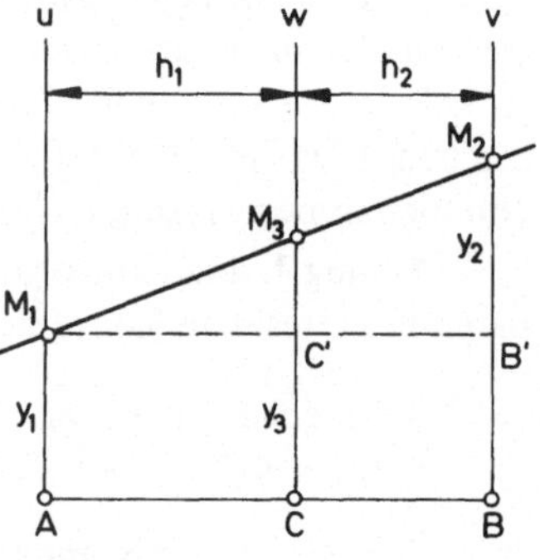

Bild 158

Die Gl. (10.19) können wir als Gleichung in den drei unabhängigen Veränderlichen u, v und w vom Typ

$$f_3(w) = f_1(u) + f_2(v) \tag{10.20}$$

betrachten, wobei

$$\frac{y_1}{h_1} = kf_1(u); \quad \frac{y_2}{h_2} = kf_2(v); \quad \frac{h_1 + h_2}{h_1 h_2}\, y_3 = kf_3(w)$$

(k ist ein beliebiger von Null verschiedener Proportionalitätsfaktor).

Daraus erhalten wir die Gleichungen zur Konstruktion der drei Skalen des betrachteten Nomogramms[1]):

$$y_1 = m_1 f_1(u); \quad y_2 = m_2 f_2(v); \quad y_3 = m_3 f_3(w). \tag{10.21}$$

Dabei gilt

$$m_1 = kh_1; \quad m_2 = kh_2; \quad m_3 = \frac{kh_1 h_2}{h_1 + h_2} = \frac{m_1 m_2}{m_1 + m_2}$$

oder

$$\frac{m_1}{m_2} = \frac{h_1}{h_2}; \quad \frac{1}{m_3} = \frac{1}{m_1} + \frac{1}{m_2} . \tag{10.22}$$

---

1) In diesem Fall fallen die Anfangswerte $f_1(u_0)$, $f_2(v_0)$ und $f_3(w_0)$ mit den Punkten A, B und C zusammen. Die Gl. (10.1) von Abschnitt 81 wird damit für jede der drei Funktionalskalen erheblich einfacher.

Auf diese Weise läßt sich für beliebige Gleichungen vom Typ (10.20) und bei beliebigen Funktionen $f_1(u)$, $f_2(v)$ und $f_3(w)$, von denen jede nur von einer einzigen Veränderlichen abhängt, ein Nomogramm mit drei parallelen Skalen konstruieren. Dabei haben wir noch große Freiheit bei der Wahl der Maßstäbe (Moduln) und der gegenseitigen Lage der Skalen, da die fünf Parameter h_1, h_2, m_1, m_2 und m_3 untereinander nur durch die zwei Gln. (10.22) verknüpft sind.

So kann man zum Beispiel völlig willkürlich die Maßstäbe m_1 und m_3 und den Abstand h_1 zwischen diesen Skalen wählen. Die Größen m_2 und h_2 folgen dann aus den Gln. (10.22). Dadurch gewinnt man für jede konkrete Gl. (10.20) die Möglichkeit zur Konstruktion jenes Nomogramms, das für die Anwendung am besten geeignet ist.

Sind die Werte der Funktionen $f_1(u)$ und $f_2(v)$ positiv, so tragen wir die ihnen entsprechenden Strecken y_1 und y_2 nach derselben Seite hin auf. Wenn diese Werte hingegen entgegengesetztes Vorzeichen haben, so muß man die Endmarke v_n der Skala $f_2(v)$ der Anfangsmarke u_0 der Skala $f_1(u)$ gegenüberlegen und umgekehrt. Wir bemerken auch, daß die Gerade ABC die parallelen Skalen unter einem von 90° verschiedenen (spitzen oder stumpfen) Winkel schneiden darf.

Beispiel 1: Wir konstruieren ein Nomogramm mit drei parallelen Skalen zur Berechnung des elektrischen Widerstands eines Kupferdrahtes, der nach der Gleichung

$$R = \frac{4\rho l}{\pi d^2} \tag{10.23}$$

zu bestimmen ist. Dabei ist R der Widerstand in Ohm, l die Drahtlänge in Metern, d der Drahtdurchmesser in Millimetern und ρ der spezifische Widerstand von Kupfer ($\rho = 0{,}0175\ \Omega\,\mathrm{mm}^2/\mathrm{m}$).

Als obere und untere Schranke für d wählen wir 1,0 mm und 0,1 mm. l soll zwischen 1 m und 10 m variieren. Der Widerstand R ändert sich dann zwischen

$$R_{min} = \frac{4\rho \cdot 1}{\pi \cdot 1} = 0{,}02228\ \Omega; \quad R_{max} = \frac{4\rho}{\pi} \cdot \frac{10}{(0{,}1)^2} = 22{,}28\ \Omega.$$

Lösung: Wir führen zuerst die Gl. (10.23) in die kanonische Gl. (10.20) über. Dazu logarithmieren wir beide Seiten von Gl. (10.23)

$$\lg R = \frac{4\rho}{\pi} + \lg l - 2 \lg d$$

und setzen

$$l = u; \quad d = v; \quad R = w;$$

$$f_1(u) = \lg l; \qquad f_2(v) = -2 \lg d;$$

$$f_3(w) = \lg R - \lg \frac{4\rho}{\pi} = \lg \frac{\pi R}{4\rho}.$$

Die Skalengleichungen lauten also:

$$y_1 = m_1[\lg l - \lg l_0] = m_1 \lg \frac{l}{l_0}; \quad y_2 = -2m_2 \lg \frac{d}{d_0}; \quad y_3 = m_3 \lg \frac{R}{R_0}.$$

Da wir drei Skalenelemente frei wählen dürfen, wählen wir die Längen der Skalen $l = u$ und $d = v$ gleich 100 mm und den Abstand zwischen u und v gleich 66 mm. Die Anfangs- und Endpunkte dieser Skalen sind $l_0 = 1$, $l_n = 10$, $d_0 = 1$, $d_n = 0{,}1$.

Gemäß Gl. (10.3) erhalten wir daher:

$$m_1 = \frac{100}{\lg 10}\,\text{mm} = 100\,\text{mm};\qquad m_2 = \frac{100}{-2\lg 0{,}1}\,\text{mm} = 50\,\text{mm}.$$

Als Skalengleichungen für l und d finden wir somit endgültig

$$y_1 = m_1 \lg\frac{l}{l_0} = 100\,l;\qquad y_2 = -2m_2\lg\frac{d}{d_0} = 100\lg\left(\frac{1}{d}\right),$$

wobei y_1 und y_2 in Millimetern zu messen sind.

Die Berechnung der Grundmarken der Skalen l und d ist in Tabelle 190 angegeben. Die Skalen l und d selbst konstruieren wir längs zwei paralleler Linien, deren Abstand nach der von uns gewählten Bedingung gleich $h_1 + h_2 = 66$ mm ist.

Tabelle 190

$y_1 = 100 \lg l$			$y_2 = -100 \lg d$			$y_3 = 33{,}33 \lg \frac{R}{R_0}$; $\frac{1}{R_0} = 44{,}88\ \Omega^{-1}$			
l	$\lg l$	y_1, mm	d	lg d	y_2, mm	R Ω	$\frac{R}{R_0}$	$\lg\frac{R}{R_0}$	y_3, mm
1	0,0000	0,0	1,0	0,0000	0,0	0,02	0,898	− 0,0467	− 1,6
2	0,3010	30,1	0,9	− 0,0458	4,6	R_0	1,000	0,0000	0,0
3	0,4771	47,7	0,8	− 0,0969	9,7	0,03	1,346	0,1290	4,3
4	0,6021	60,2	0,7	− 0,1549	15,5	0,04	1,795	0,2541	8,5
5	0,6990	69,9	0,6	− 0,2218	22,2	0,05	2,244	0,3510	11,7
6	0,7782	77,8	0,5	− 0,3010	30,1	0,10	4,488	0,6521	21,7
7	0,8451	84,5	0,4	− 0,3979	39,8	0,20	8,976	0,9531	31,8
8	0,9031	90,3	0,3	− 0,5229	52,3	...	...	...	...
9	0,9542	95,4	0,2	− 0,6990	69,9	20,0	897,6	2,9531	98,4
10	1,0000	100,0	0,1	− 1,0000	100,0	24,0	1077,1	3,0323	100,1

Die Anfangspunkte auf diesen Linien dürfen wir vollkommen willkürlich wählen. Damit das Nomogramm in unserem Beispiel jedoch so kompakt wie möglich wird, setzen wir die Punkte $l_0 = 1$ und $d_0 = 1$ längs einer Senkrechten zu den Skalenträgerinnen (siehe Bild 158).

Sobald die Anfangspunkte gewählt sind, konstruieren wir aus den Angaben von Tabelle 190 den Rest der Skalen längs den Trägerlinien, wie es bereits in Abschnitt 81 beschrieben wurde. Zur Konstruktion von logarithmischen Skalen eignet sich am besten ein sogenanntes Dreieck mit logarithmischen Skalen, das der Leser in der Arbeit von *M. W. Pentkowski* [327, Beilage I zur S. 34] findet.

Nach Konstruktion der Skalen l und d gehen wir über zur Berechnung und Konstruktion der Antwortskala R. Dazu müssen wir die Lage der Skalenträgerin und den Skalenmaßstab bestimmen sowie die Gleichung der Trägerin und die Lage des Anfangspunktes.

Die ersten beiden Parameter finden wir bei bekanntem $m_1 = 100$, $m_2 = 50$ und $h_1 + h_2 = 66$ mm aus den Gln. (10.22):

$$\frac{1}{m_3} = \frac{1}{100} + \frac{2}{100}; \quad m_3 = 33{,}33 \text{ mm}; \quad \frac{h_1}{h_2} = \frac{m_1}{m_2} = 2; \quad h_1 + h_2 = 66 \text{ mm}.$$

Daraus folgt

$$h_1 = 44 \text{ mm} \quad \text{und} \quad h_2 = 22 \text{ mm}.$$

Der Anfangswert für die Skala R ist

$$R_0 = R_{min} = \frac{4\rho}{\pi} = 0{,}02228.$$

Dieser entspricht den Werten $l_0 = 1$, $d_0 = l$. Als Skalengleichung für R erhalten wir somit schließlich (mm):

$$y_3 = m_3 \lg \frac{R}{R_0} = 33{,}33 \lg \frac{R}{R_0}, \quad \text{mit} \quad \frac{1}{R_0} = \frac{\pi}{4\rho} = \frac{3{,}1416}{4 \cdot 0{,}0175} = 44{,}88.$$

Alle zur Berechnung der Skala w = R notwendigen Rechnungen sind ebenfalls in Tabelle 190 angeführt. Da die Marke $R_0 = 0{,}02228$ keine Grundmarke ist, beginnen wir die Berechnung der Skala mit dem gerundeten Wert R = 0,02. Die Skala beenden wir mit dem Wert $R_n = 24{,}0$, der die nächst größere Marke nach $R_{max} = 22{,}28$ darstellt.

Die Marke $R_0 = 0{,}02228$ muß auf einer Geraden durch die Marken $l_0 = 1$ und $d_0 = 1$ liegen. Zur Konstruktion der Skala R zeichnen wir daher zuerst eine Linie parallel zu den Skalen l und d, und zwar im Abstand von $h_1 = 44$ mm von der Skala l, und finden hierauf die Marke R_0 als Schnittpunkt dieser Linie mit der Verbindungsgeraden der Punkte l_0 und d_0. Sobald R_0 gefunden ist, konstruieren wir mit R_0 als Bezugspunkt alle weiteren benötigten markierten Punkte der Skala R. Wenn die Skala R fertig ist, wird der Punkt R_0 nicht mehr benötigt. Wir versehen ihn nicht mit einer Marke, da er keine Grundmarke, sondern nur eine Zwischenmarke der Skala R darstellt. Die Konstruktion des Nomogramms ist (im Maßstab 3 : 4) in Bild 159 dargestellt.

Die Verwendung des Nomogramms ist sehr einfach. Sie folgt aus seiner Haupteigenschaft, daß drei der Ausgangsgleichung genügende Punkte auf einer Geraden liegen.

Durch die Angaben l und d ziehen wir eine Gerade. Diese liefert auf der Skala R die Antwort. Zum Beispiel: Gegeben sei $l = 2{,}9$ m; d = 0,175 mm. *Antwort:* R = 2,1 Ω. Diese Konstruktion ist in Bild 159 zu sehen.

Bei der Arbeit mit Nomogrammen aus Ausgleichspunkten verwendet man am besten ein durchsichtiges Lineal. Zur Vermeidung von Fehlern, die von der Parallaxe herrühren, muß man das Lineal am Nomogramm mit der Beschriftung nach unten anlegen.

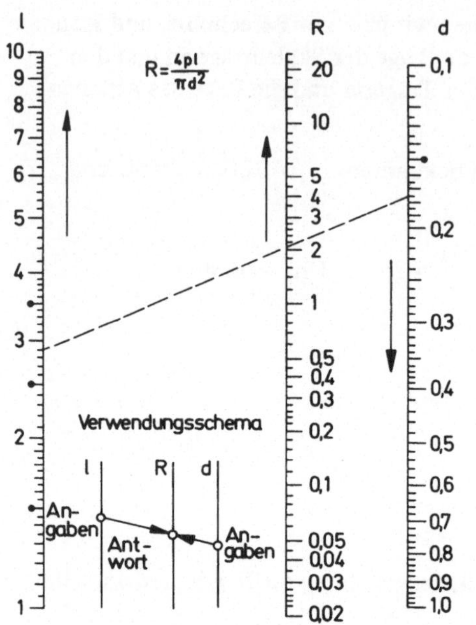

Bild 159

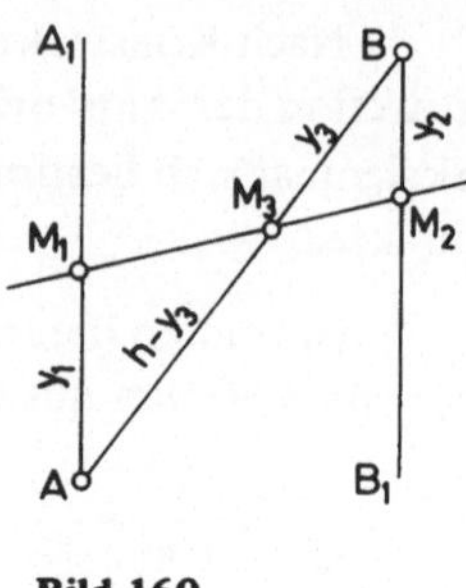

Bild 160

Das konstruierte Nomogramm ist an Hand einiger konkreter Beispiele zu überprüfen. Die gefundene Zahl ist mit dem Ergebnis einer direkten Berechnung zu vergleichen. Eine derartige Probe ist in verschiedenen Bereichen des Nomogramms durchzuführen.

Gemäß Gl. (10.23) erhalten wir zum Beispiel:

bei $l = 9{,}0$ m; $\quad$ d = 0,10 mm; $\quad$ R = 20,05 Ω;
bei $l = 4{,}8$ m; $\quad$ d = 0,35 mm; $\quad$ R = 0,873 Ω;
bei $l = 1{,}65$ m; $\quad$ d = 0,20 mm; $\quad$ R = 0,919 Ω.

Die Überprüfung des in Bild 159 dargestellten Nomogramms liefert diese Zahlen mit zwei bedeutsamen Ziffern.

Zur leichteren Orientierung am Nomogramm deutet man die Richtungen wachsender Variablenwerte durch kleine Pfeile an.

Natürlich läßt sich mit Hilfe des in Bild 159 dargestellten Nomogramms jede beliebige der drei Größen l, d oder R bestimmen, wenn die übrigen zwei bekannt sind.

Übung 1: Man konstruiere dasselbe Nomogramm so, daß die Längen der Skalen l und d gleich 250 mm und ihr Abstand $h_1 + h_2 = 100$ mm wird. Ein Nomogramm von diesen Ausdehnungen liefert eine Genauigkeit von drei bedeutsamen Ziffern.

Wir kommen nun zur Konstruktion von Z-Nomogrammen.

Dazu gehen wir von drei Funktionalskalen aus, die den Gleichungen

$$y_1 = m_1 f_1(u); \quad y_2 = m_2 f_2(v); \quad y_3 = m_3 f_3(w) \tag{10.24}$$

entsprechen sollen. Die ersten beiden Skalen konstruieren wir längs zweier paralleler Geraden $\overline{AA_1}$ und $\overline{BB_1}$ (Bild 160) und nehmen an, daß die Anfangspunkte dieser Skalen A und B sind. Die Skalen selbst seien entgegengesetzt gerichtet. Die Funktionalskala der Veränderlichen w konstruieren wir auf der Geraden AB, wobei wir als Anfangspunkt B wählen.

Wir wollen bestimmen, welchen Gleichungstyp ein derartiges Nomogramm aus Ausgleichspunkten entspricht. Dazu schneiden wir alle drei Skalen durch eine beliebige Gerade $M_1 M_3 M_2$ und verwenden die Bezeichnungen

$$\overline{AM_1} = y_1; \quad \overline{BM_2} = y_2; \quad \overline{BM_3} = y_3; \quad \overline{AB} = h.$$

Aus den ähnlichen Dreiecken $AM_1 M_3$ und BM_2M_3 finden wir dann

$$\frac{y_1}{y_2} = \frac{h - y_3}{y_3} \tag{10.25}$$

oder unter Berücksichtigung von Gl. (10.24)

$$\frac{f_1(u)}{f_2(v)} = \frac{m_2[h - m_3 f_3(w)]}{m_1 m_3 f_3(w)} = \varphi_3(w).$$

Die rechte Seite dieser Gleichung hängt also nur von der Veränderlichen w ab. Der Gleichungstyp, dem das Nomogramm entspricht, lautet also

$$f_1(u) = f_2(v)\, \varphi_3(w), \tag{10.26}$$

wobei

$$\varphi_3(w) = \frac{m_2[h - m_3 f_3(w)]}{m_1 m_3 f_3(w)}. \tag{10.27}$$

Nach Auflösung von Gl. (10.27) nach $y_3 = m_3 f_3(w)$ erhalten wir:

$$y_3 = \frac{h}{1 + \frac{m_1}{m_2}\varphi_3(w)}. \tag{10.28}$$

Dieser Ausdruck erlaubt die Konstruktion der Skala für die dritte Funktion $f_3(w)$.

Die Bezeichnung Z-Nomogramm kommt daher, daß dieser Nomogrammtyp das Aussehen des Buchstaben Z besitzt.

Für jede Gleichung vom Typ (10.26) läßt sich also ein Z-Nomogramm konstruieren. Liegen aber die Anfangspunkte weit außerhalb des Arbeitsbereichs des Nomogramms, so ist ihre Verbindung ziemlich schwierig.

Beispiel 2: Wir konstruieren ein Z-Nomogramm für die Potenzfunktion [544, S. 254–256]

$$y = x^n, \tag{10.29}$$

wobei sich die Größen x, n und y in den Bereichen

$$1 \leqslant x \leqslant 100; \quad 0 \leqslant n \leqslant 10; \quad 1 \leqslant y \leqslant 10$$

ändern sollen.

Lösung: Wir logarithmieren die Gl. (10.29) und finden

$$\lg y = n \lg x.$$

Ein Vergleich dieses Ergebnisses mit der Gl. (10.26) liefert

$$\lg y = f_1(u); \quad \lg x = f_2(v); \quad n = \varphi_3(w).$$

Die Skalen der Funktionen $\lg y$ und $\lg x$ konstruieren wir längs zwei parallelen Geraden in entgegengesetzten Richtungen. Die Länge beider Skalen sei 100 mm, der Abstand zwischen ihnen 50 mm. Nach Gl. (10.3) von Abschnitt 81 und den Grenzen für y und x erhalten wir dann

$$m_1 = \frac{100}{\lg 10 - \lg 1}\ \text{mm} = 100\ \text{mm}; \qquad m_2 = \frac{100}{\lg 100 - \lg 1}\ \text{mm} = 50\ \text{mm}.$$

Die dritte Skala berechnen und konstruieren wir nach Gl. (10.28), nachdem wir h bestimmt haben. Die Anfangspunkte der parallelen Skalen liegen innerhalb des Nomogrammbereichs. Die Bestimmung von h und die Konstruktion der geneigten Skala führt daher auf keine Schwierigkeiten und kann vom Leser selbständig vollendet werden. Das konstruierte Nomogramm ist (im Maßstab 2:3) in Bild 161 dargestellt.

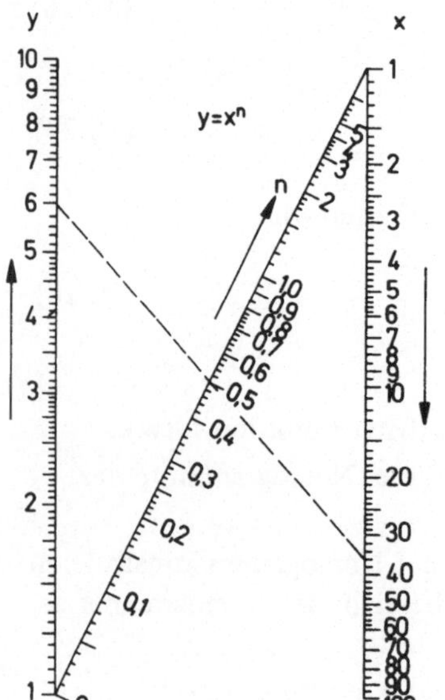

Bild 161

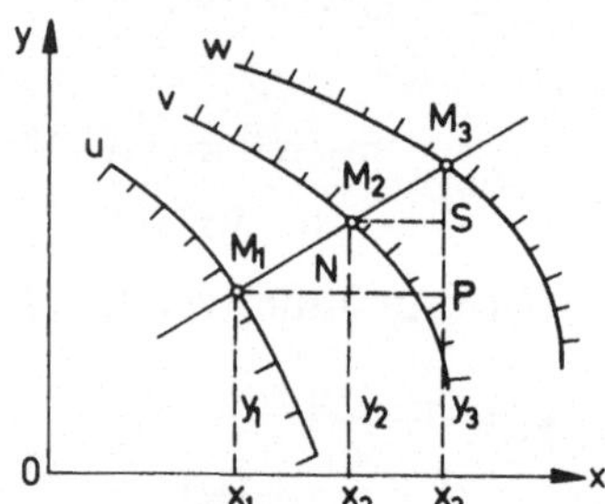

Bild 162

Das Verwendungsschema des Nomogramms geht aus dem folgenden Beispiel hervor. Gegeben: $x = 36$, $n = 0{,}5$. Antwort: $y = 6{,}0$.

Wir verallgemeinern die erhaltenen Resultate und erklären, welchen Bedingungen eine Gleichung $F(u, v, w) = 0$ genügen muß, damit sie durch ein Nomogramm aus Ausgleichspunkten dargestellt werden kann.

Im allgemeinen Fall dürfen alle drei Skalen u, v und w krummlinig sein. Ihre Parameterdarstellungen lauten dann[1]):

$$\begin{cases} x_1 = f_1(u), \\ y_1 = \varphi_1(u), \end{cases} \quad \begin{cases} x_2 = f_2(v), \\ y_2 = \varphi_2(v), \end{cases} \quad \begin{cases} x_3 = f_3(w), \\ y_3 = \varphi_3(w), \end{cases} \tag{10.30}$$

wobei alle Funktionen innerhalb der betrachteten Parameterintervalle für u, v und w stetig und eindeutig sind.

Wir ziehen eine beliebige Gerade, die die Skalen u, v und w in den Punkten $M_1(x_1; y_1)$, $M_2(x_2; y_2)$ und $M_3(x_3; y_3)$ (Bild 162) schneiden soll. Aus der Bedingung, daß diese Punkte auf einer Geraden liegen sollen, folgt dann

$$\begin{vmatrix} x_1 & y_1 & 1 \\ x_2 & y_2 & 1 \\ x_3 & y_3 & 1 \end{vmatrix} = 0 \quad \text{oder} \quad \begin{vmatrix} f_1(u) & \varphi_1(u) & 1 \\ f_2(v) & \varphi_2(v) & 1 \\ f_3(w) & \varphi_3(w) & 1 \end{vmatrix} = 0 \tag{10.31}$$

oder in bereits entwickelter Form

$$f_1\varphi_2 + f_2\varphi_3 + f_3\varphi_1 - f_1\varphi_3 - f_2\varphi_1 - f_3\varphi_2 = 0. \tag{10.31'}$$

Diese Beziehung beweist man auch leicht ausgehend von den ähnlichen Dreiecken M_1M_2N und M_2M_3S.

Wenn sich also für die Gleichung $F(u, v, w) = 0$ eine entsprechende Gleichung der Form (10.31) finden läßt, so kann man dafür ein Nomogramm aus Ausgleichspunkten konstruieren.

Wir betrachten nun eine Gleichung, die linear in den beiden Veränderlichen ξ und η ist:

$$\xi f_3(w) + \eta\varphi_3(w) + \psi_3(w) = 0. \tag{10.32}$$

Die Gl. (10.32) stellt, wie in Abschnitt 83 bewiesen wurde, die allgemeinste Form dar, die sich mit Hilfe eines geradlinigen kartesischen Rechenbretts nomographieren läßt. Wir wollen zeigen, daß man für diese Gleichung auch immer eine Nomogramm aus Ausgleichspunkten konstruieren kann.

Wir betrachten den folgenden Spezialfall der Gl. (10.31):

$$\begin{vmatrix} 0 & \xi & 1 \\ h & \eta & 1 \\ \dfrac{h\varphi_3}{f_3 + \varphi_3} & \dfrac{-\psi_3}{f_3 + \varphi_3} & 1 \end{vmatrix} = 0 \tag{10.33}$$

h ist dabei eine Konstante.

[1]) Zur Vereinfachung nehmen wir an, daß die Maßstabsfaktoren bereits in den Funktionen f_k, φ_k enthalten sind.

Nach Entwicklung der Determinante finden wir

$$\frac{h\xi\varphi_3}{f_3+\varphi_3} - \frac{h\psi_3}{f_3+\varphi_3} - \frac{h\eta\varphi_3}{f_3+\varphi_3} - \xi h = 0.$$

Nach Befreiung der Gleichung von Brüchen und Kürzung durch h erhalten wir die Gl. (10.32), wodurch unsere Behauptung bewiesen ist.

Die allgemeinere Gleichung

$$f_1(u)\, f_3(w) + f_2(v)\, \varphi_3(w) + \psi_3(w) = 0 \tag{10.34}$$

die sogenannte Cauchysche Gleichung in kanonischer Form, geht durch die Substitution

$$\xi = f_1(u), \quad \eta = f_2(v)$$

in die lineare Gl. (10.32) über. Auch für Gleichungen der Cauchyschen Form lassen sich daher Nomogramme aus Ausgleichspunkten konstruieren.

Die Skalengleichungen für u, v und w finden wir durch Gegenüberstellung der Gl. (10.33) und der Gln. (10.31) und (10.30). Als Ergebnis erhalten wir

$$\begin{cases} x_1 = 0, \\ y_1 = mf_1(u), \end{cases} \quad \begin{cases} x_2 = h, \\ y_2 = mf_2(v), \end{cases} \quad \begin{cases} x_3 = \dfrac{h\varphi_3(w)}{f_3(w)+\varphi_3(w)}, \\[2ex] y_3 = \dfrac{-m\psi_3(w)}{f_3(w)+\varphi_3(w)}. \end{cases} \tag{10.35}$$

Dabei setzen wir in Gl. (10.33) zuerst $\xi = f_1(u)$, $\eta = f_2(v)$ und multiplizieren die zweite Spalte der Determinante mit m. Die Gl. (10.33) bleibt dadurch unverletzt.

Eine Analyse der Gl. (10.35) zeigt, daß die Skalen u und v auf zwei parallelen Geraden $x = 0$ und $x = h$ liegen und denselben Maßstab m besitzen. Der Abstand zwischen diesen Skalen beträgt h. Die dritte Skala w ist im allgemeinen krummlinig.

Wir gelangen so zur folgenden wichtigen Aussage: *Für eine Cauchysche Gleichung in kanonischer Form läßt sich immer ein Nomogramm aus Ausgleichspunkten mit zwei parallelen geradlinigen Skalen und einer dritten im allgemeinen krummlinigen Skala konstruieren.*

Durch projektive Umformungen der Nomogramme für Cauchysche Gleichungen kann man erreichen, daß die geradlinigen Skalen sich schneiden. Dadurch wird die Genauigkeit der Nomogramme erhöht (siehe [291, 326]).

Die Cauchysche Form tritt in der Praxis häufig auf. Sie erweist sich somit als eine der wichtigsten Formen nomographierbarer Gleichungen. Die früher betrachteten Formen (10.20) und (10.26) sind Spezialfälle der Cauchyschen Form. Man erhält sie, wenn man in Gl. (10.34)

$$f_3 = \varphi_3 = -1 \quad \text{und} \quad f_3 = -1, \quad \psi_3 = 0$$

setzt.

Auch eine beliebige dreigliedrige algebraische Gl. (10.14)

$$z^m + pz^n + q = 0$$

läßt sich auf die kanonische Cauchysche Form bringen, wovon man sich leicht überzeugt, wenn man in Gl. (10.34)

$$f_1 = p, \quad f_2 = q, \quad f_3 = z^n, \quad \varphi_3 = 1, \quad \psi_3 = z^m$$

setzt.

Beispiel 3: Wir konstruieren ein Nomogramm für die quadratische Gleichung

$$z^2 + pz + q = 0.$$

Lösung: Wir setzen in Gl. (10.35)

$$f_1 = p, \quad f_2 = q, \quad f_3 = z, \quad \varphi_3 = 1, \quad \psi_3 = z^2$$

und erhalten die Skalengleichung

$$\begin{cases} x_1 = 0, \\ y_1 = mp, \end{cases} \quad \begin{cases} x_2 = h \\ y_2 = mq, \end{cases} \quad \begin{cases} x_3 = \dfrac{h}{1+z}, \\ y_3 = \dfrac{-mz^2}{1+z}. \end{cases} \tag{10.36}$$

Die Konstanten m und h wählen wir in Übereinstimmung mit dem Änderungsbereich der Gleichungskoeffizienten und der vom Nomogramm geforderten Genauigkeit. Wenn man zum Beispiel in den Bereichen

$$-10 \leqslant p \leqslant +10; \quad -10 \leqslant q \leqslant +10$$

eine Genauigkeit von zwei bis drei bedeutsamen Ziffern benötigt, so muß man

$$h = 100 \text{ mm}, \quad m = 10 \text{ mm}$$

setzen.

Unter diesen Bedingungen wird die Länge der geradlinigen Skalen $u = p$, $v = q$ gleich 200 mm, der Abstand zwischen ihnen wird $h = 100$ mm. Die Skalen p und q in diesem Beispiel sind nicht nur geradlinig sondern auch gleichmäßig. Ihre Konstruktion bietet daher keine Schwierigkeiten.

Die Skala der Veränderlichen $w = z$ ist krummlinig. Zu ihrer Konstruktion muß man die Skalenträgerin und die Verteilung der Marken berechnen. Man muß jedoch nicht die Koordinaten aller markierten Punkte berechnen. Vorerst berechnet man nur so viele Punkte (x_3, y_3), daß man die Trägerin mit Hilfe einer Schablone zeichnen kann. Sobald die Skalenträgerin konstruiert ist, bestimmen wir die übrigen markierten Punkte der krummlinigen Skala. Wir erhalten diese bereits durch Berechnung einer der Koordinaten x oder y in Abhängigkeit vom Neigungswinkel der Skalenträgerin im betrachteten Punkt. Da jeder markierte Punkt w auf der Skalenträgerin liegen muß, so ist dieser Punkt durch eine der Koordinaten bereits eindeutig bestimmt. Dies vermindert nicht nur den Rechenaufwand, sondern vereinfacht auch die Konstruktion der Skalenpunkte.

Alle notwendigen Rechnungen sind in Tabelle 191 angegeben. Sie wurden nach Gl. (10.36) durchgeführt. Für m = 10 mm und h = 100 mm lautet diese:

$$x_3 = \frac{100}{1+z}; \quad -y_3 = \frac{10z^2}{1+z}.$$

Tabelle 191

z	x_3	$-y_3$	z	$10z^2$	x_3	$-y_3$	z	$10z^2$	x_3	$-y_3$
0,0	100,0	0,0	1,0	10,0	50,0	5,0	6,0	360,0	14,3	51,4
0,1	90,9	–	1,5	22,5	40,0	9,0	6,5	422,5	–	56,3
0,2	83,3	–	2,0	40,0	33,3	13,3	7,0	490,0	12,5	61,2
0,3	76,9	–	2,5	62,5	28,6	17,9	7,5	562,5	–	66,2
0,4	71,4	–	3,0	90,0	25,0	22,5	8,0	640,0	11,1	71,1
0,5	66,7	1,7	3,5	122,5	22,2	27,2	8,5	722,5	–	76,1
0,6	62,5	–	4,0	160,0	20,0	32,0	9,0	810,0	10,0	81,0
0,7	58,8	–	4,5	202,5	–	36,8	9,5	902,5	–	86,0
0,8	55,6	–	5,0	250,0	16,7	41,7	10,0	1000	9,1	90,9
0,9	52,6	–	5,5	302,5	–	46,5	11,0	1210	8,3	100,8

Die Rechnungen wurden mit zwei Dezimalstellen ausgeführt, die Ergebnisse dagegen auf eine einzige Stelle gerundet. Die Koordinaten x_3 und y_3 wurden in Millimetern bestimmt, wobei y negative Werte erhält, da wir in der Gleichung $-y_3$ geschrieben haben. Die in Tabelle 191 nicht berechneten markierten Punkte konstruieren wir mit Hilfe der graphischen quadratischen Interpolation, die man vollkommen analog zum Fall einer geradlinigen Skala durchführt (siehe Abschnitt 81). Gewöhnlich konstruiert man auf dem Wege der Interpolation auch die Mehrzahl der stummen Teilungsstriche der krummlinigen Skala.Die Konstruktion des Nomogramms ist in Bild 163 im Maßstab 1: 3 dargestellt. Der Leser kann die Angaben in Tabelle 191 zur Konstruktion desselben Nomogramms im Maßstab 1: 1 benutzen.

In der z-Skala sind nur die positiven Wurzelwerte angegeben. Zur Bestimmung der negativen Wurzeln setzt man p anstelle von $-p$. Tatsächlich erhalten wir mit $z = -t$ aus der Gleichung

$$z^2 + pz + q = 0$$

die Gleichung

$$t^2 - pt + q = 0.$$

Das Verwendungsschema für das Nomogramm geht aus den unten angeführten Beispielen hervor:

a) $z^2 - 6{,}2z - 2{,}7 = 0$. Gegeben: $p = -6{,}2$; $q = -2{,}7$
   Antwort: $z_1 \approx +6{,}61$; $z_2 \approx -0{,}41$.

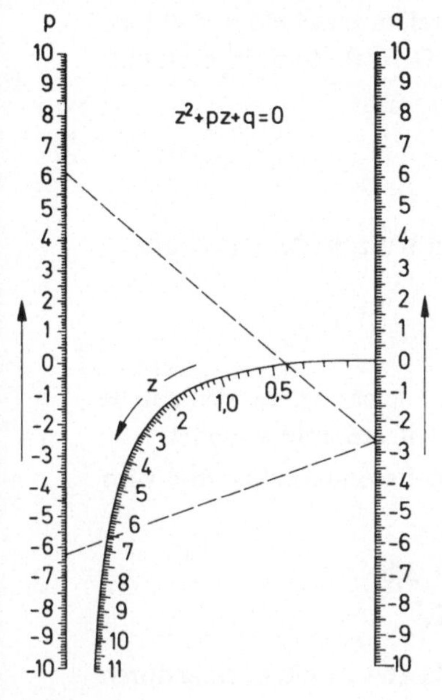

Bild 163

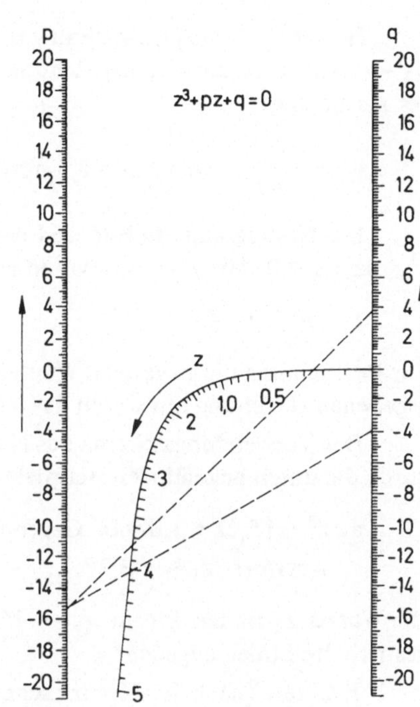

Bild 164

Die Lösung dieses Beispiels ist in Bild 163 durch gestrichelte Linien angedeutet.

b) $z^2 - 4{,}0z + 3{,}0 = 0$. Gegeben: $p = -4{,}0$; $q = +3{,}0$
Antwort: $z_1 \approx 1{,}00$; $z_2 \approx +3{,}00$.

c) $z^2 + 7{,}4z + 4{,}8 = 0$. Gegeben: $p = +7{,}4$; $q = +4{,}8$
Antwort: $z_1 \approx -6{,}68$; $z_2 \approx -0{,}72$.

Wir legen ein durchsichtiges Lineal an die Marken $p = +7{,}4$; $q = +4{,}8$ an. Dies ergibt keinen Schnittpunkt mit der z-Skala. Daher nehmen wir die Werte $p = -7{,}4$; $q = +4{,}8$ und erhalten die Wurzeln der Gleichung

d) $z^2 + 3{,}1z + 5{,}7 = 0$.

Positive Wurzeln existieren nicht. Wir nehmen $p = -3{,}1$; $q = +5{,}7$ und überzeugen uns, daß auch keine negativen Wurzeln existieren. Diese Gleichung besitzt daher überhaupt keine reellen Wurzeln.

Übung 2: Man überprüfe das Nomogramm in Bild 164 an Hand der kubischen Gl. (10.15);

$$z^3 + pz + q = 0; \quad -20 \leqslant p \leqslant +20; \quad -20 \leqslant q \leqslant +20.$$

Man berechne eine Tabelle der Koordinaten der markierten Punkte der krummlinigen Skala $w = z$ bei $m = 2{,}5$ mm, $h = 50$ mm.

Hinweis: Da sich dieser Fall von Beispiel 3 nur dadurch unterscheidet, daß hier $\psi_3 = z^3$ gilt, wird die Skalengleichung hier ebenfalls durch Gl. (10.36) bestimmt, mit der Ausnahme

$$y_3 = \frac{-mz^3}{1+z}, \text{ wobei } m = 2{,}5 \text{ mm.}$$

Das Nomogramm in Bild 164 liefert nur die positiven Wurzeln der Gleichung $z^3 + pz + q = 0$. Mit $z = -t$ erhalten wir die Gleichung

$$t^3 + pt - q = 0.$$

Zur Bestimmung der negativen Wurzeln löst man daher die Gleichung, die sich von der gegebenen Gleichung nur durch das Vorzeichen des freien Gliedes unterscheidet.

Das Verwendungsschema des Nomogramms hat keine Besonderheiten und wird durch die unten angeführten Beispiele erklärt.

a) $z^3 - 15{,}2z + 3{,}8 = 0$. Gegeben: $p = -15{,}2$; $q = +3{,}8$
Antwort: $z_1 \approx +3{,}77$; $z_2 = +0{,}25$; $z_3 \approx -4{,}02$.

Die Wurzel z_3 finden wir mit $p = -15{,}2$; $q = -3{,}8$. In Bild 164 ist die Lösung durch gestrichelte Linien angedeutet.

Exaktere (nach der Newtonschen Gleichung bestimmte) Wurzelwerte sind:

$z_1 = 3{,}7671$; $z_2 = 0{,}2510$; $z_3 = -4{,}0182$.

b) $z^3 - 7{,}0z - 2{,}0 = 0$. Gegeben: $p = -7{,}0$; $q = -2{,}0$
Antwort: $z_1 \approx +2{,}78$; $z_2 \approx -2{,}49$; $z_3 \approx -0{,}29$.

Exaktere Werte sind:

$z_1 = +2{,}7785$; $z_2 = -2{,}4893$; $z_3 = -0{,}2892$.

c) $z^3 + 5{,}5z + 9{,}6 = 0$. Gegeben: $p = +5{,}5$; $q = +9{,}6$.

Positive Wurzeln existieren nicht. Wir setzen $p = +5{,}5$; $q = -9{,}6$ und finden die negative Wurzel $z_1 - 1{,}32$ (ein exakterer Wert ist $z_1 = -1{,}3237$).

Die Konstruktion beliebiger Nomogramme für andere Gleichungen in der kanonischen Form von *Cauchy* erfolgt analog. Wir gehen auf dieses Problem daher nicht näher ein. Es ist nur zu bemerken, daß man die Gleichung der Trägerin einer krummlinigen Skala in expliziter Form erhält, wenn man den Parameter w aus den zwei letzten Gleichungen von (10.35) eliminiert.

In Beispiel 3 ist somit die Trägerin der Skala $w = z$ die Hyperbel

$$m(h - x_3)^2 + hx_3y_3 = 0,$$

die wir durch Elimination des Parameters z aus den Gleichungen

$$x_3 = \frac{h}{1+z}; \quad y_3 = \frac{-mz^2}{1+z}$$

erhalten.

Auch die Konstruktion eines Nomogramms für die allgemeinere Gl. (10.31′), die sechs willkürliche Funktionen von u, v und w (mit der Bedingung, daß jede der Funktionen f_k, φ_k, ψ_k nur von einer Veränderlichen abhängt) enthält, erfolgt ebenso analog zu den oben betrachteten Beispielen. Die Skalengleichungen bestimmt man in diesem Fall aus den Gln. (10.30). Wie bereits erwähnt, können alle drei Skalen krummlinig sein.

Die Anzahl der krummlinigen Skalen eines Nomogramms aus Ausgleichspunkten bezeichnet man als *Art des Nomogramms.* Nomogramme können von nullter (alle Skalen geradlinig), erster, zweiter oder dritter Art sein. Die oben betrachteten Nomogramme sind von nullter und erster Art. Ein Nomogramm zweiter Art ist in Bild 165 [653] dargestellt. Dieses Nomogramm (in dem die Skalen t und $\widetilde{\Delta}^2$ den Punkt Null als gemeinsamen Anfang besitzen) dient zur Bestimmung des Absolutbetrags des quadratischen Gliedes

$$u = \frac{t(1-t)}{4}\widetilde{\Delta}^2 \tag{10.37}$$

in der Interpolationsgleichung von *Bessel* (2.47)

$$f(x) = f(x_0 + th) = f(x_0) + t\Delta f(x_0) - \frac{t(1-t)}{4}\widetilde{\Delta}^2 f(x_0) + \dots,$$

wobei

$$\Delta f(x_0) = f(x_0 + h) - f(x_0);$$
$$\widetilde{\Delta}^2 f(x_0) = \Delta^2 f(x_{-1}) + \Delta^2 f(x_0) = f(x_0 + 2h) - f(x_0 + h) - f(x_0) + f(x_0 - h)$$

und h die Schrittweite bedeutet. Die Größe $\widetilde{\Delta}^2$ ist Tabellen, die sich für eine Besselsche Interpolation eignen, meist angegeben.

Wir vergleichen die betrachteten Typen von Nomogrammen für die Gleichung F(u, v, w) = 0.

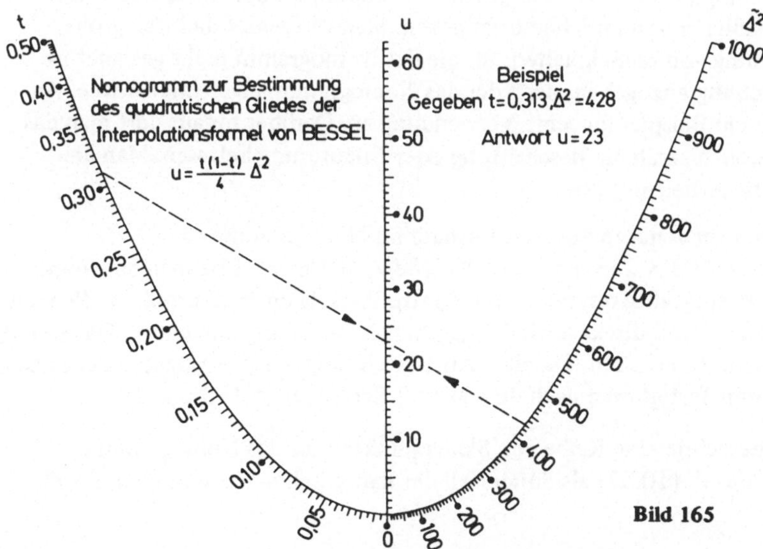

Bild 165

Nomogramme aus Ausgleichspunkten gewährleisten eine höhere Genauigkeit (bei gleichbleibender Zeichenfläche). Man konstruiert solche Nomogramme wesentlich leichter als Netznomogramme. Auch ihre Verwendung ist einfacher. Aber auch Netznomogramme haben Vorteile: Netznomogramme kann man für beliebige Gleichungen mit drei Unbekannten F(u, v, w) = 0 konstruieren. Nomogramme aus Ausgleichspunkten gewinnt man nur, wenn F(u, v, w)=0 auf eine Gleichung vom Typ (10.31) zurückführbar ist. Dies ist leider nicht immer möglich. So kann man (bei exakter Fragestellung) kein Nomogramm aus Ausgleichspunkten konstruieren, das äquivalent zu dem Netznomogramm 2 im Anhang wäre. Bei nicht nomographierbaren Gleichungen, d. h. in den Fällen, in denen man keine Gleichung vom Typ (10.31) finden kann, existieren Näherungsmethoden zur Konstruktion von Nomogrammen aus Ausgleichspunkten [326, Kapitel VI, § 32], aber diese Methoden bedürfen einer Vervollkommnung.

Die Rechengenauigkeit der Nomogramme hängt in hohem Maße von der Genauigkeit ab, mit der sie angefertigt wurden. Die Koordinaten der Skalenpunkte muß man daher in Millimetern mit einer Genauigkeit von 0,1 mm berechnen. Die Anzahl der Punkte, deren Koordinaten zu berechnen sind, bestimmt man in einer Skizze des Nomogramms. Dabei ist zu beachten, daß man die Zwischenpunkte durch graphische quadratische Interpolation finden kann. Der Fehler bei der Interpolation wird im Zulässigkeitsbereich liegen, wenn die dritten Differenzen der Koordinaten kleiner als 2 mm sind.

Bei der Zeichnung eines Nomogramms soll der Abstand zwischen zwei benachbarten Strichen nicht größer als 5 mm und nicht kleiner als 0,7 ... 1,0 mm sein. Die Länge der kurzen Striche soll 2 mm, die der langen Striche 5 mm betragen. Die Skalenträgerin soll eine Dicke von 0,2 ... 0,3 mm, die Striche eine Dicke von 0,15 ... 0,20 mm haben. Die größten Abmessungen der Ziffern bei der Markierung der Punkte und Linien sollen 2,5 mm betragen. Zur Beschriftung der Skala verwendet man am besten dieselbe Schrifttype der Größe 3,5 mm.

Dem fertigen Nomogramm ist unbedingt ein Verwendungsschema und eine Erklärung der Dimensionen aller Veränderlichen beizugeben. Man vermeidet dadurch grobe Fehler durch Verwendung von Maßeinheiten, für die das Nomogramm nicht geeignet ist. Zusätzlich ist die Gleichung anzugeben, nach der das Nomogramm angefertigt wurde. Am besten führt man auch ein Beispiel für seine Verwendung an. Darüber hinaus darf man das Nomogramm nicht durch zusätzliche Beschriftung oder Erläuterung belasten. Man erschwert dadurch nur die Arbeit mit ihm.

Die am häufigsten verwendete Standardformate für Nomogramme sind A5 (144 × 203 mm), A4 (203 × 288 mm) und A3 (288 × 407 mm). Ehe man ein Nomogramm verwendet, ist es sorgfältig mit Hilfe von Kontrollbeispielen zu überprüfen, die man an Hand des Nomogramms und direkt nach der gegebenen Gleichung berechnet. Dabei sind alle Nomogrammbereiche zu erfassen. Tabellen zur Berechnung der Koordinaten der Skalenpunkte des Nomogramms fertigt man nach dem Muster der Tabellen 190 und 191 an.

Übung 3: Man berechne eine Reihe von Skalenpunkten für das Nomogramm in Bild 165, indem man die Gl. (10.37) als Sonderfall der kanonischen Cauchyschen Form (10.34) auffaßt.

Übung 4: Man konstruiere ein Z-Nomogramm und ein Nomogramm mit drei parallelen Skalen zur Bestimmung der Zinseszinsen $A = (1 + r)^n$, wobei r in Prozenten gegeben ist, $1 \leqslant r \leqslant 10$, $1 \leqslant n \leqslant 10$.

Hinweis: Man logarithmiere die Gleichung ein- oder zweimal.

Übung 5: Man konstruiere ein Nomogramm zur Bestimmung der Ausflußgeschwindigkeit v des Wassers aus einer hydrotechnischen Anlage nach der Gleichung

$$v = \varphi \sqrt{2gz},$$

wobei z die Druckhöhe ($0{,}1 \leqslant z \leqslant 1{,}5$ m), φ einen dimensionslosen Geschwindigkeitskoeffizienten ($0{,}85 \leqslant \varphi \leqslant 0{,}97$), $g = 9{,}81\ \text{m/s}^2$ und v die Geschwindigkeit in m/s bedeutet.

Übung 6: Man konstruiere ein Nomogramm zur Bestimmung des Volumens eines Kugelsegments

$$V = \frac{\pi}{6} h (3r^2 + h^2); \quad 0 \leqslant h \leqslant 10; \quad 1 \leqslant r \leqslant 10.$$

Hinweis: Man bringe die gegebene Gleichung auf die kanonische Cauchysche Form (10.34).

85. Zusammengesetzte Nomogramme. Nomogramme mit binären Feldern

Ein Verfahren der Nomographie von Gleichungen mit mehr als drei Veränderlichen besteht in der Herstellung von zusammengesetzten Nomogrammen, die aus mehreren elementaren Nomogrammen aufgebaut sind.

Zur Konstruktion eines zusammengesetzten Nomogramms ersetzt man die gegebene Gleichung unter Einführung von Hilfsvariablen durch ein System von Gleichungen mit weniger Veränderlichen. Hierauf konstruiert man für jede Gleichung des Systems ein eigenes Nomogramm und setzt dann alle zu einem neuen Nomogramm zusammen. Die Konstruktion muß so beschaffen sein, daß bei dem Aufsuchen der Antwort die Hilfsvariablen automatisch eliminiert werden. Keine der Veränderlichen darf in dem zusammengesetzten Nomogramm mehrmals vorkommen. Dies bedeutet, daß in den Gleichungen des Systems, durch das man die Ausgangsgleichung ersetzt, nur die Hilfsvariablen mehrmals vorkommen dürfen, diese jedoch auch nicht öfter als zweimal.

Wir konstruieren zum Beispiel ein Nomogramm für die Gl. (10.23) in der allgemeinen Form, wobei der spezifische Widerstand sich im Bereich

$$0{,}01 \leqslant \rho \leqslant 1{,}0$$

ändern darf.

Die Gl. (10.23) läßt sich durch das System

$$\left.\begin{aligned} t &= \rho l, \\ R &= \frac{4t}{\pi d^2} \end{aligned}\right\} \qquad \text{ersetzen.}$$

Für jede dieser Gleichungen konstruiert man leicht ein Nomogramm aus drei parallelen Skalen. Die Verbindung dieser elementaren Nomogramme realisiert man durch die Antwortskala t der ersten Gleichung, die gleichzeitig als Skala u für die zweite Gleichung dient. Das Schema des Nomogramms ist in Bild 166 dargestellt.

Bei der Arbeit mit dem Nomogramm finden wir zuerst bei gegebenem l und ρ die Hilfsvariable t. Dieser t-Wert bildet eine der Angaben für das zweite elementare Nomogramm, d. h. für das Nomogramm der Gleichung

$$R = \frac{4t}{\pi d^2}.$$

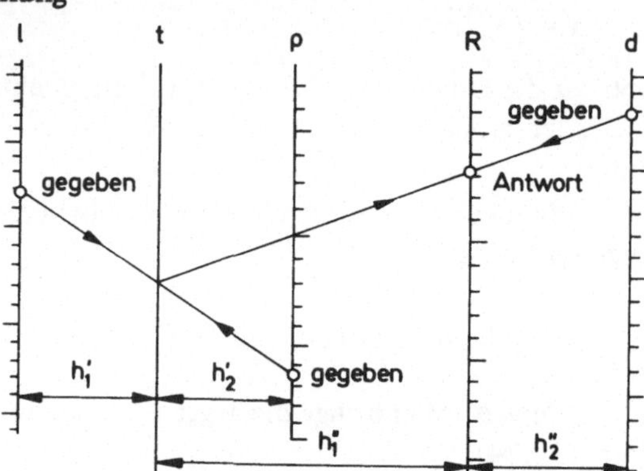

Bild 166

Verbinden wir daher den gefundenen t-Wert und den gegebenen d-Wert durch eine Gerade, so liefert deren Schnittpunkt mit der Antwortskala R den gesuchten Wert des Widerstands R für die Angaben l, d und ρ. Man verwendet zur Realisierung der Lösung entweder zwei durchsichtige Lineale (mit aufgezeichneten Geraden) oder markiert jedesmal die t-Skala durch einen Bleistiftstrich.

Der Wert der Hilfsvariablen für sich ist uninteressant. Man braucht daher für die Variable t keine Funktionalskala zu konstruieren. Es genügt, wenn man die Skalenträgerin für diese Skala (in unserem Beispiel die Gerade t, parallel zu den Skalen l und ρ) zeichnet. Eine derartige Skala ohne markierte Punkte nennt man *stumme Skala.* Zur Konstruktion eines Nomogramms für die allgemeine Gl. (10.23) benötigt man also nur zwei logarithmische Skalen für die Veränderlichen l und ρ und eine stumme Skala (d.h. eine Gerade) für die Hilfsvariable t.

Übung 1: Man konstruiere ein Nomogramm für die Gl. (10.23) mit den folgenden Ausgangsdaten: Die Länge aller Skalen l, ρ und d sei 250 mm, der Abstand zwischen den Skalen l und ρ betrage $h_1' + h_2' = 60$ mm, der Abstand zwischen den Skalen l und d betrage $h_1'' + h_2'' = 100$ mm.

Hinweis: Die Maßstäbe m_l und m_ρ sind gleich, da die Skala t von den Skalen l und ρ gleichen Abstand hat. Die Skala R hat von der Skala t den Abstand

$$\tfrac{2}{3}\,(h_1'' + h_2'') = 66{,}7 \text{ mm}.$$

Da wir bei der oben betrachteten Konstruktion zweimal eine Antwortgerade einzuführen haben (einmal für ρ, l, t und ein zweitesmal für t, R, d), erhielt die verwendete Methode die Bezeichnung *Methode des doppelten Ausgleichs.*

Ein Nomogramm mit fünf Veränderlichen besteht (wenn die entsprechenden Gleichungen nomographierbar sind) aus drei elementaren Nomogrammen usw.

Analog kann man ein zusammengesetztes Nomogramm auch aus anderen Typen von Nomogrammen aus Ausgleichspunkten konstruieren, wenn die Ausgangsgleichung vier oder mehr Veränderliche enthält. Bedingung bleibt, daß diese Gleichung sich als System von Gleichungen darstellen läßt, die sämtliche nomographierbar sind, d. h. also die Gestalt von Gleichungen vom Typ (10.31) besitzen.

Wir konstruieren zum Beispiel ein Nomogramm für die Gleichung

$$f_1(u) + f_2(v) = f_3(w) + f_4(z), \tag{10.38}$$

die nach der Substitution

$$f_1(u) = A\xi; \quad f_2(v) = B\eta; \quad f_3(w) = -C\zeta; \quad f_4(z) = -D\tau$$

in die lineare Gleichung mit vier Unbekannten

$$A\xi + B\eta + C\zeta + D\tau = 0 \tag{10.39}$$

übergeht.

Wir setzen beide Gleichungsseiten von Gl. (10.38) gleich einer Hilfsvariablen β und erhalten damit zwei Gleichungen vom Typ (10.20):

$$f_1(u) + f_2(v) = \beta; \quad f_3(w) + f_4(z) = \beta. \tag{10.40}$$

Für beide Gleichungen konstruiert man leicht ein Nomogramm aus drei parallelen Skalen. Vereinigt man diese beiden Nomogramme mit einer stummen Skala β, so ist die gestellte Aufgabe gelöst.

Man kann auch Netznomogramme zusammenfassen. Wir betrachten zum Beispiel eine Gleichung mit vier Veränderlichen vom Typ

$$\varphi(u, v) = \psi(w, z). \tag{10.41}$$

Wir setzen beide Gleichungsseiten von Gl. (10.41) gleich einer Hilfsvariablen β und erhalten somit die beiden Gleichungen

$$\varphi(u, v) = \beta; \quad \psi(w, z) = \beta. \tag{10.42}$$

Jede dieser Gleichungen enthält nur zwei Veränderliche. Für beide Gleichungen von Gl. (10.42) kann man daher ein Netznomogramm konstruieren.

Wir konstruieren für beide Gleichungen ein kartesisches Rechenbrett. Die beiden Rechenbretter zusammen liefern dann die Möglichkeit zur Bestimmung der vierten Veränderlichen, wenn die drei übrigen gegeben sind. Sind zum Beispiel die Werte von u, v und w gegeben, so bestimmen wir für u und v aus dem ersten Nomogramm den entsprechenden Wert für β und hierauf mit β und w aus dem zweiten Nomogramm den Wert von z.

Zur bequemen Verwendung des Nomogramms vereinigt man beide Rechenbretter zu einem einzigen, indem man β als Koordinate für beide verwendet. Der Maßstab für β muß in beiden Nomogrammen derselbe sein. Im ersten Rechenbrett kann man zum Beispiel die Koordinaten u und β verwenden und v als Parameter für die Kurvenschar heranziehen. Beim zweiten Rechenbrett nimmt man dann z und β als Koordinaten und w als Parameter für die Kurvenschar. β ist dann in beiden Fällen eine Ordinate, und man kann daher im allgemeinen in beiden Nomogrammen für β eine stumme Achse verwenden. Die Achsen u und z legt man gewöhnlich nach verschiedenen Richtungen hin an, was die Konstruktion und die Verwendung des Nomogramms erleichtert. Das Ergebnis ist dann eine für ein zusammengesetztes kartesisches Rechenbrett typische Form, die in Bild 167 zu sehen ist. Die Verwendung des Nomogramms geht aus der Zeichnung hervor.

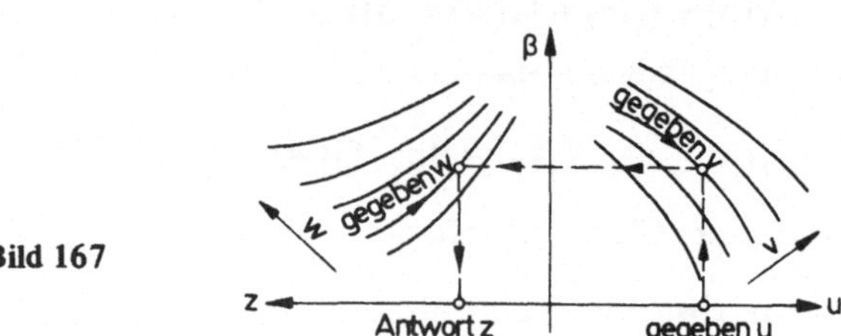

Bild 167

Die gewonnenen Ergebnisse erlauben eine einfache Konstruktion eines Netznomogramms für die Gl. (10.38). Diese Gleichung ist ein Sonderfall von Gl. (10.42). Wir erhalten sie mit

$$\varphi(u, v) = f_1(u) + f_2(v); \quad \psi(w, z) = f_3(w) + f_4(z).$$

Die Arbeit mit zusammengesetzten Netznomogrammen ist nicht sehr bequem. Man verwendet sie daher seltener. Beträchtlich mehr Möglichkeiten und Bequemlichkeiten bietet die Zusammensetzung eines Netznomogramms mit einem Nomogramm aus Ausgleichspunkten. In diesem Fall erhöht man die Allgemeinheit nicht durch eine Vergrößerung der Anzahl der Skalen, sondern man ersetzt die gewöhnlichen Skalen durch sogenannte *binäre Felder.* Der Begriff einer Skala wird dabei erweitert.

Unter einem binären Feld versteht man die Gesamtheit der Punkte einer Ebene, von denen jeder gleichzeitig die Werte zweier Veränderlicher repräsentiert. Jeder Punkt eines binären Feldes hat zwei Marken: eine Marke für die erste Veränderliche und eine für die zweite Veränderliche.

In kartesischen Koordinaten wird ein binäres Feld durch die Gleichungen

$$\begin{cases} x = \varphi(w, t), \\ y = \psi(w, t) \end{cases} \tag{10.43}$$

gegeben, wobei w und t die das Feld beschreibenden Variablen sind.

Aus den Gln. (10.43) folgt, daß jedem Wert $t = \text{const}$ eine gewisse Kurve einer Schar entspricht und jedem Wert $w = \text{const}$ eine gewisse Kurve einer anderen Schar. Die Schnittpunkte der Kurven $w = \text{const}$ und $t = \text{const}$ liefern dann den gesuchten Punkt (x, y).

Ein binäres Feld ist somit ein Netz aus markierten Kurven

$$w = \text{const} \quad \text{und} \quad t = \text{const},$$

d. h. es handelt sich um ein elementares Netznomogramm, das in ein zusammengesetztes Nomogramm eingeht.

Zur Konstruktion eines Nomogramms für die Gleichung mit vier Unbekannten

$$F(u, v, w, t) = 0, \tag{10.44}$$

muß man vorerst die entsprechende Gleichung vom Typ (10.31)

$$\begin{vmatrix} f_1(u) & \varphi_1(u) & 1 \\ f_2(v) & \varphi_2(v) & 1 \\ f_3(w, t) & \varphi_3(w, t) & 1 \end{vmatrix} = 0 \tag{10.45}$$

finden, in der die Elemente der dritten Zeile Funktionen von zwei Variablen sind.

Nimmt man die Punktkoordinaten

$$\begin{cases} x_1 = f_1(u), \\ y_1 = \varphi_1(u), \end{cases} \quad \begin{cases} x_2 = f_2(v), \\ y_2 = \varphi_2(v), \end{cases} \quad \begin{cases} x_3 = f_3(w, t), \\ y_3 = \varphi_3(w, t) \end{cases} \tag{10.46}$$

als Funktionen f_k und φ_k, so erhalten wir die Skalengleichungen für die Veränderlichen u und v und die Gleichung des binären Feldes der Veränderlichen w und t.

Das Schema des Nomogramms für die Gl. (10.45) ist in Bild 168 dargestellt.

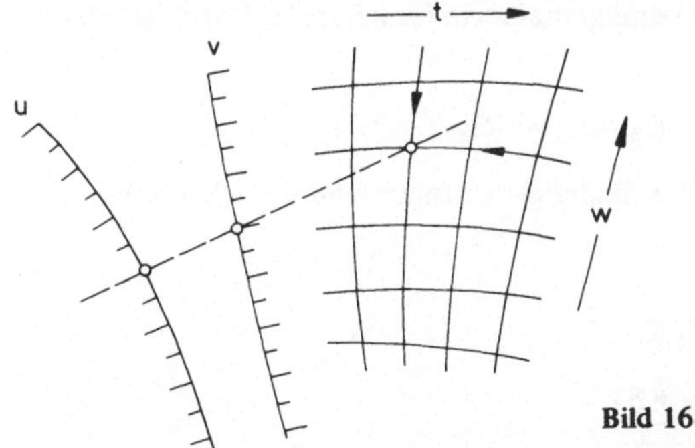

Bild 168

Da Gl. (10.45) gleichzeitig auch die Bedingung für die Kollinearität von drei Punkten darstellt, so müssen je vier Werte u, v, w und t, die der zu nomographierenden Gleichung genügen, auf einer Geraden liegen.

Das allgemeinste Nomogramm aus Ausgleichspunkten erhält man, indem man in der Gl. (10.31) die Funktionen f_k und φ_k in allen drei Zeilen als Funktionen von zwei Variablen annimmt. In diesem Fall erreichen wir ein Nomogramm für eine gewisse Klasse von Funktionen von sechs unabhängigen Variablen. Das Nomogramm besteht dabei jedoch aus drei binären Feldern. Bei einer Funktion von fünf unabhängigen Variablen, die nomographiert werden soll, benötigt man ein Nomogramm aus zwei binären Feldern und einer Skala.

Zur Erklärung betrachten wir eine Gleichung $F(u, v, w, t) = 0$, die sich auf die verallgemeinerte kanonische Cauchysche Form bringen läßt. Diese Form erhalten wir, wenn wir in Gl. (10.34) die Funktionen $f_3(w)$, $\varphi_3(w)$ und $\psi_3(w)$ durch entsprechende Funktionen von zwei unabhängigen Variablen ersetzen:

$$f_1(u)\, f_3(w, t) + f_2(v)\, \varphi_3(w, t) + \psi_3(w, t) = 0. \tag{10.47}$$

Gemäß Gl. (10.35) erhalten wir dann als Gleichungen für die Skalen u und v und für das binäre Feld (w, t):

$$\begin{cases} x_1 = 0, \\ y_1 = mf_1(u), \end{cases} \quad \begin{cases} x_2 = h, \\ y_2 = mf_2(v), \end{cases} \quad \begin{cases} x_3 = \dfrac{h\varphi_3(w, t)}{f_3(w, t) + \varphi_3(w, t)}, \\ y_3 = \dfrac{-m\psi_3(w, t)}{f_3(w, t) + \varphi_3(w, t)}. \end{cases} \tag{10.48}$$

Die beiden Skalen kann man wie früher parallel zueinander anlegen. Das binäre Feld kann sich zwischen den beiden Skalen oder auch außerhalb davon befinden.

Beispiel: Wir konstruieren ein Nomogramm mit einem binären Feld für die Gleichung

$$\alpha = \frac{\beta + \gamma + \delta}{\gamma - \delta}. \tag{10.49}$$

Lösung: Wir stellen die Gl. (10.49) in der Form

$$\alpha(\gamma - \delta) - \beta - (\gamma + \delta) = 0$$

dar. Man überzeugt sich leicht, daß dies eine verallgemeinerte Cauchysche Form ist. Dazu setzt man

$$f_1 = \alpha; \quad f_3 = \gamma - \delta; \quad f_2 = \beta; \quad \varphi_3 = -1; \quad \psi_3 = -(\gamma + \delta).$$

Gemäß Gl. (10.48) erhalten wir dann die Skalengleichungen und die Gleichung des binären Feldes:

$$\begin{cases} x_1 = 0 \\ y_1 = m\alpha, \end{cases} \quad \begin{cases} x_2 = h, \\ y_2 = m\beta, \end{cases} \quad \begin{cases} x_3 = \dfrac{h}{1 - \gamma + \delta}, \\ y_3 = \dfrac{-m(\gamma + \delta)}{1 - \gamma + \delta}. \end{cases}$$

Zur Vereinfachung der Konstruktion nehmen wir an, daß die Maßstäbe in horizontaler und vertikaler Richtung gleich sind und daß

$$h = m = 50 \text{ mm}.$$

In diesem Fall erhalten wir aus den Gleichungen für x_3 und y_3

$$\begin{cases} \dfrac{y_3}{x_3} = -\dfrac{m(\gamma + \delta)}{h} = -(\gamma + \delta), \\ y_3 = \dfrac{1}{1 - \gamma + \delta} \cdot \dfrac{y_3}{x_3} \end{cases}$$

und daraus

$$\begin{cases} \delta + \gamma = -\dfrac{y_3}{x_3}, \\ \delta - \gamma = \dfrac{m}{x_3} - 1. \end{cases}$$

Eliminieren wir nun δ und γ, der Reihe nach, so finden wir die Gleichungen der Scharen $\delta = \text{const}$, $\gamma = \text{const}$ des binären Feldes in expliziter Form:

$$\begin{aligned} m - y_3 &= (1 + 2\delta)\, x_3 \\ m + y_3 &= (1 - 2\gamma)\, x_3 . \end{aligned} \tag{10.50}$$

Die Scharen $\delta = \text{const}$ und $\gamma = \text{const}$ sind daher Geradenbündel, die durch die Punkte

$$(x_3 = 0, y_3 = m) \text{ und } (x_3 = 0, y_3 = -m)$$

verlaufen. Zu deren Konstruktion genügt es, wenn man noch die Schnittpunkte der Bündelgeraden mit den Geraden

$$x_3 = m \quad \text{und} \quad y_3 = m$$

berechnet.

Gemäß Gl. (10.50) erhalten wir schließlich die folgenden Gleichungen:

Für die Schar $\delta = \text{const}$: $x_3 = m = 50$ mm,

$y_3 = -2m\delta = -100\delta$ mm.

Für die Schar $\gamma = \text{const}$: $x_3 = \dfrac{2m}{1 - 2\gamma} = \dfrac{100}{1 - 2\gamma}$ mm,

$y_3 = m = 50$ mm.

Die Konstruktion des Nomogramms ist in Bild 169 veranschaulicht. Die dazu notwendigen Rechnungen findet man in Tabelle 192. Das Verwendungsschema erklären wir an einem Beispiel.

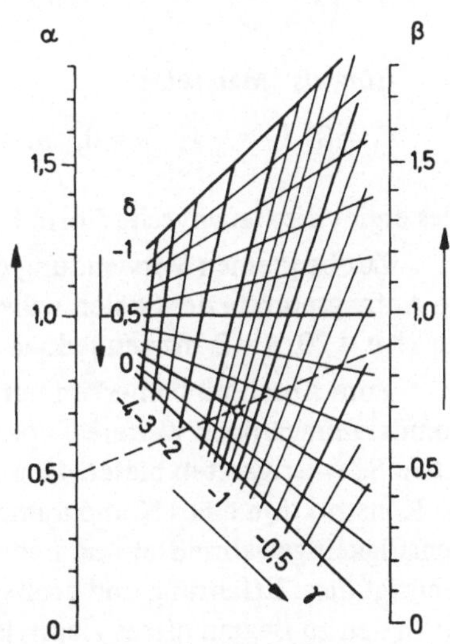

Bild 169

Tabelle 192

δ	0,0	− 0,1	− 0,2	− 0,3	− 0,4	− 0,5	− 0,6	− 0,7	− 0,8	− 0,9	− 1,0
y_3 mm	0,0	10,0	20,0	30,0	40,0	50,0	60,0	70,0	80,0	90,0	100,0
γ	− 0,5	− 0,6	− 0,7	− 0,8	− 0,9	− 1,0	− 1,5	− 2,0	− 2,5	− 3,0	− 4,0
x_3 mm	50,0	45,5	41,7	38,5	35,7	33,3	25,0	20,0	16,7	14,3	11,1

Gegeben: $\gamma = -1{,}2$; $\delta = -0{,}2$; $\beta = 0{,}9$; Antwort: $\alpha = 0{,}5$.

Wenn man die Kurven $w = \text{const}$ und $t = \text{const}$ nicht explizit bestimmen kann, so muß man sie mit Hilfe der allgemeineren Gln. (10.48) konstruieren. Man setzt darin zuerst $w = \text{const}$ und berechnet eine Reihe von Punkten, die zu den Werten

$$t = t_1, \quad t = t_2, \quad t = t_3, \ldots$$

gehören. Hierauf setzt man $t = \text{const}$ und berechnet die Koordinaten x_3, y_3 für

$$w = w_1, \quad w = w_2, \quad w = w_3, \ldots$$

Übung 2: Man konstruiere ein Nomogramm für die Gl. (10.49) bei $h = 200$ mm, $m = 100$ mm in den Bereichen

$$-1 \leqslant \alpha \leqslant +2; \quad -1 \leqslant \beta \leqslant +2; \quad -1{,}5 \leqslant \delta \leqslant +1{,}0.$$

Übung 3: Man bestimme die Skalengleichungen und die Gleichung des binären Feldes für das Nomogramm der Gleichung der arithmetischen Folge in Bild 170 von [500, S. 47]. Außerdem führe man alle zur Konstruktion dieses Nomogramms notwendigen Berechnungen durch.

$$S = \left(a + \frac{n-1}{2} d\right) n \qquad \text{oder} \quad -S + \frac{n(n-1)}{2} D + an = 0.$$

Hinweis: Man setze

$$f_1 = S, \; f_3 = -1, \; f_2 = d, \; \varphi_3 = \frac{n(n-1)}{2}; \; \psi_3 = an.$$

Dies ergibt die Cauchysche Form (10.47).

Zur bequemen Verwendung des Nomogramms darf man bei seiner Konstruktion die Anfangspunkte der Skalen willkürlich wählen. Die Punkte $d = 0$, $S = 0$ und der Punkt $n = 20$, $a = 0$ müssen jedoch auf einer Geraden liegen.

Zum Abschluß bemerken wir, daß neben den von uns betrachteten Typen von Nomogrammen noch weitere Typen existieren, deren Konstruktion keine grundsätzlichen Schwierigkeiten bietet. Man muß jedoch betonen, daß in technischer Hinsicht die Konstruktion eines Nomogramms, das bei minimaler Arbeitsfläche eine maximale Genauigkeit gewährleistet und bequem zu verwenden ist, nicht ganz einfach ist. Man benötigt dazu Erfahrung und große Sorgfalt. Alle damit verbundenen Fragen sind sehr gut in den zu Beginn dieses Kapitels angegebenen Büchern dargestellt.

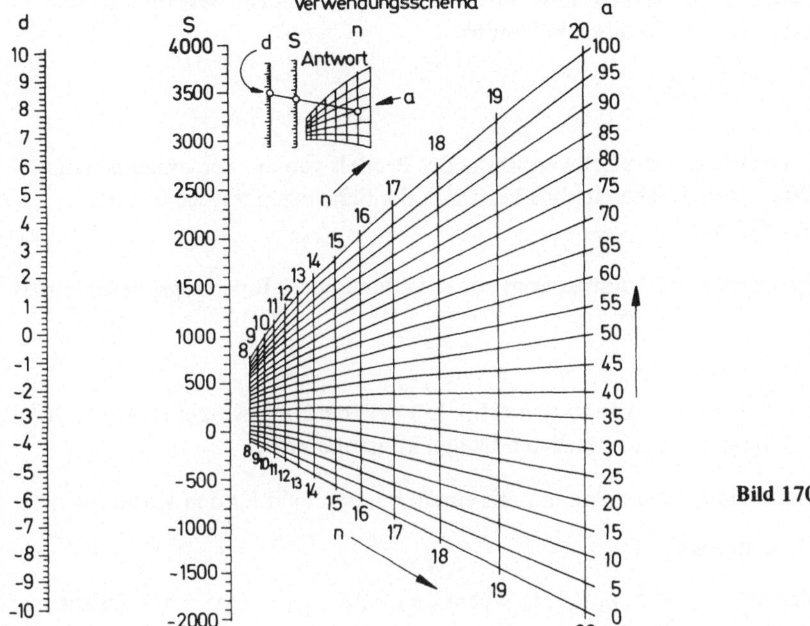

Bild 170

Übungen zu Kapitel 10

1. Man konstruiere eine Doppelskala, die die Bestimmung der vollständigen elliptischen Integrale erster und zweiter Art

$$K = K(k^2); \quad E = E(k^2) \quad \text{für} \quad 0 \leqslant k^2 \leqslant 0{,}5; \quad \Delta k = 0{,}01$$

mit drei bedeutsamen Ziffern gewährleistet. Alle dazu benötigten Angaben entnehme man den Tabellen von [405, 633, 635, 643, 645].

2. Man konstruiere ein Netznomogramm für die Gleichung des freien Falles eines Körpers

$$s = v_0 t + \frac{gt^2}{2}; \quad 0 \leqslant v_0 \leqslant 1 \text{ m/s}; \quad 0 \leqslant t \leqslant 10 \text{ s}.$$

3. Man konstruiere ein Netznomogramm für das elliptische Integral zweiter Art

$$\mathcal{E}(\varphi, \alpha) = \int_0^{\varphi} \sqrt{1 - k^2 \sin^2 \varphi}\, d\varphi; \quad k = \sin\alpha; \quad 0 \leqslant \varphi \leqslant 60°.$$

4. Man konstruiere ein Nomogramm aus Ausgleichspunkten zur Bestimmung der Schwingungsperiode eines physikalischen Pendels

$$T = \frac{\pi r}{\sqrt{gl}}.$$

Dabei bedeutet l den Abstand des Schwerpunkts des Pendels von der Schwingungsachse in cm ($1 \leqslant l \leqslant 100$), r den Trägheitsradius bezüglich der Schwingungsachse in cm ($1 \leqslant r \leqslant 100$), $g = 981$ cm/s².

5. Man konstruiere ein Z-Nomogramm zur Bestimmung des Brechungskoeffizienten

$$\nu = \frac{\sin\alpha}{\sin\beta},$$

α ist der Einfallswinkel aus der Luft ($0 \leqslant \alpha \leqslant 90°$), β der Brechungswinkel ($0 \leqslant \beta \leqslant 90°$). Kann man dieses Nomogramm aus parallelen Skalen konstruieren?

6. Man konstruiere ein Nomogramm mit einem binären Feld für den Kosinussatz

$$c^2 = a^2 + b^2 - 2ab\cos C.$$

Hinweis: Man setze $f_1 = c^2$, $f_3 = 1$, $f_2 = \cos C$, $\varphi_3 = 2ab$, $\psi_3 = -(a^2 + b^2)$. Damit geht die Gleichung über in eine Cauchysche Gleichung.

Anhang

Der Anhang besteht aus den Tabellen I bis V und den Nomogrammen 1 bis 4.

Die Tabellen II bis IV dienen zur Interpolation von Funktionen mit einer unabhängigen Veränderlichen, worüber ausführlich in den Abschnitten 11 bis 13 in Kapitel 2 gesprochen wurde.

In Tabelle V findet man mit acht (bzw. bei $\tau_0 = 0{,}99$; $m = 4$ und $m = 8$ mit sieben) bedeutsamen Ziffern die Koeffizienten

$$\gamma_{2\nu-k}(r_0);\quad \overset{\mathrm{I}}{\gamma}_{2\nu-k}(r_0);\quad \overset{\mathrm{II}}{\gamma}_{2\nu-k}(r_0);\quad \overset{\mathrm{III}}{\gamma}_{2\nu-k}(r_0);$$

$$0{,}05 \leqslant r_0 \leqslant 0{,}99;\quad \Delta r_0 = 0{,}05;\quad m = 4, 8, 16, 32,$$

die man zur konformen Abbildung eines zweifach zusammenhängenden Bereiches nach der in Abschnitt 55 von Kapitel 7 dargelegten Methode der trigonometrischen Interpolation benötigt. Diese Koeffizienten wurden von *G. G. Grebenkin* [83] berechnet. Der Fehler beträgt ein bis zwei Einheiten der letzten Stelle.

Die Nomogramme 1 bis 4 (auf einer Beilage) dienen zur Durchführung von Filtrierungsaufgaben bei Schürzen mit Hilfe der graphisch-analytischen Methode, die in Kapitel 8 beschrieben wurde.

Tabelle I

Binomialkoeffizient $C_n^k = \frac{n(n-1)\cdots(n-k+1)}{1\cdot 2\cdot 3\ldots k} = \frac{n!}{k!\,(n-k)!}$

n \ k	0	1	2	3	4	5	6	7	8	9	10
1	1	1									
2	1	2	1								
3	1	3	3	1							
4	1	4	6	4	1						
5	1	5	10	10	5	1					
6	1	6	15	20	15	6	1				
7	1	7	21	35	35	21	7	1			
8	1	8	28	56	70	56	28	8	1		
9	1	9	36	84	126	126	84	36	9	1	
10	1	10	45	120	210	252	210	120	45	10	1
11	1	11	55	165	330	462	462	330	165	55	11
12	1	12	66	220	495	792	924	792	495	220	66
13	1	13	78	286	715	1287	1716	1716	1287	715	286
14	1	14	91	364	1001	2002	3003	3432	3003	2002	1001
15	1	15	105	455	1365	3003	5005	6435	6435	5005	3003
16	1	16	120	560	1820	4368	8008	11440	12870	11440	8008
17	1	17	136	680	2380	6188	12376	19448	24310	24310	19448
18	1	18	153	816	3060	8568	18564	31824	43758	48620	43758
19	1	19	171	969	3876	11628	27132	50388	75582	92378	92378
20	1	20	190	1140	4845	15504	38760	77520	125970	167960	184756

Tabelle II

Koeffizienten zur Interpolation nach der Formel von *Gregory-Newton*

$$y(x_0 + uh) = y_0 + \gamma_1\Delta y_0 + \gamma_2\Delta^2 y_0 + \gamma_3\Delta^3 y_0 + \gamma_4\Delta^4 y_0 + \ldots;$$

$$u = \frac{x - x_0}{h};\quad \gamma_1 = u;\quad \gamma_2 = \frac{u(u-1)}{2};\quad \gamma_3 = \frac{u(u-1)(u-2)}{6};\quad \gamma_4 = \frac{u-3}{4}\gamma_3$$

u	γ_2	γ_3	γ_4	u	γ_2	γ_3	γ_4
0,00	−0,00000	+0,0000	−0,0000	0,15	−0,06375	+0,0393	−0,0280
01	00495	0033	0024	16	06720	0412	0293
02	00980	0065	0048	17	07055	0430	0304
03	01455	0095	0071	18	07380	0448	0316
04	01920	0125	0093	19	07695	0464	0326
0,05	−0,02375	+0,0154	−0,0114	0,20	−0,08000	+0,0480	−0,0336
06	02820	0182	0134	21	08295	0495	0345
07	03255	0209	0153	22	08580	0509	0354
08	03680	0235	0172	23	08855	0522	0362
09	04095	0261	0190	24	09120	0535	0369
0,10	−0,04500	+0,0285	−0,0207	0,25	−0,09375	+0,0547	−0,0376
11	04895	0308	0223	26	09620	0558	0382
12	05280	0331	0238	27	09855	0568	0388
13	05655	0352	0253	28	10080	0578	0393
14	06020	0373	0267	29	10295	0587	0398
0,15	−0,06375	+0,0393	−0,0280	0,30	−0,10500	+0,0595	−0,0402

Fortsetzung Tabelle II

u	γ_2	γ_3	γ_4	u	γ_2	γ_3	γ_4
0,30	—0,10500	+0,0595	—0,0402	0,65	—0,11375	+0,0512	—0,0301
31	10695	0602	0405	66	11220	0501	0293
32	10880	0609	0408	67	11055	0490	0285
33	11055	0615	0411	68	10880	0479	0278
34	11220	0621	0413	69	10695	0467	0270
0,35	—0,11375	+0,0626	—0,0415	0,70	—0,10500	+0,0455	—0,0262
36	11520	0630	0416	71	10295	0443	0253
37	11655	0633	0416	72	10080	0430	0245
38	11780	0636	0417	73	09855	0417	0237
39	11895	0638	0416	74	09620	0404	0228
0,40	—0,12000	+0,0640	—0,0416	0,75	—0,09375	+0,0391	—0,0220
41	12095	0641	0415	76	09120	0377	0211
42	12180	0641	0414	77	08855	0363	0202
43	12255	0641	0412	78	08580	0349	0194
44	12320	0641	0410	79	08295	0335	0185
0,45	—0,12375	+0,0639	—0,0408	0,80	—0,08000	+0,0320	—0,0176
46	12420	0638	0405	81	07695	0305	0167
47	12455	0635	0402	82	07380	0290	0158
48	12480	0632	0398	83	07055	0275	0149
49	12495	0629	0395	84	06720	0260	0140
0,50	—0,12500	+0,0625	—0,0391	0,85	—0,06375	+0,0244	—0,0131
51	12495	0621	0386	86	06020	0229	0122
52	12480	0616	0382	87	05655	0213	0113
53	12455	0610	0377	88	05280	0197	0104
54	12420	0604	0372	89	04895	0181	0095
0,55	—0,12375	+0,0598	—0,0366	0,90	—0,04500	+0,0165	—0,0087
56	12320	0591	0361	91	04095	0149	0078
57	12255	0584	0355	92	03680	0132	0069
58	12180	0576	0346	93	03255	0116	0060
59	12095	0568	0342	94	02820	0100	0051
0,60	—0,12000	+0,0560	—0,0336	0,95	—0,02375	+0,0083	—0,0043
61	11895	0551	0329	96	01920	0067	0034
62	11780	0542	0322	97	01455	0050	0025
63	11655	0532	0315	98	00980	0033	0017
64	11520	0522	0308	99	00495	0017	0008
0,65	—0,11375	+0,0512	—0,0301	1,00	—0,00000	+0,0000	—0,0000

Tabelle III

Koeffizienten zur Interpolation nach der Formel von *Everett*							
$u = u_1$	u_2	u_3	—	$u = u_1$	u_2	u_3	—
0,00	0,0000000	0,0000000 000000	1,00	0,05	—0,0083125	0,0016614 609375	0,95
01	—0,0016665	0,0003332 916675	99	06	0099640	0019910 064800	94
02	0033320	0006663 333600	98	07	0116095	0023190 556725	93
03	0049955	0009988 752025	97	08	0132480	0026453 606400	92
04	0066560	0013306 675200	96	09	0148785	0029696 742075	91
0,05	—0,0083125	0,0016614 609375	0,95	0,10	—0,0165000	0,0032917 500000	0,90
—	v_2	v_3	$v = v_1$	—	v_2	v_3	$v = v_1$

Fortsetzung Tabelle III

$u = u_1$	u_2	u_3	—	$u = u_1$	u_2	u_3	—
0,10	—0,0165000	0,0032917 500000	0,90	0,55	—0,0639375	0,0118204 453125	0,45
11	0181115	0036113 425425	89	56	0640640	0118082 764800	44
12	0197120	0039282 073600	88	57	0641345	0117850 350475	43
13	0213005	0042421 010775	87	58	0641480	0117506 306400	42
14	0228760	0045527 815200	86	59	0641035	0117049 785825	41
0,15	—0,0244375	0,0048600 078155	0,85	0,60	—0,0640000	0,0116480 000000	0,40
16	0259840	0051635 404800	84	61	0638365	0115796 219175	39
17	0275145	0054631 415475	83	62	0636120	0114997 773600	38
18	0290280	0057585 746400	82	63	0633255	0114084 054525	37
19	0305235	0060496 050825	81	64	0629760	0113054 515200	36
0,20	—0,0320000	0,0063360 000000	0,80	0,65	—0,0625625	0,0111908 671875	0,35
21	0334565	0066175 284175	79	66	0620840	0110646 104800	34
22	0348920	0068939 613600	78	67	0615395	0109266 459225	33
23	0363055	0071650 719525	77	68	0609280	0107769 446400	32
24	0376960	0074306 355200	76	69	0602485	0106154 844575	31
0,25	—0,0390625	0,0076904 296875	0,75	0,70	—0,0595000	0,0104422 500000	0,30
26	0404040	0079442 344800	74	71	0586815	0102572 327925	29
27	0417195	0081918 324225	73	72	0577920	0100604 313600	28
28	0430080	0084330 086400	72	73	0568305	0098518 513275	27
29	0442685	0086675 509575	71	74	0557960	0096315 055200	26
0,30	—0,0455000	0,0088952 500000	0,70	0,75	—0,0546875	0,0093994 140625	0,25
31	0467015	0091158 992925	69	76	0535040	0091556 044800	24
32	0478720	0093292 953600	68	77	0522445	0089001 117975	23
33	0490105	0095352 378275	67	78	0509080	0086329 786400	22
34	0501160	0097335 295200	66	79	0494935	0083542 553325	21
0,35	—0,0511875	0,0099239 765625	0,65	0,80	—0,0480000	0,0080640 000000	0,20
36	0522240	0101063 884800	64	81	0464265	0077622 786675	19
37	0532245	0102805 782975	63	82	0447720	0074491 653600	18
38	0541880	0104463 626400	62	83	0430355	0071247 422025	17
39	0551135	0106035 618325	61	84	0412160	0067890 995200	16
0,40	—0,0560000	0,0107520 000000	0,60	0,85	—0,0393125	0,0064423 359375	0,15
41	0568465	0108915 051675	59	86	0373240	0060845 584800	14
42	0576520	0110219 093600	58	87	0352495	0057158 826725	13
43	0584155	0111430 487025	57	88	0330880	0053364 326400	12
44	0591360	0112547 635200	56	89	0308385	0049463 412075	11
0,45	—0,0598125	0,0113568 984375	0,55	0,90	—0,0285000	0,0045456 500000	0,10
46	0604440	0114493 024800	54	91	0260715	0041348 095425	09
47	0610295	0115318 291725	53	92	0235520	0037136 793600	08
48	0615680	0116043 366400	52	93	0209405	0032825 280775	07
49	0620585	0116666 877075	51	94	0182360	0028415 335200	06
0,50	—0,0625000	0,0117187 500000	0,50	0,95	—0,0154375	0,0023908 828125	0,05
51	0628915	0117603 960425	49	96	0125440	0019307 724800	04
52	0632320	0117915 033600	48	97	0095545	0014614 085475	03
53	0635205	0118119 545775	47	98	0064680	0009830 066400	02
54	0637560	0118216 375200	46	99	0032835	0004957 920825	01
0,55	—0,0639375	0,0118204 453125	0,45	1,00	0,0000000	0,0000000 000000	0,00
—	v_2	v_3	$v = v_1$	—	v_2	v_3	$v = v_1$

Tabelle IV

Koeffizienten zur direkten Interpolation aus Stützpunkten						
	$n = 4$		$n = 6$			
u	$u_1^{(4)}$	$u_2^{(4)}$	$u_1^{(6)}$	$u_2^{(6)}$	$u_3^{(6)}$	—
0,00	0,0000000	0,0000000	0,0000000 000000	0,0000000 000000	0,0000000 000000	1,00
01	0,0100495	—0,0016665	0,0100660 816750	—0,0025038 745875	0,0003332 916675	99
02	0201960	0033320	0202619 736000	0050143 268000	0006663 333600	98
03	0304365	0049955	0305841 170250	0075295 922625	0009988 752025	97
04	0407680	0066560	0410289 152000	0100478 976000	0013306 675200	96
0,05	0,0511875	—0,0083125	0,0515927 343750	—0,0125674 609375	0,0016614 609375	0,95
06	0616920	0099640	0622719 048000	0150864 924000	0019910 064800	94
07	0722785	0116095	0730627 217250	0176031 946125	0023190 556725	93
08	0829440	0132480	0839614 464000	0201157 632000	0026453 606400	92
09	0936855	0148785	0949643 070750	0226223 872875	0029696 742075	91
0,10	0,1045000	—0,0165000	0,1060675 000000	—0,0251212 500000	0,0032917 500000	0,90
11	1153845	0181115	1172671 904250	0276105 289625	0036113 425425	89
12	1263360	0197120	1285595 136000	0300883 968000	0039282 073600	88
13	1373515	0213005	1399405 757750	0325530 216375	0042421 010775	87
14	1484280	0228760	1514064 552000	0350025 676000	0045527 815200	86
0,15	0,1595625	—0,0244375	0,1629532 031250	—0,0374351 953125	0,0048600 078125	0,85
16	1707520	0259840	1745768 448000	0398490 624000	0051635 404800	84
17	1819935	0275145	1862733 804750	0422423 239875	0054631 415475	83
18	1932840	0290280	1980387 864000	0446131 332000	0057585 746400	82
19	2046205	0305235	2098690 158250	0469596 416625	0060496 050825	81
0,20	0,2160000	—0,0320000	0,2217600 000000	—0,049280 000000	0,0063360 000000	0,80
21	2274195	0334565	2337076 491750	0515723 583375	0066175 284175	79
22	2388760	0348920	2457078 536000	0538348 668000	0068939 613600	78
23	2503665	0363055	2577564 845250	0560656 760125	0071650 719525	77
24	2618880	0376960	2698493 952000	0582629 376000	0074306 355200	76
0,25	0,2734375	—0,0390625	0,2819824 218750	—0,0604248 046875	0,0076904 296875	0,75

—	$v_1^{(4)}$	$v_2^{(4)}$	$v_1^{(6)}$	$v_2^{(6)}$	$v_3^{(6)}$	v
0,25	0,2734375	—0,0390625	0,2819824 218750	—0,0604248 045875	0,0076904 296875	0,75
26	2850120	0404040	2941513 848000	0625494 324000	0079442 344800	74
27	2966085	0417195	3063520 892250	0646349 783625	0081918 324225	73
28	3082240	0430080	3185803 264000	0666796 032000	0084330 086400	72
29	3198555	0442685	3308318 745750	0686814 710375	0086675 509575	71
0,30	0,3315000	—0,0455000	0,3431025 000000	—0,0706387 500000	0,0088952 500000	0,70
31	3431545	0467015	3553879 579250	0725496 127125	0,0091158 992925	69
32	3548160	0478720	3676839 936000	0744122 368000	0093292 953600	68
33	3664815	0490105	3799863 432750	0762248 053875	0095352 378275	67
34	3781480	0501160	3922907 352000	0779855 076000	0097335 295200	66
0,35	0,3898125	—0,0511875	0,4045928 906250	—0,0796925 390625	0,0099239 765625	0,65
36	4014720	0522240	4168885 248000	0813441 024000	0101063 884800	64
37	4131235	0532245	4291733 479750	0829384 077375	0102805 782975	63
38	4247640	0541880	4414430 664000	0844736 732000	0104463 626400	62
39	4363905	0551135	4536933 833250	0859481 254125	0106035 618325	61
0,40	0,4480000	—0,0560000	0,4659200 000000	—0,0873600 000000	0,0107520 000000	0,60
41	4595895	0568465	4781186 166750	0887075 420875	0108915 051675	59
42	4711560	0576520	4902849 336000	0899890 068000	0110219 093600	58
43	4826965	0584155	5024146 520250	0912026 597625	0111430 487025	57
44	4942080	0591360	5145034 752000	0923467 776000	0112547 635200	56
0,45	0,5056875	—0,0598125	0,5265471 093750	—0,0934196 484375	0,0113568 984375	0,55
46	5171320	0604440	5385412 648000	0944195 724000	0114493 024800	54
47	5285385	0610295	5504816 567250	0953448 621125	0115318 291725	53
48	5399040	0615680	5623640 064000	0961938 432000	0116043 366400	52
49	5512255	0620585	5741840 420750	0969648 547875	0116666 877075	51
0,50	0,5625000	—0,0625000	0,5859375 000000	—0,0976562 500000	0,0117187 500000	0,50

Fortsetzung Tabelle IV

	$n = 4$		$n = 6$			
u	$u_1^{(4)}$	$u_2^{(4)}$	$u_1^{(6)}$	$u_2^{(6)}$	$u_3^{(6)}$	—
0,50	0,5625000	—0,0625000	0,5859375 000000	—0,0976562 500000	0,0117187 500000	0,50
51	5737245	0628915	5976201 254250	0982663 964625	0117603 960425	49
52	5848960	0632320	6092276 736000	0987936 768000	0117915 033600	48
53	5960115	0635205	6207559 107750	0992364 891375	0118119 545775	47
54	6070680	0637560	6322006 152000	0995932 476000	0118216 375200	46
0,55	0,6180625	—0,0639375	0,6435575 781250	—0,0998623 828115	0,0118204 453125	0,45
56	6289920	0640640	6548226 048000	1000423 424000	0118082 764800	44
57	6398535	0641345	6659915 154750	1001315 914875	0117850 350475	43
58	6506440	0641480	6770601 464000	1001286 132000	0117506 306400	42
59	6613605	0641035	6880243 508250	1000319 091625	0117049 785825	41
0,60	0,6720000	—0,0640000	0,6988800 000000	—0,0998400 000000	0,0116480 000000	0,40
61	6825595	0638365	7096229 841750	0995514 258375	0115796 219175	39
62	6930360	0636120	7202492 136000	0991647 468000	0114997 773600	38
63	7034265	0633255	7307546 195250	0986785 435125	0114084 054525	37
64	7137280	0629760	7411351 552000	0980914 176000	0113054 515200	36
0,65	0,7239375	—0,0625625	0,7513867 968750	--0,0974019 921875	0,0111908 671875	0,35
66	7340520	0620840	7615055 448000	0966089 124000	0110646 104800	34
67	7440685	0615395	7714874 242250	0957108 458625	0109266 459225	33
68	7539840	0609280	7813284 864000	0947064 832000	0107769 446400	32
69	7637955	0602485	7910248 095750	0935945 385375	0106154 844575	31
0,70	0,7735000	—0,0595000	0,8005725 000000	—0,0923737 500000	0,0104422 500000	0,30
71	7830945	0586815	8099676 929250	0910428 802125	0102572 327925	29
72	7925760	0577920	8192065 536000	0896007 168000	0100604 313600	28
73	8019415	0568305	8282852 782750	0880460 728875	0098518 513275	27
74	8111880	0557960	8372000 952000	0863777 876000	0096315 055200	26
0,75	0,8203125	—0,0546875	0,8459472 656250	—0,0845947 265625	0,0093994 140625	0,25

–	$v_1^{(4)}$	$v_2^{(4)}$	$v_1^{(6)}$	$v_2^{(6)}$	$v_3^{(6)}$	v
0,75	0,8203125	—0,0546875	0,8459472 656250	—0,0845947 265625	0,0093994 140625	0,25
76	8293120	0535040	8545230 848000	0826957 824000	0091556 044800	24
77	8381835	0522445	8629238 829750	0806798 752375	0089001 117975	23
78	8469240	0509080	8711460 264000	0785459 532000	0086329 786400	22
79	8555305	0494935	8791859 183250	0762929 929125	0083542 553325	21
0,80	0,8640000	—0,0480000	0,8870400 000000	—0,0739200 000000	0,0080640 000000	0,20
81	8723295	0464265	8947047 516750	0714260 095875	0077622 786675	19
82	8805160	0447720	9021766 936000	0688100 868000	0074491 653600	18
83	8885565	0430355	9094523 870250	0660713 272625	0071247 422025	17
84	8964480	0412160	9165284 352000	0632088 576000	0067890 995200	16
0,85	0,9041875	—0,0393125	0,9234014 843750	—0,0602218 359375	0,0064423 359375	0,15
86	9117720	0373240	9300682 248000	0571094 524000	0060845 584800	14
87	9191985	0352495	9365253 917250	0538709 296125	0057158 826725	13
88	9264640	0330880	9427697 664000	0505055 232000	0053364 326400	12
89	9335655	0308385	9487981 770750	0470125 222875	0049463 412075	11
0,90	0,9405000	—0,0285000	0,9546075 000000	—0,0433912 500000	0,0045457 500000	0,10
91	9472645	0260715	9601946 604250	0396410 639625	0041348 095425	09
92	9538560	0235520	9655566 336000	0357613 568000	0037136 793600	08
93	9602715	0209405	9706904 457750	0317515 566375	0032825 280775	07
94	9665080	0182360	9755931 752000	0276111 276000	0028415 335200	06
0,95	0,9725625	—0,0154375	0,9802619 531250	—0,0233395 703125	0,0023908 828125	0,05
96	9784320	0125440	9846939 648000	0189364 224000	0019307 724800	04
97	9841135	0095545	9888864 504750	0144012 589875	0014614 085475	03
98	9896040	0064680	9928367 064000	0097336 932000	0009830 066400	02
99	9949005	0032835	9965420 858250	0049333 766625	0004957 920825	01
1,00	1,0000000	0,0000000	1,0000000 000000	0,0000000 000000	0,0000000 000000	0,00

Tabelle V

Koeffizienten für die konforme Abbildung zweifach zusammenhängender Bereiche nach der Methode der trigonometrischen Interpolation

$r_0 = 0{,}05;\ m = 4,\ 8,\ 16,\ 32;\ \nu_{2\nu-k}(r_0) = \nu_{2\nu-k}(r_0;\ m)$

m	$2\nu - k$	$\nu_{2\nu-k}(r_0)$	$\overset{\mathrm{I}}{\nu}_{2\nu-k}(r_0)$	$\overset{\mathrm{II}}{\nu}_{2\nu-k}(r_0)$	$\overset{\mathrm{III}}{\nu}_{2\nu-k}(r_0)$
4	1	0,6035 6094	+0,0176 3046	0,0189 7198	0,5176 3671
	3	0,1035 5469	—0,0176 3671	0,0164 7197	0,4823 6954
8	1	0,6284 1744	+0,0120 0236	0,0052 5599	0,2620 0236
	3	0,1870 7572	+0,0043 1280	0,0119 7689	0,2543 1280
	5	0,0835 2233	—0,0051 9668	0,0110 9612	0,2448 0332
	7	0,0248 6405	—0,0111 1848	0,0043 6898	0,2388 8152
16	1	0,6345 7315	+0,0064 3219	0,0013 4817	0,1314 3219
	3	0,2060 3489	+0,0053 1263	0,0037 7691	0,1303 1263
	5	0,1169 2928	+0,0033 3686	0,0054 8785	0,1283 3686
	7	0,0761 5647	+0,0009 2251	0,0062 3598	0,1259 2251
	9	0,0512 9242	—0,0014 9883	0,0059 9790	0,1235 0117
	11	0,0334 0695	—0,0035 7714	0,0049 1154	0,1214 2286
	13	0,0189 5917	—0,0050 7456	0,0031 9838	0,1199 2544
	15	0,0061 5571	—0,0058 5366	0,0011 0789	0,1191 4634
32	1	0,6361 0836	+0,0032 7106	0,0003 3921	0,0657 7106
	3	0,2106 7039	+0,0031 2546	0,0010 0037	0,0656 2546
	5	0,1247 5699	+0,0028 4341	0,0016 1118	0,0653 4341
	7	0,0873 3790	+0,0024 4208	0,0021 4276	0,0649 4208
	9	0,0660 7257	+0,0019 4474	0,0025 7242	0,0644 4474
	11	0,0521 3748	+0,0013 7840	0,0028 8478	0,0638 7840
	13	0,0421 3575	+0,0007 7135	0,0030 7193	0,0632 7135
	15	0,0344 7906	+0,0001 5116	0,0031 3283	0,0626 5116
	17	0,0283 2335	—0,0004 5693	0,0030 7216	0,0620 4307
	19	0,0231 7658	—0,0010 3089	0,0028 9904	0,0614 6911
	21	0,0187 3053	—0,0015 5231	0,0026 2567	0,0609 4769
	23	0,0147 8015	—0,0020 0643	0,0022 6622	0,0604 9357
	25	0,0111 8143	—0,0023 8183	0,0018 3597	0,0601 1817
	27	0,0078 2772	—0,0026 7010	0,0013 5062	0,0598 2990
	29	0,0046 3550	—0,0028 6533	0,0008 2603	0,0596 3467
	31	0,0015 3521	—0,0029 6384	0,0002 7795	0,0595 3616

$r_0 = 0{,}10$

m	$2\nu - k$	$\nu_{2\nu-k}(r_0)$	$\overset{\mathrm{I}}{\nu}_{2\nu-k}(r_0)$	$\overset{\mathrm{II}}{\nu}_{2\nu-k}(r_0)$	$\overset{\mathrm{III}}{\nu}_{2\nu-k}(r_0)$
4	1	0,6036 7411	+0,0349 5528	0,0407 1296	0,5350 5529
	3	0,1035 7410	—0,0350 5529	0,0307 1196	0,4650 4472
8	1	0,6284 1745	+0,0249 5927	0,0115 9331	0,2749 5927
	3	0,1870 7572	+0,0075 7082	0,0247 4333	0,2575 7083
	5	0,0835 2233	—0,0111 0601	0,0212 5744	0,2388 9400
	7	0,0248 6405	—0,0214 2409	0,0080 0743	0,2285 7591

Fortsetzung Tabelle V

$r_0 = 0{,}10$					
m	$2\nu - k$	$\gamma_{2\nu-k}(r_0)$	$\overset{\mathrm{I}}{\gamma}_{2\nu-k}(r_0)$	$\overset{\mathrm{II}}{\gamma}_{2\nu-k}(r_0)$	$\overset{\mathrm{III}}{\gamma}_{2\nu-k}(r_0)$
16	1	0,6345 7315	+0,0135 2818	0,0029 9644	0,1385 2818
	3	0,2060 3489	+0,0108 3715	0,0082 3110	0,1358 3715
	5	0,1169 2928	+0,0063 3521	0,0115 6250	0,1313 3521
	7	0,0761 5647	+0,0012 2415	0,0126 2620	0,1262 2415
	9	0,0512 9242	—0,0035 1627	0,0116 8694	0,1214 8373
	11	0,0334 0695	—0,0073 0936	0,0092 7057	0,1176 9064
	13	0,0189 5917	—0,0098 9835	0,0059 0382	0,1151 0165
	15	0,0061 5571	—0,0112 0071	0,0020 2182	0,1137 9929
32	1	0,6361 0836	+0,0068 9909	0,0007 5541	0,0693 9909
	3	0,2106 7039	+0,0065 4263	0,0022 1629	0,0690 4263
	5	0,1247 5699	+0,0058 6242	0,0035 3428	0,0683 6242
	7	0,0873 3790	+0,0049 1738	0,0046 3522	0,0674 1738
	9	0,0660 7257	+0,0037 8199	0,0054 7073	0,0662 8199
	11	0,0521 3748	+0,0025 3487	0,0060 1931	0,0650 3487
	13	0,0421 3575	+0,0012 4932	0,0062 8281	0,0637 4932
	15	0,0344 7906	—0,0000 1251	0,0062 8022	0,0624 8749
	17	0,0283 2335	—0,0012 0202	0,0060 4107	0,0612 9798
	19	0,0231 7658	—0,0022 8385	0,0055 9977	0,0602 1615
	21	0,0187 3053	—0,0032 3399	0,0049 9150	0,0592 6601
	23	0,0147 8015	—0,0040 3733	0,0042 4963	0,0584 6267
	25	0,0111 8143	—0,0046 8513	0,0034 0456	0,0578 1487
	27	0,0078 2772	—0,0051 7287	0,0024 8337	0,0573 2713
	29	0,0046 3550	—0,0054 9854	0,0015 1015	0,0570 0146
	31	0,0015 3521	—0,0056 6145	0,0005 0669	0,0568 3855

$r_0 = 0{,}15$					
m	$2\nu - k$	$\gamma_{2\nu-k}(r_0)$	$\overset{\mathrm{I}}{\gamma}_{2\nu-k}(r_0)$	$\overset{\mathrm{II}}{\gamma}_{2\nu-k}(r_0)$	$\overset{\mathrm{III}}{\gamma}_{2\nu-k}(r_0)$
4	1	0,6041 6480	+0,0516 1277	0,0655 0942	0,5521 1928
	3	0,1036 5829	—0,0521 1928	0,0429 9802	0,4483 8723
8	1	0,6284 1776	+0,0389 3612	0,0192 5391	0,2889 3625
	3	0,1870 7582	+0,0096 1296	0,0381 6866	0,2596 1309
	5	0,0835 2237	—0,0175 6401	0,0304 6280	0,2324 3612
	7	0,0248 6406	—0,0309 8532	0,0110 4181	0,2190 1481
16	1	0,6345 7315	+0,0213 8952	0,0050 2282	0,1463 8952
	3	0,2060 3489	+0,0165 2856	0,0134 7496	0,1415 2856
	5	0,1169 2928	+0,0088 8547	0,0182 1632	0,1338 8547
	7	0,0761 5647	+0,0008 7704	0,0190 7701	0,1258 7704
	9	0,0512 9242	—0,0059 8546	0,0170 1134	0,1190 1454
	11	0,0334 0695	—0,0111 2493	0,0131 1002	0,1138 7507
	13	0,0189 5917	—0,0144 6809	0,0081 8980	0,1105 3191
	15	0,0061 5571	—0,0161 0211	0,0027 7804	0,1088 9789

Fortsetzung Tabelle V

$r_0 = 0{,}15$					
m	$2\nu - k$	$\gamma_{2\nu-k}(r_0)$	$\gamma^{I}_{2\nu-k}(r_0)$	$\gamma^{II}_{2\nu-k}(r_0)$	$\gamma^{III}_{2\nu-k}(r_0)$
32	1	0,6361 0836	+0,0109 4505	0,0012 6931	0,0734 4505
	3	0,2106 7039	+0,0102 8676	0,0037 0051	0,0727 8676
	5	0,1247 5699	+0,0090 5337	0,0058 3086	0,0715 5337
	7	0,0873 3790	+0,0073 8774	0,0075 2272	0,0698 8774
	9	0,0660 7257	+0,0054 5696	0,0087 0840	0,0679 5696
	11	0,0521 3748	+0,0034 1977	0,0093 8394	0,0659 1977
	13	0,0421 3575	+0,0014 0597	0,0095 9074	0,0639 0597
	15	0,0344 7906	—0,0004 9073	0,0093 9473	0,0620 0927
	17	0,0283 2335	—0,0022 1043	0,0088 6948	0,0602 8957
	19	0,0231 7658	—0,0037 2001	0,0080 8529	0,0587 7999
	21	0,0187 3053	—0,0050 0515	0,0071 0360	0,0574 9485
	23	0,0147 8015	—0,0060 6331	0,0059 7532	0,0564 3669
	25	0,0111 8143	—0,0068 9828	0,0047 4125	0,0556 0172
	27	0,0078 2772	—0,0075 1646	0,0034 3363	0,0549 8354
	29	0,0046 3550	—0,0079 2433	0,0020 7808	0,0545 7567
	31	0,0015 3521	—0,0081 2692	0,0006 9559	0,0543 7308

$r_0 = 0.20$					
m	$2\nu - k$	$\gamma_{2\nu-k}(r_0)$	$\gamma^{I}_{2\nu-k}(r_0)$	$\gamma^{II}_{2\nu-k}(r_0)$	$\gamma^{III}_{2\nu-k}(r_0)$
4	1	0,6054 8786	+0,0671 8975	0,0936 8901	0,5687 9232
	3	0,1038 8529	—0,0687 9232	0,0536 2490	0,4328 1025
8	1	0,6284 2065	+0,0539 8502	0,0285 3952	0,3039 8630
	3	0,1870 7668	+0,0102 9873	0,0520 8347	0,2603 0001
	5	0,0835 2276	—0,0244 1955	0,0387 1867	0,2255 8173
	7	0,0248 6417	—0,0398 6676	0,0135 7472	0,2101 3452
16	1	0,6345 7315	+0,0301 3750	0,0075 3028	0,1551 3750
	3	0,2060 3489	+0,0223 1618	0,0196 3389	0,1473 1618
	5	0,1169 2928	+0,0108 7009	0,0254 1875	0,1358 7009
	7	0,0761 5647	—0,0001 2760	0,0254 8914	0,1248 7240
	9	0,0512 9242	—0,0088 3447	0,0219 3098	0,1161 6553
	11	0,0334 0695	—0,0149 6501	0,0164 6829	0,1100 3499
	13	0,0189 5917	—0,0187 8695	0,0101 1903	0,1062 1304
	15	0,0061 5571	—0,0206 0975	0,0034 0516	0,1043 9025
32	1	0,6361 0836	+0,0154 8435	0,0019 0865	0,0779 8435
	3	0,2106 7039	+0,0143 9655	0,0055 2104	0,0768 9655
	5	0,1247 5699	+0,0124 0341	0,0085 7420	0,0749 0341
	7	0,0873 3790	+0,0098 0114	0,0108 5107	0,0723 0114
	9	0,0660 7257	+0,0069 0616	0,0122 8963	0,0694 0616
	11	0,0521 3748	+0,0039 8437	0,0129 4748	0,0664 8437
	13	0,0421 3575	+0,0012 2153	0,0129 4722	0,0637 2153
	15	0,0344 7906	—0,0012 7378	0,0124 2995	0,0612 2622
	17	0,0283 2335	—0,0034 5181	0,0115 2681	0,0590 4819
	19	0,0231 7658	—0,0053 0100	0,0103 4652	0,0571 9900
	21	0,0187 3053	—0,0068 3114	0,0089 7313	0,0556 6886

Fortsetzung Tabelle V

$r_0 = 0{,}20$					
m	$2\nu - k$	$\gamma_{2\nu-k}(r_0)$	$\gamma^{I}_{2\nu-k}(r_0)$	$\gamma^{II}_{2\nu-k}(r_0)$	$\gamma^{III}_{2\nu-k}(r_0)$
32	23	0,0147 8015	—0,0080 6173	0,0074 6866	0,0544 3827
	25	0,0111 8143	—0,0090 1467	0,0058 7748	0,0534 8533
	27	0,0078 2772	—0,0097 1017	0,0042 3075	0,0527 8983
	29	0,0046 3550	—0,0101 6446	0,0025 5034	0,0523 3554
	31	0,0015 3521	—0,0103 8876	0,0008 5198	0,0521 1124

$r_0 = 0{,}25$					
m	$2\nu - k$	$\gamma_{2\nu-k}(r_0)$	$\gamma^{I}_{2\nu-k}(r_0)$	$\gamma^{II}_{2\nu-k}(r_0)$	$\gamma^{III}_{2\nu-k}(r_0)$
4	1	0,6082 8714	+0,0812 2825	0,1256 5345	0,5851 4982
	3	0,1043 6557	—0,0851 4982	0,0629 0836	0,4187 7175
8	1	0,6284 3662	+0,0701 3244	0,0398 2689	0,3201 4007
	3	0,1870 8143	+0,0095 1947	0,0662 8443	0,2595 2710
	5	0,0835 2488	—0,0315 3821	0,0460 5385	0,2184 6942
	7	0,0248 6480	—0,0481 2897	0,0156 8999	0,2018 7866
16	1	0,6345 7315	+0,0399 1740	0,0106 5634	0,1649 1740
	3	0,2060 3489	+0,0280 9509	0,0268 4370	0,1530 9509
	5	0,1169 2928	+0,0121 6884	0,0331 1193	0,1371 6884
	7	0,0761 5647	—0,0017 7825	0,0317 6267	0,1232 2175
	9	0,0512 9242	—0,0119 9011	0,0264 2099	0,1130 0989
	11	0,0354 0695	—0,0187 8262	0,0193 8649	0,1062 1738
	13	0,0189 5917	—0,0228 6235	0,0117 4480	0,1021 3765
	15	0,0061 5571	—0,0247 6800	0,0039 2595	0,1002 3200
32	1	0,6361 0836	+0,0206 1135	0,0027 1109	0,0831 1135
	3	0,2106 7039	+0,0189 1332	0,0077 6621	0,0814 1332
	5	0,1247 5699	+0,0158 8599	0,0118 5053	0,0783 8599
	7	0,0873 3790	+0,0120 8891	0,0146 6342	0,0745 8891
	9	0,0660 7257	+0,0080 5866	0,0162 0587	0,0705 5866
	11	0,0521 3748	+0,0041 8398	0,0166 6666	0,0666 8398
	13	0,0421 3575	+0,0006 8615	0,0162 9920	0,0631 8615
	15	0,0344 7906	—0,0023 4312	0,0153 4277	0,0601 5688
	17	0,0283 2335	—0,0048 9224	0,0139 8978	0,0576 0776
	19	0,0231 7658	—0,0069 9044	0,0123 8131	0,0555 0956
	21	0,0187 3053	—0,0086 8267	0,0106 1473	0,0538 1733
	23	0,0147 8015	—0,0100 1571	0,0087 5431	0,0524 8429
	25	0,0111 8143	—0,0110 3139	0,0068 4083	0,0514 6861
	27	0,0078 2772	—0,0117 6371	0,0048 9908	0,0507 3629
	29	0,0046 3550	—0,0122 3803	0,0029 4340	0,0502 6197
	31	0,0015 3521	—0,0124 7106	0,0009 8168	0,0500 2894

Fortsetzung Tabelle V

$r_0 = 0{,}30$					
m	$2\nu - k$	$\nu_{2\nu-k}(r_0)$	$\nu^{I}_{2\nu-k}(r_0)$	$\nu^{II}_{2\nu-k}(r_0)$	$\nu^{III}_{2\nu-k}(r_0)$
4	1	0,6134 1080	+0,0932 2520	0,1619 2354	0,6013 9135
	3	0,1052 4465	—0,1013 9134	0,0711 8859	0,4067 7480
8	1	0,6284 9990	+0,0873 6145	0,0535 8691	0,3373 9425
	3	0,1871 0027	+0,0072 0844	0,0805 4494	0,2572 4125
	5	0,0835 3329	—0,0388 0538	0,0525 1556	0,2112 2742
	7	0,0248 6731	—0,0558 3012	0,0174 5700	0,1942 0269
16	1	0,6345 7316	+0,0509 0325	0,0145 8717	0,1759 0325
	3	0,2060 3489	+0,0337 1595	0,0352 4487	0,1587 1595
	5	0,1169 2928	+0,0126 6607	0,0412 0767	0,1376 6607
	7	0,0761 5647	—0,0040 4351	0,0378 0216	0,1209 5649
	9	0,0512 9242	—0,0153 8115	0,0304 7042	0,1096 1885
	11	0,0334 0695	—0,0225 4123	0,0219 0627	0,1024 5877
	13	0,0189 5917	—0,0267 0439	0,0131 1229	0,0982 9562
	15	0,0061 5571	—0,0286 1500	0,0043 5866	0,0963 8500
32	1	0,6361 0836	+0,0264 4553	0,0037 2867	0,0889 4553
	3	0,2106 7039	+0,0238 7898	0,0105 5149	0,0863 7898
	5	0,1247 5699	+0,0194 5454	0,0157 5953	0,0819 5454
	7	0,0873 3790	+0,0141 6326	0,0189 9552	0,0766 6326
	9	0,0660 7257	+0,0088 3873	0,0204 3231	0,0713 3873
	11	0,0521 3748	+0,0039 8147	0,0204 8662	0,0664 8147
	13	0,0421 3575	—0,0001 9890	0,0195 9168	0,0623 0110
	15	0,0344 7906	—0,0036 7263	0,0180 9533	0,0588 2737
	17	0,0283 2335	—0,0064 9613	0,0162 4264	0,0560 0387
	19	0,0231 7658	—0,0087 5502	0,0141 9320	0,0537 4498
	21	0,0187 3053	—0,0105 3561	0,0120 4514	0,0519 6439
	23	0,0147 8015	—0,0119 1313	0,0098 5556	0,0505 8687
	25	0,0111 8143	—0,0129 4817	0,0076 5531	0,0495 5183
	27	0,0078 2772	—0,0136 8680	0,0054 5884	0,0488 1320
	29	0,0046 3550	—0,0141 6184	0,0032 7061	0,0483 3816
	31	0,0015 3521	—0,0143 9426	0,0010 8933	0,0481 0574

$r_0 = 0{,}35$					
m	$2\nu - k$	$\nu_{2\nu-k}(r_0)$	$\nu^{I}_{2\nu-k}(r_0)$	$\nu^{II}_{2\nu-k}(r_0)$	$\nu^{III}_{2\nu-k}(r_0)$
4	1	0,6219 4350	+0,1026 2193	0,2032 0158	0,6178 5680
	3	0,1067 0865	—0,1178 5680	0,0788 3531	0,3973 7807
8	1	0,6287 0052	+0,1055 8792	0,0704 0981	0,3557 0054
	3	0,1871 5999	+0,0033 4778	0,0946 3355	0,2534 6040
	5	0,0835 5995	—0,0461 3038	0,0581 6825	0,2039 8224
	7	0,0248 7525	—0,0630 3057	0,0189 3488	0,1870 8205

Fortsetzung Tabelle V

$r_0 = 0{,}35$					
m	$2\nu - k$	$\gamma_{2\nu-k}(r_0)$	$\gamma^{I}_{2\nu-k}(r_0)$	$\gamma^{II}_{2\nu-k}(r_0)$	$\gamma^{III}_{2\nu-k}(r_0)$
16	1	0,6345 7321	+0,0633 0276	0,0195 7838	0,1883 0278
	3	0,2060 3491	+0,0389 7394	0,0449 7223	0,1639 7396
	5	0,1169 2929	+0,0122 5966	0,0495 8664	0,1372 5968
	7	0,0761 5648	−0,0068 7397	0,0435 2141	0,1181 2604
	9	0,0512 9243	−0,0189 4083	0,0340 8039	0,1060 5918
	11	0,0334 0695	−0,0262 1326	0,0240 6829	0,0987 8675
	13	0,0189 5917	−0,0303 2469	0,0142 5978	0,0946 7533
	15	0,0061 5571	−0,0321 8367	0,0047 1806	0,0928 1634
32	1	0,6361 0836	+0,0331 4014	0,0050 3469	0,0956 4014
	3	0,2106 7039	+0,0293 3185	0,0140 2870	0,0918 3185
	5	0,1247 5699	+0,0230 3407	0,0204 1314	0,0855 3407
	7	0,0873 3790	+0,0159 1584	0,0238 6916	0,0784 1584
	9	0,0660 7258	+0,0091 6992	0,0249 2481	0,0716 6992
	11	0,0521 3748	+0,0033 5076	0,0243 4257	0,0658 5076
	13	0,0421 3575	−0,0014 2094	0,0227 7064	0,0610 7906
	15	0,0344 7906	−0,0052 3028	0,0206 5653	0,0572 6972
	17	0,0283 2335	−0,0082 2792	0,0182 7676	0,0542 7208
	19	0,0231 7658	−0,0105 6516	0,0157 9021	0,0519 3484
	21	0,0187 3053	−0,0123 7062	0,0132 8215	0,0501 2938
	23	0,0147 8015	−0,0137 4565	0,0107 9399	0,0487 5435
	25	0,0111 8143	−0,0147 6662	0,0083 4172	0,0477 3338
	27	0,0078 2772	−0,0154 8890	0,0059 2685	0,0470 1110
	29	0,0046 3550	−0,0159 5067	0,0035 4281	0,0465 4933
	31	0,0015 3521	−0,0161 7582	0,0011 7865	0,0463 2418

$r_0 = 0{,}40$					
m	$2\nu - k$	$\gamma_{2\nu-k}(r_0)$	$\gamma^{I}_{2\nu-k}(r_0)$	$\gamma^{II}_{2\nu-k}(r_0)$	$\gamma^{III}_{2\nu-k}(r_0)$
4	1	0,6352 6720	+0,1087 7867	0,2504 6056	0,6350 5125
	3	0,1089 9462	−0,1350 5125	0,0862 5695	0,3912 2133
8	1	0,6292 4166	+0,1246 3083	0,0910 4031	0,3749 5872
	3	0,1873 2109	−0,0020 3071	0,1083 4312	0,2482 9719
	5	0,0836 3188	−0,0534 5372	0,0630 9677	0,1968 7417
	7	0,0248 9666	−0,0698 0219	0,0201 7717	0,1805 2571
16	1	0,6345 7370	+0,0773 6141	0,0259 8630	0,2023 6152
	3	0,2060 3507	+0,0435 9830	0,0561 3818	0,1685 9841
	5	0,1169 2938	+0,0108 7078	0,0581 0059	0,1358 7089
	7	0,0761 5654	−0,0102 0541	0,0488 4745	0,1147 9470
	9	0,0512 9247	−0,0226 0859	0,0372 6186	0,1023 9151
	11	0,0334 0697	−0,0297 7866	0,0259 1128	0,0952 2145
	13	0,0189 5918	−0,0337 3567	0,0152 1965	0,0912 6443
	15	0,0061 5572	−0,0355 0258	0,0050 1614	0,0894 9753

Fortsetzung Tabelle V

$r_0 = 0{,}40$					
m	$2\nu - k$	$\nu_{2\nu-k}(r_0)$	$\nu^{I}_{2\nu-k}(r_0)$	$\nu^{II}_{2\nu-k}(r_0)$	$\nu^{III}_{2\nu-k}(r_0)$
32	1	0,6361 0836	+0,0408 9467	0,0067 3468	0,1033 9467
	3	0,2106 7039	+0,0352 9874	0,0183 9817	0,0977 9874
	5	0,1247 5699	+0,0265 1048	0,0259 3153	0,0890 1048
	7	0,0873 3790	+0,0172 1825	0,0292 8375	0,0797 1825
	9	0,0660 7257	+0,0089 8079	0,0296 1792	0,0714 8079
	11	0,0521 3748	+0,0022 7993	0,0281 6263	0,0647 7993
	13	0,0421 3575	—0,0029 5642	0,0257 8597	0,0595 4358
	15	0,0344 7906	—0,0069 8009	0,0230 0290	0,0555 1991
	17	0,0283 2335	—0,0100 5353	0,0200 8991	0,0524 4647
	19	0,0231 7658	—0,0123 9533	0,0171 8362	0,0501 0467
	21	0,0187 3053	—0,0141 7258	0,0143 4375	0,0483 2742
	23	0,0147 8015	—0,0155 0801	0,0115 8926	0,0469 9199
	25	0,0111 8143	—0,0164 8961	0,0089 1799	0,0460 1039
	27	0,0078 2772	—0,0171 7898	0,0063 1717	0,0453 2102
	29	0,0046 3550	—0,0176 1755	0,0037 6885	0,0448 8245
	31	0,0015 3521	—0,0178 3077	0,0012 5268	0,0446 6923

$r_0 =$,45					
m	$2\nu - k$	$\nu_{2\nu-k}(r_0)$	$\nu^{I}_{2\nu-k}(r_0)$	$\nu^{II}_{2\nu-k}(r_0)$	$\nu^{III}_{2\nu-k}(r_0)$
4	1	0,6551 6887	+0,1109 2705	0,3050 7663	0,6536 8671
	3	0,1124 0921	—0,1536 8671	0,0939 1780	0,3890 7295
8	1	0,6305 3438	+0,1441 7742	0,1164 3109	0,3950 1959
	3	0,1877 0592	—0,0088 5533	0,1215 3410	0,2419 8684
	5	0,0838 0369	—0,0607 6122	0,0674 1584	0,1900 8095
	7	0,0249 4781	—0,0762 4521	0,0212 3751	0,1745 9696
16	1	0,6345 7674	+0,0933 6295	0,0343 1559	0,2183 6366
	3	0,2060 3605	+0,0472 4539	0,0688 0793	0,1722 4610
	5	0,1169 2994	+0,0084 5334	0,0665 7838	0,1334 5405
	7	0,0761 5690	—0,0139 6289	0,0537 2332	0,1110 3782
	9	0,0512 9271	—0,0263 3120	0,0400 3355	0,0986 6951
	11	0,0334 0713	—0,0332 2362	0,0274 7141	0,0917 7709
	13	0,0189 5927	—0,0369 5009	0,0160 1940	0,0880 5062
	15	0,0061 5575	—0,0385 9671	0,0052 6274	0,0864 0399
32	1	0,6361 0836	+0,0499 7273	0,0089 8445	0,1124 7273
	3	0,2106 7039	+0,0417 8034	0,0239 2430	0,1042 8034
	5	0,1247 5699	+0,0297 1784	0,0324 3390	0,0922 1784
	7	0,0873 3790	+0,0179 2588	0,0352 0648	0,0804 2588
	9	0,0660 7257	+0,0082 1169	0,0344 2492	0,0707 1169
	11	0,0521 3748	+0,0007 7326	0,0318 7184	0,0632 7326
	13	0,0421 3575	—0,0047 7240	0,0285 9402	0,0577 2760
	15	0,0344 7906	—0,0088 8419	0,0251 1887	0,0536 1581
	17	0,0283 2335	—0,0119 4143	0,0216 8531	0,0505 5857
	19	0,0231 7658	—0,0142 2403	0,0183 8691	0,0482 7597
	21	0,0187 3053	—0,0159 3003	0,0152 4754	0,0465 6997

Fortsetzung Tabelle V

$r_0 = 0{,}45$					
m	$2\nu - k$	$\gamma_{2\nu-k}(r_0)$	$\gamma^{I}_{2\nu-k}(r_0)$	$\gamma^{II}_{2\nu-k}(r_0)$	$\gamma^{III}_{2\nu-k}(r_0)$
32	23	0,0147 8015	—0,0171 9727	0,0122 5908	0,0453 0273
	25	0,0111 8143	—0,0181 2085	0,0093 9955	0,0443 7915
	27	0,0078 2772	—0,0187 6552	0,0066 4154	0,0437 3448
	29	0,0046 3550	—0,0191 7396	0,0039 5604	0,0433 2604
	31	0,0015 3521	—0,0193 7207	0,0013 1388	0,0431 2793

$r_0 = 0{,}50$					
m	$2\nu - k$	$\gamma_{2\nu-k}(r_0)$	$\gamma^{I}_{2\nu-k}(r_0)$	$\gamma^{II}_{2\nu-k}(r_0)$	$\gamma^{III}_{2\nu-k}(r_0)$
4	1	0,6840 2718	+0,1080 8802	0,3690 3559	0,6747 5469
	3	0,1173 6051	—0,1747 5469	0,1023 6893	0,3919 1198
8	1	0,6333 4620	+0,1637 4474	0,1478 3068	0,4157 0552
	3	0,1885 4298	—0,0170 4059	0,1341 9634	0,2349 2019
	5	0,0841 7741	—0,0681 0923	0,0712 8798	0,1838 5156
	7	0,0250 5906	—0,0825 1649	0,0221 7722	0,1694 4430
16	1	0,6345 9252	+0,1116 2093	0,0452 9291	0,2366 2474
	3	0,2060 4118	+0,0495 0055	0,0829 6697	0,1745 0436
	5	0,1169 3284	+0,0050 0158	0,0748 3613	0,1300 0539
	7	0,0761 5879	—0,0180 6547	0,0581 1014	0,1069 3835
	9	0,0512 9399	—0,0300 6350	0,0424 2015	0,0949 4032
	11	0,0334 0797	—0,0365 3979	0,0287 8228	0,0884 6403
	13	0,0189 5975	—0,0399 8107	0,0166 8254	0,0850 2274
	15	0,0061 5590	—0,0414 8849	0,0054 6602	0,0835 1533
32	1	0,6361 0836	+0,0607 2840	0,0120 2061	0,1232 2840
	3	0,2106 7039	+0,0487 2518	0,0309 5409	0,1112 2518
	5	0,1247 5699	+0,0324 2523	0,0400 2173	0,0949 2524
	7	0,0873 3790	+0,0178 8630	0,0415 6232	0,0803 8630
	9	0,0660 7257	+0,0068 2220	0,0392 4027	0,0693 2220
	11	0,0521 3748	—0,0011 4802	0,0353 9677	0,0613 5198
	13	0,0421 3575	—0,0068 2870	0,0311 5964	0,0556 7130
	15	0,0344 7906	—0,0109 0465	0,0269 9651	0,0515 9535
	17	0,0283 2335	—0,0138 6335	0,0230 7057	0,0486 3665
	19	0,0231 7658	—0,0160 3366	0,0194 1484	0,0464 6634
	21	0,0187 3053	—0,0176 3460	0,0160 1028	0,0448 6540
	23	0,0147 8015	—0,0188 1231	0,0128 1929	0,0436 8769
	25	0,0111 8143	—0,0196 6454	0,0097 9965	0,0428 3546
	27	0,0078 2772	—0,0202 5640	0,0069 0980	0,0422 4360
	29	0,0046 3550	—0,0206 3009	0,0041 1039	0,0418 6991
	31	0,0015 3521	—0,0208 1099	0,0013 6427	0,0416 8901

Fortsetzung Tabelle V

$r_0 = 0{,}55$					
m	$2\nu - k$	$\gamma_{2\nu-k}(r_0)$	$\gamma^{I}_{2\nu-k}(r_0)$	$\gamma^{II}_{2\nu-k}(r_0)$	$\gamma^{III}_{2\nu-k}(r_0)$
4	1	0,7251 3685	+0,0989 3166	0,4452 7198	0,6996 5470
	3	0,1244 1381	−0,1996 5470	0,1123 0326	0,4010 6834
8	1	0,6390 3028	+0,1826 3694	0,1869 3757	0,4368 5899
	3	0,1902 3509	−0,0265 3804	0,1465 3628	0,2276 8401
	5	0,0849 3287	−0,0756 6779	0,0749 5353	0,1785 5426
	7	0,0252 8395	−0,0888 7522	0,0230 7588	0,1653 4683
16	1	0,6346 6214	+0,1324 5012	0,0599 8287	0,2574 6765
	3	0,2060 6378	+0,0498 9579	0,0984 8529	0,1749 1332
	5	0,1169 4567	+0,0005 5398	0,0826 9281	0,1255 7152
	7	0,0761 6715	−0,0224 3170	0,0619 8952	0,1025 8583
	9	0,0512 9962	−0,0337 6980	0,0444 5223	0,0912 4773
	11	0,0334 1163	−0,0397 2488	0,0298 7601	0,0852 9265
	13	0,0189 6183	−0,0428 4364	0,0172 2995	0,0821 7388
	15	0,0061 5658	−0,0441 9999	0,0056 3305	0,0808 1754
32	1	0,6361 0837	+0,0736 4514	0,0162 1459	0,1361 4514
	3	0,2106 7039	+0,0559 8439	0,0399 3561	0,1184 8439
	5	0,1247 5699	+0,0343 2688	0,0487 5125	0,0968 2688
	7	0,0873 3790	+0,0169 5307	0,0482 2606	0,0794 5307
	9	0,0660 7257	+0,0047 9771	0,0439 4521	0,0672 9771
	11	0,0521 3748	−0,0034 4657	0,0386 7022	0,0590 5343
	13	0,0421 3575	−0,0090 8038	0,0334 5735	0,0534 1962
	15	0,0344 7906	−0,0130 0507	0,0286 3482	0,0494 9493
	17	0,0283 2335	−0,0157 9472	0,0242 5655	0,0467 0528
	19	0,0231 7658	−0,0178 1018	0,0202 8275	0,0446 8982
	21	0,0187 3053	−0,0192 8051	0,0166 4769	0,0432 1949
	23	0,0147 8015	−0,0203 5337	0,0132 8391	0,0421 4663
	25	0,0111 8143	−0,0211 2516	0,0101 2967	0,0413 7484
	27	0,0078 2772	−0,0216 5889	0,0071 3023	0,0408 4111
	29	0,0046 3550	−0,0219 9496	0,0042 3693	0,0405 0505
	31	0,0015 3521	−0,0221 5737	0,0014 0553	0,0403 4263

$r_0 = 0{,}60$					
m	$2\nu - k$	$\gamma_{2\nu-k}(r_0)$	$\gamma^{I}_{2\nu-k}(r_0)$	$\gamma^{II}_{2\nu-k}(r_0)$	$\gamma^{III}_{2\nu-k}(r_0)$
4	1	0,7832 8804	+0,0815 3091	0,5382 5777	0,7304 2797
	3	0,1343 9098	−0,2304 2797	0,1246 5483	0,4184 6909
8	1	0,6498 8806	+0,1998 9209	0,2361 8470	0,4584 3363
	3	0,1934 6738	−0,0374 2448	0,1591 0295	0,2211 1707
	5	0,0863 7597	−0,0837 9343	0,0787 7922	0,1747 4811
	7	0,0257 1356	−0,0957 5727	0,0240 4699	0,1627 8428

Fortsetzung Tabelle V

$r_0 = 0{,}60$					
m	$2\nu - k$	$\gamma_{2\nu-k}(r_0)$	$\gamma^{I}_{2\nu-k}(r_0)$	$\gamma^{II}_{2\nu-k}(r_0)$	$\gamma^{III}_{2\nu-k}(r_0)$
16	1	0,6349 3129	+0,1560 9843	0,0799 7497	0,2811 6898
	3	0,2061 5117	+0,0479 5215	0,1150 9411	0,1730 2270
	5	0,1169 9527	—0,0048 0894	0,0899 9567	0,1202 6161
	7	0,0761 9945	—0,0269 8782	0,0653 7078	0,0980 8272
	9	0,0513 2137	—0,0374 2872	0,0461 7027	0,0876 4183
	11	0,0334 2580	—0,0427 8746	0,0307 8694	0,0822 8308
	13	0,0189 6987	—0,0455 6047	0,0176 8256	0,0795 1008
	15	0,0061 5919	—0,0467 5936	0,0057 7074	0,0783 1118
32	1	0,6361 0847	+0,0893 9305	0,0221 7204	0,1518 9306
	3	0,2106 7042	+0,0632 3600	0,0514 2720	0,1257 3601
	5	0,1247 5701	+0,0350 4223	0,0585 9365	0,0975 4225
	7	0,0873 3791	+0,0150 0481	0,0550 1952	0,0775 0482
	9	0,0660 7258	+0,0021 5415	0,0484 1580	0,0646 5416
	11	0,0521 3748	—0,0060 7136	0,0416 3547	0,0564 2865
	13	0,0421 3575	—0,0114 8048	0,0354 7173	0,0510 1953
	15	0,0344 7907	—0,0151 5186	0,0300 3868	0,0473 4815
	17	0,0283 2335	—0,0177 1473	0,0252 5644	0,0447 8528
	19	0,0231 7658	—0,0195 4274	0,0210 0591	0,0429 5727
	21	0,0187 3053	—0,0208 6404	0,0171 7426	0,0416 3597
	23	0,0147 8015	—0,0218 2170	0,0136 6534	0,0406 7831
	25	0,0111 8143	—0,0225 0726	0,0103 9938	0,0399 9275
	27	0,0078 2772	—0,0229 7975	0,0073 0982	0,0395 2026
	29	0,0046 3550	—0,0232 7657	0,0043 3981	0,0392 2344
	31	0,0015 3521	—0,0234 1983	0,0014 3905	0,0390 8018

$r_0 = 0{,}65$					
m	$2\nu - k$	$\gamma_{2\nu-k}(r_0)$	$\gamma^{I}_{2\nu-k}(r_0)$	$\gamma^{II}_{2\nu-k}(r_0)$	$\gamma^{III}_{2\nu-k}(r_0)$
4	1	0,8658 5131	+0,0529 0604	0,6550 9239	0,7702 0075
	3	0,1485 5660	—0,2702 0075	0,1407 8537	0,4470 9396
8	1	0,6697 8395	+0,2141 9573	0,2992 8909	0,4806 5235
	3	0,1993 9026	—0,0500 5167	0,1729 8485	0,2164 0495
	5	0,0890 2031	—0,0931 5549	0,0833 4060	0,1733 0113
	7	0,0265 0076	—0,1039 0181	0,0252 6337	0,1625 5481
16	1	0,6358 6308	+0,1826 0845	0,1076 9869	0,3078 6255
	3	0,2064 5371	+0,0432 5185	0,1324 1578	0,1685 0594
	5	0,1171 6696	—0,0109 7882	0,0966 7032	0,1142 7527
	7	0,0763 1128	—0,0316 8543	0,0683 1378	0,0935 6867
	9	0,0513 9669	—0,0410 4913	0,0476 4033	0,0842 0496
	11	0,0334 7485	—0,0457 6389	0,0315 6289	0,0794 9021
	13	0,0189 9771	—0,0481 7991	0,0180 6809	0,0770 7419
	15	0,0061 6823	—0,0492 1951	0,0058 8811	0,0760 3459

Fortsetzung Tabelle V

$r_0 = 0{,}65$					
m	$2\nu - k$	$\nu_{2\nu-k}(r_0)$	$\overset{\mathrm{I}}{\nu}_{2\nu-k}(r_0)$	$\overset{\mathrm{II}}{\nu}_{2\nu-k}(r_0)$	$\overset{\mathrm{III}}{\nu}_{2\nu-k}(r_0)$
32	1	0,6361 0968	+0,1089 0940	0,0309 2544	0,1714 0953
	3	0,2106 7082	+0,0698 6580	0,0660 7463	0,1323 6592
	5	0,1247 5725	+0,0341 3674	0,0693 8539	0,0966 3687
	7	0,0873 3808	+0,0119 6713	0,0617 1724	0,0744 6726
	9	0,0660 7271	—0,0010 6062	0,0525 3296	0,0614 3951
	11	0,0521 3758	—0,0089 6124	0,0442 4950	0,0535 3889
	13	0,0421 3583	—0,0139 8244	0,0371 9708	0,0485 1769
	15	0,0344 7913	—0,0173 1506	0,0312 1779	0,0451 8507
	17	0,0283 2341	—0,0196 0631	0,0260 8483	0,0428 9382
	19	0,0231 7663	—0,0212 2328	0,0215 9922	0,0412 7685
	21	0,0187 3057	—0,0223 8318	0,0176 0323	0,0401 1695
	23	0,0147 8018	—0,0232 1926	0,0139 7448	0,0392 8087
	25	0,0111 8145	—0,0238 1544	0,0106 1718	0,0386 8469
	27	0,0078 2773	—0,0242 2518	0,0074 5448	0,0382 7495
	29	0,0046 3551	—0,0244 8211	0,0044 2255	0,0380 1802
	31	0,0015 3522	—0,0246 0599	0,0014 6598	0,0378 9414

$r_0 = 0{,}70$					
m	$2\nu - k$	$\nu_{2\nu-k}(r_0)$	$\overset{\mathrm{I}}{\nu}_{2\nu-k}(r_0)$	$\overset{\mathrm{II}}{\nu}_{2\nu-k}(r_0)$	$\overset{\mathrm{III}}{\nu}_{2\nu-k}(r_0)$
4	1	0,9849 5402	+0,0081 1760	0,8076 8020	0,8240 8022
	3	0,1689 9139	—0,3240 8022	0,1628 5852	0,4918 8241
8	1	0,7053 0381	+0,2237 0010	0,3823 7673	0,5042 8740
	3	0,2099 6429	—0,0653 1301	0,1901 6138	0,2152 7429
	5	0,0937 4122	—0,1049 7364	0,0895 7650	0,1756 1367
	7	0,0279 0614	—0,1145 8805	0,0270 0382	0,1659 9925
16	1	0,6388 0496	+0,2115 6908	0,1469 9874	0,3374 0268
	3	0,2074 0888	+0,0355 2867	0,1501 3867	0,1613 6227
	5	0,1177 0905	—0,0178 6275	0,1028 3431	0,1079 7084
	7	0,0766 6434	—0,0365 4794	0,0709 9424	0,0892 8566
	9	0,0516 3448	—0,0447 1755	0,0489 9876	0,0811 1604
	11	0,0336 2973	—0,0487 6758	0,0322 9510	0,0770 6601
	13	0,0190 8560	—0,0508 2679	0,0184 3840	0,0750 0680
	15	0,0061 9676	—0,0517 0951	0,0060 0197	0,0741 2408
32	1	0,6361 2241	+0,1334 9630	0,0443 2792	0,1959 9769
	3	0,2106 7504	+0,0748 0120	0,0845 0850	0,1373 0258
	5	0,1247 5975	+0,0311 7474	0,0807 8040	0,0936 7612
	7	0,0873 3983	+0,0078 3323	0,0680 6355	0,0703 3461
	9	0,0660 7403	—0,0047 6923	0,0561 9338	0,0577 3215
	11	0,0521 3863	—0,0120 4949	0,0464 8534	0,0504 5189
	13	0,0421 3668	—0,0165 4247	0,0386 3696	0,0459 5891
	15	0,0344 7982	—0,0194 6910	0,0321 8589	0,0430 3228
	17	0,0283 2397	—0,0214 5619	0,0267 5741	0,0410 4519
	19	0,0231 7709	—0,0228 4642	0,0220 7714	0,0396 5496
	21	0,0187 3094	—0,0238 3758	0,0179 4684	0,0386 6380

Fortsetzung Tabelle V

$r_0 = 0{,}70$					
m	$2\nu - k$	$\nu_{2\nu-k}(r_0)$	$\nu^{I}_{2\nu-k}(r_0)$	$\nu^{II}_{2\nu-k}(r_0)$	$\nu^{III}_{2\nu-k}(r_0)$
32	23	0,0147 8048	—0,0245 4891	0,0142 2112	0,0379 5247
	25	0,0111 8168	—0,0250 5453	0,0107 9044	0,0374 4685
	27	0,0078 2789	—0,0254 0127	0,0075 6933	0,0371 0011
	29	0,0046 3560	—0,0256 1838	0,0044 8817	0,0368 8300
	31	0,0015 3525	—0,0257 2297	0,0014 8733	0,0367 7841

$r_0 = 0{,}75$					
m	$2\nu - k$	$\nu_{2\nu-k}(r_0)$	$\nu^{I}_{2\nu-k}(r_0)$	$\nu^{II}_{2\nu-k}(r_0)$	$\nu^{III}_{2\nu-k}(r_0)$
4	1	1,1622 7138	—0,0617 2294	1,0175 2009	0,9011 3420
	3	0,1994 1424	—0,4011 3420	0,1946 6296	0,5617 2294
8	1	0,7682 4098	+0,2255 8482	0,4964 7921	0,5312 1008
	3	0,2287 0027	—0,0851 7760	0,2142 3984	0,2204 4766
	5	0,1021 0614	—0,1215 2092	0,0991 1921	0,1841 0434
	7	0,0303 9632	—0,1301 3682	0,0297 5197	0,1754 8844
16	1	0,6474 2207	+0,2417 1823	0,2043 3230	0,3692 4924
	3	0,2102 0671	+0,0247 1467	0,1685 3813	0,1522 4569
	5	0,1192 9687	—0,0255 0505	0,1090 7112	0,1020 2597
	7	0,0776 9850	—0,0417 9670	0,0738 7434	0,0857 3432
	9	0,0523 3100	—0,0487 2757	0,0505 6796	0,0788 0344
	11	0,0340 8337	—0,0521 2148	0,0331 9425	0,0754 0954
	13	0,0193 4306	—0,0538 3656	0,0189 1278	0,0736 9446
	15	0,0062 8035	—0,0545 6960	0,0061 5097	0,0729 6141
32	1	0,6362 3617	+0 1648 7182	0,0659 1057	0,2273 8438
	3	0,2107 1272	+0,0763 4209	0,1070 8854	0,1388 5464
	5	0,1247 8206	+0,0258 1212	0,0922 3494	0,0883 2468
	7	0,0873 5545	+0,0026 7711	0,0738 0724	0,0651 8966
	9	0,0660 8585	—0,0088 7226	0,0593 2485	0,0536 4030
	11	0,0521 4795	—0,0152 7014	0,0483 3777	0,0472 4242
	13	0,0421 4421	—0,0191 2342	0,0398 0717	0,0433 8914
	15	0,0344 8599	—0,0215 9547	0,0329 6327	0,0409 1708
	17	0,0283 2904	—0,0232 5721	0,0272 9333	0,0392 5535
	19	0,0231 8124	—0,0244 1187	0,0224 5607	0,0381 0068
	21	0,0187 3429	—0,0252 3114	0,0182 1839	0,0372 8142
	23	0,0147 8312	—0,0258 1709	0,0144 1561	0,0366 9547
	25	0,0111 8367	—0,0262 3257	0,0109 2689	0,0362 7999
	27	0,0078 2929	—0,0265 1700	0,0076 5970	0,0359 9556
	29	0,0046 3643	—0,0266 9489	0,0045 3977	0,0358 1766
	31	0,0015 3552	—0,0267 8054	0,0015 0411	0,0357 3202

Fortsetzung Tabelle V

$r_0 = 0{,}80$

m	$2\nu - k$	$\nu_{2\nu-k}(r_0)$	$\nu^{\mathrm{I}}_{2\nu-k}(r_0)$	$\nu^{\mathrm{II}}_{2\nu-k}(r_0)$	$\nu^{\mathrm{III}}_{2\nu-k}(r_0)$
4	1	1,4410 0416	−0,1744 1840	1,3276 7962	1,0193 4853
	3	0,2472 3723	−0,5193 4854	0,2436 6878	0,6744 1840
8	1	0,8817 8784	+0,2148 7524	0,6637 8355	0,5656 7226
	3	0,2625 0242	−0,1139 5736	0,2522 8540	0,2368 3965
	5	0,1171 9753	−0,1473 6332	0,1151 1614	0,2034 3369
	7	0,0348 8893	−0,1551 4858	0,0344 4138	0,1956 4843
16	1	0,6713 3109	+0,2703 5305	0,2917 4534	0,4025 9373
	3	0,2179 6955	+0,0107 5170	0,1898 1253	0,1429 9239
	5	0,1237 0246	−0,0344 2854	0,1171 1455	0,0978 1215
	7	0,0805 6787	−0,0481 9420	0,0781 4086	0,0840 4648
	9	0,0542 6356	−0,0539 2692	0,0531 5169	0,0783 1376
	11	0,0353 4206	−0,0567 0787	0,0347 8305	0,0755 3282
	13	0,0200 5739	−0,0581 0670	0,0197 8728	0,0741 3398
	15	0,0065 1229	−0,0587 0326	0,0064 3112	0,0735 3742
32	1	0,6371 1712	+0,2049 0154	0,1028 9669	0,2675 0066
	3	0,2110 0447	+0,0721 7436	0,1334 9731	0,1347 7348
	5	0,1249 5484	+0,0179 2090	0,1031 2160	0,0805 2001
	7	0,0874 7640	−0,0033 5236	0,0787 9783	0,0592 4675
	9	0,0661 7735	−0,0132 7016	0,0619 4180	0,0493 2895
	11	0,0522 2015	−0,0185 7853	0,0498 6196	0,0440 2058
	13	0,0422 0257	−0,0217 1435	0,0407 6655	0,0408 8477
	15	0,0345 3374	−0,0237 0244	0,0336 0239	0,0388 9668
	17	0,0283 6826	−0,0250 2859	0,0277 3675	0,0375 7052
	19	0,0232 1333	−0,0259 4528	0,0227 7211	0,0366 5384
	21	0,0187 6023	−0,0265 9332	0,0184 4681	0,0360 0580
	23	0,0148 0359	−0,0270 5560	0,0145 8056	0,0355 4352
	25	0,0111 9916	−0,0273 8278	0,0110 4344	0,0352 1633
	27	0,0078 4013	−0,0276 0648	0,0077 3735	0,0349 9263
	29	0,0046 4285	−0,0277 4627	0,0045 8429	0,0348 5284
	31	0,0015 3765	−0,0278 1354	0,0015 1862	0,0347 8557

$r_0 = 0{,}85$

m	$2\nu - k$	$\nu_{2\nu-k}(r_0)$	$\nu^{\mathrm{I}}_{2\nu-k}(r_0)$	$\nu^{\mathrm{II}}_{2\nu-k}(r_0)$	$\nu^{\mathrm{III}}_{2\nu-k}(r_0)$
4	1	1,9218 0762	−0,3715 7122	1,8387 1935	1,2205 0634
	3	0,3297 3006	−0,7205 0635	0,3271 9331	0,8715 7122
8	1	1,0991 6813	+0,1807 7048	0,9363 6035	0,6180 4675
	3	0,3272 1509	−0,1620 3778	0,3203 4684	0,2752 3849
	5	0,1460 8933	−0,1930 7113	0,1447 0420	0,2442 0514
	7	0,0434 8983	−0,2002 1411	0,0431 9269	0,2370 6217

Fortsetzung Tabelle V

$r_0 = 0{,}85$					
m	$2\nu - k$	$\nu_{2\nu-k}(r_0)$	$\nu^{I}_{2\nu-k}(r_0)$	$\nu^{II}_{2\nu-k}(r_0)$	$\nu^{III}_{2\nu-k}(r_0)$
16	1	0,7363 6694	+0,2923 0524	0,4360 2707	0,4373 5686
	3	0,2390 8557	—0,0073 9376	0,2216 7652	0,1376 5787
	5	0,1356 8625	—0,0466 5805	0,1317 6232	0,0983 9358
	7	0,0883 7296	—0,0580 5555	0,0869 4333	0,0869 9608
	9	0,0595 2040	—0,0627 2815	0,0588 6845	0,0823 2348
	11	0,0387 6585	—0,0649 7945	0,0384 3881	0,0800 7217
	13	0,0220 0046	—0,0661 0811	0,0218 4262	0,0789 4352
	15	0,0071 4317	—0,0665 8868	0,0070 9576	0,0784 6295
32	1	0,6431 6126	+0,2541 3757	0,1715 7340	0,3173 3054
	3	0,2130 0621	+0,0600 2205	0,1629 2712	0,1232 1503
	5	0,1261 4025	+0,0076 8082	0,1134 2642	0,0708 7380
	7	0,0883 0626	—0,0101 2634	0,0834 4099	0,0530 6663
	9	0,0668 0516	—0,0179 8221	0,0644 7124	0,0452 1077
	11	0,0527 1555	—0,0220 7767	0,0514 2789	0,0411 1530
	13	0,0426 0293	—0,0244 6230	0,0418 2298	0,0387 3067
	15	0,0348 6135	—0,0259 6104	0,0343 5721	0,0372 3193
	17	0,0286 3739	—0,0269 5518	0,0282 9631	0,0362 3779
	19	0,0234 3355	—0,0276 3977	0,0231 9562	0,0355 5321
	21	0,0189 3821	—0,0281 2245	0,0187 6937	0,0350 7052
	23	0,0149 4403	—0,0284 6613	0,0148 2398	0,0347 2684
	25	0,0113 0540	—0,0287 0906	0,0112 2164	0,0344 8392
	27	0,0079 1451	—0,0288 7499	0,0078 5923	0,0343 1798
	29	0,0046 8690	—0,0289 7862	0,0046 5541	0,0342 1436
	31	0,0015 5224	—0,0290 2847	0,0015 4201	0,0341 6451

$r_0 = 0{,}90$					
m	$2\nu - k$	$\nu_{2\nu-k}(r_0)$	$\nu^{I}_{2\nu-k}(r_0)$	$\nu^{II}_{2\nu-k}(r_0)$	$\nu^{III}_{2\nu-k}(r_0)$
4	1	2,9064 9830	—0,7781 1099	2,8523 9451	1,6297 1104
	3	0,4986 7627	—1,1297 1104	0,4970 5866	1,2781 1099
8	1	1,5783 6484	+0,0917 9107	1,4710 0539	0,7197 0365
	3	0,4698 6879	—0,2607 5142	0,4656 7791	0,3671 6116
	5	0,2097 7889	—0,2900 8444	0,2089 3938	0,3378 2814
	7	0,0624 4979	—0,2967 8036	0,0622 6997	0,3311 3221
16	1	0,9232 3886	+0,2965 6085	0,7161 7194	0,4784 2303
	3	0,2997 5963	—0,0357 9578	0,2901 9349	0,1460 6640
	5	0,1701 2011	—0,0696 0088	0,1680 1979	0,1122 6130
	7	0,1107 9985	—0,0790 8816	0,1100 4035	0,1027 7402
	9	0,0746 2522	—0,0829 3683	0,0742 7992	0,0989 2536
	11	0,0486 0368	—0,0847 8278	0,0484 3072	0,0970 7940
	13	0,0275 8364	—0,0857 0619	0,0275 0023	0,0961 5600
	15	0,0089 5593	—0,0860 9895	0,0089 3088	0,0957 6323

Fortsetzung Tabelle V

$r_0 = 0.90$

m	$2\nu - k$	$\nu_{2\nu-k}(r_0)$	$\nu^{I}_{2\nu-k}(r_0)$	$\nu^{II}_{2\nu-k}(r_0)$	$\nu^{III}_{2\nu-k}(r_0)$
32	1	0,6813 4557	+0,3072 1340	0,3163 5516	0,3741 5812
	3	0,2256 5233	+0,0392 0434	0,1998 6567	0,1061 4906
	5	0,1336 2916	—0,0048 9458	0,1276 2448	0,0620 5014
	7	0,0935 4898	—0,0182 7878	0,0913 1408	0,0486 6595
	9	0,0707 7136	—0,0239 5309	0,0697 1206	0,0429 9163
	11	0,0558 4526	—0,0268 5786	0,0552 6444	0,0400 8686
	13	0,0451 3225	—0,0285 3270	0,0447 8171	0,0384 1202
	15	0,0369 3106	—0,0295 7920	0,0367 0498	0,0373 6552
	17	0,0303 3758	—0,0302 7077	0,0301 8486	0,0366 7396
	19	0,0248 2480	—0,0307 4580	0,0247 1837	0,0361 9893
	21	0,0200 6256	—0,0310 8014	0,0199 8710	0,0358 6458
	23	0,0158 3125	—0,0313 1791	0,0157 7762	0,0356 2681
	25	0,0119 7660	—0,0314 8582	0,0119 3919	0,0354 5890
	27	0,0083 8439	—0,0316 0045	0,0083 5971	0,0353 4427
	29	0,0049 6516	—0,0316 7200	0,0049 5110	0,0352 7272
	31	0,0016 4439	—0,0317 0642	0,0016 3983	0 0352 3830

$r_0 = 0.95$

m	$2\nu - k$	$\nu_{2\nu-k}(r_0)$	$\nu^{I}_{2\nu-k}(r_0)$	$\nu^{II}_{2\nu-k}(r_0)$	$\nu^{III}_{2\nu-k}(r_0)$
4	1	5,9039 8002	—2,0189 6419	5,8775 7568	2,8720 5300
	3	1,0129 6282	—2,3720 5299	1,0121 8266	2,5189 6420
8	1	3,1057 2148	—0,2083 8232	3,0529 4936	1,0271 5050
	3	0,9245 5277	—0,5665 2245	0,9225 8631	0,6690 1037
	5	0,4127 7832	—0,5948 6093	0,4123 8589	0,6406 7190
	7	0,1228 8137	—0,6012 9994	0,1227 9740	0,6342 3288
16	1	1,6322 7226	+0,2410 6509	1,5276 6080	0,5625 9467
	3	0,5299 7048	—0,1121 9276	0,5258 6482	0,2093 3681
	5	0,3007 6976	—0,1422 5698	0,2998 8192	0,1792 7259
	7	0,1958 9246	—0,1505 3220	0,1955 7276	0,1709 9737
	9	0,1319 3625	—0,1538 6933	0,1317 9115	0,1676 6025
	11	0,0859 3057	—0,1554 6589	0,0858 5795	0,1660 6368
	13	0,0487 6746	—0,1562 6356	0,0487 3245	0,1652 6601
	15	0,0158 3395	—0,1566 0265	0,0158 2344	0,1649 2692
32	1	0,9417 5949	+0,3409 6895	0,7396 4816	0,4335 0029
	3	0,3118 9786	+0,0072 3597	0,3026 4968	0,0997 6732
	5	0,1847 0293	—0,0263 8068	0,1826 6741	0,0661 5067
	7	0,1293 0390	—0,0358 6662	0,1285 5869	0,0566 6473
	9	0,0978 2055	—0,0397 9521	0,0974 6977	0,0527 3614
	11	0,0771 8962	—0,0417 8545	0,0769 9796	0,0507 4591
	13	0,0623 8204	—0,0429 2664	0,0622 6660	0,0496 0471
	15	0,0510 4631	—0,0436 3735	0,0509 7195	0,0488 9400
	17	0,0419 3277	—0,0441 0604	0,0418 8258	0,0484 2531
	19	0,0343 1296	—0,0444 2752	0,0342 7801	0,0481 0383
	21	0,0277 3058	—0,0446 5358	0,0277 0580	0,0478 7778

Fortsetzung Tabelle V

$r_0 = 0{,}95$					
m	$2\nu - k$	$\gamma_{2\nu-k}(r_0)$	$\gamma^{I}_{2\nu-k}(r_0)$	$\gamma^{II}_{2\nu-k}(r_0)$	$\gamma^{III}_{2\nu-k}(r_0)$
32	23	0,0218 8204	—0,0448 1422	0,0218 6443	0,0477 1713
	25	0,0165 5412	—0,0449 2761	0,0165 4185	0,0476 0374
	27	0,0115 8895	—0,0450 0500	0,0115 8085	0,0475 2636
	29	0,0068 6286	—0,0450 5329	0,0068 5825	0,0474 7806
	31	0,0022 7289	—0,0450 7652	0,0022 7139	0,0474 5484

$r_0 = 0{,}99$					
m	$2\nu - k$	$\gamma_{2\nu-k}(r_0)$	$\gamma^{I}_{2\nu-k}(r_0)$	$\gamma^{II}_{2\nu-k}(r_0)$	$\gamma^{III}_{2\nu-k}(r_0)$
4	1	30,0305 716	—12,0123 022	30,0253 942	12,8658 378
	3	5,1524 3154	—12,3658 378	5,1522 7910	12,5123 022
8	1	15,6401 719	—2,7005 3445	15,6298 018	3,5215 1279
	3	4,6559 7590	—3,0603 7732	4,6555 9501	3,1616 6992
	5	2,0787 1952	—3,0884 1091	2,0786 4360	3,1336 3633
	7	0,6188 2107	—3,0947 7180	0,6188 0483	3,1272 7544
16	1	7,9094 3674	—0,3726 0777	7,8887 0163	1,1854 1526
	3	2,5680 5683	—0,7325 6818	2,5672 8746	0,8254 5486
	5	1,4574 2804	—0,7613 9666	1,4572 6244	0,7966 2639
	7	0,9492 2829	—0,7692 8501	0,9491 6873	0,7887 3804
	9	0,6393 1823	—0,7724 6044	0,6392 9122	0,7855 6260
	11	0,4163 9033	—0,7739 7850	0,4163 7681	0,7840 4453
	13	0,2363 1056	—0,7747 3668	0,2363 0405	0,7832 8636
	15	0,0767 2594	—0,7750 5892	0,0767 2398	0,7829 6413
32	1	3,9898 0340	+0,2088 5458	3,9483 9069	0,6008 6753
	3	1,3213 6830	—0,1503 1043	1,3198 2028	0,2417 0251
	5	0,7825 0170	—0,1793 3013	0,7821 6715	0,2126 8282
	7	0,5478 0139	—0,1873 2975	0,5476 7953	0,2046 8320
	9	0,4144 2087	—0,1906 1901	0,4143 6363	0,2013 9393
	11	0,3270 1704	—0,1922 8009	0,3269 8580	0,1997 3285
	13	0,2642 8413	—0,1932 3096	0,2642 6533	0,1987 8199
	15	0,2162 5982	—0,1938 2256	0,2162 4771	0,1981 9039
	17	0,1776 4991	—0,1942 1244	0,1776 4174	0,1978 0050
	19	0,1453 6831	—0,1944 7977	0,1453 6262	0,1975 3318
	21	0,1174 8176	—0,1946 6767	0,1174 7772	0,1973 4527
	23	0,0927 0416	—0,1948 0119	0,0927 0129	0,1972 1175
	25	0,0701 3224	—0,1948 9542	0,0701 3024	0,1971 1752
	27	0,0490 9706	—0 1949 5971	0,0490 9575	0,1970 5323
	29	0,0290 7481	—0,1949 9984	0,0290 7406	0,1970 1310
	31	0,0096 2918	—0,1950 1913	0,0096 2894	0,1969 9381

Literatur[1])

[1] *Аверьянов, С. Ф.* Об изучении режима движения грунтовых вод методом построения сеток движения. — Докл. ВАСХНИЛ, в. 4, 1949, стр. 36—40.

[2] *Айнс, Э. Л.* Обыкновенные дифференциальные уравнения. ОНТИ, Науч.-техн. изд-во Украины, Харьков, 1939.

[3] *Александров, И. А.* Вариационные формулы для однолистных функций в двухсвязных областях. — Сиб. матем. журн., 1963, т. 4, № 5, стр. 961—976.

[4] *Алексеев, Н. В.* Исследование напряженного состояния кручения в стержнях типа сверл. Дисс. Куйбышевск. политехн. ин-т, 1966.

[5] *Алекзеев, Н. В.* К решению задачи кручения спиральных сверл. — В кн.: Мат-лы науч.-техн. конф., посвященной 10-летию Вильнюсского завода сверл. Вильнюс, 1967.

[6] *Алексеев, Н. В., Иваненко, Л. Н.* Расчет стержней типа сверл на кручение с помощью программирования конформного отображения. — В сб.: Вопросы теоретической кибернетики. «Наукова думка», К., 1965, стр. 172—178.

[7] *Антипов, А. И.* Выбор рационального подземного контура бетонных плотин на песчаных основаниях. Дисс. Моск. инж.-строит. ин-т, 1954.

[8] *Аравин, В. И.* Приближенные способы фильтрационного расчета флютбета в случае пространственной фильтрации. — Тр. Ленингр. политехн. ин-та 1947, № 4, стр. 133—146.

[9] *Аравин, В. И. и Нумеров, С. Н.* Теория движения жидкостей и газов в недеформируемой пористой среде. Гостехиздат, М., 1953.

[10] *Аравин, В. И., Нумеров, С. Н.* Фильтрационные расчеты гидротехнических сооружений. Стройиздат, М.—Л., 1955.

[11] *Аснин, И. М.* Расчеты электромагнитных полей. Изд-во ВЭТА, 1939.

[12] *Ахиезер, Н. И.* Элементы теории эллиптических функций. Гостехиздат, М.—Л., 1948.

[13*] *Ахиезер, Н. И.* Лекции по теории аппроксимации. Изд. 2, «Наука», М., 1965.

[14] *Бари, Н. К.* Теория рядов, Учпедгиз, М., 1936.

[15*] *Бари, Н. К.* Тригонометрические ряды. Физматгиз, М., 1961.

[16] *Баумгарт, В. С., Давиденков, Р. Н.* О проектировании флютбетов на проницаемых основаниях. — Изв. Научн.-мелиорат. ин-та, 1929, в. XIX, стр. 203—260.

[17] *Безикович, Я. С.* Приближенные вычисления. Изд. 6, Гостехиздат, М.—Л., 1949.

[18*] *Березанский' Ю. М.* Разложение по собственным функциям самосопряженных оператов. «Наукова думка», 1965.

[19*] *Березин, И. С.* и *Жидков, Н. П.* Методы вычислений, т. I и II. Физматгиз, М., 1959—1960.

[20] *Бертран Ж.* Дифференциальное исчисление. Пгр., 1911.

[21*] *Бибербах, Л.* Аналитическое продолжение. «Наука», М., 1967.

---

[1]) Das angegebene Literaturverzeichnis bietet bei weitem keine erschöpfende Bibliographie über die in diesem Buch betrachteten Fragen. Die mit einem Sternchen versehenen Arbeiten enthalten ausführliche Literaturangaben.

[22] *Бицадзе' А. В.* К проблеме уравнений смешанного типа. — Тр. Матем. ин-та АН СССР им. В. А. Стеклова, 1953, в. 41, стр. 1—58.

[23] *Благовещенский, Ю. В.* О некоторых приближенных методах конформного преобразования. — Сб. тр. Ин-та строит. мех-ки АН УССР, т. 14, 1950, стр. 145—152; Про деякі наближені методи конформного перетворения. — Матем. зб. КДУ, №4, 1950, стор. 73—78.

[24] *Благовещенський, Ю. В.* Моделювання задач згину призматичних брусів. — В зб.: Застосування методу ЕГДА до розв'язання деяких технічних задач. Вид-во АН УРСР, 1959, стор. 12—17.

[25] *Благовещенський, Ю. В., Фільчаков, П. Ф.* Розв'язання плоских задач кручення та згину за допомогою методу електрогідродинамічних аналогій. — Прикладна механіка, 1955, т. I, в. 2, стр. 453—470.

[26] *Боголюбов, М. М.* Про наближене розв'язування диференціальних рівнянь. — Тр. фіз.-матем. відд. АН УРСР, 1927, т. 5, № 5, стр. 357—365.

[27] *Боголюбов, Н. Н.* Колебания. — В кн.: Механика в СССР за 30 лет. Гостехиздат, М., 1950, стр. 99—113.

[28] *Боголюбов, Н. Н.* О некоторых статистических методах в математической физике. Изд-во АН УССР, 1945.

[29] *Боголюдов, Н. Н.* Теория возмущений в нелинейной механике. — Сб. тр. Ин-та строит. механики АН УССР, 1950, № 14, стр. 9—34.

[30*] *Боголюбов, Н. Н.* Избранные труды, трех томах. «Наукова думка», 1969—1970.

[31] *Боголюбов, Н. Н.* и *Зубарев, Д. Н.* Метод асимптотического приближения для систем с вращающейся фазой и его применение к движению заряженных частиц в магнитном поле. — УМЖ, 1955, т. 7, № 1, стр. 5—17.

[32*] *Боголюбов, Н. Н.* и *Митропольский, Ю. А.* Асимитотические методы в теории нелинейных колебаний. Йзд. 2 Физматгиз, М., 1958.

[33] *Боголюбов, Н. Н.* и *Парасюк, О. С.* Об аналитическом продолжении обобщенных функций. — ДАН СССР, 1956, т. 109, № 4, стр. 717—719.

[34] *Бондаренко, П. С.* О численном продолжении решения задачи с начальными условиями для обыкновенных дифференциальных уравнений. — ДАН СССР, 1960. т. 132, № 4, стр. 739—742.

[35] *Бондаренко, П. С.* Новый метод интегрирования обыкновенных дифференциальных уравнений. — УМЖ, 1960, т. 12, № 2, стр. 118—131.

[36*] *Бондаренко, П. С.* Дослiдження обчислювальних алгорифмів наближеного інтегрування диференціальних рівнянь методом скінчених різниць. Изд-во КГУ, 1962.

[37] *Борисов, А. В.* К вопросу о проектировании рациональной схемы подземного контура гидротехнических сооружений на нескальных основаниях. Дисс. Харьк. инж.-строит. ин-т, 1955.

[38] *Браматкина, И. К., Ильинский, Н. Б.* Расчет фильтрации в неоднородном грунте. — Тр. семинара по обратным краевым задачам, в. 4. Изд-во Казанск. ун-та, 1967, стр. 22—31.

[39] *Будак, Б. М., Фомин, С. В.* Кратные интегралы и ряды. Изд. 2, «Наука», М., 1967.

[40*] *Булдей, В. Р.'* Электромоделирование и технические средства осушения месторождений полезных ископаемых. «Наукова думка», 1968.

[41*] *Бут, Э. Д.* Численные методы. Физматгиз, М., 1959.

[42*] *Бухгольц, Г.* Расчет электрических и магнитных полей. ИЛ., 1961.

[43] *Вашакмадзе, Т. С.* О многоточечных линейных краевых задачах. — Сообщ. АН ГрузССР, 1964, т. 35, № 1, стр. 29—36.

[44] *Векуа, И. Н.* Новые методы решения эллиптических уравнений. Гостехиздат. М.—Л., 1948.

[45*] *Векуа, И. Н.* Обобщенные аналитические функции. Физматгиз, М., 1959.

[46] *Веригин, Н. Н.* Фильтрация в основании плотин с наклонными завесами и шпунтами. — Гидротехническое строительство, 1940, № 2, стр. 30—33.

[47] *Веригин, Н. Н.* Расчет флютбетов, имеющих дренажные отверстия. — Гидротехническое строительство, 1948, № 7, стр. 1—5.
[48] *Ветчинкин, В. П.* Новые формулы и таблицы эллиптических интегралов и функций. Изд-во ВВА РККА, М., 1935.
[49] *Ветчинкин, В. П., Коган, Ф. М.* Новые формулы численных квадратур. Гостехиздат, М.—Л., 1949.
[50] *Вильнер, И. А.* Пучок совместных номограмм из выравненных точек для изображения эллиптического интеграла первого рода. — УМН, 1947, т. II, в. 6 (22), стр. 227—237; Номографирование систем уравнений и аналитических функций. — Номограф. сб., М., 1951, стр. 125—242; Стереоскопическая номография и решение проблемы общей анаморфозы в *И*-мерном пространстве. — УМН, 1956, т. XI, в. 4 (70), стр. 123—130.
[51] *Волынский, Б. А., Бухман, В. Е.* Модели для решения краевых задач. Физматгиз, М., 1960.
[52] *Выханду, Л.* Обобщение метода Ньютона для решения нелинейных систем уравнений. — Уч. зап. Тартуского ун-та, 1955, № 37, стр. 114—117.
[53*] *Гаврилов, Н. И.* Методы теории обыкновенных дифференциальных уравнений. Изд-во «Высшая школа», М., 1962.
[54] *Гантмахер, Ф. Р.* и *Сегал, Б. И.* Способ гидромеханического расчета одной системы плотин. — ДАН СССР, 1942, т. 35, № 4, стр. 103—109.
[55*] *Гахов, Ф. Д.* Краевые задачи. Физматгиз, М., 1963.
[56] *Гельфонд, А. О.* Исчисление конечных разностей. Гостехиздат, М.—Л., 1952.
[57] *Гершгорин, С. А.* Прибор для интегрирования дифференциального уравнения Лапласа. — Журн. прикл. физики, 1925, т. II, в. 3—4, стр. 161—167; К описанию прибора для интегрирования дифференциального уравнения Лапласа. — Журн. прикл. физики, 1926, т. III, в. 3—4, стр. 271—274; Об электрических сетках для приближенного решения дифференциального уравнения Лапласа. Журн. прикл. физики, 1929, т. VI, в. 3—4, стр. 3—30.
[58] *Гершгорин, С. А.* О конформном отображении односвязной области на круг. — Матем, сб., 1933, т. 40, № 1, стр. 48—58.
[59] *Гиринский, Н. К.* Основы теории движения грунтовых вод под гидротехническими сооружениями при наличии на нижней поверхности грунта напора постоянной величины. — Гидротехническое строительство, 1936, № 6, стр. 22—28.
[60] *Гиринский, Н. К.* Расчет фильтрации под гидротехническими сооружениями на неоднородных грунтах. Стройиздат, М., 1941.
[61] *Глаголев, Н. А.* Теоретические основы номографии. Изд. 2. Гостех-издат, М., 1934.
[62] *Глаголев, Н. А.* Курс номографии. Гостехиздат, М.—Л., 1943.
[63*] *Глазер, В.* Основы электронной оптики. Гостехиздат, М., 1957.
[64] *Глузберг, М. А.* К теории движения воды в неоднородном грунте под гидротехническими сооружениями. Дисс., КГУ, 1941.
[65*] *Глушков, В. М.* Введение в кибернетику. Изд-во АН УССР, 1964.
[66] *Гнеденко, Б. В., Хинчин, А. Я.* Элементарное введение в теорию вероятностей. Изд. 6, «Наука», М., 1964.
[67] *Головань, В. М.* Про спосіб визначення констант Крістоффеля — Шварца в одній задачі фільтрації з каналу. — ДАН УССР, 1961, № 10, стр. 1277—1281.
[68] *Головань, В. М.* Некоторые вопросы фильтрации из канала трапецеидального сечения с учетом капиллярности грунта. Дисс. Ин-т математики АН УССР, 1962.
[69] *Головань, В. М.* До питання фільтрації з каналу. — ДАН УССР, сер. А, 1967, № 10, стр. 894—900.

[70] *Голоскоков, Е. Г., Филиппов, А. П.* Нестационарные колебания механических систем. «Наукова думка», 1966.

[71] *Голубев, В. В.* О применении формулы Шварца — Кристоффеля к построению аэродинамических профилей. — Тр. ЦАГИ, 1940, в. 493, стр. 3—39.

[72] *Голубев, В. В.* Лекции по аналитической теории дифференциальных уравнений. Изд. 2, Гостехиздат, М.—Л., 1950.

[73] *Голубев, В. В.* Однозначные аналитические функции. Автоморфные функции. Физматгиз, М., 1961.

[74] *Голузин, Г. М.* Метод вариации в конформном отображении. — Матем. сб., 1946, т. 19 (61), № 2, стр. 203—236.

[75] *Голузин, Г. М.* Геометрическая теория функций комплексного переменного. Гостехиздат, М.—Л., 1952.

[76] *Голузин, Г., Канторович, Л., Крылов, В., Мелентьев, П., Муратов, М., Стенин, Н.* Конформное отображение односвязных и многосвязных областей. Гостехиздат, М.—Л., 1937.

[77] *Гончаров, В. Л.* Теория интерполирования и приближения функций. Изд. 2, Гостехиздат, М., 1954.

[78] *Гончаров, В. Л.* Теория функций комплексного переменного. Учпедгиз, М., 1955.

[79] *Горбунов, А. Д., Шахов, Ю. А.* О приближенном решении задачи Коши для обыкновенных дифференциальных уравнений с наперед заданным числом верных знаков. — Ж. выч. мат-ки и матем. физики, 1963, т. 3, № 2, стр. 239—253.

[80] *Гранкін, Е. П.* Про вибір сім'ї траэкторій при розв'язанні оберненої задачі електронної оптики. — ДАН УССР, 1962, № 12, стр. 1546—1549.

[81] *Гранкин, Э. П.* Решение некоторых обратных задач корпускулярной оптики. Дисс. Ин-т математики АН УССР, 1963.

[82] *Гребенкин, Г. Г.* Конформное отображение двухсвязных областей при помощи метода тригонометрической интерполяции. — ПМ, 1967, т. III, в. 7, стр. 14—20.

[83] *Гребенкин, Г. Г.* Некоторые эффективные методы конформного отображения односвязных и двухсвязных областей с приложением к задачам математической теории равновесных трещин. Дисс. Ин-т математики АН УССР, 1967.

[84] *Гринберг, Г. А.* Избранные вопросы математической теории электрических и магнитных явлений. Изд-во АН СССР, М.—Л., 1948.

[85] *Гришин, М. М.* Гидротехнические сооружения, Изд. 2, ч. I и II. Стройиздат, М., 1955.

[86] *Губарь, И. Г.* Аналитический вариант метода Мелентьева. — УМЖ, 1962, т. 14, № 4, стр. 398—403.

[87] *Губарь, И. Г.* Некоторые приближенные методы конформного отображения и исследование их сходимости. Дисс. Днепропетровск. университет, 1963.

[88] *Гутенмахер' Л. И.* Электрические модели. Изд-во АН СССР. М., 1949.

[89] *Гутер, Р. С.* и *Овчинский, Б. В.* Элементы численного анализа и математической обработки результатов опыта. Физматгиз, М., 1962.

[90] *Гутман, Б. Б.* Электропроводящая бумага. — Сб. статей по отдельным вопросам целлюлозной и бумажной промышленности, Госбумиздат, М., 1944, стр. 56—62.

[91] *Гутман, Б. Б.* Електропровідний напір для електромоделювання. — В зб.: Застосування методу ЕГДА до розв'язання деяких технічних задач. Вид-во АН УРСР, 1959, стор. 55—64.

[92] *Давиденко, Д. Ф.* Об одном новом методе численного решения систем нелинейных уравнений. — ДАН СССР, 1953, т. 88, № 4, стр. 601—602.

[93] *Давиденко' Д. Ф.* О приближенном решении систем нелинейных уравнений. — УМЖ, 1953, т. 5, № 2, стр. 196—206.

[94] *Давыдов, В. В.* Технические вычисления. «Речиздат», М., 1948.

[95] *Даденков, Ю. Н.* и *Зубрий, П. Е.* Гидротехнические расчеты, ч. I, II и III. Гостехиздат Украины, К., 1949—1951.

[96] *Двайт, Г. Б.* Таблицы интегралов и другие математические формулы. ИЛ, М., 1948.

[97] *Девисон, Б. Б.* Движение грунтовых вод. — В кн.: *С. А. Христианович, С. Г. Михлин* и *Б. Б. Девисон*. Некоторые новые вопросы механики сплошной среды. Изд-во АН СССР, 1938.

[98] *Дегтярь, В. Г.* Гидромеханический расчет берегового устоя с наклонной диафрагмой. — ПМ, 1966, т. II, в. 10, стр. 108—114.

[99] *Дегтярь, В. Г.* О расчете обходной фильтрации за устоем при сопряжении водосливной плотины с пойменной земляной плотиной. — УМЖ, 1968, т. 20, № 3, стр. 381—384.

[100] *Демидович, Б. П.* и *Марон, И. А.* Основы вычислительной математики. Изд. 3, «Наука», М., 1966.

[101] *Демидович, Б. П., Марон, И. А., Шувалова, Э. З.* Численные методы анализа. Изд. 2, Физматгиз, М., 1963.

[102] *Денисюк, И. Н.* Упрощенный способ построения неравномерных шкал. Гостехиздат, М., 1934.

[103] *Дидковский, В. А.* Фильтрационный расчет флютбетов при наличии линз малой проницаемости. — ПМ, 1969, т. V, № 3, стр. 114—119.

[104] *Добронравов‘ А. А.* Решение некоторых задач фильтрации из земляных русел. — В сб.: Гидравлика и гидродинамика, в. 4. Изд-во «Техника», К., 1966, стр. 145—150.

[105] *Добронравов, А. А.* К вопросу о расчете подпертой фильтрации из земляных русел. — В сб.: Фильтрационные исследования и расчеты. «Наукова думка», 1967, стр. 21—29.

[106] *Дольский, В. Е.* Оценка погрешности метода фрагментов расчета движения грунтовых вод под гидротехническими сооружениями. Дисс. Ин-т математики АН УССР, 1966.

[107] *Дородницын, А. А.* Асимптотическое решение уравнения Ван-дер-Поля. — ПММ, 1947, т. XI, в. 3, стр. 313—328.

[108] *Дородницын‘ А. А.* Асимптотические законы распределения собственных значений для некоторых особых видов дифференциальных уравнений второго порядка. — УМН, 1952, т. 7, в. 6 (52), стр. 3—96.

[109*] *Дружинин, Н. И.* Метод электрогидродинамических аналогий и его применение при исследовании фильтрации. Госэнергоиздат, М.—Л., 1956.

[110*] *Дружинин, Н. И.* Изучение региональных потоков подземных вод методом электрогидродинамических аналогий. Изд-во «Недра». М., 1966.

[111] *Дундученко, Л. Е.* Применение электромоделирования для оценки кривизны линий уровня при выпуклом отображении кругового кольца. — Сиб. матем. журн., 1966, т. 7, № 2, стр. 270—284; К теории и приложению эллиптических функций. — УМЖ, 1967, т. 19, № 5, стр. 58—75.

[112] *Евграфов, М. А.* Аналитические функции. «Наука», М., 1965.

[113*] *Еремин, С. А.* Некоторые вопросы приближения функций многих комплексных переменных. Изд-во АН УССР, К., 1958.

[114*] *Еругин, Н. П.* Линейные системы обыкновенных дифференциальных уравнений с периодическими и квазипериодическими коэффициентами. Изд-во АН БССР. Минск, 1963.

[115] *Жуковский, Н. Е.* Лекции по гидромеханике. — Уч. зап. Моск. ун-та, 1887, в. 7; Собр. соч., т. II, Гостехиздат, М.—Л., 1948.

[116] *Жуковский, Н. Е.* Теоретическое исследование о движении подпочвенных вод. — ЖРФХО, т. I, СПб, 1889; Собр. соч., т. III, Гостехиздат, М.—Л., 1949.

[117] *Жуковский, Н. Е.* Просачивание воды через плотины. Опубликовано опытно-мелиоративной частью НКЗ, в. 30, 1923; Собр. соч., т. VII. Гостехиздат, М.—Л., 1950, стр. 297—332.

[118*] *Журавский, А. М.* Справочник по эллиптическим функциям. Издво АН СССР, М.—Л., 1941.

[119*] *Загускин, В. Л.* Справочник по численным методам решения алгебраических и трансцендентных уравнений. Физматгиз, М., 1960.

[120] *Задирака, К. В.* О построении двухсторонних приближений для собственных значений краевой задачи Штурма — Лиувилля. — ПММ, 1952, т. 16, в. 6, стр. 735—738.

[121] *Задирака, К. В.* Способ вычисления верхних и нижних приближений для собственных значений краевой задачи второго порядка. — УМЖ, 1954, т. 6, № 2, стр. 190—201.

[122] *Задирака, К. В.* О системе нелинейных дифференциальных уравнений, содержащей малый параметр при некоторых производных. — ДАН СССР, 1956, т. 109. № 2, стр. 256—259.

[123] *Задирака, К. В.* Исследование нерегулярно возмущенных дифференциальных уравнений. Вопросы теории и истории дифференциальных уравнений. «Наукова думка», 1968, стр. 81—108.

[124] *Закарин, А. З.* Об одном методе последовательных приближений в конформном отображении. — Изв. АН КазССР, сер. матем. и мех., 1951, т. 5, № 6, стр. 104—118.

[125] *Замарин, Е. А.* Расчет движения грунтовых вод под гидротехническими сооружениями. Ташкент, 1931.

[126] *Замарин, Е. А.* Расчет сквозных флютбетов. Ташкент, 1932.

[127] *Замарин, Е. А., Фандеев, В. В.* Курс гидротехнических сооружений. Изд. 3, Сельхозгиз, М., 1954.

[128*] Застосування методу електрогідродинамічних аналогій до розв'язання деяких технічних задач. Зб. статей. Вид-во АН УССР, 1959.

[129] *Зельдович, Я. Б., Мышкис, А. Д.* Элементы прикладной математики. «Наука», М., 1965.

[130] *Зигмунд, А.* Тригонометрические ряды, т. I и II. Изд-во «Мир», М., 1965.

[131] *Зморович, В. А.* Две задачи из области конформных отображений. — Журн. Ин-та математики АН УССР, 1934, № 3/4, стр. 215—222.

[132] *Зморович, В. А.* Конформные отображения однолистных двухсвязных областей. — Науч. зап. Киевск. ун-та, 1937, т. III, № 1, стр. 59—107.

[133] *Зморович, В. А.* Об обобщении формулы Шварца — Кристоффеля на области, ограниченные кусочно-гладкими кривыми. — В сб.: 50 лет Киевского политехнического ин-та, К., 1948, стр. 643—653.

[134] *Иваненко, Л. Н.* Некоторые численные методы конформных отображений однолистных областей и исследование их сходимости с применением цифровых автоматических машин. Дисс. Ин-т математики АН УССР, 1963.

[135] *Иваненко, Л. Н.* Конформное отображение односвязных областей с применением автоматических цифровых машин. «наукова думка», 1964.

[136] *Іваненко, Л. М.* Машини — наші друзі і співрозмовники. «Наукова думка», 1968.

[137] *Иванилов, Ю. П., Моисеев, Н. Н., Тер-Крикоров, А. М.* Об асимптотическом характере формул М. А. Лаврентьева. — ДАН СССР, 1958. т. 123. № 2, стр. 231—234.

[138] *Идельсон, Н. И.* Способ наименьших квадратов и теория математической обработки наблюдений. Гостехиздат, М., 1947.

[139] *Ильинский, Н. Б.* Построение контура основания гидротехнического сооружения по распределению напора. — Уч. зап. Казанск. ун-та, 1958. т. 118, кн. 2, стр. 134—157.

[140] *Ильинский, Н. Б.* Обратная задача напорной фильтрации для основания с дренажем. — Тр. семинара по обратным краевым задачам, в. 3. Изд-во Казанск. ун-та, 1966, стр. 47—52.

[141*] *Ильюшин, А. А.* Пластичность. Основы общей математической теорни. Изд-во АН СССР, М., 1963.

[142]* *Ионат, В. А.* Расчет горизонтального дренажа в неоднородных грунтах. Изд-во Эстонского НИИ земледелия и мелиорации, Таллин, 1962.

[143] *Истомина, В. С.* Разрушающие скорости фильтрации. — Гидротехническое строительство, 1948, № 10, стр. 16—20.

[144] *Истомина, В. С.* Фильтрационная устойчивость связных груктов. Сб. № 2. Вопросы фильтрационных расчетов гидротехнических сооружений. Стройиздат, М., 1956, стр. 140—189.

[145] *Ишлинский, А. Ю.* Пластичность. — В кн.: Механика в СССР за 30 лет. Гостехиздат, М., 1950.

[146] *Ишлинский, А. Ю.* Механика гироскопических систем. Изд-во АН СССР, М., 1963.

[147] *Калайда, А. Ф.* Метод двух касательных численного решения задачи Коши для систем обыкновенных дифференциальных уравнений. — УМЖ, 1965, т. 17, № 6, стр. 122—129.

[148] *Калайда, О. Ф.* Про один новий чисельний метод розв'язування функціональних рівнянь. — ДАН УРСР, 1966, № 1, стр. 20—23.

[149] *Калинин, Н. К.* Некоторые приближенные приемы решения задачи о фильтрации в двухслойной среде. — ДАН СССР, 1941, т. 30, № 7, стр. 593—597; Сведение некоторых задач о фильтрации в двухслойной среде к задачам о фильтрации в однородном грунте. — ДАН СССР, 1943, т. 40, № 5, стр. 182—184.

[150*] *Камке, Э.* Справочник по обыкновенным дифференциальным уравнениям. ИЛ, М., 1950.

[151] *Канторович, Л. В.* О конформном отображении многосвязных областей. — ДАН СССР, 1934, т. 2, № 8, стр. 441—444.

[152] *Канторович, Л. В.* Эффективные методы в теории конформных отображений. — Изв. АН СССР, сер. матем., 1937, т. 1, стр. 79—90.

[153] *Канторович, Л. В.* О методе Ньютона. — Труды Матем. ин-та им. В. А. Стеклова, 1949, т. XXVIII, стр. 104—144.

[154*] *Канторович, Л. В.* и *Крылов, В. И.* Приближенные методы высшего анализа. Изд. 5, Физматгиз. М.—Л., 1962.

[155] *Каратеодори, К.* Конформное отображение. Гостехиздат. М.—Л., 1934.

[156] *Каркузашвили, Н. Н.* О некоторых краевых задачах термоупругости. Первая Республиканская математическая конференция молодых исследователей, в. I. «Наукова думка», 1965, стр. 309—313

[157] *Каркузашвили, Н. Н.* Применение интегральных преобразований Фурье в некоторых задачах термоупругости. Дисс. Ин-т математики АН УССР, 1966.

[158] *Карман, Т.* и *Био, М.* Математические методы в инженерном деле, Изд. 2, Гостехиздат, М.—Л., 1948.

[159] *Карпенко, П. Д.* Обтекание крылового профиля произвольной формы потоком несжимаемой жидкости. — В сб.: Вопросы математической физики и теории функций. Изд-во АН УССР, 1963, стр. 35—44.

[160] *Карпенко, П. Д.* Метод последовательных конформных отображений и некоторые его приложения к задачам аэрогидродинамики. Дисс. Ин-т. математики АН УССР, 1964.

[161] *Карслоу, Г.* и *Егер, Д.* Теплопроводность твердых тел. «Наука», М., 1964.

[162] *Качмаж, С.* и *Штейнгауз' Г.* Теория ортогональных рядов. Физматгиз, М., 1958.

[163] *Кваселава, Д. А.* К теории конформных отображений. — Тр. матем. ин-та АН ГрузССР, 1941, т. 9, стр. 19—32; О конформном отображении смежных областей. — Сообщ. АН ГрузССР, 1944, т. 5, стр. 468—472.

[164] *Келдыш, М. В.* Конформные отображения многосвязных областей на канонические области. — УМН, 1939, т. 6, стр. 90—119; О разрешимости и устойчивости задачи Дирихле. — УМН, 1941, т. 8, стр. 171—292.

[165] *Келдыш, М. В.* О методе Б. Г. Галеркина для решения краевых задач. — Изв. АН СССР, сер. матем., 1942, т. 6, стр. 309—330.

[166] *Келдыш, М. В.* О представлении функций комплексного переменного рядами полиномов в замкнутых областях. — Матем. сб., 1945, т. 16 (58), стр. 249—258.

[167] *Келдыш, М. В.* Функции комплексного переменного. — В кн.: Математика, ее содержание, методы и значение, т. 2, Изд-во АН СССР, М., 1956, стр. 171—222.

[168] *Келдыш, М. В.* и *Лаврентьев, М. А.* К теории конформных отображений. — ДАН СССР, 1935, т. 1, № 2—3, стр. 85—87; Общая задача о жестком ударе о воду. — Тр. ЦАГИ, 1935, т. 152, стр. 5—13.

[169] *Келдыш, М. В.* и *Лаврентьев, М. А.* О движении крыла под поверхностью тяжелой жидкости. Докл. на конференции по волонвому сопротивлению 21 мая 1936 г.; Об устойчивости решения задачи Дирихле. — Изв. АН СССР, сер. матем., 1937, № 4, стр. 551—593; О единственности задачи Неймана. — ДАН СССР, 1937, т. 16, № 3, стр. 151—152.

[170] *Келдыш, М. В.* и *Лаврентьев, М. А.* Sur la représentation conforme des domaines limites par des courbes rectifiables. Ann. École Norm., 1937, v. 54, p. 1—38.

[171] *Келдыш, М. В.* и *Седов, Л. И.* Эффективное решение некоторых краевых задач для гармонических функций. — ДАН СССР, 1937, т. 16, № 1, стр. 7—10.

[172] *Кигурадзе, И. Т.* О задаче Коши для обыкновенных дифференциальных уравнений с сингулярностью. — Сообщ. АН ГрузССР, 1965, т. XXXVII, № 1, стр. 19—24.

[173] *Кигурадзе, И. Т.* Лемма сравнения и вопрос единственности решения задачи Коши для обыкновенных дифференциальных уравнений. — Сообщ. АН ГрузССР, 1965, т. XXXIX, № 3, стр. 513—518.

[174] *Киракосов, В. П.* Исследование фильтрации в построенных водоподпорных бетонных сооружениях. Стройиздат, М., 1956.

[175] *Киселев, П. Я.* О приближении аналитических функций полиномами Фабера — Уолша. — УМЖ, 1963, т. 15, № 2, стр. 193—199.

[176] *Киселев, П. Я.* Некоторые вопросы интерполирования и приближения функций в комплексной области. Дисс. Ин-т математики АН УССР, 1963.

[177] *Ковалев, В. Ф.* Фильтрационный расчет флютбетов при произвольной наперед заданной линии водоупора. — УМЖ, 1966, т. 18, № 2, стр. 123—126.

[178] *Ковалев, В. Ф.* О некоторых приближенных методах решения задач напорной фильтрации в двухслойной среде. Дисс. Ин-т математики АН УССР, 1966.

[179] *Коддингтон, Э. А.* и *Левинсон, Н.* Теория обыкновенных дифференциальных уравнений. ИЛ, М., 1958.

[180*] *Коздоба, Л. А.*, Электромоделирование температурных полей в деталях судовых энергетических установок. Изд-во «Судостроение», Л., 1964.

[181] *Козлов, В. С.* Определение гидромеханических элементов для трехшпунтового флютбета на проницаемом основании конечной глубины. — ДАН СССР, 1937, т. 16, № 1, стр. 25—30.

[182] *Козлов, В. С.* Определение гидродинамических элементов для трехшпунтового флютбета при несимметричном расположении внутреннего шпунта. — Изв. АН СССР. ОТН, 1940, № 6, стр. 53—72.

[183] *Козлов, В. С.* Гидромеханический расчет флютбетов. Госэнергоиздат, М.—Л., 1941.

[184] *Колесников, Э. В.* Некоторые новые методы конформного отображения и расчета двумерных гармонических полей с применением электромоделирования. Дисс. Ин-т математики АН УССР, 1964.

[185] *Коллатц, Л.* Численные методы решения дифференциальных уравнений ИЛ., М, 1953.

[186] *Колосов, Г. В.* Применение комплексной переменной к теории упругости. Юрьев, 1909, Гостехиздат, М.—Л., 1935.

[187] *Колосов, Г. В.* и *Мусхелишвили, Н. И.* О равновесии упругих круглых дисков. — Изв. Электротехн. ин-та, 1915, т. XII, Пгр., стр. 39—55.

[188*] *Кононенко, В. О.* Колебательные системы с ограниченным возбуждением. «Наука», М., 1964.

[189] *Кононенко, П. Ф.* К вопросу о фильтрационных расчетах. — Тр. Новочеркасск. инж.-мелиор. ин-та, 1964, т. IX, стр. 205—218.

[190*] Концентрация напряжений, в. I. Сб. статей под редакцией академика АН УССР Г. Н. Савина. «Наукова думка», 1965.

[191] *Костюк, А. Г.* К определению температурного поля и температурных напряжений в турбинных дисках. — Теплоэнергетика, 1956, № 3, стр. 3—9.

[192] *Кочин, Н. Е.* Об одном частном случае задачи Римана. — ДАН СССР, 1937, т. 17, № 6, стр. 287—290.

[193] *Кочин, Н. Е.* Гидродинамическая теория решеток. Гостехиздат, М.—Л., 1949.

[194] *Кочин, Н. Е.* Векторное исчисление и начала тензорного исчисления, Изд. 8, Изд-во АН СССР, М., 1961.

[195] *Кочин, Н. Е., Кибель, И. А., Розе, Н. В.* Теоретическая гидромеханика. Изд. 5, Гостехиздат, М., 1955.

[196] *Кочина, И. Н.* и *Полубаринова-Кочина, П. Я.* О применении плавных контуров основания гидротехнических сооружений. — ПММ, 1952, т. XVI, в. I, стр. 55—66.

[197] *Кошляков, Н. С., Глинер, Э. Б., Смирнов, М. М.* Дифференциальные уравнения математической физики. Физматгиз, М., 1962.

[198] *Крылов, А. Н.* Лелции о приближенных вычислениях. Изд. 6, Гостехиздат, М.—Л., 1954.

[199*] *Крылов, В. И., Шульгина, Л. Т.* Справочная книга по численному интегрированию. «Наука», М., 1966.

[200] *Крылов, Н. М.* и *Боголюбов, Н. Н.* Символические методы нелинейной механики и их приложения к исследованию резонанса в электронном генераторе. Изд-во АН УССР, 1934.

[201] *Крилов, М. М.* і *Боголюбов, М. М.* Основні проблеми нелінійної механіки Вид-во АН УРСР, 1934.

[202] *Крылов, Н. М.* и *Боголюбов, Н. Н.* Введение в нелинейную механику. Изд-во АН УССР, 1937.

[203] *Кубышкин, В. П.* Исследование методом электромоделирования неустановившегося притока грунтовых вод к горизонтальным дренам в неоднородных грунтах с учетом инфильтрации и испарения. Дисс. Ин-т гидромеханики АН УССР, 1964; Опыт исследования нестационарной фильтрации в условиях горизонтального дренажа на интеграторе ЭГДА. — Тр. координационных совещаний по гидротехнике, в. XXV. Изд-во «Энергия», М.—Л., 1966, стр. 206—215.

[204] *Кудрявцев, А. Л.* Об одном приближенном методе конформных отображений двухсвязной области на кольцо. — В сб.: Вопросы вычислительной математики. Изд-во АН УзССР, Ташкент, 1963, стр. 30—33.

[205*] *Кузнецов, Д. С.* Специальные функции, Изд. 2, «Высшая школа», М., 1965.

[206] *Кунц, К. С.* Численный анализ. Изд-во «Техніка», К., 1964.

[207*] *Курант, Р.* и *Гильберт, Д.* Методы математической физики. Т. I и II. Гостехиздат, М.—Л., 1951.

[208] *Куфарев, П. П.* Об одном методе численного определения параметров в интеграле Шварца — Кристоффеля. — ДАН СССР, 1947, т. 57, № 6, стр. 535—537.

[209] *Куфарев, П. П.* и *Семухина, Н. В.* О распространении вариационного метода Г. М. Голузина на двухсвязные области. — ДАН СССР, 1956, т. 107, № 4, стр. 505—507.

[210] *Лаврентьев, М. А.* Sur une équation différentielle du premier ordre. — Math. Zeitschrift, Bd. 23, 1925, S. 197—209.

[211] *Лаврентьев, М. А.* Sur la représentation conforme. — C. r. Acad. sci., v. 184, 1927, p. 1407—1409; Sur une méthode géométrique dans le représentation conforme. Atti del Congresso internazionale del Matematici. Bologna, 3—10 Settembre, 1928. Bologna, N. Zanichelli, v. 3, 1930, p. 241—242.

[212] *Лаврентьев, М. А.* О некоторых свойствах однолистных функций с приложением к теории струй. — Матем. сб., 1938, № 4 (46), в. 3, стр. 391—458; О некоторых свойствах струйных течений. — ДАН СССР, 1938, т. 20, № 4, стр. 235—237.

[213] *Лаврентьев, М. А.* Об одном классе квазиконформных отображений и о газовых струях. — ДАН СССР, 1938, т. 20, № 5, стр. 343—346.

[214] *Лаврентьев, М. А.* Конформные отображения с приложениями к некоторым вопросам механики. Гостехиздат, М.—Л., 1946.

[215] *Лаврентьев, М. А.* Квазиконформные отображення и их производные системы. — ДАН СССР, 1946, т. 52, № 4, стр. 287—290.

[216] *Лаврентьев, М. А.* Общая задача теории квазиконформных отображений плоских областей. — Матем. сб., 1947, т. 21 (63), стр. 285—320; Основная теорема квазиконформных отображений плоских областей. — Изв. АН СССР, сер. матем., 1948, № 12, стр. 513—554.

[217] *Лаврентьев, М. А.* Кумулятивный заряд и принцип его работы. — УМН, 1957, т. 12, в. 4 (76), стр. 41—56.

[218*] *Лаврентьев, М. А.* Вариационный метод в краевых задачах для систем уравнений эллиптического типа. Изд-во АН СССР, М., 1962.

[219] *Лаврентьев, М. А.* и *Люстерник, Л. А.* Курс вариационного исчисления. Изд. 2, Гостехиздат, М.—Л., 1950.

[220] *Лаврентьев, М. А.* и *Погребиський, Й. Б.* До питания про рух грунтових вод в неоднорідному грунті. — ДАН УРСР, 1940, № 1, стр. 23—25.

[221] *Лаврентьев, М. А.* и *Шабат, Б. В.* Геометрические свойства решений нелинейных систем уравнений с частными производными. — ДАН СССР, 1957, т. 112, № 5, стр. 810—811.

[222*] *Лаврентьев, М. А.* и *Шабат, Б. В.* Методы теории функций комплексного переменного. Изд. 3, «Наука», М., 1965.

[223] *Лаврик, В. И.* О решении задач свободной фильтрации методом последовательных приближений. — УМЖ, 1963, т. 15, № 4, стр. 427—431.

[224] *Лаврик, В. И.* Применение некоторых методов теории функций комплексного переменного к задачам фильтрации со свободной поверхностью. Дисс. Ин-т математики АН УССР, 1963.

[225] *Лаврик, В. И., Олейник, А. Я.* Расчет фильтрации через земляную плотину на непроницаемом основании конечной мощности с внутренним дренажем. — ПМ, 1965, т. I, в. 10, стр. 93—102.

[226*] *Ладыженская, О. А.* Математические вопросы динамики вязкой несжимаемой жидкости. Физматгиз, М., 1961.

[227] *Ламб, Г.* Гидродинамика. Гостехиздат, М.—Л., 1947.

[228] *Ландау, Л. Д.* и *Лифшиц, Е. М.* Квантовая механика (нерелятивистская теория). Изд. 2, Физматгиз, М., 1963.

[229*] *Ланс, Дж. Н.* Численные методы для быстродействующих вычислительных машин. ИЛ, М., 1962.

[230*] *Ланцош, К.* Практические методы прикладного анализа. Физматгиз, М., 1961.

[231] *Лебедев, Н. Н.* Специальные функции и их применение. Изд. 2, Физматгиз, М., 1963.

[232] *Леднев, Н. А., Грошев, А. В., Елистратова, Т. А., Никитин, Б. Д., Пентковский, М. В., Преображенский, М. А., Румшинский, Л. З.* Математический практикум на счетно-вычислительных приборах и инструментах. Изд-во «Советская наука», М., 1954.

[233*] *Линник, Ю. В.* Метод наименьших квадратов и основы математикостатической теории обработки наблюдений. Физматгиз, М., 1958.

[234] *Липовой, Г. С.* Электромоделирование некоторых плоских задач движения сжимаежой жидкости. Дисс. Ин-т математики АН УССР, 1963.

[235] *Липовой, Г. С.* Построение квазиконформных отображений для некоторых задач газовой динамики. — УМЖ, 1965. т. 17, № 1, стр. 112—117.

[236] *Лойцянский, Л. Г.* Механика жидкости и газа. Гостехиздат, М.—Л., 1950.

[237] *Ломизе, Г. М., Насберг, В. М.* Дренаж подземных гидротехнических сооружений. Изд. ГрузНИТО строителей, Тбилиси, 1946.

[238] *Лопатинський, Я. Б.* Основи лінійної алгебри. Вид-во Львівськ. ун-ту, 1954.

[239] *Лопатинский, Я. Б.* Сведение системы дифференциальных уравнений к каноническому виду. — Теор. и прикл. матем., 1963, в. 2, Львов, стр. 58 до 64.

[240] *Лукьянов, А. Т.* Осуществление различных конечно-разностных аппроксимаций с помощью статических электроинтеграторов. — В сб.: Аналоговые методы и средства решения краевых задач. «Наукова думка», 1964, стр. 150—157; Специализированная статическая модель для решения нелинейных уравнений математической физики. — В сб.: Вопросы теории и применения математических моделей. Изд-во «Советское радио», М., 1965, стр. 352—368.

[241] *Лукьянов, А. Т., Шавров, А. А.* Об одном способе моделирования нелинейных дифференциальных уравнений. — Изв. вузов, Электромеханика, 1967, № 8, стр. 845—847.

[242] *Лукьянов, В. С.* Технические расчеты на гидравлических приборах Лукьянова. Трансжелдориздат, М., 1937.

[243] *Лукьянов, В. С., Головко, М. Д.* Расчет глубины промерзания грунтов. Трансжелдориздат, М., 1957.

[244] *Лунц, Г. Л.* и *Эльсгольц, Л. Э.* Функции комплексного переменного. Физматгиз, М., 1958.

[245] *Лурье, А. И.* Некоторые нелинейные задачи теории автоматического регулирования. Гостехиздат, М.—Л., 1951.

[246*] *Лучка, А. Ю.* Теория и применение метода осреднения функциональных поправок. Изд-во АН УССР, 1963.

[247*] *Лыков, А. В.* Теория теплопроводности. Изд-во «Высшая школа», М., 1967.

[248] *Ляв, А.* Математическая теория упругости. Гостехиздат, М.—Л., 1935.

[249] *Ляпунов, А. М.* Общая задача об устойчивости движения. Гостехиздат, М.—Л., 1950.

[250*] *Ляшко, И. И.* Решение фильтрационных задач методом суммарных представлений. Изд-во Киевск. ун-та, 1963.

[251] *Ляшко, І. І., Великоіваненко, І. М.* Задача про приток води до котловану. — Вісн. Київськ. ун-ту, сер. матем. та мех., 1964, № 6, стр. 19—26.

[252] *Ляшко, І. І., Великоіваненко, І. М.* Застосування методу сумарних зображень до розв'язування задач про фільтрацію під перепадами. — Вісн. Київськ. ун-ту, сер. матем. та мех., 1965, № 7, стр. 41—51.

[253] *Ляшко, И. И., Малюга, С. М.* Применение метода суммарных представлений к гидродинамическому расчету дренированных флютбетов. — ПМ, 1965, т. I, в. 6, стр. 97—105.

[254] *Ляценко, М. Я.* Про чисельне розв'язання задачі Коші для одного класу нелінійних інтегро-диференціальних рівнянь. — ДАН УРСР, сер. А, 1967, № 4, стр. 307—311; Про чисельне розв'язання нелінійних інте-

гральних рівнянь із змінною верхньою межею. — ДАН УРДР, сер. А, 1967, № 5, стр. 419—422.

[255*] *Маделунг, Э.* Математический аппарат физики. Физматгиз, М., 1961.

[256] *Максвелл, Дж. Кл.* Трактат об электричестве и магнетизме, т. I и II. Гостехиздат, М., 1950.

[257*] *Маркушевич, А. И.* Теория аналитических функций. Изд. 2, «Наука», М., 1967.

[258] *Маркушевич, А. И.* Краткий курс теории аналитических функций. Изд. 3, «Наука», М., 1966.

[259] *Матвеев, Н. М.* Методы интегрирования обыкновенных дифференциальных уравнений. Изд-во Ленинградского университета, 1955.

[260] Математика, ее содержание, методы и значение, тт. I, II, III, Изд-во АН СССР, М., 1956.

[261] *Мелентьев, П. В.* Приближенные вычисления. Физматгиз, М., 1962.

[262] *Мелещенко, Н. Т.* Расчет движения грунтовых вод под сооружениями, имеющими дренажные отверстия. — Изв. НИИГ, 1936, т. 19, стр. 25—48.

[263] *Мелещенко, Н. Т.* Движение грунтовых вод под гидротехническими сооружениями. Гостехиздат, М.—Л., 1937.

[264] *Мелещенко, Н. Т.* Приближенный метод расчета фильтрации под сооружениями на безграничном проницаемом основании. — Изв. ВНИИГ, 1940, т. XXVIII, стр. 264—272.

[265] *Меунаргия, С. В.* Моделирование притока грунтовых вод к открытым каналам прямоугольного профиля при наличии промежутка высачивания. — Сообщ. АН ГрузССР, 1964, т. XXXV, № 2, стр. 285—292.

[266] *Меунаргия, С. В.* Приведение методом последовательных конформных отображений трапецеидального канала при наличии промежутка высачивания к прямоугольному. — Сообщ. АН ГрузССР, 1964, т. XXXIV, № 3, стр. 615—620.

[267] *Меунаргия, С. В.* Моделирование произвольного осушительного канала при конечной глубине водоносного пласта. — Сообщ. АН ГрузССР, 1967, т. XLV, № 2, стр. 319—324.

[268] *Микеладзе, Ш. Е.* Новые методы интегрирования дифференциальных уравнений и их приложения к задачам теории упругости. Гостехиздат, М.—Л., 1951.

[269] *Микеладзе, Ш. Е.* Численные методы математического анализа. Гостехиздат, М., 1953.

[270] *Милн, В. Э.* Численный анализ. ИЛ, М., 1951.

[271*] *Милн, В. Э.* Численное решение дифференциальных уравнений. ИЛ, М., 1955.

[272] *Митропольский, Ю. А.* Собственные колебания нелинейной системы с медленно меняющимися параметрами. — Сб. тр. Ин-та строит. механики АН УССР, 1948, № 11, стр. 107—114.

[273] *Митропольский, Ю. А.* Исследование колебаний в нелинейных системах со многими степенями свободы и медленно меняющимися параметрами. — УМЖ, 1949, т. 1, № 2, стр. 85—98.

[274*] *Митропольский, Ю. А.* Нестационарные процессы в нелинейных колебательных системах. Изд-во АН УССР, 1955.

[275*] *Митропольский, Ю. А.* Проблемы асимптотической теории нестационарных колебаний. «Наука», М., 1964.

[276*] *Митропольский, Ю. А.* Лекции по методу усреднения в нелинейной механике. Изд-во АН УССР, К., 1966.

[277] *Митропольский, Ю. А.* Применение асимптотических методов нелинейной механики к исследованию нелинейных колебательных систем с распределенными параметрами. III. Konferenz über Nichtlineare Schwingungen (Berlin 25—30 Mai 1964), I. Akademie—Verlag, Berlin, 1965, S. 10—20.

[278] *Митропольский, Ю. А., Лыкова, О. Б.* Sur l'existance de solution quasi — pèriodiques d'un systèmes canonique tronblé. Les vibrations forcées dans le systèmes non — linéaires, Paris, 1965, p. 407—417.

[279] *Митропольський, Ю. О., Мосэнков, Б. І.* Дослідження коливань в системах з розподіленими параметрами (асимптотичні методи). Вид-во Київськ. ун-ту, 1961.

[280] *Митропольский, Ю. А., Самойленко, А. М.* О построении решений линейных дифференциальных уравнений с квазипериодическими коэффициентами с помощью метода ускоренной сходимости. — УМЖ, 1965, т. 17, № 6, стр. 42—59.

[281] *Митропольский, Ю. А., Фодчук, В. И.* Асимптотические методы нелинейной механики применительно к нелинейным уравнениям с запаздывающим аргументом. — УМЖ, 1966, т. 18, № 3, стр. 65—84.

[282] *Михайлов, К. А.* Проектирование ирригационных сооружений. Тифлис, 1932.

[283] *Михайлов, Г. К.* Применение модели предельно анизотропных грунтов для оценки решений некоторых краевых задач о движении потока грунтовых вод по водоупору. — Инж. сб., 1953, т. 15, стр. 159—168. О максимальных градиентах близ дренажа земляных плотин. — Изв. АН СССР, ОТН, 1956, № 2, стр. 109—112.

[284] *Михлин, С. Г.* и *Смолицкий, Х. Л.* Приближенные методы решения дифференциальных и интегральных уравнений. — «Наука», М., 1965.

[285] *Морс, Ф.* и *Фешбах, Г.* Методы теоретической физики, т. I и II ИЛ, М., 1958, 1960.

[286*] *Мусхелишвили, Н. И.* Некоторые основные задачи математической теории упругости. Изд. 3, «Наука», М., 1966.

[287*] *Мусхелишвили, Н. И.* Сингулярные интегральные уравнения. Изд. 2, Физматгиз, М., 1962.

[288] *Мхитарян, А. М.* Гидравлико-гидромеханический расчет фильтрации через земляные плотины. Куйбышевск. книж. изд-во, 1956.

[289] *Мхитарян, А. М.* Гидравлика и основы газодинамики. Гостехиздат УССР, К., 1959.

[290*] *Мысовских, И. П.* Лекции по методам вычислений. Физматгиз, М., 1962.

[291] *Невский, Б. А.* Справочная книга по номографии. Гостехиздат, М.—Л., 1951.

[292] *Недрига, В. П., Хапалова, Е. Я.* Влияние водопроницаемости шпунтовых стенок на эффективность их работы в гидротехнических сооружениях, Сб. № 1, Вопросы фильтрационных расчетов гидротехнических сооружений. Стройиздат, М., 1952, стр. 132—196.

[293*] Некоторые вопросы прикладной математики и аналоговой вычислительной техники, в. 2, «Наукова думка», 1966.

[294*] Некоторые вопросы прикладной математики, в. 3. «Наукова думка», 1967.

[295*] Некоторые проблемы математики и механики. К шестидесятилетию академика М. А. Лаврентьева. Изд-во Сибирск. отд. АН СССР, Новосибирск, 1961.

[296] *Некрасов, А. И.* Точная теория волн установившегося вида на поверхности тяжелой жидкости. Изд-во АН СССР, М., 1951.

[297] *Нельсон-Скорняков, Ф. Б.* Фильтрация в однородной среде. Изд. 2, изд-во «Советская наука», М., 1949.

[298] *Неметти, В. П.* Приближенное решение системы обыкновенных уравнений. — Научн. тр. Моск. инж.-эконом. ин-та, 1957, в. 7, стр. 85—93.

[299] *Немыцкий, В. В., Степанов, В. В.* Качественная теория дифференциальных уравнений. Гостехиздат, М.—Л., 1949.

[300*] *Непорожий, П. С., Филахтов, А. Л.* Опыт строительства гидроузлов. Изд-во АН УССР, 1960.

[301] *Нестеренко, Л. І.* Про існування і эдиність розв'язку граничної задачі для нелінійної системи звичайних дифференціальних рівнянь. — ДАН УРСР, сер. А, 1968, № 5, стр. 407—411.

[302] *Нетушил, А. В., Поливанов, К. М.* Основы электротехники. Ч. III, Теория поля. Госэнергоиздат, М., 1956.

[303] *Николаева, Г. А.* О приближенном построении конформного преобразования методом сопряженных тригонометрических рядов. — ДАН СССР, 1956, т. 110, № 2, стр. 180—183; Тр. Матем. ин-та АН СССР им. В. А. Стеклова, 1959, в. 53, стр. 236—265.

[304] *Никольский, С. М.* Квадратурные формулы. Физматгиз, М., 1958.

[305] *Ницецкий, Л. В.* Аналоговые и разностные методы решения внешних краевых задач. — Уч. зап. Рижск. политехн. ин-та, 1965, т. XII, в. 2, стр. 5—430.

[306] *Ничипорович, А. А.* Сопротивление связных грунтов сдвигу при расчете гидротехнических сооружений на устойчивость. Стройиздат, М., 1948.

[307] *Нужин, М. Т.* Обратные краевые задачи и их приложение в механике. — УМН, 1954, т. 9, № 2 (60), стр. 211—212.

[308] *Нужин, М. Т.* и *Ильинский, Н. Б.* Методы построения подземного контура гидротехнических сооружений. Обратные краевые задачи теории фильтрации. Изд-во Казанск. ун-та, 1963.

[309] *Нумеров, С. Н.* Применение метода фрагментов при расчете плоской напорной неустановившейся фильтрации. — Тр. Ленингр. политехн. ин-та, 1948, № 5, стр. 208—213.

[310] *Нумеров, С. Н.* Приближенный способ расчета напорной фильтрации в основании гидротехнических сооружений. — Изв. ВНИИГ, 1953, т. 50, стр. 71—90.

[311] *Нумеров, С. Н.* О применении метода ЭГДА при приближенном расчете нестационарных полей в сплошных средах. — Науч. докл. высшей школы, Энергетика. № 1, 1958, стр. 241—245; Методы математического моделирования плановой неустановившейся фильтрации грунтовых вод. — Тр. координационных совещаний по гидротехнике, в. XXV, изд-во «Энергия», М.—Л., 1966, стр. 124—138.

[312] *Олейник, А. Я.* Расчет фильтрации через земляные плотины. — Гидротехническое строительство, 1965, № 1, стр. 24—27; Методика расчета прерывистых дренажей в земляных плотинах на непроницаемом основании. — Гидротехническое строительство, 1965, № 7, стр. 38—41.

[313] *Олейник, А. Я.* Способы расчета прерывистых дренажей в земляных плотинах на проницаемом основании. — Гидротехническое строительство, 1966, № 9, стр. 27—29.

[314] *Олейник, А. Я.* и *Ткаченко, В. А.* Исследование прерывистых дренажей в земляных плотинах методом ЭГДА на пространственных и плоскопараллельных моделях. — Тр. координационных совещаний по гидротехнике, в. XXI, изд-во «Энергия», М.—Л., 1965, стр. 76—84; Практические способы расчета фильтрации через земляные плотины с дренажным каналом в нижнем бьефе. — «Гидравлика и гидротехника», 1966, № 4, стр. 150—164.

[315] *Осипенко, П. А.* Некоторые свойства решений краевых задач для линейных параболических уравнений с приложениями. Дисс. Ин-т математики АН УССР, 1966.

[316] *Остапенко, В. Н.* Математические вопросы катодной защиты трубопроводов от коррозии. Изд-во АН УССР, 1961.

[317*] *Павловский, Н. Н.* Теория движения грунтовых вод под гидротехническими сооружениями и ее основные приложения. Пгр, 1922, Собр. соч. т. II, Изд-во АН СССР, М.—Л., 1956.

[318] *Павловский, Н. Н.* Гидромеханический расчет плотин системы Сенкова. Гостехиздат, М.—Л., 1937.

[319] *Панов, Д. Ю.* Справочник по численному решению дифференциальных уравнений в частных производных. Изд. 5, Гостехиздат, М.—Л., 1951.

[320] *Пановко, Я. Г., Губанова, И. И.* Устойчивость и колебания упругих систем. Современные концепции, парадоксы и ошибки. «Наука», М., 1967.

[321] *Панчишин, В. И.* Специализированный интегратор ЭГДА-10/61. Сб. № 1, Математическое моделирование полей. Изд-во МЭИ, М., 1962, стр. 15—20; сб.: Некоторые вопросы прикладной математики и аналоговой техники, в. 2, «Наукова думка», 1966, стр. 169—211.

[322] *Панчишин, В. И.* Моделирование сильно ослабленных магнитных полей в замкнутом цилиндрическом экране со щелевым отверстием. — В сб.: Некоторые вопросы прикладной математики и аналоговой техники, в. 2, «Наукова думка», 1966, стр. 212—217; Вопросы электромоделирования потенциальных полей на электропроводной бумаге. Исследования и разработка интеграторов ЭГДА для промышленного производства. Дисс., Ин-т кибернетики АН УССР, 1966.

[323] *Папкович, П. Ф.* Труды по строительной механике корабля, т. 2. Гос. союзное изд-во судостроительной пром. Л., 1962.

[324] *Патрашев, А. Н.* Гидромеханика. Военно-морское изд-во, М., 1953.

[325] *Пахарева, Н. О.* Застосування методу мажорантних областей до задачі про фільтрацію під плоским флютбетом з двома шпунтами. — ДАН УРСР, 1956, № 1, стр. 25—30.

[326] *Пентковский, М. В.* Номография, Гостехиздат. М.—Л., 1949.

[327] *Пентковский, М. В.* Считающие чертежи. Гостехиздит, М., 1953.

[328] *Петренко, В. Г.* К вопросу распределения температурного поля в полуограниченной составной пластине при наличии движущегося точечного источника. — УМЖ, 1967, т. 19, № 4, стр. 138—141; Поток тепла в составной пластине при наличии движущегося точечного источника. — В сб.: Некоторые вопросы прикладной математики, в. 3, «Наукова думка», 1967, стр. 176—195.

[329] *Петренко, В. Г.* О некоторых численно аналитических методах решения краевых задач уравнений параболического типа. Дисс., Ин-т математики АН УССР, 1967.

[330] *Петровский, И. Г.* Лекции по теории обыкновенных дифференциальных уравнений. Изд. 5, «Наука», М., 1964.

[331] *Петровский, И. Г.* Лекции об уравнениях с частными производными. Изд. 3, Физматгиз, М., 1961.

[332] *Пиаджио, Г.* Интегрирование дифференциальных уравнений. Гостехиздат, М.—Л., 1933.

[333*] *Писаренко, Г. С.* Колебания упругих систем с учетом рассеивания энергии в материале. Изд-во АН УССР, 1955.

[334] *Положий, Г. Н.* Вариационные теоремы плоской и осесимметричной фильтрации в однородной и неоднородной средах. Метод сохранения области. — УМЖ, 1954, т. 6, № 3, стр. 333—348.

[335] *Положий, Г. Н.* Эффективное решение задачи о приближенном конформном отображении односвязных и двухсвязных областей и определение постоянных Кристоффеля — Шварца при помощи электрогидродинамических аналогий. — УМЖ, 1955, т. 7, № 4, стр. 423—432.

[336*] *Положий, Г. Н.* Численное решение двумерных и трехмерных краевых задач математической физики и функции дискретного аргумента. Изд-во КГУ, 1962.

[337] *Положий, Г. Н.* Уравнения математической физики. Изд-во «Высшая школа», М., 1964.

[338*] *Положий, Г. Н.* Обобщение теории аналитических функций комплексного переменного; p-аналитические и (p, p)-аналитические функции и некоторые их применения. Изд-во КГУ, 1965.

[339*] *Положий, Г. Н., Пахарева, Н. А., Степаненко, И. З., Бондаренко, П. С., Великоиваненко, И. М.* Математический практикум. Физматгиз, М., 1960.
[340] *Полубаринова-Кочина' П. Я.* Применение теории линейных дифференциальных уравнений к некоторым случаям движения грунтовой воды. — Изв. АН СССР, сер. матем., 1938, № 3, стр. 371—398.
[341] *Полубаринова-Кочина, П. Я.* Применение теории линейных дифференциальных уравнений к некоторым задачам о движении грунтовых вод (случай трех особых точек). — Изв. АН СССР, сер. матем., 1939, № 3, стр. 329—350.
[342] *Полубаринова-Кочина, П. Я.* Применение теории линейных дифференциальных уравнений к некоторым задачам о движении грунтовых вод (число особых точек больше трех). — Изв. АН СССР, сер. матем., 1939, № 5—6, стр. 579—602.
[343] *Полубаринова-Кочина, П. Я.* Простейшие случаи движения грунтовой воды в двух слоях с различными коэффициентами фильтрации. — Изв. АН СССР, ОТН, 1939, № 6, стр. 75—88; Пример движения грунтовых вод через земляную плотину при наличии испарения. — Изв. АН СССР, ОТН, 1939, № 7, стр. 45—52.
[344] *Полубаринова-Кочина, П. Я.* О фильтрации в анизотропном грунте. — ПММ, 1940, т. IV, в. 2, стр. 101—104; К вопросу о движении грунтовых вод в дренированной плотине. — Уч. зап. МГУ, 1940, в. 39, стр. 91—102.
[345*] *Полубаринова-Кочина, П. Я.* Некоторые задачи плоского движения грунтовых вод. Изд-во АН СССР, М.—Л., 1942.
[346*] *Полубаринова-Кочина, П. Я.* Теория движения грунтовых вод. Гостехиздат, М., 1952.
[347] *Полубаринова-Кочина, П. Я.* Некоторые методы теории функций комплексного переменного в применении к теории фильтрации. — В сб. Некоторые проблемы математики и механики. К 60-летию академика М. А. Лаврентьева. Изд-во Сибирск. отд. АН СССР, Новосибирск, 1961, стр. 212—218.
[348] *Полубаринова-Кочина, П. Я.* Становление советской школы динамической метеорологии. — В кн. Развитие наук о Земле в СССР. «Наука», М., 1967, стр. 599—605.
[349] *Полубаринова-Кочина, П. Я.* и *Чарный, И. А.* Основные задачи теории фильтрации. Тр. III Всесоюз. матем. съезда, т. II, Изд-во АН СССР, 1956, стр. 79.
[350] *Понтрягин, Л. С.* Обыкновенные дифференциальные уравнения. Физматгиз, М., 1961.
[351] *Попов, Е. П., Пальтов, И. П.* Приближенные методы исследования нелинейных автоматических систем. Физматгиз, М., 1960.
[352] *Привалов, И. И.* Граничные свойства аналитических функций. Изд. 2, Гостехиздат, М.—Л., 1950.
[353] *Привалов, И. И.* Введение в теорию функций комплексного переменного. Изд. 11, «Наука», М., 1967.
[354] *Пуанкаре, А. О.* кривых, определяемых дифференциальными уравнениями. Гостехиздат, М.—Л., 1947.
[355] *Путята, В. Й.* и *Сідляр, М. М.* Гідроаеромеханіка. Вид-во КДУ, 1963.
[356] *Путята, Т. В.* О конформном преобразовании области, близкой к кругу, на круг. — Изв. Киевск. политехн. ин-та, 1956, т. 19, стр. 141—148.
[357*] *Пухов, Г. Е.* Комплексное исчисление и его применение. Изд-во АН УССР, 1961.
[358*] *Пухов, Г. Е.* Избранные вопросы теории математических машин. Изд-во АН УССР, 1963.
[359] *Пишкін, Б. А.* Гідротехнічні споруди. Держтехвидав УРСР, К., 1953.
[360] *Пышкин, Б. А., Фильчаков, П. Ф.* О наклонных шпунтах. — Тр. Киевск. гидромелиорат. ин-та, 1954, в. 4, стр. 8—18.

[361*] Развитие исследований по теории фильтрации в СССР. «Наука», М., 1969.

[362*] Расчет температурных полей в пластинах при электросварке. Справочник под ред. акад. Б. Е. Патона. «Наукова думка», 1968.

[363] *Ремез, Я. Е.* Деякі способи чисельного інтегрування диференціальних рівнянь з оцінкою границі допущеної похибки. — Зап. природн.-техн. відд. АН УРСР, 1930/31, № 1, стр. 1—38.

[364*] *Ремез, Е. Я.* Основы численных методов чебышевского приближени. «Наукова думка», 1969.

[365] *Решотка, Х. С.* Застосування конформних відображень до розрахунку ізодинамічного поля. — ДАН УРСР, 1964, № 2, стр. 147—151. Применение метода конформных отображений к исследованию полей магнитных сепараторов. Дисс., Ин-т математики АН УССР, 1964.

[366] *Ризенкампф, Б. К.* Об одном случае фильтрации в многослойном грунте.— Уч. зап. Саратовск. ун-та, 1940, т. XV, в. 5, 94—100.

[367] *Риман, Б.* Сочинения. Гостехиздат, М.—Л., 1948.

[368] *Романов, А. В.* Фильтрация в основании плотин при наличии дренажей. Сб. № 1. Вопросы фильтрационных расчетов гидротехнических сооружений. Стройиздат, М., 1952, стр. 197—243.

[369] *Романова, Е. Я.* Влияние образования щелей в понуре на фильтрацию в основании плотин. Сб. № 2. Вопросы фильтрационных расчетов гидротехнических сооружений. Стройиздат, М., 1956, стр. 5—46.

[370] *Рудченко, П. А.* До питания фільтрації з каналів довільного поперечного перерізу. — ДАН УРСР, 1958, № 12, стр. 1300—1304; Применение метода последовательных конформных отображений к задачам фильтрации из каналов. Дисс. Ин-т математики АН УССР, 1959.

[371] *Рудченко, П. А.* Применение метода последовательных конформных отображений к задачам фильтрации из каналов. — Сб. тр. Киевск. инж.-строит. инта, 1959, № 13, стр. 367—385; К расчету фильтрации из каналов и русел. — ПМ, 1966, т. 2, № 2, стр. 117—125.

[372] *Рунге, К.* Графические методы математического анализа. Гостехиздат, М.—Л., 1932.

[373] *Руплис, Б. П.* К вопросу расчета подземного контура плотин на нескальных основаниях. — Научн. тр. Литовск. Сельхозакадемии, т. V, Каунас, 1959, стр. 355—378.

[374] *Руплис, Б. П.* О гидродинамическом расчете рационального подземного контура на нескальных основаниях. Дисс., Укр. ин-т инженеров водн. хозтва, 1960.

[375] *Рыжик, И. М.* Таблицы интегралов, сумм, рядов и произведений. Изд. 2, Гостехиздат, М.—Л., 1948; изд. 4, доп. *Градштейн, И. С.* и *Рыжик, И. М.*, Физматгиз, М., 1962.

[376] *Рязанов, Г. А.* Опыты и моделирование при изучении электромагнитного поля. «Наука», М., 1966.

[377] *Савенков, В. Н.* О сходимости интерационных процесов при определении констант интеграла Кристоффелля — Шварца. — УМЖ, 1963, т. 15, № 3, стр. 321—327.

[378] *Савенков, В. Н.* Некоторые вопросы конформного отображения полигональных областей с приложением к решению задач напорной фильтрации. Дисс., Ин-т математики АН УССР, 1965.

[379] *Савин, Г. Н.* Распределение напряжений в плоском поле, ослабленном каким-либо отверстием. — Тр. ДИСИ, сообщ. 10, 1936, стр. 1—42.

[380*] *Савин, Г. Н.* Динамическая теория расчета шахтных подъемных канатов. Изд-во АН УССР, 1949.

[381*] *Савин, Г. Н.* Концентрация напряжений около отверстий. Гостехиздат, М.—Л., 1951.

[382] *Савин, Г. Н.* О динамических усилиях в шахтном подъемном канате при подъеме груза. — УМЖ, 1954, т. 6, № 2, стр. 126—139.

[383*] *Савин, Г. Н.* Распределение напряжений около отверстий. Изд-во «Наукова думка», 1968.
[384*] *Савин, Г. Н., Горошко, О. А.* Динамика нити переменной длины. Изд-во АН УССР, 1962.
[385] *Савін, Г. М., Парасюк, О. С.* Бігармонічні розв'язання рівняння пластичності. — ДАН УРСР, 1947, № 3, стр. 52—55.
[386] *Савін, Г. М., Фещенко, С. Ф.* Про асимптотичний розв'язок одного класу рівнянь в частинних похідних із змінними граничними умовами. — ДАН УРСР, 1958, № 6, стр. 588—594.
[387] *Савинов, С. Ф.* Фильтрация бетонных плотин на малопроницаемых основаниях. Дисс. Горьковск. инж.-строит. ин-т, 1957.
[388] *Саламатин, Н. Е.* Экспериментальный метод исследования решеток профилей осевых турбомашин с использованием ЭГДА. —Изв. вузов, Авиационная техника, 1959, № 3, стр. 101—111.
[389] *Салехов, Г. С.* Вычисление рядов. Гостехиздат, М.—Л., 1955.
[390] *Сальвадори, М. Дж.* Численные методы в технике. ИЛ, М., 1955.
[391] *Самсония, З. В.* Приближенное построение конформно отображающей функции методом интегральных уравнений. — Сообщ. АН ГрузССР, 1964, т. XXXVI, № 1, стр. 19—25.
[392*] *Сансоне, Дж.* Обыкновенные дифференциальные уравнения, т. I и II. ИЛ, М., 1953—1954.
[393] *Сегал, Б. И.* Расчет фильтрации под плотинами с бесконечной глубиной проницаемого основания. — Инж. сб., 1946, т. III, в. 1, стр. 137—158.
[394] *Сеге, Г.* Ортогональные многочлены. Физматгиз, М., 1962.
[395] *Седов, Л. И.* Приложение теории функций комплексного переменного к некоторым задачам плоской гидродинамики. — УМН, 1939, в. VI, стр. 120—182.
[396] *Седов, Л. И.* Плоские задачи гидродинамики и аэродинамики. Гостехиздат, М.—Л., 1950.
[397*] *Седов, Л. И.* Введение в механику сплошной среды. Физматгиз, М., 1962.
[398] *Секерж-Зенькович, Я. И.* К теории обтекания криволинейной дугис отрывом струй. — Тр. ЦАГИ, 1937, в. 299, стр. 3—47.
[399] *Семендяев, К. А.* Эмпирические формулы. Гостехиздат, М.—Л., 1933.
[400] *Сенков, А. М.* Расчет устойчивости плотины Сенкова на проницаемом основании. — Гидротехническое строительство, 1936, № 8—9, стр. 13—19.
[401] *Сенков, А. М.* Универсальный тип водосливной плотины системы Сенкова. — Гидротехническое строительство, 1937, № 1, стр. 7, 8; К вопросу о специальных случаях гидромеханического расчета плотины Сенкова. — Гидротехническое строительство, 1937, № 2, стр. 24—25.
[402*] *Сенков, А. М.* и *Фильчаков, П. Ф.* Приближенные методы расчета стационарного движения грунтовых вод под гидротехническими сооружениями. Изд-во АН УССР, 1952.
[403] *Сенков, А. М.* и *Фильчаков, П. Ф.* Гидромеханический эффект шпунта. ДАН СССР, 1952, т. 83, № 6, стр. 805—808; 1953, т. 88, № 1, стр. 29—32.
[404] *Сенков, О. М., Фильчаков, П. Ф.* До питання електромоделювання задач гідравліки відкритих водних потоків. — ДАН УРСР, 1953, № 6, стр. 394—396.
[405] *Сикорский, Ю. С.* Элементы теории эллиптических функций с приложениями к механике. Гостехиздат, М.—Л., 1936.
[406] *Сима, С.* Применение вариационного принципа к задачам фильтрации под гидротехническими сооружениями. — Trans. Japan Soc. Civil Engrs., N 29, 1955, p. 98—111.
[407] *Симонов, Л. А.* Расчет обтекания крыловых профилей и построение профиля по распределению скоростей на его поверхности. — ПММ, 1947, т. XI, в. 1, стр. 69—84.

[408] *Симонов, Н. И.* О краевой задаче для системы линейных дифференциальных уравнений. — Уч. зап. Саратовск. ун-та, сер. физ-мат., 1938, т. 1 (14), в. 2, стр. 12—28.

[409] *Симонов, Н. И.* О научном наследии Леонарда Эйлера в области дифференциальных уравнений. — Историко-математические исследования, т. 7, 1954, стр. 513—595.

[410] *Симонов, Н. И.* Прикладные методы анализа у Эйлера. Физматгиз, М., 1957.

[411] *Синявский, Н. И.* Об одном численно аналитическом методе решения обыкновенных дифференциальных уравнений. — В сб.: Некоторые вопросы прикладной математики, в. 3, «Наукова думка», 1967, стр. 268—275.

[412] *Синявський, М. І.* Про один чисельний метод визначення особливих точок інтегралів систем нелінійних диференціальних рівнянь. — ДАН УРСР, сер. А, 1969, № 7, стр. 597—599.

[413] *Сирык, Г. В.* О конформном отображении близких областей. — УМН, 1956, т. XI, в. 5 (71), стр. 57—60.

[414] *Сирык, Г. В.* О приближенном конформном отображении односвязных и двухсвязных областей. Ин-т математики АН УССР, 1961.

[415] *Скарборо, Дж.* Численные методы математического анализа. Гостехиздат, М.—Л., 1934.

[416] *Слезкин, Н. А.* Обтекание плоским прерывным газовым потоком криволинейного препятствия. — ДАН СССР, 1935, т. 2, № 8—9, стр. 512—515.

[417] *Слезкин, Н. А.* Об ударе плоской разовой струи в безграничную стенку. — ПММ, 1952, т. XVI, в. 2, стр. 227—230.

[418] *Слободян, Р. Т.* Эффективность шпунтов в флютбетах гидротехнических сооружений. — Изв. Ин-та гидрологии АН УССР, 1938, т. 1 (VIII), стр. 167—186.

[419] *Смирнов, В. И.* О конформном преобразовании односвязных областей в сдбя. — Зап. матем. каб. Крымск. ун-та, 1921, т. 3, стр. 145—152.

[420] *Смирнов, В. И.* Sur la théorie des polinômes orthogonaux à une variable complexe. — Журн. Ленингр. физ.-матем. об-ва, 1928, т. 2, № 1, стр. 155—179.

[421*] *Смирнов, В. И.* Курс высшей математики, т. I, изд. 22; т. II, изд. 20; т. III, ч. 1, изд. 9, «Наука», М., 1967; т. III, ч. 2, изд. 4, Гостехиздат, М.—Л., 1950; т. IV, изд. 5, Физматгиз, М., 1958; т. V, изд. 2, Физматгиз, М., 1959.

[422*] *Смирнов, В. И., Лебедев, Н. А.* Конструктивная теория функций комплексного переменного. «Наука», М.—Л., 1964.

[423] *Соболев, С. Л.* Уравнения математической физики. Изд. 4, «Наука», М., 1966.

[424*] Современная математика для инженеров. Под ред. Э. Ф. Беккенбаха, ИЛ, М., 1958.

[425] *Соколов, Ю. Д.* Sur le mouvement d'un point matériel, attiré par un centre fixé et soumis à l'action d'une force perturbatrice constante. — Зап. физ-мат. отд. АН УССР, 1922, т. 1, в. 1, стр. 36—41.

[426] *Соколов, Ю. Д.* Про деякі формули наближеного обчислення означених інтегралів. — Зб. наук. пр. Київськ. буд. ін-ту, 1933, т. 1, стр. 5—10.

[427] *Соколов, Ю. Д.* Лінійні різницеві рівняння та їхні технічні застосування. Вид-во АН УРСР, 1935.

[428*] *Соколов, Ю. Д.* Особые траектории системы свободных материальных точек. Изд-во АН УССР, 1951.

[429] *Соколов, Ю. Д.* О расчете фильтрации из трапецеидального канала. — ДАН СССР, 1951, т. 79, № 5, стр. 759—762; О фильтрации из канала трапецеидального сечения. — В сб.: Вопросы научного обоснования строительства Каховского гидроузла. Изд-во АН УССР, 1954, стр. 85—95.

[430*] *Соколов, Ю. Д.* Елементи теорії функцій комплексної змінної. Видво «Радянська школа», К., 1954.

[431*] *Соколов, Ю. Д.* Метод осреднения функциональных поправок. «Наукова думка», 1967.
[432] *Соколовский, В. В.* О нелинейной фильтрации грунтовых вод. — ПММ, 1949, т. XIII, в. 5, стр. 525—536.
[433*] *Соколовский, В. В.* Теория пластичности. Изд. 2, Изд-во АН СССР, М., 1950.
[434] *Сретенский, Л. Н.* Теория волновых движений жидкости. Гостехиздат, М.—Л., 1936.
[435] *Сретенский, Л. Н.* Об одной обратной задаче теория потенциала. — Изв. АН СССР, сер. матем., 1938, № 5—6, стр. 551—570.
[436] *Сретенский, Л. Н.* К теории газовых струй. — ПММ, 1959, т. XXIII, в. 2, стр. 305—332.
[437] *Степанов, В. В.* Курс дифференциальных уравнений. Гостехиздат, М., 1953.
[438] *Степанов, Г. Ю.* Построение двухрядных решеток по методу годографа скоростей. — ПММ, 1953, т. XVII, в. 5, стр. 592—598; Конформное отображение двухсвязных областей с помощью электрического моделирования. Межвузовская конференция по применению физического и математического моделирования. Информ. мат-лы, изд-во МЭИ, М., 1957, стр. 129—130.
[439*] *Степанов, Г. Ю.* Гидродинамическая теория решеток. Физматгиз, М., 1962.
[440*] *Степанов, Г. Ю.* Применение электрического моделирования для отыскания конформного отбражения при решении плоских краевых задач. (Обзор). — Инж. журн. 1965, т. V, в. 3. стр. 587—598.
[441] *Сунцов, Н. Н.* Методы аналогий в аэродинамике. Физматгиз, М., 1958.
[442] *Тарапон, А. Г.* Вопросы моделирования нестационарных полей на электропроводной бумаге и новые аналоговые устройства для решения некоторых задач математической физики. Дисс. Ин-т математики АН УССР, 1964; Моделирование дифференциальных уравнений в частных производных параболического типа на электропроводной бумаге с распределенной емкостью. — В сб.: Некоторые вопросы прикладной математики и аналоговой техники, в. 2, «Наукова думка», 1966, стр. 3—18.
[443*] *Тетельбаум, И. М.* Электрическое моделирование. Физматгиз, М., 1959.
[444] Технические условия и нормы проектирования гидротехнических сооружений. Расчеты фильтрации под гидротехническими сооружениями. Стройиздат, 1941.
[445] Технические условия и нормы проектирования гидротехнических сооружений. Подземный контур плотин на нескальном основании. Госэнергоиздат, М.—Л., 1958.
[446*] *Тиман, А. Ф.* Теория приближения функций действительного переменного. Физматгиз, М., 1960.
[447*] *Тимофеев, Б. Б.* Специальные задачи теории поверхностного эффекта. «Наукова думка», 1966.
[448] *Тимофеев, Б. Б.* Сопротивление стали переменному току. — «Электричество», 1956, № 5, стр. 50—54.
[449] *Тихонов, А. Н.* и *Самарский, А. А.* Уравнения математической физики. Гостехиздат, М.—Л., 1951.
[450] *Тозони, О. В.* Обоснование экспериментально-аналитического метода решения задачи Дирихле для односвязной и двухсвязных областей. — Тр. Новочеркасск. политехн. ин-та, 1956, т. 43/57, стр. 45—64; Моделирование функции, бесконечнолистно конформно отображающей двухсвязную область на полосу. — Изв. вузов, Электротехника, 1958, № 5, стр. 14—22.
[451*] *Тозони, О. В.* Математические модели для расчета электрических и магнитных полей, «Наукова думка», 1964.
[452] *Толстов, Ю. Г.* Конформное преобразование двухсвязных областей с помощью интегратора. — Изв. АН СССР, ОТН, 1944, № 7—8, стр. 447 до

461; Применение электроинтегратора для конформных преобразований односвязных областей. — Изв. АН СССР, ОТН, 1947, № 2, стр. 159—164.
[453] *Тополянський, Д. Б.* Про задачу руху грунтових вод у неоднорідному грунті при наявності у ньому дренажних стоків. — ДАН УРСР, 1940, № 7, стр. 29—35.
[454] Труды семинара по прикладной математике, в. 1. Изд-во АН УССР, 1963.
[455*] *Тумашев, Г. Г., Нужин, М. Т.* Обратные краевые задачи и их приложения. Изд. 2, изд-во Казанск. ун-та, 1965.
[456] *Угинчус, А. А.* Исследование гидротехнических сооружений. Госэнергоиздат, М.—Л., 1939.
[457*] *Угодчиков, А. Г.* Построение конформно отображающих функций при помощи электромоделирования и интерполяционных полиномов Лагранжа. «Наукова думка», 1966.
[458] *Угодчиков, А. Г., Крылов, А. Я.* Электромоделирование конформного отображения полубесконечных областей. — Изв. вузов, Электромеханика, 1960, № 11, стр. 31—35.
[459] *Угодчиков, А. Г., Серебреннікова, І. І.* Електромоделювання конформного перетворення зовнішності круга на зовнішність заданої кривої. — ПМ, 1957, т. III, в. 3, стр. 269—276.
[460*] *Уиттекер, Э. Т., Батсон, Дж. Н.* Курс современного анализа, т. 1 и 2. Изд. 2, Физматгиз, М., 1963.
[461*] *Уиттекер, Э. Т.* и *Робинсон, Г.* Математическая обработка результатов наблюдений. Гостехиздат, М.—Л., 1933.
[462] Указания по проектированию подземного контура водоподпорных сооружений на нескальных основаниях. Под ред. *Ничипоровича, А. А.*, изд. ВНИИВодгео, М., 1954.
[463*] *Уолш, Дж. Л.* Интерголяция и аппроксимация рациональными функциями в комплексной области. ИЛ, М., 1961.
[464*] *Уоринг, А.* и *Геффнер, Дж.* Методы обработки экспериментальных данных. Изд. 2, ИЛ, М., 1953.
[465*] *Фаддеев, Д. К.* и *Фаддеева, В. Н.* Вычислительные методы линейной алгебры. Физматгиз, М., 1960.
[466] *Фещенко, С. Ф.* Асимптотичне представлення лінійного неоднорідного диференціального рівняння 2-го порядку з повільно змінними коефіцієнтами. — ДАН УРСР, 1947, № 2, стр. 3—8.
[467] *Фещенко, С. Ф.* Про асимптотичне представлення інтегралів спеціальної системи лінійних диференціальних рівнянь, що мають малий параметр. — ДАН УРСР, 1947. № 2, стр. 9—16.
[468*] *Фещенко, С. Ф., Шкиль, Н. И., Николенко, Л. Д.* Асимптотические методы в теории линейных дифференциальных уравнений. «Наукова думка», 1966.
[469*] *Фещенко, С. Ф., Луковский, И. А., Рабинович, Б. И., Докучаев, Л. В.* Методы определения присоединенных масс жидкости в подвижных полостях. «Наукова думка», 1969.
[470] *Филахтов, А. Л.* Гидротехнические сооружения. Изд-во литературы по строительству и архитектуре УССР, К., 1961.
[471*] *Филиппов, А. П.* Колебания механических систем. «Наукова думка», 1965.
[472] *Филиппов, А. П., Кохманюк, С. С.* Динамическое воздействие подвижных нагрузок на стержни. «Наукова думка», 1967.
[473] *Филиппов, А. Ф.* Достаточные признаки единственности и неединственности решения дифференциального уравнения. — ДАН СССР, 1948, т. 60, № 4, стр. 549—552.
[474] *Филиппов, А. Ф.* Сборник задач по дифференциальным уравнениям. Изд. 2, «Наука», М., 1965.
[475] *Фильчакова, В. П.* Конформное отображение внешних областей методом тригонометрической интерполяции. — ПМ, 1965, т. 1, в. 3, стр. 84—95.

[476] *Фильчакова, В. П.* Решение прямой задачи о потенциальном обтекании несжимаемой жидкостью гидродинамических решеток с произвольными геометрическими параметрами методом тригонометрической интерполяции. — Межведомств. респ. науч.-техн. сб., Гидроаэродинамика, в. 2, Харьков., 1965, стр. 19—26.

[477] *Фильчакова, В. П.* О некоторых эффективных приближенных методах конформных отображений бесконечно-связных периодических областей. Дисс. Ин-т математики АН УССР, 1965.

[478] *Фільчакова, В. П.* Про конформне відображення нескінченно-зв'язних решітчастих областей на зовнішність решітки кругів. —ДАН УРСР, 1966, № 1, стр. 16—20.

[479] *Фільчакова, В. П.* Про побудову матриць одного ітеративного процесу конформних відображень. — ДАН УРСР, сер. А, 1967, № 4, стр. 330—333.

[480] *Фільчакова, В. П.* До питання узагальндної ортогональності тригонометричних функцій дискретного аргументу. — ДАН УССР, сер. А, 1968, № 11, стр. 1011—1016.

[481] *Фильчаков, П. Ф.* Электромоделирование задач фильтрации в разнородном грунте. — ДАН СССР, 1949, т. 66, № 4, стр. 593—596.

[482] *Фильчаков, П. Ф.* К вопросу о рациональном подземном контуре водосливной плотины Каховского гидроузла. — В сб.: Вопросы научного обоснования строительства Каховского гидроузла. Под ред. чл.-корр. АН УССР Б. А. Пышкина. Изд-во АН УССР, 1954, стр. 13—24.

[483*] *Фильчаков, П. Ф.* Математичний практикум. Обчислення. «Радянська школа», К., 1958.

[484] *Фильчаков, П. Ф.* Фильтрационный расчет флютбетов в двухслойной среде. — Гидротехническое строительство, 1959, № 6, стр. 30—34.

[485*] *Фильчаков, П. Ф.* Теория фильтрации под гидротехническими сооружениями, т. 1 и 2. Изд-во АН УССР, 1959—1960.

[486] *Фильчаков, П. Ф.* Гидромеханический расчет дренированных флютбетов. I — УМЖ, 1959, т. 11, № 4, стр. 393—407; II. Применение метода последовательных конформных отображений. — УМЖ, 1960, т. 12, № 4, стр. 439—461.

[487] *Фильчаков, П. Ф.* Определение констант интеграла Кристоффеля — Шварца при помощи моделирования на электропроводной бумаге. — УМЖ, 1961, т. 13, № 1, стр. 72—79.

[488*] *Фильчаков, П. Ф.* Приближенные методы конформных отображений. «Наукова думка», 1964.

[489] *Фильчаков, П. Ф.* Численный метод конформных отображений односвязных и многосвязных областей, основанный на тригонометрической интерполяции. — В кн.: Концентрация напряжений, в. 1. Под ред. акад. АН УССР Г. Н. Савина. «Наукова думка», 1965, стр. 276—287.

[490] *Фильчаков, П. Ф.* Про один ефективний метод розв'язання задачі Коші для нелінійних диференціальних рівнянь. I — ДАН УРСР, сер. А, 1967, № 1, стр. 43—47; II. Про один ефективний метод розв'язання крайових задач для нелінійних звичайних диференціальних рівнянь. — ДАН УРСР, сер. А, 1967, № 2, стр. 134—139; III. Про розв'язання систем нелінійних диференціальних рівнянь за допомогою степеневих рядів. — ДАН УРСР, сер. А, 1967, № 9, стр. 794—800; IV. Про один ефективний метод визначення власних значень для звичайних диференціальних рівнянь. — ДАН УРСР, сер. А, 1967, № 10, стр. 883—890; V. Про побудову інтегралів диференціальних рівнянь, не розв'язаних відносно старшої похідної. — ДАН УРСР, сер. А, 1969, № 7, стр. 606—611.

[491] *Фильчаков, П. Ф.* Про один метод розв'язання системи алгебраїчних чи трансцендентних рівнянь. — ДАН УРСР, сер. А, 1969, № 1 стр. 26—31.

[492] *Фильчаков, П. Ф.* Решение нелинейных и линейных обыкновенных дифференциальных уравнений и их систем при помощи степенных рядов. УМЖ, 1969, т. 21, № 2, стр. 220—237.

[493] *Фильчаков, П. Ф., Панчишин, В. И.* Интеграторы ЭГДА. Моделурование потенциальных полей на электропроводной бумаге. Изд-во АН УССР, 1961.

[494] *Фильчаков, П. Ф., Панчишин, В. И.* Модернизация приборов ЭГДА и дальнейшие перспективы их развития. Сб. Расчет физических полей методами моделирования, Изд-во «Машиностроения», М., 1968, стр. 381—384.

[495] *Фильчаков, П. Ф., Петренко, В. Г., Драйцун, І. О.* Застосування методу сетпеневих рядів до ровз'язання однієї задачі рівняння параболічного типу. — ДАН УРСР, сер. А, 1968, № 12, стр. 1095—1101.

[496] *Фильчаков, П. Ф., Савенков, В. М.* Визначення констант інтеграла Крістоффеля — Шварца для довільного однозв'язного многокуитника. — ДАН УРСР, сер. А, 1968, № 5, стр. 425—430.

[497] *Фільцаков, П. Ф., Синявський, М. І.* Про розв'язання рівняння Томаса — Фермі за допомогою степеневих рядів. — ДАН УРСР, сер. А, 1969, № 2, стр. 147—151.

[498] *Фильчаков, П. Ф., Тарапон, А. Г., Бурыкин, А. Я., Ряьов, В. Р.* Исследование нестационарного теплового поля в биметалле алюминий — сталь. — «Автоматическая сварка», 1966, № 7, (160) стр. 12—15.

[499] *Фихтенгольц, Г. М.* Курс дифференциального и интегрального исчисления, т. I, изд. 6; т. II, изд. 6; т. III, изд. 4. «Наука», М., 1966.

[500] *Франк, М. Л.* Номографический справочник. Гостехиздат, М.—Л., 1933.

[501] *Франк, Ф.* и *Мизес, Р.* Дифференциальные и интегральные уравнения математической физики. Гостехиздат, М.—Л., 1937.

[502] *Фрезер, Р., Дункан, В., Коллар, А.* Теория матриц и ее приложения. ИЛ, М., 1950.

[503*] *Фрёмен, Н.* и *Фрёмен, П. У.* ВКБ — приближение. Изд-во «Мир», М., 1967.

[504] *Фукс, Б. А.* и *Левин, В. И.* Функции комплексного переменного. Специальная часть. Гостехиздат, М.—Л., 1951.

[505] *Фукс, Б. А.* и *Шабат, Б. В.* Функции комплексного переменного и некоторые их приложения. Изд. 2, Физматгиз, М., 1959.

[506] *Хажалия, Г. Я.* К теории конформных отображений двухсвязных областей. — Тр. Матем. ин-та Груз. фил. АН СССР, 1938, т. 4, стр. 123—134; К теории конформных отображений двухсвязных областей. — Матем. сб., 1940, т. 8 (50), № 1, стр. 97—106.

[507] *Хажалия, Г. Я.* Об одной приближенной формуле теории конформных отображений. — Тр. Кутаисск. пед. ин-та, 1956, т. 15, стр. 451—466.

[508] *Хара, І. С.* Про один з методів наближеного конформного відображення багатокутних областей на одиничний круг. — ДАН УРСР, 1953, № 4, стр. 289—293.

[509] *Хаусхольдер, А. С.* Основы численного анализа. ИЛ, М., 1956.

[510*] *Химерик, Ю. А.* Гидротехнические сооружения. Проектирование и расчет. Гостехиздат УССР, 1957.

[511] *Христианович, С. А.*, Движение грунтовых вод, не следующее закону Дарси. — ПММ, 1940, т. IV, в. 1, стр. 33—52.

[512] *Христианович, С. А.* Приближенное интегрирование уравнений сверхзвуковых течений газа. — ПММ, 1947, т. XI, в. 2, стр. 215—222.

[513] *Чакалов, Л.* Увод в теорията на аналитичые функции. Държавно издво «Наука и изкуство», София, 1957.

[514] *Чаплыгин, С. А.* О газовых струях. М., 1902; Собр. соч., т. II, Гостехиздат, М., 1948.

[515] *Чаплыгин, С. А.* Новый метод приближенного интегрирования дифференциальных уравнений. Гостехиздат, М.—Л., 1950.

[516] *Чарный, И. А.* Подземная гидромеханика, Изд. 2, Гостехиздат, М.—Л., 1956.

[517] *Чеботарев, А. С.* Способ наименьших квадратов с основами теории вероятностей. Геодезиздат. М., 1958.

[518*] *Черников, С. Н.* Линейные неравенства. «Наука», М., 1968.

[519] *Черновал, В. Т.* О решении некоторых задач нестационарной фильтрации при помощи интегратора ЭГДА. — УМЖ, 1961, т. 13, № 2, стр. 235—239.

[520] *Четаев, Н. Г.* Устойчивость движения. Изд. 2, Гостехиздат, М., 1955.

[521] *Чечик, В. А.* Исследование систем обыкновенных дифференциальных уравнений с сингулярностью. — Тр. Моск. матем. об-ва, 1959, т. 8, стр. 155—198.

[522] *Чугаев, Р. Р.* Проектирование и расчет подземного контура бетонных плотин, расположенных на нескальных основаниях. Госэнергоиздат, М.—Л., 1956.

[523*] *Чугаев, Р. Р.* Подземный контур гидротехнических сооружений. Госэнергоиздат, М.—Л., 1962.

[524] *Чугаева, Е. А.* Роль шпунтовых свайных рядов как противофильтрационного мероприятия. — Изв. ВНИИГ, 1950. т. 42, стр. 93—102; Фильтрационные расчеты гидротехнических сооружений с учетом водопроницаемости входящих в состав сооружений шпунтовых рядов, 1952, т. 48, стр. 69—84.

[525] *Чуфистова, А. М.* Приближенное конформное отображение с помощью показательной функции. — Уч. зап. Ленингр. ун-та, сер. матем., 1939, т. 37, в. 6, стр. 119—126.

[526] *Шабат, Б. В.* Об отображениях, осуществляемых решениями систем Карлемана. — УМН, 1956, т. 11, в. 3 (63), стр. 203—206; Геометрический смысл понятия эллиптичности. — УМН, 1957, т. 12, в. 6 (78), стр. 181—188.

[527] *Шабат, Б. В.* К понятию производной системы в смысле М. А. Лаврентьева. — ДАН СССР, 1961, т. 136, № 6, стр. 1298—1301.

[528]* *Шаманский, В. Е.* Методы численного решения краевых задач на ЭЦВМ. ч. I, Линейные краевые задачи; ч. II, Нелинейные краевые задачи и задачи на собственные значения для дифференциальных уравнений. «Наукова думка», 1963 и 1966.

[529*] *Шаманский, В. Е.* Численное решение задач фильтрации грунтовых вод на ЭЦВМ. «Наукова думка», 1969.

[530] *Шварц, Л.* Математические методы для физических наук. С участием *Дениз Ю э.* Изд-во «Мир», М., 1965.

[531*] *Швец, И. Т., Дыбан, Е. П.* Воздушное охлаждение роторов газовых турбин. Изд-во КГУ, 1959.

[532*] *Шестаков, В. М.* Теоретические основы оценки подпора, водопонижения и дренажа. Изд-во МГУ, 1965.

[533] *Шилов, Б. Ф.* О приближенном конформном преобразовании двухсвязных областей. — Тр. Военно-мех. ин-та Л., 1939, стр. 153—187.

[534] *Шилов, П. И.* Способ наименьших квадратов. Геодезиздат, М., 1941.

[535] *Штокало, И. З.* О давлении потока конечной ширины на плоскую пластинку. — Зап. Харьк. матем. об-ва, 1934, т. 10, сер. 4, стр. 93—101.

[536] *Штокало, И. З.* О приближенном конформном отображении посредством полиномов Сеге. — Сб. н.-и. работ Харьк. текст. ин-та, 1939, т. 1, стр. 169—182.; Оценка модуля некоторых коэффициентов функций, дающих однолистное конформное отображение. — Сб. н.-и. работ Харьк. текст. ин-та, 1940, т. 2, стр. 223—230.

[537] *Штокало, И. З.* К вопросу о необходимом и достаточном условии однолистности функции в $|z| < 1$. — Сб. н.-и. работ Харьк. текст. ин-та, 1940, т. 2, стр. 231—238.

[538*] *Штокало, И. З.* Линейные дифференциальные уравнения с переменными коэффициентами (асимптотические методы и критерий устойчивости и неустойчивости решений). Изд-во АН УССР, 1960.

[539*] *Штокало, И. З.* Операционные методы и их развитие в теории линейных дифференциальных уравнений с переменными коэффициентами. Изд-во АН УССР, 1961.

[540*] *Щелкачев, В. Н.* и *Лапук, Б. Б.* Подземная гидравлика. Гостоптехиздат, М.—Л., 1949.

[541*] *Щиголев, Б. М.* Математическая обработка наблюдений. Изд. 2, Физматгиз, М., 1962.

[542*] Електрическое моделирование. Сб. статей участников совещания по электрическому моделированию. Изд-во АН СССР, М., 1952.

[543] *Эфрос, Д. А.* Гидродинамическая теория плоско-параллельного кавитационного течения. — ДАН СССР, 1946, т. 51, № 4, стр. 263—266.

[544] *Яковлев, К. П.* Математическая обработка результатов измерений. Изд. 2, Гостехиздат, М.—Л., 1953.

[545] *Янчевский, С. Д.* Функции комплексного переменного. Изд. 2, Гостехиздат, М.—Л., 1937.

[546] *Яремчук, Ф. П.* О фильтрации из канала при произвольной линии раздела грунта и дренирующего слоя. — «Строительство и архитектура», 1962, № 1, стр. 145—154.

[547] *Яремчук, Ф. П.* Применение метода последовательных конформных отображений к решению задач свободной фильтрации из открытых русел. Дисс., Ин-т математики АН УССР, 1962; К вопросу об электромоделировании задач фильтрации из русел на электропроводной бумаге. Докл. 4-й Межвуз. конф. по применению физ. и матем. моделирования в различных отраслях техники, сб. № 1, М., 1962, стр. 99—109.

[548] *Adams, W. C.* On the Forms of Equipotential Curves and Surfaces and Lines Electric Force: Proc. Roy. (London) 23, 1875, p. 280—284.

[549] *Agnew, R. P.* Differential Equations, Sec. Ed., New York, Toronto, London, 1960.

[550] *Albrecht, R.* Zum Schmiegungsverfahren der konformen Abbildung. Zeitschrift Angew. Math. und Mech. Bd. 32, 1952, S., 316—318.

[551] *Appel, P.* et *Lacour, E.* Principes de la théorie des fonctions elliptiques applications, Deux. éd. Paris, 1922.

[552] *Aristowski, W. W.* und *Beger, K.* Entwurfsgrundlagen zum Wehrbau. Berlin, 1955.

[553] *Bashforth, F.*, *Adams, J. C.* An Attempt to Test the Theories of Capillary Action. . . with an Explanation of the Method of Integration Employed, Cambridge, 1883.

[554] *Bergmann, St.* Über die Bestimmung der Verzweigungspunkte eines hyperelliptischen Integrals aus seinen Periodizitätsmoduls mit Anwendungen auf die Theorie des Transformators. Mathem. Zeitschrift Bd. 19, H. 1—2, 1923, S. 8—25.

[555] *Bergmann, St.* Über die Berechnung des magnetischen Feldes in einem Einphasen—Transformator. Zeitschrift Angew. Math. und Mech., Bd. 5, H. 4, 1925, S. 319—331.

[556] *Betz, A.* Konforme Abbildung, Zw. Aufl., Berlin, Göttingen, Heidelberg, 1964.

[557] *Birkhoff, G.*, *Young, D. M.*, *Zarantello, E. H.* Numerical Methods in Conformal Mapping. Proc. Symposia in Appl. Math., IV Amer. Math. Society, New York, 1953.

[558] *Bligh, W.* The Practical Design of Irrigation Works, London, 1907, 1910, 1912, 1925.

[559] *Bligh, W.* The Practical Design of Irrigation Works and Barrages and Weirs on Porous Fandation, Engng. News Record, 1940, p. 708.

[560] *Bradfield, K. N. E.*, *Hooker, S. G.*, *Southwell, R. V.* Conformal Transformation with the Aid on Electrical Tank, Proc. Royal. Soc., Ser. A., Math. and Phys. Science, t. 159, No 898, 1937, p. 315—346.

[561] *Browsin, B. S.* Nouvelle méthode d'application de quelques fonctions de la variable complexe aux calculs des sous — pressions agissant sous les ouvrages de retenue. Houille blanche, № 7, 1964, p. 803—814.

[562] *Buch, V.* and *Caldwell, S. H.* Thomas — Fermi Equation Solution by the Differential Analiser. Physical Review, v. 38, N 10, 1931, p. 1892—1902.

[563] *Christoffel, E.* Sul problema delle temperature stazionarie e la rappresentazione di una data superficie. Annali di Matematica, II—a serie, tomo I°, Milano, 1867.

[564] *Collatz, L.* Numerische Behandlung der Eigenwertprobleme. Berlin, 1945.

[565*] Construction and Applications of Conformal Maps. Proceedings of a Symposium, Ed. by E. F. Beckenbach. National Bureau of Standards, Appl. Math. Ser., 18, 1952.

[566*] *Cunningham, W. J.* Analyse non linéaire. Résolution des équations différentielles, Paris, 1963.

[567] *Davies, T. V.* and *James, E. M.* Nonlinear Differential Equations, London, Toronto, New York, 1966.

[568*] *Dienes, P.* The Taylor Series, New York, 1957.

[569*] *Duff, G. F. D.*, *Naylor, D.*, Differential Equations of Applied Mathematics, New York, London, Sydney, 1966.

[570*] Experiments in the Computation of Conformal Maps, Ed. by J. Todd. National Bureau of Standards, Appl. Math. Ser., 42, 1955.

[571] *Fermi, E.* Un metodo statistico per la determinazione di alcune proprietà dell'atomo. Rend. R. Accad. Naz. dei Lincei (6), 1927, p. 602—607.

[572] *Förster, R.* Experimentelle Lösung von Randwertaufgaben der Gleichung $\Delta u = 0$. Archiv für Elektrotechnik, Bd. II, H. 5, 1913, S. 175—181.

[573*] *Gaier, D.* Konstruktive Methoden der konformen Abbildungen, Berlin, Göttingen, Heidelberg, 1964.

[574*] *Gheorghiţă, St. I.* Metode matematice in hidrogazodinamica subterană, Bucureşti, 1966.

[575] *Haeusler, J.* Zur optimalen Elektrodenordnung im magnetohydrodynamischen Kanal bei Berücksichtigung des Halleffektes. Arch. Elektrotechn., Bd. 50, 1965, S. 74—84.

[576] *Haeusler, J.* Exakte Lösungen von Potentialproblemen beim Halleffekt durch konforme Abbildungen, Solid — State Electronics, Bd. 9, 1966, S. 417—442; Zur Lösung des Parameterproblems des Schwarz—Christoffelschen Abbildungsintegrals, Zeitschrift Angew. Math. und Mech., Bd. 46, H. 5, 1966, S. 321 bis 322.

[577] *Hálek, V.* Problizné hydrodynamické rešeni základu metodou postupného konformniho zobrazeni; Советская наука, строительство, № 1, 1956, стр. 40—49. Grafická metoda pro navrhováni ekonomicky vyhodného usporádáni základu vodnich staveb zalozenych na propustném podlozi; Vodohospodársky časopis, Slovenská Akadémia vied, Bratislava, t. VI, № 1, 1958, стр. 54—68. O hydrodynamickém vypočtu základu vodni stavby opatrené, prubeznou drenázi v základavé spáre; Vodohospodársky časopis, Slovenská Akadémia vied, Bratislava, t. VI, № 4, 1958, стр. 297—330.

[578*] *Hálek, V.* Hydrotechnický výzkum, v. 3, Metody analogii v hydraulice, Praga, 1965.

[579*] *Hamming, R. W.* Numerical Methods for Scientists and Engineers, New York, San Francisco, Toronto, London, 1962.

[580*] *Hartree, D. R.* Numerical Analysis, Sec. Ed., Oxford University Press, 1958.

[581] *Heinhold, J.* und *Albrecht, R.* Zur Praxis der konformen Abbildung. Rendiconti Circulo Mat. Palermo, t. 3, 1954, S. 130—148.

[582] *Higgins, T. J.* Electroanalogic Methods, I—VII, Applied Mechanics Reviews, Vol. 9, № 1; 2, 1956, Vol. 10, № 2; 8; 1957; Vol. 11, № 5, 1958.

[583] *Hubner, O.* Funktionentheoretische Iterationsverfahren zur konformen Abbildung ein- und mehrfach zusammenhängender Gebiete. Mitt. Math. Semin. Gießen, № 63, 1964.

[584] *Hirschman, I. I. Jr.*, Infinite Series, New York, 1962.
[585] *Jędral, W.* Zastosowanie modelowania elektrycznego do wynaczania sił i momentów działájacych na łopatki kierownicte turbin wodnych. Prace Instytutu automatyki Polskiej Akademii nauk, Seszyt 39, Warszawa, 1966.
[586] *Julua, G.* Lećons sur la représentation conforme des aires simplement connexes. Paris, 1931; Lećons sur la représentation conforme des aires/multiplement connexes. Paris, 1934.
[587] *Karplus, W. J.* Analog Simulation, New York, Toronto, London, 1958. (Русский перевод, ИЛ, М., 1962).
[588] *Kirchhoff, G.* Über den Durchgang eines elektrischen Stromes durch eine Ebene, insbesondere durch eine Kreisförmige, Annalen der Physik (Leipzig), vol. 64, 1845, S. 497—514, Gesammelte Werke, Leipzig, 1882.
[589*] *Kneschke, A.* Differentialgleichungen und Randwertprobleme, Berlin, 1957.
[590] *Knopp, K.* Theorie und Anwendung der unendlichen Reihen, fünfte Aufl., Berlin, Göttingen, Heidelberg, New York, 1964.
[591*] *Kober, H.* Dictionary of Conformal Representations, Sec. Ed., New York, 1957.
[592] *Koebe, P.* Abhandlungen zur Theorie der konformen Abbildung. I. Die Kreisabbildung des allgemeinsten einfach und zweifach zusammenhängenden schlichten Bereichs und die Ränderzuordnung bei konformer Abbildung. Journal für die reine und angew. Math., Vol. 145, 1915, S. 177—223.
[593] *Koebe, P.* Abhandlungen zur Theorie der konformen Abbildung. IV. Abbildung mehrfach zusammenhängender schlichter Bereiche auf Schlitzbereiche. Acta Math., Vol. 41, 1918, S. 305—344.
[594] *Komatu, Y.* Ein alternierendes Approximationsverfahren für konforme Abbildung von einem Ringgebiet auf einem Kreisring. Proc. Jap. Acad., V. 21, 1949, S. 146—155.
[595*] *Koppenfels, W.* und *Stallmann, F.* Praxis der konformen Abbildung, Berlin, Göttingen, Heidelberg, 1959. (Русский перевод; Физматгиз, М., 1963).
[596] *Kratochvil, St.* Udolné priehrdy, Bratislava, 1953.
[597] *Kravtchenko, J.* Représentation conforme de Helmholtz. Théorie des sillages et des proues. J. Math. Pures Appl., v. 20, 1941, p. 35—301.
[598] *Kreyszig, E.* Advanced Engineering Mathematics, New York, London, 1962.
[599] *Lallanne, L.* Mémoire sur les tables graphiques et sur la géometrie anamorphique, Ann. d. Ponts et Chausseés, sér. 2, t. 11, vol. 1, 1846.
[600] *Lane, E.* Security from Underseepage in Masonry Dams of Earth Foundations, Proc. Amer. Soc. of Civ. Engrs., vol. 60, N 7, 1934.
[601] *Leliavski, S.*, Irrigation and Hydraulic Design, v. 1, London, 1955.
[602] *Liebman, G.* Electrical Analogues. British Journal of Applied Physics, v. 4, July, 1953.
[603] *Malavard, L.* Sur une nouvelle technique dans la calcul expérimental par analogies rhéoélectriques. La Recherche Aéronautique, n° 20, mars 1951; La méthode d'analogies rhéoélectriques, ses possibilités et ses tendances, Journées Internationales du Calcul Analogique, Bruxelles 26 sept. — 2 oct., 1955; Bruxelles, 1956.
[604*] *McLachlan, N. W.* Ordinary Non — linear Differential Equations in Engineering and Physical Sciences, Sec. Ed., Oxford University Press, 1958.
[605] *Meynart, C.* Les séries et leur application á la résolution de divers problèmes pratiques d'analyse mathématique, t. I et II, Bruxelles, 1961.
[606] *Moigno, F.* Leçons de calcul différentiel et de calcul intégral, t. 1 et 2, Paris, 1844.
[607*] *Nožička, J.* Analogové metody v prouděni, Praha, 1967.
[608] *Nyström, E. J.* Zur numerischen Lösung von Randwertaufgaben bei gewöhnlichen Differentialgleichungen, Acta Mathematica, t. 76, 1945, S. 158—184.
[609] *Ocagne, M.* d' Coordonnées paralèles et axiales, Nouv. Ann. de Math., sér. 3, t. 3, 1884; Paris, 1885.
[610] *Osgood, W. F.* Lehrbuch der Funktiontheorie Bd. I, 4. Aufl., Leipzig—Berlin, 1923; Bd. II, Zw. Aufl., Leipzig—Berlin, 1929.

[611] *Ostrowski*, A. M. Similtaneous systems of equations, Nat. Bur. Standards. Appl. Math., ser. 29, 1953, pp. 29–34.

[612] *Péres, J.* et *Malavard, L.* Sur les analogies électriques en hydrodynamique, C. r. Acad. sci., v. 194, n° 16, 1932.

[613] *Potin, L.* Formeles et tables numériques, Paris, 1925.

[614*] *Renard, G.* Représentation directe par analogie rhéoélectrique des gradients de fonctions harmoniques en domaine plan limité ou illimité, Thèses présentées à la faculté des sciences de l'université de Paris pour obtenir le titre d'ingénieur-docteur, Paris, 1967.

[615] *Ritz, W.* Über eine neue Methode zur Lösung gewisser Variationsprobleme der Math. Physik., Journal f. d. reine u. angew. Math., Bd. 135, H. 1, 1908, S. 1–61; Oeuvres complėts de W. Ritz, Paris, 1911, *p.* 192–250.

[616] *Rossbach,.H.* Über Grundwasserströmungen. Ingenieur–Archiv, Bd. VII, H. 1, S. 41–51 und 5, 1936, S. 342–351.

[617] *Rothe, R. Ollendorf, F., Pohlhausen, K.*, Funktionentheorie und ihre Anwendungen in der Technik. Berlin, 1931.

[618] *Runge, C.*, Über die numerische Auflösung von Differentialgleichungen, Math. Ann., v. 46, 1895, S. 167–178.

[619] *Runge, C., Willers, F. A.*, Numerische und graphische Quadratur und Integration gewöhnlicher und partieller Differentialgleichungen, Ency. Math. Wiss., v. II, 3, 1; Article II C2, Leipzig, 1915, S. 47–176.

[620] *Saaty, Th L., Bram, J.* Nonlinear Mathematics, New York, San Francisco, Toronto, London, 1964.

[621*] *Schaef, H. J., Tiemer, K.* Berechnung der Sickerung durch Erdstaudämme und ihren Untergrund, Mitteilung des Institutes für Wasserwirtschaft, H. 16, 1963, Berlin.

[622] *Schwarz, H. A.* Über einige Abbildungsaufgaben. Journal für reine und angewandte Math., Band 70, 1869, S. 105–120. Gesammelte Mathematische Abhandlungen, Bd. II, Berlin, 1890, S. 65–83.

[623*] *Seidel, W.* Bibliography of Numerical Methods in Conformal Mapping. National Bureau of Standards, Appl. Math. Ser. 18, 1952, p. 269–280.

[624] *Smith, W. R.* On the Flow of Electricity in Conducting Surfaces, Proc. Roy. Soc., Edinburgh, v. 8, 1872.

[625] *Struble, R. A.* Nonlinear Differential Equations, New York, Toronto, London, 1962.

[626*] Survey of Numerical Analysis, Edited by J. Todd, New York, San Francisco, Toronto, London, 1962.

[627] *Theodorsen, T.* and *Garrick, I. E.* General Potential Theory of Arbitrary Wing Sections. National Advisory Committee on Aeronautics. Technical Report № 452, 1933.

[628] *Thomas, L. H.*, The Calculation of Atomic Fields. Proc. of the Cambridge Phil. Soc., v. 23, 1927, p. 542–548.

[629] *Vaidhianathan, V. I.* Ram Gurdas, On the Electrical Method of Investigating the Uplift Pressures under Dams and Wiers, Punjab Irrigation Research Inst., 1935.

[630] *Wegstein, J. H.* Accelerating Convergence of Iterative Processes, Comm. Assoc. Comput. Mach, v. 1, № 6, 1958.

[631] *Yalin, S.* Über die Sickerströmung in einem stetig heterogenen Raum. Istanbul tekn. üniv. bül, t. 7, 1954, S. 59–78.

Tabellen[1])

[632] *Андреев, П. П.* Математические таблицы. Гостехиздат, М., 1952.

Enthält die Werte von n^2; n^3; $\sqrt{n}$; $\frac{1}{\sqrt{n}}$; $\sqrt[3]{n}$; $ln\, n$; $\frac{1}{n}$ c mit sechs bedeutsamen Ziffern für ganzzahlige Werte von n von 1 bis 10000 sowie einige nützliche Hilfstabellen.

[1]) Eine ausführlichere Übersicht über mathematische Tabellen findet man in [640].

[633] *Беляков, В. М., Кравцова, Р. И., Раппопорт, М. Г.* Таблицы эллиптических интегралов, т. I и II. Изд-во АН СССР, М., 1962.
Enthält die Werte der vollständigen und unvollständigen elliptischen Integrale erster, zweiter und dritter Art mit sieben Dezimalstellen für φ in Schritten von 1°, k^2 in Schritten von 0,01 und n von 0 bis 100 in Schritten von 0,1 — 10.

[634] *Вега, Г.* Таблицы семизначных логарифмов. Изд. 2, изд-во «Недра», М., 1966.
Enthält die Briggschen Logarithmen der Zahlen und der vier trigonometrischen Grundfunktionen.

[635] *Ветчинкин, В. П.* Новые формулы и таблицы эллиптических интегралов и функций. Изд-во ВВА РККА, М., 1935.

[636] *Гаусс, Ф.* Пятизначные тригонометрические таблицы. Гостехиздат, М.—Л. 1933.
Neben den Briggschen Logarithmen der Zahlen und der vier trigonometrischen Grundfunktionen enthält die Gaußsche Logarithmentafel auch die natürlichen Logarithmen der ganzen Zahlen von 1 bis 1109, eine vierstellige Tabelle der natürlichen Werte der trigonometrischen Funktionen, eine Tabelle der Sehnen- und Bogenlängen des Kreises ($R = 1$), sowie eine geeignet angelegte Tabelle der Quadratzahlen.

[637] Десятичные таблицы логарифмов комплексных чисел. Изд-во АН СССР, М., 1952.

[638] *Загребин, Д. В.* Семизначные таблицы натуральных значений тригонометрических функций для каждой сотой града (десятичное деление окружности). «Наука», М.—Л., 1966.

[639] *Иванов, К. П.* Таблицы для вычисления многочленов, Гостехиздат, М., 1949.
Die Tabelle liefert die Werte des Monoms ax^n für $a = 1, \ldots, 9$; $n = 1, 2, \ldots, 7$ und x von 0 bis 1 mit einer Schrittweite von 0,001. [643]...

[640*] *Лебедев, А. В., Федорава, Р. М.* Справочник по математическим таблицам. Изд-во АН СССР, М., 1956.

[641] *Милн-Томсон, Л. Н.* и *Комри, Э. Дж.* Четырехзначные математические таблицы. Физматгиз, М., 1961.

[642] *Нейшулер, Н. Я.* Таблицы произведений пятизначных чисел на двузначные. Новочеркасск, 1935.

[643] *Нельсон-Скорняков, Ф. Б.* Фильтрация в однородной среде. Приложения I—XVII. Изд. 2, Изд-во «Советская наука», М., 1949.
Enthält eine sechsstellige Tabelle des vollständigen elliptischen Integrals dritter Art, fünfstellige Tabellen der elliptischen Funktionen $\mathrm{sn}(u; k)$, $\mathrm{cn}(u; k)$ und $\mathrm{dn}(u; k)$ von Jakobi, sieben- und achtstellige Tabellen der Gammafunktion für $-5 \leq x \leq +5$ mit einer Schrittweite von 0,01 und 0,001 sowie einige andere Tabellen. [646] ...

[644] *Петерс, И.* Шестизначные таблицы тригонометрических функций. Изд. 3, Геодезиздат, М., 1944.

[646] *Самойлова-Яхонтова, Н. С.* Таблицы эллиптических интегралов. Гостехиздат, М., 1935.

[646] *Сегал, Б. И.* и *Семендяев, К. А.* Пятизначные математические таблицы. Изд-во АН СССР, М.—Л., 1950.
Enthält die natürlichen Werte der Funktion $\sin x$, $\cos x$, $\tan x$, e^x, e^{-x}, $1/x$, x^2, x^3 für $0 \leq x \leq 10$ mit der Schrittweite 0,001 sowie Tabellen einiger spezieller Funktionen (Gammafunktion, Besselfunktion, elliptische Integrale usw.). Die Werte der trigonometrischen Funktionen sind für abstraktes Argument angegeben.

[647] Таблицы Барлоу. Изд. 3, изд-во «Мир», М., 1964.
Enthält Tabelle der Quadratzahlen der Kubikzahlen, der quadratischen und kubischen Wurzeln sowie die reziproken Werte aller ganzen Zahlen von 1 bis 15000.

[648] Tabellen für e^x und e^{-x}. Изд-во АН СССР, М., 1955. Die Werte von e^x und e^{-x} werden für $0 \leq x \leq 10$ mit der Schrittweite 0,001 mit zehn (und teilweise mit zwanzig) Dezimalstellen angegeben.

[649] Tabellen der Logarithmen komplexer Zahlen und der Transformation kartesischer Koordinaten in Polarkoordinaten. Изд-во АН СССР, М., 1952.
Enthält zehnstellige Tabellen der Funktionen $\ln x$, $\operatorname{arc\,tan} x$, $1/2 \ln(1 + x^2)$ und $\sqrt{1 + x^2}$ für $0 \leqq x \leq 1$ (und im Falle $\ln x$ für $1 \leq x \leq 10$) mit der Schrittweite 0,001.

[650] *Тишин, С. Д.* Таблицы возведения в степень. Госстатиздат, М., 1954.
Enthält die Potenzen von x für 0,0001 bis 1000 und einem Exponenten zwischen 0,01 und 3.

[651] *Хренов, Л. С.* Пятизначные таблицы тригонометрических функций. Изд. 4, Физматгиз, М., 1962.
Enthält die natürlichen Werte der Funktionen $\sin \alpha$, $\cos \alpha$, $\tan \alpha$, $\cot \alpha$, $\sec \alpha$, $\operatorname{cosec} \alpha$ für $0 \leq \alpha \leqq 360°$ und der Schrittweite von 1′ sowie Tabellen der Funktionen $\sin^2\alpha$ und $\cos^2\alpha$ und einige weitere Hilfstabellen.

[652] *Хренов, Л. С.* Шестизначные таблицы тригонометрических функций, Изд. 2, «Наука», М., 1964.

[653*] *Чистова, Э. А.* Таблицы функций Бесселя от действительного аргумента и интегралов от них. Изд-во АН СССР, М., 1958.
Enthält siebenstellige Tabellen der Funktionen $J_0(x)$, $J_1(x)$, $Y_0(x)$, $Y_1(x)$ und einiger weiterer Funktionen für $0 \leq x \leq 100$ mit der Schrittweite 0,001 oder 0,01.

[654] *Шпильрейн, Я. Н.* Таблицы специальных функций, ч. I и II. Гостехиздат, М.—Л., 1933—1934.

[655*] *Янке, Е., Эмде, Ф., Лёш, Ф.* Специальные функции. Формулы, графики, таблицы. Пер. с 6-го нем. изд., «Наука», М., 1964.
Enthält 73 Tabellen (mit vier oder fünf bedeutsamen Ziffern), sowie 210 Schaubilder und Zeichnungen von elementaren und speziellen Funktionen in reellen und komplexen Bereichen (z. B. des Integralsinus, Integralkosinus und Integrallogarithmus, der Gammafunktion, der Deltafunktion, der elliptischen Integrale, der Legendrefunktionen, der Besselfunktionen, der Mathieufunktionen u.a.m.).

[656] *Comrie, L. J.* Chambers's Six – Figure Mathematical Tables v. I, Logarithmic Values, v. II, Natural Values. London, 1949. (Русский перевод; «Наука», М., 1964).
Enthält die Logarithmen (Bd. I) und die natürlichen Werte (Bd. II) aller sechs, trigonometrischen Grundfunktionen für Gradargumente (mit den Schrittweiten 1′ und 0,01°) und abstrakte Argumente (für $0 \leq x \leq 1{,}600$ mit der Schrittweite 0,001), sowie Tabellen der Funktionen e^x, e^{-x}, $\sinh x$, $\cosh x$, $\tanh x$ $\coth x$, für $0 \leq x \leq 6{,}000$ mit der Schrittweite 0,001 und $6{,}00 \leq x \leq 16{,}00$ mit der Schrittweite 0,01, sowie eine Reihe anderer Tabellen, die man bei der Lösung verschiedener technischer Probleme häufig benötigt.

[657] *Pearson, K.* Tables of the Incomplete Beta–Funktion. Cambridge, 1904.
Enthält mit sieben Dezimalstellen die Werte von

$$I_x(p,q) = \frac{B_x(p,q)}{B_1(p,q)}, \text{ wobei } B_x = \int_0^x t^{p-1}(1-t)^{p-1}\,dt,$$

mit einer Schrittweite für x von 0,01 und für $p, q = 0{,}5; \ldots$. Außerdem sind die entsprechenden Werte von $B_1 = B_x|_{x=1}$ angeführt.

[658] Tables of Lagrangian Interpolation Coefficients. Columbia University Press, New York, 1944.

[659] *Thompson, A. J.* Table of the Coefficients of Everett's Centraldifference Interpolation Formula. Tracts. for Computers, № V, Cambridge University Press, 1943.

Sachwortverzeichnis